近世歴史資料集成　第Ⅸ期

第Ⅲ巻　日本科學技術古典籍資料／

天文學篇【13】

曆學法數原　應天曆　應元曆　寶曆改正　増續古曆便覽　全

安永改正　新刻　増續古曆便覽　全

東北大學附属圖書館所蔵

目次

曆學法數原
法原門上
壹

暦學法數原序

太古之時龍馬負圖出河伏羲氏因之以畫八卦邵子論之云圓者星也暦紀之數其肇於此乎然則雖暦始於黄帝而其由來遠矣原夫星辰伏見日月盈虧雷轟虹見雲行用施此天之象也三垣内外諸官七耀列宿分野歳次此天之數也是以堯之王

天下也克明俊德命羲和正曆象敬
授人時及禪舜乃言曰天之曆數在
爾躬蓋治曆明時帝王之重務也然
天道有不齊之運曆法爲一定之率
故既久則不能不差自漢已來歷唐
宋而改曆七十餘家皆由疎以至密
其法之最精者不過大衍宣明紀元
統天大明五曆而元授時曆其大成

也古曆之立法或本于鐘律或因于
蓍策多附會之數耳惟授時不牽合
律策卦數純從實測雖然其法數之
原元志漫削不備錄故志曆之徒苦
其法原者亦不鮮矣　余於是據明史
及諸書而詳其法數且補闕略以爲
造曆者之鑒本號曰曆學法數原顧
好曆之士不學其法原何以爲造曆

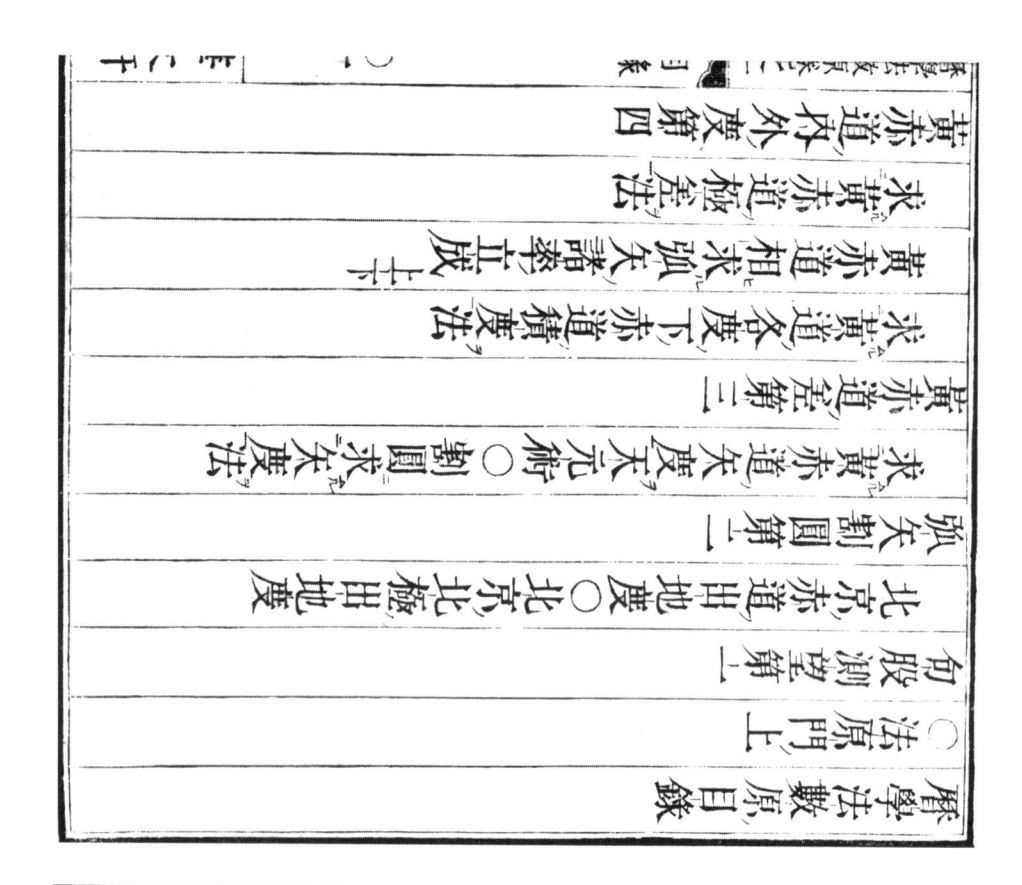

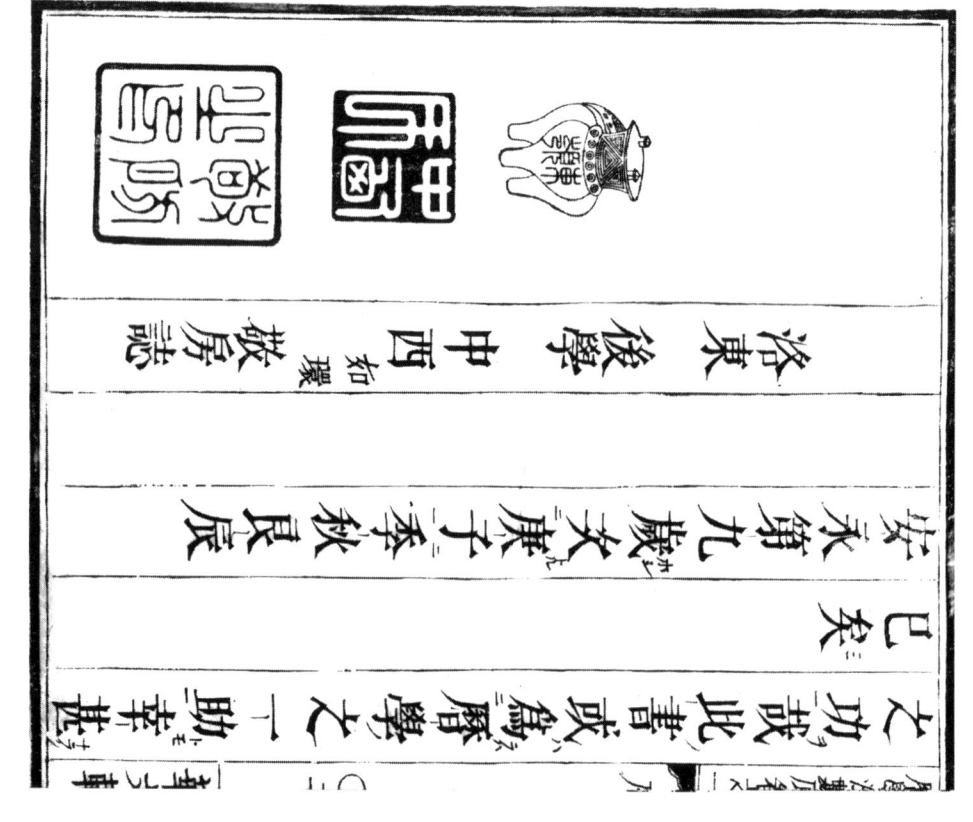

之功哉此書或爲暦學之一助幸甚
巳矣

安永第九歳次庚子季秋良辰

洛東後學中西如環敬房誌

暦學法數原目錄

推黄道各度距赤道内外及去極遠近法
黄道每度去赤道内外及去北極度立成

白道交周第五

推白赤道正交距黄赤道正交極數法

○法原門中

日月平立定三差第六上

太陽盈縮平立定三差之原○求定平立三差法
盈縮招差圖記○布太陽盈縮立成法
求太陽每日定行度法
太陰遲疾平立定三差之原○求定平立三差法
布太陰遲疾立成法○同又法

求太陰遲疾限行度法
太陽盈初縮末限立成○同縮初盈末限立成
太陰遲疾限立成

○法原門下

五星平立定三差第六下

木星平立定三差之原○求定平立三差法
火星盈初縮末三差之原○求定平立三差法
同縮初盈末三差之原○求定平立三差法
土星盈曆三差之原○求定平立三差法
同縮曆三差之原○求定平立三差法
金星盈縮三差之原○求定平立三差法

曆學法數原卷之一

洛東　後學　中西如環敬房著述

法原門上

明史曆志曰造曆者各有本原史宜備錄使後世有以考如太初之起數鐘律大衍之造端蓍策皆詳本志授時曆以測驗算術為宗惟求合天不牽合律呂卦爻然其法之所以立數之所從出以及晷影星度皆有全書郭守敬齊履謙傳中有書名可考元史漫無采摭僅存李謙之議錄曆經之初稿其後改三應率及立成之數與夫割圓弧矢之法平立定三差之

原盡削不載使作者精意湮没識者憾焉今據大統
暦通軌及暦草諸書稍為編次首法原次立成次推
步而法原之目七曰句股測望曰弧矢割圓曰黄赤
道差曰黄赤道内外度曰白道交周曰日月五星平
立定三差曰里差刻漏
○愚按授時推步之術先有暦經既行于世如法原
及立成式元史漫削去而雖明史漸補之猶不免
有闕略故今據管窺輯要及暦算全書等具補闕
以備于造暦者之後鑒云
○句股測望第一
暦志曰北京立四丈表冬至日午正測得景長七丈
九尺八寸五分随以簡儀測到太陽南至地平二十
六度四十六分半為半弧背○求得矢度五度九十
一分半（求矢度術見于後）
置周天半徑截矢餘五十四度九十六分為股乃本
地去戴日下之度○以弦股別句術求得句二十六
度一十七分六十六秒為日出地平弧弦

（六十六常作五十）

○解曰置周天半徑六十○度八十七分半内減矢五度九十一分半餘五十四度九十六分自乘之得三千○二十○度六十○分一十六秒為股巾○置周天半徑自乘之得三千七百○五度七十六分五十六秒微不用為弦巾内減股巾餘六百八十五度一十六分四十○秒為實平方開之得大句二十六度一十七分五十六秒即為日出地平半弧弦也

北京立四丈表夏至日午正測得景長一丈一尺七

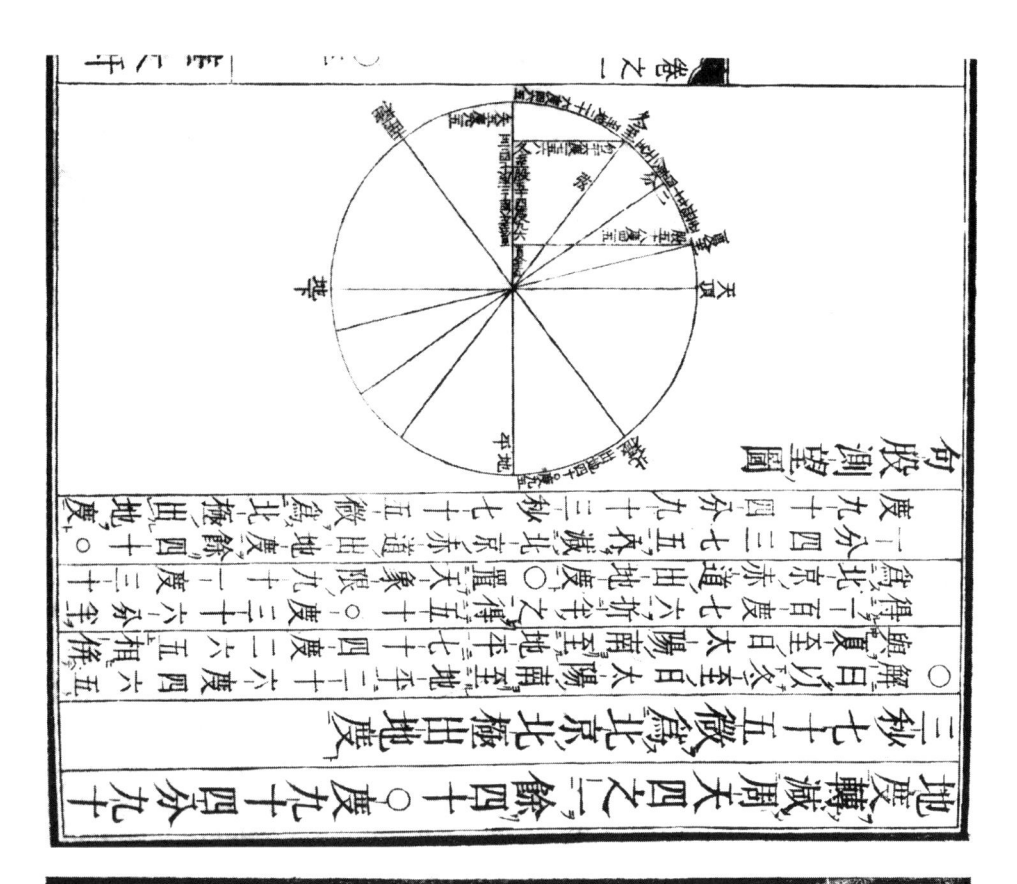

寸一分隨以簡儀測到太陽南至地平七十四度二
十六分半為半弧背○求得矢度四十三度七十四
分二十五秒
置周天半徑截矢餘一十七度一十三分二十五秒
為句乃本地去戴日下之度○以句弦別股術求得
股五十八度四十五分半為日出地平半弧弦

五分當作一分

○解曰置周天半徑內減矢四十三度七十四分少
餘一十七度一十三分少自之得二百九十三度
五十二分二十六秒為句巾置半徑巾三千七百
○五度七十六分五十六秒內減句巾餘三千四
百一十二度二十四分三十秒平方開之得大股
五十八度四十一分半即為日出地平半弧弦也
以二至日度相併得一百度七十三分折半得五十
○度三十六分半為北京赤道出地度○以赤道出

地度轉減周天四之一餘四十○度九十四分九十
三秒七十五微為北京北極出地度
○解曰以冬至日太陽南至地平二十六度四六五
與夏至日太陽南至地平七十四度二六五相併
得一百度七六折半之得五十○度三十六分半
為北京赤道出地度○置天象限九十一度三十
一分四三七五內減北京赤道出地度餘四十○
度九十四分九十三秒七十五微為北極出地度

句股測望圖

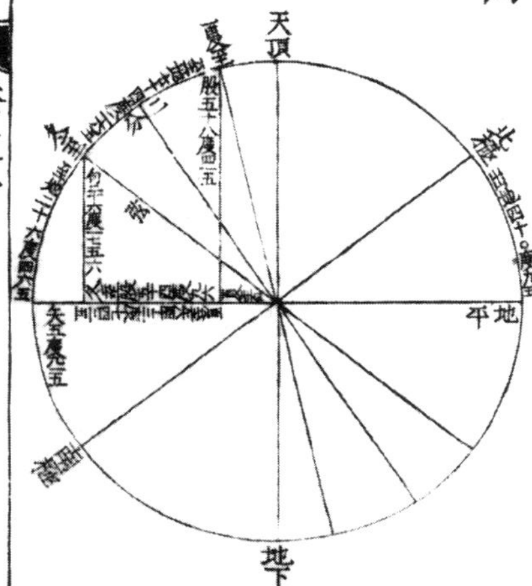

○弧矢割圓第二
周天徑一百二十一度七十五分（必不用）
半徑六十○度八十七分半（又爲黄赤道大弦）
二至黄赤道内外半弧背二十四度（所測就整）
二至黄赤道弧矢四度八十四分八十二秒
黄赤道大句二十三度八十○分七十○秒
黄赤道大股五十六度○二分六十八秒（半徑内減弧矢四度八十四分八十二秒餘數也）
○愚按郭太史求黄赤内外度及黄赤道差法先
立天元一求得黄赤道矢度用弧矢接句股之法
以求之法而爲黄赤相求及内外度之根也然其

於天元之術也元史原不載及明史暦算全書等
亦闕略焉故今求黄赤道矢度天元術與同志小
西何某相校以備之於後云
○求黄赤道矢度天元術（補闕）
半弧背若干
周天徑一百二十一度七十五分（必不用）
問黄赤道矢度
△立天元一爲矢度自乘之爲天徑因半背弦之差
寄位（以矢度自乘所得以天徑除之則爲半背弦差今以天徑不除故爲天徑因半背弦差也）
列半弧背度以天徑乘之内減寄位餘爲天徑因
半弧弦自乘之爲天徑冪因半弧弦冪寄左

列天徑內減矢度餘爲大矢以矢度乘之爲半弧
弦冪以天徑冪乘之爲天徑冪因半弧弦冪與寄
左相消得開三乘式帶縱三乘方法開之卽得黃
赤道矢度合問

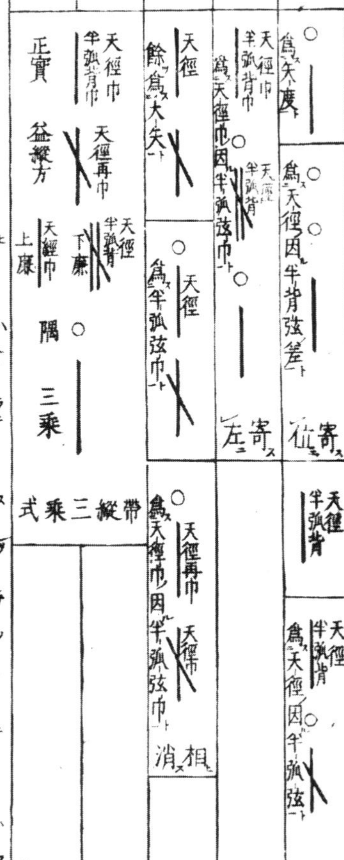

右天元術及式法今更增補焉從此式法以後不
用天元術依珠算求得黃赤道矢度法詳于後

○割圓求矢度術　出明史曆志

置半弧背度自之爲半弧背冪○周天徑自之爲上
廉○上廉乘半弧背冪爲正實○上廉乘徑爲益從
方○半弧背倍之乘徑爲下廉○帶縱三乘方法開
之得初商○以初商乘上廉得數以減益從方餘爲
從方○置初商自之以減下廉餘以初商乘之爲從
廉○從方從廉相並爲下法○下法乘初商以減正
實 實不足減改初商○實有不盡次第商除之 ○次求次商○倍初商數
與次商相並以乘上廉得數以減益從方餘爲從方
○并初商次商而自之又以初商自之並二數以減
下廉餘以初商倍數並次商乘之爲從廉○從方從

廉相並爲下法○下法乘次商以減餘實而定○次
商有不盡者如法商之皆以商得數爲矢度之數黄赤
道同用

○解曰假如以半弧背一度求矢度者術曰置半弧
背一度自之得一度爲半弧背巾○置周天徑一
百二十一度七十五分自之得一萬四千八百二
十三度○六分二十五秒爲上廉○上廉乘半弧
背巾得一萬四千八百二十三度○六分二五爲
正實○上廉又乘徑得一百八十○萬四千七百
○七度八十五分九十三秒七五爲益從方○置
半弧背一度倍之得二度以乘徑得二百四十三
度五十○分爲下廉○假爲初商九十秒○置初
商九十秒乘上廉一萬四千八百二十三度○六
二五得一百三十三度四○七五六二五以減益
從方一百八十○萬四千七百○七度八五九三
七五餘一百八十○萬四千五百七十四度四五
一八一二五爲從方○又置初商九十秒自之得
八十一微以減下廉餘二百四十三度四九九九
一九仍以九十秒乘之得二度一九一四九九九二

七一爲從廉○以從廉從方並之共得一百八十
○萬四千五百七十六度六四三一一七七一
爲下法○下法乘初商得一萬六千二百四十一
度一八九七八九八○五九三九以減正實也雖
然此數多於正實而不能減是初商不及九十秒
也故又改初商爲八十秒依前法開之如左

○初商八十秒

置初商八十秒乘上廉一萬四千八百二十三度
○六二五得一百一十八度五八四五以減益從
方一百八十○萬四千七百○七度八五九三七
五餘一百八十○萬四千五百八十九度二七四
八七五爲從方○又置初商八十秒自之得六十
四微以減下廉餘二百四十三度四九九九三六
仍以八十秒乘之得一度九四七九九九四八八
爲從廉○以從廉從方並之共得一百八十○萬
四千五百九十一度二二二八七四四八八爲下
法○下法乘初商八十秒得一萬四千四百三十
六度七十二分九七八二九九五九○四以減正
實餘實三百八十六度三十三分二七一七○○
四○九六也

○次商二秒

置初商八十秒倍之得一分六十秒加次商二秒

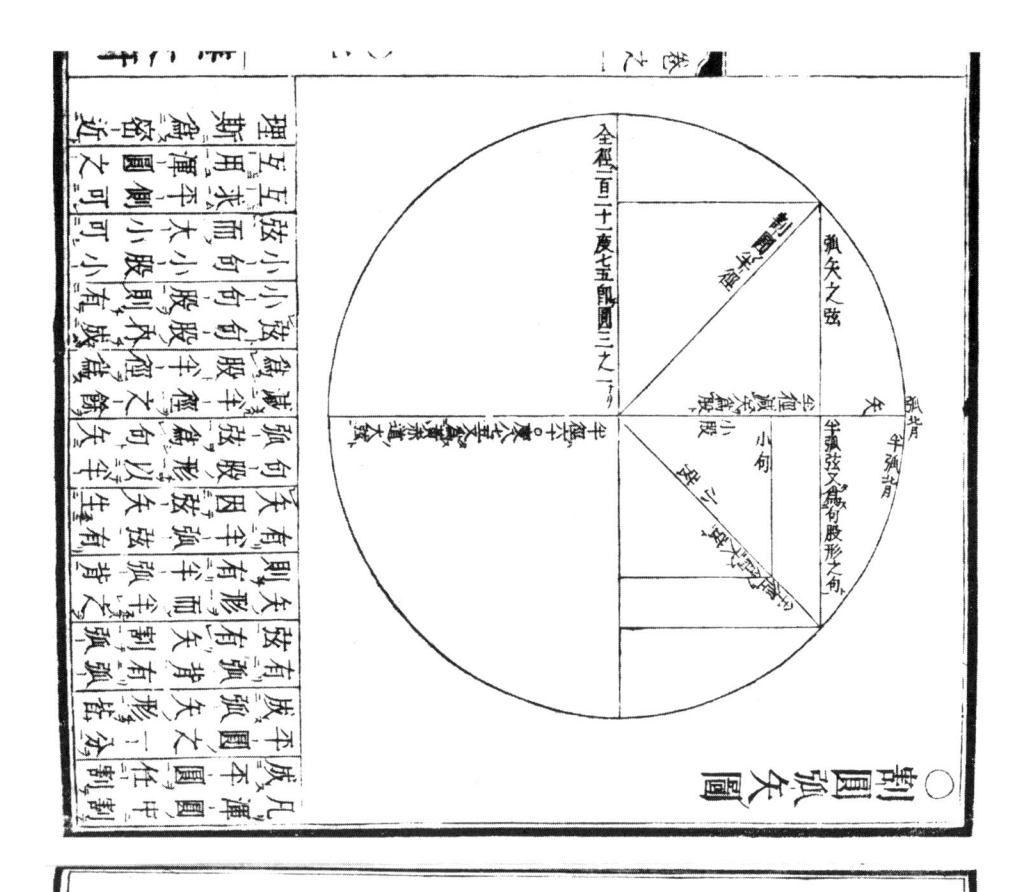

得一分六十二秒乘上廉一萬四千八百二十三度〇六二五得二百四十〇度一三三六一二五以減益從方餘一百八十〇萬四千四百六十七度七二五七六二五爲從方〇又置初次商八十二秒自之得六十七微加初商八十秒自之數得一秒三十一微以減下廉餘二百四十三度四九九八六九以前所得一分六十二秒乘之得三度九十四分四六九七八七七八爲從廉〇以從廉從方並得一百八十〇萬四千四百七十一度六十七分〇四六〇三七七八爲下法〇下法乘次商二秒得三百六十〇度八九四三三四〇九二〇七五五六以減餘實三百八十六度三十三分二七一七〇〇四〇九六仍餘二十五度四三八三八二九一二〇二〇四四此數不足爲一秒故棄不用

餘皆倣此

凡求得矢度八十二秒餘度各如上法求到矢度以爲黃赤二道相求及其內外度之根數也

○割圓弧矢圖

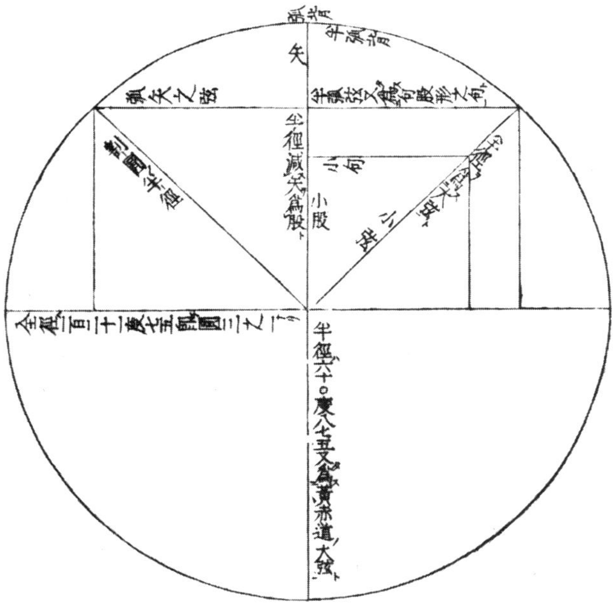

凡渾圓中割成平圓任割平圓之一分成弧矢形皆有弧背有弧弦有矢割弧矢形而半之則有半弧背有半弧弦有矢因弦矢生句股形以半弧弦爲句矢減半徑之餘爲股半徑爲弦句股內成小句股則有小句小股小弦而大小可互求平側可互用渾圓之理斯爲密近

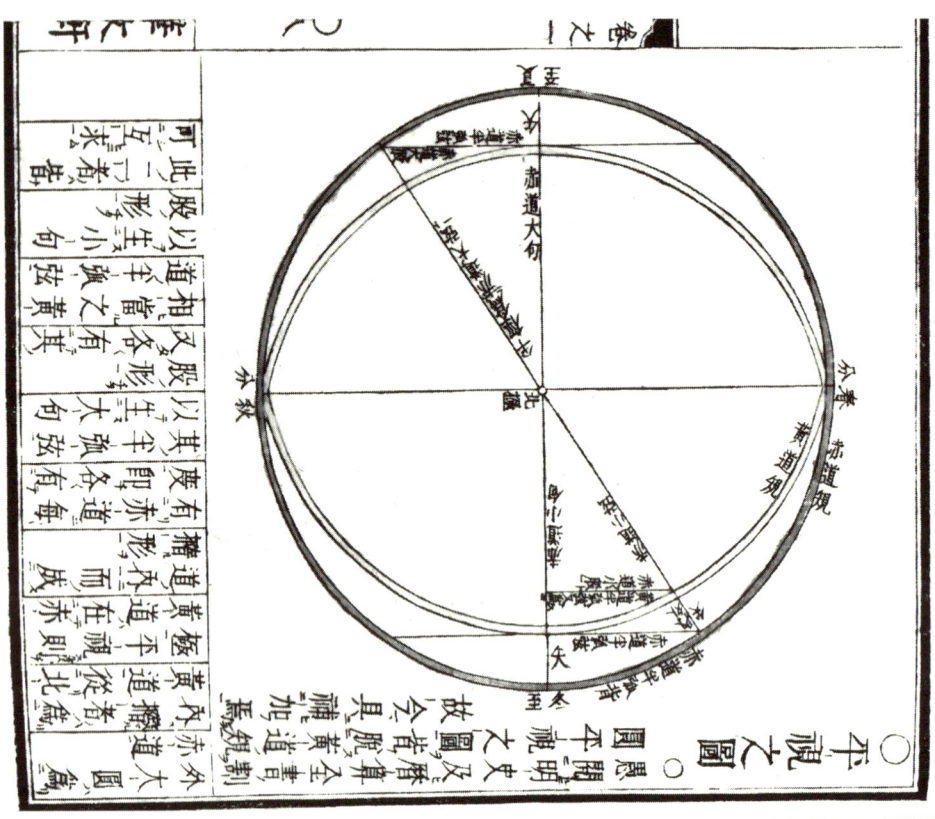

○側立之圖

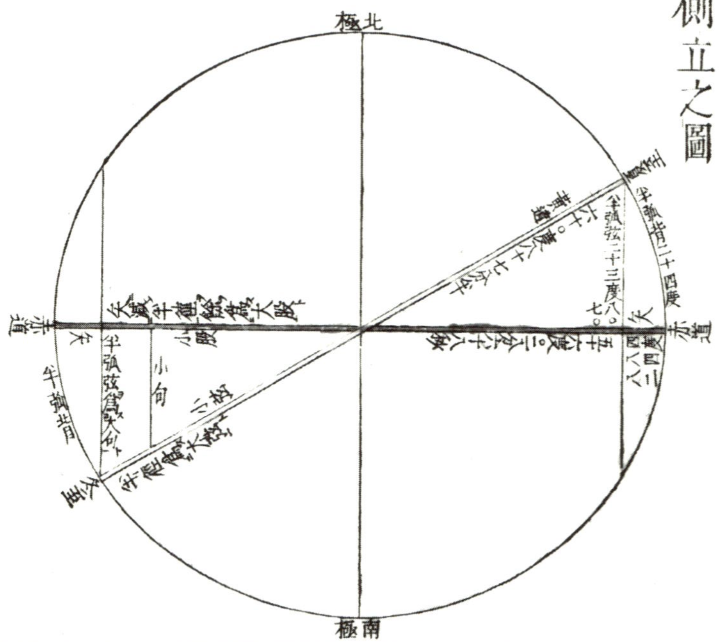

平者為赤道
斜者為黃道
赤道一規因旁視如一直線黃道亦同
因二至黃赤道之距生大句股形即外圓
因各度黃赤道之距成小句股形

○平視之圖 ○愚聞明史及暦算全書割圓平視之圖皆脱黃道規故今具補加焉

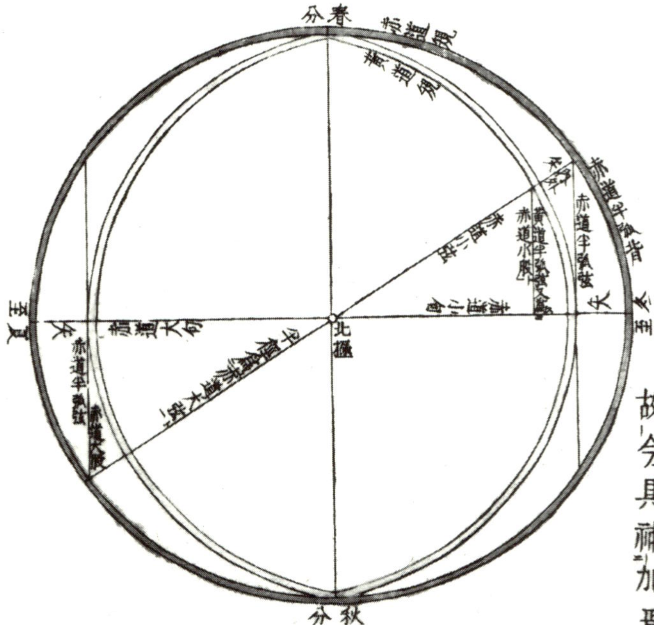

外大圓為赤道內橢者為黃道從北極平視則黃道在赤道內而成橢形有赤道每度即各有其半弧弦以生大句股形又各有其相當之黃道半弧弦以生小句股形此二者皆可互求

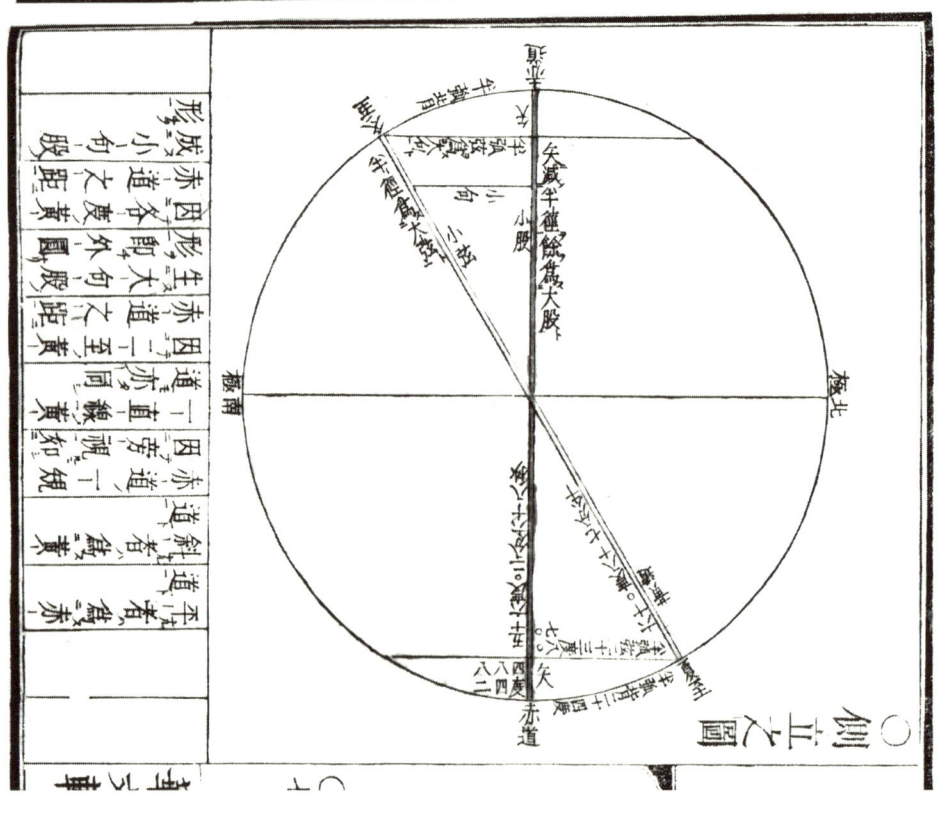

○黄赤道差第三

○求黄道各度下赤道積度法（即弧矢接句股法）

置周天半徑內減去黄道矢度餘爲黄赤道小弦○置黄赤道小弦以黄赤道大股乘之（大股見割圓）爲實黄赤道大弦（即半徑）爲法實如法而一爲黄赤道小股○置黄道矢自乘爲實以周天全徑爲法實如法而一爲黄道半背弦差○以黄道半背弦差去減黄道積度（即黄道半弧背）餘爲黄道半弧弦○置黄道半弧弦自之爲股冪黄赤道小股自之爲句冪二冪並之以開平方法除之爲赤道小弦○置黄道半弧弦以周天半徑（赤道大弦）乘之爲實以赤道小弦爲法而一爲赤道半弧弦○置黄赤道小股（爲赤道横小句）以赤道大弦（即半徑）乘之爲實以赤道小弦爲法而一爲赤道横大句以減半徑餘爲赤道横弧矢○置赤道横弧矢自之爲實以全徑爲法而一爲赤道半背弦差○以赤道半背弦差加赤道半弧弦爲赤道積度也

○解曰如以黄道半弧背一度求赤道積度者術曰

置半徑六十○一度八十七分五十○一秒（即黄赤道大弦）內減黄道矢八十二秒餘六十○度八六六八爲黄赤道小弦○置黄赤道小弦以黄赤道大股五十六度○二六八乘之得三千四百一十○度一七二○三○二四爲實以黄赤道大弦六十○度八七五爲法實如法而一得五十六度○一分九十二秒爲黄赤道小股又爲赤道小句○置矢度八十二秒自之得六十七微以全徑一百二十一度七五爲法除之得五十五纖爲黄道半背弦差○置黄道半弧背一度內減黄道半背弦差餘爲半弧弦因差在六微以下不減即用一度爲半

弧弦○置黄道半弧弦一度自之得一度爲股巾
以黄赤道小股五十六度○一九二自之得三千
一百三十八度一五○七六八六四爲句巾二巾
並得三千一百三十九度一五○七六八六四爲
弦實平方開之得五十六度○二八一爲赤道小
弦○置黄道半弧弦一度以半徑即赤道大弦乘
之得六十○度八七五爲實以赤道小弦五十六
度○二八一爲法除之得一度○八分六十五秒
爲赤道半弧弦○置黄赤道小股五十六度○一
九二又爲赤道小句以赤道大弦即半徑六十○
度八七五乘之得三千四百一十○度一六八八
爲實以赤道小弦爲法除之得六十○度八十六
分五十三秒爲赤道横大句○置半徑六十○度
八十七分五十○秒內減赤道大句六十○度八
十六分五十三秒餘九十七秒爲赤道横弧矢○
置赤道横弧矢九十七秒自之得九十四微○九
以全徑一百二十一度七五爲法除之得七十七
纖爲赤道半背弦差○置赤道半弧弦一度○八
分六十五秒加赤道半背弦差爲赤道積度今差
在微已下故不加即用半弧弦一度○八分六十
五秒爲赤道積度也

凡求得赤道積度一度○八分六十五秒餘度各如
上法求到各黄道度下赤道積度兩數相減即得黄
赤道差乃至後之率其分後以赤道度求黄道反此
求之其數並同

○黄赤道相求弧矢諸率立成上

至後黄道 分後赤道 積度	黄道矢度 即積差	黄道矢差 即差率	黄道半弧弦又爲赤道小股	黄赤道小股又爲赤道小句	赤道小弦
十度十分	十度十分十秒	十度十分十秒	十度十分十秒	十度十分十秒	十度十分十秒
初	○○○○○	○○○○○○	○○○○○○	○○○○○○	○○○○○○
一	○○八二	○二四六	○一○○○○	五六○一九二	五六○三八一
二	○三二八	○四一一	○二○○○○	五五九九六六	五六○三二三
三	○七三九	○五七六	○二九九九九	五五九五八八	五六○三九一
四	一三一五	○七四一	○三九九九九	五五九○五八	五六○四八七
五	二○五六	○九○七	○四九九九七	五五八三七六	五六○六一○
六	二九六三	一○七三	○五九九九三	五五七五四一	五六○七五九
七	四○三六	一二四○	○六九九八七	五五六五五三	五六○九三六
八	五二七六	一四○八	○七九九七七	五五五四一二	五六一一四○

九	六六八四	一五七六	〇八九九六三	五五四一一六	五六一三七一
十〇	八二六〇	一七四五	〇九九九四四	五五二六六六	五六一六三〇
十一	一〇〇〇五	一九一六	一〇九九一八	五五一〇六〇	五六一九二五
十二	一一九二一	二〇八七	一一九八八三	五四九二九六	五六二二二六
十三	一四〇〇八	二二五八	一二九八三九	五四七三七五	五六二五六五
十四	一六二六六	二四三〇	一三九七八三	五四五二九七	五六二九二六
十五	一八六九六	二六〇五	一四九七一三	五四三〇六一	五六三三二〇
十六	二一三〇一	二七七九	一五九六二八	五四〇六六三	五六三七三五
十七	二四〇八〇	二九五五	一六九五二四	五三八一〇六	五六四一七八
十八	二七〇三五	三一三〇	一七九四〇〇	五三五三八九	五六四六四四
十九	三〇一六五	三三〇七	一八九二五三	五三二五〇五	五六五一五三
二〇	三三四七二	三四八五	一九九〇八〇	五二九四六二	五六五六五二
二一	三六九五七	三六六三	二〇八八七八	五二六二五四	五六六一九二
二二	四〇六二〇	三八四二	二一八六四五	五二二八八二	五六六七五六
二三	四四四六二	四〇二〇	二二八三七六	五一九二四七	五六七三四二
二四	四八四八二	四二〇〇	二三八〇七〇	五一五六四七	五六七九五二
二五	五二六八二	四三七九	二四七七二一	五一一七八一	五六八五八二
二六	五七〇六一	四五五九	二五七三二六	五〇七七五一	五六九二三四
二七	六一六二〇	四七三八	二六六八八一	五〇三五五五	五六九九〇六
二八	六六三五八	四九一七	二七六三八二	四九九二九九	五七〇五九九
二九	七一二七五	五〇九五	二八五八二八	四九四六六九	五七一三一〇
三〇	七六三七〇	五二七三	二九五二一〇	四八九九八〇	五七二〇三九

卷之一

三一	八一六四三	五四五〇	三〇四五三五	四八五一二七	五七二七八六
三二	八七〇九三	五六二六	三一三七六〇	四八〇一一一	五七三五四九
三三	九二七一九	五八〇一	三二二九三九	四七四五三二	五七四三二六
三四	九八五二〇	五九七四	三三二〇二八	四六九五九四	五七五一一八
三五	一〇四四九四	六一四五	三四一〇三二	四六四〇九六	五七五九二三
三六	一一〇六三九	六三一四	三四九九四六	四五八四四〇	五七六七四〇
三七	一一六九五三	六四八一	三五八七六六	四五二六二九	五七七五六九
三八	一二三四三四	六六四七	三六七四八六	四四六六六四	五七八四〇七
三九	一三〇〇八一	六八〇八	三七六一〇二	四四〇五四七	五七九二五二
四〇	一三六八八九	六九六七	三八四六〇九	四三四二八二	五八〇一〇七
四一	一四三八五六	七一二四	三九三〇〇三	四二七八六九	五八〇九六七
四二	一五〇九八〇	七二七六	四〇一二六七	四二一三一二	五八一八三二
四三	一五八二五六	七四二六	四〇九四二九	四一四六一六	五八二六九九
四四	一六五六八二	七五七一	四一七四三四	四〇七七八二	五八三五六九
四五	一七三二五三	七七一二	四二五三四六	四〇〇八二二	五八四四四〇
四六	一八〇九六三	七八五〇	四三三一〇二	三九三七一五	五八五三一一
四七	一八八八一五	七九八四	四四〇七一八	三八六四九〇	五八六一八〇
四八	一九六七九九	八一一二	四四八一八九	三七九一四三	五八七〇四五
四九	二〇四九一一	八二三七	四五五五一三	三七一六七六	五八七九〇七
五〇	二一三一四八	八三五七	四六二六八四	三六四〇九五	五八八七六二
五一	二二一五〇五	八四七二	四六九七〇一	三五六四〇四	五八九六一二
五二	二二九九七七	八五八三	四七六五五九	三四八六〇七	五九〇四五三

五三	二三八五六〇	八六八八	四八三三五六	三四〇七〇七	五九一二六七
五四	二四七二四八	八七八九	四八九七八九	三三二七一一	五九二一〇六
五五	二五六〇三七	八八八五	四九六一五六	三二四六二二	五九二九一七
五六	二六四九二二	八九七七	五〇二三五四	三一六四四五	五九三七一四
五七	二七三八九九	九〇六三	五〇八三八二	三〇八一八三	五九四四九九
五八	二八二九六二	九一四四	五一四二三六	二九九八四一	五九五二六七
五九	二九二一〇六	九二二二	五一九九一七	二九一四二六	五九六〇二二
六〇	三〇一三二八	九二九四	五二五四二二	二八二九三八	五九六七六〇
六一	三一〇六二二	九三六一	五三〇七五一	二七四三八四	五九七四八一
六二	三一九九八三	九四二六	五三五九〇二	二六五七六九	五九八一八四
六三	三二九四〇九	九四八五	五四〇八七五	二五七〇九四	五九八八六八
六四	三三八八九四	九五三八	五四五六六八	二四八三六四	五九九五三三
六五	三四八四三二	九五九〇	五五〇二八四	二三九五八六	六〇〇一七八
六六	三五八〇二二	九六三八	五五四七一九	二三〇七五九	六〇〇八〇二
六七	三六七六六〇	九六八一	五五八九七四	二二一八八九	六〇一四〇四
六八	三七七三四一	九七一九	五六三〇五〇	二一二九七九	六〇一九八四
六九	三八七〇六〇	九七五六	五六六九四八	二〇四〇三四	六〇二五四四
七〇	三九六八一六	九七八九	五七〇六六七	一九五〇五五	六〇三〇八一
七一	四〇六六〇五	九八一八	五七四二〇七	一八六〇四六	六〇三五九五
七二	四一六四二三	九八四五	五七七五七〇	一七七〇二〇	六〇四〇八六
七三	四二六二六八	九八六八	五八〇七五六	一六七九四九	六〇四五五三
七四	四三六一三六	九八九一	五八三七六六	一五八八七六	六〇四九九七

〇十一

華文軒

七五	四四六〇二七	九九一〇	五八六六〇〇	一四九七六三	六〇五四一六
七六	四五五九三七	九九二五	五八九二五八	一四〇六四三	六〇五八一〇
七七	四六五八六二	九九四〇	五九一七四四	一三一五〇八	六〇六一八一
七八	四七五八〇二	九九五二	五九四〇五六	一二二三五九	六〇六五二六
七九	四八五七五四	九九六二	五九六一九六	一一三二〇〇	六〇六八四七
八〇	四九五七一六	九九七二	五九八一六五	一〇四〇三三	六〇七一四四
八一	五〇五六八八	九九七九	五九九九六三	〇九四八五四	六〇七四一五
八二	五一五六六七	九九八四	六〇一五九二	〇八五六七〇	六〇七六六一
八三	五二五六五一	九九八九	六〇三〇五二	〇七六四八一	六〇七八八二
八四	五三五六四〇	九九九三	六〇四三四五	〇六七二八七	六〇八〇七九
八五	五四五六三三	九九九六	六〇五四七〇	〇五八〇九〇	六〇八二五〇
八六	五五五六二九	九九九七	六〇六四一八	〇四八八九〇	六〇八三九五
八七	五六五六二六	九九九九	六〇七二二二	〇三九六一九	六〇八五一八
八八	五七五六二五	一〇〇〇〇	六〇七八四九	〇三〇四八七	六〇八六一三
八九	五八五六二五	一〇〇〇〇	六〇八三一一	〇二一二八三	六〇八六八三
九〇	五九五六二五	一〇〇〇〇	六〇八六〇九	〇一二〇七九	六〇八七二八
九一	六〇五六二五	〇三一二五	六〇八七四二	〇〇二八七六	六〇八七四九
九一三一	六〇八七五〇	〇〇〇〇〇	六〇八七五〇	〇〇〇〇〇〇	六〇八七五〇

〇十二

華文軒

○黃赤道相求弧矢諸率立成下

積度（至後黃道、分後赤道）十度十分十秒	積度赤道半弧弦 十度十分十秒	赤道矢度（即積差）十度十分十秒	積度（至後赤道、分後黃道）十度十分十秒	度率 十度十分十秒	黃赤道差（即差率）十度十分十秒
初	〇〇〇〇〇	〇〇〇〇〇	〇〇〇〇〇	一〇八六五	〇〇〇〇
一	一〇八六五	〇〇九七	一〇八六五	一〇八六三	〇八六五
二	二一七二八	〇三八八	二一七二八	一〇八六〇	一七二八
三	三二五八七	〇八七五	三二五八八	一〇八五七	二五八八
四	四三四四三	一五五三	四三四四五	一〇八四九	三四四五
五	五四二九〇	二四二五	五四二九四	一〇八四三	四二九四
六	六五一二七	三四九四	六五一三七	一〇八三三	五一三七
七	七五九五二	四七五七	七五九七〇	一〇八二三	五九七〇
八	八六七六二	六二一四	八六七九三	一〇八一二	六七九三
九	九七五五五	七八一四	九七六〇五	一〇八〇一	七六〇五
十〇	一〇八三二九	九七一六	一〇八四〇六	一〇七八六	八四〇六
十一	一一九〇六九	一一七六〇	一一九一一二	一〇七七二	九一九二
十二	一二九八〇三	一四〇〇〇	一二九九六四	一〇七五五	九九六四
十三	一四〇四九八	一六四三五	一四〇七一九	一〇七四〇	一〇七一九
十四	一五一一六一	一九〇六七	一五一四五九	一〇七二〇	一一四五九
十五	一六一七九六	二一八九三	一六二一七九	一〇七〇四	一二一七九
十六	一七二三七四	二四九一五	一七二八八三	一〇六八四	一二八八三
十七	一八二九一七	二八一三三	一八三五六七	一〇六六三	一三五六七
十八	一九三四一三	三一五四四	一九四二三〇	一〇六四二	一四二三〇
十九	二〇三八五八	三五一五〇	二〇四八七二	一〇六二二	一四八七二
二〇	二一四二四八	三八九四八	二一五四九四	一〇五九九	一五四九一
二一	二二四五七八	四二九四八	二二六〇九三	一〇五七五	一六〇九三
二二	二三四八四五	四七一二四	二三六六六八	一〇五五四	一六六六八
二三	二四五〇四四	五一四九八	二四七二二二	一〇五三〇	一七二二二
二四	二五五一七一	五六〇六一	二五七七五二	一〇五〇六	一七七五二
二五	二六五二二一	六〇八一四	二六八二五八	一〇四八二	一八二五八
二六	二七五一八九	六五七五一	二七八七四〇	一〇四五六	一八七四〇
二七	二八五〇七一	七〇八七四	二八九一九六	一〇四三三	一九一九六
二八	二九四八六二	七六一七八	二九九六二八	一〇四〇八	一九六二八
二九	三〇四五五九	八一六六四	三一〇〇三六	一〇三八一	二〇〇三六
三〇	三一四一五五	八七三二六	三二〇四一八	一〇三五五	二〇四一八
三一	三二三六四五	九三三六三	三三〇七七三	一〇三三三	二〇七七三
三二	三三三〇二七	九九一七三	三四一一〇五	一〇三〇六	二一一〇五
三三	三四二二九五	一〇五三五一	三五一四一一	一〇二八〇	二一四一一
三四	三五一四四四	一一六九五	三六一六九六	一〇二五四	二一六九六
三五	三六〇四七〇	一一八二〇二	三七一九四五	一〇二二九	二一九四五
三六	三六九三六八	一二四八六六	三八二一七四	一〇二〇三	二二一七四
三七	三七八一三四	一三一六八六	三九二三七七	一〇一七七	二二三七七
三八	三八六七六四	一三八六五四	四〇二五五四	一〇一五二	二二五五四

卷之一

三九	三九五二五四	一四五七七〇	四一二七〇六	一〇一二六	二二七〇六
四〇	四〇三五九九	一五三〇二七	四二二八三三	一〇一〇二	二二八三三
四一	四一一七九七	一六〇四二〇	四三二九三〇	一〇〇七五	二二九三〇
四二	四一九八四二	一六七九四六	四四三〇〇九	一〇〇四九	二三〇〇九
四三	四二七七三三	一七五五九八	四五三〇五八	一〇〇二七	二三〇五八
四四	四三五四六七	一八三三七三	四六三〇八五	〇一〇〇〇〇	二三〇八五
四五	四四三〇五八	一九一二六五	四七三〇八五	〇九九七四	二三〇八五
四六	四五〇四四五	一九九二六五	四八三〇五九	九九五一	二三〇五九
四七	四五七六八七	二〇七三七九	四九三〇一〇	九九二五	二三〇一〇
四八	四六四七六〇	二一五五九〇	五〇二九三五	九九〇一	二二九三五
四九	四七一六六二	二二三八九七	五一二八三六	九八九六	二二八三六
五〇	四七八三九一	二三二二九五	五二二七一二	九八五一	二二七一二
五一	四八四九四六	二四〇七七八	五三二五六三	九八二七	二二五六三
五二	四九一三二六	二四九三四一	五四二三九〇	九八〇三	二二三九〇
五三	四九七五三〇	二五七九八〇	五五二一九三	九七八〇	二二一九三
五四	五〇三五五六	二六六六八七	五六一九七三	九七五五	二一九七三
五五	五〇九四〇五	二七五四六〇	五七一七二八	九七三一	二一七二八
五六	五一五〇七六	二八四二九一	五八一四五九	九七〇八	二一四五九
五七	五二〇五六八	二九三一八〇	五九一一六七	九六八五	二一一六七
五八	五二五八八三	三〇二一一八	六〇〇八五三	九六六一	二〇八五二
五九	五三一〇一九	三一一一〇二	六一〇五一三	九六三九	二〇五一三
六〇	五三五九七八	三二〇一二八	六二〇一五三	九六一六	二〇一五二

卷之一

六一	五四〇七六二	三二九一九一	六二九七六八	九五九四	一九七六八
六二	五四五三六八	三三八二八七	六三九三六二	九五七二	一九三六二
六三	五四九八〇〇	三四七四一四	六四八九三四	九五五一	一八九三四
六四	五五四〇五七	三五六五六八	六五八四八五	九五二九	一八四八五
六五	五五八一四三	三六五七四二	六六八〇一四	九五〇九	一八〇一四
六六	五六二〇五七	三七四九三九	六七七五二三	九四八七	一七五二三
六七	五六五八〇一	三八四一五一	六八七〇一〇	九四七〇	一七〇一〇
六八	五六九三七九	三九三三七八	六九六四八〇	九四五〇	一六四八〇
六九	五七二七九〇	四〇二六一五	七〇五九三〇	九四二七	一五九三〇
七〇	五七六〇三一	四一一八六二	七一五三五七	九四一二	一五三五七
七一	五七九一一一	四二一一一六	七二四七六九	九三九二	一四七六九
七二	五八二〇二九	四三〇三七四	七三四一六一	九三八五	一四一六一
七三	五八四七八七	四三九六三六	七四三五四六	九三五三	一三五四六
七四	五八七三八七	四四八八九九	七五二八九九	九三四三	一二八九九
七五	五八九八三〇	四五八一六三	七六二二四二	九三三九	一二二四二
七六	五九二一一七	四六七四二五	七七一五七一	九三一五	一一五七一
七七	五九四二五一	四七六六八五	七八〇八八六	九三〇四	一〇八八六
七八	五九六二三四	四八五九四四	七九〇一九〇	九二八六	一〇一九〇
七九	五九八〇六五	四九五一九五	七九九四七六	九二七五	〇九四七六
八〇	五九九七四七	五〇四四四三	八〇八七五一	九二六五	八七五一
八一	六〇一二八一	五一三六八八	八一八〇一六	九二五五	八〇一六
八二	六〇二六七四	五二二九二七	八二七二七一	九二四四	七二七一

八三	六〇三九一三	五三三一五九	八三六五一五	九二三八	六五一五
八四	六〇五〇一二	五四一三八九	八四五七五三	九二二八	五七五三
八五	六〇五九六七	五五〇六一三	八五四九八一	九二二三	四九八一
八六	六〇六七八一	五五九八三三	八六四二〇三	九二一五	四二〇三
八七	六〇七四五三	五六九〇四六	八七三四一八	九二一二	三四一八
八八	六〇七九八五	五七八二五七	八八二六三〇	九二一〇	二六三〇
八九	六〇八三七一	五八七四六五	八九一八四〇	九二〇四	一八四〇
九〇	六〇八六三〇	五九六六七一	九〇一〇四四	九二〇四	一〇四四
九一	六〇八七四三	六〇五六七四	九一〇二四八	二八七七	〇二四八
九一三二	六〇八七五〇	六〇八七五〇	九一三一二五	〇〇〇〇	〇〇〇〇

明史曰按郭守敬創法五端内一曰黄赤道差此其根率也舊法以一百一度相減相乘授時立術以句股弧矢方圓斜直所容求其差數合於渾象之理視古爲密顧至元曆經所載甚略又誤以黄道矢度爲積差黄道矢差爲差率今正之

○附求黄赤道極差法　補闕

天徑一百二十一度七十五分

半徑六十〇度八十七分五十〇秒

黄道半弧背四十五度

黄道矢一十七度三十二分五十三秒　求立成四十五度下

黄赤道大股五十六度〇二分六十八秒　半徑内減黄赤道大距之矢四度八十四分八十二秒而得

管窺輯要曰置黄道矢自之以周天徑除之得黄道半背弦差去減黄道半弧背餘爲黄道半弧弦○又用黄道矢去減周天半徑餘爲黄赤道小弦以黄赤道大股乘之用黄赤道大弦除之得黄赤道小股○又以黄赤道小股自之以黄道半弧弦自之相併平

方開之得赤道小弦○又以黃道半弧弦乘半徑所
得以赤道小弦除之爲赤道大股就爲赤道半弧弦
○又以黃道小股乘赤道大弦所得用赤道小弦除
之得赤道橫大句以減半徑餘爲赤道橫弧矢自之
如圓徑而一得赤道半背弦差去加赤道半弧弦爲
赤道半弧背用減黃道度餘得黃赤道差二度三十
○分八十五秒是術循弧宛轉實與天道脗合最爲
微妙可謂冠絕古今矣
○解曰置黃道矢一十七度三十二分五十三秒自
乘之得三百○○度一十六分六十○秒以周天
徑一百二十一度七十五分除之得黃道半背弦
差二度四十六分五十四秒去減黃道半弧背四
十五度餘四十二度五十三分四十六秒爲黃道
半弧弦○又用黃道矢以減周天半徑餘四
十二度五十四分九十七秒爲黃赤道小弦以黃
赤道大股乘之得二千四百三十九度九十五分
○三三一九六以黃赤道大弦六十○度八十七
分五十○秒除之得四十○度○八分一十三秒
爲黃赤道小股○又以黃赤道小股自乘之得一
千六百○六度五十一分○六秒以黃道半弧弦
自乘之得二千八百○九度一十九分二十二秒
相併得三千四百一十五度七十○分二十八秒
開平方法除之得五十八度四十四分四十○秒
爲赤道小弦○又以黃道半弧弦四十二度五十
三分四十六秒乘周天半徑六十○度八十七分
五十○秒得二千五百八十九度二十九分三十
七秒七十五微以赤道小弦五十八度四十四分
四十○秒除之得四十四度三十○分三十八秒
爲赤道大股就爲赤道半弧弦○又以黃道小股
四十○度○八分一十三秒乘赤道大弦六十○
度八十七分五十○秒得二千四百三十九度九
十四分九十一秒三十七微半以赤道小弦五十
八度四十四分四十○秒除之得四十一度七十
四分八十五秒爲赤道橫大句以減周天半徑六
十○度八十七分半餘一十九度一十二分六十
五秒爲赤道橫弧矢自乘之得三百六十五度八

十二分三十○一秒爲實以周天全徑一百二十一
度七十五分爲法除之得赤道半背弦差三度○
○四十七秒以加赤道半弧弦四十四度三十○
分三十八秒共得四十七度三十○分八十五秒
內減黃道半弧背四十五度餘二度三十○分八
十五秒爲黃赤道極差也

○黃赤道內外度第四

○推黃道各度距赤道內外及去極遠近術

置半徑內減去赤道小弦餘爲赤道二弦差又爲黃赤道小弧矢又爲內外矢又爲股弦差○置半徑內減去黃道矢度餘爲黃赤道小弦以二至黃赤道內外半弧弦乘之爲實以黃赤道大弦爲法即半徑除之爲黃赤道小弧弦即黃赤道內外半弧弦又爲黃赤道小句○置黃赤道小弧矢自之即赤道二弦差以全徑除之爲半背弦差以差加黃赤道小弧弦爲黃赤道小弧半背即黃赤道內外度○置黃赤道內外度視在盈初縮末限以加在縮初盈末限以減皆加減象限度即各得太陽去北極度分管窺輯要曰授時所求內外極差二十三度九十○分較古定差亦消減矣

○解曰如冬至後四十四度求太陽去赤道內外及
去極度者○術曰置半徑六十○度八十七分半
內減黃道四十四度下赤道小弦五十八度三十
五分六十九秒餘二度五十一分八十一秒爲黃
赤道小弧矢即內外矢○置半徑六十○度八七
五內減黃道四十四度矢一十六度五十六分八
十二秒餘四十四度三十○分六十八秒爲黃赤
道小弦○置黃赤道小弦以二至黃赤道內外半
弧弦二十三度七十一分乘之得一千○五十○
度五十一分四二三八爲實以黃赤道大弦六十
○度八七五爲法除之得一十七度二十五分六
十九秒爲黃赤道小弧弦即內外半弧弦○置黃
赤道小弧矢二度五十一分八十一秒自之爲實
以全徑一百二十一度七十五分爲法除之得五

卷之一

分二十一秒爲半背弦差以差加黃赤道小弧弦一十七度二十五分六十九秒得一十七度三十○一分八十九秒爲二至前後四十度太陽去赤道內外度○置象限九十一度三十一分四十三秒七十五微以內外度二十四度三○八九加之得一百○八度六十二分三十二秒七五爲冬至後四十四度太陽去北極度○又置象限度內減內外度一十七度三○八九餘得七十四度○○五十四秒七五爲夏至後四十四度太陽去北極度也餘倣此

○黃道每度去赤道內外及去北極度立成

黃道積度	黃赤內外矢又爲赤道二弦差	內外半弧弦又爲黃赤小弧弦	內外度又爲黃赤道小弧半背	冬至前後去極度	夏至前後去極度
十度十秒	十度十分十秒	十度十分十秒	十度十分十秒	百十度十分十秒	十度十分十秒
初	○四八四八二	二三七一○○	二三九○三○	一一五二一七三	六七四一一三
一	四八四六九	二三七○七八	二三八九九七	一一五二一四○	六七四一四六
二	四八四二七	二三六九七二	二三八八九八	一一五二○四一	六七四二四五
三	四八三五九	二三六八一二	二三八七三三	一一五一八七五	六七四四一一
四	四八二六三	二三六五八八	二三八五四一	一一五一六四四	六七四六四二
五	四八一四○	二三六二九九	二三八二○二	一一五一三四五	六七四九四一
六	四七九九一	二三五九四六	二三七八三八	一一五○九八○	六七五三○六
七	四七八一四	二三五五二八	二三七四○五	一一五○五四八	六七五七三八
八	四七六一○	二三五○四五	二三六九○七	一一五○○五○	六七六二三六
九	四七四九九	二三四四九六	二三六三四二	一一四九四八五	六七六八○一
十○	四七一二○	二三三八八三	二三五七○六	一一四八八四九	六七七四三七
十一	四六八三五	二三三二○三	二三五○○四	一一四八一四七	六七八一三九
十二	四六五二四	二三二四五七	二三四二三五	一一四七三七八	六七八九○八
十三	四六一八七	二三一六四四	二三三三九六	一一四六五三九	六七九七四七
十四	四五八二二	二三○七六四	二三二四八八	一一四五六三二	六八○六五五
十五	四五四三○	二二九八一八	二三一五一三	一一四四六五六	六八一六三○
十六	四五○一五	二二八八○二	二三○四六六	一一四三六○九	六八二六七七
十七	四四五七二	二二七七二一	二二九三五二	一一四二四九五	六八三七九一
十八	四四二○六	二二六五七○	二二八一六七	一一四一三一○	六八四九七六
十九	四三六一五	二二五三五一	二二六九一三	一一四○○五六	六八六二三○
二○	四三○九八	二二四○六三	二二五五八八	一一三八七三一	六八七五五五
二一	四二五五八	二二二七○六	二二四一九三	一一三七三三六	六八八九五○
二二	四一九九四	二二一二七九	二二二七二七	一一三五八七○	六九○四一六
二三	四一四○八	二一九七八二	二二一一九○	一一三四三三三	六九一九五三
二四	四○七九八	二一八二一七	二一九五八四	一一三二七二七	六九三五五九
二五	四○一六八	二一六五八一	二一七九○六	一一三一○四九	六九五二三七
二六	三九五一六	二一四八七五	二一六一五九	一一二九三○二	六九六九八四
二七	三八八四四	二一三一○○	二一四三三九	一一二七四八二	六九八八○四
二八	三八一五一	二一一二五四	二一二四四九	一一二五五九二	七○○六九四

二九	三七四四〇	二〇九三三九	二一〇四八九	一一二三六三三	七〇二六五四
三〇	三六七一一	二〇七三五五	二〇八四六二	一一二一六〇五	七〇四六八一
三一	三五九六四	二〇五三〇一	二〇六三六三	一一一九五〇六	七〇六九八〇
三二	三五二〇一	二〇二二七八	二〇四一九五	一一一七三三八	七〇八九四八
三三	三四四二四	二〇〇九八七	二〇一九六〇	一一一五一〇一	七一一一八三
三四	三三六三二	一九八七二八	一九九六五七	一一一二八〇〇	七一三四八六
三五	三二八二七	一九六四〇一	一九七二八六	一一一〇四二九	七一五八五七
三六	三二〇一〇	一九四〇〇八	一九四八四九	一一〇七九九二	七一八二九四
三七	三一一八一	一九一五四八	一九二三四六	一一〇五四八九	七二〇七九七
三八	三〇三四三	一八九〇二四	一八九七八〇	一一〇二九二三	七二三三六三
三九	二九四九七	一八六四三五	一八七一四九	一一〇〇二九二	七二五九九四
四〇	二八六四三	一八三七八三	一八四四五六	一〇九七五九九	七二八六八七
四一	二七七八三	一八一〇七〇	一八一七〇四	一〇九四八四七	七三一四三九
四二	二六九一九	一七八二九五	一七八八九〇	一〇九三〇三三	七三四二五三
四三	二六〇五一	一七五四六一	一七六〇一八	一〇八九一六一	七三七一二五
四四	二五一八一	一七二五六九	一七三〇八九	一〇八六二二三	七四〇〇五四
四五	二四三一〇	一六九六二〇	一七〇一〇五	一〇八三二四八	七四三〇三八
四六	二三四三九	一六六六一六	一六七〇六七	一〇八〇二一〇	七四六〇七六
四七	二二五七〇	一六三五五九	一六三九七七	一〇七七一二〇	七四九一六六
四八	二一七〇五	一六〇四四九	一六〇八三六	一〇七三九九九	七五二三〇七
四九	二〇八四三	一五七二八九	一五七六四五	一〇七〇七八八	七五五四九八
五〇	一九九八七	一五四〇八一	一五四四〇九	一〇六七五五二	七五八七三四
五一	一九一三八	一五〇八二三	一五一一二四	一〇六四二六七	七六二〇一九
五二	一八二九七	一四七五二三	一四七七九八	一〇六〇九四一	七六五三四五
五三	一七四六五	一四四一八四	一四四四三四	一〇五七五七七	七六八七〇九
五四	一六六四四	一四〇八〇〇	一四一〇二七	一〇五四一七〇	七七二一一六
五五	一五八三三	一三七三七七	一三七五八二	一〇五〇七二五	七七五五六一
五六	一五〇三六	一三三九一六	一三四一〇一	一〇四七二四四	七七九〇四二
五七	一四二五一	一三〇四二〇	一三〇五八六	一〇四三七二九	七八二五五七
五八	一三四八三	一二六八九〇	一二七〇三九	一〇四〇一八二	七八六一〇四
五九	一二七二八	一二三三二八	一二三四六一	一〇三六六〇四	七八九六八二
六〇	一一九九〇	一一九七三六	一一九八五四	一〇三二九九七	七九三二八九
六一	一一二六九	一一六一一七	一一六二二一	一〇二九三六四	七九六九二二
六二	一〇五六六	一一二四七一	一一二五六二	一〇二五七〇五	八〇〇五八一
六三	〇九八八二	一〇八七九九	一〇八八七九	一〇二二〇二三	八〇四二六四
六四	九二一八	一〇五一〇五	一〇五一七四	一〇一八三一七	八〇七九六九
六五	八五七二	一〇一三九〇	一〇一四五〇	一〇一四五九三	八一一六九三
六六	七九四八	〇九七六五五	〇九七七〇六	一〇一〇八四九	八一五四三七
六七	七三四六	九三九〇一	九三九四五	一〇〇七〇八八	八一九一九八
六八	六七六六	九〇一三三	九〇一六九	一〇〇三三一二	八二二九七四
六九	六二〇六	八六三四〇	八六三七八	〇九九九五二一	八二六七六五
七〇	五六六九	八二五四五	八二五七一	九九五七一四	八三〇五七二
七一	五一五五	七八七三三	七八七五四	九九一八九七	八三四三八九
七二	四六六四	七四九〇九	七四九二六	九八八〇六九	八三八二一七

卷之一

七三	四一九七	七一〇四七	七一〇八八	九八四二三一	八四二〇五五
七四	三七五三	六七二三〇	六七二四一	九八〇三八四	八四五九〇二
七五	三三三四	六三三七八	六三三八七	九七六五三〇	八四九七五六
七六	二九四〇	五九五一八	五九五二五	九七二六六八	八五三六一八
七七	二五六九	五五六五三	五五六五八	九六八八〇一	八五七四八五
七八	二二二四	五一七八一	五一七八五	九六四九二八	八六一三五八
七九	一九〇三	四七九〇五	四七九〇八	九六一〇五一	八六五二三五
八〇	一六〇六	四四〇二五	四四〇二七	九五七一七〇	八六九一一六
八一	一三三五	四〇一四一	四〇一四二	九五三二八五	八七三〇〇一
八二	一〇八九	三六二五四	三六二五四	九四九三九七	八七六八八九
八三	〇八六八	三二三六五	三二三六五	九四五五〇八	八八〇七七八
八四	〇六七一	二八四七五	二八四七五	九四一六一八	八八四六六八
八五	〇五〇〇	二四五八三	二四五八三	九三七七二六	八八八五六〇
八六	〇三五五	二〇六九〇	二〇六九〇	九三三八三三	八九二四五三
八七	〇二三三	一六七九六	一六七九六	九二九九三九	八九六三四七
八八	〇一三七	一二九〇二	一二九〇二	九二六〇四五	九〇〇二四一
八九	〇〇六七	〇九〇〇七	〇九〇〇七	九二二一五〇	九〇四一三六
九〇	〇〇二一	〇五一一二	〇五一一二	九一八二五五	九〇八〇三一
九一	〇〇〇一	〇一二一七	〇一二一七	九一四三六〇	九一一九二六
九一三二	〇〇〇〇	〇〇〇〇〇	〇〇〇〇〇	九一三一四三	九一三一四三

○白道交周第五

管窺輯要曰日道出入赤道遠距二十四度月出入黄道不踰六度其距赤道遠不過三十度近不下十八度出黄道爲陽入黄道内爲陰陰陽一周分爲四象月當黄道爲正交出黄道外六度爲半交復當黄道爲中交入黄道内六度爲半交四象周曆是謂交終退天約一度半正交在春正半交出黄道外六度在赤道外三十度中交在春正半交入黄道内六度在赤道外十八度其月道與赤道正交距春秋二正黄赤正交東西相去之數難以測識郭太史以弧中所容直濶之法求之以白道出入黄道六度僂爲大

圓弧矢周天半徑爲弧半弦自之爲半弦實以矢六
度除之爲股弦和加矢六度爲大圓徑○立天元一
爲容濶去減六度餘爲截矢以矢去減大圓徑餘以
截矢乘之爲容半長冪寄左○又以二至出入半弧
弦二十三度七十一分爲大句除大股五十六度零
六分半得二度三十七分就整爲差○置天元一爲
小句以度差乘之得爲小股又爲容半長自之爲容
半長冪與寄左相消得度以平方開之得五度七十
分爲矢容濶又爲小句以度差二度三十七分乘之
得一十三度四十七分八十二秒爲容半長置大弦
六十○度八十七分半以小句五度七十分乘之以

本書作三者誤也三分當作四分六十四秒奇

大句二十三度七十一分除之得一十四度六十三
分爲小弦又曰白道與赤道正交距黄赤道正交半
弧弦依法求得半弧背一十四度六十六分爲白赤
道正交距黄赤道正交極數云云

○解曰郭太史以弧中所容直濶之法而求白赤道
正交距黄赤道正交極度其術曰以白道出入黄
道六度爲大圓弧矢又置周天半徑六十○度
八十七分半爲弧半弦自之得三千七百○五
度七十六分五十六秒少爲半弦巾以矢六度除
之得六百一十七度六十三分秒就近爲分爲股
弦和加矢六度共得六百二十三度六十三分爲
大圓徑○又以二至黄道出入赤道内外半弧弦
二十三度七十一分爲大句○置大股五十六度
○六分半以大句二十三度七十一分除之得二
度三十六分四十六秒奇就整以二度三十七分
爲度差○立天元一爲容濶去減矢六度餘爲截
矢○列大圓徑内減矢六度餘以截矢乘之爲容
半長巾寄左○又以容濶爲小句以度差乘之得

爲小股又爲容半長自乘之爲容半長巾與寄左
相消以平方開之得五度七十一分四十一秒弱
就整以五度七十○分爲矢容濶又爲小句也

○天元式

○爲容濶
爲截矢
寄左
○爲小股又爲容半長
○爲容半長巾
相消
開方式
得商五度七十分四二秒不用

○術曰置大圓徑六百二十三度六十三分以矢六
度乘之得三千七百四十一度七十八分內減矢
巾三十六度餘三千七百○五度七十八分爲正
實○列大圓徑六百二十三度六十三分內異減
矢六度餘六百一十七度六十三分爲負方○置
度差二度三十七分自乘之得五度六十一分六
十九秒爲負廉平方開之即得容濶五度七十○
分又爲小句以度差實數二度三十六分四十六
秒乘之得一十三度四十七分八十二秒爲容半
長○又置大弦六十○度八十七分半以小句五
度七十○分四十一秒乘之得三千四百七十二
度三十七分○八秒七五以大句二十三度七十

一分除之得一十四度六十四分五十一秒七十
五微爲小弦又爲自道與赤道正交距黃赤道正
交半弧弦○置矢六度內減容濶五度七十○分
餘三十○分爲截矢自乘之得九度以大圓徑六
百二十三度六十三分除之得一分四十四秒奇
爲半背弦差以加半弧弦一十四度六十四分六
十四秒奇共得一十四度六十六分餘秒棄就近爲白
赤道正交距黃赤道正交之極度也

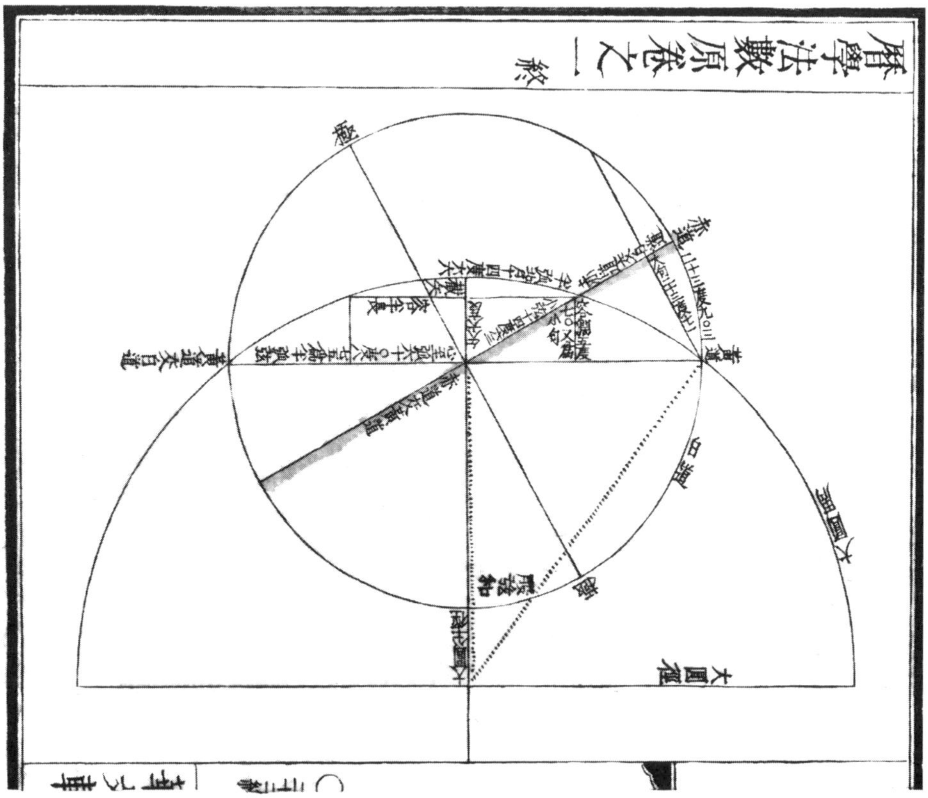
曆學法數原卷之一　終

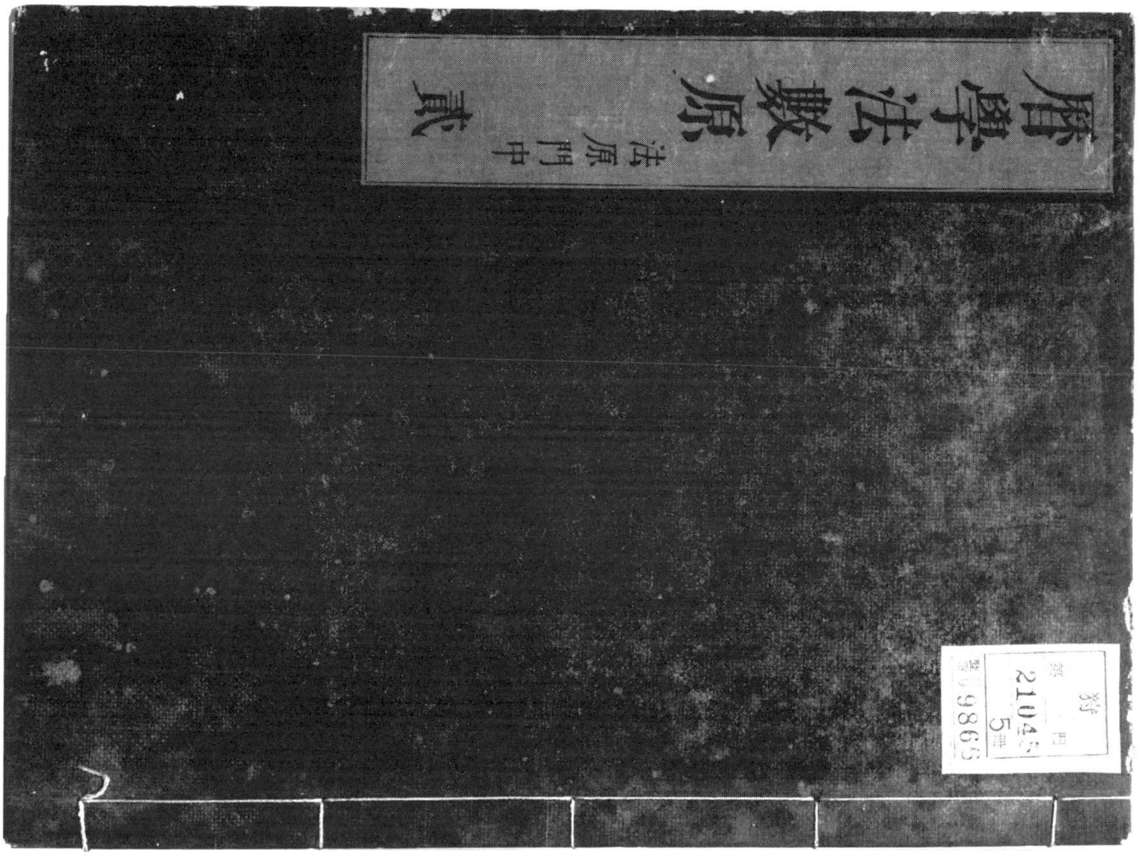
曆學法數原
法原門中
貳
21045
5冊
9865

暦學法數原卷之二

洛東 後學 中西如環敬房著述

法原門中

○日月平立定三差第六上

○太陽盈縮平立定三差之原

冬至前後盈初縮末限八十八日九十一刻 就整爲限

○暦算全書梅勿菴曰太陽行天有盈有縮今立成以盈初縮末八十八日九十一刻就整爲限者此由測驗而得之也蓋古法自冬至至春分太陽行天一象限該暦亦九十一日三十一刻有奇而今則不然毎於冬至後八十八日九十一刻而太陽已到春分宿度故盈初縮末以此爲限也

盈初縮末限離爲六段

○梅勿菴曰一年有二十四氣分之為四象限則各得六氣故盈初縮末縮初盈末之四象限者亦離為六段也

每段各得一十四日八十二刻此亦就整累加之為積日

置各段積日以太陽平行一度乘之為各段平積度

每一段實測太陽所躔之積度與各段平積度相減

餘為各段積差命度為萬

○愚按明史只始於積日及積差而省略各段平積及實積度故今文數俱補加焉下皆同

	○各段平積度	○各段實積度
第一段	一十四度八十二分	一十五度五十二分五十八秒○二五○
第二段	二十九度六十四分	三十○度九十三分七十六秒三九二○
第三段	四十四度四十六分	四十六度二十二分九十三秒七四六二
第四段	五十九度二十八分	六十一度三十九分四十八秒七三二八
第五段	七十四度一十○分	七十六度四十二分七十九秒九九七○
第六段	八十八度九十二分	九十一度三十二分二十六秒一八四○

	○各段積日	○各段積差
第一段	一十四日八二	○七千○五十八分○二五○
第二段	二十九日六四	一萬二千九百七十六分三九二○
第三段	四十四日四六	一萬七千六百九十三分七四六二
第四段	五十九日二八	二萬一千一百四十八分七三二八
第五段	七十四日一○	二萬三千二百七十九分九九七○
第六段	八十八日九二	二萬四千○二十六分一八四○

○梅氏曰太陽盈初縮末限八十八日九十一刻而行天一象限則過平行二度四十○分奇也是為

盈曆之大積差若縮初盈末即其不及之數必行九十三日奇而後爲一象限也故縮初盈末之限多於盈初縮末之限其積差極數亦與盈曆積差相同矣但盈縮之差絕無有平汎或自多而漸少或由少而漸多何以能得每日參差之數元郭太史立法以爲平立定三差於是齊其不齊之差常得每日細差及積差其術則出於垜積招差之法也

各置其段積差以其段積日除之爲各段日平差

置各段日平差與後段日平差相減餘爲各段一差

置各段一差與後段一差相減餘爲各段二差

	○各段日平差	○一差	○二差
第一段	四百七十六分二五	三十八分四五	一分三八
第二段	四百三十七分八〇	三十九分八三	一分三八
第三段	三百九十七分九七	四十一分二一	一分三八
第四段	三百五十六分七六	四十二分五九	一分三八
第五段	三百一十四分一七	四十三分九七	
第六段	二百七十〇分二〇		

○梅氏曰所以有一差二差者一差則差之較也二差則較之較也差之較者各段平差是盈縮於平行之數其數初段多而末段少各段一差其數初段少而末段反多而此一差之數原非平汎故一段二段之較最少而二段三段之較漸多如太陽盈縮之數近初限則其差強而近末限則其差弱是一差之前少後多正所以爲盈縮之前多後少也○又曰有一差不齊者活物之情也而不齊之中有所以不齊之數得其所以不齊之數則可以齊其不齊之數矣今各段之一差不齊而前後兩一差相減則仍有齊數謂之二差也其不齊者差之較而其有齊者較之較也既爲齊數則較數之不齊皆有倫而有脊故遂可據之以求定差也

○求定平立三差法

以第一段日平差命爲汎平積
汎平積四百七十六分二十五秒
置第一段一差三十八分四十五秒內減第一段二差一分三十八秒餘爲汎平積差
汎平積差三十七分〇七秒
置第一段二差一分三十八秒折半之爲汎立積差
汎立積差六十九秒
○求定差
置汎平積四百七十六分二十五秒加入汎平積差三十七分〇七秒共得五百一十三分三十二秒進四位爲定差

○愚按定差進四位者本經滿億爲度度本萬位此即退四位故今進四位以爲定差之數也下皆同
定差五百一十三萬三千二百分
○求平差
置汎平積差三十七分〇七秒內減汎立積差六十九秒餘三十六分三十八秒爲實以第一段段日一十四日八十二刻爲法實如法而一得二分四十六秒進四位爲平差
平差二萬四千六百分　減
○求立差
置汎立積差六十九秒爲實以段日一十四日八十二刻爲法除之二次得三十一微進四位爲立差

立差三十一分　加

夏至前後縮初盈末限九十三日七十一刻（就整爲限）

○梅氏云自夏至距春分九十三日七十一刻有奇而行天一象限故縮初盈末以此爲限也

縮初盈末限亦離爲六段每段各得一十五日六十二刻（就整）累加之爲積日置各段積日以太陽平行一度乘之爲各段平積度每一段實測太陽所躔之積度與各段平積度相減餘爲各段積差（命度爲萬）

	○各段平積度	○各段實積度
第一段	一十五度六十二分	一十四度九十一分四十一秒〇九六
第二段	三十一度二十四分	二十九度九十四分二十一秒三四二〇
第三段	四十六度八十六分	四十五度〇九分〇三秒三二一〇〇〇
第四段	六十二度四十八分	六十〇度三十六分四十九秒二七〇四
第五段	七十八度一十〇分	七十五度七十七分二十一秒五一四〇
第六段	九十三度七十二分	九十一度三十一分八十二秒三七五六

	○各段積日	○各段積差
第一段	一十五日六二	〇七千〇五十八分九九〇四
第二段	三十一日二四	一萬二千九百七十八分六五八〇
第三段	四十六日八六	一萬七千六百九十六分六七九〇
第四段	六十二日四八	二萬一千一百五十〇分七二九六
第五段	七十八日一〇	二萬三千二百七十八分四八六〇
第六段	九十三日七二	二萬四千〇一十七分六二四四

推日平差一差二差三差術與盈初縮末限相同

○日平差　○一差　○二差

	日平差	一差	二差
第一段	四百五十一分九二	三十六分四七	一分三三
第二段	四百一十五分四五	三十七分八○	一分三三
第三段	三百七十七分六五	三十九分一二	一分三三
第四段	三百三十八分五二	四十○分四六	一分三三
第五段	二百九十八分○六	四十一分七九	
第六段	二百五十六分二七		

○求定平立三差法

以第一段日平差命為汎平積

汎平積四百五十一分九十二秒

置第一段一差三十六分四十七秒内減第二段二差一分三十三秒餘為汎平積差

汎平積差三十五分一十四秒

置第一段二差一分三十三秒折半之為汎立積差

汎立積差六十六秒五十○微

○求定差

置汎平積四百五十一分九十二秒加入汎平積差三十五分一十四秒共得四百八十七分○六秒進四位為定差

定差四百八十七萬○六百分

○求平差

置汎平積差三十五分一十四秒内減汎立積差六

十六秒半餘三十四分四十七秒半爲實以段日一
十五日六十二刻爲法實如法而一得二分二十一
秒進四位爲平差

平差二萬二千一百分　減

○求立差

置汎立積差六十六秒半爲實以段日一十五日六
十二刻爲法除之二次得二十七微進四位爲立差

立差二十七分　加

凡盈曆以八十八日九十○刻九十二分少爲限縮
曆以九十三日七十一刻二十○分少爲限在其限
已下爲初限已上轉減半歲周餘爲末限

盈縮招差圖

定差　實

法	九限 定差	八限	七限	六限	五限	四限	三限	二限	一限
平差	一	一	一	一	一	一	一	一	一
立差	九	八	七	六	五	四	三	二	一
平差	二	二	二	二	二	二	二	二	定差
立差	十八	十六	十四	十二	一十	八	六	四	
平差	三	三	三	三	三	三	三	定差	
立差	廿七	廿四	廿一	十八	十五	十二	九		
平差	四	四	四	四	四	四	定差		
立差	三十六	三十二	廿八	廿四	二十	十六			
平差	五	五	五	五	五	定差			
立差	四十五	四十	三十五	三十	廿五				
平差	六	六	六	六	定差				
立差	五十四	四十八	四十二	三十六					
平差	七	七	七	定差					
立差	六十三	五十六	四十九						
平差	八	八	定差						
立差	七十二	六十四							
平差	九	定差							
立差	八十一								
法	定差								

○梅氏云盈初是從冬至後順推縮末是從冬至
前逆溯其距冬至同故其盈積亦同也
縮初是從夏至後順推盈末是從夏至
前逆溯其距夏至同故其縮積亦同也

○盈縮招差圖説

曆算全書曰盈縮招差本爲各一象限之法（如盈曆則以八十八日九十一刻爲象限縮曆則以九十三日七十一刻爲象限）今只作九限者舉此爲例也其空格九行定差本數爲實也其斜線以上平差立差之數爲法也斜線以下空格之定差乃餘實也

假如定差爲一萬平差爲一百立差爲單一今求九限法以九限乘平差得九百又以九限乘立差二次得八十一并兩數九百八十一爲法定差一萬爲實法減實餘實九千○一十九即九限末位所書之定差也於是再以九限爲法乘餘實得八萬一千一百七十一爲九限積數

又曰本法以九限乘定差得九萬爲實別置平差以九限乘二次得八千一百置立差以九限乘三次得七百二十九并兩數得八千八百二十九爲法以減實九萬得八萬一千一百七十一爲九限積與前所得同（本法是先乘後減用法是先減後乘其理一也）

○明史曰授時曆於七政盈縮並以垛積招差立算其法巧合天行與西人用小輪推步之法殊途同歸然世所傳九章諸書不載其術曆草載其術而不言其故宣城梅文鼎爲之圖解於平差立差之理垛積之法皆有以發明其所以然有專書行

於世不能備錄謹錄招差圖說以明立法之大意
云
凡求盈縮以入曆初末日乘立差得數以加平差再
以初末日乘之得數以減定差餘數以初末日乘之
滿億爲度不滿爲分秒即得所求盈縮積度
○布太陽立成法
如盈初縮末者置立差三十一微以六因之得一秒
八十六微爲加分立差○置平差二分四十六秒倍
之得四分九十二秒加入加分立差共得四分九十
三秒八十六微爲初日平立合差○置定差五百一
十三分三十七秒内減平差二分四十六秒再減立

差三十一微餘五百一十○分八十五秒六十九微
即爲初日加分也
如縮初盈末者置立差二十七微以六因之得一秒
六十二微爲加分立差○置平差二分二十一秒倍
之得四分四十二秒加入加分立差共得四分四十
三秒六十二微爲初日平立合差○置定差四百八
十七分○六秒内減平差二分二十一秒再減立差
二十七微餘四百八十四分八十四秒七十三微即
爲初日加分也　已上所推者皆初日之數也
如推次日以加分立差累加平立合差爲次日平立
合差以平立合差減其日加分爲次日加分盈縮並

同其加分累積之卽爲盈縮積數也

○附求太陽每日定行度法 補闕

置日平行一度如盈初縮末以其日盈縮加分加之爲每日定行度○如縮初盈末以其日盈縮加分減日平行一度餘爲每日定行度

○太陰遲疾平立定三差之原

太陰轉終二十七日五十五刻四十六分測分四象每象爲七段則四象爲二十八段又每一段爲十二限則每一象八十四限凡三百三十六限而四象一周以四象爲法除轉終日得每一象六日八十八刻

八十七分就整離爲七段每一段九十八刻四十一分累加之爲各段積日以十二限累加之爲各段積限又置各段積日以月平行度乘之爲各段平積度每一段實測太陰遲疾之度爲各段實積度與各段平積度相減餘爲各段積差

	○各段積日	○各段平積度	○各段實積度
第一段	○日九八四一	一十三度一五六一八七	一十四度四四三三○七
第二段	一日九六八二	二十六度三一二三七四	二十八度七七一九九○
第三段	二日九五二三	三十九度四六八五六一	四十二度九五二三五三
第四段	三日九三六四	五十二度六二四七四八	五十六度九五○七○○
第五段	四日九二○五	六十五度七八○九三四	七十○度七三三三三四

卷之二

第六段	五日 九〇四六	七十八度 九三七一二一	八十四度 二六六五六一
第七段	六日 八八八七	九十二度 〇九三三〇八	九十七度 五一六六八四

○各段積限		○各段積差
第一段	一十二限	一度二十八分 七一二〇
第二段	二十四限	二度四十五分 九六一六
第三段	三十六限	三度四十八分 三七九二
第四段	四十八限	四度三十二分 五九五二
第五段	六十〇限	四度九十五分 二四〇〇
第六段	七十二限	五度三十二分 九四四〇
第七段	八十四限	五度四十二分 三三七六

各置其段積差、以其段積限除之、為各段限平差。

置各段限平差、與後段限平差相減、餘為各段一差。

置各段一差、與後段一差相減、餘為各段二差。

	○各段限平差	○一差	○二差
第一段	一十〇分	四十七秒	九秒三六
第二段	一十〇分	五十七秒	九秒三六
第三段	〇九分	六十六秒	九秒三六
第四段	〇九分	七十五秒	九秒三六
第五段	〇八分	八十五秒	九秒三六
第六段	〇七分	九十四秒	
第七段	〇六分		

○求太陰定平立三差法

以第一段限平差命為汎平積

汎平積一十〇分七十二秒六十〇微

置第一段一差四十七秒七十六微內減第一段二
差九秒三十六微餘為汎平積差

汎平積差三十八秒四十〇微

別置第一段二差九秒三十六微折半之所得為汎
立積差

汎立積差四秒六十八微

○求定差

置汎平積一十〇分七十二秒六十〇微加入汎平
積差共得一十一分一十一秒進四位為定差

定差一千一百一十一萬分

○求平差

置汎平積差三十八秒四十〇微內減汎立積差四
秒六十八微餘三十三秒七十二微為實以十二限
為法除之得二秒八十一微進四位為平差

平差二萬八千一百分　減

○求立差

置汎立積差四秒六十八微為實以十二限為法除
之二次得三微二十五纖進四位為立差

立差三百二十五分　加

凡求遲疾皆以入曆日乘十二限二十分以在八十

四限已下爲初限已上轉減一百六十八限餘爲末
限其初限是從最遲最疾處順推至後末限是從最
遲最疾處逆溯至前其距最遲最疾處同故其積度
亦同（太陰與太陽立法同但太陽以定氣立限故盈縮異數太陰以平行立限故遲疾同原）

○布太陰立成法

自初限起至一百六十八限而止（每號累加一限）凡一百六
十九號

置所求限數以轉中日乘之所得以中限除之卽爲
所求日率（初限下係空）

又法以八百二十分爲一限日率累加之爲每限日
率（初限下係空加而每滿轉中日更加一分是也）

凡求遲疾置立差以所求限數乘之得數用加平差
又以限數乘之所得以減定差餘數再以限數乘之
滿億爲度不滿爲分秒卽得各限遲疾積度（自初限至八十四限而止已後反復而求之初限下積度係空）

○愚按月行遲疾最艱故微纖之數未能測盡是以
遲疾極差在八十二限而不在八十四限今立法
求之如左

置八十二限積五度四二八八一內減八十一限
積五度四二八二七五七五餘五秒三十四微二
十五纖卽爲八十一限益分以三限除之得一秒
七十八微○八纖三三不盡（一不盡者棄不用）以爲八十二

限下平立合差○又置三三不盡以三限約之得一纖用加八十二限平立合差共得一秒七十八微○九纖爲八十一限下平立合差

置八十一限益分五秒三十四微二十五纖內減八十一限平立合差餘三秒五十六微一十六纖卽爲八十二限益分○又置八十二限益分內減八十二限平立合差餘一秒七十八微○八纖卽爲八十三限益分如八十四限損分者與八十三限益分相同其餘皆反折而得

○如遲疾積度置八十二限積度以八十二限益分三秒五十六微一十六纖加之卽得八十三限積五度四二九一六六一六○又置八十三限積度以八十三限益分一秒七十八微○八纖加之卽得八十四限積五度四二九三四四二四此是郭太史所用之活法也如八十五限已往者皆反復而得之也以上俱詳立成中

○又布立成法

置立差三微二十五纖以六因之得一十九微五十

○纖爲損益立差

置平差二秒八十一微倍之得五秒六十二微再加損益立差一十九微半共得五秒八十一微半爲初限平立合差自此以損益立差累加之卽每限平立合差○至八十限下積至二十一秒四一五爲平立

合差之極○八十一限下平立合差一秒七八○九
○八十二限下平立合差一秒七八○八○至八十
三限下平立合差與益分中分爲益分之終○八十
四限下平立合差亦與損分中分爲損分之始○至
八十六限下平立合差亦二十一秒四一五自此以
損益立差累減之即每限平立合差（至末限與初限同）
置定差一十一分一十一秒內減平差二秒八十一
微再減立差三微二十五纖餘一十一分○八秒一
十五微七十五纖爲加分定差（即初限損益分）
置損益分以其限平立合差益減損加之即爲次限
損益分

以益分積之損分減之復爲其下遲疾積度（以上俱詳立成）
○附求太陰遲疾限行度法（補闕）
置轉中一十三日七千七百七十三分以月平行一
十三度三十六分八十七秒半乘之得一百八十四
度一十八分五十二秒七十九微三七五爲實以一
百六十八限爲法實如法而一得每限平行一度○
九分六十三秒（秒已下棄不用）以每限損益分益加損減之
爲遲疾限行度（秒已下不用之）

○太陽盈縮及太陰遲疾立成
明史曆志曰立成者以日月五星盈縮遲疾之數預

至正當作至元

爲排定以便推步取用也元志曆經步七政盈縮遲疾皆有二術其一術以三差立算者即布立成法也其又術云以其下盈縮分乘入限分萬約之以加其下盈縮積者用立成法也而遺立成未載無從入算今依大統曆通軌具錄之其目四曰太陽盈縮曰太陰遲疾曰五星盈縮曰晨昏分餘詳法原及推步卷中按元史至正十七年授時曆成十九年王恂卒時曆雖頒然立成之數尚皆未有定藁郭守敬比類編次整齊分秒裁爲二卷前今欽天監本載嘉議大夫太史令臣王恂奏數撰著王先有藁而郭卒成之與

太陽盈初縮末限立成冬至前後二象限同用

積日	十日	初	一	二	三	四	五	六	七
平立合差	分十秒十微	四九三八六	四九五七二	四九七五八	四九九四四	五〇一三〇	五〇三一六	五〇五〇二	五〇六八八
盈加分	百十分十秒十微	五一〇八五六九	五〇五九一八三	五〇〇九六一一	四九五九八五三	四九〇九九〇九	四八五九七七九	四八〇九四六三	四七五八九六一
盈積度	萬千百十分十秒十微		〇五一〇八五六九	一〇一六七七五二	一五一七七三六三	二〇一三七二一六	二五〇四七一二五	二九九〇六九〇四	三四七一六三六七
盈行度	度千百十分十秒	一〇五一〇八五	一〇五〇五九一	一〇五〇〇九六	一〇四九五九八	一〇四九〇九九	一〇四八五九七	一〇四八〇九四	一〇四七五八九

積日	八	九	十	十一	十二	十三	十四	十五
平立合差	五〇八七四	五一〇六〇	五一二四六	五一四三二	五一六一八	五一八〇四	五一九九〇	五二一七六
盈加分	四七〇八二七三	四六五七三九九	四六〇六三三九	四五五五〇九三	四五〇三六六一	四四五二〇四三	四四〇〇二三九	四三四八二四九
盈積度	三九四七五三二八	四四一八三六〇一	四八八四一〇〇〇	五三四四七三三九	五八〇〇二四三二	六二五〇六〇九三	六六九五八一三六	七一三五八三七五
盈行度	一〇四七〇八二	一〇四六五七三	一〇四六〇六三	一〇四五五九〇	一〇四五〇三六	一〇四四五二〇	一〇四四〇〇二	一〇四三四八二

積日	十六	十七	十八	十九	二〇	二一	二二
平立合差	五二三六二	五二五四八	五二七三四	五二九二〇	五三一〇六	五三二九二	五三四七八
盈加分	四二九六〇七三	四二四三七一一	四一九一一六三	四一三八四二九	四〇八五五〇九	四〇三二四〇三	三九七九一一一
盈積度	七五七〇六六二四	八〇〇〇二六九七	八四二四六四〇八	八八四三七五七一	九二五七六〇〇〇	九六六六一五〇九	一〇〇六九三九一二
盈行度	一〇四二九六〇	一〇四二四三七	一〇四一九一一	一〇四一三八四	一〇四〇八五五	一〇四〇三二四	一〇三九七九一

卷之二

二三	五三六六四	三九二五六三三	一〇四六七三〇二三	一〇三九二五六
二四	五三八五〇	三八七一九六九	一〇八五九八六五六	一〇三八七一九
二五	五四〇三六	三八一八一一九	一一二四七〇六二五	一〇三八一八一
二六	五四二二二	三七六四〇八三	一一六二八八七四四	一〇三七六四〇
二七	五四四〇八	三七〇九八六一	一二〇〇五二八二七	一〇三七〇九八
二八	五四五九四	三六五五四五三	一二三七六二六八八	一〇三六五五四
二九	五四七八〇	三六〇〇八五九	一二七四一八一四一	一〇三六〇〇八
三〇	五四九六六	三五四六〇七九	一三一〇一九〇〇〇	一〇三五四六〇
三一	五五一五二	三四九一一一三	一三四五六五〇七九	一〇三四九一一
三二	五五三三八	三四三五九六一	一三八〇五六一九二	一〇三四三五九
三三	五五五二四	三三八〇六二三	一四一四九二一五三	一〇三三八〇六
三四	五五七一〇	三三二五〇九九	一四四八七二七七六	一〇三三二五〇
三五	五五八九六	三二六九三八九	一四八一九七八七五	一〇三二六九三
三六	五六〇八二	三二一三四九三	一五一四六七二六四	一〇三二一三四
三七	五六二六八	三一五七四一一	一五四六八〇七五七	一〇三一五七四
三八	五六四五四	三一〇一一四三	一五七八三八一六八	一〇三一〇一一
三九	五六六四〇	三〇四四六八九	一六〇九三九三一一	一〇三〇四四六
四〇	五六八二六	二九八八〇四九	一六三九八四〇〇〇	一〇二九八八〇
四一	五七〇一二	二九三一二二三	一六六九七二〇四九	一〇二九三一二
四二	五七一九八	二八七四二一一	一六九九〇三二七三	一〇二八七四二
四三	五七三八四	二八一七〇一三	一七二七七七四八三	一〇二八一七〇
四四	五七五七〇	二七五九六二九	一七五五九四四九六	一〇二七五九六

四五	五七七五六	二七〇二〇五九	一七八三五四一二五	一〇二七〇二〇
四六	五七九四二	二六四四三〇三	一八一〇五六一八四	一〇二六四四三
四七	五八一二八	二五八六三六一	一八三七〇〇四八七	一〇二五八六三
四八	五八三一四	二五二八二三三	一八六二八六八四八	一〇二五二八二
四九	五八五〇〇	二四六九九一九	一八八八一五〇八一	一〇二四六九九
五〇	五八六八六	二四一一四一九	一九一二八五〇〇〇	一〇二四一一四
五一	五八八七二	二三五二七三三	一九三六九六四一九	一〇二三五二七
五二	五九〇五八	二二九三八六一	一九六〇四九一五三	一〇二二九三八
五三	五九二四四	二二三四八〇三	一九八三四三〇一三	一〇二二三四八
五四	五九四三〇	二一七五五五九	二〇〇五七七八一六	一〇二一七五五
五五	五九六一六	二一一六一二九	二〇二七五三三七五	一〇二一一六一
五六	五九八〇二	二〇五六五一三	二〇四八六九五〇四	一〇二〇五六五
五七	五九九八八	一九九六七一一	二〇六九二六〇一七	一〇一九九六七
五八	六〇一七四	一九三六七二三	二〇八九二二七二八	一〇一九三六七
五九	六〇三六〇	一八七六五四九	二一〇八五九四五一	一〇一八七六五
六〇	六〇五四六	一八一六一八九	二一二七三六〇〇〇	一〇一八一六一
六一	六〇七三二	一七五五六四三	二一四五五二一八九	一〇一七五五六
六二	六〇九一八	一六九四九一一	二一六三〇七八三三	一〇一六九四九
六三	六一一〇四	一六三三九九三	二一八〇〇二七四三	一〇一六三三九
六四	六一二九〇	一五七二八八九	二一九六三六七三六	一〇一五七二八
六五	六一四七六	一五一一五九九	二二一二〇九六二五	一〇一五一一五
六六	六一六六二	一四五〇一二三	二二二七二一二二四	一〇一四五〇一

日	平立合差	縮加分	縮積度	縮行度
六七	六一八四八	一三八八四六二	二二四一七一三四七	一○一三八八四
六八	六二○三四	一三二六六一三	二二五五五九八○八	一○一三二六六
六九	六二二二○	一二六四五七九	二二六八八六四二一	一○一二六四五
七○	六二四○六	一二○二三五九	二二八一五一○○○	一○一二○二三
七一	六二五九二	一一三九九五三	二二九三五三三五九	一○一一三九九
七二	六二七七八	一○七七三六一	二三○四九三三一二	一○一○七七三
七三	六二九六四	一○一四五八三	二三一五七○六七三	一○一○一四五
七四	六三一五○	○九五一六一九	二三二五八五二五六	一○○九五一六
七五	六三三三六	八八八四六九	二三三五三六八七五	一○○八八八四
七六	六三五二二	八二五一三三	二三四四二五三四四	一○○八二五一
七七	六三七○八	七六一六一一	二三五二五○四七七	一○○七六一六
七八	六三八九四	六九七九○三	二三六○一二○八八	一○○六九七九
七九	六四○八○	六三四○○九	二三六七○九九九一	一○○六三四○
八○	六四二六六	五六九九二九	二三七三四四○○○	一○○五六九九
八一	六四四五二	五○五六六三	二三七九一三九二九	一○○五○五六
八二	六四六三八	四四一二一一	二三八四一九五九二	一○○四四一二
八三	六四八二四	三七六五七三	二三八八六○八○三	一○○三七六五
八四	六五○一○	三一一七四九	二三九二三七三七六	一○○三一一七
八五	六五一九六	二四六七三九	二三九五四九一二五	一○○二四六七
八六	六五三八二	一八一五四三	二三九七九五八六四	一○○一八一五
八七	六五五六八	一一六一六一	二三九九七七四○七	一○○一一六一
八八	六五七五四	○五○五九三	二四○○九三五六八	一○○○五○五
八九	○○○○○	○○○○○○○	二四○一四四一六一	一○○○○○○

太陽縮初盈末限立成 夏至前後二象限同用

積日	平立合差	縮加分	縮積度	縮行度
十日	分十秒十微	百十分十秒十微	萬千百十分十秒十微	千百十分十秒
初	四四三六二	四八四八四七三		九五一五一六
一	四四五二四	四八○四一一一	四八四八四七三	九五一九五九
二	四四六八六	四七五九五八七	九六五二五八四	九五二四○五
三	四四八四八	四七一四九○一	一四四一二一七一	九五二八五一
四	四五○一○	四六七○○五三	一九一二七○七二	九五三三○○
五	四五一七二	四六二五○四三	二三七九七一二五	九五三七五○
六	四五三三四	四五七九八七一	二八四二二一六八	九五四二○二
七	四五四九六	四五三四五三七	三三○○二○三九	九五四六五五
八	四五六五八	四四八九○四一	三七五三六五七六	九五五一一○
九	四五八二○	四四四三三八三	四二○二五六一七	九五五五六七
十○	四五九八二	四三九七五六三	四六四六九○○○	九五六○二五
十一	四六一四四	四三五一五八一	五○八六六五六三	九五六四八五
十二	四六三○六	四三○五四三七	五五二一八一四四	九五六九四六
十三	四六四六八	四二五九一三一	五九五二三五八一	九五七四○九
十四	四六六三○	四二一二六六三	六三七八二七一二	九五七八七四

卷之二

十五	四六七九二	四一六六〇三三	六七九九五三七五	九五八三四〇
十六	四六九五四	四一一九二四一	七二一六一四〇八	九五八八〇八
十七	四七一一六	四〇七二二八七	七六二八〇六四九	九五九二七八
十八	四七二七八	四〇二五一七一	八〇三五二九三六	九五九七四九
十九	四七四四〇	三九七七八九三	八四三七八一〇七	九六〇二二一
二〇	四七六〇二	三九三〇四五三	八八三五六〇〇〇	九六〇六九六
二一	四七七六四	三八八二八五一	九二二八六四五三	九六一一七二
二二	四七九二六	三八三五〇八七	九六一六九三〇四	九六一六五〇
二三	四八〇八八	三七八七一六一	一〇〇〇〇四三九一	九六二一二九
二四	四八二五〇	三七三九〇七三	一〇三七九一五五二	九六二六一〇
二五	四八四一二	三六九〇八二三	一〇七五三〇六二五	九六三〇九二
二六	四八五七四	三六四二四一一	一一一二二一四四八	九六三五七六
二七	四八七三六	三五九三八三七	一一四八六三八五九	九六四〇六二
二八	四八八九六	三五四五一〇一	一一八四五七六九六	九六四五四九
二九	四九〇六一	三四九六二〇三	一二二〇〇二七九七	九六五〇三八
三〇	四九二二二	三四四七一四三	一二五四九九〇〇〇	九六五五二九
三一	四九三八四	三三九七九二一	一二八九四六一四三	九六六〇二一
三二	四九五四六	三三四八五三七	一三二三四四〇六四	九六六五一五
三三	四九七〇八	三二九八九九一	一三五六九二六〇一	九六七〇一一
三四	四九八七〇	三二四九二八三	一三八九九一五九二	九六七五〇八
三五	五〇〇三二	三一九九四一三	一四二二四〇八七五	九六八〇〇六
三六	五〇一九四	三一四九三八一	一四五四四〇二八八	九六八五〇七
三七	五〇三五六	三〇九九一八七	一四八五八九六六九	九六九〇〇九
三八	五〇五一八	三〇四八八三一	一五一六八八五六	九六九五一二
三九	五〇六八〇	二九九八三一三	一五四七三七六八七	九七〇〇一七
四〇	五〇八四二	二九四七六三三	一五七七三六〇〇〇	九七〇五二四
四一	五一〇〇四	二八九六七九一	一六〇六八三六三三	九七一〇三三
四二	五一一六六	二八四五七八七	一六三五八〇四二四	九七一五四四
四三	五一三二八	二七九四六二一	一六六四一六二一一	九七二〇五四
四四	五一四九〇	二七四三二九三	一六九二二〇八三三	九七二五六八
四五	五一六五二	二六九一八〇三	一七一九六四一二五	九七三〇八二
四六	五一八一四	二六四〇一五一	一七四六五五九二八	九七三五九九
四七	五一九七六	二五八八三三七	一七七二九六〇七九	九七四一一七
四八	五二一三八	二五三六三六一	一七九八八四四一六	九七四六三七
四九	五二三〇〇	二四八四二二三	一八二四二〇七七七	九七五一五八
五〇	五二四六二	二四三一九二三	一八四九〇五〇〇〇	九七五六八一
五一	五二六二四	二三七九四六一	一八七三三六九二三	九七六二〇六
五二	五二七八六	二三二六八三七	一八九七一六三八四	九七六七三二
五三	五二九四八	二二七四〇五一	一九二〇四三二二一	九七七二六〇
五四	五三一一〇	二二二一一〇三	一九四三一七二七二	九七七七八九
五五	五三二七二	二一六七九九三	一九六五三八三七九	九七八三二一
五六	五三四三四	二一一四七二一	一九八七〇六三六八	九七八八五三
五七	五三五九六	二〇六一二八七	二〇〇八二一〇八九	九七九三八八
五八	五三七五八	二〇〇七六九一	二〇二八八二三七六	九七九九二四

太陰遲疾立成 遲疾同用

限數	日率	益分	遲疾積度	疾限行度	遲限行度
百十限	十日千百十分	十分十秒十微十纖	度十分十秒十微十纖	度十分十秒	度十分十秒
初	○○○○○	一二○八一五七五	○○○○○○○○○	一二○七一	○九八五[illegible]
八一	五七四八四	七三○二七一	二三五一七一五九三		九九二六九八
八二	五七六四六	六七二七八七	二三五九○八六四		九九三二七三
八三	五七八○八	六一五一四一	二三六九七四六五一		九九三八四九
八四	五七九七○	五五七三三	二三七一八九七九二		九九四四二七
八五	五八一三二	四九九三六三	二三七七四七一二五		九九五○○七
八六	五八二九四	四四一二二一	二三八二四六四八八		九九五五八八
八七	五八四五六	三八二九三七	二三八六八七七一九		九九六一七一
八八	五八六一八	三二四四八一	二三九○七○六五六		九九六七五六
八九	五八七八○	二六五八六三	二三九三九五一三七		九九七三四二
九○	五八九四二	二○七○八三	二三九六六一○○○		九九七九三○
九一	五九一○四	一四八一四一	二三九八六八○八三		九九八五一九
九二	五九二六六	○八九○三七	二四○○一六二二四		九九九一一○
九三	五九四二八	○二九七七一	二四○一○五二六一		九九九七○三
九四	○○○○○	○○○○○○	二四○一三五○三三		一○○○○○○

限數	日率	益分	遲疾積度	行度
五九	五三九二○	一九五三九三三	二○四八九○○六七	九八○四六一
六○	五四○八二	一九○○一三	二○六八四四○○○	九八一○○○
六一	五四二四四	一八四五九三一	二○八七四四○一三	九八一五四一
六二	五四四○六	一七九一六八七	二一○五八九九四四	九八二○八四
六三	五四五六八	一七三七二八一	二一二八一六三二	九八二六二八
六四	五四七三○	一六八二七一三	二一四一一八九二	九八三一七三
六五	五四八九二	一六二七九八三	二一五八○一六二五	九八三七二一
六六	五五○五四	一五七三○九一	二一七四二九六○八	九八四二七○
六七	五五二一六	一五一八○三七	二一九○○二六九九	九八四八二○
六八	五五三七八	一四六二八二一	二二○五二○七三六	九八五三七二
六九	五五五四○	一四○七四四三	二二一九八三五五七	九八五九二六
七○	五五七○二	一三五一九○三	二二三三九一○○○	九八六四八一
七一	五五八六四	一二九六二○一	二二四七四二九○三	九八七○三八
七二	五六○二六	一二四○三三七	二二六○三九一○四	九八七五九七
七三	五六一八八	一一八四三一一	二二七二七九四四一	九八八一五七
七四	五六三五○	一一二八一二三	二二八四六三七五二	九八八七一九
七五	五六五一二	一○七一七七三	二二九五九一八七五	九八九二八三
七六	五六六七四	一○一五二六一	二三○六六二六四八	九八九八四八
七七	五六八三六	○九五八五八七	二三一六七八九○九	九九○四一五
七八	五六九九八	九○一七五一	二三二六三七四九六	九九○九八三
七九	五七一六○	八四四七五三	二三三五三九二四七	九九一五五三
八○	五七三二二	七八七五九三	二三四三八四○○○	九九二一二五

一	八二〇	一一〇二四二五	一一〇八一五七五	一二〇六五	〇九八六一
二	一六四〇	一〇九六三二五	二二一〇五〇〇〇	一二〇五九	〇九八六七
三	二四六〇	一〇九〇一七五	三三〇六八三二五	一二〇五三	〇九八七三
四	三二八〇	一〇八七一七五	四三九六九六〇〇	一二〇四七	〇九八七九
五	四一〇〇	一〇七七一三五	五四八〇六八七五	一二〇四〇	〇九八八六
六	四九二〇	一〇七三四二五	六五五七八二〇〇	一二〇三三	〇九八九三
七	五七四〇	一〇六三二九七五	七六二八一六二五	一二〇二六	〇九九〇〇
八	六五六〇	一〇五六七七五	八六九一五二〇〇	一二〇一九	〇九九〇七
九	七三八〇	一〇四八〇二五	九七四七六九七五	一二〇一二	〇九九一四
十	八二〇〇	一〇四二二二五	一〇九九六五〇〇〇	一二〇〇四	〇九九二二
十一	九〇二〇	一〇三三四六七五	一一八三七七二五	一一九九六	〇九九二九
十二	九八四〇	一〇二五〇七五	一二八七一二〇〇〇	一一九八八	〇九九三七
十三	一〇六六〇	一〇一七三五二五	一三八九六七〇七五	一一九八〇	〇九九四六
十四	一一四八〇	一〇〇九〇二五	一四九一四〇六〇〇	一一九七二	〇九九五四
十五	一二三〇〇	一〇〇〇四五七五	一五九二〇六二五	一一九六三	〇九九六二
十六	一三一二〇	〇九九一七七五	一六九二三五二〇〇	一一九五五	〇九九七一
十七	一三九四〇	九八二七八二五	一七九一五二三七五	一一九四六	〇九九八〇
十八	一四七六〇	九七三六五二五	一八八九八〇〇〇	一一九三七	〇九九八九
十九	一五五八〇	九六四三二七五	一九八七一六七二五	一一九二七	〇九九九九
二〇	一六四〇〇	九五四八〇七五	二〇八三六〇〇〇	一一九一八	一〇〇〇八
二一	一七二二〇	九四五〇九二五	二一七九〇八七五	一一九〇八	一〇〇一八
二二	一八〇四〇	九三五一八二五	二二七三五九〇〇〇	一一八九八	一〇〇二八
二三	一八八六一	九二五〇七七五	二三六七〇八二五	一一八八八	一〇〇三八
二四	一九六八一	九一四七七五二五	二四五九六一六〇〇	一一八七八	一〇〇四八
二五	二〇五〇二	九〇四二八二五	二五五一〇九三七五	一一八六七	一〇〇五九
二六	二一三二二	八九三五九二五	二六四五二〇〇	一一八五六	一〇〇六九
二七	二二一四二	八八二七〇七五	二七三〇八一五二	一一八四六	一〇〇八〇
二八	二二九六二	八七一六二七五	二八一九一五二〇〇	一一八三五	一〇〇九一
二九	二三七八二	八六〇三五二五	二九〇六三四七五	一一八二三	一〇一〇三
三〇	二四六〇二	八四八八二五	二九九二三五〇〇	一一八一二	一〇一一四
三一	二五四二二	八三七二七五	三〇七七二三八二五	一一八〇〇	一〇一二六
三二	二六二四二	八二五三五七五	三一六〇九六〇〇〇	一一七八八	一〇一三八
三三	二七〇六二	八一三三〇二五	三三四三四九五七五	一一七七六	一〇一五〇
三四	二七八八二	八〇一〇五二五	三三四八二六〇〇	一一七六四	一〇一六二
三五	二八七〇二	七八六〇七五	三四〇四九三二二五	一一七五一	一〇一七四
三六	二九五二二	七七五九六七五	三四八三七九二〇〇	一一七三九	一〇一八七
三七	三〇三四三	七六三一三二五	三五六一三八八七五	一一七二六	一〇二〇〇
三八	三一一六三	七五〇一〇二五	三六三七七〇二〇〇	一一七一三	一〇二一三
三九	三一九八三	七三六八七七五	三七一二七一二二五	一一七〇〇	一〇二二六
四〇	三二八〇三	七二三四五七五	三七八六四〇〇〇	一一六八六	一〇二三九
四一	三三六二三	七〇九八四二五	三八五八七四五七五	一一六七三	一〇二五三
四二	三四四四三	六九六〇三二五	三九二九七三〇〇	一一六五九	一〇二六七
四三	三五二六三	六八二〇二七五	三九九三三三二五	一一六四五	一〇二八一
四四	三六〇八三	六六七八二七五	四〇六七五三六〇〇	一一六三一	一〇二九五

限數	日率	損分	遲疾積度	疾限行度	遲限行度
百十限	十日千百十分	十分十秒十微十纖	度十分十秒十微十纖	度十分十秒	度十分十秒
四五	三六九〇三	六五三四三二五	四一三四三一八七五	一一六一六	一〇三〇七
四六	三七七二三	六三八八四二五	四一九九六六二〇〇	一一六〇二	一〇三二四
四七	三八五四三	六二四〇五七五	四二六三五四六二五	一一五八七	一〇三三九
四八	三九三六三	六〇九〇七七五	四三二五九五二〇〇	一一五七二	一〇三五四
四九	四〇一八三	五九三九〇二五	四三八六八五九七五	一一五五七	一〇三六九
五〇	四一〇〇四	五七八五三二五	四四四六二五〇〇〇	一一五四一	一〇三八四
五一	四一八二四	五六二九六七五	四五〇四一〇三二五	一一五二六	一〇四〇〇
五二	四二六四四	五四七二〇七五	四五六〇四〇〇〇〇	一一五一〇	一〇四一六
五三	四三四六四	五三一二五二五	四六一五一二〇七五	一一四九四	一〇四三二
五四	四四二八四	五一五一〇二五	四六六八二四六〇〇	一一四七八	一〇四四八
五五	四五一〇四	四九八七五七五	四七一九七五六二五	一一四六二	一〇四六四
五六	四五九二四	四八二二一七五	四七六九六三二〇〇	一一四四五	一〇四八一
五七	四六七四四	四六五四八二五	四八一七八五三七五	一一四二八	一〇四九七
五八	四七五六四	四四八五五二五	四八六四四〇二〇〇	一一四一一	一〇五一四
五九	四八三八四	四三一四二七五	四九〇九二五七二五	一一三九四	一〇五三一
六〇	四九二〇四	四一四一〇七五	四九五二四〇〇〇〇	一一三七七	一〇五四九
六一	五〇〇二四	三九六五九二五	四九九三八一〇七五	一一三五九	一〇五六六
六二	五〇八四五	三七八八八二五	五〇三三四七〇〇〇	一一三四二	一〇五八四
六三	五一六六五	三六〇九七七五	五〇七一三五八二五	一一三二四	一〇六〇二
六四	五二四八五	三四二八七七五	五一〇七四五六〇〇	一一三〇六	一〇六二〇
六五	五三三〇五	三二四五八二五	五一四一七四三七五	一一二八七	一〇六三八
六六	五四一二五	三〇六〇九二五	五一七四二〇二〇〇	一一二六九	一〇六五七
六七	五四九四五	二八七四〇七五	五二〇四八一一二五	一一二五〇	一〇六七六
六八	五五七六五	二六八五二七五	五二三三五五二〇〇	一一二三一	一〇六九五
六九	五六五八五	二四九四五二五	五二六〇四〇四七五	一一二一二	一〇七一三
七〇	五七四〇五	二三〇一八二五	五二八五三五〇〇〇	一一一九三	一〇七三三
七一	五八二二五	二一〇七一七五	五三〇八三六八二五	一一一七四	一〇七五二
七二	五九〇四五	一九一〇五七五	五三二九四四〇〇〇	一一一五四	一〇七七二
七三	五九八六五	一七一二〇二五	五三四八五四五七五	一一一三四	一〇七九二
七四	六〇六八五	一五一一五二五	五三六五六六六〇〇	一一一一四	一〇八一二
七五	六一五〇六	一三〇九〇七五	五三八〇七八一二五	一一〇九四	一〇八三二
七六	六二三二六	一一〇四六七五	五三九三八七二〇〇	一一〇七三	一〇八五一
七七	六三一四六	〇八九八三二五	五四〇四九一八七五	一一〇五三	一〇八七三
七八	六三九六六	〇六九〇〇二五	五四一三九〇二〇〇	一一〇三二	一〇八九四
七九	六四七八六	〇四七九七七五	五四二〇八〇二二五	一一〇一一	一〇九一五
八〇	六五六〇六	〇二六七五七五	五四二五六〇〇〇〇	一〇九九〇	一〇九三六
八一	六六四二六	〇〇五三四二五	五四二八二七五七五	一〇九六八	一〇九五八
八二	六七二四六	〇〇三五六一六	五四二八八一〇〇〇	一〇九六六	一〇九五九
八三	六八〇六六	〇〇一七八〇八	五四二九一六六一六	一〇九六五	一〇九六一
八四	六八八八六	〇〇一七八〇八	五四二九三四四二四	一〇九六一	一〇九六五
八五	六九七〇六	〇〇三五六一六	五四二九一六六一六	一〇九五九	一〇九六六

卷之二

八六	七〇五二六	〇〇五三四二五	五四二八八一〇〇〇	一〇九五八	一〇九六八
八七	七一三四六	〇二六七五七五	五四二八二七五七五	一〇九三六	一〇九九〇
八八	七二一六七	〇四七九七七五	五四二五六〇〇〇	一〇九一五	一一〇一一
八九	七二九八七	〇六九〇〇二五	五四二〇八〇二二五	一〇八九四	一一〇三三
九〇	七三八〇七	〇八九八三二五	五四一三九〇二〇〇	一〇八七三	一一〇五三
九一	七四六二七	一一〇四六七五	五四〇四九一八七五	一〇八五二	一一〇七二
九二	七五四四七	一三〇九〇七五	五三九三八七二〇〇	一〇八三二	一一〇九四
九三	七六二六七	一五一一五二五	五三八〇七八一二五	一〇八一二	一一一一四
九四	七七〇八七	一七一二〇二五	五三六五六六〇〇	一〇七九二	一一一三四
九五	七七九〇七	一九一〇五七五	五三四八五四五七五	一〇七七二	一一一五四
九六	七八七二七	二一〇七一七五	五三二九四四〇〇〇	一〇七五二	一一一七四
九七	七九五四七	二三〇一八二五	五三〇八三六八二五	一〇七三三	一一一九三
九八	八〇三六七	二四九四五二五	五二八五三五〇〇〇	一〇七一三	一一二一二
九九	八一一八七	二六八五二七五	五二六〇四〇四七五	一〇六九四	一一二三一
一〇〇	八二〇〇八	二八七四〇七五	五二三三五五二〇〇	一〇六七六	一一二五〇
一〇一	八二八二八	三〇六〇九二五	五二〇四八一一二五	一〇六五七	一一二六九
一〇二	八三六四八	三二四五八二五	五一七四二〇二〇〇	一〇六三八	一一二八七
一〇三	八四四六八	三四二八七七五	五一四一七四三七五	一〇六二〇	一一三〇六
一〇四	八五二八八	三六〇九七七五	五一〇七四五六〇〇	一〇六〇二	一一三二四
一〇五	八六一〇八	三七八八八二五	五〇七一三五八二五	一〇五八四	一一三四二
一〇六	八六九二八	三九六五九二五	五〇三三四七〇〇〇	一〇五六六	一一三五九
一〇七	八七七四八	四一四一〇七五	四九九三八一〇七五	一〇五四九	一一三七七
一〇八	八八五六八	四三一四二七五	四九五二四〇〇〇〇	一〇五三一	一一三九四
一〇九	八九三八八	四四八五二二五	四九〇九二五七二五	一〇五一四	一一四一一
一一〇	九〇二〇八	四六五四八二五	四八六四四〇二〇〇	一〇四九七	一一四二八
一一一	九一〇二八	四八二二一七五	四八一七八五三七五	一〇四八一	一一四四五
一一二	九一八四八	四九八七九七五	四七六九六三二〇〇	一〇四六四	一一四六二
一一三	九二六六九	五一五一〇二五	四七一九七三六二五	一〇四四八	一一四七八
一一四	九三四八九	五三一二五二五	四六六八二四六〇〇	一〇四三二	一一四九四
一一五	九四三〇九	五四七二〇七五	四六一五一二〇七五	一〇四一六	一一五一〇
一一六	九五一二九	五六二九六七五	四五六〇四〇〇〇〇	一〇四〇〇	一一五二六
一一七	九五九四九	五七八五三二五	四五〇四一〇三二五	一〇三八四	一一五四一
一一八	九六七六九	五九三九〇二五	四四四六二五〇〇〇	一〇三六九	一一五五七
一一九	九七五八九	六〇九〇七七五	四三八六八五九七五	一〇三五四	一一五七二
一二〇	九八四〇九	六二四〇五七五	四三二五九五二〇〇	一〇三三九	一一五八七
一二一	九九二二九	六三八八四二五	四二六三五四六二五	一〇三二四	一一六〇二
一二二	一〇〇〇四九	六五三四三二五	四一九九六六二〇〇	一〇三〇九	一一六一六
一二三	一〇〇八六九	六六七八二七五	四一三四三一八七五	一〇二九五	一一六三一
一二四	一〇一六八九	六八二〇二七五	四〇六七五三六〇〇	一〇二八一	一一六四五
一二五	一〇二五一〇	六九六〇三二五	三九九九三三三二五	一〇二六七	一一六五九
一二六	一〇三三三〇	七〇九八四二五	三九二九七三〇〇〇	一〇二五三	一一六七三
一二七	一〇四一五〇	七二三四五七五	三八五八七四五七五	一〇二三九	一一六八六
一二八	一〇四九七〇	七三六八七七五	三七八六四〇〇〇〇	一〇二二六	一一七〇〇
一二九	一〇五七九〇	七五〇一〇二五	三七一二七一二二五	一〇二一三	一一七一三

一三〇	一〇六六一〇	七六三一三二五	三六三七七〇二〇〇	一〇二〇〇	一一七二六
一三一	一〇七四三〇	七七五九六七五	三五六一二八七五	一〇一八七	一一七三九
一三二	一〇八二五〇	七八八六〇七五	三四八三七九二〇〇	一〇一七四	一一七五二
一三三	一〇九〇七〇	八〇一〇五二五	三四〇四九三一二五	一〇一六二	一一七六四
一三四	一〇九八九〇	八一三三〇二五	三三二四八二六〇〇	一〇一五〇	一一七七六
一三五	一一〇七一〇	八二五三五七五	三二四三四九五七五	一〇一三八	一一七八八
一三六	一一一五三〇	八三七二一七五	三一六〇九六〇〇	一〇一二六	一一八〇〇
一三七	一一二三五〇	八四八八八二五	三〇七七三八二五	一〇一一四	一一八一二
一三八	一一三一七〇	八六〇三五二五	二九九二三五〇〇	一〇一〇三	一一八二三
一三九	一一三九九一	八七一六二七五	二九〇六三一四七五	一〇〇九一	一一八三五
一四〇	一一四八一一	八八二七〇七五	二八一九一五二〇〇	一〇〇八一	一一八四六
一四一	一一五六三一	八九三五九二五	二七三〇八一二二五	一〇〇六九	一一八五六
一四二	一一六四五一	九〇四二八二五	二六四一五二〇〇	一〇〇五九	一一八六七
一四三	一一七二七一	九一四七七七五	二五五一〇九三七五	一〇〇四八	一一八七八
一四四	一一八〇九一	九二五〇七七五	二四五九六一六〇〇	一〇〇三八	一一八八八
一四五	一一八九一一	九三五一八二五	二三六七一〇八二五	一〇〇二八	一一八九八
一四六	一一九七三一	九四五〇九二五	二二七三五九〇〇〇	一〇〇一八	一一九〇八
一四七	一二〇五五一	九五四八〇七五	二一七九〇八〇七五	一〇〇〇八	一一九一八
一四八	一二一三七一	九六四三二七五	二〇八三六〇〇〇〇	〇九九九九	一一九二七
一四九	一二二一九一	九七三六五二五	一九八七一六七二五	九九八五	一一九三七
一五〇	一二三〇一二	九八二七八二五	一八八九八〇二〇〇	九九八〇	一一九四六
一五一	一二三八三二	九九一七七五	一七九一五二三七五	九九七一	一一九五五
一五二	一二四六五二	一〇〇〇四五七五	一六九二三五二〇〇	九九六二	一一九六三
一五三	一二五四七二	一〇〇九〇〇二五	一五九二三六二五	九九五四	一一九七二
一五四	一二六二九二	一〇一七三五二五	一四九一四〇六〇〇	九九四六	一一九八〇
一五五	一二七一一二	一〇二五五〇七五	一三八九六七〇七五	九九三七	一一九八八
一五六	一二七九三二	一〇三三四六七五	一二八七一二〇〇〇	九九二九	一一九九六
一五七	一二八七五二	一〇四一二三二五	一一八三七七三五	九九二二	一二〇〇四
一五八	一二九五七二	一〇四八八〇二五	一〇七九六五〇〇〇	九九一四	一二〇一二
一五九	一三〇三九二	一〇五六一七七五	〇九七四七六九七五	九九〇七	一二〇一九
一六〇	一三一二一二	一〇六三五七五	八六九五二〇〇	九九〇〇	一二〇二六
一六一	一三二〇三二	一〇七〇三四二五	七六二八一六二五	九八九三	一二〇三三
一六二	一三二八五二	一〇七七三二五	六五五七八二〇〇	九八八六	一二〇四〇
一六三	一三三六七二	一〇八三七二七五	五四八〇六八七五	九八七九	一二〇四七
一六四	一三四四九二	一〇九〇一二七五	四三九六九六〇〇	九八七三	一二〇五三
一六五	一三五三一二	一〇九六三三二五	三三〇六八三二五	九八六七	一二〇五九
一六六	一三六一三二	一一〇二三四二五	二二一〇五〇〇	九八六一	一二〇六五
一六七	一三六九五二	一一〇八一五七五	一一〇八一五七五	九八五五	一二〇七一
一六八	一三七七七二	〇〇〇〇〇〇〇〇	〇〇〇〇〇〇〇〇	〇〇〇〇	〇〇〇〇〇

曆學法數原卷之二終

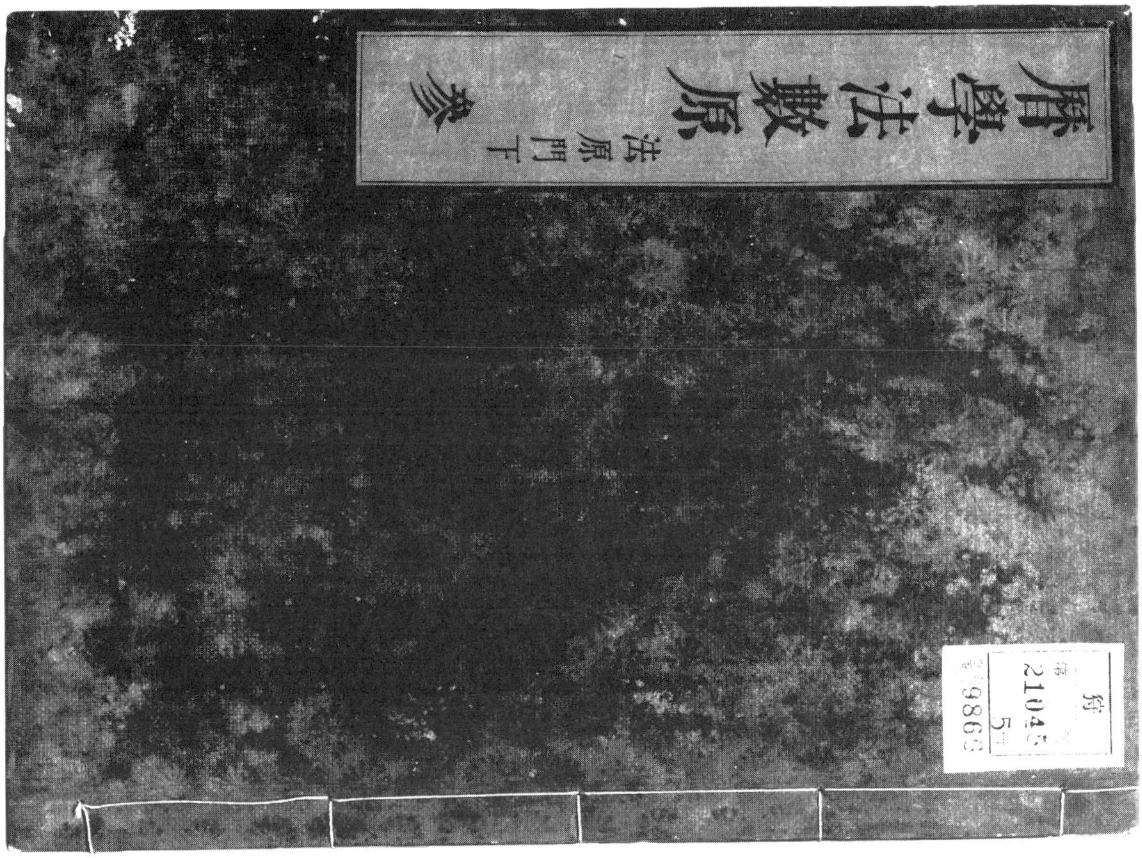
曆學法數原
法原門下
参

暦學法數原卷之三

洛東　後學　中西如環敬房著述

法原門下

○五星平立定三差第六下

管窺輯要曰五星之行其遲疾也有本於星者有係於日者有由乎氣者如土木火度行遲金水星度行速此各星遲疾之殊本於其星之性情有緩急也（是所謂本於星者也）及各行其道又視其去日之遠近而有遲疾之變差焉是以周率起於合伏近日則行疾遠日則行遲三合逢陽則留與日相衝則逆行順段度當加

行逆段度當減遲疾一周加減適平復與日相合謂之周率（是所謂係於日者也）及各入其曆又因天入氣之淺深而有盈縮之加減焉是以曆率始於冬至入陽曆則度行盈入陰曆則度行縮盈差則當加縮差則當減盈縮一周加減適平復會於曆初謂之曆率（是所謂由於氣者也）然曆率之盈縮又所以加減其周率之遲疾也三法見而步星之法益密矣○又曰五星晨夕見伏順逆疾遲皆以日度爲規日度因氣而有盈縮星行隨日而有增損故先考日躔盈縮之差積斯得星行疾遲之定數伏見之期經緯之度可得其率矣

△愚按所以五星各有盈縮順逆晨夕留退者所謂本於星係於日由乎氣之所致故其測驗之艱學者於是可察知已矣

○五星平立定三差之原

○凡五星各以實測分其行度爲八段以求積差畧如日月法也

○木星盈縮曆（立差加　平差減）

盈縮曆限九十二日（就整日）

○凡木土金水四星盈縮曆限各以天象限九十一日有奇就整以九十二日爲限只火星不爾也詳見火星條下

盈縮曆限離爲八段每段各得一十一日五十刻累加之爲積日

○補曰置各段積日以木星平行九十一分五十七

秋○八微乘之爲各段平積度置各段所測實積

度內減各段平積度餘爲各段積差

△此法元明兩史俱無載之故今補闕焉下四星皆同

○又曰求五星日行平度法置周天度以其星周日

除之即得各星日行平度

△是亦兩史闕矣故今附法焉

	○各段平積度	○各段實積度
第一段	一十○度 五三○六四二	一十一度 七四五九三九一一一五
第二段	二十一度 ○六一二八四	二十三度 四○一八○五四○○○
第三段	三十一度 五九一九二六	三十四度 九四六○六三二六五○
第四段	四十二度 一二二五六八	四十六度 三五七一七七一二○○
第五段	五十二度 六五三二一○	五十七度 六一三六一一三七五○
第六段	六十三度 一八三八五二	六十八度 六九三八三○四四○○
第七段	七十三度 七一四四九四	七十九度 五七六二九八七二五○
第八段	八十四度 二四五一三六	九十○度 二三九四八○六四○○

	○積日	○積差
第一段	一十一日 五十刻	一度 二一五二九七一一五
第二段	二十三日	二度 三四○五二一四○○○
第三段	三十四日 五十刻	三度 三五四一三七二六五○
第四段	四十六日	四度 二三四六○九一二○○
第五段	五十七日 五十刻	四度 九六○四○一三七五○
第六段	六十九日	五度 五○九九七八四四○○

卷之三

第七段	八十〇日五十刻	五度八六一八〇四七二五〇
第八段	九十二日	五度九九四三四四六四〇〇

○汎平差	○汎平較	○汎立較
第一段　二十分五六七八〇一	三十九秒一六二一	六秒二四二二
第二段　二十分一七六一八〇	四十五秒四〇四三	六秒二四二二
第三段　九分七二二一三七	五十一秒六四六五	六秒二四二二
第四段　九分二〇五六七二	五十七秒八八八七	六秒二四二二
第五段　八分六二六七八五	六十四秒一三〇九	六秒二四二二
第六段　七分九八五四七六	七十〇秒二七二一	六秒二四二二
第七段　七分二八一七四五	七十六秒六一五三	
第八段　六分五一五五九二		

○求定平立三差法

各置其段所測積差度分為實以段日為法除之為汎平差○各以汎平差與次段汎平差相較為汎平較（即一差）○又以汎平較與次段汎平較相較為汎立較（即二差）○置第一段汎平較三十九秒一六二一減其下汎立較六秒二四二二餘三十二秒九一九九為初段平立較加初段汎平差二十〇分五六七八為一共得二十〇分八十九秒七十〇微為定差（命秒為萬位）即定差二千〇八十九萬七千分

置初段平立較差三十二秒九一九九内減汎立較之半三秒一二一一餘二十九秒七九八八為實以

段日一十一日五十刻爲法除之得二秒五十九微
一十二纖爲平差命秒爲萬即平差二萬五千九百一十
二分　減
置汎立較之半三秒一二一一爲實以段日爲法除
之二次得二微三十六纖爲立差命微爲百即立差二百
三十六分　加
已上爲木星平立定三差之原

○火星盈初縮末　立差減　平差減
盈初縮末限六十一日　就整日
置周天三百六十五度二十五分七十五秒以六除之得六十〇度八十七分六十二秒半命度爲日就整以六十一日爲盈初縮末限也

盈初縮末限離爲八段每段各得七日六十二刻五
十分累加之爲積日
○補曰置各段積日以火星平行四十六分八十三
秒二十一微乘之爲各段平積度置各段所測實
積度內減各段平積度餘爲各段積差

	○各段平積度	○各段實積度
第一段	三度五七〇九四七六二五〇	○九度八三九一九八八五一八五五九三七五
第二段	七度一四一八九五二五〇〇	一十八度七四二〇七〇九九三五九三七五〇〇
第三段	一十〇度七一二八四二八七五〇	二十六度七三八八〇六六六七五一九五五二五
第四段	一十四度二八三七九〇五〇〇〇	三十三度九五二八〇四二一二五〇〇〇〇〇〇

第五段	二十七度八五四七三八一二五〇	四十〇度一三四六二九六〇一〇七四二一八七五〇
第六段	二十一度四二五六八五七五〇〇	四十五度五九三九一四三五三二八一二五〇〇〇〇
第七段	二十四度九九六六三三三七五〇	五十〇度三二八一八九六二四二六〇一五六二五〇
第八段	二十六度五六七五八一〇〇〇〇	五十四度一八七〇九六六六〇〇〇〇〇〇〇〇〇〇

○積日		○積差
第一段	〇七日六十二刻五十分	〇六度二六八二五一二二八一八五五九三七五〇
第二段	十五日二十五刻	十一度六〇〇一七五七四三五九三七五〇〇〇〇
第三段	二十二日八十七刻五十分	十六度〇二五九六三七九二五一九五五一二五〇
第四段	三十〇日五十〇刻	十九度六六九〇一三六二一二五〇〇〇〇〇〇〇
第五段	三十八日十二刻五十分	二十二度二七九八九一四七六〇七四二一八七五〇
第六段	四十五日七十五刻	二十四度一六八二二八六〇三二八一二五〇〇〇〇
第七段	五十三日三十七刻五十分	二十五度三三一五五六二四九二六〇一五六二五〇
第八段	六十一日	二十五度六一九五一五六六〇〇〇〇〇〇〇〇〇〇

○汎平差

第一段	八十二分〇六五七三四八四三七五〇
第二段	七十六分〇六六七二六一六七五〇〇
第三段	七十〇分〇五八八五八一〇九三七五
第四段	六十四分一八二九六九二五〇〇〇〇
第五段	五十八分四二九〇五九六〇九三七五
第六段	五十二分八二七一二九一八七五〇〇
第七段	四十七分三四七一七七九八四三七五
第八段	四十一分九九九二〇六〇〇〇〇〇〇

○汎平較

第一段　六分一三九八四七二九六八七五

第二段　六分○○七八六八○七八一二五

第三段　五分八七五八八八八五九三七五

第四段　五分七四三九○九六四○六二五

第五段　五分六一一九三○四二一八七五

第六段　五分四七九九五一二○三一二五

第七段　五分三四七九七一九八四三七五

○汎立較

第一段　一十三秋一九七九二一八七五

第二段　一十三秋一九七九二一八七五

第三段　一十三秋一九七九二一八七五

第四段　一十三秋一九七九二一八七五

第五段　一十三秋一九七九二一八七五

第六段　一十三秋一九七九二一八七五

○求盈初縮末定平立三差法

如汎平較前多後少應加汎立較

置初段下汎平較六分一三九八四七二九六八七五加汎立較一十三秋一九七九二一八七五得六分二七一八二六五一五六二五為初日下平立較

○置初段汎平差八十二分二十○秋六五七三四八四三七五加初日下平立較六分二七一八二六

五一五六二五得八十八分四十七秒八十四微爲
定差命秒爲萬即定差八千八百四十七萬八千四百分
○置初日下平立較六分二七一八二六五一五六
二五加汎立較之半六秒五九八九六〇九三七五
得六分三三七八一六一二五爲實以段日七日六
十二刻半而一得八十三秒一十一微八十九纖爲
平差命秒爲萬即平差八十三萬一千一百八十九分　減
置汎立較之半六秒五九八九六〇九三七五以段
日爲法除二次得一十一微三十五纖爲立差命微爲百
即立差一千一百三十五分　減
○火星縮初盈末　平差負減　立差減

縮初盈末限一百二十二日就整日
○置盈初縮末限六十一日倍之得一百二十二日即爲縮初盈末限
縮初盈末限離爲八段每段各得一十五日二十五
刻累加之爲積日
○補曰置各段積日以火星平行四十六分八十三
秒二十一微乘之爲各段平積度置各段所測實
積度內減各段平積度餘爲各段積差
○各段平積度　　○各段實積度

第一段	○七度一四一八九五二五	一十一度六七三一四七一〇七九六八七五
第二段	一十四度二八三七九〇五〇	二十三度三八六七五一九五一二五〇〇〇
第三段	二十一度四二五六八五七五	三十四度九五七三五六六五一七七三七五

第四段	二十八度五六七五八一○○	四十六度○四六五六○○四○○○○○○○
第五段	三十五度七○九四七六二五	五十六度五五三一三九三一六四○六二五
第六段	四十二度八五一三七一五○	六十六度二八二七○七七四一二五○○○
第七段	四十九度九九三二六六七五	七十五度○八五七○二○三三四六八七五
第八段	五十七度一三五一六二○○	八十二度七五三五三六七二○○○○○○

○積日　○積差

第一段	一十五日二十五刻	○四度五三一二五一八五七九六八七五
第二段	三十○日五十刻	○九度一○二九六一四五一二五○○○
第三段	四十五日七十五刻	一十三度五三一六七○九○一七七三七五
第四段	六十一日	一十七度四七八九七九○四○○○○○○
第五段	七十六日二十五刻	二十○度八四三六六三○六六四○六二五
第六段	九十一日五十刻	二十三度四三一三三六二四一二五○○○
第七段	一百○六日七十五刻	二十五度○九二四三五二八三四六八七五
第八段	一百二十二日	二十五度六一八三七四七二○○○○○○

○汎平差

第一段	二十九分七一三一二六九三七五
第二段	二十九分八四五七七五二五○○
第三段	二十九分五七八三五五○六二五
第四段	二十八分六五四○六四○○○○
第五段	二十七分三三三九五一五六二五
第六段	二十五分六一八○一七五○○
第七段	二十三分五○六二六二五六二五

第八段　二十〇分九九八六八六〇〇〇〇

〇汎本較	〇汎立較
第一段	一十三秒二六 / 四八三一二五	一十三秒五七六九七 五七
第二段	二十六秒八四 / 一八〇八七五	六十五秒五八七二九 五七
第三段	九十二秒四二 / 一一〇六二五	三十九秒五八二一三 五七
第四段	一分三二〇一 / 三二四三七五	三十九秒五八二一三 五七
第五段	一分七一五九 / 三三八一二五	三十九秒五八二一三 五七
第六段	二分一一一七 / 五五一八七五	三十九秒五八二一三 五七
第七段	二分五〇七五 / 七六五六二五	

〇求縮初盈末定平立三差法

取汎立較均停者三十九秒五八二一三七五以較

一段下汎平較一十三秒二六四八三一二五餘二十六秒三一七三〇六二五為較較以加一段下汎平差二十九分七一三一二六九三七五得二十九分九十七秒六十三微為定差命秒為萬即定差二千九百九十七萬六千三百分

置較較二十六秒三一七三〇六二五以段日一十五日二十五刻而一得一秒七二五七二五再置汎立較之半一十九秒七九一〇六八七五以段日而一得一秒二九七七七五兩數並得三秒〇二微三十五纖為平差命秒為萬即平差三萬〇二百三十五分

減負

卷之三

置泝立較之半一十九秒七九一〇六八七五以段日爲法除之二次得八微五十一纖爲立差命微爲百

立差八百五十一分 加

已上爲火星平立定三差之原

○土星盈曆 立差加 平差減

盈曆限九十二日 就整日

盈曆限離爲八段每段各得一十一日五十刻累加之爲積日

○補曰置各段積日以土星平行九十六分〇五秒五十六微乘之爲各段平積度置各段所測實積度內減各段平積度餘爲各段積差

○積日	○各段平積度	○各段實積度
第一段	一十一度〇四六三九四	一十二度七二九六三九八二八七五〇
第二段	二十二度〇九二七八八	二十五度三二四九五二〇一〇〇〇〇
第三段	三十三度一三九一八二	三十七度七六〇一一二〇八六二五〇
第四段	四十四度一八五五七六	五十〇度〇〇九二九五六〇〇〇〇〇
第五段	五十五度二三一九七〇	六十二度〇四六六七八六六八七五〇
第六段	六十六度二七八三六四	七十三度八四六四三五一一〇〇〇〇
第七段	七十七度三二四七五八	八十五度三八二七四二一九一二五〇
第八段	八十八度三七一一五二	九十六度六二九七七四八八〇〇〇〇

○積差

第一段	一十一日　五十刻	一度六八三二四五八二八七五
第二段	二十三日	三度二三二一六四〇一
第三段	三十四日　五十刻	四度六二〇九三〇〇八六二五
第四段	四十六日	五度八二三七一九六〇
第五段	五十七日　五十刻	六度八一四七〇八六六八七五
第六段	六十九日	七度五六八〇七一一一
第七段	八十〇日　五十刻	八度〇五七九八四一九一二五
第八段	九十二日	八度二五八六二二八八

○汎平差

第一段	一十四分六三六九二〇二五
第二段	一十四分〇五二八八七〇〇
第三段	一十三分三九四〇〇〇二五
第四段	一十二分六六〇二六〇〇〇
第五段	一十一分八五一六六六二五
第六段	一十一分九六八二一九〇〇
第七段	一十〇分〇〇九九一八二五
第八段	〇八分九七六七六四〇〇〇

	○汎平較	○汎立較
第一段	五十八秒四〇三三二五	七秒四八五三五
第二段	六十五秒八八八六七五	七秒四八五三五
第三段	七十三秒三七四〇二五	七秒四八五三五
第四段	八十〇秒八五九三七五	七秒四八五三五

卷之三　○十七　春之軒

第五段　八十八秒 三四四 七二五　七秒四八五三五
第六段　九十五秒 八三○ ○七五　七秒四八五三五
第七段　一分 ○三三一 五四二五
○求盈曆定平立三差法
置第一段下汎平較內減其下汎立較餘五十○秒
九一七九七五為第一段平立較以平立較加一段
汎平差共得一十五分一十四秒六十一微為定差
命秒為萬即定差一千五百一十四萬六千一百分
置平立較內減汎立較之半三秒七四二六七五餘
四十七秒一七五三以段日一十一日五十刻而一
得四秒一十○微二十二纖為平差命秒為萬即平差四
萬一千○二十二分減
置汎立較之半三秒七四二六七五以段日除之二
次得二微八十三纖為立差命微為百即立差二百八十
三分加
○土星縮曆 立差加 平差減
縮曆限九十二日 就整日
縮曆限離為八段每段各得一十一日五十刻累加
之為積日
○補曰置各段積日以土星平行九十六分○五秒
五十六微乘之為各段平積度前同置各段所測實
積度內減各段平積度餘為各段積差

	○各段平積度	○各段實積度
第一段	一十一度○四六三九四	一十二度二八八三六八二六八七五
第二段	二十二度○九二七八八	二十四度五○六五二三六九○○○
第三段	三十三度一三九一八二	三十六度六二四二六一六八六二五
第四段	四十四度一八五五七六	四十八度六一一三七七六八○○○
第五段	五十五度二三一九七○	六十○度四三七六六七○九三七五
第六段	六十六度二七八三六四	七十二度○七二九二五三五○○○
第七段	七十七度三二四七五八	八十三度四八六九四七八七一二五
第八段	八十八度三七一一五二	九十四度六四九五三○○八○○○

	○積日	○積差
第一段	一十一日五十刻	一度二四一九七四二六八七五○
第二段	二十三日	二度四一三七三五六九○○○○
第三段	三十四日五十刻	三度四八五○七九六八六二五○
第四段	四十六日	四度四二五八○一六八○○○○
第五段	五十七日五十刻	五度二○五六九七○九三七五○
第六段	六十九日	五度七九四五六一三五○○○○
第七段	八十○日五十刻	六度一六二一八九八七一二五○
第八段	九十二日	六度二七八三七八○八○○○○

	○汎平差
第一段	一十○分七九九七七六二五
第二段	一十○分四九四五○三○○
第三段	一十○分一○一六八○二五

卷之三

第四段	○九分六二一三○八○○	
第五段	○九分○五三三八六二五	
第六段	○八分三九七九一五○○	
第七段	○七分六五四八九四二五	
第八段	○六分八二四三三四○○	
	○汎平較	○汎立較
第一段	三十○秋五二七三二五	八秋七五四九五
第二段	三十九秋二八二二七五	八秋七五四九五
第三段	四十八秋○三七二二五	八秋七五四九五
第四段	五十六秋七九二一七五	八秋七五四九五
第五段	六十五秋五四七一二五	八秋七五四九五
第六段	七十四秋三○二○七五	八秋七五四九五
第七段	八十三秋○五七○二五	

○求縮曆定平立三差法

置第一段汎平較内減其下汎立較餘二十一秒七七二三七五為平立較以平立較加一段汎平差得一十一分○一秒七十五微為定差命秒為萬即定差一千一百○一萬七千五百分

置平立較内減汎立較之半四秒三七七四七五餘一十七秒三九四九以段日二十一日五十刻為法除之得一秒五十一微二十六纖為平差命秒為萬即平差一萬五千一百二十六分減

置沉立較之半以段日為法除之次得三微三十一
纖為立差（命微為百）即立差三百三十一分　加
已上為土星平立定三差之原

○金星盈縮暦　立差加　平差減
盈縮暦限九十二日　就整日限法同前
盈縮暦限離為八段每段各得一十一日五十刻累
加之為積日
○補日置各段積日以金星平行六十二分五十五
秋四十五微乘之為各段平積度置各段所測實
積度内減各段平積度餘為各段積差

	第一段	第二段	第三段	第四段	第五段	第六段	第七段	第八段
○各段平積度	○七度一九三七六七五	一十四度三八七五三五〇	二十一度五八一三〇二五	二十八度七七五〇七〇〇	三十五度九六八八三七五	四十三度一六二六〇五〇	五十〇度三五六三七二五	五十七度五五〇一四〇〇
○各段實積度	○七度五九五〇一五九八七五	一十五度一七八九二八六六	二十二度七三六二一四五八一二五	三十〇度五二八四九二七六	三十七度七二二〇九六五九三七五	四十五度一二四九五九四八	五十二度四五〇六一四八一六二五	五十九度六八六一九六

	第一段
○積日	一十一日五十刻
○積差	○度四〇二一三四〇九八七五

第二段	二十三日	○度七九一三九三六六
第三段	三十四日 五十刻	一度一五四九一二〇八一二五
第四段	四十六日	一度七四九八二二七六
第五段	五十七日 五十刻	一度七五三二五九〇九三七五
第六段	六十九日	一度九六二三五四四八
第七段	八十〇日 五十刻	二度〇九四二四二三一六二五
第八段	九十二日	二度一三六〇五六〇〇

	○汎平差	○汎平較	○汎立較
第一段	三分四九六八一八二五	五秒五九七六二五	三秒七二九四五
第二段	三分四四〇八四二〇〇	九秒三二七〇七五	三秒七二九四五
第三段	三分三四七五七一二五	十三秒〇六五五二五	三秒七二九四五
第四段	三分二一七〇〇六〇〇	十六秒七八五九七五	三秒七二九四五
第五段	三分〇四九一四六二五	二十〇秒五一五四二五	三秒七二九四五
第六段	二分八四三九九二〇〇	二十四秒二四四八七五	三秒七二九四五
第七段	二分六〇一五四三二五	二十七秒九七四三二五	
第八段	一分三二一八〇〇〇〇		

○求盈縮曆定平立三差法

置一段下汎平較與其下汎立較相減餘一秒八六八一七五爲平立較以加一段汎平差得三分五十一秒五十五微爲定差（命秋爲萬）即定差三百五十一萬五千五百分

置平立較與汎立較之半一秒八六四七二五相減

餘三十四纖以段日一十一日五十刻爲法除之得

三十纖爲平差（命小纖爲單）即平差三十分　減

置汎立較之半以段日爲法除二次得一微四十一

纖爲立差（命微爲百）即立差一百四十一分　加

已上爲金星平立定三差之原

○水星盈縮曆　立差加　平差減

盈縮曆限九十一日（就整日限法同前）

盈縮曆限離爲八段每段各得一十一日五十刻累

加之爲積日

○補曰置各段積日以水星平行三度一十五分二十

十一秒四十一微乘之爲各段平積度置各段所

測實積度内減各段平積度餘爲各段積差

	○各段平積度	○各段實積度
第一段	三十六度二四九六八二二一五	三十六度六九〇四六八八五三七五
第二段	七十二度四九九三二四三〇	七十三度三六二三四四六八〇〇〇
第三段	一百〇八度七四八八六四五	一百一十〇度〇〇二七六〇八七六二五
第四段	一百四十四度九九八四八六〇	一百四十六度五九八八五〇八四〇〇〇
第五段	一百八十一度二四八一〇七五	一百八十三度一三七七三八五四三七五
第六段	二百一十七度四九七七二九〇	二百一十九度六〇六五八五六六〇〇〇
第七段	二百五十三度七四七三五〇五	二百五十五度九九二六四二六一三七五
第八段	二百八十九度九九六九七二〇	二百九十二度二八二六一六三一〇〇〇

○積日

第一段	一十一日五十刻
第二段	二十三日
第三段	三十四日五十刻
第四段	四十六日
第五段	五十七日五十刻
第六段	六十九日
第七段	八十〇日五十刻
第八段	九十二日

○積差

第一段	○度四四〇八四七三五三七五
第二段	○度八六三一〇一六八
第三段	一度二五三八九六三七六二五
第四段	一度六〇〇三六四八四
第五段	一度八八九六三一〇四三七五
第六段	二度一〇八八五六六六
第七段	二度二四五二九二一一三七五
第八段	二度二八五六四四三一

	○汎平差	○汎平較	○汎立較
第一段	三分八三三四五五二五	○八秒○八三九二五	三秒七二九四五
第二段	三分七五二六一六〇〇	一十一秒八一三三七五	三秒七二九四五
第三段	三分六三四四八二二五	一十五秒五四二八二五	三秒七二九四五
第四段	三分四七九〇五四〇〇	一十九秒二七二二七五	三秒七二九四五
第五段	三分二八六三三一二五	二十三秒〇〇一七二五	三秒七二九四五
第六段	三分〇五六三一四〇〇	二十六秒七三二一七五	三秒七二九四五
第七段	二分七八九〇〇二二五	三十〇秒四六〇六二五	
第八段	二分四八四三九六〇〇		

○求盈縮曆定平立三差法

置一段下汎平較與其汎立較相減餘四秒三五四四七五爲平立較以加一段汎平差共得三分八十七秒七十〇微爲定差命秒爲萬即定差三百八十七萬

七千分
置平立較與汎立較之半一秒八六四七二五相減
餘二秒四十八微九十七纖半以段日一十一日五
十刻爲法除之得二十一微六十五纖爲平差命微爲百
即平差二千一百六十五分　減
置汎立較之半一秒八六四七二五以段日爲法除
之二次得一微四十一纖爲立差命微爲百即立差一百
四十一分　加

已上爲水星平立定三差之原

右五星皆以立差爲秒平差爲本定差爲總五星各
以段次因秒木土金水四星併本惟火星較本各以

周日當作曆率

積日而積五星皆較總又各以積日乘之得各實測
之度分五星積日皆以度率除周日得三百六十五
度二十五分太各以四分之一爲象限惟火星用象
限三之一減象限爲盈初縮末限加象限爲縮初盈
末限其命度爲日者爲各取盈縮曆乘除之便其積
日之數即積度也
○解曰土木火金水五星各以立差爲秒以平差爲
本以定差爲總也○五星各以段次因秒者謂以
其星初末限乘立差也○木土金水四星併本者
謂立差積加平差也○惟火星較本者謂以立差
積減平差也○各以積日而積五星皆較總者謂
以平差積減定差也○又各以積日乘之得各實
測之度分者謂再以初末限乘定差也○五星積
日皆以度率除曆率得三百六十五日二十五分
太者謂置各星曆率以其星度率除之得周天分
也本書作周日者傳寫之誤也○周天四分之一

卷之三

凡求五星盈縮視其星入曆度分在曆中已下爲盈已上減去曆中餘爲縮視盈縮曆在象限已下爲初限已上用減曆中餘爲末限○惟火星盈曆在周天六之一已下爲初限已上用減曆中餘爲末限縮曆在周天三之一已下爲初限已上用減曆中餘爲末限○置各星立差以初末限乘之去加減平差又以

爲象限惟火星用象限三之一減象限爲盈初縮末限加象限爲縮初盈末限者謂木土金水四星以周天四之一九十一度有奇爲象限度如火星以象限度三除之得三十〇度四十三分八十一秒少以減象限度餘六十〇度八十七分六十二秒半爲盈初縮末限又以三十〇度有奇加象限度共得一百二十一度七十五分二十五秒爲縮初盈末限也○其命度爲日者爲各取盈縮曆乘除之便者謂布算之利便而直以積日爲積度也

初末限乘之去加減定差再以初末限乘之滿億爲度不滿爲分秒即所求盈縮差

○又術

置盈縮曆以曆策除之爲策數不盡爲策餘以其下損益率乘之曆策除之所得益加損減其下盈縮積亦爲所求盈縮差

○布五星又術立成法 補闕

置周天度以二十四除之爲曆策累加之爲入曆度率 始於第一策終於二十一策逐號累加一策 ○置入曆度率在曆中已下爲盈已上減曆中餘爲縮視盈縮曆在象限已下爲初限已上用減曆中餘爲末限惟火星盈曆在周

天六之一已下爲初限已上用減暦中餘爲末限縮
暦在周天三之一已下爲初限已上用減暦中餘爲
末限○置各星立差以初末限乘之去加減平差又
以初末限乘之去加減定差再以初末限乘之滿億
爲度不滿爲分秒即得各策下盈縮積初策下盈縮積係空布算
至六策而止已往反復向前七策與五策同惟火星盈暦至四策縮暦至八策而止以盈暦一策即爲縮
暦終策以縮暦一策即爲盈暦終策逐次逆溯而得○以本策盈縮積與次策
盈縮積相減餘爲本策下損益分前少後多爲益分前多後少爲損分
初策下益分就用一策下盈縮積布算至五策而止六策與五策同反復向前而得惟火星以盈暦初策
益分就爲縮暦終策損分逐次逆溯而得○各置入暦策數以暦策乘之
所得以其策盈縮積度盈加縮減之即爲前策行積

度始於第一策至二十三策而止終策下行積度直用周天度列之凡二十四策○置本策
行積度與前策行積度相減餘爲本策下行定度

五星盈縮入暦度率立成五星盈縮同用

周天三百六十五度二十五分七十五秒

暦中一百八十二度六十二分八十七秒半

暦策一十五度二十一分九十○秒六十二微半

入暦策	度率（百十度十分十秒十微十纖）
一	○一五二一九○六二五○
二	三○四三八一二五○○
三	四五六五七一八七五○
四	六○八七六二五○○○
五	○七六○九五三一二五○
六	○九一三一四三七五○○
七	一○六五三三四三七五○
八	一二一七五二五○○○○
九	一三六九七一五六二五○
十	一五二一九○六二五○○
十一	一六七四○九六八七五○

木星盈縮立成

入曆策	損益率 度十分十秒十微十纖	盈縮積 度十分十秒十微十纖	行定度 十度十分十秒十微十纖	行積度 百十度十分十秒十微十纖
初益	一五九〇〇八四八一	盈〇〇〇〇〇〇〇〇〇	一六八〇九一四七三一	一六八〇九一四七三一
一	一四二〇一三五六一	一五九〇〇八四八一	一六六三九一九八一一	三三四四八三四五四二
二	一二〇〇二七一八八	三〇一〇二二〇四二	一六四一九三三四三八	四九八六七六七九八〇
三	〇九三〇四九三六二	四二一〇四九二三〇	一六一四九五五六一二	六六〇一七三三五九〇
四	〇六一〇八〇〇八三	五一四〇九八五九二	一五八二九八六三三三	八一八四七〇九九二五
五	〇二四一一九三五二	五七五一七八六七六	一五四六〇二五六〇二	九七三〇七三五五二七
六損	〇二四一一九三五二	五九九二九八〇二八	一四九七七八六八九八	一一二二八五二四二五
七	〇六一〇八〇〇八三	五七五一七八六七六	一四六〇八二六一六七	一二六八九三四八五九三
八	〇九三〇四九三六二	五一四〇九八五九二	一四二八八五六八八八	一四一一八二〇五四八〇
九	一二〇〇二七一八八	四二一〇四九二三〇	一四〇一八七九〇六二	一五五二〇〇八四五四二
十	一四二〇一三五六一	三〇一〇二二〇四二	一三七九八九二六八九	一六八九九七七二三一
十一	一五九〇〇八四八一	一五九〇〇八四八一	一三六二八九七七六九	一八二六二八七五〇〇〇
初益	一五九〇〇八四八一	縮〇〇〇〇〇〇〇〇〇	一三六二八九七七六九	一九六二五七七二七六九
一	一四二〇一三五六一	一五九〇〇八四八一	一三七九八九二六八九	二一〇〇五六六五四五八
二	一二〇〇二七一八八	三〇一〇二二〇四二	一四〇一八七九〇六二	二二四〇七五四四五二〇
三	〇九三〇四九三六二	四二一〇四九二三〇	一四二八八五六八八八	二三八三六四〇一四〇八
四	〇六一〇八〇〇八三	五一四〇九八五九二	一四六〇八二六一六七	二五二九七二二七五七五
五	〇二四一一九三五二	五七五一七八六七六	一四九七七八六八九八	二六七九五〇一四四七三
六損	〇二四一一九三五二	五九九二九八〇二八	一五四六〇二五六〇二	二八三四一〇四〇〇七五
七	〇六一〇八〇〇八三	五七五一七八六七六	一五八二九八六三三三	二九九二四〇二六四〇八
八	〇九三〇四九三六二	五一四〇九八五九二	一六一四九五五六一二	三一五三八九八二〇二〇
九	一二〇〇二七一八八	四二一〇四九二三〇	一六四一九三三四三八	三三一八〇九一五四五八
十	一四二〇一三五六一	三〇一〇二二〇四二	一六六三九一九八一一	三四八四四八三五二六九
十一	一五九〇〇八四八一	一五九〇〇八四八一	一六八〇九一四七三一	三六五二五七五〇〇〇〇

火星盈縮立成

入曆策	損益率 十度十分十秒十微十纖	盈縮積 十度十分十秒十微十纖	行定度 十度十分十秒十微十纖	行積度 百十度十分十秒十微十纖
初益	二一五八〇三九三三四	盈〇〇〇〇〇〇〇〇〇〇	二六七九九四五五八四	二六七九九四五五八四
一	七九七〇〇五〇七二	二一五八〇三九三三四	二三一八九一一三三三	四九九八八五六九〇六
二	四五九九七六八三三	二九五五〇四四〇六	一九八一八八二五六三	六九八〇七三九四六九
三	一四六九五七二五二	三四一五〇二〇七一九	一六六八八六三五〇二	八六四九六〇二九七一
四損	〇五四二八五〇六四	三五六一九七七九七二	一四六七六二一八六二	一〇一一七二二四一五七
五	一六六二七五〇八五	三五〇七六九二九〇七	一三五五六三一一六五	一一四七二八五五三二二
六	二六〇二六二〇七三	三三四一四一七八二三	一二六一六四四一七八	一二七三四四九九五〇〇
七	三三六二五〇二一七	三〇八一一五五七五〇	一一八五六五六〇三三	一三九二〇一五五五三三
八	三九四二三九五二四	二七四四九〇五五三三	一一二七六六六七二六	一五〇四七八二二二五九

九	四四二二五七二九六二	三五〇六六六〇〇九	一〇七九六四八九五四	一六二二七四七一二三
十	四五六二〇〇七五〇〇	九〇八四〇八七一三	一〇六五七〇五五〇〇	一七一九三六七六七一三
十一	四五三二〇七九六三	〇四五三二〇七九六三	一〇六九六九八二八七	一八二六二八七五〇〇
初益	四五三二〇七九六三	縮〇〇〇〇〇〇〇〇〇	一〇六九六九八二八七	一九三三二五七三三八七
一	四五六二〇〇七五〇	四五三二〇七九六三	一〇六五七〇五五〇〇	二〇三九八二七八七七
二	四四二二五七二九六	九〇八四〇八七一三	一〇七九六四八九五四	二一四七七九二七七四二
三	三九四三三九五二四	一三五〇六六六〇〇九	一一二七六六六七二六	二二六〇五五九四四六七
四	三三六二五〇二一七	一七四九〇五五三三	一一八五六五六〇三	二三七九一二五〇五〇〇
五	二六〇二六二〇七二三	二〇八一一五五七五〇	一二六一六四四一七八	二五〇五三八九四六七八
六	一六六二七五〇八五	三三四一四一七八二三	一三五五六三一一六五	二六四〇八五三五八四三
七	〇五四二八五〇六四	三五〇七六九二九〇七	一四六七六二一一八六	二七八七六一四七〇二九
八損	一四六九五七二五二	三五六一九七七九七一	一六六八八六三五〇二	二九五四五〇一〇五三
九	四五九九七六三一三	三四一五〇二〇七一九	一九八一八八二五六三	三一五二六八九三〇九四
十	七九七〇〇五〇七三	二九五五〇四四〇六	三三一八九一一三三	三三八四五八〇四四一六
十一	二五八〇三九三三四	一一五八〇三九三三四	二六七九九四五五八四	三六五二五七五〇〇〇

土星盈縮立成

入暦策	損益率 度十分十秒十微十纖	盈縮積 度十分十秒十微十纖	行定度 十度十分十秒十微十纖	行積度 百十度十分十秒十微十纖
初益	二二〇〇一〇三四六	盈〇〇〇〇〇〇〇〇〇	一七四一九一六五九六	一七四一九一六五九六
一	一九五〇二一八一四	二二〇〇一〇三四六	一七一六九二八〇六四	三四五八八四四六六〇
二	一六四〇四七七六五	四一五〇三二一六〇	一六八五九五四〇一五	五一四四七九八六七五
三	一二七〇八八二二一	五七九〇七九九二五	一六四八九九四四六一	六七九三七九三一三六
四	〇八四一四三一三五	七〇六一六八一三六	一六〇六〇四九三八五	八三九九八四三五二一
五	〇三五二二二五五〇	七九〇三一一二七一	一五五七一一八〇〇	九九五六九六一三二一
六損	〇三五二二二五五〇	八二五五三三六二一	一四八六六九三七〇〇	一一四四三六五〇二一
七	〇八四一四三一三五	七九〇三一一二七一	一四三七七六三一一五	一二八八一四八二三六
八	一二七〇八八二二一	七〇六一六八一三六	一三九四八一八〇三九	一四二七六三一七五
九	一六四〇四七七六五	五七九〇七九九二五	一三五七八五八四八五	一五六三四〇九四六〇
十	一九五〇二一八一四	四一五〇三二一六〇	一三二六八四四二六	一六九六〇九七〇九六
十一	二二〇〇一〇三四六	二二〇〇一〇三四六	一三〇一八九五九〇四	一八二六三八七五〇〇
初益	一六三〇〇五七五一	縮〇〇〇〇〇〇〇〇〇	一三五八九〇〇四九九	一九六二一七七五四九九
一	一四八九九八〇六四	一六三〇〇五七五一	一三七二九〇八一八六	二〇九九四六八三六五
二	一二七九八九六五二	三一二〇〇三八一五	一三九三一六五九八	二二三八三八六〇二八三
三	〇九九九八〇五一六	四三九九九三四六七	一四二一九五七三四	二三八〇五二六〇一七
四	〇六四九七〇六五八	五三九九七三九八三	一四五六九三五九二	二五二六七四六一六〇九
五	〇三二九六〇〇七三	六〇四九四六四一	一四九八九四六一七七	二六七六四〇七八六
六損	〇二二九六〇〇七三	六二七九〇四七一四	一五四四六六三三	二八三一一二七四一〇九
七	〇六四九七〇六五八	六〇四九四六四一	一五八六八七六九〇八	二九八九八一五一〇七
八	〇九九九八〇五一六	五三九七三九八三	一六二一八六七六六	三一五二〇〇三七八三
九	一二七九八九六五二	四三九九九三四六七	一六四九八九五九〇三	三三一六九九三六八五
十	一四八九九八〇六四	三一二〇〇三八一五	一六七〇九〇三一四	三四八五〇八三七九九

卷之三

入暦策	損益率	盈縮積	行定度	行積度
十二	一六三○○五七五二	一六三○○五七五二	一六八四九一二○○一	三六五二五七五○○○

金星盈縮立成

入暦策	損益率	盈縮積	行定度	行積度
	度十分十秒十微十纖	度十分十秒十微十纖	十度十分十秒十微十纖	百度十分十秒十微十纖
初	益○五三○○四八八九	盈○○○○○○○○○	一五七四九一一一三九	○一五七四九一一一三九
一	五○○二二三一八	○五三○○四八八九	一五七一九二七五六八	三一四六八三八七○七
二	四四○五五五六五	一○三○二六二○七	一五六五九六一八一五	四七一二八○○五三
三	三五一○七六三一	一四七○八一七七二	一五五七○一三八八一	六二六九八一四四○二
四	二三一七七五一六	一八二一八九四○三	一五四五○八三七六六	七八一四八九八一六九
五	○八二六五二一九	二○五三六六九一九	一五三○一七一四六九	九三四五○六九六三八
六	損○八二六五二一九	二一三六三三一三八	一五一三六四一○三二	一○八五八七一○六六九
七	二三一七七五一六	二○五三六六九一九	一四九八七二八七三四	一二三五七四三九四○三
八	三五一○七六三一	一八二一八九四○三	一四八六七九八六一九	一三八四四二三八○二
九	四四○五五五六五	一四七○八一七七二	一四七七八五○六八五	一五三三二○八八七○七
十	五○○二二三一八	一○三○二六二○七	一四七一八八四九三一	一六七九三九七三六三九
十一	五三○○四八八九	○五三○○四八八九	一四六八九○一三六一	一八二六二八七五○○○
初	益○五三○○四八八九	縮○○○○○○○○○	一四六八九○一三六一	一九七三一七七六三六一
一	五○○二二三一八	○五三○○四八八九	一四七一八八四九三一	二一二○三六一二九三
二	四四○五五五六五	一○三○二六二○七	一四七七八五○六八五	二二六八一五一一九七八
三	三五一○七六三一	一四七○八一七七三	一四八六七九八六一九	二四一六八三一○五九七
四	二三一七七五一七	一八二一八九四○三	一四九八七二八七三四	二五六六七○三九三一
五	○八二六五二一九	二○五三六六九一九	一五一三六四一○三一	二七一八○六八○三六二
六	損○八二六五二一九	二一三六三三一三八	一五三○一七一四六九	二八七○八一八五一八三一
七	二三一七七五一六	二○五三六六九一九	一五四五○八三七六六	三○二五九三五五九七
八	三五一○七六三一	一八二一八九四○三	一五五七○一三八八一	三一八一二九四九四七八
九	四四○五五五六五	一四七○八一七七二	一五六五九六一八一五	三三三七八九一一二九三
十	五○○二二三一八	一○三○二六二○七	一五七一九二七五六八	三四九五○八三八八六一
十一	五三○○四八八九	○五三○○四八八九	一五七四九一一一三九	三六五二五七五○○○

水星盈縮立成

入暦策	損益率	盈縮積	行定度	行積度
	度十分十秒十微十纖	度十分十秒十微十纖	十度十分十秒十微十纖	百度十分十秒十微十纖
初	益○五八○○五八一八	盈○○○○○○○○○	一五七九九一二○六八	○一五七九九一二○六八
一	五四○二○七二三	○五八○○五八一八	一五七五九二六九七二	三一五五八三九○四○
二	四七○五三四四六	一一二○二六五四○	一五六八九五九六九六	四七二四七九八七三六
三	三七一○三九八七	一五九○七九九八六	一五五九○一○二三七	六二八三八○八九七三
四	二四一七二三四八	一九六一八三九七三	一五四六○七八五九八	七八二九八八七五七一
五	○八二五八五二六	二二一○三五六三二一	一五三○一六四七七六	九三六○○五二三四七
六	損○八二五八五二六	二二八六一四八四七	一五一三六四七七二四	一○八七三七○○七一

	一	二	三	四
七	二四一七二三四八	二二○三五六三二一	一四九七七三三九○二	一二三七一四三三九七三
八	三七一○三九八七	一九六一八三九七三	一四八四八○二二六三	一三八五六二三六二三七
九	四七○五三四四六	一五九○七九九八六	一四七四八五二八○四	一五三三一○八九○四○
十	五四○二○七二三	一一二○二六五四○	一四六七八八五五二八	一六七九八九七四五六八
十一	五八○○五八一八	○五八○○五八一八	一四六三九○○四三二	一八二六二八七五○○○
初	益○五八○○五八一八	縮○○○○○○○○○	一四六三九○○四三二	一九七二六七七五四三三
一	五四○二○七二三	○五八○○五八一八	一四六七八八五五二八	二一一九四六六○九六○
二	四七○五三四四六	一一二○二六五四○	一四七四八五二八○四	二二六六九五一三七六四
三	三七一○三九八七	一五九○七九九八六	一四八四八○二二六三	二四一五四三一六○二七
四	二四一七二三四八	一九六一八三九七三	一四九七七三三九○二	二五六五二○四九九二九
五	○八二五八五二六	二二○三五六三二一	一五一三六四七七二四	二七一六五六九七六五三
六	損○○八二五八五二六	二二八六一四八四七	一五三○一六四七七六	二八六九五八六二四九
七	二四一七二三四八	二二○三五六三二一	一五四六○七八五九八	三○二四一九四一○二七
八	三七一○三九八七	一九六一八三九七三	一五五九○一○二三七	三一八○○九五一二六四
九	四七○五三四四六	一五九○七九九八六	一五六八九五九六九六	三三三六九九一○九六○
十	五四○二○七二三	一一二○二六五四○	一五七五九二六九七二	三四九四五八三七九三
十一	五八○○五八一八	○五八○○五八一八	一五七九九一二○六八	三六五二五七五○○○

○里差刻漏第七

○求冬夏二至差股及出入差術

置所測北極出地四十○度九十五分為半弧背以前割圓弧矢法推得出地半弧弦三十九度二十六分為大三斜中股 ○置測到二至黃赤道內外度二十三度九十分為半弧背以前法推得內外半弧弦二十三度七十一分（又為黃赤道大句 又為小三斜弦） ○置內外半弧弦自之為句冪半徑自之為弦冪二冪相減開方得股轉減半徑餘四度八十一分為二至出入矢即黃赤道內外矢 ○夏至日南至地平七十四度二十六分半為半弧背求得日下至地半弧弦五十八度四十五分 ○半徑六十○度八十七分半為大三斜中弦 ○置大三斜中股三十九度二十六分以二至

卷之三

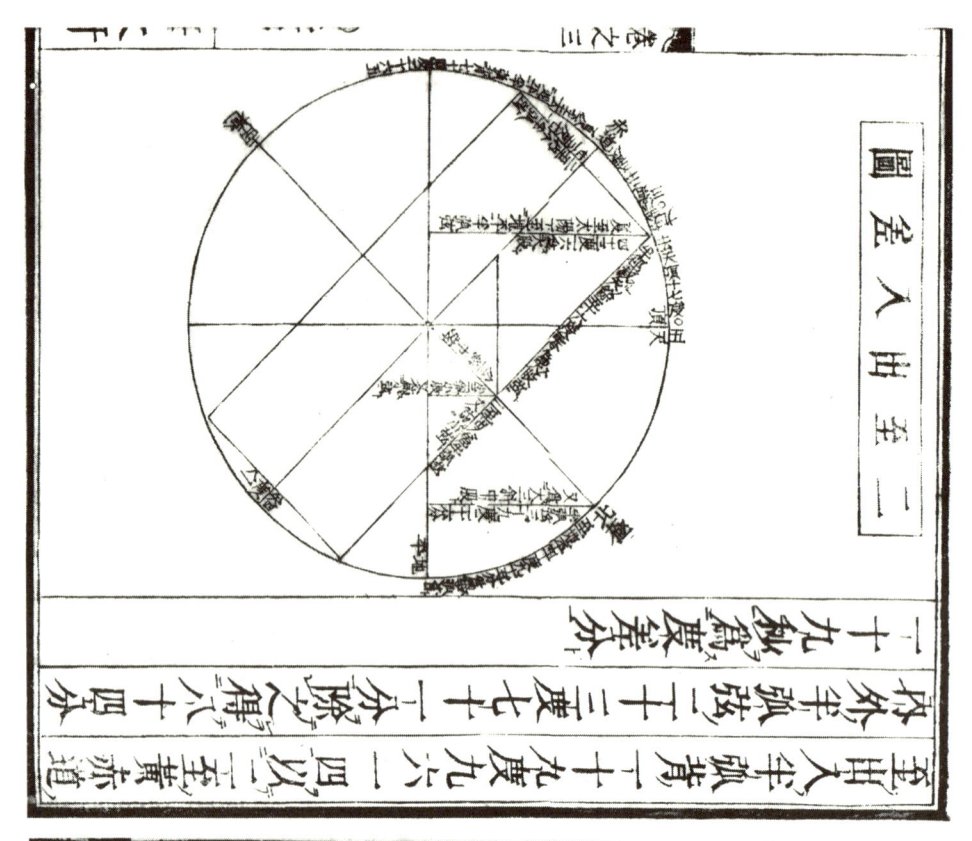

內外半弧弦二十三度七十一分乘之為實以半徑
六十。度八十七分半為法除之得一十五度二十
九分為小三斜中股 又為小股 ◯置小三斜中股一十五
度二十九分去減日下至地半弧弦五十八度四十
五分餘四十三度一十六分為大股◯以出入矢四
度八十一分去減半徑六十。度八十七分半餘五
十六度。六分半為大股弦◯置大股弦以小股一
十五度二十九乘之為實大股四十三度一六為法除
之得一十九度八十七分為小弦卽為二至出入差
半弧弦◯置二至出入差半弧弦依法求到二至出
入差半弧背一十九度九十六分一十四秒◯置二

至出入半弧背一十九度九六一四以二至黃赤道
內外半弧弦二十三度七十一分除之得八十四分
一十九秒為度差分

二至出入差圖

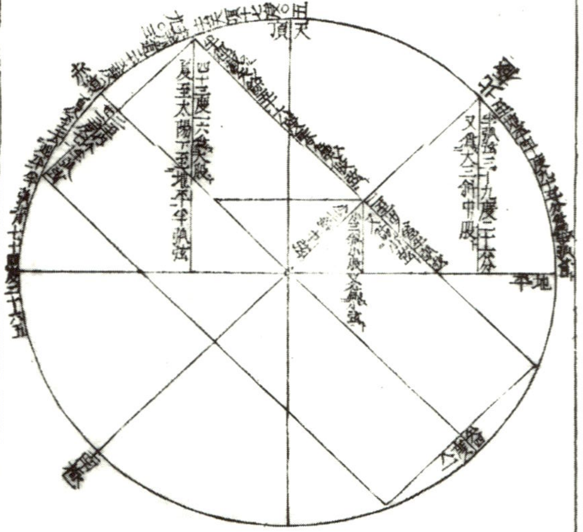

○求黃道每度半晝夜刻及晝夜差法

置所求每度黃赤道內外半弧弦以二至出入差半弧背乘之為實二至黃赤道內外半弧弦為法除之為每度出入差半弧背又術置黃赤道內外半弧弦以度差八十四分一十九秒乘之亦得出入差半弧背○置半徑內減黃赤道內外矢即赤道二弦差立成見前條餘數倍之又三因之得數加一度為日行百刻度又術以黃赤道內外矢倍之以減全徑餘數三因加一度為日行百刻度亦同○置每度出入半弧背以百刻乘之為實日行百刻度為法除之得數為出入差刻○置二十五刻以出入差刻視黃道在赤道內加之在赤道外減之得數為半晝刻以減五十刻餘為半夜刻○本段半晝夜刻與次段半晝夜刻相減餘為本段晝夜差

○解曰如求冬至後四十四度半晝夜刻者○術曰置冬至後四十四度黃赤道內外半弧弦一十七度二十五分六十九秒又為黃赤道小弧弦前立成中取之以二至出入差半弧背一十九度九十六分一十四秒乘之得三百四十四度四十七分一十八秒八三六六為實以二至黃赤道內外半弧弦二十三度七十一分為法除之得一十四度五十二分八十五秒為出入半弧背○又法置黃赤道內外半弧弦一十七度二五六九以度差八十四分一九乘之亦得一十四度五十二分八十五秒為出入半弧背○置半徑六十○度八七五以四十四度黃赤道內外矢二度五十一分八十一秒又為赤道二弦差前立成中取之減半徑餘五十八度三十五分六十九秒即赤道小弦倍之得一百一十六度七十一分三十八秒三因之加一度共得三百五十一度一十四分一十四秒為日行百刻度○又法倍黃赤道內外矢二度五十一分八一得五度○三分六十二秒以減全徑一百二十一度七十五分亦得一百一十六度七十一分三十八秒三因之加一度得三百五十一

度一十四分一十四秒爲日行百刻度亦同○置出入半弧背一十四度五十二分八十五秒以百刻乘之得一千四百五十二刻八十五分爲實以二百五十一度一十四分一十四秒爲法除之得四刻一十三分七十五秒爲出入差刻○置二十五刻以出入差刻四刻一十三分七十五秒減之因冬至後四十四度黄道在赤道外故減餘二十○刻八十六分二十五秒爲半晝刻以減五十刻餘二十九刻一十三分七十五秒爲半夜刻○又法置出入差刻四刻一十三分七十五秒倍之得八刻二十七分半以減春秋分晝夜五十刻餘得四十一刻七十二分半爲晝刻折半之得二十○刻八十六分二十五秒爲半晝刻以減五十刻餘二十九刻一十三分七十五秒爲半夜刻○置冬至後四十五度下半晝刻二十○刻九十三分九十三秒內減四十四度下半晝刻二十○刻八十六分二十五秒餘七分六十八秒爲晝夜差餘倣此

○黄道每度半晝夜刻及晝夜差立成

黄道積度（十度）	出入半弧背（十度十分十秒）	日行百刻度（百十度十分十秒）	出入差刻分（刻十分十秒）	冬至前後晝 夏至前後夜（十刻十分十秒）	冬至前後夜 夏至前後晝（十刻十分十秒）	晝夜差（分十秒）
初	一九九六一四	三三七一六○八	五九二○四	一九○七九六	三○九二○四	○○九
一	一九九五八七	三三七一六八六	五九一九五	一九○八○五	三○九一九五	○二九
二	一九九五○六	三三七一九三八	五九一六六	一九○八三四	三○九一六六	○四七
三	一九九三七二	三三七二三四六	五九一一九	一九○八八一	三○九一一九	○六六
四	一九九一八三	三三七二九二二	五九○五三	一九○九四七	三○九○五三	○八五
五	一九八九四○	三三七三六六○	五八九六八	一九一○三二	三○八九六八	一○四
六	一九八六四二	三三七四五五四	五八八六四	一九一一三六	三○八八六四	一二二
七	一九八二九一	三三七五六一六	五八七四二	一九一二五八	三○八七四二	一四二
八	一九七八八四	三三七六八四○	五八六○○	一九一四○○	三○八六○○	一六一

九	一九 七四 二二	三三七 八二 二六	五 八四 三九	一九 一五 六一	三〇 八四 三九	一 七九
十〇	一九 六九 〇六	三三七 九七 八〇	五 八二 六〇	一九 一七 四〇	三〇 八二 六〇	一 九九
十一	一九 六三 三三	三三八 一四 九〇	五 八〇 六一	一九 一九 三九	三〇 八〇 六一	二 一八
十二	一九 五七 〇五	三三八 三三 五六	五 七八 四三	一九 二一 五七	三〇 七八 四三	二 三七
十三	一九 五〇 二一	三三八 五三 七八	五 七六 〇六	一九 二三 九四	三〇 七六 〇六	二 五六
十四	一九 四二 八〇	三三八 七五 六八	五 七三 五〇	一九 二六 五〇	三〇 七三 五〇	二 七四
十五	一九 三四 八三	三三八 九九 二〇	五 七〇 七六	一九 二九 二四	三〇 七〇 七六	二 九四
十六	一九 二六 二八	三三九 一四 〇〇	五 六七 八二	一九 三三 一八	三〇 六七 八二	三 一四
十七	一九 一七 一八	三三九 五〇 六八	五 六四 六八	一九 三五 三二	三〇 六四 六八	三 三〇
十八	一九 〇七 四九	三三九 七八 六四	五 六一 三八	一九 三八 六二	三〇 六一 三八	三 五一
十九	一八 九七 二三	三四〇 〇八 一〇	五 五七 八七	一九 四二 一三	三〇 五七 八七	三 六九
二〇	一八 八六 三八	三四〇 三九 一二	五 五四 一八	一九 四五 八二	三〇 五四 一八	三 八八
二一	一八 七四 九六	三四〇 七一 五二	五 五〇 三〇	一九 四九 七〇	三〇 五〇 三〇	四 〇七
二二	一八 六二 九四	三四一 〇五 三六	五 四六 二三	一九 五三 七七	三〇 四六 二三	四 二六
二三	一八 五〇 三四	三四一 四〇 五二	五 四一 九七	一九 五八 〇三	三〇 四一 九七	四 四三
二四	一八 三七 一六	三四一 七七 一二	五 三七 五四	一九 六二 四六	三〇 三七 五四	四 六二
二五	一八 二三 三九	三四二 一四 九二	五 三二 九二	一九 六七 〇八	三〇 三二 九二	四 八〇
二六	一八 〇九 〇三	三四二 五四 〇四	五 二八 一二	一九 七一 八八	三〇 二八 一二	四 九八
二七	一七 九四 〇八	三四二 九四 三六	五 二三 一四	一九 七六 八六	三〇 二三 一四	五 一六
二八	一七 七八 五四	三四三 三五 九四	五 一七 九八	一九 八二 〇二	三〇 一七 九八	五 三五
二九	一七 六二 四二	三四三 七九 八〇	五 一二 六三	一九 八七 三七	三〇 一二 六三	五 四九
三〇	一七 四五 七二	三四四 二二 三四	五 〇七 一四	一九 九二 八六	三〇 〇七 一四	五 六七

卷之三

三一	一七二八四二	三四四六七一六	五〇一七四	一九九八五三	三〇〇一四七	五八五
三二	一七一〇五五	三四五一二九四	四九五六二	二〇〇四三八	二九九五六二	六〇一
三三	一六九二一〇	三四五五九五六	四八九六一	二〇一〇三九	二九八九六一	六一六
三四	一六七三〇九	三四六〇七〇八	四八三四五	二〇一六五五	二九八三四五	六三三
三五	一六五三五〇	三四六五五三八	四七七一二	二〇二二八八	二九七七一二	六四八
三六	一六三三三五	三四七〇四四〇	四七〇六四	二〇二九三六	二九七〇六四	六六三
三七	一六二二六四	三四七五四一四	四六四〇一	二〇三五九九	二九六四〇一	六七八
三八	一五九一三九	三四八〇四四一	四五七二三	二〇四二七七	二九五七二三	六九二
三九	一五六九五九	三四八五五一八	四五〇三一	二〇四九六九	二九五〇三一	七〇五
四〇	一五四七二六	三四九〇六四二	四四三二六	二〇五六七四	二九四三二六	七一九
四一	一五二四四二	三四九五八〇二	四三六〇七	二〇六三九三	二九三六〇七	七三二
四二	一五〇一〇七	三五〇〇九八六	四二八七五	二〇七一二五	二九二八七五	七四四
四三	一四七七二〇	三五〇六一九四	四二一三一	二〇七八六九	二九二一三一	七五六
四四	一四五二八五	三五一一四一四	四一三七五	二〇八六二五	二九一三七五	七六八
四五	一四二八〇三	三五一六六四〇	四〇六〇七	二〇九三九三	二九〇六〇七	七七八
四六	一四〇二七四	三五二一八六六	三九八二九	二一〇一七一	二八九八二九	七八九
四七	一三七七〇〇	三五二七〇八〇	三九〇四〇	二一〇九六〇	二八九〇四〇	七九八
四八	一三五〇八二	三五三二二七〇	三八二四〇	二一一七五八	二八八二四〇	八〇八
四九	一三二四二一	三五三七四四二	三七四三四	二一二五六六	二八七四三四	八一七
五〇	一二九七二〇	三五四二五七八	三六六一七	二一三三八三	二八六六一七	八二六
五一	一二六九七七	三五四七六七二	三五七九一	二一四二〇九	二八五七九一	八三二
五二	一二四一九九	三五五二七一八	三四九五九	二一五〇四一	二八四九五九	八四〇

五三	五四	五五	五六	五七	五八	五九	六〇	六一	六二	六三
一二一三八八	一一八五二九	一一五六五七	一一二七四三	一〇九八〇〇	一〇六八二八	一〇三八二九	一〇〇八〇五	〇九七七五八	〇九四六八九	〇九一五九七
三五五七七一〇	三五六二六二六	三五六七五〇二	三五七二二八四	三五七六九九四	三五八一六〇二	三五八六一三三	三五九〇五六〇	三五九四八八六	三五九九一〇四	三六〇三二〇八
三四一一九	三三二七三	三二四一九	三一五六〇	三〇六九六	二九八二七	二八九五二	二八〇七四	二七一九三	二六三〇九	二五四二〇
二一五八八一	二一六七二七	二一七五八一	二一八四四〇	二一九三〇四	二二〇一七三	二二一〇四八	二二一九二六	二二二八〇七	二二三六九一	二二四五八〇
二八四一一九	二八三二七三	二八二四一九	二八一五六〇	二八〇六九六	二七九八二七	二七八九五二	二七八〇七四	二七七一九三	二七六三〇九	二七五四二〇
八四六	八五四	八五九	八六四	八六九	八七五	八七八	八八一	八八四	八八九	八九〇

卷之三

六四	六五	六六	六七	六八	六九	七〇	七一	七二	七三	七四
〇八八四八七	〇八五三六〇	〇八二二一五	〇七九〇五四	〇七五八八二	〇七二六九五	〇六九四九四	〇六六二八五	〇六三〇六五	〇五九八三七	〇五六六〇〇
三六〇七一九二	三六一一〇〇八	三六一四八一二	三六一八四二四	三六二一九〇四	三六二五二六四	三六二八四八六	三六三一五七〇	三六三四五一六	三六三七三一八	三六三九九八二
二四五三〇	二三六三八	二二七四四	二一八四七	二〇九五〇	二〇〇五二	一九一五一	一八二五二	一七三五一	一六四五〇	一五五四九
二二五四七〇	二二六三六二	二二七二五六	二二八一五三	二二九〇五〇	二二九九四八	二三〇八四八	二三一七四八	二三二六四九	二三三五五〇	二三四四五一
二七四五三〇	二七三六三八	二七二七四四	二七一八四七	二七〇九五〇	二七〇〇五二	二六九一五二	二六八二五二	二六七三五一	二六六四五〇	二六五五四九
八九二	八九四	八九七	八九七	八九八	九〇〇	九〇〇	九〇一	九〇一	九〇一	九〇一

	1	2	3	4	5	6
七五	○五 五三 七三	三六四 九二 六四	一 四四 八六	二三 五五 二三	二六 四四 八六	九 一○
七六	○五 ○○ 八一	三六四 七四 ○八	一 四三 七七	二三 五六 三二	二六 四三 七七	九 一○
七七	○四 五六 四八	三六四 八七 六○	一 四二 六八	二三 五七 四一	二六 四二 六八	九 ○○
七八	○四 九三 四五	三六四 五九 六一	一 四一 六九	二三 五八 四○	二六 四一 六九	九 ○○
七九	○四 三○ 一三	三六五 八一 二○	一 四一 六○	二三 五八 四九	二六 四一 六○	九 ○○
八○	○三 六七 四○	三六五 六二 四八	一 四○ 六一	二三 五九 四八	二六 四○ 六一	九 ○○
八一	○三 九三 四七	三六五 九四 ○四	○ 四九 六二	二四 五○ 四七	二五 四九 六二	九 ○○
八二	○三 七○ 八五	三六五 六五 六九	○ 四八 六三	二四 五一 四六	二五 四八 六三	八 七九
八三	○二 四七 九二	三六五 九七 二二	○ 四七 九四	二四 五二 一五	二五 四七 九四	八 七九
八四	○二 七三 三九	三六五 七八 四四	○ 五六 二五	二四 四三 八四	二五 五六 二五	八 七九
八五	○二 九○ 六六	三六五 ○九 ○五	○ 五五 五六	二四 四四 五三	二五 五五 五六	八 七九
八六	○一 一七 八六	三六六 七○ ○三	○ 五四 八七	二四 四五 二二	二五 五四 八七	八 六九
八七	○一 四四 ○一	三六六 ○一 八一	○ 六三 二八	二四 三六 八一	二五 六三 二八	八 六九
八八	○一 六○ 二八	三六六 七一 八六	○ 六二 六九	二四 三七 四○	二五 六二 六九	八 六九
八九	○○ 八七 二五	三六六 九二 八○	○ 七二 ○○	二四 三七 ○九	二五 七二 ○○	八 六九
九○	○○ ○四 三三	三六六 七二 四三	○ 七一 四一	二四 二八 六八	二五 七一 四一	八 五九
九一	○○ 二一 四○	三六六 九二 四四	○ 七○ 九二	二四 二九 一七	二五 七○ 九二	二 九七
九 四三	○○ ○○ ○○	三六六 ○二 ○五	○ ○○ ○○	二五 ○○ ○○	二五 ○○ ○○	○ ○○

曆學法數原卷之三 終

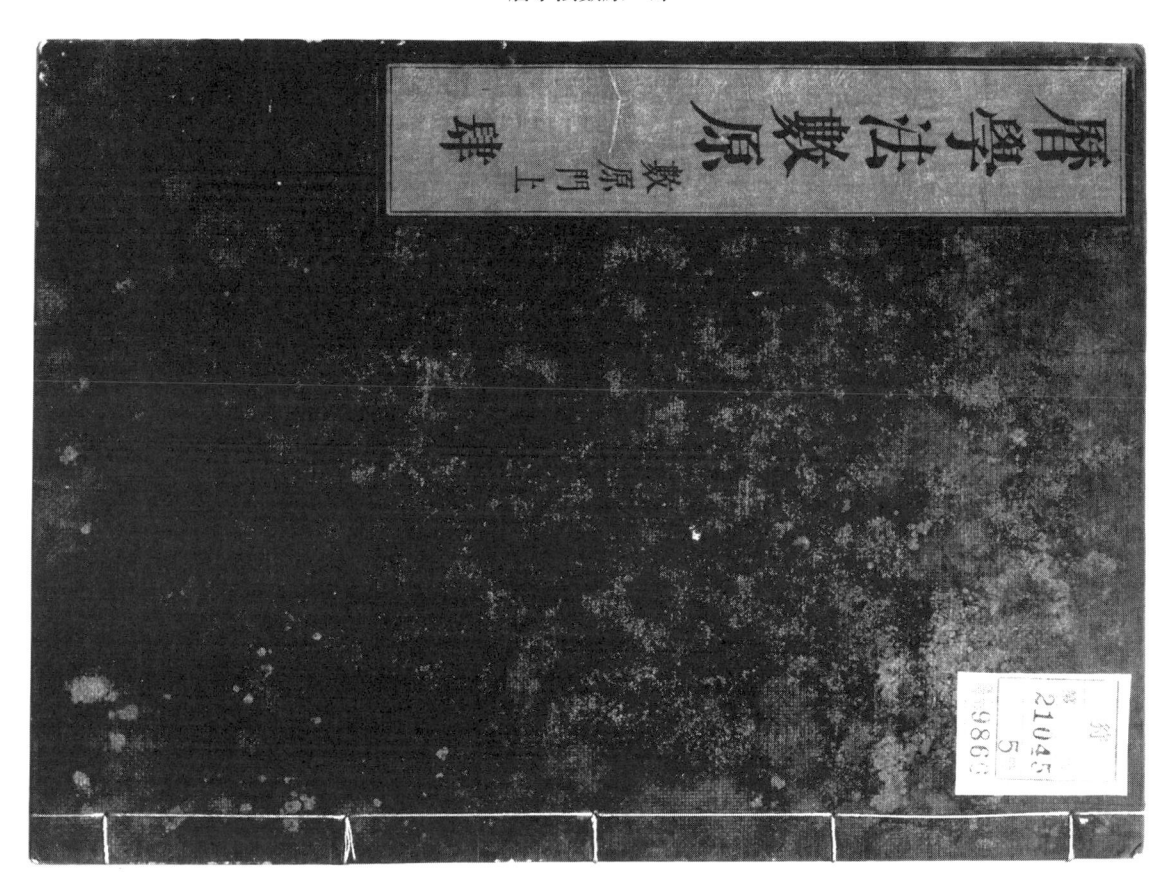

曆學法數原
數原門上
肆

曆學法數原卷之四

洛東　後學　中西如環敬房著述

數原門上

○授時曆經上

○元史曆議謂元初承用金大明曆第四主世宗帝至元十三年平宋遂詔前中書左丞許衡太子贊善王恂都水少監郭守敬改治新曆十七年冬至曆成詔賜名曰授時曆所以書經所謂敬授人時也二十年詔太子諭德李謙使作曆議以發明新曆合天之微蓋曆法至此而大成矣

○梅勿菴曆算全書冬至攷條下云元時許衡王恂郭守敬等造授時曆據之以考曆法之疎密也古今曆法七十餘家皆由疎以至密必取其最密者以相參攷而其說始定是故唐曆莫善于大衍其次莫善于宣明宋曆莫善于紀元尤莫善于統天金曆莫善于重修大明曆而授時曆集其大成

步氣朔第一

謂推步二十四氣及朔弦望等也

至元十八年歲次辛巳爲元　上考往古下驗將來皆距立元爲算周歲消長百年每一其諸應等數隨時推測不用爲元

〇愚按元第四主世宗帝至元十八歲次辛巳爲曆元當　本朝九十代後宇多院弘安四年歲次辛巳也上考往昔下驗將來者皆距曆元起算是謂距算今距安永九歲次庚子五百年内減一算以四百九十九爲庚子年距算也〇又曰周歲消長百年每一者必有所以也其說詳歲實分之下

〇又謂諸應等數隨時測驗於天若有參差則可改之必不可以至元諸應爲定則也

日周一萬

〇日周者自今日子正中距來日子正中一周之數故曰日周以無奇零不用日法也

歲實三百六十五萬二千四百二十五分

〇歲實者太陽自今年冬至距來年冬至加時一歲之積實分故曰歲實分也曆議所謂自劉宋大明壬寅以來凡測景驗氣得冬至時刻眞數者有六取相距積日時刻以相距之年除之各得其時所用歲餘復自大明壬寅距至元戊寅積日時刻以相距之年除之得每歲三百六十五日二十四分二十五秒比大明曆減去一十一秒定爲方今所用歲餘餘七十五秒用益所謂四分之一共爲三百六十五度二十五分七十五秒定爲天周餘分強弱相減餘一分五十秒用除全度得六十六年有奇日却一度以六十六年除全度適得一分五十秒定爲歲差

〇中根元圭授時曆圖解發揮云以宋史考之大明五年辛丑冬至得乙酉日三十一刻半爲壬寅歲前冬至距至元戊寅冬至癸卯日三十二刻半得積日二十九萬八千〇三十八日〇一刻以相距之八百一十六年除之得每歲三百六十五日二十四刻二十六分五十九秒半弱云云

〇宋書曆志祖沖之曰臣測景曆紀躬辨分寸銅表堅剛暴潤不動光晷明潔纖毫盡然據大明五年十月十日影一丈七寸七分半十一月二十五日一丈八寸一分太二十六日一丈七寸五分彊折取其中則中天冬至應在十一月三日求其蚤晚令後二日影相減則一日差率也倍之爲法前二

卷之四

日減以百刻乘之爲實以法除實得冬至加時在
夜半後三十一刻在元嘉曆後一日天數之正也
愚亦依大明曆考之置入上元年數算外五萬一
千九百三十八以餘數二十〇萬七千〇四十四
乘之得一百〇七億五千三百四十五萬一千二
百七十二分滿紀法三萬九千四百九十二爲積
日得二十七萬二千三百〇一日不盡爲小餘得
三千一百六十〇分四十七秒以六旬去積日不
盡爲大餘得二十一日卽劉宋大明五年辛丑天
正冬至乙酉日三十一刻六十〇分也○又置自
大明壬寅距至元戊寅積日時刻以相距之年除
之得每歲三百六十五日二十四刻二十六分有
奇亦與元圭所算密合雖然授時歲餘以三百六
十五日二十四刻二十五分爲定則者是必有所
以乎大約造曆之要以布算之簡易爲是若求黃
赤道率則用古法周三徑一求盈縮三差省略奇
零用整日此卽所差至微故也今所用之歲餘省
一分有奇爲三百六十五日二十四刻二十五分
者蓋夫周天之度大約六十六年有奇而差一度
此卽古今之通計也以六十六年有奇除一度每
歲之差一分五十秒折半之得七十五秒以加周
天三百六十五度四分度之一爲天周分以減四

二

分度之一爲歲周分是以今省略一分有奇而用
歲餘三百六十五日二十四刻二十五分者卽曆
家之活法也且夫上推往古下驗將來每百年歲
周各消長一分者曆議古今曆參校疎密條下皆
不滿百年不消長一分蓋此考驗曆法疎密之大
槩也天運不齊雖盡微纎之數豈有能以一曆洎
古今者耶其要不過隨時攷驗以合於天已矣
○本邦貞享曆有每歲消長一秒之法中根元圭亦
從之然貞享曆迄明和八年辛卯歲前纔八十七
年而曆之先於天八刻半既差一辰則何關一秒
消長之微數哉近世言曆者多出于算家故純論
微纎之數而不議天運不齊之行此是算家之癖
而曆家之所不採也井口常範授時曆圖解所謂
元圭總知死數而不知活數宜也又元圭所謂以
宋史考之大明五年辛丑冬至得乙酉日三十一
刻半愚按劉宋之時祖沖之造大明曆則知非後
宋之人前後相距凡五百年何有所考
於宋史哉元圭以宋書混宋史誤矣

通餘五萬二千四百二十五分

○通餘者歲實分內減六旬三百六十〇萬之餘以
累加每歲冬至日分求將來之冬至故曰通餘分

卷之四　三

朔實二十九萬五千三百〇五分九十三秒

〇朔實者自本月經朔日分距後月經朔日分之積分故曰朔實分經朔者謂合朔大量不出此也〇求朔實分術曰置周天三百六十五萬二千五百七十五分爲實以月平行一十三度三十六分八十七秒八十三微丙減日平行一度爲法實如法而一得二十九萬五千三百〇五分九十三秒即爲朔實分也爰言月平行度與本經所載必異者其說詳于平行條下

通閏一十〇萬八千七百五十三分八十四秒

〇通閏者每歲閏餘分也累加本年閏餘分求將來閏餘分故曰通閏分〇術曰置朔實分以十二箇月乘之得三百五十四萬三千六百七十一分一十六秒謂之歲策分以減歲實分餘爲通閏分

歲周三百六十五日二千四百二十五分

〇歲周者即歲實分也以日周一萬分約之爲歲周自本年冬至距來歲冬至積日時刻故曰歲周日

朔策二十九日五千三百〇五分九十三秒

〇朔策者即朔實分也以日周一萬分約之爲朔策自本月經朔至次月經朔積日時刻故曰朔策日

此是太陰與太陽相合之汎數乃歲策十二分之一也

氣策一十五日二千一百八十四分三十七秒半

〇氣策者以歲周日分平分二十四一氣之數故曰氣策日若用歲周消長之法則氣策之數亦每歲可改之否則二十四氣累加之數不能密合也

〇愚按時曆有每百年周歲消長一分之法顧此不適之算而非精密之法其每歲消長一秒者亦非也故明大統曆亦不採之民斯可謂臺官諸公之卓見也已矣

望策一十四日七千六百五十二分九十六秒半

〇望策者即朔策之半也自本月經朔至望經望至次月經朔積日時刻故曰望策日經望者亦謂合望大率不出此也

弦策七日三千八百二十六分四十八秒少

○弦策者即望策之半也自經朔至上弦又自上弦至經望又自經望至下弦積日時刻故曰弦策日

氣應五十五萬○六百分

○氣應者自至元十八辛巳歲前天正冬至前甲子日距同年冬至時刻之積分以爲恒氣之應故曰氣應分方是造曆之初立表驗氣而實測冬至時刻眞數以上考已往下求將來者並由是爲立算之根數也

閏應二十○萬一千八百五十○分

○閏應者自至元十七庚辰年十一月經朔時刻距同年天正冬至時刻之閏餘分故曰閏應分是由當時實測而得至元庚辰年十一月經朔三十四日八十七刻半命曰爲萬以減辛巳歲前氣應五十五萬○六百分餘得二十○萬一千八百五十○分定爲閏應分○龜谷和竹按時曆諺解註曰天正十一月合朔時刻至冬至時刻者誤也合朔當作經朔

○愚閲明志大統曆改閏應爲二十○萬二千○五十○分又攷明袁黃所著曆法新書又改閏應爲二十○萬二千○九十二分比授時曆則大統加二百分新書加二百四十二分意是授時之測驗未得其密者也明史曆志諸應條下曰按授時曆既成之後閏轉交三應數旋有改定故元史曆經閏應二十○萬一千八百五十分而通軌載閏應二十○萬二千○五十分實加二百分是當時經朔改早二刻也曆經轉應一十三萬一千九百○四分通軌載轉應一十三萬○二百○五分實減一千六百九十九分是入轉改遲一十七刻弱也曆經交應二十六萬○一百八十七分八十六秒通軌交應二十六萬○三百八十八分實加二百○分一十四秒是正交改早二刻強也或以通軌辛巳三應與元志互異因爲元統所定非也夫改憲必由測驗郎當具詳始末何反追改授時曆自沒其勤乎是故通軌所述者乃授時續定之數而曆經所存則其未定之初藁也

○愚按曆算全書曆學駢枝存疑條下云按曆經諸應等數隨時推測不用爲元固也今則氣應仍是五十五日○六百分周應仍是箕十度至于閏應原是二十○萬一千八百五十分今改爲二十○萬二千○五十分較授時後二百分轉應原是一十三萬一千九百○四分今改爲一十三萬○二

卷之四

後當作先

先當作後　後當作先

百○五分較按時先一千六百九十九八交應原是二十六萬○一百八十七分八十六秒今改爲二十六萬○三百八十八分較按時後二百○分一十四秒或差而先或差而後以之上考辛巳必與元算不合諸若據暦經以步今茲亦與今算不合云云又云據元史王恂先卒其立成之藁俱未成書郭公守敬爲之整齊意者暦經前術爲王公未定之藁與云云予按此兩說暦經所載閏轉交三應者正王恂未定之初藁而大統通軌所載者王公卒後郭太史之爲釐定明矣

沒限七千八百一十五分六十二秒半

○沒限者日周一萬分內減氣盈二千一百八十四分三十七秒半餘得七千八百一十五分六十二秒半爲沒限是一氣之餘分不及整日之餘數而求沒日之限分故曰沒限分

氣盈二千一百八十四分三十七秒半

○氣盈者氣策日分內減十五整日餘數而即每一氣之盈分故曰氣盈分

朔虛四千六百九十四分○七秒

○朔虛者常數三十日內減朔策日分餘得四千六百九十四分○七秒爲朔虛乃朔策日分少於三十整日之虛分故曰朔虛分

旬周六十萬

○旬周者甲子六旬一周之分故曰旬周分即六十日也

紀法六十

○紀法者自甲子距癸亥六十日而紀發斂加時之法數故曰紀法分

步發斂第二 謂推步四時閏月土旺及朔弦望時刻等也

○發斂者暦家謂春夏曰發秋冬曰斂

○愚按春夏之時萬物發生長養故謂之發秋冬之時萬物收斂閉藏故謂之斂發斂者猶云四時也

○梅勿菴云古法以日行赤道外去北極遠謂之發日行赤道內去北極近謂之斂發斂字義並主北極爲言日道之自近而遠遠而復近皆以漸致故不曰遠近而曰發斂云云

卷之四

土王策三日○四百三十六分八十七秒半

○土王策者土氣旺用事日分故曰土王策此列歲周日分以木火土金水五行除之得每一行七十三日○四百八十五分此是一歲中五行分王之日分然土者旺于四季故再以四季分之則得每季中土王十八日二千六百二十一分二十五秒内減氣策日分餘得三日○四百三十六分八十七秒半以爲土王策日

月閏九千○六十二分八十二秒

○月閏者經朔日分不及兩氣策日分之數即每月閏分故曰月閏此列氣策日分倍之得三十○日四千三百六十八分七十五秒内減一朔策日分餘九千○六十二分八十二秒以爲月閏分

辰法一萬

○辰法者十二時每辰之法數故曰辰法蓋以一日周一萬分十二辰分之則各得八百三十三分三三不盡故以十二乘一日周一萬分通爲十二萬則得每辰一萬分以爲一辰之法乃算家通分法也

半辰法五千

○半辰法者即一辰法之半故曰半辰法是因每時初正各有五千分其子初刻前半箇子時而爲一日之終子正刻後半箇子時而爲一日之始故滿一萬分者命起子正有五千分者起作一辰而命起子初此是借前半箇子時以成整辰仍便入算者也

刻法一千二百

○刻法者以日周一萬通爲十二萬以百刻分之則得每刻一千二百分故曰刻法

步日躔第三 謂推步太陽盈縮及黄赤道躔度十二次宿度等也

周天分三百六十五萬二千五百七十五分

○周天分者即渾天一周之積分故曰周天分詳前歲實分條下

周天度三百六十五度二十五分七十五秒

○周天度者太陽每歲一周天之度分故曰周天度

○愚按天原空虚而無度之可見止以太陽每日行

天之分數強名爲度凡三百六十五日有奇而太陽行天亦三百六十五度有奇以復其元界是謂太陽一周天其度非日躔與星辰不可以校焉故上古聖人設二十八舍以爲太陽每日行天之宿次於是始有其度之可紀也曆議謂列宿著於天爲舍二十有八爲度三百六十五度有奇非日躔無以校其度非列舍無以紀其度周天之度因二者以得之宜哉此言也於戲於天度非日躔列舍之二者何以可能得之耶

半周天一百八十二度六十二分八十七秒半

○半周天者即周天度之半故曰半周天度

象限九十一度三十一分四十三秒太

○象限者即周天四分之一也按易有太極太極判生兩儀兩儀判生四象此四分天度之一者每一象之限度故曰象限度

歲差一分五十秒

○歲差者冬至日太陽所躔之星宿每歲進東之差分故曰歲差即周天度與歲周日相減之餘分也

○宋史天文志中星條日中星四時中星見於堯典蓋聖人南面而治天下即日行而定四時處烏火昴之度在天東陝祈因之候在人故書首載之以見授時爲政之大也而後世考驗冬至之日堯時躔虛至於三代則躔于女春秋時在牛至後漢永元已在斗矣大略六十餘年輒差一度開禧占測已在箕宿校之堯時幾退四十餘度蓋自漢太初至今已差一氣有餘而太陽之躔十二次約中氣前後乃得本月宮次蓋太陽日行一度近歲紀元曆定歲差約退一分四十餘秒蓋太陽日行一度而微遲緩一年周天而微差積累分秒而躔度見焉曆家考之萬五千年之後所差半周天寒暑將易位世求有知其說者焉

○曆議日以堯典中星攷之其時冬至日在女虛之交及攷之前史漢元和二年冬至日在斗二十一度晉太元九年退在斗十七度宋元嘉十年在斗十四度末梁太同十年在斗十二度隨開皇十八年猶在斗十二度唐開元十二年在斗九度半今退在箕十度取其距今之年距今之度較之多者七十餘年少者不下五十年輒差一度宋慶元間

巻之四

改統天曆取大衍歲差率八十二年及開元所距
之差五十五年折取其中得六十七年爲日却行
一度之差施之今日質諸天道實爲密近云云
○愚按校曆法之蹤密者其要不過歲差之得失然
亦未易得者也是以古人或立表驗氣以得歲周
日分而與天周度相減餘定爲歲差或以月食衝
校知日度所在與往昔所在宿度比課以立歲差
之法雖然天運不齊而間有歲差進退之微行蓋
天道活物詎無不測之變歟闘游子六天經或問
始有歲差進退之說可謂得其旨趣也宋書曆志
祖沖之云堯典云日短星昴以正仲冬以此推之
唐代冬至日在今宿之左五十許度漢代之初即
用秦曆冬至日在牽牛六度漢武改立太初曆冬
至日在牛初後漢四分法冬至日在斗二十二晉
時姜岌以月蝕檢日知冬至在斗十七今參以中
星課以蝕望冬至之日在斗十一通而計之未盈
百載所差二度又云沖之以爲唐代冬至日在今
宿之左五十許度遂處加度分空撤天路其置法
所在近違半次則四十五年九月率移一度云云
○愚按此是歲差之最速者也宋書所謂漢武帝改
立太初曆冬至日在牛初度元史所謂唐開元十
二年在斗九度半自前漢孝武帝太初元年丁丑

距唐玄宗帝開元十二年甲子約八百二十七年
日差尤度半則以八十七年差一度此是歲差之
最遲者也游子六天經或問云嘉靖三年甲申初
昏室中日退箕三度萬曆四十年壬子冬至日尚
在黃道箕三度十九分十九秒在赤道箕四度四
分二十五秒內道口在壁一度外道口在軫初度
至崇禎十六年癸未歷三十一年止差一分三十
五秒嘉靖甲申至崇禎癸未一百二十年日尚進
而未退則天道微渺之行亦有遲速不可以年限
也揭子曰歲差不獨遲速不等游子詳測而有已
進而復退也予於是視之曆議所謂六十六年有
奇而差一度者蓋當時所用中數而非終古不易
之法也方今西學入中土而天學益精矣明萬曆
中大西洋人利瑪竇先入而後迪我三拔及龍華
民鄧王函湯若望等於是明人譯西洋曆法以通
西曆者幾不鮮如陳星川袁了凡李之藻黃道周
王宣方密之揭子暄方中德游子六之徒是也蓋
西儒以歲差爲恒星東行則中土之爲退者進而
爲進者退也且夫恒星既有東移則日躔南至正
古今不易而無移其界也宋史所謂曆家考之萬
五千年之後所差半周天寒暑將易位世求有知
其說者焉既今知其說者不鮮如日躔南至的正

解曰列五十一秒以六十分爲除之又秒以下以六十分爲除之爲法以三百六十全度除之得二万五千余年

則何有寒暑易其位耶此是以歳差爲退度之誤也先儒或失之於退而未能必有驗之於進者然於恒星東行也西儒之測以黄道極爲樞毎歳東行五十一秒有奇以西曆度法六十分約之得八十五秒奇以爲法除全度大約一百一十七年半而差一度置西曆周天三百六十度以一百一十七年半乘之得四萬二千三百年爲恒星東行一周天之數也又置中曆周天三百六十五度二十五分七十五秒以六十六年有奇乘之得二萬四千三百五十餘年爲歳差一周天之數則中曆與西曆相差大約一萬七千九百五十年此孰爲是耶子六謂人稟一生精力不過數十年亦止見其所行一度半度耳又安能以其遲速暨前後之度而遠及于數萬年哉云云噫天運無窮而人壽有限豈有能博覽於終古者哉顧有數萬載之後見恒星東行一周天則必可覺知其數已矣

周應三百一十五萬一千〇七十五分

○周應者自堯典冬至日躔虚宿六度距元至元辛巳天正冬至日躔箕宿十度周天退度之餘應分故曰周應分此是實測當時南至日躔箕宿十度而得也列周天度内減虚六度距箕十度退度五十〇度一十五分餘得三百一十五度一十〇分七十五秒命度爲萬即爲周應分也

半歳周一百八十二日六千二百一十二分半

○半歳周者即歳周日之半故曰半歳周

盈初縮末限八十八日九千〇九十二分少

○盈初縮末限者冬至前後太陽行一象限度之日分也太陽自冬至距定氣春分積日時刻是謂盈初限自定氣秋分距冬至積日時刻是謂縮末限此兩限者並以八十八日九十一刻稍弱而太陽行天一象限度蓋冬至前後太陽毎日過平行一度故也曆家以自冬至距夏至爲盈曆自夏至距冬至爲縮曆今盈初縮末俱用者日數相同故爲布算之簡法也

○曆算全書曰問初限是從盈縮初日順推其小餘亦順推若末限則是從盈縮末盡日逆數其小餘亦逆數而加分乘小餘加積度之法並無有異且盈縮互用何也曰凡初限所積之盈縮度分並爲末限之所消故同一加分也在初限爲日增之分在末限則爲日消之分同一積度也

縮初盈末限九十三日七千一百二十〇分少

○縮初盈末限者夏至前後太陽行一象限度之日分也太陽自夏至距定氣秋分積日時刻是謂縮初限自定氣春分距夏至積日時刻是謂盈末限此兩限者並以九十三日七十一刻有奇而太陽行入一象限度蓋夏至前後太陽每日不及平行一度故也此亦日數相同故俱用焉

○愚按古曆原無盈縮太陽每日平行一度耳北齊張子信始覺日行有入氣差然損益未得其正趙道嚴復準晷景長短定日行進退隋劉焯唐李淳風僧一行之徒言之已詳歷宋至元爲法益密而爲數益精矣元至元之間王珣郭太史之徒所測日行盈縮極差二度四十分奇也置歲象限九十一日三十一刻〇六分少內減盈縮極差二日四十〇刻一十四分餘一度爲盈初縮末限又以盈縮極差加歲象限其得爲縮初盈末限

○愚嘗顧如日月五星盈縮遲疾極差並有各國之所測不同歟予嘗攷之所以太陽有盈縮之行者其原由各處北極出地之高下與東西相距之里差而春秋二分看太陽有斜直之勢不同故也先哲保井某改定貞享曆以二度〇五分六十五秒爲太陽伸縮之極差此是本邦所測之盈縮極差也物理小識節度定紀條曰春分至秋分合一百九十日七時四刻每十日應縮四十三分六釐太其縮八度二十五分秋分至春分合一百七十四日七時四刻每十日應伸四十七分四釐少共伸八度二十五分云云此是合盈初縮末及縮初盈末之極差而言者故折半八度二十五分得四度一十二分半蓋是歐邏巴國所測之盈縮極差也乎又閲曆法新書太陽伸縮之度爲二度〇一分三十五秒則是亦同國所測之盈縮極差也矣又按物理小識揭子暄曰日行于天原無伸縮惟以地應天則中國偏居赤道北北陸近其頂故春分以後日高天濶必多行數日節氣始周其半秋分後天稍仄少行數日節氣亦得其半非天有伸縮以地均應之偏也在他處又不然予是以視之太陽盈縮之行由各處之不同必矣

步月離第四

謂推步朔弦望及正交轉離等也

轉終分二十七萬五千五百四十六分

○轉終分者太陰遲疾一轉之積分故曰轉終分本是謂轉周也或問置轉終分以月平行度乘之得

三百六十八度有奇課於周天度多三度一十一分三十秒者何也日月離轉終初日西暦謂之最高之點也無此界有定處每日自順天右行一十一分二十九秒七十六微稍弱陰陽家謂之月孛之行度求之術曰置三度一十一分有奇以轉終日分除之得一十一分二十九秒有奇也再置三度一十一分有奇以月平行度除之得二十三刻二十八分六十一秒此即太陰一周天之日分不及轉終日分之刻數也本法置周天度以月平行度除之得太陰一周天二十七日三十二刻一十七分三十九秒以減轉終日分亦得此數也

○懸按所以有太陰遲疾一周過周天度分者蓋月離轉終初日最高之點而又懸某宿度是即遲疾之初此最高之點非有定界每日右行一十一分三十秒弱然月之行天每日一十三度有奇歴二十七日三十二刻有奇而行天一周雖太陰已復某宿元界尚不及最高之點三度一十一分有奇再行二十三刻有奇其歴二十七日五十五刻四十六分而始能及于最高之元點是月行極高極遠之界中古謂之月孛星即為四餘星之一此最高之點八年十月十五日五十六刻而一周天也

轉終日二十七日五千五百四十六分

○轉終日者即轉終分也命萬爲日故曰轉終日

轉中日一十三日七千七百七十三分

○轉中日者即轉終日之半故曰轉中日

初限八十四

○初限者太陰遲疾限之初也故曰初限

中限一百六十八

○中限者即周限之半故曰中限

周限三百三十六

○周限者即太陰遲疾二暦一周之限數故曰周限

○懸按置周限三百三十六以轉終日分除之得每日一十二限一十九分四十秒稍弱而今就整用一十二限二十分又置轉終日分以三百三十六

限除之得每限八百一十九分七十二秒是亦用
八百二十整分者並此曆家之活法也
○曆算全書曰遲疾分限數何也太陰行天有遲疾
其遲疾又有初末與太陽之盈縮同所以不同者太
陽之盈縮以半歲周分初末而其盈縮之度止于
二度奇太陰之遲疾以十三日七十七刻奇分初
末而其遲疾之度至于五度奇曆家以八百二十
分爲一限一日二十二限二十分而自朔至暮逐
限之遲疾細分可得而求矣又曰古曆太陽朓朒
之行但有各恒氣十五日奇之總率而無每日細
數太陰朓朒之行但有每一日之總率而無一日
內分十二限奇之細數有之皆自授時始皆以平
立定三差得之授時之密於古法此一大端也
○愚又按授時曆太陰遲疾極差爲五度四十二分
九十三秒有奇　本邦貞享曆遲疾極差爲五度
〇三分六十秒是亦由各處不同其數正與太陽
盈縮極差同理其説
已詳太陽盈縮條下

月平行一十三度三十六分八十七秒半

○月平行者太陰自本月經朔距次月經朔每日之
行度故曰平行度求之術曰置周天度分以朔策
日分除之得一十二度三十六分八十七秒八十
三微爲太陰每日先於太陽之度以太陽每日平
行一度加之其得一十三度三十六分八十七秒
八十三微即爲月平行度也本經用一十三度三
十六分八十七秒半者是亦乘除之簡而曆家之
活法也授時曆諺解所謂月平行度列交終度以
交終日除之爲月平行度此説甚誤矣如交終度
原是交終日乘月平行度而得故先有月平行度
而後必有交終度彼未覺曆數各
有本末是以爲矛盾之説已矣

轉差一日九千七百五十九分九十三秒

○轉差者經朔日數與轉周日數所以差之日分故曰
轉差日此即朔策日分內減轉終日分之餘數也

弦策七日三千八百二十六分四十八秒少

○註解前詳步
氣朔條下

上弦九十一度三十一分四十三秒太

○上弦者周天四分度之一而太陰
行弦策日分平積度故曰上弦度

望一百八十二度六十二分八十七秒半

○望者周天度之半而太陰行望策日分平積度故曰望度

下弦二百七十三度九十四分三十一秒少

○下弦者周天度四分之三而太陰行朔策四分之三平積度故曰下弦度

轉應一十三萬一千九百○四分

○轉應者自至元十七庚辰年十一月距冬至時刻入轉分故曰轉應分是亦由當時實測而得雖然王珣之初藁而非郭太史續定之數故太統暦改用一十三萬○二百○五分袁黃暦法新書更改為一十三萬○一百分其説具見閏應分條下

歩中星第五　謂推歩黄道出入赤道内外去北極度及毎日昏明太陽出入辰刻毎夜更點昏明五更中星九服所在漏刻等也

○暦算全書曰中星之法肇於堯典羲和分職測日之後繼以中星蓋中星所以覘四時驗寒暑定昏旦考節氣察日度辨中星差其用甚鉅故與測日均

為治暦之太端也

太都北極出地四十○度太強　即九十五分

○太都者即塞北幽州古燕國元都燕山號大都府與今謂北京不同元代稱北京者即遼東也明朝建國之始以建康府為應天府稱京都永樂中於北平肇建北京正統中以北京號稱順天府稱京師遂以應天府為南京也此地東北遼東界東南山東界西北山西北界西南河南界自京城至南京三千四百四十五里今之清朝亦都于順天府即今謂北京也元代稱北京者今謂之盛京又稱上都者遼東北界也按經所載只大都府北極出地度耳故今據元史具備各省北極出地度云

四海測驗

○南海北極出地一十五度夏至景在表南長一尺一寸六分晝五十四刻夜四十六刻

○衡嶽北極出地二十五度夏至日在表端無景晝五十六刻夜四十四刻

○嶽臺北極出地三十五度夏至晷景長一尺四寸八分晝六十刻夜四十刻

卷之四

○和林北極出地四十五度夏至晷景長三尺二寸四分晝六十四刻夜三十六刻

○鐵勒北極出地五十五度夏至晷景長五尺一分晝七十刻夜三十刻

○北海北極出地六十五度夏至晷景長六尺七寸八分晝八十二刻夜一十八刻

○大都北極出地四十度太強夏至晷景長一丈二尺三寸六分晝六十二刻夜三十八刻

○上都北極出地四十三度少

○北京北極出地四十二度強

○益都北極出地三十七度少

○登州北極出地三十八度少

○高麗北極出地三十八度少

○西京北極出地四十度少

○太原北極出地三十八度少

○安南北極出地一十四度半強

○興元北極出地三十三度半強

○成都北極出地三十一度半強

○西涼州北極出地四十度強

○東平北極出地三十五度太

○大名北極出地三十六度

○南京北極出地三十四度太強

○河南府陽城北極出地三十四度太弱

○揚州北極出地三十三度

○鄂州北極出地三十一度半

○吉州北極出地二十六度半

○雷州北極出地二十度太

○瓊州北極出地一十九度太

冬至去極一百一十五度二十一分七十三秒

○冬至去極者元大都府冬至時刻太陽去北極度及分秒故曰冬至去極度

夏至去極六十七度四十一分一十三秒

○夏至去極者是亦大都府夏至時刻太陽去北極度分故曰夏至去極度此兩數者置天象限度以黃道出入赤道內外極度二十三度九十分三十秒加之為冬至去極度減之為夏至去極度也

冬至晝夏至夜三千八百一十五分九十二秒

夏至晝冬至夜六千一百八十四分○八秒

○冬夏晝夜長短者是亦大都府所測冬夏二至晝夜時刻也其術見法原條下

卷之四

昏明二百五十分

○昏者黃昏明者啓明蓋太陽未出前二十刻半與太陽已入後二十刻半地上尚明朗而不暗昧故曰昏明分以求晨昏時刻者也

步交會第六　謂推步日月交食及日月躔離之宿度更點等也

交終二十七萬二千一百二十二分二十四秒

○交終分者太陰交黃道而一周陰陽二暦積分故曰交終分是亦元至元中王郭諸公從實測而所得者也按古人從青朱白黑之方色及陰陽二暦而分八道與黃道強名爲九道然其實一也故元人謂之白道蓋月道出入日道二不踰六度出黃道外爲陽暦入黃道内爲陰暦太陰自黃道北當黃道而南是謂正交一名羅睺西法謂之外道口出黃道外六度是謂半交自黃道南當黃道而北是謂中交一名計都西法謂之内道口入黃道内六度是謂半交此即白道之四象毎象六日八十○刻三十○分五十六秒而月行九十○度九十四分八十三秒半是爲白道一象限四象總計二十七日二十一刻二十二分二十四秒而太陰行天三百六十三度七十九分三十四秒是謂白道一交之終且夫毎一交退交初元界一度四十六分四十一秒大約一十八年七月七日四十七刻八十七分奇而歴交周二百四十九交四分七厘五毫而退天一周古謂之月行九道一章原是委蛇曲折而無有定界以可鑒其交周之艱耳

交終日二十七日二千一百二十二分二十四秒

○交終日者即交終分也命萬爲日故曰交終日

交中日一十三日六千○六十一分一十二秒

○交中日者交終日之半故曰交中日

交差二日三千一百八十三分六十九秒

○交差日者朔策日分與交終日分相差之數故曰交差日朔策日分内減交終日分餘爲交差日

交望一十四日七千六百五十二分九十六秒半

○交望者卽望策也是推月食之用數故謂之交望日也

交應二十六萬○一百八十七分八十六秒

○交應者自至元十七庚辰十一月交終初日距冬至時刻入交分故曰交應分是亦由當時實測而得者也然亦非郭公續定之數蓋王珣之初藁矣故大統曆改爲二十六萬○三百八十八分曆法新書又改爲二十六萬○五百二十九分其說具見閏應分條下

交終度三百六十三度七十九分三十四秒

○交終度者太陰出入黃道內外一交之積度分故曰交終度也列交終日分以月平行度乘之得三百六十三度七十九分三十四秒爲交終度以減周天度餘一度四十六分四十一秒是爲每交退天之差也

交中一百八十一度八十九分六十七秒

○交中度者卽交終度之半故曰交中度

正交三百五十七度六十四分

○正交者太陰之行道與太陽之行道不同其處日旣高於月月當卑於日故本天黃白道交處與人目所見交處不相類六度一十五分三十四秒以減交終度則爲人目所見交處是謂正交度

中交一百八十八度○五分

○中交者日月本天交處與人目交處不相類六度一十五分三十四秒以加交中度則爲人目之交處故曰中交度

○愚按日食所以正交中交各有加減者蓋太陽旣高於太陰則黃道之在天亦高於白道故雖初入陽曆月之行本天在日南六度奇而人之居地偏見太陰尚在太陽北所以正交有減度也又雖入陰曆月之行本天在日北六度奇而人之居地偏見太陰尚在太陽南所以中交有加度也是皆由實測而得焉卽元大都府所測者也然正交中交人目之視差亦各國不同必從各處而異其數矣　本邦所測人目之差爲五度五十○一分三十五秒牟此卽保井算哲於京師所測驗者也予所撰觀象曆亦更有所考今暫省于茲耳

日食　陽曆限六度　定法六十
陰曆限八度　定法八十

○陽曆限者日食入陽曆距交處之前後各在六度以內者的食若在六度以外者不食故曰陽曆限又日食入陰曆距交處之前後各在八度以內者的食若在八度以外者不食故曰陰曆限

○愚按日月之體當不及天度之一度大約為十分度之七耳故進一位以七度為陰陽二曆常食限是亦從各處而人目視差不同矣元大都府所測陰陽二曆之差為一度以減常食限七度餘六度為陽曆限以加常食限七度共得八度為陰曆限而以陰陽二曆限度十分之一為定法也　本邦京師陰陽二曆相掩之差不過七十五分是予觀象曆所載之差數也

月食限一十三度○五分　定法八十七

○月食限者不問陰陽二曆太陰與地影距交處之前後各在一十三度○五分以內者的食若在一十三度○五分以外者不食故曰月食限

○愚按如月食限度元授時明大統並同　本邦貞

享曆亦從之或日月食限度其數所起何也曰本經只有此數而曆議不載其說梅定九曆算全書亦解之蹤也　本邦直採用其數而未能必有辨之者也余嘗顧之尚矣然性質魯鈍而精思二十年寢得其法始如雲霧之散於風胸中積鬱乍解矣今附之於後以示後學云爾

○求每限月先日度

△置月平行一十三度三十六分八十七秒半以十二限二十分除之得每一限月平行一度○九分五十八秒內減每限日平行八分二十秒餘為每限月先日之度

每限月先日一度○一分三十八秒

○求每刻交終度

△置交終度分以一晝夜百刻除之得每刻交終度

每刻交終度二度六十三分七十九秒

○求前準後準度

△置月食既極一十五分與三十分相減相乘得一百二十五分為平方積以開平方法開之得月食極弦一十一十五分以五千七百四十一乘之得八千六百一十○分為實以每限月先日之度為法實如法而一得八百四十九分二十八秒即為定用極分以每刻交終度乘之得三十○度八十九分六

十○秒爲距交前後定用極度折半之得月汎食
極限一十五度四十五分秒藏近爲分更加五分
共得一十五度半爲後準度以減交中一百八十
一度八十九分六十七秒餘一百六十六度三十
九分六十七秒爲前準度

○求月食限度

△置月汎食極限一十五度四十五分內減太陽盈
縮極差二度四十○分秒不用餘即爲月食限度

月食限一十三度○五分

或日月汎食極限一十五度四十五分則亦不爲
後準度而更加五分者何也日月食距交前後準
度實爲一十五度四十五分而今更加五分者月
食緊不能追此數之關界也是亦算家之所不議
而曆家爲常用之活法知盈縮極差用二度四十
○分亦與之相同矣

曆學法數原卷之四 終

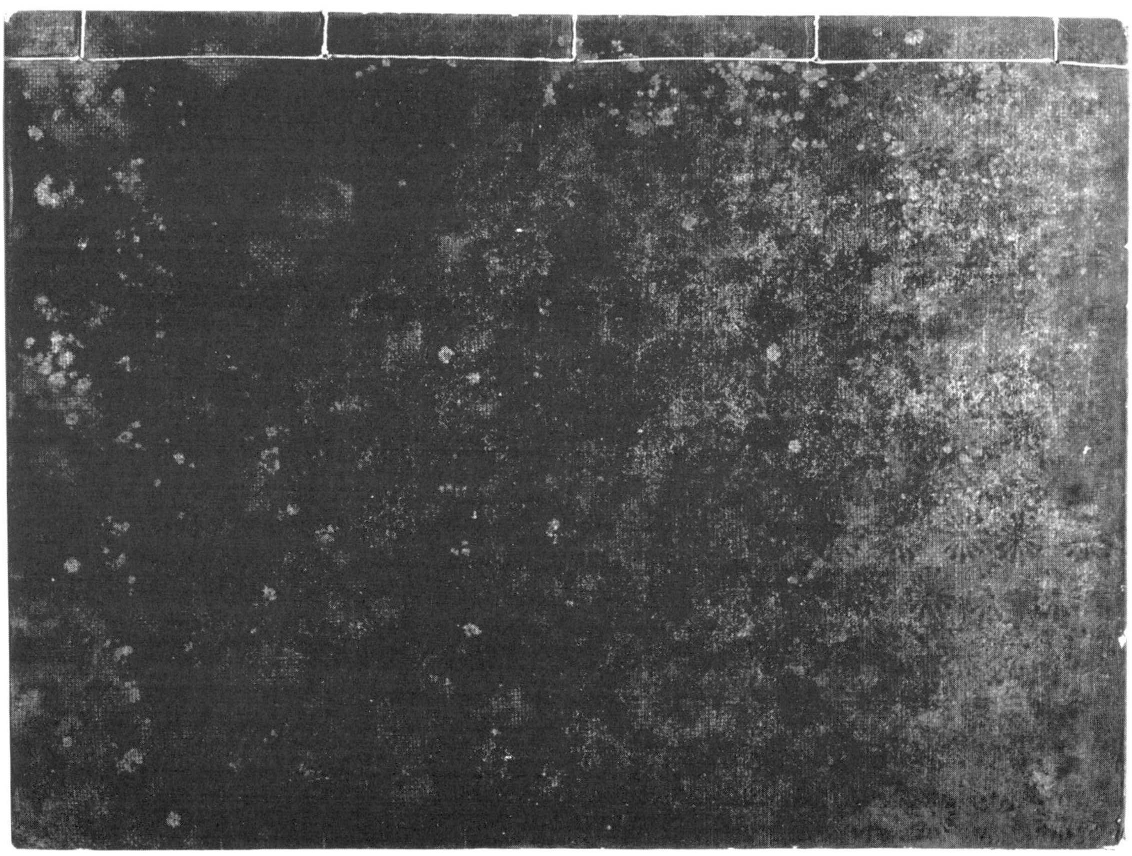

暦學法數原
數原門下
伍
特 門
第210045
5冊
登録番号9863

曆學法數原巻之五

洛東　後學　中西如環敬房著述

數原門下

歩五星第七 謂推歩五星合伏順逆晨夕留及見伏躔度等也

管窺輯要曰蓋五緯之行不由黄道亦不由月道而出入黄道内外各自有其道凡順行最疾之時必與日合度木星最疾約四日行一度火星最疾約七日行五度土星最疾約七日行一度去日漸遠而行漸遲遲甚而留與日近一遠二也留久而退與日周天相半也木星初留約距日一百九度初退約距日一

百三十一度火星初留約距日一百三十四度初退
約距日一百四十四度土星初留約距日九十四度
初退約距日一百二十八度凡退行最疾之時必與
日對沖初遲退漸疾退最疾而復遲退如初退止而
留則皆距日如初退之度留久而順則皆距日如初
留之度日近於後纏漸久而行漸疾却從晨遲以至
於晨疾皆近於晨見距日之度復與日同纏則伏而
光不著矣此二星比日行度較少故合復以後日在
前而晨見於東方是與日未對沖之先夜半後可望
謂之晨段與日既對沖之後夜半前可望謂之夕段
金水二星則不然金星最疾約四日行五度有餘距

日甚遠不過四十五度水星最疾約一日行一度有
餘距日甚遠不過二十四度其距日既不甚遠則所
行遲比日較少由是漸與日近金星距日三十度有
餘而初留距日二十四度有餘而初退水星距日二
十一度半而初留距日一十九度半而初退退行之
際與日相近如夕見之度伏而不著與日相遠如夕
見之度晨見於東退行最疾之時與日必同度退止
而留則距日如初退之度留久而順行則距日如初
留之度遲行漸疾而漸近日距日如退伏之度與日
同纏則又伏而不著矣此二星比日行度較多合伏
以前則過日而前夕見於西方與日未退合之先昏

> 本書木作水非
> 本書積作縮非
> 本書又作文非

後可望謂之夕段與日既退合之後晨前可望謂之晨段以金木形體大故伏見與日近水火土形體小故伏見於日遠其有入氣盈縮之變則當隨氣以推求其差而加減常積則得其逐日之定度矣授時之法以截元用應又求實測列各星段目段日平度及限度諸數以爲常率云

○推五星諸率條　補闕

暦度三百六十五度二十五分七十五秒

○暦度者即周天度爰謂之暦度

暦中一百八十二度六十二分八十七秒半

○暦中者即暦度之半爰謂之暦中

暦策一十五度二十一分九十〇秒六十二微半

○暦策者暦度二十四分之一爰謂之暦策

○愚按如五星諸率及平度限度初行率者元史原闕其說而明史及暦算全書亦嘗無論之也余雖不敏自幼好天學而今及六十餘歳稍有得其一隅歟仍攷定之以顯王郭二氏苦心之微云

○求五星平積度法　補闕

五星各以各段平度累加之得數内減其星晨夕退度餘即爲各星平積度

○假如求木星平積度者以木星各段平度累加之得四十三度四十〇分内減去晨夕退度共九度七十六分二十五秒餘三十三度六十三分七十五秒即爲木星平積度火土金水四星俱倣此

卷之五

△木星平積度三十三度六十三分七十五秒

△火星平積度四百一十四度六十八分六十五秒

△土星平積度一十二度八十四分九十一秒

△金星平積度五百八十三度九十○分二十六秒

△水星平積度一百一十五度八十七分六十○秒

○求五星周率及周日法 補闕

○土木火三星置歳實分以其星平積度命度爲萬加之所得以爲三星周率分命萬爲日即三星周日也

○金水二星以太陽爲心而不能離於日之前後故直以其星平積度爲周率分亦命萬爲日爲金水二星周日也

△木星周率三百九十八萬八千八百分

△火星周率七百七十九萬九千二百九十○分

△土星周率三百七十八萬○九百一十六分

△金星周率五百八十三萬九千○二十六分

△水星周率一百一十五萬八千七百六十○分

○周率者五星各合伏距合伏一周之率故曰周率周日者合伏距合伏一周之日故曰周日

○求五星暦率法 補闕

○土木火三星置暦度三百六十五度二十五分七十五秒以其星度率乘之所得以爲三星暦率分

○金水二星以太陽爲心故直以暦度命度爲萬即爲二星暦率分

△木星曆率四千三百三十一萬二千九百六十四分八十六秒半

△火星曆率六百八十六萬九千五百八十○分四十三秒

△土星曆率一億○七百四十七萬八千八百四十五分六十六秒少（少不用本書分十之間脫六字）

△金星曆率三百六十五萬二千五百七十五分

△水星曆率三百六十五萬二千五百七十五分

○曆率者五星各入曆一周之積率故曰曆率分

○求五星度率法　補闕

五星各置周率分以其星平積度除之所得以為

各星度率分

△木星度率一十一萬八千五百八十二分（秒就近為分）

△火星度率一萬八千八百○七分半（本六十八秒就整為半）

△土星度率二十九萬四千二百五十五分（秒少故棄不用）

△金星度率一萬分

△水星度率一萬分

○度率者以曆率轉為曆度之法率故曰度率分

五星合應分

○合應者自至元十八年辛巳歲前平合距冬至時刻前合分故曰合應分猶日躔氣應各依實測而得

五星曆應分

○曆應者五星各自至元辛巳歲前曆率初日距冬至時刻入曆分故曰曆應分是亦依實測而得

卷之五

五星伏見度

○伏見度者五星各近定合前後若干度則星光爲太陽所蔽而伏漸遠定合則星光復見故曰伏見度是亦五星各依實測而得也

管窺輯要曰晨夕伏見相距之度始於玄曽皇極以後雖入氣各有損益而其法無定至授時本於實測木星距日一十八度火星距日一十九度土星距日一十三度皆夕伏而晨見金星晨夕伏見距日一十度半水星晨伏夕見距日一十六度夕伏晨見一十九度云云

五星段目

○段目者五星各晨夕平合及晨夕留退遲疾初末等諸段之名目故曰段目

五星段日

○段日者五星各諸段之日數故曰段日

五星平度分

○平度者五星各晨夕平合及晨夕退遲疾初末等諸段之平行度故曰平度分

○求五星平度術　即垜疊招差之法

管窺輯要曰其段日平度雖本於實測但其數有多寡不齊若紊而無次張方齋效三差法以求之逐段每日可得其度是星之進退亦各有漸次矣○法以各星周合平度分俱有疾遲及退三限每限各列三段其段內日分相均而列以積數平行度須依實測積度列之各有多寡不同以本段日分除本段平行度分得本段每日平行度行因與各段每日平行度分有多寡之差故名平差分以各段平差分前後相較所得之數爲一差乃一段之平差積數也又以前

本書平作乎非

後一差相較所得之數為二差則得各段俱差之積數矣是二差或前多後少或前少後多其多寡不同故又以二除之折多補寡而得立差以二差減一差餘為汎平積云平積者得本段之平差積也云汎者以其平差積猶汎而未切也然與各段之平差積俱相同矣以立差減汎平差積為定平差又以段日除之得為日平差是得每一日之平差又置立差以段日除之得為每日平立差再以段日除之為每日日立差其名立差者以二除為平差再除為立差也其法須係立差其用則扯長以從平差而減定差矣其立定差之法以本限段日分除本限平度分即得本

限差作[illegible]

限平差度分加入汎平積其得定為差是為二差法也○凡求各段下平度分置立差以本段下段積日分乘之加平差又以段積日分乘之減定差又以段積日分乘之得其段平行度是以其疾遲及退仍為疾遲退限以求之者若混其疾遲而均為前後限以求之或以退減順而返作順限以求之數皆符合此雖不可以代測候亦可以驗測候之變常也

○愚按求五星各段平度法本書厭布算之繁記其法而不載其數故不能以數而解仍就文只解其法已矣

○求木星合伏下平立定二三差法

以段日一十六日八十六刻就整爲一十七日離
爲四段每段各得四日二十五刻累加之爲合伏
下各段積日分

第一段　○四日 二十五刻　　第三段　一十二日 七十五刻
第二段　○八日 五十刻　　第四段　一十七日

次列合伏下各段實測平行度

第一段　若干度　　第三段　若干度
第二段　若干度　　第四段　若干度

次置各段平行度以其段日除之得各段每日平
行度此數以有多寡故名平差分

○各段平差分 即汎平差積也

第一段　若干分　　第三段　若干分
第二段　若干分　　第四段　若干分

次以各段平差分前後相減餘爲一差 乃一段之平差積數
又以一差前後相減餘爲二差 即各段俱差之積數

○一差　　○二差

第一段　若干　　第一段　若干
第二段　若干　　第二段　若干
第三段　若干

此二差或前多後少或前少後多其數多寡不同
故兩數相併以二除之折多補少得定立差

第一段　定立差若干

次置二一差内減二一差餘為汎平積（即本段平差積也）

○各段汎平積

第一段　若干	第二段　若干

次置汎平差積内減定立差餘為定平差又以段日四日二十五刻除之所得為日平差（即毎日之平差也）

第一段　日平差若干

次置定立差以段日四日二十五刻除之為毎日平立差再以段日除之為毎日日立差

第一段　日立差若干

次置本段平度分以段日四日二十五刻除之得本段平差度分加入汎平積共得為定差

第一段　定差若干

已上求木星合伏下平定立三差法也

○又求木星晨疾初下三差法

假如求晨疾初下三差者以段日二十八日離為四段毎段各得七日累加之為晨疾初下各段積日

第一段　七日	第三段　二十一日
第二段　十四日	第四段　二十八日

次以各段實測平行度列各段下

第一段　若干度	第三段　若干度
第二段　若干度	第四段　若干度

卷之五

次置各段平度分以各段日分除之得各段每日
平行度此數以有多寡故名平差分

○各段平差分（即汎平差積也）

第一段　若干分	第三段　若干分
第二段　若干分	第四段　若干分

次以各段平差分前後相減餘爲一差（乃一段之平差積數）
又以一差前後相減餘爲二差（即各段俱二差之積數）

○一差	○二差
第一段　若干	第一段　若干
第二段　若干	第二段　若干
第三段　若干	

此二差或前多後少或前少後多其數多寡不同
故兩數相併以二除之折多補少得定立差
第一段　定立差若干
次置一差內減二差餘爲汎平積（即本段一平差積）
第一段　汎平積若干
次置汎平差積內減定立差餘爲定平差又以段
日七日除之爲日平差（即每日平差）
第一段　日平差若干
次置定立差以段日七日除之得每日平立差再
以段日除之爲每日日立差
第一段　日立差若干

次置本段平度分以段日七日除之得本段平差
度分加入汎平積共得爲定差
第一段　定差若干
○已上求木星晨疾初下平立定三差法也其餘晨
疾末晨遲初晨遲末者依前法可求各段下三差
若退段則以退轉爲順度依前法可求三差也
如夕遲初夕遲末夕疾初夕疾末夕伏者不用布
算退段已往反折而求之也○凡五星各以諸段
積日分之或四段或五段相均其日數而列以各
段實測平行度知法求三差以得諸段下平度也
○求五星各段平度法

置其星其段立差以其段日乘之所得以加減其
段平差所得又以段日乘之去加減其段定差再
以段日乘之滿億爲度不滿爲分秒即得五星各
段下平度（求遅度亦相同）
○論五星各段限度
○按知本經所載五星限度者明大統暦直採用之
而　本邦古暦亦從焉其於法原元史原闕略矣
大統通軌亦只用其度而無敢議論其原者（管窺輯要）
（及暦算全書亦然）此無他所以其理之所由未審也　愚亦
攷之尚矣雖然不敏之性未能知覺其法原也按
如五星平度各星平合距次平合遲疾退一周之

卷之五

度故實測各段平度以累加諸段中星而求交段中星者宜也其於限度累加五星平合入曆度以求諸段入曆度者恐不是乎按管窺輯要所謂五星之行其遲疾也有本於星者有係於日者有由乎氣者三法具而步星之法益密云云顧夫五星各合伏距合伏之間近於太陽則其行疾遠於太陽則其行遲是以五星平度既有疾遲之多寡此所謂係於日者也且從其性情五星各有自行之不同木星日行九十一分奇火星日行四十六分奇土星日行九十六分奇金星六十二分奇水星三度一十五分奇故五星周率各不同此所謂本

於星者也尚有入氣之差故五星各立三差之法而推求入氣盈縮之差以加減常積則可得其逐段之定度此所謂由乎氣者也方今三法已備焉何再用限度哉且夫本經所載五星退段各用順度按退行之時豈得有順度耶是可疑蓋依經術而求五星躔度間有差一二度者保井某謂太平記寛文十一年辛亥十月三日辛巳夕月犯太白依按時推之月在尾二度太白在房五度是太陰與太白相距在赤道九度奇最疎而不合又延寶四年丙辰七月三日甲申夕月犯太白月南金北相距一尺許據時推之月在翼十四度金在翼八度是東西相距六度何及論南北耶又天和二年壬戌二月十五日癸巳水星在奎十四度高見按時推之水星在奎十度夕伏而不見其餘相差亦不鮮蓋用限度之誤乎或曰然則求入曆諸段何以累加之

耶曰俱以平度可累加此與累加中星爲諸段中
星同理也知本經用限度疑王恂未定之初藁而
非郭太史續定之法數此一遍之聽見也若有
乖戻則君子訂正之雖我没後亦泉下之幸也矣

○求五星諸段初行率法　補闕

五星各以諸段第一段定差（秋就近爲分）即爲五星諸
段初行率

○愚按元之代須行授時暦及明用大統暦其法數
並與授時相同然歩星之法授時未得其密故兼
用回回暦以使授暦法之疎密陳星川亦以回回
暦混授時更造一暦雖然明世不須行而後門人
袁黃訂正之爲印本暦法新書是也於是歩星之
法得漸密矣今清之時憲暦純從西洋之暦法故
與授時不相類也

暦學法數原卷之五大尾

國家治暦所重者順天出治以敬授人時至時刻小差原非所重但當細
加測候詳紀其所差之數待後來修暦者使有所據依以益精其推歩而
已漢以來諸家暦法其理益明其法益善然而亦或有時而差刻分者何
也聖人深知天載之無窮而不為一定之法使隨時脩改以求合天是則
合天下萬世之聰明以為其耳目聖人之所以不窮也然則暦至今日而
愈密者皆聖人之法之所設也於戯暦筭之巧焉天之高也不可以億計
而太陽所到正照為日中其對冲之方在地影最深處而即為夜半由是
食分深淺加時早晩各國皆不同然遂交食應期虧復應候故治暦之要
只因所見之北極出地而精測其異域則測里差之法其立算並起冬至
夫有所受之也欲驗將來必推已往所謂求其故也然測景最難況立法
之根數元史一切刪去抑有所禁祕乎今欲造算數者頗苦法原矣家嚴
於是深思而遂徴信各據其本法詳行使學暦者攷焉可謂深切著明矣
憾有限命數辛丑仲秋適病已卒億可悼惜所撰稿草既祕藏之億此一
受據書典發明既而精深也凡言古今之暦家皆以為師歟不知吾大父
書也實有祿于暦學而人或未知先大父嘗疑其學何所受之日叟無授
士又何知之蓋於暦學不以示人無掠美沽名也叟特述之以須示君子
後學者亦自可深志而以得脩暦之功苟非精於其理者不能也余小子
弱齡拙昧而未測象數空有其側餘論不受聞及父沒在其志乃稍稍而
見其書耳此編釆而行之且妄筆記始末備越獲罪俯冀高明互察焉

昔

天明二歳次壬寅季夏月望庚辰日　男　坱劦百頓首跋

天明七歳次丁未初陽發行

皇都書舗

寺町通五條橋詰上ル町　天王寺屋市郎兵衛

寺町通四條上ル町　加賀屋卯兵衛

卷之九

應天暦卷一

推步法用數

文化元年歲次甲子為元　置距算内減一

日周一萬分

歲實三百六十五萬二千四百二十三分五十一秒
四十二微五十纖

歲周三百六十五日二千四百二十三分五十一秒
四十二微五十纖

朔實二十九萬五千三百零五分八十三秒七十八

微
朔策二十九日五千三百零五分八十三秒七十八
微
氣策一十五日二千一百八十四分三十一秒三十
一微
望策一十四日七千六百五十二分九十一秒八十
九微
弦策七日三千八百二十六分四十五秒九十四微
五十零纖
氣應三十六萬八千零三十五分三十七秒

閏應八萬五千零九十八分零三秒
通閏一十零日八千七百五十三分四十六秒零六
微五十零纖
通餘五萬二千四百二十三分五十一秒四十四微
沒限七千八百一十五分六十八秒六十九微
氣盈二千一百八十四分三十一秒三十一微
朔虛四千六百九十四分一十六秒二十二微
旬周六十萬
紀法六十
土王策三日零四百三十六分八十六秒二十零微

候策五日零七百二十八分一十零秒四十三微六
四五八
月閏九千零六十二分七十八秒八十三微八十七
纖五十零忽
辰法一萬
半辰法五千
刻法一千二百
一周天三百六十度
半周天一百八十度
一象限九十度

歳差四秒一十三微三十四纖
周應一十四萬八千零九十八分零三秒
曆應九萬六千二百一十一分四十八秒
半歳周一百八十二日六千二百一十一分七十五
秒七十一微二五
盈初縮末限八十九日三千四百九十零分三十五
秒
縮初盈末限九十三日二千七百二十一分四十二
秒
盈縮一周三百六十五萬二千六百零六分一十三

秒
盈縮半周一百八十二萬六千三百零三分零六秒
半
盈縮象限九十一日三千一百五十一分五十三秒
少
轉終分二十七萬五千五百四十五分六十九秒九
十二微
轉終日二十七日五千五百四十五分六十九秒九
十二微
轉中一十三日七千七百七十二分八十五秒

轉差一日九千七百六十零分一十四秒
轉應二十六萬五千一百六十三分三十九秒
太陰平行一十三度一十七分六十三秒九十八微
一三六
太陽平行九十八分五十六秒四十六微九十二纖
三十五忽

求積年
自文化元年甲子距所求之年共若干年内減一年
得積年是為距算
求天正冬至
置所求距算以歳實乗之為中積加氣應為通積滿
旬周去之不盡以日周約之為日不滿為分秒其日
命甲子算外即所求天正冬至日辰及分秒如上考
者以氣
應減中積滿旬周去之
不盡以減旬周餘同上
求次氣
置天正冬至日分以氣策累加之其日滿紀法去之
外命如前各得次氣日辰及分秒
求天正經朔
置中積加閏應為閏積滿朔實去之不盡為閏餘以
減通積為朔積滿旬周去之不盡以日周約之為日
不滿為分秒即所求天正經朔日及分秒上考者以
閏應減中
積滿朔實去之不盡以減朔實為閏餘以日周約之
為日不滿為分秒以減冬至日及分秒不及減者加
紀法減之
命如上
求弦望及次朔
置天正經朔日及分秒以弦策累加之其日滿紀法
去之各得弦望及次朔日及分秒

推没日

置有没之氣分秒以十五乘之用減氣策餘滿氣盈而一為日併恒氣日命為没日（如没限已上為有没之氣）

推滅日

置有滅之朔分秒以三十乘之滿朔虚而一為日併經朔日命為滅日（在朔虚分已下為有滅之朔）

推五行用事

各以四立之節為春木夏火秋金冬水首用事日以土王策減四季中氣各得其季土始用事日

求二十四氣七十二候

置恒氣日及分秒命為其氣之初候加候策為次候再加候策為末候其日滿紀法去之如前命之各得候日

二十四氣七十二候之圖

	初候	次候	末候
立春正月節	東風解凍	黄鶯睍睆	魚上氷
雨水正月中	土脉潤起	霞始靆	草木萌動
啓蟄二月節	蟄蟲啓戸	桃始笑	菜虫化蝶
春分二月中	雀始巣	櫻始開	雷乃發聲
清明三月節	玄鳥至	鴻雁北	虹始見

穀雨	三月中	葭始生	霜止出苗	牡丹華
立夏	四月節	鼃始鳴	蚯蚓出	竹笋生
小満	四月中	蠶起食桑	紅花榮	麥秋至
芒種	五月節	螳螂生	腐草為螢	梅子黄
夏至	五月中	乃東枯	菖蒲華	半夏生
小暑	六月節	温風至	蓮始開	鷹乃學習
大暑	六月中	桐始結花	土潤溽暑	大雨時行
立秋	七月節	涼風至	寒蟬鳴	蒙霧升降
處暑	七月中	綿柎開	天地始粛	禾乃登
白露	八月節	草露白	鶺鴒鳴	玄鳥去
秋分	八月中	雷乃収聲	蟄蟲坏戸	水始涸
寒露	九月節	鴻雁来	菊花開	蟋蟀在戸
霜降	九月中	霜始降	霎時施	楓蔦黄
立冬	十月節	山茶始開	地始凍	金盞香
小雪	十月中	虹藏不見	朔風拂葉	橘始黄
大雪	十一月節	閉塞成冬	熊蟄穴	鱖魚羣
冬至	十一月中	乃東生	麋角解	雪下出麥
小寒	十二月節	芹乃榮	水泉動	雉始雊
大寒	十二月中	欵冬華	水澤腹堅	雞始乳

推發斂加時

置所求分秒，以十二乘之，滿辰法而一為辰數，餘以刻法收之為刻，命子正算外，即所求辰刻。如滿半辰法，通作一辰。

辰命起子初

又法

案所求子正後分，及每辰分數，以最相近者減之，餘以百分收之為刻數，即得其辰刻。

每辰分數鈐

子初刻　九千五百八十三分三十三秒

丑初刻　四百一十六分六十七秒

寅初刻　一千二百五十零分

卯初刻　二千零八十三分三十三秒

辰初刻　二千九百一十六分六十七秒

巳初刻　三千七百五十零分

午初刻　四千五百八十三分三十三秒

未初刻　五千四百一十六分六十七秒

申初刻　六千二百五十零分

酉初刻　七千零八十三分三十三秒

戌初刻　七千九百一十六分六十七秒

亥初刻　八千七百五十零分

右下分在四百一十六分六十七秒已下者加日
周一萬分以子之下數減之得時刻

推中氣去經朔

置天正閏餘以日周約之爲日命之得冬至去經朔
以月閏累加之各得中氣去經朔日算若滿朔策去
之乃全置閏然當候定朔無中氣者裁之

求冬至盈縮暦

置中積用減暦應滿盈縮一周去之餘在盈縮半周
已下爲入盈暦已上減去盈縮半周爲入縮暦即得
冬至盈縮暦上考者以暦應加中積滿盈縮一周去之不盡以減盈縮在盈縮半周以下爲
盈已上減去盈縮半周爲縮

求天正經朔弦望入盈縮暦

置冬至盈縮暦日及分秒以閏餘減之餘爲天正經
朔入盈縮暦以弦策累加之各得弦望及次朔入盈
縮暦日及分秒滿盈縮半周去之交盈縮

求盈縮初末限

視入暦盈者在盈初縮末限已下爲初限已上反減
半歳周餘爲末限縮者在縮初盈末限已下爲初限
已上反減半歳周餘爲末限

求盈縮差

各置入限分以其日盈縮分乘之萬約爲分以加其
段盈縮積得盈縮差
推天正經朔入轉
置中積加轉應減閏餘滿轉終分去之不盡以日周
約之爲日不滿爲分秒即天正經朔入轉日及分秒
上者中積內加所求閏餘減轉應滿轉終去之不盡以減轉終餘同上
求弦望及次朔入轉
置天正經朔入轉日及分秒以弦策累加之滿轉終
日去之即弦望及次朔入轉日及分秒如徑求次朔以轉差加之
求經朔弦望入遲疾暦

各視入轉日及分秒在轉中已下爲疾暦已上以減
轉終日餘爲遲暦
求遲疾平差
置遲疾暦日及分秒以遲疾暦日率減之餘以其段
損益分乘之如七百六十五而一益加損減其段遲
疾度得遲疾平差
求遲疾定差
置盈縮差「以象限除之」口傳退一位爲平定差以遲疾平
差加減之得遲疾定差遲盈疾縮相加遲縮疾盈相減若相減者盈縮
多遲疾少則遲疾反

求東西距差

以經朔弦望盈縮差與遲疾定差同名相從異名相消（盈遲縮疾為同名盈疾縮遲為異名）即所求東西距度（盈遲為西距縮疾為東距）

求行差及加減差

置東西距度如二百五十而一以加減入轉日及分秒（西距加之東距減之）依前求遲疾曆置其所入行度內減去日行度（經朔弦望所入盈縮行度也）餘為行差以除距度乘日周為分即所求加減差（依西距而得者為加依東距而得者為減）

推經朔弦望入冬夏至後

置半歳周以閏餘日及分秒減之即得天正經朔入夏至後以弦策累加之各得弦望及次朔入冬夏至後滿半歳周去之交冬夏

求定朔弦望至後定度及初末限

置所求至後日及分秒加減加減差得數以日平行乘之約萬為度又以盈縮差盈加縮減之即所求定朔弦望二至後定度在象限已下為初限已上反減半周天為末限

求時差

視各冬夏至後定度初末限其所當求黄赤差如一周天度而一乘日周為時差（依初限得者為減依末限得者為加）

求朔弦望定日

置經朔弦望日及分秒以加減差[及時差]加減之即定朔弦望日及分秒若定弦望在日出分已下者退一日其日命甲子算外各得定朔弦望日辰

求大小及閏月

視定朔干名與後朔干同者其月大不同者其月小自其朔日晨前夜半至其晦日昏後夜半無中氣月即是閏月也

太陽盈縮立成

○盈初縮末限

積日	盈縮積度	同加分	日行度
〇	〇度〇〇〇〇	三四〇	一度〇一九六
一	〇度〇三四〇	三四〇	一度〇一九六
二	〇度〇六八〇	三三九	一度〇一九五
三	〇度一〇一九	三三九	一度〇一九五

四	○度一三五八	三三九	一度○一九五
五	○度一六九七	三三八	一度○一九四
六	○度二○三五	三三七	一度○一九三
七	○度二三七二	三三六	一度○一九二
八	○度二七○八	三三五	一度○一九一
九	○度三○四三	三三五	一度○一九
一十○	○度三三七八	三三四	一度○一九○
一十一	○度三七一二	三三三	一度○一八九
一十二	○度四○四五	三三二	一度○一八八
一十三	○度四三七七	三三一	一度○一八七
一十四	○度四七○八	三三○	一度○一八六
一十五	○度五○三八	三二八	一度○一八四
一十六	○度五三六六	三二六	一度○一八二
一十七	○度五六九二	三二四	一度○一八○
一十八	○度六○一六	三二二	一度○一七八
一十九	○度六三三八	三一九	一度○一七五
二十○	○度六六五七	三一七	一度○一七三
二十一	○度六九七四	三一四	一度○一七○
二十二	○度七二八八	三一二	一度○一六八
二十三	○度七六○○	三一○	一度○一六六
二十四	○度七九一○	三○七	一度○一六三
二十五	○度八二一七	三○五	一度○一六一

二十六	〇度八五二二	三〇二	一度〇一五八
二十七	〇度八八二四	三〇〇	一度〇一五六
二十八	〇度九一二四	二九八	一度〇一五四
二十九	〇度九四二二	二九五	一度〇一五一
三十〇	〇度九七一七	二九二	一度〇一四八
三十一	一度〇〇〇九	二八八	一度〇一四四
三十二	一度〇二九七	二八五	一度〇一四一
三十三	一度〇五八二	二八一	一度〇一三七
三十四	一度〇八六三	二七七	一度〇一三三
三十五	一度一一四〇	二七四	一度〇一三〇
三十六	一度一四一四	二七一	一度〇一三七

三十七	一度一六八五	二六八	一度〇一二四
三十八	一度一九五三	二六五	一度〇一二一
三十九	一度二二一八	二六二	一度〇一一八
四十〇	一度二四八〇	二五八	一度〇一一四
四十一	一度二七三八	二五三	一度〇一〇九
四十二	一度二九九一	二四九	一度〇一〇五
四十三	一度三二四〇	二四四	一度〇一〇〇
四十四	一度三四八四	二四〇	一度〇〇九六
四十五	一度三七二四	二三五	一度〇〇九一
四十六	一度三九五九	二三一	一度〇〇八七
四十七	一度四一九〇	二二六	一度〇〇八二

四十八	一度四四一六	二二一	一度〇〇七七
四十九	一度四六三七	二一六	一度〇〇七二
五十〇	一度四八五三	二一二	一度〇〇六八
五十一	一度五〇六五	二〇七	一度〇〇六三
五十二	一度五二七二	二〇三	一度〇〇五九
五十三	一度五四七五	一九八	一度〇〇五四
五十四	一度五六七三	一九四	一度〇〇五〇
五十五	一度五八六七	一九〇	一度〇〇四六
五十六	一度六〇五七	一八五	一度〇〇四一
五十七	一度六二四二	一八一	一度〇〇三七
五十八	一度六四二三	一七七	一度〇〇三三
五十九	一度六六〇〇	一七二	一度〇〇二八
六十〇	一度六七七二	一六六	一度〇〇二二
六十一	一度六九三八	一六一	一度〇〇一七
六十二	一度七〇九九	一五五	一度〇〇一一
六十三	一度七二五四	一五〇	一度〇〇〇六
六十四	一度七四〇四	一四四	一度〇〇〇〇
六十五	一度七五四八	一三八	〇度九九九四
六十六	一度七六八六	一三二	〇度九九八八
六十七	一度七八一八	一二六	〇度九九八二
六十八	一度七四四四	一二一	〇度九九七七
六十九	一度八〇六五	一一五	〇度九九七一

七十○	一度八一八○	一一○	○度九九六六
七十一	一度八二九○	一○四	○度九九六○
七十二	一度八三九四	九九	○度九九五五
七十三	一度八四九三	九四	○度九九五○
七十四	一度八五八七	八九	○度九九四五
七十五	一度八六七六	八四	○度九九四○
七十六	一度八七六○	七八	○度九九三四
七十七	一度八八三八	七三	○度九九二九
七十八	一度八九一一	六八	○度九九二四
七十九	一度八九七九	六二	○度九九一八
八十○	一度九○四一	五六	○度九九一二

八十一	一度九○九七	五○	○度九九○六
八十二	一度九一四七	四四	○度九九○○
八十三	一度九一九一	三八	○度九八九四
八十四	一度九二二九	三三	○度九八八九
八十五	一度九二六二	二七	○度九八八三
八十六	一度九二八九	二一	○度九八七七
八十七	一度九三一○	一五	○度九八七一
八十八	一度九三二五	九	○度九八六五
八十九	一度九三三四	○	○度九八五六
八十九 九○三四	一度九三三四	○	○度九八五六

○縮初盈末限

積日	盈縮積度	同加分	日行度
○	○度○○○○	三二六	○度九五三○
一	○度○三二六	三二六	○度九五三○
二	○度○六五二	三二五	○度九五三一
三	○度○九七七	三二五	○度九五三一
四	○度一三○二	三二五	○度九五三一
五	○度一六二七	三二四	○度九五三二
六	○度一九五一	三二四	○度九五三二
七	○度二二七五	三四三	○度九五三三
八	○度二五九八	三二二	○度九五三四
九	○度三九三○	三二一	○度九五三五
一十	○度三二四一	三二○	○度九五三六
一十一	○度三五六一	三一九	○度九五三七
一十二	○度三八八○	三一八	○度九五三八
一十三	○度四一九八	三一七	○度九五三九
一十四	○度四五一五	三一六	○度九五四○
一十五	○度四八三一	三一五	○度九五四一
一十六	○度五一四六	三一四	○度九五四二
一十七	○度五四六○	三一二	○度九五四四
一十八	○度五七七二	三一一	○度九五四五
一十九	○度六○八三	三一○	○度九五四六

二十○	○度六三九三	三○八	○度九五四八
二十一	○度六七○一	三○六	○度九五五○
二十二	○度七○○七	三○四	○度九五五二
二十三	○度七三一一	三○二	○度九五五四
二十四	○度七六一三	三○○	○度九五五六
二十五	○度七九一三	二九七	○度九五五九
二十六	○度八二一○	二九四	○度九五六二
二十七	○度八五○四	二九一	○度九五六五
二十八	○度八七九三	二八九	○度九五六七
二十九	○度九○八一	二八六	○度九五七○
三十○	○度九三六七	二八四	○度九五七二

三十一	○度九六五一	二八一	○度九五七五
三十二	○度九九三二	二七九	○度九五七七
三十三	一度○二一一	二七六	○度九五八○
三十四	一度○四八七	二七三	○度九五八三
三十五	一度○七六○	二七○	○度九五八六
三十六	一度一○三○	二六七	○度九五八九
三十七	一度一二九七	二六三	○度九五九三
三十八	一度一五六○	二六○	○度九五九六
三十九	一度一八二○	二五七	○度九五九九
四十○	一度二○七七	二五四	○度九六○二
四十一	一度二三三一	二五○	○度九六○六

四十二	一度二五八一	二四七	○度九六○九
四十三	一度二八二八	二四四	○度九六一二
四十四	一度三○七二	二四○	○度九六一六
四十五	一度三三一二	二三六	○度九六二○
四十六	一度三五四八	二三二	○度九六二四
四十七	一度三七八○	二二八	○度九六三八
四十八	一度四○○八	二二四	○度九六三二
四十九	一度四二三二	二二○	○度九六三六
五十	一度四四五二	二一六	○度九六四○
五十一	一度四六六八	二一二	○度九六四四
五十二	一度四八八○	二○七	○度九六四九

五十三	一度五○八七	二○三	○度九六五三
五十四	一度五二九○	一九九	○度九六五七
五十五	一度五四八九	一九四	○度九六六二
五十六	一度五六八三	一九○	○度九六六六
五十七	一度五八七三	一八五	○度九六七一
五十八	一度六○五八	一八一	○度九六七九
五十九	一度六二三九	一七六	○度九六八○
六十	一度六四一五	一七一	○度九六八五
六十一	一度六五八六	一六七	○度九六八九
六十二	一度六七五三	一六二	○度九六九四
六十三	一度六九一五	一五八	○度九六九八

六十四	一度七〇七三	一五三	〇度九七〇三
六十五	一度七二三六	一四八	〇度九七〇八
六十六	一度七三七四	一四二	〇度九七一四
六十七	一度七五一六	一三七	〇度九七一九
六十八	一度七六五三	一三一	〇度九七二五
六十九	一度七七八四	一二五	〇度九七三一
七十	一度七九〇九	一二一	〇度九七三五
七十一	一度八〇三〇	一一六	〇度九七四〇
七十二	一度八一四六	一一一	〇度九七四五
七十三	一度八二五七	一〇六	〇度九七五〇
七十四	一度八三六三	一〇一	〇度九七五五
七十五	一度八四六四	九六	〇度九七六〇
七十六	一度八五六〇	九〇	〇度九七六六
七十七	一度八六五〇	八五	〇度九七七一
七十八	一度八七三五	七九	〇度九七七七
七十九	一度八八一四	七四	〇度九七八二
八十	一度八八八八	六八	〇度九七八八
八十一	一度八九五六	六二	〇度九七九四
八十二	一度九〇一八	五七	〇度九七九九
八十三	一度九〇七五	五二	〇度九八〇四
八十四	一度九一二七	四六	〇度九八一〇
八十五	一度九一七三	四〇	〇度九八一六

太陰遲疾立成

○遲疾限

遲疾曆日率	遲疾積	損益分	月行度
○日○○○○	○度○○○○○	益八九三	十四度三四三一
○日○七六五	○度○八九三	八九三	十四度三四三一
○日一五三一	○度一七八六	八九二	十四度三四○五
○日二二九六	○度二六七八	八九一	十四度二四一八
○日三○六二	○度三五六九	八九○	十四度三三九二
○日三八二七	○度四四五九	八八九	十四度三三七九
○日四五九二	○度五三四八	八八六	十四度三三四○
○日五三五八	○度六二三四	八八四	十四度三三二七

八十六	一度九二一三	三四	○度九八二二
八十七	一度九二四七	二九	○度九八二七
八十八	一度九二七六	二三	○度九八三三
八十九	一度九二九九	一七	○度九八三九
九十○	一度九三一六	一一	○度九八四五
九十一	一度九三二七	五	○度九八五一
九十二	一度九三三二	二	○度九八五四
九十三	一度九三三四	○	○度九八五六
九十三 二二七	一度九三三四	○	○度九八五六

○日六一二三	○日六八八九	○日七六五四	○日八四一九	○日九一八五	○日九九五○	一日○七一六	一日一四八一	一日二二四六	一日三○一二	一日三七七七
○度七一一八	○度八○○一	○度八八八一	○度九七五八	一度○六三一	一度一五○○	一度二三六五	一度三二二七	一度四○八四	一度四九三六	一度五七八五
益八八三	八八○	八七七	八七三	八六九	八六五	八六二	八五七	八五二	八四九	八四二
十四度三二八七	十四度三二六一	十四度三二二二	十四度三一七○	十四度三一一七	十四度三○六五	十四度三○二六	十四度二九六一	十四度二八九五	十四度二八五六	十四度二七六五

一日四五四三	一日五三○八	一日六○七三	一日六八三九	一日七六○四	一日八三七○	一日九一三五	一日九九○○	二日○六六六	二日一四三一	二日二一九七
一度六六二七	一度七四六四	一度八二九四	一度九一二○	一度九九三八	二度○七五○	二度一五五四	二度二三五二	二度三一四一	二度三九二四	二度四六九八
八三七	八三○	八二六	八一八	八一二	八○四	七九八	七八九	七八三	七七四	七六七
十四度二六九九	十四度二六○八	十四度二五五六	十四度二四五一	十四度二三七五	十四度二二六八	十四度二一九○	十四度二○七六	十四度一九七四	十四度一八七六	十四度一七八五

二日二九六二	二度五四六五	益七五七	十四度一六五四
二日三七二七	二度六二二二	七五〇	十四度一五六三
二日四四九三	二度六九七二	七四一	十四度一四四五
二日五二五八	二度七七一二	七三二	十四度一三二八
二日六〇二四	二度八四四五	七二二	十四度一一九七
二日六七八九	二度九一六七	七一二	十四度一〇六六
二日七五五四	二度九八七九	七〇二	十四度〇九三六
二日八三二〇	三度〇五八一	六九一	十四度〇七九二
二日九〇八五	三度一二七二	六八二	十四度〇六七四
二日九八五一	三度一九五四	六七二	十四度〇五四四
三日〇六一六	三度二六二六	六六一	十四度〇四〇〇

三日一三八一	三度三二八七	六五〇	十四度〇二五六
三日二一四七	三度三九三七	六四〇	十四度〇一二六
三日二九一二	三度四五七七	六二八	十三度五九六九
三日三六七八	三度五二〇五	六一五	十三度九七九九
三日四四四三	三度五八二〇	六〇四	十三度九六五五
三日五二〇八	三度六四二四	五九三	十三度九五五五
三日五九七四	三度七〇一七	五八三	十三度九三五五
三日六七三九	三度七五九八	五六九	十三度九一九八
三日七五〇五	三度八一六七	五五六	十三度九〇二八
三日八二七〇	三度八七二三	五四四	十三度八八七一
三日九〇三五	三度九二六七	五三二	十三度八七一五

三日九八○一	三度九七九九	益五一八	十三度八五二二
四日○五六六	四度○三一七	五○五	十三度八三六二
四日一三三一	四度○八二二	四九二	十三度八一九二
四日二○九七	四度一三一四	四七八	十三度八○○九
四日三八六二	四度一七九二	四六五	十三度七八三九
四日三六二八	四度二二五七	四五二	十三度七六六九
四日四四九三	四度二七○九	四三九	十三度七五○○
四日五一五九	四度三一四八	四二五	十三度七三一七
四日五九二四	四度三五七三	四一一	十三度七一三四
四日六六八九	四度三九八四	三九六	十三度六九三八
四日七四五五	四度四三八○	三八四	十三度六七八一

四日八二二○	四度四七六四	三六九	十三度六五八五
四日八九八六	四度五一三三	三五五	十三度六四○一
四日九七五一	四度五四八八	三四○	十三度六二○六
五日○五一七	四度五八二八	三二六	十三度六○二三
五日一二八二	四度六一五四	三一二	十三度五八四○
五日二○四七	四度六四六六	二九七	十三度五六四四
五日二八一三	四度六七六三	二八二	十三度五四四八
五日三五七八	四度七○四五	二六八	十三度五二六五
五日四三四四	四度七三一三	二五三	十三度五○六九
五日五一○九	四度七五六六	二三八	十三度四八七三
五日五八七四	四度七八○四	二二四	十三度四六九一

五日六六四〇	四度八〇二八	益二〇七	十三度四四六八
五日七四〇五	四度八二三五	一九四	十三度四二九九
五日八一七一	四度八四二九	一七九	十三度四一〇一
五日八九三六	四度八六〇八	一六四	十三度三九〇七
五日九七〇二	四度八七七二	一四八	十三度三六九八
六日〇四六七	四度八九二〇	一三三	十三度三五〇一
六日一二三二	四度九〇五三	一一九	十三度三三一九
六日一九九八	四度九一七二	一〇二	十三度三〇九七
六日二七六三	四度九二七四	八八	十三度二九一四
六日三五二九	四度九三六二	七四	十三度二七三一
六日四二九四	四度九四三六	五八	十三度二五二一

六日五〇五九	四度九四九四	四二	十三度二三一三
六日五八二五	四度九五三六	二八	十三度二一三〇
六日六五九〇	四度九五六四	一二	十三度一九二一
六日七三五六	四度九五七六	損二	十三度一七三八
六日八一二一	四度九五七四	一八	十三度一五二九
六日八八八六	四度九五五六	三三	十三度一三三三
六日九六五二	四度九五二三	四七	十三度一一五〇
七日〇四一七	四度九四七六	六三	十三度〇九四一
七日一一八三	四度九四一三	七七	十三度〇七五八
七日一九四八	四度九三三六	九二	十三度〇五六二
七日二七一三	四度九二四四	一〇七	十三度〇三六六

七日三四七九	四度九一三七	損一二二	十三度〇三六六
七日四二四四	四度九〇一五	一三六	十二度九九八七
七日五〇一〇	四度八八七五	一五二	十二度九七七八
七日五七七五	四度八七二七	一六五	十二度九六〇八
七日六五四〇	四度八五六二	一八一	十二度九三九九
七日七三〇六	四度八三八一	一九四	十二度九二二九
七日八〇七一	四度八一八七	二〇九	十二度九〇三三
七日七八八四	四度七九七八	二二三	十二度八八五一
七日九六〇二	四度七七五五	二三八	十二度八六五五
八日〇三六七	四度七五一七	二五一	十二度八四八五
八日一一三三	四度七二六六	二六六	十二度八二八九
八日一八九八	四度七〇〇〇	二七九	十二度八一一九
八日二六六四	四度六七二一	二九三	十二度七九三六
八日三四二九	四度六四二八	三〇七	十二度七七五三
八日四一九四	四度六一二一	三二一	十二度七九七〇
八日四九六〇	四度五八〇〇	三三三	十二度七四一三
八日五七二五	四度五四六七	三四七	十二度七二三〇
八日六四九一	四度五一二〇	三六〇	十二度七〇六一
八日七二五六	四度四七六〇	三七四	十二度六八七八
八日八〇二二	四度四三八六	三八六	十二度六七二一
八日八七八七	四度四〇〇〇	三九九	十二度六五五一
八日九五五二	四度三六〇一	四一二	十二度六三八四

九日〇三一八	四度三一八九	損四二四	十二度六二二四
九日一〇八三	四度二七六五	四三七	十二度六〇五五
九日一八四八	四度二三二八	四四九	十二度五六九八
九日二六一四	四度一八七九	四六二	十二度五七二八
九日三三七九	四度一四一七	四七三	十二度五五八四
九日四一四五	四度〇九四四	四八四	十二度五四四一
九日四九一〇	四度〇四六〇	四九八	十二度五二五八
九日五六七六	三度九九六二	五〇八	十二度五一二七
九日六四四一	三度九四五四	五二一	十二度四九五七
九日七二〇六	三度八九三三	五三二	十二度四八一三
九日七九七二	三度八四〇一	五四三	十二度四六七〇

九日八七三七	三度七八五八	五五四	十二度四五二六
九日九五〇三	三度七三〇四	五六四	十二度四三九五
十日〇二六八	三度六七四〇	五七六	十二度四二三九
十日一〇三三	三度六一六四	五八五	十二度四一二一
十日一七九九	三度五五七九	五九六	十二度三九七七
十日二五六四	三度四九八三	六〇六	十二度三八四七
十日三三三〇	三度四三七七	六一五	十二度三七二九
十日四〇九五	三度三七六二	六二五	十二度三五九八
十日四八六〇	三度三一三七	六三五	十二度三四六八
十日五六二六	三度二五〇二	六四三	十二度三三六三
十日六三九一	三度一八五九	六五三	十二度三三三三

十日七一五七	三度一二〇六	損 六六二	十二度三一一五
十日七九二二	三度〇五四四	六七〇	十二度三〇一〇
十日八六八七	二度九八七四	六七九	十二度二八九三
十日九四五三	二度九一九五	六九〇	十二度二七四九
十一日〇二一八	二度八五〇五	六九六	十二度二六七一
十一日〇九八四	二度七八〇九	七〇四	十二度二五六六
十一日一七四九	二度七一〇五	七一二	十二度二四六二
十一日二五一五	二度六三九三	七一九	十二度二三七〇
十一日三二八〇	二度五六七四	七二七	十二度二二六六
十一日四〇四五	二度四九四七	七三三	十二度二一八七
十一日四八一一	二度四二一四	七四一	十二度二〇八三

十一日五五七六	二度三四七三	七四七	十二度二〇〇四
十一日六三四一	二度二七二六	七五四	十二度九二六
十一日七一〇七	二度一九〇三	七五九	十二度一八四八
十一日七八七二	二度一二一四	七六六	十二度一七五六
十一日八六三八	二度〇四四八	七七二	十二度一六七八
十一日九四〇三	一度九六七六	七七七	十二度一六一二
十二日〇一六八	一度八八九九	七八四	十二度一五二二
十二日〇九三四	一度八一一五	七八八	十二度一四六九
十二日一六九九	一度七三二七	七九三	十二度一四〇三
十二日二四六五	一度六五三四	七九七	十二度一三五一
十二日三二三〇	一度五七三七	八〇三	十二度一二七四

十二日三九九六	一度四九三四	損八〇六	十二度一二三四
十二日四七六一	一度四一二八	八一〇	十二度一一八一
十二日五五二六	一度三三一八	八一四	十二度一一二九
十二日六二九一	一度二五〇四	八一七	十二度一〇九〇
十二日七〇五七	一度一六八七	八二一	十二度一〇三八
十二日七八二三	一度〇八六六	八二三	十二度一〇一二
十二日六五八八	一度〇〇四二	八二八	十二度〇九四六
十二日九三五三	〇度九二一五	八二九	十二度〇九三三
十三日〇一一九	〇度八三八六	八三二	十二度〇八八四
十三日〇八八四	〇度七五五四	八三四	十二度〇八六八
十三日一六五〇	〇度六七二〇	八二六	十二度〇八四二

十三日二四一五	〇度五八八四	八三七	十二度〇八二九
十三日三一八〇	〇度五〇四七	八三九	十二度〇八〇三
十三日三九四六	〇度四二〇八	八四一	十二度〇七七六
十三日四七一一	〇度三三六七	八四一	十二度〇七七六
十三日五四七七	〇度二五二六	八四二	十二度〇七六三
十三日六二四二	〇度一六八四	八四二	十二度〇七六三
十三日七〇〇七	〇度〇八四一	八四二	十二度〇七六三
十三日七七七三	〇度〇〇〇〇	〇〇〇	十二度〇七六三

○黃赤差之成

積度	黃赤差
〇	〇度〇〇〇〇
二	〇度一八〇〇
四	〇度三五九一
六	〇度五三六一
八	〇度七一〇二
一十〇	〇度八八〇四
一十二	一度〇四五七
一十四	一度二〇五三
一十六	一度三五八三

積度	黃赤差
一	〇度〇九〇一
三	〇度二六九七
五	〇度四四七九
七	〇度六二三六
九	〇度七九五八
一十一	〇度九六三七
一十三	一度一二六三
一十五	一度二八二七
一十七	一度四三二一

積度	黃赤差
一十八	一度五〇三五
二十〇	一度六四一四
二十二	一度七七〇一
二十四	一度八八九四
二十六	一度九九八六
二十八	二度〇九七三
三十〇	二度一八五一
三十二	二度二六一六
三十四	二度三二六四
三十六	二度三七九四
三十八	二度四二〇四

積度	黃赤差
一十九	一度五七三七
二十一	一度七〇六九
二十三	一度八三一〇
二十五	一度九四五三
二十七	二度〇四九三
二十九	二度一四二六
三十一	二度二二四八
三十三	二度二九五五
三十五	二度三五四四
三十七	二度四〇一四
三十九	二度四三六四

四十〇	二度四四九三
四十二	二度四六六〇
四十四	二度四七〇七
四十六	二度四六三一
四十八	二度四四三九
五十〇	二度四一二九
五十二	二度三七〇五
五十四	二度三一六九
五十六	二度二五二六
五十八	二度一七七八
六十〇	二度〇九三〇
四十一	二度四五九二
四十三	二度四六九八
四十五	二度四六八四
四十七	二度四五五〇
四十九	二度四二九九
五十一	二度三九三一
五十三	二度三四五一
五十五	二度二八六一
五十七	二度二一六四
五十九	二度一三六六
六十一	二度〇四七〇

六十二	一度九九八七
六十四	一度八九五三
六十六	一度七八三五
六十八	一度六六三七
七十〇	一度五三六五
七十二	一度四〇二六
七十四	一度二六二五
七十六	一度一一六九
七十八	〇度九六六五
八十〇	〇度八一一八
八十二	〇度六五三七
六十三	一度九四八一
六十五	一度八四〇四
六十七	一度七二四六
六十九	一度六〇一〇
七十一	一度四七〇四
七十三	一度三三三三
七十五	一度一九〇四
七十七	一度〇四二三
七十九	〇度八八九六
八十一	〇度七三三二
八十三	〇度五七三五

八十四	○度四九二七
八十五	○度四一一四
八十六	○度三二九七
八十七	○度二四七五
八十八	○度一六五二
八十九	○度○八二六
九十○	○度○○○○

應天曆卷之一終

應天曆
卷之二

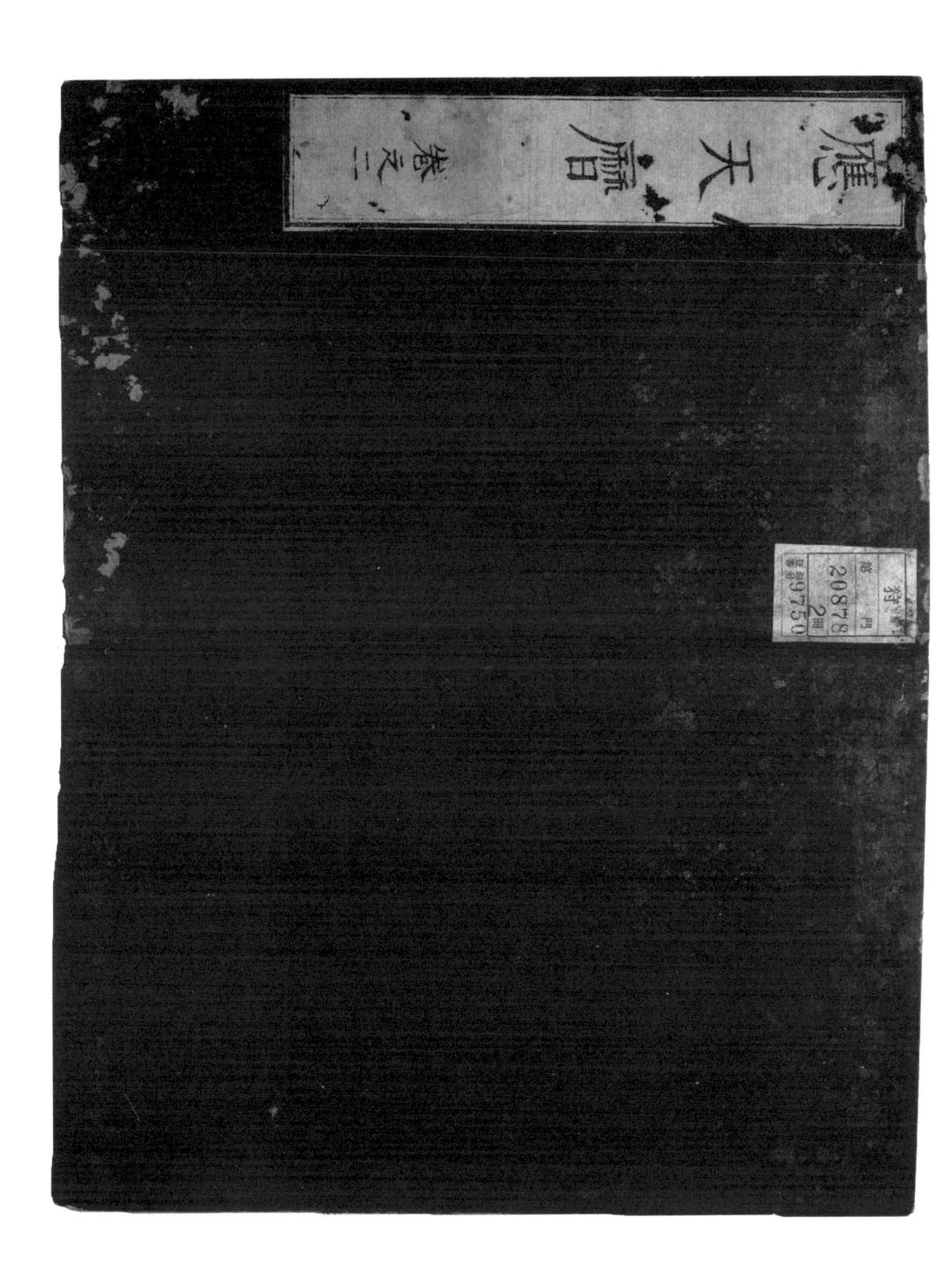

推歩交食法

交終分二十七萬二千一百二十二分二十四秒

交終日二十七日二千一百二十二分二十四秒

交望一十四日七千六百五十二分九十二秒

交差二日三千一百八十三分六十零秒

交一日行度一十三度二十二分九十三秒半

太陽平徑五十三分六十七秒

太陽大小差九十一秒

太陽光分八十四秒

太陰平徑五十二分四十一秒　併五十二分二十五秒

太陰大小差二分八十八秒　併二分八十七秒

地影平徑一度四十一分九十五秒

地影大小差一十零分五十八秒

黄白大距四度九十七分

黄赤大距二十三度四十五分九十零秒

地平差五分零一秒

地半徑平差九十五分八十六秒

黄赤升度大差二度四十七秒

盈縮一日平行零度九十八分五十六秒

遲疾一日平行一十三度零六分五十秒

元應十七萬九千零五十一分二十一秒

推天正經朔入交

置中積加交應減閏餘滿交終日去之不盡以日周約之爲日不滿爲分秒即天正經朔入交汎日及分秒上考者置中積加所求閏餘減交應滿交終去之不盡以減交終餘如上

求次朔望入交

置天正經朔入交汎日及分秒以交望累加之滿交終日去之即爲次朔望入交汎日及分秒徑如求次朔加交差又可也

求月食入食限

視各經望入交汎日及分秒自初日零分距一日一

千二百分者自一十二日四千八百分至一十四日
七千三百分者自二十六日零九百分滿交終日者
爲入食限
求日食入食限
視各經朔入交汎日及分秒自初日零分至一日五
千九百分者自一十二日零二百分至一十四日二
千八百分者自二十六日五千四百分滿交終日分
者皆爲入食限
求交常及交定度
置經朔望入交汎日及分秒以太陰平行一十三度

一七六三九八一三六乘之爲交常度以盈縮差盈
加縮減之爲交定度
求正中交前後度
視交定度初度已上直用爲正交後半周天度已下
以減半周天度餘爲中交前半周天已上以半周天
度減之餘爲中交後周天度以下以減周天度餘爲
正交前
求黄赤差及進退差
置二至後定度初末限與半象限度相減餘倍之爲
積度以査差積立成滿積度去之餘以其段差率乘

之用所得數以減其段差積所得數（求差積者已下皆倣之）與
黃赤升度大差相乘爲黃赤差以周天度除之爲進
退差（依初限而得者爲退依末限而得者爲進）

求食甚定分

置定朔望日及分秒以進退差（進差加退差減）加減之得所
求食甚日及分秒

求食甚盈縮定度

置定朔望盈縮曆日及分秒加食甚日及定分秒減
經朔望日及分秒以所得數乘於太陽平行分以盈
縮差盈加縮減之爲所求盈縮定度（加滿半周天度去之不及減者加半周天度減之盈縮各相反）

求食甚遲疾定度

置定朔望入轉日及分秒加食甚日及定分秒減經
朔望日及分秒以所得數與太陰遲疾平行度相乘
以遲疾定差遲減疾加之以所得數在半周天度以
下爲遲曆定度已上以減半周天度餘爲疾曆定度
（加減餘猶在半周天度已上再減之爲遲曆定度）

求太陽徑差及定徑

視盈縮曆定度在象限以下爲初限已上反減半周
天度爲末限以初末限爲積度求其所當差積以日

徑大小差乘之為太陽徑差以加減太陽平徑（盈初縮末
者為加縮初盈末者為減）得所求太陽定徑

求太陰徑差及定徑

視遲疾曆定度在象限以下為初限已上反減半周
天度為末限以初末限度為積度求其所當差積以月
徑大小差乘之為太陰徑差加減太陰平徑（遲初疾末者為
減疾初遲末者為加）得所求月定徑

求影定徑

以所求差積與影平徑大小差相乘得所得數加減
地影平徑為地影定徑（加減求月徑相同）

推月食條

求併徑

置地影定徑與太陽定徑相併而得併徑

求黃白緯差及緯南北

以正中前後度及分秒與象限相減餘為積度求差
積以黃白大距乘之得黃白緯差（在正交交前為緯南交後為緯北在
中交前為緯北交後為緯南）

求食分

置併徑折半之內減黃白緯度餘乘二十分以太陰
定徑除之即所求月食分秒

求徑限及定用分

置併徑以太陰定徑除之進位爲徑限半之爲定限以徑限與所食分秒相減相乘平方開之爲食弦以乘定徑以經望日月行差除之爲定用分

求既内定分

月食既者所食分秒内減一十分餘爲既内分以與徑限内減二十分餘相減相乘平方開之以所得數以定徑乘之以如經望日月行差而一爲既内定分

求三限及五限辰刻

以食甚定分更爲食甚實分以定用分減之爲初虧實分加之爲復圓實分既者以既内定分加減食甚實分（減而爲食既 加而爲生光）得五限實分依發斂各得辰刻

求帶食分秒

視其日月出入分（即日出入分也）在初虧復圓間者爲帶食以食甚實分與出入分相減餘乘食弦如定用分而一爲帶弦所得自相乘爲距積又以所食分秒減定限分餘自相乘加距積平方開之以所得數爲其分以減定限分餘即帶食所見分秒

求三限及帶食距午東西度

視三限實時在半日周以下直用已上以減日周餘

爲距午分，以周天度乘之，爲距午東西度。（半日周以下爲西，已上爲東）

帶食者，以出入分求之。（東西同前）

推日食條

求太陽實徑

置太陽定徑，內減太陽光分，得太陽實徑。

求併徑

以實徑與太陰定徑相加，得併徑。

求地平高下差

置依遲疾曆所求差積（月定徑上求之條）地平差相乘，以所得數以加減地半徑平差，得地平高下差。

求午中地高度

置赤道地高度，以黃赤內外度內加外減之，爲午中

地高度

求食甚距午分

以食甚定分與半日周相減爲食甚距午分在半日周以下者爲午東已上爲午西

求食甚距朝夕度

置距午分乘象限以半晝分除之以所得數以減象限餘爲距朝夕度

求食甚地高度

置距朝夕度乘午中地高度以象限除之爲地高度

求食甚高下差

以食甚地高度爲積度求得其差積與地平高下差相乘爲食甚高下差

求距午黃道度

置距午分以其日太陽行度及周天度乘之以日周除之得距午黃道度（以午東得者爲限東 以午西得者爲限西）

求食甚至後度

置定朔二至後定度以距午黃道度加減之（限東減 限西加）爲二至後定度（加而過半周天度者減半周天度不及減者加半周天度減之共交冬夏）

求食甚黃赤内外度及東西差度

置食甚二至後定度半周天度以下者爲初限已上

以減半周天度爲末限以初末限爲積度求得內外度爲東西差度限東者冬至後爲西夏至後爲東限西者冬至後爲東夏至後爲西

求黄白東西差度

以黄白緯差爲東西差度交在正交者爲西交在中交者爲東

求限東西定度

以距午黄道度與黄赤内外東西差度及黄白東西差度同名相併異名相消以所得爲限東西定度相減者以所餘定東西

求食甚南北差分

以東西限定度爲積度求得其差積與食甚高下差相乘得食甚南北差分

求食甚東西差分及時差

置象限内減限東西定度餘爲積度求得其差積與食甚高下差相乘爲食甚東西差分以定朔日月行差除之乘日周得時差分秒限東爲減限西爲加

求時差交行

置時差分秒以一日交行度乘之以日周除之折半得時差交行加減時差同

求交實度及距交度

置交定度加減時差交行得交實度以與象限相減減象限猶在象限已上再減象限猶有餘又減爲距交度

求黃白緯差及緯南北

以距交度爲積度求得其差積以黃白大距乘之得黃白緯差在正交者交前爲緯南交後爲緯北在中交者交前爲緯北交後爲緯南

求黃白實緯差

所求差積與一分八十秒相乘以所得數與黃白緯差相加得黃白實緯差

求視緯

以南北差與黃白實緯差相加減得視緯緯南則加爲南北則減爲北南北差大則反減變北爲南南爲陽曆北爲陰曆

求日食分秒

置併徑折半之內減視緯餘乘一十分以太陽實徑除之即所求日食分秒

求徑限定限及定用分

置併徑以太陽實徑除之進位爲徑限半之爲定限以徑限與所食分秒相減相乘平方開之爲食弦以乘定徑以其日日月行差除之爲定用分

求初復時差

置定限分半之以與所食分秒相減不及減者無時差餘平

方開之所得以太陽實徑乘之以行差而一得初復
時差交前爲加交後爲減若在黄白緯度緯北視緯變南者食甚距午在東初
虧加減反在西復圓加減反
求三限辰刻
置食甚定分以時差分秒加減之爲食甚實分以加
減定用分在初復時差加減者亦加減之以下月食法同
求帶食分秒
月食求帶食分秒法相同
求三限及帶食時距午東西度
視三限各實時帶食者出入分與半日周相減餘以周天度

乘之如日周而一得各距午東西度實時在半日周以下爲東已上爲
西
推日月食方位條
求頃平度依立成求之
視各東西距午度滿積度去之餘與其下加度相乘
如十度而一以加頃平度所求頃平度
求頃定度同上
視各東西距午度五度以下去之已上滿十度求南北加減差與
定朔望黄赤内外度相乘如二十四而一以所得數
加減頃平度得頃定東西度距午東西度東西相同若減者不及減者反減

傾平度東西相反

視黃赤內外度內者（日食者北月食者南）外者（日食者南月食者北）

求食甚二至後定度

置食甚實分與定朔望分相減餘乘周天度如日周而一以所得數加減諸定朔望二至後之定度（食甚實分多為加少為減）為食甚二至後之定度（如定度少而不及減者加半周天度減之）

冬夏相反

求黃赤東西度

置食甚二至後定度以象限加減之（視定度多於象限者減少者加）以所得數為積度（若加而象限已上者與半周天度相減）求所其當黃

赤內外度即為黃赤東西度（定度在冬至後者日食為西月食為東在夏至後者日食為東月食為西）

求黃白東西度

以黃白大距更為黃白東西度（正交者為西中交者為東）

求初復周差

置定限分內減所食分秒為實以定限分除之以一乘之以所得數為差積以求得其所當積度為初復周差食緯南者（初虧加復圓減）緯北者（初虧減復圓加）

求帶食周差

置定限分內減帶食所見分秒餘以定限分除之以

所得數爲差積以求得其積度爲帶食周度（出入分在食甚）

（前者随初虧在食甚後者随復圓）求其加減

求三限及帶食各方向度

置月食者（緯南者半周天度緯北者一周天度）日食者（緯南者一周天度緯北者半周天度）

以傾定度及黄赤東西度及黄白東西度各東加

西減之又初虧復圓及帶食者以周差再加減之各

得方向度（不及減者加周天度加滿周天度者去之）

求方位

視各方向度初度正下　二十二度半下右　四十

五度右下間　六十七度半右下　九十度上右

一百一十二度半右上　一百三十五度上右間

二百

一百五十七度半上右　一百八十度正上　二百

零二度半上左　二百二十五度上左間　二百四

十七度半左上　二百七十度正左　二百九十二

度半左下　三百一十五度左下間　三百三十七

度半下左　三百六十度正下　各據其近求方位

〇日月食東西傾度立成

距午東西度	零	一十度
傾平度		一十四度
同加度	一十四度	一十二度
北　加減差		加　二十二度
南　加減差	減　零	減　四度

二十度	二十六度	一十零度	加二十七度	減八度
三十度	三十六度	七度	加二十五度	減九度
四十度	四十三度	五度	加二十零度	減九度
五十度	四十八度	三度	加十六度	減八度
六十度	五十一度	二度	加十二度	減五度
七十度	五十三度	二度	加九度	減三度
八十度	五十五度	零	加五度	減一度
九十度	五十五度	零	加二度	加三度
一百度	五十五度	減二度	減一度	加五度
百十度	五十三度		減三度	加八度

黃道出入赤道內外度			差積	
黃道積	內外度	內外差	差積	差率
零度	二十三度四六	一	一零零零零	一五
一度	二十三度四五	一	九九九八五	四六
二度	二十三度四四	二	九九九三九	七六
三度	二十三度四二	三	九九八六三	一零七
四度	二十三度三九	三	九九七五六	一零七
五度	二十三度三六	四	九九六一九	一六七
六度	二十三度三二	五	九九四五二	一九八
七度	二十三度二七	六	九九二五四	二二八

八度	二十三度二一	六	九九零二六	二五八
九度	二十三度一五	七	九八七六八	二八七
一十度	二十三度零八	八	九八四八一	三一七
一十一	二十三度零零	九	九八一六三	三四八
一十二	二十二度九一	一零	九七八一五	三七八
一十三	二十二度八一	一零	九七四三七	四零七
一十四	二十二度七一	一零	九七零三零	四三七
一十五	二十二度六一	一一	九六五九三	四七七
一十六	二十二度五零	一二	九六一二六	四九六
一十七	二十二度三八	一三	九五六三零	五二四
一十八	二十二度二五	一四	九五一零六	五五四
一十九	二十二度一一	一四	九四五五二	五八三
二十度	二十一度九七	一五	九三九六九	六一一
二十一	二十一度八二	一六	九三三五八	六四零
二十二	二十一度六六	一六	九二七一八	六六八
二十三	二十一度五零	一七	九二零五零	六九五
二十四	二十一度三三	一八	九一三五五	七二四
二十五	二十一度一五	一九	九零六三一	七五二
二十六	二十零度九六	一九	八九八七九	七七八
二十七	二十零度七七	一九	八九一零一	八零六

二十八	二十零度五八	二零	八八二九五	八三三
二十九	二十零度三八	二一	八七四六二	八五九
三十度	二十零度一七	二二	八六六零三	八八六
三十一	一十九度九五	二二	八五七一七	九一二
三十二	一十九度七三	二三	八四八零五	九三八
三十三	一十九度五零	二三	八三八六七	九六三
三十四	一十九度二七	二四	八二九零四	九八九
三十五	一十九度零三	二四	八一九一五	一零一三
三十六	一十八度七九	二五	八零九零二	一零三八
三十七	一十八度五四	二六	七九八六四	一零六三
三十八	一十八度二八	二六	七八八零一	一零八七
三十九	一十八度零二	二七	七七七一四	一一一零
四十度	一十七度七五	二七	七六六零四	一一三三
四十一	一十七度四八	二七	七五四七一	一一五七
四十二	一十七度二一	二七	七四三一四	一一七九
四十三	一十六度九三	二九	七三一三五	一二零一
四十四	一十六度六四	二九	七一九三四	一二二三
四十五	一十六度三五	三零	七零七一一	一二四五
四十六	一十六度零五	三零	六九四六六	一二六六
四十七	一十五度七五	三零	六八二零零	一二八七

四十八	一十五度四五	三一	六六九一三	一三零七
四十九	一十五度一四	三一	六五六零六	一三二七
五十度	一十四度八三	三二	六四二七九	一三四七
五十一	一十四度五一	三二	六二九三二	一三六六
五十二	一十四度一九	三三	六一五六六	一三八五
五十三	一十三度八六	三三	六零一八一	一四零三
五十四	一十三度五三	三三	五八七七八	一四二零
五十五	一十三度二零	三四	五七三五八	一四三八
五十六	一十二度八六	三四	五五九二零	一四五六
五十七	一十二度五二	三四	五四四六四	一四七三
五十八	一十二度一八	三五	五二九九一	一四八八
五十九	一十一度八三	三五	五一五零四	一五零四
六十度	一十一度四八	三五	五零零零零	一五一九
六十一	一十一度一三	三六	四八四八一	一五三四
六十二	一十零度七七	三六	四六九四七	一五四八
六十三	一十零度四一	三六	四五三九九	一五六二
六十四	一十零度零五	三六	四三八三七	一五七五
六十五	九度六九	三七	四二二六二	一五八八
六十六	九度三二	三七	四零六七四	一六零一
六十七	八度九五	三七	三九零七三	一六一二

六十八	八度五八	三七	三七四六一	一六二四
六十九	八度二一	三八	三五八三七	一六三五
七十度	七度八三	三八	三四二零二	一六四五
七十一	七度四五	三八	三二五五七	一六五五
七十二	七度零七	三九	三零九零二	一六六五
七十三	六度六八	三八	二九二三七	一六七三
七十四	六度三零	三九	二七五六四	一六八二
七十五	五度九一	三八	二五八八二	一六九零
七十六	五度五三	三九	二四一九二	一六九七
七十七	五度一四	三九	二二四九五	一七零四
七十八	四度七五	三九	二零七九一	一七一零
七十九	四度三六	四零	一九零八一	一七一六
八十度	三度九六	三九	一七三六五	一七二二
八十一	三度五七	三九	一五六四三	一七二六
八十二	三度一八	四零	一三九一七	一七三零
八十三	二度七八	四零	一二一八七	一七三四
八十四	二度三八	三九	一零四五三	一七三七
八十五	一度九九	四零	八七一六	一七四零
八十六	一度五九	四零	六九七六	一七四二
八十七	一度一九	三九	五二三四	一七四四

八十八	零度八零	四零	三四九零	一七四五
八十九	零度四零	四零	一七四五	一七四五
九十度	零度零零	零零	零零零零零	

黃道積度	半晝夜分		差	半晨昏分		差
	夏至前後半晝分 冬至前後半夜分	冬至前後半晝分 夏至前後半夜分		夏至前後半晨分 冬至前後半昏分	冬至前後半晨分 夏至前後半昏分	
	千百十分	千百十分	百十分	千百十分	千百十分	百十分
零度	二九九一	二零零九	零	二七一三	二二八七	零
一度	二九九一	二零零九	零	二七一三	二二八七	零
二度	二九九一	二零零九	零	二七一三	二二八七	零
三度	二九九一	二零零九	零	二七一二	二二八七	一
四度	二九九零	二零一零	一	二七一二	二二八八	一
五度	二九八九	二零一一	一	二七一一	二二八九	一

六度	二九八八	二零一二	一	二七一零	二二九零	一
七度	二九八七	二零一三	一	二七零九	二二九一	一
八度	二九八六	二零一四	二	二七零八	二二九二	一
九度	二九八四	二零一六	二	二七零七	二二九三	二
十度	二九八二	二零一八	二	二七零五	二二九五	二
十一度	二九八零	二零二零	二	二七零三	二二九七	二
十二度	二九七八	二零二二	二	二七零一	二二九九	二
十三度	二九七六	二零二四	二	二六九九	二三零一	二
十四度	二九七四	二零二六	三	二六九七	二三零三	二
十五度	二九七一	二零二九	三	二六九五	二三零五	二
十六度	二九六八	二零三二	三	二六九三	二三零七	二
十七度	二九六五	二零三五	三	二六九一	二三零九	三
十八度	二九六二	二零三八	三	二六八八	二三一二	三
十九度	二九五九	二零四一	三	二六八五	二三一五	三
二十度	二九五六	二零四四	三	二六八二	二三一八	三
二十一	二九五三	二零四七	四	二六七九	二三二一	三
二十二	二九四九	二零五一	四	二六七五	二三二四	三
二十三	二九四五	二零五五	四	二六七二	二三二七	四
二十四	二九四一	二零五九	四	二六六八	二三三一	四
二十五	二九三七	二零六三	四	二六六五	二三三五	四

二十六	二九三三	二零六七	四	二六六一	二三三九	四
二十七	二九二九	二零七一	五	二六五七	二三四三	四
二十八	二九二四	二零七六	五	二六五三	二三四七	四
二十九	二九一九	二零八一	五	二六四九	二三五一	四
三十度	二九一四	二零八六	五	二六四五	二三五五	四
三十一	二九零九	二零九一	五	二六四一	二三五九	五
三十二	二九零四	二零九六	五	二六三六	二三六四	五
三十三	二八九九	二一零一	五	二六三一	二三六九	五
三十四	二八九四	二一零六	五	二六二六	二三七四	五
三十五	二八八九	二一一一	五	二六二一	二三七九	五
三十六	二八八四	二一一六	六	二六一六	二三八四	五
三十七	二八七八	二一二二	六	二六一一	二三八九	五
三十八	二八七二	二一二八	六	二六零六	二三九四	五
三十九	二八六六	二一三四	六	二六零一	二三九九	五
四十度	二八六零	二一四零	六	二五九六	二四零四	五
四十一	二八五四	二一四六	六	二五九一	二四零九	六
四十二	二八四八	二一五二	六	二五八六	二四一四	六
四十三	二八四二	二一五八	六	二五八零	二四二零	六
四十四	二八三六	二一六四	六	二五七四	二四二六	六
四十五	二八三零	二一七零	六	二五六八	二四三三	六

四十六	二八二四	二一七六	七	二五六二	二四三八	六
四十七	二八一七	二一八三	七	二五五六	二四四四	六
四十八	二八一零	二一九零	六	二五五零	二四五零	六
四十九	二八零四	二一九六	七	二五四四	二四五六	六
五十度	二七九七	二二零三	七	二五三八	二四六二	六
五十一	二七九零	二二一零	七	二五三二	二四六八	七
五十二	二七八三	二二一七	七	二五二五	二四七五	六
五十三	二七七六	二二二四	六	二五一九	二四八一	七
五十四	二七七零	二二三零	七	二五一二	二四八八	六
五十五	二七六三	二二三七	七	二五零六	二四九四	七

五十六	二七五六	二二四四	七	二四九九	二五零一	六
五十七	二七四九	二二五一	七	二四九三	二五零七	七
五十八	二七四二	二二五八	八	二四八六	二五一四	七
五十九	二七三四	二二六六	七	二四七九	二五二一	七
六十度	二七二七	二二七三	七	二四七二	二五二八	六
六十一	二七二零	二二八零	七	二四六六	二五三四	七
六十二	二七一三	二二八七	八	二四五九	二五四一	七
六十三	二七零五	二二九五	七	二四五二	二五四八	七
六十四	二六九八	二三零二	七	二四四五	二五五五	七
六十五	二六九一	二三零九	八	二四三八	二五六二	七

六十六	二六八三	二三一七	七	二四三一	二五六九	七
六十七	二六七六	二三二四	八	二四二四	二五七六	八
六十八	二六六八	二三三二	七	二四一六	二五八四	七
六十九	二六六一	二三三九	八	二四零九	二五九一	七
七十度	二六五三	二三四七	七	二四零二	二五九八	七
七十一	二六四六	二三五四	八	二三九五	二六零五	八
七十二	二六三八	二三六二	七	二三八七	二六一三	七
七十三	二六三一	二三六九	八	二三八零	二六二零	八
七十四	二六二三	二三七七	七	二三七二	二六二八	七
七十五	二六一六	二三八四	八	二三六五	二六三五	八
七十六	二六零八	二三九二	八	二三五七	二六四三	七
七十七	二六零零	二四零零	七	二三五零	二六五零	八
七十八	二五九三	二四零七	八	二三四二	二六五八	七
七十九	二五八五	二四一五	八	二三三五	二六六五	八
八十度	二五七七	二四二三	七	二三二七	二六六三	七
八十一	二五七零	二四三零	八	二三二零	二六八零	八
八十二	二五六二	二四三八	八	二三一二	二六八八	八
八十三	二五五四	二四四六	八	二三零四	二六九六	七
八十四	二五四六	二四五四	七	二二九七	二七零三	八
八十五	二五三九	二四六一	八	二二八九	二七一一	八

八十六	八十七	八十八	八十九	九十度	
二五三一	二五二三	二五一五	二五零八	二五零零	春
二四六九	二四七七	二四八五	二四九二	二五零零	秋
八	八	七	八		二
三八一	二七三	二二六六	三五八	二二五零	分定
二七一九	二七二七	二七三四	二七四二	二七五零	氣
八	七	八	八		

○日月食東西頒度立成

距午東西積度	頒平度	同加度	北加減差	南加減差
零		一十四度	加 零	減 零
一十度	一十四度	一十二度	加 廿二度	減 四度
二十度	二十六度	一十零度	加 廿七度	減 八度
三十度	三十六度	七度	加 廿五度	減 九度
四十度	四十三度	五度	加 廿零度	減 九度
五十度	四十八度	三度	加 十六度	減 八度
六十度	五十一度	二度	加 十二度	減 五度
七十度	五十三度	二度	加 九度	減 三度

八十度	五十五度	零	加五度	減一度
九十度	五十五度	零	加二度	加三度
一百度	五十五度	減二度	減一度	加五度
百十度	五十三度		減三度	加八度

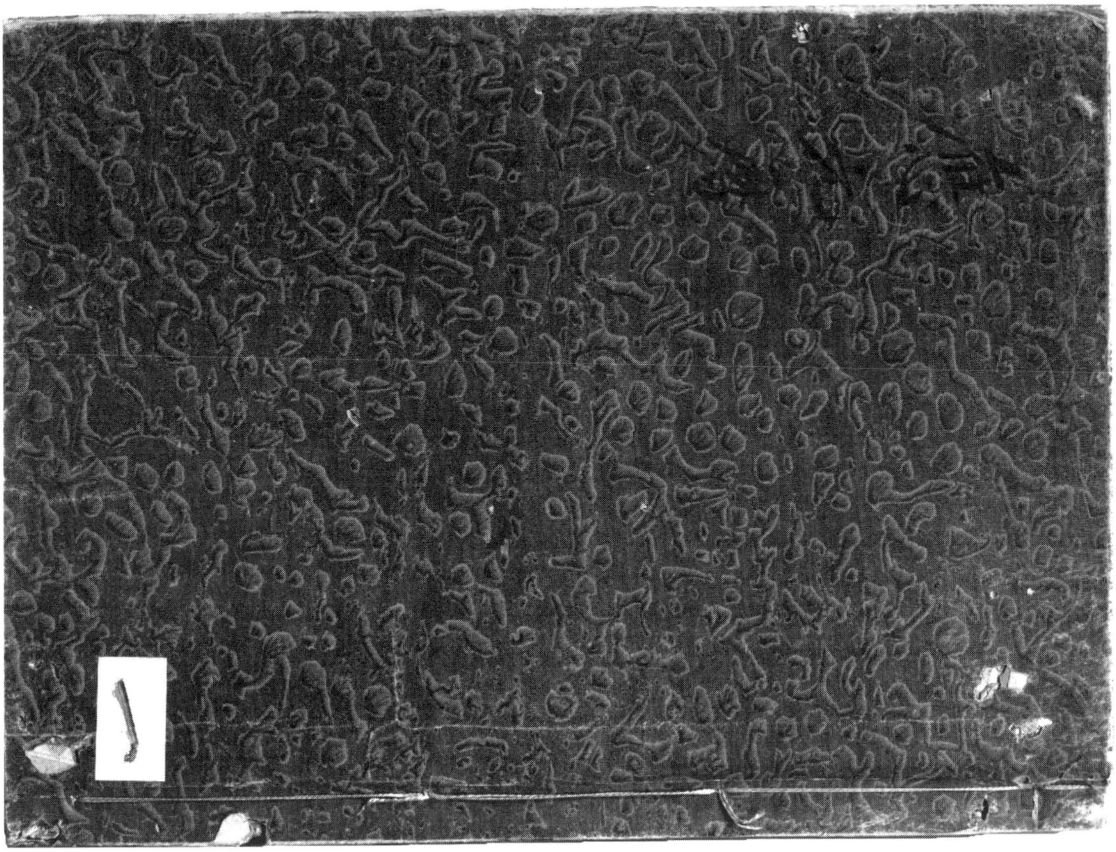

應元曆書題言

大哉治曆之道也節四時而齊禮樂正氣朔而成歲功焉是故王者之治天下設官制儀欽若昊天以授人時矣蓋曆生于數數生于理皆人緣理以立數後人因數以知理先且夫曆有一定之法天有虧動之差其差甚微非歷多周難見也故昔人不能預定後來之差數而後人貽能盡考其代之度分先理漸詳明而數益精密

也今已雖退其大體或亦其閒不能
无豪芒之差蓋諸說之同異由此起
焉惟隨時實測取其精密附延之數
而所中用之求合於亓道斯爲治暦
之通術也伏稽
皇朝占台
神聖創基釐定正朔四方来之連綜相
屬并有改革實萬世不易之典也惜
乎其法湮滅而不傳焉中葉假用異
邦之暦而屢變法制所謂元嘉儀鳳
大衍五紀宣明等是也方其宣明者
凡用之八百有餘載而暦日後亓二
日識月見於晦朔矣此時也國家文
明之運英豪傑並興乃于天文青
保井春海者學暦術極壼奥參覺宣
明之疎故私立表測晷實驗亓行數
年而造貞享暦竟擧爲臺官須諸天
下可謂復明
皇和之暦法者也乎然亦非一定不變
之法是即當時取其精密日求合於

天道者也故後七十季而改用寶曆
甲戌元曆矣追延歲此曆再稍差天
於是乎臺官吉田秀升四路襄晷高
橋至時之輩隶
旨修曆法三子參考古今之諸曆博
涉漢土之書曰律曆淵源中曆象考
成後編爲原撰箸曆法新書而上
朝廷賜名曰寛政曆矣蓋夫此曆者
官庫之秘籍而人間未能浸而見也
於是天學之徒祈恚白晝者亦不鮮
矣予竊疑之因茫固陋以作一家之
法題曰應元曆書觀其法數幾與此
曆同軌一轍者也且敗載八線及日
躔月離等之諸表而備于簡便也是
皆曆家之秘籥人此之本源而臺官
者流所目禁臠焉玉璇焉也哉雖然
日月曆象之術敬授人此庚續以凝
天下公共之大道而豈所可秘諸一
人一家束諸高閣藏諸名山石室者
乎哉故今擇以室醇謹之士敬以授

此道二三子愼戒恐懼修之治之乃
明明眞之功可睹於斯矣

文化二年乙丑秌　越智通禮謹識

應元曆書目録

卷四
推日食法
卷五
推五星法
推恆星法
卷六
八線表一
卷七
八線表二
卷八
八線表三
卷九
八線表四
卷十
八線表五
卷十一
八線表六
卷十二
日躔表
卷十三

月離表一

卷十四

月離表二

卷十五

月離表三

卷十六

月離表四

卷十七

月離表五

應元曆書卷一

推步法諸用數

氣朔用數

日躔用數

月離用數

交食用數

五星用數

推氣朔法

推恆氣及七十二候

推值宿

推經朔經望
推日躔法
推太陽黄赤經緯宿度
推定氣
推太陽出入晝夜晨昏時刻
推太陽入十二次時刻

應元暦書巻一

平安　龍岡河野通禮　編
門人　荼室實壽　校

推歩法諸用數

氣朔用數

享和三年癸亥天正冬至為元

日周一萬分

歳周三百六十五日二四二三四九六八

氣策一十五日二一八四三一二四（此四就整実三六六不尽也）

土旺策一十二日一七四七四四九九

假策五日〇七二八一〇四一
朔策二十九日五三〇五八三八二
望策一十四日七六五二九一九一
紀法六十
歲法一萬
半歲法五千
刻法一千二百
宿法二十八
氣應三十一　五六一一八九
宿應一十三日五六一一八九
朔應一日九二六七二
日躔用數
周天三百六十度
半周一百八十度
象限九十度
宮法三十度
度法一百分
太陽每日平行九十八分五十六秒四十六微九十二纖
八十二忽
最卑每歲平行一分八十〇秒〇〇微一十八纖三十五忽

最卑每日平行四十九微二十八纖二十九忽
本天大半徑一千萬
本天小半徑九百九十九萬八千五百七十四
兩心差一十六萬八千八百七十三小餘五
倍兩心差三十三萬七千七百四十七
黃道歲差一分四十一秒六十六微六十六纖六十
七忽
黃赤大距二十三度四十六分一十七秒半
正弦三百九十八萬一千三百六十七
餘弦九百一十七万三千二百六十
餘切線二千三百〇四萬〇四百七十八
京師北極高三十五度〇一分
正弦五百七十三萬七千一百九十四
正切線七百〇〇萬四千六百七十六
京師北極距天頂五十四度九十九分
正弦八百一十九萬〇五百二十
正切線一千四百二七萬六千一百七十八
昏明二百五十分
晨昏限七度三十六分
最卑應九度五十四分九十一秒四十二微

月離用數

太陰每日平行一十三度一十七分六十三秒九十
八微一十二纖六十二忽

最高每日平行一十一分一十四秒一十四微六十
八纖五十三忽

正交每日平行五分二十九秒五十〇微六十三纖
七十〇忽

太陽最大均數一度九十三分五十四秒

太陰最大一平均一十九分七十二秒

最高最大平均三十三分二十二秒

正交最大平均一十五分八十三秒

太陽最高立方積一十〇萬五千一百五十二兆二
十四百萬億（退一十四位爲一千〇五 十一万五千二百二十四）

太陽高卑立方較一萬〇一百三十三兆三千七百
萬億（退一十四位爲一百〇 一萬三千三百三十七）

太陽在最高太陰最大二平均五分九十四秒

太陽在最卑太陰最大二平均六分五十六秒

太陰最大平均一分三十秒

太陰本天大半徑一千萬

最大兩心差六十六萬七千八百二十

最小兩心差四十三万三千一百九十
最高本輪半徑五十五萬〇五百〇五即中數兩心差
最高均輪半徑一十一萬七千三百一十五
太陽在最高太陰最大二均五十五分三十九秒
太陽在最卑太陰最大二均六十一分九十七秒
太陰最大三均四分〇二秒
兩最高相距一十度兩弦最大末均一分六十九秒
相距二十度兩弦最大末均一分八十六秒
相距三十度兩弦最大末均二分一十一秒
相距四十度兩弦最大末均二分四十四秒
相距五十度兩弦最大末均二分八十六秒
相距六十度兩弦最大末均三分三十三秒
相距七十度兩弦最大末均三分八十六秒
相距八十度兩弦最大末均四分四十二秒
相距九十度兩弦最大末均五分
正交本輪半徑九十五分八十三秒
正交均輪半徑二分五十〇秒
最大黃白大距五度二十八分八十九秒
最小黃白大距四度九十分三十一秒
黃白大距中數五度一十四分一十〇秒

黃白大距半較一十四分七十九秒

最大交角加分二十九分五十八秒

最大距日加分四分五十三秒

太陰平行應十一宮〇六度九十四分三十九秒五
十九微

最高應八宮一十六度六十六分〇六秒五十一微

正交應二宮〇五度八十一分四十五秒八十一微

交食用數

太陰交周朔策一宮〇〇度六十七分〇三秒九十
二微四十四纖七十四忽

太陰交周望策六宮一十五度三十三分五十一秒
九十六微二十二纖三十七忽

中距太陰地半徑差九十五分八十三秒

太陽地半徑差二十八秒

中距太陽距地心一千萬

中距太陰距地心一千萬

中距太陽視半徑二十六分八十三秒

中距太陰視半徑二十六分一十二秒半

太陽光分四十二秒

太陽交周應九宮二十六度六十一分九十〇秒五

十二微

五星用數

土星每日平行三分三十五秒○○微六十一纖六十四忽

土星最高每日平行六十○微九十九纖四十五忽

土星正交每日平行三十一微八十五纖三十六忽

土星本天半徑一千萬

土星本輪半徑八十六萬五千五百八十七

土星地輪半徑二十九萬六千四百一十三

土星次輪半徑一百○四萬二千六百

土星本道與黃道交角二度五十二分

土星平行應八宮○九度三十九分八十六秒五十一微

土星最高應初宮○一度○八分六十一秒三十九微

土星正交應六宮二十二度七十三分三十七秒九十一微

木星每日平行八分三十一秒三十四微八十○纖四十四忽

木星最高每日平行四十四微○○纖九十二忽

木星正交每日平行一十〇微三十四纖三十二忽

木星本天半徑一千萬

木星本輪半徑七十〇萬五千三百二十

木星均輪半徑二十四萬七千九百八十

木星次輪半徑一百九十二萬九千四百八十

木星本道與黃道交角一度三十三分

木星平行應八宮二十二度五十八分七十三秒五十六微

木星最高應九宮一十一度七十七分九十三秒十四微

木星正交應六宮〇七度八十一分三十三秒六十二微

大星每日平行五十二分四十〇秒七十五微〇〇纖九十九忽

火星最高每日平行五十〇微九十五纖五十五忽

火星正交每日平行四十〇微二十七纖〇一忽

火星本天半徑一千萬

火星本輪半徑一百四十八萬四千

火星均輪半徑三十七萬一千

火星最小次輪半徑六百三十〇万二千七百五十

本天高卑大差二十五萬八千五百
太陽高卑大差二十三萬五千
火星本道與黃道交角一度八十三分
火星平行應五宮二十二度〇三分四十五秒四十
七微
火星最高應八宮〇二度七十六分八十〇秒四十
四微
火星正交應四宮一十九度六十一分五十三秒三
十二微
金星每日平行九十八分五十六秒四十六微九十
二纖八十二忽
金星最高每日平行六十三微〇八纖六十〇忽
金星伏見每日平行六十一分六十五秒〇八微六
十六纖三十五忽
金星本天半徑一千萬
金星本輪半徑二十三萬一千九百六十二
金星均輪半徑八萬八千八百五十二
金星次輪半徑七百二十二萬四千八百五十
金星次輪面與黃道交角三度四十八分
金星平行應初宮〇〇度四十三分二十五秒〇七

微

金星最高應六宮○四度三十○分○六秒二十一

微

金星伏見應五宮○二十四度五十三分八十六秒八

十二微

水星每日平行九十八分五十六秒四十六微九十

二纖八十二忽

水星最高每日平行八十○微○三纖三十一忽

水星伏見每日平行三度一十○分六十六秒九十

九微○三纖四十七忽

水星本天半徑一千萬

水星本輪半徑五十六万七千五百二十三

水星均輪半徑一十一萬四千六百三十二

水星次輪半徑三百八十五萬

水星次輪心在大距與黃道交角五度六十七分

水星次輪心在正交當黃道北交角五度○九分其

交角較五十八分（與大距交角相較後倣此）

水星次輪心在中交當黃道北交角六度二十八分

其交角較六十一分

水星次輪心在正交當黃道南交角六度五十二分

其交角較八十五分
水星次輪心在中交當黃道南交角四度九十三分
其交角較七十四分
水星平行應初宮〇〇度四十三分二十五秒〇七
微
水星最高應十一宮〇六度五十四分三十八秒五
十三微
水星伏見應十一宮〇〇度六十三分一十二秒八
十五微

推氣朔法

推恆氣及七十二候

求積年

自享和三年癸亥距所求之年共若干年減一年得
積年

求中積分

以積年與歲實三百六十五日二四二三四九六八
相乘得中積分

求通積分

置中積分加氣應三十一日五六一一八九得通積

分上考往古則置中積分減氣應得通積分

求天正冬至

置通積分其日滿紀法六十去之餘為天正冬至日

分上考往古則以取餘轉與紀法六十相減餘為天

正冬至日分自初日甲子起算得天正冬至本日干

支不滿日為分秒

求逐月恒氣

置天正冬至日及分秒以氣策一十五日二一八四

三一二四累加之其日滿紀法六十去之餘為逐月

恒氣日分加前法命之得逐月恒氣本日干支及分

秒

求土用

置四季之節氣日及分秒各加土旺策一十二日一

七四七四四九九滿紀法六十去之餘為四季土用

事日分加前法命之得四氣土用事本日干支及分

秒

求七十二候

置恒氣日及分秒命為其氣之初候加候策五日〇

七二八一〇四一為次候再加候策為末候其日滿

紀法六十去之加前法命之得七十二候本日干支

七十二候圖

	初候	次候	末候
立春	東風解凍	黄鶯睍睆	魚上水
雨水	土脉潤起	霞始靆	草木萌動
啓蟄	蟄蟲啓戸	桃始笑	菜虫化蝶
春分	雀始巣	櫻始開	雷乃發聲
清明	玄鳥至	鴻雁北	虹始見
穀雨	葭始生	霜止出苗	牡丹華
立夏	鼃始鳴	蚯蚓出	竹笋生
小満	蠶起食桑	紅花栄	麦秋至
芒種	蟷螂生	腐草為蛍	梅子黄
夏至	乃東枯	菖蒲華	半夏生
小暑	温風至	蓮始開	鷹乃学習
大暑	桐始結花	土潤溽暑	大雨時行
立秋	涼風至	寒蝉鳴	蒙霧升降
處暑	綿柎開	天地始粛	禾乃登
白露	草露白	鶺鴒鳴	玄鳥去
秋分	雷乃收聲	蟄蟲坏戸	水始涸
寒露	鴻雁來	菊花開	蟋蟀在戸
霜降	霜始降	霎時施	楓蔦黄

立冬　山茶始開　地始凍　金盞香
小雪　虹藏不見　朔風拂葉　橘始黃
大雪　閉塞成冬　熊蟄穴　鱖魚群
冬至　乃東生　麋角解　雪下出麥
小寒　花乃栄　水泉動　雉始雊
大寒　款冬華　水澤腹堅　雞始乳

求辰刻

置所求子正後分數與一十二相乘以辰法一萬除之加一為辰數餘數（如在半辰法五千以上則以半辰法除之亦為一辰）以刻法一千二百餘之為刻數自初辰子正起算（如以半辰法除）初之為一辰則自辰子初起算得辰刻

又法察所求子正後分數足減每辰分數鈐內某辰分數則減之餘數以百分收之為刻數即得某辰刻

每辰分數鈐

	辰數	分數
子正	初	○
丑初	一	四百一十六分六十七秒
丑正	二	八百三十三分三十三秒
寅初	三	一千二百五十〇分
寅正	四	一千六百六十六分六十七秒

卯初　五　二千〇八十三分三十三秒
卯正　六　二千五百〇〇分
辰初　七　二千九百一十六分六十七秒
辰正　八　三千三百三十三分三十三秒
巳初　九　三千七百五十〇分
巳正　一十〇　四千一百六十六分六十七秒
午初　一十一　四千五百八十三分三十三秒
午正　一十二　五千〇〇〇分
未初　一十三　五千四百一十六分六十七秒
未正　一十四　五千八百三十三分三十三秒

申初　一十五　六千二百五十〇分
申正　一十六　六千六百六十六分六十七秒
酉初　一十七　七千〇八十三分三十三秒
酉正　一十八　七千五百〇〇分
戌初　一十九　七千九百一十六分六十七秒
戌正　二十〇　八千三百三十三分三十三秒
亥初　二十一　八千七百五十〇分
亥正　二十二　九千一百六十六分六十七秒
子初　二十三　九千五百八十三分三十三秒

推值宿

求値宿

置中積分加宿應一十三日五六一一八五為通積宿其日滿宿法二十八去之外加一日為値宿日分上考往古則置中積分減宿應為通積宿其日滿宿法二十八去之餘數轉與宿法二十八相減外加一日為値宿日分自初日角宿起算得値宿

推經朔經望

求紀日

以天正冬至干支加一日得紀日

求積日

置中積分加氣應分五六一一八九不用日減本年天正冬至分亦不用日得積日上考往古則置中積分減氣應分加本年正冬至分得積日

求通朔

置積日減朔應一日九二六七五二得通朔上考往古則置積日加朔應得通朔

求積朔及天正經朔

置通朔以朔策二十九日五三〇五八三八二除之得數為積朔以餘數減紀日不及減者加紀法六十減之餘為天正經朔日分上考往古則置通積以朔策除之得數

加一為積朔餘數加紀日減朔策不及減者加紀法六十減之餘
為天正經朔日分自初日甲子起筭得天正經朔本
日干支不滿日為分秒

求逐月經朔經望

置天正經朔日及分秒以望策一十四日七六五二
九一九一累加之其日滿紀法六十去之餘為逐月
經朔經望日分加前法命之得逐月經朔經望本日
干支及分秒

求逐月經朔經望距冬至日數

置紀日減天正經朔日分不及減者加紀法六十減之餘與朔策
二十九日五三〇五八三八二相減餘為天正冬至
後第一月即地正十二月經朔距冬至之日數以望策一十
四日七六五二九一九一累加之加滿歲周三百六十五日二四二二
三四九六八去之為次年天正冬至後為逐月經朔經望距冬至之日
數各用其日不用分秒

推日躔法

推太陽黄赤經緯宿度

求太陽年限

以日周一萬分爲一率太陽每日平行九十八分五十六秒四十六微九十二纖八十二忽爲二率以天正冬至分日不用與日周一萬分相減餘爲三率求得四率二率與三率相乘以一率除之即得四率後皆倣此爲太陽年根

求最卑年根

以積年與最卑每歲平行一分八十〇秒〇〇微一十八纖三十五忽相乘爲積年之行與最卑應九度五十四分九十一秒四十二微相加爲最卑年根上考往古則置最卑應減積年之行不及減者加十二宮減之爲最卑年根

求距冬至之日數

自天正冬至次日距所求本日共若干日減一日得距冬至之日數

求太陽平行

以所求本日距冬至之日數與太陽每日平行九十八分五十六秒四十六微九十二纖八十二忽相乘得數以宮法三十度收之與太陽年根相加得太陽

平行

求最卑平行

以所求本日距冬至之日數與最卑每日平行四十九微二十八纖二十九忽相乘為日數之行與最卑年根相加得最卑平行

求引數

置太陽平行減最卑平行得引數

求均數

以全徑二千万為一边倍兩心差三十三万七千七百四十七為一边引数為所夾之角（六宮內引數即為所夾之角六宮外引數與全周相減餘為所夾之角）用切線分外角法（以所夾之角減半周餘折半之為半外角大边小边相加為边總相減為边較以边總除边較得○九六六七八六二為乘率置半外角之正切線乘乘率為半較角之正切線檢表得半較角與半外角相減餘為對倍兩心差之角）求得對倍兩心差之角倍之為橢圓界角又以本天小半徑九百九十九万八千五百七十四為一率大半徑一千万為二率引數（即前所夾之角）之正切線為三率求得四率為橢圓之正切線檢表得度分秒與引數相減餘為橢円差角最卑前後各三宮與橢円界角相加最高前後各三宮與橢円界角相減（○一二三宮最卑後九十十一宮為最卑前三四五宮為最高前六七八宮為最高後）得均數引數初宮至

五宮為加六宮至十一宮為減

又法用太陽均數表以引數宮度分察其所對之均數度分秒得均數加減如本法

求太陽實行

置太陽平行加減均數得太陽實行

求黃道宿度

以積年與黃道歲差一分四十一秒六十四微六十六纖六十七忽相乘得數與曆元黃道宿鈐各宿經度相加得本年各宿黃道經度上考往古則以積年與黃道歲差相乘得數與曆元黃道宿鈐各宿經度相減得本年各宿黃道經度察太陽實行足減某宿度分則減之餘為某宿度分

二十八宿黃道經緯度鈐

	黃道經度	黃道緯度
斗	初宮〇七度四十四分	南三度九十一分
牛	一宮〇一度三十二分	北四度六十六分
女	一宮〇八度九十九分	北八度一十一分
虛	一宮二十〇度七十一分	北八度六十五分
危	二宮〇〇度六十六分	北一十〇度六十八分
室	二宮二十〇度八十二分	北一十九度四十一分

壁	三宮〇六度四十五分	北一十二度五十九分
奎	三宮一十九度六十九分	北一十五度九十二分
婁	四宮〇一度二十二分	北八度四十七分
胃	四宮一十四度一十九分	北一十一度二十九分
昴	四宮二十六度六十八分	北四度一十五分
畢	五宮〇五度七十三分	南二度六十〇分
觜	五宮廿〇度九十六分	南一十三度四十二分
参	五宮廿一度九十五分	南廿五度三十四分
井	六宮〇二度五十六分	南〇度八十六分
鬼	七宮〇三度〇〇分	南〇度八十〇分
柳	七宮〇七度五十八分	南一十二度四十三分
星	七宮廿四度六十一分	南廿二度四十一分
張	八宮〇二度九十八分	南廿六度〇九分
翼	八宮廿一度〇四分	南廿二度七十〇分
軫	九宮〇八度〇〇分	南一十四度四十八分
角	九宮廿一度一十九分	南二度〇三分
亢	十〇宮〇一度七十七分	北二度九十三分
氐	十〇宮一十二度三十七分	北〇度三十八分
房	十一宮〇度二十一分	南五度四十三分
心	十一宮〇五度〇八分	南三度九十八分

尾　十一宮一十二度六十五分　南一十一度六十六分

箕　十一宮廿八度五十二分　南六度九十三分

右二十八宿鈐乃享和癸亥年之黃道經緯度分其緯度距黃道之南北千古爲不移而經度則每歲東行所謂黃道歲差也

求赤道經度

以半徑一千万爲一率黃赤大距之餘弦九百一十七万三千二百六十爲二率太陽距春秋分黃道經度〔太陽黃道實行六宮以下者與三宮相減爲太陽距春分黃道經度六宮以上者與九宮相減爲太陽距秋分黃道經度凡求距春秋分黃道經度者後倣之太陰五星恆星亦與此同〕之正切線爲三率求得四率爲距春秋分赤道經度之正切線撿表爲太陽距春秋分赤道經度〔太陽黃道實行不及三宮者則與三宮相減過三宮者則加三宮過六宮者則與九宮相減過九宮者則加九宮〕得太陽赤道經度

又法用黃赤升度表以太陽實行黃道宮度察其所對之赤道宮度分得太陽赤道經度

求赤道宿度

察太陽赤道經度足減本年赤道宿鈐〔求法詳次〕某宿度分則減之餘爲某宿度分

求本年赤道宿鈐

以積年與各宿赤道經度歲差率相乘得數與曆元赤道宿鈐各宿經度相加得本年各宿赤道經度又以積年與各宿赤道緯度歲差率相乘得數與曆元赤道宿鈐各宿緯度加減得本年各宿赤道緯度上考往古則以積年與各宿赤道經度歲差率相乘得數與曆元赤道宿鈐各宿經度相減得本年各宿赤道經度又以積年與各宿赤道緯度歲差率相乘得數與曆元赤道宿鈐各宿緯度加減（加號者為減減號者為加）得本年各宿赤道緯度（若密求赤道經緯度則依推曆元赤道經緯度法可求之其用歲差率之法亦所差無多故用歲差率以從簡易而不妨）

二十八宿赤道經緯度鈐

	赤道經緯度	赤道歲差率
斗	經初宮〇八度三十四分	加一分五十八秒五十七微
	緯南廿七度一十七分	減八秒六十五微
牛	經一宮〇二度五十一分	加一分四十二秒九十〇微
	緯南一十五度三十九分	減三十〇秒七十一微
女	經一宮〇九度廿六分	加一分三十七秒六十六微
	緯南一十〇度二十一分	減三十六秒〇三微
虛	經一宮廿〇度三十五分	加一分三十三秒八十五微
	緯南六度四十一分	減四十三秒七十七微

危	經一宮廿八度九十六分	加一分卅〇秒四十八微
	緯南一度二十六分	減四十八秒五十七微
室	經二宮一十三度八十〇分	加一分二十六秒〇三微
	緯北一十四度一十七分	加五十四秒三十三微
壁	經三宮〇〇度八十一分	加一分卅一秒廿〇微
	緯北一十四度〇九分	加五十六秒四十三微
奎	經三宮一十一度七十二分	加一分卅四秒八十四微
	緯北廿二度三十七分	加五十五秒廿〇微
婁	經三宮廿五度九十五分	加一分五十九秒〇五微
	緯北一十九度八十四分	加五十〇秒六十〇微
胃	經四宮〇七度九十七分	加一分四十七秒七十八微
	緯北廿六度八十七分	加四十四秒二十五微
昴	經四宮廿三度三十一分	加一分四十九秒八十〇微
	緯北廿三度四十八分	加三十三秒卅七微
畢	經五宮〇四度卅〇分	加一分四十七秒四〇微
	緯北一十八度七十四分	加二十四秒〇九微
觜	經五宮二十一度〇八分	加一分卅九秒六十〇微
	緯北九度七十九分	加八秒三十七微
參	經五宮廿二度七十三分	加一分廿七秒九十四微
	緯南二度〇六分	減六秒七十九微

井	經六宮○二度七十七分	加一分五十三秒卅三微
	緯北二十二度六十○分	減三秒一十七微
鬼	經七宮○五度一十一分	加一分四十五秒四十四微
	緯北一十八度七十五分	減卅二秒八十二微
柳	經七宮○六度八十一分	加一分卅四秒八十八微
	緯北六度三十八分	減三十四秒一十三微
星	經七宮一十九度五十三分	加一分廿四秒八十八微
	緯南七度八十四分	加四十三秒一十七微
張	經七宮廿五度五十三分	加一分廿二秒○二微
	緯南一十三度九十三分	加四十六秒七十五微
翼	經八宮一十二度六十○分	加一分廿四秒七十二微
	緯南一十七度二十五分	加五十三秒九十七微
軫	經九宮○一度四十三分	加一分卅○秒四十八微
	緯南一十六度四十四分	加五十六秒四十三微
角	經九宮一十八度七十九分	加一分卅三秒卅三微
	緯南一十○度一十六分	加五十三秒卅三微
亢	經十○宮○○度六十二分	加一分卅四秒八十○微
	緯南九度三十六分	加四十八秒卅七微
氐	經十○宮一十○度○四分	加一分卅九秒九十六微
	緯南一十五度二十二分	加四十二秒九十八微

房　經十〇宮卄六度七十六分　加一分五十二秒七十〇微
　　緯南二十五度五十四分　加卅〇秒五十六微
心　經十一宮〇二度卅四分　加一分五十三秒五十三微
　　緯南二十五度一十一分　加廿五秒七十九微
尾　經十一宮〇九度三十九分　加一分六十五秒六十三微
　　緯南三十三度九十一分　加一十九秒四十〇微
箕　經十一宮二十八度廿九分　加一分六十三秒一十三微
　　緯南三十〇度四十〇分　加一秒一十九微

右二十八宿鈐享和癸亥年之赤道經緯度分以曆
元宿鈐黃道經緯度分依推赤道經緯度法與月離求太陰赤道經緯度法同得曆元赤道經緯度

求黃赤距緯度

以半徑一千万為一率太陽距春秋分黃道經度之
正弦為二率黃赤大距之正弦三百九十八万一千
三百六十七為三率求得四率為距緯之正弦檢表
得黃赤距緯度春分後秋分前為北緯秋分後春分
前為南緯

又法用黃赤距緯度表以太陽實行黃道宮度分察
其所對之度分秒得黃赤距緯度南北本法

推定氣

求黃赤距緯度

以半徑一千万為一率大陽距春秋分黃道經度之正弦為二率黃赤大距之正弦三百九十八万一千三百六十七為三率求得四率為距緯之正弦檢表得黃赤距緯度春分後秋分前為北緯秋分後春分前為南緯

又法用黃赤距緯度表以太陽實行黃道宮度分察其所對之度分秒得黃赤距緯度南北如本法

推定氣

求寒氣時刻

日躔黃道初宮初度為冬至十五度為小寒一宮初度為太寒十五度為立春二宮初度為雨水十五度為驚蟄三宮初度為春分十五度為清明四宮初度為穀雨十五度為立夏五宮初度為小滿十五度為芒種六宮初度為夏至十五度為小暑七宮初度為大暑十五度為立秋八宮初度為處暑十五度為白露九宮初度為秋分十五度為寒露十宮初度為霜降十五度為立冬十一宮初度為小雪十五度為大雪皆以子正日躔未交節氣宮度為本日已過節氣宮度為次日推時刻之法以本日実行與次日実行

相減爲一率日周一万分爲二率本日午正実行與節氣宮度相減(加推立春則以本日実行一宮十五度相減餘做之)與爲三率求得四率爲距子正後之分數加法(卽求辰刻法後做此)收之得定氣時刻加実行適與定氣宮度相符無餘分卽爲子正初刻

求冬定氣用時

置定氣日及時分加減時差總(以各定氣本時太陽均數及黃道實行求均數時差與升度時差得時差總法詳月離求合朔弦望用時篇)分秒加法收之得時刻

推大陽出入晝夜晨昏時刻

求日出入時刻

以半徑一千万爲一率北極高度之正切線(本朝日出入晝夜時刻俱以京師北極高度立算故用正切線七百〇〇万四千六百七十六各求某國日出入晝夜時刻者俱以本處之北極高度立算凡以北極高度立算者皆與此同)爲二率本日距緯度之正切線爲三率求得四率爲卯酉前後赤道度之正弦檢表得日出入在卯酉前後赤道度變時分(以周天三百六十度爲一率日周一万分爲二率所求赤道度爲三率求得四率爲時分凡以赤道度變時分法後做此)以加減卯酉時分爲日出入分(春分前秋分後以加卯正爲日出分以減酉正爲日入分春分後秋分前以減卯正爲日出分以加酉正爲日入分)加法收之得日出入時刻日出入時刻相減爲晝刻與百刻

相減爲夜刻

求晨昏平時

置日出分減昏明二百五十分爲晨平時分與日周一万分相減爲昏平時分如法收之得晨昏平時刻

求晨昏實時

以太陽距北極以本日黃赤距緯度南加北減千九十度爲大陽距北極與北極距天頂京師北極距天頂五十度九十分即本地北極高度與九十度相減得之相加爲總弧相減爲較弧兩弧之餘弧相加折半之爲中數以晨昏本時大陽距天頂以晨昏限七度三十六分與九十度相加爲晨昏本時太陽距天頂之大矢一千一百二十八万一千〇三十二餘弦一百二十八万一千〇三十二與半徑一千万相加爲大矢與較弧之正矢餘弦與半徑一千万相減爲正矢相減餘爲矢較以中數爲一率矢較爲二率半徑一千万爲三率求得四率與半徑一千万相減爲晨實時赤道度之餘弦檢表爲本日晨實時太陽距子正赤道度變時分爲晨實時以與日周一万分相減爲昏實時如法收之得晨昏實時刻

推太陽入十二次時刻

求赤道十二次宿度

本年赤道宿鈐內虛宿赤道經度與六度相加以十五度減之餘爲入玄枵之次赤道經度以宮法三十

度遞加十一次得各宮入次赤道躔度足減本年赤道宿鈐其宿度分則減之餘為某宿度分

赤道十二次宿度（每宮三十度）

危	一十二度三十九分	入娵訾之次
壁	一十〇度五十四分	入降婁之次
胃	三度三十八分	入大梁之次
畢	七度〇五分	入実沈之次
井	八度五十八分	入鶉首之次
柳	四度五十四分	入鶉首之次
張	一十五度八十二分	入鶉尾之次
軫	九度九十二分	入壽星之次
氐	一度三十一分	入大火之次
尾	一度九十六分	入析木之次
斗	三度〇一分	入星紀之次
女	二度〇九分	入玄枵之次

求黃道十二次宿度

本年黃道宿鈐內虛宿黃道躔度與六度相加以十五度減之餘為入玄枵之次黃道經度以宮法三十度遞加十一次得各宮入次黃道經度足減本年黃道宿鈐其宿度分則減之餘為某宿度分

黄道十二次宿度 每宮三十度

危	一十一度〇五分	辰在亥
壁	五度二十六分	辰在戌
婁	一十〇度四十九分	辰在酉
畢	五度九十八分	辰在申
井	九度一十五分	辰在未
柳	四度一十三分	辰在午
張	八度七十三分	辰在巳
軫	三度七十一分	辰在辰
亢	九度九十四分	辰在卯
心	六度六十三分	辰在寅
斗	四度二十七分	辰在丑
女	二度七十二分	辰在子

求入十二次時刻

太陽未及入次宿度為本日已過入次宿度為次日以本日太陽実行與次日太陽実行相減餘為一率日周一万分為二率入次宿黄道経度内減本日太陽実行餘為三率求得四率為距子正後之分數如法收之得入宿時刻

應元暦書巻一終

應元曆書卷二

推月離法

推太陰黄道經緯宿度

推合朔弦望

推交宮時刻

推正升斜升横升

推太陰赤道經緯宿度

推太陰出入時刻

應元曆書卷二

平安　龍岡河野通禮　編

門人　荼室實壽　校

推月離

推太陰黃道經緯宿度

求太陰年根

以積日翔評經與太陰每日平行一十三度一十七分
六十三秒九十八微一十三纖六十二忽相乘得數
滿周天三百六十度去之餘以宮法三十度收之為
積日太陰平行加太陰平行應十一宮〇六度九十

四分三十九秒五十九微（滿十二宮去之）得太陰年根上考往古則置太陰平行應減積日太陰平行（平行應不足減者加十二宮減之）得太陰年根

求最高年根

以積日與最高每日平行一十一分一十四秒一十四微六十八纖五十三忽相乘得數滿周天三百六十度去之餘以宮法三十度收之為積日最高平行加最高應八宮一十六度六十六分〇六秒五十一微（滿十二宮去之）得最高年根上考往古則置最高應減積日最高平行（最高應不足減者加十二宮減之）得最高年根

求正交年根

以積日與正交每日平行五分二十九秒五十〇微六十三纖七十〇忽相乘得數滿周天三百六十度去之餘以宮法三十度收之為積日正交平行於正交應二宮〇五度八十一分四十五秒八十一微內減之（正交應不足減者加十二宮減之）得正交年根上考往古則置正交應加積日正交平行（滿十二宮去之）得正交年根

求太陰平行

以所求本日距冬至之日數（詳日躔）與太陰每日平行一十三度一十七分六十三秒九十八微一十二纖

六十二忽相乘得數以宮法三十度收之與太陰年根相加（滿十二宮去之）得太陰平行

求最高平行

以所求本日距冬至之日數與最高每日平行一十一分一十四秒一十四微六十八纖五十三忽相乘得數以宮法三十度收之與最高年根相加（滿十二宮去之）得最高平行

求正交平行

以所求本日距冬至之日數與正交每日平行五分二十九秒五十〇微六十三纖七十〇忽相乘得數以宮法三十度收之於正交年根內減之（不足減者加十二宮減之）得正交平行

求一平均

以太陽最太均數一度九十三分五十四秒爲一率太陰最大一平均一十九分七十二秒爲二率本日太陽均數爲三率求得四率爲太陰一平均太陽均數加者爲減減者爲加又以太陽最大均數一度九十三分五十四秒爲一率最高最大平均三十三分二十二秒爲二率本日太陽均數爲三率求得四率爲最高平均太陽均數加者亦爲加減者亦爲減又

以太陽最太均數一度九十三分五十四秒爲一率正交最大平均一十五分八十三秒爲二率本日太陽均數爲三率求得四率爲正交平均太陽均數加者爲減減者爲加

又法用太陰一平均表以太陽引數宮度分察其所對之一平均分秒得太陰一平均又察其所對之最高分秒得最高平均又察其所對之正交分秒得正交平均俱加減如本法

求二平行

置最高平行加減最高平均得二平行

求用最高

置最高平行加減最高平均得用最高

求用正交

置正交平行加減正交平均得用正交

求日距月最高

置太陽實行減用最高得日距月最高不及減者加十二宮減之

求日距正交

置太陽實行減用正交得日距正交不及減者加十二宮減之

求日距地心數

以半徑一千萬爲一率太陽實引太陽平引加減太陽均數爲太陽實引之餘弦爲二率凡用度數查八線度數過一象限者與半周相減過半周者減半周過三象限者與全周相減後倣此倍兩心差三十三萬七千七百四

十七為三率求得四率為分股又以半徑一千萬為一率太陽實引之正弦為二率倍兩心差三十三萬七千七百四十七為三率求得四率為勾次分股與全徑二十萬相加減（實引初一二九十十一宮 加三四五六七八宮減）得股弦和勾自乘以股弦和除之得股弦較與股弦和相加折半為弦以弦與全徑二千萬相減得日距地心數

求立方較

以大陽距地心數自乘再乘得立方積（退四位）一十與太陽最高立方積一千〇五十一萬五千二百二十四相減餘為立方較

又法用日距地立方較表以大陽引數宮度察其所對之立方較數得立方較

求二平均

以半徑一千萬為一率大陽在最高時之最大二平均五分九十四秒為二率日距月最高倍度之正弦為三率求得四率為太陽在最高時日距月最高之二平均又以半徑一千萬為一率大陽在最卑時之最大二平均六分五十六秒為二率日距月最高倍度之正弦為三率求得四率為大陽在最卑時日距

月最高之二平均乃以大陽高卑距地之立方大較一百〇一萬三千三百三十七為一率本時之立方較為二率所得高卑兩二平均相減餘為三率求得四率與前所得大陽在最高時日距月最高之二平均相加為本時之二平均日距月最高倍度不及半周為減過半周為加

又法用大陰二平均表以日距月最高宮度分察其所對之二平均分秒並較秒記之乃以高卑立方大較一千〇一十三（用表推算立方較只用四位為足故再退三位）前所得之立方較為二率所記之較秒為三率求得四率與所記之二平均相加得二平均加減加本法

求三平均

以半徑一千萬為一率最大三平均一分三十一秒為二率日距正交倍度之正弦為三率求得四率為三平均日距正交倍度不及半周為減過半周為加

又法用大陰三平均表以日距正交宮度分察其所對之三平均分秒得三平均加減加本法

求用平行

置二平行加減二平均再加減三平均得用平行

求最高實均

以最高本輪半徑五十五萬〇五百〇五為一邊最高均輪半徑一十一萬七千三百一十五為一邊日距月最高之倍度與半周相減餘為所夾之角日距月最高倍度不及半周者與半周相減過半周者減半周用切線分外角法以所夾之角減半周餘折半之為半分角大邊小邊相加為邊總相減為邊較以邊總除邊較得〇六四八六六二八為乘率置半外角之正切線乘乘率為半較角之正切線檢表得半較角與半外角相減餘為小角求得小角為最高實均日距月最高倍度不及半周為加過半周為減

又法用太陰最高均表以日距月最高宮度分察其所對之最高均度分秒得最高實均加減如本法

求本天心距地數

以最高實均之正弦為一率最高均輪半徑一十一萬七千三百一十五為二率日距月最高倍度之正弦為三率求得四率為本天心距地數即本時兩心差

又法用太陰本天心距地表以日距月最高宮度分察其所對之本天心距地數得本天心距地數

求最高實行

置用最高加減最高實均得最高實行

求太陰引數

置用平行減最高實行得太陰引數不及減者加十二宮減之

求初均

以半徑一千萬爲一邊本時兩心差爲一邊卽本天心距地數太陰引數與半周相減餘爲所夾之角引數不及半周者與半周相減過半周者內減半周用切線分外角法以所夾之角減半周餘折半之爲半外角大邊小邊相加爲邊總相減爲邊較以邊總除邊較得數爲乘率置半外角之正切線乘乘率爲半較角之正切線檢表得半較角與半外角相減餘爲對兩心差之小角求得對兩心差之小角與前所夾之角相加復爲所夾之角仍以前二邊用切線分外角法依前法得半較角與半外角相加爲對半徑之大角求得對半徑之大角爲平圓引數乃以半徑一千萬卽橢圓大半徑爲一率本天心距地之餘弦以本天心距地數爲正弦對其餘弦卽橢圓小半徑爲二率平圓引數之正切線爲三率求得四率爲實引之正切線檢表得實引與太陰引數相減得初均數引數初宮至五宮爲減六宮至十一宮爲加

又法用太陰初均表以太陰引數宮度分及本天心距地數察其所對之度分秒得初均數表列大均中均小均三段查前所得本天心距地數大於中數兩心差五十五萬〇五百〇五者則以太陰引數宮度分察其所對之中均數爲初均本位察其所對之大均數爲初均次位加本天心距地數小於中數兩心

差五十五万〇五百〇五者則以大陰引數宮度分察其所對之小均數爲初均本位察其所對之中均數爲初均次位與次位相減餘爲初均較乃以距地半較一十一萬七千三百一十五（即最小兩心差與中數兩心差相減之數亦即中數兩心差與最大兩心差相減之數也）爲一率距地較（查前所得本天心距地數大於中數兩心差者則與中數兩心差五十五萬〇五百〇五相減餘爲距地較加本天心距地數小於中數兩心差者則與最小兩心差四十三萬三十一百九十相減餘爲距地較）爲二率初均較爲三率求得四率與初均本位相加爲所求之初均數加減加本法

求初實行

置用平行加減初均得初實行

求月距日

置初實行減本日太陽實行得月距日（不及減者加十二宮減之）

求二均數

以半徑一千萬爲一率太陽在最高時之最大二均五十五分三十九秒爲二率月距日倍度之正弦爲三率求得四率爲太陽在最高時月距日之二均數又以半徑一千萬爲一率太陽在最卑時之最大二均六十一分九十七秒爲二率月距日倍度之正弦爲三率求得四率爲太陽在最卑時月距日之二均

數乃以太陽高卑立方大較一百〇一萬三千三百三十七為一率本時之立方較為二率前所得高卑兩二均數相減餘為三率求得四率與前所得太陽在最高時月距日之二均數相加得本時之二均數月距日倍度不及半周為加過半周為減

又法用太陰二均表以月距日宮度分度分察對之二均分秒並較數記之乃以高卑立方大較一千〇一十三為一率前所得之立方較為二率所記之較數為三率求得四率與所記之二均相加得二均數加減如本法

求二實行

置初實行加減二均得二實行

求實月距日

置月距日加減二均得實月距日

求太陽最高

置太陽最卑平行加減六宮得太陽最高

求日月最高相距

置太陰最高實行減太陽最高得日月最高相距不及減者加十二宮減之

求相距總數

以實月距日與日月最高相距相加得相距總數加滿十二宮去之

求三均數

以半徑一千萬爲一率最大三均四分〇三秒爲二率相距總數之正弦爲三率求得四率爲三均數相距總數初宮至五宮爲加六宮至十一宮爲減

又法用太陰三均表以相距總數宮度分察其所對之三均分秒得三均數加減如本法

求三實行

置二實行加減三均得三實行

求末均數

以半徑一千萬爲一率兩弦最大末均日月最高相距一十度爲一分六十九秒二十度爲一分八十六秒三十度爲二分一十一秒四十度爲二分四十四秒五十度爲二分八十六秒六十度爲三分三十三秒七十度爲三分八十六秒八十度爲四分四十二秒九十度爲五分用日月最高相距度比例日月最高相距過一象限者與半周相減過半周者截半周過三象限者與全周相減用餘數爲比例得兩弦最大末均兩弦最大末均以十度爲率日月最高相距有零度者用中比例法求之如日月最高相距一十七度則爲一分八十一秒是也爲二率實月距日之正弦爲

三率求得四率為末均數實月距日初宮至五宮為
減六宮至十一宮為加
又法用太陰末均表以日月最高相距宮度及實月
距日宮度察其縱橫相遇之分秒得末均數加減加
本法

求白道實行

置三實行加減末均得白道實行

求正交實均

以正交本輪半徑九十五分八十三秒為一邊正交
均輪半徑二分五十〇秒為一邊日距正交之倍度
為所夾之外角（日距正交倍度過半周者與半周相減用其餘）用切線分外
角法以邊總九十八分三十三秒（大邊小邊相加之數）為一率
邊較九十三分三十三秒（大邊小邊相減之數）為二率日距正
交之正切線（即半外角之正切線日距正交過一象限者與半周相減過半周者減半周過三象限者與全周相減）為三率求得四率為正切線檢表得數
與日距正交相減餘為正交實均日距正交倍度不
及半周為加過半周為減
又法用太陰正交實均表以日距正交宮度分察其
所對之度分秒得正交實均加減加本法

求正交實行

置用正交加減正交實均得正交實行

求月距正交

置白道實行減正交實行得月距正交（不及減者加十二宮減之）

求距交加分

以半徑一千萬為一率日距正交倍度之大矢（凡日距正交倍度過半周者則與全周相減餘為距交倍度凡距交倍度不及九十度則用大矢以餘弦與半徑相加過九十度則用正矢以餘弦與半徑相減）為二率黃白大距半較一十四分七十九秒為三率求得四率為距交加分

又法用黃白交角加分表以日距正交宮度分察其所對之距交加分分秒得距交加分

求距交加差

以半徑一千萬為一率日距正交倍度之正矢（距交倍度同前而其距交倍度不及九十度則用正矢以餘弦與半徑相減過九十度則用大矢以餘弦與半徑相加）為二率最大距日加分四分五十三秒折半得二分二十六秒半為三率求得四率為距交加差

又法用黃白交角加分表以日距正交宮度分察其所對之加差分秒為距交加差

求距日加差

以半徑一千萬為一率實月距日倍度之正矢（凡實月距日倍度過半周者則與全周相減餘為距日倍度凡距日倍度不及九十度則用正矢以餘弦與半徑相

減過九十度則用大矢以餘弦與半徑相加為二率最大距日加分四分
五十三秒析半得二分二十六秒半為三率求得四
率為距日加差
又法用黄白交角加分表以實月距日宮度分察其
所對之加差分秒為距日加差

求距日加分

以最大距日加分四分五十三秒為一率距交加差
為二率距日加差為三率求得四率為距日加分

求交角加分

以距日加分與距交加分相加得交角加分

求黄白大距

置最小黄白大距四度九十九分三十一秒與交角
加分相加得黄白大距

求外度差

以半徑一千萬為一率黄白大距之餘弦為二率月
距正交白道度也之正切線為三率求得四率為黄道度
之正切線檢表得月距正交之黄道度與月距正交
相減餘為外度差月距正交初一二六七八宮為交
後為減三四五九十十一宮為交前為加
又法用黄白外度差表以月距正交宮度分察其所

對之外度差分秒並較數記之乃以最大交角加分二十九分五十八秒為一率前所得之交角加分為二率所記之較數為三率求得四率與所記之外度差相加得外度差加減如本法

求黃道實行

置白道實行加減外度差得黃道實行

求晨昏黃道實行

以所求本日距冬至之日數與本日晨昏分相加為本日晨昏距冬至之日數及分秒用推月離法得本日晨昏黃道實行

求黃道緯度

以半徑一千萬為一率黃白大距之正弦為二率月距正交之正弦為三率求得四率為距緯之正弦撿表得黃道緯度月距正交初宮至五宮為北六宮至十一宮為南

又法用黃白距緯表以月距正交宮度分察其所對之距緯度分秒並較數記之乃以最大交角加分二十九分五十八秒為一率前所得之交角加分為二率所記之較數為三率求得四率與所記之距緯相加得黃道緯度南北如本法

求黃道宿度

依日躔求宿度法求得本年黃道宿鈐察黃道實行足減宿鈐內某宿度分則減之餘為某宿度分

求月孛宿度

察最高實行足減本年黃道宿鈐內某宿度分則減之餘為月孛宿度

求羅睺宿度

置正交實行加減六宮足減本年黃道宿鈐內某宿度分則減之餘為羅睺宿度

求計都宿度

察正交實行足減本年黃道宿鈐內某宿度分則減之餘為計都宿度

推合朔弦望

求合朔弦望

太陰黃道實行與太陽黃道實行同宮同度為合朔限距三宮為上弦限距六宮為望限距九宮為下弦限皆以太陰未及限度為本日已過限度為次日直如求逐月合朔者以逐日經朔距各至之日數用推日躔月離法各求其子正黃道實行如太陰實行未及大限則經朔日為合朔本日經朔次日為合朔次日如大陰實行已過太陽則經朔前一日為合朔本日經朔日為合朔次日又用推日躔月離法各求其本日或次日子正黃道實行也如直求逐月望者以逐

（月經望距冬至之日數用推日躔月離法各求其子正黃道實行將太陽實行加減六宮與太陰實行相數加太陰實行未及太陽則經望日為望本日已下與合朔相同）求時刻法以本日次日兩太陽實行相減為一日之日實行本日次日兩太陰實行相減為一日之月實行一日之二實行相減為一日之月距日實行為一率日周一萬分為二率本日太陽實行加限度（合朔同宮同度無可加上弦加三宮望加六宮下弦加九宮）內減本日太陰實行餘為三率求得四率為合朔弦望距本日子正後之時分（直求逐月合朔望者卽次日太陽實行仍未及太陽則次日為合朔望日卽次日太陽實行加限度內減次日太陰實行餘為三率所得四率為距次日子正後之時分卽本日太陰實行已過太陽則前一日為合朔望日卽本日太陽實行加限度轉於本日太陰實行內減之餘為三率所得四率為距本日子正前之時分與日周一萬分相減餘為距前一日子正後之時分）

求均數時差

以合朔弦望本時太陽均數（卽合朔弦望本日距冬至之日數與各距本日子正後之時分相加用推日躔法所得之數也）變時分（以周天三百六十度以一率日周一萬分為二率均數為三率求得四率為時分）得均數時差均數加者則為減均數減者為加

又法用太陽均數時差表以合朔弦望本時太陽引數宮度察其所對之時分得均數時差加減加本法

求外度時差

以半徑一千萬爲一率黃白大距之餘弦九百一十
七萬三千二百六十爲二率合朔弦望本時太陽距
春秋分黃道經度即與本時太陽均數同依法所得之數也之正切線爲
三率求得四率爲距春秋分赤道經度之正切線檢
表得太陽距春秋分赤道經度與太陽距春秋分黃
道經度相減餘爲升度差變時分得升度時差二分
後則爲加二至後則爲減
又法用太陽升度時差表以合朔弦望本時太陽黃
道實行宮度察其所對之時分得升度時差加減如
本法

求時差總

均數時差與升度時差同爲加者則相加爲時差總
仍爲加同爲減者亦相加爲時差總仍爲減一爲加
一爲減者則相減爲時差總加數大爲加減數大爲
減

求合朔弦望用時

置合朔弦望時分加減時差總得合朔弦望用時如
法收之得時刻

求大小及閏月

本月合朔干名與次月合朔干名同者本月大不同

者本月小内無中氣者為閏月

推交宮時刻

求交宮時刻

太陰未過宮為交宮本日已過宮為交宮次日以本日太陰実行與次日太陰実行相減餘為一率日周一萬分為二率本日太陰実行度宮不用與三十度相減餘為三率求得四率為距子正後之時分如法収

得交宮時刻

推正外斜外横外

求正外斜外横外

合朔日太陰実行自一宮十五度至四宮十五度為正外自四宮十五度至六宮初度為斜外自六宮初度至十一宮十五度為横外自十一宮十五度至一宮十五度為斜外

推太陰黄赤經緯宿度

求太陰距二分弧與黄道交角

以半徑一千萬為一率太陰距春秋分黄道經度太陰黄道実經度六宮以下者與三宮相減為太陰距春分黄道經度六宮以上者與九宮相減為太陰距秋分經度之正弦為二率太陰黄道緯度之餘切線為三率求得四率為距二分弧與黄道交角之餘切線

表得太陰距二分弧與黃道交角

求太陰距二分孤與赤道交角

置黃赤交角二十三度四十六分一十七秒半加減太陰距二分弧與黃道交角得太陰距二分孤與赤道交角太陰黃道經度在秋分後春分前者黃道在赤道南緯南則加仍為南緯北則減亦為南若太陰距二分弧與黃道交角大於黃赤交角則反減即為在赤道北太陰黃道經度在春分後秋分前者黃道在赤道北緯北則加仍為北緯南則減亦為北若太陰距二分孤與黃道交角太於黃赤交角則反減即為在赤道南

求赤道經度

以太陰距二分弧與黃道交角之餘弦為一率太陰距二分孤與赤道交角之餘弦為二率大陰距春秋分黃道經度之正切線為三率求得四率為距春秋分赤道經度之正切線檢表為太陰距春秋分赤道經度太陰黃道經度不及三宮者則以距春秋分赤道經度與三宮相減過三宮者則加三宮過六宮者則與九宮相減過九宮者則加九宮得太陰距冬至赤道經度求五星恆星赤道經度者與之同

求赤道宿度

依日躔求宿度法求得本年赤道宿鈐察太陰赤道經度足減宿鈐內某宿度分則減之餘為其宿度分

求赤道緯度

半徑一千萬為一率太陰距二分弧與赤道交角之正切線為二率太陰距春秋分赤道經度之正弦為三率求得四率為距緯之正切線檢表得太陰赤道緯度（求五星恒星赤道緯度者與之同）

推太陰出入時刻

求太陰出入時刻

以半徑一千萬為一率北極高度之正切線（京師北極高度）之正切線為二率太陰距春秋分赤道經度之正弦為三率求得四率為距緯之正切線檢表得太陰赤道緯度（求五星恒星赤道緯度者與之同）

推太陰出入時刻

求太陰出入時刻

以半徑一千萬為一率北極高度之正切線（京師北極高度之正切線七百〇萬四千六百七十六）為二率本日太陰赤道經度之正切線為三率求得四率為卯酉前後赤道經度之正弦檢表得太陰出入在卯酉前後赤道經度（太陰在赤道北出在卯正前入在酉正後在赤道南出在卯正後入在酉正前）以本日太陽赤

道經度減本日太陰赤道經度（不足減者加十二宮減之）餘為太陰距太陽赤道經度加三宮以太陰出地卯正前後赤道經度加減之（前減後加）為太陰距東地平赤道經度又以太陰距太陽赤道經度加九宮以太陰入地酉正前後赤道經度加減之（前減後加）為太陰距西地平赤道經度本日次日太陰赤道經度相減為一日之太陰赤道實行本日次日太陽赤道實行相減為一日之太陽赤道実行以周天三百六十度加一日之太陽赤道実行内減一日之太陰赤道実行餘為一率日周一万分為二率太陰距東西地平赤道經度為三率求得四率為距子正後之分數加法収之得太陰出入時刻（依距東地平度得者為太陰出地時刻　依距西地平度得者為太陰入地時刻）

應元暦書巻二終

庚元暦書巻三

推交食法

推太陰入交及實朔實望實時

推實朔實望用時

推食甚實經及食甚用時

推日月視徑

推月食法

推食甚時刻及食分

推初虧復圓時刻

推食既生光時刻

推食甚太陰黄道經緯宿度
推食甚太陰赤道經緯宿度
推月食方位及食限總時
推月帶食

應元曆書巻三

平安　龍岡河野通禮　編
茶室實壽　校

推交食法

推日食及月食法其初所求並相同故合舉于此篇其末所求皆不同故分載于各本篇

推太陰入交及實朔實望實時

求天正經朔太陰交周

置積朔（詳經朔）與太陰交周朔策三十〇度六十七分〇三秒九十二微四十四纖七十四忽相乘滿周天三百六十度去之餘以宮法三十度收之為積朔大

陰交周加太陰交周應九宮二十六度六十一分九十〇秒五十二微得天正經朔太陰交周上考往古則置太陰交周應減積朔大陰交周（不及減者加十二宮減之）得天正經朔大陰交周

求逐月經朔經望大陰交周

置天正經朔大陰交周以大陰交周望策六宮一十五度三十三分五十一秒九十六微二十二纖三十七忽累加之（滿十二宮去之）得逐月經朔經望太陰交周

求太陰入交朔望

逐月經朔太陰交周自初宮初度至初宮二十度九十五分自五宮九度五分至六宮八度八十八分自十一宮二十一度一十二分至十一宮三十度皆為太陰入交即有食

逐月經望太陰交周自初宮初度至初宮一十四度八十分自五宮一十五度二十分至六宮一十四度八十分自十一宮一十五度二十分至十一宮三十度皆為大陰入交即有食

求實朔實望汎時

察太陰入交朔望置其合朔望距本日子正後之時分（詳月離求合朔望篇）如法收之即為實朔實望汎時

求實朔實望實時

以實朔實望汛時之時刻設前後兩時加實朔汛時爲丑正二刻三十五分則以丑正初刻爲前時寅初初刻爲後時各以時數丑初初刻爲一時丑正初刻爲二時逐加此至二十三時與一小時分四百一十六分六六六七日周一萬分二十四約所得之數二相乘爲實朔實望前時及後時距本日子正後之時分與實朔實望本日距冬至之日數相加得數用推日躔月離法各求其黃道實行乃以前後兩時太陽實行相減爲一小時之日實行以前後兩時太陰實行相減爲一小時之月實行一小時之兩實行相減得一小時之月距日實行爲一率一小時分四百一十六分六六六七爲二率前時太陽實行加限度實朔無可加實望加六宮內減前時太陰實行餘爲三率求得四率爲實朔実望実時距前時之時分加於前時得實朔実望實時再以實朔実望実時用推日躔月離法各求其黃道實行則實朔太陰太陽必同宮同度實望太陰太陽必對宮而同度乃視實朔本時月距正交自初宮初度至初宮一十八度四十三分自五宮一十一度五十七分至六宮六度三十七分自十一宮三十三度六十三分至十一宮三十度皆入食限爲有食不入此限者不食即不必筭

又視實望本時月距正交自初宮初度至初宮一十二度二十八分自五宮一十七度一十二分至六宮一十二度二十八分自十一宮一十七度七十二分至十一宮三十度皆入食限為有食不入此限者不食即不必算

推實朔実望用時

求實朔實望用時

置實朔実望実時加減時差總以實朔實望本時太陽均數及黄道実行求均數時差與升度時差得時差總法詳月離求合朔弦望用時篇得実朔実望用時

実朔用時距日出前日入後五刻以内者可以見食五刻以外者則全有夜即不必算実望用時距日出後日入前九刻以内者可以見食九刻以外者則全有晝即不必算

推食甚實緯及食甚用時

求斜距交角差

以一小時太陰白道實行前時後時兩月離白道実行相減得一小時太陰白道実行太陽做此為一邊一小時太陽黄道実行為一邊実朔実望黄白大距為所夾之角用切線分外角法所以夾之角減半周餘折半之為半外角大邊小邊相加為邊總相減為邊較以邊總除邊較得數為乘率置半外角之正切線乘乘率為半較角之正切線撿表得半較角與半外角相減餘為對小邊之角求

得對小邊之角為斜距交角差

求斜距黄道交角

置實朔實望黄白大距加斜距交角差得斜距黄道交角

求兩徑斜距 即一小時兩徑斜距

以斜距交角差之正弦為一率一小時太陽黄道実行為二率実朔実望黄白大距之正弦為三率求得四率為兩徑斜距

求食甚實緯 即食甚用時兩心実相距

以半徑一千萬為一率斜距黄道交角之餘弦為二率実朔實望月離黄道實緯為二率求得四率為食甚実緯南北與実朔実望黄道實緯同 若無實朔実望月離黄道実緯則無食甚実緯亦無食甚距弧及食甚距時即以実朔実望用時為食甚用時

求食甚距弧

以半徑一千萬為一率斜距黄道交角之正弦為二率実朔実望月離黄道実緯為三率求得四率為食甚距弧

求食甚距時

以一小時兩徑斜距為一率一小時分四百一十六分六六六六七為二率食甚距弧為三率求得四率為

食甚距時月距正交初宮六宮爲減五宮十一宮爲加

求食甚用時

置実朔実望用時加減食甚距時得食甚用時

推日月視徑

求太陽實引

置實朔實望太陽引數加減本時太陽均數得太陽實引

求太陰實引

置實朔實望太陰引數加減本時太陰初均數得太陰實引

求太陽距地

以半徑一千萬爲一率太陽實引之餘弦爲二率倍兩心差三十一萬七千七百四十七爲三率求得四率爲分股又以半徑一千萬爲一率太陽實引之正弦爲二率倍兩心差三十三萬七千七百四十七爲三率求得四率爲勾以分股與全徑二千萬相加減（實引初一二九十十一宮加三四五六七八宮減）得股弦和勾自乘以股弦和除之得股弦較與股弦和相加折半爲弦以弦與全徑二千萬相減得太陽距地

求太陰距地

以半徑一千萬爲一率太陰實引之餘弦爲二率實朔實望太陰本天心距地數倍之爲三率求得四率爲分股又以半徑一千萬爲一率太陰實引之正弦爲二率實朔實望太陰本天心距地數倍之爲三率求得四率爲句以分股與全徑二千萬相加減實引初一二九十十一宮減三四五六七八宮加得股弦和句自乘以股弦和除之得股弦較與股弦和相加折半爲弦以弦與全徑二千萬相減得太陰距地

求太陰地半徑差即本日太陰在地平上最大地半徑差

以太陰距地爲一率中距太陰距地一千萬爲二率太陰中距最大地半徑差九十五分八十三秒爲三率求得四率爲太陰地半徑差

求太陽視半徑

以太陽距地爲一率中距太陽距地一千萬爲二率中距太陽視半徑二十六分八十三秒爲三率求得四率爲太陽視半徑

求太陰視半徑

以太陰距地爲一率中距太陰距地一千萬爲二率中距太陰視半徑二十六分一千二秒半爲三率求

得四率為太陰視半徑

求影半徑（以下三法推月食之用推日食者不求之）

置太陰地半徑差加太陽地半徑差二十八秒減太陽視半徑得影半徑

求影差

置太陰地半徑差以六十九除之得影差

求實影半徑

置影半徑加影差得實影半徑

求地平高下差（以下二法推日食之用推月食者不求之）

置太陰地半徑差減太陽地半徑差二十八秒得地平高下差

求太陽實半徑

置太陽視半徑減太陽光分四十二秒得太陽實半徑

求併徑

推月食者以太陰視半徑與實影半徑相加得併徑

推日食者以太陽實半徑與太陰視半徑相加得併徑

推月食法

推食甚時刻及食分

求食甚時刻

以食甚用時即為食甚時刻

求食分

以太陰視半徑倍之得太陰全徑為一率十分為二率併徑內減食甚實緯餘為三率求得四率為食分

若食甚實緯大於併徑則月與地影兩司不相切則不食即不必算

推初虧復圓時刻

求初虧復圓距弧

以併徑為弦食甚實緯為句求得股（句自乘與弦自乘相減平方開之即得股後以句弦求股者倣此）為初虧復圓距弧（若無食甚實緯則以併徑為四虧復圓距弧）

求初虧復圓距時

以一小時兩徑斜距為一率一小時分四百一十六分六六六七為二率初虧復圓距弧為三率求得四率為分以一小時分收之得初虧復圓距時

求初虧時刻

置食甚時刻減初虧復圓距時得初虧時刻不足減者加二十四時減之初虧即在前一日仍自前一日子正起算

求復圓時刻

置食甚時刻加初虧復圓距時得復圓時刻加滿二十四時去之復圓即在次日仍自次日子正起算

推食既生光時刻（月食右十分以內則無食既生光也）

求兩徑較

以太陰視半徑與實影半徑相減得兩徑較

求食既生光距弧

以兩徑較為弦食甚實緯為句求得股為食既生光距弧（若無食甚實緯則以兩徑較為食既生光距弧）

求食既生光距時

以一小時兩經斜距為一率一小時分四百一十六分六六六六七為二率食既生光距弧為三率求得四率為時分以一小時分收之得食既生光距時

求食既時刻

置食甚時刻減食既生光距時得食既時刻不足減者加二十四時減之食既即在前一日仍自前一日子正起算

求生光時刻

置食甚時刻加食既生光距時得生光時刻加滿二十四時去之生光即在次日仍自次日子正起算

推食甚太陰黄道經緯宿度

求距時月實行

以一小時分四百一十六分六六六六七為一率一小時太陰白道實行為二率食甚距時為三率求得四率為距時月實行食甚距時加者亦為加減者亦為減（若無食甚実緯則無距時月実行及黄白升度差即以実望月距正交為食甚月距正交以実望太陰白道実行為食甚太陰黄道經度又無食甚太陰黄道緯度）

求食甚太陰白道經度

置実望太陰白道実行加減距時月実行得食甚太

陰白道經度

求食甚月距正交

置実望月距正交加減距時月実行得食甚月距正交

求黄白升度差

以半徑一千萬為一率実望黄白大距之餘弦為二率食甚月距正交之正切線為三率求得四率為黄道度之正切線検表得月距正交之黄道度與食甚月距正交相減餘為黄白升度差食甚距時加者亦為加減者亦為減

求食甚太陰黄道經度

置食甚太陰白道經度加減黄白升度差得食甚太陰黄道經度

求食甚太陰黄道宿度

察食甚太陰黄道經度足減本年黄道宿鈐內某宿度分則減之餘為食甚太陰黄道宿度

求食甚太陰黄道緯度

以半徑一千萬為一率實望黄白大距之正弦為二率食甚月距正交之正弦為三率求得四率為距緯之正弦検表得食甚太陰黄道緯度南北與食甚実

緯同

推食甚太陰赤道經緯宿度

求太陰距二分弧與黃道交角

以半徑一千萬為一率食甚太陰距春秋分黃道經度食甚太陰黃道經度六宮以下者與三宮相減為太陰距春分黃道經度六宮以上者與九宮相減為太陰距秋分黃道經度之正弦為二率食甚太陰黃道緯度之餘切線為三率求得四率為距二分弧與黃道交角之餘切線檢表得太陰距二分弧與黃道交角

求太陰距二分弧與赤道交角

置黃赤交角二十三度四十六分一十七秒半加減太陰距二分弧與黃道交角得太陰距二分弧與赤道交角食甚太陰黃道經度在秋分後春分前者黃道在赤道南緯南則加仍為南緯北則減亦為南若太陰距二分弧與黃道交角大於黃赤交角則反減即為在赤道北食甚太陰黃道經度在春分後秋分前者黃道在赤道北緯北則加仍為北緯南則減亦為北若太陰距二分弧與黃道交角大於黃赤交角則反減即為在赤道南

求食甚太陰赤道經度

以太陰距二分弧與黃道交角之餘弦為一率太陰

距二分弧與赤道交角之餘弦為二率食甚太陰距春秋分黃道經度之正切線為三率求得四率為距春秋分赤道經度之正切線檢表為太陰距春秋分赤道經度食甚太陰黃道經度不及三宮者則以距春秋分赤道經度與三宮相減過三宮者則加三宮過六宮者則與九宮相減過九宮者則加九宮得食甚太陰距冬至赤道經度

求食甚太陰赤道宿度

察食甚太陰赤道經度足減本年赤道宿鈐內某宿度分則減之餘為食甚太陰赤道宿度

求食甚太陰赤道緯度

以半徑一千萬為一率太陰距二分弧與赤道交角之正切線為二率食甚太陰距春秋分赤道經度之正弦為三率求得四率為距緯之正切線檢表得食甚太陰赤道緯度

推月食方位及食限總時

求影距赤道度

以半徑一千萬為一率黃赤大距之正弦三百九十八萬一千三百六十七為二率影距春秋分黃道經度卯太陽距春秋分黃道經度但差六宮春分為秋分秋分為春分耳之正弦為三率求得四率為影距赤道度之正弦檢表得影距赤道

度太陽在春分後秋分前影在赤道南太陽在秋分後春分前影在赤道北

求黄道赤經交角（即黄道交極圈角）

以影距春秋分黄道經度之餘弦為一率黄赤大距之餘切線二千三百〇四萬〇四百七十八為二率半徑一千萬為三率求得四率為黄道赤經交角之正切線檢表得黄道赤經交角

求影距北極

置九十度加減影距赤道度（影在赤道南則加　影在赤道北則減）得影距北極

求初虧復圓影距正午赤道度

以初虧復圓各距子正之時分（以初虧復圓各時數與一小時分四百一十六分六六六七相乘加小餘得數初虧復圓子正後者即為距子正後之時分子正前者與日周一万分相減餘為距子正前之時分變赤道度以日周一萬分為一率周天三百六十度為二率距子正之時分為三率求得四率為赤道度凡以時分變赤道度法後做此）得初虧復圓影距正午各赤道度初虧復圓時分在子正前者影在正午東在子正後者影在正午西

求初虧復圓赤經高弧交角

以北極距天頂（京師北極距天頂五十四度九十九分）為一邊影距北極為一邊初虧復圓影距正午各赤道度為所夾之

角用斜弧三角形法自天頂作垂弧至赤道經圈即成兩正弧三角形先以半徑一千萬為一率影距正午各赤道度之餘弦為二率北極距天頂之正切線京師北極距天頂之正切線一千四百二十七万六千一百七十八為三率求得四率為距極分邊之正切線撿表得距極分邊以距極分邊與影距北極相加減影距正午赤道度不及九十度者作垂弧於形內則相減過九十度者作垂弧於形外則相加若距極分影距北極等則赤經邊與高弧交角為九十度為距影分邊次以半徑一千萬為一率影距正子各赤道度之正切線為二率距極分邊之正弦為三率求得四率為垂弧之正切線又以距影分邊之正弦為一率垂弧之正切線為二率半徑一千萬為三率求得四率為赤經高弧交角之正切線撿表得初虧復圓赤經高弧各交角若距極分邊轉大於影距北極則所得為外角與半周相減餘為赤經高弧交角若子正初刻影在正午無影距正午赤道度則赤經與高弧合無交角若影距正午赤道度為九十度則北極距天頂即為垂弧用正弧三角形法以影距北極之正弦為一率北極距天頂之正切線為二率半徑一千萬為三率求得四率為赤經高弧交角之正切線撿表得赤經高弧交角若影距正午赤道度為九十度影距北極亦九十度則北極距天頂度即赤經高弧交角度

求初虧復圓黄道高弧交角

置黄道赤經交角加減初虧復圓赤經高弧交角得

初虧後圜黄道弧交角太陰在夏至前六宮初一二三四五宮也影在午西則減亦爲限西影在午東則加加過九十度與半周相減亦爲限東若相加不及九十度則不與半周相減變爲限西太陰在夏至後六宮六七八九十十一宮也影在午東則減亦爲限東影在午西則加加過九十度與半周相減亦爲限西若相加不及九十度則不與半周相減變爲限東若影在正午無赤緯高弧交角則黄道赤緯交角卽黄道高弧交角太陰在夏至前六宮爲限西在夏至後六宮爲限東又若黄道赤緯交角不足減赤緯高弧交角則反減或加過一百八十度則減去一百八十度用其餘黄平象限卽在天頂北度若黄道赤緯交角與赤緯高弧交角相等而減盡無餘減相加適足一百八十度則黄道在天頂與高弧合無交角

求併徑交實緯角

以併徑爲一率食甚實緯爲二率半徑一千萬爲三率求得四率爲併徑交實緯角之餘弦檢表得併徑交實緯角加無食甚實緯則無併徑交實緯角卽以斜距黄道交角爲初復併徑黄道交角

求初虧黄道交實緯角

置九十度加減斜距黄道交角得初虧黄道交實緯角食甚月距正交初宮六宮爲減五宮十一宮爲加

求初虧併黄道交角

以初虧黄道交實緯角與併徑交實緯角相減得初

虧併徑黃道交角凡併徑交實緯角小於初虧黃道交實緯角則初虧距緯之南北與食甚同大於初虧黃道交実緯角則食甚為緯北者初虧為緯南食甚為緯南者初虧為緯北若兩角相等則併徑與黃道合無交角

求復圓黃道交實緯角

置九十度加減斜距黃道交角得復圓黃道交實緯角食甚月距正交初宮六宮為加五宮十一宮為減

求復圓併徑黃道交角卽復圓緯差角

以復圓黃道交実緯角與併徑交實緯角相減得復圓併徑黃道交角凡併徑交實緯角小於復圓黃道交實緯角則復圓距緯之南北與食甚同大於復圓黃道交實緯角則食甚為緯北者復圓為緯南食甚為緯南者復圓為緯北若兩角相等則併徑與黃道合無交角

求初虧併徑高弧交角卽初虧定交角

置初虧黃道高弧交角加減初虧併徑黃道交角得初虧併徑高弧交角初虧在限東者緯南則加緯北則減初虧在限西者緯南則減緯北則加如無食甚實緯者食在限東食甚月距正交初宮則加六宮則減食在限西食甚月距正交初宮則減六宮則加如無

初虧併徑黃道交角則初虧黃道高弧交角卽初虧併徑高弧交角

求復圓併徑高弧交角卽復圓定交角

置復圓黃道高弧交角加減復圓併徑黃道交角得復圓併徑高弧交角復圓在限東者緯南則減緯北則加復圓在限西者緯南則加緯北則減如無食甚實緯者食在限東食甚月距正交初宮則加六宮則減食在限西食甚月距正交初宮則減六宮則加如無

復圓併徑黃道交角則復圓黃道高弧交角卽復圓併徑高弧交角

求初虧方位

初虧在限東者初虧併徑為弧交角初度為正下四十五度以內為下偏左四十五度以外為左偏下九十度為正左過九十度為左偏上初虧在限西者初虧併徑高弧交角初度為正上四十五度以內為上偏左四十五度以外為左偏上九十度亦為正左過九十度為左偏下併徑黃道交角大反減黃道高弧交角者則左變為右

求復圓方位

復圓在限東者復圓併徑高弧交角初度為正上四十五度以內為上偏右四十五度以外為右偏上九

十度為正右逼九十度為右偏下復圓在限西者…
圓併徑高弧交角初度為正下四十五度以內為…
偏右四十五度以外為右偏下九十度亦為正右偏…
九十度為右偏上併徑黃道交角大反減黃道高…
交角者則右變為左（京師北極出地三十五度一…故月食方位皆以黃平象限…天頂南而定若北極出地二十三度以十六分一…七秒半以下黃平象限有時在天頂北則初虧復圓…方位之左右與此相反併徑黃道交角之加減亦相反）

求食限總時

以初虧復圓距時倍之得食限總時

推月食帶食

曆象考成後編云
求日出入卯酉前後赤道度
以半徑一千萬為一率本首北極高度之正切線為二率本時黃赤距緯度（日食甚影）赤道度之正切線為三率求得四率為卯酉前後赤道度之正弦檢表得卯酉前後赤道度
求日出入時分
以卯酉前後赤道度變時（一度變為四分十五分變為一分十五秒變為一秒）春分後秋分前以減卯正加酉正得日出入時分秋分後春分前以加卯正減酉

以日出或日入時刻（詳經日）與食甚時刻相減得帶食…
距時

求帶食距弧

以一小時分四百一十六分六六六七為一率一小…
時兩徑幷距為二率帶食距時為三率求得四率為…
帶食距弧

求帶食兩心相距

以食甚實緯為句帶食距弧為股求得弦（句自乘與股自乘相加得數平方開之即得股）為帶食兩心相距（若無食甚實緯則以帶食距弧為帶食兩心相距）

得日出入時分

上編日躔 夜永短篇

求帶食距弧下去食甚兩心相距斜距成直角帶兩心相距赤與斜成句股故用斜距此例初虧復円距弧求距時此以時求距弧其理一

求帶食分秒

以太陰視半徑倍之得太陰全徑爲一率十分爲二率倂徑內減帶食兩心相距餘爲三率求得四率爲帶食分秒

求帶食赤經高弧交角

以影距赤道度之餘弦爲一率即影距北極之正弦北極高度之正弦京師北極高度之正弦五百七十三萬七十一百九十四爲二率半徑一千萬爲三率求得四率爲赤經高弧交角之餘弦檢表得帶食赤經高弧交角帶出地平爲東帶入地平爲西

求帶食黃道高弧交角

置黃道赤經交角加減帶食赤經高弧交角得帶食黃道高弧交角太陰在夏至前六宮影在午西則減午東西則加加過九十度者與半周相減用其餘午東則減若黃道赤經交角不足減赤經高弧交角則反減或加過一百八十度則減去一百八十度用其餘黃平象限即在天頂北若黃道赤經交角與赤經高弧交角相等而減盡無餘或相加適足一百八十度則黃道在天頂與高弧合無交角

求帶食兩心相距交實緯角

以帶食兩心相距爲一率食甚實緯爲二率半徑一千萬爲三率求得四率爲交角之餘弦檢表得帶食

兩心相距交實緯角加無食甚實緯則無帶食兩心相距交實緯角卽以斜距黃道交角為帶食兩心相距與黃道交角

求帶食兩心相距與黃道交角卽緯差角

以初虧或復圓黃道交實緯角帶食在食甚前用初虧黃道交實緯角在食甚後用復圓黃道交實緯角與帶食兩心相距交實緯角相減得帶食兩心相距與黃道交角帶食兩心相距交實緯角小於黃道交實緯角則帶食距緯之南北與食甚同大於黃道交實緯角則食甚為緯北者帶食為緯南食甚為緯南者帶食為緯北若兩角相等則兩心相距與黃道合無交角

求帶食兩心相距與高弧交角卽定交角

置帶食黃道高弧交角加減帶食兩心相距與黃道交角得帶食兩心相距與高弧交角食甚前帶出地平食甚後帶入地平者緯南則加緯北則減食甚後帶出地平食甚前帶入地平者緯南則減緯北則加如無食甚實緯者帶出地平食甚月距正交初宮則加六宮則減帶入地平食甚月距正交初宮則減六宮則加加帶食兩心相距與黃道無交角則帶食黃道高弧交角卽帶食兩心相距與高弧交角黃平象限在天頂北者加減相反

求帶食方位

交
食甚前與初虧同食甚後與復圓同
頂北者尤右相
黄平象限在天

應元暦書巻三終

應元暦書巻四

推日食法

推食甚太陽黄赤經緯宿度及黄赤二經交角

推食甚近時

推食甚真時

推食甚定真時及食分

推初虧近時

推初虧真時

推初虧定真時

推復圓近時

應元暦書巻四

平安　龍岡河野通禮　編
門人　茶室実壽　校

推日食法

推食甚太陽黄赤経緯宿度及黄赤二経交角

求距時日実行

以一小時分四百一十六分六六六六七為一率一小時太陽黄道実行為二率食甚距時為三率求四率為距時日実行食甚距時加者亦為加減者亦為減如無食甚実緯則無距時日実行即以実朔太陽黄道実行為食甚太陽黄道経度

求食甚太陽黄道經度
置実朔太陽黄道実行加减距時日実行得食甚太
陽黄道經度
求食甚太陽黄道宿度
察食甚太陽黄道經度足減本年黄道宿鈐内某宿
度分則減之餘為食甚太陽黄道宿度
求食甚太陽赤道經度
以半徑一千万為一率黄赤大距之餘弦九百一十
七万三千二百六十為二率食甚太陽距春秋分黄
道經度食甚太陽黄道經度六宮以下者與三宮相減為太陽距春分黄道經度六宮以上者與九宮相減為太陽距春秋分黄道經度之正切線為三率求得四率為距
春秋分赤道經度之正切線檢表為距春秋分赤道
經度食甚太陽黄道經度不及三宮者則無三宮相減過一宮者則加三宮過六宮者則無九宮相減過九宮者則加九宮得食甚太陽赤道經度
求食甚太陽赤道宿度
察食甚太陽赤道經度足減本年赤道宿鈐内某宿
度分則減之餘為食甚太陽赤道宿度
求食甚太陽赤道緯度
以半徑一千万為一率黄赤大距之正弦三百九十
八万一千三百六十七為二率食甚太陽距春秋分

黃道經度之正弦爲三率求得四率爲距緯之正弦檢表得食甚太陽赤道緯度春分後秋分前爲北秋分後春分前爲南

求太陽距北極

置九十度加減食甚太陽赤道緯度（緯南則加緯北則減）得太陽距北極

求黃赤二經交角

以食甚太陽距春秋分黃道經度之餘弦爲一率黃赤大距之餘切線二千三百〇四万〇四百七十八爲二率半徑一千万爲三率求得四率爲黃赤二經交角之餘切線撿表得黃赤二經交角冬至後黃經在赤經西夏至後黃經在赤經東如太陽在冬夏至則黃經與赤經合無交角

求黃白二經交角

斜距黃道交角即黃白二經交角實朔月距正交初宮十一宮白經在黃經西五宮六宮白經在黃經東

求赤白二經交角

黃赤二經交角與黃白二經交角同爲東或同爲西者則相加得赤白二經交角東亦爲東西亦爲西一爲東一爲西者則相減得赤白二經交角東數大爲

東西數大為西此之所謂東西乃白經在赤經之東西也若兩角相等而
減尽無餘則白經與赤經合無交角如無黃赤二經
交角則黃白二經交角即赤白二經交角東西並同

推食甚近時

求用時太陽距午赤道度

以食甚用時分數以食甚用時分數與一小時分四百一十六分六六六七相乘加小餘為食甚用時分數諸時之分數皆倣此後與半日周五千分相減不及半日周五千分者於半日周內減之過半日周五千分者則減去半日周餘為距午時分變赤道度以日周一万分為一率周天三百六十度為二率距午時分為三率求得四率為赤道度後以距午時分變赤道度者皆倣此得用時太陽距午赤道度

求用時赤經高弧交角

以北極距天頂京師北極距天頂五十四度九十九分為一邊太陽距北極為一邊用時太陽距午赤道度為所交之角用斜弧三角形法自天頂作垂弧至赤道經圈即成兩平弧三角形先以半徑一千万為一率用時太陽距京師午赤道度之餘弦為二率北極距天頂之正切線北極距天頂之正切線一千四百二十七万六千一百七十八為三率求得四率為距極分邊之正切線檢表得距極分邊與太陽距北極相加減得距日分邊太陽距午赤道度不及九十度者作垂弧於形內則相減過九十度者作垂弧於形外則相加若距極分邊與大陽距北極等則赤經高弧交角為九十度次

以半徑一千万為一率用時太陽距午赤道度之正切線為二率距極分之正弦為三率求得四率為垂弧之正切線又以距日分之正弦為一率垂弧之正切線為二率半徑一千万為三率求得四率為赤經高弧交角之正切線檢表得用時赤經高弧交角若距極分迎轉大於太陽距北極則所得為外角與半周相減餘為赤經高弧交角午前為東午後為西若太陽在正午無距午赤道度則赤經與高弧合無交角若太陽距午赤道度為九十度則北極距天頂即為垂弧用正弧三角形法以太陽距北極之正弦為一率北極距天頂之正切線為二率半徑一千万為三率求得四率為赤經高弧交角之正切線檢表得赤經高弧交角若太陽距午赤道度為九十度太陽距北極亦九十度則北極距天頂度即赤經高弧交角度

求用時太陽距天頂

以用時赤經高弧交角之正弦為一率北極距天頂之正弦京師北極距天頂之正弦八百一十九万○五百二十為二率用時太陽距午赤道度之正弦為三率求得四率為太陽距天頂之正弦檢表得用時太陽距天頂

求用時白經高弧交角

用時赤經高弧交角與赤白二經交角同為東或同為西者則相加得用時白經高弧交角東為限東西為限西一為東一為西者則相減得用時白經高弧

交角赤經高弧交角大午東仍爲限東午西仍爲限西赤經高弧交角小午東變爲限西午西變爲限東如無赤經高弧交角則赤白二經交角即白經高弧交角東爲限東西爲限西如無赤白二經交角則赤經高弧交角即白經高弧交角午東仍爲限東午西仍爲限西如赤經高弧交角與赤白二經交角相加過一百八十度或太陽距北極小於北極距天頂而無赤經高弧交角則赤白二經交角即白經高弧交角限東變爲限西限西變爲限東如無赤經高弧交角亦無赤白二經交角或兩角相等而減盡無餘或相加適足一百八十度則太陽正當白平象限與高弧合無交角若相加適足九十度則白道在天頂與高弧合若相加過九十度與半周相減用其餘則白平象限在天頂北如無赤經高弧交角亦無赤白二經交角而太陽距北極小於北極距天頂亦白平象限在天頂北

求用時高下差

以半徑一千万爲一率地平高下差爲二率用時太陽距天頂之正弦爲三率求得四率爲用時高下差

求用時東西差

以半徑一千万爲一率用時白經高弧交角之正弦爲二率用時高下差爲三率求得四率抄下必帶小餘二位下微之爲用時東西差如無白經高弧交角則無東西差食甚用時即真時而高下差即南北差加雖無白經高弧交角有赤白二經交角則食甚真時在用時之前後即以食甚用時爲迄時之一刻加減之爲真時依後推考定真時之法以求定真時其加減之法視緯在南而赤白二經交角西則加

東則減視緯在北而赤白
二經交角西則減東則加

求用時南北差

以半徑一千万為一率用時白經高弧交角之餘弦
為二率用時高下差為三率求得四率為用時南北
差如白經高弧交角為九十度則無南北差
食甚實緯即視緯而高下差即東西差

求用時視緯

以用時南北差與食甚實緯相加減得用時視緯白平
象限在天頂南緯南則加仍為南緯北則減仍為北
南北差大則反減變北為南白平象限在天頂北緯
北則加仍為北緯南則減仍為南南北差大則反減
變南為北若無食甚實緯則南北差即視緯其南北
隨白平象限在天頂之南北若無南北差則食甚
實緯即視緯緯南仍為南緯北仍為北後做此

求用時兩心視相距

以用時東西差為勾用時視緯為股求得弦勾自乘與股自
乘相加平方開之即得
後以勾股求弦者做之
弦為用時兩心視相距如無用時
東西差則用時視緯即食甚用時兩心視相距如
無用時視緯則用時東西差即用時兩心視相距

求近時距分

以一小時兩徑斜距為一率一小時分四百一十六
分六六六七為二率以用時東西差為近時實距弧
為三率求得四率為近時距分限西為加限東為減

求食甚近時

置食甚用時加減近時距分得食甚近時

推食甚真時

求近時太陽距午赤道度

以食甚近時分數與半日周五十分相減餘為距午時分變赤道度得近時太陽距午赤道度

求近時赤經高弧交角

以北極距天頂為一邊太陽距北極為一邊近時太陽距午赤道度為所夾之角用斜弧三角形法求得對北極距天頂之角為近時赤經高弧交角（法與求用時赤經高弧交角同）午前為東午後為西

求近時太陽距天頂

以近時赤經高弧交角之正弦為一率北極距天頂之正弦為二率近時太陽距午赤道度之正弦為三率求得四率為太陽距天頂之正弦檢表得近時太陽距天頂

求近時白經高弧交角

以近時赤經高弧交角與赤白二經交角相加減得近時白經高弧交角（法與求用時白經高弧交角同）

求近時高下差

以半徑一千万為一率地平高下差為二率近時太陽距天頂之正弦為三率求得四率為近時高下差

求近時東西差

以半徑一千万為一率近時白經高弧交角之正弦為二率近時高下差為三率求得四率為近時東西差

求近時南北差

以半徑一千万為一率近時白經高弧交角之餘弦為二率近時高下差為三率求得四率為近時南北差

求近時視距弧

以近時東西差與用時東西差相減得近時視距弧限東亦為緯東限西亦為緯西

求近時視緯

以近時南北差與食甚実緯相加減得近時視緯法與求用時視緯同

求近時兩心視相距

以近時視距弧為勾近時視緯為股求得弦為近時兩心視相距如無近時視緯則近時視距弧即近時兩心視相距

求近時視行

以近時視距弧與用時東西差相減為勾近時東西差必大於用時東西差故近時視距弧限東必在緯東限西必在緯西與用時東西差同向故皆相減以近

時視緯與用時視緯相加減爲股兩視緯同爲南或同爲北者則相減一南一北者則相加如無近時視緯則以用時視緯爲股無用時視緯則以近時視緯爲股如兩視緯相等而減尽無餘或無近時視緯亦無用時視緯則以近時視距弧與用時東西差相減之餘數爲近時視行求得弦爲近時視行

求真時視行

以近時兩心視相距與用時兩心視相距各自乘相
減以近時視行除之得數與近時視行相加折半之
得真時視行如無用近二時視緯則無真時兩心視相距即以用時兩心視相距爲真時視行如用近二時兩心視相距各自乘相減以近時視行除之得數與近時視行等是近時兩心視相距已與視行成直角則近時即定真時即以近時兩心視相距求食甚分秒如或大或小則猶未爲直角再用下法求之

求真時兩心視相距

以用時兩心視相距爲弦真時視行爲勾求得股勾自乘與弦自乘相減平方開之即得股後以勾弦求股者倣此爲真時兩心視相距

求真時距分

以近時視行爲一率近時距分爲二率真時視行爲
三率求得四率爲真時距分限西爲加限東爲減

求食甚真時

置食甚用時加減真時距分得食甚真時

推食甚考定真時及食分

求真時太陽距午赤道度

以食甚真時分數與半日周五千分相減餘為距午時分変赤道度得真時太陽距午赤道度

求真時赤経高弧交角

以北極距天頂為一邊太陽距北極為一邊真時太陽距午赤道度為所夾之角用斜弧三角形法求得對北極距天頂之角為真時赤経高弧交角法與求用時赤経高弧交角同午前為東午後為西

求真時太陽距天頂

以真時赤経高弧交角之正弦為一率北極距天頂之正弦為二率真時太陽距午赤道度之正弦為三率求得四率為太陽距天頂之正弦檢表得真時太陽距交角

求真時白経高弧交角

以真時赤経高弧交角與赤白二経交角相加減得真時白経高弧交角法與求用時白経高弧交角同

求真時高下差

以半径一千万為一率地平高下差為二率真時太陽距天頂之正弦為三率求得四率為真時高下差

求真時東西差

以半徑一千万爲一率真時白徑高弧交角之正弦爲二率真時高下差爲三率求得四率爲真時東西差

求真時南北差

以半徑一千万爲一率真時白徑高弧交角之餘弦爲二率真時高下差爲三率求得四率爲真時南北差

求真時実距弧

以一小時分四百一十六分六六六七爲一率一小時両徑斜距爲二率真時距分爲三率求得四率爲真時実距弧

求真時視距弧

以真時東西差與真時実距弧相減得真時視距弧太陰在限東者東西差大於実距弧爲緯東小爲緯西太陰在限西者東西差大於実距弧爲緯西小爲緯東

求真時視緯法

以真時南北差與食甚実緯相加減得真時視緯法與求用時視緯同

求考真時両心視相距

以真時視距弧爲勾真時視緯爲股求得弦爲考真

時兩心視相距如無真時視緯則真時視距弧即秀真時兩心視相距

求秀真時視行

以真時視距弧與近時視距弧相加減為股兩視距弧同為東或同為西者則相減為視距較一東一西者則相加為視距和真時視緯與近時視緯相加減為勾兩視緯同為南或同為北者則相減為緯差較一南一北者則相加為緯差和如無真時視緯則以近時視緯為股無近時視緯則以真時視緯為股如兩視緯相等而減尽無餘或無真時視緯亦無近時視緯則以真時視距弧與近時視距弧相加減得數為秀真時視行求得弦為秀真時視行

求定真時視行

以秀真時兩心視相距與近時兩心視相距各相乘相減以秀真時視行除之得數與秀真時視行相加折半得定真時視得如無近真二時視緯則無定真時兩心視相距即以近時兩心視相距為定真時視行如近真二時兩心視相距各自乘相減以秀真時視行除之得數與秀真時視行相等是秀真時兩心相距已與視行既直角則真時即定真時即以秀真時兩心視相距求食甚分秒如或大或小則猶未為直角再用下法求之

求定真時兩心視相距

以近時兩心視相距為弦定真時視行為勾求得股為定真時兩心視相距

求真時距分

以秀真時視行為一率 以近時距分與真時距分相

減餘爲二率定真時視行爲三率求得四率爲定真時距分近時距分小於真時距分限西爲加限東爲減近時距分大於真時距分限西爲減限東爲加

求食甚定真時

置食甚近時加減定真時距分得食甚定真時

求食方

以太陽実半徑倍之得太陽全徑爲一率十分爲二率併徑内減定真時兩心視相距餘爲三率若無定真時兩心視相距則以併徑爲三率求得四率爲食分

推初虧近時

求初虧復円平距即初虧復円距弧因距食甚用時之度名距弧故此名平距以別之

以食甚定真時兩心視相距爲勾併徑爲弦求得股爲初虧復円平距加無定真時兩心視相距則併徑即初虧復円平距

求初虧復円用時距分

以定真時視行爲一率定真時距分爲二率初虧復円平距爲三率求得四率爲初虧復円用時距分

求初虧用時

置食甚定真時減初虧復円用時距分得初虧用時

求初虧用時太陽距午赤道度

以初虧用時分數與半日周五千分相減餘爲距午
時分變赤道度得初虧用時太陽距午赤道度

求初虧用時赤緯高弧交角

以北極距天頂爲一邊初虧用
時太陽距午赤道度爲所夾之角用斜弧三角形法
求得對北極距天頂之角爲初虧用時赤緯高弧交
角法與求食甚用時赤緯高弧交角同午前爲東午後爲西

求初虧用時太陽距天頂

又初虧用時赤緯高弧交角之正弦爲一率北極距
天頂之正弦爲二率初虧用時太陽距午赤道度之
正弦爲三率求得四率爲距天頂之正弦檢表得初
虧用時太陽距天頂

求初虧用時白緯高弧交角

以初虧用時赤緯高弧交角與赤白二緯交角相加
減得初虧用時白緯高弧交角法與求食甚用時白緯高弧交角同

求初虧用時高下差

以半徑一千万爲一率地平高下差爲二率初虧用
時太陽距天頂之正弦爲三率求得四率爲初虧用
時高下差

求初虧用時東西差

以半徑一千万為一率初虧用時白經高弧交角之正弦為二率初虧用時高下差為三率求得四率為初虧用時東西差

求初虧用時南北差

以半徑一千万為一率初虧用時白經高弧交角之餘弦為二率初虧用時高下差為三率求得四率為初虧用時南北差

求初虧用時実距弧

以一小時分四百一十六分六六六七為一率一小時兩徑斜距為二率初虧用時與食甚用時相減餘為三率求得四率為初虧用時実距弧初虧用時早於食甚用時為緯西遲於食甚用時為緯東（初虧固早於食甚然因東西視差之故太陽在限西則食甚恒差而遲天食甚真時既遲於食甚用時加東西差甚大而食分又甚小則初虧用時或遲於食甚用時者有之矣若太陽在限東則必早於食甚用時也）

求初虧用時視距弧

以初虧用時東西差與初虧用時実距弧相加減得初虧用時視距弧（限西緯東則減緯西則加限東必在緯西則減者無初虧用時東西差則初虧用時実距弧即初虧用時視距弧後無東西差者皆倣此）

求初虧用時視緯

以初虧用時南北差與食甚実緯相加減得初虧用

時視緯法與求食甚用時視緯同

求初虧用時兩心視相距

以初虧用時視距弧為股初虧用時視緯為勾求得弦為初虧用時兩心視相距加無初虧用時視緯則初虧用時視距弧即初虧用時兩心視相距後求兩心視相距者皆倣此乃視初虧用時兩心視相距與併徑相等則初虧用時即為初虧真時如或大或小則用下法求之

求初虧近時距分

以初虧用時兩心視相距為一率初虧復圓用時距分為二率初虧用時兩心視相距與併徑相減餘為三率求得四率為初虧近時距分初虧用時兩心視相距大於併徑為加小於併徑為減

求初虧近時

置初虧用時加減初虧近時距分得初虧近時

推初虧真時

求初虧近時太陽距午赤道度

以初虧近時分數與半日周五千分相減餘為距午時分變赤道度得初虧近時太陽距午赤道度

求初虧近時赤經高弧交角

以北極距天頂為一邊太陽距北極為一邊初虧近

時太陽距午赤道度爲所夾之角用斜弧三角形法
求得對北極距天頂之角爲初虧近時赤經高弧交
角（法與求食甚用時赤經高弧交角同）午前爲東午後爲西

求初虧近時太陽距天頂

以初虧近時赤經高弧交角之正弦爲一率北極距
天頂之正弧爲二率初虧近時太陽距午赤道度之
正弦爲三率求得四率爲距天頂之正弦檢表得初
虧近時太陽距天頂

求初虧近時白經高弧交角

以初虧近時赤經高弧交角與赤白二經交角相加
減得初虧近時白經高弧交角（法與求食甚用時白經高弧交角同）

求初虧近時高下差

以半徑一千万爲一率地平高下差爲二率初虧近
時太陽距天頂之正弦爲三率求得四率爲初虧近
時高下差

求初虧近時東西差

以半徑一千万爲一率初虧近時白經高弧交角之
正弦爲二率初虧近時高下差爲三率求得四率爲
初虧近時東西差

求初虧近時南北差

以半徑一千万為一率初虧近時白經高弧交角之
餘弦為二率初虧近時高下差為三率求得四率為
初虧近時南北差

求初虧近時實距弧

以一小時分四百一十六分六六六七為一率一小
時兩經斜距為二率初虧近時與食甚用時相減餘
為三率求得四率為初虧近時實距弧初虧近時早
於食甚用時為緯西遲於食甚用時為緯東

求初虧近時視距弧

以初虧近時東西差與初虧近時實距弧相加減得
初虧近時視距弧限西緯東則減緯西則加限東則減

求初虧近時視緯

以初虧近時南北差與食甚實緯相加減得初虧近
時視緯法與食甚求用時視緯同

求初虧近時兩心視相距

以初虧近時視距弧為股初虧近時視緯為勾求得
弦為初虧近時兩心視相距乃視初虧近時兩心視
相距與併徑相等則初虧近時即為初虧真時如或
大或小則再用下法求之

求初虧真時距分

以初虧用時兩心視相距與初虧近時兩心視相距相減餘為一率初虧近時距分為二率初虧用時兩心視相距與併徑相減餘為三率求得四率為初虧真時距分初虧用時兩心視相距大於併徑為加小於併徑為減

求初虧真時

置初虧用時加減初虧真時距分得初虧真時

推初虧考定真時

求初虧真時太陽距午赤道度

以初虧真時分數與半日周五千分相減餘為距午時分變赤道度得初虧真時大陽距午赤道度

求初虧真時赤経高弧交角

以北極距天頂為一邊太陽距北極為一邊初虧真時太陽距午赤道度為所夾之角用斜弧三角形法求得對北極距天頂之角為初虧真時赤経高弧交角法與求食甚用時赤経高弧交角同午前為東午後為西

求初虧真時太陽距天頂

以初虧真時赤経高弧交角之正弦為一率北極距天頂之正弦為二率初虧真時太陽距午赤道度之正弦為三率求得四率為距天頂之正弦檢表得初

虧真時太陽距天頂

求初虧真時白經高弧交角

以初虧真時赤經高弧交角與赤白二經交角相加減得初虧真時白經高弧交角（法與求食甚用時白經高弧交角同）

求初虧真時高下差

以半徑一千萬為一率地平高下差為二率初虧真時太陽距天頂之正弦為三率求得四率為初虧真時高下差

求初虧真時東西差

以半徑一千萬為一率初虧真時白經高弧交角之正弦為二率初虧真時高下差為三率求得四率為初虧真時東西差

求初虧真時南北差

以半徑一千萬為一率初虧真時白經高弧交角之餘弦為二率初虧真時高下差為三率求得四率為初虧真時南北差

求初虧真時實距弧

以一小時分四百一十六分六六六七為一率一小時兩經斜距為二率初虧真時與食甚用時相減餘為三率求得四率為初虧真時實距弧初虧真時早

於食甚用時為緯西違於食甚用時為緯東

求初虧真時視距弧

以初虧真時東西差與初虧真時実距弧相加減得初虧真時視距弧限西緯東則減緯西則加限東則減

求初虧真時視緯

以初虧真時南北差與食甚実緯相加減得初虧真時視緯法與求食甚用時視緯同

求初虧考真時兩心視相距

以初虧真時視距弧為股初虧真時視緯為勾求得弦為初虧考真時兩心視相距乃視初虧考真時兩心視相距與併徑相等則初虧真時即為初虧定真時如或大或小則再用下法求之

求初虧定真時距分

以初虧近時兩心視相距與初虧考真時兩心視相距相減餘為一率初虧近時距分與初虧真時距分相減餘為二率初虧考真時兩心視相距與併徑相減餘為三率求得四率為初虧定真時距分初虧考真時兩心視相距大於併徑為加小於併徑為減

求初虧定真時

置初虧真時加減初虧定真時距分得初虧定真時

推復円近時

求復円用時

置食甚定真時加初虧復円用時距分得復円用時

復円用時太陽距午赤道度

以復円用時分數與半日周五千分相減餘為距午時分変赤道度得復円用時太陽距午赤道度

求復円用時赤經高弧交角

以北極距天頂為一辺太陽距北極為一辺復円用時太陽距午赤道度為所夾之角用斜弧三角形法求得對北極距天頂之角為復円用時赤經高弧交角（法與求食甚用時赤經高弧交角同）午前為東午後為西

求復円用時太陽距天頂

以復円用時赤經高弧交角之正弦為一率北極距天頂之正弦為二率復円用時太陽距午赤道度之正弦為三率求得四率為距天頂之正弦檢表得復円用時太陽距天頂

求復円用時白經高弧交角

以復円用時赤經高弧交角與赤白二經交角相加減得復円用時白經高弧交角（法與求食甚用時白經高弧交角同）

復円用時高下差

以半徑一千万爲一率地平高下差爲二率復円用時太陽距天頂之正弦爲三率求得四率爲復円用時高下差

求復円用時東西差

以半徑一千万爲一率復円用時白經高弧交角之正弦爲二率復円用時高下差爲三率求得四率爲復円用時東西差

求復円用時南北差

以半徑一千万爲一率復円用時白經高弧交角之餘弦爲二率復円用時高下差爲三率求得四率爲復円用時南北差

求復円用時実距弧

以一小時分四百一十六分六六六七爲一率一小時兩經斜距爲二率復円用時與食甚用時相減餘爲三率求得四率爲復円用時実距弧復円用時早於食甚用時爲緯西遲於食甚用時爲緯東復円固遲於食甚然因東西差之故太陽在限東食甚真時必早於食甚用時加東西差甚大而食分又甚小則復円用時亦或早於食甚用時若太陽在限西則必遲於食甚用時也

求復円用時視距弧

以復円用時東西差與復円用時実距弧相加減得

復円用時視距弧限東緯西則減緯東則加限西在緯東則減
　求復円用時視緯
以復円用時南北差與食甚実緯相加減得復円用
時視緯法與求食甚用時視緯同
　求復円用時両心視相距
以復円用時視距弧為股復円用時視緯為勾求得
弦為復円用時両心視相距乃視復円用時両心視
相距與併径相等則復円用形即為復円真時如或
大或小則用下法求之
　求復円近時距分
以復円用時両心視相距為一率初虧復円用時距
分為二率復円用時両心視相距與併径相減餘為
三率求得四率為復円近時距分復円用時両心視
相距大於併径為減小於併径為加
　求復円近時
置復円用時加減復円近時距分得復円近時
推復円真時
　求復円近時太陽距午赤道度
以復円近時分數與半日周五千分相減餘為距午
赤道度

求復円近時赤經高弧交角

以北極距天頂為一辺太陽距北極為一辺復円近時太陽距午赤道度為所夾之角用斜弧三角形法求得對北極距天頂之角為復円近時赤經高弧交角（法與求食甚時赤經高弧交同）午前為東午後為西

求復円近時太陽距天頂

以復円近時赤經高弧交角之正弦為一率北極距天頂之正弦為二率復円近時太陽距午赤道度之正弦為三率求得四率為距天頂之正弦撿表得復円近時太陽距天頂

求復円近時白經高弧交角

以復円近時赤經高弧交角與赤白二經交角相加減得復円近時白經高弧交角（法與求食甚時白經高弧交角同）

求復円近時高下差

以半徑一千万為一率地平高下差為二率復円近時太陽距天頂之正弦為三率求得四率為復円近時高下差

求復円近時東西差

以半徑一千万為一率復円近時白經高弧交角之正弦為二率復円近時高下差為三率求得四率為

復円近時東西差

求復円近時南北差

以半徑一千万為一率復円近時白經高弧交角之餘弦為二率復円近時高下差為三率求得四率為復円近時南北差

求復円近時実距弧

以一小時分四百一十六分六六六七為一率一小時兩經斜距為二率復円近時與食甚用時相減餘為三率求得四率為復円近時実距弧復円近時早於食甚用時為緯西遅於食甚用時為緯東

求復円近時視距弧

以復円近時東西差與復円近時実距弧相加減得復円近時視距弧（限東緯西則減緯東則加限西則減）

求復円近時視緯

以復円近時南北差與食甚実緯相加減得復円近時視緯（法與求食甚用時視緯同）

求復円近時兩心視相距

以復円近時視距弧為股復円近時視緯為句求得弦為復円近時兩心視相距乃視復円近時兩心視相距與併徑相等則復円近時即為復円真時加或

大或小則再用下法求之

求復円真時距分

以復円用時兩心視相距與復円近時兩心視相距相減餘爲一率復円近時距分爲二率復円用時兩心視相距與併徑相減餘爲三率求得四率爲復円真時距分復円用時兩心視相距大於併徑爲減小於併徑爲加

求復円真時

置復円用時加減復円真時距分得復円真時

推復円考定真時

求復円真時太陽距午赤道度

以復円真時分數與半日周五千分相減餘爲距午時分變赤道度得復円真時太陽距午赤道度

求復円真時赤經高弧交角

以北極距天頂爲一边太陽距北極爲一边復円真時太陽距午赤道度爲所夾之角用斜弧三角形法求得對北極距天頂之角爲復円真時赤經高弧交角（法與求食甚用時赤經高弧交角同）午前爲東午後爲西

求復円真時太陽距天頂

以復円真時赤經高弧交角之正弦爲一率北極距

天頂之正弦為二率復円真時太陽距午赤道度之
正弦為三率求得四率為距天頂之正弦検表得復
円真時太陽距天頂

求復円真時白経高弧交角

以復円真時赤経高弧交角與赤白二経交角相加
減得復円真時白経高弧交角（法與求食甚用時白経高弧交角同）

求復円真時高下差

以半径一千万為一率地平高下差為二率復円真
時太陽距天頂之正弦為三率求得四率為復円真
時高下差

求復円真時東西差

以半径一千万為一率復円真時白経高弧交角之
正弦為二率復円真時高下差為三率求得四率為
復円真時東西差

求復円真時南北差

以半径一千万為一率復円真時白経高弧交角之
餘弦為二率復円真時高下差為三率求得四率為
復円真時南北差

求復円真時実距弧

以一小時分四百一十六分六六六七為一率一小

時兩經斜弧為二率後円真時與食甚用時相減餘
為三率求得四率為後円真時實距弧後円真時早
於食甚用時為緯西遲於食甚用時為緯東
求後円真時視距弧
以後円真時東西差與後円真時實距弧相加減得
後円真時視距弧 東則加限西則減 限東緯西則減緯
求後円真時視緯
以後円真時南北差與食甚實緯相加減得後円真
時視緯 用法與求食甚時視緯同
求後円真時兩心視相距
以後円真時視距弧為股後円真時視緯為勾求得
弦為後円秀真時兩心視相距乃視後円秀真時兩
心視相距無併徑相等則後円真時即為後円定真
時地或大或小則再用下法求之
求後円定真時距分
以後円近時兩心視相距分與後円秀真時兩心視相
距相減餘為一率後円近時距分與後円秀真時距分
相減餘為二率後円秀真時兩心視相距與併徑相
減餘為三率求得四率為後円定真時距分後円秀
真時兩心視相距大於併徑為減小於併徑為加

求復円定真時

置復円真時加減復円定真時距分得復円定真時

推日食方位及食限總時

求初虧併徑白徑交角

以初虧真時視緯為一率初虧真時視距弧為二率半徑一千万為三率求得四率為併徑白徑交角之正切線検表得初虧併徑白徑交角加初虧真時無視緯則併徑與白道合併徑白徑交角為九十度

求復円併徑白徑交角

以復円真時視緯為一率復円真時視距弧為二率半徑一千万為三率求得四率為併徑白徑交角之正切線検表得復円併徑白徑交角加復円真時無視緯則併徑與白道合併徑白徑交角為九十度

求初虧併徑高弧交角即初虧定交角

置初虧併徑白徑交角加減初虧真時白徑高弧交角得初虧併徑高弧交角初虧在限東者緯南則加南北以初虧視緯論與半周相減緯北則減初虧在限西者緯北則加與半周相減緯南則減得初虧併徑高弧交角若白平象限在天頂北則緯南加緯北緯北加緯南加無初虧白徑高弧交角則初虧併徑白徑交角即初虧併徑高弧交角加

兩角相等而減盡無餘或相加適足一百八十度則交角為初度

求復円併徑高弧交角（即定復円交角）

置復圓併徑白徑交角加減復円真時白徑高弧交角得復円併徑高弧交角復円在限東者緯南則加（南北以復円視緯論）與半周相減緯北則減復円在限西者緯北則加與半周相減緯南則減得復円併徑高弧交角（若白平象限在天頂北則緯南加緯北緯北加緯南）加無復円白徑高弧交角則復円併徑白徑交角即復円併徑高弧交角加兩角相等而減盡無餘或相加適足一百八十度則交角為初度

求初虧方位

初虧在限東者初虧併徑高弧交角初度為正四十五度以内為上偏右四十五度以外為右偏上九十度為正右過九十度為右偏下初虧在限西者初虧併徑高弧交角初度為正下四十五度以内為下偏右四十五度以外為右偏下九十度亦為正右過九十度為右偏上（若無白徑高弧交角而以併徑白徑交角為併徑高弧交角者則緯南隨限西緯北隨限東定方位）白徑高弧交角大反減併徑白徑交角者則變右為左（白平象限在天頂北左右相反）

求復円方位

復円在限東者復円併径高弧交角初度為正下四十五度以内為下偏左四十五度以外為左偏下九十度為正左過九十度為左偏上復円在限西者初円併径高弧交角初度為正上四十五度以内為下偏在四十五度以外為左偏上九十度亦為正左辺九十度為左偏下（若無白径高弧交角而以併径白径交角為併径高弧交角者則纔）白（南随限西緯北随限東定方位）径高弧交角大反減併径白径交角者則婁在為右（白平象限在天頂北左右相反）

求食限總時

置復円定真時減初虧定真時得食限總時

推日食帯食

求帯食距時

以日出或日入時刻（詳日躔）與食甚用時相減得帯食距時

求帯食距弧

以一小時分四百一十六分六六六七為一率一小時両径斜距為二率帯食距時為三率求得四率為帯食距弧

求帯食赤径高弧交角

以黄赤距緯之餘弦爲一率北極高度之正弦京師北極高度之正弦五百二十三万七千一百九十四爲二率半徑一千万爲三率求得四率爲赤經交角之餘弦檢表得帶食赤經高弧交角帶出地平爲東帶入地平爲西

求帶食白經高弧交角

以帶食赤經高弧交角與赤白二經交角相加減得帶食白經高弧交角法與求食甚用時白經高弧交角同

求帶食東西差

以半徑一千万爲一率帶食白經高弧交角之正弦爲二率地平高下差爲三率求得四率爲帶食東西差

求帶食南北差

以半徑一千万爲一率帶食白經高弧交角之餘弦爲二率地平高下差爲三率求得四率爲帶食南北差

求帶食視距弧

以帶食東西差與帶食距相減得帶食視距弧

求帶食視緯

以帶食南北差與食甚実緯相加減得帶食視緯法與求食甚用時視緯同

求帶食兩心視相距

以帶食視距弧爲股帶食視緯爲勾求得弦爲帶食兩心視相距

求帶食分秒

以太陽実半徑倍之得太陽全徑爲一率十分爲二率併徑内減帶食兩心視相距餘爲三率求得四率爲帶食分秒

求帶食方位

帶食在食甚前者用初虧方位法求之帶食在食甚後者用復円方位法求之

求帶食初虧復円時刻

帶食不見食甚者以帶食視緯爲勾併徑爲弦求得股爲初虧復円視距弧與帶食視距弧相加減帶食東西差小於帶食距弧則加大於帶食距弧則減得帶食初虧復円実距弧以一小時兩徑斜距爲一率一小時分四百一十六分六六六七爲二率帶食初虧復円実距弧爲三率求得四率爲帶食初虧復円距時帶出地平者與日出分相加得復円用時帶入地平者與日入分相減得初虧用時按初虧復円法求之得初虧復円時刻

應元曆書卷四終

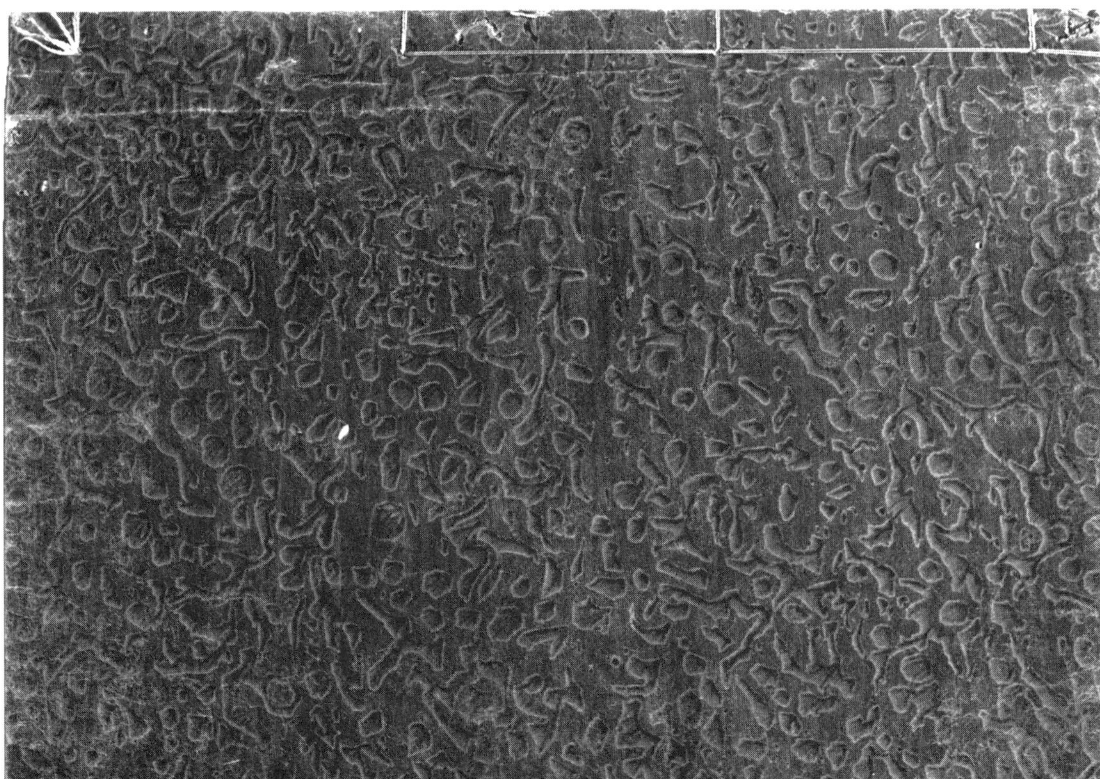

應元曆書卷五

推五星法

推土星黄道經緯宿度

推木星黄道經緯宿度

推火星黄道經緯宿度

推金星黄道經緯宿度

推水星黄道經緯宿度

推五星伏見及交宮同度

推恒星法

推中星

推中星時刻
推太陰凌犯五星及恒星

應元暦書巻五

平安　龍罡河野通禮　編
門人　茶室実壽　校

推五星法

推土星黄道經緯宿度

求土星年根

以積日（詳経朔）與土星每日平行三分三十五秒○○微六十一纖六十四忽相乘滿周天三百六十度去之餘以宮法三十度收之爲積日土星平行加土星平行應八宮○九度三十九分八十六秒五十一微

得土星年根上考往古則置土星平行應減積日土
星平行得土星年根
　求最高年根
以積日與土星最高每日平行六十〇微九十九纖
四十五忽相乘得數爲積日最高平行加土星最高
應初宮〇一度〇八分六十一秒三十九微得最高
年根上考往古則置土星最高應減積日最高平行
得最高年根
　求正交年根
以積日與土星正交每日平行三十一微八十五纖
三十六忽相乘得數爲積日正交平行加土星正交
應六宮二十二度七十三分三十七秒九十一微得
正交年根上考往古則置土星正交應減積日正交
平行得正交年根
　求土星年根（普明私平行元）
以所求本日距冬至之日數（詳躔）日與土星每日平行
三分三十五秒〇〇微六十一纖六十四忽相乘得
數與土星年根相加得土星平行
　求最高平行
以所求本日距冬至之日數與土星最高每日平行

六十○微九十九纖四十五忽相乘得數與最高平根相加得最高平行

求正交平行

以所求本日距冬至之日數與土星正交每日平行三十一微八十五纖三十六忽相乘得數與正交年根相加得正交平行

求引數

置土星平行減最高平行得引數

求初均數

以半徑一千万爲一率引數之餘弦爲一率本輪半

○一二宮爲最卑後 九十十一宮爲最卑前 三四五宮爲最高前 六七八宮爲最高後

徑八十六万五千五百八十七與均輪半徑二十九万六千四百一十三相減五十六万九千一百七十四爲三率求得四率以加減本天半徑一千万最高前後三宮者則加最卑前後三宮者則減則對次輪心角之边爲一率本輪半徑八十六万五千五百八十七與均輪半徑二十九万六千四百一十三相加一百一十六万二千爲二率引數之正弦爲三率求得四率爲初均數之正切線撿表得初均數引數初宮至五宮爲減六宮至十一宮爲加又以初均數之餘弦爲一率半徑一千万爲二率對次輪心角之边爲三率求得四率乃次

輪心距地心之辺為求次均之用

求初実行

置土星平行加減初均數得初実行

求星距日次引

置本日太陽実行減初実行得星距日次引

求次均數

以次輪半徑一百〇四万二千六百為一辺次輪心距地心線即求初均數時所得次輪心距地心之辺為一辺星距日次引數與半周相減餘為所夾之角星距日次引不及半周者與半周相減過半周者減半周內用切線分外角法以所夾之角減半周餘折半之為半外角大辺小辺相加為辺總相減為辺較以辺總除辺較得數為乗率置半外角之正切線乗乗率為半較角之正切線検表得半較角與半外角相減餘為地心之角求得地心之角為次均數星距日次引初宮至五宮為加六宮至十一宮為減

又以次均數之正弦為一率夾角之正弦為二率次輪半徑一百〇四万二千六百為三率求得四率乃星距地心之辺為求視緯之用

求本道実行

置初実行加減次均數得本道実行

求距交実行

置初実行減正交平行得距交実行

求升度差

以半径一千万為一率本道與黄道交角二度五十二分之餘弦九百九十九万〇三百二十九為二率距交実行之正切線為三率求得四率為黄道之正切線検表得黄道度與距交実行相減餘為升度差

距交実行不過象限為減過象限為加過二象限為減過三象限為加

求黄道実行

置本道実行加減升度差得黄道実行

求初緯

以半径一千万為一率本道與黄道交角二度五十二分之正弦四十三万九千九百八十二為二率距交実行之正弦為三率求得四率為初緯之正弦検表得初緯

求星距黄道線

以半径一千万為一率初緯之正弦為二率次輪心距地心線為三率求得四率即星距黄道線

求視緯

以星距地心線即求次均數時所得星距地心之邊為一率星距黄道線為二率半径一千万為三率求得四率為視緯之

正弦檢表得視緯距交實行初宮至五宮為黄道北
六宮至十一宮為黄道南

求黄道宿度

依日躔求宿度法求得本年黄道宿鈐察黄道實行
足減本年黄道宿鈐内某宿度分則減之餘為黄道
宿度

推木星黄道經緯宿度

求木星年根

以積日詳日躔經與木星每日平行八分三十一秒三十
四微八十〇纖四十四忽相乘滿周天三百六十度
去之餘以宮法三十度收之為積日木星平行加木
星平行應八宮二十二度五十八分七十三秒五十
六微得木星年根上考往古則置木星平行應減積
日木星平行得木星年根

求最高年根

以積日與木星最高每日平行四十四微〇〇纖九
十二忽相乘得數為積日最高平行加木星最高應
九宮一十一度七十七分九十三秒二十四微得最
高年根上考往古則置木星最高應減積日最高平
行得最高年根

求正交年根

以積日與木星正交每日平行一十〇微三十四纖三十二忽相乘得數爲積日正交平行加木星正交應六宮〇七度八十一分三十三秒六十二微得正交年根上考往古則置木星正交應減積日正交平行得正交年根

求木星平行

以所求本日距冬至之日數（詳日躔）與木星每日平行八分三十一秒三十四微八十〇纖四十四忽相乘得數與木星年根相加得木星平行

求最高平行

以所求本日距冬至之日數與木星最高每日平行四十四微〇〇纖九十二忽相乘得數與最高年根相加得最高平行

求正交平行

以所求本日距冬至之日數與木星正交每日平行一十〇微三十四纖三十二忽相乘得數與正交年根相加得正交平行

求引數

置木星平行減最高平行得引數

求初均數

以半徑一千万爲一率引數之餘弦爲二率本輪半徑七十〇万五千三百二十與均輪半徑二十四万七千九百八十相減四十五万七千三百四十爲三率求得四率以加減本天半徑一千万（最高前後三宮者則加最卑前後三宮者則減）則對次輪心角之辺爲一率本輪半徑七〇万五千三百二十與均輪半徑二十四万七千九百八十相加九十五万三千三百爲二率引數之正弦爲三率求得四率爲初均數之正切線檢表得初均數引數初宮至五宮爲減六宮至十一宮爲加

又以初均數之餘弦爲一率半徑一千万爲二率對次輪心角之辺爲三率求得四率乃次輪心距地心之辺爲求次均之用

求初実行

置木星平行加減初均數得初実行

求星距日次引

置本日太陽実行減初実行得星距日次引

求次均數

以次輪半徑一百九十二万九千四百八十爲一辺次輪心距地心線（即求初均數時所得次輪心距地心之辺）爲一辺星距

日次引数與半周相減餘為所夾之角星距日次引不及半周者與半周相減過半周者內減半周用切線分外角法以所夾之角減半周餘折半之為半外角大辺小辺相加為辺總相減為辺較以辺總除辺較得數為乘率置半外角之正切線乘乘率為半較角之正切線檢表得半較角與半外角相減餘為地心之角求得地心之角為次均数星距日次引初宮至五宮為加六宮至十一宮為減又以次均数之正弦為一率夾角之正弦為二率次輪半徑一百九十二分九千四百八十為三率求得四率乃星距地心之辺為求視緯之用

求本道実行

置初実行加減次均数得本道実行

求距交実行

置初実行減正交平行得距交実行

求升度差

以半徑一千万為一率本道與黄道交角一度三十三分之餘弦九百九十九万七千三百〇六為二率距交実行之正切線為三率求得四率為黄道之正切線檢表得黄道度與距交実行相減餘為升度差距交実行不過象限為減過象限為加過二象限為減過三象限為加

求黄道実行

置本道實行加減升度差得黃道實行

求初緯

以半徑一千萬爲一率本道與黃道交角一度三十三分之正弦二十三万二千一百〇八爲二率距交實行之正弦爲三率求得四率爲初緯之正弦檢表得初緯

求星距黃道線

以半徑一千万爲一率初緯之正弦爲二率次輪心距地心線爲三率求得四率即星距黃道線

求視緯

以星距地心線（即求次均時所得星距地心之邊）爲一率星距黃道線爲二率半徑一千万爲三率求得四率爲視緯之正弦檢表得視緯距交實行初宮至五宮爲黃道北六宮至十一宮爲黃道南

求黃道宿度

依日躔求宿度法求得本年黃道宿鈐察黃道實行足減本年黃道宿鈐內某宿度分則減之餘爲黃道宿度

推火星黃道經緯宿度

求火星年根

以積日朔詳經與火星每日平行五十二分四十〇秒
七十五微〇〇纖九十九忽相乘滿周天三百六十
度去之餘以宮法三十度收之爲積日火星平行加
火星平行應五宮二十二度〇三分四十五秒四十
七微得火星年根上考往古則置火星平行應減積
日火星平行得火星年根

求最高年根

以積日與火星最高每日平行五十〇微九十五纖
五十五忽相乘得數爲積日最高平行加火星最高應
八宮〇二度七十六分八十〇秒四十四微得最高年根上考往
古則置火星最高應減積日最高平行得最高年根
根相加得最高平行

求正交平行

以所求本日距冬至之日數與火星正交每日平行
四十〇微二十七纖〇一忽相乘得數與正交年根
相加得正交平行

求引數

置火星平行減最高平行得引數

求初均數

以半徑一千万爲一率引數之餘弦爲二率本輪半
徑一百四十八万四千與均輪半徑三十七万一千
相減一百一十一万三千爲三率求得四率以加減
本天半徑一千万最高前後三宮者則加最卑前後三宮者則減則對次輪

心角之辺為一率本輪半径一百四十八万四千與均輪半径三十七万一千相加一百八十五万五千為二率引数之正弦為三率求得四率為初均數之正切線檢表得初均數引数初宮至五宮為減六宮至十一宮為加又以初均數之餘弦為一率半径一千万為二率對次輪心角之辺為三率求得四率乃次輪心距地心之邊為求次均之用

五十五忽相乘得數為積日最高平行加火星最高應八宮〇二度七十六分八十〇秒四十四微得最高年根上考往古則置火星最高應減積日最高平行得最高年根

求正交年根

以積日與火星正交每日平行四十〇微二十七纖〇一忽相乘得數為積日正交平行加火星正交應四宮一十九度六十一分五十三秒三十二微得正交年根上考往古則置火星正交應減積日正交平行得正交年根

求火星平行

以所求本日距冬至之日數詳日躔與火星每日平行五十二分四十〇秒七十五微〇〇纖九十九忽相乘得數以宮法三十度收之與火星年根相加得大

星平行

求最高平行

以所求本日距冬至之日數與火星最高每日平行
五十〇微九十五纖五十五忽相乘得數與最高年
根相加得最高平行　普明私

求本天高卑差

以火星本輪全徑命為二千万為一率本天高卑大
差二十五万八千五百為二率均輪心距最卑之正
矢（引數與平周相减即均輪心距最卑之度若距最卑過九十度則用大矢以平徑與餘弦相加即得）
為三率求得四率即本天高卑差

求太陽高卑差

以太陽両心差命為二千万為一率太陽高卑大差
二十三万五千為二率本日太陽引數之正矢（引數過平周者與全周相減用其餘）
為三率求得四率即太陽高卑差

求次輪平徑

置火星最小次輪徑六百三十〇万二千七百五十

次輪心距地心之边為求次均之用

求初実行

置火星平行加减初均數得初実行

求星距日次引

置本日太陽実行减初実行得星距日次引

求本天高卑差

加本高卑差又加太陽高卑差得次輪半徑

求次均數

以次輪半徑爲一邊次輪心距地心線即求初均數時所得次輪心距地心之邊爲一邊星距日次數與半周相減餘爲所夾之角星距日次引不及半周者與半周相減過半周者內減半周用切線分外角法以所夾之角減半周餘折半之爲半外角大邊小邊相加爲邊總相減爲邊較以邊總除邊較得數爲乗率置半外角之正切線乗乗率爲半較角之正切線檢表得半較角與半外角相減餘爲地心之角求得地心之角爲次均數星距日次引初宮至五宮爲加六宮至十一宮爲減又以次均數之正弦爲一率夾角之正弦爲二率次輪半徑爲三率求得四率乃星距地心之邊爲求視緯之用

求本道実行

置初実行加減次均數得本道実行

求距交実行

置初実行減正交平行得距交実行

求升度差

以半徑一千万爲一率本道與黃道交角一度八十三分之餘弦九百九十九万四千九百爲二率距交実行之正切線爲三率求得四率爲黃道之正切線檢表得黃道度與距交実行相減餘爲升度差距交

実行不過象限為減過象限為加過二象限為減過三象限為加

求黄道実行

置本道実行加減升度差得黄道実行

求初緯

以半徑一千万為一率本道與黄道交角一度八十三分之正弦三十一万九千三百四十一為二率距交実行之正弦為三率求得四率為初緯之正弦捡表得初緯

求星距黄道線

以半徑一千万為一率初緯之正弦為二率次輪心距地心線為三率求得四率即星距黄道線

求視緯

以星距地心線即求次均數時所得星距地心之迎為一率星距黄道線為二率半徑一千万為三率求得四率為視緯之正弦捡表得視緯距交実行初宮至五宮為黄道北六宮至十一宮為黄道南

求黄道宿度

依日躔求宿度法求得本年黄道宿鈐察黄道実行足減本年黄道宿鈐内某宿度分則減之餘為黄道

宿度

推金星黃道經緯宿度

求金星年根

以積日(詳解經)與金星每日平行九十八分五十六秒四十六微九十二纖八十二忽相乘滿周天三百六十度去之餘以宮法三十度收之為積日金星平行加金星平行應初宮〇〇度四十三分二十五秒〇七微得金星年根上考往古則置金星平行應減積日金星平行得金星年根

求最高年根

以積日與金星最高每日平行六十三微〇八纖六十〇忽相乘得數為積日最高平行加金星最高應六宮〇四度三十〇分〇六秒二十一微得最高年根上考往古則置金星最高應減積日最高平行得最高年根

求伏見年根

以積日與金星伏見每日平行六十一分六十五秒〇八微六十六纖三十五忽相乘滿周天三百六十度去之餘以宮法三十度收之為積日伏見平行加金星伏見應五宮二十四度五十三分八十六秒八

十二微得伏見年根上考往古則置金星伏見應減
積日伏見平行得伏見年根

求金星平行

以所求本日距冬至之日數詳曆理日與金星每日平行
九十八分五十六秒四十六微九十二纖八十二忽
相乘得數以宮法三十度收之與金星年根相加得
金星平行

求最高平行

以所求本日距冬至之日數與金星最高每日平行
六十三微〇八纖六十〇忽相乘得數與最高年根
相加得最高平行

求伏見平行

以所求本日距冬至之日數與金星伏見每日平行
六十一分六十五秒〇八微六十六纖三十五忽相
乘得數以宮法三十度收之與伏見年根相加得伏
見平行

求正交平行

置最高平行減一十六度得正交平行

求引數

置金星平行減最高平行得引數

求初均數

以半徑一千万爲一率引數之餘弦爲二率本輪半徑二十三万一千九百六十二與均輪半徑八万八千八百五十二相減一十四万三千一百一十爲三率求得四率以加減本天半徑一千万（最高前後三宮者則加最卑前後三宮者則減）則對次輪心角之邊爲一率本輪半徑二十三万一千九百六十二與均輪半徑八万八千八百五十二相加三十二万〇八百一十四爲二率引數之正弦爲三率求得四率爲初均數之正切線檢表得初均數引數初宮至五宮爲減六宮至十一宮爲加又以初均數之餘弦爲一率半徑一千万爲二率對次輪心角之邊爲三率求得四率乃次輪心距地心之邊爲求次均之用

求初實行

置金星平行加減初均數得初實行

求伏見實行

置伏見平行加減初均數（初均爲減者則加初均爲加者則減）得伏見實行

求次均數

以次輪半徑七百二十二万四千八百五十爲一邊

次輪心距地心線即求初均數時所得次輪心距地心之邊為一邊伏見實行與半周相減餘為所夾之角伏見實行不及半周者與半周相減過半周者內減半周用切線分外角法以所夾之角減半周餘折半之為半外角大邊小邊相加為邊總相減為邊較以邊總除邊較得數為乘率置半外角之正切線乘乘率為半較角之正切線檢表得半較角與半外角相減餘為地心之角求得地心之角為次均數伏見實行初宮至五宮為加六宮至十一宮為減又以次均數之正弦為一率夾角之正弦為二率次輪半徑七百二十二万四千八百五十為三率求得四率乃星距地心之邊為求視緯之用

求黃道實行

置初實行加減次均數得黃道實行

求距交實行

置初實行減正交平行得距交實行

求距次交實行

以伏見實行與距交實行相加滿十二宮去之用其餘得距次交實行

求次緯

以半徑一千万為一率次輪面與黃道交角三度四十八分之正弦六十〇万七千〇〇一為二率距次交實行之正弦為三率求得四率為次緯之正弦檢

表得次緯

求星距黄道線

以半徑一千万爲一率次緯之正弦爲二率次輪半
徑七百二十二万四千八百五十爲三率求得四率
即星距黄道線

求視緯

以星距地心線（即求次均數時所得星距地心之辺）爲一率星距黄道
線爲二率半徑一千万爲三率求得四率爲視緯之
正弦検表得視緯距次交実行初宮至五宮爲黄道
北六宮至十一宮爲黄道南

求黄道宿度

依日躔求宿度法求得本年黄道宿鈐察黄道実行
足減本年黄道宿鈐内某宿度分則減之餘爲黄道
宿度

推水星黄道経緯宿度

求水星年根

以積日（詳経朔）與水星毎日平行九十八分五十六秒
四十六微九十二纖八十二忽相乗満周天三百六
十度去之餘以宮法三十度収之爲積日水星平行
加水星平行應初宮○○度四十三分二十五秒○

七微得水星年根上考往古則置水星平行應減積日水星平行得水星年根

求最高年根

以積日與水星最高每日平行八十〇微〇三纖三十一忽相乘得數爲積日最高平行加水星最高應十一宮〇六度五十四分三十八秒五十三微得最高年根上考往古則置水星最高應減積日最高平行得最高年根

求伏見年根

以積日與水星伏見每日平行三度一十〇分六十六秒九十九微〇三纖四十七忽相乘滿周天三百六十度去之餘以宮法三十度收之爲積日伏見平行加水星伏見應十一宮〇〇度六十三分一十二秒八十五微得伏見年根上考往古則置水星伏見應減積日伏見平行得伏見年根

求水星平行

以所求本日距冬至之日數（詳躔）日與水星每日平行九十八分五十六秒四十六微九十二纖八十二忽相乘得數以宮法三十度收之與水星年根相加得水星平行

求最高平行

以所求本日距冬至之日數與水星最高每日平行八十○微○三纖三十一忽相乘得數與最高年根相加得最高平行

求伏見平行

以所求本日距冬至之日數與水星伏見每日平行三度一十○分六十六秒九十九微○三纖四十七忽相乘得數以宮法三十度收之與伏見年根相加得伏見平行

求引數

置水星平行減最高平行得引數

求初均數

以本輪半徑五十六万七千五百二十三為一退均輪半徑一十一万四千六百三十二為一退三倍引數滿十二宮去之用其餘與半周相減餘為所夾之角三倍引數不及半周者與半周相減過半周者內減半周用切線分外角法以所夾之角減半周餘折半之為半外角大退小退相加為總退相減為較以退總除退較得數為乘率置半外角之正切線乘乘率為半較角之正切線檢表得半較角與半外角相減餘為本輪心之角求得本輪心之角與引數相加減三倍引數不及半周者則加過半周者則減為加減角以本輪心角之正弦為一率夾角之正弦為二率

均輪半徑一十一万四千六百三十二為三率求得
四率為對均輪心之辺以本天半徑一千万為一辺
對均輪心之辺為一辺加減角為所夾之外角過半周者
與全周相減用其餘復用切線分外角法置所夾之外角折半之為半外角已下倣
前法得半較角與半外角相減餘為地心之角求得地心之角為初均數引
數初宮至五宮為減六宮至十一宮為加又以初均
數之正弦為一率加減角之正弦為二率對均輪心
之辺為三率求得四率乃次輪心距地心之辺為求
次均之用

求初実行

置水星平行加減初均數得初実行

求伏見実行

置伏見平行加減初均數初均為減者則加初均為加者則減得伏見
実行

求次均數

以次輪半徑三百八十五万為一辺次輪心距地心
線即求初均數時所得次輪心距地心之辺為一辺伏見実行與半周相
減餘為所夾之角伏見実行不及半周者與半周相減過半周者內減半周用切
線分外角法以所夾之角減半周餘折半之為半外角大辺小辺相加為辺總相減為辺較
以辺總除辺較得數為乘率置半外角之正切線乘乘率為半較角之正切線検表得半較角與半外角

相減餘爲地心之角求得地心之角爲次均數伏見実行初宮
至五宮爲加六宮至十一宮爲減又以次均數之正
弦爲一率夾角之正弦爲二率次輪半徑三百八十
五万爲三率求得四率乃星距地心之𨕙爲求視緯
之用

求黄道実行

置初実行加減次均數得黄道実行

求距交実行

置初実行減最高平行加減六宮得距交実行

求距次交実行

以伏見実行與距交実行相加滿十二宮去之用其餘得距次
交実行初宮至五宮爲黄道北六宮至十一宮爲黄
道南

求交角差

以半徑一千万爲一率大距交角較距交実行八宮至二宮次輪心在正交前後星在黄道北則大距交角較爲五十八分星在黄道南則大距交角較爲八十五分距交実行三宮至八宮次輪心在中交前後星在黄道北則大距交角較爲六十一分星在黄道南則大距交角較爲七十四分爲二率距交実行之正弦爲三率求得四率
即交角差距交実行九宮至二宮星在黄道北爲加
星在黄道南爲減距交実行三宮至八宮星在黄道

北為減星在黄道南為加

求実交角

置交角距交実行九宮至二宮星在黄道北則交角為五度〇九分星在黄道南則交角為六度五十二分距交実行三宮至八宮星在黄道北則交角為六度二十八分星在黄道南則交角為四度九十三分加減交角差得実交角

求次緯

以半徑一千万為一率実交角之正弦為二率距次交実行之正弦為三率求得四率為次緯之正弦檢表得次緯

求星距黄道線

以半徑一千万為一率次緯之正弦為二率次輪半徑三百八十五万為三率求得四率即星距黄道線

求視緯

以星距地心線即求次均數時所得星距地心之辺為一率星距黄道線為二率半徑一千万為三率求得四率為視緯之正弦檢表得視緯

求黄道宿度

依日躔求宿度法求得本年黄道宿鈐察黄道実行足減本年黄道宿鈐内某宿度分則減之餘為黄道宿度

推五星伏見及交宮同度

求土木火三星合伏時刻

土木火三星黄道実行與太陽実行同宮同度為合伏皆以太陽実行未及星実行為合伏本日已過星実行為合伏次日求時刻之法以本日太陽実行與次日太陽実行相減餘為一日之太陽実行以本日星実行與次日星実行相減餘為一日之星実行乃於一日之太陽実行内減日之星実行餘為一率日周一万分為二率本日星実行内減本日太陽実行餘為三率求得四率為距子正之分数加法収之

淂合伏時刻

求土木火三星退衝時刻

土木火三星黄道実行與太陽実行相距六宮為退衝亦名與太陽衝皆以相距未及六宮為退衝本日已過六宮為退衝次日求時刻之法以本日太陽実行與次日太陽実行相減餘為一日之太陽実行以次日星実行與本日星実行相減餘為一日之星実行乃以一日之太陽実行與一日之星実行相加為一率太陽順行星逆行則相距為兩実行之和故相加為一率日周一万分為二率本日星実行加六宮減本日太陽実行餘為三率求得四

宰爲距子正之分數加法收之得退衡時刻

求土木火三星晨夕伏見段目

土木火三星合伏後距日漸遠爲晨見東方順行（土木火三星合伏後漸差而西日出前卽可見故爲晨見東方其行度在次輪上半周故恆爲）順行漸遲遲而忽退爲留退初（古名前留亦名順留因其順而忽留故曰順留因其留而初退故曰留退初）距日半周爲退衡退衡之次日爲夕見（退衡之後日入時可見日出時不見故曰夕見不曰夕見西方者因初夕見時星尚在東方也）退行漸遲遲而忽順爲留順初（古名後留亦名退留因其退而忽留故曰退留因其留而初順故曰留順初）順行漸疾後近合伏爲夕不見

求合伏本日黃道地平交角

以合伏本日日出入分（求晨見晨不見用日出分求夕見夕不見用日入分）變赤道度又置合伏本日太陽赤道實行內減三宮（不及減者加十二宮減之）餘爲太陽距春分赤道經度而數相併（滿十二宮去之）爲春分距子正赤道度不及三宮者與三宮相減爲秋分距西地平赤道度過三宮者減三宮爲春分距東地平赤道度過六宮者與九宮相減爲春分距西地平赤道度過九宮者減九宮爲秋分距東地平赤道度於此以北極距天頂爲一邊黃赤大距爲一邊春秋分距東西地平赤道度爲所夾之角用斜弧三角形法求得對角之邊（法與以北極距天頂及太陽距北極太陽距午）

赤道度之三數求太陽距天頂同詳推日食法爲黄道地平交角加春秋分當地平無距地平赤道度者春分在東地平秋分在西地平則以黄赤大距與北極距天頂相減爲黄道地平交角春分在西地平秋分在東地平則以黄赤大距與北極距天頂相加爲黄道地平交角

求土木火三星晨夕伏見定限度

土星限爲一十一度木星限爲一十度火星限爲一十一度五十分乃以黄道地平交角之正弦爲一率半徑一千万爲二率本星伏見限度之正弦爲三率求得四率爲距日黄道度之正弦檢表得距日黄道度若星當黄道無視緯卽爲定限度又以黄道地平交角之正切線爲一率半徑一千万爲二率本星視緯之正切線爲三率求得四率爲加減差之正弦檢表得加減差以加減距日黄道度緯南則加緯北則減得伏見定限度合伏前某日太陽実行與本星実行相距近此限度卽爲某日夕不見合伏後某日近此限度卽爲某日晨見

求金水二星合伏時刻

金水二星黄道実行與太陽実行同宮同度爲合伏皆以星実行未及太陽実行爲合伏本日已過太陽実行爲合伏次日求時刻之法以本日太陽実行與次日太陽実行相減餘爲一日之太陽実行以本日星実行與次日星実行相減餘爲一日之星実行乃

於一日之星実行内減一日之太陽実行餘為一率日周一万分為二率本日太陽実行内減本日星実行餘為三率求得四率為距子正之分数加法収之得合伏時刻

求金水二星合退伏時刻

金水二星退行與太陽実行同宮同度為合退伏（亦名退合）皆以太陽実行未及星実行為合退伏本日已過星実行為合退伏次日求時刻之法以本日太陽実行與次日太陽実行相減餘為一日之太陽実行以次日星実行與本日星実行相減餘為一日之星実行乃以一日之太陽実行與一日之星実行相加為一率日周一万分為二率本日星実行内減本日太陽実行餘為三率求得四率為距子正之分数加法収之得合退伏時刻

求金水二星晨夕伏見段目

金水二星合伏後距日漸遠為夕見西方順行（金水二星合伏後漸差而東日入後即可見故日夕見西方其行度在次輪上半周故恒為順行）順行漸遅遅而忽退為留退初退行漸近太陽為夕不見後與太陽同度為合退伏自是又漸遠太陽為晨見東方退行（金水二星合退伏後漸差而西日出前即可見故日晨見東方其行度在次輪下半周故

恒為退行退行漸遲遲而忽順為留順初順行漸疾後近
合伏為晨不見
求金水二星晨夕伏見定限度
金星限為五度水星限為一十度求得伏見定限度
法與土木火三星同合伏前某日太陽実行與本星実行相距
近此限度即為某日晨不見合伏後某日近此限度
即為某日夕見合退伏前某日近此限度即為某日
夕不見合退伏後某日近此限度即為某日晨見
求五星交宮時刻
以本星一日之実行為一率日周一万分為二率本
星実行距某宮初度之度分順行者以本日実行與三十度相減逆行者即用本日実行為三率求得四率為距子正之分數加法収
之得交宮時刻
求五星同度時刻
以兩星一日之実行相加減兩星皆順行或皆逆行者則相減一順一逆者則相加為一率日周一万分為二率兩星相距為三率
求得四率為距子正之分數加法収之得同度時刻

推恆星法

推中星

求本時太陽黃道經度

以日周一万分為一率本日太陽実行與次日太陽実行相減餘為二率距本日子正後之分數為三率求得四率與本日太陽実行相加得本時太陽黃道經度

求本時太陽赤道經度（詳日躔）

求本時太陽距午後赤道經度

以距本日子正後之分數變赤道度加減半周（不及半周則加半周過半周則減半周）得本時太陽距午後赤道經度

求本時正午赤道經度

以本時太陽赤道經度與本時太陽距午後赤道經度相加（滿十二宮去之用其餘）得本時正午赤道經度

求中星

本年赤道宿鈐內某星赤道經度與本時正午赤道經度相同即為某星方中如經度不相同則察其相近者與本時正午赤道經度相減餘為偏東偏西之度凡星之赤道經度大於正午赤道經度者為偏東小於正午赤道經度者為偏西

推中星時刻

求太陽距午後赤道經度

本年某星赤道經度內減本日太陽赤道經度不及減者加十二宮減之餘為太陽距午後赤道經度

求中星時刻

以太陽距午後赤道經度加減半周不及半周者加半周過半周者減半周變時分卽距子正後之分數加法收之得中星時刻

推太陽凌犯五星及恆星篇中步法舉題名不載其法者並與推日食同

求凌犯入限

太陰凌犯恆星查太陰在各星之上下視兩緯同在黃道北者緯多為在上緯少為在下同在黃道南者緯少為在上緯多為在下一南一北者緯北為在上緯南為在下太陰在上者相距二度以內取用太陰在下者一度以內取用兩緯相距三十分以內為凌三十分以外為犯兩緯相同為掩

太陰凌犯五星以本日太陰經度在星前次日太陰經度在星後為凌犯入限餘與恆星同

求相距度

太陰凌犯五星本日本星黃道實行內減本日太陰黃道實行為相距度

太陰凌犯恒星以歳周三百六十五日二四二三四九六八爲一率本日距冬至之日數爲二率黄道歳差一分四十一秒六十六微六十六纖六十七忽爲三率求得四率加本年恒星黄道經度爲本日恒星黄道經度内減本日太陰黄道実行爲相距度

求凌犯汎時

本日次日兩太陰黄道実行相減爲一日之月実行本日次日兩本星黄道実行相減爲一日之本星実行兩數相加減（星順行則減逆行則加）爲一日之月距星実行爲一率（若恒星一日之行至微也故以一日之月実行即爲一率）日周一万分爲二率相距度爲三率求得四率爲距本日子正後之分數加法収之得凌犯汎時

求凌犯実時

以凌犯汎時之時刻設前後兩時各以時數與一小時分四百一十六分六六六六七相乗爲凌犯前時及後時距本日子正後之分數與凌犯本日距冬至之日數相加得數用推日躔月離五星法各求其黄道実行乃以前後兩時本星黄道実行相減爲一小時之月実行以前後兩時本星黄道実行相減爲一小時之本星実行兩數相加減（星順行則減逆行則加）爲一小時

之月距星実行為一率（若恒星以一小時之月実行即為一率）一小時分四百一十六六六六六七為二率前時本星分黄道実行（若恒星則用本日子正之黄道經度）內減前時太陰黄道実行為前時相距度為三率求得四率為凌犯距前時之分数加於前時得凌犯実時再以凌犯実時用推日躔月離五星法各求其黄道実行則太陰本星必同宮同度

求均数時差

求升度時差

求時差總

求凌犯用時

求実時太陰距星

以実時太陰黄道緯度與実時本星黄道緯度相加減得実時太陰距星（同南同北相減星緯多則南北如星緯少則南北與星緯相反一南一北相加南北如星緯）

求星距正交

置実時本星黄道実行減実時月離正交実行（不及減者加十二宮減之）得星距正交

求黄白二經交角

以星距正交之餘弦為一率実時黄白太距之餘切

線爲二率半徑一千万爲三率求得四率爲黄白二
徑交角之餘切線檢表得黄白二徑交角星在正交
前後則白徑在黄徑西在中交前後則白徑在黄徑
東

求食甚太陰距星

以半徑一千万爲一率黄白二徑交角之餘弦爲二
率実時太陰距星爲三率求得四率爲食甚太陰距
星

求食甚距弧

以半徑一千万爲一率黄白二徑交角之正弦爲二
率実時太陰距星爲三率求得四率爲食甚距弧

求食甚距時

以一小時太陰白道実行與一小時本星黄道実行
相加減（星順行則減逆行則加）爲一小時実行差爲一率一小
時分四百一十六分六六六七爲二率食甚距弧爲
三率求得四率爲食甚距時交前爲加交後爲減

求食甚用時

求太陰実引

求太陰距地

求太陰地平徑差

求太陰視半徑

求距時日実時

求食甚太陽黄道經度

求食甚太陽赤道經度

求星赤道經度（法與求太陰赤道經度同）

求星赤道緯度（法與求太陰赤道緯度同）

求星距北極

求黄赤二經交角

以本星距北極之正弦為一率本星黄道經度之正弦為二率黄赤大距之正弦三百九十八万一千三百六十七為三率求得四率為黄赤二經交角之正弦撿表得黄赤二經交角冬至後黄經在赤經西夏至後黄經在赤經東

求赤白二經交角

求用時星距午赤道度

以食甚用時變赤道度加減半周（變赤道度不及半周者加半周過半周者減半周）為用時正午赤道經度（滿全周去之）以與本星赤道經度相減得用時星距午赤道度正午赤道經度大則為午西小則為午東

求用時赤經高弧交角

求用時星距天頂

求用時白經高弧交角

求用時高下差

求用時東西差

求用時南北差

求用時太陰距星

以用時南北差與食甚太陰距星相加減得用時太陰距星緯北相加仍為北緯南相減仍為南南北差大則反減變南為北若白平象限在天頂之北者法詳日食求食甚用時視緯篇

求用時兩心視相距

求近時距分

以一小時實行差為一率一小時分四百一十六分六六六七為二率以用時東西差為近時實距弧為三率求得四率為近時距分限西為加限東為減

求食甚近時

以下倣前法按日食法求真時及定真時

應元曆書卷五終

二十二度	正切線	較數	餘切線	較數	下逆
〇分	〇四〇四〇二六二		二四七五〇八六九		百〇〇分
一分	〇四〇四二二九二	二〇三一	二四七三八四三八	一二四三一	九十九分
二分	〇四〇四四三二三	二〇三一	二四七二六〇一七	一二四二一	九十八分
三分	〇四〇四六三五四	二〇三一	二四七一三六〇六	一二四一一	九十七分
四分	〇四〇四八三八五	二〇三一	二四七〇一二〇六	一二四〇〇	九十六分
五分	〇四〇五〇四一七	二〇三二	二四六八八八一六	一二三九〇	九十五分
六分	〇四〇五二四四九	二〇三二	二四六七六四三六	一二三八〇	九十四分
七分	〇四〇五四四八一	二〇三二	二四六六四〇六八	一二三六八	九十三分
八分	〇四〇五六五一三	二〇三二	二四六五一七一一	一二三五七	九十二分
九分	〇四〇五八五四六	二〇三三	二四六三九三六〇	一二三四六	九十一分
一十〇分	〇四〇六〇五七九	二〇三三	二四六二七〇三〇	一二三三五	九十〇分
一十一分	〇四〇六二六一二	二〇三三	二四六一四七〇五	一二三二五	八十九分
一十二分	〇四〇六四六四六	二〇三四	二四六〇二三九〇	一二三一五	八十八分
一十三分	〇四〇六六六八〇	二〇三四	二四五九〇〇八六	一二三〇四	八十七分
一十四分	〇四〇六八七一四	二〇三四	二四五七七七九二	一二二六四	八十六分
一十五分	〇四〇七〇七四八	二〇三四	二四五六五五〇九	一二二八三	八十五分
一十六分	〇四〇七二七八三	二〇三五	二四五五三二三六	一二二七三	八十四分

上順	餘切線	較數	正切線	較數	六十七度
一十六分	〇四〇七二七八三		二四五五三二三六		八十四分
一十七分	〇四〇七四八一八	二〇三五	二四五四〇九七四	一二二六二	八十三分
一十八分	〇四〇七六八五三	二〇三五	二四五二八七二三	一二二五一	八十二分
一十九分	〇四〇七八八八八	二〇三五	二四五一六四八二	一二二四一	八十一分
二十〇分	〇四〇八〇九二四	二〇三六	二四五〇四二五二	一二二三〇	八十〇分
二十一分	〇四〇八二九六〇	二〇三六	二四四九二〇三二	一二二二〇	七十九分
二十二分	〇四〇八四九九七	二〇三七	二四四七九八二三	一二二〇九	七十八分
二十三分	〇四〇八七〇三四	二〇三七	二四四六七六一四	一二一九九	七十七分
二十四分	〇四〇八九〇七一	二〇三七	二四四五五四三五	一二一八九	七十六分
二十五分	〇四〇九四一〇八	二〇三七	二四四四三二五六	一二一七九	七十五分
二十六分	〇四〇九三一四六	二〇三八	二四四三一〇八七	一二一六九	七十四分
二十七分	〇四〇九五一八四	二〇三八	二四四一八九二九	一二一五八	七十三分
二十八分	〇四〇九七二二二	二〇三八	二四四〇六七八一	一二一四七	七十二分
二十九分	〇四〇九九二六〇	二〇三八	二四三九四六四五	一二一三七	七十一分
三十〇分	〇四一〇一二九九	二〇三九	二四三八二五一九	一二一二六	七十〇分
三十一分	〇四一〇三三三八	二〇三九	二四三〇〇四〇三	一二一一六	六十九分
三十二分	〇四一〇五二七七	二〇三九	二四三五八二九七	一二一〇六	六十八分
三十三分	〇四一〇七四一七	二〇四〇	二四三四六二〇一	一二〇九六	六十七分

二十二度	三十三分	三十四分	三十五分	三十六分	三十七分	三十八分	三十九分	四十〇分	四十一分	四十二分	四十三分	四十四分	四十五分	四十六分	四十七分	四十八分	四十九分	五十〇分
正切線	〇四一〇七四一七	〇四一〇九四五七	〇四一一一四九七	〇四一一三五二八	〇四一一五五七九	〇四一一七六二〇	〇四一一九六六一	〇四一二一七〇三	〇四一二三七四五	〇四一二五七八七	〇四一二七八二九	〇四一二九八七二	〇四一三一九一五	〇四一三三九五八	〇四一三六〇〇二	〇四一三八〇四六	〇四一四〇〇九一	〇四一四二一三六
較數	二〇四〇	二〇四〇	二〇四一	二〇四一	二〇四一	二〇四一	二〇四二	二〇四二	二〇四二	二〇四二	二〇四三	二〇四三	二〇四三	二〇四四	二〇四四	二〇四四	二〇四五	
餘切線	二四三四六二〇一	二四三三四一一六	二四三二二〇四一	二四三〇九九七五	二四二九七九二〇	二四二八五八七五	二四二七三八四〇	二四二六一八一六	二四二四九八〇三	二四二三七八〇〇	二四二二五八〇七	二四二一三八二四	二四二〇一八五一	二四一八九八八八	二四一七七九三五	二四一六五九九二	二四一五四〇五八	二四一四二一三六
較數	一二〇八五	一二〇七五	一二〇六六	一二〇五五	一二〇四五	一二〇三五	一二〇二四	一二〇一三	一二〇〇三	一一九九三	一一九八三	一一九七三	一一九六三	一一九五三	一一九四三	一一九三三	一一九二三	
下逆	六十七分	六十六分	六十五分	六十四分	六十三分	六十二分	六十一分	六十〇分	五十九分	五十八分	五十七分	五十六分	五十五分	五十四分	五十三分	五十二分	五十一分	五十〇分

上順	五十〇分	五十一分	五十二分	五十三分	五十四分	五十五分	五十六分	五十七分	五十八分	五十九分	六十〇分	六十一分	六十二分	六十三分	六十四分	六十五分	六十六分	六十七分
餘切線	〇四一四二一三六	〇四一四四一八一	〇四一四六二二七	〇四一四八二七三	〇四一五〇三一九	〇四一五二三六五	〇四一五四四一一	〇四一五六四五八	〇四一五八五〇五	〇四一六〇五五二	〇四一六二五九九	〇四一六四六四七	〇四一六六六九五	〇四一六八七四三	〇四一七〇七九二	〇四一七二八四一	〇四一七四八九〇	〇四一七六九四〇
較數	二〇四五	二〇四六	二〇四六	二〇四六	二〇四六	二〇四六	二〇四七	二〇四七	二〇四七	二〇四七	二〇四八	二〇四八	二〇四八	二〇四九	二〇四九	二〇四九	二〇五〇	
正切線	二四一四二一三六	二四一三〇二二四	二四一一八三二一	二四一〇六四二八	二四〇五四五四五	二四〇八二六七二	二四〇七〇八〇九	二四〇五八九五六	二四〇四七一一三	二四〇三五二八〇	二四〇二三四五七	二四〇一一六四四	二三九九九八四一	二三九八八〇四八	二三九七六二六四	二三九六四四九〇	二三九五二七二六	二三九四〇九七二
較數	一一九一三	一一九〇三	一一八九三	一一八八三	一一八七三	一一八六三	一一八五三	一一八四三	一一八三三	一一八二三	一一八一三	一一八〇三	一一七九三	一一七八四	一一七七四	一一七六四	一一七五四	
六十七度	五十〇分	四十九分	四十八分	四十七分	四十六分	四十五分	四十四分	四十三分	四十二分	四十一分	四十〇分	三十九分	三十八分	三十七分	三十六分	三十五分	三十四分	三十三分

二十二度	正切線	較數	餘切線	較數	下逆
六十七分	〇四一七六九四〇	二〇五八	二三九四〇九七三	一一七四四	三十三分
六十八分	〇四一七八九九〇	二〇五〇	二三九二九二二八	一一七三四	三十二分
六十九分	〇四一八一〇四〇	二〇五一	二三九一七四九四	一一七二五	三十一分
七十〇分	〇四一八三〇九一	二〇五一	二三九〇五七六九	一一七一五	三十〇分
七十一分	〇四一八五一四二	二〇五一	二三八九四〇五四	一一七〇五	二十九分
七十二分	〇四一八七一九三	二〇五一	二三八八二三四九	一一六九五	二十八分
七十三分	〇四一八九二四四	二〇五二	二三八七〇六五四	一一六八五	二十七分
七十四分	〇四一九一二九六	二〇五二	二三八五八九六九	一一六七五	二十六分
七十五分	〇四一九三三四八	二〇五三	二三八四七二九三	一一六六六	二十五分
七十六分	〇四一九五四〇一	二〇五三	二三八三五六二七	一一六五六	二十四分
七十七分	〇四一九七四五四	二〇五三	二三八二三九七一	一一六四七	二十三分
七十八分	〇四一九九五〇七	二〇五三	二三八一二三二四	一一六三七	二十二分
七十九分	〇四二〇一五六〇	二〇五四	二三八〇〇六八七	一一六二七	二十一分
八十〇分	〇四二〇三六一三	二〇五四	二三七八九〇六〇	一一六一八	二十〇分
八十一分	〇四二〇五六六七	二〇五四	二三七七七四四二	一一六〇八	一十九分
八十二分	〇四二〇七七二一	二〇五四	二三七六五八三四	一一五九八	一十八分
八十三分	〇四二〇九七七五	二〇五五	二三七五四二三六	一一五八九	一十七分
八十四分	〇四二一一八三〇		二三七四二六四七		一十六分

上順	餘切線	較數	正切線	較數	六十七度
八十四分	〇四二一一八三〇	二〇五五	二三七四二六四七	一一五七九	一十六分
八十五分	〇四二一三八八五	二〇五六	二三七三一〇六八	一一五七〇	一十五分
八十六分	〇四二一五五四一	二〇五六	二三七一九四九八	一一五六〇	一十四分
八十七分	〇四二一七九九七	二〇五六	二三七〇七九三八	一一五五〇	一十三分
八十八分	〇四二二〇〇五三	二〇五六	二三六九六三八八	一一五四一	一十二分
八十九分	〇四二二二一〇九	二〇五七	二三六八四八四七	一一五三一	一十一分
九十〇分	〇四二二四一六六	二〇五七	二三六七三三一六	一一五二二	一十〇分
九十一分	〇四二二六二二三	二〇五七	二三六六一七九四	一一五一二	九分
九十二分	〇四二二八二八〇	二〇五七	二三六五〇二八二	一一五〇二	八分
九十三分	〇四二三〇三二二	二〇五八	二三六三八七七九	一一四九四	七分
九十四分	〇四二三二三九五	二〇五八	二三六二七二八五	一一四八四	六分
九十五分	〇四二三四四五三	二〇五九	二三六一五八〇一	一一四七五	五分
九十六分	〇四二三六五一二	二〇五九	二三六〇四三二六	一一四六五	四分
九十七分	〇四二三八五七一	二〇五九	二三五九二八六一	一一四五五	三分
九十八分	〇四二四〇六三〇	二〇五九	二三五八一四〇六	一一四四六	二分
九十九分	〇四二四二六八九	二〇六〇	二三五六九九六〇	一一四三六	一分
百〇〇分	〇四二四四七四九		二三五五八五二四		〇分

上順	餘切線	較數	正切線	較數	度
三十三分	〇四三一二八八八		二三一八六三一五		六十七分
三十二分	〇四三一〇八一八	二〇七〇	二三一九七四四八	一一一三三	六十八分
三十一分	〇四三〇八七四九	二〇六九	二三二〇八五九〇	一一一四二	六十九分
三十〇分	〇四三〇六六八〇	二〇六九	二三二一九七四〇	一一一五〇	七十〇分
二十九分	〇四三〇四六一一	二〇六九	二三二三〇八九九	一一一五九	七十一分
二十八分	〇四三〇二五四三	二〇六八	二三二四二〇六八	一一一六九	七十二分
二十七分	〇四三〇〇四七五	二〇六八	二三二四三二四六	一一一七八	七十三分
二十六分	〇四二九八四〇七	二〇六八	二三二六四四三三	一一一八七	七十四分
二十五分	四二九六三三九	二〇六八	二三二七五六三	一一一九七	七十五分
二十四分	四二九四二七二	二 六七	二三二八六八三六	一一二 六	七十六分
二十三分	四二九二三 五	二 六七	二三二九八 五一	一一二一五	七十七分
二十二分	四二九 一三八	二 六七	二三三 九二七五	一一二二四	七十八分
二十一分	四二八八 七一	二〇六七	二三三二 五 七	一一二三一	七十九分
二十〇分	四二八六 五	二 六六	二三三三一七四八	一一二四一	八十〇分
十九分	四二八三九三九	二 六六	二三三四二九九八	一一二五	八十一分
十八分	四二八一八七四	二 六五	二三三五四二五八	一一二六	八十二分
十七分	四二七九八 九	二 六五	二三三六五五二七	一一二六九	八十三分
十六分	四二七七七四四	二 六五	二三三七六八 六	一一二七九	八十四分

三十三度	正切線	較數	餘切線	較數	下逆
〇分	四二四四七四九		二三五五八五二四		百〇〇分
一分	四二四六八 九	二 六	二三五四七 九七	一一四三七	九十九分
二分	四二四八八六九	二 六	二三五三五六七九	一一四一八	九十八分
三分	四二五 九二九	二 六	二三五二四三七	一一四 九	九十七分
四分	四二五二九九	二 六一	二三五一二八七	一一三九九	九十六分
五分	四二五五 五一	二 六一	二三五 一四八一	一一三九	九十五分
六分	四二五七一一三	二 六二	二三四九一	一一三八一	九十四分
七分	四二五九一七五	二 六二	二三四七八七二九	一一三七一	九十三分
八分	四二六一二三七	二 六二	二三四六七三六七	一一三六二	九十二分
九分	四二六三二九九	二 六二	二三四五六 一五	一一三五二	九十一分
一十〇分	四二六五三六二	二 六三	二三四四四六七二	一一三四三	九十〇分
一十一分	四二六七四二五	二 六三	二三四三三三三九	一一三三三	八十九分
一十二分	四二六九四八八	二 六三	二三四二二 一五	一一三二四	八十八分
一十三分	四二七一五五一	二 六三	二三四一 七	一三一五	八十七分
一十四分	四二七三六一五	二 六四	二三三九九三九三	一三 七	八十六分
一十五分	四二七五六七九	二 六四	二三三八八 九五	一一二九八	八十五分
一十六分	四二七七七四四	二 六五	二三三七六八 六	一一二八九	八十四分

二十三度	正切線	較數	餘切線	較數	下逆
三十三分	〇四三一二八八八		二三一八六三一五		六十七分
三十四分	〇四三一四九五八	二〇七〇	二三一七五一九一	一一一二四	六十六分
三十五分	〇四三一七〇二八	二〇七〇	二三一六四〇七六	一一一一五	六十五分
三十六分	〇四三一九〇九九	二〇七一	二三一五二九七〇	一一一〇六	六十四分
三十七分	〇四三二一一七〇	二〇七一	二三一四一八七三	一一〇九七	六十三分
三十八分	〇四三二三二四二	二〇七二	二三一三〇八八五	一一〇八八	六十二分
三十九分	〇四三二五三一四	二〇七二	二三一一九七〇六	一一〇七九	六十一分
四十〇分	〇四三二七三八六	二〇七二	二三一〇八六三六	一一〇七〇	六十〇分
四十一分	〇四三二九四五八	二〇七二	二三〇九七五七五	一一〇六一	五十九分
四十二分	〇四三三一五三一	二〇七三	二三〇八六五二五	一一〇五二	五十八分
四十三分	〇四三三三六〇四	二〇七三	二三〇七五四八〇	一一〇四三	五十七分
四十四分	〇四三三五六七七	二〇七三	二三〇六四四四六	一一〇三四	五十六分
四十五分	〇四三三七七五一	二〇七四	二三〇五二四二〇	一一〇二六	五十五分
四十六分	〇四三三九八二五	二〇七四	二三〇四二四〇三	一一〇一七	五十四分
四十七分	〇四三四一八九九	二〇七四	二三〇三一三九五	一一〇〇八	五十三分
四十八分	〇四三四三九七四	二〇七五	二三〇二〇二九六	一〇九九九	五十二分
四十九分	〇四三四六〇四九	二〇七五	二三〇〇九四〇六	一〇九九〇	五十一分
五十〇分	〇四三四八一二四	二〇七五	二二九九八四二五	一〇九八一	五十〇分

上順	餘切線	較數	正切線	較數	六十六度
五十〇分	〇四三四八一二四	二〇七五	二二九九八四二五	一〇九七二	五十〇分
五十一分	〇四三五〇一九九	二〇七六	二二九八七四五三	一〇九六三	四十九分
五十二分	〇四三五二二七五	二〇七六	二二九七六四五〇	一〇九五五	四十八分
五十三分	〇四三五四三五一	二〇七六	二二九六五五三五	一〇九四六	四十七分
五十四分	〇四三五六四二七	二〇七七	二二九五四五八九	一〇九三八	四十六分
五十五分	〇四三五八五〇四	二〇七七	二二九四三六五一	一〇九二九	四十五分
五十六分	〇四三六〇五八一	二〇七八	二二九三二七二二	一〇九二〇	四十四分
五十七分	〇四三六二六五九	二〇七八	二二九二一八〇二	一〇九一一	四十三分
五十八分	〇四三六四七三七	二〇七八	二二九一〇八九一	一〇九〇二	四十二分
五十九分	〇四三六六八一五	二〇七八	二二八九九九八九	一〇八九三	四十一分
六十〇分	〇四三六八八九三	二〇七九	二二八八九〇九六	一〇八八四	四十〇分
六十一分	〇四三七〇九七二	二〇七九	二二八七八二一二	一〇八七六	三十九分
六十二分	〇四三七三〇五一	二〇七九	二二八六七三三六	一〇八六八	三十八分
六十三分	〇四三七五一三〇	二〇七九	二二八五六四六八	一〇八五九	三十七分
六十四分	〇四三七七二〇九	二〇八〇	二二八四五六〇九	一〇八五一	三十六分
六十五分	〇四三七九二八九	二〇八〇	二二八三四七五八	一〇八四二	三十五分
六十六分	〇四三八一三六九	二〇八〇	二二八二三九一六	一〇八三三	三十四分
六十七分	〇四三八三四四九		二二八一三〇八三		三十三分

上順	餘切線	較數	正切線	較數	六十六度
百〇〇分	〇四四五二二八七	二〇九一	二二四六〇三六八	一〇五五五	〇分
九十九分	〇四四五〇一九六	二〇九一	二二四七〇九二三	一〇五六三	一分
九十八分	〇四四四八一〇五	二〇九〇	二二四八一四八六	一〇五七一	二分
九十七分	〇四四四六〇一五	二〇九〇	二二四九二〇五七	一〇五七八	三分
九十六分	〇四四四三九二五	二〇九〇	二二五〇二六三五	一〇五八六	四分
九十五分	〇四四四一八三五	二〇九〇	二二五一三二二一	一〇五九五	五分
九十四分	〇四四三九七四五	二〇八九	二二五二三八一六	一〇六〇四	六分
九十三分	〇四四三七六五六	二〇八九	二二五三四四二〇	一〇六一二	七分
九十二分	〇四四三五五六七	二〇八九	二二五四五〇三三	一〇六二一	八分
九十一分	〇四四三三四七八	二〇八八	二二五五五六五三	一〇六三〇	九分
九十〇分	〇四四三一三九〇	二〇八八	二二五六六二八三	一〇六三八	一十〇分
八十九分	〇四四二九三〇二	二〇八八	二二五七六九二一	一〇六四六	一十一分
八十八分	〇四四二七二一四	二〇八七	二二五八七五六七	一〇六五四	一十二分
八十七分	〇四四二五一二七	二〇八七	二二五九八二二一	一〇六六二	一十三分
八十六分	〇四四二三〇四〇	二〇八七	二二六〇八八八二	一〇六七〇	一十四分
八十五分	〇四四二〇九五三	二〇八六	二二六一九五五三	一〇六七九	一十五分
八十四分	〇四四一八八六七		二二六三〇二三二		一十六分

二十三度	正切線	較數	餘切線	較數	下逆
六十七分	〇四三八三四四九	二〇八一	二二八一三〇八三	一〇八二四	三十三分
六十八分	〇四三八五五三〇	二〇八一	二二八〇二二五九	一〇八一六	三十二分
六十九分	〇四三八七六一一	二〇八二	二二七九一四四三	一〇八〇七	三十一分
七十〇分	〇四三八九一九三	二〇八二	二二七八〇六三六	一〇七九九	三十〇分
七十一分	〇四三九一七七五	二〇八二	二二七六九八三七	一〇七九〇	二十九分
七十二分	〇四三九三八五七	二〇八三	二二七五九〇四七	一〇七八一	二十八分
七十三分	〇四三九五九四〇	二〇八三	二二七四八二六六	一〇七七二	二十七分
七十四分	〇四三九八〇二三	二〇八三	二二七三七四九三	一〇七六四	二十六分
七十五分	〇四四〇〇一〇六	二〇八三	二二七二六七二九	一〇七五六	二十五分
七十六分	〇四四〇二一八三	二〇八四	二二七一五九七三	一〇七四七	二十四分
七十七分	〇四四〇四二七三	二〇八四	二二七〇五二二六	一〇七三九	二十三分
七十八分	〇四四〇六三五七	二〇八四	二二六九四四八七	一〇七三〇	二十二分
七十九分	〇四四〇八四四一	二〇八四	二二六八三七五七	一〇七二二	二十一分
八十〇分	〇四四一〇五二五	二〇八五	二二六七三〇三五	一〇七一四	二十〇分
八十一分	〇四四一二六一〇	二〇八五	二二六六二三二一	一〇七〇五	一十九分
八十二分	〇四四一四六九五	二〇八六	二二六五一六一六	一〇六九六	一十八分
八十三分	〇四四一六七八一	二〇八六	二二六四〇九二〇	一〇六八八	一十七分
八十四分	〇四四一八八六四		二二六三〇二三二		一十六分

二十四度	正切線	較數	餘切線	較數	下逆
〇分	〇四四五二二八七	二〇九二	二二四六〇三六八	一〇五四七	百〇分
一分	〇四四五四三七九	二〇九二	二二四四九八二一	一〇五三八	九十九分
二分	〇四四五六四七一	二〇九二	二二四三九二八三	一〇五二九	九十八分
三分	〇四四五八五六三	二〇九二	二二四二八七五四	一〇五二一	九十七分
四分	〇四四六〇六五五	二〇九三	二二四一八二三三	一〇五一二	九十六分
五分	〇四四六二七四八	二〇九三	二二四〇七七二一	一〇五〇四	九十五分
六分	〇四四六四八四一	二〇九四	二二三九七二一七	一〇四九六	九十四分
七分	〇四四六六九三五	二〇九四	二二三八六七二一	一〇四八八	九十三分
八分	〇四四六九〇二九	二〇九四	二二三七六二三三	一〇四八〇	九十二分
九分	〇四四七一一二三	二〇九四	二二三六五七五三	一〇四七三	九十一分
一十〇分	〇四四七三二一七	二〇九四	二二三五五二八〇	一〇四六五	九十〇分
一十一分	〇四四七五三一一	二〇九五	二二三四四八一五	一〇四五六	八十九分
一十二分	〇四四七七四〇六	二〇九五	二二三三四三五九	一〇四四七	八十八分
一十三分	〇四四七九五〇一	二〇九六	二二三二三九一二	一〇四三九	八十七分
一十四分	〇四四八一五九七	二〇九六	二二三一三四七三	一〇四三〇	八十六分
一十五分	〇四四八三六九三	二〇九六	二二三〇三〇四三	一〇四二二	八十五分
一十六分	〇四四八五七八九		二二二九二六二一		八十四分

上順	餘切線	較數	正切線	較數	六十五度
一十六分	〇四四八五七八九	二〇九七	二二二九二六二一	一〇四一五	八十四分
一十七分	〇四四八七八八六	二〇九七	二二二八二二〇六	一〇四〇七	八十三分
一十八分	〇四四八九九八三	二〇九七	二二二七一七九九	一〇三九九	八十二分
一十九分	〇四四九二〇八六	二〇九八	二二二六一四〇〇	一〇三九一	八十一分
二十〇分	〇四四九四一七八	二〇九八	二二二五一〇〇九	一〇三八三	八十〇分
二十一分	〇四四九六二七六	二〇九九	二二二四〇六二六	一〇三七五	七十九分
二十二分	〇四四九八三七五	二〇九九	二二二三〇二五一	一〇三六六	七十八分
二十三分	〇四五〇〇四七四	二〇九九	二二二一九八八五	一〇三五八	七十七分
二十四分	〇四五〇一五七三	二〇九九	二二二〇九五二七	一〇三五〇	七十六分
二十五分	〇四五〇四六七二	二一〇〇	二二一九九一七七	一〇三[illegible]二	七十五分
二十六分	〇四五〇六七七二	二一〇〇	二二一八八八三五	一〇三三四	七十四分
二十七分	〇四五〇八八七二	二一〇〇	二二一七八五〇一	一〇三二六	七十三分
二十八分	〇四五一〇九七二	二一〇一	二二一六八一七五	一〇三一[illegible]	七十二分
二十九分	〇四五一三〇七三	二一〇一	二二一五七八五六	一〇三一一	七十一分
三十〇分	〇四五一五一七四	二一〇一	二二一四七五四五	一〇三〇三	七十〇分
三十一分	〇四五一七二七五	二一〇二	二二一三七二四二	一〇二九五	六十九分
三十二分	〇四五一九四七七	二一〇二	二二一二六九四七	一〇二八七	六十八分
三十三分	〇四五二一四七九		二二一一六六六〇		六十七分

上順	餘切線	較數	正切線	較數	六十五度
六十七分	〇四五九三一四四	二一一四	二一七七一五七九	一〇〇二二	三十三分
六十六分	〇四五九一〇三〇	二一一三	二一七八一六〇一	一〇〇三〇	三十四分
六十五分	〇四五八八九一七	二一一三	二一七九一六三一	一〇〇三七	三十五分
六十四分	〇四五八六八〇四	二一一二	二一八〇一六六八	一〇〇四五	三十六分
六十三分	〇四五八四六九二	二一一二	二一八一一七一三	一〇〇五三	三十七分
六十二分	〇四五八二五八〇	二一一二	二一八二一七六六	一〇〇六〇	三十八分
六十一分	〇四五八〇四六八	二一一一	二一八三一八二六	一〇〇六八	三十九分
六十〇分	〇四五七八三五七	二一一一	二一八四一八九四	一〇〇七六	四十〇分
五十九分	〇四五七六二四六	二一一〇	二一八五一九七〇	一〇〇八三	四十一分
五十八分	〇四五七四一三六	二一一〇	二一八六二〇五三	一〇〇九一	四十二分
五十七分	〇四五七二〇二六	二一一〇	二一八七二一四四	一〇〇九九	四十三分
五十六分	〇四五六九九一六	二一一〇	二一八八二二四三	一〇一〇六	四十四分
五十五分	〇四五六七八〇六	二一〇九	二一八九二三四九	一〇一一四	四十五分
五十四分	〇四五六五六九七	二一〇九	二一九〇二四六三	一〇一二二	四十六分
五十三分	〇四五六三五八八	二一〇八	二一九一二五八五	一〇一三〇	四十七分
五十二分	〇四五六一四八〇	二一〇八	二一九二二七一五	一〇一三七	四十八分
五十一分	〇四五五九三七二	二一〇八	二一九三二八五二	一〇一四五	四十九分
五十〇分	〇四五五七二六四		二一九四二九九七		五十〇分

二十四度	正切線	較數	餘切線	較數	下逆
五十〇分	〇四五五七二六四	二一〇八	二一九四二九九七	一〇一五三	五十〇分
四十九分	〇四五五五一五六	二一〇七	二一九五三一五〇	一〇一六一	五十一分
四十八分	〇四五五三〇四九	二一〇七	二一九六三三一一	一〇一六九	五十二分
四十七分	〇四五五〇九四二	二一〇七	二一九七三四八〇	一〇一七六	五十三分
四十六分	〇四五四八八三五	二一〇七	二一九八三六五六	一〇一八四	五十四分
四十五分	〇四五四六七二八	二一〇六	二一九九三八四〇	一〇一九二	五十五分
四十四分	〇四五四四六二三	二一〇六	二二〇〇四〇三二	一〇二〇〇	五十六分
四十三分	〇四五四二五一六	二一〇五	二二〇一四二三二	一〇二〇八	五十七分
四十二分	〇四五四〇四一一	二一〇五	二二〇二四四四〇	一〇二一五	五十八分
四十一分	〇四五三八三〇六	二一〇五	二二〇三四六五五	一〇二二三	五十九分
四十〇分	〇四五三六二〇一	二一〇四	二二〇四四八七八	一〇二三一	六十〇分
三十九分	〇四五三四〇九七	二一〇四	二二〇五五一〇九	一〇二三九	六十一分
三十八分	〇四五三一九九三	二一〇四	二二〇六五三四八	一〇二四七	六十二分
三十七分	〇四五二九八八九	二一〇三	二二〇七五五九五	一〇二五五	六十三分
三十六分	〇四五二七七八六	二一〇三	二二〇八五八五〇	一〇二六二	六十四分
三十五分	〇四五二五六八三	二一〇二	二二〇九六一一三	一〇二七〇	六十五分
三十四分	〇四五二三五八一	二一〇二	二二一〇六三八三	一〇二七八	六十六分
三十三分	〇四五二一四七九		二二一一六六六〇		六十七分

二十四度	正切線	較數	餘切線	較數	下逆
六十七分	○四五九三一四四	二一一四	二一七七一五七九	一○○一四	三十三分
六十八分	○四五九五二五八	二一一四	二一七六一五六五	一○○○七	三十二分
六十九分	○四五九七三七二	二一一四	二一七五一五五八	九九九九	三十一分
七十○分	○四五九九四八六	二一一五	二一七四一五五五	九九九二	三十○分
七十一分	○四六○一六○一	二一一五	二一七三一五六七	九九八四	二十九分
七十二分	○四六○三七一六	二一一六	二一七二一五八三	九九七六	二十八分
七十三分	○四六○五八三三	二一一六	二一七一一六○七	九九六九	二十七分
七十四分	○四六○七九四八	二一一六	二一七○一六三八	九九六一	二十六分
七十三分	○四六一○○六四	二一一六	二一六九一六七七	九九五三	二十五分
七十六分	○四六一二一八○	二一一七	二一六八一七二四	九九四六	二十四分
七十七分	○四六一四二九七	二一一七	二一六七一七七八	九九三九	二十三分
七十八分	○四六一六四一四	二一一七	二一六六一八二九	九九三二	二十二分
七十九分	○四六一八五三一	二一一七	二一六五一九○七	九九二四	二十一分
八十○分	○四六二○六四八	二一一八	二一六四一九八三	九九一七	二十○分
八十一分	○四六二二七六六	二一一八	二一六三二○六六	九九○九	十九分
八十二分	○四六二四八八四	二一一九	二一六二二一五七	九九○一	十八分
八十三分	○四六二○○○三	二一一九	二一六一二二五六	九八九四	十七分
八十四分	○四六二九一二二		二一六○二三六二		十六分

上順	餘切線	較數	正切線	較數	六十五度
八十四分	○四六二九一二二	二一二○	二一六○二三六二	九八八六	十六分
八十五分	○四六三一二四二	二一二○	二一五九二四七六	九八七九	十五分
八十六分	○四六三三三六二	二一二一	二一五八二五九七	九八七一	十四分
八十七分	○四六三五四八三	二一二一	二一五七二七二六	九八六四	十三分
八十八分	○四六三七六○四	二一二一	二一五六二八六二	九八五七	十二分
八十九分	○四六三九七二五	二一二一	二一五五三○○五	九八四九	十一分
九十○分	○四六四一八四六	二一二二	二一五四三一五六	九八四二	十○分
九十一分	○四六四三九六八	二一二二	二一五三三三一四	九八三五	九分
九十二分	○四六四六○九○	二一二二	二一五二三四七九	九八二七	八分
九十三分	○四六四八二一二	二一二二	二一五一三六五二	九八二○	七分
九十四分	○四六五○三三四	二一二三	二一五○三八三二	九八一二	六分
九十五分	○四六五二四五七	二一二三	二一四九四○二○	九八○五	五分
九十六分	○四六五四五八○	二一二四	二一四八四二一五	九七九八	四分
九十七分	○四六五六七○四	二一二四	二一四七四四一七	九七九○	三分
九十八分	○四六五八八二八	二一二四	二一四六四六二七	九七八三	二分
九十九分	○四六六○九五二	二一二五	二一四五四八四四	九七七五	一分
百○○分	○四六六三○七七		二一四四五○六九		○分

上順	餘切線	較數	正切線	較數	六十四度
三十三分	○四七三三三八六	二一三六	二一一二六五三八	九五三九	六十七分
三十二分	○四七三一二五○	二一三六	二一一三六○六七	九五四五	六十八分
三十一分	○四七二九一一四	二一三六	二一一四五六一二	九五五二	六十九分
三十○分	○四七二六九七八	二一三五	二一一五五一六四	九五五九	七十○分
二十九分	○四七二四八四三	二一三五	二一○六四七二三	九五六七	七十一分
二十八分	○四七二二七○八	二一三四	二一○七四二九○	九五七四	七十二分
二十七分	○四七二○五七四	二一三四	二一○八三八六四	九五八一	七十三分
二十六分	○四七一八四四○	二一三四	二一○九三四四五	九五八九	七十四分
二十五分	○四七一六三○六	二一三三	二一二○三○三四	九五九六	七十五分
二十四分	○四七一四一七三	二一三三	二一二一二六三○	九六○三	七十六分
二十三分	○四七一二○四○	二一三三	二一二二二三三三	九六○九	七十七分
二十二分	○四七○九九○七	二一三二	二一二三一八四二	九六一六	七十八分
二十一分	○四七○七七七五	二一三二	二一二四一四五八	九六二四	七十九分
二十○分	○四七○五六四三	二一三一	二一二五一○八二	九六三一	八十○分
一十九分	○四七○三五一二	二一三一	二一二六○七一三	九六三八	八十一分
一十八分	○四七○一三八一	二一三一	二一二七○三五一	九六四五	八十二分
一十七分	○四六九九二五○	二一三一	二一二七九九九六	九六五二	八十三分
一十六分	○四六九七一一九		二一二八九六四八		八十四分

二十五度	正切線	較數	餘切線	較數	下逆
○分	○四六六三○七七	二一二五	二一四四五○六九	九七六八	百○○分
一分	○四六六五二○二	二一二五	二一四三五三○一	九七六一	九十九分
二分	○四六六七三二七	二一二六	二一四二五五四○	九七五四	九十八分
三分	○四六六九四五三	二一二六	二一四一五七八六	九七四六	九十七分
四分	○四六七一五七九	二一二七	二一四○六○四○	九七三九	九十六分
五分	○四六七三七○六	二一二七	二一三九六三○一	九七三二	九十五分
六分	○四六七五八三三	二一二七	二一三八六五六九	九七二五	九十四分
七分	○四六七七九六○	二一二七	二一三七六八四四	九七一七	九十三分
八分	○四六八○○八七	二一二八	二一三六七一一七	九七一○	九十二分
九分	○四六八二二一五	二一二八	二一三五七四一七	九七○三	九十一分
一十○分	○四六八四三四三	二一二九	二一三四七七一四	九六九六	九十○分
一十一分	○四六八六四七二	二一二九	二一三三八○一八	九六八八	八十九分
一十二分	○四六八八六○一	二一二九	二一三二八三三○	九六八一	八十八分
一十三分	○四六九○七三○	二一二九	二一三一八六四九	九六七四	八十七分
一十四分	○四六九二八五九	二一三○	二一三○八九七五	九六六○	八十六分
一十五分	○四六九四九八八	二一三○	二一二九九三○八	九六六○	八十五分
一十六分	○四六九七一一九		二一二八九六四八		八十四分

二十五度	正切線	較數	餘切線	較數	下逆
三十三分	〇四七三三三八六	二一三六	二一一二六五二八	九五三二	六十七分
三十四分	〇四七三五五二三	二一三七	二一一一六九九六	九五二六	六十六分
三十五分	〇四七三七六五九	二一三七	二一一〇七四七〇	九五一九	六十五分
三十六分	〇四七三九七九六	二一三八	二一〇九七九五一	九五一一	六十四分
三十七分	〇四七四一九三四	二一三八	二一〇八八四四〇	九五〇四	六十三分
三十八分	〇四七四四〇七二	二一三八	二一〇七八九三六	九四九六	六十二分
三十九分	〇四七四六二一〇	二一三九	二一〇六九四四〇	九四八九	六十一分
四十〇分	〇四七四八三四九	二一三九	二一〇五九九五一	九四八二	六十〇分
四十一分	〇四七五〇四八八	二一四〇	二一〇五〇四六九	九四七五	五十九分
四十二分	〇四七五二六二八	二一四〇	二一〇四〇九九四	九四六九	五十八分
四十三分	〇四七五四七六八	二一四〇	二一〇三一五二五	九四六二	五十七分
四十四分	〇四七五六九〇八	二一四〇	二一〇二二〇六三	九四五六	五十六分
四十五分	〇四七五九〇四八	二一四一	二一〇一二六〇七	九四四九	五十五分
四十六分	〇四七六一一八九	二一四一	二一〇〇三一五八	九四四一	五十四分
四十七分	〇四七六三三三〇	二一四一	二〇九九三七一七	九四三四	五十三分
四十八分	〇四七六五四七一	二一四二	二〇九八四二八三	九四二七	五十二分
四十九分	〇四七六七六一三	二一四二	二〇九七四八五六	九四二〇	五十一分
五十〇分	〇四七六九七五五		二〇九六五四三六		五十〇分

上順	餘切線	較數	正切線	較數	六十四度
五十〇分	〇四七六九七五五	二一四三	二〇九六五四三六	九四一三	五十〇分
五十一分	〇四七七一八九八	二一四三	二〇九五六〇二三	九四〇七	四十九分
五十二分	〇四七七四〇四一	二一四三	二〇九四六六一六	九四〇〇	四十八分
五十三分	〇四七七六一八四	二一四四	二〇九三七二一六	九三九三	四十七分
五十四分	〇四七七八三二八	二一四四	二〇九二七八二三	九三八一	四十六分
五十五分	〇四七八〇四七二	二一四四	二〇九一八四三七	九三七九	四十五分
五十六分	〇四七八二六一六	二一四五	二〇九〇九〇五八	九三七二	四十四分
五十七分	〇四七八四七六一	二一四五	二〇八九九六八六	九三六五	四十三分
五十八分	〇四七八六九〇六	二一四五	二〇八九〇三二一	九三五九	四十二分
五十九分	〇四七八九〇五一	二一四六	二〇八八〇九六二	九三五二	四十一分
六十〇分	〇四七九一一九七	二一四六	二〇八七一六一〇	九三四六	四十〇分
六十一分	〇四七九三三四三	二一四七	二〇八六二二六四	九三三九	三十九分
六十二分	〇四七九五四九〇	二一四七	二〇八七二九二五	九三三一	三十八分
六十三分	〇四七九七六三七	二一四七	二〇八四三五九四	九三二四	三十七分
六十四分	〇四七九九七八四	二一四八	二〇八三四二七〇	九三一七	三十六分
六十五分	〇四八〇一九三二	二一四八	二〇八二四九五三	九三一〇	三十五分
六十六分	〇四八〇四〇八〇	二一四八	二〇八一五六四三	九三〇四	三十四分
六十七分	〇四八〇六二二八		二〇八〇六三三九		三十三分

上順	餘切線	較數	正切線	較數	六十四度
百○○分	○四八七七三二六		二○五○三○三八		○分
九十九分	○四八七五一六六	二一六○	二○五一二一二四	九○八六	一分
九十八分	○四八七三○○六	二一六○	二○五二一二一六	九○九二	二分
九十七分	○四八七○八四六	二一六○	二○五三○三一五	九○九九	三分
九十六分	○四八六八六八七	二一五九	二○五三九四二○	九一○五	四分
九十五分	○四八六六五二八	二一五九	二○五四八五三一	九一一一	五分
九十四分	○四八六四三六九	二一五九	二○五五七六四九	九一一八	六分
九十三分	○四八六二二一一	二一五八	二○五六六七七三	九一二四	七分
九十二分	○四八六○○五三	二一五八	二○五七五九○四	九一三一	八分
九十一分	○四八五七八九六	二一五七	二○五八五○四二	九一三八	九分
九十○分	○四八五五七三九	二一五七	二○五九四一八七	九一四五	一十○分
八十九分	○四八五三五八二	二一五七	二○六○三三三八	九一五一	一十一分
八十八分	○四八五一四二六	二一五六	二○六一二四九六	九一五八	一十二分
八十七分	○四八四九二七○	二一五六	二○六二一六六○	九一六四	一十三分
八十六分	○四八四七一一四	二一五六	二○六三○八三一	九一七一	一十四分
八十五分	○四八四四九五九	二一五五	二○六四○○○八	九一七七	一十五分
八十四分	○四八四二八○四	二一五五	二○六四九一九二	九一八四	一十六分

二十五度	正切線	較數	餘切線	較數	下逆
八十四分	○四八四二八○四		二○六四九一九二		一十六分
八十三分	○四八四○六五○	二一五四	二○六五八三八二	九一九○	一十七分
八十二分	○四八三八四九六	二一五四	二○六六七五七九	九一九七	一十八分
八十一分	○四八三六三四二	二一五四	二○六七六七八三	九二○四	一十九分
八十○分	○四八三四一八九	二一五三	二○六八五九九三	九二一○	二十○分
七十九分	○四八三二○三六	二一五三	二○六九五二○九	九二一六	二十一分
七十八分	○四八二九八八三	二一五三	二○七○四四三二	九二二三	二十二分
七十七分	○四八二七七三一	二一五二	二○七一三六六二	九二三○	二十三分
七十六分	○四八二五五七九	二一五二	二○七二二八九九	九二三七	二十四分
七十五分	○四八二三四二七	二一五二	二○七三二一四三	九二四四	二十五分
七十四分	○四八二一二七六	二一五一	二○七四一三九四	九二五一	二十六分
七十三分	○四八一九一二五	二一五一	二○七五○六五二	九二五八	二十七分
七十二分	○四八一六九七五	二一五○	二○七五九九一六	九二六四	二十八分
七十一分	○四八一四八二五	二一五○	二○七六九一八七	九二七一	二十九分
七十○分	○四八一二六七五	二一五○	二○七七八四六五	九二七八	三十○分
六十九分	○四八一○五二六	二一四九	二○七八七七五○	九二八五	三十一分
六十八分	○四八○八三七七	二一四九	二○七九七○四一	九二九一	三十二分
六十七分	○四八○六二二八	二一四九	二○八○六三三九	九二九八	三十三分

二十六度	正切線	較數	餘切線	較數	下逆
〇分	〇四八七七三二六	二一六一	二〇五〇三〇三八	九〇七九	百〇〇分
一分	〇四八七九四八七	二一六一	二〇四九三九五九	九〇七三	九十九分
二分	〇四八八一六四八	二一六一	二〇四八四八八六	九〇六六	九十八分
三分	〇四八八三八〇九	二一六二	二〇四七五八二〇	九〇五九	九十七分
四分	〇四八八五九七一	二一六二	二〇四六六七六一	九〇五三	九十六分
五分	〇四八八八一三三	二一六二	二〇四五七七〇八	九〇四六	九十五分
六分	〇四八九〇二九五	二一六三	二〇四四八六六二	九〇四〇	九十四分
七分	〇四八九二四五八	二一六三	二〇四三九六二二	九〇三四	九十三分
八分	〇四八九四六二一	二一六四	二〇四三〇五八八	九〇二七	九十二分
九分	〇四八九六七八五	二一六四	二〇四二一五六一	九〇二一	九十一分
一十〇分	〇四八九八九四九	二一六四	二〇四一二五四〇	九〇一四	九十〇分
一十一分	〇四九〇一一一三	二一六五	二〇四〇三五二六	九〇〇八	八十九分
一十二分	〇四九〇三二七八	二一六五	二〇三九四五一八	九〇〇二	八十八分
一十三分	〇四九〇五四四三	二一六六	二〇三八五五一六	八九九五	八十七分
一十四分	〇四九〇七六〇九	二一六六	二〇三七六五二一	八九八九	八十六分
一十五分	〇四九〇九七七五	二一六六	二〇三六七五三二	八九八三	八十五分
一十六分	〇四九四一九四一		二〇三五八五四九		八十四分

上順	餘切線	較數	正切線	較數	六十三度
一十六分	〇四九一一九四一	二一六七	二〇三五八五四九	八九七六	八十四分
一十七分	〇四九一四一〇八	二一六七	二〇三四九五七三	八九七〇	八十三分
一十八分	〇四九一六二七五	二一六七	二〇三四〇六〇三	八九六三	八十二分
一十九分	〇四九一八四四二	二一六八	二〇三三一六四〇	八九五七	八十一分
二十〇分	〇四九二〇六一〇	二一六八	二〇三二二六八三	八九五〇	八十〇分
二十一分	〇四九二二七七八	二一六八	二〇三一三七三三	八九四四	七十九分
二十二分	〇四九二四九四六	二一六九	二〇三〇四七八九	八九三八	七十八分
二十三分	〇四九二七一一五	二一六九	二〇二九五八五一	八九三二	七十七分
二十四分	〇四九二九二八四	二一七〇	二〇二八六九一九	八九二五	七十六分
二十五分	〇四九三一四五四	二一七〇	二〇二七七九九四	八九二〇	七十五分
二十六分	〇四九三三六二四	二一七〇	二〇二六九〇七四	八九一三	七十四分
二十七分	〇四九三五七九四	二一七一	二〇二六〇一六一	八九〇六	七十三分
二十八分	〇四九三七九六五	二一七一	二〇二五一二五五	八九〇〇	七十二分
二十九分	〇四九四〇一三六	二一七二	二〇二四二三五五	八八九三	七十一分
三十〇分	〇四九四二三〇八	二一七二	二〇二三三四六二	八八八七	七十〇分
三十一分	〇四九四四四八〇	二一七二	二〇二二四五七五	八八八一	六十九分
三十二分	〇四九四六六五二	二一七三	二〇二一五六九四	八八七五	六十八分
三十三分	〇四九四八八二五		二〇二〇六八一九		六十七分

上順	餘切線	較數	正切線	較數	六十三度
六十七分	〇五〇二二九一七	二一八五	一九九〇八七四九	八六六六	三十三分
六十六分	〇五〇二〇七三二	二一八五	一九九一七四一五	八六七二	三十四分
六十五分	〇五〇一八五四七	二一八五	一九九二六〇八七	八六七八	三十五分
六十四分	〇五〇一六三六二	二一八四	一九九三四七六五	八六八四	三十六分
六十三分	〇五〇一四一七八	二一八四	一九九四三四四九	八六九〇	三十七分
六十二分	〇五〇一一九九四	二一八四	一九九五二一三九	八六九六	三十八分
六十一分	〇五〇〇九八一〇	二一八三	一九九六〇八三五	八七〇四	三十九分
六十〇分	〇五〇〇七六二七	二一八三	一九九六九五三九	八七一〇	四十〇分
五十九分	〇五〇〇五四四四	二一八二	一九九七八二四九	八七一五	四十一分
五十八分	〇五〇〇三二六二	二一八二	一九九八六九六四	八七二一	四十二分
五十七分	〇五〇〇一〇八〇	二一八二	一九九九五六八五	八七二六	四十三分
五十六分	〇四九九八八九八	二一八一	二〇〇〇四四一一	八七三一	四十四分
五十五分	〇四九九六七一七	二一八一	二〇〇一三一四二	八七三八	四十五分
五十四分	〇四九九四五三六	二一八一	二〇〇二一八八〇	八七四四	四十六分
五十三分	〇四九九二三五五	二一八〇	二〇〇三〇六二四	八七五一	四十七分
五十二分	〇四九九〇一七五	二一八〇	二〇〇三九三七五	八七五八	四十八分
五十一分	〇四九八七九九五	二一七九	二〇〇四八一三三	八七六四	四十九分
五十〇分	〇四九八五八一六		二〇〇五六八九七		五十〇分

二十六度	正切線	較數	餘切線	較數	下逆
五十〇分	〇四九八五八一六	二一七九	二〇〇五六八九七	八七七〇	五十〇分
四十九分	〇四九八三六三七	二一七八	二〇〇六五六六七	八七七六	五十一分
四十八分	〇四九八一四五九	二一七八	二〇〇七四四四三	八七八二	五十二分
四十七分	〇四九七九二八一	二一七八	二〇〇八三二二五	八七八八	五十三分
四十六分	〇四九七七一〇三	二一七八	二〇〇九二〇一三	八七九三	五十四分
四十五分	〇四九七四九二五	二一七七	二〇一〇〇八〇六	八八〇〇	五十五分
四十四分	〇四九七二七四八	二一七七	二〇一〇九六〇六	八八〇六	五十六分
四十三分	〇四九七〇五七一	二一七六	二〇一一八四一二	八八一三	五十七分
四十二分	〇四九六八三九五	二一七六	二〇一二七二二五	八八一九	五十八分
四十一分	〇四九六六二一九	二一七六	二〇一三六〇四四	八八二五	五十九分
四十〇分	〇四九六四〇四三	二一七五	二〇一四四八六九	八八三一	六十〇分
三十九分	〇四九六一八六九	二一七五	二〇一五三七〇〇	八八三八	六十一分
三十八分	〇四九五九六九三	二一七四	二〇一六二五三八	八八四四	六十二分
三十七分	〇四九五七五一九	二一七四	二〇一七一三八二	八八五〇	六十三分
三十六分	〇四九五五三四五	二一七四	二〇一八〇二三二	八八五六	六十四分
三十五分	〇四九五三一七一	二一七三	二〇一八九〇八八	八八六三	六十五分
三十四分	〇四九五〇九九八	二一七三	二〇一九七九五〇	八八六九	六十六分
三十三分	〇四九四八八二五		二〇二〇六八一九		六十七分

二十六度	正切線	較數	餘切線	較數	下逆
六十七分	〇五〇二二五一七		一九九〇八七四九		三十三分
六十八分	〇五〇二五一〇三	二一八六	一九九〇〇〇八九	八六六〇	三十二分
六十九分	〇五〇二七二八九	二一八六	一九八九一四三五	八六五四	三十一分
七十〇分	〇五〇二九四七六	二一八七	一九八八二七八七	八六四八	三十〇分
七十一分	〇五〇三一六六三	二一八七	一九八七四一四五	八六四二	二十九分
七十二分	〇五〇三三八五一	二一八八	一九八六五五〇九	八六三六	二十八分
七十三分	〇五〇三六〇三九	二一八八	一九八五六八七九	八六三〇	二十七分
七十四分	〇五〇三八二二七	二一八八	一九八四八二五五	八六二四	二十六分
七十五分	〇五〇四〇四一五	二一八八	一九八三九六三六	八六一九	二十五分
七十六分	〇五〇四二六〇四	二一八九	一九八三一〇二三	八六一三	二十四分
七十七分	〇五〇四四七九三	二一八九	一九八二四四一七	八六〇六	二十三分
七十八分	〇五〇四六九八三	二一九〇	一九八一三八一七	八六〇〇	二十二分
七十九分	〇五〇四九一七三	二一九〇	一九八〇五二二三	八五九四	二十一分
八十〇分	〇五〇五一三六三	二一九〇	一九七九六六三五	八五八八	二十〇分
八十一分	〇五〇五三五五四	二一九一	一九七八八〇五三	八五八二	一十九分
八十二分	〇五〇五五七四五	二一九一	一九七七九四七七	八五七六	一十八分
八十三分	〇五〇五七九三七	二一九二	一九七七〇九〇六	八五七一	一十七分
八十四分	〇五〇六〇一七九	二一九二	一九七六二三四一	八五六五	一十六分

上順	餘切線	較數	正切線	較數	六十三度
八十四分	〇五〇六〇一七九		一九七六二三四一		一十六分
八十五分	〇五〇六二三二二	二一九三	一九七五三七八二	八五五九	一十五分
八十六分	〇五〇六四五一五	二一九三	一九七四五二二九	八五五三	一十四分
八十七分	〇五〇六六七〇八	二一九三	一九七三六六八二	八五四七	一十三分
八十八分	〇五〇六八九〇二	二一九四	一九七二八一四一	八五四一	一十二分
八十九分	〇五〇七一〇九六	二一九四	一九七一九六〇六	八五三五	一十一分
九十〇分	〇五〇七三二九〇	二一九四	一九七一一〇七七	八五二九	一十〇分
九十一分	〇五〇七五四八五	二一九五	一九七〇二五五四	八五二三	九分
九十二分	〇五〇七七六八〇	二一九五	一九六九四〇三六	八五一八	八分
九十三分	〇五〇七九八七五	二一九五	一九六八五五二四	八五一二	七分
九十四分	〇五〇八二〇七一	二一九六	一九六七七〇一八	八五〇六	六分
九十五分	〇五〇八四二六七	二一九六	一九六六八五一八	八五〇〇	五分
九十六分	〇五〇八六四六四	二一九七	一九六六〇〇二四	八四九四	四分
九十七分	〇五〇八八六六一	二一九七	一九六五一五三六	八四八八	三分
九十八分	〇五〇九〇八五八	二一九七	一九六四三〇五三	八四八三	二分
九十九分	〇五〇九三〇五六	二一九八	一九六三四五七六	八四七七	一分
百〇〇分	〇五〇九五二五四	二一九八	一九六二六一〇五	八四七一	〇分

二十七度	正切線	較數	餘切線	較數	下逆
〇分	〇五〇九五二五四	二一九九	一九六一六一〇五	八四六五	百〇〇分
一分	〇五〇九七四五三	二一九九	一九六一七九四〇	八四五九	九十九分
二分	〇五〇九九六五二	二二〇〇	一九六〇九一八一	八四五四	九十八分
三分	〇五一〇一八五二	二二〇〇	一九六〇〇七二七	八四四八	九十七分
四分	〇五一〇四〇五二	二二〇〇	一九五九二二七九	八四四二	九十六分
五分	〇五一〇六二五二	二二〇一	一九五八三八三七	八四三六	九十五分
六分	〇五一〇八四五三	二二〇一	一九五七五四〇一	八四三〇	九十四分
七分	〇五一一〇六五四	二二〇一	一九五六六九七一	八四二五	九十三分
八分	〇五一一二八五五	二二〇二	一九五五八五四六	八四一九	九十二分
九分	〇五一一五〇五七	二二〇二	一九五五〇一二七	八四一四	九十一分
一十〇分	〇五一一七二五九	二二〇二	一九五四一七一三	八四〇八	九十〇分
一十一分	〇五一一九四六一	二二〇三	一九五三三三〇五	八四〇二	八十九分
一十二分	〇五一二一六六四	二二〇三	一九五二四九〇三	八三九六	八十八分
一十三分	〇五一二三八六七	二二〇四	一九五一六五〇七	八三九〇	八十七分
一十四分	〇五一二六〇七一	二二〇四	一九五〇八一一七	八三八四	八十六分
一十五分	〇五一二八二七五	二二〇五	一九四九九七三三	八三七九	八十五分
一十六分	〇五一三〇四八〇		一九四九一三五四		八十四分

上順	餘切線	較數	正切線	較數	六十二度
一十六分	〇五一三〇四八〇	二二〇五	一九四九一三五四	八三七三	八十四分
一十七分	〇五一三二六八五	二二〇五	一九四八二九八一	八三六七	八十三分
一十八分	〇五一三四八九〇	二二〇六	一九四七四六一四	八三六二	八十二分
一十九分	〇五一三七〇九六	二二〇六	一九四六六二五二	八三五六	八十一分
二十〇分	〇五一三九三〇二	二二〇六	一九四五七八九六	八三五一	八十〇分
二十一分	〇五一四一五〇八	二二〇七	一九四四九五四五	八三四九	七十九分
二十二分	〇五一四三七一五	二二〇七	一九四四一二〇〇	八三三九	七十八分
二十三分	〇五一四五九二二	二二〇八	一九四三二八六一	八三三三	七十七分
二十四分	〇五一五八一三〇	二二〇八	一九四二四五二八	八三二八	七十六分
二十五分	〇五一五〇三三八	二二〇九	一九四一六二〇〇	八三二二	七十五分
二十六分	〇五一五二五四七	二二〇九	一九四〇七八七八	八三一七	七十四分
二十七分	〇五一五四七五六	二二〇九	一九三九九五六一	八三一一	七十三分
二十八分	〇五一五六九六五	二二一〇	一九三九一二五〇	八三〇〇	七十二分
二十九分	〇五一五九一七五	二二一〇	一九三八二九四五	八二〇〇	七十一分
三十〇分	〇五一六一三八五	二二一〇	一九三七四六四五	八二九四	七十〇分
三十一分	〇五一六三五九五	二二一一	一九三六六三五一	八二八八	六十九分
三十二分	〇五一六五八〇六	二二一一	一九三五八〇六三	八二八三	六十八分
三十三分	〇五一六八〇一七		一九三四九七八〇		六十七分

二十七度	正切線	較數	餘切線	較數	下逆
三十三分	〇五一六八〇一七	二二一二	一九三四九七八〇	八二七七	六十七分
三十四分	〇五一七〇二二九	二二一二	一九三四一五〇三	八二七〇	六十六分
三十五分	〇五一七二四四一	二二一三	一九三三三二三一	八二六六	六十五分
三十六分	〇五一七四六五四	二二一三	一九三二四九六五	八二六〇	六十四分
三十七分	〇五一七六八六七	二二一三	一九三一六七〇五	八二五五	六十三分
三十八分	〇五一七九〇八〇	二二一四	一九三〇八四五〇	八二五〇	六十二分
三十九分	〇五一八一二九四	二二一四	一九三〇〇二〇〇	八二四四	六十一分
四十〇分	〇五一八三五〇八	二二一四	一九二九一九五六	八二三九	六十〇分
四十一分	〇五一八五七二二	二二一五	一九二八三七一七	八二三三	五十九分
四十二分	〇五一八七九三七	二二一五	一九二七五四八四	八二二七	五十八分
四十三分	〇五一九〇一五二	二二一六	一九二六七二五七	八二二二	五十七分
四十四分	〇五一九二三六八	二二一六	一九二五九〇三五	八二一六	五十六分
四十五分	〇五一九四五八四	二二一六	一九二五〇八一九	八二一〇	五十五分
四十六分	〇五一九六八〇〇	二二一七	一九二四二六〇九	八二〇〇	五十四分
四十七分	〇五一九九〇一七	二二一七	一九二三四四〇四	八二〇〇	五十三分
四十八分	〇五二〇一二三四	二二一八	一九二二六二〇四	八一九四	五十二分
四十九分	〇五二〇三四五二	二二一八	一九二一八〇一〇	八一八九	五十一分
五十〇分	〇五二〇五六七〇		一九二〇九八二一		五十〇分

上順	餘切線	較數	正切線	較數	六十二度
五十〇分	〇五二〇五六七〇	二二一九	一九二〇九八二一	八一八三	五十〇分
五十一分	〇五二〇七八八九	二二一九	一九二〇一六三八	八一七八	四十九分
五十二分	〇五二一〇一〇八	二二一九	一九一九三四六〇	八一七二	四十八分
五十三分	〇五二一二三二七	二二二〇	一九一八五二八八	八一六七	四十七分
五十四分	〇五二一四五四一	二二二〇	一九一七七一二一	八一六一	四十六分
五十五分	〇五二一六七六七	二二二一	一九一六八九六〇	八一五六	四十五分
五十六分	〇五二一八九八八	二二二一	一九一六〇八〇四	八一五〇	四十四分
五十七分	〇五二二一二〇九	二二二一	一九一五二六五四	八一四五	四十三分
五十八分	〇五二二三四三〇	二二二二	一九一四四五〇九	八一三九	四十二分
五十九分	〇五二二五六五二	二二二二	一九一三六三七〇	八一三四	四十一分
六十〇分	〇五二二七八七四	二二二二	一九一二八二三六	八一二八	四十〇分
六十一分	〇五二三〇〇九六	二二二三	一九一二〇一〇八	八一二三	三十九分
六十二分	〇五二三二三一九	二二二三	一九一一一九八五	八一一八	三十八分
六十三分	〇五二三四五四二	二二二四	一九一〇三八六七	八一一三	三十七分
六十四分	〇五二三六七六六	二二二四	一九〇九五七五四	八一〇七	三十六分
六十五分	〇五二三八九九〇	二二二五	一九〇八七六四七	八一〇二	三十五分
六十六分	〇五二四一二一五	二二二五	一九〇七九五四五	八〇九六	三十四分
六十七分	〇五二四三四四〇		一九〇七一四四九		三十三分

上順	餘切線	較數	正切線	較數	六十二度
百〇〇分	〇五三一七〇九四		一八八〇七二六五		〇分
九十九分	〇五三一四八五六	二二三八	一八八一五一八六	七九二一	一分
九十八分	〇五三一二六一八	二二三八	一八八二三一一三	七九二七	二分
九十七分	〇五三一〇三八〇	二二三八	一八八三一〇四五	七九三二	三分
九十六分	〇五三〇八一四三	二二三七	一八八三八九八二	七九三七	四分
九十五分	〇五三〇五九〇六	二二三七	一八八四六九二四	七九四二	五分
九十四分	〇五三〇三六六八	二二三七	一八八五四八七一	七九四七	六分
九十三分	〇五三〇一四三二	二二三六	一八八六二八二四	七九五三	七分
九十二分	〇五二九九一九六	二二三六	一八八七〇七八二	七九五八	八分
九十一分	〇五二九六九六一	二二三五	一八八七八七四五	七九六三	九分
九十〇分	〇五二九四七二七	二二三五	一八八八六七一三	七九六八	一十〇分
八十九分	〇五二九二四九三	二二三四	一八八九四六八六	七九七三	一十一分
八十八分	〇五二九〇二五九	二二三四	一八九〇二六六五	七九七九	一十二分
八十七分	〇五二八八〇二五	二二三四	一八九一〇六四九	七九八四	一十三分
八十六分	〇五二八五七九二	二二三三	一八九一八六三九	七九九〇	一十四分
八十五分	〇五二八三五五九	二二三三	一八九二六六三四	七九九五	一十五分
八十四分	〇五二八一三二七	二二三三	一八九三四六三四	八〇〇〇	一十六分

二十七度	正切線	較數	餘切線	較數	下逆
六十七分	〇五二四三四四〇		一九〇七一四四九		三十三分
六十八分	〇五二四五六六五	二二二五	一九〇六三三五八	八〇九一	三十二分
六十九分	〇五二四七八九一	二二二六	一九〇五五二七三	八〇八五	三十一分
七十〇分	〇五二五〇一一七	二二二六	一九〇四七一九三	八〇八〇	三十〇分
七十一分	〇五二五二三四四	二二二七	一九〇三九一一九	八〇七四	二十九分
七十二分	〇五二五四五七一	二二二七	一九〇三一〇五〇	八〇六九	二十八分
七十三分	〇五二五六七九八	二二二七	一九〇二二九八六	八〇六四	二十七分
七十四分	〇五二五九〇二六	二二二八	一九〇一四九二七	八〇五九	二十六分
七十五分	〇五二六一二五四	二二二八	一九〇〇六八七四	八〇五三	二十五分
七十六分	〇五二六三四八三	二二二九	一八九九八八二六	八〇四八	二十四分
七十七分	〇五二六五七一三	二二二九	一八九九〇七八三	八〇四三	二十三分
七十八分	〇五二六七九四三	二二三〇	一八九八二七四六	八〇三七	二十二分
七十九分	〇五二七〇一七三	二二三〇	一八九七四七一四	八〇三二	二十一分
八十〇分	〇五二七二四〇三	二二三〇	一八九六六六八八	八〇二六	二十〇分
八十一分	〇五二七四六三三	二二三一	一八九五八六六七	八〇二一	一十九分
八十二分	〇五二七六八六四	二二三一	一八九五〇六五一	八〇一六	一十八分
八十三分	〇五二七九〇九五	二二三一	一八九四二六四〇	八〇一一	一十七分
八十四分	〇五二八一三二七	二二三二	一八九三四六三四	八〇〇六	一十六分

二十八度	正切線	較數	餘切線	較數	下逆
〇分	〇五三一七〇九四		一八八〇七二六五		百〇〇分
一分	〇五三一九三三三	二二三九	一八七九九三四九	七九一六	九十九分
二分	〇五三二一五七三	二二三九	一八七九一四三八	七九一一	九十八分
三分	〇五三二三八一二	二二四〇	一八七八三五三二	七九〇六	九十七分
四分	〇五三二六〇五二	二二四〇	一八七七五六三一	七九〇一	九十六分
五分	〇五三二八二九三	二二四一	一八七六七七三六	七八九五	九十五分
六分	〇五三三〇五三四	二二四一	一八七五九八四六	七八九〇	九十四分
七分	〇五三三二七七六	二二四二	一八七五一九六一	七八八五	九十三分
八分	〇五三三五〇一八	二二四二	一八七四四〇八一	七八八〇	九十二分
九分	〇五三三七二六〇	二二四二	一八七三六二〇六	七八七五	九十一分
一十〇分	〇五三三九五〇三	二二四三	一八七二八三三六	七八七〇	九十〇分
一十一分	〇五三四一七四六	二二四三	一八七二〇四七一	七八六五	八十九分
一十二分	〇五三四三九九〇	二二四四	一八七一二六一一	七八六〇	八十八分
一十三分	〇五三四六二三四	二二四四	一八七〇四七五七	七八五四	八十七分
一十四分	〇五三四八四七八	二二四四	一八六九六九〇八	七八四九	八十六分
一十五分	〇五三五〇七二三	二二四五	一八六八九〇六四	七八四四	八十五分
一十六分	〇五三五二九六八	二二四五	一八六八一二二五	七八三九	八十四分

上順	餘切線	較數	正切線	較數	度
一十六分	〇五三五二九六八		一八六八一二二五		八十四分
一十七分	〇五三五五二一四	二二四六	一八六七三三九一	七八三四	八十三分
一十八分	〇五三五七四六〇	二二四六	一八六六五五六二	七八二九	八十二分
一十九分	〇五三五九七〇六	二二四六	一八六五七七三九	七八二三	八十一分
二十〇分	〇五三六一九五三	二二四七	一八六四九九二一	七八一八	八十〇分
二十一分	〇五三六四二〇〇	二二四七	一八六四二一〇八	七八一三	七十九分
二十二分	〇五三六六四四八	二二四八	一八六三四三〇〇	七八〇八	七十八分
二十三分	〇五三六八六九六	二二四八	一八六二六四九七	七八〇三	七十七分
二十四分	〇五三七〇九四五	二二四九	一八六一八六九九	七七九八	七十六分
二十五分	〇五三七三一九四	二二四九	一八六一〇九〇五	七七九四	七十五分
二十六分	〇五三七五四四三	二二四九	一八六〇三一一六	七七八九	七十四分
二十七分	〇五三七七六九三	二二五〇	一八五九五三三三	七七八三	七十三分
二十八分	〇五三七九九四三	二二五〇	一八五八七五五五	七七七八	七十二分
二十九分	〇五三八二一九四	二二五一	一八五七九七八二	七七七三	七十一分
三十〇分	〇五三八四四四五	二二五一	一八五七二〇一五	七七六七	七十〇分
三十一分	〇五三八六六九七	二二五二	一八五六四二五三	七七六二	六十九分
三十二分	〇五三八八九四九	二二五二	一八五五六四九六	七七五七	六十八分
三十三分	〇五三九一二〇一	二二五二	一八五四八七四三	七七五三	六十七分

上順	餘切線	較數	正切線	較數	六十一度
六十七分	〇五四六八〇三六	二二六七	一八二八八一〇〇	七五八五	三十三分
六十六分	〇五四六五七六九	二二六六	一八二九五六八五	七五九〇	三十四分
六十五分	〇五四六三五〇三	二二六六	一八三〇三二七五	七五九五	三十五分
六十四分	〇五四六一二三七	二二六六	一八三一〇八七〇	七六〇〇	三十六分
六十三分	〇五四五八九七一	二二六五	一八三一八四七〇	七六〇〇	三十七分
六十二分	〇五四五六七〇六	二二六五	一八三二六〇七四	七六〇九	三十八分
六十一分	〇五四五四四四一	二二六四	一八三三三六八三	七六一四	三十九分
六十〇分	〇五四五二一七七	二二六四	一八三四一二九七	七六一九	四十〇分
五十九分	〇五四四九九一三	二二六三	一八三四八九一六	七六二四	四十一分
五十八分	〇五四四七六五〇	二二六三	一八三五六五四〇	七六二九	四十二分
五十七分	〇五四四五三八七	二二六三	一八三六四一六九	七六三四	四十三分
五十六分	〇五四四三一二四	二二六二	一八三七一八〇三	七六三九	四十四分
五十五分	〇五四四〇八六二	二二六二	一八三七九四四二	七六四四	四十五分
五十四分	〇五四三八六〇〇	二二六一	一八三八七〇八六	七六四九	四十六分
五十三分	〇五四三六三三九	二二六一	一八三九四七三五	七六五三	四十七分
五十二分	〇五四三四〇七八	二二六一	一八四〇二三八八	七六五八	四十八分
五十一分	〇五四三一八一七	二二六〇	一八四一〇〇四六	七六六三	四十九分
五十〇分	〇五四二九五五七		一八四一七七〇九		五十〇分

三十八度	正切線	較數	餘切線	較數	下逆
五十〇分	〇五四二九五五七	二二六〇	一八四一七七〇九	七六六八	五十〇分
四十九分	〇五四二七二九六	[illegible]	一八四二五三七七	七六七三	五十一分
四十八分	〇五四二五〇三七	二二五九	一八四三三〇五〇	七六七八	五十二分
四十七分	〇五四二二七七九	二二五八	一八四四〇七二八	七六八三	五十三分
四十六分	〇五四二〇五二一	二二五八	一八四四八四一一	七六八八	五十四分
四十五分	〇五四一八二六三	二二五七	一八四五六〇九九	七六九三	五十五分
四十四分	〇五四一六〇〇六	二二五七	一八四六三七九二	七六九八	五十六分
四十三分	〇五四一三七四九	二二五七	一八四七一四九〇	七七〇三	五十七分
四十二分	〇五四一一四九二	二二五六	一八四七九一九三	七七〇八	五十八分
四十一分	〇五四〇九二三六	二二五六	一八四八六九〇一	七七一二	五十九分
四十〇分	〇五四〇六九八〇	二二五五	一八四九四六一三	七七一七	六十〇分
三十九分	〇五四〇四七二五	二二五五	一八五〇二三三〇	七七二三	六十一分
三十八分	〇五四〇二四七〇	二二五五	一八五一〇〇五三	七七二八	六十二分
三十七分	〇五四〇〇二一五	二二五四	一八五一七七八一	七七三三	六十三分
三十六分	〇五三九七九六一	二二五四	一八五二五五一四	七七三八	六十四分
三十五分	〇五三九五七〇七	二二五三	一八五三三二五二	七七四三	六十五分
三十四分	〇五三九三四五四	二二五三	一八五四〇九九五	七七四八	六十六分
三十三分	〇五三九一二〇一		一八五四八七四三		六十七分

二十八度	正切線	較數	餘切線	較數	下逆
六十七分	〇五四六八〇三六		一八二八八一〇〇		三十三分
六十八分	〇五四七〇三〇三	二二六七	一八二八〇五二〇	七五八〇	三十二分
六十九分	〇五四七二五七一	二二六八	一八二七二九四五	七五七五	三十一分
七十〇分	〇五四七四八四〇	二二六九	一八二六五三七四	七五七一	三十〇分
七十一分	〇五四七七一〇九	二二六九	一八二五七八〇八	七五六六	二十九分
七十二分	〇五四七九三七八	二二六九	一八二五〇二四七	七五六一	二十八分
七十三分	〇五四八一六四八	二二七〇	一八二四二六九一	七五五六	二十七分
七十四分	〇五四八三九一八	二二七〇	一八二三五一四〇	七五五一	二十六分
七十五分	〇五四八六一八八	二二七〇	一八二二七五九三	七五四七	二十五分
七十六分	〇五四八八四五九	二二七一	一八二二〇〇五二	七五四二	二十四分
七十七分	〇五四九〇七三〇	二二七一	一八二一二五一四	七五三七	二十三分
七十八分	〇五四九三〇〇三	二二七二	一八二〇四九八二	七五三二	二十二分
七十九分	〇五四九五二七四	二二七二	一八一九七四五五	七五二七	二十一分
八十〇分	〇五四九七五四六	二二七二	一八一八九九三二	七五二三	二十〇分
八十一分	〇五四九九八一九	二二七三	一八一八二四一四	七五一八	一十九分
八十二分	〇五五〇二〇九三	二二七四	一八一七四九〇一	七五一三	一十八分
八十三分	〇五五〇四三六七	二二七四	一八一六七三九三	七五〇八	一十七分
八十四分	〇五五〇六六四一	二二七四	一八一五九八九〇	七五〇三	一十六分

上順	餘切線	較數	正切線	較數	六十一度
八十四分	〇五五〇六六四一		一八一五九八九〇		一十六分
八十五分	〇五五〇八九一六	二二七五	一八一五二三九一	七四九九	一十五分
八十六分	〇五五一一一九一	二二七五	一八一四四八九七	七四九四	一十四分
八十七分	〇五五一三四六七	二二七六	一八一三七四〇八	七四八九	一十三分
八十八分	〇五五一五七四三	二二七六	一八一二九九二四	七四八四	一十二分
八十九分	〇五五一八〇二〇	二二七七	一八一二二四四四	七四八〇	一十一分
九十〇分	〇五五二〇二九七	二二七七	一八一一四九六九	七四七五	一十〇分
九十一分	〇五五二二五七四	二二七七	一八一〇七四九八	七四七一	九分
九十二分	〇五五二四八五二	二二七八	一八一〇〇〇三二	七四六六	八分
九十三分	〇五五二七一三〇	二二七八	一八〇九二五七一	七四六一	七分
九十四分	〇五五二九四〇九	二二七九	一八〇八五一一五	七四五六	六分
九十五分	〇五五三一六八八	二二七九	一八〇七七六六四	七四五一	五分
九十六分	〇五五三三九六八	二二八〇	一八〇七〇二一八	七四四六	四分
九十七分	〇五五三六二四八	二二八〇	一八〇六二七七六	七四四二	三分
九十八分	〇五五三八五二八	二二八〇	一八〇五五三三九	七四三七	二分
九十九分	〇五五四〇八〇二	二二八一	一八〇四七九〇六	七四三三	一分
百〇〇分	〇五五四三〇九〇	二二八一	一八〇四〇四七八	七四二八	〇分

上順	餘切線	較數	正切線	較數	八十○度
三十三分	○五六一八六二五		一七七九七九四七		六十七分
三十二分	○五六一六三二九	二二九六	一七八○五二二三	七二七六	六十八分
三十一分	○五六一四○三三	二二九六	一七八一二五○四	七二八一	六十九分
三十○分	○五六一一七三八	二二九五	一七八一九七九○	七二八六	七十○分
二十九分	○五六○九四四三	二二九五	一七八二七○八○	七二九○	七十一分
二十八分	○五六○七一四九	二二九四	一七八三四三七五	七二九五	七十二分
二十七分	○五六○四八五五	二二九四	一七八四一六七四	七二九九	七十三分
二十六分	○五六○二五六二	二二九三	一七八四八九七七	七三○三	七十四分
二十五分	○五六○○二六九	二二九三	一七八五六二八五	七三○八	七十五分
二十四分	○五五九七九七七	二二九二	一七八六三五九八	七三一三	七十六分
二十三分	○五五九五六八五	二二九二	一七八七○九一五	七三一七	七十七分
二十二分	○五五九三三九三	二二九二	一七八七八二三七	七三二二	七十八分
二十一分	○五五九一一○二	二二九一	一七八八五五六三	七三二六	七十九分
二十○分	○五五八八八一一	二二九一	一七八九二八九三	七三三○	八十○分
一十九分	○五五八六五二一	二二九○	一七九○○二二八	七三三五	八十一分
一十八分	○五五八四二三一	二二九○	一七九○七五六八	七三四○	八十二分
一十七分	○五五八一九四二	二二八九	一七九一四九一三	七三四五	八十三分
一十六分	○五五七九六五三	二二八九	一七九二二二六二	七三四九	八十四分

二十九度	正切線	較數	餘切線	較數	下逆
一十六分	○五五七九六五三		一七九二二二六二		八十四分
一十五分	○五五七七三六四	二二八九	一七九二九六一六	七三五四	八十五分
一十四分	○五五七五○七六	二二八八	一七九三六九七四	七三五八	八十六分
一十三分	○五五七二七八八	二二八八	一七九四四三三七	七三六三	八十七分
一十二分	○五五七○五○一	二二八七	一七九五一七○四	七三六七	八十八分
一十一分	○五五六八二一五	二二八六	一七九五九○七六	七三七二	八十九分
一十○分	○五五六五九二九	二二八六	一七九六六四五四	七三七八	九十○分
九分	○五五六三六四三	二二八六	一七九七三八三六	七三八二	九十一分
八分	○五五六一三五八	二二八五	一七九八一二二三	七三八七	九十二分
七分	○五五五九○七三	二二八五	一七九八八六一四	七三九一	九十三分
六分	○五五五六七八八	二二八五	一七九九六○○七	七三九五	九十四分
五分	○五五五四五○四	二二八四	一八○○三四○八	七三九九	九十五分
四分	○五五五二二二○	二二八四	一八○一○八一二	七四○四	九十六分
三分	○五五四九九三七	二二八三	一八○一八二二一	七四○九	九十七分
二分	○五五四七六五四	二二八三	一八○二五六三五	七四一四	九十八分
一分	○五五四五三七二	二二八二	一八○三三○五四	七四一九	九十九分
○分	○五五四三○九○	二二八二	一八○四○四七八	七四二四	百○○分

二十九度	正切線	較數	餘切線	較數	下逆
三十三分	○五六一八六二五		一七七九七九四七		六十七分
三十四分	○五六二○九二二	二二九七	一七七九○六七六	七二七一	六十六分
三十五分	○五六二三二一九	二二九七	一七七八三四○九	七二六七	六十五分
三十六分	○五六二五五一六	二二九七	一七七七六一四七	七二六二	六十四分
三十七分	○五六二七八一四	二二九八	一七七六八八八九	七二五八	六十三分
三十八分	○五六三○一一二	二二九八	一七七六一六三五	七二五四	六十二分
三十九分	○五六三二四一一	二二九九	一七七五四三八六	七二四九	六十一分
四十○分	○五六三四七一○	二二九九	一七七四七一四一	七二四五	六十○分
四十一分	○五六三七○一○	二三○○	一七七三九九○○	七二四一	五十九分
四十二分	○五六三九三一○	二三○○	一七七三二六六五	七二三五	五十八分
四十三分	○五六四一六一一	二三○一	一七七二五四三四	七二三一	五十七分
四十四分	○五六四三九一二	二三○一	一七七一八二五七	七二二七	五十六分
四十五分	○五六四六二一三	二三○一	一七七一○九八五	七二二二	五十五分
四十六分	○五六四八五一五	二三○二	一七七○三七六七	七二一八	五十四分
四十七分	○五六五○八一八	二三○三	一七六九六五五三	七二一四	五十三分
四十八分	○五六五三一二一	二三○三	一七六八九三四四	七二○九	五十二分
四十九分	○五六五五四二四	二三○三	一七六八二一四○	七二○四	五十一分
五十○分	○五六五七七二八	二三○四	一七六七四九四○	七二○○	五十○分

上順	餘切線	較數	正切線	較數	六十○度
五十○分	○五六五七七二八	二三○四	一七六七四九四○	七一九五	五十○分
五十一分	○五六六○○三二	二三○四	一七六六七七四五	七一九一	四十九分
五十二分	○五六六二三三六	二三○五	一七六五○五五四	七一八七	四十八分
五十三分	○五六六四六四一	二三○六	一七六五三三六七	七一八二	四十七分
五十四分	○五六六六九四七	二三○六	一七六四六一八五	七一七八	四十六分
五十五分	○五六六九二五三	二三○七	一七六三九○○七	七一七四	四十五分
五十六分	○五六七一五六○	二三○七	一七六三一八三三	七一六九	四十四分
五十七分	○五六七三八六七	二三○八	一七六二四六六四	七一六五	四十三分
五十八分	○五六七六一七五	二三○八	一七六一七四九九	七一六○	四十二分
五十九分	○五六七八四八三	二三○八	一七六一○三三八	七一五六	四十一分
六十○分	○五六八○七九一	二三○九	一七六○三一八三	七一五一	四十○分
六十一分	○五六八三一○○	二三○九	一七五九六○三二	七一四七	三十九分
六十二分	○五六八五四○九	二三一○	一七五八八八八五	七一四三	三十八分
六十三分	○五六八七七一九	二三一○	一七五八一七四二	七一三八	三十七分
六十四分	○五六九○○二九	二三一○	一七五七四六○四	七一三四	三十六分
六十五分	○五六九二三三九	二三一一	一七五六七四七○	七一三○	三十五分
六十六分	○五六九四六五○	二三一一	一七五六○三四○	七一二五	三十四分
六十七分	○五六九六九六一		一七五五三二一五		三十三分

上順	餘切線	較數	正切線	較數	六十〇度
百〇〇分	〇五七七三五〇三		一七三二〇五〇八		〇分
九十九分	〇五七七一一六六	二三三七	一七三二七四九一	六九八三	一分
九十八分	〇五七六八八四九	二三二七	一七三三四四七九	六九八八	二分
九十七分	〇五七六六五二三	二三二六	一七三四一四七一	六九九二	三分
九十六分	〇五七六四一九八	二三二五	一七三四八四六七	六九九六	四分
九十五分	〇五七六一八七三	二三二五	一七三五五四六八	七〇〇一	五分
九十四分	〇五七五九五四九	二三二四	一七三六二四七三	七〇〇三	六分
九十三分	〇五七五七二二五	二三二四	一七三六九四八二	七〇〇九	七分
九十二分	〇五七五四九〇一	二三二四	一七三七六四九五	七〇一三	八分
九十一分	〇五七五二五七八	二三二三	一七三八三五一二	七〇一七	九分
九十〇分	〇五七五〇二五五	二三二三	一七三九〇五三三	七〇二一	一十〇分
八十九分	〇五七四七九三三	二三二二	一七三九七五五八	七〇二五	一十一分
八十八分	〇五七四五六一一	二三二二	一七四〇四五八八	七〇三〇	一十二分
八十七分	〇五七四三二九〇	二三二一	一七四一一六二二	七〇三四	一十三分
八十六分	〇五七四〇九六九	二三二一	一七四一八六六一	七〇三九	一十四分
八十五分	〇五七三八六四九	二三二〇	一七四二五七〇五	七〇四四	一十五分
八十四分	〇五七三六三二九	二三二〇	一七四三二七五三	七〇四八	一十六分

三十九度	正切線	較數	餘切線	較數	下逆
六十七分	〇五六九六九六一		一七五五三二一五		三十三分
六十八分	〇五六九九二七三	二三一二	一七五四六〇九四	七一二一	三十二分
六十九分	〇五七〇一五八六	二三一三	一七五三八九七八	七一一六	三十一分
七十〇分	〇五七〇三八九九	二三一三	一七五三一八六六	七一一二	三十〇分
七十一分	〇五七〇六二一三	二三一四	一七五二四七五九	七一〇七	二十九分
七十二分	〇五七〇八五二七	二三一四	一七五一七六五六	七一〇三	二十八分
七十三分	〇五七一〇八四一	二三一四	一七五一〇五五七	七〇九九	二十七分
七十四分	〇五七一三一五六	二三一五	一七五〇三四六二	七〇九五	二十六分
七十五分	〇五七一五四七一	二三一五	一七四九六三七一	七〇九一	二十五分
七十六分	〇五七一七七八七	二三一六	一七四九〇〇〇四	七〇八七	二十四分
七十七分	〇五七二〇一〇三	二三一六	一七四八二二〇二	七〇八二	二十三分
七十八分	〇五七二二四二〇	二三一七	一七四七五一二五	七〇七七	二十二分
七十九分	〇五七二四七三七	二三一七	一七四六八〇五二	七〇七三	二十一分
八十〇分	〇五七二七〇五四	二三一七	一七四六〇九八四	七〇六八	二十〇分
八十一分	〇五七二九三七二	二三一八	一七四五三九二一	七〇六三	一十九分
八十二分	〇五七三一六九一	二三一九	一七四四六八六一	七〇六〇	一十八分
八十三分	〇五七三四〇一〇	二三一九	一七四三九八〇五	七〇五六	一十七分
八十四分	〇五七三六三二九	二三一九	一七四三二七五三	七〇五二	一十六分

三十〇度	正切線	較數	餘切線	較數	下逆
〇分	〇五七七三五〇三		一七三二〇五〇八		百〇〇分
一分	〇五七七五八三〇	二三二七	一七三一三五二九	六九七九	九十九分
二分	〇五七七八一五八	二三二八	一七三〇六五五四	六九七五	九十八分
三分	〇五七八〇四八六	二三二八	一七二九九五八三	六九七一	九十七分
四分	〇五七八二八一五	二三二九	一七二九二六一六	六九六七	九十六分
五分	〇五七八五一四四	二三二九	一七二八五六五四	六九六二	九十五分
六分	〇五七八七四七四	二三三〇	一七二七八六九五	六九五九	九十四分
七分	〇五七八九八〇四	二三三〇	一七二七一七四一	六九五四	九十三分
八分	〇五七九二一三五	二三三一	一七二六四七九一	六九五〇	九十二分
九分	〇五七九四四六六	二三三一	一七二五七八四六	六九四五	九十一分
一十〇分	〇五七九六七九七	二三三一	一七二五〇九〇五	六九四一	九十〇分
一十一分	〇五七九九一二九	二三三三	一七二四三九六九	六九三六	八十九分
一十二分	〇五八〇一四六二	二三三三	一七二三七〇三六	六九三三	八十八分
一十三分	〇五八〇三七九五	二三三三	一七二三〇一〇七	六九二九	八十七分
一十四分	〇五八〇六一二八	二三三三	一七二二三一八二	六九二五	八十六分
一十五分	〇五八〇八四六二	二三三四	一七二一六二六一	六九二一	八十五分
一十六分	〇五八一〇七九七	二三三五	一七二〇九三四四	六九一七	八十四分

上順	餘切線	較數	正切線	較數	五十九度
一十六分	〇五八一〇七九七		一七二〇九三四四		八十四分
一十七分	〇五八一三一三二	二三三五	一七二〇二四三二	六九一二	八十三分
一十八分	〇五八一五四六七	二三三五	一七一九五五二四	六九〇八	八十二分
一十九分	〇五八一七九〇三	二三三六	一七一八八六二〇	六九〇四	八十一分
二十〇分	〇五八二〇一三九	二三三六	一七一八一七二〇	六九〇〇	八十〇分
二十一分	〇五八二二四七五	二三三六	一七一七四八二四	六八九六	七十九分
二十二分	〇五八二四八一三	二三三八	一七一六七九三二	六八九二	七十八分
二十三分	〇五八二七一五一	二三三八	一七一六一〇四五	六八八七	七十七分
二十四分	〇五八二九四八九	二三三八	一七一五四一六二	六八八三	七十六分
二十五分	〇五八三一八二八	二三三九	一七一四七二八三	六八七六	七十五分
二十六分	〇五八三四一六七	二三三九	一七一四〇四〇八	六八七五	七十四分
二十七分	〇五八三六五〇七	二三四〇	一七一三三五三七	六八七一	七十三分
二十八分	〇五八三八八四七	二三四〇	一七一二六六七〇	六八六七	七十二分
二十九分	〇五八四一一八七	二三四〇	一七一一九八〇七	六八六三	七十一分
三十〇分	〇五八四三五二八	二三四一	一七一一二九四九	六八五八	七十〇分
三十一分	〇五八四五八七〇	二三四二	一七一〇六〇九五	六八五四	六十九分
三十二分	〇五八四八二一二	二三四二	一七〇九九二四五	六八五〇	六十八分
三十三分	〇五八五〇五五五	二三四三	一七〇九二三九九	六八四六	六十七分

三十〇度	正切線	較數	餘切線	較數	下逆
三十三分	〇五八五〇五五五	二三四三	一七〇九二三九九	六八四三	六十七分
三十四分	〇五八五二八九八	二三四三	一七〇八五五五六	六八三九	六十六分
三十五分	〇五八五五二四一	二三四四	一七〇七八七一七	六八三五	六十五分
三十六分	〇五八五七五八五	二三四四	一七〇二一八八二	六八三〇	六十四分
三十七分	〇五八五九九二九	二三四五	一七〇六五〇五二	六八二六	六十三分
三十八分	〇五八六二二七四	二三四五	一七〇五八二二六	六八二二	六十二分
三十九分	〇五八六四六一九	二三四六	一七〇五一四〇四	六八一七	六十一分
四十〇分	〇五八六六九六五	二三四六	一七〇四四五八七	六八一三	六十〇分
四十一分	〇五八六九三一一	二三四七	一七〇三七七七四	六八〇九	五十九分
四十二分	〇五八七一六五六	二三四七	一七〇三〇九六五	六八〇六	五十八分
四十三分	〇五八七四〇〇六	二三四八	一七〇二四二五九	六八〇二	五十七分
四十四分	〇五八七六三五四	二三四八	一七〇一七三五七	六七九八	五十六分
四十五分	〇五八七八七〇二	二三四九	一七〇一〇五五九	六七九四	五十五分
四十六分	〇五八八一〇五一	二三四九	一七〇〇三七六五	六七九〇	五十四分
四十七分	〇五八八三四〇〇	二三五〇	一六九九六九七五	六七八六	五十三分
四十八分	〇五八八五七五〇	二三五〇	一六九九〇一八九	六七八一	五十二分
四十九分	〇五八八八一〇〇	二三五〇	一六九八三四〇八	六七七七	五十一分
五十〇分	〇五八九 四五〇		一六九七六六三一		五十〇分

上順	餘切線	較數	正切線	較數	五十九度
五十〇分	〇五八九〇四五〇	二三五一	一六九七六六三一	六七七三	五十〇分
五十一分	〇五八九二八〇一	二三五二	一六九六九八五八	六七六九	四十九分
五十二分	〇五八九五一五三	二三五二	一六九六三〇八九	六七六五	四十八分
五十三分	〇五八九七五〇五	二三五三	一六九五六三二四	六七六二	四十七分
五十四分	〇五八九九八五八	二三五三	一六九四九五六二	六七五八	四十六分
五十五分	〇五九〇二二一一	二三五四	一六九四二八〇四	六七五四	四十五分
五十六分	〇五九〇四五六五	二三五四	一六九三六〇五〇	六七五〇	四十四分
五十七分	〇五九〇六九一九	二三五四	一六九二九三〇〇	六七四五	四十三分
五十八分	〇五九〇九二七三	二三五五	一六九二二五五九	六七四一	四十二分
五十九分	〇五九一一六二八	二三五五	一六九一五八一四	六七三七	四十一分
六十〇分	〇五九一三九八三	二三五六	一六九〇九〇七七	六七三三	四十〇分
六十一分	〇五九一六三三九	二三五六	一六九〇二三四四	六七二九	三十九分
六十二分	〇五九一八六九五	二三五七	一六八九五六一五	六七二六	三十八分
六十三分	〇五九二一〇五二	二三五八	一六八八八八八九	六七二二	三十七分
六十四分	〇五九二三四一〇	二三五八	一六八八二一六七	六七一八	三十六分
六十五分	〇五九二五七六八	二三五九	一六八七五四四九	六七一五	三十五分
六十六分	〇五九二八一二七	二三五九	一六八六八七三四	六七一〇	三十四分
六十七分	〇五九三〇四八六		一六八六二〇二四		三十三分

三十〇度	正切線	較數	餘切線	較數	下逆
六十七分	〇五九三〇四八六		一六八六二〇二四		三十三分
六十八分	〇五九三二八四六	二三六〇	一六八五五三一八	六七〇六	三十二分
六十九分	〇五九三五二〇六	二三六〇	一六八四八六一六	六七〇二	三十一分
七十〇分	〇五九三七五六六	二三六〇	一六八四一九一九	六六九七	三十〇分
七十一分	〇五九三九九二七	二三六一	一六八三五二二六	六六九三	二十九分
七十二分	〇五九四二二八八	二三六一	一六八二八五三六	六六九〇	二十八分
七十三分	〇五九四四六五〇	二三六二	一六八二一八五〇	六六八六	二十七分
七十四分	〇五九四七〇一二	二三六二	一六八一九一六八	六六八二	二十六分
七十五分	〇五九四九三七五	二三六三	一六八〇八四八九	六六七九	二十五分
七十六分	〇五九五一七三八	二三六三	一六八〇一八一四	六六七五	二十四分
七十七分	〇五九五四一〇二	二三六四	一六七九五一四三	六六七一	二十三分
七十八分	〇五九五六四六六	二三六四	一六七八八四七六	六六六七	二十二分
七十九分	〇五九五八八三一	二三六五	一六七八一八一四	六六六二	二十一分
八十〇分	〇五九六一一九六	二三六五	一六七七五一五六	六六五八	二十〇分
八十一分	〇五九六三五六二	二三六六	一六七六八五〇二	六六五四	一十九分
八十二分	〇五九六五九二八	二三六六	一六七六一八五一	六六五一	一十八分
八十三分	〇五九六八二九五	二三六七	一六七五五二〇四	六六四七	一十七分
八十四分	〇五九七〇六六二	二三六七	一六七四八五六一	六六四三	一十六分

上順	餘切線	較數	正切線	較數	五十九度
百〇〇分	〇六〇〇八六〇六		一六六四二七九五		〇分
九十九分	〇六〇〇六二三一	二三七五	一六六四九三七六	六五八五	一分
九十八分	〇六〇〇三八五六	二三七五	一六六五五九六一	六五八五	二分
九十七分	〇六〇〇一四八二	二三七四	一六六六二五五〇	六五九三	三分
九十六分	〇五九九九一〇八	二三七四	一六六六九一四三	六五九八	四分
九十五分	〇五九九六七三五	二三七三	一六六七五七四一	六五九八	五分
九十四分	〇五九九四三六三	二三七二	一六六八二三四二	六六〇一	六分
九十三分	〇五九九一九九一	二三七二	一六六八八九四七	六六〇五	七分
九十二分	〇五九八九六一九	二三七二	一六六九五五五五	六六〇八	八分
九十一分	〇五九八七二四八	二三七一	一六七〇二一六七	六六一二	九分
九十〇分	〇五九八四八七七	二三七一	一六七〇八七八二	六六一五	一十〇分
八十九分	〇五九八二五〇六	二三七一	一六七一五四〇一	六六一九	一十一分
八十八分	〇五九八〇一三六	二三七〇	一六七二二〇二五	六六二四	一十二分
八十七分	〇五九七七七六七	二三六九	一六七二八六五三	六六二八	一十三分
八十六分	〇五九七五三九八	二三六九	一六七三五二八五	六六三二	一十四分
八十五分	〇五九七三〇三〇	二三六八	一六七四一九二一	六六三六	一十五分
八十四分	〇五九七〇六六二	二三六八	一六七四八五六一	六六四〇	一十六分

三十一度	正切線	較數	餘切線	較數	下逆
〇分	〇六〇〇八六〇六	二三七六	一六六四二七九五	六五七七	百〇〇分
一分	〇六〇一〇九八二	二三七六	一六六三六二一六	六五七三	九十九分
二分	〇六〇一三三五八	二三七七	一六六二九六四五	六五七〇	九十八分
三分	〇六〇一五七三五	二三七七	一六六二三〇七五	六五六七	九十七分
四分	〇六〇一八一一二	二三七八	一六六一六五〇八	六五六三	九十六分
五分	〇六〇二〇四九〇	二三七八	一六六〇九九四五	六五六〇	九十五分
六分	〇六〇二二八六八	二三七九	一六六〇三三八五	六五五五	九十四分
七分	〇六〇二五二四七	二三七九	一六五九六八三〇	六五五一	九十三分
八分	〇六〇二七六二六	二三八〇	一六五九〇二七九	六五四二	九十二分
九分	〇六〇三〇〇〇六	二三八〇	一六五八三七三三	六五四三	九十一分
一十〇分	〇六〇三二三八六	二三八一	一六五七七一八九	六五三九	九十〇分
一十一分	〇六〇三四七六七	二三八一	一六五七〇六五〇	六五三六	八十九分
一十二分	〇六〇三七一四八	二三八二	一六五六四一一四	六五三二	八十八分
一十三分	〇六〇三九五三〇	二三八二	一六五五七五八二	六五二八	八十七分
一十四分	〇六〇四一九一二	二三八二	一六五五一〇五四	六五二五	八十六分
一十五分	〇六〇四四二九四	二三八三	一六五四四五二九	六五二一	八十五分
一十六分	〇六〇四六六七七		一六五三八〇〇八		八十四分

上順	餘切線	較數	正切線	較數	五十八度
一十六分	〇六〇四六六七七	二三八四	一六五三八〇〇八	六五一七	八十四分
一十七分	〇六〇四九〇六一	二三八四	一六五三一四九一	六五一三	八十三分
一十八分	〇六〇五一四四五	二三八五	一六五二四九七八	六五〇九	八十二分
一十九分	〇六〇五三八三〇	二三八五	一六五一八四六九	六五〇六	八十一分
二十〇分	〇六〇五六二一五	二三八六	一六五一一九六三	六五〇一	八十〇分
二十一分	〇六〇五八六〇一	二三八六	一六五〇五四六一	六四九八	七十九分
二十二分	〇六〇六〇九八七	二三八七	一六四九八九六三	六四九五	七十八分
二十三分	〇六〇六三三七四	二三八七	一六四九二四六八	六四九一	七十七分
二十四分	〇六〇六五七六一	二三八八	一六四八五九七七	六四八七	七十六分
二十五分	〇六〇六八一四九	二三八八	一六四七九四九〇	六四八三	七十五分
二十六分	〇六〇七〇五三七	二三八九	一六四七三〇〇七	六四七九	七十四分
二十七分	〇六〇七二九二六	二三八九	一六四六六〇二八	六四七六	七十三分
二十八分	〇六〇七五三一五	二三九〇	一六四六〇〇五二	六四七二	七十二分
二十九分	〇六〇七七七〇五	二三九〇	一六四五三五八〇	六四六九	七十一分
三十〇分	〇六〇八〇〇九五	二三九一	一六四四七一一一	六四六五	七十〇分
三十一分	〇六〇八二四八六	二三九一	一六四四〇六四六	六四六一	六十九分
三十二分	〇六〇八四八七七	二三九二	一六四三四一八五	六四五七	六十八分
三十三分	〇六〇八七二六九		一六四二七七二八		六十七分

三十一度	正切線	較數	餘切線	較數	下逆
三十三分	〇六〇八七二六九	二三九二	一六四二七七二八	六四五四	六十七分
三十四分	〇六〇八九六六一	二三九三	一六四二一二七四	六四五〇	六十六分
三十五分	〇六〇九二〇五四	二三九三	一六四一四八二四	六四四六	六十五分
三十六分	〇六〇九四四四七	二三九四	一六四〇八三七八	六四四二	六十四分
三十七分	〇六〇九六八四一	二三九四	一六四〇一九三六	六四三二	六十三分
三十八分	〇六〇九九二三五	二三九五	一六三九五四九七	六四三五	六十二分
三十九分	〇六一〇一六三〇	二三九六	一六三八九〇六二	六四三二	六十一分
四十〇分	〇六一〇四〇二六	二三九六	一六三八二六三〇	六四二八	六十〇分
四十一分	〇六一〇六四二二	二三九七	一六三七六二〇二	六四二四	五十九分
四十二分	〇六一〇八八一九	二三九七	一六三六九七七八	六四二〇	五十八分
四十三分	〇六一一一二一六	二三九七	一六三六三三五八	六四一七	五十七分
四十四分	〇六一一三六一三	二三九八	一六三五六九四一	六四一三	五十六分
四十五分	〇六一一六〇一一	二三九八	一六三五〇五二八	六四二〇	五十五分
四十六分	〇六一一八四〇九	二三九九	一六三四四一一八	六四〇六	五十四分
四十七分	〇六一二〇八〇八	二三九九	一六三三七七一二	六四〇二	五十三分
四十八分	〇六一二三二〇七	二四〇〇	一六三三一三一〇	六三九八	五十二分
四十九分	〇六一三五六〇七	二四〇一	一六三二四九一二	六三九五	五十一分
五十〇分	〇六一二八〇〇八		一六三一八五二七		五十〇分

上順	餘切線	較數	正切線	較數	五十八度
五十〇分	〇六一二八〇〇八	二四〇一	一六三一八五一七	六三九一	五十〇分
五十一分	〇六一五〇四〇九	二四〇一	一六三一二一二六	六三八八	四十九分
五十二分	〇六一三二八〇〇	二四〇二	一六三〇五七三八	六三八四	四十八分
五十三分	〇六一三五二〇二	二四〇三	一六二九九三五四	六三八〇	四十七分
五十四分	〇六一五七六〇五	二四〇三	一六二九二九七四	六三七七	四十六分
五十五分	〇六一四〇〇一八	二四〇三	一六二八六五九七	六三七三	四十五分
五十六分	〇六一四二四二一	二四〇四	一六二八〇二二四	六三六九	四十四分
五十七分	〇六一四四八二五	二四〇五	一六二七三八五五	六三六六	四十三分
五十八分	〇六一四七二三〇	二四〇五	一六二六七四八九	六三六二	四十二分
五十九分	〇六一四九六三五	二四〇六	一六二六一一二七	六三五九	四十一分
六十〇分	〇六一五二〇四一	二四〇六	一六二五四七六八	六三五五	四十〇分
六十一分	〇六一五四四四七	二四〇七	一六二四八四一三	六三五一	三十九分
六十二分	〇六一五六八五四	二四〇七	一六二四二〇六二	六三四八	三十八分
六十三分	〇六一五九二六一	二四〇八	一六二三五七一四	六三四四	三十七分
六十四分	〇六一六一六六九	二四〇八	一六二二九三七〇	六三四一	三十六分
六十五分	〇六一六四〇七七	二四〇九	一六二二三〇二九	六三三七	三十五分
六十六分	〇六一六六四八六	二四〇九	一六二一六六九二	六三三三	三十四分
六十七分	〇六一六八八九五		一六二一〇三五九		三十三分

上順	餘切線	較數	正切線	較數	五十八度
百〇分	〇六二四八六九四		一六〇〇三三四五		〇分
九十九分	〇六二四六二六八	二四二六	一六〇〇九五六三	六二一八	一分
九十八分	〇六二四三八四二	二四二六	一六〇一九七八四	六二二一	二分
九十七分	〇六二四一四一六	二四二六	一六〇二二〇〇八	六二二四	三分
九十六分	〇六二三八九九一	二四二五	一六〇二八二三五	六二二七	四分
九十五分	〇六二三六五六六	二四二五	一六〇三四四六五	六二三〇	五分
九十四分	〇六二三四一四二	二四二四	一六〇四〇六九九	六二三四	六分
九十三分	〇六二三一七一九	二四二三	一六〇四六九三七	六二三八	七分
九十二分	〇六二二九二九六	二四二三	一六〇五三一七八	六二四一	八分
九十一分	〇六二二六八七四	二四二二	一六〇五九四二三	六二四五	九分
九十〇分	〇六二二四四五二	二四二二	一六〇六五六七二	六二四九	一十〇分
八十九分	〇六二二二〇三一	二四二一	一六〇七一九二四	六二五二	一十一分
八十八分	〇六二一九六一〇	二四二一	一六〇七八一八〇	六二五六	一十二分
八十七分	〇六二一七一九〇	二四二〇	一六〇八四四三九	六二五九	一十三分
八十六分	〇六二一四七七〇	二四二〇	一六〇九〇七〇一	六二六二	一十四分
八十五分	〇六二一二三五一	二四一九	一六〇九六九六六	六二六五	一十五分
八十四分	〇六二〇九九三二	二四一九	一六一〇三二三〇	六二六九	一十六分

三十一度	正切線	較數	餘切線	較數	下逆
八十四分	〇六二〇九九三二	二四一八	一六一〇三二三五	六二七三	一十六分
八十三分	〇六二〇七五一四	二四一八	一六一〇九五〇八	六二七七	一十七分
八十二分	〇六二〇五〇九六	二四一七	一六一一五七八五	六二八〇	一十八分
八十一分	〇六二〇二六七九	二四一六	一六一二二〇六五	六二八四	一十九分
八十〇分	〇六二〇〇二六三	二四一六	一六一二八三四九	六二八七	二十〇分
七十九分	〇六一九七八四七	二四一五	一六一三四六三六	六二九一	二十一分
七十八分	〇六一九五四三二	二四一五	一六一四〇九二七	六二九四	二十二分
七十七分	〇六一九三〇一七	二四一五	一六一四七二二一	六二九八	二十三分
七十六分	〇六一九〇六〇二	二四一四	一六一五三五二九	六三〇一	二十四分
七十五分	〇六一八八一八八	二四一四	一六一五九八二〇	六三〇五	二十五分
七十四分	〇六一八五七七四	二四一三	一六一六六一二五	六三〇八	二十六分
七十三分	〇六一八三三六一	二四一二	一六一七二四三三	六三一二	二十七分
七十二分	〇六一八〇九四九	二四一二	一六一七八七四五	六三一六	二十八分
七十一分	〇六一七八五三七	二四一一	一六一八五〇六一	六三一九	二十九分
七十〇分	〇六一七六一二六	二四一一	一六一九一三八〇	六三二三	三十〇分
六十九分	〇六一七三七一五	二四一〇	一六一九七七〇三	六三二六	三十一分
六十八分	〇六一七一三〇五	二四一〇	一六二〇四〇二九	六三三〇	三十二分
六十七分	〇六一六八八九五		一六二一〇三五九		三十三分

三十二度	正切線	較數	餘切線	較數	下逆
○分	○六二四八六九四		一六○○三三四五		百○○分
一分	○六二五一一一一	二四二七	一五九九七一三一	六二二四	九十九分
二分	○六二五三五四八	二四二七	一五九九○九二一	六二一○	九十八分
三分	○六二五五九七六	二四二八	一五九八四七一四	六二○七	九十七分
四分	○六二五八四○五	二四二九	一五九七八五一一	六二○三	九十六分
五分	○六二六○八三四	二四二九	一五九七二三一二	六一九九	九十五分
六分	○六二六三二六四	二四三○	一五九六六一一六	六一九六	九十四分
七分	○六二六五六九四	二四三○	一五九五九九二三	六一九三	九十三分
八分	○六二六八一二五	二四三一	一五九五三七三四	六一八九	九十二分
九分	○六二七○五五六	二四三一	一五九四七五四八	六一八六	九十一分
一十○分	○六二七二九八八	二四三二	一五九四一三六六	六一八二	九十○分
一十一分	○六二七五四二一	二四三三	一五九三五一八七	六一七九	八十九分
一十二分	○六二七七八五四	二四三三	一五九二九○一一	六一七六	八十八分
一十三分	○六二八○二八八	二四三四	一五九二二八二九	六一七二	八十七分
一十四分	○六二八二七二二	二四三四	一五九一二六七○	六一六九	八十六分
一十五分	○六二八五一五六	二四三四	一五九一○五○五	六一六五	八十五分
一十六分	○六二八七五九一	二四三五	一五九○四三四三	六一六二	八十四分

上順	餘切線	較數	正切線	較數	五十七度
一十六分	○六二八七五九一		一五九○四三四三		八十四分
一十七分	○六二九○○二六	二四三五	一五八九八一八九	六一五八	八十三分
一十八分	○六二九二四六二	二四三六	一五八九二○三○	六一五五	八十二分
一十九分	○六二九四八九九	二四三七	一五八八五八七八	六一五二	八十一分
二十○分	○六二九七三三六	二四三七	一五八七九七三○	六一四八	八十○分
二十一分	○六二九九七七四	二四三八	一五八七三五八五	六一四四	七十九分
二十二分	○六三○二二一二	二四三八	一五八六七四四四	六一四一	七十八分
二十三分	○六三○四六五一	二四三九	一五八六一三○六	六一三八	七十七分
二十四分	○六三○七[illegible]九○	二四三九	一五八五五一七二	六一三四	七十六分
二十五分	○六三○九五三○	二四四○	一五八四九○四一	六一三一	七十五分
二十六分	○六三一一九七一	二四四一	一五八四二九一三	六一二八	七十四分
二十七分	○六三一四四一二	二四四一	一五八三六七八九	六一二四	七十三分
二十八分	○六三一六八五四	二四四二	一五八三○六六八	六一二一	七十二分
二十九分	○六三一九二九六	二四四二	一五八二四五五○	六一一八	七十一分
三十○分	○六三二一七三八	二四四二	一五八一八四三六	六一一四	七十○分
三十一分	○六三二四一八一	二四四三	一五八一二三二五	六一一一	六十九分
三十二分	○六三二六六二四	二四四三	一五八○六二一七	六一○八	六十八分
三十三分	○六三二九○六八	二四四四	一五八○○一一三	六一○四	六十七分

三十二度	正切線	較數	餘切線	較數	下逆
三十三分	〇六三二九〇六八		一五八〇〇一一三		六十七分
三十四分	〇六三三一五一三	二四四五	一五七九四〇一二	六一〇一	六十六分
三十五分	〇六三三三九五八	二四四五	一五七八七九一五	六〇九七	六十五分
三十六分	〇六三三六四〇四	二四四六	一五七八一八二一	六〇九四	六十四分
三十七分	〇六三三八八五〇	二四四六	一五七七五七三〇	六〇九一	六十三分
三十八分	〇六三四一二九七	二四四七	一五七六九六四三	六〇八七	六十二分
三十九分	〇六三四三七四五	二四四八	一五七六三五五九	六〇八四	六十一分
四十〇分	〇六三四六一九三	二四四八	一五七五七四七九	六〇八〇	六十〇分
四十一分	〇六三四八六四一	二四四八	一五七五一四〇二	六〇七七	五十九分
四十二分	〇六三五一〇九〇	二四四九	一五七四五三二八	六〇七四	五十八分
四十三分	〇六三五三二四〇	二四五〇	一五七三九二五七	六〇七一	五十七分
四十四分	〇六三五五九九〇	二四五〇	一五七三三一九〇	六〇六七	五十六分
四十五分	〇六三五八四四一	二四五一	一五七二七一二六	六〇六四	五十五分
四十六分	〇六三六〇八九二	二四五一	一五七二一〇六五	六〇六一	五十四分
四十七分	〇六三六三三四四	二四五二	一五七一五〇〇八	六〇五七	五十三分
四十八分	〇六三六五七九六	二四五二	一五七〇八九五四	六〇五四	五十二分
四十九分	〇六三六八二四九	二四五三	一五七〇二九〇三	六〇五一	五十一分
五十〇分	〇六三七〇七〇三	二四五四	一五六九六八五六	六〇四七	五十〇分

上順	餘切線	較數	正切線	較數	五十七度
五十〇分	〇六三七〇七〇三		一五六九六八五六		五十〇分
五十一分	〇六三七三一五七	二四五四	一五六九〇八一二	六〇四四	四十九分
五十二分	〇六三七五六一一	二四五四	一五六八四七七一	六〇四一	四十八分
五十三分	〇六三七八〇六六	二四五五	一五六七八七三四	六〇三七	四十七分
五十四分	〇六三八〇五二二	二四五八	一五六七二七〇〇	六〇三四	四十六分
五十五分	〇六三八二九七八	二四五六	一五六六六六六九	六〇三一	四十五分
五十六分	〇六三八五四三五	二四五七	一五六六〇六四一	六〇二八	四十四分
五十七分	〇六三八七八九一	二四五七	一五六五四六一六	六〇二五	四十三分
五十八分	〇六三九〇三五〇	二四五八	一五六四八五九五	六〇二一	四十二分
五十九分	〇六三九二八〇八	二四五八	一五六四二五七八	六〇一七	四十一分
六十〇分	〇六三九九二六七	二四五九	一五六三六五六四	六〇一四	四十〇分
六十一分	〇六三九七七二六	二四五九	一五六三〇五五三	六〇一一	三十九分
六十二分	〇六四〇〇一八六	二四六〇	一五六二四五四五	六〇〇八	三十八分
六十三分	〇六四〇二六四六	二四六〇	一五六一八五四一	六〇〇四	三十七分
六十四分	〇六四〇五一〇七	二四六一	一五六一二五四〇	六〇〇一	三十六分
六十五分	〇六四〇七五六九	二四六二	一五六〇六五四二	五九九八	三十五分
六十六分	〇六四一〇〇三一	二四六二	一五六〇〇五四七	五九九五	三十四分
六十七分	〇六四一二四九四	二四六三	一五五九四五五六	五九九一	三十三分

三十二度	正切線	較數	餘切線	較數	下逆
六十七分	〇六四一二四九四	二四六三	一五五九四五五六	五九八八	三十三分
六十八分	〇六四一四九五七	二四六四	一五五八八五六八	五九八五	三十二分
六十九分	〇六四一七四二一	二四六五	一五五八二九八三	五九八二	三十一分
七十〇分	〇六四一九八八六	二四六五	一五五七六六〇一	五九七九	三十〇分
七十一分	〇六四二二三五一	二四六六	一五五七〇六二二	五九七五	二十九分
七十二分	〇六四二四八一七	二四六六	一五五六四六四七	五九七二	二十八分
七十三分	〇六四二七二八三	二四六六	一五五五六六七五	五九六五	二十七分
七十四分	〇六四二九七四九	二四六七	一五五五二七〇六	五九六〇	二十六分
七十五分	〇六四三二二一六	二四六八	一五五四六七四一	五九六二	二十五分
七十六分	〇六四三四六八四	二四六八	一五五四〇七七九	五九五九	二十四分
七十七分	〇六四三七一五二	二四六九	一五五三四八二〇	五九五六	二十三分
七十八分	〇六四三九六二二	二四六九	一五五二八八六四	五九五二	二十二分
七十九分	〇六四四二〇九〇	二四七〇	一五五二二九一二	五九四九	二十一分
八十〇分	〇六四四四五六〇	二四七〇	一五五一六九六三	五九四六	二十〇分
八十一分	〇六四四七〇三一	二四七一	一五九一一〇一七	五九四三	一十九分
八十二分	〇六四四九五〇二	二四七二	一五七〇五〇七四	五九四〇	一十八分
八十三分	〇六四五一九七四	二四七二	一五四九九一三四	五九三七	一十七分
八十四分	〇六四五四四四一		一五四九三一九七		一十六分

上順	餘切線	較數	正切線	較數	五十七度
百〇〇分	〇六四九四〇七六	二四八一	一五三九八六五〇	五八八五	〇分
九十九分	〇六四九一五九五	二四八一	一五四〇四五三五	五八八八	一分
九十八分	〇六四八九一一四	二四八〇	一五四一〇四二三	五八九二	二分
九十七分	〇六四八六六三四	二四七九	一五四一六三一五	五八九五	三分
九十六分	〇六四八四一五五	二四七九	一五四二二二一〇	五八九八	四分
九十五分	〇六四八一六七六	二四七八	一五四二八一〇八	五九〇二	五分
九十四分	〇六四七九一九八	二四七八	一五四三四〇〇九	五九〇四	六分
九十三分	〇六四七六七二〇	二四七七	一五四三九九一三	五九〇八	七分
九十二分	〇六四七四二四三	二四七七	一五四四五八二一	五九一一	八分
九十一分	〇六四七一七六六	二四七六	一五四五一七三三	五九一四	九分
九十〇分	〇六四六九二九〇	二四七六	一五四五七六四六	五九一七	一十〇分
八十九分	〇六四六六八一四	二四七五	一五四六三五六三	五九二〇	一十一分
八十八分	〇六四六四三三九	二四七四	一五四六九四八三	五九二四	一十二分
八十七分	〇六四六一八六五	二四七四	一五四七五四〇七	五九二七	一十三分
八十六分	〇六四五九三九一	二四七三	一五四八一三三四	五九三〇	一十四分
八十五分	〇六四五六九一八	二四七三	一五四八七二六四	五九三三	一十五分
八十四分	〇六四五四四四六		一五四九三一九七		一十六分

三十三度	正切線	較數	餘切線	較數	下逆
○分	○六四九四○七六	二四八二	一五三九八六五○	五八八二	百○○分
一分	○六四九六五五八	二四八二	一五三九二七六八	五八七九	九十九分
二分	○六四九九○四○	二四八三	一五三八六八八九	五八七六	九十八分
三分	○六五○一五二三	二四八三	一五三八一○一三	五八七三	九十七分
四分	○六五○四○○六	二四八四	一五三七五一四○	五八七○	九十六分
五分	○六五○六四九○	二四八四	一五三六九二七○	五八六七	九十五分
六分	○六五○八九七四	二四八五	一五三六三四○三	五八六三	九十四分
七分	○六五一一四五九	二四八六	一五三五七五四○	五八六○	九十三分
八分	○六五一三九四五	二四八六	一五三五一六八○	五八五七	九十二分
九分	○六五一六四三一	二四八七	一五三四五八二三	五八五四	九十一分
一十○分	○六五一八九一八	二四八八	一五三三九九六九	五八五一	九十○分
一十一分	○六五二一四○六	二四八八	一五三三四一一八	五八四八	八十九分
一十二分	○六五二三八九四	二四八八	一五三二八二七○	五八四四	八十八分
一十三分	○六五二六三八二	二四八九	一五三二二四二六	五八四一	八十七分
一十四分	○六五二八八七一	二四八九	一五三一六五八五	五八三八	八十六分
一十五分	○六五三一三六○	二四九○	一五三一○七四七	五八三五	八十五分
一十六分	○六五三三八五○		一五三○四九一三		八十四分

上順	餘切線	較數	正切線	較數	五十六度
一十六分	○六五三三八五○	二四九一	一五三○四九一二	五八三二	八十四分
一十七分	○六五三六三四一	二四五二	一五二九九○八○	五八二九	八十三分
一十八分	○六五三八八三三	二四九二	一五二九三二五一	五八二六	八十二分
一十九分	○六五四一三二四	二四九三	一五二八七四二五	五八二三	八十一分
二十○分	○六五四三八一七	二四九三	一五二八一六○二	五八二○	八十○分
二十一分	○六五四六三一○	二四九三	一五二七五七八二	五八一七	七十九分
二十二分	○六五四八八○三	二四九四	一五二六九九六五	五八一三	七十八分
二十三分	○六五五一二九七	二四九五	一五二六四一九二	五八一○	七十七分
二十四分	○六五五三七九二	二四九五	一五二五八三四二	五八○七	七十六分
二十五分	○六五五六二八七	二四九六	一五二五二五三五	五八○四	七十五分
二十六分	○六五五八七八三	二四九六	一五二四六七三一	五八○一	七十四分
二十七分	○六五六一二七九	二四九七	一五二四○九三○	五七九八	七十三分
二十八分	○六五六三七七六	二四九八	一五二三五一三二	五七九五	七十二分
二十九分	○六五六六二七四	二四九八	一五二二九三三七	五七九二	七十一分
三十○分	○六五六八七七二	二四九九	一五二二三五四五	五七八八	七十○分
三十一分	○六五七一二七一	二四九九	一五二一七七五七	五七八五	六十九分
三十二分	○六五七三七七○	二五○○	一五二一一九七二	五七八三	六十八分
三十三分	○六五七六二七○		一五二○六一八九		六十七分

三十三度	正切線	較數	餘切線	較數	下逆
三十三分	〇六五七六二七〇	二五〇〇	一五二〇六一八九	五七八〇	六十七分
三十四分	〇六五七八七七〇	二五〇一	一五二〇〇四〇九	五七七七	六十六分
三十五分	〇六五八一二七一	二五〇二	一五一九四六三二	五七七四	六十五分
三十六分	〇六五八三七七三	二五〇二	一五一八八八五八	五七七〇	六十四分
三十七分	〇六五八六二七五	二五〇三	一五一八三〇八八	五七六七	六十三分
三十八分	〇六五八八七七八	二五〇三	一五一七七三二一	五七六四	六十二分
三十九分	〇六五九一二八一	二五〇四	一五一七一五五七	五七六一	六十一分
四十〇分	〇六五九三七八五	二五〇五	一五一六五七九六	五七五八	六十〇分
四十一分	〇六五九六二九〇	二五〇六	一五一六〇〇三八	五七五五	五十九分
四十二分	〇六五九八七九六	二五〇六	一五一五四二八三	五七五二	五十八分
四十三分	〇六六〇一三〇二	二五〇六	一五一四八五三一	五七四九	五十七分
四十四分	〇六六〇三八〇八	二五〇七	一五一四二七八二	五七四六	五十六分
四十五分	〇六六〇六三一五	二五〇七	一五一三七〇三六	五七四二	五十五分
四十六分	〇六六〇八八二二	二五〇八	一五一三一二九四	五七四〇	五十四分
四十七分	〇六六一一三三〇	二五〇八	一五一二五五五四	五七三七	五十三分
四十八分	〇六六一三八三八	二五〇九	一五一一九八一七	五七三四	五十二分
四十九分	〇六六一六三四七	二五〇九	一五一一四〇八三	五七三一	五十一分
五十〇分	〇六六一八八五六		一五一〇八三五二		五十〇分

上順	餘切線	較數	正切線	較數	五十六度
五十〇分	〇六六一八八五六	二五一〇	一五一〇八三五二	五七二七	五十〇分
五十一分	〇六六二一三六六	二五一一	一五一〇二六二五	五七二五	四十九分
五十二分	〇六六二三八七七	二五一一	一五〇九六九〇〇	五七二二	四十八分
五十三分	〇六六二六三八八	二五一二	一五〇九一一七八	五七一九	四十七分
五十四分	〇六六二八九〇〇	二五一三	一五〇八五四五九	五七一六	四十六分
五十五分	〇六六三一四一三	二五一三	一五〇七九七四三	五七一三	四十五分
五十六分	〇六六三三九二六	二五一四	一五〇七四〇三〇	五七一〇	四十四分
五十七分	〇六六三六四四〇	二五一四	一五〇六八三二〇	五七〇七	四十三分
五十八分	〇六六三八九五四	二五一五	一五〇六二六一三	五七〇三	四十二分
五十九分	〇六六四一四六九	二五一五	一五〇五六九一〇	五六〇〇	四十一分
六十〇分	〇六六四三九八四	二五一六	一五〇五一二一〇	五六九七	四十〇分
六十一分	〇六六四六五〇〇	二五一七	一五〇四五五一三	五六九四	三十九分
六十二分	〇六六四九〇一七	二五一七	一五〇三九八一九	五六九三	三十五分
六十三分	〇六六五一五三四	二五一八	一五〇三四一二七	五六八九	三十七分
六十四分	〇六六五四〇五二	二五一八	一五〇二八四三八	五六八六	三十六分
六十五分	〇六六五六五七〇	二五一九	一五〇二二七五二	五六八三	三十五分
六十六分	〇六六五九〇八九	二五二〇	一五〇一七[illegible]六九	五六〇〇	三十四分
六十七分	〇六六六一六〇九		一五〇一一〇八九		三十三分

三十三度	正切線	較數	餘切線	較數	下逆
六十七分	〇六六六一六〇九		一五〇一一〇八九		三十三分
六十八分	〇六六六四一二九	二五二〇	一五〇〇五七一二	五六七七	三十二分
六十九分	〇六六六六六五一	二五二一	一五〇〇〇〇五八	五六七四	三十一分
七十〇分	〇六六六九一七一	二五二一	一四九九四三六七	五六七二	三十〇分
七十一分	〇六六七一六九三	二五二二	一四九八八七〇〇	五六六七	二十九分
七十二分	〇六六七四二一六	二五二三	一四九八三〇三六	五六六四	二十八分
七十三分	〇六六七六七三九	二五二三	一四九七七三七四	五六六二	二十七分
七十四分	〇六六七九二六三	二五二四	一四九七一七一五	五六五九	二十六分
七十五分	〇六六八一七八七	二五二四	一四九六六〇五八	五六五七	二十五分
七十六分	〇六六八四三一二	二五二五	一四九六〇四〇四	五六五四	二十四分
七十七分	〇六六八六八三七	二五二五	一四九五四七五四	五六五〇	二十三分
七十八分	〇六六八九三六三	二五二六	一四九四九一〇七	五六四七	二十二分
七十九分	〇六六九一八九〇	二五二七	一四九四三四六三	五六四四	二十一分
八十〇分	〇六六九四四一七	二五二七	一四九三七八二二	五六四一	二十〇分
八十一分	〇六六九六九四五	二五二八	一四九三二一八三	五六三九	一十九分
八十二分	〇六六九九四七三	二五二八	一四九二六五四七	五六三六	一十八分
八十三分	〇六七〇二〇〇二	二五二九	一四九二〇九一四	五六三三	一十七分
八十四分	〇六七〇四五三二	二五三〇	一四九一五二八五	五六二九	一十六分

上順	餘切線	較數	正切線	較數	五十六度
八十四分	〇六七〇四五三二		一四九一五二八五		一十六分
八十五分	〇六七〇七〇六二	二五三〇	一四九〇九六五九	五六二六	一十五分
八十六分	〇六七〇九五九三	二五三一	一四九〇四〇三六	五六二三	一十四分
八十七分	〇六七一二一二四	二五三一	一四八九八四一六	五六二〇	一十三分
八十八分	〇六七一四六五六	二五三二	一四八九二七九八	五六一八	一十二分
八十九分	〇六七一七一八八	二五三二	一四八八七一八三	五六一五	一十一分
九十〇分	〇六七一九七二一	二五三三	一四八八一五七〇	五六一三	一十〇分
九十一分	〇六七二二二五五	二五三四	一四八七五九六〇	五六一〇	九分
九十二分	〇六七二四七八九	二五三四	一四八七〇三五三	五六〇七	八分
九十三分	〇六七二七三二四	二五三五	一四八六四七五〇	五六〇三	七分
九十四分	〇六七二九八六〇	二五三六	一四八五九一五〇	五六〇〇	六分
九十五分	〇六七三二三九六	二五三六	一四八五三五五三	五五九七	五分
九十六分	〇六七三四九三三	二五三七	一四八四七九五九	五五九四	四分
九十七分	〇六七三七四七〇	二五三七	一四八四二三六八	五五九一	三分
九十八分	〇六七四〇〇〇八	二五三八	一四八三六七七九	五五八九	二分
九十九分	〇六七四二五四六	二五三八	一四八三一一九三	五五八六	一分
百〇〇分	〇六七四五〇八五	二五三九	一四八二五六一〇	五五八三	〇分

三十四度	正切線	較數	餘切線	較數	下逆
○分	○六七四五○八五		一四八二五六一○		百○○分
一分	○六七四七六二五	二五四○	一四八二○○三一	五五八○	九十九分
二分	○六七五○一六六	二五四一	一四八一四四五三	五五七八	九十八分
三分	○六七五二七○七	二五四一	一四八○八八七九	五五七四	九十七分
四分	○六七五五二四八	二五四一	一四八○三三○七	五五七二	九十六分
五分	○六七五七七九○	二五四二	一四七九七七三八	五五六九	九十五分
六分	○六七六○三三三	二五四三	一四七九二一七二	五五六六	九十四分
七分	○六七六二八七六	二五四三	一四七八六六○九	五五六三	九十三分
八分	○六七六五四二○	二五四四	一四七八一○四九	五五六○	九十二分
九分	○六七六七九六四	二五四四	一四七七五四九二	五五五七	九十一分
一十○分	○六七七○五○九	二五四五	一四七六九九三八	五五五四	九十○分
一十一分	○六七七三○五五	二五四六	一四七六四三八七	五五五一	八十九分
一十二分	○六七七五六○一	二五四六	一四七五八八三九	五五四八	八十八分
一十三分	○六七七八一四八	二五四七	一四七五三二九三	五五四六	八十七分
一十四分	○六七八○六九六	二五四八	一四七四七七五○	五五四三	八十六分
一十五分	○六七八三二四四	二五四八	一四七四二二一○	五五四○	八十五分
一十六分	○六七八五七九三	二五四九	一四七三六六七二	五五三七	八十四分

上順	餘切線	較數	正切線	較數	五十五度
一十六分	○六七八五七九三		一四七三六六七三		八十四分
一十七分	○六七八八三四二	二五四九	一四七三一一三九	五五三四	八十三分
一十八分	○六七九○八九二	二五五○	一四七五五六○八	五五三一	八十二分
一十九分	○六七九三四四二	二五五○	一四七二○○七五	五五二九	八十一分
二十○分	○六七九五九九二	二五五一	一四七一四五五三	五五二六	八十○分
二十一分	○六七九八五四五	二五五二	一四七○九○二九	五五二四	七十九分
二十二分	○六八○一○九七	二五五二	一四七○三五○九	五五二○	七十八分
二十三分	○六八○三六五○	二五五三	一四六九七九九二	五五一七	七十七分
二十四分	○六八○六二○四	二五五四	一四六九二四七八	五五一四	七十六分
二十五分	○六八○八七五八	二五五四	一四六八六九六七	五五一一	七十五分
二十六分	○六八一一三一三	二五五五	一四六八一四五九	五五○八	七十四分
二十七分	○六八一三八六九	二五五六	一四六七五九五三	五五○六	七十三分
二十八分	○六八一六四二五	二五五六	一四六七○四五○	五五○三	七十二分
二十九分	○六八一八九八一	二五五六	一四六六四九五○	五五○○	七十一分
三十○分	○六八二一五三八	二五五七	一四六五九四五二	五四九八	七十○分
三十一分	○六八二四○九六	二五五八	一四六五三九五七	五四九五	六十九分
三十二分	○六八二六六五五	二五五九	一四六四八四六五	五四九二	六十八分
三十三分	○六八二九二一四	二五五九	一四六四二九七六	五四八九	六十七分

上順	餘切線	較數	正切線	較數	五十五度
六十七分	○六九一六五八四	二五八○	一四四五八○○三	五三九五	三十三分
六十六分	○六九一四○○四	二五七九	一四四六三三九八	五三九八	三十四分
六十五分	○六九一一四二五	二五七九	一四四六八七九六	五四○○	三十五分
六十四分	○六九○八八四六	二五七八	一四四七四一九六	五四○三	三十六分
六十三分	○六九○六二六八	二五七七	一四四七九五九九	五四○六	三十七分
六十二分	○六九○三六九一	二五七七	一四四八五○○五	五四○九	三十八分
六十一分	○六九○一一一四	二五七六	一四四九○四一四	五四一一	三十九分
六十○分	○六八九八五三八	二五七六	一四四九五八二五	五四一四	四十○分
五十九分	○六八九五九六二	二五七五	一四五○一二三九	五四一七	四十一分
五十八分	○六八九三三八七	二五七四	一四五○六六五六	五四二○	四十二分
五十七分	○六八九○八一三	二五七四	一四五一二○七六	五四二二	四十三分
五十六分	○六八八八二三九	二五七三	一四五一七四九八	五四二七	四十四分
五十五分	○六八八五六六六	二五七二	一四五二二九二三	五四二八	四十五分
五十四分	○六八八三○九四	二五七二	一四五二八三五一	五四二一	四十六分
五十三分	○六八八○五三二	二五七一	一四五三三七八二	五四三四	四十七分
五十二分	○六八七七九五一	二五七一	一四五三九二一六	五四三六	四十八分
五十一分	○六八七五三八○	二五七○	一四五四四六五二	五四三九	四十九分
五十○分	○六八七二八一○		一四五五○○九一		五十○分

三十四度	正切線	較數	餘切線	較數	下逆
三十三分	○六八二九二一四	二五五九	一四六四二九七六	五四八六	六十七分
三十四分	○六八三一七七三	二五六○	一四六三七四九○	五四八三	六十六分
三十五分	○六八三四三三三	二五六一	一四六三二○○七	五四八○	六十五分
三十六分	○六八三六八九四	二五六二	一四六二六五二七	五四七八	六十四分
三十七分	○六八三九四五六	二五六二	一四六二一○四九	五四七五	六十三分
三十八分	○六八四二○一八	二五六二	一四六一五五七四	五四七二	六十二分
三十九分	○六八四四五八○	二五六三	一四六一○一○二	五四七○	六十一分
四十○分	○六八四七一四三	二五六四	一四六○四六三二	五四六七	六十○分
四十一分	○六八四九七○七	二五六五	一四五九九一六五	五四六四	五十九分
四十二分	○六八五二二七二	二五六五	一四五九三七○一	五四六一	五十八分
四十三分	○六八五四八三七	二五六六	一四五八八二四○	五四五八	五十七分
四十四分	○六八五七四○三	二五六六	一四五八二七八二	五四五六	五十六分
四十五分	○六八五九九六九	二五六七	一四五七七三二六	五四五三	五十五分
四十六分	○六八六二五三六	二五六八	一四五七一八七三	五四五○	五十四分
四十七分	○六八六五一○四	二五六八	一四五六六四二三	五四四七	五十三分
四十八分	○六八六七六七二	二五六九	一四五六○九七六	五四四四	五十二分
四十九分	○六八七○二四一	二五六九	一四五五五五三二	五四四二	五十一分
五十○分	○六八七二八一○		一四五五○○九○		五十○分

三十四度	正切線	較數	餘切線	較數	下逕
六十七分	〇六九一六五八四		一四四五八〇〇三		三十三分
六十八分	〇六九一九一六五	二五八一	一四四五二六一一	五三九二	三十二分
六十九分	〇六九二一七四六	二五八一	一四四四七二二一	五三九〇	三十一分
七十〇分	〇六九二四三二八	二五八二	一四四四一八三四	五三八七	三十〇分
七十一分	〇六九二六九一一	二五八三	一四四三六四五〇	五三八四	二十九分
七十二分	〇六九二九四九四	二五八三	一四四三一〇六九	五三八一	二十八分
七十三分	〇六九三二〇七八	二五八四	一四四二五六九〇	五三七九	二十七分
七十四分	〇六九三四六六二	二五八四	一四四二〇三一四	五三七六	二十六分
七十五分	〇六九三七二四七	二五八五	一四四一四九四〇	五三七四	二十五分
七十六分	〇六九三九八三二	二五八五	一四四〇九五六九	五三七一	二十四分
七十七分	〇六九四二四一八	二五八六	一四四〇四二〇一	五三六八	二十三分
七十八分	〇六九四五〇〇五	二五八七	一四三九八八三六	五三六五	二十二分
七十九分	〇六九四七五九三	二五八八	一四三八三四七四	五三六二	二十一分
八十〇分	〇六九五〇一八一	二五八八	一四三八八一一四	五三六〇	二十〇分
八十一分	〇六九五二七七〇	二五八九	一四三八二七五七	五三五七	一十九分
八十二分	〇六九五五三五九	二五八九	一四三七七四〇三	五三五四	一十八分
八十三分	〇六九五七九四九	二五九〇	一四三七二〇五一	五三五二	一十七分
八十四分	〇六九六〇五四〇	二五九一	一四三六六七〇二	五三四九	一十六分

上覆	餘切線	較數	正切線	較數	五十五度
八十四分	〇六九六〇五四〇		一四三六六七〇二		一十六分
八十五分	〇六九六三一三一	二五九一	一四三六一三五六	五三四六	一十五分
八十六分	〇六九六五七二三	二五九二	一四三五六〇一二	五三四四	一十四分
八十七分	〇六九六八三一六	二五九三	一四三五〇六七一	五三四一	一十三分
八十八分	〇六九七〇九〇九	二五九三	一四三四五三三三	五三三八	一十二分
八十九分	〇六九七三五〇三	二五九四	一四三三九九九七	五三三六	一十一分
九十〇分	〇六九七六〇九七	二五九四	一四三三四六六四	五三三三	一十〇分
九十一分	〇六九七八六九二	二五九五	一四三二九三三四	五三三〇	九分
九十二分	〇六九八一二八八	二五九六	一四三二四〇〇六	五三二八	八分
九十三分	〇六九八三八八四	二五九六	一四三一八六八一	五三二五	七分
九十四分	〇六九八六四八一	二五九七	一四三一三三五九	五三二二	六分
九十五分	〇六九八九〇七八	二五九七	一四三〇八〇三九	五三二〇	五分
九十六分	〇六九九一六七六	二五九八	一四三〇二七二二	五三一七	四分
九十七分	〇六九九四二七五	二五九九	一四二九七四〇八	五三一四	三分
九十八分	〇六九九六八七四	二五九九	一四二九二〇九六	五三一二	二分
九十九分	〇六九九九四七四	二六〇〇	一四二八六七八七	五三〇九	一分
百〇〇分	〇七〇〇二〇七五	二六〇一	一四二八一四八〇	五三〇七	〇分

三十五度	正切線	較數	餘切線	較數	下逆
〇分	〇七〇〇二〇七五		一四二八一四八〇		百〇分
一分	〇七〇〇四六七七	二六〇二	一四二七六一七六	五三〇四	九十九分
二分	〇七〇〇七二七九	二六〇二	一四二七〇八七五	五三〇一	九十八分
三分	〇七〇〇九八八二	二六〇三	一四二六五五七六	五二九九	九十七分
四分	〇七〇一二四八五	二六〇三	一四二六〇二八〇	五二九六	九十六分
五分	〇七〇一五〇八九	二六〇四	一四二五四九八七	五二九三	九十五分
六分	〇七〇一七六九三	二六〇四	一四二四九六九七	五二九〇	九十四分
七分	〇七〇二〇二九八	二六〇五	一四二四四四一〇	五二八七	九十三分
八分	〇七〇二二九〇四	二六〇六	一四二三九一二五	五二八五	九十二分
九分	〇七〇二五五一一	二六〇七	一四二三三八四二	五二八三	九十一分
一十〇分	〇七〇二八一一八	二六〇七	一四二二八五六一	五二八一	九十〇分
一十一分	〇七〇三〇七二六	二六〇八	一四二二三二八三	五二七八	八十九分
一十二分	〇七〇三三三三五	二六〇九	一四二一八〇〇八	五二七五	八十八分
一十三分	〇七〇三五九四四	二六〇九	一四二一二七三六	五二七二	八十七分
一十四分	〇七〇三八五四三	二六一〇	一四二〇七四六七	五二六九	八十六分
一十五分	〇七〇四一一六三	二六一〇	一四二〇二二〇〇	五二六七	八十五分
一十六分	〇七〇四三七七四	二六一一	一四一九六九三五	五二六五	八十四分

上順	餘切線	較數	正切線	較數	五十四度
一十六分	〇七〇四三七七四		一四一九六九三五		八十四分
一十七分	〇七〇四六三八六	二六一二	一四一九一六七三	五二六二	八十三分
一十八分	〇七〇四八九九八	二六一二	一四一八六四一四	五二五九	八十二分
一十九分	〇七〇五一六一一	二六一三	一四一八一一五八	五二五六	八十一分
二十〇分	〇七〇五四二二四	二六一三	一四一七五九〇四	五二五四	八十〇分
二十一分	〇七〇五六八三八	二六一四	一四一七〇六五二	五二五二	七十九分
二十二分	〇七〇五九四五三	二六一五	一四一六五四〇三	五二四九	七十八分
二十三分	〇七〇六二〇六八	二六一五	一四一六〇一五七	五二四六	七十七分
二十四分	〇七〇六四六八四	二六一六	一四一五四九一〇	五二四三	七十六分
二十五分	〇七〇六七三〇一	二六一七	一四一四九六七三	五二四一	七十五分
二十六分	〇七〇六九九一九	二六一八	一四一四四四三五	五二三八	七十四分
二十七分	〇七〇七二五三七	二六一八	一四一三九一九九	五二三六	七十三分
二十八分	〇七〇七五一五六	二六一九	一四一三三九六六	五二三三	七十二分
二十九分	〇七〇七七七七五	二六一九	一四一二八七三五	五二三一	七十一分
三十〇分	〇七〇八〇三九五	二六二〇	一四一二三五〇六	五二二九	七十〇分
三十一分	〇七〇八三〇一五	二六二〇	一四一一八二七九	五二二七	六十九分
三十二分	〇七〇八五六三六	二六二一	一四一一三〇五六	五二二三	六十八分
三十三分	〇七〇八八二五八	二六二二	一四一〇七八三六	五二二〇	六十七分

三十五度	正切線	較數	餘切線	較數	下逆
三十三分	〇七〇八八二五八	二六二三	一四一〇七八三六	五二一七	六十七分
三十四分	〇七〇九〇八八一	二六二三	一四一〇二六一九	五二一四	六十六分
三十五分	〇七〇九三五〇四	二六二四	一四〇九七四〇五	五二一一	六十五分
三十六分	〇七〇九六一二八	二六二五	一四〇九二一九四	五二〇九	六十四分
三十七分	〇七〇九八七五三	二六二五	一四〇八六九八五	五二〇八	六十三分
三十八分	〇七一〇一三七八	二六二六	一四〇八一七七七	五二〇六	六十二分
三十九分	〇七一〇四〇〇四	二六二六	一四〇七六五七一	五二〇四	六十一分
四十〇分	〇七一〇六六三〇	二六二七	一四〇七一三六七	五二〇二	六十〇分
四十一分	〇七一〇九二五七	二六二八	一四〇六五九六五	五一九八	五十九分
四十二分	〇七一一一八八五	二六二九	一四〇六〇八六七	五一九五	五十八分
四十三分	〇七一一四五一四	二六二九	一四〇五五七七二	五一九一	五十七分
四十四分	〇七一一七一四三	二六三〇	一四〇五〇六八一	五一八八	五十六分
四十五分	〇七一一九七七三	二六三〇	一四〇四五三九三	五一八六	五十五分
四十六分	〇七一二二四〇三	二六三一	一四〇四〇二〇七	五一八四	五十四分
四十七分	〇七一二五〇三四	二六三二	一四〇三四七二三	五一八二	五十三分
四十八分	〇七一二七六六六	二六三二	一四〇二九六四一	五一八〇	五十二分
四十九分	〇七一三〇二九八	二六三三	一四〇二四五六一	五一七八	五十一分
五十〇分	〇七一三二九三一		一四〇一九四八三		五十〇分

上順	餘切線	較數	正切線	較數	五十四度
五十〇分	〇七一三二九三一	二六三四	一四〇一九四八三	五一七五	五十〇分
五十一分	〇七一三五五六五	二六三四	一四〇一四二〇八	五一七二	四十九分
五十二分	〇七一三八一九九	二六三五	一四〇〇九一三六	五一六五	四十八分
五十三分	〇七一四〇八三四	二六三六	一四〇〇三九六七	五一六七	四十七分
五十四分	〇七一四三四七〇	二六三六	一三九九八八〇〇	五一六四	四十六分
五十五分	〇七一四六一〇六	二六三七	一三九九三六三六	五一六二	四十五分
五十六分	〇七一四八七四三	二六三八	一三九八八四七四	五一五九	四十四分
五十七分	〇七一五一三八一	二六三八	一三九八三三一五	五一五七	四十三分
五十八分	〇七一五四〇一九	二六三九	一三九七八一五八	五一五四	四十二分
五十九分	〇七一五六六五八	二六三九	一三九七三〇〇四	五一五二	四十一分
六十〇分	〇七一五九二九七	二六四〇	一三九六七八五二	五一四九	四十〇分
六十一分	〇七一六一九三七	二六四一	一三九六二七〇三	五一四六	三十九分
六十二分	〇七一六四五七八	二六四二	一三九五七五五七	五一四四	三十八分
六十三分	〇七一六七二二〇	二六四二	一三九五二四一三	五一四二	三十七分
六十四分	〇七一六九八六二	二六四三	一三九四七二七一	五一四〇	三十六分
六十五分	〇七一七二五〇五	二六四四	一三九四二一三一	五一三八	三十五分
六十六分	〇七一七五一四九	二六四四	一三九三六九九六	五一三五	三十四分
六十七分	〇七一七七七九三		一三九三一八六一		三十三分

上限	餘切線	較數	正切線	較數	五十四度
百〇〇分	〇七二六五四二六		一三七六三八一九		〇分
九十九分	〇七二六二七六〇	二六六六	一三七六八八七二	五〇五三	一分
九十八分	〇七二六〇〇九四	二六六六	一三七七三九二七	五〇五五	二分
九十七分	〇七二五七四二九	二六六五	一三七七八九八五	五〇五八	三分
九十六分	〇七二五四七六五	二六六四	一三七八四〇四五	五〇六〇	四分
九十五分	〇七二五二一〇一	二六六四	一三七八九一〇八	五〇六三	五分
九十四分	〇七二四九四三八	二六六三	一三七九四一七三	五〇六五	六分
九十三分	〇七二四六七七六	二六六二	一三七九九二四一	五〇六八	七分
九十二分	〇七二四四一一四	二六六二	一三八〇四三一一	五〇七〇	八分
九十一分	〇七二四一四五三	二六六一	一三八〇九三八三	五〇七二	九分
九十〇分	〇七二三八七九三	二六六〇	一三八一四四五八	五〇七五	一十〇分
八十九分	〇七二三六一三四	二六五九	一三八一九五三五	五〇七七	一十一分
八十八分	〇七二三三四七五	二六五九	一三八二四六一五	五〇八〇	一十二分
八十七分	〇七二三〇八一七	二六五八	一三八二九六九七	五〇八二	一十三分
八十六分	〇七二二八一五九	二六五八	一三八三四七八一	五〇八五	一十四分
八十五分	〇七二二五五二〇	二六五七	一三八三九八六九	五〇八七	一十五分
八十四分	〇七二二二八四六	二六五六	一三八四四九五八	五〇八九	一十六分

三十五度	正切線	較數	餘切線	較數	下限
六十七分	〇七一七七七九三		一三九三一八六一		三十三分
六十八分	〇七一八〇四三八	二六四五	一三九二六七二九	五一三二	三十二分
六十九分	〇七一八三〇八二	二六四六	一三九二一六〇一	五一二八	三十一分
七十〇分	〇七一八五七二九	二六四六	一三九一六四七三	五一二五	三十〇分
七十一分	〇七一八八三七六	二六四七	一三九一一三五一	五一二二	二十九分
七十二分	〇七一九一〇二四	二六四八	一三九〇六二三〇	五一二一	二十八分
七十三分	〇七一九三六七三	二六四八	一三九〇一一一一	五一一九	二十七分
七十四分	〇七一九六三二二	二六四九	一三八九五九九四	五一一七	二十六分
七十五分	〇七一九八九七〇	二六四九	一三八九〇八七九	五一一五	二十五分
七十六分	〇七二〇一六二〇	二六五〇	一三八八五七六六	五一一三	二十四分
七十七分	〇七二〇四二七一	二六五一	一三八八〇六五六	五一一〇	二十三分
七十八分	〇七二〇六九二三	二六五一	一三八七五五四九	五一〇七	二十二分
七十九分	〇七二〇九五七四	二六五二	一三八七〇四四四	五一〇五	二十一分
八十〇分	〇七二一二二二七	二六五三	一三八六五三四二	五一〇二	二十〇分
八十一分	〇七二一四八八一	二六五四	一三八六〇二四二	五一〇〇	一十九分
八十二分	〇七二一七五三五	二六五四	一三八五五一四五	五〇九七	一十八分
八十三分	〇七二二〇一九〇	二六五五	一三八五〇〇五〇	五〇九五	一十七分
八十四分	〇七二二二八四六	二六五六	一三八四四九五八	五〇九二	一十六分

三十六度	正切線	較數	餘切線	較數	下逆
○分	○七二六五四二六	二六六七	一三七六三八一九	五○五○	百○○分
一分	○七二六八○九三	二六六七	一三七五八七六九	五○四八	九十九分
二分	○七二七○七六○	二六六八	一三七五三七二一	五○四六	九十八分
三分	○七二七三四二八	二六六九	一三七四八六七五	五○四三	九十七分
四分	○七二七六○九七	二六七○	一三七四三六三二	五○四一	九十六分
五分	○七二七八七六七	二六七○	一三七三八五九一	五○三九	九十五分
六分	○七二八一四三七	二六七一	一三七三三五五二	五○三六	九十四分
七分	○七二八四一○八	二六七二	一三七二八五一六	五○三四	九十三分
八分	○七二八六七八○	二六七三	一三七二三四八二	五○三一	九十二分
九分	○七二八九四五三	二六七三	一三七一八四五一	五○二八	九十一分
一十○分	○七二九二一二六	二六七四	一三七一三四二三	五○二六	九十○分
一十一分	○七二九四八○○	二六七四	一三七○八三九七	五○二四	八十九分
一十二分	○七二九七四七四	二六七五	一三七○三三七三	五○二二	八十八分
一十三分	○七三○○一四九	二六七六	一三六九八三五一	五○一九	八十七分
一十四分	○七三○二八二五	二六七六	一三六九三三三二	五○一七	八十六分
一十五分	○七三○五五○一	二六七七	一三六八八三一五	五○一五	八十五分
一十六分	○七三○八一七八		一三六七三三○○		八十四分

上順	餘切線	較數	正切線	較數	五十三度
一十六分	○七三○八一七八	二六七八	一三六七三三○○	五○一二	八十四分
一十七分	○七三一○八五六	二六七九	一三六七八二八八	五○一○	八十三分
一十八分	○七三一三五三五	二六七九	一三六七三二七八	五○○七	八十二分
一十九分	○七三一六二一四	二六八○	一三六六八二七一	五○○四	八十一分
二十○分	○七三一八八九四	二六八一	一三六六三二六七	五○○二	八十○分
二十一分	○七三二一五七五	二六八一	一三六五八二六五	五○○○	七十九分
二十二分	○七三二四二五六	二六八二	一三六五三二六五	四九九八	七十八分
二十三分	○七三二六九三八	二六八二	一三六四八二六七	四九九五	七十七分
二十四分	○七三二九六二○	二六八三	一三六四三二七二	四九九三	七十六分
二十五分	○七三三二三○三	二六八四	一三六三八二七九	四九九一	七十五分
二十六分	○七三三四九八七	二六八五	一三六三三二八八	四九八八	七十四分
二十七分	○七三三七六七二	二六八五	一三六二八三○○	四九八六	七十三分
二十八分	○七三四○三五七	二六八六	一三六二三三一四	四九八三	七十二分
二十九分	○七三四三○四五	二六八七	一三六一八三三一	四九八一	七十一分
三十○分	○七三四五七三○	二六八七	一三六一三三五○	四九七八	七十○分
三十一分	○七三四八四一七	二六八八	一三六○八三七二	四九七六	六十九分
三十二分	○七三五一一○五	二六八九	一三六○三三九六	四九七四	六十八分
三十三分	○七三五三七九四		一三五九八四二二		六十七分

三十六度	正切線	較數	餘切線	較數	下逆
三十三分	〇七三五三七九四		一三五九八四二二		六十七分
		二六八九		四九七二	
三十四分	〇七三五六四八三		一三五九三四五〇		六十六分
		二六九一		四九六九	
三十五分	〇七三五九一七四		一三五八八四八一		六十五分
		二六九一		四九六七	
三十六分	〇七三六一八一五		一三五八三五一四		六十四分
		二六九二		四九六五	
三十七分	〇七三六四五五七		一三五七八五四九		六十三分
		二六九二		四九六二	
三十八分	〇七三六七二四九		一三五七三五八七		六十二分
		二六九三		四九六〇	
三十九分	〇七三六九九四二		一三五六八六二七		六十一分
		二六九四		四九五七	
四十〇分	〇七三七二六三六		一三五六三六七〇		六十〇分
		二六九五		四九五五	
四十一分	〇七三七五三三一		一三五五八七一五		五十九分
		二六九五		四九五三	
四十二分	〇七三七八〇二六		一三五五三七六二		五十八分
		二六九六		四九五〇	
四十三分	〇七三八〇七二二		一三五四八八一二		五十七分
		二六九六		四九四八	
四十四分	〇七三八三四一八		一三五四三八六四		五十六分
		二六九七		四九四六	
四十五分	〇七三八六一一五		一三五三八九一八		五十五分
		二六九八		四九四四	
四十六分	〇七三八八八一三		一三五三三九七四		五十四分
		二六九九		四九四一	
四十七分	〇七三九一五一二		一三五二九〇三三		五十三分
		二六九九		四九三九	
四十八分	〇七三九四二一一		一三五二四〇九四		五十二分
		二七〇〇		四九三六	
四十九分	〇七三九六九一一		一三五一九一五八		五十一分
		二七〇〇		四九三四	
五十〇分	〇七三九九六一一		一三五一四二二四		五十〇分

上順	餘切線	較數	正切線	較數	五十三度
五十〇分	〇七三九九六一一		一三五一四二二四		五十〇分
		二七〇一		四九三一	
五十一分	〇七四〇二三一二		一三五〇九二九三		四十九分
		二七〇二		四九二九	
五十二分	〇七四〇五〇一四		一三五〇四三六四		四十八分
		二七〇三		四九二七	
五十三分	〇七四〇七七一七		一三四九九四三七		四十七分
		二七〇三		四九二五	
五十四分	〇七四一〇四二〇		一三四九四五一二		四十六分
		二七〇四		四九二三	
五十五分	〇七四一三一二四		一三四八九五八九		四十五分
		二七〇五		四九二一	
五十六分	〇七四一五八二九		一三四八四六六八		四十四分
		二七〇六		四九一八	
五十七分	〇七四一八五三五		一三四七九七五〇		四十三分
		二七〇六		四九一六	
五十八分	〇七四二一二四一		一三四七四八三四		四十二分
		二七〇七		四九一三	
五十九分	〇七四二三九四八		一三四六九九二一		四十一分
		二七〇七		四九一〇	
六十〇分	〇七四二六六五五		一三四六五〇一一		四十〇分
		二七〇八		四九〇八	
六十一分	〇七四二九三六三		一三四六〇一〇三		三十九分
		二七〇九		四九〇六	
六十二分	〇七四三二五七二		一三四五五一九七		三十八分
		二七一〇		四九〇四	
六十三分	〇七四三四七八二		一三四五〇二九三		三十七分
		二七一一		四九〇二	
六十四分	〇七四三七四九三		一三四四五三九一		三十六分
		二七一一		四八九九	
六十五分	〇七四四〇二〇四		一三四四〇四九二		三十五分
		二七一二		四八九七	
六十六分	〇七四四二九一六		一三四三五五九五		三十四分
		二七一三		四八九五	
六十七分	〇七四四二六二九		一三四三〇七〇〇		三十三分

三十六度	六十七分	六十八分	六十九分	七十〇分	七十一分	七十二分	七十三分	七十四分	七十五分	七十六分	七十七分	七十八分	七十九分	八十〇分	八十一分	八十二分	八十三分	八十四分
正切線	〇七四四五六二九	〇七四四八三四二	〇七四五一〇五六	〇七四五三七七〇	〇七四五六四八五	〇七四五九二〇一	〇七四六一九一八	〇七四六四六三六	〇七四六七三五四	〇七四七〇〇七三	〇七四七二七九三	〇七四七五五一三	〇七四七八二三四	〇七四八〇九五六	〇七四八三六七九	〇七四八六四〇二	〇七四八九一二六	〇七四九一八五〇
較數		二七一三	二七一四	二七一四	二七一五	二七一六	二七一七	二七一八	二七一八	二七一九	二七二〇	二七二〇	二七二一	二七二二	二七二三	二七二三	二七二四	二七二四
餘切線	一三四三〇七〇〇	一三四二五八〇七	一三四二〇九一七	一三四一六〇二九	一三四一一一四三	一三四〇六二六〇	一三四〇一三七九	一三三九六五〇〇	一三三九一六二四	一三三八六七五〇	一三三八一八七八	一三三七七〇〇八	一三三七二一四一	一三三六七二七六	一三三六二四一三	一三三五七五五二	一三三五二六九四	一三三四七八三八
較數		四八九三	四八九〇	四八八八	四八八六	四八八三	四八八一	四八七五	四八七六	四八七四	四八七二	四八七〇	四八六七	四八六五	四八六三	四八六一	四八五八	四八五六
下逆	三十三分	三十二分	三十一分	三十〇分	二十九分	二十八分	二十七分	二十六分	二十五分	二十四分	二十三分	二十二分	二十一分	二十〇分	一十九分	一十八分	一十七分	一十六分

上順	八十四分	八十五分	八十六分	八十七分	八十八分	八十九分	九十〇分	九十一分	九十二分	九十三分	九十四分	九十五分	九十六分	九十七分	九十八分	九十九分	百〇〇分
餘切線	〇七四九一八五〇	〇七四九四五七五	〇七四九七三〇一	〇七五〇〇〇二八	〇七五〇二七五五	〇七五〇五四八三	〇七五〇八二一二	〇七五一〇九四二	〇七五一三六七二	〇七五一六四〇三	〇七五一九一三五	〇七五二一八六七	〇七五二四六〇〇	〇七五二七三三四	〇七五三〇〇六九	〇七五三二八〇四	〇七五三五五四〇
較數		二七二五	二七二六	二七二七	二七二七	二七二八	二七二九	二七三〇	二七三〇	二七三一	二七三二	二七三二	二七三三	二七三四	二七三五	二七三五	二七三六
正切線	一三三四七八三八	一三三四二九八四	一三三三八一三二	一三三三三二八三	一三三二八四三六	一三三二三五九一	一三三一八七四九	一三三一三九〇九	一三三〇九〇七一	一三三〇四二三五	一三二九九四〇二	一三二九四五七一	一三二八九七四二	一三二八四九一五	一三二八〇〇九〇	一三二七五二六八	一三二七〇四四八
較數		四八五四	四八五二	四八四九	四八四七	四八四五	四八四二	四八四〇	四八三八	四八三六	四八三三	四八三一	四八二九	四八二七	四八二五	四八二〇	四八二〇
五十三度	一十六分	一十五分	一十四分	一十三分	一十二分	一十一分	一十〇分	九分	八分	七分	六分	五分	四分	三分	二分	一分	〇分

三十七度	正切線	較數	餘切線	較數	下逆
〇分	〇七五三五五四〇		一三二七〇四四八		百〇〇分
一分	〇七五三八二七七	二七三十	一三二六五六三〇	四八二八	九十九分
二分	〇七五四一〇一五	二七三八	一三二六〇八一四	四八一六	九十八分
三分	〇七五四三七五三	二七三八	一三二五六〇〇一	四八一二	九十七分
四分	〇七五四六四九二	二七三九	一三二五一一九〇	四八一一	九十六分
五分	〇七五四九二三二	二七四〇	一三二四六三八一	四八〇九	九十五分
六分	〇七五五一九七三	二七四一	一三二四一五七四	四八〇二	九十四分
七分	〇七五五四七一四	二七四二	一三二三六七七〇	四八〇四	九十三分
八分	〇七五五七四五六	二七四二	一三二三一九六八	四八〇二	九十二分
九分	〇七五六〇一九八	二七四二	一三二二七一六八	四八〇〇	九十一分
一十〇分	〇七五六二九四一	二七四三	一三二二二三七〇	四七九八	九十〇分
一十一分	〇七五六五六八五	二七四四	一三二一七五七四	四七九六	八十九分
一十二分	〇七五六八四三〇	二七四五	一三二一二七八一	四七九三	八十八分
一十三分	〇七五七一一七五	二七四五	一三二〇七九九〇	四七九一	八十七分
一十四分	〇七五七三九二一	二七四六	一三一〇三二〇一	四七八九	八十六分
一十五分	〇七五七六六六八	二七四七	一三一九八四一四	四七八七	八十五分
一十六分	〇七五七九四一五	二七四七	一三一九三六二九	四七八五	八十四分

上順	餘切線	較數	正切線	較數	五十二度
一十六分	〇七五七九四一五		一三一九三六二九		八十四分
一十七分	〇七五八二一六三	二七四八	一三一八八八四六	四七八三	八十三分
一十八分	〇七五八四九一二	二七四九	一三一八四〇六六	四七八〇	八十二分
一十九分	〇七五八七六六二	二七五〇	一三一七九二八八	四七七八	八十一分
二十〇分	〇七五九〇四一三	二七五一	一三一七四五一三	四七七五	八十〇分
二十一分	〇七五九三一六四	二七五一	一三一六九七四〇	四七七三	七十九分
二十二分	〇七五九五九一六	二七五二	一三一六四九六九	四七七一	七十八分
二十三分	〇七五九八六六九	二七五三	一三一六〇二〇〇	四七六九	七十五分
二十四分	〇七六〇一四二三	二七五四	一三一五五四三三	四七六七	七十六分
二十五分	〇七六〇四一七七	二七五四	一三一五〇六六八	四七六五	七十五分
二十六分	〇七六〇六九三二	二七五五	一三一四五九〇五	四七六三	七十四分
二十七分	〇七六〇九六八八	二七五六	一三一四一一四四	四七六一	七十三分
二十八分	〇七六一二四四四	二七五六	一三一三六三八六	四七五八	七十二分
二十九分	〇七六一五二〇一	二七五七	一三一三一六三〇	四七五六	七十一分
三十〇分	〇七六一七九五九	二七五八	一三一二六八七六	四七五四	七十〇分
三十一分	〇七六二〇七一八	二七五九	一三一二二一二四	四七五二	六十九分
三十二分	〇七六二三四七七	二七五九	一三一一七三七五	四七四九	六十八分
三十三分	〇七六二六二三七	二七六〇	一三一一二六二八	四七四七	六十七分

三十七度	正切線	較數	餘切線	較數	下逆
三十三分	○七六二六二三七	二七六一	一三一一二六二八	四七四五	六十七分
三十四分	○七六二八九九八	二七六一	一三一○七八八三	四七四三	六十六分
三十五分	○七六三一七五九	二七六二	一三一○三一四○	四七四一	六十五分
三十六分	○七六三四五二一	二七六三	一三○九八三九九	四七三九	六十四分
三十七分	○七六三七二八四	二七六四	一三○九三六六○	四七三七	六十三分
三十八分	○七六四○○四八	二七六四	一三○八八九二三	四七三四	六十二分
三十九分	○七六四二八一二	二七六五	一三○八四一八九	四七三二	六十一分
四十○分	○七六四五五七七	二七六六	一三○七九四五七	四七三○	六十○分
四十一分	○七六四八三四三	二七六七	一三○七四七二七	四七二八	五十九分
四十二分	○七六五一一一○	二七六七	一三○六九九九九	四七二六	五十八分
四十三分	○七六五三八七七	二七六八	一三○六五二七三	四七二四	五十七分
四十四分	○七六五六六四五	二七六九	一三○六○五四九	四七二一	五十六分
四十五分	○七六五九四一四	二七七○	一三○五五八二八	四七一九	五十五分
四十六分	○七六六二一八四	二七七○	一三○五一一○九	四七一七	五十四分
四十七分	○七六六四九五四	二七七一	一三○四六三九二	四七一五	五十三分
四十八分	○七六六七七二五	二七七二	一三○四一六七七	四七一三	五十二分
四十九分	○七六七○四九七	二七七三	一三○三六九六四	四七一○	五十一分
五十○分	○七六七三二七○		一三○三二二五四		五十○分

上順	餘切線	較數	正切線	較數	五十二度
五十○分	○七六七三二七○	二七七三	一三○三二二五四	四六○八	五十○分
五十一分	○七六七六○四三	二七七四	一三○二七五四六	四六○六	四十九分
五十二分	○七六七八八一七	二七七五	一三○二二八四○	四六○四	四十八分
五十三分	○七六八一九九二	二七七六	一三○一八一三六	四六○三	四十七分
五十四分	○七六八四三六八	二七七六	一三○一三四三三	四六○一	四十六分
五十五分	○七六八七一四四	二七七七	一三○○八七三二	四六九一	四十五分
五十六分	○七六八九九二一	二七七八	一三○○四○三二	四六九六	四十四分
五十七分	○七六九二六五九	二七七九	一二九九九三三七	四六九三	四十三分
五十八分	○七六九五四七八	二七七九	一二九九四六四四	四六九一	四十二分
五十九分	○七六九八二五七	二七八○	一二九八九九五一	四六八八	四十一分
六十○分	○七七○一○三七	二七八一	一二九八五二六五	四六八六	四十○分
六十一分	○七七○三八一八	二七八一	一二九八○五七九	四六八五	三十九分
六十二分	○七七○六五九九	二七八二	一二九七五八九四	四六八三	三十八分
六十三分	○七七○九三八一	二七八三	一二九七一二一一	四六八一	三十七分
六十四分	○七七一二一六四	二七八四	一二九六六五三○	四六八○	三十六分
六十五分	○七七一四五四八	二七八五	一二九六一八五○	四六七八	三十五分
六十六分	○七七一七七三三	二七八五	一二九五七一七二	四六七五	三十四分
六十七分	○七七二○五一八		一二九五二四九七		三十三分

三十七度	正切線	較數	餘切線	較數	下限
六十七分	〇七七二〇五一八	二七八六	一二九五二四九七	四六七二	三十三分
六十八分	〇七七二三三〇四	二七八七	一二九四七八二五	四六七〇	三十二分
六十九分	〇七五二八〇九一	二七八八	一二九四三一五五	四六六七	三十一分
七十〇分	〇七七二八八七九	二七八八	一二九三八四八八	四六六五	三十〇分
七十一分	〇七七三一六六七	二七八九	一二九三三八二三	四六六三	二十九分
七十二分	〇七七三四四五六	二七九〇	一二九二九一六〇	四六六二	二十八分
七十三分	〇七七三七二四六	二七九〇	一二九二四四九[illegible]	四六六〇	二十七分
七十四分	〇七七四〇〇三六	二七九一	一二九一九八三八	四六五九	二十六分
七十五分	〇七七四二八二七	二七九二	一二九一五一七九	四六五七	二十五分
七十六分	〇七七四五六一九	二七九三	一二九一〇五二二	四六〇四	二十四分
七十七分	〇七七四八四一二	二七九四	一二九〇五八六八	四六五一	二十三分
七十八分	〇七七五一二〇六	二七九四	一二九〇一二一七	四六四九	二十二分
七十九分	〇七七五四〇〇〇	二七九五	一二八九六五六八	四六〇六	二十一分
八十〇分	〇七七五六七九五	二七九六	一二八九一九二二	四六四四	二十〇分
八十一分	〇七七五九五九一	二七九七	一二八八七二七八	四六四二	一十九分
八十二分	〇七七六二三八八	二七九七	一二八八二六三六	四六四一	一十八分
八十三分	〇七七六五一八五	二七九八	一二八七七九九〇	四六三九	一十七分
八十四分	〇七七六七九八三		一二八七三三五六		一十六分

上限	餘切線	較數	正切線	較數	五十二度
八十四分	〇七七六七九八三	二七九九	一二八七三三五六	四六三八	一十六分
八十五分	〇七七七〇七八二	二八〇〇	一二八六八七一八	四六三六	一十五分
八十六分	〇七七七三九八二	二八〇一	一二八六四〇八二	四六三三	一十四分
八十七分	〇七七七六二八三	二八〇一	一二八五九四四九	四六二〇	一十三分
八十八分	〇七七七九一八四	二八〇二	一二八五四八一九	四六二八	一十二分
八十九分	〇七七八一九八六	二八〇二	一二八五〇一九一	四六二五	一十一分
九十〇分	〇七七八四七八八	二八〇三	一二八四五五六六	四六二二	一十〇分
九十一分	〇七七八七五九一	二八〇四	一二八四〇九四三	四六二二	九分
九十二分	〇七七九〇三九五	二八〇五	一二八三六三二一	四六二〇	八分
九十三分	〇七七九三二〇〇	二八〇六	一二八三一七〇一	四六一八	七分
九十四分	〇七七九六〇〇六	二八〇六	一二八二七〇八三	四六一七	六分
九十五分	〇七七九八八一二	二八〇七	一二八二二四六六	四六一五	五分
九十六分	〇七八〇一六一九	二八〇八	一二八一七八五一	四六一二	四分
九十七分	〇七八〇四四二七	二八〇九	一二八一三二三九	四六一〇	三分
九十八分	〇七八〇七二三六	二八一〇	一二八〇八六三九	四六〇八	二分
九十九分	〇七八一〇〇四六	二八一〇	一二八〇四〇二一	四六〇五	一分
百〇〇分	〇七八一二八五六		一二七九九四一六		〇分

三十八度	正切線	較數	餘切線	較數	下逆
○分	○七八一二八五六	二八一一	一二七九九四一六	四六○三	百○○分
一分	○七八一五六六七	二八一二	一二七九四八一三	四六○一	九十九分
二分	○七八一八四七九	二八一三	一二七九○二一二	四五九九	九十八分
三分	○七八二一二九二	二八一三	一二七八五六一三	四五九八	九十七分
四分	○七八二四一○九	二八一四	一二七八一○一五	四五九六	九十六分
五分	○七八二六九一九	二八一五	一二七七六四一九	四五九四	九十五分
六分	○七八二九七三四	二八一六	一二七七一八二五	四五九一	九十四分
七分	○七八三二五五○	二八一七	一二七六七二三四	四五八九	九十三分
八分	○七八三五三六七	二八一七	一二七六二六四五	四五八七	九十二分
九分	○七八三八一八四	二八一八	一二七五八○五八	四五八五	九十一分
一十○分	○七八四一○○二	二八一九	一二七五三四七三	四五八三	九十○分
一十一分	○七八四三八二一	二八一九	一二七四八八九○	四五八一	八十九分
一十二分	○七八四六六四○	二八二○	一二七四四三○九	四五七九	八十八分
一十三分	○七八四九四六○	二八二一	一二七三九七三○	四五七七	八十七分
一十四分	○七八五二二八一	二八二二	一二七三五一五二	四五七五	八十六分
一十五分	○七八五五一○三	二八二三	一二七三○五七八	四五七三	八十五分
一十六分	○七八五七九二六		一二七二六○○五		八十四分

上順	餘切線	較數	正切線	較數	五十一度
一十六分	○七八五七九二六	二八二三	一二七二六○○五	四五七一	八十四分
一十七分	○七八六○七四九	二八二四	一二七二一四三四	四五六九	八十三分
一十八分	○七八六三五七三	二八二五	一二七一六八六五	四五六七	八十二分
一十九分	○七八六六三九八	二八二六	一二七一二二九八	四五六五	八十一分
二十○分	○七八六九二二四	二八二七	一二七○七七三三	四五六三	八十○分
二十一分	○七八七二○五一	二八二七	一二七○三一七○	四五六一	七十九分
二十二分	○七八七七八七八	二八二八	一二六九八六○九	四五五九	七十八分
二十三分	○七八七七七○九	二八二九	一二六九四○五○	四五五七	七十七分
二十四分	○七八八○五三五	二八三○	一二六八九四九三	四五五四	七十六分
二十五分	○七八八四三六四	二八三○	一二六八四九三九	四五五二	七十五分
二十六分	○七八八六一九四	二八三一	一二六八○三八七	四五五○	七十四分
二十七分	○七八八九○二五	二八三二	一二六七五八三七	四五四九	七十三分
二十八分	○七八九一八五七	二八三三	一二六七一二八八	四五四七	七十二分
二十九分	○七八九四六五○	二八三四	一二六六六七四一	四五四五	七十一分
三十○分	○七八九九五二四	二八三四	一二六六二一五六	四五四三	七十○分
三十一分	○七九○○三五八	二八三五	一二六五七六五三	四五四一	六十九分
三十二分	○七九○三一九三	二八三六	一二六五三一一二	四五三九	六十八分
三十三分	○七五○六二九		一二六四八五七三		六十七分

三十八度	正切線	較數	餘切線	較數	下逆
三十三分	○七九○六二九	二八三七	一二六四八五七三	四五三六	六十七分
三十四分	○七九○八八六六	二八三七	一二六四四○三七	四五三四	六十六分
三十五分	○七九一一七○三	二八三八	一二六三九五○三	四五三二	六十五分
三十六分	○七九一四五四一	二八三九	一二六三四九七一	四五三○	六十四分
三十七分	○七九一七三八○	二八四○	一二六三○四四一	四五二九	六十三分
三十八分	○七九二○二二○	二八四一	一二六二五九一二	四五二七	六十二分
三十九分	○七九二三○六一	二八四一	一二六二一三八五	四五二五	六十一分
四十分	○七九二五九○二	二八四二	一二六一六八六○	四五三一	六十分
四十一分	○七九二八七四四	二八四三	一二六一七三三七	四五一九	五十九分
四十二分	○七九三一五八七	二八四四	一二六○七八一六	四五一六	五十八分
四十三分	○七九三四四三一	二八四五	一二六○三二九七	四五一四	五十七分
四十四分	○七九三七二七六	二八四五	一二五九八七八一	四五一四	五十六分
四十五分	○七九四○一二一	二八四六	一二五九四二六七	四五一二	五十五分
四十六分	○七九四二九六七	二八四七	一二五八九七五五	四五一○	五十四分
四十七分	○七九四五八一四	二八四八	一二五八五二四五	四五○九	五十三分
四十八分	○七九四八六六二	二八四八	一二五八○七三六	四五○七	五十二分
四十九分	○七九五一五一○	二八四九	一二五七六二二九	四五○六	五十一分
五十〇分	○七九五四三五九		一二五七一七二三		五十〇分

上順	餘切線	較數	正切線	較數	五十一度
五十〇分	○七九五四三五九	二八五○	一二五七一七二三	四○○四	五十〇分
五十一分	○七九五七二○九	二八五二	一二五六七二一九	四五○一	四十九分
五十二分	○七九六○○六○	二八五二	一二五六二七一八	四四九九	四十八分
五十三分	○七九六二九一二	二八五二	一二五五八二一九	四四九七	四十七分
五十四分	○七九六五七六四	二八五三	一二五五三七二一	四四九四	四十六分
五十五分	○七九六八六一七	二八五四	一二五四九二二八	四四九二	四十五分
五十六分	○七九七一四七一	二八五五	一二五四四七三六	四四九○	四十四分
五十七分	○七九七四三二六	二八五六	一二五四○二四六	四四八九	四十三分
五十八分	○七九七七一八二	二八五六	一二五三五七五七	四四八七	四十二分
五十九分	○七九八○○三八	二八五七	一二五三一二七○	四四八六	四十一分
六十〇分	○七九八二八九五	二八五八	一二五二六七八四	四四八四	四十〇分
六十一分	○七九八五七五三	二八五九	一二五二二三○○	四四八一	三十九分
六十二分	○七九八八六一二	二八六○	一二五一七八一九	四四七九	三十八分
六十三分	○七九九一四七二	二八六○	一二五一三三四○	四四七七	三十七分
六十四分	○七九九四三三二	二八六一	一二五○八八六三	四四七五	三十六分
六十五分	○七九九七一九三	二八六二	一二五○四三八八	四四七三	三十五分
六十六分	○八○○○○五五	二八六三	一二四九九九一五	四四七一	三十四分
六十七分	○八○○二九一八		一二四九五四四四		三十三分

上順	餘切線	較數	正切線	較數	五十一度
百○○分	○八○九七八四○	二八八九	一二三四八九七三	四四○八	○分
九十九分	○八○九四九五一	二八八九	一二三五三三八一	四四一○	一分
九十八分	○八○九二○六二	二八八八	一二三五七七九一	四四一一	二分
九十七分	○八○八九一七四	二八八七	一二三六二二○二	四四一三	三分
九十六分	○八○八六二八七	二八八七	一二三六六六一五	四四一五	四分
九十五分	○八○八三四○	二八八五	一二三七一○三○	四四一七	五分
九十四分	○八○八○五一七	二八八四	一二三七五四四七	四四一九	六分
九十三分	○八○七七六三三	二八八四	一二三七九八六六	四四二一	七分
九十二分	○八○七四七四九	二八八三	一二三八四二八七	四四二三	八分
九十一分	○八○七一八六六	二八八二	一二三八八七一○	四四二八	九分
九十○分	○八○六八九八三	二八八一	一二三九三一三六	四四二八	一十○分
八十九分	○八○六六一○二	二八八○	一二三九七五六四	四四二九	一十一分
八十八分	○八○六三二二二	二八八○	一二四○一九九三	四四三一	一十二分
八十七分	○八○六○三四三	二八七九	一二四○六四二四	四四三二	一十三分
八十六分	○八○五七四六三	二八七八	一二四一○八五六	四四三四	一十四分
八十五分	○八○五四五八五	二八七六	一二四一五二九○	四四三六	一十五分
八十四分	○八○五一七○九		一二四一九七二六		一十六分

三十八度	正切線	較數	餘切線	較數	下逆
六十七分	○八○○二九一八	二八六四	一二四九五四四四	四四七○	三十三分
六十八分	○八○○五七八二	二八六四	一二四九○九七四	四四六八	三十二分
六十九分	○八○○八六四六	二八六五	一二四八六五○六	四四六六	三十一分
七十○分	○八○一一五一一	二八六六	一二四八二○四○	四四六四	三十○分
七十一分	○八○一四三七七	二八六七	一二四七七五七六	四四六二	二十九分
七十二分	○八○一七二四四	二八六七	一二四七三一一四	四四六○	二十八分
七十三分	○八○二○一一一	二八六八	一二四六八六五四	四四五七	二十七分
七十四分	○八○二二九七九	二八六九	一二四六四一九七	四四五五	二十六分
七十五分	○八○二五八四八	二八七○	一二四五九七四二	四四五三	二十五分
七十六分	○八○二八七一八	二八七一	一二四五五二八九	四四五二	二十四分
七十七分	○八○三一五八九	二八七二	一二四五○八二七	四四五○	二十三分
七十八分	○八○三四四六一	二八七二	一二四四六三八七	四四四八	二十二分
七十九分	○八○三七三三三	二八七三	一二四四一九三九	四四四七	二十一分
八十○分	○八○四○二○六	二八七四	一二四三七四九二	四四四五	二十○分
八十一分	○八○四三○八一	二八七五	一二四三三○四七	四四四三	一十九分
八十二分	○八○四五九五六	二八七六	一二四二八六○四	四四四○	一十八分
八十三分	○八○四八八三二	二八七七	一三四二四一六四	四四三八	一十七分
八十四分	○八○五一七○九		一二四一九二七六		一十六分

三十九度	正切線	較數	餘切線	較數	下逆
〇分	〇八一九七八四〇	二八九〇	一二三四八九七二	四四〇七	百〇〇分
一分	〇八一〇〇七三〇	二八九一	一二三四四五六五	四四〇四	九十九分
二分	〇八一〇三六二一	二八九二	一二三四〇一六一	四四〇二	九十八分
三分	〇八一〇六五一三	二八九三	一二三三五七五九	四四〇〇	九十七分
四分	〇八一〇九四〇六	二八九四	一二三三一三五九	四三九八	九十六分
五分	〇八一一二三〇〇	二八九四	一二三二六九六二	四三九六	九十三分
六分	〇八一一五一九四	二八九五	一二三二二五六五	四三九四	九十四分
七分	〇八一一八〇八九	二八九六	一二三一八一七一	四三九三	九十三分
八分	〇八一二〇九八五	二八九七	一二三一三七七八	四三九二	九十二分
九分	〇八一二三八八二	二八九八	一二三〇九三八七	四三九〇	九十一分
一十〇分	〇八一二六七八〇	二八九八	一二三〇四九九七	四三八八	九十〇分
一十一分	〇八一二九六七八	二八九六	一二三〇〇六〇九	四三八六	八十九分
一十二分	〇八一三二五七七	二九〇〇	一二二九六二二三	四三八三	八十八分
一十三分	〇八一三五四七七	二九〇一	一二二九一八四〇	四三八一	八十七分
一十四分	〇八一三八三七八	二九〇二	一二二八七四五九	四三七九	八十六分
一十五分	〇八一四一二八〇	二九〇三	一二二八三〇八〇	四三七七	八十五分
一十六分	〇八一四四一八三		一二二七八七〇三		八十四分

上順	餘切線	較數	正切線	較數	五十〇度
一十六分	〇八一四四一八三	二九〇二	一二二七八七〇三	四三七六	八十四分
一十七分	〇八一四七〇八六	二九〇四	一二二七四三二七	四三七四	八十三分
一十八分	〇八一四九九九〇	二九〇五	一二二六九九五三	四三七二	八十二分
一十九分	〇八一五二八九五	二九〇六	一二二六五五八一	四三七〇	八十一分
二十〇分	〇八一五五八〇一	二九〇七	一二二六一二二一	四三六八	八十〇分
二十一分	〇八一五八四〇八	二九〇八	一二二五六八四三	四三六六	七十九分
二十二分	〇八一六一六一六	二九〇九	一二二五二四七七	四三六四	七十八分
二十三分	〇八一六四五二五	二九〇九	一二二四八一一三	四三六三	七十七分
二十四分	〇八一六七四三四	二九一〇	一二二四三[illegible]五〇	四三六一	七十六分
二十五分	〇八一七〇三四三	二九一一	一二二三九三八九	四三五九	七十五分
二十六分	〇八一七三二五四	二九一二	一二二三五〇三〇	四三五七	七十四分
二十七分	〇八一七六一六六	二九一二	一二二三〇六七三	四三五五	七十三分
二十八分	〇八一七八〇七八	二九一三	一二二二六三一八	四三五三	七十二分
二十九分	〇八一八一九九一	二九一四	一二二二一九六五	四三五二	七十一分
三十〇分	〇八一八四九〇五	二九一五	一二二一七六一三	四三五〇	七十〇分
三十一分	〇八一八七八一〇	二九一六	一二二一三二六三	四三四八	六十九分
三十二分	〇八一九〇七三六	二九一七	一二二〇八九一五	四三四六	六十八分
三十三分	〇八一九三六五三		一二二〇四五六九		六十七分

三十九度	正切線	較數	餘切線	較數	下逆
三十三分	〇八一九三六五三	二九一七	一二二〇四五六九	四三四四	六十七分
三十四分	〇八一九六五七〇	二九一八	一二二〇〇二二九	四三四一	六十六分
三十五分	〇八一九九四八八	二九一九	一二一九五八八三	四三四〇	六十五分
三十六分	〇八二〇二四〇七	二九二〇	一二一九一五四三	四三三九	六十四分
三十七分	〇八二〇五二二七	二九二一	一二一八七二〇四	四三三七	六十三分
三十八分	〇八二〇八二四八	二九二二	一二一八二八六七	四三三五	六十二分
三十九分	〇八二一一一七〇	二九二三	一二一七八五三二	四三三三	六十一分
四十〇分	〇八二一四〇九三	二九二三	一二一七四一九九	四三三一	六十〇分
四十一分	〇八二一七〇一六	二九二四	一二一六九八六八	四三二九	五十九分
四十二分	〇八二一九九四〇	二九二五	一二一六五五三九	四三二七	五十八分
四十三分	〇八二二二八六五	二九二六	一二一六一二一二	四三二六	五十七分
四十四分	〇八二二五七九一	二九二七	一二一五六八八六	四三二四	五十六分
四十五分	〇八二二八七一八	二九二八	一二一五二五六二	四三二三	五十五分
四十六分	〇八二三一六四六	二九二八	一二一四八二三九	四三二一	五十四分
四十七分	〇八二三四五七四	二九二九	一二一四三九一八	四三一八	五十三分
四十八分	〇八二三七五〇三	二九三〇	一二一三九六〇〇	四三一六	五十二分
四十九分	〇八二四〇四三三	二九三一	一二一三五二八四	四三一四	五十一分
五十〇分	〇八二四三三六四		一二一三〇九七〇		五十〇分

上順	餘切線	較數	正切線	較數	五十〇度
五十〇分	〇八二四三三六四	二九三二	一二一三〇九七〇	四三一二	五十〇分
五十一分	〇八二四六二九六	二九三三	一二一二六六五八	四三一一	四十九分
五十二分	〇八二四九二二九	二九三三	一二一二二三四七	四三〇九	四十八分
五十三分	〇八二五二一六二	二九三四	一二一一八〇三八	四三〇八	四十七分
五十四分	〇八二五五〇九六	二九三五	一二一一三七三〇	四三〇六	四十六分
五十五分	〇八二五八〇三一	二九三六	一二一〇九四二四	四三〇五	四十五分
五十六分	〇八二六〇九六七	二九三七	一二一〇五一一九	四三〇二	四十四分
五十七分	〇八二六三九〇四	二九三八	一二一〇〇八一七	四三〇〇	四十三分
五十八分	〇八二六六八四二	二九三八	一二〇九六五一七	四二九八	四十二分
五十九分	〇八二六九七八〇	二九三九	一二〇九二二一九	四二九八	四十一分
六十〇分	〇八二七二七一九	二九四〇	一二〇八七九二三	四二九四	四十〇分
六十一分	〇八二七五六五九	二九四一	一二〇八三六二五	四二九三	三十九分
六十二分	〇八二七八六〇〇	二九四二	一二〇七九三三六	四二九一	三十八分
六十三分	〇八二八一五四二	二九四三	一二〇七五〇四五	四二八九	三十七分
六十四分	〇八二八四四八五	二九四四	一二〇七〇七五六	四二八八	三十六分
六十五分	〇八二八七四二九	二九四五	一二〇六六四六八	四二八六	三十五分
六十六分	〇八二九〇三七四	二九四五	一二〇六二一八二	四二八四	三十四分
六十七分	〇八二九三三一九		一二〇五七八九八		三十三分

上順	餘切線	較數	正切線	較數	五十○度
百○○分	○八三九　九九六	二九七四	一一九一七五三六	四二二五	○分
九十九分	○八三八八　二二	二九七二	一一九二一七六一	四二二七	一分
九十八分	○八三八五　四九	二九七二	一一九二五九八八	四二二九	二分
九十七分	○八三八二　七七	二九七一	一一九三○二一七	四二三○	三分
九十六分	○八三七九　　六	二九七	一一九三四四四七	四二三一	四分
九十五分	○八三七六一三六	二九六九	一一九三八六七九	四二三四	五分
九十四分	○八三七三一六七	二九六八	一一九四二九一三	四二三六	六分
九十三分	○八三七　一九九	二九六八	一一九四七一四九	四二三七	七分
九十二分	○八三六七二三一	二九六七	一一九五一三八六	四二三九	八分
九十一分	○八三六四二六四	二九六六	一一九五五六二五	四二四一	九分
九十○分	○八三六一二九八	二九六五	一一九五九八六六	四二四三	一十○分
八十九分	○八三五八三三三	二九六四	一一九六四一○九	四二四四	一十一分
八十八分	○八三五五三六九	二九六三	一一九六八三五三	四二四六	一十二分
八十七分	○八三五二四○六	二九六三	一一九七二五九九	四二四○	一十三分
八十六分	○八三四九四四三	二九六二	一一九七六八四七	四二五○	一十四分
八十五分	○八三四六四八一	二九六一	一一九八一○九七	四二五二	一十五分
八十四分	○八三四三五二○		一一九八五三四九		一十六分

三十九度	正切線	較數	餘切線	較數	下逆
六十七分	○八二九三三一九	二九四六	一二○五七八九八	四二八二	三十三分
六十八分	○八二九六二六五	二九四七	一二○五三六一六	四二八○	三十二分
六十九分	○八二九九二一二	二九四八	一二○四九三三六	四二七八	三十一分
七十○分	○八三○二一六○	二九四九	一二○四五○五八	四二七六	三十○分
七十一分	○八三○五一○九	二九五○	一二○四○四八二	四二七四	二十九分
七十二分	○八三○八○五九	二九○○	一二○三六五○八	四二七二	二十八分
七十三分	○八三一一○○九	二九五一	一二○三二二三五	四二七二	二十七分
七十四分	○八三一三九六	二九五二	一二○二七九六三	四二七○	二十六分
七十五分	○八三一六九一二	二九五三	一二○二三六九三	四二六九	二十五分
七十六分	○八三一九八六四	二九五四	一二○一九四二四	四二六六	二十四分
七十七分	○八三二二八一八	二九五五	一二○一五一五八	四二六四	二十三分
七十八分	○八三二五七七三	二九五六	一二○○一八九四	四二六二	二十二分
七十九分	○八三二八七二九	二九五六	一二○○六六三二	四二六○	二十一分
八十○分	○八三三一六八六	二九五七	一二○○二三七二	四二五八	二十○分
八十一分	○八三三四六四三	二九五八	一一九九八一一四	四二五七	一十九分
八十二分	○八三三七六○一	二九五九	一一九九三八五七	四二五五	一十八分
八十三分	○八三四○五九	二九六	一一九八九六○二	四三五三	一十七分
八十四分	○八三三四五二○		一一九八五四三九		一十六分

四十〇度	正切線	較數	餘切線	較數	下逆
〇分	〇八三九〇九九六		一一九一七五三八		百〇〇分
一分	〇八三九三九七一	二九七五	一一九一三三一三	四二二三	九十九分
二分	〇八三九六九四七	二九七六	一一九〇九〇九一	四二二二	九十八分
三分	〇八三九九九二三	二九七六	一一九〇四八七一	四二二〇	九十七分
四分	〇八四〇二九〇〇	二九七七	一一九〇〇六五三	四二一八	九十六分
五分	〇八四〇五八七八	二九七八	一一八九六四三七	四二一六	九十五分
六分	〇八四〇八八五七	二九七九	一一八九二二二三	四二一四	九十四分
七分	〇八四一一八三七	二九八〇	一一八八八〇一〇	四二一三	九十三分
八分	〇八四一四八一八	二九八一	一一八八三七九九	四二一一	九十二分
九分	〇八四一七八〇〇	二九八二	一一八七九五九〇	四二〇九	九十一分
一十〇分	〇八四二〇七八二	二九八二	一一八七五三八二	四二〇八	九十〇分
一十一分	〇八四二三七六五	二九八三	一一八七一一七六	四二〇六	八十九分
一十二分	〇八四二六七四九	二九八四	一一八六六九七一	四二〇五	八十八分
一十三分	〇八四二九七三四	二九八五	一一八六二七七〇	四二〇二	八十七分
一十四分	〇八四三二七二〇	二九八七	一一八五八五六九	四二〇一	八十六分
一十五分	〇八四三五七〇七	二九八七	一一八五四三七〇	四一九九	八十五分
一十六分	〇八四三八六九五	二九八八	一一八五〇一七三	四一九七	八十四分

上順	餘切線	較數	正切線	較數	四十九度
一十六分	〇八四三八六九五		一一八五〇一七三		八十四分
一十七分	〇八四四一六八四	二九八九	一一八四五九七八	四一九九	八十三分
一十八分	〇八四四四六七四	二九九	一一八四一七八四	四一九四	八十二分
一十九分	〇八四四七六六四	二九九〇	一一八三七五九二	四一九二	八十一分
二十〇分	〇八四五〇六五五	二九九〇	一一八三三四〇二	四一九〇	八十〇分
二十一分	〇八四五三六四七	二九九二	一一八二九二一四	四一八一	七十九分
二十二分	〇八四五六六四〇	二九五三	一一八二五〇二七	四一八七	七十八分
二十三分	〇八四五九六三四	二九九四	一一八二〇八四二	四一八五	七十七分
二十四分	〇八四六二六二九	二九九五	一一八一六六五九	四一八三	七十六分
二十五分	〇八四六五六二五	二九九六	一一八一二四七七	四一八二	七十五分
二十六分	〇八四六八六二二	二九九七	一一八〇八二九七	四一八〇	七十四分
二十七分	〇八四七一六一九	二九九七	一一八〇四一一九	四一七八	七十三分
二十八分	〇八四七四六一七	二九九八	一一七九九九四三	四一七六	七十二分
二十九分	〇八四七七六一六	二九九九	一一七九五七六八	四一七五	七十一分
三十〇分	〇八四八〇六一七	三〇〇〇	一一七九一五九五	四一七三	七十〇分
三十一分	〇八四八三六一八	三〇〇〇	一一七八七四二四	四一七一	六十九分
三十二分	〇八四八六六二〇	三〇〇二	一一七八三二五五	四一六九	六十八分
三十三分	〇八四八九六二三	三〇〇三	一一七七九〇八七	四一六八	六十七分

四十〇度	正切線	較數	餘切線	較數	下逆
三十三分	〇八四八九六二三	三〇〇三	一一七七九〇八七	四一六六	六十七分
三十四分	〇八四九二六二七	三〇〇四	一一七七四九二一	四一六五	六十六分
三十五分	〇八四九五六三一	三〇〇四	一一七七〇七五六	四一六三	六十五分
三十六分	〇八四九八六三六	三〇〇五	一一七六六五九三	四一六一	六十四分
三十七分	〇八五〇一六四二	三〇〇六	一一七六二四三二	四一五九	六十三分
三十八分	〇八五〇四六四九	三〇〇七	一一七五八二七三	四一五七	六十二分
三十九分	〇八五〇七六五七	三〇一八	一一七五四一一六	四一五六	六十一分
四十〇分	〇八五一〇六六七	三〇一〇	一一七四九九六〇	四一五四	六十〇分
四十一分	〇八五一三六七七	三〇一〇	一一七四五八〇六	四一五二	五十九分
四十二分	〇八五一六六八八	三〇一一	一一七四一六五四	四一五一	五十八分
四十三分	〇八五一九七〇〇	三〇一二	一一七三七五〇三	四一四九	五十七分
四十四分	〇八五二二七一三	三〇一三	一一七三三三五四	四一四七	五十六分
四十五分	〇八五二五七二六	三〇一五	一一七二九二〇七	四一四六	五十五分
四十六分	〇八五二八七四一	三〇一五	一一七二五〇六一	四七四四	五十四分
四十七分	〇八五三一七五六	三〇一六	一一七二〇九一七	四一四三	五十三分
四十八分	〇八五三四七七二	三〇一七	一一七一六七七五	四一四〇	五十二分
四十九分	〇八五三七七八九	二〇一八	一一七一二六三五	四一三九	五十一分
五十〇分	〇八五四〇八〇七		一一七〇八四九六		五十〇分

上順	餘切線	較數	正切線	較數	四十九度
五十〇分	〇八五四〇八〇七	三〇一九	一一七〇八四九六	四一三七	五十〇分
五十一分	〇八五四三八二六	三〇二〇	一一七〇四三五九	四一三五	四十九分
五十二分	〇八五四六八四六	三〇二一	一一七〇〇二二四	四一三四	四十八分
五十三分	〇八五四九八六七	三〇二一	一一六九六〇九〇	四一三二	四十七分
五十四分	〇八五五二八八八	三〇二二	一一六九一九五八	四一三一	四十六分
五十五分	〇八五五五九一〇	三〇二三	一一六八七八二七	四一二九	四十五分
五十六分	〇八五五八九三三	三〇二五	一一六八三六九八	四一二七	四十四分
五十七分	〇八五六一五五八	三〇二六	一一六七九五七一	四一二五	四十三分
五十八分	〇八五六四九八四	三〇二六	一一六七五四四六	四一二四	四十二分
五十九分	〇八五六八〇一〇	三〇二七	一一六七一三二二	四一二五	四十一分
六十〇分	〇八五七一〇三七	三〇五八	一一六六七二〇〇	四一二〇	四十〇分
六十一分	〇八五七四〇六五	三〇五九	一一六六二〇八〇	四一一九	三十九分
六十二分	〇八五七七〇九四	三〇二〇	一一六五八九六一	四一一五	三十八分
六十三分	〇八五八〇一二四	三〇三〇	一一六五四八四四	四一二五	三十七分
六十四分	〇八五八三一五四	三〇三一	一一六五〇七二九	四一二四	三十六分
六十五分	〇八五八六一八五	三〇三二	一一六四六六一五	四一一二	三十五分
六十六分	〇八五八九二一七	三〇三四	一一六四二五〇三	四一一〇	三十四分
六十七分	〇八五九二二五一		一一六三八三九三		三十三分

四十〇度	正切線	較數	餘切線	較數	下逆
六十七分	〇八五九二二五一	三〇三五	一一六三八三九三	四一〇八	三十三分
六十八分	〇八五九五二八六	三〇三五	一一六三四三八五	四一〇七	三十二分
六十九分	〇八五九八三二一	三〇三六	一一六三〇一七八	四一〇五	三廿一分
七十〇分	〇八六〇一三五七	三〇三七	一一六二六〇七三	四一〇四	三十〇分
七十一分	〇八六〇四三九四	三〇三八	一一六二一九六九	四一〇二	二十九分
七十二分	〇八六〇七四三二	三〇三九	一一六一七八六七	四一〇〇	二十八分
七十三分	〇八六一〇四七一	三〇四〇	一一六一三七六七	四〇九九	二十七分
七十四分	〇八六一三五一一	三〇四〇	一一六〇九六六八	四〇九七	二十六分
七十五分	〇八六一六五五一	三〇四一	一一六〇五五七一	四〇九五	二十五分
七十六分	〇八六一九五九二	三〇四二	一一六〇一四七六	四〇九四	二十四分
七十七分	〇八六二二六三四	三〇四五	一一五九七三八二	四〇九二	二十三分
七十八分	〇八六二五六七七	三〇四五	一一五九三二九〇	四〇六五	二十二分
七十九分	〇八六二八七二二	三〇四六	一一五八九二〇〇	四〇八九	二十一分
八十〇分	〇八六三一七六八	三〇四七	一一五八五一一一	四〇八七	二十〇分
八十一分	〇八六三四八一五	三〇四七	一一五八一〇二四	四〇八五	一十九分
八十二分	〇八六三七八六二	三〇四八	一一五七六九三九	四〇八四	一十八分
八十三分	〇八六四〇九一〇	三〇四九	一一五七二八五五	四〇八二	一十七分
八十四分	〇八六四三九五九		一一五六八七七三		一十六分

上順	餘切線	較數	正切線	較數	四十九度
百〇〇分	〇八六九二八六八	二〇六四	一一五〇三六八四	四〇五六	〇分
九十九分	〇八六八九八〇四	二〇六三	一一五〇七七四〇	四〇五七	一分
九十八分	〇八六八六七四一	三〇六二	一一五一一七九七	四〇五九	二分
九十七分	〇八六八三六七九	三〇六一	一一五一五八五六	四〇六一	三分
九十六分	〇八六八〇六一八	三〇六〇	一一五一九六一七	四〇六二	四分
九十五分	〇八六七七五五八	三〇五九	一一五二三九七九	四〇六四	五分
九十四分	〇八六七四四九九	三〇五八	一一五二八〇四三	四〇六六	六分
九十三分	〇八六七一四四一	三〇五七	一一五三二一〇九	四〇六七	七分
九十二分	〇八六六八三八四	三〇九七	一一五三六一七六	四〇六九	八分
九十一分	〇八六六五三二七	三〇五六	一一五四〇二四五	四〇七一	九分
九十〇分	〇八六六二二七一	三〇四四	一一五四四三一六	四〇七二	一十〇分
八十九分	〇八六五九二一七	三〇九二	一一五四八三八八	四〇七四	一十一分
八十八分	〇八六五六一六四	三〇五二	一一五五二四六二	四〇七五	一十二分
八十七分	〇八六五三一一二	三〇五一	一一五五六五三七	四〇七七	一十三分
八十六分	〇八六五〇〇六〇	三〇五〇	一一五六〇六一四	四〇七九	一十四分
八十五分	〇八六四七〇〇九	三〇四九	一一五六四六九三	四〇八〇	一十五分
八十四分	〇八六四三九五九		一一五六八七七三		一十六分

四十一度	正切線	較數	餘切線	較數	下逆
〇分	〇八六九二八六八	三〇六五	一一五〇三六八四	四〇九四	百〇分
一分	〇八六九五九三三	三〇六六	一一四九九六三〇	四〇五三	九十九分
二分	〇八七九八九九九	三〇六六	一一四九五五七七	四〇五一	九十八分
三分	〇八七〇二〇六五	三〇六七	一一四九一五二六	四〇四五	九十七分
四分	〇八七〇五一三一	三〇六八	一一四八七四七七	四〇四八	九十六分
五分	〇八七〇八二〇〇	三〇六九	一一四八三四二九	四〇四八	九十五分
六分	〇八七一一二六九	三〇七	一一四七九三八三	四〇四四	九十四分
七分	〇八七一四三三九	三〇七一	一一四七五三三九	四〇四三	九十三分
八分	〇八七一七四一〇	三〇七二	一一四七一二九六	四〇四一	九十二分
九分	〇八七二〇四八二	三〇七四	一一四六七二五五	四〇四〇	九十一分
一十〇分	〇八七二三五五六	三〇七四	一一四六三二一五	四〇三八	九十〇分
一十一分	〇八七二六六三〇	三〇七五	一一四五九一七七	四〇三六	八十九分
一十二分	〇八七二九七〇五	三〇七六	一一四五五一四一	四〇三五	八十八分
一十三分	〇八七三二七八一	三〇七七	一一四五一一〇六	四〇三三	八十七分
一十四分	〇八七三五八五八	三〇七七	一一四四七〇七二	四〇三二	八十六分
一十五分	〇八七三八九三五	三〇七八	一一四四三〇四一	四〇三〇	八十五分
一十六分	〇八七四二〇一三		一一四三九〇一一		八十四分

上順	餘切線	較數	正切線	較數	四十八度
一十六分	〇八七四二〇一三	三〇七九	一一四三九〇一一	四〇二八	八十四分
一十七分	〇八七四五〇九二	三〇八一	一一四三四九八三	四〇二七	八十三分
一十八分	〇八七四八一七三	三〇八二	一一四三〇九五六	四〇二五	八十二分
一十九分	〇八七五一二五五	三〇八三	一一四二六九三一	四〇二三	八十一分
二十〇分	〇八七五四三三八	三〇八四	一一四二二九〇八	四〇二三	八十〇分
二十一分	〇八七五七四二二	三〇八五	一一四一八八八七	四〇二〇	七十九分
二十二分	〇八七六〇五〇七	三〇八五	一一四一四八六七	四〇一九	七十八分
二十三分	〇八七六三五九二	三〇八六	一一四一〇八四八	四〇一七	七十七分
二十四分	〇八七六六六七八	三〇八七	一一四〇六八三一	四〇一六	七十六分
二十五分	〇八七六九七六五	三〇八八	一一四〇二八一五	四〇一四	七十五分
二十六分	〇八七七二八五三	三〇八九	一一三九八八〇一	四〇一二	七十四分
二十七分	〇八七七五九四二	三〇九〇	一一三九四七八九	四〇一一	七十三分
二十八分	〇八七七九〇三二	三〇九一	一一三九〇七七八	四〇〇九	七十二分
二十九分	〇八七八二一二三	三〇九二	一一三八六七六九	四〇〇八	七十一分
三十〇分	〇八七八五二一五	三〇九三	一一三八二七六二	四〇〇六	七十〇分
三十一分	〇八七八八三〇八	三〇九四	一一三七八七五五	四〇〇四	六十九分
三十二分	〇八七九一四〇二	三〇九五	一一三七四七五一	四〇〇三	六十八分
三十三分	〇八七九四四九七		一一三七〇七四八		六十七分

四十一度	三十三分	三十四分	三十五分	三十六分	三十七分	三十八分	三十九分	四十〇分	四十一分	四十二分	四十三分	四十四分	四十五分	四十六分	四十七分	四十八分	四十九分	五十〇分
正切線	〇八七九四四九七	〇八七九七五九三	〇八八〇〇六八九	〇八八〇三七八六	〇八八〇六八八四	〇八八〇九九八三	〇八八一三　八四	〇八八一六一八六	〇八八一九二八九	〇八八二二三九二	〇八八二五四九六	〇八八二八六〇一	〇八八三一七〇七	〇八八三四八一四	〇八八三七九二二	〇八八四一〇三一	〇八八四四一四一	〇八八四七二五三
較數		三〇九六	三〇九六	三〇九七	三〇九八	三〇九九	三一〇一	三一〇二	三一〇三	三一〇三	三一〇四	三一〇五	三一〇六	三一〇七	三一〇八	三一〇九	三一一〇	三一一二
餘切線	一一三七〇七四八	一一三六六七四七	一一三六二七四七	一一三五八七四九	一一三五四七五三	一一三五〇七五八	一一三四六七六二	一一三四二七七三	一一三三八七八三	一一三三四七九五	一一三三〇八〇八	一一三二六八二三	一一三二二八三九	一一三一八八五七	一一三一四八七六	一一三一〇八九七	一一三〇六九二〇	一一三〇二九四四
較數		四〇〇一	四〇〇〇	三九九八	三九九六	三九九二	三九九三	三九九二	三九八〇	三九八八	三九八七	三九八五	三九八四	三九八二	三九八一	三九七五	三九七七	三九七六
下逆	六十七分	六十六分	六十五分	六十四分	六十三分	六十二分	六十一分	六十〇分	五十九分	五十八分	五十七分	五十六分	五十五分	五十四分	五十三分	五十二分	五十一分	五十〇分

上順	五十〇分	五十一分	五十二分	五十三分	五十四分	五十五分	五十六分	五十七分	五十八分	五十九分	六十〇分	六十一分	六十二分	六十三分	六十四分	六十五分	六十六分	六十七分
餘切線	〇八八四七二五三	〇八八五〇三六五	〇八八五三四七八	〇八八五六五九二	〇八八五九七〇七	〇八八六二八二三	〇八八六五九四〇	〇八八六九〇五八	〇八八七二一七七	〇八八七五二五六	〇八八七八四一六	〇八八八一五三七	〇八八八四六五九	〇八八八七七八二	〇八八九〇九〇七	〇八八九四〇三三	〇八八九七一六〇	〇八九〇〇二八八
較數		三一一二	三一一三	三一一四	三一一五	三一一六	三一一七	三一一八	三一一九	三一一九	三一二〇	三一二一	三一二二	三一二三	三一二五	三一二六	三一二七	三一二八
正切線	一一三〇二九四四	一一二九八九七〇	一一二九四九九七	一一二九一〇二六	一一二八七〇五六	一一二八三〇八八	一一二七九一二一	一一二七五一五六	一一二七一一九三	一一二六七二三一	一一二六三二七一	一一二五五三一二	一一二五五三五五	一一二五一三九九	一一二四七四四五	一一二四三四九二	一一二三九五四二	一一二三五五九三
較數		三九七四	三九七三	三九七一	三九七〇	三九六八	三九六七	三九六五	三九六三	三九六二	三九六〇	三九五九	三九五七	三九五六	三九五四	三九五二	三九五一	三九四九
度	五十〇分	四十九分	四十八分	四十七分	四十六分	四十五分	四十四分	四十三分	四十二分	四十一分	四十〇分	三十九分	三十八分	三十七分	三十六分	三十五分	三十四分	三十三分

四十一度	正切線	較數	餘切線	較數	下逆
六十七分	〇八九〇〇二八八	三一三八	一一二三五五九三	三九四八	三十三分
六十八分	〇八九〇三四一六	三一三九	一一二三一六四五	三九四六	三十二分
六十九分	〇八九〇六五四五	三一三〇	一一二二七六九九	三九四五	三十一分
七十〇分	〇八九〇九六七五	三一三一	一一二二三七五四	三九四二	三十〇分
七十一分	〇八九一二八〇六	三一三二	一一二一九八一一	三九四二	二十九分
七十二分	〇八九一五九三八	三一三三	一一二一五八六九	三九四〇	二十八分
七十三分	〇八九一九〇七一	三一三四	一一二一一九二九	三九三九	二十七分
七十四分	〇八九二二二〇五	三一三六	一一二〇七九九〇	三九三七	二十六分
七十五分	〇八九二五三四一	三一三七	一一二〇四〇五三	三九三六	二十五分
七十六分	〇八九二八四七八	三一三七	一一二〇〇一一七	三九三四	二十四分
七十七分	〇八九三一六一五	三一三八	一一一九六一八三	三九三二	二十三分
七十八分	〇八九三四七五三	三一三九	一一一九二二五一	三九三一	二十二分
七十九分	〇八九三七八九二	三一四〇	一一一八八三二〇	三九二九	二十一分
八十〇分	〇八九四一〇三二	三一四一	一一一八四三九一	三九二八	二十〇分
八十一分	〇八九四四一七三	三一四二	一一一八〇四六三	三九二六	一十九分
八十二分	〇八九四七三一五	三一四三	一一一七六五三七	三九二五	一十八分
八十三分	〇八九五〇四五八	三一四四	一一一七二六一二	三九二三	一十七分
八十四分	〇八九五三六〇二		一一一六八六八九		一十六分

上順	餘切線	較數	正切線	較數	四十八度
八十四分	〇八九五三六〇二	三一四五	一一一六八六八九	三九二一	一十六分
八十五分	〇八九五六七四七	三一四六	一一一六四七六八	三九二〇	一十五分
八十六分	〇八九五九八九三	三一四七	一一一六〇八四八	三九一九	一十四分
八十七分	〇八九六三〇四〇	三一四八	一一一五六九一九	三九一七	一十三分
八十八分	〇八九六六一八八	三一四九	一一一五三〇一二	三九一六	一十二分
八十九分	〇八九六九三三七	三一五〇	一一一四九〇九六	三九一四	一十一分
九十〇分	〇八九七二四八七	三一五一	一一一四五一八二	三九一三	一十〇分
九十一分	〇八九七五六三八	三一五二	一一一四一二六九	三九一一	九分
九十二分	〇八九七八七九〇	三一五三	一一一三七三五八	三九〇九	八分
九十三分	〇八九八一九四三	三一五四	一一一三三四四九	三九〇八	七分
九十四分	〇八九八五〇九七	三一五五	一一一二九五四一	三九〇六	六分
九十五分	〇八九八八二五二	三一五六	一一一二五六三五	三九〇五	五分
九十六分	〇八九九一四〇八	三一五七	一一一二一七三〇	三九〇三	四分
九十七分	〇八九九四五六五	三一五八	一一一一七八二七	三九〇二	三分
九十八分	〇八九九七七二三	三一五九	一一一一三九二九	三九〇一	二分
九十九分	〇九〇〇〇八八二	三一五九	一一一一〇〇二四	三八九九	一分
百〇〇分	〇九〇〇四〇四一		一一一〇六一二五		〇分

四十二度	正切線	較數	餘切線	較數	下逆
○分	○九○○四○四一	三一六○	二○○九一二五	三八九一	百○分
一分	○九○○七二○○	三一六一	一一○○二二二七	三八九六	九十九分
二分	○九○一○三六一	三一六三	一一○九八三三一	三八九四	九十八分
三分	○九○一三五二四	三一六四	一一○九四四三七	三八九一	九十七分
四分	○九○一六六八八	三一六四	一一○九○五四四	三八九一	九十六分
五分	○九○一六八五四	三一六六	一一○八六六五三	三八九○	九十五分
六分	○九○二三○二○	三一六七	一一○八二七六三	三八八八	九十四分
七分	○九○二六一八七	三一六八	一一○七八八七五	三八八七	九十三分
八分	○九○二九三五五	三一六九	一一○七四九八八	三八八五	九十二分
九分	○九○三二五二四	三一七○	一一○七一一○三	三八八四	九十一分
一十○分	○九○三五六九四	三一七一	一一○六七二一九	三八八二	九十○分
一十一分	○九○三八八六五	三一七二	一一○六三三三七	三八八一	八十九分
一十二分	○九○四二○三七	三一七三	一一○五九四五六	三八七五	八十八分
一十三分	○九○四五二一○	三一七四	一一○五五五七七	三八七八	八十七分
一十四分	○九○四八三八四	三一七四	一一○五一六九九	三八七六	八十六分
一十五分	○九○五一五五八	三一七五	一一○四七八二三	三八七五	八十五分
一十六分	○九○五四七三三		一一○四三九四八		八十四分

上順	餘切線	較數	正切線	較數	四十七度
一十六分	○九○五四七三三	三一七六	一一○四三九四八	三八七三	八十四分
一十七分	○九○五七九○九	三一七八	一一○四○○七五	三八七二	八十三分
一十八分	○九○六一○八七	三一七九	一一○三六二○三	三八七一	八十二分
一十九分	○九○六四二六六	三一八○	一一○三三三三二	三八六九	八十一分
二十○分	○九○六七四四六	三一八一	一一○二八四六三	三八六八	八十○分
二十一分	○九○七○六二七	三一八二	一一○二四五九五	三八六六	七十九分
二十二分	○九○七三八○九	三一八三	一一○二○七二九	三八六四	七十八分
二十三分	○九○七六九九二	三一八四	一一○一六八六五	三八六三	七十七分
二十四分	○九○八○一七六	三一八四	一一○一三○○二	三八六一	七十六分
二十五分	○九○八三三六○	三一八五	一一○○九一四一	三八六○	七十五分
二十六分	○九○八六五四五	三一八七	一一○○五二八一	三八五八	七十四分
二十七分	○九○八九七三二	三一八八	一一○○一四二三	三八五七	七十三分
二十八分	○九○九二九二○	三一八九	一○九九七五六六	三八五六	七十二分
二十九分	○九○九六一○九	三一九一	一○九九三七一○	三八五四	七十一分
三十○分	○九○九五三○○	三一九一	一○九八九八五六	三八五三	七十○分
三十一分	○九一○二四九一	三一九二	一○九八六○○三	三八五一	六十九分
三十二分	○九一○五六八五	三一九三	一○九八二一五三	三八五○	六十八分
三十三分	○九一○八八七六		一○九七八三○二		六十七分

上順	餘切線	較數	正切線	較數	四十七度
六十七分	〇九二一八〇四五	三二二八	一〇八四八二九〇	三八〇〇	三十三分
六十六分	〇九二一四八一七	三二二七	一〇八五二〇九〇	三八〇一	三十四分
六十五分	〇九二一一五九〇	三二二七	一〇八五五八八九	三八〇三	三十五分
六十四分	〇九二〇八三六三	三二二五	一〇八五九六九二	三八〇四	三十六分
六十三分	〇九二〇五一三八	三二二四	一〇八六三四九六	三八〇六	三十七分
六十二分	〇九二〇一九一四	三二二二	一〇八六七三〇二	三八〇七	三十八分
六十一分	〇九一九八六九二	三二二一	一〇八七一一〇九	三八〇九	三十九分
六十〇分	〇九一九五四七一	三二五〇	一〇八七四九二八	三八一〇	四十〇分
五十九分	〇九一九二二五一	三二一九	一〇八七八七二八	三八一二	四十一分
五十八分	〇九一八九〇三二	三二一八	一〇八八二五四〇	三八一三	四十二分
五十七分	〇九一八五八一四	三二一八	一〇八八六三五三	三八一四	四十三分
五十六分	〇九一八二五九六	三二一七	一〇八九〇一六七	三八一六	四十四分
五十五分	〇九一七九三七九	三二一六	一〇八九三九八三	三八一七	四十五分
五十四分	〇九一七六一六三	三二一五	一〇八九七八〇〇	三八一九	四十六分
五十三分	〇九一七二九四八	三二一三	一〇九〇一六一九	三八二〇	四十七分
五十二分	〇九一六五七三五	三二一二	一〇九〇五四三九	三八二二	四十八分
五十一分	〇九一六六五二三	三二一一	一〇九〇九二六一	三八二四	四十九分
五十〇分	〇九一六三三一二		一〇九一三〇八五		五十〇分

四十二度	正切線	較數	餘切線	較數	下逆
三十三分	〇九一〇八八七六	三一九四	一〇九七八三〇二	三八四六	六十七分
三十四分	〇九一一二〇七〇	三一九五	一〇九七四四五四	三八四五	六十六分
三十五分	〇九一一五二六五	三一九六	一〇九七〇六〇八	三八四四	六十五分
三十六分	〇九一一八四六一	三一九七	一〇九六六七六三	三八四四	六十四分
三十七分	〇九一二一六五八	三一九八	一〇九六二九一九	三八四二	六十三分
三十八分	〇九一二四八五六	三一九九	一〇九五九〇七七	三八四一	六十二分
三十九分	〇九一二八〇五五	三二〇〇	一〇九五九二三六	三八三九	六十一分
四十〇分	〇九一三一二五五	三二〇	一〇九五一三九七	三八三八	六十〇分
四十一分	〇九一三四四五六	三二〇二	一〇九四七九五九	三八三六	五十九分
四十二分	〇九一三七六五八	三二〇三	一〇九四三七二三	三八三五	五十八分
四十三分	〇九一四〇八六一	三二〇四	一〇九三九八八八	三八三三	五十七分
四十四分	〇九一四四〇六五	三二〇五	一〇九三六〇五五	三八三二	五十六分
四十五分	〇九一四七二七〇	三二〇六	一〇九三二二二三	三八三〇	五十五分
四十六分	〇九一五〇四七六	三二〇八	一〇九二八三九三	三八二九	五十四分
四十七分	〇九一五三六八四	三二〇九	一〇九二四五六四	三八二八	五十三分
四十八分	〇九一五六八九三	三二〇九	一〇九一〇七三六	三八二六	五十二分
四十九分	〇九一六〇一〇二	三二一〇	一〇九一六九一〇	三八二五	五十一分
五十〇分	〇九一六三三一二		一〇九一三〇八五		五十〇分

四十二度	正切線	較數	餘切線	較數	下逆
六十七分	○九二一八○四五	三二二九	一○八四八二九○	三七九九	三十三分
六十八分	○九二二一二七四	三二三○	一○八四四四九一	三七九七	三十二分
六十九分	○九二二四五○四	三二三○	一○八四○六九二	三七九六	三十一分
七十○分	○九二二七七三四	三二三一	一○八三六八九六	三七九五	三十○分
七十一分	○九二三○九六五	三二三三	一○八三三一○一	三七九三	二十九分
七十二分	○九二三四一九八	三二三四	一○八二九三○八	三七九一	二十八分
七十三分	○九二三七四三二	三二三五	一○八二五五一七	三七九○	二十七分
七十四分	○九二四○六六七	三二三六	一○八二一七二七	三七八八	二十六分
七十五分	○九二四三五○三	三二三七	一○八一七九三九	三七八七	二十五分
七十六分	○九二四七一四○	三二三八	一○八一四一五二	三七六六	二十四分
七十七分	○九二五○三七六	三二四○	一○八一○三六六	三七八四	二十三分
七十八分	○九二五三六一八	三二四一	一○八○六五八二	三七八三	二十二分
七十九分	○九二五六八五九	三二四二	一○八○二七九九	三七八一	二十一分
八十○分	○九二六○一○一	三二四三	一○七九九○一八	三七八○	二十○分
八十一分	○九二六二三四四	三二四四	一○七九五二三八	三七七九	十九分
八十二分	○九二六六五八八	三二四五	一○七九一四五九	三七七七	十八分
八十三分	○九二六九八三三	三二四五	一○七八七六八二	三七七六	十七分
八十四分	○九二七三○七八		一○七八三九○六		十六分

上順	餘切線	較數	正切線	較數	四十七度
百○○分	○九三三五一五一	三二六三	一○七二三六八七	三七五三	○分
九十九分	○九三二一八八八	三二六二	一○七二七四四○	三七五四	一分
九十八分	○九三一八六二六	三二六○	一○七三一一九四	三七五六	二分
九十七分	○九三一五三六六	三二五九	一○七三四九五○	三七五八	三分
九十六分	○九三一二一○七	三二五八	一○七三八七○八	三七五九	四分
九十五分	○九三○八八四九	三二五八	一○七四二四六七	三七六○	五分
九十四分	○九三○五五九一	三二五六	一○七四六二二七	三七六二	六分
九十三分	○九三○二三三五	三二五五	一○七四九九八九	三七六三	七分
九十二分	○九二九九○八○	三二五四	一○七五三七五二	三七六四	八分
九十一分	○九二九五八二六	三二五三	一○七五七五一六	三七六六	九分
九十○分	○九二九二五七三	三二五二	一○七六一二八二	三七六七	一十○分
八十九分	○九二八九三二一	三二五一	一○七六五○四九	三七六九	一十一分
八十八分	○九二八○七○○	三二五○	一○七六八八一九	三七七○	一十二分
八十七分	○九二八二八二○	三二四九	一○七七二五八八	三七七一	一十三分
八十六分	○九二七九五七一	三二四七	一○七七六三五九	三七七三	一十四分
八十五分	○九二七六三二四	三二四六	一○七八○一三二	三七七四	一十五分
八十四分	○九二七三○七八		一○七八三九○六		一十六分

四十三度	正切線	較數	餘切線	較數	下逆
〇分	〇九三二五一五一	三二六四	一〇七二三六八七	三七五一	百〇分
一分	〇九三二八四一五	三二六五	一〇七一九九三六	三七五〇	九十九分
二分	〇九二三一六八〇	三二六六	一〇七一六一八六	三七四九	九十八分
三分	〇九三三四九四六	三二六六	一〇七一二四三七	三七四八	九十七分
四分	〇九三三八二一二	三二六七	一〇七〇八六八九	三七四六	九十六分
五分	〇九三四一四七九	三二六八	一〇七〇四九四三	三七四五	九十五分
六分	〇九三四四七四七	三二七〇	一〇七〇一一九八	三七四三	九十四分
七分	〇九三四八〇一七	三二七一	一〇六九七四五五	三七四二	九十三分
八分	〇九三五一二八八	三二七二	一〇六九三七一三	三七四一	九十二分
九分	〇九三五四五六〇	三二七四	一〇六八九九七二	三七三九	九十一分
一十〇分	〇九三五七八三四	三二七五	一〇六八六二三三	三七三八	九十〇分
一十一分	〇九三六一一〇九	三二七六	一〇六八二四九五	三七三六	八十九分
一十二分	〇九三六四三八五	三二七六	一〇六七八七五九	三七三五	八十八分
一十三分	〇九三六七六六一	三二七四	一〇六七五〇二四	三七三四	八十七分
一十四分	〇九三七〇九三八	三二七八	一〇六七一二九〇	三七三二	八十六分
一十五分	〇九三七四二一六	三二七九	一〇六六七五五八	三七三一	八十五分
一十六分	〇九三七七四九五		一〇六六三八二七		八十四分

上順	餘切線	較數	正切線	較數	四十六度
三十三分	〇九四三三四一二	三二九八	一〇六〇〇六一七	三七〇七	六十七分
三十二分	〇九四三〇一一四	三二九六	一〇六〇四三三四	三七〇八	六十八分
三十一分	〇九四二六八一八	三二九五	一〇六〇八〇三二	三七一〇	六十九分
三十〇分	〇九四二三五二三	三二九四	一〇六一一七四二	三七一一	七十〇分
二十九分	〇九四二〇二二九	三二九三	一〇六一五四五三	三七一三	七十一分
二十八分	〇九四一六九三六	三二九二	一〇六一九一六六	三七一四	七十二分
二十七分	〇九四一三六四四	三二九二	一〇六二二八八〇	三七一六	七十三分
二十六分	〇九四一〇三五二	三二九一	一〇六二六五九六	三七一七	七十四分
二十五分	〇九四〇七〇六一	三二八九	一〇六三〇三一三	三七一八	七十五分
二十四分	〇九四〇三七七二	三二八八	一〇六三四〇三一	三七二〇	七十六分
二十三分	〇九四〇〇四八四	三二八七	一〇六三七七五一	三七二一	七十七分
二十二分	〇九三九七一九七	三二八六	一〇六四一四七二	三七二二	七十八分
二十一分	〇九三九三九一一	三二八六	一〇六四五一九四	三七二四	七十九分
二十〇分	〇九三九〇六二五	三二八五	一〇六四八九一八	三七二五	八十〇分
一十九分	〇六三八七三四〇	三二八二	一〇六五二六四三	三七二七	八十一分
一十八分	〇六三八四〇五七	三二八二	一〇六五六三七〇	三七二八	八十二分
一十七分	〇九三八〇七七五	三二八〇	一〇六六〇〇九八	三七二九	八十三分
一十六分	〇九三七七四九五		一〇六六三八二七		八十四分

四十三度	正切線	較數	餘切線	較數	下逆
三十三分	○九四三三四一二	三三○○	一○六○○六一七	三七○六	六十七分
三十四分	○九四三六七一二	三三○一	一○五九六九一一	三七○五	六十六分
三十五分	○九四四○○一三	三三○一	一○五九三二○六	三七○四	六十五分
三十六分	○九四四三三一五	三三○三	一○五八九五○二	三七○一	六十四分
三十七分	○九四四六六一八	三三○三	一○五八五八○○	三七○一	六十三分
三十八分	○九四四九九二一	三三○四	一○五八二○九九	三六九五	六十二分
三十九分	○九四五三二二五	三三○五	一○五七八四○○	三六九七	六十一分
四十○分	○九四五六五三○	三三○六	一○五七四七○三	三七九六	六十○分
四十一分	○九四五九八三六	三三○六	一○五七一○○七	三六九五	五十九分
四十二分	○九四六三一四四	三三○九	一○五六七三一二	三六五四	五十八分
四十三分	○九四六六四五三	三三一○	一○五六三六一八	三六五二	五十七分
四十四分	○九四六九七六三	三三一一	一○五五九九二六	三六九一	五十六分
四十五分	○九四七三○七四	三三一二	一○五五六二三五	三六九○	五十五分
四十六分	○九四七六三八六	三三一三	一○五五二五四五	三六八八	五十四分
四十七分	○九四七九六九九	三三一五	一○五四八八五七	三六八七	五十三分
四十八分	○九四八三○一四	三三一五	一○五四五二七○	三六八五	五十二分
四十九分	○九四八六三二九	三三一七	一○五四一四八五	三六八四	五十一分
五十○分	○九四八九六四六		一○五三七八○一		五十○分

上順	餘切線	較數	正切線	較數	四十六度
五十○分	○九四八九六四六	三三一八	一○五三七八○一	三六八二	五十○分
五十一分	○九四九二九六四	三三一九	一○五三四一一九	三六八一	四十九分
五十二分	○九四九六二八三	三三一○	一○五三○四三八	三六八○	四十八分
五十三分	○九四九九六○三	三三二一	一○五二六七五八	三六七九	四十七分
五十四分	○九五○二九二四	三三二一	一○五二三○七九	三八七八	四十六分
五十五分	○九五○六二四五	三三二三	一○五一九四○一	三六七七	四十五分
五十六分	○九五○九五六八	三三二四	一○五一五七二四	三六七五	四十四分
五十七分	○九五一二八九七	三三二五	一○五一二○四九	三六七三	四十三分
五十八分	○九五一六二一七	三三二六	一○五○八三七六	三六七二	四十二分
五十九分	○九五一九五四三	三三二八	一○五○四七○四	三六七○	四十一分
六十○分	○九五二二八七一	三三二九	一○五○一○三四	三六六九	四十○分
六十一分	○九五二六二○○	三三三○	一○四九七三六五	三六六八	三十九分
六十二分	○九五二九五三○	三三三一	一○四九三六九七	三六六六	三十八分
六十三分	○九五三二八六一	三三三二	一○四九○○三二	三六六五	三十七分
六十四分	○九五三六一九三	三三三三	一○四八六三六六	三六六四	三十六分
六十五分	○九五三九五二六	三三三四	一○四八二七○二	三六六三	三十五分
六十六分	○九五四二八六○	三三三五	一○四七九○三九	三六六一	三十四分
六十七分	○九五四六一九五		一○四七六三七八		三十三分

上順	百〇〇分	九十九分	九十八分	九十七分	九十六分	九十五分	九十四分	九十三分	九十二分	九十一分	九十〇分	八十九分	八十八分	八十七分	八十六分	八十五分	八十四分
餘切線	〇九六五六八八八	〇九六五三五一九	〇九六五〇一四四	〇九六四六七七四	〇九六四三四〇五	〇九六四〇〇三七	〇九六三六六六九	〇九六三三三〇三	〇九六二九五三九	〇九六二六五七六	〇九六二三二一五	〇九六一九八五五	〇九六一六四九五	〇九六一三一三六	〇九六〇九七七八	〇九六〇六四二一	〇九六〇三〇六五
較數	三三七三	三三七一	三三七〇	三三六九	三三六八	三三六八	三三六六	三三六四	三三六三	三三六一	三三六〇	三三六〇	三三五九	三三五八	三三五七	三三五六	
正切線	一〇三五五三〇三	一〇三五八九二〇	一〇三六二九三九	一〇三六六一九九	一〇三六九七八一	一〇三七三四〇四	一〇三七七〇二八	一〇三八〇六五三	一〇三八四二八〇	一〇三八七九〇八	一〇三九一五三七	一〇三九五一六七	一〇三九八七九九	一〇四〇二四三二	一〇四〇六〇六七	一〇四〇九七〇四	一〇四一三三四二
較數	三六一七	三六一九	三六二〇	三六二二	三六二三	三六二四	三六二五	三六二七	三六二八	三六二九	三六三〇	三六三二	三六三二	三六三五	三六三七	三六三八	
四十六度	〇分	一分	二分	三分	四分	五分	六分	七分	八分	九分	一十〇分	一十一分	一十二分	一十三分	一十四分	一十五分	一十六分

四十三度	六十七分	六十八分	六十九分	七十〇分	七十一分	七十二分	七十三分	七十四分	七十五分	七十六分	七十七分	七十八分	七十九分	八十〇分	八十一分	八十二分	八十三分	八十四分
正切線	〇九五四六一九五	〇九五四九五三一	〇九五五二八六九	〇九五五六二〇八	〇九五五九五四七	〇九五六二八八八	〇九五六六二三〇	〇九五六九五七三	〇九五七二九一七	〇九五七六二六三	〇九五七九六〇八	〇九五八二九五六	〇九五八六三〇五	〇九五八九六五五	〇九五九三〇〇六	〇九五九六三五八	〇九五九九七一一	〇九六〇三〇六五
較數	三三三六	三三三八	三三三九	三三三九	三三四一	三三四二	三三四三	三三四四	三三四五	三三四六	三三四八	三三四九	三三五〇	三三五一	三三五二	三三五三	三三五四	
餘切線	一〇四七六三七八	一〇四七一七一八	一〇四六八〇五九	一〇四六四四〇二	一〇四六〇七四六	一〇四五七〇五三	一〇四五三四三九	一〇四四五七八七	一〇四四六一三六	一〇四四二四八六	一〇四三八八三八	一〇四三五一九二	一〇四三一五四七	一〇四二七九〇四	一〇四二四三六二	一〇四二〇六二一	一〇四一六九八一	一〇四一三三四二
較數	三六五〇	三六五九	三六五七	三六五六	三六五四	三六五三	三六五二	三六五一	三六五〇	三六四八	三六四六	三六四五	三六四三	三六四二	三六四一	三六四〇	三六三九	
下逆	三十三分	三十二分	三廿一分	三十〇分	二十九分	二十八分	二十七分	二十六分	二十五分	二十四分	二十三分	二十二分	二十一分	二十〇分	一十九分	一十八分	一十七分	一十六分

四十四度	正切線	較數	餘切線	較數	下逆
〇分	〇九六五六八八八	三三七四	一〇三五五三〇三	三六一六	百〇〇分
一分	〇九六六〇二六二	三三七五	一〇三五一六八七	三六一九	九十九分
二分	〇九六六三六三七	三三七六	一〇三四八〇七二	三六一四	九十八分
三分	〇九六六七〇一三	三三七七	一〇三四四四五八	三六一三	九十七分
四分	〇九六七〇三九〇	三三七七	一〇三四〇八四六	三六一一	九十六分
五分	〇九六七三七六七	三三七八	一〇三三七二三五	三六一〇	九十五分
六分	〇九六七七一四五	三三八〇	一〇三三三六二五	三六〇八	九十四分
七分	〇九六八〇五二五	三三八一	一〇三三〇〇一七	三六〇七	九十三分
八分	〇九六八三九〇六	三三八三	一〇三二六四一〇	三〇〇六	九十二分
九分	〇九六八七二八九	三三八五	一〇三二二八〇四	三六〇五	九十一分
一十〇分	〇九六九〇六七四	三三八五	一〇三一九一九九	三六〇三	九十〇分
一十一分	〇九六九四〇五九	三三八六	一〇三一五五九六	三六〇二	八十九分
一十二分	〇九六九七四四五	三三八七	一〇三一一九九四	三六〇一	八十八分
一十三分	〇九七〇〇八三二	三三八八	一〇三〇八三九三	三五九九	八十七分
一十四分	〇九七〇四三二〇	三三九〇	一〇三〇四七九四	三五九八	八十六分
一十五分	〇九七〇七六一〇	三三九一	一〇三〇一一九六	三五九七	八十五分
一十六分	〇九七一一〇〇一		一〇二九七五九九		八十四分

上順	餘切線	較數	正切線	較數	四十五度
一十六分	〇九七一一〇〇一	三三九二	一〇二九七五九九	三五九五	八十四分
一十七分	〇九七一四三九三	三三九三	一〇二九四〇〇四	三五九四	八十三分
一十八分	〇九七一七七八六	三三九四	一〇二九〇四一〇	三五九三	八十二分
一十九分	〇九七一一一八〇	三三九五	一〇二八六八一七	三五九一	八十一分
二十〇分	〇九七二四五七五	三三九六	一〇二八三二二六	三五九〇	八十〇分
二十一分	〇九七二七九七一	三三九八	一〇二七九六三六	三五八九	七十九分
二十二分	〇九七三一三六九	三三九九	一〇二七六〇四七	三五八八	七十八分
二十三分	〇九七三四七六八	三四〇〇	一〇二七二四五九	三五八七	七十七分
二十四分	〇九七三八一六八	三四〇一	一〇二六八八七二	三五八五	七十六分
二十五分	〇九七四一五六九	三四〇二	一〇二六二二八七	三五八四	七十五分
二十六分	〇九七四四九七一	三四〇三	一〇二六一七〇三	三五八二	七十四分
二十七分	〇九七四八三七四	三四〇四	一〇二五八一二一	三五八一	七十三分
二十八分	〇九七五一七七八	三四〇六	一〇二五四五四〇	三五八〇	七十二分
二十九分	〇九七五五一八四	三四〇七	一〇二五〇五六〇	三五七九	七十一分
三十〇分	〇九七五八五九一	三四〇八	一〇二四七三八一	三五七八	七十〇分
三十一分	〇九七六一九九九	三四〇九	一〇二四三八〇三	三五七六	六十九分
三十二分	〇九七六五四〇八	三四一〇	一〇二四〇二二七	三五七九	六十八分
三十三分	〇九七六八八一八		一〇二三六六五二		六十七分

四十四度	正切線	較數	餘切線	較數	下逆
三十三分	○九七六八八一八		一○一三六六五二		六十七分
三十四分	○九七七二二三○	三四一二	一○一三三○七八	三五七四	六十六分
三十五分	○九七七五六四三	三四一三	一○一二九五○六	三五七二	六十五分
三十六分	○九七七九○五七	三四一四	一○一二五九三五	三五七一	六十四分
三十七分	○九七八二四七二	三四一五	一○一二二三六五	三五七○	六十三分
三十八分	○九七八五八八八	三四一六	一○一一八七九七	三五六八	六十二分
三十九分	○九七八九三○五	三四一七	一○一一五二三○	三五六七	六十一分
四十○分	○九七九二七二四	三四一九	一○一一一六六四	三五六六	六十○分
四十一分	○九七六六一四四	三四二○	一○一○八○九九	三五六五	五十九分
四十二分	○九七九九五六五	三四二一	一○一○四五三六	三五六三	五十八分
四十三分	○九八○二九八七	三四二二	一○一○○九七四	三五六二	五十七分
四十四分	○九八○六四一○	三四二三	一○一九七四一三	三五六二	五十六分
四十五分	○九八○九八三三	三四二三	一○一九三八五三	三五六○	五十五分
四十六分	○九八一三二五八	三四二五	一○一九○二九五	三五五八	五十四分
四十七分	○九八一六六八四	三四二六	一○一八六七三八	三五五七	五十三分
四十八分	○九八二○一一二	三四二八	一○一八三一八二	三五五六	五十二分
四十九分	○九八二三五四二	三四三○	一○一七○六二七	三五五五	五十一分
五十○分	○九八二六九七三	三四三一	一○一七六○七四	三五五三	五十○分

上順	餘切線	較數	正切線	較數	四十五度
五十○分	○九八二六九七三		一○一七六○七四		五十○分
五十一分	○九八三○四○四	三四三一	一○一七二五二二	三五五二	四十九分
五十二分	○九八三三八三七	三四三二	一○一六八九七一	三五五一	四十八分
五十三分	○九八三七二七○	三四三三	一○一六五四二一	三五五○	四十七分
五十四分	○九八四○七○五	三四三五	一○一六一八七三	三五四八	四十六分
五十五分	○九八四四一四一	三四三六	一○一五八三二六	三五四七	四十五分
五十六分	○九八四七五七八	三四三七	一○一五四七八○	三五四六	四十四分
五十七分	○九八五一○一六	三四三八	一○一五一二三六	三五四四	四十三分
五十八分	○九八五四四五六	三四四○	一○一四七六九三	三五四三	四十二分
五十九分	○九八五七八九七	三四四一	一○一四四一五一	三五四二	四十一分
六十○分	○九八六一三三九	三四四二	一○一四○六一○	三五四一	四十○分
六十一分	○九八六四七八二	三四四三	一○一三七○七○	三五四○	三十九分
六十二分	○九八六八二二六	三四四四	一○一三三五三一	三五三九	三十八分
六十三分	○九八七一六七二	三四四六	一○一二九九九四	三五三七	三十七分
六十四分	○九八七五一一九	三四四七	一○一二六四五九	三五三五	三十六分
六十五分	○九八七八五六七	三四四八	一○一二二九二五	三○三四	三十五分
六十六分	○九八八二○一六	三四四九	一○一一九三九三	三五三二	三十四分
六十七分	○九八八五四六六	三四五○	一○一一五八六二	三五三一	三十三分

四十四度	六十七分	六十八分	六十九分	七十〇分	七十一分	七十二分	七十三分	七十四分	七十五分	七十六分	七十七分	七十八分	七十九分	八十〇分	八十一分	八十二分	八十三分	八十四分
正切線	〇九八八五四六六	〇九八八八九一八	〇九八九二三七一	〇九八九五八二五	〇九八九九三八〇	〇九九〇二七三六	〇九九〇六一九三	〇九九〇九六五二	〇九九一三一一二	〇九九一六五七三	〇九九二〇〇三五	〇九九二三四九八	〇九九二六九六三	〇九九三〇四二九	〇九九三三八九六	〇九九三七三六四	〇九九四〇八三四	〇九九四四三〇五
較數		三四五三	三四五三	三四五四	三四五五	三四五六	三四五七	三四五九	三四六〇	三四六一	三四六二	三四六二	三四六五	三四六六	三四六七	三四六八	三四七〇	三四七一
餘切線	一〇一一五八六二	一〇一一二三三一	一〇一〇八八〇一	一〇一〇五二七二	一〇一〇一七四六	一〇〇九八二二〇	一〇〇九四六九六	一〇〇九一一七三	一〇〇八七六四九	一〇〇八四一二九	一〇〇八〇六〇九	一〇〇七七〇九一	一〇〇七三五七四	一〇〇七〇〇五八	一〇〇六六五四三	一〇〇六三〇二九	一〇〇五九五一七	一〇〇五六〇〇六
較數		三五三一	三五三〇	三五二九	三五二八	三五二六	三五二五	三五二三	三五二一	三五二〇	三五二〇	三五一八	三五一七	三五一六	三五一五	三五一四	三五一二	三五一一
下逆	三十三分	三十二分	三十一分	三十〇分	二十九分	二十八分	二十七分	二十六分	二十五分	二十四分	二十三分	二十二分	二十一分	二十〇分	一十九分	一十八分	一十七分	一十六分

上順	八十四分	八十五分	八十六分	八十七分	八十八分	八十九分	九十〇分	九十一分	九十二分	九十三分	九十四分	九十五分	九十六分	九十七分	九十八分	九十九分	百〇〇分
餘切線	〇九九四四三〇五	〇九九四七七七七	〇九九五一二五〇	〇九九五四七二四	〇九九五八一九九	〇九九六一六七六	〇九九六五一五四	〇九九六八六三三	〇九九七二一一三	〇九九七五五九四	〇九九七九〇七七	〇九九八二五六一	〇九九八六〇四六	〇九九八九五三三	〇九九九三〇二一	〇九九九六五一〇	一〇〇〇〇〇〇〇
較數		三四七二	三四七三	三四七八	三四七五	三四七七	三四七八	三四七六	三四八〇	三四八一	三四八三	三四八四	三四八五	三四八七	三四八八	三四八九	三四九〇
正切線	一〇〇五六〇〇六	一〇〇五二四九七	一〇〇四八九八九	一〇〇四五四八二	一〇〇四一九七六	一〇〇三八四七一	一〇〇三四九六八	一〇〇三一四六六	一〇〇二七九六五	一〇〇二四四六五	一〇〇二〇九六六	一〇〇一七四六九	一〇〇一三九七三	一〇〇一〇四七八	一〇〇〇六九八四	一〇〇〇三四九一	一〇〇〇〇〇〇〇
較數		三五〇九	三五〇八	三五〇七	三五〇六	三五〇五	三五〇三	三五〇二	三五〇一	三五〇〇	三四九九	三四九七	三四九六	三四九五	三四九四	三四九三	三四九一
四十五度	一十六分	一十五分	一十四分	一十三分	一十二分	一十一分	一十〇分	九分	八分	七分	六分	五分	四分	三分	二分	一分	〇分

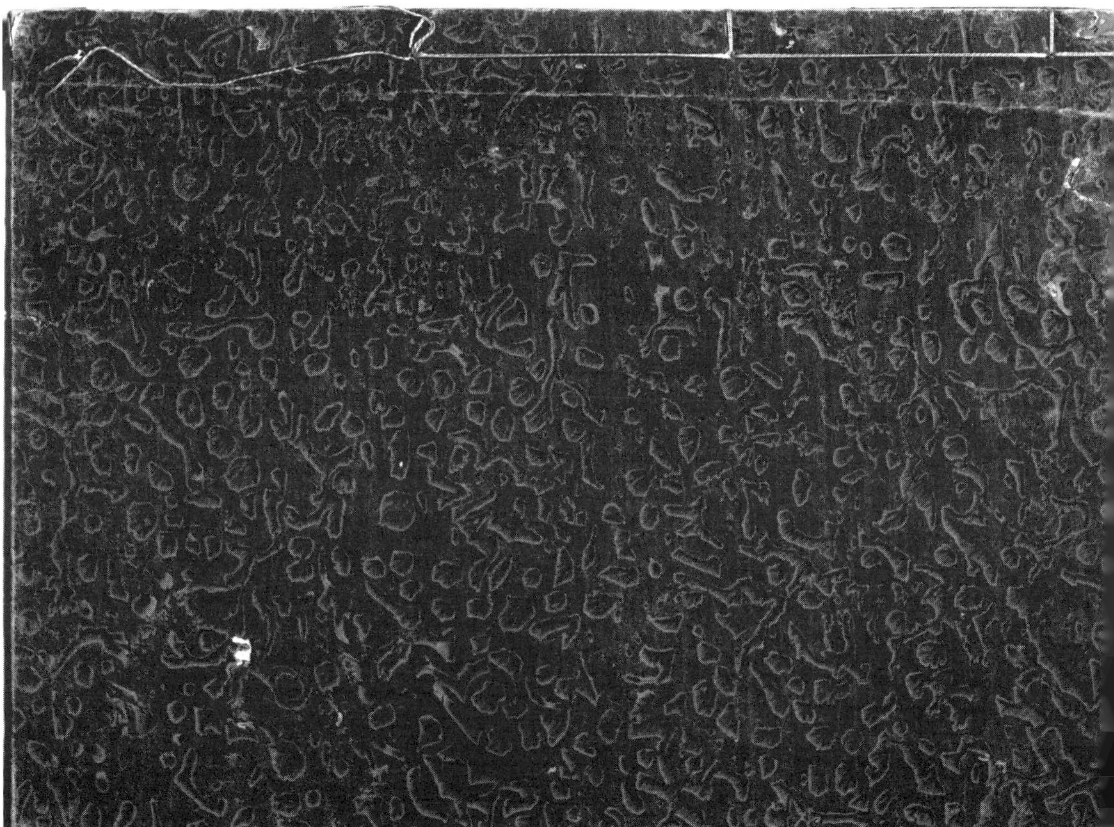

印浪表之一

○度	正切線	較數	餘切線	較數	下逆
○分	○○○○○○○○				百○分
一分	○○○○一七四五	一七四五	一七三○六五九○二五八	一七三○六五九○二六八	九十九分
二分	○○○○三四九一	一七四六	一八六四五○八四五○三	一八六六一五○七五五	九十八分
三分	○○○○五二三六	一七四五	一九○九八五四四六九一	九三四六五三九八三	九十七分
四分	○○○○六九八一	一七四五	一四三二四五六○三三	四八七三九三六三八	九十六分
五分	○○○○八七二七	一七四六	一四五八六八六三四	二八六五九○四一九九	九十五分
六分	○○○一○四七二	一七四五	九五四九二六八五二六	一九○九四八五○八	九十四分
七分	○○○一二二一七	一七四五	八一八五三○八九九六	一三六三九五三○	九十三分
八分	○○○一三九六三	一七四六	七一六一七七七五五	一○二三一三四一	九十二分
九分	○○○一五七○八	一七四五	六三六六七四五六一	七九○六二九九四	九十一分
一十○分	○○○一七四五三	一七四五	五七二九六四八一四	六三六五九七四七	九十○分
一十一分	○○○一九一九九	一七四六	五二○八五九四七一八	五二○七○九六	八十九分
一十二分	○○○二○九四四	一七四五	四七七四六六二三	四二三九六八○九五	八十八分
一十三分	○○○二二六八九	一七四九	四四○七四一○六四○	三六七二五九八三	八十七分
一十四分	○○○二四四三九	一七四六	四○九二四七八○三	三一四九三六三七	八十六分
一十五分	○○○二六一八○	一七四五	三八一九六九六七一五	二七二八一二八八	八十五分
一十六分	○○○二七九二五	一七四五	三五八一○六六二九	二三八六五○○九○	八十四分

上順	餘切線	較數	正切線	較數	八十九度
一十六分	○○○二七九二五		三五八一○六六二五		八十四分
一十七分	○○○二九六七一	一七四六	三三七○二七九三七	二一○七二七二二八	八十三分
一十八分	○○○三一四一六	一七四五	三一八三○七五八二一	一八七二○三五七六	八十二分
一十九分	○○○三三一六一	一七四五	三○一五七四○一八	一六七五○一八○三	八十一分
二十○分	○○○三四九○六	一七四五	二八六四八一九五一	一五○七五四五○三	八十○分
二十一分	○○○三六六五二	一七四六	二七二八三四七九三	一三六四七三七二二	七十九分
二十二分	○○○三八三九七	一七四五	二六○四三五○八六一	一二三九四九三二	七十八分
二十三分	○○○四○一四二	一七四五	二四九一一三六二六	一一三二一四六四五	七十七分
二十四分	○○○四一八八八	一七四六	二三八七二九七五五五	一○三八三八六六一	七十六分
二十五分	○○○四三六三三	一七四五	二二九一八二一五一	九五四七五九九八	七十五分
二十六分	○○○四五三七八	一七四五	二二○三六八三五一	八八一三三○八	七十四分
二十七分	○○○四七一二四	一七四六	二一二二○八二四三	八一六○五九二八	七十三分
二十八分	○○○四八八七○	一七四六	二○四六二一六二一	七五八一九七六二	七十二分
二十九分	○○○五○六一五	一七四五	一九七五七一二六六一	七○五○○一一	七十一分
三十○分	○○○五二三六○	一七四五	一九○九八六五六七	六五八四七四八三	七十○分
三十一分	○○○五四一○六	一七四六	一八四八三三二○三七	六一六三四一三五	六十九分
三十二分	○○○五五八五一	一七四五	一七九○四八三六三	五七七四八六九	六十八分
三十三分	○○○五七九九六	一七四五	一七三六三三二○六	五四二四九三五七	六十七分

〇度	正切線	較數	餘切線	較數	下逆
三十三分	〇〇〇五七五九六		一七三六二三三〇〇六		六十七分
三十四分	〇〇〇五九三四一	一七四五	一六八五一七四二五〇	五一〇五八〇九六	六十六分
三十五分	〇〇〇六一〇八七	一七四六	一六三七〇〇五六九七	四八一六八五三	六十五分
三十六分	〇〇〇六二八三二	一七四五	一五九一五三九五三二	四五四六六一六六	六十四分
三十七分	〇〇〇六四五七七	一七四五	一五四八五三〇五六九	四三〇〇八九六二	六十三分
三十八分	〇〇〇六六三二三	一七四六	一五〇七七六二一三〇	四〇七六八四一九	六十二分
三十九分	〇〇〇六八〇六九	一七四六	一四六九一〇六六一六	三八六五五一四	六十一分
四十〇分	〇〇〇六九八一四	一七四五	一四三二三[illegible]五四四	三六七三三〇七一	六十〇分
四十一分	〇〇〇七一五五九	一七四五	一三九七五一五四二	三[illegible]九三五〇〇二	五十九分
四十二分	〇〇〇七三三〇五	一七四六	一三六四一六三九五〇	三三三八七五九二	五十八分
四十三分	〇〇〇七五〇五〇	一七四五	一三三二四四二九七〇	三一七二〇九八〇	五十七分
四十四分	〇〇〇七六七九五	一七四五	一三〇二一六三六〇九	三〇二七九三六一	五十六分
四十五分	〇〇〇七八五四一	一七四六	一二七三二一三四三五	二八九五〇一七四	五十五分
四十六分	〇〇〇八〇二八七	一七四六	一二四五五三七九六五	二七六七五四七〇	五十四分
四十七分	〇〇〇八二〇三二	一七四五	一二一九〇三六八七六	二六四九九〇八九	五十三分
四十八分	〇〇〇八三七七七	一七四五	一一九三六四五六八七	二五三二九二八九	五十二分
四十九分	〇〇〇八五五二三	一七四六	一一六九二七四三二二	二四三七一五六五	五十一分
五十〇分	〇〇〇八七二六八	一七四五	一一四五八九二一三六	二三三八三一八六	五十〇分

上順	餘切線	較數	正切線	較數	八十九度
五十〇分	〇〇〇八七二六八		一一四五八九二一三六		五十〇分
五十一分	〇〇〇八九〇一三	一七四五	一一二三三四七八四	二三四六六三五一	四十九分
五十二分	〇〇〇九〇七五九	一七四六	一一〇一八一〇一二八	二二六一四六五六	四十八分
五十三分	〇〇〇九二五〇五	一七四六	一〇八一〇三三一二四	二〇七八七〇〇四	四十七分
五十四分	〇〇〇九四二五〇	一七四五	一〇六〇〇五八七八	二〇〇一七二四六	四十六分
五十五分	〇〇〇九四九九五	一七四五	一〇四一七六三〇七	一九二八九五七一	四十五分
五十六分	〇〇〇九七七四一	一七四六	一〇二三一〇五〇六	一八六一一三三九	四十四分
五十七分	〇〇〇九九四八七	一七四六	一〇〇五一五七三四	一七九四七八五四	四十三分
五十八分	〇〇一〇一二三二	一七四五	九八七八六八二四九	一七三三九三六五	四十二分
五十九分	〇〇一〇二九七八	一七四六	九七一〇六七四三五	一六七六〇七一四	四十一分
六十〇分	〇〇一〇四七二四	一七四六	九五四八九三三三	一六一七四一〇二	四十〇分
六十一分	〇〇一〇六四六九	一七四五	九三九二四〇二九九	一五六五五〇三四	三十九分
六十二分	〇〇一〇八二一四	一七四六	九二四〇九〇三六	一五一四八二七三	三十八分
六十三分	〇〇一〇九九六〇	一七四五	九〇九四一六三〇一	一四六七五七二〇	三十七分
六十四分	〇〇一一一七〇六	一七四六	八九五二〇三六八	一四二〇八九一三	三十六分
六十五分	〇〇一一三四五一	一七四五	八八一四三五五一〇	一三七七八七八	三十五分
六十六分	〇〇一一五一九七	一七四六	八六八〇八〇九三	一三三五四八一七	三十四分
六十七分	〇〇一一六九四二	一七四五	八五一三四八五七	一三九五六〇二六	三十三分

〇度	正切線	較數	餘切線	較數	下逆
六十七分	〇〇一一六九四二		八五五一二四八五七		三十三分
六十八分	〇〇一一八六八八	一七四八	八四二五四二六三六	一二五八二二二一	三十二分
六十九分	〇〇一二〇四三四	一七四八	八三〇三三二一五七	一二二一〇四七九	三十一分
七十〇分	〇〇一二二一七九	一七四八	八一八四七〇四九二	一一八六一六六五	三十〇分
七十一分	〇〇一二三九二五	一七四六	八〇六九四二八二四	一一五二七六六八	二十九分
七十二分	〇〇一二五六七〇	一七四五	七九五七三五三一八	一一二〇七五〇六	二十八分
七十三分	〇〇一二七四一五	一七四五	七八四八三四八一八	一〇九〇〇五〇〇	二十七分
七十四分	〇〇一二九一六二	一七四七	七七四二一二八八六	一〇六二一九三二	二十六分
七十五分	〇〇一三〇九〇七	一七四六	七六三八九九八一四	一〇三一三〇七二	二十五分
七十六分	〇〇一三二六五三	一七四六	七五三八四八三五八	一〇〇五一四五六	二十四分
七十七分	〇〇一三四三九八	一七四五	七四四〇五七九三八	九七九〇四二〇	二十三分
七十八分	〇〇一三六一四四	一七四六	七三四五一八四四二	九五三九四九六	二十二分
七十九分	〇〇一三七八九〇	一七四六	七二五二一五一五六	九三〇三二八六	二十一分
八十〇分	〇〇一三九六三六	一七四六	七一六一四九六七六	九〇六五四八〇	二十〇分
八十一分	〇〇一四一三八一	一七四五	七〇七三〇八〇〇〇	八八四一六七六	一十九分
八十二分	〇〇一四三一二七	一七四六	六九八六八一九四一	八六二六〇五九	一十八分
八十三分	〇〇一四四八七二	一七四五	六九〇二六三五七二	八四一八三六九	一十七分
八十四分	〇〇一四六六一八	一七四六	六八二〇四五六七五	八二一七八九七	一十六分

上順	餘切線	較數	正切線	較數	八十九度
八十四分	〇〇一四六六一八		六八二〇四五六七五		一十六分
八十五分	〇〇一四八三六四	一七四六	六七四〇一六五〇二	八〇二九一七三	一十五分
八十六分	〇〇一五〇一一〇	一七四六	六六六一七八五六九	七八三七九三三	一十四分
八十七分	〇〇一五一八五五	一七四五	六五八五二〇七五二	七六五七八一七	一十三分
八十八分	〇〇一五三六〇一	一七四六	六五一〇三六九六四	七四八三七八八	一十二分
八十九分	〇〇一五五三四七	一七四六	六四三七二一三八七	七三一五五七七	一十一分
九十〇分	〇〇一五七〇九二	一七四五	六三六五六八一五六	七一五三二三一	一十〇分
九十一分	〇〇一五八八三八	一七四六	六二九五七二一五二	六九九六〇〇四	九分
九十二分	〇〇一六〇五八四	一七四六	六二二七二六二一三	六八四五九三九	八分
九十三分	〇〇一六二三三〇	一七四六	六一六〇二九四三四	六六九六七七九	七分
九十四分	〇〇一六四〇七六	一七四六	六〇九四七五〇五九	六五五四三七五	六分
九十五分	〇〇一六五八二二	一七四六	六〇三〇五七〇一五	六四一八〇四四	五分
九十六分	〇〇一六七五六八	一七四六	五九六七七三三四〇	六二八三六七五	四分
九十七分	〇〇一六九三一三	一七四五	五九〇六二二一二七	六一五一二一三	三分
九十八分	〇〇一七一〇五九	一七四六	五八四五九三四七三	六〇二八六五四	二分
九十九分	〇〇一七二八〇五	一七四六	五七八六八七五七二	五九〇五九〇一	一分
百〇〇分	〇〇一七四五五一	一七四六	五七二八九九八三〇	五七八七七四二	〇分

一度	正切線	較數	餘切線	較數	下逆
○分	○○一七四五五一		五七二八九九六一六		百○○分
一分	○○一七六二九六	一七四五	五六七二二六五六八	五六七三三六二	九十九分
二分	○○一七八○四二	一七四六	五六一六六四五三二	五五六三○三六	九十八分
三分	○○一七九七八八	一七四六	五五六二一○四八一	五五八四○四○	九十七分
四分	○○一八一五三四	一七四六	五五○八六一二四八	五四四八三二三	九十六分
五分	○○一八三二八○	一七四六	五四五六一三八九一	五二四七三五七	九十五分
六分	○○一八五○二六	一七四六	五四○四六五五二九	五二四八三六三	九十四分
七分	○○一八六七七二	一七四六	五三五四一三三八四	五一五二一四九	九十三分
八分	○○一八八五一八	一七四六	五三○四五四七三四	五○五八六○○	九十二分
九分	○○一九○二六三	一七四五	五二五五八七○五六	四九六七六七八	九十一分
一十○分	○○一九二○○九	一七四六	五二○八○七八七○	四八七八一八九	九十○分
一十一分	○○一九三七五五	一七四六	五一六一一四七二三	四七九二一三七	八十九分
一十二分	○○一九五五○一	一七四六	五一一五○五三九二	四六○九五四一	八十八分
一十三分	○○一九七二四七	一七四六	五○六九七七六二三	四五二七七六八	八十七分
一十四分	○○一九八九九三	一七四六	五○二五二九二七八	四四四八三四五	八十六分
一十五分	○○二○○七三九	一七四六	四九八二五八三三七	四三七一○四一	八十五分
一十六分	○○二○二四八六	一七四六	四九三八六二五五○	四二九九六八七	八十四分

上順	餘切線	較數	正切線	較數	八十八度
一十六分	○○二○二四八六		四九三八六二五五○		八十四分
一十七分	○○二○四二三三	一七四六	四八九六四○二六四	四四二二一六六	八十三分
一十八分	○○二○五九七八	一七四六	四八五四八九五三六	四一五○七五八	八十二分
一十九分	○○二○七七二四	一七四六	四八一四○八五二○	四○八一○四六	八十一分
二十○分	○○二○九四七○	一七四六	四七七三九五五三三	四○一二九八七	八十○分
二十一分	○○二一一二一六	一七四六	四七三四四八八○三	三九四六七二一	七十九分
二十二分	○○二一二九六二	一七四六	四六九五六六七三六	三八八二○七六	七十八分
二十三分	○○二一四七○八	一七四六	四六五七四七八一四	三八一八九一二	七十七分
二十四分	○○二一六四五五	一七四六	四六一九八九○四四	三七五七三七○	七十六分
二十五分	○○二一八二○一	一七四六	四五八二九三一八五	三六九七二五九	七十五分
二十六分	○○二一九九四七	一七四六	四五四六五四六○九	三六三八九七九	七十四分
二十七分	○○二二一六九三	一七四六	四五一○七三二七七	三五八一三一九	七十三分
二十八分	○○二二三四四○	一七四六	四四七五四五九○○	三四八五三七七	七十二分
二十九分	○○二二五一八五	一七四六	四四四○七七一七四	三四七○七三六	七十一分
三十○分	○○二二六九三一	一七四六	四四○六六一七八○	三四一五三八四	七十○分
三十一分	○○二二八六七八	一七四六	四三七一九六五三八	三三六五二四三	六十九分
三十二分	○○二三○四二四	一七四六	四三三九八四二八○	三三一四二五八	六十八分
三十三分	○○二三二一七一	一七四六	四三○七一七八五九	三二六四四三九	六十七分

一度	正切線	較數	餘切線	較數	下逆
三十三分	〇〇二三二一七一	一七四六	四三〇七一七八五	三二一五七四九	六十七分
三十四分	〇〇二三三九一七	一七四六	四二七五〇二一〇六	三一六八一一三	六十六分
三十五分	〇〇二三五六六三	一七四七	四二四三三三九九三	三一二一五二八	六十五分
三十六分	〇〇二三七四一〇	一七四六	四二一二一二四六五	三〇七六〇〇五	六十四分
三十七分	〇〇二三九一五六	一七四七	四一八一三六四六〇	三〇三一四二九	六十三分
三十八分	〇〇二四〇九〇三	一七四六	四一五一〇五〇三一	二九八七七一五	六十二分
三十九分	〇〇二四二六四九	一七四六	四一五一一七三一六	二九四三四六二	六十一分
四十〇分	〇〇二四四三九五	一七四七	四〇九一七三五四	二九〇三三二九	六十〇分
四十一分	〇〇二四六一四二	一七四六	四〇六二七〇三三五	二八六一五四〇	五十九分
四十二分	〇〇二四七八八八	一七四七	四〇三四〇七七八五	二八二三九〇八	五十八分
四十三分	〇〇二四九六三五	一七四六	四〇〇五八五二七七	二七八三三四九	五十七分
四十四分	〇〇二五一三八一	一七四六	三九七八〇一九二八	二七四三四〇一	五十六分
四十五分	〇〇二五三一二七	一七四七	三九五〇五八九二七	二七〇七三八四	五十五分
四十六分	〇〇二五四八七四	一七四六	三九二三五二一四三	二六七〇五九一	五十四分
四十七分	〇〇二五六六二〇	一七四七	三八九六八〇五五二	二六三四六〇五	五十三分
四十八分	〇〇二五八三六七	一七四七	三八七〇四六〇四七	二五八九一四七	五十二分
四十九分	〇〇二六〇一一四	一七四六	三八四四五六九〇〇	二五七三〇七一	五十一分
五十〇分	〇〇二六一八六〇		三八一八八三八二九		五十〇分

上順	餘切線	較數	正切線	較數	八十八度
五十〇分	〇〇二六一八六〇	一七四七	三八一八八三八二九	二五三〇五八五	五十〇分
五十一分	〇〇二六三六〇七	一七四六	三七九三五三二四四	二四九七三九二	四十九分
五十二分	〇〇二六五三五三	一七四七	三七六八五五九五二	二四六四六四八	四十八分
五十三分	〇〇二六七一〇〇	一七四六	三七四三九一三〇四	二四三一二九七	四十七分
五十四分	〇〇二六八八四六	一七四七	三七一九六〇〇七	二四〇一五一二	四十六分
五十五分	〇〇二七〇五九三	一七四七	三六九五八六九一	二三七五二七	四十五分
五十六分	〇〇二七二三四〇	一七四六	三六七一八八一一九	二三三九〇三六	四十四分
五十七分	〇〇二七四〇八六	一七四七	三六四八四九三二	二三一〇七六一	四十三分
五十八分	〇〇二七五八三三	一七四六	三六二五八三七一	二二八〇三九九	四十二分
五十九分	〇〇二七七五七九	一七四七	三六〇三五七九七三	二二五三三三〇	四十一分
六十〇分	〇〇二七九三二六	一七四七	三五八〇〇四七四二	二二二五二四〇	四十〇分
六十一分	〇〇二八一〇七三	一七四六	三五五七七九五〇〇	二一九六五二〇	三十九分
六十二分	〇〇二八二八一九	一七四七	三五三五八二九八〇	二一七〇八二一	三十八分
六十三分	〇〇二八四五六六	一七四六	三五一四一二一五九	二一四三一六四	三十七分
六十四分	〇〇二八六三一二	一七四七	三四九二六八九九五	二一一八四〇八	三十六分
六十五分	〇〇二八八〇五九	一七四七	三四七一五〇五八七	二〇九二八八六	三十五分
六十六分	〇〇二八九八〇六	一七四七	三四五〇五七七〇一	二〇九六六八一	三十四分
六十七分	〇〇二九一五五三		三四二九九〇二〇		三十三分

一度	正切線	較數	餘切線	較數	下逆
六十七分	○○二九一五五三		三四二九九一○三○	二○四三二五	三十三分
六十八分	○○二九三三○○	一七四七	三四○九四七七六五	二○一九九二七	三十二分
六十九分	○○二九五○四七	一七四七	三三八九二九八三八	一九九九三七○	三十一分
七十○分	○○二九六七九四	一七四七	三三六九三四四六八	一九七○九七二	三十○分
七十一分	○○二九八五四○	一七四七	三三四九九三五五六	一九四九一三三	二十九分
七十二分	○○三○○二八七	一七四七	三三三○一四三三三	一九三三一四○	二十八分
七十三分	○○三○二○三四	一七四七	三三一○八二二九三	一八九七八六	二十七分
七十四分	○○三○三七八一	一七四七	三二九一八四四三三	一八五四二二七	二十六分
七十五分	○○三○五五二八	一七四七	三二七二九○一七五	一八四八七三三	二十五分
七十六分	○○三○七二七五	一七四七	三二五四四一四四二	一八三九二九四	二十四分
七十七分	○○三○九○二二	一七四七	三二三六○二一四八	一八一九六七五	二十三分
七十八分	○○三一○七六九	一七四七	三二一七八二四七三	一七九八三八四	二十二分
七十九分	○○三一二五一六	一七四七	三一九九八四○八九	一七七九三三三	二十一分
八十○分	○○三一四二六三	一七四七	三一八二○四七五八	一七五八七三三	二十○分
八十一分	○○三一六○一○	一七四七	三一六四○六○二五	一七四○四○八	一十九分
八十二分	○○三一七七五七	一七四七	三一四七○五六一七	一七二四三八	一十八分
八十三分	○○三一九五○四	一七四七	三一二九八五一七九	一七○二七一九	一十七分
八十四分	○○三二一二五一	一七四七	三一一二八二四六○		一十六分

上順	餘切線	較數	正切線	較數	八十八度
百○分	○○三四九二○八		二八六三六二四九八	一四三九九五六	○分
九十九分	○○三四七四六○	一七四八	二八七八○二四五四	一四五五三○一	一分
九十八分	○○三四五七一三	一七四七	二八九二五七七五九	一四六九二三一	二分
九十七分	○○三四三九六五	一七四八	二九○七五六九八六	一四八四二一三	三分
九十六分	○○三四二二一八	一七四七	二九二三一一一九	一五○○二九二	四分
九十五分	○○三四○四七○	一七四八	二九三七一一四九○	一五一四八五七	五分
九十四分	○○三三八七二三	一七四七	二九五二二六三四七	一五三○五四五	六分
九十三分	○○三三六九七六	一七四七	二九六七五六八九二	一五四七四二○	七分
九十二分	○○三三五二二八	一七四八	二九八三○四三六二	一五六二六四三	八分
九十一分	○○三三三四八一	一七四七	二九九八六六九○五	一五七七八七六	九分
九十○分	○○三三一七三四	一七四七	三○一四四四七八一	一五九七六○四	一十○分
八十九分	○○三二九九八七	一七四七	三○三○四二三八五	一六一三○三二	一十一分
八十八分	○○三二八二四○	一七四七	三○四六五五四一七	一六三二九六六	一十二分
八十七分	○○三二六四九三	一七四七	三○六二八五三八三	一六四八四三二	一十三分
八十六分	○○三二四七四五	一七四八	三○七九三八一五	一六六五二九二	一十四分
八十五分	○○三二二九九八	一七四七	三○九五九一○八	一六八三三五二	一十五分
八十四分	○○三二一二五一	一七四七	三一一二八二四六○		一十六分

二度	正切線	較數	餘切線	較數	下逆
〇分	〇〇三四九二〇八		二八六三六二[illegible]八		百〇分
一分	〇〇三五〇九五五	一七四七	二八四九三六[illegible]六二	一四二五六八三六	九十九分
二分	〇〇三五二七〇三	一七四八	二八三五二四五三九	一四一二三二三	九十八分
三分	〇〇三五四四五〇	一七四七	二八二一二六八七九	一三九七六五〇	九十七分
四分	〇〇三五六一九八	一七四八	二八〇七四二九三四	一三八三九〇九	九十六分
五分	〇〇三五七九四五	一七四七	二七九三七二一八四	一三七〇七四〇	九十五分
六分	〇〇三五九六九三	一七四八	二七八〇一五二七三	一三五六九三一	九十四分
七分	〇〇三六一四四〇	一七四七	二七六六七一一八九	一三四四〇八〇	九十三分
八分	〇〇三六三一八八	一七四八	二七五三三九二六三	一三三一九二六	九十二分
九分	〇〇三六四九三六	一七四八	二七四〇二〇八三四	一三一八四二九	九十一分
一十〇分	〇〇三六九六八三	一七四七	二七二七一四九二八	一三〇九九〇六	九十〇分
一十一分	〇〇三六八四三一	一七四八	二七一四二一三九三	一二九三五三五	八十九分
一十二分	〇〇三七〇一七八	一七四七	二七〇一四〇〇五五	一二八一三三八	八十八分
一十三分	〇〇三七一九二六	一七四八	二六八八七〇七一六	一二六九三三九	八十七分
一十四分	〇〇三七三六七四	一七四八	二六七六一二五一九	一二五八二〇〇	八十六分
一十五分	〇〇三七五四二二	一七四八	二六六三六六七三一	一二四五七八五	八十五分
一十六分	〇〇三七七一七〇	一七四八	二六五一三三四四八	一二三四一八三	八十四分

上順	餘切線	較數	正切線	較數	八十七度
一十六分	〇〇三七七一七〇		二六五一三三四四八		八十四分
一十七分	〇〇三七八九一八	一七四八	二六三九〇九五三六	一二二三九一二	八十三分
一十八分	〇〇三八〇六六五	一七四八	二六二六九七八三六	一二一一七〇〇	八十二分
一十九分	〇〇三八二四一三	一七四八	二六一四九七一七一	一二〇〇六六五	八十一分
二十〇分	〇〇三八四一六一	一七四八	二六〇三〇七四一五	一一八九七五六	八十〇分
二十一分	〇〇三八五九〇九	一七四八	二五九一二八四一二	一一七八九九四	七十九分
二十二分	〇〇三八七六五七	一七四八	二五七九六〇〇四三	一一六八三七八	七十八分
二十三分	〇〇三八九四〇五	一七四八	二五六八〇二一一三	一一五七九二〇	七十七分
二十四分	〇〇三九一一五三	一七四八	二五五六五四五一五	一一四七五九八	七十六分
二十五分	〇〇三九二九〇一	一七四八	二五四五一七一二四	一一三七四〇一	七十五分
二十六分	〇〇三九四六四九	一七四八	二五三三八九七四八	一一二七三六六	七十四分
二十七分	〇〇三九六三九七	一七四八	二五二二七二三一〇	一一一七四三七	七十三分
二十八分	〇〇三九八一四六	一七四九	二五一一六四六六八	一一〇七六四二	七十二分
二十九分	〇〇三九九八九四	一七四八	二五〇〇六六六七二	一〇九七九九六	七十一分
三十〇分	〇〇四〇一六四二	一七四八	二四八九七八一一七	一〇八八五五五	七十〇分
三十一分	〇〇四〇三三九〇	一七四八	二四七八九九一八二	一〇七八九三五	六十九分
三十二分	〇〇四〇五一三八	一七四八	二四六八二九四二〇	一〇六九七六二	六十八分
三十三分	〇〇四〇六八八六	一七四八	二四五七六八八三五	一〇六〇五八五	六十七分

上順	餘切線	較數	正切線	較數	八十七度
六十七分	○○四六六三四○		二一四四三五七○○		三十三分
六十六分	○○四六四五九一	一七四九	二一五二四二八○八	八○七一○八	三十四分
六十五分	○○四六二八四二	一七四九	二一六○五六四六九	八一三六六一	三十五分
六十四分	○○四六一○九三	一七四九	二一六八七五八二○	八一九三五一	三十六分
六十三分	○○四五九三四四	一七四九	二一七七○一八七四	八二六○五四	三十七分
六十二分	○○四五七五九五	一七四九	二一八五三三七○一	八三一八二七	三十八分
六十一分	○○四五五八四六	一七四九	二一九三七二四○五	八三八七○四	三十九分
六十〇分	○○四五四○九七	一七四九	二二○二一七○四八	八四四六四三	四十〇分
五十九分	○○四五二三四八	一七四九	二二一○六八六九九	八五一六五一	四十一分
五十八分	○○四五○五九九	一七四九	二二一九二六四五六	八五七七五七	四十二分
五十七分	○○四四八八五○	一七四九	二二二七九一三五三	八六四八九七	四十三分
五十六分	○○四四七一○一	一七四九	二二三六六二五○五	八七一一五二	四十四分
五十五分	○○四四五三五三	一七四八	二二四五四○九八八	八七八四八三	四十五分
五十四分	○○四四三六○四	一七四九	二二五四二五六七三	八八四六八五	四十六分
五十三分	○○四四一八五五	一七四九	二二六三一八二一九	八九二五四六	四十七分
五十二分	○○四四○一○七	一七四八	二二七二一七一四八	八九八九二九	四十八分
五十一分	○○四三八三五八	一七四九	二二八一二三七五三	九○六六○五	四十九分
五十〇分	○○四三六六一○	一七四八	二二九○三七五八四	九一三八三一	五十〇分

二度	正切線	較數	餘切線	較數	下逆
五十〇分	○○四三六六一○	一七四九	二二九○三七五八四	九二○六四九	五十〇分
四十九分	○○四三四八六一	一七四八	二二九九五八二三三	九二八五八○	五十一分
四十八分	○○四三三一一三	一七四九	二三○八八六八一三	九三六○八一	五十二分
四十七分	○○四三一三六四	一七四八	二三一八二二八九四	九四三六八九	五十三分
四十六分	○○四二九六一六	一七四九	二三二七六六五八三	九五○八四二	五十四分
四十五分	○○四二七八六七	一七四八	二三三七一七四二五	九五九一五六	五十五分
四十四分	○○四二六一一九	一七四九	二三四六七六五八一	九六七一四五	五十六分
四十三分	○○四二四三七○	一七四八	二三五六四三七二六	九七四九三五	五十七分
四十二分	○○四二二六二二	一七四九	二三六六一八六六一	九八二五五八	五十八分
四十一分	○○四二○八七三	一七四八	二三七六○一二一九	九九一二八二	五十九分
四十〇分	○○四一九一二五	一七四九	二三八五九二五○一	九九九五七四	六十〇分
三十九分	○○四一七三七六	一七四八	二三九五九二○七五	一○○七九七一	六十一分
三十八分	○○四一五六二八	一七四九	二四○六○○○四六	一○一五八六二	六十二分
三十七分	○○四一三八七九	一七四八	二四一六一五九○八	一○二五○五三	六十三分
三十六分	○○四一二一三一	一七四八	二四二六四○九六一	一○三三七七一	六十四分
三十五分	○○四一○三八三	一七四八	二四三六七四七三二	一○四二五八○	六十五分
三十四分	○○四○八六三五	一七四九	二四四七一七三一二	一○五一五二三	六十六分
三十三分	○○四○六八八六		二四五七六八八三五		六十七分

二度	正切線	較數	餘切線	較數	下逆
六十七分	〇〇四六六三四〇	一七四九	二一四四三九七〇〇	七〇五一六八	三十三分
六十八分	〇〇四六八〇八九	一七四九	二一三六三四一三二	七九五一九八	三十二分
六十九分	〇〇四六九八三八	一七五〇	二一二八三八九七四	七八九二七四	三十一分
七十〇分	〇〇四七一五八八	一七四九	二一二〇四九七〇〇	七八三四五四	三十〇分
七十一分	〇〇四七三三三七	一七四九	二一一二六六二四六	七七八一六四	二十九分
七十二分	〇〇四七五〇八六	一七四九	二一〇四八八〇八二	七七三〇二四	二十八分
七十三分	〇〇四七六八三五	一七四九	二〇九七一六〇五八	七六六八三二	二十七分
七十四分	〇〇四七八五八四	一七四〇	二〇八九四九二二六	七六〇八四四	二十六分
七十五分	〇〇四八〇三三四	一七四九	二〇八一八八三八二	七五五七六七	二十五分
七十六分	〇〇四八二〇八八	一七五〇	二〇七四三二六一五	七四九八八四	二十四分
七十七分	〇〇四八三八三八	一七四九	二〇六六八二七三一	七四四四九五	二十三分
七十八分	〇〇四八五五八七	一七五〇	二〇五九三八二三六	七三五六〇四	二十二分
七十九分	〇〇四八七三三七	一七五〇	二〇五一九八六三三	七三五一三一	二十一分
八十〇分	〇〇四八九〇八二	一七四九	二〇四四六四三九八	七二八三五八	二十〇分
八十一分	〇〇四九〇八三一	一七五〇	二〇三七三六〇四〇	七二三五四四	一十九分
八十二分	〇〇四九二五八一	一七五〇	二〇三〇一二四九六	七一八八四四	一十八分
八十三分	〇〇四九四三三一	一七四九	二〇二二九三六五二	七一三三七八	一十七分
八十四分	〇〇四九六〇八〇		二〇一五八〇三七四		一十六分

上順	餘切線	較數	正切線	較數	八十七度
八十四分	〇〇四九六〇八〇	一七五〇	二〇一五八〇三七四	七〇八三九六	一十六分
八十五分	〇〇四九七八三〇	一七五〇	二〇〇八七一八七八	七〇三四六七	一十五分
八十六分	〇〇四九九五八〇	一七四九	二〇〇一六八四一一	六九八五四九	一十四分
八十七分	〇〇五〇一三二九	一七五〇	一九九四六九八六二	六九三七〇二	一十三分
八十八分	〇〇五〇三〇七九	一七五〇	一九八七七六一六〇	六八八九三七	一十二分
八十九分	〇〇五〇四八二九	一七四九	一九八〇八七二三三	六八四一七八	一十一分
九十〇分	〇〇五〇六五七八	一七五〇	一九七四〇三〇五五	六七九四八二	一十〇分
九十一分	〇〇五〇八三二八	一七五〇	一九六七二三五七三	六七四八五〇	九分
九十二分	〇〇五一〇〇七八	一七四五	一九六〇四八七二三	六七〇三四九	八分
九十三分	〇〇五一一八二七	一七五〇	一九五三七八四七四	六六五六九三	七分
九十四分	〇〇五一三五七七	一七五〇	一九四七一二七八一	六六一三〇四	六分
九十五分	〇〇五一五三二七	一七五〇	一九四〇五一五七七	六五六七三九	五分
九十六分	〇〇五一七〇七七	一七五〇	一九三三九四八三八	六五二三二二	四分
九十七分	〇〇五一八八二七	一七五〇	一九二七四二九一六	六四七六六六	三分
九十八分	〇〇五二〇五七七	一七五〇	一九二〇九四五五〇	六四三六三六	二分
九十九分	〇〇五二二三二七	一七五〇	一九一四五〇九一四	六三九二四九	一分
百〇〇分	〇〇五二四〇七七		一九〇八一一五六五		〇分

三度	正切線	較數	餘切線	較數	下逆
〇分	〇〇五二四〇七七		一九〇八一一五六五		百〇分
一分	〇〇五二五八二八	一七五一	一九〇一七六四六一	六三二一〇四	九十九分
二分	〇〇五二七五七八	一七五〇	一八九五四五五四〇	六三九二一	九十八分
三分	〇〇五二九三二八	一七五〇	一八八九一八七八〇	六二六七六〇	九十七分
四分	〇〇五三一〇七八	一七五〇	一八八二九六一四〇	六二二六四〇	九十六分
五分	〇〇五三二八二九	一七五一	一八七六七七五六〇	六一八五八〇	九十五分
六分	〇〇五三四五七九	一七五〇	一八七〇六三〇二〇	六一四五四〇	九十四分
七分	〇〇五三六三二九	一七五〇	一八六四五二四八〇	六一〇五四〇	九十三分
八分	〇〇五三八〇七九	一七五〇	一八五八四六二二八	六〇六二五二	九十二分
九分	〇〇五三九八三〇	一七五一	一八五二四三五五一	六〇一六七七	九十一分
一十〇分	〇〇五四一五八〇	一七五〇	一八四六四四七五九	五九八七九二	九十〇分
一十一分	〇〇五四三三三一	一七五一	一八四〇四六七九六	五九四九六三	八十九分
一十二分	〇〇五四五〇八一	一七五〇	一八三四五八六四四	五九一一五二	八十八分
一十三分	〇〇五四六八三二	一七五一	一八二八七一六〇一	五八七〇四三	八十七分
一十四分	〇〇五四八五八二	一七五〇	一八二二八七九五九	五八三六四二	八十六分
一十五分	〇〇五五〇三三三	一七五一	一八一七〇八〇〇一	五七九九五八	八十五分
一十六分	〇〇五五二〇八三	一七五〇	一八一一三一七一一	五七六二九〇	八十四分

上順	餘切線	較數	正切線	較數	八十六度
一十六分	〇〇五五二〇八三		一八一一三一七一一		八十四分
一十七分	〇〇五五三八三四	一七五一	一八〇五五九三八〇	五七二三三三	八十三分
一十八分	〇〇五五五五八七	一七五一	一七九九九〇三〇二	五六九〇七八	八十二分
一十九分	〇〇五五七三三六	一七五一	一七九四二五一一〇	五六五一九二	八十一分
二十〇分	〇〇五五九〇八七	一七五一	一七八八六三一二六	五六一九八四	八十〇分
二十一分	〇〇五六〇八三七	一七五〇	一七八三〇四六二二	五五八五〇四	七十九分
二十二分	〇〇五六二五八八	一七五一	一七七七四九九〇二	五五四七二〇	七十八分
二十三分	〇〇五六四三三五	一七五一	一七七一九八二九七	五五一六〇九	七十七分
二十四分	〇〇五六六〇九〇	一七二一	一七六六五〇三八九	五四七九〇八	七十六分
二十五分	〇〇五六七八四一	一七五一	一七六一〇五三二七	五四四八五二	七十五分
二十六分	〇〇五六九五九二	一七五一	一七六二五六四三四	五四二〇〇三	七十四分
二十七分	〇〇五七一三四三	一七五一	一七五〇二六一三〇	五三八二〇四	七十三分
二十八分	〇〇五七三〇九四	一七五一	一七四四九一四九三	五三四六三七	七十二分
二十九分	〇〇五七四八四五	一七五一	一七三九五九八〇〇	五三一六九一	七十一分
三十〇分	〇〇五七六五九六	一七五一	一七三四三一六一四	五二八一七六	七十〇分
三十一分	〇〇五七八三四七	一七五一	一七二九〇六三一〇	五二五三〇四	六十九分
三十二分	〇〇五八〇〇九八	一七五一	一七二三八四四六七	五二一八四三	六十八分
三十三分	〇〇五八一八四九	一七五一	一七一八六六四五七	五一八〇一〇	六十七分

三度	正切線	較數	餘切線	較數	下逆
三十三分	〇〇五八一八四九	一七五一	一七一八六五四六七	五一五六二七	六十七分
三十四分	〇〇五八三六〇〇	一七五二	一七一三四九八四〇	五一二五五四	六十六分
三十五分	〇〇五八五三五二	一七五一	一七〇八三七二八六	五〇九七九六	六十五分
三十六分	〇〇五八七一〇三	一七五二	一七〇三二七四九〇	五〇六四八五	六十四分
三十七分	〇〇五八八八五五	一七五一	一六九八二一〇〇五	五〇三五〇九	六十三分
三十八分	〇〇五九〇六〇六	一七五二	一六九三一七四九六	五〇〇八二八	六十二分
三十九分	〇〇五九二三五八	一七五一	一六八八一六六六八	四九七六〇〇	六十一分
四十〇分	〇〇五九四一〇九	一七五二	一六八三一九〇六八	四九四七〇二	六十〇分
四十一分	〇〇五九五八六一	一七五一	一六七八二四三六六	四九二一九三	五十九分
四十二分	〇〇五九七六一二	一七五二	一六七三三二一七三	四八八九四八	五十八分
四十三分	〇〇五九九三六四	一七五一	一六六八四三三二四	四八六一二五	五十七分
四十四分	〇〇六〇一一一五	一七五一	一六六三五七二〇〇	四八二三一	五十六分
四十五分	〇〇六〇二八六七	一七五一	一六五八七三八九〇	四八〇五二一	五十五分
四十六分	〇〇六〇四六一八	一七五二	一六五三九三三六九	四七七七五四	五十四分
四十七分	〇〇六〇六三七〇	一七五二	一六四九一五六一五	四七五〇二九	五十三分
四十八分	〇〇六〇八一二二	一七五二	一七四四〇五八六	四七二三一〇	五十二分
四十九分	〇〇六〇九八七四	一七五二	一六三九六八二七六	四六九九六五	五十一分
五十〇分	〇〇六一一六二六		一六三四九八六六一		五十〇分

上順	餘切線	較數	正切線	較數	八十六度
五十〇分	〇〇六一一六二六	一七五二	一六三四九八六六一	四六六九五九	五十〇分
五十一分	〇〇六一三三七八	一七五二	一六三〇三一七〇二	四六二三〇九	四十九分
五十二分	〇〇六一五一三〇	一七五二	一六二五六七三九三	四六一六八一	四十八分
五十三分	〇〇六一六八八二	一七五二	一六二一〇五七一二	四五九〇九三	四十七分
五十四分	〇〇六一八六三四	一七五二	一六一六四六六一九	四五六五〇九	四十六分
五十五分	〇〇六二〇三八六	一七五二	一六一一九〇一一〇	四五二九四八	四十五分
五十六分	〇〇六二二一三八	一七五二	一六〇七三六一六二	四五一四二九	四十四分
五十七分	〇〇六二三八九〇	一七五二	一六〇二八四七三七	四四八九〇五	四十三分
五十八分	〇〇六二五六四二	一七五二	一五九八三五八三二	四四六四〇八	四十二分
五十九分	〇〇六二七三六四	一七五三	一五九三八九四二四	四四三九三一	四十一分
六十〇分	〇〇六二九一四七	一七五二	一五八九四五四九三	四四一四九〇	四十〇分
六十一分	〇〇六三〇八九九	一七五二	一五八五〇四〇〇三	四三九〇五四	三十九分
六十二分	〇〇六三二六五一	一七五二	一五八〇六四九四九	四三六八八九	三十八分
六十三分	〇〇六三四四〇四	一七五二	一五七六二八〇六〇	四三四一五九	三十七分
六十四分	〇〇六三六一五六	一七五二	一五七一九四三〇一	四三一八八三	三十六分
六十五分	〇〇六三七九〇八	一七五三	一五六七六二四一八	四二九五二五	三十五分
六十六分	〇〇六三九六六一	一七五二	一五六三三二八九二	四二七二二四	三十四分
六十七分	〇〇六四一四一三		一五五九〇五六六九		三十三分

三度	正切線	較數	餘切線	較數	下逆
六十七分	〇〇六四一四一三	一七五三	一五五九〇五六八九	四二四六四二	三十三分
六十八分	〇〇六四三一六六	一七五二	一五五四八三四四一	四二三九八九	三十二分
六十九分	〇〇六四四九一八	一七五三	一五五〇五八四六二	四二〇三〇四	三十一分
七十〇分	〇〇六四六六七一	一七四二	一五四六三八一五八	四一八〇五六	三十〇分
七十一分	〇〇六四八四二三	一七五三	一五四二二〇一〇二	四一五五七五	二十九分
七十二分	〇〇六五〇一七六	一七五三	一五三八〇四五二七	四一二五八六	二十八分
七十三分	〇〇六五一九三九	一七五三	一五三三九〇九四一	四一一三九二	二十七分
七十四分	〇〇六五三六八二	一七五三	一五二九七九五四九	四〇一九六七	二十六分
七十五分	〇〇六五五四三五	一七五二	一五二五七〇五八二	四〇七〇二八	二十五分
七十六分	〇〇六五七一八七	一七五三	一五二一六三五五四	四〇四六五六	二十四分
七十七分	〇〇六五八九四〇	一七五三	一五一七五八八九八	四〇二七四八	二十三分
七十八分	〇〇六六〇六九三	一七五三	一五一三五六一五〇	四〇〇二九七	二十二分
七十九分	〇〇六六二四四六	一七五三	一五〇九五五七一三	三九八五三五	二十一分
八十〇分	〇〇六六四一九九	一七五三	一五〇五五七三一八	三九六二二〇	二十〇分
八十一分	〇〇六六五九五二	一七五三	一五〇一六〇九九八	三九四三七四	一十九分
八十二分	〇〇六六七七〇五	一七五三	一四九七六六六一四	三九二〇九三	一十八分
八十三分	〇〇六六九四五八	一七五四	一四九三七四五三	三九〇二九二	一十七分
八十四分	〇〇六七一二一二		一四八九八四二三九		一十六分

上順	餘切線	較數	正切線	較數	八十六度
八十四分	〇〇六七一二一二	一七四三	一四八九八四二三九	三八八〇四五	一十六分
八十五分	〇〇六七二九六五	一七五三	一四八五九六一九四	三八六〇三八	一十五分
八十六分	〇〇六七四七一八	一七五四	一四八二一〇一五六	三八四二八二	一十四分
八十七分	〇〇六七六四七二	一七五三	一四七八二五八七四	三八二〇八三	一十三分
八十八分	〇〇六七八二二五	一七五三	一四七四四三七九一	三八〇一二三	一十二分
八十九分	〇〇六七九九七八	一七五四	一四七〇六三六八	三七〇四〇七	一十一分
九十〇分	〇〇六八一七三二	一七五三	一四六六八五二六一	三七六二六〇	一十〇分
九十一分	〇〇六八三四八五	一七五三	一四六三〇九〇〇一	三七四三四三	九分
九十二分	〇〇六八五二三八	一七五四	一四五九三四六三八	三七一六五三	八分
九十三分	〇〇六八六九九二	一七五三	一四五五六二〇〇五	三七〇五六八	七分
九十四分	〇〇六八八五四五	一七五四	一四九一九一四三七	三六八六九四	六分
九十五分	〇〇六九〇四九九	一七五四	一四四八二二七四三	三六七〇四四	五分
九十六分	〇〇六九二二五二	一七五三	一四四五五六九	三六五〇〇四	四分
九十七分	〇〇六九四〇〇六	一七五四	一四四〇九〇六六五	三六三一七二	三分
九十八分	〇〇六九五七六〇	一七五四	一四三七二七五三三	三六一三五六	二分
九十九分	〇〇六九七五一四	一七五四	一四三三六六一六七	三五六五六五	一分
百〇〇分	〇〇六九九二六一		一四三〇〇六六〇二		〇分

四度	正切線	較數	餘切線	較數	下逆
〇分	〇〇六九九二六八		一四三〇〇六六〇二		百〇〇分
一分	〇〇七〇一〇二二	一七五四	一四二六四八八二六	三五七七七六	九十九分
二分	〇〇七〇二七七六	一七五四	一四二二九二八二八	三五五九九八	九十八分
三分	〇〇七〇四五三〇	一七五四	一四一九三八五七九	三五四二四九	九十七分
四分	〇〇七〇六二八四	一七五四	一四一五八六〇八一	三五二四九八	九十六分
五分	〇〇七〇八〇三八	一七五四	一四一二三五三三五	三五〇七四六	九十五分
六分	〇〇七〇九七九二	一七五四	一四〇八八六二八六	三四九〇四九	九十四分
七分	〇〇七一一五四六	一七五四	一四〇五三八九四九	三四七三三七	九十三分
八分	〇〇七一三三〇〇	一七五四	一四〇一九三五〇九	三四五四四〇	九十二分
九分	〇〇七一五〇五四	一七五四	一三九八四九五五八	三四三九五一	九十一分
一十〇分	〇〇七一六八〇九	一七五五	一三九五〇七二六九	三四二二八九	九十〇分
一十一分	〇〇七一八五六三	一七五四	一三九一六六六四二	三四〇六二七	八十九分
一十二分	〇〇七二〇三一八	一七五五	一三八八二七六七五	三三八九六七	八十八分
一十三分	〇〇七二二〇七二	一七五四	一三八四九〇五〇八	三三七一六七	八十七分
一十四分	〇〇七二三八二七	一七五五	一三八一五四七八四	三三五七二四	八十六分
一十五分	〇〇七二五五八一	一七五四	一三七八二〇六八八	三三四〇九六	八十五分
一十六分	〇〇七二七三三六	一七五五	一三七四八八一六九	三三二五一九	八十四分

上順	餘切線	較數	正切線	較數	八十五度
一十六分	〇〇七二七三三六		一三七四八八一六九		八十四分
一十七分	〇〇七二九〇九〇	一七五四	一三七一五七二四二	三三〇九二九	八十三分
一十八分	〇〇七三〇八四五	一七五五	一三六八二八〇八三	三二九一五九	八十二分
一十九分	〇〇七三二五九九	一七五四	一三六五〇〇三〇六	三二七七七七	八十一分
二十〇分	〇〇七三四三五四	一七五五	一三六一七四〇七五	三二六二三一	八十〇分
二十一分	〇〇七三六一〇八	一七五四	一三五八四九三八八	三二四六八七	七十九分
二十二分	〇〇七三七八六三	一七五五	一三五五二六四二三	三二二九六五	七十八分
二十三分	〇〇七三九六一八	一七五五	一三五二〇四七九八	三二一六二五	七十七分
二十四分	〇〇七四一三七三	一七五五	一三四八八四六七五	三二〇一二三	七十六分
二十五分	〇〇七四三一二八	一七五五	一三四五六六二三七	三一八四三八	七十五分
二十六分	〇〇七四四八八三	一七五五	一三四二四九〇九七	三一七一四〇	七十四分
二十七分	〇〇七四六六三八	一七五五	一三三九三三六二〇	三一五四七七	七十三分
二十八分	〇〇七四八三九三	一七五五	一三三六一九四三五	三一四一八五	七十二分
二十九分	〇〇七五〇一四八	一七五五	一三三三〇六八九一	三一二五四四	七十一分
三十〇分	〇〇七五一九〇四	一七五五	一三二九九五七八四	三一一一〇七	七十〇分
三十一分	〇〇七五三六五九	一七五五	一三二六八五九四一	三〇九八四三	六十九分
三十二分	〇〇七五五四一四	一七五五	一三二三七七七〇六	三〇八二三五	六十八分
三十三分	〇〇七五七二六九	一七五五	一三二〇七〇八七九	三〇六八二七	六十七分

四度	正切線	較數	餘切線	較數	下逆
三十三分	○○七五七二六六	一七五六	一三二○七○八七九	三○○五九一	六十七分
三十四分	○○七五八九二五	一七五五	一三一七六五二八八	三○四○一四	六十六分
三十五分	○○七六○六八○	一七五六	一三一四六一二七四	三○二六三八	六十五分
三十六分	○○七六二四三六	一七五五	一三一一五八六三八	三○一四二六	六十四分
三十七分	○○七六四一九一	一七五六	一三○八五七二一二	二九九八八○	六十三分
三十八分	○○七六五五四七	一七五五	一三○五五七三三二	二九八五一七	六十二分
三十九分	○○七六七七○二	一七五六	一三○二五八八一五	二九七一七六	六十一分
四十○分	○○七六九四五八	一七五二	一二九九六一六三九	二九五九九九	六十○分
四十一分	○○七七一二一三	一七五六	一二九六六五六四○	二九四四九五	五十九分
四十二分	○○七七二九六九	一七五六	一二九三七一一四五	二九三一八○	五十八分
四十三分	○○七七四七二五	一七五六	一二九○七七九六五	二九一八六三	五十七分
四十四分	○○七七六四八一	一七五六	一二八七八六一○二	二九○五九三	五十六分
四十五分	○○七七八二三七	一七五六	一二八四九五五四九	二八九二六六	五十五分
四十六分	○○七七九九九三	一七五六	一二八二○六二八三	二八七九七五	五十四分
四十七分	○○七八一七四九	一七五六	一二七九一八三○八	二八六六九一	五十三分
四十八分	○○七八三五○五	一七五六	一二七六三一六一七	二八五四一七	五十二分
四十九分	○○七八五二六一	一七五六	一二七三四六二○○	二八四一六	五十一分
五十○分	○○七八七○一七		一二七○六二○三六		五十○分

上順	餘切線	較數	正切線	較數	八十五度
五十○分	○○七八七○一七	一七五六	一二七○六二○三六	二八二九○六	五十○分
五十一分	○○七八八七七三	一七五六	一二六七七九一三○	二八一六五七	四十九分
五十二分	○○七九○五二九	一七五六	一二六四九七四七三	二八○四二九	四十八分
五十三分	○○七九二二八五	一七五七	一二六二一七○四四	二八九一九五	四十七分
五十四分	○○七九四○四二	一七五六	一二五九三七八四九	二七七九八二	四十六分
五十五分	○○七九五七九八	一七五七	一二五六五九八七六	二七六七八七	四十五分
五十六分	○○七九七五五五	一七五六	一二五三八三一一一	二七五四○一	四十四分
五十七分	○○七九九三一一	一七五七	一二五一○七七一○	二七四三五八	四十三分
五十八分	○○八○一○六八	一七五六	一二四八三三三九二	二七三一三七	四十二分
五十九分	○○八○二八二四	一七五七	一二四五六○一七五	二七一八二四	四十一分
六十○分	○○八○四五八一	一七五六	一二四二八八三五一	二七○八二八	四十○分
六十一分	○○八○六三三七	一七五七	一二四○一七九三三	二六九六四四	三十九分
六十二分	○○八○八○九四	一七五七	一二三七四七八七八	二六六三四二	三十八分
六十三分	○○八○九八九一	一七五七	一二三四七九五三七	二六七三四○	三十七分
六十四分	○○八一一六○八	一七五七	一二三二一二一九七	二六六○四一	三十六分
六十五分	○○八一三三六五	一七五七	一二二九四六一五六	二六五○六六	三十五分
六十六分	○○八一五一二二	一七五七	一二二六八一○九○	二六三七八二	三十四分
六十七分	○○八一六八七九		一二二四一七二○八		三十三分

四度	正切線	較數	餘切線	較數	下逆
六十七分	〇〇八一六八七九		一二二四一七二〇八		三十三分
六十八分	〇〇八一八六三六	一七五七	一二二一五四五〇一	二六三八〇七	三十二分
六十九分	〇〇八二〇三九三	一七五七	一二一八九二九四九	二六一五五二	三十一分
七十〇分	〇〇八二一一五〇	一七五七	一二一六三二三五八	二六〇五九一	三十〇分
七十一分	〇〇八二三九〇七	一七五七	一二一三七三〇三〇	二五九三三八	二十九分
七十二分	〇〇八二五九六四	一七九七	一二一一一四六三一	二五八三八九	二十八分
七十三分	〇〇八二七四二一	一七五七	一二〇八五七四六七	二五七一六四	二十七分
七十四分	〇〇八二九一七八	一七五七	一二〇六〇一二三九	二五六三三八	二十六分
七十五分	〇〇八三〇九三六	一七五八	一二〇三四六二三四	二五五〇〇五	二十五分
七十六分	〇〇八三二六九三	一七五七	一二〇〇九二二九七	二五三九三七	二十四分
七十七分	〇〇八三四四五一	一七五八	一一九八三九四一〇	二五二八八七	二十三分
七十八分	〇〇八三六二〇八	一七五七	一一九五八七四三六	二五一九七四	二十二分
七十九分	〇〇八三七九六六	一七五八	一一九三三六六四二	二五〇七九四	二十一分
八十〇分	〇〇八三九七二三	一七五七	一一九〇八六八九〇	二四九〇九二	二十〇分
八十一分	〇〇八四一四八一	一七五八	一一八八三八一七五	二四八七一五	一十九分
八十二分	〇〇八四三二三八	一七五七	一一八五九　四七七	二四七六九	一十八分
八十三分	〇〇八四四九九六	一七五八	一一八三四三六六二	二四六六一九	一十七分
八十四分	〇〇八四六七五四	一七五八	一一八〇九八〇〇五	二四五六五七	一十六分

上順	餘切線	較數	正切線	較數	八十五度
八十四分	〇〇八四六七五四		一二八〇九八〇〇五		一十六分
八十五分	〇〇八四八五一二	一七五八	一二七八五三三四六	二四四六五九	一十五分
八十六分	〇〇八五〇二七〇	一七五八	一二七六　九六九二	二四三六五四	一十四分
八十七分	〇〇八五二〇二八	一七五八	一二七三六七〇三六	二四二六五六	一十三分
八十八分	〇〇八五三七　六	一七五八	一二七一二五三七二	二四一六六四	一十二分
八十九分	〇〇八五五五四四	一七五八	一二六八八四六八三	二四〇六六九	一十一分
九十〇分	〇〇八五七三〇二	一七五八	一二六六四四九七三	二三九七一〇	一十〇分
九十一分	〇〇八五九〇六〇	一七五八	一二六四〇六二三八	二三八七三九	九分
九十二分	〇〇八六〇八一九	一七五九	一二六一六八四五九	二三七七七九	八分
九十三分	〇〇八六二五七七	一七五八	一二五九三一六四二	二三六八一七	七分
九十四分	〇〇八六四三三六	一七五九	一二五六九五七八二	二三五八六〇	六分
九十五分	〇〇八六六〇九四	一七五八	一二五四六〇八七二	二三四九一〇	五分
九十六分	〇〇八六七八五三	一七五九	一二五二二六八九六	二三三九七六	四分
九十七分	〇〇八六九六一一	一七五八	一二四九九三九九二	二三二九〇四	三分
九十八分	〇〇八七一三七〇	一七五九	一二四七六一八八八	二三二一〇四	二分
九十九分	〇〇八七三一二八	一七五八	一二四五三〇七一二	二三一一七六	一分
百〇〇分	〇〇八七四八八七	一七五九	一二四三〇〇五七九	二三〇一三三	〇分

五度	正切線	較數	餘切線	較數	下逆
○分	○○八七四八八七		一一四三○○五七九		百○○分
一分	○○八七六六四五	一七五八	一一四○七一二三一	二二九三四八	九十九分
二分	○○八七八四○四	一七五九	一一三八四二七八三	二二八四四八	九十八分
三分	○○八八○一六三	一七五九	一一三六一五三七一	二二七四一二	九十七分
四分	○○八八一九二二	一七五九	一一三三八八七三○	二二六六四一	九十六分
五分	○○八八三六八一	一七五九	一一三一六三一一三	二二五六一七	九十五分
六分	○○八八五四四○	一七五九	一一二九三八二四五	二二四八六八	九十四分
七分	○○八八七一九九	一七五九	一一二七一四三九○	二二三八五五	九十三分
八分	○○八八八九五八	一七五九	一一二四九一二八七	二二三一○三	九十二分
九分	○○八九○七一七	一七五九	一一二二六九一七四	二二二一一三	九十一分
一十○分	○○八九二四七六	一七五九	一一二○四七八○三	二二一三七一	九十○分
一十一分	○○八九四二三五	一七五九	一一一八二七四二二	二二○三八一	八十九分
一十二分	○○八九五九九五	一七六○	一一一六○七七六三	二一九六五九	八十八分
一十三分	○○八九七七五四	一七五九	一一一三八九○八三	二一八六八○	八十七分
一十四分	○○八九九五一四	一七六○	一一一一七一一二八	二一七九五五	八十六分
一十五分	○○九○一二七三	一七五九	一一○九五四一二九	二一六九九九	八十五分
一十六分	○○九○三○三三	一七六○	一一○七三七八四七	二一六二八二	八十四分

上順	餘切線	較數	正切線	較數	八十四度
一十六分	○○九○三○三三		一一○七三七八四七		八十四分
一十七分	○○九○四七九二	一七五九	一一○五二二五二一	二一五三二六	八十三分
一十八分	○○九○六五五二	一七六○	一一○三○八四二五	二一四○九六	八十二分
一十九分	○○九○八三一一	一七五九	一一○○九四三四一	二一四○八四	八十一分
二十○分	○○九一○○七一	一七六○	一○九八八一四七八	二一二八六三	八十○分
二十一分	○○九一一八三一	一七六○	一○九六六九四二九	二一二○四九	七十九分
二十二分	○○九一三五九一	一七六○	一○九四五八一七九	二一一二五○	七十八分
二十三分	○○九一五三五一	一七六○	一○九二四七七三五	二一○四四四	七十七分
二十四分	○○九一七一一一	一七六○	一○九○三八○九一	二○九六四四	七十六分
二十五分	○○九一八八七一	一七六○	一○八八二九二三四	二○八八五七	七十五分
二十六分	○○九二○六三一	一七六○	一○八六二一一六八	二○八○六六	七十四分
二十七分	○○九二二三九一	一七六○	一○八四一三八八二	二○七二八六	七十三分
二十八分	○○九二四一五一	一七六○	一○八二○七三九四	二○六四八八	七十二分
二十九分	○○九二五九一一	一七六○	一○八○○一六六六	二○五七二八	七十一分
三十○分	○○九二七六七二	一七六一	一○七七九六七一三	二○四九五三	七十○分
三十一分	○○九二九四三二	一七六○	一○七五九二五一九	二○四一九四	六十九分
三十二分	○○九三一一九三	一七六一	一○七三八九○九九	二○三四二○	六十八分
三十三分	○○九三二九五三	一七六○	一○七一八六四三二	二○二六六七	六十七分

五度	正切線	較數	餘切線	較數	下逆
三十三分	〇〇九三二九五三	一七六〇	一〇七一八六四三三	二〇一九一二	六十七分
三十四分	〇〇九三四七一四	一七六一	一〇六九八四五二一	二〇一〇五五	六十六分
三十五分	〇〇九三六四七四	一七六一	一〇六七八三四六六	二〇〇四二一	六十五分
三十六分	〇〇九三八二三五	一七六〇	一〇六五八三〇四五	一九九六七六	六十四分
三十七分	〇〇九三九九九五	一七六一	一〇六三八三三六九	一九八八三三	六十三分
三十八分	〇〇九四一七五六	一七六一	一〇六一八四五三六	一九八二一一	六十二分
三十九分	〇〇九四三五一七	一七六一	一〇五九八六三二五	一九七三六七	六十一分
四十〇分	〇〇九四五二七八	一七六一	一〇五七八八九五八	一九六六五一	六十〇分
四十一分	〇〇九四七〇三九	一七六一	一〇五五九二三〇七	一九五九二六	五十九分
四十二分	〇〇九四八八〇〇	一七六一	一〇五三九六五八一	一九五六一九	五十八分
四十三分	〇〇九五〇五六一	一七六一	一〇五二〇〇九六二	一九四四九一	五十七分
四十四分	〇〇九五二三二二	一七六一	一〇五〇〇六四七一	一九三八九九	五十六分
四十五分	〇〇九五四〇八四	一七六一	一〇四八一二五七二	一九三〇八四	五十五分
四十六分	〇〇九五五八四五	一七六一	一〇四六一九四八八	一九二四八八	五十四分
四十七分	〇〇九五七六〇六	一七六一	一〇四四二七〇〇〇	一九一六七九	五十三分
四十八分	〇〇九五九三六七	一七六一	一〇四二三五三二一	一九一一〇一	五十二分
四十九分	〇〇九六一一二九	一七六二	一〇四〇四四二二〇	一九〇三〇〇	五十一分
五十〇分	〇〇九六二八九〇	一七六一	一〇三八五三九二〇		五十〇分

上順	餘切線	較數	正切線	較數	八十四度
五十〇分	〇〇九六二八九〇	一七六一	一〇三八五三九二〇	一八九七二〇	五十〇分
五十一分	〇〇九六四六五一	一七六二	一〇三六六四二〇〇	一八八九三七	四十九分
五十二分	〇〇九六六四一三	一七六二	一〇三四七五二六三	一八八四五六	四十八分
五十三分	〇〇九六八一七五	一七六二	一〇三二八七〇〇七	一八七五七八	四十七分
五十四分	〇〇九六九九三七	一七六二	一〇三〇九九四二九	一八六九一五	四十六分
五十五分	〇〇九七一六九九	一七六二	一〇二九一二五二四	一八六二四五	四十五分
五十六分	〇〇九七三四六一	一七六二	一〇二七二六二七九	一八五五七八	四十四分
五十七分	〇〇九七五二二三	一七六二	一〇二五四〇六九一	一八四九二六	四十三分
五十八分	〇〇九七六九八五	一七六二	一〇二三五五七六五	一八四二六六	四十二分
五十九分	〇〇九七八七四七	一七六二	一〇二一七一四九九	一八三六一〇	四十一分
六十〇分	〇〇九八〇五〇九	一七六二	一〇一九八七八八九	一八二九五七	四十〇分
六十一分	〇〇九八二二七一	一七六二	一〇一八〇四九三二	一八二三一九	三十九分
六十二分	〇〇九八四〇三三	一七六二	一〇一六二二六一三	一八一六七三	三十八分
六十三分	〇〇九八五七九五	一七六二	一〇一四四〇九四〇	一八一〇三一	三十七分
六十四分	〇〇九八七五五八	一七六二	一〇一二五九九〇九	一八〇四〇二	三十六分
六十五分	〇〇九八九三二〇	一七六三	一〇一〇七九五〇七	一七九七六六	三十五分
六十六分	〇〇九九一〇八三	一七六三	一〇〇八九九七四一	一七九一三五	三十四分
六十七分	〇〇九九二八四五	一七六二	一〇〇七二〇六〇六		三十三分

五度	正切線	較數	餘切線	較數	下逆
六十七分	〇〇九九二八四五	一七六三	一〇〇七二〇六〇六	一七八五一六	三十三分
六十八分	〇〇九九四六〇八	一七六二	一〇〇五四二〇九〇	一七七八九〇	三十二分
六十九分	〇〇九九六三七〇	一七六三	一〇〇三六四二〇〇	一七七一六八	三十一分
七十〇分	〇〇九九八一三三	一七六二	一〇〇一八七〇三二	一七六六五九	三十〇分
七十一分	〇〇九九九八九五	一七六三	一〇〇〇一〇三七三	一七五九四四	二十九分
七十二分	〇一〇〇一六五八	一七六三	九九八三四四二九	一七五四三二	二十八分
七十三分	〇一〇〇三四二一	一七六三	九九六五八九九七	一七四七三三	二十七分
七十四分	〇一〇〇五二八四	一七六三	九九四八四二七四	一七四二二六	二十六分
七十五分	〇一〇〇六九四七	一七六三	九九三一〇〇四八	一七三五三五	二十五分
七十六分	〇一〇〇八七一〇	一七六三	九九一三六五一三	一七三〇二四	二十四分
七十七分	〇一〇一〇四七三	一七六三	九八九六三四八九	一七二三三八	二十三分
七十八分	〇一〇一二二三六	一七六三	九八七九一一五一	一七一八四四	二十二分
七十九分	〇一〇一三九九九	一七六四	九八六一九三〇七	一七一二五五	二十一分
八十〇分	〇一〇一五七六三	一七六三	九八四四八一六二	一七〇六七五	二十〇分
八十一分	〇一〇一七五二六	一七六四	九八二七七四八七	一六九九九四	一十九分
八十二分	〇一〇一九二九〇	一七六三	九八一〇七四九三	一六九五〇九	一十八分
八十三分	〇一〇二一〇五三	一七六四	九七九三七九八四	一六八八四四	一十七分
八十四分	〇一〇二二八一七		九七七六九一四一		一十六分

上頂	餘切線	較數	正切線	較數	八十四度
八十四分	〇一〇二二八一七	一七六三	九七七六九一四一	一六八二六〇	一十六分
八十五分	〇一〇二四五八〇	一七六四	九七六〇〇八八一	一六七六九七	一十五分
八十六分	〇一〇二六三四四	一七六四	九七四三三一八四	一六七一二七	一十四分
八十七分	〇一〇二八一〇八	一七六四	九七二六六〇五七	一六六五七一	一十三分
八十八分	〇一〇二九八七二	一七六四	九七〇九九四八六	一六六〇〇七	一十二分
八十九分	〇一〇三一六三六	一七六四	九六九三三四七九	一六五四四六	一十一分
九十〇分	〇一〇三三四〇〇	一七六四	九六七六八〇三三	一六四八九九	一十〇分
九十一分	〇一〇三五一六四	一七六四	九六六〇三一三四	一六四三四三	九分
九十二分	〇一〇三六九二八	一七六四	九六四三八七九一	一六三七九一	八分
九十三分	〇一〇三八六九二	一七六四	九六二七五〇〇〇	一六三二四一	七分
九十四分	〇一〇四〇四五六	一七六四	九六一一一七五九	一六二七〇四	六分
九十五分	〇一〇四二二二〇	一七六四	九五九四九〇五五	一六二一六〇	五分
九十六分	〇一〇四三九九四	一七六四	九五七八六八九五	一六一六一九	四分
九十七分	〇一〇四五七五八	一七六五	九五六二五二七六	一六一〇九〇	三分
九十八分	〇一〇四七五二三	一七六四	九五四六四一八六	一六〇五四四	二分
九十九分	〇一〇四九二八七	一七六五	九五三〇三六三三	一六〇〇二〇	一分
百〇〇分	〇一〇五一〇四二		九五一四三六一二		〇分

六度	正切線	較數	餘切線	較數	下逆
〇分	〇一〇五一〇四二	一七六四	九五一四三六一二	一五九四九一	百〇〇分
一分	〇一〇五二八〇六	一七六五	九四九八四一二一	一五八九八一	九十九分
二分	〇一〇五四五七一	一七六五	九四八二五一四〇	一五八三五五	九十八分
三分	〇一〇五六三三六	一七六五	九四六六九七八五	一五七九三三	九十七分
四分	〇一〇五八一〇一	一七六五	九四五〇八八五二	一五七三二四	九十六分
五分	〇一〇五九八六六	一七六五	九四三五一五二八	一五六八九五	九十五分
六分	〇一〇六一六三一	一七六五	九四一九四六三三	一五六三九二	九十四分
七分	〇一〇六三三九六	一七六五	九四〇三八三四一	一五五八七六	九十三分
八分	〇一〇六五一六一	一七六五	九三八八二四六五	一五五二七九	九十二分
九分	〇一〇六六九二六	一七六六	九三七二七二八六	一五四八六〇	九十一分
一十〇分	〇一〇六八六九二	一七六五	九三五七二三二六	一五四二七六	九十〇分
一十一分	〇一〇七〇四五七	一七六六	九三四一八〇五〇	一五三八六二	八十九分
一十二分	〇一〇七二二二三	一七六五	九三二六四一八八	一五三三七四	八十八分
一十三分	〇一〇七三九八八	一七六六	九三一一〇九一四	一五二八六四	八十七分
一十四分	〇一〇七五七五四	一七六五	九二九五八〇九〇	一五二二九一	八十六分
一十五分	〇一〇七七五一九	一七六六	九二八〇五七五九	一五一八八五	八十五分
一十六分	〇一〇七九二八五		九二六五三八七四		八十四分

上順	餘切線	較數	正切線	較數	八十三度
一十六分	〇一〇七九二八五	一七六五	九二六五三八七四	一五一三〇八	八十四分
一十七分	〇一〇八一〇五〇	一七六六	九二五〇二九六六	一五〇八三〇	八十三分
一十八分	〇一〇八二八一六	一七六六	九二三五七七三六	一五〇三四五	八十二分
一十九分	〇一〇八四五八二	一七六六	九二二〇一三九一	一四九八六二	八十一分
二十〇分	〇一〇八六三四八	一七六六	九二〇五一五三〇	一四九三九〇	八十〇分
二十一分	〇一〇八八一一四	一七六六	九一九〇二一四〇	一四八九一一	七十九分
二十二分	〇一〇八九八八〇	一七六六	九一七五三三二九	一四八四三六	七十八分
二十三分	〇一〇九一六四六	一七六六	九一六〇四七九三	一四七九七一	七十七分
二十四分	〇一〇九三四一二	一七六六	九一四九六八二二	一四七四六八	七十六分
二十五分	〇一〇九五一七八	一七六六	九一三〇九三三四	一四七〇三〇	七十五分
二十六分	〇一〇九六九四四	一七六六	九一一六二二九四	一四六五六二	七十四分
二十七分	〇一〇九八七一〇	一七六七	九一〇一五七三二	一四六一〇七	七十三分
二十八分	〇一一〇〇四七七	一七六六	九〇八六九六一五	一四五六四四	七十二分
二十九分	〇一一〇二二四三	一七六〇	九〇七二三九八一	一四五一〇一	七十一分
三十〇分	〇一一〇四〇一〇	一七六六	九〇五七八八八〇	一四四七三四	七十〇分
三十一分	〇一一〇五七七六	一七六七	九〇四三四一四六	一四四二四八	六十九分
三十二分	〇一一〇七五四三	一七六七	九〇二八九八六八	一四三七四三	六十八分
三十三分	〇一一〇九三一〇		九〇一四六一二五		六十七分

六度	正切線	較數	餘切線	較數	下逆
三十三分	〇一一〇九三一〇	一七六七	九〇一四六一二五	一四三三八一	六十七分
三十四分	〇一一一一〇七七	一七六七	九〇〇〇二七四四	一四二八六二	六十六分
三十五分	〇一一一二八四四	一七六七	八九八五九八八二	一四二四七三	六十五分
三十六分	〇一一一四六一一	一七六七	八九七一七四〇九	一四一九六六	六十四分
三十七分	〇一一一六三七八	一七六七	八九五七五四四三	一四一六〇五	六十三分
三十八分	〇一一一八一四五	一七六七	八九四三三八三八	一四一〇八二	六十二分
三十九分	〇一一一九九一二	一七六七	八九二九二七五六	一四〇七二三	六十一分
四十〇分	〇一一二一六七九	一七六八	八九一五二〇三三	一四〇二一六	六十〇分
四十一分	〇一一二三四四七	一七六七	八九〇一一八一七	一三九八六〇	五十九分
四十二分	〇一一二五二一四	一七六八	八八八七一九五七	一三九三四七	五十八分
四十三分	〇一一二六九八二	一七六七	八八七三二六一〇	一三九〇〇四	五十七分
四十四分	〇一一二八七四九	一七六八	八八五九三六〇六	一三八四九七	五十六分
四十五分	〇一一三〇五一七	一七六七	八八四五五一〇九	一三八一四八	五十五分
四十六分	〇一一三二二八四	一七六八	八八三一六九六一	一三七六四四	五十四分
四十七分	〇一一三四〇五二	一七六八	八八一七九三一七	一三七二三〇	五十三分
四十八分	〇一一三五八二〇	一七六八	八八〇四二〇八七	一三六八〇九	五十二分
四十九分	〇一一三七五八八	一七六八	八七九〇五二七八	一三六三九〇	五十一分
五十〇分	〇一一三九三五六		八七七六八八八八		五十〇分

上順	餘切線	較數	正切線	較數	八十三度
五十〇分	〇一一三九三五六	一七六八	八七七六八八八八	一三五九八一	五十〇分
五十一分	〇一一四一一二四	一七六八	八七六三二九〇七	一三五五六七	四十九分
五十二分	〇一一四二八九二	一七六八	八七四九七三四〇	一三五一五二	四十八分
五十三分	〇一一四四六六〇	一七六八	八七三六二一八八	一三四七五一	四十七分
五十四分	〇一一四六四二八	一七六九	八七二二七四三七	一三四三四〇	四十六分
五十五分	〇一一四八一九七	一七六八	八七〇九三〇九七	一三三九三三	四十五分
五十六分	〇一一四九九六五	一七六九	八六九五九一六四	一三三五三五	四十四分
五十七分	〇一一五一七三四	一七六八	八六八二五六二九	一三三一三一	四十三分
五十八分	〇一一五三五〇二	一七六九	八六六九二四九八	一三二七二九	四十二分
五十九分	〇一一五五二七一	一七六八	八六五五九七六九	一三二三二九	四十一分
六十〇分	〇一一五七〇三九	一七六九	八六四二七四四〇	一三一九三八	四十〇分
六十一分	〇一一五八八〇八	一七六八	八六二九五五〇二	一三一五四二	三十九分
六十二分	〇一一六〇五七六	一七六九	八六一六三九六〇	一三一〇七二	三十八分
六十三分	〇一一六二三四五	一七六九	八六〇三二八八八	一三〇七六二	三十七分
六十四分	〇一一六四一一四	一七六九	八五九〇二一二六	一三〇二五六	三十六分
六十五分	〇一一六五八八三	一七六九	八五七七一八三〇	一二九八八一	三十五分
六十六分	〇一一六七六五二	一七六九	八五六四一八四九	一二九五二八	三十四分
六十七分	〇一一六九四二一		八五五一二三二一		三十三分

六度	正切線	較數	餘切線	較數	下逆
六十七分	〇一一六九四二一	一七六九	八五五一二三一	一二九二一五	三十三分
六十八分	〇一一七一一九〇	一七六八	八五三八三一〇六	一二八[illegible]七	三十二分
六十九分	〇一一七二六五九	一七七〇	八五二五四三四九	一二八四五六	三十一分
七十〇分	〇一一七四七二九	一七六九	八五一二五八九三	一二八〇〇三	三十〇分
七十一分	〇一一七六四九八	一七七〇	八四九九七八九〇	一二七六九五	二十九分
七十二分	〇一一七八二六八	一七七〇	八四八七〇一九五	一二七二四六	二十八分
七十三分	〇一一八〇〇三八	一七七〇	八四七四三九四九	一二六九五〇	二十七分
七十四分	〇一一八一八〇八	一七七〇	八四六一五九九五	一二六四二六	二十六分
七十五分	〇一一八三五七八	一七七〇	八四四八九五七三	一二六二一〇	二十五分
七十六分	〇一一八五三四八	一七七〇	八四三六三三六三	一二五七六九	二十四分
七十七分	〇一一八七一一八	一七七〇	八四二三七五九四	一二五三九九	二十三分
七十八分	〇一一八八八八八	一七七〇	八四一一二一九五	一二五〇三三	二十二分
七十九分	〇一一九〇六五八	一七七〇	八三九八七一六二	一二四六四三	二十一分
八十〇分	〇一一九二四二八	一七七〇	八三八六二五一九	一二四三四二	二十〇分
八十一分	〇一一九四一九八	一七七〇	八三七三八一七七	一二三九四七	一十九分
八十二分	〇一一九五九六八	一七七〇	八三六一四二三〇	一二三[illegible]八六	一十八分
八十三分	〇一一九七七三八	一七七一	八三四九〇六四四	一二三二二五	一十七分
八十四分	〇一一九九五〇九		八三三六七四〇九		一十六分

上順	餘切線	較數	正切線	較數	八十三度
八十四分	〇一一九九五〇九	一七七〇	八三三六七四〇九	一二二七三三	一十六分
八十五分	〇一二〇一二七九	一七七一	八三二四四六七七	一二二五九五	一十五分
八十六分	〇一二〇三〇五〇	一七七〇	八三一二二〇八七	一二二二七四	一十四分
八十七分	〇一二〇四八二〇	一七七一	八二九九九〇八	一二一八二〇	一十三分
八十八分	〇一二〇六五九一	一七七〇	八二八七八〇八八	一二一四〇〇	一十二分
八十九分	〇一二〇八三六一	一七七一	八二七五六六八八	一二一一四一	一十一分
九十〇分	〇一二一〇一三二	一七七一	八二六三五五四七	一二〇七五四	一十〇分
九十一分	〇一二一一九〇三	一七七一	八二五一四七九三	一二〇三六二	九分
九十二分	〇一二一三六七四	一七七一	八二三九四四三一	一二〇〇八四	八分
九十三分	〇一二一五四四五	一七七二	八二二七四三四七	一一九六八〇	七分
九十四分	〇一二一七二一七	一七七一	八二一五四六六七	一一九四二八	六分
九十五分	〇一二一八九八八	一七七二	八二〇三五二三九	一一八九七三	五分
九十六分	〇一二二〇七六〇	一七七一	八一九一六二六六	一一八七三二	四分
九十七分	〇一二二二五三一	一七七二	八一七九七五三四	一一八三二六	三分
九十八分	〇一二二四三〇三	一七七一	八一六七九二〇八	一一八〇五七	二分
九十九分	〇一二二六〇七四	一七七二	八一五六一一五一	一一七六八七	一分
百〇〇分	〇一二二七八四六		八一四四四三四六四		〇分

七度	正切線	較數	餘切線	較數	下逆
〇分	〇一二二七八四六	一七七一	八一四四三四六四	一一七三七〇	百〇〇分
一分	〇一二二九六一七	一七七二	八一三二六〇九四	一一六九九五	九十九分
二分	〇一二三一三八九	一七七二	八一二〇九〇九九	一一六七三〇	九十八分
三分	〇一二三三一六一	一七七二	八一〇九二三六九	一一六三四三	九十七分
四分	〇一二三四九三三	一七七二	八〇九七六〇二六	一一五九八四	九十六分
五分	〇一二三六七〇五	一七七二	八〇八六〇〇四二	一一五七一七	九十五分
六分	〇一二三八四七七	一七七二	八〇七四四三二五	一一五三七〇	九十四分
七分	〇一二四〇二四九	一七七二	八〇六二八九五五	一一五〇四五	九十三分
八分	〇一二四二〇二一	一七七三	八〇五一三九一〇	一一四七二三	九十二分
九分	〇一二四三七九四	一七七二	八〇三九九一八七	一一四三九一	九十一分
一十〇分	〇一二四五五六六	一七七三	八〇二八四七六六	一一四一〇七	九十〇分
一十一分	〇一二四七三三九	一七七二	八〇一七〇六八九	一一三七七〇	八十九分
一十二分	〇一二四九一一一	一七七三	八〇〇五六九一九	一一三三九六	八十八分
一十三分	〇一二五〇八八四	一七七二	七九九四三五二三	一一三一四五	八十七分
一十四分	〇一二五二六五六	一七七三	七九八三〇三七八	一一二八二三	八十六分
一十五分	〇一二五四四二九	一七七三	七九七一七五五五	一一二五二三	八十五分
一十六分	〇一二五六二〇二		七九六〇五〇三二		八十四分

上順	餘切線	較數	正切線	較數	八十二度
一十六分	〇一二五六二〇二	一七七三	七九六〇五〇三二	一一二二一一	八十四分
一十七分	〇一二五七九七五	一七七三	七九四九二八二一	一一一八三八	八十三分
一十八分	〇一二五九七四八	一七七三	七九三八〇九八三	一一一五九一	八十二分
一十九分	〇一二六一五二一	一七七三	七九二六九三九二	一一一三四一	八十一分
二十〇分	〇一二六三二九四	一七七三	七九一五八一五一	一一〇九七三	八十〇分
二十一分	〇一二六五〇六七	一七七四	七九〇四七一八〇	一一〇六一五	七十九分
二十二分	〇一二六六八四一	一七七三	七八九三六五六五	一一〇四〇四	七十八分
二十三分	〇一二六八六一四	一七七四	七八八二六一六一	一〇九九八五	七十七分
二十四分	〇一二七〇三八八	一七七三	七八七一六一七六	一〇九七五三	七十六分
二十五分	〇一二七二一六一	一七七四	七八六〇六四三三	一〇九四三七	七十五分
二十六分	〇一二七三九三五	一七七四	七八四九六九八六	一〇九一八三	七十四分
二十七分	〇一二七五七〇八	一七七四	七八三八七八〇三	一〇八八二四	七十三分
二十八分	〇一二七七四八二	一七七三	七八二七八九七九	一〇八五二六	七十二分
二十九分	〇一二七九二五五	一七七四	七八一七〇四五三	一〇八二四一	七十一分
三十〇分	〇一二八一〇二九	一七七四	七八〇六二二一二	一〇七九四二	七十〇分
三十一分	〇一二八二八〇三	一七七四	七七九五四三七〇	一〇七六五一	六十九分
三十二分	〇一二八四五七七	一七七四	七七八四六六一九	一〇七三六七	六十八分
三十三分	〇一二八六三五一		七七七三九二五二		六十七分

七度	正切線	較數	餘切線	較數	下逆
三十三分	〇一二八六三五一		七七七三九二五二		六十七分
三十四分	〇一二八八一二五	一七七四	七七六三二一七一	一〇七〇八一	六十六分
三十五分	〇一二八九九〇〇	一七七五	七七五二五三九一	一〇六七八〇	六十五分
三十六分	〇一二九一六七四	一七七四	七七四一八八九三	一〇六四九八	六十四分
三十七分	〇一二九三四四九	一七七五	七七三一二六七六	一〇六二一七	六十三分
三十八分	〇一二九五二二三	一七七四	七七二〇六七四四	一〇五九三二	六十二分
三十九分	〇一二九六九九八	一七七五	七七一〇一〇九八	一〇五六四六	六十一分
四十〇分	〇一二九八七七三	一七七五	七六九九五七三五	一〇五三六三	六十〇分
四十一分	〇一三〇〇五四八	一七七五	七六八九〇六四一	一〇五〇九四	五十九分
四十二分	〇一三〇二三二三	一七七五	七六七八五八三五	一〇四八〇六	五十八分
四十三分	〇一三〇四〇九八	一七七五	七六六八一三七〇	一〇四四六五	五十七分
四十四分	〇一三〇五八七三	一七七五	七六五七七一一六	一〇四二五四	五十六分
四十五分	〇一三〇七六四八	一七七五	七六四七三一七四	一〇三九四二	五十五分
四十六分	〇一三〇九四二三	一七七五	七六三六九五〇一	一〇三六七三	五十四分
四十七分	〇一三一一一九八	一七七五	七六二六六一三二	一〇三三七〇	五十三分
四十八分	〇一三一二九七四	一七七六	七六一六二九七七	一〇三一五五	五十二分
四十九分	〇一三一四七四九	一七七五	七六〇六〇一五五	一〇二八二二	五十一分
五十〇分	〇一三一六五二五	一七七六	七五九五七五四一	一〇二六一四	五十〇分

上順	餘切線	較數	正切線	較數	八十二度
五十〇分	〇一三一六五二五		七五九五七五四一		五十〇分
五十一分	〇一三一八三〇〇	一七七五	七五八五五二五四	一〇二二八七	四十九分
五十二分	〇一三二〇〇七六	一七七六	七五七五三一八一	一〇二〇七三	四十八分
五十三分	〇一三二一八五二	一七七六	七五六五一四二七	一〇一七五四	四十七分
五十四分	〇一三二三六二八	一七七六	七五五四九八八五	一〇一五四二	四十六分
五十五分	〇一三二五四〇四	一七七六	七五四四八六九五	一〇一一八六	四十五分
五十六分	〇一三二七一八〇	一七七六	七五三四七七〇八	一〇〇九九一	四十四分
五十七分	〇一三二八九五六	一七七六	七五二四七〇一三	一〇〇六九五	四十三分
五十八分	〇一三三〇七三二	一七七六	七五一四六五八四	一〇〇四二九	四十二分
五十九分	〇一三三二五〇八	一七七六	七五〇四六四一八	一〇〇一六六	四十一分
六十〇分	〇一三三四二八五	一七七七	七四九四六五一四	九九九〇四	四十〇分
六十一分	〇一三三六〇六一	一七七六	七四八四六八五四	九九六六〇	三十九分
六十二分	〇一三三七八三八	一七七七	七四七四七四六三	九九三九一	三十八分
六十三分	〇一三三九六一四	一七七六	七四六四八二二三	九九一四〇	三十七分
六十四分	〇一三四一三九一	一七七七	七四五四九四四二	九八八八一	三十六分
六十五分	〇一三四三一六八	一七七七	七四四五〇八五五	九八五八七	三十五分
六十六分	〇一三四四九四五	一七七七	七四三五三四四八	九八四〇七	三十四分
六十七分	〇一三四六七二二	一七七七	七四二五四三八二	九八〇六五	三十三分

七度	正切線	較數	餘切線	較數	下逆
六十七分	〇一三四六七二二	一七七七	七四二五四三八三	九七八六七	三十三分
六十八分	〇一三四八四九九	一七七七	七四一五六五一六	九七五五九	三十二分
六十九分	〇一三五〇二七六	一七七七	七四〇五八九五七	九七三六二	三十一分
七十〇分	〇一三五二〇五三	一七七七	七三九六一五九五	九七〇七一	三十〇分
七十一分	〇一三五三八三〇	一七七七	七三八六四五二四	九六八六九	二十九分
七十二分	〇一三五五六〇七	一七七八	七三七六七六五五	九六五七二	二十八分
七十三分	〇一三五七三八五	一七七七	七三六七一〇八三	九六三七九	二十七分
七十四分	〇一三五九一六二	一七七八	七三五七四七〇四	九六〇九四	二十六分
七十五分	〇一三六〇九四〇	一七七七	七三四七八六一〇	九五八七六	二十五分
七十六分	〇一三六二七一七	一七七八	七三三八二七三四	九五五九三	二十四分
七十七分	〇一三六四四九五	一七七八	七三二八七一四一	九五四〇三	二十三分
七十八分	〇一三六六二七三	一七七八	七三一九一七三八	九五一〇五	二十二分
七十九分	〇一三六八〇五一	一七七八	七三〇九六六三三	九四八七〇	二十一分
八十〇分	〇一三六九八二九	一七七八	七三〇〇一七六三	九四六三〇	二十〇分
八十一分	〇一三七一六〇七	一七七八	七二九〇七一三三	九四三八八	一十九分
八十二分	〇一三七三三八五	一七七九	七二八一二七四五	九四一五七	一十八分
八十三分	〇一三七五一六四	一七七八	七二七一八五八八	九三九一七	一十七分
八十四分	〇一三七六九四二		七二六二四六七一		一十六分

上順	餘切線	較數	正切線	較數	八十二度
百〇〇分	〇一四〇五四〇八	一七八〇	七一一五三六九七	九〇二〇〇	〇分
九十九分	〇一四〇三六二八	一七八〇	七一二[illegible]三八九七	九〇四七二	一分
九十八分	〇一四〇一八四八	一七七九	七一三三四三六九	九〇六四七	二分
九十七分	〇一四〇〇〇六九	一七八〇	七一四二五〇一六	九〇九二四	三分
九十六分	〇一三九八二八九	一七七九	七一五一五九四〇	九一一〇〇	四分
九十五分	〇一三九六五一〇	一七七九	七一六〇七〇四〇	九一三七三	五分
九十四分	〇一三九四七三一	一七七九	七一六九八四一三	九一六〇二	六分
九十三分	〇一三九二五五二	一七七九	七一七九〇〇一五	九一七七九	七分
九十二分	〇一三九一一七三	一七七九	七一八八一七九四	九二〇五五	八分
九十一分	〇一三八九三九四	一七七九	七一九七三八四九	九二二六七	九分
九十〇分	〇一三八七六一五	一七七九	七二〇六六一一六	九二四八六	一十〇分
八十九分	〇一三八五八三六	一七七九	七二一五八六〇二	九二七四五	一十一分
八十八分	〇一三八四〇五七	一七七九	七二二五一三四七	九二九七九	一十二分
八十七分	〇一三八二二七八	一七七九	七二三四四三二六	九三二一五	一十三分
八十六分	〇一三八〇四九九	一七七九	七二四三七五四一	九三四四六	一十四分
八十五分	〇一三七八七二一	一七七九	七二五三〇九八七	九三六八四	一十五分
八十四分	〇一三七六九四二		七二六二四六七一		一十六分

八度	正切線	較數	餘切線	較數	下逆
〇分	〇一四〇五四〇八		七一一五三六九七		百〇〇分
一分	〇一四〇七一八三	一七八〇	七一〇六三六六二	九〇〇三五	九十九分
二分	〇一四〇八九六八	一七八〇	七〇九七三九〇五	八九七五七	九十八分
三分	〇一四一〇七四八	一七八〇	七〇八八四三四一	八九五六四	九十七分
四分	〇一四一二五二八	一七八〇	七〇七九五〇四一	八九三〇〇	九十六分
五分	〇一四一四三〇八	一七八〇	七〇七〇五九三四	八九一〇七	九十五分
六分	〇一四一六〇八九	一七八一	七〇六一七〇五三	八八八八一	九十四分
七分	〇一四一七八六九	一七八〇	七〇五二八三八四	八八六六九	九十三分
八分	〇一四一九六五〇	一七八一	七〇四三九九三三	八八四五一	九十二分
九分	〇一四二一四三〇	一七八〇	七〇三五一六九九	八八二三四	九十一分
一十〇分	〇一四二三二一一	一七八一	七〇二六三六六二	八八〇三七	九十〇分
一十一分	〇一四二四九九一	一七八〇	七〇一七五八六五	八七七九七	八十九分
一十二分	〇一四二六七七二	一七八一	七〇〇八八二七一	八七五九四	八十八分
一十三分	〇一四二八五五三	一七八一	七〇〇〇〇八八四	八七三八七	八十七分
一十四分	〇一四三〇三三四	一七八一	六九九一三七一一	八七一七三	八十六分
一十五分	〇一四三二一一五	一七八一	六九八二六七八一	八六九三〇	八十五分
一十六分	〇一四三三八九六	一七八一	六九七四〇〇四一	八六七四〇	八十四分

上順	餘切線	較數	正切線	較數	八十一度
一十六分	〇一四三三八九六		六九七四〇〇四一		八十四分
一十七分	〇一四三五六七七	一七八一	六九六五三五四四	八六四九七	八十三分
一十八分	〇一四三七四五九	一七八一	六九五六七二〇九	八六三三五	八十二分
一十九分	〇一四三九二四〇	一七八一	六九四八一一三一	八六〇七八	八十一分
二十〇分	〇一四四一〇二一	一七八二	六九三九五一九二	八五九三九	八十〇分
二十一分	〇一四四二八〇三	一七八二	六九三〇九五三九	八五六五三	七十九分
二十二分	〇一四四四五八五	一七八二	六九二二四〇二九	八五五一〇	七十八分
二十三分	〇一四四六三六七	一七八三	六九一三八七六七	八五二六二	七十七分
二十四分	〇一四四八一四九	一七八二	六九〇五三六六二	八五一〇五	七十六分
二十五分	〇一四四九九三一	一七八二	六八九六八七五九	八四八六三	七十五分
二十六分	〇一四五一七一三	一七八二	六八八八四四〇八	八四六九一	七十四分
二十七分	〇一四五三四九五	一七八二	六八七九九六五七	八四四九一	七十三分
二十八分	〇一四五五二七七	一七八二	六八七一五四〇九	八四二四八	七十二分
二十九分	〇一四五七〇五九	一七八二	六八六三一三五五	八四〇五四	七十一分
三十〇分	〇一四五八八四一	一七八二	六八五四七五〇八	八三八四七	七十〇分
三十一分	〇一四六〇六二三	一七八二	六八四六三八五〇	八三六五八	六十九分
三十二分	〇一四六二四〇六	一七八三	六八三八〇三九八	八三四五二	六十八分
三十三分	〇一四六四一八九	一七八三	六八二九七一三八	八三二六〇	六十七分

八度	正切線	較數	餘切線	較數	下逆
三十三分	〇一四六四一八九	一七八三	六八二九七一二八	八三〇六三	六十七分
三十四分	〇一四六五九七三	一七八三	六八二一四〇七九	八二八四八	六十六分
三十五分	〇一四六七七五五	一七八三	六八一三一二二七	八二六九一	六十五分
三十六分	〇一四六九五三八	一七八三	六八〇四八五三六	八二四七八	六十四分
三十七分	〇一四七一三二一	一七八三	六七九六六〇五八	八二二三七	六十三分
三十八分	〇一四七三一〇四	一七八三	六七八八三八二一	八二〇八八	六十二分
三十九分	〇一四七四八八七	一七八四	六七八〇一七三三	八一八六六	六十一分
四十〇分	〇一四七六六七一	一七八三	六七七一九八六七	八一六九六	六十〇分
四十一分	〇一四七八四五四	一七八四	六七六三八二七一	八一四六九	五十九分
四十二分	〇一四八〇二三八	一七八四	六七五五六七〇二	八一二三〇	五十八分
四十三分	〇一四八二〇二二	一七八四	六七四七五三七二	八一〇九三	五十七分
四十四分	〇一四八三八〇六	一七八四	六七三九四二七九	八〇九三八	五十六分
四十五分	〇一四八五五九〇	一七八四	六七三一三三四一	八〇七二八	五十五分
四十六分	〇一四八七三七四	一七八四	六七二三二六一三	八〇五七六	五十四分
四十七分	〇一四八九一五八	一七八四	六七一五二〇三七	八〇三四一	五十三分
四十八分	〇一四九〇九四二	一七八四	六七〇七一六九六	八〇一九三	五十二分
四十九分	〇一四九二七二六	一七八四	六六九九一五四三	七九九八一	五十一分
五十〇分	〇一四九四五一〇		六六九一一五六二		五十〇分

上順	餘切線	較數	正切線	較數	八十一度
六十七分	〇一五二四八五七	一七八六	六五五七九九三九	七六九一六	三十三分
六十六分	〇一五二三〇七一	一七八六	六五六五六八五五	七七〇五四	三十四分
六十五分	〇一五二一二八五	一七八六	六五七三三九〇九	七七二六八	三十五分
六十四分	〇一五一九四九九	一七八六	六五八一一一七七	七七四〇三	三十六分
六十三分	〇一五一七七一三	一七八五	六五八八八五七九	七七六二五	三十七分
六十二分	〇一五一五九二八	一七八五	六五九六六二〇四	七七七五九	三十八分
六十一分	〇一五一四一四三	一七八五	六六〇四三九六三	七七九五六	三十九分
六十〇分	〇一五一二三五八	一七八五	六六一二一九一九	七八一三二	四十〇分
五十九分	〇一五一〇五七三	一七八五	六六二〇〇〇五一	七八三三七	四十一分
五十八分	〇一五〇八七一八	一七八五	六六二七八三八八	七八五一二	四十二分
五十七分	〇一五〇一〇〇三	一七八五	六六三五六九〇〇	七八六九四	四十三分
五十六分	〇一五〇五二一八	一七八五	六六四三五五九四	七八八五五	四十四分
五十五分	〇一五〇三四三三	一七八五	六六五一四四四九	七九〇七五	四十五分
五十四分	〇一五〇一六四八	一七八五	六六五九三五五四	七九二三七	四十六分
五十三分	〇一四九九八六三	一七八五	六六六七二七六一	七九四二二	四十七分
五十二分	〇一四九八〇七八	一七八四	六六七五二一八三	七九六〇一	四十八分
五十一分	〇一四九六二九四	一七八四	六六八三一七八四	七九七七八	四十九分
五十〇分	〇一四九四五一〇		六六九一一五六二		五十〇分

八度	正切線	較數	餘切線	較數	下逆
六十七分	〇一五二四八五七	一七八六	六五五七九九三九	七六七〇八	三十三分
六十八分	〇一五二六六四三	一七八六	六五五〇三三三一	七六九九〇	三十二分
六十九分	〇一五二八四二九	一七八六	六五四二六六八一	七六二八八	三十一分
七十〇分	〇一五三〇二一五	一七八六	六五三五〇二九三	七六二二五	三十〇分
七十一分	〇一五三二〇〇二	一七八六	六五二七四〇六八	七六〇一二	二十九分
七十二分	〇一五三三七八七	一七八六	六五一九八〇五六	七五一四五	二十八分
七十三分	〇一五三五五七三	一七八七	六五一二二二一一	七五六七三	二十七分
七十四分	〇一五三七三六〇	一七八七	六五〇四六五三八	七五四九五	二十六分
七十五分	〇一五三九一四七	一七八七	六四九七一〇四三	七九三五〇	二十五分
七十六分	〇一五四〇九三四	一七八七	六四八九五六九三	七五一六〇	二十四分
七十七分	〇一五四二七二一	一七八七	六四八二〇五三三	七四九九六	二十三分
七十八分	〇一五四四五〇八	一七八七	六四七四[illegible]七	七四八三四	二十二分
七十九分	〇一五四六二九五	一七八七	六四六七〇七〇三	七四六六五	二十一分
八十〇分	〇一五四八〇八二	一七八七	六四五九六〇三八	七四四九七	二十〇分
八十一分	〇一五四九八六八	一七八七	六四五二一五四一	七四三八七	一十九分
八十二分	〇一五五一六五六	一七八七	六四四四七二五四	七四二六五	一十八分
八十三分	〇一五五三四四三	一七八一	六四三七三〇八五	七三九六〇	一十七分
八十四分	〇一五五五二三〇		六四二九九一三五		一十六分

上頭	餘切線	較數	正切線	較數	八十一度
八十四分	〇一五五五二三〇	一七八八	六四二九九一三五	七三八二四	一十六分
八十五分	〇一五五七〇一八	一七八八	六四二二五三〇一	七三六四九	一十五分
八十六分	〇一五五八八〇六	一七八八	六四一五一六五二	七三五二二	一十四分
八十七分	〇一五六〇五九四	一七八八	六四〇七八一四〇	七三三〇七	一十三分
八十八分	〇一五六二三八二	一七八八	六四〇〇四八三三	七三一九二	一十二分
八十九分	〇一五六四一七〇	一七八八	六三九三一六四一	七二九八六	一十一分
九十〇分	〇一五六五九五八	一七八八	六三八五八六五一	七二八六六	一十〇分
九十一分	〇一五六七七四六	一七八八	六三七八五七八九	七二六六二	九分
九十二分	〇一五六九五三四	一七八八	六三七一三一二七	七二五一五	八分
九十三分	〇一五七一三二二	一七八八	六三六四〇六二二	七二三三九	七分
九十四分	〇一五七三一一〇	一七八九	六三五六八二七三	七二二八一	六分
九十五分	〇一五七四八九九	一七八九	六三四九六〇九二	七二〇三八	五分
九十六分	〇一五七六六八八	一七八九	六三四二四〇五四	七一八七三	四分
九十七分	〇一五七八四七七	一七八九	六三三五二一八一	七一七五	三分
九十八分	〇一五八〇二六六	一七八九	六三三八〇四六六	七一五六三	二分
九十九分	〇一五八二〇五五	一七八九	六三二〇八九〇三	七二三八八	一分
百〇〇分	〇一五八三八四四		六三一三七五一五		〇分

九度	正切線	較數	餘切線	較數	下逆
○分	○一五八三八四四		六三一三七五一五		百○○分
一分	○一五八五六三三	一七八九	六三○六六二五一	七一二六四	九十九分
二分	○一五八七四二二	一七八九	六二九九五一五九	七一○九一	九十八分
三分	○一五八九二一一	一七八九	六二九二四二五八	七○九○一	九十七分
四分	○一五九一○○○	一七八九	六二八五三四七二	七○七八六	九十六分
五分	○一五九二七九○	一七九○	六二七八二八八二	七○五五○	九十五分
六分	○一五九四五八○	一七九○	六二七一二三九九	七○四八三	九十四分
七分	○一五九六三七○	一七九○	六二六四二一一一	七○三八八	九十三分
八分	○一五九八一六○	一七九○	六二五七一九三六	七○一七五	九十二分
九分	○一五九九九五○	一七九○	六二五○一九四八	六九九八八	九十一分
一十○分	○一六○一七四○	一七九○	六二四三二○八六	六九八六二	九十○分
一十一分	○一六○三五三○	一七九○	六二三六二三八九	六九六五七	八十九分
一十二分	○一六○五三二○	一七九○	六二二九二八一一	六九五七八	八十八分
一十三分	○一六○七一一○	一七九○	六二二二三四二四	六九三八七	八十七分
一十四分	○一六○八九○一	一七九一	六二一五四一八七	六九三三七	八十六分
一十五分	○一六一○六九二	一七九一	六二○八五一○六	六九○八一	八十五分
一十六分	○一六一二四八三	一七九一	六二○一六一五七	六八九四九	八十四分

上順	餘切線	較數	正切線	較數	八十度
一十六分	○一六一二四八三		六二○一六一五七		八十四分
一十七分	○一六一四二七四	一七九一	六一九四七三六三	六八七九五	八十三分
一十八分	○一六一六○六五	一七九一	六一八七八七一六	六八六四六	八十二分
一十九分	○一六一七八五六	一七九一	六一八一○二一二	六八五○四	八十一分
二十○分	○一六一九六四七	一七九一	六一七四一八六五	六八三四七	八十○分
二十一分	○一六二一四三八	一七九一	六一六七三六四七	六八二一八	七十九分
二十二分	○一六二三二二六	一七九一	六一六○五五八四	六八○六三	七十八分
二十三分	○一六二五○二○	一七九一	六一五三七六六二	六七九三三	七十七分
二十四分	○一六二六八一一	一七九一	六一四六九九二三	六七七三九	七十六分
二十五分	○一六二八六○三	一七九一	六一四○二三○三	六七六二○	七十五分
二十六分	○一六三一三九九	一七九二	六一三三四八三七	六七四六六	七十四分
二十七分	○一六三二一八七	一七九二	六一二六七四八八	六七三四九	七十三分
二十八分	○一六三三九七九	一七九二	六一二○○三二一	六七一六七	七十二分
二十九分	○一六三五七七二	一七九二	六一一三三二五四	六七○六七	七十一分
三十○分	○一六三七五六三	一七九二	六一○六六三六○	六六八九四	七十○分
三十一分	○一六三九三五五	一七九二	六○九九九五八五	六六七七五	六十九分
三十二分	○一六四一一四七	一七九二	六○九三二九七七	六六六○八	六十八分
三十三分	○一六四二九三九	一七九二	六○八六六四七二	六六五○五	六十七分

九度	正切線	較數	餘切線	較數	下逆
三十三分	〇一六四二九三九	一七九二	六〇八六六四七二	六六三二六	六十七分
三十四分	〇一六四四七三一	一七九三	六〇八〇〇一四六	六六一六七	六十六分
三十五分	〇一六四六五二四	一七九三	六〇七三三九七九	六六〇六五	六十五分
三十六分	〇一六四八三一七	一七九三	六〇六六七九一〇	六五九一二	六十四分
三十七分	〇一六五〇一一〇	一七九三	六〇六〇一九九八	六五七七二	六十三分
三十八分	〇一六五一九〇三	一七九三	六〇五三六二二六	六五六三九	六十二分
三十九分	〇一六五三六九六	一七九三	六〇四七〇五八七	六五四八四	六十一分
四十〇分	〇一六五五四八九	一七九三	六〇四〇五一〇三	六五三八一	六十〇分
四十一分	〇一六五七二八二	一七九三	六〇三三九七二二	六五二二六	五十九分
四十二分	〇一六五九〇七五	一七九三	六〇二七四四九六	六五〇五七	五十八分
四十三分	〇一六六〇八六八	一七九四	六〇二〇九四三九	六四九九八	五十七分
四十四分	〇一六六二六六二	一七九四	六〇一四四四八一	六四八〇五	五十六分
四十五分	〇一六六四四五六	一七九四	六〇〇七九六七六	六四六七三	五十五分
四十六分	〇一六六六二五〇	一七九四	六〇〇一五〇〇四	六四五二〇	五十四分
四十七分	〇一六六八〇四四	一七九四	五九九五〇四八八	六四四三二	五十三分
四十八分	〇一六六九八三八	一七九四	五九八八六〇六二	六四二五七	五十二分
四十九分	〇一六七一六三二	一七九四	五九八二一八〇五	六四一六一	五十一分
五十〇分	〇一六七三四二六		五九七五七六四四		五十〇分

上順	餘切線	較數	正切線	較數	八十〇度
五十〇分	〇一六七三四二六	一七九四	五九七五七六四四	六三九八八	五十〇分
五十一分	〇一六七五二二〇	一七九四	五九六九三六五六	六三八九八	四十九分
五十二分	〇一六七七〇一四	一七九四	五九六二九七五八	六三七二九	四十八分
五十三分	〇一六七八八〇八	一七九五	五九五六六〇二九	六三五九七	四十七分
五十四分	〇一六八〇六〇三	一七九五	五九五〇二四三二	六三四八〇	四十六分
五十五分	〇一六八二三九八	一七九五	五九四三八九五二	六三三二五	四十五分
五十六分	〇一六八四一九三	一七九五	五九三七五六二七	六三二〇八	四十四分
五十七分	〇一六八五九八八	一七九五	五九三一二四一九	六三〇七八	四十三分
五十八分	〇一六八七七八三	一七九五	五九二四九三四一	六二九五三	四十二分
五十九分	〇一六八九五七八	一七九五	五九一八六三八八	六二八三八	四十一分
六十〇分	〇一六九一三七三	一七九五	五九一二三五五〇	六二六七九	四十〇分
六十一分	〇一六九三一六八	一七九五	五九〇六〇八七一	六二五七一	三十九分
六十二分	〇一六九四九六三	一七九六	五八九九八三〇〇	六二四四二	三十八分
六十三分	〇一六九六七五九	一七九六	五八九三五八五八	六二三一四	三十七分
六十四分	〇一六九八五五五	一七九六	五八八七三五四四	六二一五八	三十六分
六十五分	〇一七〇〇三五一	一七九六	五八八一一三八六	六二〇五六	三十五分
六十六分	〇一七〇二一四七	一七九六	五八七四九三三〇	六一九〇二	三十四分
六十七分	〇一七〇三九四三		五八六八七四二八		三十三分

九度	六十七分	六十八分	六十九分	七十〇分	七十一分	七十二分	七十三分	七十四分	七十五分	七十六分	七十七分	七十八分	七十九分	八十〇分	八十一分	八十二分	八十三分	八十四分
正切線	〇一七〇三九四三	〇一七〇五七三九	〇一七〇七五三五	〇一七〇九三三一	〇一七一一一二七	〇一七一二九二三	〇一七一四七二〇	〇一七一六五一七	〇一七一八三一四	〇一七二〇一一一	〇一七二一九〇八	〇一七二三七〇五	〇一七二五五〇二	〇一七二七三〇〇	〇一七二九〇九七	〇一七三〇八九五	〇一七三二六九三	〇一七三四四四九
較數	一七九九	一七九六	一七九六	一七九六	一七九六	一七九七	一七九七	一七九七	一七九七	一七九七	一七九七	一七九七	一七九八	一七九七	一七九八	一七九七	一七九八	
餘切線	五八六八七四二八	五八六二五六一七	五八五六三九六二	五八五〇二四一〇	五八四四〇九九五	五八三七九六八二	五八三一八五二二	五八二五七四八七	五八一九六五七二	五八一三五七八二	五八〇七五一一二	五八〇一四五六四	五七九五四一二四	五七八九三八二五	五七八三三六三八	五七七七三五六七	五七七一三六一六	五七六五三八二〇
較數	六一八二一	六一六五五	六一五五二	六一四一五	六一三一三	六一一六〇	六一〇三五	六〇九一五	六〇七九〇	六〇六七〇	六〇五四八	六〇四三〇	六〇三〇九	六〇一八七	六〇〇七一	六九九五一	六九七九六	
下逆	三十三分	三十二分	三十一分	三十〇分	二十九分	二十八分	二十七分	二十六分	二十五分	二十四分	二十三分	二十二分	二十一分	二十〇分	一十九分	一十八分	一十七分	一十六分

上順	百〇〇分	九十九分	九十八分	九十七分	九十六分	九十五分	九十四分	九十三分	九十二分	九十一分	九十〇分	八十九分	八十八分	八十七分	八十六分	八十五分	八十四分
餘切線	〇一七六三二七〇	〇一七六一四七〇	〇一七五九六七一	〇一七五七八七二	〇一七五六〇七二	〇一七五四二七三	〇一七五二四七四	〇一七五〇六七五	〇一七四八八七六	〇一七四七〇七七	〇一七四五二七九	〇一七四三四八〇	〇一七四一六八二	〇一七三九八八四	〇一七三八〇八六	〇一七三六二八八	〇一七三四四四九
較數	一八〇〇	一七九九	一八〇〇	一七九九	一七九九	一七九九	一七九九	一七九九	一七九九	一七九八	一七九九	一七九八	一七九八	一七九八	一七九八	一七九八	
正切線	五六七一二八一八	五六七七〇七五一	五六八二八八一一	五六八八六九八八	五六九四五三六四	五七〇〇三六六三	五七〇六二一八一	五七一二〇八〇二	五七一七九五四六	五七二三八四〇八	五七二九七四一六	五七三五六五〇七	五七四一五七二〇	五七四七五〇七三	五七五三四五四九	五七五九四一二三	五七六五三八二〇
較數	五七九三四	五八〇五九	五八一六九	五八一八四	五八三九九	五八五一八	五八六二一	五八七四四	五八八六二	五九〇〇八	五九〇九一	五九二一三	五九三五三	五九四七六	五九五七四	五九六九七	
八十度	〇分	一分	二分	三分	四分	五分	六分	七分	八分	九分	一十〇分	一十一分	一十二分	一十三分	一十四分	一十五分	一十六分

十〇度	正切線	較數	餘切線	較數	下逆
〇分	〇一七六三二七〇	一七五九	五六七一二八一八	五七八四〇	百〇分
一分	〇一七六五〇六九	一八〇〇	五六六五四九七八	五七七二一	九十九分
二分	〇一七六六八六九	一八〇〇	五六五九七二五七	五七六〇七	九十八分
三分	〇一七六八六六九	一八〇〇	五六五三九六五〇	五七四六一	九十七分
四分	〇一七七〇四六九	一八〇〇	五六四八二一八九	五七三五一	九十六分
五分	〇一七七二二六九	一八〇〇	五六四二四八三八	五七二七〇	九十五分
六分	〇一七七四〇六九	一八〇〇	五六三六七五六八	五七一六〇	九十四分
七分	〇一七七五八六九	一八〇〇	五六三一〇四〇八	五七[illegible]六	九十三分
八分	〇一七七七六六九	一八〇一	五六二五三三六二	五六九一二	九十二分
九分	〇一七七九四七〇	一八〇一	五六一九六四五〇	五六七七〇	九十一分
一十〇分	〇一七八一二七一	一八〇一	五六一三九六八〇	五六七一六	九十〇分
一十一分	〇一七八三〇七二	一八〇一	五六〇八二九六四	五六五七六	八十九分
一十二分	〇一七八四八七三	一八〇一	五六〇二六三八八	五六四七二	八十八分
一十三分	〇一七八六六七四	一八〇一	五五九六九九一六	五六三六一	八十七分
一十四分	〇一七八八四七五	一八〇一	五五九一三五五五	五六二五三	八十六分
一十五分	〇一七九〇二七六	一八〇一	五五八五七三〇三	五六一四六	八十五分
一十六分	〇一七九二〇七七		五五八〇一一五六		八十四分

上順	餘切線	較數	正切線	較數	七十九度
一十六分	〇一七九二〇七七	一八〇一	五五八〇一一五六	五六〇三八	八十四分
一十七分	〇一七九三八七八	一八〇二	五五七四五一一八	五五九三〇	八十三分
一十八分	〇一七九五六八〇	一八〇二	五五六八九一八八	五五八二六	八十二分
一十九分	〇一七九七四八二	一八〇二	五五六三三三六二	五五六九九	八十一分
二十〇分	〇一七九九二八四	一八〇二	五五五七七六六三	五五五九八	八十〇分
二十一分	〇一八〇一〇八六	一八〇二	五五五二二〇六五	五五四七六	七十九分
二十二分	〇一八〇二八八八	一八〇二	五五四六六五八九	五五四〇一	七十八分
二十三分	〇一八〇四六九〇	一八〇二	五五四一一一八八	五五二六二	七十七分
二十四分	〇一八〇六四九二	一八〇三	五五三五五九二六	五五二〇一	七十六分
二十五分	〇一八〇八二九五	一八〇二	五五三〇〇七二四	五五〇七三	七十五分
二十六分	〇一八一〇〇九七	一八〇二	五五二四五六五一	五四九六五	七十四分
二十七分	〇一八一一九〇〇	一八〇二	五五一九〇六八八	五四八五五	七十三分
二十八分	〇一八一三七〇二	一八〇三	五五一三五八三三	五四七四七	七十二分
二十九分	〇一八一五五〇五	一八〇三	五五〇八一〇八六	五四六四〇	七十一分
三十〇分	〇一八一七三〇八	一八〇三	五五〇二六四四六	五四五二九	七十〇分
三十一分	〇一八一九二一一	一八〇二	五四九七一九一七	五四四二九	六十九分
三十二分	〇一八二〇九一四	一八〇三	五四九一七四八八	五四三三一	六十八分
三十三分	〇一八二二七一七		五四八六三一五七		六十七分

上順	餘切線	較數	正切線	較數	廿九度
六十七分	〇一八八四〇九七	一八〇七	五三〇七五八二四	五〇九五七	三十三分
六十六分	〇一八八二二九〇	一八〇七	五三一二六七八一	五一〇四九	三十四分
六十五分	〇一八八〇四八三	一八〇七	五三一七七八三〇	五一一三三	三十五分
六十四分	〇一八七八六七六	一八〇七	五三二二八九六三	五一二三六	三十六分
六十三分	〇一八七六八六九	一八〇七	五三二八〇一九九	五一三三九	三十七分
六十二分	〇一八七五〇六二	一八〇七	五三三三一五三八	五一四四三	三十八分
六十一分	〇一八七三二五五	一八〇七	五三三八二九八一	五一五四〇	三十九分
六十〇分	〇一八七一四四八	一八〇六	五三四三四五二七	五一六〇〇	四十〇分
五十九分	〇一八六九六四二	一八〇六	五三四八六一二七	五一七一〇	四十一分
五十八分	〇一八六七八三六	一八〇六	五三五三七八三七	五一八二〇	四十二分
五十七分	〇一八六六〇三〇	一八〇六	五三五八九六五七	五一九三二	四十三分
五十六分	〇一八六四二二四	一八〇六	五三六四一五八八	五二〇四二	四十四分
五十五分	〇一八六二四一八	一八〇六	五三六九三六三〇	五二一一六	四十五分
五十四分	〇一八六〇六一二	一八〇六	五三七四五七四八	五二二一二	四十六分
五十三分	〇一八五八八〇六	一八〇六	五三七九七九五八	五二三〇八	四十七分
五十二分	〇一八五七〇〇〇	一八〇五	五三八五〇二六六	五二四〇五	四十八分
五十一分	〇一八五五一九五	一八〇五	五三九〇二六七一	五二五〇一	四十九分
五十〇分	〇一八五三三九〇		五三九五五一七二		五十〇分

一十〇度	正切線	較數	餘切線	較數	下逆
三十三分	〇一八二二七一七	一八〇三	五四八六三一五七	五四二三四	六十七分
三十四分	〇一八二四五二〇	一八〇三	五四八〇八九二四	五四一三六	六十六分
三十五分	〇一八二六三二三	一八〇四	五四七五四七八八	五四〇三一	六十五分
三十六分	〇一八二八一二七	一八〇四	五四七〇〇七五七	五三九二二	六十四分
三十七分	〇一八二九九三一	一八〇四	五四六四六八二五	五三八一四	六十三分
三十八分	〇一八三一七三五	一八〇四	五四五九三〇二一	五三七〇七	六十二分
三十九分	〇一八三三五三九	一八〇四	五四五三九三一四	五三五九九	六十一分
四十〇分	〇一八三五三四三	一八〇四	五四四八五七一五	五三四九〇	六十〇分
四十一分	〇一八三七一四七	一八〇四	五四四三二二二五	五三三九七	五十九分
四十二分	〇一八三八九五一	一八〇四	五四三七八八二八	五三三〇五	五十八分
四十三分	〇一八四〇七五五	一八〇五	五四三二五五二三	五三二一三	五十七分
四十四分	〇一八四二五六〇	一八〇五	五四二七二三一〇	五三〇八九	五十六分
四十五分	〇一八四四三六五	一八〇五	五四二一九一八八	五二九九四	五十五分
四十六分	〇一八四六一七〇	一八〇五	五四一六六〇九九	五二八九八	五十四分
四十七分	〇一八四七九七五	一八〇五	五四一一三二〇一	五二八〇三	五十三分
四十八分	〇一八四九七八〇	一八〇五	五四〇六〇三九七	五二七〇八	五十二分
四十九分	〇一八五一五八五	一八〇五	五四〇〇七七八五	五二六一三	五十一分
五十〇分	〇一八五三三九〇		五三九五五一七二		五十〇分

十〇度	正切線	較數	餘切線	較數	下逆
六十七分	〇一八八四〇九七	一八〇七	五三〇七五八二四	五〇八六五	三十三分
六十八分	〇一八八五九一四	一八〇七	五三〇二四九五九	五〇七七三	三十二分
六十九分	〇一八八七七一一	一八〇八	五二六七四一八六	五〇六八一	三十一分
七十〇分	〇一八八九五一九	一八〇八	五二六二三五〇五	五〇九九六	三十〇分
七十一分	〇一八九一三二七	一八〇八	五二八七二九〇九	五〇四九六	二十九分
七十二分	〇一八九三一三五	一八〇八	五二八二二四一三	五〇三九七	二十八分
七十三分	〇一八九四九四三	一八〇八	五二七七二〇一六	五〇二九九	二十七分
七十四分	〇一八九六七五一	一八〇八	五二七二一七一七	五〇二〇〇	二十六分
七十五分	〇一八九八五五九	一八〇七	五二六七一五一七	五〇一三五	二十五分
七十六分	〇一九〇〇三六七	一八〇八	五二六二一三八二	五〇〇五六	二十四分
七十七分	〇一九〇二一七五	一八〇九	五二五七一三二六	四九五四四	二十三分
七十八分	〇一九〇三九八四	一八〇九	五二五二一三八二	四九八三〇	二十二分
七十九分	〇一九〇五七六三	一八〇九	五二四七一五五二	四九七一九	二十一分
八十〇分	〇一九〇七六〇二	一八〇九	五二四二一八三三	四九六五一	二十〇分
八十一分	〇一九〇九四一一	一八〇九	五二三七二一一七	四九五六六	一十九分
八十二分	〇一九一一二二〇	一八〇九	五二三二二六一六	四九四八一	一十八分
八十三分	〇一九一三〇二九	一八〇九	五二二七三一三五	四九三九六	一十七分
八十四分	〇一九一四八三八		五二二二三七三九		一十六分

上順	餘切線	較數	正切線	較數	七十九度
八十四分	〇一九一四八三八	一八一九	五二二二三七三九	四九三一一	一十六分
八十五分	〇一九一六六四七	一八一九	五二一七四四二八	四九一九六	一十五分
八十六分	〇一九一八四五六	一八一〇	五二一二五二三二	四九一一五	一十四分
八十七分	〇一九二〇二六六	一八一〇	五二〇七六一一七	四九〇三二	一十三分
八十八分	〇一九二二〇七六	一八一〇	五二〇七〇八二〇	四八九五一	一十二分
八十九分	〇一九二三八八六	一八一〇	五一九七八一三四	四八八七〇	一十一分
九十〇分	〇一九二五六九六	一八一〇	五一九二九二六四	四六七八八	一十〇分
九十一分	〇一九二七五〇六	一八一一	五一八八〇四七六	四八六八九	九分
九十二分	〇一九二九三一六	一八一一	五一八三一七八七	四八五九〇	八分
九十三分	〇一九三一一二六	一八一一	五一七八三二九七	四八四九二	七分
九十四分	〇一九三二九三七	一八一一	五一〇三四七〇五	四八三九四	六分
九十五分	〇一九三四七四八	一八一一	五一六八六三二二	四八三四一	五分
九十六分	〇一九三六五五九	一八一一	五一六三七九七〇	四八二四七	四分
九十七分	〇一九三八三七〇	一八一一	五一五八九七二三	四八一五四	三分
九十八分	〇一九四〇一八一	一八一一	五一五四一五六九	四八〇六一	二分
九十九分	〇一九四二九九二	一八一一	五一四九三五〇八	四七九六八	一分
百〇〇分	〇一九四三八〇三		五一四四五五四〇		〇分

二十一度	〇分	一分	二分	三分	四分	五分	六分	七分	八分	九分	一十〇分	一十一分	一十二分	一十三分	一十四分	一十五分	一十六分
正切線	〇一九四三八〇三	〇一九四五六一四	〇一九四七四二五	〇一九四九二三七	〇一九五一〇四九	〇一九五二八六一	〇一九五四六七三	〇一九五六四八五	〇一九五八二九七	〇一九六〇一〇九	〇一九六一九二一	〇一九六三七三四	〇一九六五五四七	〇一九六七三六〇	〇一九六九一七三	〇一九七〇九八六	〇一九七二七九九
較數	一八一一	一八一一	一八一二	一八一二	一八一二	一八一二	一八一二	一八一二	一八一二	一八一二	一八一三	一八一三	一八一三	一八一三	一八一三	一八一三	
餘切線	五一四四五五四〇	五一三九七六五八	五一三四九八五五	五一三〇二一三一	五一二五四四八七	五一二〇六五二一	五一一五九四五〇	五一一一二〇六五	五一〇六四七六六	五一〇一七五九三	五〇九七〇四二六	五〇九二三三二三	五〇八七六三三二	五〇八二九四五二	五〇七八二六八三	五〇七三六〇二五	五〇六八九三七六
較數	四七八八二	四七八〇二	四七七六四	四七六四四	四七五六六	四七四七一	四七三八五	四七二九九	四七二一三	四七一二七	四七一〇三	四七五五一	四六八八〇	四六七六九	四六六五八	四六六四九	
下逆	百〇分	九十九分	九十八分	九十七分	九十六分	九十五分	九十四分	九十三分	九十二分	九十一分	九十〇分	八十九分	八十八分	八十七分	八十六分	八十五分	八十四分

上順	一十六分	一十七分	一十八分	一十九分	二十〇分	二十一分	二十二分	二十三分	二十四分	二十五分	二十六分	二十七分	二十八分	二十九分	三十〇分	三十一分	三十二分	三十三分
餘切線	〇一九七二七九九	〇一九七四六一二	〇一九七六四二五	〇一九七八二三九	〇一九八〇〇五三	〇一九八一八六七	〇一九八三六八一	〇一九八五四九五	〇一九八七三〇九	〇一九八九一二三	〇一九九〇九三七	〇一九九二七五二	〇一九九四五六七	〇一九九六三八二	〇一九九八一九七	〇二〇〇〇〇一二	〇二〇〇一八二七	〇二〇〇三六四二
較數	一八一三	一八一三	一八一四	一八一四	一八一四	一八一四	一八一四	一八一四	一八一四	一八一四	一八一五	一八一五	一八一五	一八一五	一八一五	一八一五	一八一五	
正切線	五〇六八九三七六	五〇六四二八一九	五〇五九六三五二	五〇五四九九七六	五〇五〇三六九〇	五〇四五七四五三	五〇四一一三〇五	五〇三六五二四六	五〇三一九二七六	五〇二七三三九五	五〇二二七五九三	五〇一八一八六〇	五〇一三六二〇二	五〇〇九〇六一九	五〇〇四九一一一	四九九九六一一五	四九九五四三四二	四九九〇六〇八二
較數	四六五五七	四六四六七	四六三七六	四六二八六	四六二三七	四六一四八	四六〇五九	四五九七〇	四五八八一	四五八〇二	四五七三二	四五六五八	四五五八三	四五五〇八	四五四二六	四五三四三	四五二六〇	
七十八度	八十四分	八十三分	八十二分	八十一分	八十〇分	七十九分	七十八分	七十七分	七十六分	七十五分	七十四分	七十三分	七十二分	七十一分	七十〇分	六十九分	六十八分	六十七分

十一度	正切線	較數	餘切線	較數	下逆
三十三分	〇二〇〇三六四二	一八一六	四九九〇九〇八二	四五一七六	六十七分
三十四分	〇二〇〇五四五八	一八一六	四九八六三九〇六	四五〇九三	六十六分
三十五分	〇二〇〇七三七四	一八一六	四九八一八八一三	四五〇一七	六十五分
三十六分	〇二〇〇〇〇九〇	一八一六	四九七七三七九六	四四九四三	六十四分
三十七分	〇二〇一〇九〇六	一八一六	四九七二八八五三	四四八六八	六十三分
三十八分	〇二〇一二七二二	一八一六	四九六八八九八五	四四七九三	六十二分
三十九分	〇二〇一四五三八	一八一六	四九六三九一九二	四四七一八	六十一分
四十〇分	〇二〇一六三五四	一八一六	四九五九四四七四	四四六三九	六十〇分
四十一分	〇二〇一八一七〇	一八一六	四九五四九八三五	四四五六〇	五十九分
四十二分	〇二〇一九九八六	一八一七	四九五〇五二七五	四四四八一	五十八分
四十三分	〇二〇二一八〇三	一八一七	四九四六〇七九四	四四四〇二	五十七分
四十四分	〇二〇二三六二〇	一八一七	四九四一六三九二	四四三二四	五十六分
四十五分	〇二〇二五四三七	一八一七	四九三七二〇六八	四四二四九	五十五分
四十六分	〇二〇二七二五四	一八一七	四九三二七八一九	四四一七四	五十四分
四十七分	〇二〇二九〇七一	一八一七	四九二八三六四五	四四一〇〇	五十三分
四十八分	〇二〇三〇八八八	一八一七	四九一三九五四五	四四〇二五	五十二分
四十九分	〇二〇三二七〇五	一八一八	四九一九五五二〇	四三九五〇	五十一分
五十〇分	〇二〇三四五二三		四九一五一五七〇		五十〇分

上順	餘切線	較數	正切線	較數	七十八度
五十〇分	〇二〇三四五二三	一八一八	四九一五一五七〇	四三八七九	五十〇分
五十一分	〇二〇三六三四一	一八一八	四九一〇七六九五	四三七九九	四十九分
五十二分	〇二〇三八二五九	一八一八	四九〇六三八九六	四三七二三	四十八分
五十三分	〇二〇三九九七七	一八一八	四九〇二〇一七三	四三六四七	四十七分
五十四分	〇二〇四一七九五	一八一八	四八九七六五二六	四三九七〇	四十六分
五十五分	〇二〇四三六一三	一八一八	四八九三三九五六	四三四九七	四十五分
五十六分	〇二〇四五四三一	一八一八	四八八八九四五九	四三四二四	四十四分
五十七分	〇二〇四七二四九	一八一八	四八八四六〇三五	四三三五一	四十三分
五十八分	〇二〇四九〇六七	一八一九	四八八〇二六八四	四三二七八	四十二分
五十九分	〇二〇五〇八八六	一八一九	四八七五九四〇六	四三二〇五	四十一分
六十〇分	〇二〇五二七〇五	一八一九	四八七一六二〇一	四三二三二	四十〇分
六十一分	〇二〇五四五二四	一八一九	四八六七三〇六九	四三〇五八	三十九分
六十二分	〇二〇五六三四三	一八一九	四八六三〇〇一一	四二九八四	三十八分
六十三分	〇二〇五八一六二	一八一九	四八五八七〇二七	四二九一〇	三十七分
六十四分	〇二〇五九九八一	一八一九	四八五四四一一七	四二八三五	三十六分
六十五分	〇二〇六一八〇〇	一八二〇	四八五〇一二八二	四二七六四	三十五分
六十六分	〇二〇六三六二〇	一八二〇	四八四五八五一八	四二六九三	三十四分
六十七分	〇二〇六五四四〇		四八四一五八二五		三十三分

上順	餘切線	較數	正切線	較數	七十八度
百〇〇分	〇二一二五五六五	一八二四	四七〇四六三〇一	四〇四〇九	〇分
九十九分	〇二一二三七四一	一八二四	四七〇八六七一〇	四〇四七五	一分
九十八分	〇二一二一九一七	一八二四	四七一二七一八五	四〇五四二	二分
九十七分	〇二一二〇〇九三	一八二四	四七一六七七二七	四〇六〇九	三分
九十六分	〇二一一八二六九	一八二三	四七二〇八三三六	四〇六七六	四分
九十五分	〇二一一六四四六	一八二三	四七二四九〇一二	四〇七四三	五分
九十四分	〇二一一四六二三	一八二三	四七二八九七五五	四〇八一〇	六分
九十三分	〇二一一二八〇〇	一八二三	四七三三〇五六五	四〇八七八	七分
九十二分	〇二一一〇九七七	一八二三	四七三七一四四三	四〇九四五	八分
九十一分	〇二一〇九一五四	一八二三	四七四一二三八八	四一〇一三	九分
九十〇分	〇二一〇七三三一	一八二三	四七四五三四〇一	四一〇八一	一十〇分
八十九分	〇二一〇五五 八	一八二三	四七四九四四八二	四一一五〇	一十一分
八十八分	〇二一〇三六八五	一八二三	四七五三五六三二	四一二一八	一十二分
八十七分	〇二一〇一八六二	一八二二	四七五七六八五〇	四一二八六	一十三分
八十六分	〇二一〇〇〇四〇	一八二二	四七六一八一三六	四一三五四	一十四分
八十五分	〇二〇九八二一八	一八二二	四七六五九四九〇	四一四二三	一十五分
八十四分	〇二〇九六三九六		四七七〇〇九一三		一十六分

十一度	正切線	較數	餘切線	較數	下逆
六十七分	〇二〇六五四四〇	一八二〇	四八四一五八二五	四二六二一	三十三分
六十八分	〇二〇六七二六〇	一八二〇	四八三七三二〇四	四二五五一	三十二分
六十九分	〇二〇六九〇八〇	一八二〇	四八三三〇六五三	四二四七九	三十一分
七十〇分	〇二〇七〇九〇〇	一八二〇	四八二八八一七四	四二四〇七	三十〇分
七十一分	〇二〇七二七二〇	一八二〇	四八二四五七六七	四二三三五	二十九分
七十二分	〇二〇七四五四〇	一八二一	四八二〇三四三二	四二二六四	二十八分
七十三分	〇二〇七六三六一	一八二一	四八一六一一六八	四二一九三	二十七分
七十四分	〇二〇七八一八二	一八二一	四八一一八九七五	四二一二一	二十六分
七十五分	〇二〇八〇〇〇三	一八二一	四八〇七六八五四	四二〇五〇	二十五分
七十六分	〇二〇八一八二四	一八二一	四八〇三四八〇四	四一九八一	二十四分
七十七分	〇二〇八三六四五	一八二一	四七九九二八二三	四一九一一	二十三分
七十八分	〇二〇八五四六六	一八二一	四七九五〇九一二	四一八四一	二十二分
七十九分	〇二〇八七二八七	一八二一	四七九〇九〇七一	四一七七一	二十一分
八十〇分	〇二〇八九一〇八	一八二二	四七八六七三〇〇	四一七〇一	二十〇分
八十一分	〇二〇九〇九三〇	一八二二	四七八二五五九九	四一六三二	一十九分
八十二分	〇二〇九二七五二	一八二二	四七七八三九六七	四一五六二	一十八分
八十三分	〇二〇九四五七四	一八二二	四七七四二四〇五	四一四九二	一十七分
八十四分	〇二〇九六三九六		四七七〇〇九一三		一十六分

十二度	正切線	較數	餘切線	較數	下 逆
〇分	〇二一二五五六五	一八二四	四七〇四六三〇一	四〇三二六	百〇〇分
一分	〇二一二七三八九	一八二四	四七〇〇五九六五	四〇二六三	九十九分
二分	〇二一二九二一三	一八二五	四六九六五七〇二	四〇一九一	九十八分
三分	〇二一三一〇三八	一八二五	四六九二五五一一	四〇一一八	九十七分
四分	〇二一三二八六三	一八二五	四六八八五三九五	四〇〇四五	九十六分
五分	〇二一三四六八八	一八二五	四六八四五三四八	三九九九八	九十五分
六分	〇二一三六五一三	一八二五	四六八〇五三九〇	三九九四〇	九十四分
七分	〇二一三八三三八	一八二五	四六七六五四〇〇	三九九〇三	九十三分
八分	〇二一四〇一六三	一八二五	四六七二五四九七	三九八五六	九十二分
九分	〇二一四一九八八	一八二六	四六六八五六四一	三九八〇九	九十一分
一十〇分	〇二一四三八一四	一八二六	四六六四五八三二	三九七二六	九十〇分
一十一分	〇二一四五六四〇	一八二六	四六六〇六一〇六	三九六四三	八十九分
一十二分	〇二一四七四六六	一八二六	四六五六六四六三	三九五六〇	八十八分
一十三分	〇二一四九二九二	一八二六	四六五二六九〇三	三九四七六	八十七分
一十四分	〇二一五一一一八	一八二六	四六四八七四二七	三九三九三	八十六分
一十五分	〇二一五二九四四	一八二六	四六四四八〇三四	三九三四二	八十五分
一十六分	〇二一五四七七〇		四六四〇八六九二		八十四分

上 順	餘切線	較數	正切線	較數	七十七度
一十六分	〇二一五四七七〇	一八二六	四六四〇八六九二	三九二九一	八十四分
一十七分	〇二一五六五九六	一八二七	四六三六九四〇一	三九二四〇	八十三分
一十八分	〇二一五八四二三	一八二七	四六三三〇一六一	三九一八九	八十二分
一十九分	〇二一六〇二五〇	一八二七	四六二九〇九七二	三九一四〇	八十一分
二十〇分	〇二一六二〇七七	一八二七	四六二五一八三二	三九〇六八	八十〇分
二十一分	〇二一六三九〇四	一八二七	四六二一二七六四	三八九九七	七十九分
二十二分	〇二一六五七三一	一八二七	四六一七三七六七	三八九二五	七十八分
二十三分	〇二一六七五五八	一八二七	四六一三四八四二	三八八五三	七十七分
二十四分	〇二一六九三八五	一八二八	四六〇九五九八九	三八七八五	七十六分
二十五分	〇二一七一二一三	一八二八	四六〇五七二〇七	三八七四六	七十五分
二十六分	〇二一七三〇四一	一八二八	四六〇一八四六一	三八六八〇	七十四分
二十七分	〇二一七四八六九	一八二八	四五九七九七八一	三八六一三	七十三分
二十八分	〇二一七六六九七	一八二八	四五九四一一六八	三八五四七	七十二分
二十九分	〇二一七八五二五	一八二八	四五九〇一六二一	三八四八一	七十一分
三十〇分	〇二一八　三五二	一八二八	四五八六四一四〇	三八四一五	七十〇分
三十一分	〇二一八二一八一	一八二八	四五八二五七二五	三八三九九	六十九分
三十二分	〇二一八四〇〇九	一八二九	四五七八七三六六	三八三〇三	六十八分
三十三分	〇二一八五八三八		四五七四九六　三		六十七分

十二度	正切線	較數	餘切線	較數	下逆
三十三分	〇二一八五八三八	一八二九	四五七四九六三	三八二四八	六十七分
三十四分	〇二一八七六六七	一八二九	四五七一〇八一五	三八一九二	六十六分
三十五分	〇二一八九四九六	一八二九	四五六七二六二三	三八一三六	六十五分
三十六分	〇二一九一三二五	一八二九	四五六三四四八七	三八〇九五	六十四分
三十七分	〇二一九三一五四	一八二九	四五五九六四一八	三八〇〇三	六十三分
三十八分	〇二一九四九八三	一八三九	四五五五八四一五	三七九三七	六十二分
三十九分	〇二一九六八一二	一八三〇	四五五二〇四七八	三七八七〇	六十一分
四十〇分	〇二一九八六四二	一八三〇	四五四八二六〇八	三七八〇四	六十〇分
四十一分	〇二二〇〇四七二	一八三〇	四五四四四八〇四	三七七五二	五十九分
四十二分	〇二二〇二三〇二	一八三〇	四五四〇七〇五一	三七七〇一	五十八分
四十三分	〇二二〇四一三二	一八三〇	四五三六九三五一	三七六四九	五十七分
四十四分	〇二二〇五九六二	一八三〇	四五三三一七〇二	三七五六七	五十六分
四十五分	〇二二〇七七九三	一八三〇	四五二九四一〇五	三七五四五	五十五分
四十六分	〇二二〇九六二三	一八三一	四五二五六五六〇	三七四七八	五十四分
四十七分	〇二二一一九五四	一八三一	四五二一六〇八二	三七四一二	五十三分
四十八分	〇二二一三二八五	一八三一	四五一八一六七〇	三七三四六	五十二分
四十九分	〇二二一五一一六	一八三一	四五一四四三三四	三七二七九	五十一分
五十〇分	〇二二一六九四七		四五一〇七〇四五		五十〇分

上順	餘切線	較數	正切線	較數	七十七度
五十〇分	〇二二一六九四七	一八三一	四五一〇七〇四五	三七二一三	五十〇分
五十一分	〇二二一八七七八	一八三一	四五〇六九八三三	三七二五八	四十九分
五十二分	〇二二二〇六〇九	一八三一	四五〇三二六七四	三七一〇三	四十八分
五十三分	〇二二二二四四〇	一八三二	四四九九五五七一	三七〇四七	四十七分
五十四分	〇二二二四二七二	一八三三	四四九五八五二四	三六九五二	四十六分
五十五分	〇二二二六一〇四	一八三二	四四九二一五三二	三六九三六	四十五分
五十六分	〇二二二七九三六	一八三二	四四八八四五九六	三六八七八	四十四分
五十七分	〇二二二九七六八	一八三二	四四八四七七一八	三六八二一	四十三分
五十八分	〇二二三一六〇〇	一八三二	四四八一〇八九七	三六七六三	四十二分
五十九分	〇二二三三四三二	一八三三	四四七七四一三四	三六七〇六	四十一分
六十〇分	〇二二三五二六五	一八三二	四四七三七四二八	三六六四八	四十〇分
六十一分	〇二二三七〇九七	一八三三	四四七〇〇七八〇	三六五九一	三十九分
六十二分	〇二二三八九三〇	一八三三	四四六六四一八九	三六五三四	三十八分
六十三分	〇二二四〇七六三	一八三三	四四六二七六五五	三六四七八	三十七分
六十四分	〇二二四二六九六	一八三三	四四五九一一七七	三六四二一	三十六分
六十五分	〇二二四四四二九	一八三三	四四五五四七五六	三六三六五	三十五分
六十六分	〇二二四六二六二	一八三三	四四五一八三九一	三六三〇八	三十四分
六十七分	〇二二四八〇九五		四四四八二〇八三		三十三分

十二度	正切線	較數	餘切線	較數	下逆
六十七分	〇二二四八〇九五	一八三四	四四四八二〇八三	三六二五一	三十三分
六十八分	〇二二四九九二九	一八三四	四四四四五八三二	三六一九五	三十二分
六十九分	〇二二五一七六三	一八三四	四四四〇九六三七	三六一三八	三十一分
七十〇分	〇二二五三五九七	一八三四	四四三七三四九九	三六〇八二	三十〇分
七十一分	〇二二五五四三二	一八三四	四四三三七四一七	三六〇二七	二十九分
七十二分	〇二二五七二六五	一八三四	四四三〇一三九〇	三五九七二	二十八分
七十三分	〇二二五九〇九九	一八三五	四四二六五四一八	三五五一六	二十七分
七十四分	〇二二六〇九三四	一八三五	四四二二九五〇二	三五八六一	二十六分
七十五分	〇二二六二七六九	一八三五	四四一九三六四一	三五八〇五	二十五分
七十六分	〇二二六四六〇四	一八三五	四四一五七八三六	三五七〇〇	二十四分
七十七分	〇二二六六四三九	一八三五	四四一二二〇八六	三五六九五	二十三分
七十八分	〇二二六八二七四	一八三五	四四〇八六三九一	三五六四一	二十二分
七十九分	〇二二七〇一〇九	一八三五	四四〇五〇七五〇	三五五八六	二十一分
八十〇分	〇二二七一九四四	一八三五	四四〇一五一六四	三五五三一	二十〇分
八十一分	〇二二七三七七九	一八三六	四三九七九六三三	三五四七六	一十九分
八十二分	〇二二七五六一五	一八三六	四三九四四一五七	三五四二二	一十八分
八十三分	〇二二七七四五一	一八三六	四三九〇八七三五	三五三六八	一十七分
八十四分	〇二二七九二八七		四三八七三三六七		一十六分

上順	餘切線	較數	正切線	較數	七十七度
八十四分	〇二二七九二八七	一八三六	四三八七三三六七	三五三一三	一十六分
八十五分	〇二二八一一二三	一八三六	四三八三八〇五四	三五二五九	一十五分
八十六分	〇二二八二九五九	一八三六	四三八〇二七九五	三五二〇六	一十四分
八十七分	〇二二八四七九五	一八三六	四三七六七五八九	三五一五二	一十三分
八十八分	〇二二八六六三一	一八三七	四三七三二四三七	三五〇五九	一十二分
八十九分	〇二二八八四六八	一八三七	四三六九七三三八	三五〇四五	一十一分
九十〇分	〇二二九〇三〇五	一八三七	四三六六二二九三	三四九九二	一十〇分
九十一分	〇二二九二一四二	一八三七	四三六二七三〇一	三四九三八	九分
九十二分	〇二二九三九七九	一八三七	四三五九二三六三	三四八八五	八分
九十三分	〇二二九五八一六	一八三八	四三五五七四七八	三四八三三	七分
九十四分	〇二二九七六五四	一八三八	四三五二二六四九	三四七七五	六分
九十五分	〇二二九九四九二	一八三八	四三四八七八六六	三四七二七	五分
九十六分	〇二三〇一三三〇	一八三八	四三四五三一三九	三四六七四	四分
九十七分	〇二三〇三一六八	一八三八	四三四一八四六五	三四六二一	三分
九十八分	〇二三〇九〇〇六	一八三八	四三三八三八四四	三四五六九	二分
九十九分	〇二三〇六八四四	一八三八	四三三四九二七五	三四五一六	一分
百〇〇分	〇二三〇八六八二		四三三一四七五九		〇分

十三度	正切線	較數	餘切線	較數	下逆
〇分	〇二三〇八六八二	一八三八	四三三一四七九九	三四四六四	百〇〇分
一分	〇二三一〇五二〇	一八三九	四三二八〇二九五	三四四一二	九十九分
二分	〇二三一二三五九	一八三九	四三二四五八八三	三四三六一	九十八分
三分	〇二三一四一九八	一八三九	四三二一一五二二	三四三〇九	九十七分
四分	〇二三一六〇三七	一八三九	四三一七七二一三	三四二五八	九十六分
五分	〇二三一七八七六	一八三九	四三一四二九五五	三四二〇六	九十五分
六分	〇二三一九七一五	一八三九	四三一〇八七四九	三四一五四	九十四分
七分	〇二三二一五五四	一八三九	四三〇七四五九五	三四一〇三	九十三分
八分	〇二三二三三九三	一八四〇	四三〇四〇四九二	三四〇五二	九十二分
九分	〇二三二五二三三	一八四〇	四三〇〇六四四〇	三四〇〇〇	九十一分
一十〇分	〇二三二七〇七三	一八四〇	四二九七二四四〇	三三九四九	九十〇分
一十一分	〇二三二八九一三	一八四〇	四二九三八四一九	三三八九八	八十九分
一十二分	〇二三三〇七五三	一八四〇	四二九〇四五九三	三三八四八	八十八分
一十三分	〇二三三二五九三	一八四〇	四二八七〇七四五	三三七九八	八十七分
一十四分	〇二三三四四三三	一八四一	四二八三六九四七	三三七四八	八十六分
一十五分	〇二三三六二七四	一八四一	四二八〇三一九九	三三六九八	八十五分
一十六分	〇二三三八一一五		四二七六九五〇一		八十四分

上順	餘切線	較數	正切線	較數	七十六度
一十六分	〇二三三八一一五	一八四一	四二七六九五〇一	三三六四七	八十四分
一十七分	〇二三三九九五六	一八四一	四二七三五八五四	三三五九六	八十三分
一十八分	〇二三四一七九七	一八四一	四二七〇二二五八	三三五四五	八十二分
一十九分	〇二三四三六三八	一八四一	四二六六八七一三	三三四九五	八十一分
二十〇分	〇二三四五四七九	一八四一	四二六三五二一八	三三四四四	八十〇分
二十一分	〇二三四七三二〇	一八四一	四二六〇一七七四	三三三九八	七十九分
二十二分	〇二三四九一六一	一八四二	四二五六八三七六	三三三四五	七十八分
二十三分	〇二三五一〇〇三	一八四二	四二五三五〇三一	三三二九八	七十七分
二十四分	〇二三五二八四五	一八四二	四二五〇一七三三	三三二五〇	七十六分
二十五分	〇二三五四六八七	一八四二	四二四六八四八三	三三二〇三	七十五分
二十六分	〇二三五六五二九	一八四二	四二四三五二八〇	三三一五一	七十四分
二十七分	〇二三五八三七一	一八四三	四二四〇二一二九	三三一〇一	七十三分
二十八分	〇二三六〇二一四	一八四三	四二三六九〇二八	三三〇五一	七十二分
二十九分	〇二三六二〇五七	一八四三	四二三三五九七七	三三〇〇〇	七十一分
三十〇分	〇二三六三九〇〇	一八四三	四二三〇二九七七	三二九五〇	七十〇分
三十一分	〇二三六五七四三	一八四三	四二二七〇〇二七	三二九〇四	六十九分
三十二分	〇二三六七五八六	一八四三	四二二三七一二三	三二八五七	六十八分
三十三分	〇二三六九四二九		四二二〇四二六六		六十七分

十三度	正切線	較數	餘切線	較數	下逆
三十三分	〇二三六九四三九	一八四三	四二二〇四二六六	三二八一一	六十七分
三十四分	〇二三七一二七二	一八四四	四二一七一四五五	三二七六五	六十六分
三十五分	〇二三七三一一六	一八四四	四二一三八六九〇	三二七一九	六十五分
三十六分	〇二三七四九六〇	一八四四	四二一〇五九七一	三二六九八	六十四分
三十七分	〇二三七六八〇四	一八四四	四二〇七三三〇三	三二六一七	六十三分
三十八分	〇二三七八六四八	一八四四	四二〇四〇六八六	三二五六六	六十二分
三十九分	〇二三八〇四九二	一八四四	四二〇〇八一二〇	三二五一四	六十一分
四十〇分	〇二三八二三三六	一八四四	四一九七五六〇六	三二四七三	六十〇分
四十一分	〇二三八四一八〇	一八四五	四一九四三一三三	三二四二六	五十九分
四十二分	〇二三八六〇二五	一八四五	四一九一〇七〇七	三二三七九	五十八分
四十三分	〇二三八七八七〇	一八四五	四一八七八三二八	三二三三一	五十七分
四十四分	〇二三八九七一五	一八四五	四一八四五六九七	三二二八四	五十六分
四十五分	〇二三八一五六〇	一八四五	四一八一三七一三	三二二二七	五十五分
四十六分	〇二三八三四〇五	一八四五	四一七八一四七六	三二一九〇	五十四分
四十七分	〇二三九五二五〇	一八四五	四一七四九二八六	三二一四三	五十三分
四十八分	〇二三九七〇九五	一八四六	四一七一七一四三	三二〇九六	五十二分
四十九分	〇二三九八九四一	一八四六	四一六八五〇四七	三二〇四九	五十一分
五十〇分	〇二四〇〇七八七		四一六五二九九八		五十〇分

上順	餘切線	較數	正切線	較數	七十六度
五十〇分	〇二四〇〇七八七	一八四六	四一六五二九九八	三二〇〇二	五十〇分
五十一分	〇二四〇二六三三	一八四六	四一六二〇九九六	三一九五六	四十九分
五十二分	〇二四〇四四七九	一八四六	四一五八九〇四〇	三一九一〇	四十八分
五十三分	〇二四〇六三二五	一八四七	四一五五七一三〇	三一八六四	四十七分
五十四分	〇二四〇八一七二	一八四七	四一五二五二六六	三一八一七	四十六分
五十五分	〇二四一〇〇一六	一八四七	四一四九三四四九	三一七七一	四十五分
五十六分	〇二四一一八六六	一八四七	四一四六一六七八	三一七二六	四十四分
五十七分	〇二四一三七一三	一八四七	四一四二九九五三	三一六八一	四十三分
五十八分	〇二四一五五六〇	一八四七	四一三九八二七一	三一六三五	四十二分
五十九分	〇二四一七四〇七	一八四七	四一三六六六三六	三一五九〇	四十一分
六十〇分	〇二四一九二五四	一八四八	四一三三五〇四六	三一五四四	四十〇分
六十一分	〇二四二一一〇二	一八四八	四一三〇三五〇二	三一四九八	三十九分
六十二分	〇二四二二九五〇	一八四八	四一二七二〇〇四	三一四五一	三十八分
六十三分	〇二四二四七五八	一八四八	四一二四〇五五三	三一四〇七	三十七分
六十四分	〇二四二六六四六	一八四八	四一二〇九一四五	三一三六一	三十六分
六十五分	〇二四二八四九四	一八四八	四一一七七七八四	三一三一六	三十五分
六十六分	〇二四三〇三四二	一八四八	四一一四六四六八	三一二七二	三十四分
六十七分	〇二四三二一九〇		四一一一五一九六		三十三分

上順	餘切線	較數	正切線	較數	七十六度
百〇分	〇二四九三二八〇		四〇一〇七八二九		〇分
九十九分	〇二四九一四二六	一八五四	四〇一三七六七一	二九八四二	一分
九十八分	〇二四八九五七二	一八五四	四〇一六七五三五	二九八六四	二分
九十七分	〇二四八七七一九	一八五三	四〇一九七四六一	二九九二六	三分
九十六分	〇二四八五八六六	一八五三	四〇二二七四二九	二九九六八	四分
九十五分	〇二四八四〇一三	一八五三	四〇二五七四四〇	三〇〇一一	五分
九十四分	〇二四八二一六〇	一八五三	四〇二八七四九三	三〇〇五三	六分
九十三分	〇二四八〇三〇七	一八五三	四〇三一七五八八	三〇〇九五	七分
九十二分	〇二四七八四五四	一八五三	四〇三四七七二五	三〇一三七	八分
九十一分	〇二四七六六〇二	一八五二	四〇三七七九〇四	三〇一七九	九分
九十〇分	〇二四七四七五〇	一八五二	四〇四〇八一二五	三〇二二一	一十〇分
八十九分	〇二四七二八九八	一八五二	四〇四三八三八九	三〇二六四	一十一分
八十八分	〇二四七一〇四六	一八五二	四〇四六八六九六	三〇三〇七	一十二分
八十七分	〇二四六九一九四	一八五二	四〇四九九〇四六	三〇三五〇	一十三分
八十六分	〇二四六七三四二	一八五二	四〇五二九四四〇	三〇三九四	一十四分
八十五分	〇二四六五四九〇	一八五二	四〇五五九八七七	三〇四三七	一十五分
八十四分	〇二四六三六三九	一八五一	四〇五九〇三五七	三〇四八〇	一十六分

二十三度	正切線	較數	餘切線	較數	下逆
八十四分	〇二四六三六三九	一八五一	四〇五九〇三五七	三〇五二三	一十六分
八十三分	〇二四六一七八八	一八五一	四〇六二〇八八〇	三〇五六六	一十七分
八十二分	〇二四五九九三七	一八五一	四〇六五一四四六	三〇六〇九	一十八分
八十一分	〇二四五八〇八六	一八五一	四〇六八二〇五五	三〇六五一	一十九分
八十〇分	〇二四五六二三五	一八五一	四〇七一二七〇七	三〇六九六	二十〇分
七十九分	〇二四五四三八四	一八五〇	四〇七四三四〇三	三〇七四〇	二十一分
七十八分	〇二四五二五三四	一八五〇	四〇七七四一四三	三〇七八四	二十二分
七十七分	〇二四五〇六八四	一八五〇	四〇八〇五九二七	三〇八二八	二十三分
七十六分	〇二四四八八三四	一八五〇	四〇八三六七五五	三〇八七二	二十四分
七十五分	〇二四四六九八四	一八五〇	四〇八六七六二七	三〇九一六	二十五分
七十四分	〇二四四五一三四	一八五〇	四〇八九八五四三	三〇九六〇	二十六分
七十三分	〇二四四三二八四	一八五〇	四〇九二九五〇三	三一〇〇四	二十七分
七十二分	〇二四四一四三五	一八四九	四〇九六〇五〇七	三一〇四九	二十八分
七十一分	〇二四三九五八六	一八四九	四〇九九一五五六	三一〇九三	二十九分
七十〇分	〇二四三七七三七	一八四九	四一〇二二六四九	三一一三八	三十〇分
六十九分	〇二四三五八八八	一八四九	四一〇五三七八七	三一一八二	三十一分
六十八分	〇二四三四〇三九	一八四九	四一〇八四九六九	三一二二七	三十二分
六十七分	〇二四三二一九〇		四一一一六一九六		三十三分

一十四度	正切線	較數	餘切線	較數	下逆
〇分	〇二四九三二八〇		四〇一〇七八〇九		百〇〇分
一分	〇二四九五一三四	一八五四	四〇〇七八〇〇九	二九八四〇	九十九分
二分	〇二四九六九八八	一八五四	四〇〇四八二五〇	二九七五九	九十八分
三分	〇二四九八八四二	一八五四	四〇〇一八五三三	二九七一七	九十七分
四分	〇二五〇〇六九六	一八五四	三九九八八八五七	二九六七六	九十六分
五分	〇二五〇二五五一	一八五五	三九九五九二二三	二九六三四	九十五分
六分	〇二五〇四四〇六	一八五五	三九九二九六三〇	二九五九三	九十四分
七分	〇二五〇六二六一	一八五五	三九九〇〇〇七八	二九五五二	九十三分
八分	〇二五〇八一一六	一八五五	三九八七〇五六七	二九五一一	九十二分
九分	〇二五〇九九七一	一八五五	三九八四一〇九七	二九四七〇	九十一分
一十〇分	〇二五一一八二六	一八五五	三九八一一六六九	二九四二八	九十〇分
一十一分	〇二五一三六八二	一八五六	三九七八二二八二	二九三八七	八十九分
一十二分	〇二五一五五三八	一八五六	三九七五二九三五	二九三四七	八十八分
一十三分	〇二五一七三九四	一八五六	三九七二三六二九	二九三〇六	八十七分
一十四分	〇二五一九二五〇	一八五六	三九六九四三六三	二九二六六	八十六分
一十五分	〇二五二一一〇六	一八五六	三九六六五一三七	二九二二六	八十五分
一十六分	〇二五二二九六二	一八五六	三九六三五九五二	二九一八五	八十四分

上順	餘切線	較數	正切線	較數	七十五度
一十六分	〇二五二二九六二		三九六三五九五二		八十四分
一十七分	〇二五二四八一八	一八五六	三九六〇六八〇七	二九一四五	八十三分
一十八分	〇二五二六六七五	一八五七	三九五七七七〇三	二九一〇四	八十二分
一十九分	〇二五二八五三二	一八五七	三九五四八六三九	二九〇六四	八十一分
二十〇分	〇二五三〇三八九	一八五七	三九五一九六一五	二九〇二四	八十〇分
二十一分	〇二五三二二四六	一八五七	三九四九〇六三一	二八九八四	七十九分
二十二分	〇二五三四一〇三	一八五七	三九四六一六八七	二八九四四	七十八分
二十三分	〇二五三五九六〇	一八五七	三九四三二七八三	二八九〇四	七十七分
二十四分	〇二五三七八一八	一八五八	三九四〇三九一九	二八八六四	七十六分
二十五分	〇二五三九六七六	一八五八	三九三七五〇九四	二八八二五	七十五分
二十六分	〇二五四一五三四	一八五八	三九三四六三〇九	二八七八五	七十四分
二十七分	〇二五四三三九二	一八五八	三九三一七五六四	二八七四五	七十三分
二十八分	〇二五四五二五	一八五八	三九二八八八五八	二八七〇六	七十二分
二十九分	〇二五四七一〇九	一八五九	三九二六〇三九一	二八六六七	七十一分
三十〇分	〇二五四八九六八	一八五九	三九二三一五六三	二八六二八	七十〇分
三十一分	〇二五五〇八二七	一八五九	三九二〇二九七四	二八五八九	六十九分
三十二分	〇二五五二六八六	一八五九	三九一七四四二四	二八五五〇	六十八分
三十三分	〇二五五四五四五	一八五九	三九一四五九一四	二八五一〇	六十七分

十四度	正切線	較數	餘切線	較數	下逆
三十三分	〇二五五四五四五	一八五九	三九一四五九一四	二八四七一	六十七分
三十四分	〇二五五六四〇四	一八五九	三九一一七四四三	二八四二三	六十六分
三十五分	〇二五五八二六三	一八六〇	三九〇八九〇二一	二八三九三	六十五分
三十六分	〇二五六〇一二三	一八六〇	三九〇六〇六一八	二八三五五	六十四分
三十七分	〇二五六一九八三	一八六〇	三九〇三二二六三	二八三一九	六十三分
三十八分	〇二五六三八四三	一八六〇	三九〇〇三九四七	二八二七八	六十二分
三十九分	〇二五六五七〇三	一八六〇	三八九七五六六九	二八二四〇	六十一分
四十〇分	〇二五六七五六三	一八六〇	三八九四七四二九	二八二〇二	六十〇分
四十一分	〇二五六九四二四	一八六一	三八九一九二二七	二八一六三	五十九分
四十二分	〇二五七一二八五	一八六一	三八八九一〇六四	二八一二五	五十八分
四十三分	〇二五七三一四六	一八六一	三八八六二九三九	二八〇八六	五十七分
四十四分	〇二五七五〇〇七	一八六一	三八八三四八五三	二八〇四八	五十六分
四十五分	〇二五七六八六八	一八六一	三八八〇六八〇五	二八〇一〇	五十五分
四十六分	〇二五七八七二九	一八六一	三八七七八七九五	二七九七二	五十四分
四十七分	〇二五八〇五九〇	一八六二	三八七五〇八二三	二七九三九	五十三分
四十八分	〇二五八二四五二	一八六二	三八七二二八八八	二七八九七	五十二分
四十九分	〇二五八四三一四	一八六二	三八六九四九九一	二七八六〇	五十一分
五十〇分	〇二五八六一七六		三八六六七一三一		五十〇分

上順	餘切線	較數	正切線	較數	七十五度
五十〇分	〇二五八六一七六	一八六二	三八六六七一三一	二七八二一	五十〇分
五十一分	〇二五八八〇三八	一八六二	三八六三九三〇九	二七七八四	四十九分
五十二分	〇二五八九九〇〇	一八六二	三八六一一五二五	二七七四七	四十八分
五十三分	〇二五九一七六二	一八六三	三八五八三七七八	二七七一〇	四十七分
五十四分	〇二五九三六二五	一八六三	三八五五六〇六八	二七六七二	四十六分
五十五分	〇二五九五四八八	一八六三	三八五二八三九六	二七六三五	四十五分
五十六分	〇二五九七三五一	一八六三	三八五〇〇七六一	二七五九八	四十四分
五十七分	〇二五九九二一四	一八六三	三八四七三一六三	二七五六一	四十三分
五十八分	〇二六〇一〇七七	一八六四	三八四四五六〇二	二七五二四	四十二分
五十九分	〇二六〇二九四一	一八六四	三八四一八〇七八	二七四八七	四十一分
六十〇分	〇二六〇四八〇五	一八六四	三八三九〇五九一	二七四五	四十〇分
六十一分	〇二六〇六六六九	一八六四	三八三六三一四一	二七四一三	三十九分
六十二分	〇二六〇八五三三	一八六四	三八三三五七二八	二七三七七	三十八分
六十三分	〇二六一〇三九七	一八六四	三八三〇八三五一	二七三四〇	三十七分
六十四分	〇二六一二二六一	一八六五	三八二八一〇一一	二七三〇四	三十六分
六十五分	〇二六一四一二六	一八六五	三八二五三七〇七	二七二六八	三十五分
六十六分	〇二六一五九九一	一八六五	三八二二六四三九	二七二三一	三十四分
六十七分	〇二六一七八五六		三八一九九二〇八		三十三分

二十四度	正切線	較數	餘切線	較數	下逆
六十七分	〇二六一七八九六	一八六五	三八一九九二〇八	二七一九五	三十三分
六十八分	〇二六一九七二一	一八六五	三八一七二〇一三	二七一五八	三十二分
六十九分	〇二六二一五八六	一八六五	三八一四四七五五	二七〇二二	三十一分
七十〇分	〇二六二三四五一	一八六五	三八一一七七三三	二七〇八六	三十〇分
七十一分	〇二六二五三〇六	一八六六	三八〇九〇六四七	二七〇五〇	二十九分
七十二分	〇二六二七一八二	一八六六	三八〇六三五九七	二七〇一四	二十八分
七十三分	〇二六二五〇四八	一八六六	三八〇三六五八三	二六九七九	二十七分
七十四分	〇二六三〇九一四	一八六六	三八〇〇九六〇四	二六九四三	二十六分
七十五分	〇二六三二七八〇	一八六六	三七九八二六六一	二六九〇八	二十五分
七十六分	〇二六三四六四六	一八六七	三七九五五七五三	二六八七二	二十四分
七十七分	〇二六三六五一三	一八六七	三七九二八八八一	二六八三六	二十三分
七十八分	〇二六三八三八〇	一八六七	三七九〇二〇四五	二六八〇〇	二十二分
七十九分	〇二六四〇二四七	一八六七	三七八七五二四五	二六七六四	二十一分
八十〇分	〇二六四二一一四	一八六七	三七八四八四八一	二六七二八	二十〇分
八十一分	〇二六四三九八一	一八六七	三七八二一七五一	二六六九四	一十九分
八十二分	〇二六四五八四八	一八六八	三七七九五〇五九	二六六五九	一十八分
八十三分	〇二六四七七一六	一八六八	三七七六八四〇〇	二六六二五	一十七分
八十四分	〇二六四九五八四		三七七四一七七五		一十六分

上順	餘切線	較數	正切線	較數	七十五度
八十四分	〇二六四九五八四	一八六八	三七七四一七七五	二六五九〇	一十六分
八十五分	〇二六五一四五二	一八六八	三七七一五一八五	二六五五六	一十五分
八十六分	〇二六五三三二〇	一八六八	三七六八八六二九	二六五二〇	一十四分
八十七分	〇二六五五一八八	一八六八	三七六六二一〇九	二六四八四	一十三分
八十八分	〇二六五七〇五六	一八六九	三七六三五六二五	二六四四九	一十二分
八十九分	〇二六五八九二五	一八六九	三七六〇九一七六	二六四一三	一十一分
九十〇分	〇二六六〇七九四	一八六九	三七五八二七六三	二六三七八	一十〇分
九十一分	〇二六六二六六三	一八六九	三七五五六三八五	二六三四五	九分
九十二分	〇二六六四五三三	一八六九	三七五三〇〇四〇	二六三一一	八分
九十三分	〇二六六九四〇一	一八七〇	三七五〇三七二九	二六二七七	七分
九十四分	〇二六六八二七一	一八七〇	三七四七七四五二	二六二四三	六分
九十五分	〇二六七〇一四一	一八七〇	三七四五一二〇九	二六二〇九	五分
九十六分	〇二六七二〇一一	一八七〇	三七四二五〇〇〇	二六一七四	四分
九十七分	〇二六七三八八一	一八七〇	三七三九八八二六	二六一四〇	三分
九十八分	〇二六七五七五一	一八七〇	三七三七二六八六	二六一〇六	二分
九十九分	〇二六七七六二一	一八七一	三七三四六五八〇	二六〇七二	一分
百〇分	〇二六七九四九二		三七三二〇五〇八		〇分

十五度	正切線	較數	餘切線	較數	下逆
〇分	〇二六七九四九二	一八七一	三七三二〇五〇八	二六〇三八	百〇〇分
一分	〇二六八一三六三	一八七一	三七二九四四七〇	二六〇〇四	九十九分
二分	〇二六八三二三四	一八七一	三七二六八四六九	二五九七〇	九十八分
三分	〇二六八五一〇五	一八七一	三七二四二四九六	二五九三六	九十七分
四分	〇二六八六九七六	一八七一	三七二一六五六〇	二五九〇二	九十六分
五分	〇二六八八八四七	一八七二	三七一九〇六五八	二五八六八	九十五分
六分	〇二六九〇七一九	一八七二	三七一六四七九〇	二五八三五	九十四分
七分	〇二六九二五九一	一八七二	三七一三八九五五	二五八〇二	九十三分
八分	〇二六九四四六三	一八七二	三七一一三一五三	二五七六九	九十二分
九分	〇二六九六三三五	一八七二	三七〇八七三八四	二五七三六	九十一分
一十〇分	〇二六九八二〇七	一八七二	三七〇六一六四八	二五七〇三	九十〇分
一十一分	〇二七〇〇〇七九	一八七三	三七〇三五九四五	二五六六九	八十九分
一十二分	〇二七〇一九五二	一八七三	三七〇一〇二七六	二五六三五	八十八分
一十三分	〇二七〇三八二五	一八七三	三六九八四六四一	二五八〇二	八十七分
一十四分	〇二七〇六五九八	一八七三	三六九五九〇三八	二五五六九	八十六分
一十五分	〇二七〇七五七一	一八七三	三六九三三四六九	二五五三六	八十五分
一十六分	〇二七〇九四四四		三六九〇七九三三		八十四分

上順	餘切線	較數	正切線	較數	七十四度
一十六分	〇二七〇九四四四	一八七四	三六九〇七九三三	二五五〇三	八十四分
一十七分	〇二七一一三一八	一八七四	三六八八二四三〇	二五四七一	八十三分
一十八分	〇二七一三一九二	一八七四	三六八五六九五九	二五四三八	八十二分
一十九分	〇二七一五〇六六	一八七四	三六八三一五二一	二五四〇六	八十一分
二十〇分	〇二七一六九四〇	一八七四	三六八〇六一一五	二五三七四	八十〇分
二十一分	〇二七一八八一四	一八七四	三六七八〇七四一	二五三四一	七十九分
二十二分	〇二七二〇六八八	一八七五	三六七七五四〇〇	二五三〇八	七十八分
二十三分	〇二七二二五六三	一八七五	三六七三〇〇九二	二五二七五	七十七分
二十四分	〇二七二四四三八	一八七五	三六七〇四八一七	二五二四二	七十六分
二十五分	〇二七二六三一三	一八七五	三六六七九五七五	二五二〇九	七十五分
二十六分	〇二七二八一八八	一八七五	三六六五四三六六	二五一七八	七十四分
二十七分	〇二七三〇〇六三	一八七五	三六六二九一八八	二五一四六	七十三分
二十八分	〇二七三一九三八	一八七六	三六六〇四〇四二	二五一一五	七十二分
二十九分	〇二七三三八一四	一八七六	三六五七八九二七	二五〇八三	七十一分
三十〇分	〇二七三五六九〇	一八七六	三六五五三八四四	二五〇五二	七十〇分
三十一分	〇二七三七五六六	一八七六	三六五二八七九二	二五〇一九	六十九分
三十二分	〇二七三九四四二	一八七六	三六五〇三七七三	二四九八七	六十八分
三十三分	〇二七四一三一八		三六四七八七八六		六十七分

一十五度	正切線	較數	餘切線	較數	下逆
三十三分	〇二七四一三一八	一八七七	三六四七八七八六	二四九五四	六十七分
三十四分	〇二七四三一九五	一八七七	三六四五三八三三	二四九二二	六十六分
三十五分	〇二七四五〇七三	一八七七	三六四二八六一一	二四八八九	六十五分
三十六分	〇二七四六九四九	一八七七	三六四〇四〇二二	二四八五五	六十四分
三十七分	〇二七四八八二六	一八七七	三六三七九一六三	二四八二八	六十三分
三十八分	〇二七五〇七〇三	一八七八	三六三五四三三五	二四七九七	六十二分
三十九分	〇二七五二五八一	一八七八	三六三二九五三八	二四七六七	六十一分
四十〇分	〇二七五四四五九	一八七八	三六三〇四七七一	二四七三六	六十〇分
四十一分	〇二七五六三三七	一八七八	三六二八〇〇三五	二四七〇四	五十九分
四十二分	〇二七五八二一五	一八七八	三六二五五三三一	二四六七一	五十八分
四十三分	〇二七六〇〇九二	一八七八	三六二三〇六六〇	二四六三九	五十七分
四十四分	〇二七六一九七一	一八七九	三六二〇六〇二一	二四六〇六	五十六分
四十五分	〇二七六三八五〇	一八七九	三六一八一四一五	二四五七四	五十五分
四十六分	〇二七六五七二九	一八七九	三六一五六八四一	二四五四五	五十四分
四十七分	〇二七六七六〇八	一八七九	三六一三三二九六	二四五一六	五十三分
四十八分	〇二七六九四八七	一八七九	三六一〇七七八〇	二四四八七	五十二分
四十九分	〇二七七一三六六	一八七九	三六〇八三三九三	二四四五八	五十一分
五十〇分	〇二七七三三四五		三六〇五八八三五		五十〇分

上順	餘切線	較數	正切線	較數	七十四度
五十〇分	〇二七七三三四五	一八八〇	三六〇五八八三五	二四四二九	五十〇分
五十一分	〇二七七五一二五	一八八〇	三六〇三四四一〇	二四三九三	四十九分
五十二分	〇二七七七〇〇五	一八八〇	三六〇一〇〇一七	二四三六二	四十八分
五十三分	〇二七七八八八五	一八八〇	三五九八五六五五	二四三三一	四十七分
五十四分	〇二七八〇七六五	一八八〇	三五九六一三二四	二四三〇〇	四十六分
五十五分	〇二七八二六四五	一八八一	三五九三七〇二四	二四二七〇	四十五分
五十六分	〇二七八四五二六	一八八一	三五九一二七五四	二四二四〇	四十四分
五十七分	〇二七八六四〇七	一八八一	三五八八八五一四	二四二一〇	四十三分
五十八分	〇二七八八二八八	一八八一	三五八六四三〇四	二四一八〇	四十二分
五十九分	〇二七九〇一六九	一八八一	三五八四〇一二四	二四一四九	四十一分
六十〇分	〇二七九二〇五〇	一八八一	三五八一五九七五	二四一一九	四十〇分
六十一分	〇二七九三九三一	一八八二	三五七九一八五六	二四〇八九	三十九分
六十二分	〇二七九五八一三	一八八二	三五七六七七六七	二四〇五九	三十八分
六十三分	〇二七九七六九五	一八八二	三五七四三七〇八	二四〇二九	三十七分
六十四分	〇二七九九五七七	一八八二	三五七一九六七九	二三九九八	三十六分
六十五分	〇二八〇一四五九	一八八二	三五六九五六八一	二三九六八	三十五分
六十六分	〇二八〇三三四一	一八八三	三五六七一七一三	二三九三九	三十四分
六十七分	〇二八〇五二二四		三五六四七七七四		三十三分

上順	餘切線	較數	正切線	較數	七十四度
百〇分	〇二八六七四五四		三四八七四一四四		〇分
九十九分	〇二八六五五六五	一八八九	三四八九七一三一	二二九八七	一分
九十八分	〇二八六三六七六	一八八九	三四九二〇一四六	二三〇一五	二分
九十七分	〇二八六一七八八	一八八八	三四九四三一八八	二三〇四二	三分
九十六分	〇二八五九九〇〇	一八八八	三四九六六二五八	二三〇七〇	四分
九十五分	〇二八五八〇一二	一八八八	三四九八九三五六	二三〇九八	五分
九十四分	〇二八五六一二四	一八八八	三五〇一二四八二	二三一二六	六分
九十三分	〇二八五四二三六	一八八八	三五〇三五六三七	二三一五五	七分
九十二分	〇二八五二三四九	一八八七	三五〇五八八二〇	二三一八三	八分
九十一分	〇二八五〇四六二	一八八七	三五〇八二〇三二	二三二一二	九分
九十〇分	〇二八四八五七五	一八八七	三五一〇五二七三	二三二四一	一十〇分
八十九分	〇二八四六六八八	一八八七	三五一二八五四二	二三二六九	一十一分
八十八分	〇二八四四八〇一	一八八七	三五一五一八四〇	二三二九八	一十二分
八十七分	〇二八四二九一四	一八八七	三五一七五一六六	二三三二六	一十三分
八十六分	〇二八四一〇二八	一八八六	三五一九八五二〇	二三三五四	一十四分
八十五分	〇二八三九一四二	一八八六	三五二二一九〇二	二三三八二	一十五分
八十四分	〇二八三七二五六	一八八六	三五二四五三一三	二三四一一	一十六分

二十五度	正切線	較數	餘切線	較數	下逆
八十四分	〇二八三七二五六		三五二四五三一三		一十六分
八十三分	〇二八三五三七〇	一八八六	三五二六八七五四	二三四四一	一十七分
八十二分	〇二八三三四八五	一八八五	三五二九二二二四	二三四七〇	一十八分
八十一分	〇二八三一六〇〇	一八八五	三五三一五七二三	二三四九九	一十九分
八十〇分	〇二八二九七一五	一八八五	三五三三九二五一	二三五二八	二十〇分
七十九分	〇二八二七八三〇	一八八五	三五三六二八〇八	二三五五七	二十一分
七十八分	〇二八二五九四五	一八八五	三五三八六三九四	二三五八六	二十二分
七十七分	〇二八二四〇六〇	一八八五	三五四一〇〇〇九	二三六一五	二十三分
七十六分	〇二八二二一七六	一八八四	三五四三三六五三	二三六四四	二十四分
七十五分	〇二八二〇二九二	一八八四	三五四五七三二五	二三六七二	二十五分
七十四分	〇二八一八四〇八	一八八四	三五四八一〇二七	二三七〇二	二十六分
七十三分	〇二八一六五二四	一八八四	三五五〇四七五九	二三七三二	二十七分
七十二分	〇二八一四六四〇	一八八四	三五五二八五二一	二三七六二	二十八分
七十一分	〇二八一二七五六	一八八四	三五五五二三一二	二三七九一	二十九分
七十〇分	〇二八一〇八七三	一八八三	三五五七六一三三	二三八二一	三十〇分
六十九分	〇二八〇八九九〇	一八八三	三五五九九九八四	二三八五一	三十一分
六十八分	〇二八〇七一〇七	一八八三	三五六二三八六四	二三八八〇	三十二分
六十七分	〇二八〇五二二四	一八八三	三五六四七七七四	二三九一〇	三十三分

一十六度	正切線	較數	餘切線	較數	下逆
○分	○二八六七四五四		三四八七四一四四		百○○分
一分	○二八六九三四三	一八八九	三四八五一一八五	二二九五九	九十九分
二分	○二八七一二三二	一八八九	三四八二八二五四	二二九三一	九十八分
三分	○二八七三一二一	一八八九	三四八○五三五二	二二九○二	九十七分
四分	○二八七五○一○	一八九○	三四七八二四七八	二二八七四	九十六分
五分	○二八七六九○○	一八九○	三四七五九六三二	二二八四六	九十五分
六分	○二八七八七九○	一八九○	三四七三六八一四	二二八一八	九十四分
七分	○二八八○六八○	一八九○	三四七一四○二三	二二七九一	九十三分
八分	○二八八二五七○	一八九一	三四六九一二五九	二二七六四	九十二分
九分	○二八八四四六一	一八九一	三四六六八五二二	二二七三七	九十一分
一十○分	○二八八六三五二	一八九一	三四六四五八一三	二二七○九	九十○分
一十一分	○二八八八二四三	一八九一	三四六二三一三一	二二六八二	八十九分
一十二分	○二八九○一三四	一八九一	三四六○○四七六	二二六五五	八十八分
一十三分	○二八九二○二五	一八九一	三四五七七八四九	二二六二七	八十七分
一十四分	○二八九三九一六	一八九一	三四五五五二五○	二二五九九	八十六分
一十五分	○二八九五八○八	一八九二	三四五三二六七九	二二五七一	八十五分
一十六分	○二八九七七○○	一八九一	三四五一○一三六	二二五四三	八十四分

上順	餘切線	較數	正切線	較數	七十三度
一十六分	○二八九七七○○		三四五一○一三六		八十四分
一十七分	○二八九九五九二	一八九二	三四四八七六一九	二二五一七	八十三分
一十八分	○二九○一四八四	一八九二	三四四六五一二八	二二四九一	八十二分
一十九分	○二九○三三七六	一八九二	三四四四二六六四	二二四六四	八十一分
二十○分	○二九○五二六八	一八九二	三四四二○二二六	二二四三八	八十○分
二十一分	○二九○七一六一	一八九三	三四三九七八一五	二二四一一	七十九分
二十二分	○二九○九○五四	一八九三	三四三七五四三一	二二三八四	七十八分
二十三分	○二九一○九四七	一八九三	三四三五三○七五	二二三五六	七十七分
二十四分	○二九一二八四○	一八九三	三四三三○七四七	二二三二八	七十六分
二十五分	○二九一四七三四	一八九四	三四三○八四四六	二二三○一	七十五分
二十六分	○二九一六六二八	一八九四	三四二八六一七○	二二二七八	七十四分
二十七分	○二九一八五二二	一八九四	三四二六三九二一	二二二四九	七十三分
二十八分	○二九二○四一六	一八九四	三四二四一六九八	二二二二三	七十二分
二十九分	○二九二二三一○	一八九四	三四二一九五○二	二二一九六	七十一分
三十○分	○二九二四二○五	一八九五	三四一九七三三三	二二一六九	七十○分
三十一分	○二九二六一○○	一八九五	三四一七五一九二	二二一四一	六十九分
三十二分	○二九二七九九五	一八九五	三四一五三○七六	二二一一六	六十八分
三十三分	○二九二九八九○	一八九五	三四一三○九八四	二二○九二	六十七分

十六度	正切線	較數	餘切線	較數	下逆
三十三分	〇二九二九八九〇		三四一三〇九八四		六十七分
三十四分	〇二九三一七八五	一八九五	三四一〇八九二〇	二二〇六四	六十六分
三十五分	〇二九三三六八〇	一八九五	三四〇八六八八二	二二〇三八	六十五分
三十六分	〇二九三五五七六	一八九六	三四〇六四八七〇	二二〇一二	六十四分
三十七分	〇二九三七四七二	一八九六	三四〇四二八八四	二一九八六	六十三分
三十八分	〇二九三九三六八	一八九六	三四〇二〇九二五	二一九五九	六十二分
三十九分	〇二九四一二六四	一八九六	三三九九八九九二	二一九三三	六十一分
四十〇分	〇二九四三一六〇	一八九六	三三九七七〇八五	二一九〇七	六十〇分
四十一分	〇二九四五〇五七	一八九七	三三九五五二〇四	二一八八一	五十九分
四十二分	〇二九四六九五四	一八九七	三三九三三三四九	二一八五五	五十八分
四十三分	〇二九四八八五一	一八九七	三三九一一五二〇	二一八二九	五十七分
四十四分	〇二九五〇七四八	一八九七	三三八八九七一六	二一八〇四	五十六分
四十五分	〇二九五二六四五	一八九七	三三八六七九三八	二一七七八	五十五分
四十六分	〇二九五四五四三	一八九八	三三八四六一八六	二一七五二	五十四分
四十七分	〇二九五六四四一	一八九八	三三八二四四六〇	二一七二六	五十三分
四十八分	〇二九五八三三九	一八九八	三三八〇二七五九	二一七〇一	五十二分
四十九分	〇二九六〇二三七	一八九八	三三七八一〇八四	二一六七五	五十一分
五十〇分	〇二九六二一三五	一八九八	三三七五九四三四	二一六五〇	五十〇分

上順	餘切線	較數	正切線	較數	七十三度
五十〇分	〇二九六二一三五		三三七五九四三四		五十〇分
五十一分	〇二九六四〇三四	一八九九	三三七三七八一〇	二一六二四	四十九分
五十二分	〇二九六五九三三	一八九九	三三七一六二一二	二一五九八	四十八分
五十三分	〇二九六七八三二	一八九九	三三六九四六三九	二一五七三	四十七分
五十四分	〇二九六九七三一	一八九九	三三六七三〇九一	二一五四八	四十六分
五十五分	〇二九七一六三〇	一八九九	三三六五一五六八	二一五二三	四十五分
五十六分	〇二九七三五二九	一八九九	三三六三〇〇七〇	二一四九八	四十四分
五十七分	〇二九七五四二九	一九〇〇	三三六〇八五九八	二一四七二	四十三分
五十八分	〇二九七七三二九	一九〇〇	三三五八七一五一	二一四四七	四十二分
五十九分	〇二九七九二二九	一九〇〇	三三五六五七二九	二一四二二	四十一分
六十〇分	〇二九八一一二九	一九〇〇	三三五四四三三三	二一三九六	四十〇分
六十一分	〇二九八三〇三〇	一九〇一	三三五二二九六二	二一三七一	三十九分
六十二分	〇二九八四九三一	一九〇一	三三五〇一六一六	二一三四六	三十八分
六十三分	〇二九八六八三二	一九〇一	三三四八〇二九四	二一三二二	三十七分
六十四分	〇二九八八七三三	一九〇一	三三四五八九九七	二一二九七	三十六分
六十五分	〇二九九〇六三四	一九〇一	三三四三七七二四	二一二七三	三十五分
六十六分	〇二九九二五三六	一九〇二	三三四一六四七六	二一二四八	三十四分
六十七分	〇二九九四四三八	一九〇二	三三三九五二五三	二一二二三	三十三分

上順	餘切線	較數	正切線	較數	七十三度
百〇分	〇三〇五七三〇七		三二七〇八五二六		〇分
九十九分	〇三〇五五三九九	一九〇八	三二七二八九五五	二〇四二九	一分
九十八分	〇三〇五三四九一	一九〇八	三二七四九四〇八	二〇四五三	二分
九十七分	〇三〇五一五八三	一九〇八	三二七六九八八四	二〇四七六	三分
九十六分	〇三〇四九六七五	一九〇八	三二七九〇三八四	二〇五〇〇	四分
九十五分	〇三〇四七七六七	一九〇八	三二八一〇九〇七	二〇五二三	五分
九十四分	〇三〇四五八五九	一九〇八	三二八三一四五四	二〇五四七	六分
九十三分	〇三〇四三九五二	一九〇七	三二八五二〇二四	二〇五七〇	七分
九十二分	〇三〇四二〇四五	一九〇七	三二八七二六一八	二〇五九四	八分
九十一分	〇三〇四〇一三八	一九〇七	三二八九三二三五	二〇六一七	九分
九十〇分	〇三〇三八二三一	一九〇七	三二九一三八七六	二〇六四一	一十〇分
八十九分	〇三〇三六三二五	一九〇六	三二九三四五四一	二〇六六五	一十一分
八十八分	〇三〇三四四一九	一九〇六	三二九五五二三〇	二〇六八九	一十二分
八十七分	〇三〇三二五一三	一九〇六	三二九七五九四二	二〇七一二	一十三分
八十六分	〇三〇三〇六〇八	一九〇五	三二九九六六七九	二〇七三七	一十四分
八十五分	〇三〇二八七〇三	一九〇五	三三〇一七四三八	二〇七五九	一十五分
八十四分	〇三〇二六七九八	一九〇五	三三〇三八二二三	二〇七八五	一十六分

十六度	正切線	較數	餘切線	較數	下逆
八十四分	〇三〇二六七九八		三三〇三八二二三		一十六分
八十三分	〇三〇二四八九三	一九〇五	三三〇五九〇三四	二〇八一一	一十七分
八十二分	〇三〇二二九八八	一九〇五	三三〇七九八六七	二〇八三三	一十八分
八十一分	〇三〇二一〇八三	一九〇五	三三一〇〇七二一	二〇八五四	一十九分
八十〇分	〇三〇一九一七八	一九〇五	三三一二一五九八	二〇八七七	二十〇分
七十九分	〇三〇一七二七四	一九〇四	三三一四二五〇〇	二〇九〇二	二十一分
七十八分	〇三〇一五三七〇	一九〇四	三三一六三四二八	二〇九二八	二十二分
七十七分	〇三〇一三四六六	一九〇四	三三一八四三八一	二〇九五三	二十三分
七十六分	〇三〇一一五六二	一九〇四	三三二〇五三五九	二〇九七八	二十四分
七十五分	〇三〇〇九六五八	一九〇四	三三二二六三六二	二一〇〇三	二十五分
七十四分	〇三〇〇七七五五	一九〇三	三三二四七三八九	二一〇二七	二十六分
七十三分	〇三〇〇五八五二	一九〇三	三三二六八四四〇	二一〇五一	二十七分
七十二分	〇三〇〇三九四九	一九〇三	三三二八九五一五	二一〇七五	二十八分
七十一分	〇三〇〇二〇四六	一九〇三	三三三一〇六一四	二一〇九九	二十九分
七十〇分	〇三〇〇〇一四四	一九〇二	三三三三一七三六	二一一二二	三十〇分
六十九分	〇二九九八二四二	一九〇二	三三三五二八八三	二一一四七	三十一分
六十八分	〇二九九六三四〇	一九〇二	三三三七四〇五五	二一一七二	三十二分
六十七分	〇二九九四四三八	一九〇二	三三三九五二五三	二一一九八	三十三分

二十七度	正切線	較數	餘切線	較數	下逆
〇分	〇三〇五七三〇七	一九〇九	三二七〇八五二六	二〇四〇六	百〇分
一分	〇三〇五九二一五	一九〇九	三二六八八一二〇	二〇三八三	九十九分
二分	〇三〇六一一二四	一九〇九	三二六六七七三七	二〇三六〇	九十八分
三分	〇三〇六三〇三三	一九〇九	三二六四七三七七	二〇三三六	九十七分
四分	〇三〇六四九四二	一九〇九	三二六二七〇四一	二〇三一三	九十六分
五分	〇三〇六六八五一	一九一〇	三二六〇六七二八	二〇二九〇	九十五分
六分	〇三〇六八七六一	一九一〇	三二五八六四三八	二〇二六七	九十四分
七分	〇三〇七〇六七一	一九一〇	三二五六六一七一	二〇二四四	九十三分
八分	〇三〇七二五八一	一九一〇	三二五四五九二七	二〇二二一	九十二分
九分	〇三〇七四四九一	一九一一	三二五二五七〇六	二〇一九八	九十一分
一十〇分	〇三〇七六四〇二	一九一一	三二五〇五五〇八	二〇一七五	九十〇分
一十一分	〇三〇七八三一三	一九一一	三二四八五三三三	二〇一五二	八十九分
一十二分	〇三〇八〇二二四	一九一一	三二四六五一八一	二〇一三〇	八十八分
一十三分	〇三〇八二一三五	一九一一	三二四四五〇五一	二〇一〇七	八十七分
一十四分	〇三〇八四〇四六	一九一二	三二四二四九四四	二〇〇八四	八十六分
一十五分	〇三〇八五九五七	一九一二	三二四〇四八六〇	二〇〇六一	八十五分
一十六分	〇三〇八七八六九		三二三八四七九九		八十四分

上順	餘切線	較數	正切線	較數	七十二度
一十六分	〇三〇八七八六九	一九一二	三二三八四七九九	二〇〇三八	八十四分
一十七分	〇三〇八九七八一	一九一二	三二三六四七六一	二〇〇一六	八十三分
一十八分	〇三〇九一六九三	一九一二	三二三四四七四五	一九九九四	八十二分
一十九分	〇三〇九三六〇五	一九一二	三二三二四七五一	一九九七一	八十一分
二十〇分	〇三〇九五五一七	一九一三	三二三〇四七八〇	一九九四五	八十〇分
二十一分	〇三〇九七四三〇	一九一三	三二二八四八三一	一九九二六	七十九分
二十二分	〇三〇九九三四三	一九一三	三二二六四九〇五	一九九〇三	七十八分
二十三分	〇三一〇一二五六	一九一三	六二二四五〇〇二	一九八八一	七十七分
二十四分	〇三一〇三一六九	一九一三	三二二二五一二一	一九八五八	七十六分
二十五分	〇三一〇五〇八二	一九一四	三二二〇五二六三	一九八三五	七十五分
二十六分	〇三一〇六九九六	一九一四	三二一八五四二八	一九八一四	七十四分
二十七分	〇三一〇八九一〇	一九一四	三二一六五六一四	一九七九二	七十三分
二十八分	〇三一一〇八二四	一九一四	三二一四五八二三	一九七七〇	七十二分
二十九分	〇三一一二七三八	一九一五	三二一二六〇五二	一九七四八	七十一分
三十〇分	〇三一一四六五三	一九一五	三二一〇六三〇四	一九七二九	七十〇分
三十一分	〇三一一六五六八	一九一五	三二〇八六五七八	一九七〇四	六十九分
三十二分	〇三一一八四八三	一九一五	三二〇六六八七四	一九六八一	六十八分
三十三分	〇三一二〇三九八		三二〇四七一九三		六十七分

一十七度	正切線	較數	餘切線	較數	下逆
三十三分	〇三一二〇三九八		三二〇四七一九三		六十七分
三十四分	〇三一二二三一三	一九一五	三二〇二七五三四	一九六五九	六十六分
三十五分	〇三一二四二二九	一九一六	三二〇〇七八九七	一九六三七	六十五分
三十六分	〇三一二六一四五	一九一六	三一九八八二八二	一九六一五	六十四分
三十七分	〇三一二八〇六一	一九一六	三一九六八六八九	一九五九三	六十三分
三十八分	〇三一二九九七七	一九一六	三一九四九一一七	一九五七二	六十二分
三十九分	〇三一三一八九三	一九一六	三一九二九五六七	一九五五〇	六十一分
四十〇分	〇三一三三八一〇	一九一七	三一九一〇〇三九	一九五二八	六十〇分
四十一分	〇三一三五七二七	一九一七	三一八九〇五三三	一九五〇六	五十九分
四十二分	〇三一三七六四四	一九一七	三一八七一〇四八	一九四八五	五十八分
四十三分	〇三一三九五六一	一九一七	三一八五一五八五	一九四六三	五十七分
四十四分	〇三一四一四七八	一九一七	三一八三二一四四	一九四四一	五十六分
四十五分	〇三一四三三九六	一九一八	三一八一二七二四	一九四二〇	五十五分
四十六分	〇三一四五三一四	一九一八	三一七九三三二六	一九三九八	五十四分
四十七分	〇三一四七二三二	一九一八	三一七七三九四九	一九三七七	五十三分
四十八分	〇三一四九一五〇	一九一八	三一七五四五九四	一九三五五	五十二分
四十九分	〇三一五一〇六九	一九一九	三一七三五二六〇	一九三三四	五十一分
五十〇分	〇三一五二六八八	一九一九	三一七一五九四八	一九三一二	五十〇分

上順	餘切線	較數	正切線	較數	七十二度
五十〇分	〇三一五二九八八		三一七一五九四八		五十〇分
五十一分	〇三一五四九〇七	一九一九	三一六九六六五七	一九二九一	四十九分
五十二分	〇三一五六八二六	一九一九	三一六七七三八七	一九二七〇	四十八分
五十三分	〇三一五八七四五	一九一九	三一六五八一三九	一九二四八	四十七分
五十四分	〇三一六〇六六五	一九二〇	三一六三八九一二	一九二二七	四十六分
五十五分	〇三一六二五八五	一九二〇	三一六一九七〇六	一九二〇六	四十五分
五十六分	〇三一六四五〇五	一九二〇	三一六〇〇五二一	一九一八五	四十四分
五十七分	〇三一六六四二五	一九二〇	三一五八一三五七	一九一六四	四十三分
五十八分	〇三一六八三四五	一九二〇	三一五六二二一五	一九一四二	四十二分
五十九分	〇三一七〇二六六	一九二一	三一五四三〇九四	一九一二一	四十一分
六十〇分	〇三一七二一八七	一九二一	三一五二三九九四	一九一〇〇	四十〇分
六十一分	〇三一七四一〇八	一九二一	三一五〇四九一五	一九〇七九	三十九分
六十二分	〇三一七七〇二九	一九二一	三一四八五八五七	一九〇五八	三十八分
六十三分	〇三一七六九五〇	一九二一	三一四六六八二〇	一九〇三七	三十七分
六十四分	〇三一七九八七二	一九二二	三一四四七八〇三	一九〇一七	三十六分
六十五分	〇三一八一七九四	一九二二	三一四二八八〇七	一八九九六	三十五分
六十六分	〇三一八三七一六	一九二二	三一四〇九八三二	一八九七五	三十四分
六十七分	〇三一八五六三八	一九二二	三一三九〇八七八	一八九五四	三十三分

上順	餘切線	較數	正切線	較數	七十二度
百〇〇分	〇三二四九一九七		三〇七七六八三五		〇分
九十九分	〇三二四七二六八		三〇七九五一二三		一分
九十八分	〇三二四五三三九		三〇八一三四三〇		二分
九十七分	〇三二四三四一〇		三〇八三一七五七		三分
九十六分	〇三二四一四八一		三〇八五〇一〇三		四分
九十五分	〇三二三九五五三		三〇八六八四六八		五分
九十四分	〇三二三七六二四		三〇八八六八五三		六分
九十三分	〇三二三五六九六		三〇九〇五二五八		七分
九十二分	〇三二三三七六八		三〇九二三六八四		八分
九十一分	〇三二三一八四〇		三〇九四二一三〇		九分
九十〇分	〇三二二九九一二		三〇九六〇五九六		一十〇分
八十九分	〇三二二七九八五		三〇九七九〇八二		一十一分
八十八分	〇三二二六〇五八		三〇九九七五八八		一十二分
八十七分	〇三二二四一三一		三一〇一六一一三		一十三分
八十六分	〇三二二二二〇四		三一〇三四六五八		一十四分
八十五分	〇三二二〇二七七		三一〇五三二二三		一十五分
八十四分	〇三二一八三五一		三一〇七一八〇八		一十六分

一十七度	正切線	較數	餘切線	較數	下逆
六十七分	〇三一八五六三八	一九二三	三一三九〇八七八	一八九三三	三十三分
六十八分	〇三一八七五六一	一九二三	三一三七一九四五	一八九一二	三十二分
六十九分	〇三一八九四八四	一九二三	三一三五三〇三三	一八八九二	三十一分
七十〇分	〇三一九一四〇七	一九二三	三一三三四一四一	一八八七一	三十〇分
七十一分	〇三一九三三三〇	一九二三	三一三一五二七〇	一八八五一	二十九分
七十二分	〇三一九五二五三	一九二四	三一二九六四一九	一八八三〇	二十八分
七十三分	〇三一九七一七七	一九二四	三一二七七五八九	一八八〇九	二十七分
七十四分	〇三一九九一〇一	一九二四	三一二五八七八〇	一八七八九	二十六分
七十五分	〇三二〇一〇二五	一九二四	三一二三九九九一	一八七六八	二十五分
七十六分	〇三二〇二九四九	一九二五	三一二二一二二三	一八七四八	二十四分
七十七分	〇三二〇四八七四	一九二五	三一二〇二四七五	一八七二八	二十三分
七十八分	〇三二〇六七九九	一九二五	三一一八三七四七	一八七〇七	二十二分
七十九分	〇三二〇八七二四	一九二五	三一一六五〇四〇	一八六八七	二十一分
八十〇分	〇三二一〇六四九	一九二五	三一一四六三五三	一八六六七	二十〇分
八十一分	〇三二一二五七四	一九二五	三一一二七六八六	一八六四六	一十九分
八十二分	〇三二一四四九九	一九二六	三一一〇九〇四〇	一八六二六	一十八分
八十三分	〇三二一六四二五	一九二六	三一〇九〇四一四	一八六〇六	一十七分
八十四分	〇三二一八三五一		三一〇七一八〇八		一十六分

一十八度	正切線	較數	餘切線	較數	下逆
〇分	〇三二四九一九七	一九三〇	三〇七七六八三五	一八二六九	百〇〇分
一分	〇三二五一一二七	一九三〇	三〇七五八五六六	一八二四九	九十九分
二分	〇三二五三〇五七	一九三〇	三〇七四〇三一七	一八二二八	九十八分
三分	〇三二五四九八七	一九三〇	三〇七二二〇八九	一八二〇八	九十七分
四分	〇三二五六九一七	一九三一	三〇七〇三八八一	一八一八八	九十六分
五分	〇三二五八八四八	一九三一	三〇六八五六九三	一八一六八	九十五分
六分	〇三二六〇七七九	一九三一	三〇六六七五二五	一八一四九	九十四分
七分	〇三二六二七一〇	一九三一	三〇六四九三七六	一八一三一	九十三分
八分	〇三二六四六四一	一九三一	三〇六三一二四五	一八一一三	九十二分
九分	〇三二六六五七二	一九三二	三〇六一三一三二	一八〇九四	九十一分
一十〇分	〇三二六八五〇四	一九三二	三〇五九五〇三八	一八〇七六	九十〇分
一十一分	〇三二七〇四三六	一九三二	三〇五七六九六二	一八〇五五	八十九分
一十二分	〇三二七二三六八	一九三二	三〇五五八九〇七	一八〇三四	八十八分
一十三分	〇三二七四三〇〇	一九三二	三〇五四〇八七三	一八〇一四	八十七分
一十四分	〇三二七六二三二	一九三三	三〇五二二八五九	一七九九三	八十六分
一十五分	〇三二七八一六五	一九三三	三〇五〇四八六六	一七九七七	八十五分
一十六分	〇三二八〇〇九八		三〇四八六八八九		八十四分

上順	餘切線	較數	正切線	較數	七十一度
一十六分	〇三二八〇〇九八	一九三三	三〇四八六八八九	一七九五八	八十四分
一十七分	〇三二八二〇三一	一九三四	三〇四六八九三一	一七九三九	八十三分
一十八分	〇三二八三九六五	一九三四	三〇四五〇九九二	一七九一九	八十二分
一十九分	〇三二八五八九九	一九三四	三〇四三三〇七三	一七九〇〇	八十一分
二十〇分	〇三二八七八三三	一九三四	三〇四一五一七三	一七八八一	八十〇分
二十一分	〇三二八九七六七	一九三四	三〇三九七二九二	一七八六三	七十九分
二十二分	〇三二九一七〇一	一九三四	三〇三七九四二九	一七八四四	七十八分
二十三分	〇三二九三六三五	一九三五	三〇三六一五八五	一七八二五	七十七分
二十四分	〇三二九五五七〇	一九三五	三〇三四三七六〇	一七八〇六	七十六分
二十五分	〇三二九七五〇五	一九三五	三〇三二五九五四	一七七八七	七十五分
二十六分	〇三二九九四四〇	一九三六	三〇三〇八一六七	一七七六八	七十四分
二十七分	〇三三〇一三七六	一九三六	三〇二九〇三九九	一七七四九	七十三分
二十八分	〇三三〇三三一二	一九三六	三〇二七二六五〇	一七七三一	七十二分
二十九分	〇三三〇五二四八	一九三六	三〇二五四九一九	一七七一二	七十一分
三十〇分	〇三三〇七一八四	一九三六	三〇二三七二〇七	一七六九二	七十〇分
三十一分	〇三三〇九一二〇	一九三七	三〇二一九五一四	一七六七五	六十九分
三十二分	〇三三一一〇五七	一九三七	三〇二〇一八三九	一七六五六	六十八分
三十三分	〇三三一二九九四		三〇一八四一八三		六十七分

上順	餘切線	較數	正切線	較數	七十一度
六十七分	〇三三七八九七八	一九四四	二九五九四七四四	一七〇四〇	三十三分
六十六分	〇三三七七〇三四	一九四四	二九六一一七八四	一七〇五八	三十四分
六十五分	〇三三七五〇九〇	一九四四	二九六二八八四二	一七〇七六	三十五分
六十四分	〇三三七三一四六	一九四四	二九六四五九一八	一七〇九四	三十六分
六十三分	〇三三七一二〇二	一九四四	二九六六三〇一二	一七一一一	三十七分
六十二分	〇三三六九二五八	一九四三	二九六八〇一二三	一七一二九	三十八分
六十一分	〇三三六七三一五	一九四三	二九六九七二五二	一七一四七	三十九分
六十〇分	〇三三六五三七二	一九四三	二九七一四三九九	一七一六五	四十〇分
五十九分	〇三三六三四二九	一九四三	二九七三一五六四	一七一八二	四十一分
五十八分	〇三三六一四八六	一九四三	二九七四八七四六	一七二〇〇	四十二分
五十七分	〇三三五九五四四	一九四二	二九七六五九四六	一七二一八	四十三分
五十六分	〇三三五七六〇二	一九四二	二九七八三一六四	一七二三六	四十四分
五十五分	〇三三五五六六〇	一九四二	二九八〇〇四〇〇	一七二五四	四十五分
五十四分	〇三三五三七一八	一九四二	二九八一七六五四	一七二七二	四十六分
五十三分	〇三三五一七七六	一九四一	二九八三四九二六	一七二九〇	四十七分
五十二分	〇三三四九八三五	一九四一	二九八五二二一六	一七三〇八	四十八分
五十一分	〇三三四七八九四	一九四一	二九八六九五二四	一七三二六	四十九分
五十〇分	〇三三四五九五三		二九八八六八五〇		五十〇分

十八度	正切線	較數	餘切線	較數	下逆
五十〇分	〇三三四五九五三	一九四一	二九八八六八五〇	一七三四四	五十〇分
四十九分	〇三三四四〇一二	一九四〇	二九九〇四一九四	一七三六二	五十一分
四十八分	〇三三四二〇七二	一九四〇	二九九二一五五六	一七三八〇	五十二分
四十七分	〇三三四〇一三二	一九四〇	二九九三八九三六	一七三九八	五十三分
四十六分	〇三三三八一九二	一九四〇	二九九五六三三四	一七四一七	五十四分
四十五分	〇三三三六二五二	一九三九	二九九七三七五一	一七四三五	五十五分
四十四分	〇三三三四三一三	一九三九	二九九九一一八六	一七四五三	五十六分
四十三分	〇三三三二三七四	一九三九	三〇〇〇八六三九	一七四七二	五十七分
四十二分	〇三三三〇四三五	一九三九	三〇〇二六一一一	一七四九〇	五十八分
四十一分	〇三三二八四九六	一九三八	三〇〇四三六〇一	一七五〇八	五十九分
四十〇分	〇三三二六五五七	一九三八	三〇〇六一一〇九	一七五二六	六十〇分
三十九分	〇三三二四六一九	一九三八	三〇〇七八六三五	一七五四五	六十一分
三十八分	〇三三二二六八一	一九三八	三〇〇九六一八〇	一七五六三	六十二分
三十七分	〇三三二〇七四三	一九三八	三〇一一三七四三	一七五八二	六十三分
三十六分	〇三三一八八〇五	一九三七	三〇一三一三二五	一七六〇一	六十四分
三十五分	〇三三一六八六八	一九三七	三〇一四八九二六	一七六一九	六十五分
三十四分	〇三三一四九三一	一九三七	三〇一六六五四五	一七六〇三	六十六分
三十三分	〇三三一二九九四		三〇一八四一八三		六十七分

上順	餘切線	較數	正切線	較數	七十一度
百〇分	〇三四四三二七六	一九五二	二九〇四二一〇九	一六四七四	〇分
九十九分	〇三四四一三二四	一九五二	二九〇五八五八三	一六四九一	一分
九十八分	〇三四三九三七二	一九五二	二九〇七五〇七四	一六五〇八	二分
九十七分	〇三四三七四二〇	一九五一	二九〇九一五八二	一六五二五	三分
九十六分	〇三四三五四六九	一九五一	二九一〇八一〇七	一六五四二	四分
九十五分	〇三四三三五一八	一九五一	二九一二四六四九	一六五五九	五分
九十四分	〇三四三一五六七	一九五一	二九一四一二〇八	一六五七五	六分
九十三分	〇三四二九六一六	一九五一	二九一五七七八三	一六五九二	七分
九十二分	〇三四二七六六五	一九五〇	二九一七四三七五	一六六〇九	八分
九十一分	〇三四二五七一五	一九五〇	二九一九〇九八四	一六六二六	九分
九十〇分	〇三四二三七六五	一九五〇	二九二〇七六一〇	一六六四三	一十〇分
八十九分	〇三四二一八一五	一九四九	二九二二四二五三	一六六六〇	一十一分
八十八分	〇三四一九八六六	一九四九	二九二四〇九一三	一六六七七	一十二分
八十七分	〇三四一七九一七	一九四九	二九二五七五九〇	一六六九四	一十三分
八十六分	〇三四一五九六八	一九四九	二九二七四二八四	一六七一一	一十四分
八十五分	〇三四一四〇一九	一九四九	二九二九〇九九五	一六七二八	一十五分
八十四分	〇三四一二〇七〇		二九三〇七七二三		一十六分

一十八度	正切線	較數	餘切線	較數	下逆
六十七分	〇三三七八九七八	一九四五	二九五九四七四四	一七〇二三	三十三分
六十八分	〇三三八〇九二三	一九四五	二九五七七七二一	一七〇〇六	三十二分
六十九分	〇三三八二八六八	一九四五	二九五六〇七一五	一六九八八	三十一分
七十〇分	〇三三八四八一三	一九四六	二九五四三七二七	一六九七一	三十〇分
七十一分	〇三三八六七五五	一九四六	二九五二六七五六	一六九五三	二十九分
七十二分	〇三三八八七〇五	一九四六	二九五〇九七〇三	一六九三五	二十八分
七十三分	〇三三九〇六五一	一九四六	二九四九二八六八	一六九一八	二十七分
七十四分	〇三三九二五九七	一九四六	二九四七五九五〇	一六九〇〇	二十六分
七十五分	〇三三九四九四三	一九四七	二九四五九〇五〇	一六八八三	二十五分
七十六分	〇三三九六四九〇	一九四七	二九四四二一六七	一六八六六	二十四分
七十七分	〇三三九八四三七	一九四七	二九四二五三〇一	一六八四九	二十三分
七十八分	〇三四〇〇三八四	一九四七	二九四〇八四五二	一六八三一	二十二分
七十九分	〇三四〇二三三一	一九四七	二九三九七六二一	一六八一四	二十一分
八十〇分	〇三四〇四二七八	一九四八	二九三七四八〇七	一六七九七	二十〇分
八十一分	〇三四〇六二二六	一九四八	二九三五八〇一〇	一六七八〇	一十九分
八十二分	〇三四〇八一七四	一九四八	二九三四一二三〇	一六七六二	一十八分
八十三分	〇三四一〇一二二	一九四八	二九三二四四六八	一六七四五	一十七分
八十四分	〇三四一二〇七〇		二九三〇七七二三		一十六分

十九度	正切線	較數	餘切線	較數	下逆
〇分	〇三四四三二七六		二九〇四二一〇九		百〇分
一分	〇三四四五二二八	一九五二	二九〇二五六五二	一六四五七	九十九分
二分	〇三四四七一八一	一九五三	二九〇〇九二一一	一六四四一	九十八分
三分	〇三四四九一三四	一九五三	二八九九二七八六	一六四二五	九十七分
四分	〇三四五一〇八七	一九五三	二八九七六三七八	一六四〇八	九十六分
五分	〇三四五三〇四〇	一九五三	二八九五九九八六	一六三九二	九十五分
六分	〇三四五四九九四	一九五四	二八九四三六一一	一六三七五	九十四分
七分	〇三四五六九四八	一九五四	二八九二七二五二	一六三五九	九十三分
八分	〇三四五八九〇二	一九五四	二八九一〇九一〇	一六三四二	九十二分
九分	〇三四六〇八五六	一九五四	二八八九四五八五	一六三二五	九十一分
十〇分	〇三四六二八一〇	一九五四	二八八七八二七七	一六三〇八	九十〇分
十一分	〇三四六四七六五	一九五五	二八八六一九八六	一六二九一	八十九分
十二分	〇三四六六七二〇	一九五五	二八八四五七一一	一六二七五	八十八分
十三分	〇三四六八六七五	一九五五	二八八二九四五一	一六二六〇	八十七分
十四分	〇三四七〇六三〇	一九五五	二八八一三二〇七	一六二四四	八十六分
十五分	〇三四七二五八六	一九五六	二八七九六九七九	一六二二八	八十五分
十六分	〇三四七四五四二	一九五六	二八七八〇七六七	一六二一二	八十四分

上順	餘切線	較數	正切線	較數	七十〇度
十六分	〇三四七四五四二		二八七八〇七六七		八十四分
十七分	〇三四七六四九八	一九五六	二八七六四五七二	一六一九五	八十三分
十八分	〇三四七八四五四	一九五六	二八七四八三九四	一六一七八	八十二分
十九分	〇三四八〇四一一	一九五七	二八七三二二三三	一六一六一	八十一分
二十〇分	〇三四八二三六八	一九五七	二八七一六〇八八	一六一四五	八十〇分
二十一分	〇三四八四三二五	一九五七	二八六九九九六〇	一六一二八	七十九分
二十二分	〇三四八六二八二	一九五七	二八六八三八四七	一六一一三	七十八分
二十三分	〇三四八八二四〇	一九五八	二八六六六七七三	一六〇九七	七十七分
二十四分	〇三四九〇一九八	一九五八	二八六五一六六八	一六〇八二	七十六分
二十五分	〇三四九二一五六	一九五八	二八六三五六〇三	一六〇六六	七十五分
二十六分	〇三四九四一一四	一九五八	二八六一九五五一	一六〇五一	七十四分
二十七分	〇三四九六〇七三	一九五九	二八六〇三五一七	一六〇三〇	七十三分
二十八分	〇三四九八〇三二	一九五九	二八五八七五〇〇	一六〇一七	七十二分
二十九分	〇三四九九九九一	一九五九	二八五七一五〇〇	一六〇〇〇	七十一分
三十〇分	〇三五〇一九五〇	一九五九	二八五五五五一七	一五九八三	七十〇分
三十一分	〇三五〇三九一〇	一九六〇	二八五三九五五一	一五九六九	六十九分
三十二分	〇三五〇五八七〇	一九六〇	二八五二三五九九	一五九五二	六十八分
三十三分	〇三五〇七八三〇	一九六〇	二八五〇七六六二	一五九三七	六十七分

一十九度	正切線	較數	餘切線	較數	下逆
三十三分	〇三五〇七八三〇	一九六〇	二八五〇七六六二	一五九二三	六十七分
三十四分	〇三五〇九七九〇	一九六〇	二八四九一七三九	一五九〇八	六十六分
三十五分	〇三五一一七五〇	一九六一	二八四七五八三一	一五八九四	六十五分
三十六分	〇三五一三七一一	一九六一	二八四五九九三七	一五八七六	六十四分
三十七分	〇三五一五六七二	一九六一	二八四四四〇六一	一五八五八	六十三分
三十八分	〇三五一七六三三	一九六一	二八四二八二〇三	一五八四一	六十二分
三十九分	〇三五一九五九四	一九六二	二八四一二三六二	一五八二三	六十一分
四十〇分	〇三五二一五五六	一九六二	二八三九六五三九	一五八〇五	六十〇分
四十一分	〇三五二三五一八	一九六二	二八三八〇七三四	一五七九一	五十九分
四十二分	〇三五二五四八〇	一九六二	二八三六四九四二	一五七八〇	五十八分
四十三分	〇三五二七四四二	一九六三	二八三四九一六二	一五七六八	五十七分
四十四分	〇三五二九四〇五	一九六三	二八三三三三九四	一五七五五	五十六分
四十五分	〇三五三一三六八	一九六三	二八三一七六三九	一五七三三	五十五分
四十六分	〇三五三三三三一	一九六三	二八三〇一九〇六	一五七一七	五十四分
四十七分	〇三五三五二九四	一九六四	二八二八六一八九	一五七〇二	五十三分
四十八分	〇三五三七二五八	一九六四	二八二七〇四八七	一五六八七	五十二分
四十九分	〇三五三九二二二	一九六四	二八二五四八〇〇	一五六七一	五十一分
五十〇分	〇三五四一一八六		二八二三九一二九		五十〇分

上順	餘切線	較數	正切線	較數	七十〇度
五十〇分	〇三五四一一八六	一九六四	二八二三九一二九	一五六五六	五十〇分
五十一分	〇三五四一一五〇	一九六五	二八二二三四七三	一五六四一	四十九分
五十二分	〇三五四五一一五	一九六五	二八二〇七八三二	一五六二五	四十八分
五十三分	〇三五四七〇八〇	一九六五	二八一九二二〇七	一五六〇九	四十七分
五十四分	〇三五四五〇四五	一九六五	二八一七六五九八	一五五九四	四十六分
五十五分	〇三五五一〇一〇	一九六六	二八一六一〇〇四	一五五七八	四十五分
五十六分	〇三五五二九七六	一九六六	二八一四五四二六	一五五六三	四十四分
五十七分	〇三五五四九四二	一九六六	二八一二九八六三	一五五四八	四十三分
五十八分	〇三五五六九〇八	一九六六	二八一一四三一五	一五五三三	四十二分
五十九分	〇三五五八八七四	一九六六	二八〇九八七八二	一五五一九	四十一分
六十〇分	〇三五六〇八四〇	一九六七	二八〇八三二六三	一五五〇四	四十〇分
六十一分	〇三五六二八〇七	一九六七	二八〇六七七五九	一五四八八	三十九分
六十二分	〇三五六四七七四	一九六七	二八〇五二二七一	一五四七二	三十八分
六十三分	〇三五六六七四一	一九六七	二八〇三六七九九	一五四五七	三十七分
六十四分	〇三五六八七〇八	一九六八	二八〇二一三四二	一五四四一	三十六分
六十五分	〇三五七〇六七六	一九六八	二八〇〇五九〇一	一五四三二	三十五分
六十六分	〇三五六二六四四	一九六八	二七九九〇四七五	一五四三	三十四分
六十七分	〇三五七四六一二		二七九七五〇六四		三十三分

上順	餘切線	較數	正切線	較數	七十〇度
百〇〇分	〇三六三九七〇二		二七四七四七七四		〇分
九十九分	〇三六三七七二六	一九七六	二七四八九七〇二	一四九二八	一分
九十八分	〇三六三五七五〇	一九七六	二七五〇四六四四	一四九四二	二分
九十七分	〇三六三三七七四	一九七六	二七五一九六〇〇	一四九五六	三分
九十六分	〇三六三一七九八	一九七六	二七五三四五七〇	一四九七〇	四分
九十五分	〇三六二九八二三	一九七五	二七五四九五五四	一四九八四	五分
九十四分	〇三六二七八四八	一九七五	二七五六四五五三	一四九九九	六分
九十三分	〇三六二五八七三	一九七五	二七五七九五六六	一五〇一三	七分
九十二分	〇三六二三八九八	一九七五	二七五九四五九四	一五〇二八	八分
九十一分	〇三六二一九二四	一九七四	二七六〇九六三七	一五〇四三	九分
九十〇分	〇三六一九九五〇	一九七四	二七六二四六九五	一五〇五八	一十〇分
八十九分	〇三六一七九七六	一九七四	二七六三九七六七	一五〇七二	一十一分
八十八分	〇三六一六〇〇二	一九七四	二七六五四八五四	一五〇八七	一十二分
八十七分	〇三六一四〇二九	一九七三	二七六六九九五五	一五一〇一	一十三分
八十六分	〇三六一二〇五六	一九七三	二七六八五〇七〇	一五一一五	一十四分
八十五分	〇三六一〇〇八三	一九七三	二七七〇〇一九九	一五一二九	一十五分
八十四分	〇三六〇八一一〇	一九七三	二七七一五三四三	一五一四四	一十六分

八十四分	〇三六〇八一一〇		二七七一五三四三		一十六分
八十三分	〇三六〇六一三八	一九七二	二七七三〇五〇二	一五一五九	一十七分
八十二分	〇三六〇四一六六	一九七二	二七七四五六七六	一五一七四	一十八分
八十一分	〇三六〇二一九四	一九七二	二七七六〇八六五	一五一八九	一十九分
八十〇分	〇三六〇〇二二二	一九七二	二七七七六〇六九	一五二〇四	二十〇分
七十九分	〇三五九八二五一	一九七一	二七七九一二八八	一五二一九	二十一分
七十八分	〇三五九六二八〇	一九七一	二七八〇六五二一	一五二三三	二十二分
七十七分	〇三五九四三〇九	一九七一	二七八二一七六九	一五二四八	二十三分
七十六分	〇三五九二三三八	一九七一	二七八三七〇三一	一五二六二	二十四分
七十五分	〇三五九〇三六七	一九七一	二七八五二三〇七	一五二七六	二十五分
七十四分	〇三五八八三九七	一九七〇	二七八六七五九八	一五二九一	二十六分
七十三分	〇三五八六四二七	一九七〇	二七八八二九〇五	一五三〇七	二十七分
七十二分	〇三五八四四五七	一九七〇	二七八九八二二七	一五三二二	二十八分
七十一分	〇三五八二四八七	一九七〇	二七九一三五六四	一五三三七	二十九分
七十〇分	〇三五八〇五一八	一九六九	二七九二八九一七	一五三五三	三十〇分
六十九分	〇三五七八五四九	一九六九	二七九四四二八五	一五三六八	三十一分
六十八分	〇三五七六五八〇	一九六九	二七九五九六六七	一五三八二	三十二分
六十七分	〇三五七四六一二	一九六八	二七九七五〇六四	一五三九七	三十三分
一十九度	正切線	較數	餘切線	較數	下逆

二十〇度	正切線	較數	餘切線	較數	下逆
〇分	〇三六三九七〇二	一九七七	二七四七四七七四	一四九一四	百〇分
一分	〇三六四一六七九	一九七七	二七四五九八六〇	一四八九九	九十九分
二分	〇三六四三六五六	一九七七	二七四四四九六一	一四八八四	九十八分
三分	〇三六四五六三三	一九七七	二七四三〇〇七七	一四八七〇	九十七分
四分	〇三六四七六一〇	一九七八	二七四一五二〇七	一四八五五	九十六分
五分	〇三六四九五八八	一九七八	二七四〇〇三五二	一四八四一	九十五分
六分	〇三六五一五六六	一九七八	二七三八五五一一	一四八二七	九十四分
七分	〇三六五三五四四	一九七八	二七三七〇六八四	一四八一四	九十三分
八分	〇三六五五五二二	一九七九	二七三五五八七〇	一四八〇〇	九十二分
九分	〇三六五七五〇一	一九七九	二七三四一〇七〇	一四七八六	九十一分
一十〇分	〇三六五九四八〇	一九七九	二七三二六二八四	一四七七二	九十〇分
一十一分	〇三六六一四五九	一九八〇	二七三一一五一五	一四七五七	八十九分
一十二分	〇三六六三四三九	一九八〇	二七二九六七五五	一四七四三	八十八分
一十三分	〇三六六五四一九	一九八〇	二七二八七〇一二	一四七二九	八十七分
一十四分	〇三六六七三九九	一九八〇	二七二六七二八三	一四七一四	八十六分
一十五分	〇三六六五三七五	一九八一	二七二五二五六九	一四七〇〇	八十五分
一十六分	〇三六七一三六〇		二七二三七八六九		八十四分

上順	餘切線	較數	正切線	較數	六十九度
一十六分	〇三六七一三六〇	一九八一	二七二三七八六九	一四六八七	八十四分
一十七分	〇三六七三三四一	一九八一	二七二二三一八二	一四六七三	八十三分
一十八分	〇三六七五三二二	一九八一	二七二〇八五〇九	一四六五九	八十二分
一十九分	〇三六七七三〇三	一九八一	二七一九三八五〇	一四六四六	八十一分
二十〇分	〇三六七五二八四	一九八二	二七一七九二〇四	一四六三二	八十〇分
二十一分	〇三六八一二六六	一九八二	二七一六四五七二	一四六一八	七十九分
二十二分	〇三六八三二四八	一九八二	二七一四九九五四	一四六〇四	七十八分
二十三分	〇三六八五二三〇	一九八二	二七一三五三五〇	一四五八九	七十七分
二十四分	〇三六八七二一二	一九八三	二七一二〇七六一	一四五七五	七十六分
二十五分	〇三六八九一九五	一九八三	二七一〇六一八六	一四五六一	七十五分
二十六分	〇三六九一一七八	一九八三	二七〇九一六二五	一四五四八	七十四分
二十七分	〇三六九三一六一	一九八四	二七〇七七〇七七	一四五三五	七十三分
二十八分	〇三六九五一四五	一九八四	二七〇六二五〇二	一四五二一	七十二分
二十九分	〇三六九七一二九	一九八四	二七〇四八〇二一	一四五〇八	七十一分
三十〇分	〇三六九九一一三	一九八四	二七〇三三五一三	一四四九四	七十〇分
三十一分	〇三七〇一〇九七	一九八五	二七〇一九〇一九	一四四八〇	六十九分
三十二分	〇三七〇三〇八二	一九八五	二七〇〇四五三九	一四四六六	六十八分
三十三分	〇三七〇五〇六七		二六九九〇〇七三		六十七分

二十〇度	正切線	較數	餘切線	較數	下逆
三十三分	〇三七〇五〇六七	一九八五	二六九九〇〇七三	一四四五三	六十七分
三十四分	〇三七〇七〇五二	一九八五	二六九七五六二〇	一四四二九	六十六分
三十五分	〇三七〇九〇三七	一九八六	二六九六一一八一	一四四二五	六十五分
三十六分	〇三七一一〇二三	一九八六	二六九四六七五六	一四四一二	六十四分
三十七分	〇三七一三〇〇九	一九八六	二六九三二三四四	一四三九八	六十三分
三十八分	〇三七一四九九五	一九八六	二六九一七九四六	一四三八五	六十二分
三十九分	〇三七一六九八一	一九八六	二六九〇三五六一	一四三七一	六十一分
四十〇分	〇三七一八九六七	一九八七	二六八八九一九〇	一四三五八	六十〇分
四十一分	〇三七二〇九五四	一九八七	二六八七四八三二	一四三四四	五十九分
四十二分	〇三七二二九四一	一九八七	二六八六〇四八八	一四三三一	五十八分
四十三分	〇三七二四九二八	一九八七	二六八四六一五七	一四三一八	五十七分
四十四分	〇三七二六九一五	一九八八	二六八三一八三九	一四三〇四	五十六分
四十五分	〇三七二八九〇三	一九八八	二六八一七五三五	一四二九一	五十五分
四十六分	〇三七三〇八九一	一九八九	二六八〇三二四四	一四二七七	五十四分
四十七分	〇三七三二八八〇	一九八九	二六七八八九六七	一四二六四	五十三分
四十八分	〇三七三四八六九	一九八九	二六七七四七〇三	一四二五一	五十二分
四十九分	〇三七三六八五八	一九八九	二六七六〇四五二	一四二三七	五十一分
五十〇分	〇三七三八八四七		二六七四六二一五		五十〇分

上順	餘切線	較數	正切線	較數	六十九度
五十〇分	〇三七三八八四七	一九九〇	二六七四六二一五	一四二二四	五十〇分
五十一分	〇三七四〇八三七	一九九〇	二六七三一九九一	一四二一一	四十九分
五十二分	〇三七四二八二七	一九九〇	二六七一七七八〇	一四一九八	四十八分
五十三分	〇三七四四八一七	一九九〇	二六七〇三五八二	一四一八四	四十七分
五十四分	〇三七四六八〇七	一九九〇	二六六八九三九八	一四一七一	四十六分
五十五分	〇三七四八七九七	一九九一	二六六七五二二七	一四一五七	四十五分
五十六分	〇三七五〇七八八	一九九一	二六六六一〇七〇	一四一四四	四十四分
五十七分	〇三七五二七七九	一九九一	二六六四六九二六	一四一三二	四十三分
五十八分	〇三七五四七七〇	一九九一	二六六三二七九四	一四一一九	四十二分
五十九分	〇三七五六七六一	一九九二	二六六一八六七五	一四一〇六	四十一分
六十〇分	〇三七五八七五三	一九九二	二六六〇四五六九	一四〇九三	四十〇分
六十一分	〇三七六〇七四五	一九九二	二六五九〇四七六	一四〇七九	三十九分
六十二分	〇三七六二七三七	一九九三	二六五七六三九七	一四〇六六	三十八分
六十三分	〇三七六四七三〇	一九九三	二六五六二三三一	一四〇五三	三十七分
六十四分	〇三七六六七二三	一九九三	二六五四八二七八	一四〇四	三十六分
六十五分	〇三七六八七一六	一九九三	二六五三四二三八	一四〇二七	三十五分
六十六分	〇三七七〇七〇九	一九九四	二六五二〇二一一	一四〇一四	三十四分
六十七分	〇三七七二七〇三		二六五〇六一九七		三十三分

二十〇度	正切線	較數	餘切線	較數	下逆
六十七分	〇三七七二七〇三	一九九四	二六五〇六一九七	一四〇〇一	三十三分
六十八分	〇三七七四六九七	一九九四	二六四九二一九六	一三九八八	三十二分
六十九分	〇三七七六六九一	一九九四	二六四七八二〇八	一三九七六	三十一分
七十〇分	〇三七七八六八五	一九九五	二六四六四二三二	一三九六三	三十〇分
七十一分	〇三七八〇六八〇	一九九五	二六四五〇二六九	一三九五〇	二十九分
七十二分	〇三七八二六七五	一九九五	二六四三六三一九	一三九三七	二十八分
七十三分	〇三七八四六七〇	一九九五	二六四二二三八二	一三九二三	二十七分
七十四分	〇三七八六六六五	一九九六	二六四〇八四五九	一三九一〇	二十六分
七十五分	〇三七八八六六一	一九九六	二六三九四五四九	一三八九七	二十五分
七十六分	〇三七九〇六五七	一九九六	二六三八〇六五二	一三八八五	二十四分
七十七分	〇三七九二六五三	一九九七	二六三六六七六七	一三八七三	二十三分
七十八分	〇三七九四六五〇	一九九七	二六三五二八九四	一三八六〇	二十二分
七十九分	〇三七九六六四七	一九九七	二六三三九〇三四	一三八四八	二十一分
八十〇分	〇三七九八六四四	一九九七	二六三二五一八六	一三八三五	二十〇分
八十一分	〇三八〇〇六四一	一九九八	二六三一一三五一	一三八二二	一十九分
八十二分	〇三八〇二六三九	一九九八	二六二九七五二九	一三八〇九	一十八分
八十三分	〇三八〇四六三七	一九九八	二六二八三七二〇	一三七九六	一十七分
八十四分	〇三八〇六六三五		二六二六九九二四		一十六分

上順	餘切線	較數	正切線	較數	六十九度
八十四分	〇三八〇六六三五	一九九八	二六二六九九二四	一三七八三	一十六分
八十五分	〇三八〇八六三三	一九九九	二六二五六一四一	一三七七〇	一十五分
八十六分	〇三八一〇六三二	一九九九	二六二四二三七一	一三七五八	一十四分
八十七分	〇三八一二六三一	一九九九	二六二二八六一三	一三七四六	一十三分
八十八分	〇三八一四六三〇	一九〇九	二六二一四八六七	一三七三四	一十二分
八十九分	〇三八一六六二九	二〇〇〇	二六二〇一一三三	一三七二二	一十一分
九十〇分	〇三八一八六二九	二〇〇〇	二六一八七四一一	一三七一〇	一十〇分
九十一分	〇三八二〇六二九	二〇〇〇	二六一七三七〇一	一三六九六	九分
九十二分	〇三八二五六二九	二〇〇〇	二六一六〇〇〇九	一三六八三	八分
九十三分	〇三八二四六二九	二〇〇一	二六一四六三二二	一三六七〇	七分
九十四分	〇三八二六六三〇	二〇〇一	二六一三二六五二	一三六五七	六分
九十五分	〇三八二八六三一	二〇〇一	二六一一八九九五	一三六四四	五分
九十六分	〇三八三〇六三二	二〇〇二	二六一〇五三五一	一三六三三	四分
九十七分	〇三八三二六三四	二〇〇二	二六〇九一七一八	一三六二一	三分
九十八分	〇三八三四六三六	二〇〇二	二六〇七八〇九七	一三六〇九	二分
九十九分	〇三八三六六三八	二〇〇二	二六〇六四四八八	一三五九九	一分
百〇分	〇三八三八六四〇		二六〇五〇八九一		〇分

二十一度	正切線	較數	餘切線	較數	下逆
〇分	〇三八三八六四〇	二〇〇三	二六〇五〇八九一	一三五八五	百〇〇分
一分	〇三八四〇六四三	二〇〇三	二六〇三七三〇六	一三五七二	九十九分
二分	〇三八四二六四六	二〇〇三	二六〇二三七三四	一三五五九	九十八分
三分	〇三八四四六四九	二〇〇三	二六〇一〇一七五	一三五四六	九十七分
四分	〇三八四六六五二	二〇〇四	二五九九六六二九	一三五三四	九十六分
五分	〇三八四八六五六	二〇〇四	二五九八三〇九五	一三五二一	九十五分
六分	〇三八五〇六六〇	二〇〇四	二五九六九五七四	一三五一〇	九十四分
七分	〇三八五二六六四	二〇〇五	二五九五六〇六四	一三四九八	九十三分
八分	〇三八五四六六九	二〇〇五	二五九四二五六六	一三四八六	九十二分
九分	〇三八五六六七四	二〇〇五	二五九二九〇八〇	一三四七四	九十一分
一十〇分	〇三八五八六七九	二〇〇六	二五九一五六〇六	一三四六二	九十〇分
一十一分	〇三八六〇六八四	二〇〇六	二五九〇二一四四	一三四四六	八十九分
一十二分	〇三八六二六九二	二〇〇六	二五八八八六九五	一三四三七	八十八分
一十三分	〇三八六四六九六	二〇〇六	二五八七五二五八	一三四二五	八十七分
一十四分	〇三八六六七〇二	二〇〇七	二五八六一八三三	一三四一二	八十六分
一十五分	〇三八六八七〇八	二〇〇七	二五八四八四二一	一三四〇〇	八十五分
一十六分	〇三八七〇七一五		二五八三五〇二一		八十四分

上順	餘切線	較數	正切線	較數	六十八度
一十六分	〇三八七〇七一五	二〇〇七	二五八三五〇二一	一三三八八	八十四分
一十七分	〇三八七二七二二	二〇〇七	二五八二一六三三	一三三七六	八十三分
一十八分	〇三八七四七二九	二〇〇七	二五八〇八二五七	一三三六五	八十二分
一十九分	〇三八七六七三六	二〇〇八	二五七九四八九二	一三三五五	八十一分
二十〇分	〇三八七八七四四	二〇〇八	二五七八一五三九	一三三四一	八十〇分
二十一分	〇三八八〇七五二	二〇〇八	二五七六八一九七	一三三二九	七十九分
二十二分	〇三八八二七六〇	二〇〇九	二五七五四八六八	一三三一六	七十八分
二十三分	〇三八八四七六九	二〇〇九	二五七四一三五三	一三三〇二	七十七分
二十四分	〇三八八六七七八	二〇〇九	二五七三八三五〇	一三二八九	七十六分
二十五分	〇三八八八七八七	二〇一〇	二五七一四九六一	一三二七六	七十五分
二十六分	〇三八九〇七五七	二〇一〇	二五七〇一六八五	一三二六七	七十四分
二十七分	〇三八九二八〇七	二〇一〇	二五六八八五一八	一三二五八	七十三分
二十八分	〇三八九七八一七	二〇一〇	二五六七五一六〇	一三二四九	七十二分
二十九分	〇三八九六八二七	二〇一〇	二五六六一九二一	一三二三九	七十一分
三十〇分	〇三八九八八三七	二〇一〇	二五六四八六七三	一三二三〇	七十〇分
三十一分	〇三九〇〇八四八	二〇一一	二五六三五四四二	一三二一六	六十九分
三十二分	〇三九〇二八〇九	二〇一一	二五六二二二二六	一三二〇一	六十八分
三十三分	〇三九〇四八七〇	二〇一一	二五六〇九〇二五		六十七分

二十一度	正切線	較數	餘切線	較數	下逆
三十三分	〇三九〇四八七〇	二〇一二	二五六〇九〇二五	一三二〇一	六十七分
三十四分	〇三九〇六八八二	二〇一二	二五五九五八三八	一三一八七	六十六分
三十五分	〇三九〇八八九四	二〇一二	二五五八二六六六	一三一五八	六十五分
三十六分	〇三九一〇九〇六	二〇一二	二五五六九五〇八	一三一四六	六十四分
三十七分	〇三九一二九一八	二〇一三	二五五五六三六二	一三一三五	六十三分
三十八分	〇三九一四九三一	二〇一三	二五五四三二二七	一三一二四	六十二分
三十九分	〇三九一六九四四	二〇一三	二五五三〇一〇三	一三一一三	六十一分
四十〇分	〇三九一八九五七	二〇一四	二五五一六九九〇	一三一〇二	六十〇分
四十一分	〇三九二〇九七一	二〇一四	二五五〇三八八八	一三〇九一	五十九分
四十二分	〇三九二二九八五	二〇一四	二五四九〇七九七	一三〇八〇	五十八分
四十三分	〇三九二四九九九	二〇一四	二五四七七七一七	一三〇六五	五十七分
四十四分	〇三九二七〇一三	二〇一五	二五四六四六四八	一三〇五七	五十六分
四十五分	〇三九二九〇二八	二〇一五	二五四五一五九一	一三〇四六	五十五分
四十六分	〇三九三一〇四三	二〇一五	二五四三八五四五	一三〇三四	五十四分
四十七分	〇三九三三〇五八	二〇一五	二五四二五五一一	一三〇二二	五十三分
四十八分	〇三九三五〇七三	二〇一六	二五四一二四八九	一三〇一一	五十二分
四十九分	〇三九三七〇八九	二〇一六	二五三九九四七八	一二九九九	五十一分
五十〇分	〇三九三九一〇五		二五三八六四七九		五十〇分

上順	餘切線	較數	正切線	較數	六十八度
五十〇分	〇三九三九一〇五	二〇一六	二五三八六四七九	一二九八八	五十〇分
五十一分	〇三九四一一二一	二〇一七	二五三七三四九一	一二九七六	四十九分
五十二分	〇三九四三一三八	二〇一七	二五三六〇五一五	一二九六五	四十八分
五十三分	〇三九四五一五五	二〇一七	二五三四七五五〇	一二九四三	四十七分
五十四分	〇三九四七一七二	二〇一七	二五三三四五九七	一二九四二	四十六分
五十五分	〇三九四九一八九	二〇一八	二五三二一六五五	一二九二〇	四十五分
五十六分	〇三九五一二〇七	二〇一八	二五三〇八七二五	一二九一九	四十四分
五十七分	〇三九五三二二五	二〇一八	二五二九五八〇六	一二九〇八	四十三分
五十八分	〇三九五五二四三	二〇一八	二五二八二八九八	一二八九六	四十二分
五十九分	〇三九五七二六一	二〇一九	二五二七〇〇〇二	一二八八五	四十一分
六十〇分	〇三九五九二八〇	二〇一九	二五二五七一一七	一二八七四	四十〇分
六十一分	〇三九六一二九九	二〇一九	二五二四四二四三	一二八六二	三十九分
六十二分	〇三九六三三一八	二〇二〇	二五二三一三八一	一二八五一	三十八分
六十三分	〇三九六五三三八	二〇二〇	二五二一八五三〇	一二八三九	三十七分
六十四分	〇三九六七三五八	二〇二〇	二五二〇五六九一	一二八二八	三十六分
六十五分	〇三九六九三七八	二〇二一	二五一九二八六三	一二八一六	三十五分
六十六分	〇三九七一三九九	二〇二一	二五一八〇〇四七	一二八〇五	三十四分
六十七分	〇三九七三四二〇		二五一六七二四二		三十三分

上順	餘切線	較數	正切線	較數	六十八度
百〇〇分	〇四〇四〇二六二	二〇三〇	二四七五〇八六九	一二四四二	〇分
九十九分	〇四〇三八二三二	二〇三〇	二四七六三三一一	一二四五三	一分
九十八分	〇四〇三六二〇二	二〇二九	二四七七五七六四	一二四六四	二分
九十七分	〇四〇三四一七三	二〇二九	二四七八八二二八	一二四七五	三分
九十六分	〇四〇三二一四四	二〇二九	二四八〇〇七〇三	一二四八七	四分
九十五分	〇四〇三〇一一五	二〇二八	二四八一三一九〇	一二四九七	五分
九十四分	〇四〇二八〇八七	二〇二八	二四八二五六八七	一二五〇八	六分
九十三分	〇四〇二六〇五九	二〇二八	二四八三八一九五	一二五一八	七分
九十二分	〇四〇二四〇三一	二〇二八	二四八五〇七一三	一二五二九	八分
九十一分	〇四〇二二〇〇三	二〇二八	二四八六三二四二	一二五四〇	九分
九十〇分	〇四〇一九九七五	二〇二七	二四八七五七八二	一二五五一	一十〇分
八十九分	〇四〇一七九四八	二〇二七	二四八八八三三三	一二五六二	一十一分
八十八分	〇四〇一五九二一	二〇二七	二四九〇〇八九五	一二五七四	一十二分
八十七分	〇四〇一三八九四	二〇二七	二四九一三四六八	一二五八三	一十三分
八十六分	〇四〇一一八六七	二〇二六	二四九二六〇五一	一二五九四	一十四分
八十五分	〇四〇〇九八四一	二〇二六	二四九三八六四五	一二六〇五	一十五分
八十四分	〇四〇〇七八一五		二四九五一二五〇		一十六分

二十一度	正切線	較數	餘切線	較數	下逆
六十七分	〇三九七三四二〇	二〇二一	二五一六七二四二	一二七九五	三十三分
六十八分	〇三九七五四四一	二〇二一	二五一五四四四七	一二七八四	三十二分
六十九分	〇三九七七四六二	二〇二一	二五一四一六六三	一二七七三	三十一分
七十〇分	〇三九七九四八三	二〇二二	二五一二八八九〇	一二七六二	三十〇分
七十一分	〇三九八一五〇五	二〇二二	二五一一六一二八	一二七五〇	二十九分
七十二分	〇三九八三五二七	二〇二三	二五一〇三三七八	一二七三八	二十八分
七十三分	〇三九八五五五〇	二〇二三	二五〇九〇六四〇	一二七二七	二十七分
七十四分	〇三九八七五七三	二〇二三	二五〇七七九一三	一二七一五	二十六分
七十五分	〇三九八九五九六	二〇二三	二五〇六五一九八	一二七〇四	二十五分
七十六分	〇三九九一六一九	二〇二四	二五〇五二四九四	一二六九四	二十四分
七十七分	〇三九九三六四三	二〇二四	二五〇三九八〇〇	一二六八三	二十三分
七十八分	〇三九九五六六七	二〇二四	二五〇二七一一七	一二六七二	二十二分
七十九分	〇三九九七六九一	二〇二四	二五〇一四四四五	一二六六一	二十一分
八十〇分	〇三九九九七一五	二〇二五	二五〇〇一七八四	一二六五〇	二十〇分
八十一分	〇四〇〇一七四〇	二〇二五	二四九八九一三四	一二六三九	一十九分
八十二分	〇四〇〇三七六五	二〇二五	二四九七六四九五	一二六二八	一十八分
八十三分	〇四〇〇五七九〇	二〇二五	二四九六三八六七	一二六一七	一十七分
八十四分	〇四〇〇七八一五		二四九五一二五〇		一十六分

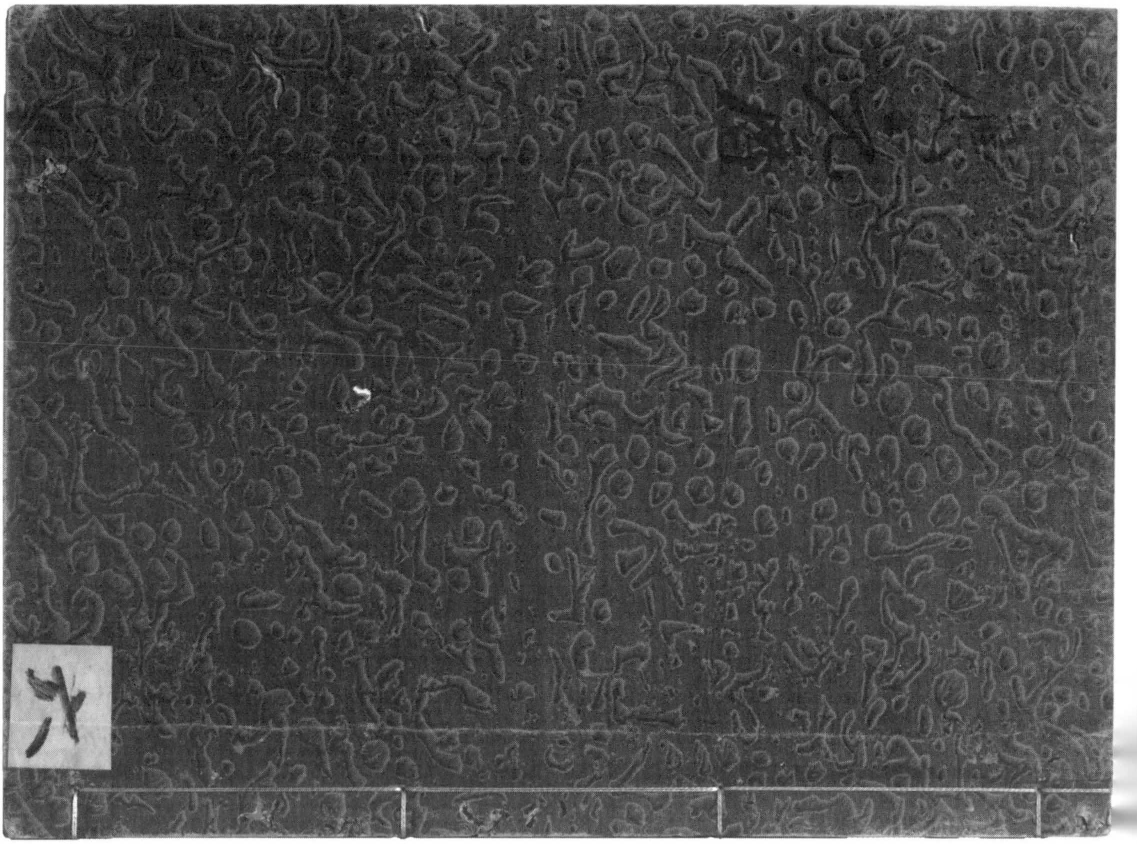

新編百分表巻二

平安

阿州城下
濇水密寺

茶室實壽編著

八線表二

弦表下　自二十二度至六十七度

二十二度	正弦	較數	餘弦	較數	下運
〇分	〇三七四六〇六六	一六一八	〇九二七一八三九	六五四	百〇〇分
一分	〇三七四七六八四	一六一八	〇九二七一一八五	六五四	九十九分
二分	〇三七四九三〇二	一六一八	〇九二七〇五三一	六五五	九十八分
三分	〇三七五〇九二〇	一六一八	〇九二六九八七六	六五五	九十七分
四分	〇三七五二五三八	一六一八	〇九二六九二二一	六五五	九十六分
五分	〇三七五四一五六	一六一八	〇九二六八五六六	六五五	九十五分
六分	〇三七五五七七四	一六一八	〇九二六七九一一	六五六	九十四分
七分	〇三七五七三九二	一六一七	〇九二六七二五五	六五六	九十三分
八分	〇三七五九〇〇九	一六一七	〇九二六六五九九	六五六	九十二分
五分	〇三七六〇六二六	一六一七	〇九二六五九四三	六五七	九十一分
一十〇分	〇三七六二二四三	一六一七	〇九二六五二八六	六五七	九十〇分
一十一分	〇三七六三八六〇	一六一七	〇九二六四六二九	六五七	八十九分
一十二分	〇三七六五四七七	一六一七	〇九二六三九七二	六五七	八十八分
一十三分	〇三七六七〇九四	一六一七	〇九二六三三一五	六五八	八十七分
一十四分	〇三七六八七一一	一六一七	〇九二六二六五七	六五八	八十六分
一十五分	〇三七七〇三二八	一六一六	〇九二六一九九九	六五八	八十五分
一十六分	〇三七七一九四四		〇九二六一三四一		八十四分

上順	餘弦	較數	正弦	較數	六十七度
一十六分	〇三七七一九四四	一六一六	〇九二六一三四一	六五八	八十四分
一十七分	〇三七七三五六〇	一六一六	〇九二六〇六八三	六五九	八十三分
一十八分	〇三七七五一七六	一六一六	〇九二六〇〇二四	六五九	八十二分
一十九分	〇三七七六七九二	一六一六	〇九二五九三六五	六五九	八十一分
二十〇分	〇三七七六四〇八	一六一六	〇九二五八七〇六	六六〇	八十〇分
二十一分	〇三七八〇〇二四	一六一六	〇九二五八〇四六	六六〇	七十九分
二十二分	〇三七八一六四〇	一六一六	〇九二五七三八六	六六〇	七十八分
二十三分	〇三七八三二五六	一六一六	〇九二五六七二六	六六〇	七十七分
二十四分	〇三七八四八七二	一六一五	〇九二五六〇六六	六六一	七十六分
二十五分	〇三七八六四八七	一六一五	〇九二五五四〇五	六六一	七十五分
二十六分	〇三七八八一〇二	一六一五	〇九二五四七四四	六六一	七十四分
二十七分	〇三七八九七一七	一六一五	〇九二五四〇八三	六六二	七十三分
二十八分	〇三七九一三三二	一六一五	〇九二五三四二一	六六二	七十二分
二十九分	〇三七九二九四七	一六一五	〇九二五二七五九	六六二	七十一分
三十〇分	〇三七九四五六二	一六一五	〇九二五二〇九七	六六二	七十〇分
三十一分	〇三七五六一七七	一六一五	〇九二五一四三五	六六三	六十九分
三十二分	〇三七九七七九二	一六一四	〇九二五〇七七二	六六三	六十八分
三十三分	〇三七九九四〇六		〇九二五〇一〇九		六十七分

二十二度	正弦	較數	餘弦	較數	下逆
三十三分	〇三七九九四〇六		〇九二四〇一〇九		六十七分
三十四分	〇三八〇一〇二〇	一六一四	〇九二四九四四六	六六四	六十六分
三十五分	〇三八〇二六三四	一六一四	〇九二四八七八二	六六四	六十五分
三十六分	〇三八〇四二四八	一六一四	〇九二四八一一八	六六四	六十四分
三十七分	〇三八〇五八六二	一六一四	〇九二四七四五四	六六四	六十三分
三十八分	〇三八〇七四七六	一六一四	〇九二四六七九〇	六六四	六十二分
三十九分	〇三八〇九〇九〇	一六一四	〇九二四六一二五	六六五	六十一分
四十〇分	〇三八一〇七〇四	一六一四	〇九二四五四六〇	六六五	六十〇分
四十一分	〇三八一二三一八	一六一四	〇九二四四七九五	六六五	五十九分
四十二分	〇三八一三九三一	一六一三	〇九二四四一二九	六六六	五十八分
四十三分	〇三八一五五四四	一六一三	〇九二四三四六三	六六六	五十七分
四十四分	〇三八一七一五七	一六一三	〇九二四二七九七	六六六	五十六分
四十五分	〇三八一八七七〇	一六一三	〇九二四二一三一	六六六	五十五分
四十六分	〇三八二〇三八三	一六一三	〇九二四一四六四	六六七	五十四分
四十七分	〇三八二一九九六	一六一三	〇九二四〇七九七	六六七	五十三分
四十八分	〇三八二三六〇九	一六一三	〇九二四〇一三〇	六六七	五十二分
四十九分	〇三八二五二二二	一六一三	〇九二三九四六三	六六七	五十一分
五十〇分	〇三八二六八三四	一六一二	〇九二三八七九五	六六八	五十〇分

上順	餘弦	較數	正弦	較數	六十七度
五十〇分	〇三八二六八三四		〇九二三八七五五		五十〇分
五十一分	〇三八二八四四七	一六一三	〇九二三八一二七	六六八	四十九分
五十二分	〇三八三〇〇五九	一六一二	〇九二三七四五九	六六八	四十八分
五十三分	〇三八三一六七一	一六一二	〇九二三六七九〇	六六九	四十七分
五十四分	〇三八三三二八三	一六一二	〇九二三六一二一	六六九	四十六分
五十五分	〇三八三四八七四	一六一二	〇九二三五四五二	六六九	四十五分
五十六分	〇三八三六五〇六	一六一二	〇九二三四七八三	六六九	四十四分
五十七分	〇三八三八一一八	一六一二	〇九二三五一一三	六七〇	四十三分
五十八分	〇三八三九七三〇	一六一二	〇九二三五四四三	六七〇	四十二分
五十九分	〇三八四一三四二	一六一二	〇九二三二七七三	六七〇	四十一分
六十〇分	〇三八四二九五三	一六一一	〇九二三二一〇二	六七一	四十〇分
六十一分	〇三八四四五六四	一六一一	〇九二三一四三一	六七一	三十九分
六十二分	〇三八四六一七五	一六一一	〇九二三〇七六〇	六七一	三十八分
六十三分	〇三八四七七八六	一六一一	〇九二三〇〇八九	六七二	三十七分
六十四分	〇三八四九三九七	一六一一	〇九二二九四一七	六七二	三十六分
六十五分	〇三八五一〇〇八	一六一一	〇九二二八七四五	六七二	三十五分
六十六分	〇三八五二六一九	一六一一	〇九二二八〇七三	六七二	三十四分
六十七分	〇三八五四二三〇	一六一一	〇九二二七四〇〇	六七三	三十三分

上順	餘弦	較數	正弦	較數	六十七度
百○分	○三九○七三一一	一六○六	○九二○五○四九	六八二	○分
九十九分	○三九○五七○五	一六○七	○九二○五七三一	六八一	一分
九十八分	○三九○四○九七	一六○七	○九二○六四一二	六八一	二分
九十七分	○三九○二四九一	一六○七	○九二○七○九三	六八一	三分
九十六分	○三九○○八八四	一六○七	○九二○七七七四	六八一	四分
九十五分	○三八九五二七七	一六○七	○九二○八四五五	六八○	五分
九十四分	○三八九七六七○	一六○七	○九二○九一三五	六八○	六分
九十三分	○三八九六○六三	一六○八	○九二○九八一五	六八○	七分
九十二分	○三八九四四五五	一六○八	○九二○○四九五	六八○	八分
九十一分	○三八九二八四七	一六○八	○九二○一一七五	六七九	九分
九十○分	○三八九一二三九	一六○八	○九二○一八五四	六七九	一十○分
八十九分	○三八八九六三一	一六○八	○九二○二五三三	六七九	一十一分
八十八分	○三八八八○二三	一六○八	○九二○三二一二	六七八	一十二分
八十七分	○三八八六四一五	一六○八	○九二○二八九○	六七八	一十三分
八十六分	○三八八四八○七	一六○八	○九二○四五六八	六七八	一十四分
八十五分	○三八八三一九九	一六○八	○九二○五二四六	六七八	一十五分
八十四分	○三八八一五九一		○九二○五九二四		一十六分

二十二度	正弦	較數	餘弦	較數	下逆
六十七分	○三八五四二三○	一六一○	○九二二七四○○	六七三	三十三分
六十八分	○三八五五八四○	一六一○	○九二二六七二七	六七三	三十二分
六十九分	○三八五七四五○	一六一○	○九二二六○五四	六七三	三十一分
七十○分	○三八五九○六○	一六一○	○九二二五三八一	六七四	三十○分
七十一分	○三八六○六七○	一六一○	○九二二四七○七	六七四	二十九分
七十二分	○三八六二二八○	一六一○	○九二二四○三三	六七四	二十八分
七十三分	○三八六三八九○	一六一○	○九二二三三五九	六七四	二十七分
七十四分	○三八六五五○○	一六一○	○九二二二六八五	六七五	二十六分
七十五分	○三八六七一一○	一六一○	○九二二二○一○	六七五	二十五分
七十六分	○三八六八七二○	一六○九	○九二二一三三五	六七五	二十四分
七十七分	○三八七○三二九	一六○九	○九二二○六六○	六七六	二十三分
七十八分	○三八七一九三八	一六○九	○九二一九九八四	六七六	二十二分
七十九分	○三八七三五四七	一六○九	○九二一九三○八	六七六	二十一分
八十○分	○三八七五一五六	一六○九	○九二一八六三一	六七七	二十○分
八十一分	○三八七六七六五	一六○九	○九二一七九五五	六七七	一十九分
八十二分	○三八七八三七四	一六○九	○九二一七二七八	六七七	一十八分
八十三分	○三八七九九八三	一六○八	○九二一六六○一	六七七	一十七分
八十四分	○三八八一五九一		○九二一五九二四		一十六分

二十三度	正弦	較數	餘弦	較數	下逆
〇分	〇三九〇七三一一		〇九二〇五〇四九		百〇〇分
一分	〇三九〇八九一八	一六〇六	〇九二〇四三六七	六八二	九十九分
二分	〇三九一〇五二四	一六〇六	〇九二〇三六八四	六八二	九十八分
三分	〇三九一二一三〇	一六〇六	〇九二〇三〇〇一	六八三	九十七分
四分	〇三九一三七三六	一六〇六	〇九二〇二三一八	六八三	九十六分
五分	〇三九一五三四一	一六〇六	〇九二〇一六三六	六八三	九十五分
六分	〇三九一六九四八	一六〇六	〇九二〇〇九五一	六八四	九十四分
七分	〇三九二八五五四	一六〇六	〇九二〇〇二六七	六八四	九十三分
八分	〇三九二〇一六〇	一六〇六	〇九一九九五八三	六八四	九十二分
九分	〇三九二一七六六	一六〇六	〇九一九八八九九	六八四	九十一分
一十〇分	〇三九二三三七一	一六〇六	〇九一九八二一五	六八五	九十〇分
一十一分	〇三九二四九七七	一六〇六	〇九一九七五三〇	六八五	八十九分
一十二分	〇三九二六五八二	一六〇五	〇九一九六八四九	六八五	八十八分
一十三分	〇三九二八一八二	一六〇五	〇九一九六一六〇	六八五	八十七分
一十四分	〇三九二九七九二	一六〇五	〇九一九四四七四	六八六	八十六分
一十五分	〇三九二一三九七	一六〇五	〇九一九四七八八	六八六	八十五分
一十六分	〇三九三三〇〇二	一六〇五	〇九一九四一〇二	六八六	八十四分

上順	餘弦	較數	正弦	較數	六十六度
一十六分	〇三九三三〇〇二		〇九一九四一〇二		八十四分
一十七分	〇三九三四六〇七	一六〇五	〇九一九三四一五	六八七	八十三分
一十八分	〇三九三六二一一	一六〇四	〇九一九二七二八	六八七	八十二分
一十九分	〇三九三七八一五	一六〇四	〇九一九二〇四一	六八七	八十一分
二十〇分	〇三九三九四一九	一六〇四	〇九一九一三五三	六八八	八十〇分
二十一分	〇三九四一〇二三	一六〇四	〇九一九〇六六五	六八八	七十九分
二十二分	〇三九四二六二七	一六〇四	〇九一八九九七七	六八八	七十八分
二十三分	〇三九四四二三一	一六〇四	〇九一八九二八九	六八八	七十七分
二十四分	〇三九四五八三五	一六〇四	〇九一八八六〇一	六八九	七十六分
二十五分	〇三九四七四三九	一六〇四	〇九一八七九一三	六八九	七十五分
二十六分	〇三九四九〇四三	一六〇四	〇九一八七二二三	六八九	七十四分
二十七分	〇三九五〇六四六	一六〇三	〇九一八六五三四	六八九	七十三分
二十八分	〇三九五二二四五	一六〇三	〇九一八五八四四	六九〇	七十二分
二十九分	〇三九五三八五二	一六〇三	〇九一八五一五四	六九〇	七十一分
三十〇分	〇三九五五四五五	一六〇三	〇九一八四四六四	六九〇	七十〇分
三十一分	〇三九五七〇五八	一六〇三	〇九一八三七七四	六九〇	六十九分
三十二分	〇三九五八六六一	一六〇三	〇九一八三〇八三	六九一	六十八分
三十三分	〇三九六〇二六四	一六〇三	〇九一八二三九二	六九一	六十七分

二十三度	正弦	較數	餘弦	較數	下逆
三十三分	〇三九六〇二六四	一六〇三	〇九一八二三九二	六九一	六十七分
三十四分	〇三九六一八六七	一六〇二	〇九一八一七〇一	六九二	六十六分
三十五分	〇三九六三四六九	一六〇二	〇九一八一〇〇九	六九二	六十五分
三十六分	〇三九六五〇七一	一六〇二	〇九一八〇三一七	六九二	六十四分
三十七分	〇三九六六六七三	一六〇二	〇九一七九六二五	六九三	六十三分
三十八分	〇三九六八二七五	一六〇二	〇九一七八九三一	六九三	六十二分
三十九分	〇三九六九八七七	一六〇二	〇九一七八二三九	六九三	六十一分
四十〇分	〇三九七一四七九	一六〇二	〇九一七七五四六	六九三	六十〇分
四十一分	〇三九七三〇八一	一六〇二	〇九一七六八五三	六九四	五十九分
四十二分	〇三九七四六八三	一六〇一	〇九一七六一五九	六九四	五十八分
四十三分	〇三九七六二八四	一六〇一	〇九一七五四六五	六九四	五十七分
四十四分	〇三九七七八八五	一六〇一	〇九一七四七七一	六九四	五十六分
四十五分	〇三九七九四八六	一六〇一	〇九一七四〇七七	六九五	五十五分
四十六分	〇三九八一〇八七	一六〇一	〇九一七三三八二	六九五	五十四分
四十七分	〇三九八二六八八	一六〇一	〇九一七二六八七	六九五	五十三分
四十八分	〇三九八四二八九	一六〇一	〇九一七一九九二	六九五	五十二分
四十九分	〇三九八五八九〇	一六〇一	〇九一七一二九七	六九六	五十一分
五十〇分	〇三九八七四九一		〇九一七〇六〇一		五十〇分

上順	餘弦	較數	正弦	較數	度
五十〇分	〇三九八七四九一	一六〇一	〇九一七〇六〇一	六九六	五十〇分
五十一分	〇三九八九〇九二	一六〇〇	〇九一六九九〇五	六九六	四十九分
五十二分	〇三九九〇六九二	一六〇〇	〇九一六九二〇五	六九七	四十八分
五十三分	〇三九九三二九二	一六〇〇	〇九一六八五一八	六九七	四十七分
五十四分	〇三九九三八九三	一六〇〇	〇九一六七八一五	六九七	四十六分
五十五分	〇三九九五四九二	一六〇〇	〇九一六七一一八	六九八	四十五分
五十六分	〇三九九七〇九二	一六〇〇	〇九一六六四二〇	六九八	四十四分
五十七分	〇三九九八六九二	一六〇〇	〇九一六五七八二	六九八	四十三分
五十八分	〇四〇〇〇二九二	一五九九	〇九一六五〇二四	六九八	四十二分
五十九分	〇四〇〇二八九一	一五九九	〇九一六四三二九	六九九	四十一分
六十〇分	〇四〇〇三四九〇	一五九九	〇九一六三六二七	六九九	四十〇分
六十一分	〇四〇〇五〇八九	一五九九	〇九一六二九二八	六九九	三十九分
六十二分	〇四〇〇六六八八	一五九九	〇九一六二二五九	六九九	三十八分
六十三分	〇四〇〇八二八七	一五九九	〇九一六一五三〇	七〇〇	三十七分
六十四分	〇四〇〇九八八六	一五九九	〇九一六〇八三〇	七〇〇	三十六分
六十五分	〇四〇一一四八五	一五九九	〇九一六〇一三〇	七〇〇	三十五分
六十六分	〇七〇一三〇八四	一五九九	〇九一五九四三〇	七〇一	三十四分
六十七分	〇四〇一四六八三		〇九一五八七二九		三十三分

二十三度	正弦	較數	餘弦	較數	下逆
六十七分	〇四〇一四六八三		〇九一五八七二九		三十三分
六十八分	〇四〇一六二八二	一五九九	〇九一五八〇二八	七〇一	三十二分
六十九分	〇四〇一七八八〇	一五九八	〇九一五七三二七	七〇一	三十一分
七十〇分	〇四〇一九四七八	一五九八	〇九一五六六二六	七一一	三十〇分
七十一分	〇四〇二一〇七六	一五九八	〇九一五五九二四	七〇二	二十九分
七十二分	〇四〇二二六七四	一五九八	〇九一五五二二二	七〇二	二十八分
七十三分	〇四〇二四二七二	一五九八	〇九一五四五二〇	七〇二	二十七分
七十四分	〇四〇二五八七〇	一五九八	〇九一五三八一八	七〇二	二十六分
七十五分	〇四〇二七四六八	一五九八	〇九一五三一一五	七〇三	二十五分
七十六分	〇四〇二九〇六五	一五九七	〇九一五二四一二	七〇三	二十四分
七十七分	〇四〇三〇六六二	一五九七	〇九一五一七〇九	七〇三	二十三分
七十八分	〇四〇三二二五九	一五九七	〇九一五一〇〇五	七〇四	二十二分
七十九分	〇四〇三三八五六	一五九七	〇九一五〇三〇一	七〇四	二十一分
八十〇分	〇四〇三五四五五	一五九七	〇九一四九五九七	七〇四	二十〇分
八十一分	〇四〇三七〇五〇	一五九七	〇九一四八八九三	七〇四	一十九分
八十二分	〇四〇三八六四七	一五九七	〇九一四八一八八	七〇五	一十八分
八十三分	〇四〇四〇二四四	一五九七	〇九一四七四八三	七〇五	一十七分
八十四分	〇四〇四一八四〇	一五九六	〇九一四六七七八	七〇五	一十六分

上順	餘弦	較數	正弦	較數	六十六度
百〇分	〇四〇六七三六六		〇九一三五四五五		〇分
九十九分	〇四〇六五七七二	一五九四	〇九一三六一六五	七一〇	一分
九十八分	〇四〇六四一七八	一五九四	〇九一三六八七四	七〇九	二分
九十七分	〇四〇六二五八二	一五九四	〇九一三七五八三	七〇九	三分
九十六分	〇四〇六〇九八八	一五九五	〇九一三八二九二	七〇九	四分
九十五分	〇四〇五九三九三	一五九五	〇九一三九〇〇一	七〇九	五分
九十四分	〇四〇五七七九八	一五九五	〇九一三九七〇九	七〇八	六分
九十三分	〇四〇五六二〇三	一五九五	〇九一四〇四一七	七〇八	七分
九十二分	〇四〇五四六〇八	一五九五	〇九一四一一二五	七〇八	八分
九十一分	〇四〇五三〇一二	一五九六	〇九一四一八三三	七〇八	九分
九十〇分	〇四〇五一四一六	一五九六	〇九一四二五四〇	七〇七	一十〇分
八十九分	〇四〇四九八二〇	一五九六	〇九一四三二四七	七〇七	一十一分
八十八分	〇四〇四八二二四	一五九六	〇九一四三九五四	七〇七	一十二分
八十七分	〇四〇四六六二八	一五九六	〇九一四四六六〇	七〇六	一十三分
八十六分	〇四〇四五五三二	一五九六	〇九一四五三六六	七〇六	一十四分
八十五分	〇四〇四三四三六	一五九六	〇九一四六〇七二	七〇六	一十五分
八十四分	〇四〇四一八四〇	一五九六	〇九一四六七七八	七〇六	一十六分

二十四度	正弦	較數	餘弦	較數	下逆
〇分	〇四〇六七三六六	一五九四	〇九一三五四五五	七一〇	百〇〇分
一分	〇四〇六八九六〇	一五九四	〇九一三四七四五	七一〇	九十九分
二分	〇四〇七〇五五四	一五九四	〇九一三四〇三五	七一一	九十八分
三分	〇四〇七二一四八	一五九四	〇九一三三二二四	七一一	九十七分
四分	〇四〇七三七四二	一五九四	〇九一三二六一三	七一一	九十六分
五分	〇四〇七五三三六	一五九四	〇九一三一九〇二	七一一	九十五分
六分	〇四〇七六九三〇	一五九四	〇九一三一一九一	七一二	九十四分
七分	〇四〇七八五二四	一五九四	〇九一三〇四七九	七一二	九十三分
八分	〇四〇八〇一一八	一五九四	〇九一二九七六七	七一二	九十二分
九分	〇四〇八一七一二	一五九三	〇九一二九〇五五	七一三	九十一分
一十〇分	〇四〇八三三〇五	一五九三	〇九一二八三四二	七一三	九十〇分
一十一分	〇四〇八四八九八	一五九三	〇九一二七六二九	七一三	八十九分
一十二分	〇四〇八六四九一	一五九三	〇九一二六九一六	七一三	八十八分
一十三分	〇四〇八八〇八四	一五九三	〇九一二六二〇三	七一四	八十七分
一十四分	〇四〇八九六七七	一五九三	〇九一二五四八九	七一四	八十六分
一十五分	〇四〇九一二七〇	一五九二	〇九一二四七七五	七一四	八十五分
一十六分	〇四〇九二八六二		〇九一二四〇六一		八十四分

上順	餘弦	較數	正弦	較數	六十五度
一十六分	〇四〇九二八六二	一五九二	〇九一二四〇六一	七一五	八十四分
一十七分	〇四〇九四四五四	一五九二	〇九一二三三四六	七一五	八十三分
一十八分	〇四〇九六〇四六	一五九二	〇九一二二六三一	七一五	八十二分
一十九分	〇四〇九七六三八	一五九二	〇九一二一九一六	七一五	八十一分
二十〇分	〇四〇九九二三〇	一五九二	〇九一二一二〇一	七一六	八十〇分
二十一分	〇四一〇〇八二二	一五九二	〇九一二〇四八六	七一六	七十九分
二十二分	〇四一〇二四一四	一五九二	〇九一一九七六九	七一六	七十八分
二十三分	〇四一〇四〇〇六	一五九二	〇九一一九〇五三	七一六	七十七分
二十四分	〇四一〇五五九八	一五九一	〇九一一八三三七	七一七	七十六分
二十五分	〇四一〇七一八九	一五九一	〇九一一七六二〇	七一七	七十五分
二十六分	〇四一〇八七八〇	一五九一	〇九一一六九〇三	七一七	七十四分
二十七分	〇四一一〇三七一	一五九一	〇九一一六一八六	七一八	七十三分
二十八分	〇四一一一九六二	一五九一	〇九一一五四六八	七一八	七十二分
二十九分	〇四一一三五五三	一五九一	〇九一一四七五〇	七一八	七十一分
三十〇分	〇四一一五一四四	一五九一	〇九一一四〇三二	七一八	七十〇分
三十一分	〇四一一六七三五	一五九一	〇九一一三三一四	七一九	六十九分
三十二分	〇四一一八三二六	一五九一	〇九一一二五九五	七一九	六十八分
三十三分	〇四一一九九一六		〇九一一一八七六		六十七分

二十四度	正弦	較數	餘弦	較數	下逆
三十三分	〇四一一九九一六	一五九〇	〇九一一一八七六	七一九	六十七分
三十四分	〇四一二一五〇六	一五九〇	〇九一一一一五七	七一九	六十六分
三十五分	〇四一二三〇九六	一五九〇	〇九一一〇四三八	七二〇	六十五分
三十六分	〇四一二四六八六	一五九〇	〇九一〇九七一八	七二〇	六十四分
三十七分	〇四一二六二七六	一五九〇	〇九一〇八九九八	七二〇	六十三分
三十八分	〇四一二七八六六	一五九〇	〇九一〇八二七八	七二一	六十二分
三十九分	〇四一二九四五六	一五八九	〇九一〇七五五七	七二一	六十一分
四十〇分	〇四一三一〇四五	一五八九	〇九一〇六八三六	七二一	六十〇分
四十一分	〇四一三二六三四	一五八九	〇九一〇六一一五	七二一	五十九分
四十二分	〇四一三四二二三	一五八九	〇九一〇五三九四	七二二	五十八分
四十三分	〇四一三五八一二	一五八九	〇九一〇四六七二	七二二	五十七分
四十四分	〇四一三七四〇一	一五八九	〇九一〇三九五〇	七二二	五十六分
四十五分	〇四一三八九九〇	一五八九	〇九一〇三二二八	七二二	五十五分
四十六分	〇四一四〇五七九	一五八九	〇九一〇二五〇六	七二三	五十四分
四十七分	〇四一四二一六八	一五八八	〇九一〇一七八三	七二三	五十三分
四十八分	〇四一四三七五六	一五八八	〇九一〇一〇六〇	七二三	五十二分
四十九分	〇四一四二二四四	一五八八	〇九一〇〇三三七	七二四	五十一分
五十〇分	〇四一四六九三二		〇九〇九九六一三		五十〇分

上順	餘弦	較數	正弦	較數	六十五度
五十〇分	〇四一四六九三二	一五八八	〇九〇九九六一二	七二四	五十〇分
五十一分	〇四一四八五二〇	一五八八	〇九〇九八八八八	七二四	四十九分
五十二分	〇四一五〇一〇八	一五八八	〇九〇九八一六四	七二五	四十八分
五十三分	〇四一五一六九六	一五八八	〇九〇九七四四〇	七二五	四十七分
五十四分	〇四一五三二八四	一五八八	〇九〇九六七一五	七二五	四十六分
五十五分	〇四一五四八七二	一五八八	〇九〇九五九九〇	七二五	四十五分
五十六分	〇四一五六四六〇	一五八七	〇九〇九五二六五	七二六	四十四分
五十七分	〇四一五八〇四七	一五八七	〇九〇九四五三九	七二六	四十三分
五十八分	〇四一五九六三四	一五八七	〇九〇九三八一三	七二六	四十二分
五十九分	〇四一六一二二一	一五八七	〇九〇九三〇八七	七二六	四十一分
六十〇分	〇四一六二八〇八	一五八七	〇九〇九二三六一	七二七	四十〇分
六十一分	〇四一六四三九五	一五八七	〇九〇九一六三四	七二七	三十九分
六十二分	〇四一六五九八二	一五八七	〇九〇九〇九〇七	七二七	三十八分
六十三分	〇四一六七五六九	一五八六	〇九〇九〇一八〇	七二七	三十七分
六十四分	〇四一六九一五五	一五八六	〇九〇八九四五三	七二八	三十六分
六十五分	〇四一七〇七四一	一五八六	〇九〇八八七二五	七二八	三十五分
六十六分	〇四一七二三二七	一五八六	〇九〇八七九九七	七二八	三十四分
六十七分	〇四一七三九一三		〇九〇八七二六九		三十三分

上順	餘弦	較數	正弦	較數	六十五度
百〇分	〇四二二六一八三		〇九〇六三〇七八		〇分
九十九分	〇四二二四六〇一	一五八二	〇九〇六三八一五	七三七	一分
九十八分	〇四二二三〇一九	一五八二	〇九〇六四五五二	七三七	二分
九十七分	〇四二二一四三七	一五八二	〇九〇六五二八九	七三七	三分
九十六分	〇四二一九八五五	一五八二	〇九〇六六〇二六	七三七	四分
九十五分	〇四二一八二七三	一五八二	〇九〇六六七六二	七三六	五分
九十四分	〇四二一六六九〇	一五八三	〇九〇六七四九八	七三六	六分
九十三分	〇四二一五一〇七	一五八三	〇九〇六八二三四	七三六	七分
九十二分	〇四二一三五二四	一五八三	〇九〇六八九七〇	七三六	八分
九十一分	〇四二一一九四一	一五八三	〇九〇六九七〇五	七三五	九分
九十〇分	〇四二一〇三五八	一五八三	〇九〇七〇四四〇	七三五	一十〇分
八十九分	〇四二〇八七七五	一五八三	〇九〇七一一七五	七三五	一十一分
八十八分	〇四二〇七一九二	一五八三	〇九〇七一九〇九	七三四	一十二分
八十七分	〇四二〇五六〇九	一五八三	〇九〇七二六四三	七三四	一十三分
八十六分	〇四二〇四〇二五	一五八四	〇九〇七三三七七	七三四	一十四分
八十五分	〇四二〇二四四一	一五八四	〇九〇七四一一一	七三四	一十五分
八十四分	〇四二〇〇八五七	一五八四	〇九〇七四八四四	七三三	一十六分

三十四度	正弦	較數	餘弦	較數	下逆
八十四分	〇四一〇〇八五七		〇九〇七四八四四		一十六分
八十三分	〇四一九九二七三	一五八四	〇九〇七五五七七	七三三	一十七分
八十二分	〇四一九七六八九	一五八四	〇九〇七六三一〇	七三三	一十八分
八十一分	〇四一九六一〇五	一五八四	〇九〇七七〇四三	七三三	一十九分
八十〇分	〇四一九四五二一	一五八四	〇九〇七七七七五	七三二	二十〇分
七十九分	〇四一九二九三七	一五八四	〇九〇七八五〇七	七三二	二十一分
七十八分	〇四一九一三五二	一五八五	〇九〇七九二三九	七三二	二十二分
七十七分	〇四一八九七六七	一五八五	〇九〇七九九七〇	七三一	二十三分
七十六分	〇四一八八一八二	一五八五	〇九〇八〇七〇一	七三一	二十四分
七十五分	〇四一八六五九七	一五八五	〇九〇八一四三二	七三一	二十五分
七十四分	〇四一八五〇一二	一五八五	〇九〇八二一六三	七三一	二十六分
七十三分	〇四一八三四二七	一五八五	〇九〇八二八九三	七三〇	二十七分
七十二分	〇四一八一八四二	一五八五	〇九〇八三六二三	七三〇	二十八分
七十一分	〇四一八〇二五七	一五八五	〇九〇八四三五三	七三〇	二十九分
七十〇分	〇四一七八六七一	一五八六	〇九〇八五〇八二	七二九	三十〇分
六十九分	〇四一七七〇八五	一五八六	〇九〇八五八一一	七二九	三十一分
六十八分	〇四一七五四九九	一五八六	〇九〇八六五四〇	七二九	三十二分
六十七分	〇四一七三九一三	一五八六	〇九〇八七二六九	七二九	三十三分

二十五度	正弦	較數	餘弦	較數	下逆
〇分	〇四二二六一八三	一五八二	〇九〇六三〇七八	七三八	百〇〇分
一分	〇四二二七七六五	一五八二	〇九〇六二三四〇	七三八	九十九分
二分	〇四二二九三四七	一五八一	〇九〇六一六〇二	七三八	九十八分
三分	〇四二三〇九二八	一五八一	〇九〇六〇八六四	七三九	九十七分
四分	〇四二三二五〇九	一五八一	〇九〇六〇一二五	七三九	九十六分
五分	〇四二三四〇九〇	一五八一	〇九〇五九三八六	七三九	九十五分
六分	〇四二三五六七一	一五八一	〇九〇五八六四七	七三九	九十四分
七分	〇四二三七二五二	一五八一	〇九〇五七九〇八	七四〇	九十三分
八分	〇四二三八八三三	一五八一	〇九〇五七一六八	七四〇	九十二分
九分	〇四二四〇四一四	一五八一	〇九〇五六四二八	七四〇	九十一分
一十〇分	〇四二四一九九五	一五八〇	〇九〇五五六八八	七四〇	九十〇分
一十一分	〇四二四三五七五	一五八〇	〇九〇五四九四八	七四一	八十九分
一十二分	〇四二四五一五五	一五八〇	〇九〇五四二一七	七四一	八十八分
一十三分	〇四二四六七三五	一五八〇	〇九〇五三四七六	七四一	八十七分
一十四分	〇四二四八三一五	一五八〇	〇九〇五二七三五	七四二	八十六分
一十五分	〇四二四九八九五	一五八〇	〇九〇五一九八三	七四二	八十五分
一十六分	〇四二五一四七五		〇九〇五一二四一		八十四分

上順	餘弦	較數	正弦	較數	六十四度
一十六分	〇四二五一四七五	一五八〇	〇九〇五一二四一	七四二	八十四分
一十七分	〇四二五三〇五五	一五八〇	〇九〇五〇四九九	七四二	八十三分
一十八分	〇四二五四六三五	一五七九	〇九〇四九七五七	七四三	八十二分
一十九分	〇四二五六二一四	一五七九	〇九〇四九〇一四	七四三	八十一分
二十〇分	〇四二五七七九三	一五七九	〇九〇四八二七一	七四三	八十〇分
二十一分	〇四二五九三七二	一五七九	〇九〇四七五二八	七四四	七十九分
二十二分	〇四二六〇九五一	一五七九	〇九〇四六七八四	七四四	七十八分
二十三分	〇四二六二五三〇	一五七九	〇九〇四六〇四〇	七四四	七十七分
二十四分	〇四二六四一〇九	一五七九	〇九〇四五二九六	七四五	七十六分
二十五分	〇四二六五六八八	一五七九	〇九〇四四五五一	七四五	七十五分
二十六分	〇四二六七二六七	一五七八	〇九〇四三八〇六	七四五	七十四分
二十七分	〇四二六八八四五	一五七八	〇九〇四三〇六一	七四五	七十三分
二十八分	〇四二七〇四二三	一五七八	〇九〇四二三一六	七四五	七十二分
二十九分	〇四二七二〇〇一	一五七八	〇九〇四一五七一	七四六	七十一分
三十〇分	〇四二七三五七九	一五七八	〇九〇四〇八二五	七四六	七十〇分
三十一分	〇四二七五一五七	一五七八	〇九〇四〇〇七五	七四六	六十九分
三十二分	〇四二七六七三五	一五七八	〇九〇三九三三三	七四六	六十八分
三十三分	〇四二七八三一三		〇九〇三八五八七		六十七分

二十五度	正弦	較數	餘弦	較數	下逆
三十三分	〇四二七八三一三	一五七七	〇九〇三八五八七	七四七	六十七分
三十四分	〇四二七九八九〇	一五七七	〇九〇三七八四〇	七四七	六十六分
三十五分	〇四二八一四六七	一五七七	〇九〇三七〇九三	七四八	六十五分
三十六分	〇四二八三〇四四	一五七七	〇九〇三六三四六	七四八	六十四分
三十七分	〇四二八四六二一	一五七七	〇九〇三五五九六	七四八	六十三分
三十八分	〇四二八六一九八	一五七七	〇九〇三四八五〇	七四九	六十二分
三十九分	〇四二八七七七五	一五七七	〇九〇三四一〇二	七四九	六十一分
四十〇分	〇四二八九三五二	一五七七	〇九〇三三三五三	七四九	六十〇分
四十一分	〇四二九〇九二九	一五七六	〇九〇三二六〇四	七四九	五十九分
四十二分	〇四二九二五〇五	一五七六	〇九〇三一八五五	七四九	五十八分
四十三分	〇四二九四〇八一	一五七六	〇九〇三一一〇六	七五〇	五十七分
四十四分	〇四二九五六五七	一五七六	〇九〇三〇三五六	七五〇	五十六分
四十五分	〇四二九七二三三	一五七六	〇九〇二九六〇六	七五〇	五十五分
四十六分	〇四二九八八〇九	一五七六	〇九〇二八八五六	七五〇	五十四分
四十七分	〇四三〇〇三八五	一五七五	〇九〇二八一〇六	七五一	五十三分
四十八分	〇四三〇一九六一	一五七五	〇九〇二七三五五	七五一	五十二分
四十九分	〇四三〇三五三六	一五七五	〇九〇二六六〇四	七五一	五十一分
五十〇分	〇四三〇五一一一		〇九〇二五八五三		五十〇分

上順	餘弦	較數	正弦	較數	六十四度
五十〇分	〇四三〇五一一一	一五七五	〇九〇二五八五三	七五二	五十〇分
五十一分	〇四三〇六六八六	一五七五	〇九〇二五一〇一	七五二	四十九分
五十二分	〇四三〇八二六一	一五七五	〇九〇二四三四九	七五二	四十八分
五十三分	〇四三〇九八三六	一五七五	〇九〇二三五九七	七五二	四十七分
五十四分	〇四三一一四一一	一五七五	〇九〇二二八五五	七五三	四十六分
五十五分	〇四三一二九八六	一五七五	〇九〇二〇〇九二	七五三	四十五分
五十六分	〇四三一四五六一	一五七四	〇九〇二一三三九	七五三	四十四分
五十七分	〇四三一六一三五	一五七四	〇九〇二〇五八六	七五四	四十三分
五十八分	〇四三一七七〇九	一五七四	〇九〇一九八三三	七五四	四十二分
五十九分	〇四三一九二八三	一五七四	〇九〇一九〇七九	七五四	四十一分
六十〇分	〇四三二〇八五七	一五七四	〇九〇一八三二五	七五四	四十〇分
六十一分	〇四三二二四三一	一五七四	〇九〇一七五七一	七五五	三十九分
六十二分	〇四三二四〇〇五	一五七四	〇九〇一六八一六	七五五	三十八分
六十三分	〇四三二五五〇九	一五七四	〇九〇一六〇六一	七五五	三十七分
六十四分	〇四三二七一五三	一五七三	〇九〇一五三〇六	七五五	三十六分
六十五分	〇四三二八七二六	一五七三	〇九〇一四五三一	七五六	三十五分
六十六分	〇四三三〇二九九	一五七三	〇九〇一三七九五	七五六	三十四分
六十七分	〇四三三一八七二		〇九〇一三〇三九		三十三分

二十五度	正弦	較數	餘弦	較數	下逆
六十七分	〇四三三一八七二		〇九〇一三〇三九		三十三分
六十八分	〇四三三三四四五	一五七三	〇九〇一二二八三	七五六	三十二分
六十九分	〇四三三五〇一八	一五七三	〇九〇一一五二七	七五六	三十一分
七十〇分	〇四三三六五九一	一五七三	〇九〇一〇七七〇	七五七	三十〇分
七十一分	〇四三三八一六四	一五七三	〇九〇一〇〇一三	七五七	二十九分
七十二分	〇四三三九七三七	一五七三	〇九〇〇九二五六	七五七	二十八分
七十三分	〇四三四一三〇九	一五七二	〇九〇〇八四九八	七五八	二十七分
七十四分	〇四三四二八八一	一五七二	〇九〇〇七七四〇	七五八	二十六分
七十五分	〇四三四四四五三	一五七二	〇九〇〇六九八二	七五八	二十五分
七十六分	〇四三四六〇二五	一五七二	〇九〇〇六二二四	七五八	二十四分
七十七分	〇四三四七五九七	一五七二	〇九〇〇五四六五	七五九	二十三分
七十八分	〇四三四九一六九	一五七二	〇九〇〇四七〇六	七五九	二十二分
七十九分	〇四三五〇七四一	一五七二	〇九〇〇三九四七	七五九	二十一分
八十〇分	〇四三五二三一二	一五七一	〇九〇〇三一八八	七五九	二十〇分
八十一分	〇四三五三八八三	一五七一	〇九〇〇二四二八	七五〇	一十九分
八十二分	〇四三五五四五四	一五七一	〇九〇〇一六六八	七五〇	一十八分
八十三分	〇四三五七〇二五	一五七一	〇九〇〇〇九〇八	七五〇	一十七分
八十四分	〇四三五八五九六	一五七一	〇九〇〇〇一四七	七五一	一十六分

上順	餘弦	較數	正弦	較數	六十四度
八十四分	〇四三五八五五六		〇九〇〇〇一四七		一十六分
八十五分	〇四三六〇一六七	一五七〇	〇八九九九三八六	七六一	一十五分
八十六分	〇四三六一七三八	一五七〇	〇八九九八六二五	七六一	一十四分
八十七分	〇四三六三三〇八	一五七〇	〇八九九七八六四	七六一	一十三分
八十八分	〇四三六四八七八	一五七〇	〇八九九七一〇二	七六二	一十二分
八十九分	〇四三六六四四八	一五七〇	〇八九九六三四〇	七六二	一十一分
九十〇分	〇四三六八〇一八	一五七〇	〇八九九五五七八	七六二	一十〇分
九十一分	〇四三六九五八八	一五七〇	〇八九九四八二六	七六二	九分
九十二分	〇四三七一一五八	一五七〇	〇八九九四〇五三	七六三	八分
九十三分	〇四三七二七二八	一五七〇	〇八九九三三九〇	七六三	七分
九十四分	〇四三七四二九七	一五六九	〇八九九二五二七	七六三	六分
九十五分	〇四三七五八六六	一五六九	〇八九九一七六三	七六四	五分
九十六分	〇四三七七四三五	一五六九	〇八九九〇九九九	七六四	四分
九十七分	〇四三七九〇〇四	一五六九	〇八九九〇二三五	七六四	三分
九十八分	〇四三八〇五七三	一五六九	〇八九八九四七一	七六四	二分
九十九分	〇四三八二一四二	一五六九	〇八九八八七〇六	七六五	一分
百〇〇分	〇四三八二七一	一五六九	〇八九八七九四一	七六五	〇分

二十六度	正弦	較數	餘弦	較數	下逆
〇分	〇四三八三七一一	一五六九	〇八九八七九四一	七六五	百〇〇分
一分	〇四三八五二八〇	一五六九	〇八九八七一七六	七六六	九十九分
二分	〇四三八六八四九	一五六八	〇八九八六四一〇	七六六	九十八分
三分	〇四三八八四一七	一五六八	〇八九八五六四四	七六六	九十七分
四分	〇四三八九九八五	一五六八	〇八九八四八七八	七六六	九十六分
五分	〇四三九一五五二	一五六八	〇八九八四一一二	七六七	九十五分
六分	〇四三九三一二一	一五六八	〇八九八三三四〇	七六七	九十四分
七分	〇四三九四六八九	一五六八	〇八九八二五七八	七六七	九十三分
八分	〇四三九六三五七	一五六八	〇八九八一八一一	七六七	九十二分
九分	〇四三九七八二五	一五六八	〇八九八一〇四四	七六八	九十一分
一十〇分	〇四三九九三九三	一五六七	〇八九八〇二七六	七六八	九十〇分
一十一分	〇四四〇〇九六〇	一五六七	〇八九七九五〇八	七六八	八十九分
一十二分	〇四四〇二五二七	一五六七	〇八九七八七四〇	七六九	八十八分
一十三分	〇四四〇四〇九四	一五六七	〇八九七七九七一	七六九	八十七分
一十四分	〇四四〇五六六一	一五六七	〇八九七七二〇二	七六九	八十六分
一十五分	〇四四〇七二二八	一五六六	〇八九七六四三三	七六九	八十五分
一十六分	〇四四〇八七九四		〇八九七五六六四		八十四分

上順	餘弦	較數	正弦	較數	六十四度
一十六分	〇四四〇八七九四	一五六六	〇八九七五六六四	七七〇	八十四分
一十七分	〇四四一〇三六〇	一五六六	〇八九七四八九四	七七〇	八十三分
一十八分	〇四四一一九二六	一五六六	〇八九七四一二四	七七〇	八十二分
一十九分	〇四四一三四九二	一五六六	〇八九七三三五四	七七〇	八十一分
二十〇分	〇四四一五〇五八	一五六六	〇八九七二五八四	七七一	八十〇分
二十一分	〇四四一六六二四	一五六六	〇八九七一八一三	七七一	七十九分
二十二分	〇四四一八一九〇	一五六六	〇八九七一〇四二	七七一	七十八分
二十三分	〇四四一九七五六	一五六六	〇八九七〇二七一	七七二	七十七分
二十四分	〇四四二一三二二	一五六五	〇八九六九四九九	七七二	七十六分
二十五分	〇四四二二八八七	一五六五	〇八九六八七二七	七七二	七十五分
二十六分	〇四四二四四五二	一五六五	〇八九六七九五五	七七二	七十四分
二十七分	〇四四二六〇一七	一五六五	〇八九六七一八三	七七三	七十三分
二十八分	〇四四二七五八二	一五六五	〇八九六六四一〇	七七三	七十二分
二十九分	〇四四二九一四七	一五六五	〇八九六五六三七	七七三	七十一分
三十〇分	〇四四三〇七一二	一五六五	〇八九六四八六四	七七三	七十〇分
三十一分	〇四四三二二七七	一五六五	〇八九六四〇九一	七七四	六十九分
三十二分	〇四四三三八四二	一五六四	〇八九六三三一七	七七四	六十八分
三十三分	〇四四三五四〇六		〇八九六二五四三		六十七分

二十六度	正弦	較數	餘弦	較數	下逆
三十三分	〇四四三五四〇六		〇八九六二五四三		六十七分
三十四分	〇四四三六九七〇	一五六四	〇八九六一七六九	七七四	六十六分
三十五分	〇四四三八五三四	一五六四	〇八九六〇九九五	七七四	六十五分
三十六分	〇四四四〇〇九八	一五六四	〇八九六〇二二〇	七七五	六十四分
三十七分	〇四四四一六六二	一五六四	〇八九五九四四五	七七五	六十三分
三十八分	〇四四四三二二六	一五六四	〇八九五八六七〇	七七五	六十二分
三十九分	〇四四四四七八九	一五六三	〇八九五七八九四	七七六	六十一分
四十〇分	〇四四四六三五二	一五六三	〇八九五七一一八	七七六	六十〇分
四十一分	〇四四四七九一五	一五六三	〇八九五六三四二	七七六	五十九分
四十二分	〇四四四九四七八	一五六三	〇八九五五五六五	七七七	五十八分
四十三分	〇四四五一〇四一	一五六三	〇八九五四七八八	七七七	五十七分
四十四分	〇四四五二六〇四	一五六三	〇八九五四〇一一	七七七	五十六分
四十五分	〇四四五四一六七	一五六三	〇八九五三二三四	七七七	五十五分
四十六分	〇四四五五七三〇	一五六三	〇八九五二四五六	七七八	五十四分
四十七分	〇四四五七二九二	一五六二	〇八九五一六七〇	七七八	五十三分
四十八分	〇四四五八八二四	一五六二	〇八九五〇九〇〇	七七八	五十二分
四十九分	〇四四六〇四一六	一五六二	〇八九五〇一二二	七七八	五十一分
五十〇分	〇四四六一九七八	一五六二	〇八九四九三四三	七七九	五十〇分

上順	餘弦	較數	正弦	較數	六十三度
五十〇分	〇四四六一九七八		〇八九四九三四三		五十〇分
五十一分	〇四四六三五四〇	一五六二	〇八九四八五四四	七七九	四十九分
五十二分	〇四四六五二〇二	一五六二	〇八九四七七六五	七七九	四十八分
五十三分	〇四四六六六六四	一五六二	〇八九四六九八六	七七九	四十七分
五十四分	〇四四六八二二五	一五六一	〇八九四六二〇六	七八〇	四十六分
五十五分	〇四四六九七八六	一五六一	〇八九四五四四六	七八〇	四十五分
五十六分	〇四四七一三四七	一五六一	〇八九四四六六六	七八〇	四十四分
五十七分	〇四四七二九〇八	一五六一	〇八九四三八八五	七八一	四十三分
五十八分	〇四四七四四六九	一五六一	〇八九四三一〇四	七八一	四十二分
五十九分	〇四四七六〇三〇	一五六一	〇八九四二三二三	七八一	四十一分
六十〇分	〇四四七七五九一	一五六一	〇八九四一五四二	七八一	四十〇分
六十一分	〇四四七九一五二	一五六一	〇八九四〇七六〇	七八二	三十九分
六十二分	〇四四八〇七一二	一五六〇	〇八九三九九七八	七八二	三十八分
六十三分	〇四四八二二七二	一五六〇	〇八九三九一九六	七八二	三十七分
六十四分	〇四四八三七三二	一五六〇	〇八九三八四一四	七八二	三十六分
六十五分	〇四四八五三九二	一五六〇	〇八九三七六三一	七八三	三十五分
六十六分	〇四四八六九五二	一五六〇	〇八九三六八四八	七八三	三十四分
六十七分	〇四四八八五一二	一五六〇	〇八九三六〇六五	七八三	三十三分

上順	餘弦	較數	正弦	較數	六十三度
百〇〇分	〇四五三九九〇五	一五五五	〇八九一〇〇六九	七九二	〇分
九十九分	〇四五三八三五〇	一五五五	〇八九一〇八五七	七九二	一分
九十八分	〇四五三六七九五	一五五五	〇八九一一六四九	七九二	二分
九十七分	〇四五三五二四〇	一五五六	〇八九一二四四一	七九一	三分
九十六分	〇四五三三六八四	一五五六	〇八九一三二三二	七九一	四分
九十五分	〇四五三二一二八	一五五六	〇八九一四〇二三	七九一	五分
九十四分	〇四五三〇五七二	一五五六	〇八九一四八一四	七九一	六分
九十三分	〇四五二九〇一六	一五五六	〇八九一五六〇五	七九〇	七分
九十二分	〇四五二〇四六〇	一五五六	〇八九一六三九五	七九〇	八分
九十一分	〇四五二五九〇四	一五五六	〇八九一七一八五	七九〇	九分
九十〇分	〇四五二四三四八	一五五七	〇八九一七九七五	七八九	一十〇分
八十九分	〇四五二二七九一	一五五七	〇八九一八七六四	七八九	一十一分
八十八分	〇四五二一二三四	一五五七	〇八九一九五五三	七八九	一十二分
八十七分	〇四五一九六七七	一五五七	〇八九二〇三四二	七八九	一十三分
八十六分	〇四五一八一二〇	一五五七	〇八九二一一三一	七八九	一十四分
八十五分	〇四五一六五六三	一五五七	〇八九二一九二〇	七八八	一十五分
八十四分	〇四五一五〇〇六		〇八九二二七〇八		一十六分

三十六度	正弦	較數	餘弦	較數	下逆
八十四分	〇四五一五〇〇六	一五五七	〇八九二二七〇八	七八八	一十六分
八十三分	〇四五一三四四五	一五五七	〇八九二三四九六	七八八	一十七分
八十二分	〇四五一一八九二	一五五八	〇八九二四二八四	七八七	一十八分
八十一分	〇四五一〇三三四	一五五八	〇八九二五〇七一	七八七	一十九分
八十〇分	〇四五〇八七七六	一五五八	〇八九二五八五八	七八七	二十〇分
七十九分	〇四五〇七二一八	一五五八	〇八九二六六四五	七八七	二十一分
七十八分	〇四五〇五六六〇	一五五八	〇八九二七四三二	七八六	二十二分
七十七分	〇四五〇四一〇二	一五五八	〇八九二八二一八	七八六	二十三分
七十六分	〇四五〇二五四四	一五五九	〇八九二九〇〇四	七八六	二十四分
七十五分	〇四五〇〇九八五	一五五九	〇八九二九七九〇	七八五	二十五分
七十四分	〇四四九九四二六	一五五九	〇八九三〇五七五	七八五	二十六分
七十三分	〇四四九七八六七	一五五九	〇八九三一三六〇	七八五	二十七分
七十二分	〇四四九六三〇八	一五五九	〇八九三二一四五	七八五	二十八分
七十一分	〇四四九四七四九	一五五九	〇八九三二九三〇	七八四	二十九分
七十〇分	〇四四九三一九〇	一五五九	〇八九三三七一四	七八四	三十〇分
六十九分	〇四四九一六三一	一五五九	〇八九三四四九八	七八四	三十一分
六十八分	〇四四九〇〇七二	一五五〇	〇八九三五二八二	七八三	三十二分
六十七分	〇四四八八五一二		〇八九三六〇六五		三十三分

上項	餘弦	較數	正弦	較數	六十二度
三十三分	〇四五九一一四八	一五五〇	〇八八八三七六九	八〇一	六十七分
三十二分	〇四五八九五九八	一五五一	〇八八八四五七〇	八〇一	六十八分
三十一分	〇四五八八〇四七	一五五一	〇八八八五三七一	八〇一	六十九分
三十〇分	〇四五八六四九六	一五五一	〇八八八六一七二	八〇〇	七十〇分
二十九分	〇四五八四九四五	一五五一	〇八八八六九七二	八〇〇	七十一分
二十八分	〇四五八三三九四	一五五一	〇八八八七七七二	八〇〇	七十二分
二十七分	〇四五八一八四三	一五五二	〇八八八八五七二	八〇〇	七十三分
二十六分	〇四五八〇二九一	一五五二	〇八八八九三七二	七九九	七十四分
二十五分	〇四五七八七三九	一五五二	〇八八九〇一七一	七九九	七十五分
二十四分	〇四五七七一八七	一五五二	〇八八九〇九七〇	七九九	七十六分
二十三分	〇四五七五六三五	一五五二	〇八八九一七六九	七九八	七十七分
二十二分	〇四五七四〇八三	一五五二	〇八八九二五六七	七九八	七十八分
二十一分	〇四五七二五三一	一五五二	〇八八九三三六五	七九八	七十九分
二十〇分	〇四五七〇九七九	一五五二	〇八八九四一六三	七九八	八十〇分
一十九分	〇四五六九四二七	一五五二	〇八八九四九六一	七九七	八十一分
一十八分	〇四五六七八七五	一五五三	〇八八九五七五八	七九七	八十二分
一十七分	〇四五六六三二二	一五五三	〇八八九六五五五	七九七	八十三分
一十六分	〇四五六四七六九		〇八八九七三五二		八十四分

二十七度	正弦	較數	餘弦	較數	下項
一十六分	〇四五六四七六九	一五五三	〇八八九七三五二	七九七	八十四分
一十五分	〇四五六三二一六	一五五三	〇八八九八一四九	七九六	八十五分
一十四分	〇四五六一六六三	一五五三	〇八八九八九四五	七九六	八十六分
一十三分	〇四五六〇一一〇	一五五三	〇八八九九七四一	七九六	八十七分
一十二分	〇四五五八五五七	一五五四	〇八九〇〇五三七	七九六	八十八分
一十一分	〇四五五七〇〇三	一五五四	〇八九〇一三三三	七九五	八十九分
一十〇分	〇四五五五四四九	一五五四	〇八九〇二一二八	七九五	九十〇分
九分	〇四五五三八九五	一五五四	〇八九〇二九二三	七九五	九十一分
八分	〇四五五二三四一	一五五四	〇八九〇三七一八	七九四	九十二分
七分	〇四五五〇七八七	一五五四	〇八九〇四五一二	七九四	九十三分
六分	〇四五四九二三三	一五五四	〇八九〇五三〇六	七九四	九十四分
五分	〇四五四七六七九	一五五四	〇八九〇六一〇〇	七九三	九十五分
四分	〇四五四六一二五	一五五五	〇八九〇六八九三	七九三	九十六分
三分	〇四五四四五七〇	一五五五	〇八九〇七六八六	七九三	九十七分
二分	〇四五四三〇一五	一五五五	〇八九〇八四七九	七九二	九十八分
一分	〇四五四一四六〇	一五五五	〇八九〇九二七一	七九二	九十九分
〇分	〇四五三九九〇五		〇八九一		百〇〇分

二十七度	正弦	較數	餘弦	較數	下逆
三十三分	〇四五九一一四八	一五五〇	〇八八八三七六九	八〇二	六十七分
三十四分	〇四五九二六九八	一五五〇	〇八八八二九六八	八〇二	六十六分
三十五分	〇四五九四五四八	一五五〇	〇八八八二一六六	八〇二	六十五分
三十六分	〇四五九五七九八	一五五〇	〇八八八一三六四	八〇二	六十四分
三十七分	〇四五九七三四八	一五五〇	〇八八八〇五六二	八〇二	六十三分
三十八分	〇四五九八八九八	一五五〇	〇八八七九七六〇	八〇三	六十二分
三十九分	〇四六〇〇四四八	一五五〇	〇八八七八九五七	八〇三	六十一分
四十〇分	〇四六〇一九九八	一五五〇	〇八八七八一五四	八〇三	六十〇分
四十一分	〇四六〇三五四八	一五四九	〇八八七七三五一	八〇四	五十九分
四十二分	〇四六〇五〇九七	一五四九	〇八八七七五四七	八〇四	五十八分
四十三分	〇四六〇六六四六	一五四九	〇八八七五七四三	八〇四	五十七分
四十四分	〇四六〇八一九五	一五四九	〇八八七四九三九	八〇五	五十六分
四十五分	〇四六〇九七四四	一五四九	〇八八七四一三四	八〇五	五十五分
四十六分	〇四六一一二九三	一五四九	〇八八七三三二九	八〇五	五十四分
四十七分	〇四六一二八四二	一五四八	〇八八七二五二四	八〇五	五十三分
四十八分	〇四六一四三九〇	一五四八	〇八八七一七一九	八〇五	五十二分
四十九分	〇四六一五九三八	一五四八	〇八八七〇九一四	八〇六	五十一分
五十〇分	〇四六一七四八六		〇八八七〇一〇八		五十〇分

上順	餘弦	較數	正弦	較數	六十二度
五十〇分	〇四六一七四八六	一五四八	〇八八七〇一〇八	八〇六	五十〇分
五十一分	〇四六一九〇三四	一五四八	〇八八六九三〇二	八〇六	四十九分
五十二分	〇四六二〇五八二	一五四八	〇八八六八四九六	八〇七	四十八分
五十三分	〇四六二二一三〇	一五四八	〇八八六七六八九	八〇七	四十七分
五十四分	〇四六二三六七八	一五四七	〇八八六六八八二	八〇七	四十六分
五十五分	〇四六二五二二五	一五四七	〇八八六六〇七五	八〇七	四十五分
五十六分	〇四六二六七七二	一五四七	〇八八六五二六八	八〇八	四十四分
五十七分	〇四六二八三一九	一五四七	〇八八六四四六〇	八〇八	四十三分
五十八分	〇四六二九八六六	一五四七	〇八八六二六五二	八〇八	四十二分
五十九分	〇四六三一四一三	一五四七	〇八八六二八四四	八〇八	四十一分
六十〇分	〇四六三二九六〇	一五四七	〇八八六二〇三六	八〇九	四十〇分
六十一分	〇四六三四五〇七	一五四七	〇八八六一二二七	八〇九	三十九分
六十二分	〇四六三六〇五四	一五四六	〇八八六〇四一八	八〇九	三十八分
六十三分	〇四六三七六〇〇	一五四六	〇八八五九六〇九	八一〇	三十七分
六十四分	〇四六三九一四六	一五四六	〇八八五八七九九	八一〇	三十六分
六十五分	〇四六四〇六九二	一五四六	〇八八五七九八九	八一〇	三十五分
六十六分	〇四六四二二三八	一五四六	〇八八五七一七九	八一〇	三十四分
六十七分	〇四六四三七九四		〇八八五六三六九		三十三分

二十七度	正弦	較數	餘弦	較數	下逆
六十七分	〇四六四三七九四	一五四六	〇八八五六三六九	八一一	三十三分
六十八分	〇四六四五三三〇	一五四五	〇八八五五五五八	八一一	三十二分
六十九分	〇四六四六八七五	一五四五	〇八八五四七四七	八一一	三十一分
七十〇分	〇四六四八四二〇	一五四五	〇八八五三九三六	八一一	三十〇分
七十一分	〇四六四九九六五	一五四五	〇八八五三一二五	八一二	二十九分
七十二分	〇四六五一五一〇	一五四五	〇八八五二三一三	八一二	二十八分
七十三分	〇四六五三〇五五	一五四五	〇八八五一五〇一	八一二	二十七分
七十四分	〇四六五四六〇〇	一五四五	〇八八五〇六八九	八一三	二十六分
七十五分	〇四六五六一四五	一五四五	〇八八四九八七七	八一三	二十五分
七十六分	〇四六五七六九〇	一五四四	〇八八四九〇六四	八一三	二十四分
七十七分	〇四六五九二三四	一五四四	〇八八四八三五一	八一三	二十三分
七十八分	〇四六六〇七七八	一五四四	〇八八四七四三八	八一四	二十二分
七十九分	〇四六六二三二二	一五四四	〇八八四六六二四	八一四	二十一分
八十〇分	〇四六六三八六六	一五四四	〇八八四五八一〇	八一四	二十〇分
八十一分	〇四六六五四一〇	一五四四	〇八八四四九九六	八一五	一十九分
八十二分	〇四六六六九五四	一五四四	〇八八四四一八一	八一五	一十八分
八十三分	〇四六六八四九八	一五四四	〇八八四三三六六	八一五	一十七分
八十四分	〇四六七〇〇四一		〇八八四二五五一		一十六分

上順	餘弦	較數	正弦	較數	六十二度
八十四分	〇四六七〇〇四一	一五四四	〇八八四二五五二	八一五	一十六分
八十五分	〇四六七一五八四	一五四三	〇八八四一七三六	八一六	一十五分
八十六分	〇四六七三一二七	一五四三	〇八八四〇九二〇	八一六	一十四分
八十七分	〇四六七七六七〇	一五四三	〇八八四〇一〇四	八一六	一十三分
八十八分	〇四六七六二一三	一五四三	〇八八三九二八八	八一六	一十二分
八十九分	〇四六七七七五六	一五四三	〇八八三八四七二	八一六	一十一分
九十〇分	〇四六七九二九九	一五四二	〇八八三七六五六	八一七	一十〇分
九十一分	〇四六八〇八四一	一五四二	〇八八三六八三九	八一七	九分
九十二分	〇四六八二三八三	一五四二	〇八八三六〇二二	八一七	八分
九十三分	〇四六八三九二五	一五四二	〇八八三五二〇五	八一八	七分
九十四分	〇四六八五四六七	一五四二	〇八八三四三八七	八一八	六分
九十五分	〇四六八七〇〇九	一五四二	〇八八三三五六九	八一八	五分
九十六分	〇四六八八五五一	一五四二	〇八八三二七五一	八一八	四分
九十七分	〇四六九〇〇九三	一五四一	〇八八三一九三三	八一九	三分
九十八分	〇四六九一六三四	一五四一	〇八八三一一一四	八一九	二分
九十九分	〇四六九三一七五	一五四一	〇八八三〇二九五	八一九	一分
百〇分	〇四六九四七一六		〇八八二九四七六		〇分

二十八度	正弦	較數	餘弦	較數	下逆
〇分	〇四六九四七一六	一五四一	〇八八二九四七六	八二〇	百〇分
一分	〇四六九六二五七	一五四一	〇八八二八六五六	八二〇	九十九分
二分	〇四六九七七九八	一五四一	〇八八二七八五六	八二〇	九十八分
三分	〇四六九九三三九	一五四〇	〇八八二七〇一六	八二〇	九十七分
四分	〇四七〇〇八七九	一五四〇	〇八八二六一九六	八二〇	九十六分
五分	〇四七〇二四一九	一五四〇	〇八八二五三七六	八二一	九十五分
六分	〇四七〇三九五九	一五四〇	〇八八二四五五五	八二一	九十四分
七分	〇四七〇五四九九	一五四〇	〇八八二三七三四	八二一	九十三分
八分	〇四七〇七〇三九	一五四〇	〇八八二二九一三	八二二	九十二分
九分	〇四七〇八五七九	一五四〇	〇八八二二〇九一	八二二	九十一分
一十〇分	〇四七一〇一一九	一五四〇	〇八八二一二六九	八二二	九十〇分
一十一分	〇四七一一六五九	一五三九	〇八八二〇四四七	八二三	八十九分
一十二分	〇四七一三一九八	一五三九	〇八八一九六二四	八二三	八十八分
一十三分	〇四七一四七三七	一五三九	〇八八一八八〇一	八二三	八十七分
一十四分	〇四七一六二七六	一五三九	〇八八一七九七八	八二三	八十六分
一十五分	〇四七一七八一五	一五三九	〇八八一七一五五	八二四	八十五分
一十六分	〇四七一九三五四		〇八八一六三三一		八十四分

上順	餘弦	較數	正弦	較數	六十一度
一十六分	〇四七二九三五四		〇八八一六三三一		八十四分
一十七分	〇四七二〇八九三	一五三九	〇八八一五九〇七	八二四	八十三分
一十八分	〇四七二二四三二	一五三九	〇八八一四六八三	八二四	八十二分
一十九分	〇四七二三九七〇	一五三八	〇八八一三八五九	八二四	八十一分
二十〇分	〇四七二五五〇八	一五三八	〇八八一三〇三四	八二五	八十〇分
二十一分	〇四七二七〇四六	一五三八	〇八八一二二〇九	八二五	七十九分
二十二分	〇四七二八五八四	一五三八	〇八八一一三八四	八二五	七十八分
二十三分	〇四七三〇一二二	一五三八	〇八八一〇五五九	八二五	七十七分
二十四分	〇四七三一六六〇	一五三八	〇八八〇九七三三	八二六	七十六分
二十五分	〇四七三三一九七	一五三七	〇八八〇八九〇一	八二六	七十五分
二十六分	〇四七三四七三四	一五三七	〇八八〇八〇八一	八二六	七十四分
二十七分	〇四七三六二七一	一五三七	〇八八〇七二五四	八二七	七十三分
二十八分	〇四七三七八〇八	一五三七	〇八八〇六四二七	八二七	七十二分
二十九分	〇四七三九三四五	一五三七	〇八八〇五六〇〇	八二七	七十一分
三十〇分	〇四七四〇八八二	一五三七	〇八八〇四七七三	八二七	七十〇分
三十一分	〇四七四二四一九	一五三七	〇八八〇三九四五	八二八	六十九分
三十二分	〇四七四三九五六	一五三七	〇八八〇三一一七	八二八	六十八分
三十三分	〇四七四五四九二	一五三六	〇八八〇二二八九	八二八	六十七分

二十八度	正弦	較數	餘弦	較數	下逆
三十三分	〇四七四五四九二	一五三六	〇八八〇二二八九	八二八	六十七分
三十四分	〇四七四七〇二八	一五三六	〇八八〇一四六一	八二八	六十六分
三十五分	〇四七四八五六四	一五三六	〇八八〇〇六三三	八二八	六十五分
三十六分	〇四七五〇一〇〇	一五三六	〇八七九九八〇四	八二九	六十四分
三十七分	〇四七五一六三六	一五三六	〇八七九八九七五	八二九	六十三分
三十八分	〇四七五三一七二	一五三五	〇八七九八一四六	八二九	六十二分
三十九分	〇四七五四七〇七	一五三	〇八七九七三二六	八三〇	六十一分
四十〇分	〇四七五六二四二	一五三	〇八七九六四八六	八三〇	六十〇分
四十一分	〇四七五七七七七	一五三	〇八七九五六五六	八三〇	五十九分
四十二分	〇四七五九三一二	一五三	〇八七九四八二五	八三一	五十八分
四十三分	〇四七六〇八四七	一五三	〇八七九三九九四	八三一	五十七分
四十四分	〇四七六二三八二	一五三	〇八七九三一六三	八三一	五十六分
四十五分	〇四七六三九一七	一五三	〇八七九二三三二	八三二	五十五分
四十六分	〇四七六五四五二	一五三四	〇八七九一五〇〇	八三二	五十四分
四十七分	〇四七六六九八六	一五三四	〇八七九四六七八	八三二	五十三分
四十八分	〇四七六八五二一	一五三四	〇八七八九八四六	八三二	五十二分
四十九分	〇四七七〇〇五四	一五三四	〇八七八九〇一四	八三三	五十一分
五十〇分	〇四七七一五八八		〇八七八八一七一		五十〇分

上順	餘弦	較數	正弦	較數	六十一度
五十〇分	〇四七七一五八八	一五三四	〇八七八八一七一	八三三	五十〇分
五十一分	〇四七七三一二二	一五三四	〇八七八七三三八	八三三	四十九分
五十二分	〇四七七四六五六	一五三三	〇八七八六五〇五	八三三	四十八分
五十三分	〇四七七六一八九	一五三三	〇八七八五六七二	八三四	四十七分
五十四分	〇四七七七七二二	一五三三	〇八七八四八三八	八三四	四十六分
五十五分	〇四七七九二五五	一五三三	〇八七八四〇〇四	八三四	四十五分
五十六分	〇四七八〇七八八	一五三三	〇八七八三一七〇	八三五	四十四分
五十七分	〇四七八二三二一	一五三三	〇八七八二三三五	八三五	四十三分
五十八分	〇四七八三八五四	一五三三	〇八七八一五〇〇	八三五	四十二分
五十九分	〇四七八五三八七	一五三二	〇八七八〇六六五	八三五	四十一分
六十〇分	〇四七八六九一九	一五三二	〇八七七九八三〇	八三六	四十〇分
六十一分	〇四七八八四五一	一五三二	〇八七七八九九四	八三六	三十九分
六十二分	〇四七八九九八三	一五三二	〇八七七八一五八	八三六	三十八分
六十三分	〇四七九一五一五	一五三二	〇八七七七三二二	八三六	三十七分
六十四分	〇四七九三〇四七	一五三二	〇八七七六四八六	八三七	三十六分
六十五分	〇四七九四五七九	一五三二	〇八七七五六四九	八三七	三十五分
六十六分	〇四七九六一一一	一五三一	〇八七七四八一七	八三七	三十四分
六十七分	〇四七九七六四二		〇八七七三九七五		三十三分

上順	百〇〇分	九十九分	九十八分	九十七分	九十六分	九十五分	九十四分	九十三分	九十二分	九十一分	九十〇分	八十九分	八十八分	八十七分	八十六分	八十五分	八十四分
餘弦	〇四八四八〇九六	〇四八四六三七〇	〇四八四五五四三	〇四八四三五一六	〇四八四一九八九	〇四八四〇四六二	〇四八四八九三五	〇四八三七四〇八	〇四八三五八八〇	〇四八三四三五二	〇四八三二八二四	〇四八三一二九六	〇四八二五七六八	〇四八二八二四〇	〇四八二六七[illegible]一	〇四八二五一八二	〇四八二三六五三
較數	一五二六	一五二七	一五二七	一五二七	一五二七	一五二七	一五二七	一五二八	一五二八	一五二八	一五二八	一五二八	一五二八	一五二九	一五二九	一五二九	
正弦	〇八七四六一九七	〇八七四七〇四三	〇八七四七八八九	〇八七四八七三四	〇八七四九五七九	〇八七五〇四二四	〇八七五一二六九	〇八七五二一一三	〇八七五二九五七	〇八七五三八〇一	〇八七五四六四五	〇八七五五四八八	〇八七五六三三一	〇八七五七一七四	〇八七五八〇一七	〇八七五八八五九	〇八七五九七〇一
較數	八四六	八四六	八四五	八四五	八四五	八四五	八四四	八四四	八四四	八四四	八四三	八四三	八四三	八四三	八四二	八四二	
六十一度	〇分	一分	二分	三分	四分	五分	六分	七分	八分	九分	一十〇分	一十一分	一十二分	一十三分	一十四分	一十五分	一十六分

二十八度	六十七分	六十八分	六十九分	七十〇分	七十一分	七十二分	七十三分	七十四分	七十五分	七十六分	七十七分	七十八分	七十九分	八十〇分	八十一分	八十二分	八十三分	八十四分
正弦	〇四七九七六四二	〇四七九九一七三	〇四八〇〇七〇四	〇四八〇二二三五	〇四八〇三七六六	〇四八〇五二九七	〇四八〇六八二八	〇四八〇八三五八	〇四八〇九八八八	〇四八一一四一八	〇四八一二九四八	〇四八一四四七八	〇四八一六〇〇八	〇四八一七五三七	〇四八一九〇六六	〇四八二〇五九五	〇四八二二一二四	〇四八二三六五三
較數	一五三一	一五三一	一五三一	一五三一	一五三一	一五三一	一五三〇	一五三〇	一五三〇	一五三〇	一五三〇	一五三〇	一五二九	一五二九	一五二九	一五二九	一五二九	
餘弦	〇八七七三九七五	〇八七七三一三八	〇八七七二三〇〇	〇八七七一四六二	〇八七七〇六二四	〇八七六九七八五	〇八七六八九四六	〇八七六八一〇七	〇八七六七二六八	〇八七六六四二八	〇八七六五五八八	〇八七六四七四八	〇八七六三九〇八	〇八七六三〇六七	〇八七六二二二六	〇八七六二三八五	〇八七六〇五四二	〇八七五五七〇一
較數	八三七	八三八	八三八	八三八	八三九	八三九	八三九	八三九	八四〇	八四〇	八四〇	八四〇	八四一	八四一	八四一	八四二	八四二	
下逆	三十三分	三十二分	三十一分	三十〇分	二十九分	二十八分	二十七分	二十六分	二十五分	二十四分	二十三分	二十二分	二十一分	二十〇分	一十九分	一十八分	一十七分	一十六分

二十九度	正弦	較數	餘弦	較數	下逆
〇分	〇四八四八〇九六	一五二六	〇八七四六一九七	八四六	百〇〇分
一分	〇四八四九六二二	一五二六	〇八七四五三五一	八四七	九十九分
二分	〇四八五一一四八	一五二六	〇八七四四五〇四	八四七	九十八分
三分	〇四八五二六七四	一五二六	〇八七四三九五七	八四七	九十七分
四分	〇四八五四二〇〇	一五二六	〇八七四二八一〇	八四七	九十六分
五分	〇四八五五七二六	一五二六	〇八七四一九六三	八四八	九十五分
六分	〇四八五七二五二	一五二六	〇八七四一一一五	八四八	九十四分
七分	〇四八五八七七八	一五二六	〇八七四〇二六七	八四八	九十三分
八分	〇四八六〇三〇四	一五二五	〇八七三九四一九	八四八	九十二分
九分	〇四八六一八一九	一五二五	〇八七三八五七一	八四九	九十一分
一十〇分	〇四八六三三五四	一五二五	〇八七三七七二二	八四九	九十〇分
一十一分	〇四八六四八七九	一五二五	〇八七三六八七三	八四九	八十九分
一十二分	〇四八六六四〇四	一五二五	〇八七三六〇二四	八四九	八十八分
一十三分	〇四八六七九二九	一五二四	〇八七三五一七五	八五〇	八十七分
一十四分	〇四八六九四五三	一五二四	〇八七三四三二五	八五〇	八十六分
一十五分	〇四八七〇九七七	一五二四	〇八七三三四七五	八五〇	八十五分
一十六分	〇四八七二五〇一		〇八七三二六二五		八十四分

上順	餘弦	較數	正弦	較數	六十度
一十六分	〇四八七二六〇一	一五二四	〇八七三二六二五	八五一	八十四分
一十七分	〇四八七四〇二五	一五二四	〇八七三〇七七四	八五一	八十三分
一十八分	〇四八七五五四九	一五二四	〇八七三〇九二三	八五一	八十二分
一十九分	〇四八七七〇七三	一五二四	〇八七三〇〇七二	八五一	八十一分
二十〇分	〇四八七八五五七	一五二三	〇八七二九二二一	八五二	八十〇分
二十一分	〇四八八〇一二〇	一五二三	〇八七二八三六九	八五二	七十九分
二十二分	〇四八八一六四三	一五二三	〇八七二七五一七	八五二	七十八分
二十三分	〇四八八三一六六	一五二三	〇八七二六六六五	八五二	七十七分
二十四分	〇四八八四六八九	一五二三	〇八七二五八一三	八五二	七十六分
二十五分	〇四八八六二一二	一五二三	〇八七二四九六〇	八五三	七十五分
二十六分	〇四八八七七三五	一五二三	〇八七二四一〇七	八五三	七十四分
二十七分	〇四八八九二五八	一五二二	〇八七二三二六四	八五三	七十三分
二十八分	〇四八九〇七八〇	一五二二	〇八七二二四〇一	八五四	七十二分
二十九分	〇四八九二三〇二	一五二二	〇八七二一五四七	八五四	七十一分
三十〇分	〇四八九二八二四	一五二二	〇八七二〇六九三	八五五	七十〇分
三十一分	〇四八九二三四六	一五二二	〇八七一九八三九	八五五	六十九分
三十二分	〇四八九六八六八	一五二二	〇八七一八九八四	八五五	六十八分
三十三分	〇四八九八三九〇		〇八七一八一二九		六十七分

二十九度	正弦	較數	餘弦	較數	下逆
三十三分	〇四九九八三九〇	一五二九	〇八七一八一二九	八五五	六十七分
三十四分	〇四九九九七一二	一五二一	〇八七一七二七四	八五五	六十六分
三十五分	〇四九〇一四三三	一五二一	〇八七一六四一九	八五六	六十五分
三十六分	〇四九〇二九五四	一五二一	〇八七一五五六三	八五六	六十四分
三十七分	〇四九〇四四七五	一五二一	〇八七一四七〇七	八五六	六十三分
三十八分	〇四九〇五九九六	一五二一	〇八七一三八五一	八五六	六十二分
三十九分	〇四九〇七五一七	一五二一	〇八七一二九九五	八五七	六十一分
四十〇分	〇四九〇九〇三八	一五二一	〇八七一二一三八	八五七	六十〇分
四十一分	〇四九一〇五五八	一五二〇	〇八七一一二八一	八五七	五十九分
四十二分	〇四七一二〇七八	一五二〇	〇八七一〇四五四	八五七	五十八分
四十三分	〇四九一三五九八	一五二〇	〇八七〇九五六七	八五八	五十七分
四十四分	〇四九一五一一八	一五二〇	〇八七〇八七〇九	八五八	五十六分
四十五分	〇四九一六六三八	一五二〇	〇八七〇七八五一	八五九	五十五分
四十六分	〇四九一八一五八	一五二〇	〇八七〇六九九三	八五九	五十四分
四十七分	〇四九一九六七八	一五二〇	〇八七〇六一三四	八五九	五十三分
四十八分	〇四九二一一九八	一五一九	〇八七〇五二七五	八五九	五十二分
四十九分	〇四九二二七一七	一五一九	〇八七〇四四一六	八五九	五十一分
五十〇分	〇四九二四二三六		〇八七〇三五五七		五十〇分

上順	餘弦	較數	正弦	較數	六十度
六十七分	〇四九五〇〇三九	一五一七	〇八六八八九〇七	八六四	三十三分
六十六分	〇四九四八五二二	一五一七	〇八六八九七七一	八六四	三十四分
六十五分	〇四九四七〇〇五	一五一七	〇八六九〇六三五	八六三	三十五分
六十四分	〇四九四五四八八	一五一七	〇八六九一四九八	八六三	三十六分
六十三分	〇四九四三七七一	一五一七	〇八六九二三六一	八六三	三十七分
六十二分	〇四九四二四五四	一五一七	〇八六九三二二四	八六三	三十八分
六十一分	〇四九四〇九三七	一五一八	〇八六九四〇八七	八六二	三十九分
六十〇分	〇四九三九四一九	一五一八	〇八六九四九四九	八六二	四十〇分
五十九分	〇四九三七九〇一	一五一八	〇八六九五八一一	八六二	四十一分
五十八分	〇四九三六三八三	一五一八	〇八六九六六七三	八六一	四十二分
五十七分	〇四九三四八六五	一五一八	〇八六九七五三四	八六一	四十三分
五十六分	〇四九三三三四七	一五一八	〇八六九八三九五	八六一	四十四分
五十五分	〇四九三一八二九	一五一八	〇八六九九二五六	八六一	四十五分
五十四分	〇四九三〇三一一	一五一八	〇八七〇〇一一七	八六〇	四十六分
五十三分	〇四九二八七九三	一五一九	〇八七〇〇九七七	八六〇	四十七分
五十二分	〇四九二七二七四	一五一九	〇八七〇二八三七	八六〇	四十八分
五十一分	〇四九二五七五三	一五一九	〇八七〇二六九七	八六〇	四十九分
五十〇分	〇四九二四二三六		〇八七〇三五五七		五十〇分

二十九度	正弦	較數	餘弦	較數	下逆
六十七分	○四九五○○三九	一五一六	○八六八八九○七	八六四	三十三分
六十八分	○四九五一五五五	一五一六	○八六八八○四三	八六四	三十二分
六十九分	○四九五三○七一	一五一六	○八六八七一七九	八六四	三十一分
七十○分	○四九五四五八七	一五一六	○八六八六三一五	八六五	三十○分
七十一分	○四九五六一○三	一五一六	○八六八五四五○	八六五	二十九分
七十二分	○四九五七六一九	一五一五	○八六八四五八五	八六五	二十八分
七十三分	○四九五九一三五	一五一五	○八六八三七二○	八六六	二十七分
七十四分	○四九六○六五○	一五一五	○八六八二八九四	八六六	二十六分
七十五分	○四九六二一六五	一五一五	○八六八一九八八	八六六	二十五分
七十六分	○四九六三六八○	一五一五	○八六八一一二二	八六六	二十四分
七十七分	○四九六五一九五	一五一五	○八六八○二五六	八六七	二十三分
七十八分	○四九六六七一○	一五一五	○八六八九三八九	八六七	二十二分
七十九分	○四九六八二二五	一五一五	○八六七八五二二	八六七	二十一分
八十○分	○四九六九七四○	一五一四	○八六七七六五五	八六八	二十○分
八十一分	○四九七一二五四	一五一四	○八六七六七八七	八六八	一十九分
八十二分	○四九七二七六八	一五一四	○八六七五九一九	八六八	一十八分
八十三分	○四九七四二八二	一五一四	○八六七五○五一	八六八	一十七分
八十四分	○四九七五七九六		○八六七四一八三		一十六分

上順	餘弦	較數	正弦	較數	六十度
八十四分	○四九七五七九六	一五一四	○八六七四一八三	八六九	一十六分
八十五分	○四九七七三一○	一五一四	○八六七三三一四	八六九	一十五分
八十六分	○四九七八八二四	一五一四	○八六七二四四五	八六九	一十四分
八十七分	○四九八○三三八	一五一三	○八六七一五七六	八六九	一十三分
八十八分	○四九八一八五一	一五一三	○八六七○七○七	八七○	一十二分
八十九分	○四九八三三六四	一五一三	○八六六九八三七	八七○	一十一分
九十○分	○四九八四八七七	一五一三	○八六六八九六七	八七○	一十○分
九十一分	○四九八六三九○	一五一三	○八六六八○九七	八七○	九分
九十二分	○四九八七九○三	一五一三	○八六六七二二七	八七一	八分
九十三分	○四九八九四一六	一五一三	○八六六六三五六	八七一	七分
九十四分	○四九九○九二九	一五一二	○八六六五四八五	八七一	六分
九十五分	○四九九二四四一	一五一二	○八六六四六一四	八七二	五分
九十六分	○四九九三九五三	一五一二	○八六六三七四二	八七二	四分
九十七分	○四九九五四六五	一五一二	○八六六二八七○	八七二	三分
九十八分	○四九九六九七七	一五一二	○八六六一九九八	八七二	二分
九十九分	○四九九八四八九	一五一一	○八六六一一二六	八七二	一分
百○○分	○五○○○○○○		○八六六○二五四		○分

三十〇度	正弦	較數	餘弦	較數	下逆
〇分	〇五〇〇〇〇〇〇		〇八六五〇二五四		百〇〇分
一分	〇五〇〇一五一一	一五一一	〇八六五九三八一	八七一	九十九分
二分	〇五〇〇三〇二二	一五一一	〇八六五八五〇八	八七三	九十八分
三分	〇五〇〇四五三三	一五一一	〇八六五七六三五	八七三	九十七分
四分	〇五〇〇六二四四	一五一一	〇八六五六七六一	八七四	九十六分
五分	〇五〇〇七五五五	一五一一	〇八六五五八八七	八七四	九十五分
六分	〇五〇〇九〇六六	一五一一	〇八六五五〇一三	八七四	九十四分
七分	〇五〇一〇五七七	一五一一	〇八六五四一三九	八七四	九十三分
八分	〇五〇一二〇八七	一五一〇	〇八六五三二六四	八七五	九十二分
九分	〇五〇一三五九七	一五一〇	〇八六五二三八九	八七五	九十一分
一十〇分	〇五〇一五一〇七	一五一〇	〇八六五一五一四	八七五	九十〇分
一十一分	〇五〇一六六一七	一五一〇	〇八六五三六三九	八七六	八十九分
一十二分	〇五〇一八一二七	一五一〇	〇八六四九七六二	八七六	八十八分
一十三分	〇五〇一九六三七	一五一〇	〇八六四八八八六	八七六	八十七分
一十四分	〇五〇二一一四六	一五〇九	〇八六四八八一〇	八七六	八十六分
一十五分	〇五〇二二六五五	一五〇九	〇八六四七一三四	八七六	八十五分
一十六分	〇五〇二四一六四	一五〇九	〇八六四六二五七	八七七	八十四分

上順	餘弦	較數	正弦	較數	五十九度
一十六分	〇五〇二四一六四		〇八六四六二五七		八十四分
一十七分	〇五〇二五六七三	一五〇九	〇八六四五三八〇	八七七	八十三分
一十八分	〇五〇二七一八二	一五〇九	〇八六四四五〇三	八七七	八十二分
一十九分	〇五〇二八六九一	一五〇九	〇八六四三六二六	八七七	八十一分
二十〇分	〇五〇三〇二〇〇	一五〇九	〇八六四二七四八	八七八	八十〇分
二十一分	〇五〇三一七〇八	一五〇八	〇八六四一八七〇	八七八	七十九分
二十二分	〇五〇三三二一六	一五〇八	〇八六四〇九五二	八七九	七十八分
二十三分	〇五〇三四七二四	一五〇八	〇八六四〇一一三	八七九	七十七分
二十四分	〇五〇三六二三二	一五〇八	〇八六三九二三四	八七九	七十六分
二十五分	〇五〇三七七四〇	一五〇八	〇八六三八三五五	八七九	七十五分
二十六分	〇五〇三九二四八	一五〇八	〇八六三七四七六	八七九	七十四分
二十七分	〇五〇四〇七五五	一五〇七	〇八六三六五九六	八八〇	七十三分
二十八分	〇五〇四二二六二	一五〇七	〇八六三五七一六	八八〇	七十二分
二十九分	〇五〇四三七六九	一五〇七	〇八六三四八三六	八八〇	七十一分
三十〇分	〇五〇四五二七八	一五〇七	〇八六三三九五六	八八〇	七十〇分
三十一分	〇五〇四六七八三	一五〇七	〇八六三三〇七五	八八一	六十九分
三十二分	〇五〇四八二九〇	一五〇七	〇八六三二一九四	八八一	六十八分
三十三分	〇五〇四九七九七	一五〇七	〇八六三一三一三	八八一	六十七分

三十〇度	正弦	較數	餘弦	較數	下逆
三十三分	〇五〇四九七九七		〇八六三一三一三		六十七分
三十四分	〇五〇五一三〇五	一五〇六	〇八六三〇四三一	八八二	六十六分
三十五分	〇五〇五二八〇九	一五〇六	〇八六二九五四九	八八二	六十五分
三十六分	〇五〇五四三一五	一五〇六	〇八六二八六六七	八八二	六十四分
三十七分	〇五〇五五八二一	一五〇六	〇八六二七七八五	八八	六十三分
三十八分	〇五〇五七三二七	一五〇六	〇八六二六九〇二	八八三	六十二分
三十九分	〇五〇五八八三三	一五〇六	〇八六二六〇一九	八八三	六十一分
四十〇分	〇五〇六〇三三八	一五〇五	〇八六二五一三六	八八三	六十〇分
四十一分	〇五〇六二八四三	一五〇五	〇八六二四二五三	八八	五十九分
四十二分	〇五〇六三三四八	一五〇五	〇八六二三三六五	八八四	五十八分
四十三分	〇五〇六四八五三	一五〇五	〇八六二二四八五	八八四	五十七分
四十四分	〇五〇六六三五八	一五〇五	〇八六二一六〇一	八八四	五十六分
四十五分	〇五〇六七八六三	一五〇五	〇八六二〇七一七	八八四	五十五分
四十六分	〇五〇六九三六八	一五〇五	〇八六一九八三二	八八五	五十四分
四十七分	〇五〇七〇八七三	一五〇五	〇八六一八九四七	八八五	五十三分
四十八分	〇五〇七二三七七	一五〇四	〇八六一八〇六二	八八五	五十二分
四十九分	〇五〇七一八八一	一五〇四	〇八六一七一七七	八八五	五十一分
五十〇分	〇五〇七五三八四	一五〇四	〇八六一六二九二	八八五	五十〇分

上順	餘弦	較數	正弦	較數	五十九度
五十〇分	〇五〇七五三八四		〇八六一六二九二		五十〇分
五十一分	〇五〇七六八八八	一五〇四	〇八六一五四〇六	八八六	四十九分
五十二分	〇五〇七八三九二	一五〇四	〇八六一四五二〇	八八六	四十八分
五十三分	〇五〇七九八九五	一五〇三	〇八六一三六三四	八八六	四十七分
五十四分	〇五〇八一三九八	一五〇三	〇八六一二七四七	八八七	四十六分
五十五分	〇五〇八二九〇一	一五〇三	〇八六一一八六〇	八八七	四十五分
五十六分	〇五〇八四四〇四	一五〇三	〇八六一〇九七三	八八七	四十四分
五十七分	〇五〇八五九〇七	一五〇三	〇八六一〇〇八五	八八八	四十三分
五十八分	〇五〇八七〇一〇	一五〇三	〇八六〇九一九七	八八八	四十二分
五十九分	〇五〇八八九一二	一五〇二	〇八六〇八三〇九	八八八	四十一分
六十〇分	〇五〇九〇四一四	一五〇二	〇八六〇七四二一	八八八	四十〇分
六十一分	〇五〇九一九一六	一五〇二	〇八六〇六五三二	八八九	三十九分
六十二分	〇五〇九三四一八	一五〇二	〇八六〇五六四二	八八九	三十八分
六十三分	〇五〇九四九二〇	一五〇二	〇八六〇四七五四	八八九	三十七分
六十四分	〇四〇九六四二二	一五〇二	〇八六〇三八六五	八八九	三十六分
六十五分	〇五〇九七九二四	一五〇二	〇八六〇二九七五	八九〇	三十五分
六十六分	〇五〇九九四二五	一五〇一	〇八六〇二〇八五	八九〇	三十四分
六十七分	〇五一〇〇九二六	一五〇一	〇八六〇一一九五	八九〇	三十三分

上順	百○○分	九十九分	九十八分	九十七分	九十六分	九十五分	九十四分	九十三分	九十二分	九十一分	九十○分	八十九分	八十八分	八十七分	八十六分	八十五分	八十四分
餘弦	○五一五○三八一	○五一四八八八五	○五一四七三八九	○五一四五八九三	○五一四四三九六	○五一四二八九九	○五一四一四○二	○五一三九九○五	○五一三八四○八	○五一三六七一○	○五一三五四一二	○五一三三九一四	○五一三二四一六	○五一三○九一八	○五一二九四二○	○五一二七九二二	○五一二六四二四
較數	一四九六	一四九六	一四九七	一四九七	一四九七	一四九七	一四九七	一四九七	一四九八	一四九八	一四九八	一四九八	一四九八	一四九八	一四九八	一四九八	
正弦	○八五七一六七三	○八五七二五七二	○八五七三四七二	○八五七四二六六	○八五七五二六六	○八五七六一六四	○八五七七○六一	○八五七七九五八	○八五七八八五五	○八五七九七五二	○八五八○六四九	○八五八一五四五	○八五八二四四一	○八五八三三三七	○八五八四二三二	○八五八五一二七	○八五八六○二二
較數	八九九	八九八	八九八	八九八	八九八	八九七	八九七	八九七	八九七	八九七	八九六	八九六	八九六	八九五	八九五	八九五	
五十九度	○分	一分	二分	三分	四分	五分	六分	七分	八分	九分	一十○分	一十一分	一十二分	一十三分	一十四分	一十五分	一十六分

三十○度	六十七分	六十八分	六十九分	七十○分	七十一分	七十二分	七十三分	七十四分	七十五分	七十六分	七十七分	七十八分	七十九分	八十○分	八十一分	八十二分	八十三分	八十四分
正弦	○五一○○九二六	○五一○二四二七	○五一○三九二八	○五一○五四二九	○五一○六九三○	○五一○八四三一	○五一○九九三一	○五一一一四三一	○五一一二九三一	○五一一四四三一	○五一一五九三一	○五一一七四三一	○五一一八九三○	○五一二○四二九	○五一二一九二八	○五一二三四二七	○五一二四九二六	○五一二六四二四
較數	一五○一	一五○一	一五○一	一五○一	一五○一	一五○○	一五○○	一五○○	一五○○	一五○○	一五○○	一四九○	一四九九	一四九九	一四九九	一四九九	一四九八	
餘弦	○八六○一一九五	○八六○○三○五	○八五九九四一四	○八五九八五二三	○八五九七六三二	○八五九六七四○	○八五九五八四八	○八五九四九五六	○八五九四○六四	○八五九三一七一	○八五九二二七八	○八五九一三八五	○八五九○四九二	○八五八九五九九	○八五八七七○五	○八五八七八一一	○八五八六九一七	○八五八六○二二
較數	八九○	八九一	八九一	八九一	八九二	八九二	八九二	八九二	八九三	八九三	八九三	八九三	八九三	八九四	八九四	八九四	八九四	
下逆	三十三分	三十二分	三十一分	三十○分	二十九分	二十八分	二十七分	二十六分	二十五分	二十四分	二十三分	二十二分	二十一分	二十○分	一十九分	一十八分	一十七分	一十六分

三十一度	正弦	較數	餘弦	較數	下逆
〇分	〇五一五〇三八一	一四九六	〇八五七一六七三	九九九	百〇〇分
一分	〇五一五一八七七	一四九六	〇八五七〇七七四	九九九	九十九分
二分	〇五一五三三七三	一四九六	〇八五六九八七五	九〇〇	九十八分
三分	〇五一五四八六九	一四九五	〇八五六〇九七五	九〇〇	九十七分
四分	〇五一五六三六四	一四九五	〇八五六八〇七五	九〇〇	九十六分
五分	〇五一五七八五九	一四九五	〇八五六七一七五	九〇〇	九十五分
六分	〇五一五九三五四	一四九五	〇八五六六二七五	九〇一	九十四分
七分	〇五一六〇八四九	一四九五	〇八五六五三七四	九〇一	九十三分
八分	〇五一六二三四四	一四九五	〇八五六四四七三	九〇一	九十二分
九分	〇五一六三八三九	一四九五	〇八五六三五七三	九〇一	九十一分
一十〇分	〇五一六五三三四	一四九四	〇八五六二六七一	九〇二	九十〇分
一十一分	〇五一六六八二八	一四九四	〇八五六一七六九	九〇二	八十九分
一十二分	〇五一六八三二二	一四九四	〇八五六〇八六七	九〇二	八十八分
一十三分	〇五一六九八一六	一四九四	〇八五五九九六五	九〇二	八十七分
一十四分	〇五一七一三一〇	一四九四	〇八五五九〇六三	九〇三	八十六分
一十五分	〇五一七二八〇四	一四九四	〇八五五八一六〇	九〇三	八十五分
一十六分	〇五一七四二九八		〇八五五七二五七		八十四分

上順	餘弦	較數	正弦	較數	五十八度
一十六分	〇五一七四二九八	一四九三	〇八五五七二五七	九〇三	八十四分
一十七分	〇五一七五七九一	一四九三	〇八五五六三五四	九〇三	八十三分
一十八分	〇五一七七二八四	一四九三	〇八五五五四五一	九〇四	八十二分
一十九分	〇五一七八七七七	一四九三	〇八五五四五四七	九〇四	八十一分
二十〇分	〇五一八〇一七〇	一四九三	〇八五五三六四三	九〇四	八十〇分
二十一分	〇五一八一七六三	一四九三	〇八五五二七三九	九〇五	七十九分
二十二分	〇五一八三二五六	一四九三	〇八五五一八三四	九〇五	七十八分
二十三分	〇五一八四七四九	一四九二	〇八五五〇九二九	九〇五	七十七分
二十四分	〇五一八六二四一	一四九二	〇八五五〇〇二四	九〇五	七十六分
二十五分	〇五一八七七三三	一四九二	〇八五四九一一九	九〇六	七十五分
二十六分	〇五一八九二二五	一四六二	〇八五四八二一三	九〇六	七十四分
二十七分	〇五一九〇七一七	一四九二	〇八五四七三〇七	九〇六	七十三分
二十八分	〇五一九二二〇九	一四九一	〇八五四六四〇一	九〇六	七十二分
二十九分	〇五一九三七〇〇	一四九一	〇八五四五四九五	九〇七	七十一分
三十〇分	〇五一九五一九一	一四九一	〇八五四四五八八	九〇七	七十〇分
三十一分	〇五一九六六八二	一四九一	〇八五四三六八一	九〇七	六十九分
三十二分	〇五一九八一七三	一四九一	〇八五四二七七四	九〇七	六十八分
三十三分	〇五一九九六六四		〇八五四一八六七		六十七分

三十一度	正弦	較數	餘弦	較數	下逆
三十三分	〇五一九九六六四		〇八五四一八六七		六十七分
三十四分	〇五二〇一一五五	一四九一	〇八五四〇五五九	九〇八	六十六分
三十五分	〇五二〇二六四六	一四九一	〇八五四〇〇五一	九〇八	六十五分
三十六分	〇五二〇四一三六	一四九〇	〇八五三九一四三	九〇八	六十四分
三十七分	〇五二〇五六二六	一四九〇	〇八五三八二三五	九〇八	六十三分
三十八分	〇五二〇七一一六	一四九〇	〇八五三七三二六	九〇九	六十二分
三十九分	〇五二〇八六〇六	一四九〇	〇八五三六四一七	九〇九	六十一分
四十〇分	〇五二一〇〇九六	一四九〇	〇八五三五五〇八	九〇九	六十〇分
四十一分	〇五二一一五八六	一四九〇	〇八五三四五九八	九一〇	五十九分
四十二分	〇五二一三〇七六	一四九〇	〇八五三三六八八	九一〇	五十八分
四十三分	〇五二一四五六五	一四八九	〇八五三二七七八	九一〇	五十七分
四十四分	〇五二一九〇五四	一四八九	〇八五三一八六八	九一〇	五十六分
四十五分	〇五二一七五四三	一四八九	〇八五三〇九五八	九一〇	五十五分
四十六分	〇五二一九〇三二	一四八九	〇八五三〇〇四七	九一一	五十四分
四十七分	〇五二二〇五二一	一四八九	〇八五二九一三六	九一一	五十三分
四十八分	〇五二二二〇一〇	一四八九	〇八五二八二二五	九一一	五十二分
四十九分	〇五二二三四九八	一四八八	〇八五二七三一四	九一一	五十一分
五十〇分	〇五二二四九八六	一四八八	〇八五二六四〇二	九一二	五十〇分

上順	餘弦	較數	正弦	較數	五十八度
六十七分	〇五一五〇二六一	一四八五	〇八五一〇八六一	九一六	三十三分
六十六分	〇五二四八七七六	一四八六	〇八五一一七七七	九一六	三十四分
六十五分	〇五二四七二九〇	一四八六	〇八五一二六九三	九一六	三十五分
六十四分	〇五二四五八〇四	一四八六	〇八五一三六〇九	九一五	三十六分
六十三分	〇五二四四三一八	一四八六	〇八五一四五二四	九一五	三十七分
六十二分	〇五二四二八三二	一四八六	〇八五一五四三九	九一五	三十八分
六十一分	〇五二四一三四六	一四八七	〇八五一六三五四	九一五	三十九分
六十〇分	〇五二三九八九五	一四八七	〇八五一七二六九	九一四	四十〇分
五十九分	〇五二三八三七二	一四八七	〇八五一八一八三	九一四	四十一分
五十八分	〇五二三六八八五	一四八七	〇八五一九〇九七	九一四	四十二分
五十七分	〇五二三五三九八	一四八七	〇八五二〇〇一一	九一四	四十三分
五十六分	〇五二三三九一一	一四八七	〇八五二〇九二五	九一四	四十四分
五十五分	〇五二三二四二四	一四八七	〇八五二一八三九	九一三	四十五分
五十四分	〇五二三〇九三七	一四八七	〇八五二二七五二	九一三	四十六分
五十三分	〇五二二九四五〇	一四八八	〇八五二三六六五	九一三	四十七分
五十二分	〇五二二七九六二	一四八八	〇八五二四五七八	九一二	四十八分
五十一分	〇五二二六四七四	一四八八	〇八五二五四九〇	九一二	四十九分
五十〇分	〇五二二四九八六		〇八五二六四〇二		五十〇分

上順	餘弦	較數	正弦	較數	五十八度
百○○分	○五二九九一九三	一四八○	○八四八○四八一	九二五	○分
九十九分	○五二九七七一三	一四八○	○八四八一四○六	九二四	一分
九十八分	○五二九六二三三	一四八一	○八四八二三三○	九二四	二分
九十七分	○五二九四七九一	一四八一	○八四八三二五四	九二四	三分
九十六分	○五二九三二七一	一四八一	○八四八四二七八	九二四	四分
九十五分	○五二九一七九○	一四八一	○八四八五一○三	九二三	五分
九十四分	○五二九○五○九	一四八一	○八四八六○二五	九二三	六分
九十三分	○五二八八八二八	一四八一	○八四八六九四八	九二三	七分
九十二分	○五二八七三四七	一四八二	○八四八七八七一	九二三	八分
九十一分	○五二八五八六五	一四八二	○八四八八七九四	九二三	九分
九十○分	○五二八四三八三	一四八二	○八四八九七一七	九二二	一十○分
八十九分	○五二八四九○一	一四八二	○八四九○六三九	九二二	一十一分
八十八分	○五二八二四一九	一四八二	○八四九一五六一	九二二	一十二分
八十七分	○五二七五九三七	一四八二	○八四九二四八三	九二一	一十三分
八十六分	○五二七八四五五	一四八二	○八四九三四○四	九二一	一十四分
八十五分	○五二七六九七三	一四八三	○八四九四五二五	九二一	一十五分
八十四分	○五二七五四九○		○八四九五二四六		一十六分

三十一度	正弦	較數	餘弦	較數	下逆
六十七分	○五二五○一六一	一四八五	○八五一○八六一	九一六	三十三分
六十八分	○五二五一七四六	一四八五	○八五○九九四五	九一七	三十二分
六十九分	○五○五三二三一	一四八五	○八五○五○二八	九一七	三十一分
七十○分	○五二五四七一六	一四八五	○八五○八一一一	九一七	三十○分
七十一分	○五二五六二○一	一四八五	○八五○七一九四	九一八	二十九分
七十二分	○五二五七六○六	一四八五	○八五○六二七六	九一八	二十八分
七十三分	○五二五五一七一	一四八四	○八五○五三五八	九一八	二十七分
七十四分	○五二六○六五五	一四八四	○八五○四四四○	九一八	二十六分
七十五分	○五二六二一三五	一四八四	○八五○三五四一	九一九	二十五分
七十六分	○五二六三六二三	一四八四	○八五○二六○三	九一九	二十四分
七十七分	○五二六五一○七	一四八四	○八五○一六八四	九一九	二十三分
七十八分	○五二六六五九一	一四八四	○八五○○七六五	九一九	二十二分
七十九分	○五二六八○七五	一四八三	○八四九九八四六	九一九	二十一分
八十○分	○五二六九五五八	一四八三	○八四九八九二七	九二○	二十○分
八十一分	○五二七一○四一	一四八三	○八四九八○○七	九二○	一十九分
八十二分	○五二七二五二四	一四八三	○八四九七○八七	九二○	一十八分
八十三分	○五二七四○○七	一四八三	○八四九六一六七	九二一	一十七分
八十四分	○五二七五四九○		○八四○五二四六		一十六分

三十二度	正弦	較數	餘弦	較數	下逆
〇分	〇五二九九一九三	一四八〇	〇八四八〇四八一	九二五	百〇〇分
一分	〇五三〇〇六七三	一四八〇	〇八四七九五五六	九二五	九十九分
二分	〇五三〇二一六三	一四八〇	〇八四七八六三一	九二六	九十八分
三分	〇五三〇三六三三	一四七九	〇八四七七七〇五	九二六	九十七分
四分	〇五三〇五一一二	一四七九	〇八四七六七七九	九二六	九十六分
五分	〇五三〇六五九一	一四七九	〇八四七五八五三	九二六	九十五分
六分	〇五三〇八〇七〇	一四七九	〇八四七四九二七	九二七	九十四分
七分	〇五三〇九五四九	一四七九	〇八四七四〇〇〇	九二七	九十三分
八分	〇五三一一〇二八	一四七九	〇八四七三〇七三	九二七	九十二分
九分	〇五三一二五〇七	一四七九	〇八四七二一四六	九二七	九十一分
一十〇分	〇五三一三九八六	一四七八	〇八四七一二一九	九二八	九十〇分
一十一分	〇五三一五四六四	一四七八	〇八四七〇二九一	九二八	八十九分
一十二分	〇五三一六九四二	一四七八	〇八四六九三六三	九二八	八十八分
一十三分	〇五三一八四二〇	一四七八	〇八四六八四三五	九二八	八十七分
一十四分	〇五三一九八五八	一四七八	〇八四六七五〇七	九二八	八十六分
一十五分	〇五三二一三七六	一四七八	〇八四六六五七九	九二九	八十五分
一十六分	〇五三二二八五四		〇八四八五六五〇		八十四分

上順	餘弦	較數	正弦	較數	五十七度
一十六分	〇五三二二八九四	一四七八	〇八四八五六五〇	九二九	八十四分
一十七分	〇五三二四三三二	一四七七	〇八四六四七二一	九二九	八十三分
一十八分	〇五三二五八〇九	一四七七	〇八四六三七九二	九二〇	八十二分
一十九分	〇五三二七二八六	一四七七	〇八四六二八六三	九三〇	八十一分
二十〇分	〇五三二八七六三	一四七七	〇八四六一九三三	九三〇	八十〇分
二十一分	〇五三三〇二四〇	一四七七	〇八四六一〇〇二	九三一	七十九分
二十二分	〇五三三一七一七	一四七六	〇八四六〇〇七一	九三一	七十八分
二十三分	〇五三三三一九三	一四七六	〇八四五九一四〇	九三一	七十七分
二十四分	〇五三三四六六九	一四七六	〇八四五八二〇九	九三一	七十六分
二十五分	〇五三三六一四九	一四七六	〇八四五七二七八	九三一	七十五分
二十六分	〇五三三七六二一	一四七六	〇八四五六三四一	九三二	七十四分
二十七分	〇五三三九〇九七	一四七六	〇八四五五四一五	九三二	七十三分
二十八分	〇五三四〇五七三	一四七五	〇八四五四四八三	九三二	七十二分
二十九分	〇五三四二〇四八	一四七五	〇八四五五五五一	九三二	七十一分
三十〇分	〇五三四三五二三	一四七五	〇八四五二六一九	九三三	七十〇分
三十一分	〇五三四四九九八	一四七五	〇八四五一六八六	九三三	六十九分
三十二分	〇五三四六四七三	一四七五	〇八四五〇七五三	九三三	六十八分
三十三分	〇五三四七九四八		〇八四四五八二〇		六十七分

上順	餘弦	較數	正弦	較數	五十七度
五十〇分	〇五三七二九九六	一四七二	〇八四三三九一四	九三八	五十〇分
五十一分	〇五三七四四六八	一四七二	〇八四三二九七六	九三八	四十九分
五十二分	〇五三七五九四〇	一四七二	〇八四三二〇三八	九三八	四十八分
五十三分	〇五三七七四一二	一四七一	〇八四三一一〇〇	九三九	四十七分
五十四分	〇五三七八八八三	一四七一	〇八四三〇一六一	九三九	四十六分
五十五分	〇五三八〇三五四	一四七一	〇八四二九二二二	九三九	四十五分
五十六分	〇五三八一八二五	一四七一	〇八四二八二八八	九三九	四十四分
五十七分	〇五三八三二九六	一四七一	〇八四二七三四四	九四〇	四十三分
五十八分	〇五三八四七六七	一四七一	〇八四二六四〇四	九四〇	四十二分
五十九分	〇五三八六二三八	一四七〇	〇八四二五四六四	九四〇	四十一分
六十〇分	〇五三八七七〇八	一四七〇	〇八四二四五二四	九四一	四十〇分
六十一分	〇五三八九一七八	一四七〇	〇八四二三五八三	九四一	三十九分
六十二分	〇五三九〇六四八	一四七〇	〇八四二二六四二	九四一	三十八分
六十三分	〇五三九二一一八	一四七〇	〇八四二一七〇一	九四一	三十七分
六十四分	〇五三九三五八八	一四七〇	〇八四二〇七六〇	九四一	三十六分
六十五分	〇五三九五〇五八	一四六九	〇八四一九八一九	九四二	三十五分
六十六分	〇五三九六九二七	一四六九	〇八四一八八七六	五四二	三十四分
六十七分	〇五三九七五九六		〇八四一七九三〇		三十三分

三十二度	正弦	較數	餘弦	較數	下逆
三十三分	〇五三四七九四八	一四七五	〇八四四五八二〇	九三四	六十七分
三十四分	〇五三四九四二三	一四七五	〇八四四八八八六	九三四	六十六分
三十五分	〇五三五三八九八	一四七四	〇八四四七九五一	九三四	六十五分
三十六分	〇五三五二三七二	一四七四	〇八四四七〇一八	九三四	六十四分
三十七分	〇五三五三八四六	一四七四	〇八四四六〇八四	九三五	六十三分
三十八分	〇五三五五三二〇	一四七四	〇八四四五一四九	九三五	六十二分
三十九分	〇五三五六七九四	一四七四	〇八四四四二一四	九三五	六十一分
四十〇分	〇五三五八二六八	一四七四	〇八四四三二七九	九三五	六十〇分
四十一分	〇五三五九七四二	一四七三	〇八四四二三四四	九三六	五十九分
四十二分	〇五三六一二一五	一四七三	〇八四四一四〇八	九三六	五十八分
四十三分	〇五三六二六八八	一四七三	〇八四四〇四七二	九三六	五十七分
四十四分	〇五三六四一六一	一四七三	〇八四三九五三六	九三六	五十六分
四十五分	〇五三六五六三四	一四七三	〇八四三八六〇〇	九三七	五十五分
四十六分	〇五三六七一〇七	一四七三	〇八四三七六六三	九三七	五十四分
四十七分	〇五三八八五八〇	一四七二	〇八四三六七二六	九三七	五十三分
四十八分	〇五三七〇〇五二	一四七二	〇八四三五七八九	九三七	五十二分
四十九分	〇五三七一五二四	一四七二	〇八四三四八五二	九三八	五十一分
五十〇分	〇五三七二九九六		〇八四三三九一四		五十〇分

上順	百〇〇分	九十九分	九十八分	九十七分	九十六分	九十五分	九十四分	九十三分	九十二分	九十一分	九十〇分	八十九分	八十八分	八十七分	八十六分	八十五分	八十四分
餘弦	〇五四四六五九〇	〇五四四四九二六	〇五四四三四六二	〇五四四一九九八	〇四四四〇五二四	〇五四三九〇六九	〇五四三七六〇四	〇五四三六一三九	〇五四三四六七四	〇五四三三二〇九	〇五四三一七四四	〇五四三〇二七九	〇五四二八八一三	〇五四二七三四七	〇五四二五八八一	〇五四二四四一五	〇五四二二九四九
較數	一四六四	一四六四	一四六四	一四六四	一四六五	一四六五	一四六五	一四六五	一四六五	一四六五	一四六五	一四六六	一四六六	一四六六	一四六六	一四六六	
正弦	〇八三八六七〇六	〇八三八七六五六	〇八三八八六〇六	〇八三八九五五六	〇八三九〇五〇六	〇八三九一四五五	〇八三九二四〇四	〇八三九三三五三	〇八三九四三〇二	〇八三九五二五〇	〇八三九六一九八	〇八三九七一四六	〇八三九八〇九四	〇八三九九〇四一	〇八三九九九八八	〇八四〇〇九三五	〇八四〇一八八二
較數	九五〇	九五〇	九五〇	九五〇	九四九	九四九	九四九	九四九	九五八	九四八	九四八	九四八	九四七	九四七	九四七	九四七	
五十七度	〇分	一分	二分	三分	四分	五分	六分	七分	八分	九分	一十〇分	一十一分	一十二分	一十三分	一十四分	一十五分	一十六分

三十二度	六十七分	六十八分	六十九分	七十〇分	七十一分	七十二分	七十三分	七十四分	七十五分	七十六分	七十七分	七十八分	七十九分	八十〇分	八十一分	八十二分	八十三分	八十四分
正弦	〇五三九七九九六	〇五三九九四六五	〇五四〇〇九三四	〇五四〇二四〇二	〇五四〇三八七二	〇五四〇五三四一	〇五四〇六八一〇	〇五四〇八二七八	〇五四〇九七四五	〇五四一一二一三	〇五四一二六八一	〇五四一四一四八	〇五四一五六一五	〇五四一七〇八二	〇五四一八五四九	〇五四二〇〇一六	〇五四二一四八三	〇五四二二九四九
較數	一四六九	一四六九	一四六九	一四六九	一四六九	一四六八	一四六八	一四六八	一四六八	一四六八	一四六七	一四六七	一四六七	一四六七	一四六七	一四六七	一四六六	
餘弦	〇八四一七九三五	〇八四一六九九三	〇八四一六〇五一	〇八四一二一〇八	〇八四一四一六五	〇八四一三二二二	〇八四一二二七八	〇八四一一三三四	〇八四一〇三九〇	〇八四〇九四四六	〇八四〇八五〇一	〇八四〇七五五六	〇八四〇六六一二	〇八四〇五六六六	〇八四〇四七二〇	〇八四〇二七七四	〇八四〇二八二八	〇八四〇一八八一
較數	九四二	九四二	九四三	九四三	九四三	九四四	九四四	九四四	九四四	九四五	九四五	九四五	九四五	九四六	九四六	九四六	九四六	
下逆	三十三分	三十二分	三十一分	三十〇分	二十九分	二十八分	二十七分	二十六分	二十五分	二十四分	二十三分	二十二分	二十一分	二十〇分	一十九分	一十八分	一十七分	一十六分

三十三度	正弦	較數	餘弦	較數	下逆
〇分	〇五四四六三九〇		〇八三八六七〇六		百〇〇分
一分	〇五四四七八五四	一四六四	〇八三八五七五五	九五一	九十九分
二分	〇五四四五三一八	一四六四	〇八三八四八〇四	九五一	九十八分
三分	〇五四五〇七八一	一四六三	〇八三八三八五三	九五一	九十七分
四分	〇五四五二二四四	一四六三	〇八三八二九〇二	九五一	九十六分
五分	〇五四五三七〇七	一四六三	〇八三八一九五〇	九五一	九十五分
六分	〇五四五五一七〇	一四六三	〇八三八〇九九八	九五二	九十四分
七分	〇五四五六六三三	一四六三	〇八三八〇〇四六	九五二	九十三分
八分	〇五四五八〇九六	一四六三	〇八三七九〇九三	九五三	九十二分
九分	〇五四五九五五八	一四六二	〇八三七八一四〇	九五三	九十一分
一十〇分	〇五四六一〇二〇	一四六二	〇八三七七一八七	九五三	九十〇分
一十一分	〇五四六二四八二	一四六二	〇八三七六二三四	九五三	八十九分
一十二分	〇五四六三九四四	一四六二	〇八三七五二八〇	九五四	八十八分
一十三分	〇五四六五四〇六	一四六二	〇八三七四三二六	九五四	八十七分
一十四分	〇五四六六八六七	一四六一	〇八三七三三七二	九五四	八十六分
一十五分	〇五四六八三二八	一四六一	〇八三七二四一八	九五四	八十五分
一十六分	〇五四六九七八九	一四六一	〇八三七一四六三	九五五	八十四分

上順	餘弦	較數	正弦	較數	五十六度
一十六分	〇五四六九七八九		〇八三七一四六三		八十四分
一十七分	〇五四七一二五〇	一四六一	〇八三七〇五〇八	九五五	八十三分
一十八分	〇五四七二七一一	一四六一	〇八三六九五五三	九五五	八十二分
一十九分	〇五四七四一七二	一四六一	〇八三六八五九八	九五五	八十一分
二十〇分	〇五四七五六三三	一四六〇	〇八三六七六四三	九五五	八十〇分
二十一分	〇五四七七〇九二	一四六〇	〇八三六六六八七	九五六	七十九分
二十二分	〇五四七八五五二	一四六〇	〇八三六五七三一	九五六	七十八分
二十三分	〇五四八〇〇一二	一四六〇	〇八三六四七七五	九五六	七十七分
二十四分	〇五四八一四七二	一四六〇	〇八三六三八一九	九五六	七十六分
二十五分	〇五四八二九三二	一四六〇	〇八三六二八六二	九五七	七十五分
二十六分	〇五四八四三九二	一四六〇	〇八三六一九〇五	九五七	七十四分
二十七分	〇五四八五八五一	一四五九	〇八三六〇九四八	九五七	七十三分
二十八分	〇五四八七三一〇	一四五九	〇八三五九九九〇	九五八	七十二分
二十九分	〇五四八八七六九	一四五九	〇八三五九〇三二	九五八	七十一分
三十〇分	〇五四九〇二二八	一四五九	〇八三五八〇七四	九五八	七十〇分
三十一分	〇五四九一六八七	一四五九	〇八三五七一一五	九五九	六十九分
三十二分	〇五四九三一四六	一四五九	〇八三五六一五六	九五九	六十八分
三十三分	〇五四九四六〇四	一四五八	〇八三五五一九七	九五九	六十七分

三十三度	正弦	較數	餘弦	較數	下逆
三十三分	〇五四九四六〇四	一四五八	〇八三五五一九七	九五九	六十七分
三十四分	〇五四九六〇六二	一四五八	〇八三五四二三八	九五九	六十六分
三十五分	〇五四九七五二〇	一四五八	〇八三五三二七九	九六〇	六十五分
三十六分	〇五四九八九七八	一四五八	〇八三五二三一九	九六〇	六十四分
三十七分	〇五五〇〇四三六	一四五七	〇八三五一三五九	九六〇	六十三分
三十八分	〇五五〇一八九三	一四五七	〇八三五〇三九九	九六〇	六十二分
三十九分	〇五五〇三三五〇	一四五七	〇八三四九四三九	九六〇	六十一分
四十〇分	〇五五〇四八〇七	一四五七	〇八三四八四七九	九六一	六十〇分
四十一分	〇五五〇六二六四	一四五七	〇八三四七五一八	九六一	五十九分
四十二分	〇五五〇七七二一	一四五七	〇八三四六五五七	九六一	五十八分
四十三分	〇五五〇九一七八	一四五七	〇八三四五五九六	九六二	五十七分
四十四分	〇五五一〇六三五	一四五六	〇八三四四六三四	九六二	五十六分
四十五分	〇五五一二〇九一	一四五六	〇八三四三六七二	九六二	五十五分
四十六分	〇五五一三五四七	一四五六	〇八三四二七一〇	九六三	五十四分
四十七分	〇五五一五〇〇三	一四五六	〇八三四一七四七	九六三	五十三分
四十八分	〇五五一六四五九	一四五六	〇八三四〇七八四	九六三	五十二分
四十九分	〇五五一七九一五	一四五五	〇八三三九八二一	九六三	五十一分
五十〇分	〇五五一九三七〇		〇八三三八八五八		五十〇分

上順	餘弦	較數	正弦	較數	五十六度
五十〇分	〇五五一九三七〇	一四五五	〇八三三八八五八	九六四	五十〇分
五十一分	〇五五二〇八二五	一四五五	〇八三三七八五四	九六四	四十九分
五十二分	〇五五二二二八〇	一四五五	〇八三三六九三〇	九六四	四十八分
五十三分	〇五五二三七三五	一四五五	〇八三三五九六六	九六四	四十七分
五十四分	〇五五二五一九〇	一四五五	〇八三三五〇〇二	九六四	四十六分
五十五分	〇五五二六六四五	一四五四	〇八三三四〇三八	九六五	四十五分
五十六分	〇五五二八〇九五	一四五四	〇八三三三〇七三	九六五	四十四分
五十七分	〇五五二九五五三	一四五四	〇八三三二一〇八	九六五	四十三分
五十八分	〇五五三一〇〇七	一四五四	〇八三三一一四三	九六五	四十二分
五十九分	〇五五三二四六一	一四五四	〇八三三〇一七八	九六六	四十一分
六十〇分	〇五五三三九一五	一四五四	〇八三二九二一二	九六六	四十〇分
六十一分	〇五五三五三六九	一四五四	〇八三二八二四六	九六六	三十九分
六十二分	〇五五三六八二三	一四五三	〇八三二七二八〇	九六六	三十八分
六十三分	〇五五三八一七六	一四五三	〇八三二六三一四	九六七	三十七分
六十四分	〇五五三九七二九	一四五三	〇八三二五三四七	九六七	三十六分
六十五分	〇五五四一一八六	一四五三	〇八三二四三八〇	九六七	三十五分
六十六分	〇五五四二六三五	一四五三	〇八三二三四一五	九六八	三十四分
六十七分	〇五五四四〇八八		〇八三二二四四三		三十三分

三十三度	正弦	較數	餘弦	較數	下逆
六十七分	〇五五四四〇八八		〇八三二二四四五		三十三分
六十八分	〇五五四五五〇〇	一四五二	〇八三二一四七七	九六八	三十二分
六十九分	〇五五四六九九二	一四五二	〇八三二〇五〇九	九六八	三十一分
七十〇分	〇五五四八四四四	一四五二	〇八三一九五四一	九六八	三十〇分
七十一分	〇五五四九八九六	一四五二	〇八三一八五七二	九六九	二十九分
七十二分	〇五五五一三四八	十四五二	〇八三一七六〇三	九六九	二十八分
七十三分	〇五五五一八〇〇	一四五一	〇八三一六六三四	九六九	二十七分
七十四分	〇五五五四二五一	一四五一	〇八三一五六六五	九六九	二十六分
七十五分	〇五五五五七〇二	一四五一	〇八三一四六五六	九六九	二十五分
七十六分	〇五五五七一五三	一四五一	〇八三一二七二六	九七〇	二十四分
七十七分	〇五五五八六〇四	一四五一	〇八三一二七五六	九七〇	二十三分
七十八分	〇五五六〇〇五五	一四五一	〇八三一一七八六	九七〇	二十二分
七十九分	〇五五六一五〇六	一四五一	〇八三〇八一六	九七〇	二十一分
八十〇分	〇五五六二九五六	一四五〇	〇八三〇九八四五	九七一	二十〇分
八十一分	〇五五六四四〇六	一四五〇	〇八三〇八八七四	九七一	一十九分
八十二分	〇五五六五八五六	一四五〇	〇八三〇七九〇四	九七一	一十八分
八十三分	〇五五六七三〇六	一四五〇	〇八三〇六九三一	九七二	一十七分
八十四分	〇五五六八七五六	一四五〇	〇八三〇五九五九	九七二	一十六分

上順	餘弦	較數	正弦	較數	五十六度
八十四分	〇五五六八七五六		〇八三〇五九五九		一十六分
八十五分	〇五五七〇二〇六	一四五〇	〇八三〇四九八七	九七二	一十五分
八十六分	〇五五七六八五五	一四四九	〇八三〇四〇一五	九七二	一十四分
八十七分	〇五五七三一〇四	一四四九	〇八三〇三〇四二	九七三	一十三分
八十八分	〇五五七四五五三	一四四九	〇八三〇二〇六九	九七三	一十二分
八十九分	〇五五七六〇〇二	一四四九	〇八三〇一〇九六	九七三	一十一分
九十〇分	〇五五七七四五一	一四四九	〇八三〇〇一二三	九七三	一十〇分
九十一分	〇五五七八九〇〇	一四四九	〇八二九九一四五	九七四	九分
九十二分	〇五五八〇三四八	一四四八	〇八二九八一七五	九七四	八分
九十三分	〇五五八一七九六	一四四八	〇八二九七二〇一	九七四	七分
九十四分	〇五五八三二四四	一四四八	〇八二九六二二七	九七四	六分
九十五分	〇五五八四六九二	一四四八	〇八二九五二五二	九七五	五分
九十六分	〇五五八六一四〇	一四四八	〇八二九四二七七	九七五	四分
九十七分	〇五五八七五八八	一四四八	〇八二九三三〇二	九七五	三分
九十八分	〇五二八九〇三五	一四四七	〇八二九二三三七	九七五	二分
九十九分	〇五五九〇四八二	一四四七	〇八二九一三五二	九七五	一分
百〇〇分	〇五五九一九二九	一四四七	〇八二九〇三七六	九七六	〇分

三十四度	正弦	較數	餘弦	較數	下逆
〇分	〇五五九一九二九		〇八二九〇三七六		百〇〇分
一分	〇五五〇三三七六	一四四七	〇八二八九四〇〇	九七六	九十九分
二分	〇五五九四八二三	一四四七	〇八二八八四二四	九七六	九十八分
三分	〇五五九六二七〇	一四四五	〇八二八七四四七	九七七	九十七分
四分	〇五五九七七一六	一四四六	〇八二八六四七〇	九七七	九十六分
五分	〇五五九九一六二	一四四六	〇八二八五四九三	九七七	九十五分
六分	〇五六〇〇六〇八	一四四六	〇八二八四五一五	九七八	九十四分
七分	〇五六〇二〇五四	一四四六	〇八二八三五三七	九七八	九十三分
八分	〇五六〇三五四〇	一四四六	〇八二八二五五九	九七八	九十二分
九分	〇五六〇四九四五	一四四五	〇八二八一五八一	九七八	九十一分
一十〇分	〇五六〇六三九〇	一四四五	〇八二八〇六〇三	九七八	九十〇分
一十一分	〇五六〇七八三九	一四四五	〇八二七九六二四	五七九	八十九分
一十二分	〇五六〇九二八〇	一四四五	〇八二七八六四五	五七九	八十八分
一十三分	〇五六一〇七二五	一四四五	〇八二七七六六六	五七九	八十七分
一十四分	〇五六一二一七〇	一四四五	〇八二七六六八七	九七九	八十六分
一十五分	〇五六一三六一四	一四四四	〇八二七五七〇七	九八〇	八十五分
一十六分	〇五六一五〇五八	一四四四	〇八二七四七二七	九八〇	八十四分

上順	餘弦	較數	正弦	較數	五十五度
一十六分	〇五六一五〇五八		〇八二七四七二七		八十四分
一十七分	〇五六一六九〇二	一四四四	〇八二七三七四七	九八〇	八十三分
一十八分	〇五六一七九四六	一四四四	〇八二七二七六七	九八〇	八十二分
一十九分	〇五六一九三九〇	一四四四	〇八二七一七八六	九八一	八十一分
二十〇分	〇五六二〇八三四	一四四四	〇八二七〇八〇五	九八一	八十〇分
二十一分	〇五六二二二七七	一四四三	〇八二六九八二四	九八一	七十九分
二十二分	〇五六二三七二〇	一四四三	〇八二六八八四三	九八一	七十八分
二十三分	〇五六二五一六三	一四四三	〇八二六七八六一	九八二	七十七分
二十四分	〇五六二六六〇六	一四四三	〇八二六六八七五	九八二	七十六分
二十五分	〇五六二八〇四九	一四四三	〇八二六九八九七	九八二	七十五分
二十六分	〇五六二九四九二	一四四三	〇八二六四九一五	九八二	七十四分
二十七分	〇五六三〇九三四	一四四二	〇八二六三九三二	九八三	七十三分
二十八分	〇五六三二三七六	一四四二	〇八二六二九四九	九八三	七十二分
二十九分	〇五六三三八一八	一四四二	〇八二六一九六六	九八三	七十一分
三十〇分	〇五六三五二六〇	一四四二	〇八二六〇九八三	九八三	七十〇分
三十一分	〇五六三六七〇二	一四四二	〇八二五九九五五	九八四	六十九分
三十二分	〇五六三八一四四	一四四二	〇八二五九〇一五	九八四	六十八分
三十三分	〇五六三九五八五	一四四一	〇八二五八〇三一	九八四	六十七分

三十四度	正弦	較數	餘弦	較數	下逆
三十三分	○五六三九五八五		○八二五八○三一		六十七分
三十四分	○五六四一○二六	一四四一	○八二五七○四七	九八四	六十六分
三十五分	○五六四二四六七	一四四一	○八二五六○六二	九八五	六十五分
三十六分	○五六四三九○八	一四四一	○八二五五○七七	九八五	六十四分
三十七分	○五六四五三四九	一四四一	○八二五四○九二	九八五	六十三分
三十八分	○五六四六七九○	一四四一	○八二五三一○七	九八五	六十二分
三十九分	○五六四八二三○	一四四○	○八二五二一二一	九八六	六十一分
四十○分	○五六四九六七○	一四四○	○八二五一一三五	九八六	六十○分
四十一分	○五六五一一一○	一四四○	○八二五○一四九	九八六	五十九分
四十二分	○五六五二五五○	一四四○	○八二四九一六三	九八六	五十八分
四十三分	○五六五三九九○	一四四○	○八二四八一七六	九八七	五十七分
四十四分	○五六五五四二九	一四三九	○八二四七一八九	九八七	五十六分
四十五分	○五六五六八六八	一四三九	○八二四六二○二	九八七	五十五分
四十六分	○五六五八三○七	一四三九	○八二四五二一四	九八八	五十四分
四十七分	○五六五九七四六	一四三九	○八二四四二二六	九八八	五十三分
四十八分	○五六六一一八五	一四三九	○八二四三二三八	九八八	五十二分
四十九分	○五六六二六四四	一四三九	○八二四二三五○	九八八	五十一分
五十○分	○五六六四○六二	一四三八	○八二四一二六二	九八八	五十○分

上順	餘弦	較數	正弦	較數	五十五度
五十○分	○五六六四○六二		○八二四一二六二		五十○分
五十一分	○五六六五五一○	一四三八	○八二四○二七三	九八九	四十九分
五十二分	○五六六九九三八	一四三八	○八二三九二八四	九八九	四十八分
五十三分	○五六七八三七六	一四三八	○八二三八二九五	九八九	四十七分
五十四分	○五六七九八一四	一四三八	○八二三七三○六	九八九	四十六分
五十五分	○五六七一二五二	一四三八	○八二三六三一六	九九○	四十五分
五十六分	○五六七二六八九	一四三七	○八二三五三二六	九九○	四十四分
五十七分	○五六七四一二六	一四三七	○八二三四三三六	九九○	四十三分
五十八分	○五六七五五六三	一四三七	○八二三三三四六	九九○	四十二分
五十九分	○五六七七○○○	一四三七	○八二三二三五五	九九一	四十一分
六十○分	○五六七八四三七	一四三七	○八二三一三六四	九九一	四十○分
六十一分	○五六七九八七四	一四三七	○八二三○三七三	九九一	三十九分
六十二分	○五六八一三一○	一四三六	○八二二九三八一	九九二	三十八分
六十三分	○五六八二七四六	一四三六	○八二二八三八九	九九二	三十七分
六十四分	○五六八四一八二	一四三六	○八二二七三九七	九九二	三十六分
六十五分	○五六八五六一八	一四三六	○八二二六四○五	九九二	三十五分
六十六分	○五六八七○五四	一四三六	○八二二五四一二	九九三	三十四分
六十七分	○五六八八四九○	一四三六	○八二二四四一九	九九三	三十三分

上順	餘弦	較數	正弦	較數	五十五度
百○○分	○五七三五七六四	一四三○	○八一九一五二一	一○○一	○分
九十九分	○五七三四三三四	一四三○	○八一九二五二二	一○○一	一分
九十八分	○五七三二九○四	一四三○	○八一九三五二三	一○○○	二分
九十七分	○五七三一四七四	一四三○	○八一九四五二三	一○○○	三分
九十六分	○五七三○○四四	一四三○	○八一九五五二三	一○○○	四分
九十五分	○五七二八六一四	一四三一	○八一九六五二三	一○○○	五分
九十四分	○五七二七八八三	一四三一	○八一九七五二三	九九九	六分
九十三分	○五七二五七五二	一四三一	○八一九八五二一	九九九	七分
九十二分	○五七二四三二一	一四三一	○八一九九五二一	九九九	八分
九十一分	○五七二二八九○	一四三一	○八二○○五二○	九九九	九分
九十○分	○五七二一四五九	一四三二	○八二○二五一九	九九八	一十○分
八十九分	○五七一○○二七	一四三二	○八二○二五一七	九九八	一十一分
八十八分	○五七一八五九五	一四三二	○八二○三五一五	九九八	一十二分
八十七分	○五七一七一六三	一四三二	○八二○四五一三	九九八	一十三分
八十六分	○五七一五七三一	一四三二	○八二○五五一一	九九七	一十四分
八十五分	○五七一四二九九	一四三二	○八二○六五○八	九九七	一十五分
八十四分	○五七一二八六七		○八二○七五○五		一十六分

三十四度	正弦	較數	餘弦	較數	下逆
六十七分	○五六八八四九○	一四三五	○八二二四四一九	九九三	三十三分
六十八分	○五六八九九二五	一四三五	○八二二三四二六	九九三	三十二分
六十九分	○五六九○三六○	一四三五	○八二二二四三三	九九三	三十一分
七十○分	○五六九二七九九	一四三五	○八二二一四四○	九九四	三十○分
七十一分	○五六九四二三○	一四三五	○八二二○四四六	九九四	二十九分
七十二分	○五六九五六六五	一四三五	○八二一九四五二	九九四	二十八分
七十三分	○五六九七一○○	一四三四	○八二一八四五八	九九四	二十七分
七十四分	○五六九八五三四	一四三四	○八二一七四六四	九九五	二十六分
七十五分	○五六九九九六八	一四三四	○八二一六四六九	九九五	二十五分
七十六分	○五七○一四○二	一四三四	○八二一五四七四	九九五	二十四分
七十七分	○五七○二八三六	一四三四	○八二一四四七九	九九五	二十三分
七十八分	○五七○四二七○	一四三三	○八二一三四八四	九九六	二十二分
七十九分	○五七○五七○三	一四三三	○八二一二四八八	九九六	二十一分
八十○分	○五七○七一三六	一四三三	○八二一一四九二	九九六	二十○分
八十一分	○五七○八五六九	一四三三	○八二一○四九六	九九七	一十九分
八十二分	○五七一○○○二	一四三三	○八二○九四九九	九九七	一十八分
八十三分	○五七一一四三五	一四三二	○八二○八五○二	九九七	一十七分
八十四分	○五七一二八六七		○八二○七五○五		一十六分

三十五度	正弦	較數	餘弦	較數	下逆
〇分	〇五七三五七六四	一四三〇	〇八一五一五二一	一〇一	百〇〇分
一分	〇五七三七一九四	一四三〇	〇八一九〇五二〇	一〇二	九十九分
二分	〇五七三八六二四	一四二九	〇八一八九五一八	一〇二	九十八分
三分	〇五七四〇〇五三	一四二九	〇八一八八五一八	一〇二	九十七分
四分	〇五七四一四八二	一四二九	〇八一八七五一四	一〇二	九十六分
五分	〇五七四二九一一	一四二九	〇八一八六五一二	一〇二	九十五分
六分	〇五七四四三四〇	一四二九	〇八一八五五一〇	一〇三	九十四分
七分	〇五七四五七六九	一四二八	〇八一八四五〇七	一〇三	九十三分
八分	〇五七四七一九七	一四二八	〇八一八三五〇四	一〇三	九十二分
九分	〇五七四八六二五	一四二八	〇八一八二四〇一	一〇四	九十一分
一十〇分	〇五七五〇〇五三	一四二八	〇八一八一四九七	一〇四	九十〇分
一十一分	〇五七五一四八一	一四二八	〇八一八〇四九三	一〇四	八十九分
一十二分	〇五七五二九〇九	一四二七	〇八一七九四八九	一〇四	八十八分
一十三分	〇五七五四三三六	一四二七	〇八一七八四八五	一〇四	八十七分
一十四分	〇五七五五七六三	一四二七	〇八一七七四八一	一〇五	八十六分
一十五分	〇五七五七二九〇	一四二七	〇八一七六四七六	一〇五	八十五分
一十六分	〇五七五八六一七		〇八一七五四七一		八十四分

上順	餘弦	較數	正弦	較數	五十四度
一十六分	〇五七五八六一七	一四二七	〇八一七五四七一	一〇〇五	八十四分
一十七分	〇五七六〇〇四四	一四二七	〇八一七四四六六	一〇〇五	八十三分
一十八分	〇五七六一四七一	一四二六	〇八一七三四六一	一〇〇六	八十二分
一十九分	〇五七六二八九一	一四二六	〇八一七二四五五	一〇〇六	八十一分
二十〇分	〇五七六四三二三	一四二六	〇八一七一四四九	一〇〇六	八十〇分
二十一分	〇五七六五七四九	一四二六	〇八一七〇四四三	一〇〇六	七十九分
二十二分	〇五七六七一七五	一四二六	〇八一六九四三七	一〇〇七	七十八分
二十三分	〇五七六八六〇一	一四二六	〇八一六八四三〇	一〇〇七	七十七分
二十四分	〇五七七〇〇二七	一四二五	〇八一六七四二三	一〇〇七	七十六分
二十五分	〇五七七二四五二	一四二五	〇八一六六四一六	一〇〇八	七十五分
二十六分	〇五七七二八七七	一四二五	〇八一六五四〇八	一〇〇八	七十四分
二十七分	〇五七七四三〇二	一四二五	〇八一六四四〇〇	一〇〇八	七十三分
二十八分	〇五七七五七二七	一四二五	〇八一六三三九二	一〇〇八	七十二分
二十九分	〇五七七七一五二	一四二四	〇八一六二三八四	一〇〇九	七十一分
三十〇分	〇五七七八五七六	一四二四	〇八一六一三七六	一〇〇九	七十〇分
三十一分	〇五七八〇〇〇〇	一四二四	〇八一六〇三六七	一〇〇九	六十九分
三十二分	〇五七八一四二四	一四二四	〇八一五九三六〇	一〇〇九	六十八分
三十三分	〇五七八二八四八		〇八一五八三五一		六十七分

上頃	餘弦	較數	正弦	較數	五十四度
六十七分	〇五八三八一五九	一四一八	〇八一二三八八五	一〇一八	三十三分
六十六分	〇五八二九七四一	一四一八	〇八一二四九〇七	一〇一八	三十四分
六十五分	〇五八二八三二三	一四一八	〇八一二五九二五	一〇一七	三十五分
六十四分	〇五八二六九〇五	一四一八	〇八一二六九四二	一〇一七	三十六分
六十三分	〇五八二九四八七	一四一九	〇八一二七九五九	一〇一七	三十七分
六十二分	〇五八二四〇六八	一四一九	〇八一二八九七六	一〇一六	三十八分
六十一分	〇五八二二六四九	一四一九	〇八一二九九九二	一〇一六	三十九分
六十〇分	〇五八二一二三〇	一四一九	〇八一三一〇〇八	一〇一六	四十〇分
五十九分	〇五八一九八一一	一四一九	〇八一三二〇二四	一〇一五	四十一分
五十八分	〇五八一八三九二	一四一九	〇八一三三〇三九	一〇一五	四十二分
五十七分	〇五八一六九七三	一四二〇	〇八一三四〇五四	一〇一五	四十三分
五十六分	〇五八一五五五三	一四二〇	〇八一三五〇六九	一〇一五	四十四分
五十五分	〇五八一四一三三	一四二〇	〇八一三六〇八四	一〇一五	四十五分
五十四分	〇五八一二七一三	一四二〇	〇八一三七一〇〇	一〇一四	四十六分
五十三分	〇五八一一二九三	一四二〇	〇八一三八一一四	一〇一四	四十七分
五十二分	〇五八〇九八七三	一四二一	〇八一三九一二七	一〇一四	四十八分
五十一分	〇五八〇八四五二	一四二一	〇八一四〇一四一	一〇一四	四十九分
五十〇分	〇五八〇七〇三一		〇八一四一一五五		五十〇分

三十五度	正弦	較數	餘弦	較數	下逆
三十三分	〇五七八二八四八	一四二四	〇八一五八三五一	一〇〇九	六十七分
三十四分	〇五七八四二七二	一四二四	〇八一五七三四二	一〇一〇	六十六分
三十五分	〇五七八五六九六	一四二四	〇八一五六三三〇	一〇一〇	六十五分
三十六分	〇五七八七一二〇	一四二三	〇八一五五三二〇	一〇一〇	六十四分
三十七分	〇五七八八五四三	一四二三	〇八一五四三一〇	一〇一〇	六十三分
三十八分	〇五七八九九六六	一四二三	〇八一五三三〇〇	一〇一一	六十二分
三十九分	〇五七九一四八九	一四二三	〇八一五二二八九	一〇一一	六十一分
四十〇分	〇五七九二八一二	一四二二	〇八一五一二七八	一〇一一	六十〇分
四十一分	〇五七九四二三五	一四二二	〇八一五〇二六七	一〇一一	五十九分
四十二分	〇五七九五六五七	一四二二	〇八一四九二五六	一〇一二	五十八分
四十三分	〇五七九七〇七九	一四二二	〇八一四八二四四	一〇一二	五十七分
四十四分	〇五七九八五〇一	一四二二	〇八一四七二三二	一〇一二	五十六分
四十五分	〇五七九九九二三	一四二二	〇八一四六二二〇	一〇一二	五十五分
四十六分	〇五八〇一三四五	一四二二	〇八一四五二〇八	一〇一三	五十四分
四十七分	〇五八〇二七六七	一四二一	〇八一四五一九五	一〇一三	五十三分
四十八分	〇五八〇〇一八八	一四二一	〇八一四二一八二	一〇一三	五十二分
四十九分	〇五八〇五六〇九	一四二一	〇八一四二一六九	一〇一四	五十一分
五十〇分	〇五八〇七〇三〇		〇八一四一一五五		五十〇分

三十五度	正弦	較數	餘弦	較數	下逆
六十七分	〇五八三一一五七		〇八一二三八八九		三十三分
六十八分	〇五八三二五七五	一四一八	〇八一二二八七一	一〇一八	三十二分
六十九分	〇五八三三九九二	一四〇八	〇八一二一八五三	一〇一八	三十一分
七十〇分	〇五八三五四一九	一四一七	〇八一二〇八三五	一〇一八	三十〇分
七十一分	〇五八三六八四六	一四一七	〇八一一九八一七	一〇一九	二十九分
七十二分	〇五八三八二四三	一四一七	〇八一一八七九七	一〇一九	二十八分
七十三分	〇五八三九六六〇	一四一七	〇八一一七七七八	一〇一九	二十七分
七十四分	〇五八四一〇八九	一四一七	〇八一一八七五九	一〇一九	二十六分
七十五分	〇五八四二四九七	一四一七	〇八一一五七四〇	一〇一九	二十五分
七十六分	〇五八四三九一三	一四一六	〇八一一四七二〇	一〇二〇	二十四分
七十七分	〇五八四五三二九	一四一六	〇八一一三七〇〇	一〇二〇	二十三分
七十八分	〇五八四六七四五	一四一六	〇八一一二六八〇	一〇二〇	二十二分
七十九分	〇五八四八二六一	一四一六	〇八一一一六五九	一〇二一	二十一分
八十〇分	〇五八四九五七七	一四一六	〇八一一〇六三八	一〇二一	二十〇分
八十一分	〇五八五〇九九二	一四一五	〇八一〇五六一七	一〇二一	十九分
八十二分	〇五八五二四〇七	一四一五	〇八一〇八五九六	一〇二一	十八分
八十三分	〇五八五三八二二	一四一五	〇八一〇七五七四	一〇二二	十七分
八十四分	〇五八五五二三七	一四一五	〇八一〇六五五二	一〇二二	十六分

上順	餘弦	較數	正弦	較數	五十四度
八十四分	〇五八五五二三七		〇八一〇六五五二		十六分
八十五分	〇五八五六六五二	一四一五	〇八一〇五五三〇	一〇二二	十五分
八十六分	〇五八五八〇六七	一四一五	〇八一〇四五〇八	一〇二二	十四分
八十七分	〇五八五九四八二	一四一五	〇八一〇三四八五	一〇二三	十三分
八十八分	〇五八六〇八九六	一四一四	〇八一〇二四六二	一〇二三	十二分
八十九分	〇五八六二三一〇	一四一四	〇八一〇一四三九	一〇二三	十一分
九十〇分	〇五八六三七二四	一四一四	〇八一〇〇四一六	一〇二三	十〇分
九十一分	〇五八六五一三八	一四一四	〇八〇九九三九二	一〇二四	九分
九十二分	〇五八六六五五一	一四一三	〇八〇九八三六八	一〇二四	八分
九十三分	〇五八六七九六四	一四一三	〇八〇九七三四四	一〇二四	七分
九十四分	〇五八六九三七七	一四一三	〇八〇九六三二〇	一〇二四	六分
九十五分	〇五八七〇七九〇	一四一三	〇八〇九五二九六	一〇二四	五分
九十六分	〇五八七二二〇三	一四一三	〇八〇九四二七一	一〇二五	四分
九十七分	〇五八七三六一六	一四一三	〇八〇九三二四六	一〇二五	三分
九十八分	〇五八七五〇二九	一四一三	〇八〇九二二二一	一〇二五	二分
九十九分	〇五八七六四四一	一四一二	〇八〇九一一九六	一〇二五	一分
百〇〇分	〇五八七七八五三	一四一二	〇八〇五〇一七〇	一〇二六	〇分

三十六度	正弦	較數	餘弦	較數	下逆
〇分	〇五八七七八五三		〇八〇八〇一七〇		百〇分
一分	〇五八七九二六五	一四一二	〇八〇八九一四四	一〇二六	九十九分
二分	〇五八八〇六七七	一四一二	〇八〇八八一一八	一〇二六	九十八分
三分	〇五八八二〇八八	一四一一	〇八〇八七〇九二	一〇二六	九十七分
四分	〇五八八三四九九	一四一一	〇八〇八九〇六五	一〇二七	九十六分
五分	〇五八八四九一〇	一四一一	〇八〇八五〇二七	一〇二七	九十五分
六分	〇五八八六三二一	一四一一	〇八〇八四〇一〇	一〇二七	九十四分
七分	〇五八八七七三二	一四一一	〇八〇八二九八三	一〇二七	九十三分
八分	〇五八八九一四三	一四一一	〇八〇八一九五五	一〇二八	九十二分
九分	〇五八九〇五五四	一四一一	〇八〇八〇九二七	一〇二八	九十一分
一十〇分	〇五八九一九六四	一四一〇	〇八〇七九八九九	一〇二八	九十〇分
一十一分	〇五八九三三七四	一四一〇	〇八〇七八八七〇	一〇二九	八十九分
一十二分	〇五八九四七八四	一四一〇	〇八〇七七八四一	一〇二九	八十八分
一十三分	〇五八九六一九四	一四一〇	〇八〇七六八一二	一〇二九	八十七分
一十四分	〇五八九七六〇三	一四〇九	〇八〇七五七八三	一〇二九	八十六分
一十五分	〇五八九九〇一二	一四〇九	〇八〇七四七五四	一〇二九	八十五分
一十六分	〇五九〇〇四二一	一四〇九	〇八〇七三七二四	一〇三〇	八十四分

上順	餘弦	較數	正弦	較數	五十三度
一十六分	〇五九〇〇四三一		〇八〇七三七一四		八十四分
一十七分	〇五九〇一八三〇	一四〇九	〇八〇七二六九四	一〇三〇	八十三分
一十八分	〇五九〇三二三九	一四〇九	〇八〇七一六六四	一〇三〇	八十二分
一十九分	〇五九〇四六四八	一四〇九	〇八〇七〇六三三	一〇三一	八十一分
二十〇分	〇五九〇六〇五七	一四〇九	〇八〇六九六〇六	一〇三一	八十〇分
二十一分	〇五九〇七四六五	一四〇八	〇八〇六八五七一	一〇三一	七十九分
二十二分	〇五九〇八八七三	一四〇八	〇八〇六七五四〇	一〇三一	七十八分
二十三分	〇五九一〇二八一	一四〇八	〇八〇六六五〇九	一〇三一	七十七分
二十四分	〇五九一一六八九	一四〇八	〇八〇六五四七八	一〇三二	七十六分
二十五分	〇五九一三〇九七	一四〇八	〇八〇六四四四六	一〇三二	七十五分
二十六分	〇五九一四五〇四	一四〇七	〇八〇六三四一四	一〇三二	七十四分
二十七分	〇五九一五九一一	一四〇七	〇八〇六二三八二	一〇三二	七十三分
二十八分	〇五九一七三一八	一四〇七	〇八〇六一三四六	一〇三三	七十二分
二十九分	〇五九一八七二五	一四〇七	〇八〇六〇三一六	一〇三三	七十一分
三十〇分	〇五九二〇一三二	一四〇七	〇八〇五九二八三	一〇三三	七十〇分
三十一分	〇五九二一五三九	一四〇七	〇八〇五八二四九	一〇三四	六十九分
三十二分	〇五九二二九四五	一四〇六	〇八〇五七二一五	一〇三四	六十八分
三十三分	〇五九二四三五一	一四〇六	〇八〇五六一八一	一〇三四	六十七分

三十六度	正弦	較數	餘弦	較數	下逆
三十三分	〇五九二四三五一		〇八〇五四一一三		六十七分
三十四分	〇五九二五七五七	一四〇六	〇八〇五五一四七	一〇三四	六十六分
三十五分	〇五九二七一六三	一四〇六	〇八〇五四一一三	一〇三五	六十五分
三十六分	〇五九二八五六九	一四〇六	〇八〇五三〇七八	一〇三五	六十四分
三十七分	〇五九二九九七四	一四〇五	〇八〇五二〇四三	一〇三五	六十三分
三十八分	〇五九三一三七九	一四〇五	〇八〇五一〇〇八	一〇三五	六十二分
三十九分	〇五九三一七八四	一四〇五	〇八〇四九九七三	一〇三五	六十一分
四十〇分	〇五九三四一八九	一四〇五	〇八〇四八九三八	一〇三五	六十〇分
四十一分	〇五九三五五九四	一四〇五	〇八〇四七九〇二	一〇三六	五十九分
四十二分	〇五九三六九九九	一四〇五	〇八〇四六八六六	一〇三六	五十八分
四十三分	〇五九三八四〇三	一四〇四	〇八〇四五八五〇	一〇三六	五十七分
四十四分	〇五九三九八〇七	一四〇四	〇八〇四四七九三	一〇三七	五十六分
四十五分	〇五九四一二一一	一四〇四	〇八〇四三七五六	一〇三七	五十五分
四十六分	〇五九四二六一五	一四〇四	〇八〇四二七一九	一〇三七	五十四分
四十七分	〇五九四四〇一九	一四〇四	〇八〇四一六八二	一〇三七	五十三分
四十八分	〇五九四五四二二	一四〇三	〇八〇四〇六四五	一〇三七	五十二分
四十九分	〇五九四六八二五	一四〇三	〇八〇三九六〇七	一〇三八	五十一分
五十〇分	〇五九四八二二八	一四〇三	〇八〇三八五六九	一〇三八	五十〇分

上順	餘弦	較數	正弦	較數	五十三度
五十〇分	〇五九四八二二八		〇八〇三八五六九		五十〇分
五十一分	〇五九四九六二一	一四〇三	〇八〇三七五三一	一〇三八	四十九分
五十二分	〇五九五一〇三四	一四〇二	〇八〇三六四六二	一〇三九	四十八分
五十三分	〇五九五二四三六	一四〇二	〇八〇三五四五三	一〇三九	四十七分
五十四分	〇五九五三八三八	一四〇二	〇八〇三四四一四	一〇三九	四十六分
五十五分	〇五九五五二四〇	一四〇二	〇八〇三三三七五	一〇三九	四十五分
五十六分	〇五九五六六四二	一四〇二	〇八〇三二三三五	一〇四〇	四十四分
五十七分	〇五九五八〇四四	一四〇二	〇八〇三一二九五	一〇四〇	四十三分
五十八分	〇五九五九四四六	一四〇二	〇八〇三〇二五五	一〇四〇	四十二分
五十九分	〇五九六〇八四八	一四〇二	〇八〇二九二一五	一〇四〇	四十一分
六十〇分	〇五九六二二四九	一四〇一	〇八〇二八一七五	一〇四〇	四十〇分
六十一分	〇五九六三六五〇	一四〇一	〇八〇二七一三四	一〇四一	三十九分
六十二分	〇五九六五〇五一	一四〇一	〇八〇二六〇九三	一〇四一	三十八分
六十三分	〇五九六六四五二	一四〇一	〇八〇二五〇五二	一〇四一	三十七分
六十四分	〇五九六七八五二	一四〇〇	〇八〇二四〇一一	一〇四一	三十六分
六十五分	〇五九六九二五二	一四〇〇	〇八〇二二九六九	一〇四二	三十五分
六十六分	〇五九七〇六五二	一四〇〇	〇八〇二一九二七	一〇四二	三十四分
六十七分	〇五九七二〇五二	一四〇〇	〇八〇二〇八八五	一〇四二	三十三分

三十六度	正弦	較數	餘弦	較數	下逆
六十七分	〇五九七二〇五二	一四〇〇	〇八〇二〇八八五	一〇四三	三十三分
六十八分	〇五九七三四五二	一四〇〇	〇八〇一九八四二	一〇四三	三十二分
六十九分	〇五九七四八五二	一三九九	〇八〇一八七九九	一〇四三	三廿一分
七十〇分	〇五九七六二五一	一三九九	〇八〇一七七五六	一〇四三	三十〇分
七十一分	〇五九七七六五〇	一三九九	〇八〇一六七一三	一〇四三	二十九分
七十二分	〇五九七九〇四九	一三九九	〇八〇一五六七〇	一〇四四	二十八分
七十三分	〇五九八〇四四八	一三九九	〇八〇一四六二六	一〇四四	二十七分
七十四分	〇五九八一八四七	一三九八	〇八〇一三五八二	一〇四四	二十六分
七十五分	〇五九八三二四六	一三九八	〇八〇一二五三八	一〇四四	二十五分
七十六分	〇五九八四六四四	一三九八	〇八〇一一四九四	一〇四五	二十四分
七十七分	〇五九八六〇四二	一三九八	〇八〇一〇四四九	一〇四五	二十三分
七十八分	〇五九八七四四〇	一三九八	〇八〇〇九四〇四	一〇四五	二十二分
七十九分	〇五九八八八三八	一三九八	〇八〇〇八三五九	一〇四五	二十一分
八十〇分	〇五九九〇二三六	一三九七	〇八〇〇七三一四	一〇四六	二十〇分
八十一分	〇五九九一六三三	一三九七	〇八〇〇六二六八	一〇四六	一十九分
八十二分	〇五九九三〇三〇	一三九七	〇八〇〇五二二二	一〇四六	一十八分
八十三分	〇五九九四四二七	一三九七	〇八〇〇四一七六	一〇四六	一十七分
八十四分	〇五九九五八二四		〇八〇〇三一三〇		一十六分

上順	餘弦	較數	正弦	較數	五十三度
八十四分	〇五九九五八二四	一三九七	〇八〇〇三一三〇	一〇四七	一十六分
八十五分	〇五九九七二二一	一三九七	〇八〇〇二〇八三	一〇四七	一十五分
八十六分	〇五九九八六一八	一三九六	〇八〇〇一〇三六	一〇四七	一十四分
八十七分	〇六〇〇〇〇一四	一三九六	〇七九九九九八九	一〇四七	一十三分
八十八分	〇六〇〇一四一〇	一三九六	〇七九九八九四二	一〇四七	一十二分
八十九分	〇六〇〇二八〇六	一三九六	〇七九九七八九五	一〇四八	一十一分
九十〇分	〇六〇〇四二〇二	一三九六	〇七九九六八四七	一〇四八	一十〇分
九十一分	〇六〇〇五五九八	一三九六	〇七九九五七九九	一〇四八	九分
九十二分	〇六〇〇六九九四	一三九五	〇七九九四七五一	一〇四九	八分
九十三分	〇六〇〇八三八九	一三九五	〇七九九三七〇二	一〇四九	七分
九十四分	〇六〇〇九七八三	一三九五	〇七九九二六五三	一〇四九	六分
九十五分	〇六〇一一一七九	一三九五	〇七九九一六〇四	一〇四九	五分
九十六分	〇六〇一二五七四	一三九四	〇七九九〇五五五	一〇五〇	四分
九十七分	〇六〇一三五六八	一三九四	〇七九八九五〇五	一〇五〇	三分
九十八分	〇六〇一五三六二	一三九四	〇七九八八四五五	一〇五〇	二分
九十九分	〇六〇一六七五六	一三九四	〇七九八七四〇五	一〇五〇	一分
百〇〇分	〇六〇一八一五〇		〇七九八六三五五		〇分

三十七度	正弦	較數	餘弦	較數	下逆
〇分	〇六〇一八一五〇	一三九四	〇七九八六三五五	一〇五一	百〇〇分
一分	〇六〇一九五四四	一三九四	〇七九八五三〇四	一〇五一	九十九分
二分	〇六〇二〇九三八	一三九三	〇七九八四二五三	一〇五一	九十八分
三分	〇六〇二二三三一	一三九三	〇七九八三二〇二	一〇五一	九十七分
四分	〇六〇二三七二四	一三九三	〇七九八二一五一	一〇五一	九十六分
五分	〇六〇二五一一七	一三九三	〇七九八一一〇〇	一〇五二	九十五分
六分	〇六〇二六五一〇	一三九三	〇七九八〇〇四八	一〇五二	九十四分
七分	〇六〇二七九〇三	一三九三	〇七九七八九九六	一〇五二	九十三分
八分	〇六〇二九二九六	一三九二	〇七九七七九四四	一〇五二	九十二分
九分	〇六〇三〇六八八	一三九二	〇七九七六八九二	一〇五三	九十一分
一十〇分	〇六〇三二〇八〇	一三九二	〇七九七五八三九	一〇五三	九十〇分
一十一分	〇六〇三三四七二	一三九二	〇七九七四七八六	一〇五三	八十九分
一十二分	〇六〇三四八六四	一三九二	〇七九七三七三三	一〇五三	八十八分
一十三分	〇六〇三六二五六	一三九一	〇七九七二六六八	一〇五四	八十七分
一十四分	〇六〇三七六四七	一三九一	〇七九七一六一六	一〇五四	八十六分
一十五分	〇六〇三九〇三八	一三九一	〇七九七〇五七三	一〇五四	八十五分
一十六分	〇六〇四〇四四九		〇七九六九五一八		八十四分

上順	餘弦	較數	正弦	較數	五十二度
一十六分	〇六〇四〇四九四	一三九一	〇七九六九五一八	一〇五四	八十四分
一十七分	〇六〇四一八〇〇	一三九一	〇七九六八四六四	一〇五五	八十三分
一十八分	〇六〇四三二一一	一三九〇	〇七九六七四〇九	一〇五五	八十二分
一十九分	〇六〇四四六〇一	一三九〇	〇七九六六三五四	一〇五五	八十一分
二十〇分	〇六〇四五九九一	一三九〇	〇七九六五二九九	一〇五五	八十〇分
二十一分	〇六〇四七三八一	一三九〇	〇七九六四二四四	一〇五六	七十九分
二十二分	〇六〇四八七七一	一三九〇	〇七九六三一八八	一〇五六	七十八分
二十三分	〇六〇五〇一六一	一三九〇	〇七九六二一三二	一〇五六	七十七分
二十四分	〇六〇五一五五一	一三八九	〇七九六一〇七六	一〇五六	七十六分
二十五分	〇六〇五二九四〇	一三八九	〇七九六〇〇二〇	一〇五七	七十五分
二十六分	〇六〇五四三二九	一三八九	〇七九五八九六三	一〇五七	七十四分
二十七分	〇六〇五五七一八	一三八九	〇七九五七九〇六	一〇五七	七十三分
二十八分	〇六〇五七一〇七	一三八九	〇七九五六八四九	一〇五七	七十二分
二十九分	〇六〇五八四九六	一三八八	〇七九五五七九二	一〇五七	七十一分
三十〇分	〇六〇五九八八四	一三八八	〇七九五四七三五	一〇五八	七十〇分
三十一分	〇六〇六一二七二	一三八八	〇七九五三六七七	一〇五八	六十九分
三十二分	〇六〇六二六六〇	一三八八	〇七九五二六一九	一〇五八	六十八分
三十三分	〇六〇六四〇四八		〇七九五一五六一		六十七分

上限	餘弦	較數	正弦	較數	五十二度
六十七分	〇六一一一一二七	一三八二	〇七九一五四三五	一〇六七	三十三分
六十九分	〇六一〇九七四五	一三八二	〇七九一六五〇三	一〇六六	三十四分
六十五分	〇六一〇八三六三	一三八二	〇七九一七五六九	一〇六六	三十五分
六十四分	〇六一〇六九八一	一三八二	〇七九一八六三五	一〇六六	三十六分
六十三分	〇六一〇五五九九	一三八二	〇七九一九七〇一	一〇六五	三十七分
六十二分	〇六一〇四二一七	一三八二	〇七九二〇七六六	一〇六五	三十八分
六十一分	〇六一〇二八三五	一三八三	〇七九二一八三一	一〇六五	三十九分
六十〇分	〇六一〇一四五二	一三八三	〇七九二二八九六	一〇六五	四十〇分
五十九分	〇六一〇〇〇六九	一三八三	〇七九二三七六一	一〇六五	四十一分
五十八分	〇六〇九八六八六	一三八四	〇七九二五〇二六	一〇六四	四十二分
五十七分	〇六〇九七三〇三	一三八四	〇七九二六〇九〇	一〇六四	四十三分
五十六分	〇六〇九五九一九	一三八四	〇七九二七一五四	一〇六四	四十四分
五十五分	〇六〇九四五三五	一三八四	〇七九二八二一八	一〇六四	四十五分
五十四分	〇六〇九三一五一	一三八四	〇七九二九二八一	一〇六三	四十六分
五十三分	〇六〇九一七六七	一三八四	〇七九三〇三四四	一〇六三	四十七分
五十二分	〇六〇九〇三八三	一三八四	〇七九三一四〇七	一〇六三	四十八分
五十一分	〇六〇八八九九九	一三八五	〇七九三二四七〇	一〇六三	四十九分
五十〇分	〇六〇八七六一四		〇七九三三五三三		五十〇分

三十七度	正弦	較數	餘弦	較數	下限
	〇六〇六四〇四八	一三八八	〇七九五一五六一	一〇五八	六十七分
三十四分	〇六〇六五四三六	一三八七	〇七九五〇五〇三	一〇五九	六十六分
三十五分	〇六〇六六六二三	一三八七	〇七九四九四四四	一〇五九	六十五分
三十六分	〇六〇六八二一〇	一三八七	〇七九四八三八五	一〇五九	六十四分
三十七分	〇六〇六九五九七	一三八七	〇七九四七三二六	一〇六〇	六十三分
三十八分	〇六〇七〇九八四	一三八七	〇七九四六二六六	一〇六〇	六十二分
三十九分	〇六〇七二三七一	一三八七	〇七九四五二〇六	一〇六〇	六十一分
四十〇分	〇六〇七三七五八	一三八七	〇七九四四一四六	一〇六〇	六十〇分
四十一分	〇六〇七五一四八	一三八六	〇七九四三〇八六	一〇六〇	五十九分
四十二分	〇六〇七六五三一	一三八六	〇七九四二〇二六	一〇六一	五十八分
四十三分	〇六〇七七九一七	一三八六	〇七九四〇九六五	一〇六一	五十七分
四十四分	〇六〇七九三〇三	一三八六	〇七九三九九〇四	一〇六二	五十六分
四十五分	〇六〇八〇六八九	一三八五	〇七九三八八四三	一〇六二	五十五分
四十六分	〇六〇八二〇七四	一三八五	〇七九三七七八一	一〇六二	五十四分
四十七分	〇六〇八三四五九	一三八五	〇七九三六七一九	一〇六二	五十三分
四十八分	〇六〇八四八四四	一三八五	〇七九三五六五七	一〇六二	五十二分
四十九分	〇六〇八六二二九	一三八五	〇七九三四五九五	一〇六二	五十一分
五十〇分	〇六〇八七六一四		〇七九三三五三三		五十〇分

三十七度	正弦	較數	餘弦	較數	下逆
六十七分	〇六一一一二七	一三八一	〇七九一五四三五	一〇六七	三十三分
六十八分	〇六一一二五〇八	一三八一	〇七九一四三六九	一〇六七	三十二分
六十九分	〇六一一三八八九	一三八一	〇七九一三三〇二	一〇六七	三十一分
七十〇分	〇六一一五二七〇	一三八一	〇七九一二二三五	一〇六七	三十〇分
七十一分	〇六一一六六五一	一三八一	〇七九一一一六八	一〇六八	二十九分
七十二分	〇六一一八〇三二	一三八一	〇七九一〇一〇〇	一〇六八	二十八分
七十三分	〇六一一九四一三	一三八〇	〇七九〇九〇三二	一〇六八	二十七分
七十四分	〇六一二〇七九三	一三八〇	〇七九〇七九六〇	一〇六八	二十六分
七十五分	〇六一二二一七三	一三八〇	〇七九〇六八九六	一〇六九	二十五分
七十六分	〇六一二三五五三	一三八〇	〇七九〇五八二七	一〇六九	二十四分
七十七分	〇六一二四九三三	一三八〇	〇七九〇四七五八	一〇六九	二十三分
七十八分	〇六一二六三一三	一三七九	〇七九〇三六八九	一〇六九	二十二分
七十九分	〇六一二七六九七	一三七九	〇七九〇二六二〇	一〇七〇	二十一分
八十〇分	〇六一二九〇七一	一三七九	〇七九〇一五五〇	一〇七〇	二十〇分
八十一分	〇六一三〇四五〇	一三七九	〇七九〇〇四八〇	一〇七〇	十九分
八十二分	〇六一三一八二九	一三七九	〇七八九九四一〇	一〇七〇	十八分
八十三分	〇六一三三二〇八	一三七八	〇七八九八三四〇	一〇七一	十七分
八十四分	〇六一三四四八六		〇七八九七二六九		十六分

上順	餘弦	較數	正弦	較數	五十二度
百〇〇分	〇六一五六六一五	一三七五	〇七八八〇一〇八	一〇七四	〇分
九十九分	〇六一五五二四〇	一三七六	〇七八八一一八二	一〇七四	一分
九十八分	〇六一五三八六四	一三七六	〇七八八二二五六	一〇七四	二分
九十七分	〇六一五二四八八	一三七六	〇七八八三三三〇	一〇七四	三分
九十六分	〇六一五一一一二	一三七六	〇七八八四四〇四	一〇七三	四分
九十五分	〇六一四九七三六	一三七六	〇七八八五四七七	一〇七三	五分
九十四分	〇六一四八三六〇	一三七七	〇七八八六五五〇	一〇七三	六分
九十三分	〇六一四六六八三	一三七七	〇七八八七六二三	一〇七三	七分
九十二分	〇六一四五六〇六	一三七七	〇七八八八六九六	一〇七三	八分
九十一分	〇六一四四二二九	一三七七	〇七八八九七六九	一〇七一	九分
九十〇分	〇六一四二八五二	一三七七	〇七八九〇八四一	一〇七二	十〇分
八十九分	〇六一四一四七五	一三七七	〇七八九一九一五	一〇七二	十一分
八十八分	〇六一四〇〇九七	一三七八	〇七八九二九八三	一〇七一	十二分
八十七分	〇六一三八七二〇	一三七八	〇七八九四〇五六	一〇七一	十三分
八十六分	〇六一三七三四二	一三七八	〇七八九五一二七	一〇七一	十四分
八十五分	〇六一三五九六四	一三七八	〇七八九六一九八	一〇七一	十五分
八十四分	〇六一三四四八六		〇七八九七二六九		十六分

上順	餘弦	較數	正弦	較數	五十一度
三十三分	○六二○一八九八	一三六九	○七八四四五一八	一○八二	六十七分
三十二分	○六二○○五二九	一三六九	○七八四五六○○	一○八二	六十八分
三十一分	○六一九九一六○	一三七○	○七八四六六八二	一○八二	六十九分
三十○分	○六一九七七九○	一三七○	○七八四七七六四	一○八一	七十○分
二十九分	○六一九六四二○	一三七○	○七八四八八四五	一○八一	七十一分
二十八分	○六一九五○五○	一三七○	○七八四九九二六	一○八一	七十二分
二十七分	○六一九三六八○	一三七○	○七八五一○○七	一○八一	七十三分
二十六分	○六一九二三一○	一三七一	○七八五二○八八	一○八一	七十四分
二十五分	○六一九○九三九	一三七一	○七八五三一六九	一○八○	七十五分
二十四分	○六一八九五六八	一三七一	○七八五四二四九	一○八○	七十六分
二十三分	○六一八八一九七	一三七一	○七八五五三二九	一○八○	七十七分
二十二分	○六一八六八二六	一三七一	○七八五六四○九	一○八○	七十八分
二十一分	○六一八五四五五	一三七一	○七八五七四八九	一○八○	七十九分
二十○分	○六一八四○八四	一三七二	○七八五八五六九	一○七九	八十○分
一十九分	○六一八二七一二	一三七二	○七八五九六四八	一○七九	八十一分
一十八分	○六一八一三四○	一三七二	○七八六○七二七	一○七九	八十二分
一十七分	○六一七九九六八	一三七二	○七八六一八○六	一○七九	八十三分
一十六分	○六一七八五九六		○七八六二八八五		八十四分

一十六分	○六一七八五九六	一三七二	○七八六二八八五	一○七八	八十四分
一十五分	○六一七七二二四	一三七三	○七八六三九六三	一○七八	八十五分
一十四分	○六一七五八五一	一三七三	○七八六五○四一	一○七八	八十六分
一十三分	○六一七四四七八	一三七三	○七八六六一一九	一○七七	八十七分
一十二分	○六一七三一○五	一三七三	○七八六七一九六	一○七七	八十八分
一十一分	○六一七一七三二	一三七三	○七八六八二七三	一○七七	八十九分
一十○分	○六一七○三五九	一三七四	○七八六九三五○	一○七七	九十○分
九分	○六一六八九八五	一三七四	○七八七○四二七	一○七七	九十一分
八分	○六一六七六一一	一三七四	○七八七一五○四	一○七六	九十二分
七分	○六一六六二三七	一三七四	○七八七二五八○	一○七六	九十三分
六分	○六一六四八六三	一三七四	○七八七三六五六	一○七六	九十四分
五分	○六一六三四八九	一三七四	○七八七四七三二	一○七六	九十五分
四分	○六一六二一一五	一三七五	○七八七五八○八	一○七五	九十六分
三分	○六一六○七四○	一三七五	○七八七六八八三	一○七五	九十七分
二分	○六一五九三六五	一三七五	○七八七七九五八	一○七五	九十八分
一分	○六一五七九九○	一三七五	○七八七九○三三	一○七五	九十九分
○分	○六一五六六一五		○七八八○一○八		百○○分
三十八度	正弦	較數	餘弦	較數	下逆

三十八度	正弦	較數	餘弦	較數	下逆
三十三分	〇六二〇一八九八	一三六九	〇七八四四五一八	一〇八三	六十七分
三十四分	〇六二〇三二六七	一三六九	〇七八四三四三五	一〇八三	六十六分
三十五分	〇六二〇四六三六	一三六九	〇七八四一三五二	一〇八三	六十五分
三十六分	〇六二〇六〇〇五	一三六九	〇七八四一二六九	一〇八三	六十四分
三十七分	〇六二〇七三七四	一三六八	〇七八四〇一八六	一〇八三	六十三分
三十八分	〇六二〇八七四二	一三六八	〇七八三九一〇三	一〇八四	六十二分
三十九分	〇六二一〇一一〇	一三六八	〇七八三八〇一九	一〇八四	六十一分
四十〇分	〇六二一一四七八	一三六八	〇七八三六九三〇	一〇八四	六十〇分
四十一分	〇六二一二八四六	一三六七	〇七八三五八五一	一〇八五	五十九分
四十二分	〇六二一四二一三	一三六七	〇七八三四七六六	一〇八五	五十八分
四十三分	〇六二一五五八〇	一三六七	〇七八三三六八一	一〇八五	五十七分
四十四分	〇六二一六九四七	一三六七	〇七八三二五九六	一〇八五	五十六分
四十五分	〇六二一八三一四	一三六七	〇七八三一五一一	一〇八五	五十五分
四十六分	〇六二一九六八一	一三六七	〇七八三〇四二六	一〇八五	五十四分
四十七分	〇六二二一〇四八	一三六六	〇七八二九三四〇	一〇八六	五十三分
四十八分	〇六二二四四一四	一三六六	〇七八二八二五四	一〇八六	五十二分
四十九分	〇六二二三七八〇	一三六六	〇七八二七一六〇	一〇八六	五十一分
五十〇分	〇六二二五一四六		〇七八二六〇八二		五十〇分

上順	餘弦	較數	正弦	較數	五十一度
六十七分	〇六二四八三四〇	一三六三	〇七八〇七五七七	一〇九〇	三十三分
六十六分	〇六二四六九七七	一三六三	〇七八〇八六六七	一〇九〇	三十四分
六十五分	〇六二四五六一〇	一三六三	〇七八〇九七九七	一〇九〇	三十五分
六十四分	〇六二四四二五一	一三六三	〇七八一〇八四七	一〇九〇	五十六分
六十三分	〇六二七二八八八	一三六四	〇七八一一九三七	一〇九〇	三十七分
六十二分	〇六二四一五二四	一三六四	〇七八一三〇二七	一〇八九	三十八分
六十一分	〇六二四〇一六〇	一三六四	〇七八一四一一六	一〇八九	三十九分
六十〇分	〇六二三八七九六	一三六四	〇七八一五二〇五	一〇八九	四十〇分
五十九分	〇六二三七四三二	一三六四	〇七八一六二九四	一〇八八	四十一分
五十八分	〇六二三六〇六八	一三六四	〇七八一七三八二	一〇八八	四十二分
五十七分	〇六二三四七〇四	一三六五	〇七八一八四七〇	一〇八八	四十三分
五十六分	〇六二三三三二九	一三六五	〇七八一九五五八	一〇八八	四十四分
五十五分	〇六二三一九七四	一三六五	〇七八二〇六四六	一〇八八	四十五分
五十四分	〇六二三〇六〇九	一三六五	〇七八二一七三四	一〇八七	四十六分
五十三分	〇六二二九二四四	一三六六	〇七八二二八二一	一〇八七	四十七分
五十二分	〇六二二七八七八	一三六六	〇七八二三九〇八	一〇八七	四十八分
五十一分	〇六二二六五一二	一三六六	〇七八二四九九五	一〇八七	四十九分
五十〇分	〇六二二五一四六		〇七八二五〇八二		五十〇分

上順	餘弦	較數	正弦	較數	五十一度
百○○分	○六二九三二○四	一三五六	○七七七一四六○	一○九八	○分
九十九分	○六二九一八四八	一三五七	○七七七二五五八	一○九八	一分
九十八分	○六二九○四九一	一三五七	○七七七三六五六	一○九八	二分
九十七分	○六二八九一三四	一三五七	○七七七四七五四	一○九八	三分
九十六分	○六二八七七七七	一三五七	○七七七五八五二	一○九七	四分
九十五分	○六二八六四二○	一三五七	○七七七六九四九	一○九七	五分
九十四分	○六二八五○六三	一三五八	○七七七八○四六	一○九七	六分
九十三分	○六二八三七○五	一三五八	○七七七九一四三	一○九六	七分
九十二分	○六二八二三四七	一三五八	○七七八○二三九	一○九六	八分
九十一分	○六二八○九八九	一三五八	○七七八一三三五	一○九六	九分
九十○分	○六二七九六三一	一三五八	○七七八二四三一	一○九六	一十○分
八十九分	○六二七八二七三	一三五九	○七七八三五二七	一○九六	一十一分
八十八分	○六二七六九一四	一三五九	○七七八四六二三	一○九六	一十二分
八十七分	○六二七五五五五	一三五九	○七七八五七一九	一○九五	一十三分
八十六分	○六二七四一九六	一三五九	○七七八六八一四	一○九五	一十四分
八十五分	○六二七[illegible]八三七	一三五九	○七七八七九○九	一○九五	一十五分
八十四分	○六二七[illegible]四七八		○七七八九○○四		一十六分

三十八度	正弦	較數	餘弦	較數	下逆
六十七分	○六二四八三四○	一三六三	○七八○七五七七	一○九一	三十三分
六十八分	○六二四九七○三	一三六二	○七八○六四八六	一○九一	三十二分
六十九分	○六二五一○六五	一三六三	○七八○五三九五	一○九一	三十一分
七十○分	○六二五二四二七	一三六二	○七八○四三○四	一○九一	三十○分
七十一分	○六二五三七八九	一三六二	○七八○三二一三	一○九二	二十九分
七十二分	○六○五五一五一	一三六二	○七八○二一二一	一○九二	二十八分
七十三分	○六二五八五一三	一三六一	○七八○一○二九	一○九二	二十七分
七十四分	○六二五七八七四	一三六一	○七七九九九三七	一○九二	二十六分
七十五分	○六二五九二三五	一三六一	○七七九八八四五	一○九三	二十五分
七十六分	○六二六○五九六	一三六一	○七七九七七五二	一○九三	二十四分
七十七分	○六二六一九五七	一三六一	○七七九六六二九	一○九三	二十三分
七十八分	○六二六三三一八	一三六○	○七七九五五六六	一○九三	二十二分
七十九分	○六二六四六七八	一三六○	○七七九四四七三	一○九三	二十一分
八十○分	○六二六六○三八	一三六○	○七七九三三八○	一○九四	二十○分
八十一分	○六二六七三九八	一三六○	○七七九二二八六	一○九四	一十九分
八十二分	○六二六八七五八	一三六○	○七七九一一九二	一○九四	一十八分
八十三分	○六二七○一一八	一三六○	○七七九○○九八	一○九四	一十七分
八十四分	○六二七[illegible]四七八		○七七八九○○四		一十六分

三十九度	正弦	較數	餘弦	較數	下逆
〇分	〇六三九三二〇四	一三五六	〇七七七一四六〇	一〇九九	百〇〇分
一分	〇六三九四五六〇	一三五六	〇七七七〇三六一	一〇九九	九十九分
二分	〇六三九五九一六	一三五六	〇七七六九二六二	一〇九九	九十八分
三分	〇六三九七二七二	一三五六	〇七七六八一六三	一〇九九	九十七分
四分	〇六三九八六二八	一三五五	〇七七六七〇六四	一〇九九	九十六分
五分	〇六三九九九八三	一三五五	〇七七六五九六五	一一〇〇	九十五分
六分	〇六三〇一三三八	一三五三	〇七七六四八六五	一一〇〇	九十四分
七分	〇六三〇二六九三	一三五五	〇七七六三七六五	一一〇〇	九十三分
八分	〇六三〇四〇四九	一三五五	〇七七六二六六五	一一〇〇	九十二分
九分	〇六三〇五四〇三	一三五五	〇七七六一五六五	一一〇一	九十一分
一十〇分	〇六三〇六七五八	一三五四	〇七七六〇四六四	一一〇一	九十〇分
一十一分	〇六三〇八一一二	一三五四	〇七七五九二六三	一一〇一	八十九分
一十二分	〇六三〇九四六六	一三五四	〇七七五八二六二	一一〇一	八十八分
一十三分	〇六三一〇八二〇	一三五四	〇七七五七一六一	一一〇二	八十七分
一十四分	〇六三一二一七四	一三五四	〇七七五六〇五九	一一〇二	八十六分
一十三分	〇六三一三九二八	一一五三	〇七七五四九五七	一一〇二	八十五分
一十六分	〇六三一四八八一		〇七七五三八五五		八十四分

上順	餘弦	較數	正弦	較數	五十〇度
一十六分	〇六三一四八八一	一三五三	〇七七五三八五五	一一〇二	八十四分
一十七分	〇六三一六二三四	一三五三	〇七七五二七五三	一一〇三	八十三分
一十八分	〇六三一〇五八〇	一三五三	〇七七五一六五一	一一〇三	八十二分
一十九分	〇六三一八九四〇	一三五三	〇七七五〇五四八	一一〇二	八十一分
二十〇分	〇六三二〇〇九三	一三五二	〇七七四九四四五	一一〇二	八十〇分
二十一分	〇六三二一六四五	一三五二	〇七七四八三四二	一一〇四	七十九分
二十二分	〇六三二二九九七	一三五二	〇七七四七二三八	一一〇四	七十八分
二十三分	〇六三二四三四九	一三五二	〇七七四六一三四	一一〇四	七十七分
二十四分	〇六三二五七〇一	一三五二	〇七七四五〇三〇	一一〇四	七十六分
二十五分	〇六三二七〇五三	一三五一	〇七七四三九二六	一一〇四	七十五分
二十六分	〇六三二八四〇五	一三五一	〇七七四二八二二	一一〇五	七十四分
二十七分	〇六三二九七五六	一三五一	〇七七四一七一七	一一〇五	七十三分
二十八分	〇六三三一一〇七	一三五一	〇七七四〇六一二	一一〇五	七十二分
二十九分	〇六三三二四五八	一三五〇	〇七七三九五〇七	一一〇五	七十一分
三十〇分	〇六三三三八〇九	一三五〇	〇七七三八四〇二	一一〇六	七十〇分
三十一分	〇六三三五一五九	一三五〇	〇七七三七二九六	一一〇六	六十九分
三十二分	〇六三三六五〇九	一三五〇	〇七七二六二九〇	一一〇六	六十八分
三十三分	〇六三三七六五九		〇七七三五〇八四		六十七分

三十九度	正弦	較數	餘弦	較數	下逆
三十三分	○六三三七六五九		○七七三五○八四		六十七分
三十四分	○六三三九二○九	一三五○	○七七三三九七八	一一○六	六十六分
三十五分	○六三四○五五九	一三五○	○七七三二八七二	一一○六	六十五分
三十六分	○六三四一九○九	一三五○	○七七三一七六五	一一○七	六十四分
三十七分	○六三四三二五八	一三四九	○七七三○六五八	一一○七	六十三分
三十八分	○六三四四六○七	一三四九	○七七二九五五一	一一○七	六十二分
三十九分	○六三四五九五六	一三四九	○七七二八四四四	一一○七	六十一分
四十〇分	○六三四七三○五	一三四九	○七七二七三三六	一一○八	六十〇分
四十一分	○六三四八六五四	一三四九	○七七二六二二八	一一○八	五十九分
四十二分	○六三五○○○二	一三四八	○七七二五一二○	一一○八	五十八分
四十三分	○六三五一三五○	一三四八	○七七二四○一二	一一○八	五十七分
四十四分	○六三五二六九八	一三四八	○七七二二九○三	一一○九	五十六分
四十五分	○六三五四○四六	一三四八	○七七二一七九四	一一○九	五十五分
四十六分	○六三五五三九四	一三四八	○七七二○六八五	一一○九	五十四分
四十七分	○六三五六七四一	一三四七	○七七一九五七六	一一○九	五十三分
四十八分	○六三五八○八八	一三四七	○七七一八四六六	一一一○	五十二分
四十九分	○六三五九四三九	一三四七	○七七一七三五六	一一一○	五十一分
五十〇分	○六三六○七八二	一○四七	○七七一六二四六	一一一○	五十〇分

上順	餘弦	較數	正弦	較數	五十〇度
五十〇分	○六三六○七八二		○七七一六二四六		五十〇分
五十一分	○六三六二一二九	一三四六	○七七一五一三六	一一一○	四十九分
五十二分	○六三六三四七五	一三四六	○七七一四○二五	一一一一	四十八分
五十三分	○六三六四八二一	一三四六	○七七一二九一四	一一一一	四十七分
五十四分	○六三六六一六七	一三四六	○七七一一八○三	一一一一	四十六分
五十五分	○六三六七五一三	一三四六	○七七一○六九二	一一一一	四十五分
五十六分	○六三六八八五九	一三四六	○七七九五八○	一一一二	四十四分
五十七分	○六三七○二○五	一三四五	○七七○八四六八	一一一二	四十三分
五十八分	○六三七二五五○	一三四五	○七七○七三五六	一一一二	四十二分
五十九分	○六三七二八九五	一三四五	○七七○六二四四	一一一二	四十一分
六十〇分	○六三七四二四○	一三四五	○七七○五一三二	一一一二	四十〇分
六十一分	○六三七二五八五	一三四五	○七七○四○一九	一一一三	三十九分
六十二分	○六三七六九二九	一三四四	○七七○二九○六	一一一三	三十八分
六十三分	○六三七八二七三	一三四四	○七七○一七九三	一一一三	三十七分
六十四分	○六三七九六一七	一三四四	○七七○○六八○	一一一三	三十六分
六十五分	○六三八○二六一	一三四四	○七六九九五六七	一一一三	三十五分
六十六分	○六三八二三○九	一三四四	○七六九八四五三	一一一四	三十四分
六十七分	○六三八三六四九	一三四四	○七六九七三三九	一一一四	三十三分

三十九度	正弦	較數	餘弦	較數	下逆
六十七分	〇六三八三六四九	一三四三	〇七六九七三三九	一一一四	三十三分
六十八分	〇六三八四九九二	一三四三	〇七六九六二二五	一一一四	三十二分
六十九分	〇六三八六二三五	一三四三	〇七六九五一一一	一一一五	三十一分
七十〇分	〇六三八七六七八	一三四三	〇七六九三九九六	一一一五	三十〇分
七十一分	〇六三八九〇二一	一三四三	〇七六九二八八一	一一一五	二十九分
七十二分	〇六三九〇三六四	一三四二	〇七六九一七六六	一一一六	二十八分
七十三分	〇六三九一七〇六	一三四二	〇七六九〇六五〇	一一一六	二十七分
七十四分	〇六三九三〇四八	一三四二	〇七六八九五三四	一一一六	二十六分
七十五分	〇六三九四三九〇	一三四二	〇七七八八四一八	一一一六	二十五分
七十六分	〇六三九五七三二	一三四二	〇七六八七三四六	一一一六	二十四分
七十七分	〇六二九七〇七四	一三四一	〇七六八六一八六	一一一七	二十三分
七十八分	〇六三九八四一五	一三四一	〇七六八九〇六九	一一一七	二十二分
七十九分	〇六三九九七五六	一三四一	〇七六八三九二五	一一一七	二十一分
八十〇分	〇六四〇一〇九七	一三四一	〇七六八二八三五	一一一七	二十〇分
八十一分	〇六四〇二四三八	一三四一	〇七六八一七一八	一一一八	一十九分
八十二分	〇六四〇二七七九	一三四〇	〇七六八〇六〇〇	一一一八	一十八分
八十三分	〇六四〇五一一九	一三四〇	〇七六七九四八二	一一一八	一十七分
八十四分	〇六四〇六四五九		〇七六七八三六四		一十六分

上順	餘弦	較數	正弦	較數	五十〇度
八十四分	〇六四〇六四五九	一三四〇	〇七六七八三六四	一一一八	一十六分
八十五分	〇六四〇七七九九	一三四〇	〇七六七七二四六	一一一九	一十五分
八十六分	〇六四〇九一三九	一三四〇	〇七六七六一二七	一一一九	一十四分
八十七分	〇六四一〇四七九	一三三九	〇七六七五〇〇八	一一一九	一十三分
八十八分	〇六四一一八一八	一三三九	〇七六七三八八九	一一一九	一十二分
八十九分	〇六四一三一五七	一三三九	〇七六七二七七〇	一一一九	一十一分
九十〇分	〇六四一四四九六	一三三九	〇七六七一六五一	一一二〇	一十〇分
九十一分	〇六四一五八三五	一三三九	〇七六七〇五三一	一一二〇	九分
九十二分	〇六四一七一七四	一三三九	〇七六六九四一一	一一二〇	八分
九十三分	〇六四一八五一三	一三三八	〇七六六八二九一	一一二〇	七分
九十四分	〇六四一九八五一	一三三八	〇七六六七二七一	一一二〇	六分
九十五分	〇六四二二一八九	一三三八	〇七六六六〇五一	一一二〇	五分
九十六分	〇六四二二五二七	一三三八	〇七六六四九三〇	一一二一	四分
九十七分	〇六四〇三八六五	一三三七	〇七六八三八〇九	一一二一	三分
九十八分	〇六四二五二〇二	一三三七	〇七六六二六八八	一一二二	二分
九十九分	〇六四二六五二九	一三三七	〇七六六一五六六	一一二二	一分
百〇〇分	〇六四二七八七六		〇七六六〇四四四		〇分

四十〇度	正弦	較數	餘弦	較數	下逆
〇分	〇六四二七八七六	一三三七	〇七六六〇四四四	一一二二	百〇〇分
一分	〇六四二九二一三	一三三七	〇七六五九三二二	一一二二	九十九分
二分	〇六四三〇五五〇	一三三七	〇七六五八二〇〇	一一二二	九十八分
三分	〇六四三一八八七	一三三六	〇七六五七〇七八	一一二三	九十七分
四分	〇六四三三二二三	一三三六	〇七六五五九五五	一一二三	九十六分
五分	〇六四三四五五九	一三三六	〇七六五四八三二	一一二三	九十五分
六分	〇六四三五八九五	一三三六	〇七六五二七〇九	一一二三	九十四分
七分	〇六四三七二三一	一三三五	〇七六五三五八六	一一二四	九十三分
八分	〇六四三八五六六	一三三五	〇七六五一四六二	一一二四	九十二分
九分	〇六四三九九〇一	一三三五	〇七六五〇三三八	一一二四	九十一分
一十〇分	〇六四四一二三六	一三三五	〇七六四九二一四	一一二四	九十〇分
一十一分	〇六四四二五七一	一三三五	〇七六四八〇九〇	一一二五	八十九分
一十二分	〇六四四三九〇六	一三三五	〇七六七六九六五	一一二五	八十八分
一十三分	〇六四四五二四一	一三三四	〇七六四五八四〇	一一二五	八十七分
一十四分	〇六四四六五七五	一三三四	〇七六四四七一五	一一二五	八十六分
一十五分	〇六四四七九〇九	一三三四	〇七六四三五九〇	一一二六	八十五分
一十六分	〇六四四九二四三		〇七六四二四六四		八十四分

上順	餘弦	較數	正弦	較數	四十九度
一十六分	〇六四四九二四三	一三三四	〇七六四二四六四	一一二六	八十四分
一十七分	〇六四五〇五七七	一三三四	〇七六四一三三八	一一二六	八十三分
一十八分	〇六四五一九一一	一三三三	〇七六四〇二一二	一一二六	八十二分
一十九分	〇六四五三二四四	一三三三	〇七六三九〇八六	一一二六	八十一分
二十〇分	〇六四五四五七七	一三三三	〇七六三七九六〇	一一二七	八十〇分
二十一分	〇六四五五九一〇	一三三三	〇七六三六八三三	一一二七	七十九分
二十二分	〇六四五七二四三	一三三二	〇七六三五七〇六	一一二七	七十八分
二十三分	〇六四五八五七六	一三三二	〇七六三四五七九	一一二七	七十七分
二十四分	〇六四五九九〇八	一三三二	〇七六三三四五二	一一二七	七十六分
二十五分	〇六四六一二四〇	一三三二	〇七六三二三二五	一一二八	七十五分
二十六分	〇六四六二五七二	一三三一	〇七六三一一九七	一一二八	七十四分
二十七分	〇六四六三九〇四	一三三一	〇七六三〇〇六九	一一二八	七十三分
二十八分	〇六四六五二三六	一三三一	〇七六二八九四一	一一二九	七十二分
二十九分	〇六四六六五六七	一三三一	〇七六二七八一二	一一二九	七十一分
三十〇分	〇六四六七八九八	一三三一	〇七六二六六八三	一一二九	七十〇分
三十一分	〇六四六九二二九	一三三一	〇七六二五五五四	一一二九	六十九分
三十二分	〇六四〇〇五六〇	一三三一	〇七六二四四二五	一一二九	六十八分
三十三分	〇六四七一八九一		〇七六二三二九六		六十七分

四十〇度	正弦	較數	餘弦	較數	下逆
三十三分	〇六四七一八九一	一三三〇	〇七六二三二九六	一一三〇	六十七分
三十四分	〇六四七三二二一	一三三〇	〇七六二二一六六	一一三〇	六十六分
三十五分	〇六四七四五五一	一三三〇	〇七六二一〇三六	一一三〇	六十五分
三十六分	〇六四七五八八一	一三三〇	〇七六一九九〇六	一一三〇	六十四分
三十七分	〇六四七七二一一	一三三〇	〇七六一八七七六	一一三一	六十三分
三十八分	〇六四七八五四一	一三三九	〇七六一七六四五	一一三一	六十二分
三十九分	〇六四七九八七〇	一三二九	〇七六一六五一四	一一三一	六十一分
四十〇分	〇六四八一一九九	一三二九	〇七六一五三八三	一一三一	六十〇分
四十一分	〇六四八二五二八	一三二九	〇七六一四二五二	一一三二	五十九分
四十二分	〇六四八三八五七	一三二九	〇七六一三一二〇	一一三二	五十八分
四十三分	〇六四八五一八六	一三二八	〇七六一一九八八	一一三二	五十七分
四十四分	〇六四八六五一四	一三二八	〇七六一〇八五六	一一三二	五十六分
四十五分	〇六四八七八四二	一三二八	〇七六〇九七二四	一一三三	五十五分
四十六分	〇六四八九一七〇	一三二八	〇七六〇八五九七	一一三三	五十四分
四十七分	〇六四九〇四九八	一三二八	〇七六〇七四五九	一一三三	五十三分
四十八分	〇六四九一八二六	一三二七	〇七六〇六三二八	一一三三	五十二分
四十九分	〇六四九三一五三	一三二七	〇七六〇五一九三	一一三三	五十一分
五十〇分	〇六四九四四八〇		〇七六〇四〇六〇		五十〇分

上順	餘弦	較數	正弦	較數	四十九度
五十〇分	〇六五九四四八〇	一三二七	〇七六〇四〇六〇	一一三四	五十〇分
五十一分	〇六五九五八〇七	一三二七	〇七六〇二九二六	一一三四	四十九分
五十二分	〇六五九七一三四	一三二七	〇七六〇一七九二	一一三四	四十八分
五十三分	〇六五九八四六一	一三二七	〇七六〇〇六五八	一一三四	四十七分
五十四分	〇六五九九七八八	一三二六	〇七五九九五二四	一一三五	四十六分
五十五分	〇六五〇一一一四	一三二六	〇七五九八三八九	一一三五	四十五分
五十六分	〇六五〇二四四〇	一三二六	〇七五九七二五四	一一三五	四十四分
五十七分	〇六五〇三七六六	一三二六	〇七五九六一一九	一一三五	四十三分
五十八分	〇六五〇五〇九二	一三二五	〇七五九四九八四	一一三五	四十二分
五十九分	〇六五〇六四一七	一三二五	〇七五九三八四九	一一三六	四十一分
六十〇分	〇六五〇七七四二	一三二五	〇七五九二七一三	一一三六	四十〇分
六十一分	〇六五〇九〇六七	一三二五	〇七五九一五七七	一一三六	三十九分
六十二分	〇六五一〇三九二	一三二五	〇七五九〇四四一	一一三六	三十八分
六十三分	〇六五一一七一七	一三二五	〇七五八九三〇五	一一三七	三十七分
六十四分	〇六五一三〇四二	一三二四	〇七五八八一六八	一一三七	三十六分
六十五分	〇六五一四三六六	一三二四	〇七五八七〇三一	一一三七	三十五分
六十六分	〇六五一五六九〇	一三二四	〇七五八五八九四	一一三七	三十四分
六十七分	〇六五一七〇一四		〇七五八四七五七		三十三分

上順	百〇〇分	九十九分	九十八分	九十七分	九十六分	九十五分	九十四分	九十三分	九十二分	九十一分	九十〇分	八十九分	八十八分	八十七分	八十六分	八十五分	八十四分
餘弦	〇六五六〇五九〇	〇六五五九二七三	〇六五五七九五六	〇六五五六六三八	〇六五五五三二〇	〇六五五四〇〇二	〇六五五二六八四	〇六五五一三六五	〇六五五〇〇四六	〇六五四八七二七	〇六五四七四〇八	〇六五四七〇八九	〇六五四四七七〇	〇六五四三四五〇	〇六五四二一三〇	〇六五四〇八一〇	〇六五三九四九〇
較數	一三一七	一三一七	一三一八	一三一八	一三一八	一三一八	一三一九	一三一九	一三一九	一三一九	一三一九	一三一九	一三二〇	一三二〇	一三二〇	一三二〇	
正弦	〇七五四七〇六六	〇七五四八二四一	〇七五四九三八六	〇七五五〇五三〇	〇七五五一六七四	〇七五五二八一八	〇七五五三七六二	〇七五三五一〇六	〇七五三六二四九	〇七五五七三九二	〇七五五八五三五	〇七五五九六七七	〇七五六〇八一九	〇七五六一九六一	〇七五六三一〇三	〇七五六四二四五	〇七五六五三八七
較數	一一四五	一一四五	一一四五	一一四四	一一四四	一一四四	一一四四	一一四三	一一四三	一一四三	一一四二	一一四二	一一四二	一一四二	一一四二	一一四二	
四十九度	〇分	一分	二分	三分	四分	五分	六分	七分	八分	九分	一十〇分	一十一分	一十二分	一十三分	一十四分	一十五分	一十六分

四十〇度	六十七分	六十八分	六十九分	七十〇分	七十一分	七十二分	七十三分	七十四分	七十五分	七十六分	七十七分	七十八分	七十九分	八十〇分	八十一分	八十二分	八十三分	八十四分
正弦	〇六五一七〇一四	〇六五一八三三八	〇六五一九六六一	〇六五二〇九八四	〇六五二二三〇七	〇六五二三六三〇	〇六五二四九五三	〇六五二六二七六	〇六五二七五九八	〇六五二八九二〇	〇六五三〇二四二	〇六五三一五六四	〇六五三二八八五	〇六五三四二〇六	〇六五三五五二七	〇六五三六八四八	〇六五三八一六九	〇六五三九四九〇
較數	一三二四	一三二三	一三二三	一三二三	一三二三	一三二三	一三二三	一三二二	一三二二	一三二二	一三二二	一三二一	一三二一	一三二一	一三二一	一三二一	一三二一	
餘弦	〇七五八四七五七	〇七五八三六一九	〇七五八二四八一	〇七五八一三四三	〇七五八〇二〇五	〇七五七九〇六七	〇七五七七九二八	〇七五七六七八九	〇七五七五六五〇	〇七五七四五一一	〇七五七三三七一	〇七五七二二三一	〇七五七一〇九一	〇七五六九九五一	〇七五六八八一〇	〇七五六七六六九	〇七五六六五二八	〇七五六五三八七
較數	一一三八	一一三八	一一三八	一一三八	一一三八	一一三九	一一三九	一一三九	一一三九	一一四〇	一一四〇	一一四〇	一一四〇	一一四一	一一四一	一一四一	一一四一	
下逆	三十三分	三十二分	三十一分	三十〇分	二十九分	二十八分	二十七分	二十六分	二十五分	二十四分	二十三分	二十二分	二十一分	二十〇分	一十九分	一十八分	一十七分	一十六分

四十一度	正弦	較数	餘弦	較数	下逆
〇分	〇六五六〇五九〇	一三一七	〇七五四七〇九六	一一四三	百〇〇分
一分	〇六五六一九〇七	一三一七	〇七五四五九五一	一一四五	九十九分
二分	〇六五六三二二四	一三一七	〇七五四四八〇六	一一四六	九十八分
三分	〇六五六四五四一	一三一七	〇七五四三六〇〇	一一四六	九十七分
四分	〇六五六五八五八	一三一六	〇七五四二五一四	一一四六	九十六分
五分	〇六五六七一七四	一三一六	〇七五四一三六八	一一四六	九十五分
六分	〇六五六八四九〇	一三一六	〇七五四〇二二二	一一四七	九十四分
七分	〇六五六九八〇六	一三一六	〇七五三九〇七五	一一四七	九十三分
八分	〇六五七一一二二	一三一五	〇七五三七九二八	一一四七	九十二分
九分	〇六五七二四三七	一三一五	〇七五三六七八一	一一四七	九十一分
一十〇分	〇六五七三七五二	一三一五	〇七五三五六三四	一一四八	九十〇分
一十一分	〇六五七五〇六七	一三一五	〇七五三四四八六	一一四八	八十九分
一十二分	〇六五七六三八二	一三一五	〇七五三三三三八	一一四八	八十八分
一十三分	〇六五七七六九七	一三一五	〇七五三二一九〇	一一四八	八十七分
一十四分	〇六五七九〇一二	一三一四	〇七五三一〇四二	一一四八	八十六分
一十五分	〇六五八〇三二六	一三一四	〇七五二九八九四	一一四九	八十五分
一十六分	〇六五八一六四〇		〇七五二八七四五		八十四分

上順	餘弦	較数	正弦	較数	四十八度
一十六分	〇六五八一六四〇	一三一四	〇七五二八七四五	一一五九	八十四分
一十七分	〇六五八二九五四	一三一四	〇七五二七五九六	一一五九	八十三分
一十八分	〇六五八四二六八	一三一四	〇七五二六四四七	一一五九	八十二分
一十九分	〇六五八五五八二	一三一三	〇七五二五二九八	一一五九	八十一分
二十〇分	〇六五八六八九五	一三一三	〇七五二四一四九	一一五〇	八十〇分
二十一分	〇六五八八二〇八	一三一三	〇七五二二九九九	一一五〇	七十九分
二十二分	〇六五八九五二一	一三一三	〇七五二一八四九	一一五〇	七十八分
二十三分	〇六五九〇八三四	一三一二	〇七五二〇六九九	一一五〇	七十七分
二十四分	〇六五九三二四六	一三一二	〇七五一九五四九	一一五一	七十六分
二十五分	〇六五九三四五八	一三一一	〇七五一八三九八	一一五一	七十五分
二十六分	〇六五九四七七〇	一三一一	〇七五一七三四七	一一五一	七十四分
二十七分	〇六五七六〇八二	一三一一	〇七五一六〇九六	一一五一	七十三分
二十八分	〇六五九七三九四	一三一一	〇七五一四五四五	一一五二	七十二分
二十九分	〇六五九八七〇六	一三一一	〇七五一三七九三	一一五二	七十一分
三十〇分	〇六六〇〇〇一七	一三一一	〇七五一二六四一	一一五二	七十〇分
三十一分	〇六六〇一三二八	一三一一	〇七五一一四八九	一一五二	六十九分
三十二分	〇六六〇二六三九	一三一一	〇七五一〇三三七	一一五二	六十八分
三十三分	〇六六〇三九五〇		〇七五〇九一八五		六十七分

上順	餘弦	較數	正弦	較數	四十八度
六十七分	〇六六四八三九三	一三〇四	〇七四六九八六四	一一六〇	三十三分
六十六分	〇六六四七〇八九	一三〇四	〇七四七一〇二四	一一六〇	三十四分
六十五分	〇六六四五七八五	一三〇四	〇七四七二一八四	一一六〇	三十五分
六十四分	〇六六四四四八一	一三〇四	〇七四七三三四四	一一六〇	三十六分
六十三分	〇六六四三一七五	一三〇五	〇七四七四五〇四	一一五九	三十七分
六十二分	〇六六四一八七二	一三〇五	〇七四七五六六三	一一五九	三十八分
六十一分	〇六六四〇五六七	一三〇五	〇七四七六八二二	一一五九	三十九分
六十〇分	〇六六三九二六一	一三〇五	〇七四七七九八二	一一五九	四十〇分
五十九分	〇六六三九七五七	一三〇五	〇七四七九一四〇	一一五八	四十一分
五十八分	〇六六三六六五二	一三〇六	〇七四八〇二九八	一一五八	四十二分
五十七分	〇六六三五三四六	一三〇六	〇七四八一四五六	一一五八	四十三分
五十六分	〇六六三四〇四〇	一三〇六	〇七四八二六一四	一一五八	四十四分
五十五分	〇六六三二七三四	一三〇六	〇七四八三七七二	一一五七	四十五分
五十四分	〇六六三一四二八	一三〇七	〇七四八四九二九	一一五七	四十六分
五十三分	〇六六三〇一二一	一三〇七	〇七四八六〇八六	一一五七	四十七分
五十二分	〇六六二八八一四	一三〇七	〇七四八七二四三	一一五七	四十八分
五十一分	〇六六二七五〇七	一三〇七	〇七四八八三〇〇	一一五七	四十九分
五十〇分	〇六六二六二〇〇		〇七四八九五五七		五十〇分

四十一度	正弦	較數	餘弦	較數	下逆
三十三分	〇六六〇三九五〇	一三〇一	〇七五〇九一八五	一一五三	六十七分
三十四分	〇六六〇五二六〇	一三〇一	〇七五〇八〇三二	一一五三	六十六分
三十五分	〇六六〇六五七〇	一三〇一	〇七五〇六八七九	一一五三	六十五分
三十六分	〇六六〇七八八〇	一三〇一	〇七五〇九七二六	一一五三	六十四分
三十七分	〇六六〇九一九〇	一三〇一	〇七五〇四五七三	一一五四	六十三分
三十八分	〇六六一〇五〇〇	一三〇一	〇七五〇三四一九	一一五四	六十二分
三十九分	〇六六一一八一〇	一三〇九	〇七五〇二二六五	一一五四	六十一分
四十〇分	〇六六一三一一九	一三〇九	〇七五〇一一一一	一一五四	六十〇分
四十一分	〇六六一四四二八	一三〇九	〇七四九九九五七	一一五四	五十九分
四十二分	〇六六一五七三七	一三〇九	〇七四九八八〇二	一一五四	五十八分
四十三分	〇六六一〇〇四六	一三〇八	〇七四九七六四七	一一五五	五十七分
四十四分	〇六六一八三九四	一三〇八	〇七四九六四九二	一一五五	五十六分
四十五分	〇六六一〇六六二	一三〇八	〇七四九五三三七	一一五六	五十五分
四十六分	〇六六〇〇九七四	一三〇八	〇七四九四一八一	一一五六	五十四分
四十七分	〇六六二二二七八	一三〇八	〇七四九三〇二五	一一五六	五十三分
四十八分	〇六六二三五八六	一二〇七	〇七四九一八六九	一一五六	五十二分
四十九分	〇六六二四八九三	一二〇七	〇七四九〇七一三	一一五六	五十一分
五十〇分	〇六六二六二〇〇		〇七四八九五五七		五十〇分

四十一度	正弦	較數	餘弦	較數	下逆
六十七分	〇六六四八三九三		〇七四六九八六四		三十三分
六十八分	〇六六四九六九七	一三〇四	〇七四六八七〇四	一一六〇	三十二分
六十九分	〇六六五一〇〇一	一三〇四	〇七四六七五四三	一一六一	三十一分
七十〇分	〇六六五二三〇四	一三〇三	〇七四六六三八二	一一六一	三十〇分
七十一分	〇六六五三六〇七	一三〇三	〇七四六五二二一	一一六一	二十九分
七十二分	〇六六五四九一〇	一三〇三	〇七四六四〇六〇	一一六一	二十八分
七十三分	〇六六五六二一三	一三〇三	〇七四六二八九九	一一六一	二十七分
七十四分	〇六六五七五一五	一三〇二	〇七四六一七三七	一一六二	二十六分
七十五分	〇六六五八八一七	一三〇二	〇七四六〇五七五	一一六二	二十五分
七十六分	〇六六六〇一一九	一三〇二	〇七四五九四一三	一一六二	二十四分
七十七分	〇六六六一四二一	一三〇二	〇七四五八二五〇	一一六三	二十三分
七十八分	〇六六六二七二三	一三〇二	〇七四五七〇八七	一一六三	二十二分
七十九分	〇六六六四〇二四	一三〇一	〇七四五五九二四	一一六三	二十一分
八十〇分	〇六六六五三二五	一三〇一	〇七四五四七六一	一一六三	二十〇分
八十一分	〇六六六六六二六	一三〇一	〇七四五三五九七	一一六四	一十九分
八十二分	〇六六六七九二七	一三〇一	〇七四五二四三三	一一六四	一十八分
八十三分	〇六六六九二二八	一三〇一	〇七四五一二六九	一一六四	一十七分
八十四分	〇六六七〇五二八	一三〇〇	〇七四五〇一〇五	一一六四	一十六分

上順	餘弦	較數	正弦	較數	四十八度
八十四分	〇六六七〇五二八		〇七四五〇一〇五		一十六分
八十五分	〇六六七一八二八	一三〇〇	〇七四四八九四一	一一六五	一十五分
八十六分	〇六六七三一二八	一三〇〇	〇七四四七七七六	一一六五	一十四分
八十七分	〇六六七四四二八	一三〇〇	〇七四四六六一一	一一六五	一十三分
八十八分	〇六六七五七二八	一三〇〇	〇七四四五四四六	一一六五	一十二分
八十九分	〇六六七七〇二七	一二九九	〇七四四四二八一	一一六五	一十一分
九十〇分	〇六六七八三二六	一二九九	〇七四四三一一五	一一六六	一十〇分
九十一分	〇六六七九六二五	一二九九	〇七四四一九四五	一一六六	九分
九十二分	〇六六八〇九二四	一二九九	〇七四四〇七八三	一一六六	八分
九十三分	〇六六八二二二二	一二九八	〇七四三九六一七	一一六六	七分
九十四分	〇六六八三五二〇	一二九八	〇七四三八四五一	一一六六	六分
九十五分	〇六六八四八一八	一二九八	〇七四三七二八五	一一六六	五分
九十六分	〇六六八六一一六	一二九八	〇七四三六一一八	一一六七	四分
九十七分	〇六六八七四一四	一二九八	〇七四三四九五一	一一六七	三分
九十八分	〇六六八八七一二	一二九八	〇七四三三七八四	一一六七	二分
九十九分	〇六六九〇〇〇九	一二九七	〇七四三二六一六	一一六八	一分
百〇〇分	〇六六九一三〇六	一二九七	〇七四三一四四八	一一六八	〇分

四十二度	正弦	較數	餘弦	較數	下逆
〇分	〇六六九一三〇六		〇七四三一四四八		百〇〇分
		一二九七		一一六八	
一分	〇六六九二六〇三		〇七四三〇二八〇		九十九分
		一二九七		一一六八	
二分	〇六六九三九〇〇		〇七四二九一一二		九十八分
		一二九七		一一六八	
三分	〇六六九五一〇七		〇七四二七九四四		九十七分
		一二九六		一一六九	
四分	〇六六九六四九三		〇七四二六七七五		九十六分
		一二九六		一一一九	
五分	〇六六九七七八九		〇七四二五六〇六		九十五分
		一二九六		一一一九	
六分	〇六六九九〇八五		〇七四二四四三七		九十四分
		一二九六		一一六九	
七分	〇六七〇〇三八一		〇七四二三二六八		九十三分
		一二九五		一一七〇	
八分	〇六七〇一六七六		〇七四二二〇九八		九十二分
		一二九五		一一七〇	
九分	〇六七〇二九七一		〇七四二〇九二八		九十一分
		一二九五		一一七〇	
一十〇分	〇六七〇四二六六		〇七四一九七五八		九十〇分
		一二九五		一一七〇	
一十一分	〇六七〇五五六一		〇七四一八五八八		八十九分
		一二九五		一一七〇	
一十二分	〇六七〇六八五六		〇七四一七四一八		八十八分
		一二九五		一一七一	
一十三分	〇六七〇八一五一		〇七四一六二四七		八十七分
		一二九四		一一七一	
一十四分	〇六七〇九四四五		〇七四一五〇七六		八十六分
		一二九四		一一七一	
一十五分	〇六七一〇七三九		〇七四一三九〇五		八十五分
		一二九四		一一七一	
一十六分	〇六七一二〇三三		〇七四一二七三四		八十四分

上順	餘弦	較數	正弦	較數	度
一十六分	〇六七一二〇三三		〇七四一二七三四		八十四分
		一二九四		一一七二	
一十七分	〇六七一三三二七		〇七四一一五六二		八十三分
		一二九三		一一七二	
一十八分	〇六七一四六二〇		〇七四一〇三九〇		八十二分
		一二九三		一一七二	
一十九分	〇六七一五九一三		〇七四〇九三一八		八十一分
		一二九三		一一七二	
二十〇分	〇六七一七二〇六		〇七四〇八〇四六		八十〇分
		一二九三		一一七三	
二十一分	〇六七一八四九九		〇七四〇六八七五		七十九分
		一二九三		一一七三	
二十二分	〇六七一九七五一		〇七四〇五七〇〇		七十八分
		一二九二		一一七三	
二十三分	〇六七二一〇八四		〇七四〇四五二七		七十七分
		一二九二		一一七三	
二十四分	〇六七二二三七六		〇七四〇三三五四		七十六分
		一二九二		一一七三	
二十五分	〇六七二三六六八		〇七四〇二一八一		七十五分
		一二九二		一一七四	
二十六分	〇六七二四九六〇		〇七四〇一〇〇七		七十四分
		一二九二		一一七四	
二十七分	〇六七二六二五二		〇七三九九八三三		七十三分
		一二九一		一一七四	
二十八分	〇六七二七五四三		〇七三九八六五九		七十二分
		一二九一		一一七四	
二十九分	〇六七二八八三四		〇七三九七四八五		七十一分
		一二九一		一一七四	
三十〇分	〇六七三〇一二五		〇七三九六三一一		七十〇分
		一二九一		一一七〇	
三十一分	〇六七三一四一六		〇七三九五一三六		六十九分
		一二九一		一一七五	
三十二分	〇六七三二七〇七		〇七三九三九六一		六十八分
		一二九〇		一一七五	
三十三分	〇六七三三九九七		〇七三九二七八六		六十七分

四十二度	正弦	較數	餘弦	較數	下逆
三十三分	〇六七三三九九七		〇七三九二七八六		六十七分
三十四分	〇六七三五二八七	一二九〇	〇七三九一六一一	一一七五	六十六分
三十五分	〇六七三六五七七	一二九〇	〇七三九〇四三五	一一七六	六十五分
三十六分	〇六七三七八六七	一二九〇	〇七三八九二五九	一一七六	六十四分
三十七分	〇六七三九一五七	一二九〇	〇七三八八〇八三	一一七六	六十三分
三十八分	〇六七四〇四四六	一二八九	〇七三八六九〇七	一一七六	六十二分
三十九分	〇六七四一七三五	一二八九	〇七三八五七三〇	一一七七	六十一分
四十〇分	〇六七四三〇二四	一二八九	〇七三八四五五三	一一七七	六十〇分
四十一分	〇六七四四三一三	一二八九	〇七三八三三七六	一一七七	五十九分
四十二分	〇六七四五六〇二	一二八九	〇七三八二一九九	一一七七	五十八分
四十三分	〇六七四六八九〇	一二八八	〇七三八一〇二二	一一七七	五十七分
四十四分	〇六七四八一七八	一二八八	〇七三七九八四四	一一七八	五十六分
四十五分	〇六七四九四六六	一二八八	〇七三七八六六六	一一七八	五十五分
四十六分	〇六七五〇七五四	一二八八	〇七三七七四八八	一一七八	五十四分
四十七分	〇六七五二〇四一	一二八七	〇七三七六三一〇	一一七八	五十三分
四十八分	〇六七五三三二八	一二八七	〇七三七五一三一	一一七九	五十二分
四十九分	〇六七五四六一五	一二八七	〇七三七三九五二	一一七九	五十一分
五十〇分	〇六七五五九〇二	一二八七	〇七三七二七七三	一一七九	五十〇分

上順	餘弦	較數	正弦	較數	四十七度
五十〇分	〇六七五五九〇二	一二八七	〇七三七二七七三	一一七九	五十〇分
五十一分	〇六七五七一八九	一二八六	〇七三七一五九四	一一七九	四十九分
五十二分	〇六七五八四七五	一二八六	〇七三七〇四一五	一一八〇	四十八分
五十三分	〇六七六九七六	一二八六	〇七三六九二三五	一一八〇	四十七分
五十四分	〇六七六一〇四七	一二八六	〇七三六八〇五五	一一八〇	四十六分
五十五分	〇六七六二三三三	一二八六	〇七三六六八七五	一一八〇	四十五分
五十六分	〇六七六三六一九	一二八九	〇七三六五六九五	一一八一	四十四分
五十七分	〇六七六四九〇五	一二八五	〇七三六四五一四	一一八一	四十三分
五十八分	〇六七六六二九〇	一二八五	〇七三六三三三三	一一八一	四十二分
五十九分	〇六七六七四七五	一二八五	〇七三六二一五二	一一八一	四十一分
六十〇分	〇六七六八七六〇	一二八五	〇七三六〇九七一	一一八二	四十〇分
六十一分	〇六七七〇〇四五	一二八四	〇七三五九七八九	一一八二	三十九分
六十二分	〇六七七一三二九	一二八四	〇七三五八六〇七	一一八二	三十八分
六十三分	〇六七七二六一三	一二八四	〇七三五七四二五	一一八二	三十七分
六十四分	〇六七七三八九七	一二八四	〇七三五六二四三	一一八二	三十六分
六十五分	〇六七七五一八一	一二八四	〇七三五五〇六一	一一八二	三十五分
六十六分	〇六七七六四六五	一二八三	〇七三五三八七八	一一八三	三十四分
六十七分	〇六七七七七四八		〇七三五二六九五		三十三分

上順	餘弦	較數	正弦	較數	四十七度
百〇〇分	〇六八一九九八四	一二七七	〇七三一三五三七	一一九〇	〇分
九十九分	〇六八一八七〇七	一二七七	〇七三一四七二七	一一九〇	一分
九十八分	〇六八一七四三〇	一二七七	〇七三一五九一七	一一九〇	二分
九十七分	〇六八一六一五三	一二七七	〇七三一七一〇七	一一九〇	三分
九十六分	〇六八一四八七六	一二七七	〇七三一八二九七	一一八九	四分
九十五分	〇六八一三五九九	一二七八	〇七三一九四八六	一一八九	五分
九十四分	〇六八一四三二一	一二七八	〇七三二〇六七五	一一八九	六分
九十三分	〇六八一一〇四三	一二七八	〇七三二一八六四	一一八九	七分
九十二分	〇六八〇九七六五	一二七八	〇七三二三〇五二	一一八八	八分
九十一分	〇六八〇八四八七	一二七八	〇七三二四二四一	一一八八	九分
九十〇分	〇六八〇七二〇九	一二七九	〇七三二五四二九	一一八八	一十〇分
八十九分	〇六八〇五九三〇	一二七九	〇七三二六六一七	一一八八	一十一分
八十八分	〇六八〇四六五一	一二七九	〇七三二七八〇五	一一八八	一十二分
八十七分	〇六八〇三三七二	一二七九	〇七三二八九九三	一一八七	一十三分
八十六分	〇六八〇二〇九三	一二八〇	〇七三三〇一八〇	一一八七	一十四分
八十五分	〇六八〇〇八一三	一二八〇	〇七三三一三六七	一一八七	一十五分
八十四分	〇六七九九五三三		〇七三三二五五四		一十六分

四十二度	正弦	較數	餘弦	較數	下逆
六十七分	〇六七七七七四八	一二八三	〇七三五二六九五	一一八三	三十三分
六十八分	〇六七七九〇三一	一二八三	〇七三五一五一二	一一八三	三十二分
六十九分	〇六七八〇三一四	一二八三	〇七三五〇三二九	一一八三	三十一分
七十〇分	〇六七八一五九〇	一二八二	〇七三四九一四六	一一八四	三十〇分
七十一分	〇六七八二八七九	一二八二	〇七三四七九六二	一一八四	二十九分
七十二分	〇六七八四一六一	一二八二	〇七三四六七七八	一一八四	二十八分
七十三分	〇六七八五四四三	一二八二	〇七三四五五九四	一一八四	二十七分
七十四分	〇六七八六七二五	一二八二	〇七三四四四一〇	一一八五	二十六分
七十五分	〇六七八八〇〇七	一二八二	〇七三四三二二五	一一八五	二十五分
七十六分	〇六七八九二八九	一二八一	〇七三四二〇四〇	一一八五	二十四分
七十七分	〇六七九〇五七〇	一二八一	〇七三四〇八五五	一一八五	二十三分
七十八分	〇六七九一八五一	一二八一	〇七三三九六七〇	一一八五	二十二分
七十九分	〇六七九三一三二	一二八一	〇七三三八四八五	一一八六	二十一分
八十〇分	〇六七九四四一五	一二八〇	〇七三三七二九九	一一八六	二十〇分
八十一分	〇六七九五六九五	一二八〇	〇七三三六一一三	一一八六	一十九分
八十二分	〇六七九六九七三	一二八〇	〇七三三四九二七	一一八六	一十八分
八十三分	〇六七九八二五三	一二八〇	〇七三三三七四一	一一八七	一十七分
八十四分	〇六七九九五五三		〇七三三二五五四		一十六分

四十三度	正弦	較數	餘弦	較數	下逆
○分	○六八二九九八四		○七三一三五三七		百○○分
一分	○六八二一二六○	一二七六	○七三一二二四六	二九○	九十九分
二分	○六八二二五三六	一二七六	○七三一一二五六	二九一	九十八分
三分	○六八二三八一二	一二七六	○七三○九九六五	二九一	九十七分
四分	○六八二五○八八	一二七六	○七三○八七七四	二九一	九十六分
五分	○六八二六三六三	一二七五	○七三○七五八三	二九一	九十五分
六分	○六八二七六三八	一二七五	○七三○六三九一	二九二	九十四分
七分	○六八二八九一三	一二七五	○七三○五一九九	二九二	九十三分
八分	○六八三○一八八	一二七五	○七三○四○四七	二九二	九十二分
九分	○六八三一四六三	一二七五	○七三○二八一五	二九二	九十一分
一十○分	○六八三二七三八	一二七五	○七三○一六二三	二九三	九十○分
一十一分	○六八三四○一二	一二七四	○七三○○四三○	二九三	八十九分
一十二分	○六八三五二八六	一二七四	○七二九九二三七	二九三	八十八分
一十三分	○六八三六五六○	一二七四	○七二九八○四四	二九三	八十七分
一十四分	○六八三七八三四	一二七四	○七二九六八五一	二九三	八十六分
一十五分	○六八三九一○七	一二七三	○七二九五六五七	二九四	八十五分
一十六分	○六八四○三八○	一二七三	○七二九四四六三	二九四	八十四分

上順	餘弦	較數	正弦	較數	四十六度
一十六分	○六八四○三八○		○七二九四四六三		八十四分
一十七分	○六八四一六五三	一二七三	○七二九三二六九	一一九四	八十三分
一十八分	○六八四二九二六	一二七三	○七二九二○七五	一一九四	八十二分
一十九分	○六八四四一九九	一二七二	○七二九○八八一	一一九四	八十一分
二十○分	○六八四五四七一	一二七二	○七二八九六八六	一一九五	八十○分
二十一分	○六八四六七四三	一二七二	○七二八八四九一	一一九五	七十九分
二十二分	○六八四八○一五	一二七二	○七二八七二九六	一一九五	七十八分
二十三分	○六八四九二八七	一二七二	○七二八六一○一	一一九五	七十七分
二十四分	○六八五○五五九	一二七二	○七二八四九○六	一一九五	七十六分
二十五分	○六八五一八三○	一二七一	○七二八三七一○	一一九六	七十五分
二十六分	○六八五三一○七	一二七一	○七二八一五一四	一一九六	七十四分
二十七分	○六八五四三七二	一二七一	○七二八一三一八	一一九六	七十三分
二十八分	○六八五五六四三	一二七一	○七二八○一二二	一一九六	七十二分
二十九分	○六八五六九一四	一二七一	○七二七八九二五	一一九七	七十一分
三十○分	○六八五八一八四	一二七○	○七二七七七二八	一一九七	七十○分
三十一分	○六八五九四五四	一二七○	○七二七六五三一	一一九七	六十九分
三十二分	○六八六○七二四	一二七○	○七二七五三三四	一一九七	六十八分
三十三分	○六八六一九九四	一二七○	○七二七四一三六	一一九八	六十七分

四十三度	正弦	較數	餘弦	較數	下逆
三十三分	〇六八六一九九四	一二六九	〇七二七四一三六	一一九九	六十七分
三十四分	〇六八六三二六三	一二六九	〇七二七二九三八	一一九九	六十六分
三十五分	〇六八六四五三二	一二六九	〇七二七一七四〇	一一九九	六十五分
三十六分	〇六八六五八〇一	一二六九	〇七二七〇五四二	一一九九	六十四分
三十七分	〇六八六七〇七〇	一二六九	〇七二六九三四四	一一九九	六十三分
三十八分	〇六八六八三三九	一二六八	〇七二六八一四五	一一九九	六十二分
三十九分	〇六八六九六〇七	一二六八	〇七二六九九四六	一一九九	六十一分
四十〇分	〇六八七〇八七五	一二六八	〇七二六五七四七	一一九九	六十〇分
四十一分	〇六八七二一四三	一二六八	〇七二六四五四八	一二〇〇	五十九分
四十二分	〇六八七三四一一	一二六八	〇七二六三三四八	一二〇〇	五十八分
四十三分	〇六八七四六七九	一二六七	〇七二六二一四八	一二〇〇	五十七分
四十四分	〇六八七五九四六	一二六七	〇七二六〇九四八	一二〇〇	五十六分
四十五分	〇六八七七二一三	一二六七	〇七二五九七四八	一二〇〇	五十五分
四十六分	〇六八七八四八〇	一二六七	〇七二五八五四八	一二〇一	五十四分
四十七分	〇六八七九七四七	一二六七	〇七二五七三四七	一二〇一	五十三分
四十八分	〇六八八一〇一四	一二六六	〇七二五六一四六	一二〇一	五十二分
四十九分	〇六八八二二八〇	一二六六	〇七二五四九四五	一二〇一	五十一分
五十〇分	〇六八八三五四六		〇七二五三七四四		五十〇分

上順	餘弦	較數	正弦	較數	四十六度
五十〇分	〇六八八三五四六	一二六六	〇七二五二七四四	一二〇二	五十〇分
五十一分	〇六八八四八一二	一二六五	〇七二五二五四一	一二〇二	四十九分
五十二分	〇六八八六〇七八	一二六五	〇七二五一三四〇	一二〇二	四十八分
五十三分	〇六八八七三四三	一二六五	〇七二五〇一三八	一二〇二	四十七分
五十四分	〇六八八八六〇八	一二六五	〇七二四八九三六	一二〇三	四十六分
五十五分	〇六八八九八七三	一二六五	〇七二四七七三四	一二〇三	四十五分
五十六分	〇六八九一一三八	一二六五	〇七二四六五三一	一二〇三	四十四分
五十七分	〇六八九二四〇三	一二六四	〇七二四四三二八	一二〇三	四十三分
五十八分	〇六八九三六六七	一二六四	〇七二四四二二五	一二〇三	四十二分
五十九分	〇六八九四九三六	一二六四	〇七二四二九二二	一二〇四	四十一分
六十〇分	〇六八九六一九五	一二六四	〇七二四二七一八	一二〇四	四十〇分
六十一分	〇六八九七四五九	一二六四	〇七二四〇五一四	一二〇四	三十九分
六十二分	〇六八九八七二三	一二六三	〇七二三九三一〇	一二〇四	三十八分
六十三分	〇六八九九九八六	一二六三	〇七二三八一〇六	一二〇四	三十七分
六十四分	〇六九〇一二四九	一二六三	〇七二三六九〇二	一二〇五	三十六分
六十五分	〇六九〇二五一二	一二六三	〇七二三五六九七	一二〇五	三十五分
六十六分	〇六九〇三七七五	一二六三	〇七二三四四九二	一二〇五	三十四分
六十七分	〇六九〇五〇三八		〇七二三三二八七		三十三分

四十三度	正弦	較數	餘弦	較數	下逆
六十七分	〇六九〇五〇三八		〇七二三三二八七		三十三分
六十八分	〇六九〇六三〇〇	一二六二	〇七二三二〇八二	一二〇五	三十二分
六十九分	〇六九〇七五六一	一二六二	〇七二三〇八七七	一二〇五	三十一分
七十〇分	〇六九〇八八二四	一二六二	〇七二二九六七一	一二〇六	三十〇分
七十一分	〇六九一〇〇八六	一二六二	〇七二二八四六五	一二〇六	二十九分
七十二分	〇六九一一三四八	一二六二	〇七二二七二五九	一二〇六	二十八分
七十三分	〇六九一二六〇五	一二六一	〇七二二六〇五三	一二〇六	二十七分
七十四分	〇六九一三八七〇	一二六一	〇七二二四八四七	一二〇六	二十六分
七十五分	〇六九一五一三一	一二六一	〇七二二三六四〇	一二〇七	二十五分
七十六分	〇六九一六三九二	一二六一	〇七二二四四三三	一二〇七	二十四分
七十七分	〇六九一七六五二	一二九〇	〇七二二一二二六	一二〇七	二十三分
七十八分	〇六九一八九一二	一二六〇	〇七二二〇〇一八	一二〇八	二十二分
七十九分	〇六九二〇一七二	一二六〇	〇七二一八八一〇	一二〇八	二十一分
八十〇分	〇六九二一四三二	一二六〇	〇七二一七六〇二	一二〇八	二十〇分
八十一分	〇六九二二六九二	一二六〇	〇七二一六三九四	一二〇八	一十九分
八十二分	〇六九二三九五一	一二五九	〇七二一九一八六	一二〇八	一十八分
八十三分	〇六九二三二一〇	一二五九	〇七二一三九七七	一二〇九	一十七分
八十四分	〇六九二六四六九	一二五九	〇七二一二七六八	一二〇九	一十六分

上順	餘弦	較數	正弦	較數	四十六度
八十四分	〇六九二六四六九		〇七二一二七六八		一十六分
八十五分	〇六九二七七二八	一二五九	〇七二一一五五九	一二〇九	一十五分
八十六分	〇六九二八九八六	一二五八	〇七二一〇三五〇	一二〇九	一十四分
八十七分	〇六九二〇二四四	一二五八	〇七二〇九一四一	一二〇九	一十三分
八十八分	〇六九三一五〇二	一二五八	〇七二〇七九三一	一二一〇	一十二分
八十九分	〇六九三二七六〇	一二五八	〇七二〇六七二一	一二一〇	一十一分
九十〇分	〇六九三四〇一八	一二五八	〇七二〇五五一一	一二一〇	一十〇分
九十一分	〇六九三五二七六	一二五八	〇七二〇四三〇一	一二一〇	九分
九十二分	〇六九三六五三三	一二五七	〇七二〇三〇九〇	一二一一	八分
九十三分	〇六九三七七九〇	一二五七	〇七二〇一八七九	一二一一	七分
九十四分	〇六九三九〇四七	一二五七	〇七二〇〇六六八	一二一一	六分
九十五分	〇六九四〇三〇四	一二五七	〇七一九九四五七	一二一一	五分
九十六分	〇六九四一五六〇	一二五六	〇七一九八二四六	一二一一	四分
九十七分	〇六九四二八一六	一二五六	〇七一九七〇三五	一二一一	三分
九十八分	〇六九四四〇七二	一二五六	〇七一九五八二三	一二一二	二分
九十九分	〇六九四五三一八	一二五六	〇七一九四六一一	一二一二	一分
百〇〇分	〇六九四六五八四	一二五六	〇七一九三三九八	一二一二	〇分

四十四度	正弦	較數	餘弦	較數	下逆
〇分	〇六九四六五八四	一二五五	〇七一九三三九八	一二一三	百〇〇分
一分	〇六九四七八三九	一二五五	〇七一九二一八五	一二一三	九十九分
二分	〇六九四九〇九四	一二五五	〇七一九〇九七二	一二一三	九十八分
三分	〇六九五〇三四九	一二五五	〇七一八九七五九	一二一三	九十七分
四分	〇六九五一六〇四	一二五四	〇七一八八五四六	一二一三	九十六分
五分	〇六九五二八五八	一二五四	〇七一八七三三三	一二一四	九十五分
六分	〇六九五四一一二	一二五四	〇七一八六一一九	一二一四	九十四分
七分	〇六九五五三六六	一二五四	〇七一八四九〇五	一二一四	九十三分
八分	〇六九五六六二〇	一二五四	〇七一八三六九一	一二一四	九十二分
九分	〇六九五七八七四	一二五四	〇七一八二四七七	一二一四	九十一分
一十〇分	〇六九五九一二八	一二五三	〇七一八一二六三	一二一五	九十〇分
一十一分	〇六九六〇三八一	一二五三	〇七一八〇〇四八	一二一五	八十九分
一十二分	〇六九六一六三四	一二五三	〇七一七八八三三	一二一五	八十八分
一十三分	〇六九六二八八七	一二五二	〇七一七七六一八	一二一五	八十七分
一十四分	〇六九六四一四〇	一二五二	〇七一七六四〇三	一二一六	八十六分
一十五分	〇六九六五三九二	一二五二	〇七一七五一八七	一二一六	八十五分
一十六分	〇六九六六六四四		〇七一七三九七一		八十四分

上順	餘弦	較數	正弦	較數	四十五度
三十三分	〇六九八七九〇〇	一二四九	〇七一五三一七〇	一二一九	六十七分
三十二分	〇六九八六六五一	一二四九	〇七一五四四八九	一二一九	六十八分
三十一分	〇六九八五四〇二	一二四九	〇七一五五七〇八	一二一九	六十九分
三十〇分	〇六九八四一五三	一二四九	〇七一五六九二七	一二一九	七十〇分
二十九分	〇六九八二九〇四	一二四九	〇七一五八一四六	一二一九	七十一分
二十八分	〇六九八一六五五	一二五〇	〇七一五九三六五	一二一八	七十二分
二十七分	〇六九八〇四〇五	一二五〇	〇七一六〇五八三	一二一八	七十三分
二十六分	〇六九七九一五五	一二五〇	〇七一六一八〇一	一二一八	七十四分
二十五分	〇六九七七九〇五	一二五〇	〇七一六三〇一九	一二一八	七十五分
二十四分	〇六九七六六五五	一二五一	〇七一六四二三七	一二一八	七十六分
二十三分	〇六九七五四〇四	一二五一	〇七一六五四五五	一二一七	七十七分
二十二分	〇六九七四一五三	一二五一	〇七一六六六七二	一二一七	七十八分
二十一分	〇六九七二九〇二	一二五一	〇七一六七八八九	一二一七	七十九分
二十〇分	〇六九七一六五一	一二五一	〇七一六九一〇六	一二一七	八十〇分
一十九分	〇六九七〇四〇〇	一二五二	〇七一七〇三二三	一二一六	八十一分
一十八分	〇六九六九一四八	一二五二	〇七一七一五三九	一二一六	八十二分
一十七分	〇六九六七八九六	一二五二	〇七一七二七五五	一二一六	八十三分
一十六分	〇六九六六六四四		〇七一七三九七一		八十四分

四十四度	正弦	較數	餘弦	較數	下逆
三十三分	〇六九八七九〇〇	一二四八	〇七一五三一七〇	一二二〇	六十七分
三十四分	〇六九八九一四八	一二四八	〇七一五二〇五〇	一二二〇	六十六分
三十五分	〇六九九〇三九六	一二四八	〇七一五〇八三〇	一二二〇	六十五分
三十六分	〇六九九一六四四	一二四八	〇七一四九六一〇	一二二〇	六十四分
三十七分	〇六九九二八九二	一二四七	〇七一四八三九〇	一二二一	六十三分
三十八分	〇六九九四一三九	一二四七	〇七一四七一六九	一二二一	六十二分
三十九分	〇六九九五三八六	一二四七	〇七一四五九四八	一二二一	六十一分
四十〇分	〇六九九六六三三	一二四七	〇七一四四七二七	一二二一	六十〇分
四十一分	〇六九九七八八〇	一二四七	〇七一四三五〇六	一二二二	五十九分
四十二分	〇六九九九一二七	一二四七	〇七一四二二八四	一二二二	五十八分
四十三分	〇七〇〇〇三七四	一二四六	〇七一四一〇六二	一二二二	五十七分
四十四分	〇七〇〇一六二〇	一二四六	〇七一三九八四〇	一二二二	五十六分
四十五分	〇七〇〇二八六六	一二四六	〇七一三八六一八	一二二二	五十五分
四十六分	〇七〇〇四一一二	一二四六	〇七一三七三九六	一二二三	五十四分
四十七分	〇七〇〇五三五八	一二四五	〇七一三六一七三	一二二三	五十三分
四十八分	〇七〇〇六六〇三	一二四五	〇七一三四九五〇	一二二三	五十二分
四十九分	〇七〇〇七八四八	一二四五	〇七一三三七二七	一二二三	五十一分
五十〇分	〇七〇〇九〇九三		〇七一三二五〇四		五十〇分

上順	餘弦	較數	正弦	較數	四十五度
五十〇分	〇七〇〇九〇九三	一二四五	〇七一三二五〇四	一二二三	五十〇分
五十一分	〇七〇一〇三三八	一二四四	〇七一三一二八一	一二二四	四十九分
五十二分	〇七〇一一五八二	一二四四	〇七一三〇〇五七	一二二四	四十八分
五十三分	〇七〇一二八二六	一二四四	〇七一二八八三三	一二二四	四十七分
五十四分	〇七〇一四〇七〇	一二四四	〇七一二七六〇九	一二二四	四十六分
五十五分	〇七〇一五三一四	一二四四	〇七一二六三八五	一二二四	四十五分
五十六分	〇七〇一六五五八	一二四三	〇七一二五一六一	一二二五	四十四分
五十七分	〇七〇一七八〇一	一二四三	〇七一二三九三六	一二二五	四十三分
五十八分	〇七〇一九〇四四	一二四三	〇七一二二七一一	一二二五	四十二分
五十九分	〇七〇二〇二八七	一二四二	〇七一八一四八六	一二二五	四十一分
六十〇分	〇七〇二一五三〇	一二四二	〇七一二〇二六一	一二二六	四十〇分
六十一分	〇七〇二二七七三	一二四二	〇七一一九〇三五	一二二六	三十九分
六十二分	〇七〇二四〇一五	一二四二	〇七一一七八〇九	一二二六	三十八分
六十三分	〇七〇二五二五七	一二四二	〇七一一六五八三	一二二六	三十七分
六十四分	〇七〇二六四九九	一二四二	〇七一一五三五七	一二二七	三十六分
六十五分	〇七〇二七七四一	一二四二	〇七一一四一三〇	一二二七	三十五分
六十六分	〇七〇二八九八三	一二四一	〇七一一二九〇三	一二二七	三十四分
六十七分	〇七〇三〇二二四		〇七一一一六七六		三十三分

四十四度	正弦	較數	餘弦	較數	下逆
六十七分	〇七〇三〇二二四		〇七一一一六七六		三十三分
六十八分	〇七〇三一四六五	一二四一	〇七一一〇四四九	一二二七	三十二分
六十九分	〇七〇三二七〇六	一二四一	〇七一〇九二二二	一二二七	三十一分
七十〇分	〇七〇三三九四七	一二四一	〇七一〇七九九五	一二二七	三十〇分
七十一分	〇七〇三五一八七	一二四一	〇七一〇六七六七	一二二八	二十九分
七十二分	〇七〇三六四二七	一二四〇	〇七一〇五五三九	一二二八	二十八分
七十三分	〇七〇三七六六七	一二四〇	〇七一〇四三一一	一二二八	二十七分
七十四分	〇七〇三八九四七	一二四〇	〇七一〇三〇八三	一二二八	二十六分
七十五分	〇七〇四〇一四七	一二四〇	〇七一〇一八五四	一二二九	二十五分
七十六分	〇七〇四一三八七	一二四〇	〇七一〇〇六二五	一二二九	二十四分
七十七分	〇七〇四二六二六	一二三九	〇七〇九九三九六	一二二九	二十三分
七十八分	〇七〇四三八六五	一二三九	〇七〇九八一六七	一二二九	二十二分
七十九分	〇七〇四五一〇四	一二三九	〇七〇九六九三七	一二三〇	二十一分
八十〇分	〇七〇四六三四三	一二三九	〇七〇九五七〇七	一二三〇	二十〇分
八十一分	〇七〇四七五八一	一二三八	〇七〇九四四七七	一二三〇	一十九分
八十二分	〇七〇四八八一九	一二三八	〇七〇九三二四七	一二三〇	一十八分
八十三分	〇七〇五〇〇五七	一二三八	〇七〇九二〇一七	一二三〇	一十七分
八十四分	〇七〇五一二九五	一二三八	〇七〇九〇七八六	一二三一	一十六分

上順	餘弦	較數	正弦	較數	四十五度
百〇分	〇七〇七一〇六八		〇七〇七一〇六八		〇分
九十九分	〇七〇六九八三四	一二三四	〇七〇七二三〇二	一二三四	一分
九十八分	〇七〇六八五九九	一二三五	〇七〇七三五三六	一二三四	二分
九十七分	〇七〇六七三六四	一二三五	〇七〇七四七七〇	一二三四	三分
九十六分	〇七〇六六一二九	一二三五	〇七〇七六〇〇三	一二三四	四分
九十五分	〇七〇六四八九四	一二三五	〇七〇七七二三六	一二三三	五分
九十四分	〇七〇六三六五九	一二三五	〇七〇七八四七〇	一二三三	六分
九十三分	〇七〇六二四二四	一二三五	〇七〇七九七〇二	一二三三	七分
九十二分	〇七〇六一一八八	一二三六	〇七〇八〇九三四	一二三三	八分
九十一分	〇七〇五九九五二	一二三六	〇七〇八二一六六	一二三二	九分
九十〇分	〇七〇五八七一六	一二三六	〇七〇八三三九八	一二三二	一十〇分
八十九分	〇七〇五七四八〇	一二三六	〇七〇八四六三〇	一二三二	一十一分
八十八分	〇七〇五六二四三	一二三七	〇七〇八五八六二	一二三二	一十二分
八十七分	〇七〇五五〇〇六	一二三七	〇七〇八七〇九三	一二三一	一十三分
八十六分	〇七〇〇三七六九	一二三七	〇七〇八八三二四	一二三一	一十四分
八十五分	〇七〇五二五三二	一二三七	〇七〇八九五五五	一二三一	一十五分
八十四分	〇七〇五一二九五	一二三七	〇七〇九〇七八六	一二三一	一十六分

置正弦加餘弦而一則得正切

置餘弦加正弦而一則得餘切

置半徑之一加餘弦而一得正割

置半徑之一加正弦而一得餘割

直半回徑減正弦得余矢減餘弦得正矢

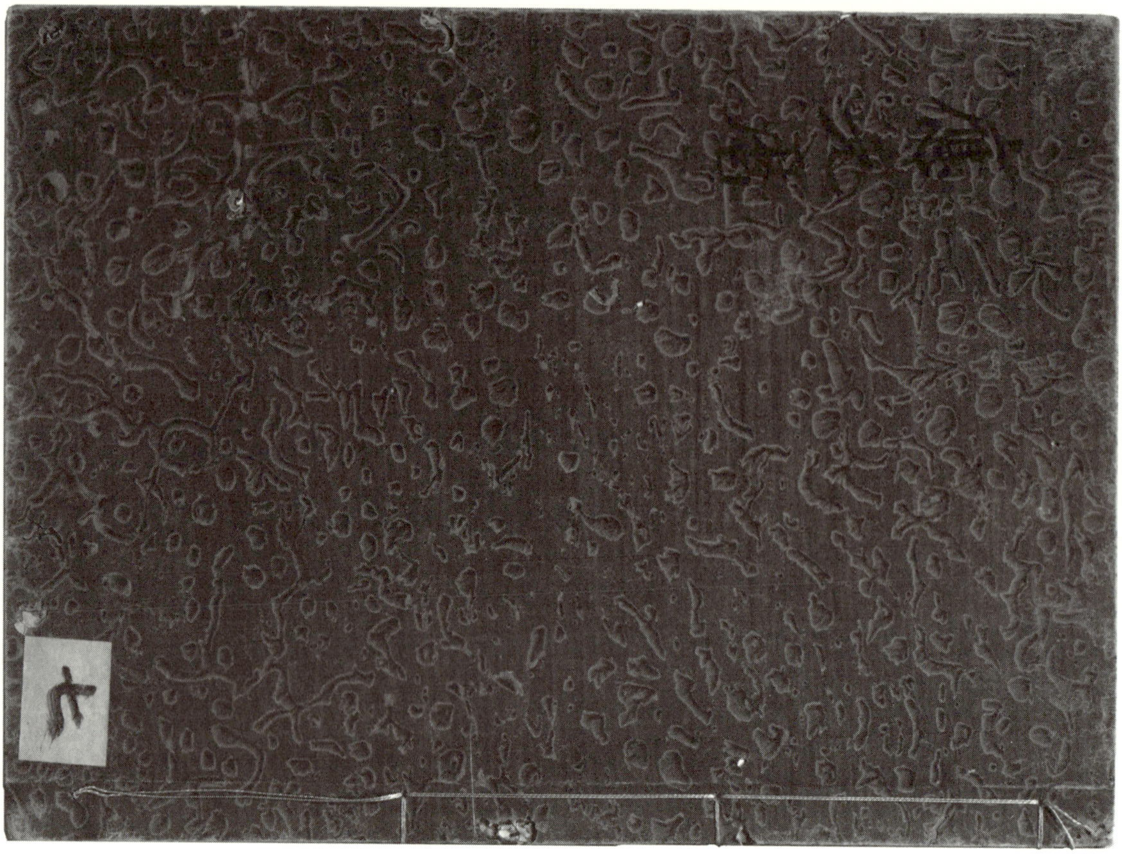

新編百分表巻一

八線表一

平安　茶室實壽編著

八線表全圖

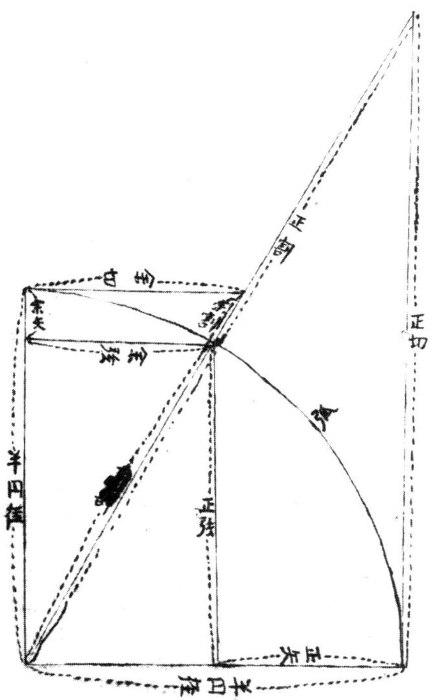

用法

八線表以一象限內逐度逐分順逆列之其初度至四十四度列於上其四十五度至八十九度列於下中列逐度逐分之八線數（原合一表今分三表弦表切線表割線表是也然無矢表者因半徑與餘弦相減即為正矢半徑與正弦相減即為餘矢故也）並各列較數於其下在上四十五度者用右號在下四十五度者用左號

用表之法以所設之度數（所設之度數過一象限者與半周相減過二象限者內減半周過三象限者與全周相減皆用其餘）對某線數即所求之某線數也表以逐分為率若所設之度數有零秒者按中比例法求之設度數為一十五度二十三分三十六秒求其正弦及餘弦則察一十五度二十三分所對正弦之數為二百六十二萬六千九百四十四較數為一千六百八十四乃以度數一分為一率較數一千六百八十四為二率設數三十六秒為三率求得四率六百○六（小餘有五以上者進作一不及五者去之後皆倣此）與一十五度二十三分之正弦二百六十二萬六千九百四十四相加（正弦之數並前少後多故相加正切線正割線倣此）得二百六十二萬七千五百五十為所求之正弦又察一十五度二十三分所對餘弦之數為九百六十四萬八千七百九十

一較數爲四百五十九乃以度數一分爲一率較數四百五十九爲二率設數三十六秒爲三率求得四率一百六十五與一十五度二十三分之餘弦九百六十四萬八千七百九十一相減餘弦之數並前多後少故相減餘切線餘割線做此得九百六十四萬八千六百二十六爲所求之餘弦求切線及割線法皆做此

若設某線數檢表求度分者則查所設之某線數與表中某線數相近者而其數適合者所對之度分即所求之度分也不合者按中比例法求之設正弧爲三百三十七萬八千四百三十七求其度分則查表

中一十九度七十四分所對之正弦三百三十七萬七千五百二十五爲相近而較少正弦之數並前少後多故設正弦求度分者取表中正弦近且少者設正切線及正割線求度分者做之乃以所查正弦之較數一千六百四十三爲一率所查之正弦三百三十七萬七千五百二十五與設正弦三百三十七萬八千四百三十七相減餘九百一十二爲二率一分爲三率求得四率五十五秒五十一微微下有五十纖以上者進一微不及五十纖者去之後皆做此與所查一十九度七十四分相加得一十九度七十四分五十五秒五十一微爲所求之度分又設餘弦九百八十六萬三千五百七十八

求其度分則查表中九度四十七分所對之餘弦九百八十六萬三千七百一十九為相近而較多餘弦之數（並前多後少故設餘弦求度分者取表中餘弦近且多者設餘切線及餘割線求度分者倣此）乃以所查餘弦之較數二百八十七為一率所查之餘弦九百八十六萬三千七百一十九與設餘弦九百八十六萬三千五百七十八相減餘一百四十一為二率一分為三率求得四率四十九秒一十三微與所查九度四十七分相加得九度四十七分四十九秒一十三微為所求之度分（設切線及割線求度分法皆倣此）

弦表上

自初度至二十一度自六十八度至八十九度

○度	正弦	較數	餘弦	較數	下逆
○分	○○○○○○○○	一七四五	一○○○○○○○	○	百○○分
一分	○○○○一七四五	一七四五	一○○○○○○○	一	九十九分
二分	○○○○三四九○	一七四五	○九九九九九九九	一	九十八分
三分	○○○○五二三五	一七四五	○九九九九九九八	一	九十七分
四分	○○○○六九八一	一七四六	○九九九九九九七	一	九十六分
五分	○○○○八七二七	一七四五	○九九九九九九六	二	九十五分
六分	○○○一○四七二	一七四五	○九九九九九九四	二	九十四分
七分	○○○一二二一七	一七四六	○九九九九九九二	二	九十三分
八分	○○○一三九六三	一七四五	○九九九九九九○	三	九十二分
九分	○○○一五七○八	一七四五	○九九九九九八七	三	九十一分
一十○分	○○○一七四五三	一七四六	○九九九九九八四	三	九十○分
一十一分	○○○一九一九九	一七四五	○九九九九九八一	三	八十九分
一十二分	○○○二○九四四	一七四五	○九九九九九七八	四	八十八分
一十三分	○○○二二六八九	一七四六	○九九九九九七四	四	八十七分
一十四分	○○○二四四三五	一七四五	○九九九九九七○	四	八十六分
一十五分	○○○二六一八○	一七四五	○九九九九九六六	五	八十五分
一十六分	○○○二七九二五		○九九九九九六二		八十四分

上順	餘弦	較數	正弦	較數	八十九度
一十六分	○○○二七九二五	一七四六	○九九九九九六一	五	八十四分
一十七分	○○○二九六七一	一七四五	○九九九九九五六	五	八十三分
一十八分	○○○三一四一六	一七四五	○九九九九九五一	六	八十二分
一十九分	○○○三三一六一	一七四五	○九九九九九四五	六	八十一分
二十○分	○○○三四九○六	一七四六	○九九九九九三九	六	八十○分
二十一分	○○○三六六五二	一七四五	○九九九九九三五	六	七十九分
二十二分	○○○三八三九七	一七四五	○九九九九九二六	七	七十八分
二十三分	○○○四○一四二	一七四六	○九九九九九一九	七	七十七分
二十四分	○○○四一八八八	一七四五	○九九九九九一三	七	七十六分
二十五分	○○○四三六三三	一七四五	○九九九九九○五	八	七十五分
二十六分	○○○四五三七八	一七四五	○九九九九八九七	八	七十四分
二十七分	○○○四七一二三	一七四六	○九九九九八八九	八	七十三分
二十八分	○○○四八八六九	一七四五	○九九九九八八一	九	七十二分
二十九分	○○○五○六一四	一七四五	○九九九九八七二	九	七十一分
三十○分	○○○五二三五九	一七四六	○九九九九八六三	九	七十○分
三十一分	○○○五四一○五	一七四五	○九九九九八五四	一○	六十九分
三十二分	○○○五五八五○	一七四五	○九九九九八四四	一○	六十八分
三十三分	○○○五七五九九		○九九九九八三四		六十七分

○度	正弦	較數	餘弦	較數	下逆
三十三分	○○○五七五九五		○九九九九八三四		六十七分
三十四分	○○○五九三四○	一七四五	○九九九九八二四	一○	六十六分
三十五分	○○○六一○八六	一七四六	○九九九九八一三	一一	六十五分
三十六分	○○○六二八三一	一七四五	○九九九九八○二	一一	六十四分
三十七分	○○○六四五七六	一七四五	○九九九九七九一	一一	六十三分
三十八分	○○○六六三二二	一七四六	○九九九九七八○	一一	六十二分
三十九分	○○○六八○六七	一七四五	○九九九九七六八	一二	六十一分
四十○分	○○○六九八一二	一七四五	○九九九九七五六	一二	六十○分
四十一分	○○○七一五五七	一七四五	○九九九九七四四	一二	五十九分
四十二分	○○○七三三○三	一七四六	○九九九九七三一	一三	五十八分
四十三分	○○○七五○四八	一七四五	○九九九九七一八	一三	五十七分
四十四分	○○○七六七九三	一七四五	○九九九九七○五	一三	五十六分
四十五分	○○○七八五三九	一七四六	○九九九九六九一	一四	五十五分
四十六分	○○○八○二八四	一七四五	○九九九九六七七	一四	五十四分
四十七分	○○○八二○二九	一七四五	○九九九九六六三	一四	五十三分
四十八分	○○○八三七七四	一七四五	○九九九九六四九	一四	五十二分
四十九分	○○○八五五二○	一七四六	○九九九九六三四	一五	五十一分
五十○分	○○○八七二六五	一七四五	○九九九九六一九	一五	五十○分

上順	餘弦	較數	正弦	較數	八十九度
五十○分	○○○八七二六五		○九九九九六一九		五十○分
五十一分	○○○八九○一○	一七四五	○九九九九六○四	一五	四十九分
五十二分	○○○九○七五六	一七四六	○九九九九五八八	一六	四十八分
五十三分	○○○九二五○一	一七四五	○九九九九五七二	一六	四十七分
五十四分	○○○九四二四六	一七四五	○九九九九五五六	一六	四十六分
五十五分	○○○九五九九一	一七四五	○九九九九五三九	一七	四十五分
五十六分	○○○九七七三七	一七四六	○九九九九九二二	一七	四十四分
五十七分	○○○九九四八二	一七四五	○九九九九五○五	一七	四十三分
五十八分	○○一○一二二七	一七四五	○九九九九四八八	一七	四十二分
五十九分	○○一○二九七三	一七四六	○九九九九四七○	一八	四十一分
六十○分	○○一○四七一八	一七四五	○九九九九四五二	一八	四十○分
六十一分	○○一○六四六三	一七四五	○九九九九四三四	一八	三十九分
六十二分	○○一○八二○八	一七四五	○九九九九四一五	一九	三十八分
六十三分	○○一○九九五四	一七四六	○九九九九三九六	一九	三十七分
六十四分	○○一一一六九九	一七四五	○九九九九三七七	一九	三十六分
六十五分	○○一一三四四四	一七四五	○九九九九三五七	二○	三十五分
六十六分	○○一一五一八九	一七四五	○九九九九三三七	二○	三十四分
六十七分	○○一一六九三四	一七四五	○九九九九三一七	二○	三十三分

〇度	正弦	較數	餘弦	較數	下逆
六十七分	〇〇一一六九三四	一七四六	〇九九九九三一七	二一	三十三分
六十八分	〇〇一一八六八〇	一七四五	〇九九九九二九六	二一	三十二分
六十九分	〇〇一二〇四二五	一七四五	〇九九九九二七五	二一	三十一分
七十〇分	〇〇一二二一七〇	一七四五	〇九九九九二五四	二二	三十〇分
七十一分	〇〇一二三九一五	一七四五	〇九九九九二三二	二二	二十九分
七十二分	〇〇一二五六六〇	一七四五	〇九九九九二一〇	二二	二十八分
七十三分	〇〇一二七四〇五	一七四六	〇九九九九一八八	二二	二十七分
七十四分	〇〇一二九一五一	一七四五	〇九九九九一六六	二三	二十六分
七十五分	〇〇一三〇八九六	一七四五	〇九九九九一四三	二三	二十五分
七十六分	〇〇一三二六四一	一七四五	〇九九九九一二〇	二三	二十四分
七十七分	〇〇一三四三八六	一七四五	〇九九九九〇九七	二四	二十三分
七十八分	〇〇一三六一三一	一七四六	〇九九九九〇七三	二四	二十二分
七十九分	〇〇一三七八七七	一七四五	〇九九九九〇四九	二四	二十一分
八十〇分	〇〇一三九六二二	一七四五	〇九九九九〇二五	二四	二十〇分
八十一分	〇〇一四一三六七	一七四五	〇九九九九〇〇一	二五	一十九分
八十二分	〇〇一四三一一二	一七四五	〇九九九八九七六	二五	一十八分
八十三分	〇〇一四四八五七	一七四五	〇九九九八九五一	二五	一十七分
八十四分	〇〇一四六六〇二		〇九九九八九二六		一十六分

上順	餘弦	較數	正弦	較數	八十九度
百〇〇分	〇〇一七四五二四	一七四五	〇九九九八四七七	二一	〇分
九十九分	〇〇一七二七七九	一七四五	〇九九九八五〇六	二〇	一分
九十八分	〇〇一七一〇三四	一七四五	〇九九九八五三六	二〇	二分
九十七分	〇〇一六九二八九	一七四五	〇九九九八五六六	二〇	三分
九十六分	〇〇一六七五四四	一七四五	〇九九九八五九六	二九	四分
九十五分	〇〇一六五七九九	一七四六	〇九九九八六二五	二九	五分
九十四分	〇〇一六四〇五三	一七四五	〇九九九八六五四	二九	六分
九十三分	〇〇一六二三〇八	一七四五	〇九九九八六八二	二八	七分
九十二分	〇〇一六〇五六三	一七四五	〇九九九八七一一	二八	八分
九十一分	〇〇一五八八一八	一七四五	〇九九九八七三九	二八	九分
九十〇分	〇〇一五七〇七三	一七四五	〇九九九八七六七	二七	一十〇分
八十九分	〇〇一五五三二八	一七四五	〇九九九八七九四	二七	一十一分
八十八分	〇〇一五三五八三	一七四五	〇九九九八八二一	二七	一十二分
八十七分	〇〇一五一八三八	一七四五	〇九九九八八四八	二六	一十三分
八十六分	〇〇一五〇〇九三	一七四五	〇九九九八八七四	二六	一十四分
八十五分	〇〇一四八三四八	一七四六	〇九九九八九〇〇	二六	一十五分
八十四分	〇〇一四六六〇二		〇九九九八九二六		一十六分

一度	正弦	較數	餘弦	較數	下逆
○分	○○一七四五二四	一七四五	○九九九八四七七	三一	百○○分
一分	○○一七六二六九	一七四五	○九九九八四四六	三一	九十九分
二分	○○一七八○一四	一七四五	○九九九八四一五	三一	九十八分
三分	○○一七九七五九	一七四五	○九九九八三八四	三二	九十七分
四分	○○一八一五○四	一七四五	○九九九八三五二	三二	九十六分
五分	○○一八三二四九	一七四五	○九九九八三二○	三二	九十五分
六分	○○一八四九九四	一七四五	○九九九八二八八	三二	九十四分
七分	○○一八六七三九	一七四五	○九九九八二五六	三三	九十三分
八分	○○一八八四八四	一七四五	○九九九八二二三	三三	九十二分
九分	○○一九○二二九	一七四五	○九九九八[illegible]九○	三三	九十一分
一十○分	○○一九一九七四	一七四五	○九九九八一五七	三四	九十○分
一十一分	○○一九三七一九	一七四五	○九九九八一二三	三四	八十九分
一十二分	○○一九五四六四	一七四五	○九九九八○八九	三四	八十八分
一十三分	○○一九七二○九	一七四五	○九九九八○五五	三五	八十七分
一十四分	○○一九八九五四	一七四五	○九九九八○二一	三五	八十六分
一十五分	○○二○○六九九	一七四五	○九九九七九八六	三五	八十五分
一十六分	○○二○二四四四		○九九九七九五一		八十四分

上順	餘弦	較數	正弦	較數	八十八度
一十六分	○○二○二四四四	一七四五	○九九九七九五一	三五	八十四分
一十七分	○○二○四一八九	一七四五	○九九九七九一六	三六	八十三分
一十八分	○○二○五九三四	一七四五	○九九九七八八○	三六	八十二分
一十九分	○○二○七六七九	一七四五	○九九九七八四四	三六	八十一分
二十○分	○○二○九四二四	一七四五	○九九九七八○八	三七	八十○分
二十一分	○○二一一一六九	一七四五	○九九九七七七一	三七	七十九分
二十二分	○○二一二九一四	一七四五	○九九九七七三三	三七	七十八分
二十三分	○○二一四六五九	一七四五	○九九九七六九六	三八	七十七分
二十四分	○○二一六四○四	一七四五	○九九九七六五八	三八	七十六分
二十五分	○○二一八一四九	一七四五	○九九九七六二○	三八	七十五分
二十六分	○○二一九八九四	一七四五	○九九九七五八二	三九	七十四分
二十七分	○○二二一六三九	一七四五	○九九九七五四一	三九	七十三分
二十八分	○○二二三三八四	一七四五	○九九九七五○四	三九	七十二分
二十九分	○○二二五一二九	一七四四	○九九九七四六五	三九	七十一分
三十○分	○○二二六八七四	一七四五	○九九九七四二六	四○	七十○分
三十一分	○○二二八六一八	一七四五	○九九九七三八六	四○	六十九分
三十二分	○○二三○三六三	一七四五	○九九九七三四六	四○	六十八分
三十三分	○○二三二一○八		○九九九七三○六		六十七分

上順	餘弦	較數	正弦	較數	八十八度
六十七分	〇〇二九一四二九	一七四四	〇九九九五七五三	五一	三十三分
六十六分	〇〇二八九六八五	一七四五	〇九九九五八〇四	五〇	三十四分
六十五分	〇〇二八七九四〇	一七四五	〇九九九五八五四	五〇	三十五分
六十四分	〇〇二八六一九五	一七四四	〇九九九五九〇四	五〇	三十六分
六十三分	〇〇二八四五一	一七四五	〇九九九五九五四	四九	三十七分
六十二分	〇〇二八二七〇六	一七四四	〇九九九六〇〇三	四九	三十八分
六十一分	〇〇二八〇九六二	一七四五	〇九九九六〇五二	四九	三十九分
六十〇分	〇〇二七九二一七	一七四五	〇九九九六一〇一	四九	四十〇分
五十九分	〇〇二七七四七二	一七四四	〇九九九六一五〇	四八	四十一分
五十八分	〇〇二七五七二八	一七四五	〇九九九六一九八	四八	四十二分
五十七分	〇〇二七三九八三	一七四四	〇九九九六二四六	四八	四十三分
五十六分	〇〇二七二二三九	一七四五	〇九九九六二九四	四七	四十四分
五十五分	〇〇二七〇四九四	一七四五	〇九九九六三四一	四七	四十五分
五十四分	〇〇二六八七四九	一七四四	〇九九九六三八八	四七	四十六分
五十三分	〇〇二六七〇〇五	一七四五	〇九九九六四三五	四六	四十七分
五十二分	〇〇二六五二六〇	一七四五	〇九九九六四八一	四六	四十八分
五十一分	〇〇二六三五一五	一七四五	〇九九九六五二七	四六	四十九分
五十〇分	〇〇二六一七七〇		〇九九九六五七三		五十〇分

下逆	較數	餘弦	較數	正弦	一度
六十七分	四一	〇九九九七三〇六	一七四五	〇〇二三二一〇八	三十三分
六十六分	四一	〇九九九七二六五	一七四五	〇〇二三三八五三	三十四分
六十五分	四一	〇九九九七二二四	一七四五	〇〇二三五五九八	三十五分
六十四分	四二	〇九九九七一八三	一七四五	〇〇二三七三四三	三十六分
六十三分	四二	〇九九九七一四一	一七四五	〇〇二三九〇八八	三十七分
六十二分	四二	〇九九九七〇九九	一七四五	〇〇二四〇八三三	三十八分
六十一分	四二	〇九九九七〇五七	一七四四	〇〇二四二五七八	三十九分
六十〇分	四三	〇九九九七〇一五	一七四五	〇〇二四四三二二	四十〇分
五十九分	四三	〇九九九六九七二	一七四五	〇〇二四六〇六七	四十一分
五十八分	四三	〇九九九六九二九	一七四五	〇〇二四七八一二	四十二分
五十七分	四四	〇九九九六八八六	一七四四	〇〇二四九五五七	四十三分
五十六分	四四	〇九九九六八四二	一七四五	〇〇二五一三〇二	四十四分
五十五分	四四	〇九九九六七九八	一七四五	〇〇二五三〇四六	四十五分
五十四分	四五	〇九九九六七五四	一七四五	〇〇二五四七九一	四十六分
五十三分	四五	〇九九九六七〇九	一七四五	〇〇二五六五三六	四十七分
五十二分	四五	〇九九九六六六四	一七四五	〇〇二五八二八一	四十八分
五十一分	四六	〇九九九六六一九	一七四四	〇〇二六〇〇二六	四十九分
五十〇分		〇九九九六五七三		〇〇二六一七七〇	五十〇分

一度	正弦	較數	餘弦	較數	下逆
六十七分	○○二九一四二九	一七四五	○九九九五七五三	五一	三十三分
六十八分	○○二九三一七四	一七四四	○九九九五七○二	五一	三十二分
六十九分	○○二九四九一八	一七四五	○九九九五六五一	五二	三十一分
七十○分	○○二九六六六三	一七四四	○九九九五五九九	五二	三十○分
七十一分	○○二九八四○七	一七四五	○九九九五五四七	五二	二十九分
七十二分	○○三○○一五二	一七四四	○九九九五四九五	五三	二十八分
七十三分	○○三○一八九六	一七四五	○九九九五四四二	五三	二十七分
七十四分	○○三○三六四一	一七四四	○九九九五三八九	五三	二十六分
七十五分	○○三○五三八五	一七四五	○九九九五三三六	五三	二十五分
七十六分	○○三○七一三○	一七四四	○九九九五二八三	五四	二十四分
七十七分	○○三○八八七四	一七四五	○九九九五二二九	五四	二十三分
七十八分	○○三一○六一九	一七四四	○九九九五一七五	五四	二十二分
七十九分	○○三一二三六三	一七四五	○九九九五一一九	五五	二十一分
八十○分	○○三一四一○八	一七四四	○九九九五○六六	五五	二十○分
八十一分	○○三一五八五二	一七四五	○九九九五○一一	五五	一十九分
八十二分	○○三一七五九七	一七四四	○九九九四九五六	五六	一十八分
八十三分	○○三一九三四一	一七四五	○九九九四九○○	五六	一十七分
八十四分	○○三二一○八六		○九九九四八四四		一十六分

上順	餘弦	較數	正弦	較數	八十八度
八十四分	○○三二一○八六	一七四四	○九九九四八四四	五六	一十六分
八十五分	○○三二二八三○	一七四四	○九九九四七八八	五七	一十五分
八十六分	○○三二四五七四	一七四五	○九九九四七三一	五七	一十四分
八十七分	○○三二六三一九	一七四四	○九九九四六七四	五七	一十三分
八十八分	○○三二八○六三	一七四四	○九九九四六一七	五七	一十二分
八十九分	○○三二九八○七	一七四五	○九九九四五五○	五八	一十一分
九十○分	○○三三一五五二	一七四四	○九九九四五○二	五八	一十○分
九十一分	○○三三三二九六	一七四四	○九九九四四四四	五八	九分
九十二分	○○三三五○四○	一七四五	○九九九四三八六	五九	八分
九十三分	○○三三六七八五	一七四四	○九九九四三二七	五九	七分
九十四分	○○三三八五二九	一七四四	○九九九四二六八	五九	六分
九十五分	○○三四○二七三	一七四五	○九九九四二○九	六○	五分
九十六分	○○三四二○一八	一七四四	○九九九四一四九	六○	四分
九十七分	○○三四三七六二	一七四四	○九九九四○八九	六○	三分
九十八分	○○三四五五○六	一七四四	○九九九四○二九	六○	二分
九十九分	○○三四七二五一	一七四四	○九九九三九六九	六一	一分
百○○分	○○三四八九九五		○九九九三九○八		○分

二度	正弦	較數	餘弦	較數	下逆
〇分	〇〇三四八九九五	一七四四	〇九九九三九〇八	六一	百〇〇分
一分	〇〇三五〇七三九	一七四五	〇九九九三八四七	六一	九十九分
二分	〇〇三五二四八四	一七四四	〇九九九三七八六	六二	九十八分
三分	〇〇三五四二二八	一七四四	〇九九九三七二四	六二	九十七分
四分	〇〇三五五九七二	一七四四	〇九九九三六六二	六二	九十六分
五分	〇〇三五七七一六	一七四四	〇九九九三五九〇	六三	九十五分
六分	〇〇三五九四六〇	一七四四	〇九九九三五三七	六三	九十四分
七分	〇〇三六一二〇四	一七四五	〇九九九三四七四	六三	九十三分
八分	〇〇三六二九四九	一七四四	〇九九九三四一一	六三	九十二分
九分	〇〇三六四六九三	一七四四	〇九九九三三四八	六四	九十一分
一十〇分	〇〇三六六四三七	一七四四	〇九九九三二八四	六四	九十〇分
一十一分	〇〇三六八一八一	一七四四	〇九九九三二二〇	六四	八十九分
一十二分	〇〇三六九九二五	一七四四	〇九九九三二五六	六五	八十八分
一十三分	〇〇三七一六六九	一七四五	〇九九九三〇九一	六五	八十七分
一十四分	〇〇三七三四一四	一七四四	〇九九九三〇二六	六五	八十六分
一十五分	〇〇三七五一五八	一七四四	〇九九九三九六一	六六	八十五分
一十六分	〇〇三七六九〇二		〇九九九三八九五		八十四分

上順	餘弦	較數	正弦	較數	八十七度
一十六分	〇〇三七六九〇二	一七四四	〇九九九三七九五	六六	八十四分
一十七分	〇〇三七八六四六	一七四四	〇九九九三八二九	六六	八十三分
一十八分	〇〇三八〇三九〇	一七四四	〇九九九二七六三	六七	八十二分
一十九分	〇〇三八二一三四	一七四四	〇九九九二六九六	六七	八十一分
二十〇分	〇〇三八三八七八	一七四四	〇九九九二六二九	六七	八十〇分
二十一分	〇〇三八五六二二	一七四四	〇九九九二五六二	六七	七十九分
二十二分	〇〇三八七三六六	一七四四	〇九九九二四九五	六八	七十八分
二十三分	〇〇三八九一一〇	一七四四	〇九九九二四二七	六八	七十七分
二十四分	〇〇三九〇八五四	一七四四	〇九九九二三九九	六九	七十六分
二十五分	〇〇三九二五九八	一七四四	〇九九九二二九一	六九	七十五分
二十六分	〇〇三九四三四二	一七四四	〇九九九二二二二	六九	七十四分
二十七分	〇〇三九六〇八六	一七四四	〇九九九二一五三	六九	七十三分
二十八分	〇〇三九七八三〇	一七四四	〇九九九二〇八四	七〇	七十二分
二十九分	〇〇三九九五七四	一七四四	〇九九九二〇一四	六〇	七十一分
三十〇分	〇〇四〇一三一八	一七四四	〇九九九一九四四	七〇	七十〇分
三十一分	〇〇四〇三〇六二	一七四四	〇九九九一八七四	七一	六十九分
三十二分	〇〇四〇四八〇六	一七四四	〇九九九一八〇三	七一	六十八分
三十三分	〇〇四〇六五五〇		〇九九九一七三二		六十七分

二度	正弦	較數	餘弦	較數	下逆
三十三分	〇〇四〇六五五〇	一七四四	〇九九九一七三三	七一	六十七分
三十四分	〇〇四〇八五九四	一七四四	〇九九九一六六一	七一	六十六分
三十五分	〇〇四一〇〇三八	一七四四	〇九九九一五九一	七二	六十五分
三十六分	〇〇四一一七八二	一七四四	〇九九九一五一八	七二	六十四分
三十七分	〇〇四一三五二六	一七四三	〇九九九一四四六	七二	六十三分
三十八分	〇〇四一五二六九	一七四四	〇九九九一三七四	七三	六十二分
三十九分	〇〇四一七〇一三	一七四四	〇九九九一三〇一	七三	六十一分
四十〇分	〇〇四一八七五七	一七四四	〇九九九一二二八	七三	六十〇分
四十一分	〇〇四二〇五〇一	一七四三	〇九九九一一五五	七四	五十九分
四十二分	〇〇四二二二四四	一七四四	〇九九九一〇八一	七四	五十八分
四十三分	〇〇四二三九八八	一七四四	〇九九九一〇〇七	七四	五十七分
四十四分	〇〇四二五七三二	一七四四	〇九九九〇九三三	七四	五十六分
四十五分	〇〇四二七四七六	一七四三	〇九九九〇八五九	七五	五十五分
四十六分	〇〇四二九二一九	一七四四	〇九九九〇七八四	七五	五十四分
四十七分	〇〇四三〇九六三	一七四四	〇九九九〇七〇九	七五	五十三分
四十八分	〇〇四三二七〇七	一七四四	〇九九九〇六三四	七六	五十二分
四十九分	〇〇四三四四五一	一七四三	〇九九九〇五五八	七六	五十一分
五十〇分	〇〇四三六一九四		〇九九九〇四八二		五十〇分

上順	餘弦	較數	正弦	較數	八十七度
五十〇分	〇〇四三六一九四	一七四四	〇九九九〇四八二	七七	五十〇分
五十一分	〇〇四三七九三八	一七四四	〇九九九〇四〇六	七七	四十九分
五十二分	〇〇四三九六八二	一七四三	〇九九九〇三二九	七七	四十八分
五十三分	〇〇四四一四二六	一七四三	〇九九九〇二五二	七七	四十七分
五十四分	〇〇四四三一六九	一七四三	〇九九九〇二七五	七七	四十六分
五十五分	〇〇四四四九一二	一七四四	〇九九九〇〇九八	七八	四十五分
五十六分	〇〇四四六六五六	一七四三	〇九九九〇〇二〇	七八	四十四分
五十七分	〇〇四四八三九九	一七四四	〇九九八九九四二	七八	四十三分
五十八分	〇〇四五〇一四五	一七四三	〇九九八九八六四	七九	四十二分
五十九分	〇〇四五一八八六	一七四四	〇九九八九七八五	七九	四十一分
六十〇分	〇〇四五三六三〇	一七四三	〇九九八九七〇六	七九	四十〇分
六十一分	〇〇四五五三七三	一七四四	〇九九八九六二七	八〇	三十九分
六十二分	〇〇四五七一一七	一七四三	〇九九八九五四七	八〇	三十八分
六十三分	〇〇四五八八六〇	一七四四	〇九九八九四六七	八〇	三十七分
六十四分	〇〇四六〇六〇四	一七四三	〇九九八九三八七	八一	三十六分
六十五分	〇〇四六二三四七	一七四四	〇九九八九三〇六	八一	三十五分
六十六分	〇〇四六四〇九一	一七四三	〇九九八九二二五	八一	三十四分
六十七分	〇〇四六五八三四		〇九九八九一四四		三十三分

二度	正弦	較數	餘弦	較數	下逆
六十七分	〇〇四六五八三四	一七四四	〇九九八九一四四	八二	三十三分
六十八分	〇〇四六七五七八	一七四三	〇九九八九〇六二	八二	三十二分
六十九分	〇〇四六九三二一	一七四四	〇九九八八九八〇	八二	三十一分
七十〇分	〇〇四七一〇六四	一七四三	〇九九八八八九八	八二	三十〇分
七十一分	〇〇四七二八〇七	一七四四	〇九九八八八一六	八三	二十九分
七十二分	〇〇四七四五五一	一七四三	〇九九八八七三三	八三	二十八分
七十三分	〇〇四七六二九四	一七四四	〇九九八八六五〇	八三	二十七分
七十四分	〇〇四七八〇三八	一七四三	〇九九八八五六七	八四	二十六分
七十五分	〇〇四七九七八一	一七四四	〇九九八八四八三	八四	二十五分
七十六分	〇〇四八一五二五	一七四三	〇九九八八三九九	八四	二十四分
七十七分	〇〇四八三二六八	一七四三	〇九九八八三一五	八四	二十三分
七十八分	〇〇四八五〇一一	一七四四	〇九九八八二三一	八五	二十二分
七十九分	〇〇四八六七五五	一七四三	〇九九八八一四六	八五	二十一分
八十〇分	〇〇四八八四九八	一七四三	〇九九八八〇六一	八五	二十〇分
八十一分	〇〇四九〇二四一	一七四三	〇九九八七九七六	八六	一十九分
八十二分	〇〇四九一九八四	一七四四	〇九九八七八九〇	八六	一十八分
八十三分	〇〇四九三七二八	一七四三	〇九九八七八〇四	八六	一十七分
八十四分	〇〇四九五四七一		〇九九八七七一八		一十六分

上順	餘弦	較數	正弦	較數	八十七度
八十四分	〇〇四九五四七一	一七四三	〇九九八七七一八	八七	一十六分
八十五分	〇〇四九七二一四	一七四三	〇九九八七六三一	八七	一十五分
八十六分	〇〇四九八九五七	一七四三	〇九九八七五四三	八七	一十四分
八十七分	〇〇五〇〇七〇〇	一七四三	〇九九八七四五六	八七	一十三分
八十八分	〇〇五〇二四四三	一七四三	〇九九八七三六九	八八	一十二分
八十九分	〇〇五〇四一八六	一七四三	〇九九八七二八一	八八	一十一分
九十〇分	〇〇五〇五九二九	一七四三	〇九九八七一九三	八八	一十〇分
九十一分	〇〇五〇七六七二	一七四三	〇九九八七一〇五	八九	九分
九十二分	〇〇五〇九四一五	一七四三	〇九九八七〇一六	八九	八分
九十三分	〇〇五一一一五八	一七四三	〇九九八六九三七	八九	七分
九十四分	〇〇五一二九〇一	一七四三	〇九九八六八三八	九〇	六分
九十五分	〇〇五一四六四四	一七四三	〇九九八六七四八	九〇	五分
九十六分	〇〇五一六三八七	一七四三	〇九九八六六五八	九〇	四分
九十七分	〇〇五一八一三〇	一七四三	〇九九八六五六八	九一	三分
九十八分	〇〇五一九八七三	一七四三	〇九九八六四七七	九一	二分
九十九分	〇〇五二一六一六	一七四三	〇九九八六三八六	九一	一分
百〇〇分	〇〇五二三三五九		〇九九八六二九五		〇分

三度	正弦	較數	餘弦	較數	下逆
〇分	〇〇五二三三五九		〇九九八六二九五		百〇〇分
一分	〇〇五二五一〇二	一七四三	〇九九八六二〇四	九一	九十九分
二分	〇〇五二六八四五	一七四三	〇九九八六一一二	九二	九十八分
三分	〇〇五二八五八八	一七四三	〇九九八六〇二〇	九二	九十七分
四分	〇〇五三〇三三一	一七四三	〇九九八五九二八	九二	九十六分
五分	〇〇五三二〇七四	一七四三	〇九九八五八三五	九三	九十五分
六分	〇〇五三三八一七	一七四三	〇九九八五七四二	九三	九十四分
七分	〇〇五三五五六〇	一七四三	〇九九八五六四九	九三	九十三分
八分	〇〇五三七三〇三	一七四三	〇九九八五五五五	九四	九十二分
九分	〇〇五三九〇四五	一七四二	〇九九八五四六一	九四	九十一分
一十〇分	〇〇五四〇七八八	一七四三	〇九九八五三六七	九四	九十〇分
一十一分	〇〇五四二五三一	一七四三	〇九九八五二七二	九五	八十九分
一十二分	〇〇五四四二七四	一七四三	〇九九八五一七七	九五	八十八分
一十三分	〇〇五四六〇一六	一七四二	〇九九八五〇八二	九五	八十七分
一十四分	〇〇五四七七五九	一七四三	〇九九八四九八七	九五	八十六分
一十五分	〇〇五四九五〇二	一七四三	〇九九八四八九一	九六	八十五分
一十六分	〇〇五五一二四五	一七四三	〇九九八四七九五	九六	八十四分

上順	餘弦	較數	正弦	較數	八十六度
一十六分	〇〇五五一二四五		〇九九八四七九九		八十四分
一十七分	〇〇五五二九八七	一七四二	〇九九八四六九九	九六	八十三分
一十八分	〇〇五五四七三〇	一七四三	〇九九八四六〇二	九七	八十二分
一十九分	〇〇五五六四七二	一七四二	〇九九八四五〇五	九七	八十一分
二十〇分	〇〇五五八二一五	一七四三	〇九九八四四〇八	九七	八十〇分
二十一分	〇〇五五九九五八	一七四三	〇九九八四三一〇	九八	七十九分
二十二分	〇〇五六一七〇〇	一七四二	〇九九八四二一二	九八	七十八分
二十三分	〇〇五六三四四三	一七四三	〇九九八四一一四	九八	七十七分
二十四分	〇〇五六五一八五	一七四二	〇九九八四〇一五	九九	七十六分
二十五分	〇〇五六六九二八	一七四三	〇九九八三九一六	九九	七十五分
二十六分	〇〇五六八六七〇	一七四二	〇九九八三八一七	九九	七十四分
二十七分	〇〇五七〇四一三	一七四三	〇九九八三七一八	九九	七十三分
二十八分	〇〇五七二一五五	一七四二	〇九九八三六一八	一〇〇	七十二分
二十九分	〇〇五七三八九八	一七四三	〇九九八三五一八	一〇〇	七十一分
三十〇分	〇〇五七五六四〇	一七四二	〇九九八三四一八	一〇〇	七十〇分
三十一分	〇〇五七七三八三	一七四三	〇九九八三三一一	一〇一	六十九分
三十二分	〇〇五七九一二五	一七四二	〇九九八三二一六	一〇一	六十八分
三十三分	〇〇五八〇八六八	一七四三	〇九九八三一一五	一〇一	六十七分

三度	正弦	較數	餘弦	較數	下逆
三十三分	○○五八○八六八		○九九八三一一五		六十七分
三十四分	○○五八二六一○	一七四二	○九九八二○一三	一○二	六十六分
三十五分	○○五八四三五二	一七四二	○九九八二九一一	一○二	六十五分
三十六分	○○五八六○九五	一七四三	○九九八二八○九	一○二	六十四分
三十七分	○○五八七八三七	一七四二	○九九八二七○七	一○二	六十三分
三十八分	○○五八九五七九	一七四二	○九九八二六○四	一○三	六十二分
三十九分	○○五九一三二二	一七四三	○九九八二五○一	一○三	六十一分
四十○分	○○五九三○六四	一七四二	○九九八二三九八	一○三	六十○分
四十一分	○○五九四八○六	一七四二	○九九八二二九四	一○四	五十九分
四十二分	○○五九六五四九	一七四三	○九九八二一九○	一○四	五十八分
四十三分	○○五九八二九一	一七四二	○九九八二○八六	一○四	五十七分
四十四分	○○六○○○三三	一七四二	○九九八一九八一	一○五	五十六分
四十五分	○○六○一七七五	一七四二	○九九八一八七六	一○五	五十五分
四十六分	○○六○三五一七	一七四二	○九九八一七七一	一○五	五十四分
四十七分	○○六○五二五九	一七四二	○九九八一六六六	一○五	五十三分
四十八分	○○六○七○○一	一七四二	○九九八一五六○	一○六	五十二分
四十九分	○○六○八七四三	一七四二	○九五八一四五四	一○六	五十一分
五十○分	○○六一○四八五	一七四二	○九九八一三四八	一○六	五十○分

上順	餘弦	較數	正弦	較數	八十六度
五十○分	○○六一○四八五	一七四二	○九九八一三四八	一○七	五十○分
五十一分	○○六一二二二七	一七四二	○九九八一二四一	一○七	四十九分
五十二分	○○六一三九六九	一七四二	○九九八一一三四	一○七	四十八分
五十三分	○○六一五七一一	一七四二	○九九八一○二七	一○八	四十七分
五十四分	○○六一七四五三	一七四二	○九九八○九一九	一○八	四十六分
五十五分	○○六一九一九五	一七四二	○九九八○八一一	一○八	四十五分
五十六分	○○六二○九三七	一七四二	○九九八○七○三	一○九	四十四分
五十七分	○○六二二六七九	一七四二	○九九八○五九四	一○九	四十三分
五十八分	○○六二四四二一	一七四二	○九九八○四八五	一○九	四十二分
五十九分	○○六二六一六三	一七四二	○九九八○三七六	一○九	四十一分
六十○分	○○六二七九○五	一七四二	○九九八○二六七	一一○	四十○分
六十一分	○○六二九六四七	一七四二	○九九八○一五七	一一○	三十九分
六十二分	○○六三一三八九	一七四一	○九九八○○四七	一一○	三十八分
六十三分	○○六三三一三○	一七四二	○九九七九九三七	一一一	三十七分
六十四分	○○六三四八七二	一七四二	○九九七九八二六	一一一	三十六分
六十五分	○○六三六六一四	一七四二	○九九七九七一五	一一一	三十五分
六十六分	○○六三八三五六	一七四二	○九九七九六○四	一一二	三十四分
六十七分	○○六四○○九八		○九九七九四九二		三十三分

三度	正弦	較數	餘弦	較數	下逆
六十七分	〇〇六四〇〇九八		〇九九七九四九二		三十三分
六十八分	〇〇六四一八三九	一七四一	〇九九七九三八〇	一一二	三十二分
六十九分	〇〇六四三五八一	一七四二	〇九九七九二六八	一一二	三十一分
七十〇分	〇〇六四五三二三	一七四二	〇九九七九一五六	一一二	三十〇分
七十一分	〇〇六四七〇六五	一七四二	〇九九七九〇四三	一一三	二十九分
七十二分	〇〇六四八八〇六	一七四一	〇九九七八九三〇	一一三	二十八分
七十三分	〇〇六五〇五四八	一七四二	〇九九七八八一七	一一三	二十七分
七十四分	〇〇六五二二九〇	一七四二	〇九九七八七〇三	一一四	二十六分
七十五分	〇〇六五四〇三一	一七四一	〇九九七八五八九	一一四	二十五分
七十六分	〇〇六五五七七三	一七四二	〇九九七八四七五	一一四	二十四分
七十七分	〇〇六五七五一四	一七四一	〇九九七八三六〇	一一五	二十三分
七十八分	〇〇六五九二五六	一七四二	〇九九七八二四五	一一五	二十二分
七十九分	〇〇六六〇九九七	一七四一	〇九九七八一三〇	一一五	二十一分
八十〇分	〇〇六六二七三九	一七四二	〇九九七八〇一四	一一六	二十〇分
八十一分	〇〇六六四四八〇	一七四一	〇九九七七八九八	一一六	一十九分
八十二分	〇〇六六六二二二	一七四二	〇九九七七七八二	一一六	一十八分
八十三分	〇〇六六七九六三	一七四一	〇九九七七六六六	一一六	一十七分
八十四分	〇〇六六九七〇五	一七四二	〇九九七七五四九	一一七	一十六分

上順	餘弦	較數	正弦	較數	八十六度
百〇〇分	〇〇六九七五六五		〇九九七五六四〇		〇分
九十九分	〇〇六九五八二四	一七四一	〇九九七五六七二	一二二	一分
九十八分	〇〇六九四〇八三	一七四一	〇九九七五八八三	一二一	二分
九十七分	〇〇六九二三四二	一七四一	〇九九七六〇〇四	一二一	三分
九十六分	〇〇六九〇六〇一	一七四一	〇九九七六一二五	一二一	四分
九十五分	〇〇六八八八五九	一七四二	〇九九七六二四五	一二〇	五分
九十四分	〇〇六八七一一八	一七四一	〇九九七六三六五	一二〇	六分
九十三分	〇〇六八五三七七	一七四一	〇九九七六四八五	一二〇	七分
九十二分	〇〇六八三六三五	一七四二	〇九九七六六〇四	一一九	八分
九十一分	〇〇六八一八九四	一七四一	〇九九七六七二三	一一九	九分
九十〇分	〇〇六八〇一五三	一七四一	〇九九七六八四二	一一九	一十〇分
八十九分	〇〇六七八四一一	一七四二	〇九九七六九六一	一一九	一十一分
八十八分	〇〇六七六六七〇	一七四一	〇九九七七〇七九	一一八	一十二分
八十七分	〇〇六七四九二九	一七四一	〇九九七七一九七	一一八	一十三分
八十六分	〇〇六七三一八七	一七四二	〇九九七七三一五	一一八	一十四分
八十五分	〇〇六七一四四六	一七四一	〇九九七七四三二	一一七	一十五分
八十四分	〇〇六六九七〇五	一七四一	〇九九七七五四九	一一七	一十六分

四度	〇分	一分	二分	三分	四分	五分	六分	七分	八分	九分	一十〇分	一十一分	一十二分	一十三分	一十四分	一十五分	一十六分
正弦	〇〇六九七五六五	〇〇六九九三〇六	〇〇七〇一〇四七	〇〇七〇二七八八	〇〇七〇四五二九	〇〇七〇六二七〇	〇〇七〇八〇一一	〇〇七〇九七五二	〇〇七一一四九三	〇〇七一三二三三	〇〇七一四九七四	〇〇七一六七一五	〇〇七一八四五六	〇〇七二〇一九六	〇〇七二一九三七	〇〇七二三六七八	〇〇七二五四一九
較數	一七四一	一七四一	一七四一	一七四一	一七四一	一七四一	一七四一	一七四一	一七四〇	一七四一	一七四一	一七四一	一七四〇	一七四一	一七四一	一七四一	
餘弦	〇九九七五六四〇	〇九九七五五一八	〇九九七五三九六	〇九九七五二七三	〇九九七五一五〇	〇九九七五〇二七	〇九九七四九〇四	〇九九七四七八〇	〇九九七四六五六	〇九九七四五三二	〇九九七四四〇七	〇九九七四二八二	〇九九七四一五七	〇九九七四〇三一	〇九九七三九〇五	〇九九七三七七九	〇九九七三六五三
較數	一二二	一二二	一二三	一二三	一二三	一二三	一二四	一二四	一二四	一二五	一二五	一二五	一二六	一二六	一二六	一二六	
下逆	百〇〇分	九十九分	九十八分	九十七分	九十六分	九十五分	九十四分	九十三分	九十二分	九十一分	九十〇分	八十九分	八十八分	八十七分	八十六分	八十五分	八十四分

上順	一十六分	一十七分	一十八分	一十九分	二十〇分	二十一分	二十二分	二十三分	二十四分	二十五分	二十六分	二十七分	二十八分	二十九分	三十〇分	三十一分	三十二分	三十三分
餘弦	〇〇七二五四一九	〇〇七二七一六〇	〇〇七二八九〇〇	〇〇七三〇六四一	〇〇七三二三八二	〇〇七三四一二三	〇〇七三五八六三	〇〇七三七六〇四	〇〇七三九三四五	〇〇七四一〇八五	〇〇七四二八二六	〇〇七四四五六六	〇〇七四六三〇七	〇〇七四八〇四七	〇〇七四九七八七	〇〇七五一五二八	〇〇七五三二六八	〇〇七五五〇〇八
較數	一七四一	一七四〇	一七四一	一七四一	一七四一	一七四〇	一七四一	一七四一	一七四〇	一七四一	一七四〇	一七四一	一七四〇	一七四〇	一七四一	一七四〇	一七四〇	
正弦	〇九九七三六五三	〇九九七三五二六	〇九九七三三九九	〇九九七三二七二	〇九九七三一四四	〇九九七三〇一六	〇九九七二八八八	〇九九七二七六〇	〇九九七二六三一	〇九九七二五〇二	〇九九七二三七二	〇九九七二二四二	〇九九七二一一二	〇九九七一九八二	〇九九七一八五一	〇九九七一七二〇	〇九九七一五八九	〇九九七一四五七
較數	一二七	一二七	一二七	一二八	一二八	一二八	一二八	一二九	一二九	一三〇	一三〇	一三〇	一三〇	一三一	一三一	一三一	一三二	
八十五度	八十四分	八十三分	八十二分	八十一分	八十〇分	七十九分	七十八分	七十七分	七十六分	七十五分	七十四分	七十三分	七十二分	七十一分	七十〇分	六十九分	六十八分	六十七分

四度	正弦	較數	餘弦	較數	下逆
三十三分	○○七五五○○八	一七四一	○九九七一四五七	一三二	六十七分
三十四分	○○七五六七四九	一七四○	○九九七一三二五	一三二	六十六分
三十五分	○○七五八四八九	一七四○	○九九七一一九三	一三三	六十五分
三十六分	○○七六○二二九	一七四一	○九九七一○六○	一三三	六十四分
三十七分	○○七六一九七○	一七四○	○九九七○九二七	一三三	六十三分
三十八分	○○七六三七一○	一七四○	○九九七○七九四	一三三	六十二分
三十九分	○○七六五四五○	一七四○	○九九七○六六一	一三四	六十一分
四十○分	○○七六七一九○	一七四一	○九九七○五二七	一三四	六十○分
四十一分	○○七六八九三一	一七四○	○九九七○三五三	一三四	五十九分
四十二分	○○七七○六七一	一七四○	○九九七○二九九	一三五	五十八分
四十三分	○○七七二四一一	一七四○	○九九七○一二四	一三五	五十七分
四十四分	○○七七四一五一	一七四○	○九九六九九八九	一三五	五十六分
四十五分	○○七七五八九一	一七四○	○九九六九八五四	一三六	五十五分
四十六分	○○七七七六三一	一七四○	○九九六九七一八	一三六	五十四分
四十七分	○○七七九三七一	一七四○	○九九六九五八二	一三六	五十三分
四十八分	○○七八一一一一	一七四○	○九九六九四四六	一三六	五十二分
四十九分	○○七八二八五一	一七四○	○九九六九三一○	一三七	五十一分
五十○分	○○七八四五九一		○九九六九一七三		五十○分

上順	餘弦	較數	正弦	較數	八十五度
五十○分	○○七八四五九一	一七四○	○九九六九一七三	一三七	五十○分
五十一分	○○七八六三三一	一七四○	○九九六九○三六	一三七	四十九分
五十二分	○○七八八○七一	一七四○	○九九六八八九九	一三八	四十八分
五十三分	○○七八九八一一	一七四○	○九九六八七六一	一三八	四十七分
五十四分	○○七九一五五一	一七四○	○九九六八六二三	一三八	四十六分
五十五分	○○七九三二九一	一七四○	○九九六八四八五	一三九	四十五分
五十六分	○○七九五○三一	一七三九	○九九六八三四六	一三九	四十四分
五十七分	○○七九六七七○	一七四○	○九九六八二○七	一三九	四十三分
五十八分	○○七九八五一○	一七四○	○九九六八○六八	一四○	四十二分
五十九分	○○八○○二五○	一七三九	○九九六七九二八	一四○	四十一分
六十○分	○○八○一九八九	一七四○	○九九六七七八八	一四○	四十○分
六十一分	○○八○三七二九	一七四○	○九九六七六四八	一四○	三十九分
六十二分	○○八○五四六九	一七三九	○九九六七五○八	一四一	三十八分
六十三分	○○八○七二○八	一七四○	○九九六七三六七	一四一	三十七分
六十四分	○○八○八九四八	一七三九	○九九六七二二六	一四一	三十六分
六十五分	○○八一○六八七	一七四○	○九九六七○八五	一四二	三十五分
六十六分	○○八一二四二七	一七三九	○九九六六九四三	一四二	三十四分
六十七分	○○八一四一六六		○九九六六八○一		三十三分

上順	餘弦	較數	正弦	較數	八十五度
百〇〇分	〇〇八七一五五七	一七三八	〇九九八一九四一	一五二	〇分
九十九分	〇〇八六九八一九	一七三九	〇九九六二〇九九	一五一	一分
九十八分	〇〇八六八〇八〇	一七三九	〇九九六二二五〇	一五一	二分
九十七分	〇〇八六六三四一	一七三八	〇九九六二四〇一	一五一	三分
九十六分	〇〇八六四六〇三	一七三九	〇九九六二五五二	一五一	四分
九十五分	〇〇八六二八六四	一七三九	〇九九六二七〇三	一五〇	五分
九十四分	〇〇八六一一二五	一七三九	〇九九六二八五三	一五〇	六分
九十三分	〇〇八五九三八六	一七三九	〇九九六三〇〇三	一五〇	七分
九十二分	〇〇八五七六四七	一七三九	〇九九六三一五三	一五〇	八分
九十一分	〇〇八五五九〇八	一七三九	〇九九六三三〇三	一四九	九分
九十〇分	〇〇八五四一六九	一七三九	〇九九六三四五二	一四九	一十〇分
八十九分	〇〇八五二四三〇	一七三九	〇九九六三六〇一	一四九	一十一分
八十八分	〇〇八五〇六九一	一七三九	〇九九六三七五〇	一四八	一十二分
八十七分	〇〇八四八九五二	一七三九	〇九九六三八九八	一四八	一十三分
八十六分	〇〇八四七二一三	一七三九	〇九九六四〇四六	一四八	一十四分
八十五分	〇〇八四五四七四	一七三九	〇九九六四一九四	一四八	一十五分
八十四分	〇〇八四三七三五		〇九九六四三四二		一十六分

四度	正弦	較數	餘弦	較數	下逆
八十四分	〇〇八四三七三五	一七三九	〇九九六四三四二	一四七	一十六分
八十三分	〇〇八四一九九六	一七四〇	〇九九六四四八九	一四七	一十七分
八十二分	〇〇八四〇二五六	一七三九	〇九九六四六三六	一四七	一十八分
八十一分	〇〇八三八五一七	一七三九	〇九九六四七八三	一四六	一十九分
八十〇分	〇〇八三六七七八	一七三九	〇九九六四九二九	一四六	二十〇分
七十九分	〇〇八三五〇三九	一七三九	〇九九六五〇七五	一四六	二十一分
七十八分	〇〇八三三三〇〇	一七四〇	〇九九六五二二一	一四五	二十二分
七十七分	〇〇八三一五六〇	一七三九	〇九九六五三六六	一四五	二十三分
七十六分	〇〇八二九八二一	一七三九	〇九九六五五一一	一四四	二十四分
七十五分	〇〇八二八〇八二	一七三九	〇九九六五六五五	一四四	二十五分
七十四分	〇〇八二六三四三	一七四〇	〇九九六五七九九	一四四	二十六分
七十三分	〇〇八二四六〇三	一七三九	〇九九六五九四三	一四四	二十七分
七十二分	〇〇八二二八六四	一七四〇	〇九九六六〇八七	一四三	二十八分
七十一分	〇〇八二一一二四	一七三九	〇九九六六二五〇	一四三	二十九分
七十〇分	〇〇八一九三八五	一七四〇	〇九九六六三七三	一四三	三十〇分
六十九分	〇〇八一七六四五	一七三九	〇九九六六五一六	一四三	三十一分
六十八分	〇〇八一五九〇六	一七四〇	〇九九六六六五九	一四二	三十二分
六十七分	〇〇八一四一六六		〇九九六六八〇二		三十三分

五度	正弦	較數	餘弦	較數	下逆
〇分	〇〇八七一五五七		〇九九六一九四七		百〇〇分
一分	〇〇八七三二九六	一七三九	〇九九六一七九五	一五二	九十九分
二分	〇〇八七五〇三五	一七三九	〇九九六一六四二	一五三	九十八分
三分	〇〇八七六七七三	一七三八	〇九九六一四八九	一五三	九十七分
四分	〇〇八七八五一二	一七三九	〇九九六一三三六	一五三	九十六分
五分	〇〇八八〇二五〇	一七三八	〇九九六一一八三	一五三	九十五分
六分	〇〇八八一九八九	一七三九	〇九九六一〇二九	一五四	九十四分
七分	〇〇八八三七二七	一七三八	〇九九六〇八七五	一五四	九十三分
八分	〇〇八八五四六六	一七三九	〇九九六〇七二一	一五四	九十二分
九分	〇〇八八七二〇四	一七三八	〇九九六〇五六六	一五九	九十一分
一十〇分	〇〇八八八九四三	一七三九	〇九九六〇四一一	一五五	九十〇分
一十一分	〇〇八九〇六八一	一七三八	〇九九六〇二五六	一五五	八十九分
一十二分	〇〇八九二四二〇	一七三九	〇九九六〇一〇〇	一五六	八十八分
一十三分	〇〇八九四一五八	一七三八	〇九九五九九四四	一五六	八十七分
一十四分	〇〇八九五八九七	一七三九	〇九九五九七八八	一五六	八十六分
一十五分	〇〇八九七六三五	一七三八	〇九九五九六三一	一五七	八十五分
一十六分	〇〇八九九三七四	一七三九	〇九九五九四七四	一五七	八十四分

上順	餘弦	較數	正弦	較數	八十四度
一十六分	〇〇八九九三七四		〇九九五九四七四		八十四分
一十七分	〇〇九〇一一一二	一七三八	〇九九五九三一七	一五七	八十三分
一十八分	〇〇九〇二八五〇	一七三八	〇九九五九一六〇	一五七	八十二分
一十九分	〇〇九〇四五八八	一七三八	〇九九五九〇〇二	一五八	八十一分
二十〇分	〇〇九〇六三二六	一七三八	〇九九五八八四四	一五八	八十〇分
二十一分	〇〇九〇八〇六四	一七三八	〇九九五八六八六	一五八	七十九分
二十二分	〇〇九〇九八〇二	一七三八	〇九九五八五二七	一五九	七十八分
二十三分	〇〇九一一五四〇	一七三八	〇九九五八三六八	一五九	七十七分
二十四分	〇〇九一三二七八	一七三八	〇九九五八二〇九	一五九	七十六分
二十五分	〇〇九一五〇一六	一七三八	〇九九五八〇四九	一六〇	七十五分
二十六分	〇〇九一六七五四	一七三八	〇九九五七八八九	一六〇	七十四分
二十七分	〇〇九一八四九二	一七三八	〇九九五七七二九	一六〇	七十三分
二十八分	〇〇九二〇二三〇	一七三八	〇九九五七五六九	一六〇	七十二分
二十九分	〇〇九二一九六八	一七三八	〇九九五七四〇八	一六一	七十一分
三十〇分	〇〇九二三七〇六	一七三八	〇九九五七二四七	一六一	七十〇分
三十一分	〇〇九二五四四四	一七三八	〇九九五七〇八六	一六一	六十九分
三十二分	〇〇九二七一八二	一七三八	〇九九五六九二〇	一六二	六十八分
三十三分	〇〇九二八九二〇	一七三八	〇九九五六七六二	一六二	六十七分

五度	正弦	較數	餘弦	較數	下逆
三十三分	〇〇九二八九二〇	一七三八	〇九九五六七六二	一六二	六十七分
三十四分	〇〇九三〇六五八	一七三七	〇九九五六六〇〇	一六三	六十六分
三十五分	〇〇九三二三九五	一七三八	〇九九五六四三七	一六三	六十五分
三十六分	〇〇九三四一三三	一七三八	〇九九五六一七四	一六三	六十四分
三十七分	〇〇九三五八七一	一七三七	〇九九五六一一一	一六四	六十三分
三十八分	〇〇九三七六〇八	一七三八	〇九九五五九四七	一六四	六十二分
三十九分	〇〇九三九三四六	一七三七	〇九九五五七八二	一六四	六十一分
四十〇分	〇〇九四一〇八三	一七三八	〇九九五五六一九	一六四	六十〇分
四十一分	〇〇九四二八二一	一七三七	〇九九五五四五五	一六五	五十九分
四十二分	〇〇九四四五五八	一七三八	〇九九五五二九〇	一六五	五十八分
四十三分	〇〇九四六二九六	一七三七	〇九九五五一二五	一六五	五十七分
四十四分	〇〇九四八〇三三	一七三八	〇九九五四九六〇	一六六	五十六分
四十五分	〇〇九四九七七一	一七三七	〇九九五四七九四	一六六	五十五分
四十六分	〇〇九五一五〇八	一七三八	〇九九五四六二八	一六六	五十四分
四十七分	〇〇九五三二四六	一七三七	〇九九五四四六二	一六六	五十三分
四十八分	〇〇九五四九八三	一七三八	〇九九五四二九六	一六七	五十二分
四十九分	〇〇九五六七二一	一七三七	〇九九五四一二九	一六七	五十一分
五十〇分	〇〇九五八四九八		〇九九五三九六二		五十〇分

上順	餘弦	較數	正弦	較數	八十四度
五十〇分	〇〇九五八四五八	一七三八	〇九九五三九六二	一六七	五十〇分
五十一分	〇〇九六〇一九六	一七三七	〇九九五三七九五	一六八	四十九分
五十二分	〇〇九六一九三三	一七三七	〇九九五三六二七	一六八	四十八分
五十三分	〇〇九六三六七〇	一七三七	〇九九五三四五九	一六八	四十七分
五十四分	〇〇九六五四〇七	一七三七	〇九九五三二九一	一六九	四十六分
五十五分	〇〇九六七一四四	一七三七	〇九九五三一二二	一六九	四十五分
五十六分	〇〇九六八八八一	一七三七	〇九九五二九五三	一六九	四十四分
五十七分	〇〇九七〇六一八	一七三七	〇九九五二七八四	一九〇	四十三分
五十八分	〇〇九七二三五五	一七三七	〇九九五二六一四	一七〇	四十二分
五十九分	〇〇九七四〇九二	一七三七	〇九九五二四四四	一七〇	四十一分
六十〇分	〇〇九七五八二九	一七三七	〇九九五二二七四	一七〇	四十〇分
六十一分	〇〇九七七五六六	一七三七	〇九九五二一〇四	一七一	三十九分
六十二分	〇〇九七九三〇三	一七三七	〇九九五一九三三	一七一	三十八分
六十三分	〇〇九八一〇四〇	一七三七	〇九九五一七六二	一七一	三十七分
六十四分	〇〇九八二七七七	一七三七	〇九九五一五九一	一七二	三十六分
六十五分	〇〇九八四五一四	一七三七	〇九九五一四一九	一七二	三十五分
六十六分	〇〇九八六二五一	一七三七	〇九九五一二四七	一七二	三十四分
六十七分	〇〇九八七九八八		〇九九五一〇七五		三十三分

五度	正弦	較數	餘弦	較數	下逆
六十七分	〇〇九八七五八八	一七三七	〇九九五一〇七五	一七三	三十三分
六十八分	〇〇九八九七二五	一七三七	〇九九五〇九〇一	一七三	三十二分
六十九分	〇〇九九一四六二	一七三六	〇九九五〇七二九	一七三	三十一分
七十〇分	〇〇九九三一九八	一七三七	〇九九五〇五五六	一七四	三十〇分
七十一分	〇〇九九四九三五	一七三六	〇九九五〇三八三	一七四	二十九分
七十二分	〇〇九九六六七一	一七三七	〇九九五〇二〇八	一七四	二十八分
七十三分	〇〇九九八四〇八	一七三六	〇九九五〇〇三四	一七四	二十七分
七十四分	〇一〇〇〇一四四	一七三七	〇九九四九八六〇	一七五	二十六分
七十五分	〇一〇〇一八八一	一七三六	〇九九四九六八五	一七五	二十五分
七十六分	〇一〇〇三六一七	一七三七	〇九九四九五一〇	一七五	二十四分
七十七分	〇一〇〇五三五四	一七三六	〇九九四九三三五	一七六	二十三分
七十八分	〇一〇〇七〇九〇	一七三七	〇九九四九一五九	一七六	二十二分
七十九分	〇一〇〇八八二七	一七三六	〇九九四八九八三	一七六	二十一分
八十〇分	〇一〇一〇五六三	一七三七	〇九九四八八〇七	一七七	二十〇分
八十一分	〇一〇一二三〇〇	一七三六	〇九九四八六三〇	一七七	一十九分
八十二分	〇一〇一四〇三六	一七三七	〇九九四八四五三	一七七	一十八分
八十三分	〇一〇一五七七三	一七三六	〇九九四八二七六	一七七	一十七分
八十四分	〇一〇一七五〇九		〇九九四八〇九九		一十六分

上順	餘弦	較數	正弦	較數	八十四度
八十四分	〇一〇一七五〇九	一七三六	〇九九四八〇九九	一七八	一十六分
八十五分	〇一〇二九二四五	一七三六	〇九九四七九二一	一七八	一十五分
八十六分	〇一〇二〇九八一	一七三六	〇九九四七七四三	一七八	一十四分
八十七分	〇一〇二二七一七	一七三六	〇九九四七五六五	一七九	一十三分
八十八分	〇一〇二四四五五	一七三六	〇九九四七三八六	一七九	一十二分
八十九分	〇一〇二六一八九	一七三六	〇九九四七二〇七	一七九	一十一分
九十〇分	〇一〇二七九二五	一七三六	〇九九四七〇二八	一八〇	一十〇分
九十一分	〇一〇二九六六一	一七三六	〇九九四六八四八	一八〇	九分
九十二分	〇一〇三一三九七	一七三六	〇九九四六六六八	一八〇	八分
九十三分	〇一〇三三一三三	一七三六	〇九九四六四八八	一八〇	七分
九十四分	〇一〇三四八六九	一七三六	〇九九四六三〇八	一八一	六分
九十五分	〇一〇三六六〇五	一七三六	〇九九四六一二七	一八一	五分
九十六分	〇一〇三八三四一	一七三六	〇九九四五九四六	一八一	四分
九十七分	〇一〇四〇〇七七	一七三六	〇九九四五七六五	一八二	三分
九十八分	〇一〇四一八一三	一七三六	〇九九四五五八三	一八二	二分
九十九分	〇一〇四三五四九	一七三六	〇九九四五四〇一	一八二	一分
百〇〇分	〇一〇四五二八五		〇九九四五二一九		〇分

六度	正弦	較數	餘弦	較數	下逆
〇分	〇一〇四五二八五	一七三六	〇九九四五二一九	一八三	百〇〇分
一分	〇一〇四七〇二一	一七三六	〇九九四五〇二六	一八三	九十九分
二分	〇一〇四八七五七	一七三五	〇九九四四八五三	一八三	九十八分
三分	〇一〇五〇四九二	一七三六	〇九九四四六七〇	一八四	九十七分
四分	〇一〇五二二二八	一七三五	〇九九四四四八六	一八四	九十六分
五分	〇一〇五三九六三	一七三六	〇九九四四五〇二	一八四	九十五分
六分	〇一〇五五六九九	一七三五	〇九九四四一一八	一八四	九十四分
七分	〇一〇五七四三四	一七三六	〇九九四三九三四	一八五	九十三分
八分	〇一〇五九一七〇	一七三五	〇九九四三七四九	一八五	九十二分
九分	〇一〇六〇九〇五	一七三六	〇九九四三五六四	一八五	九十一分
一十〇分	〇一〇六二六四一	一七三五	〇九九四三三七九	一八六	九十〇分
一十一分	〇一〇六四三七六	一七三六	〇九九四三一九三	一八六	八十九分
一十二分	〇一〇六六一一二	一七三五	〇九九四三〇〇七	一八六	八十八分
一十三分	〇一〇六七八四七	一七三六	〇九九四二八二一	一八六	八十七分
一十四分	〇一〇六九五八三	一七三五	〇九九四二六三五	一八七	八十六分
一十五分	〇一〇七一三一八	一七三六	〇九九四二四四八	一八七	八十五分
一十六分	〇一〇七三〇五四		〇九九四二二六一		八十四分

上順	餘弦	較數	正弦	較數	八十三度
一十六分	〇一〇七三〇五四	一七三五	〇九九四二二六一	一八七	八十四分
一十七分	〇一〇七四七八九	一七三五	〇九九四二〇七四	一八八	八十三分
一十八分	〇一〇七六二五四	一七三五	〇九九四一八八六	一八八	八十二分
一十九分	〇一〇七八二五九	一七三五	〇九九四一六九八	一八八	八十一分
二十〇分	〇一〇七九九九四	一七三五	〇九九四一五一〇	一八九	八十〇分
二十一分	〇一〇八一七二九	一七三五	〇九九四一三二一	一八九	七十九分
二十二分	〇一〇八三四六四	一七三五	〇九九四一一三二	一八九	七十八分
二十三分	〇一〇八五一九九	一七三五	〇九九四〇六四二	一九〇	七十七分
二十四分	〇一〇八六九三四	一七三五	〇九九四〇七五三	一九〇	七十六分
二十五分	〇一〇八八六六九	一七三五	〇九九四〇五六三	一九〇	七十五分
二十六分	〇一〇九〇四〇四	一七三五	〇九九四〇三七三	一九〇	七十四分
二十七分	〇一〇九二一三九	一七三五	〇九九四〇一八三	一九一	七十三分
二十八分	〇一〇九三八七四	一七三五	〇九九三九九九二	一九一	七十二分
二十九分	〇一〇九五六〇九	一七三四	〇九九三九八〇一	一九一	七十一分
三十〇分	〇一〇九七三四三	一七三五	〇九九三九六一〇	一九二	七十〇分
三十一分	〇一〇九九〇七八	一七三五	〇九九三九四一八	一九二	六十九分
三十二分	〇一一〇〇八一三	一七三四	〇九九三九二二六	一九二	六十八分
三十三分	〇一一〇二五四七		〇九九三九〇三四		六十七分

六度	正弦	較數	餘弦	較數	下逆
三十三分	〇一一〇二五四七	一七三五	〇九九三九〇三四	一九三	六十七分
三十四分	〇一一〇四二八二	一七三四	〇九九三八八四一	一九三	六十六分
三十五分	〇一一〇六〇一六	一七三五	〇九九三八六四八	一九三	六十五分
三十六分	〇一一〇七七五一	一七三四	〇九九三八四五九	一九四	六十四分
三十七分	〇一一〇九四八五	一七三五	〇九九三八二六一	一九四	六十三分
三十八分	〇一一一一二二〇	一七三四	〇九九三八〇六七	一九四	六十二分
三十九分	〇一一一二九五四	一七三五	〇九九三七八七三	一九四	六十一分
四十〇分	〇一一一四六八九	一七三四	〇九九三七六八九	一九五	六十〇分
四十一分	〇一一一六四二三	一七三五	〇九九三七四八四	一九五	五十九分
四十二分	〇一一一八一五八	一七三四	〇九九三七二八九	一九五	五十八分
四十三分	〇一一一九八九二	一七三五	〇九九三七〇九四	一九六	五十七分
四十四分	〇一一二一六二七	一七三四	〇九九三六八九八	一九六	五十六分
四十五分	〇一一二三三六一	一七三五	〇九九三六七〇二	一九六	五十五分
四十六分	〇一一二五〇九六	一七三四	〇九九三六五〇六	一九六	五十四分
四十七分	〇一一二六八三〇	一七三四	〇九九三六三一〇	一九七	五十三分
四十八分	〇一一二八五六四	一七三四	〇九九三六一一三	一九七	五十二分
四十九分	〇一一三〇二九八	一七三四	〇九九三五九一六	一九七	五十一分
五十〇分	〇一一三二〇三二		〇九九三五七一九		五十〇分

上順	餘弦	較數	正弦	較數	八十三度
五十〇分	〇一一三二〇三二	一七三四	〇九九三五七一九	一九八	五十〇分
五十一分	〇一一三三七六六	一七三四	〇九九三五五二一	一九八	四十九分
五十二分	〇一一三五五〇〇	一七三四	〇九九三五三二三	一九八	四十八分
五十三分	〇一一三七二三四	一七三四	〇九九三五一二五	一九九	四十七分
五十四分	〇一一三八九六八	一七三四	〇九九三四九二六	一九九	四十六分
五十五分	〇一一四〇七〇二	一七三四	〇九九三四七二七	一九九	四十五分
五十六分	〇一一四二四三六	一七三四	〇九九三四五二八	二〇〇	四十四分
五十七分	〇一一四四一七〇	一七三四	〇九九三四三二八	二〇〇	四十三分
五十八分	〇一一四五九〇四	一七三四	〇九九三四一二八	二〇〇	四十二分
五十九分	〇一一四七六三八	一七三四	〇九九三三九二八	二〇〇	四十一分
六十〇分	〇一一四九三七二	一七三四	〇九九三三七二八	二〇一	四十〇分
六十一分	〇一一五一一〇六	一七三四	〇九九三三五二七	二〇一	三十九分
六十二分	〇一一五二八四〇	一七三三	〇九九三三三二六	二〇一	三十八分
六十三分	〇一一五四五七三	一七三四	〇九九三三一二五	二〇二	三十七分
六十四分	〇一一五六三〇七	一七三三	〇九九三二九二三	二〇二	三十六分
六十五分	〇一一五八〇四〇	一七三四	〇九九三二七二二	二〇二	三十五分
六十六分	〇一一五九七七四	一七三三	〇九九三二五一九	二〇二	三十四分
六十七分	〇一一六一五〇七		〇九九三二三一六		三十三分

上順	餘弦	較數	正弦	較數	八十三度
百○○分	○一二一八六九三	一七三二	○九九二五四六一	二一三	○分
九十九分	○一二一六九六一	一七三二	○九九二五六七四	二一二	一分
九十八分	○一二一五二二九	一七三三	○九九二五八八六	二一二	二分
九十七分	○一二一三四九六	一七三三	○九九二六○九八	二一二	三分
九十六分	○一二一一七六三	一七三二	○九九二六三一○	二一一	四分
九十五分	○一二一○○三一	一七三三	○九九二六五二一	二一一	五分
九十四分	○一二○八二九八	一七三二	○九九二六七三二	二一一	六分
九十三分	○一二○六五六六	一七三三	○九九二六九四三	二一○	七分
九十二分	○一二○四八三三	一七三二	○九九二七一五三	二一○	八分
九十一分	○一二○三一○一	一七三三	○九九二七三六三	二一○	九分
九十○分	○一二○一三六八	一七三三	○九九二七五七三	二○九	一十○分
八十九分	○一一九九六三五	一七三二	○九九二七七八二	二○九	一十一分
八十八分	○一一九七九○三	一七三三	○九九二七九九一	二○九	一十二分
八十七分	○一一九六一七○	一七三三	○九九二八二○○	二○九	一十三分
八十六分	○一一九四四三七	一七三三	○九九二八四○九	二○八	一十四分
八十五分	○一一九二七○四	一七三二	○九九二八六一七	二○八	一十五分
八十四分	○一一九○九七二		○九九二八八二五		一十六分

六度	正弦	較數	餘弦	較數	下逆
八十四分	○一一九○九七二	一七三三	○九九二八八二五	二○八	一十六分
八十三分	○一一八九二三九	一七三三	○九九二九○三三	二○七	一十七分
八十二分	○一一八七五○六	一七三三	○九九二九二四○	二○七	一十八分
八十一分	○一一八五七七三	一七三三	○九九二九四四七	二○七	一十九分
八十○分	○一一八四○四○	一七三三	○九九二九六五四	二○七	二十○分
七十九分	○一一八二三○七	一七三三	○九九二九八六一	二○六	二十一分
七十八分	○一一八○五七四	一七三三	○九九三○○六七	二○六	二十二分
七十七分	○一一七八八四一	一七三三	○九九三○二七三	二○六	二十三分
七十六分	○一一七七一○八	一七三三	○九九三○四七九	二○五	二十四分
七十五分	○一一七五三七五	一七三三	○九九三○六八四	二○五	二十五分
七十四分	○一一七三六四二	一七三四	○九九三○八八九	二○五	二十六分
七十三分	○一一七一九○八	一七三三	○九九三一○九四	二○四	二十七分
七十二分	○一一七○一七五	一七三四	○九九三一二九八	二○四	二十八分
七十一分	○一一六八四四一	一七三三	○九九三一五○二	二○四	二十九分
七十○分	○一一六六七○八	一七三四	○九九三一七○六	二○四	三十○分
六十九分	○一一六四九七四	一七三三	○九九三一九一○	二○三	三十一分
六十八分	○一一六三二四一	一七三四	○九九三二一一三	二○三	三十二分
六十七分	○一一六一五○七		○九九三二三一六		三十三分

七度	正弦	較數	餘弦	較數	下逆
〇分	〇一二一八六九三	一七三三	〇九九二五四六一	二一三	百〇〇分
一分	〇一二二〇四二六	一七三二	〇九九二五二四八	二一三	九十九分
二分	〇一二二二一五八	一七三三	〇九九二五〇三五	二一三	九十八分
三分	〇一二二三八九一	一七三二	〇九九二四八二二	二一四	九十七分
四分	〇一二二五六二三	一七三二	〇九九二四六〇八	二一四	九十六分
五分	〇一二二七三五五	一七三二	〇九九二四三九四	二一四	九十五分
六分	〇一二二九〇八七	一七三二	〇九九二四一八〇	二一五	九十四分
七分	〇一二三〇八一九	一七三二	〇九九二三九六五	二一五	九十三分
八分	〇一二三二五五一	一七三二	〇九九二三七五〇	二一五	九十二分
九分	〇一二三四二八三	一七三二	〇九九二三五三五	二一六	九十一分
一十〇分	〇一二五六〇一五	一七三二	〇九九二三三一九	二一六	九十〇分
一十一分	〇一二三七七四七	一七三二	〇九九二三一〇三	二一六	八十九分
一十二分	〇一二三九四七九	一七三一	〇九九二二八八七	二一七	八十八分
一十三分	〇一二四一二一〇	一七三二	〇九九二二六七〇	二一七	八十七分
一十四分	〇一二四二九四二	一七三二	〇九九二二四五三	二一七	八十六分
一十五分	〇一二四四六七四	一七三二	〇九九二二二三六	二一七	八十五分
一十六分	〇一二四六四〇六		〇九九二二〇一九		八十四分

上順	餘弦	較數	正弦	較數	八十二度
一十六分	〇一二四六四〇六	一七三二	〇九九二二〇一九	二一八	八十四分
一十七分	〇一二四八一三八	一七三一	〇九九二一八〇一	二一八	八十三分
一十八分	〇一二四九八六九	一七三二	〇九九二一五八三	二一八	八十二分
一十九分	〇一二五一六〇一	一七三一	〇九九二一三六五	二一九	八十一分
二十〇分	〇一二五三三三二	一七三二	〇九九二一一四六	二一九	八十〇分
二十一分	〇一二五五〇六四	一七三一	〇九九二〇九二七	二一九	七十九分
二十二分	〇一二五六七九五	一七三二	〇九九二〇七〇八	二一九	七十八分
二十三分	〇一二五八五二七	一七三一	〇九九二〇四八九	二二〇	七十七分
二十四分	〇一二六〇二五八	一七三二	〇九九二〇二六九	二二〇	七十六分
二十五分	〇一二六一九九〇	一七三一	〇九九二〇〇四九	二二〇	七十五分
二十六分	〇一二六三七二一	一七三二	〇九九一九八二九	二二一	七十四分
二十七分	〇一二六五四五[illegible]	一七三一	〇九九一九六〇八	二二一	七十三分
二十八分	〇一二六七一八四	一七三一	〇九九一九三八七	二二一	七十二分
二十九分	〇一二六八九一五	一七三一	〇九九一九一六六	二二二	七十一分
三十〇分	〇一二七〇六四六	一七三一	〇九九一八九四一	二二二	七十〇分
三十一分	〇一二七二三七七	一七三一	〇九九一八七二二	二二二	六十九分
三十二分	〇一二七四一〇八	一七三一	〇九九一八五〇〇	二二三	六十八分
三十三分	〇一二七五八三九		〇九九一八二七七		六十七分

七度	正弦	較數	餘弦	較數	下逆
三十三分	〇一二七五八三九	一七三一	〇九九一八二七一	二二三	六十七分
三十四分	〇一二七七五七〇	一七三一	〇九九一八〇五四	二二三	六十六分
三十五分	〇一二七九三〇一	一七三一	〇九九一七八三一	二二三	六十五分
三十六分	〇一二八一〇三二	一七三一	〇九九一七六〇八	二二四	六十四分
三十七分	〇一二八二七六三	一七三一	〇九九一七三八四	二二四	六十三分
三十八分	〇一二八四四九四	一七三一	〇九九一七一六〇	二二四	六十二分
三十九分	〇一二八六二二五	一七三一	〇九九一六九三六	二二五	六十一分
四十〇分	〇一二八七九五六	一七三一	〇九九一六七一一	二二五	六十〇分
四十一分	〇一二八九六八七	一七三一	〇九九一六四八六	二二五	五十九分
四十二分	〇一二九一四一八	一七三〇	〇九九一六二六一	二二五	五十八分
四十三分	〇一二九三一四八	一七三一	〇九九一六〇三六	二二六	五十七分
四十四分	〇一二九四八七九	一七三〇	〇九九一五八一〇	二二六	五十六分
四十五分	〇一二九六六〇九	一七三一	〇九九一五五八四	二二六	五十五分
四十六分	〇一二九八三四〇	一七三〇	〇九九一五三五八	二二七	五十四分
四十七分	〇一三〇〇〇七〇	一七三一	〇九九一五一三一	二二七	五十三分
四十八分	〇一三〇一八〇一	一七三〇	〇九九一四九〇四	二二七	五十二分
四十九分	〇一三〇三五三一	一七三一	〇九九一四六七七	二二七	五十一分
五十〇分	〇一三〇五二六二		〇九九一四四四九		五十〇分

上順	餘弦	較數	正弦	較數	八十二度
五十〇分	〇一三〇五二六二	一七三〇	〇九九一四四四六	二二八	五十〇分
五十一分	〇一三〇六九九二	一七三一	〇九九一四二二一	二二八	四十九分
五十二分	〇一三〇八七二三	一七三〇	〇九九一三九九三	二二九	四十八分
五十三分	〇一三一〇四五三	一七三一	〇九九一三七六四	二二九	四十七分
五十四分	〇一三一二一八四	一七三〇	〇九九一三五三五	二二九	四十六分
五十五分	〇一三一三九一四	一七三〇	〇九九一三三〇六	二三〇	四十五分
五十六分	〇一三一五六四四	一七三〇	〇九九一三〇七九	二三〇	四十四分
五十七分	〇一三一七三七四	一七三〇	〇九九一二八四六	二三〇	四十三分
五十八分	〇一三一九一〇四	一七三〇	〇九九一二六一六	二三〇	四十二分
五十九分	〇一三二〇八三四	一七三〇	〇九九一二三八九	二三一	四十一分
六十〇分	〇一三二二五六四	一七三〇	〇九九一二一五五	二三一	四十〇分
六十一分	〇一三二四二九四	一七三〇	〇九九一一九一四	二三一	三十九分
六十二分	〇一三二六〇二四	一七三〇	〇九九一一六九三	二三二	三十八分
六十三分	〇一三二七七五四	一七三〇	〇九九一一四六一	二三二	三十七分
六十四分	〇一三二九四八四	一七三〇	〇九九一一二二九	二三二	三十六分
六十五分	〇一三三一二一四	一七三〇	〇九九一〇九九七	二三二	三十五分
六十六分	〇一三三二九四四	一七二九	〇九九一〇七六五	二三三	三十四分
六十七分	〇一三三四六七三		〇九九一〇五三二		三十三分

七度	六十七分	六十八分	六十九分	七十〇分	七十一分	七十二分	七十三分	七十四分	七十五分	七十六分	七十七分	七十八分	七十九分	八十〇分	八十一分	八十二分	八十三分	八十四分
正弦	〇一三三四六七三	〇一三三六四〇三	〇一三三八一三二	〇一三三九八六二	〇一三四一五九一	〇一三四三三二一	〇一三四五〇五〇	〇一三四六七八〇	〇一三四八五〇九	〇一三五〇二三九	〇一三五一九六八	〇一三五三六九八	〇一三五五四二七	〇一三五七一五六	〇一三五八八八五	〇一三六〇六一四	〇一三六二三四三	〇一三六四〇七二
較數	一七三〇	一七二九	一七三〇	一七二九	一七三〇	一七二九	一七三〇	一七二九	一七三〇	一七二九	一七三〇	一七二九	一七二九	一七二九	一七二九	一七二九	一七二九	
餘弦	〇九九一〇五三二	〇九九一〇二九九	〇九九一〇〇六六	〇九九〇九八三二	〇九九〇九五九八	〇九九〇九三六四	〇九九〇九一二九	〇九九〇八八九四	〇九九〇八六五九	〇九九〇八四二三	〇九九〇八一八一	〇九九〇七九五一	〇九九〇七七一五	〇九九〇七四七八	〇九九〇七二四一	〇九九〇七〇〇四	〇九九〇六七六六	〇九九〇六五二八
較數	二三三	二三三	二三四	二三四	二三四	二三五	二三五	二三五	二三六	二三六	二三六	二三六	二三七	二三七	二三七	二三八	二三八	
下逆					二十九分	二十八分	二十七分	二十六分	二十五分	二十四分	二十三分	二十二分	二十一分	二十〇分	一十九分	一十八分	一十七分	一十六分

上順	百〇分	九十九分	九十八分	九十七分	九十六分	九十五分	九十四分	九十三分	九十二分	九十一分	九十〇分	八十九分	八十八分	八十七分	八十六分	八十五分	八十四分
餘弦	〇一三九一七三一	〇一三九〇〇〇三	〇一三八八二七四	〇一三八六五四六	〇一三八四八一七	〇一三八三〇八九	〇一三八一三六〇	〇一三七九六三一	〇一三七七九〇三	〇一三七六一七四	〇一三七四四四五	〇一三七二七一七	〇一三七〇九八八	〇一三六九二五九	〇一三六七五三〇	〇一三六五八〇一	〇一三六四〇七二
較數	一七二八	一七二九	一七二八	一七二九	一七二八	一七二九	一七二九	一七二八	一七二九	一七二九	一七二八	一七二九	一七二九	一七二九	一七二九	一七二九	
正弦	〇九九〇二六八〇	〇九九〇二九二三	〇九九〇三一六五	〇九九〇三四〇七	〇九九〇三六四五	〇九九〇三八九一	〇九九〇四一三二	〇九九〇四三七三	〇九九〇四六一四	〇九九〇四八五四	〇九九〇五〇九四	〇九九〇五二五四	〇九九〇五五七三	〇九九〇五八一二	〇九九〇六〇九一	〇九九〇六二九〇	〇九九〇六五二八
較數	二四三	二四二	二四二	二四二	二四二	二四一	二四〇	二四〇	二四〇	二四九	二四九	二三九	二三九	二三八	二三八	二三八	
八十二度	〇分	一分	二分	三分	四分	五分	六分	七分	八分	九分	一十〇分	一十一分	一十二分	一十三分	一十四分	一十五分	一十六分

八度	〇分	一分	二分	三分	四分	五分	六分	七分	八分	九分	一十〇分	一十一分	一十二分	一十三分	一十四分	一十五分	一十六分
正弦	〇一三九一七三一	〇一三九三四六〇	〇一三九五一八八	〇一三九六九一六	〇一三九八六四四	〇一四〇〇三七二	〇一四〇二一〇〇	〇一四〇三八二八	〇一四〇五五五六	〇一四〇七二八四	〇一四〇九〇一二	〇一四一〇七四〇	〇一四一二四六八	〇一四一四一九六	〇一四一五九二三	〇一四一七六五一	〇一四一九三七九
較數	一七二九	一七二八	一七二八	一七二八	一七二八	一七二八	一七二八	一七二八	一七二八	一七二八	一七二八	一七二八	一七二八	一七二八	一七二七	一七二八	一七二八
餘弦	〇九九〇二六八〇	〇九九〇二四二七	〇九九〇二一九四	〇九九〇一九五〇	〇九九〇一七〇六	〇九九〇一四六二	〇九九〇一二一七	〇九九〇〇九七二	〇九九〇〇七二七	〇九九〇〇四八二	〇九九〇〇二三六	〇九八九九九九〇	〇九八九九七四四	〇九八九九四九七	〇九八九九二九〇	〇九八九九〇〇三	〇九八九八七五五
較數	二四三	二四四	二四四	二四四	二四四	二四五	二四五	二四五	二四五	二四六	二四六	二四六	二四七	二四七	二四七	二四七	二四八
下逆	百〇〇分	九十九分	九十八分	九十七分	九十六分	九十五分	九十四分	九十三分	九十二分	九十一分	九十〇分	八十九分	八十八分	八十七分	八十六分	八十五分	八十四分

上順	一十六分	一十七分	一十八分	一十九分	二十〇分	二十一分	二十二分	二十三分	二十四分	二十五分	二十六分	二十七分	二十八分	二十九分	三十〇分	三十一分	三十二分	三十三分
餘弦	〇一四一九三七九	〇一四二一一〇六	〇一四二二八三四	〇一四二四五六一	〇一四二六五八九	〇一四二八〇一六	〇一四二九七四四	〇一四三一四七一	〇一四三三一九九	〇一四三四九二六	〇一四三六六五四	〇一四三八三八一	〇一四四〇一〇八	〇一四四一八三五	〇一四四三五六二	〇一四四五二八九	〇一四四七〇一六	〇一四四八七四三
較數	一七二七	一七二八	一七二七	一七二八	一七二七	一七二八	一七二七	一七二八	一七二七	一七二八	一七二七	一七二七	一七二七	一七二七	一七二七	一七二七	一七二七	
正弦	〇九八九八七五五	〇九八九八九〇七	〇九八九八二五九	〇九八九八〇一一	〇九八九七七六二	〇九八六七五一三	〇九八九七二六四	〇九八九七〇一四	〇九八九六七六四	〇九八九六五一四	〇五八九六一六三	〇五八九六〇一二	〇九八九五七六一	〇九八九五五〇九	〇九八九五二五七	〇九八九五〇〇五	〇九八九四七五三	〇九八九四五〇〇
較數	二四八	二四八	二四八	二四九	二四九	二四九	二五〇	二五〇	二五〇	二五一	二五一	二五一	二五二	二五二	二五二	二五二	二五三	
八十一度	八十四分	八十三分	八十二分	八十一分	八十〇分	七十九分	七十八分	七十七分	七十六分	七十五分	七十四分	七十三分	七十二分	七十一分	七十〇分	六十九分	六十八分	六十七分

八度	正弦	較數	餘弦	較數	下逆
三十三分	〇一四四八七四三	一七二七	〇九八九四五〇〇	二五三	六十七分
三十四分	〇一四五〇四七〇	一七二七	〇九八九四二四七	二五四	六十六分
三十五分	〇一四五二一九七	一七二七	〇九八九三九九四	二五四	六十五分
三十六分	〇一四五三九二四	一七二七	〇九八九三七四〇	二五四	六十四分
三十七分	〇一四五五六五一	一七二六	〇九八九三四八六	二五四	六十三分
三十八分	〇一四五七三七七	一七二七	〇九八九三二三二	二五四	六十二分
三十九分	〇一四五九一〇四	一七二六	〇九八九二九七八	二五五	六十一分
四十〇分	〇一四六〇八三〇	一七二七	〇九八九二七二三	二五五	六十〇分
四十一分	〇一四六二五五七	一七二六	〇九八九二四六八	二五六	五十九分
四十二分	〇一四六四二八三	一七二七	〇九八九二二一三	二五六	五十八分
四十三分	〇一四六六〇一〇	一七二六	〇九八九一九五七	二五六	五十七分
四十四分	〇一四六七七三六	一七二七	〇九八九一七〇一	二五六	五十六分
四十五分	〇一四六九四六三	一七二六	〇九八九一四四五	二五七	五十五分
四十六分	〇一四七一一八九	一七二七	〇九八九一一八八	二五七	五十四分
四十七分	〇一四七二九一六	一七二六	〇九八九八九三一	二五七	五十三分
四十八分	〇一四七四六四二	一七二六	〇九八九〇六七四	二五七	五十二分
四十九分	〇一四七六三六八	一七二六	〇九八九〇四一七	二五八	五十一分
五十〇分	〇一四七八〇九四		〇九八九〇一五九		五十〇分

上順	餘弦	較數	正弦	較數	八十一度
五十〇分	〇一四七八〇九四	一七二六	〇九八八〇一五九	二五八	五十〇分
五十一分	〇一四七九八二〇	一七二六	〇九八八九九〇一	二五八	四十九分
五十二分	〇一四八一五四六	一七二六	〇九八八九六四三	二五九	四十八分
五十三分	〇一四八三二七二	一七二六	〇九八八九三八四	二五九	四十七分
五十四分	〇一四八四九九八	一七二六	〇九八八九一二五	二五九	四十六分
五十五分	〇一四八六七二四	一七二六	〇九八八八八六六	二六〇	四十五分
五十六分	〇一四八八四五〇	一七二六	〇九八八八六〇六	二六〇	四十四分
五十七分	〇一四九〇一七六	一七二六	〇九八八八三四六	二六〇	四十三分
五十八分	〇一四九一九〇二	一七二六	〇九八八八〇八六	二六一	四十二分
五十九分	〇一四九三六二八	一七二五	〇九八八七八二五	二六一	四十一分
六十〇分	〇一四九五三五三	一七二六	〇九八八七五六四	二六一	四十〇分
六十一分	〇一四九七〇七九	一七二五	〇九八八七三〇三	二六二	三十九分
六十二分	〇一四九八八〇四	一七二六	〇九八八七〇四一	二六二	三十八分
六十三分	〇一五〇〇五三〇	一七二五	〇九八八六七七九	二六二	三十七分
六十四分	〇一五〇二二五五	一七二六	〇九八八六五一七	二六二	三十六分
六十五分	〇一五〇三九八一	一七二五	〇九八八六二五五	二六三	三十五分
六十六分	〇一五〇五七〇六	一七二六	〇九八八五九九二	二六三	三十四分
六十七分	〇一五〇七四三二		〇九八八五七二九		三十三分

上順	餘弦	較數	正弦	較數	八十一度
百〇〇分	〇一五六四三四五		〇九八七六八八三		〇分
九十九分	〇一五六二六二一	一七二四	〇九八七七一五六	二七三	一分
九十八分	〇一五六〇八九七	一七二四	〇九八七七四二九	二七三	二分
九十七分	〇一五五九一七三	一七二四	〇九八七七七〇一	二七二	三分
九十六分	〇一五五七四四九	一七二四	〇九八七七九七三	二七二	四分
九十五分	〇一五五五七二五	一七二四	〇九八七八二四五	二七二	五分
九十四分	〇一五五四〇〇一	一七二四	〇九八七八五一六	二七一	六分
九十三分	〇一五五二二七七	一七二四	〇九八七八七八七	二七一	七分
九十二分	〇一五五〇五五三	一七二四	〇九八七九〇五八	二七一	八分
九十一分	〇一五四八八二九	一七二四	〇九八七九三二八	二七〇	九分
九十〇分	〇一五四七一〇四	一七二五	〇九八七九五九八	二七〇	一十〇分
八十九分	〇一五四五三八〇	一七二四	〇九八七九八六八	二七〇	一十一分
八十八分	〇一五四三六五五	一七二五	〇九八八〇一三八	二七〇	一十二分
八十七分	〇一五四一九三一	一七二四	〇九八八〇四〇七	二六九	一十三分
八十六分	〇一五四〇二〇六	一七二五	〇九八八〇六七六	二六九	一十四分
八十五分	〇一五三八四八二	一七二四	〇九八八〇九四五	二六九	一十五分
八十四分	〇一五三六七五七	一七二五	〇九八八一二一三	二六八	一十六分

八度	正弦	較數	餘弦	較數	下逆
六十七分	〇一五〇七四三二		〇九八八五七二九		三十三分
六十八分	〇一五〇九一五七	一七二五	〇九八八五四六六	二六三	三十二分
六十九分	〇一五一〇八八三	一七二六	〇九八八五二〇六	二六四	三十一分
七十〇分	〇一五一二六〇八	一七二五	〇九八八四九三八	二六四	三十〇分
七十一分	〇一五一四三三四	一七二六	〇九八八四六七四	二六四	二十九分
七十二分	〇一五一六〇五九	一七二五	〇九八八四四一〇	二六四	二十八分
七十三分	〇一五一七七八四	一七二五	〇九八八四一四五	二六五	二十七分
七十四分	〇一五一九五〇九	一七二五	〇九八八三八八〇	二六五	二十六分
七十五分	〇一五二一二三四	一七二五	〇九八八三六一五	二六五	二十五分
七十六分	〇一五二二九五九	一七二四	〇九八八三三四八	二六六	二十四分
七十七分	〇一五二四六八四	一七二五	〇九八八三〇八三	二六六	二十三分
七十八分	〇一五二六四〇九	一七二五	〇九八八二八一七	二六六	二十二分
七十九分	〇一五二八一三四	一七二五	〇九八八二五五〇	二六七	二十一分
八十〇分	〇一五二九八五九	一七二五	〇九八八二二八三	二六七	二十〇分
八十一分	〇一五三一五八四	一七二五	〇九八八二〇一六	二六七	一十九分
八十二分	〇一五三三三〇八	一七二四	〇九八八一七四九	二六七	一十八分
八十三分	〇一五三五〇三三	一七二五	〇九八八一四八一	二六八	一十七分
八十四分	〇一五三六七五七	一七二四	〇九八八一二一三	二六八	一十六分

九度	正弦	較數	餘弦	較數	下逆
〇分	〇一五六四三四五	一七二四	〇九八七六八〇三	二七三	百〇〇分
一分	〇一五六六〇六九	一七二四	〇九八七六六一〇	二七三	九十九分
二分	〇一五六七七九三	一七二三	〇九八七六二三七	二七四	九十八分
三分	〇一五六九五一六	一七二四	〇九八七六〇六三	二七四	九十七分
四分	〇一五七一二四〇	一七二三	〇九八七五七八九	二七四	九十六分
五分	〇一五七二九六三	一七二四	〇九八七五五一五	二七五	九十五分
六分	〇一五七四六八七	一七二三	〇九八七五二四〇	二七五	九十四分
七分	〇一五七六四一〇	一七二四	〇九八七四九六五	二七五	九十三分
八分	〇一五七八一三四	一七二三	〇九八七四六九〇	二七六	九十二分
九分	〇一五七九八五七	一七二四	〇九八七四四一四	二七六	九十一分
一十〇分	〇一五八一五八一	一七二三	〇九八七四一三八	二七六	九十〇分
一十一分	〇一五八三三〇四	一七二四	〇九八七五八六二	二七七	八十九分
一十二分	〇一五八五〇二八	一七二三	〇九八七三五八五	二七七	八十八分
一十三分	〇一五八六七五一	一七二三	〇九八七三三〇八	二七七	八十七分
一十四分	〇一五八八四七四	一七二三	〇九八七三〇三一	二七七	八十六分
一十五分	〇一五九〇一九七	一七二三	〇九八七二七五四	二七八	八十五分
一十六分	〇一五九一九二〇		〇九八七二四七六		八十四分

上順	餘弦	較數	正弦	較數	八十〇度
一十六分	〇一五九一九二〇	一七二三	〇九八七二四七六	二七八	八十四分
一十七分	〇一五九三六四三	一七二三	〇九八七二一九八	二七八	八十三分
一十八分	〇一五九五三六六	一七二三	〇九八七一九二〇	二七九	八十二分
一十九分	〇一五九七〇八九	一七二三	〇九八七一六四一	二七九	八十一分
二十〇分	〇一五九八八一二	一七二三	〇九八七一三六二	二七九	八十〇分
二十一分	〇一六〇〇五三五	一七二三	〇九八七一〇八三	二七九	七十九分
二十二分	〇一六〇二二五八	一七二三	〇九八七〇八〇四	二八〇	七十八分
二十三分	〇一六〇三九八一	一七二二	〇九八七〇五二四	二八〇	七十七分
二十四分	〇一六〇五七〇三	一七二三	〇九八七〇三四四	二八〇	七十六分
二十五分	〇一六〇七四二六	一七二二	〇九八六九九六四	二八一	七十五分
二十六分	〇一六〇九一四八	一七二三	〇九八六九六八二	二八一	七十四分
二十七分	〇一六一〇八七一	一七二二	〇九八六九四〇二	二八一	七十三分
二十八分	〇一六一二五九三	一七二三	〇九八六九一二一	二八二	七十二分
二十九分	〇一六一四三一六	一七二二	〇九八六八八三七	二八二	七十一分
三十〇分	〇一六一六〇三八	一七二三	〇九八六八五九七	二八二	七十〇分
三十一分	〇一六一七七六一	一七二三	〇九八六八二七五	二八三	六十九分
三十二分	〇一六一九四八三	一七二三	〇九八六七九九二	二八三	六十八分
三十三分	〇一六二一二〇六		〇九八六七七〇九		六十七分

九度	正弦	較數	餘弦	較數	下逆
三十三分	〇一六二一二〇六		〇九八六七七〇九		六十七分
三十四分	〇一六二二九二八	一七二二	〇九八六七四二六	二八三	六十六分
三十五分	〇一六二四六五〇	一七二二	〇九八六七一四三	二八三	六十五分
三十六分	〇一六二六三七二	一七二二	〇九八六六八五九	二八四	六十四分
三十七分	〇一六二八〇九四	一七二二	〇九八六六五七五	二八四	六十三分
三十八分	〇一六二九八一六	一七二二	〇九八六六二九一	二八四	六十二分
三十九分	〇一六三一五三八	一七二二	〇九八六六〇〇六	二八五	六十一分
四十〇分	〇一六三三二六〇	一七二二	〇九八六五七二一	二八五	六十〇分
四十一分	〇一六三四九八二	一七二二	〇九八六五四三六	二八五	五十九分
四十二分	〇一六三六七〇四	一七二二	〇九八六五一五一	二八五	五十八分
四十三分	〇一六三八四二五	一七二一	〇九八六四八六五	二八六	五十七分
四十四分	〇一六四〇一四七	一七二二	〇九八六四五七九	二八六	五十六分
四十五分	〇一六四一八六八	一七二一	〇九八六四二九三	二八六	五十五分
四十六分	〇一六四三五九〇	一七二二	〇九八六四〇〇六	二八七	五十四分
四十七分	〇一六四五三一一	一七二一	〇九八六三七一九	二八七	五十三分
四十八分	〇一六四七〇三三	一七二二	〇九八六三四三二	二八七	五十二分
四十九分	〇一六四八七五四	一七二一	〇九八六三一四四	二八八	五十一分
五十〇分	〇一六五〇四七六	一七二二	〇九八六二八五六	二八八	五十〇分

上順	餘弦	較數	正弦	較數	八十〇度
五十〇分	〇一六五〇四七六	一七二一	〇九八六二八五六	二八八	五十〇分
五十一分	〇一六五二一九七	一七二二	〇九八六二五六八	二八九	四十九分
五十二分	〇一六五三九一九	一七二一	〇九八六二二七九	二八九	四十八分
五十三分	〇一六五五六四〇	一七二一	〇九八六一九九〇	二八九	四十七分
五十四分	〇一六五七三六一	一七二一	〇九八六一七〇一	二八九	四十六分
五十五分	〇一六五九〇八二	一七二一	〇九八六一四一二	二九〇	四十五分
五十六分	〇一六六〇八〇三	一七二一	〇九八六一一二二	二九〇	四十四分
五十七分	〇一六六二五二四	一七二一	〇九八六〇八三二	二九〇	四十三分
五十八分	〇一六六四二四五	一七二一	〇九八六〇五四二	二九一	四十二分
五十九分	〇一六六五九六六	一七二一	〇九八六〇二五一	二九一	四十一分
六十〇分	〇一六六七六八七	一七二一	〇九八五九九六〇	二九一	四十〇分
六十一分	〇一六六九四〇八	一七二一	〇九八五九六六九	二九二	三十九分
六十二分	〇一六七一一二九	一七二一	〇九八五九三七七	二九二	三十八分
六十三分	〇一六七二八五〇	一七二一	〇九八五九〇八五	二九二	三十七分
六十四分	〇一六七四五七一	一七二〇	〇九八五八七九三	二九二	三十六分
六十五分	〇一六七六二九一	一七二一	〇九八五八五〇一	二九三	三十五分
六十六分	〇一六七八〇一二	一七二〇	〇九八五八二〇八	二九三	三十四分
六十七分	〇一六七九七三三		〇九八五七九一五		三十三分

上順	餘弦	較數	正弦	較數	八十○度
百○○分	○一七三六四八二		○九八四八○七七		○分
九十九分	○一七三四七六三	一七一九	○九八四八三八○	三○三	一分
九十八分	○一七三三○四四	一七一九	○九八四八六八三	三○三	二分
九十七分	○一七三一三二五	一七一九	○九八四八九八五	三○二	三分
九十六分	○一七二九六○六	一七一九	○九八四九二八七	三○二	四分
九十五分	○一七二七八八七	一七一九	○九八四九五八九	三○二	五分
九十四分	○一七二六一六八	一七一九	○九八四九八九一	三○一	六分
九十三分	○一七二四四四九	一七一九	○九八五○一九一	三○一	七分
九十二分	○一七二二七三○	一七一九	○九八五○四九二	三○一	八分
九十一分	○一七二一○一一	一七一九	○九八五○七九三	三○○	九分
九十○分	○一七一九二九一	一七二○	○九八五一○九三	三○○	一十○分
八十九分	○一七一七五七二	一七一九	○九八五一三九三	三○○	一十一分
八十八分	○一七一五八五二	一七二○	○九八五一六九三	三○○	一十二分
八十七分	○一七一四一三三	一七一九	○九八五一九九二	二九九	一十三分
八十六分	○一七一二四一三	一七二○	○九八五二二九一	二九九	一十四分
八十五分	○一七一○六九四	一七一九	○九八五二五九○	二九九	一十五分
八十四分	○一七○八九七四	一七二○	○九八五二八八八	二九八	一十六分

九度	正弦	較數	餘弦	較數	下逆
六十七分	○一六七九七三二		○九八五七九一五		三十三分
六十八分	○一六八一四五三	一七二一	○九八五七六二三	二九三	三十二分
六十九分	○一六八三一七三	一七二○	○九八五七三二八	二九四	三十一分
七十○分	○一六八四八九四	一七二一	○九八七七○三四	二九四	三十○分
七十一分	○一六八六六一四	一七二○	○九八五六七四○	二九四	二十九分
七十二分	○一六八八三三五	一七二一	○九八五六四四一	二九四	二十八分
七十三分	○一六九○○五五	一七二○	○九八五六一五一	二九五	二十七分
七十四分	○一六九一七七五	一七二○	○九八五五八五六	二九五	二十六分
七十五分	○一六九三四九五	一七二○	○九八五五五六一	二九五	二十五分
七十六分	○一六九五二一五	一七二○	○九八五五二六五	二九六	二十四分
七十七分	○一六九六九三五	一七二○	○九八五四九六九	二九六	二十三分
七十八分	○一六九八六五五	一七二○	○九八五四六七三	二九六	二十二分
七十九分	○一七○○三七五	一七二○	○九八五四三七六	二九七	二十一分
八十○分	○一七○二○九五	一七二○	○九八五四○七九	二九七	二十○分
八十一分	○一七○三八一五	一七二○	○九八五三七八二	二九七	一十九分
八十二分	○一七○五五三五	一七二○	○九八五三四八四	二九八	一十八分
八十三分	○一七○七二五五	一七二○	○九八五三一八六	二九八	一十七分
八十四分	○一七○八九七四	一七一九	○九八五二八八八	二九八	一十六分

一十〇度	正弦	較數	餘弦	較數	下逆
〇分	〇一七三六四八二	一七一九	〇九八四八〇七七	三〇三	百〇〇分
一分	〇一七三八二〇一	一七一九	〇九八四七七七四	三〇四	九十九分
二分	〇一七三九九二〇	一七一九	〇九八四七四七〇	三〇四	九十八分
三分	〇一七四一六三九	一七一九	〇九八四七一六六	三〇四	九十七分
四分	〇一七四三三五七	一七一九	〇九八四六八六二	三〇四	九十六分
五分	〇一七四五〇七六	一七一八	〇九八四六五五八	三〇五	九十五分
六分	〇一七四六七九四	一七一九	〇九八四六二五三	三〇五	九十四分
七分	〇一七四八五一三	一七一八	〇九八四五九四八	三〇五	九十三分
八分	〇一七五〇二三一	一七一九	〇九八四五六四三	三〇六	九十二分
九分	〇一七五一九五〇	一七一八	〇九八四五三三七	三〇六	九十一分
一十〇分	〇一七五三六六八	一七一八	〇九八四五〇三一	三〇六	九十〇分
一十一分	〇一七五五三八六	一七一八	〇九八四四七二五	三〇六	八十九分
一十二分	〇一七五七一〇四	一七一八	〇九八四四四一九	三〇七	八十八分
一十三分	〇一七五八八二二	一七一八	〇九八四四一一三	三〇七	八十七分
一十四分	〇一七六〇五四〇	一七一八	〇九八四三八〇五	三〇七	八十六分
一十五分	〇一七六二二五八	一七一八	〇九八四三四九八	三〇八	八十五分
一十六分	〇一七六三九七六		〇九八四三一九〇		八十四分

上順	餘弦	較數	正弦	較數	七十九度
一十六分	〇一七六三九七六	一七一八	〇九八四三一九〇	三〇八	八十四分
一十七分	〇一七六五六九四	一七一八	〇九八四二八八二	三〇八	八十三分
一十八分	〇一七六七四一二	一七一八	〇九八四二五七四	三〇九	八十二分
一十九分	〇一七六九一三〇	一七一七	〇九八四二二六五	三〇九	八十一分
二十〇分	〇一七七〇八四七	一七一八	〇九八四一九五六	三〇九	八十〇分
二十一分	〇一七七二五六五	一七一七	〇九八四一六四七	三一〇	七十九分
二十二分	〇一七七四二八二	一七一八	〇九八四一三三七	三一〇	七十八分
二十三分	〇一七七六〇〇〇	一七一七	〇九八四一〇二七	三一〇	七十七分
二十四分	〇一七七七七一七	一七一八	〇九八四〇七一七	三一〇	七十六分
二十五分	〇一七七九四三五	一七一七	〇九八四〇四〇七	三一一	七十五分
二十六分	〇一七八一一五二	一七一八	〇九八四〇〇九六	三一一	七十四分
二十七分	〇一七八二八七〇	一七一七	〇九八三九七八五	三一一	七十三分
二十八分	〇一七八四五八七	一七一八	〇九八三九四七四	三一二	七十二分
二十九分	〇一七八六三〇五	一七一七	〇九八三九一六二	三一二	七十一分
三十〇分	〇一七八八〇二二	一七一七	〇九八三八八五〇	三一二	七十〇分
三十一分	〇一七八九七三九	一七一七	〇九八三八五三八	三一三	六十九分
三十二分	〇一七九一四五六	一七一七	〇九八三八二二九	三一三	六十八分
三十三分	〇一七九三一七三		〇九八三七九一二		六十七分

一十〇度	正弦	較數	餘弦	較數	下逆
三十三分	〇一七九三一七三	一七一七	〇九八三七五一二	三一三	六十七分
三十四分	〇一七九四八九〇	一七一七	〇九八三七五九九	三一三	六十六分
三十五分	〇一七九六六〇七	一七一七	〇九八三七二八六	三一四	六十五分
三十六分	〇一七九八三二四	一七一七	〇九八三六九七二	三一四	六十四分
三十七分	〇一八〇〇〇四一	一七一七	〇九八三六六五八	三一四	六十三分
三十八分	〇一八〇一七五八	一七一七	〇九八三六三四四	三一五	六十二分
三十九分	〇一八〇三四七五	一七一六	〇九八三六〇二九	三一五	六十一分
四十〇分	〇一八〇五一九一	一七一七	〇九八三五七一四	三一五	六十〇分
四十一分	〇一八〇六九〇八	一七一六	〇九八三五三九九	三一五	五十九分
四十二分	〇一八〇八六二四	一七一七	〇九八三五〇八四	三一六	五十八分
四十三分	〇一八一〇三四一	一七一六	〇九八三四七六八	三一六	五十七分
四十四分	〇一八一二〇五七	一七一七	〇九八三四四五二	三一六	五十六分
四十五分	〇一八一三七七四	一七一六	〇九八三四一三六	三一七	五十五分
四十六分	〇一八一五四九〇	一七一七	〇九八三五八一九	三一七	五十四分
四十七分	〇一八一七二〇七	一七一六	〇九八三三五〇二	三一七	五十三分
四十八分	〇一八一八九二三	一七一六	〇九八三三一八五	三一六	五十二分
四十九分	〇一八二〇六三九	一七一六	〇九八三二八六八	三一六	五十一分
五十〇分	〇一八二二三五五		〇九八三二五四九		五十〇分

上順	餘弦	較數	正弦	較數	七十九度
五十〇分	〇一八二二三五五	一七一六	〇九八三二五四九	三一八	五十〇分
五十一分	〇一八二四〇七一	一七一六	〇九八三二二三二	三一九	四十九分
五十二分	〇一八二五七八七	一七一六	〇九八三一九一二	三一九	四十八分
五十三分	〇一八二七五〇三	一七一六	〇九八三四五九三	三一九	四十七分
五十四分	〇一八二九二一九	一七一六	〇九八三一二七四	三一九	四十六分
五十五分	〇一八三〇九三五	一七一六	〇九八三〇九五五	三二〇	四十五分
五十六分	〇一八三二六五一	一七一六	〇九八三〇六三五	三二〇	四十四分
五十七分	〇一八三四三六七	一七一六	〇九八二九三一五	三二〇	四十三分
五十八分	〇一八三六〇八三	一七一六	〇九八二九九九五	三二〇	四十二分
五十九分	〇一八三七七九九	一七一六	〇九八二九六七四	三二一	四十一分
六十〇分	〇一八三九五一五	一七一六	〇九八二九三五四	三二一	四十〇分
六十一分	〇一八四一二三一	一七一五	〇九八二七〇三三	三二一	三十九分
六十二分	〇一八四二九四六	一七一五	〇九八二八七一二	三二二	三十八分
六十三分	〇一八四四六六一	一七一五	〇九八二八三九〇	三二二	三十七分
六十四分	〇一八四六三七六	一七一五	〇九八二八〇六八	三二三	三十六分
六十五分	〇一八四八〇九一	一七一五	〇九八二七七四五	三二三	三十五分
六十六分	〇一八四九八〇六	一七一五	〇九八二七四二二	三二三	三十四分
六十七分	〇一八五一五二一		〇九八二七〇九九		三十三分

上順	餘弦	較數	正弦	較數	七十九度
百〇〇分	〇一九〇八〇九〇		〇九八一六二七一		〇分
九十九分	〇一九〇六三七七	一七一三	〇九八一六六〇四	三三三	一分
九十八分	〇一九〇四六六四	一七一三	〇九八一六九三七	三三三	二分
九十七分	〇一九〇二九五一	一七一三	〇九八一七二六九	三三二	三分
九十六分	〇一九〇一二三八	一七一三	〇九八一七六〇一	三三二	四分
九十五分	〇一八九九五二四	一七一四	〇九八一七九三三	三三二	五分
九十四分	〇一八九七八一〇	一七一四	〇九八一八二六四	三三一	六分
九十三分	〇一八九六〇九六	一七一四	〇九八一八五九五	三三一	七分
九十二分	〇一八九四三八二	一七一四	〇九八一八九二六	三三一	八分
九十一分	〇一八九二六六八	一七一四	〇九八一九二五七	三三一	九分
九十〇分	〇一八九〇九五四	一七一四	〇九八一九五八七	三三〇	一十〇分
八十九分	〇一八八九二四〇	一七一四	〇九八一九九一七	三三〇	一十一分
八十八分	〇一八八七五二六	一七一四	〇九八二〇二四七	三三〇	一十二分
八十七分	〇一八八五八一二	一七一四	〇九八二〇五七六	三二九	一十三分
八十六分	〇一八八四〇九八	一七一四	〇九八二〇九〇五	三二九	一十四分
八十五分	〇一八八二三八四	一七一四	〇九八二一二三四	三二九	一十五分
八十四分	〇一八八〇六七〇	一七一四	〇九八二一五六二	三二八	一十六分

八十四分	〇一八八〇六七〇		〇九八二一五六二		一十六分
八十三分	〇一八七八九五六	一七一四	〇九八二一八九〇	三二八	一十七分
八十二分	〇一八七七二四二	一七一四	〇九八二二二一八	三二八	一十八分
八十一分	〇一八七五五二八	一七一四	〇九八二二五四五	三二七	一十九分
八十〇分	〇一八七三八一四	一七一四	〇九八二二八七二	三二七	二十〇分
七十九分	〇一八七二一〇〇	一七一四	〇九八二三一九九	三二七	二十一分
七十八分	〇一八七〇三八六	一七一四	〇九八二三五二六	三二七	二十二分
七十七分	〇一八六八六七一	一七一[illegible]	〇九八二三八五二	三二六	二十三分
七十六分	〇一八六六九五六	一七一五	〇九八二四一七八	三二六	二十四分
七十五分	〇一八六五二四一	一七一五	〇九八二四五〇四	三二六	二十五分
七十四分	〇一八六三五二六	一七一五	〇九八二四八二九	三二五	二十六分
七十三分	〇一八六一八一一	一七一五	〇九八二五一五四	三二五	二十七分
七十二分	〇一八六〇〇九六	一七一五	〇九八二五四七九	三二五	二十八分
七十一分	〇一八五八三八一	一七一五	〇九八二五八〇四	三二五	二十九分
七十〇分	〇一八五六六六六	一七一五	〇九八二六一二八	三二四	三十〇分
六十九分	〇一八五四九五一	一七一五	〇九八二六四〇二	三二四	三十一分
六十八分	〇一八五三二三六	一七一五	〇九八二六七七六	三二四	三十二分
六十七分	〇一八五一五二一	一七一五	〇九八二七〇九九	三二三	三十三分
一十〇度	正弦	較數	餘弦	較數	下逆

一十一度	正弦	較數	餘弦	較數	下逆
〇分	〇一九〇八〇九〇		〇九八一六二七一		
一分	〇一九〇九八〇三	一七一三	〇九八一七九三八	三三三	九十九分
二分	〇一九一一五一六	一七一三	〇九八一五六〇五	三三三	九十八分
三分	〇一九一三二二九	一七一三	〇九八一五二七一	三三四	九十七分
四分	〇一九一四九四二	一七一三	〇九八一四九三七	三三四	九十六分
五分	〇一九一六六五五	一七一三	〇九八一四六〇三	三三四	九十五分
六分	〇一九一八三六八	一七一三	〇九八一四二六八	三三五	九十四分
七分	〇一九二〇〇八二	一七一三	〇九八一三九三三	三三五	九十三分
八分	〇一九二一七九四	一七一四	〇九八一三五九八	三三五	九十二分
九分	〇一九二三五〇七	一七一三	〇九八一三二六二	三三六	九十一分
一十〇分	〇一九二五二二〇	一七一三	〇九八一二九二六	三三六	九十〇分
一十一分	〇一九二六九三三	一七一三	〇九八一二五九〇	三三六	八十九分
一十二分	〇一九二八六四六	一七一三	〇九八一二二五四	三三六	八十八分
一十三分	〇一九三〇三五九	一七一三	〇九八一一九一七	三三七	八十七分
一十四分	〇一九三二〇七二	一七一三	〇九八一一五八〇	三三七	八十六分
一十五分	〇一九三三七八四	一七一二	〇九八一一二四三	三三七	八十五分
一十六分	〇一九三五四九六	一七一二	〇九八一〇九〇五	三三八	八十四分

上順	餘弦	較數	正弦	較數	七十八度
一十六分	〇一九三五四九六		〇九八一〇九〇		八十四分
一十七分	〇一九三七二〇八	一七一二	〇九八一〇五六	三三八	八十三分
一十八分	〇一九四八九二〇	一七一二	〇九八一〇二二	三三	八十二分
一十九分	〇一九四〇六三二	一七一二	〇九八〇九八九	三三九	八十一分
二十〇分	〇一九四二三四四	一七一二	〇九八〇九五五	三三九	八十〇分
二十一分	〇一九四四〇五六	一七一二	〇九八〇九二一	三三九	七十九分
二十二分	〇一九四五七六八	一七一二	〇九八〇八八七	三三九	七十八分
二十三分	〇一九四七四八〇	一七一二	〇九八〇八五三	三四〇	七十七分
二十四分	〇一九四九一九二	一七一二	〇九八〇八一九	三四〇	七十六分
二十五分	〇一九五〇九〇三	一七一一	〇九八〇七八五三	三四〇	七十五分
二十六分	〇一九五二六一五	一七一二	〇九八〇七五一二	三四一	七十四分
二十七分	〇一九五四三二六	一七一一	〇九八〇七一七一	三四一	七十三分
二十八分	〇一九五六〇三八	一七一二	〇九八〇六八三〇	三四一	七十二分
二十九分	〇一九五七七四九	一七一一	〇九八〇六四八九	三四一	七十一分
三十〇分	〇一九五九四六一	一七一二	〇九八〇六一四七	三四二	七十〇分
三十一分	〇一九六一一七二	一七一一	〇九八〇五八〇九	三四二	六十九分
三十二分	〇一九六二八八四	一七一二	〇九八〇五四六三	三四二	六十八分
三十三分	〇一九六四五九五	一七一一	〇九八〇五一二〇	三四二	六十七分

上頒	餘弦	較數	正弦	較數	七十八度
六十七分	〇二〇二二七四六		〇九七九三二八八		三十三分
六十六分	〇二〇二一〇三七	一七〇九	〇九七九三六四一	三二三	三十四分
六十五分	〇二〇一九三二八	一七〇九	〇九七九三九九四	三二三	三十五分
六十四分	〇二〇一七六一九	一七〇九	〇九七九四三四六	三五二	三十六分
六十三分	〇二〇一五九一〇	一七〇九	〇九七九四六九八	三五二	三十七分
六十二分	〇二〇一四二〇〇	一七一〇	〇九七九五〇五〇	三五二	三十八分
六十一分	〇二〇一二四九〇	一七一〇	〇九七九五四〇一	三五一	三十九分
六十〇分	〇二〇一〇七八〇	一七一〇	〇九七九五七五二	三五一	四十〇分
五十九分	〇二〇〇九〇七〇	一七一〇	〇九七九六一〇三	三五一	四十一分
五十八分	〇二〇〇七三六〇	一七一〇	〇九七九六四五四	三五一	四十二分
五十七分	〇二〇〇五六五〇	一七一〇	〇九七九六八〇四	三五〇	四十三分
五十六分	〇二〇〇三九四〇	一七一〇	〇九七九七一五四	三五〇	四十四分
五十五分	〇二〇〇二二三〇	一七一〇	〇九七九七五〇四	三五〇	四十五分
五十四分	〇二〇〇〇五二〇	一七一〇	〇九七九七八五三	三五九	四十六分
五十三分	〇一九九八八一〇	一七一〇	〇九七九八二〇二	三四九	四十七分
五十二分	〇一九九七一〇〇	一七一〇	〇九七九八五五一	三四九	四十八分
五十一分	〇一九九五三九〇	一七一〇	〇九七九八八九九	三四八	四十九分
五十〇分	〇一九九三六八〇	一七一〇	〇九七九九二四七	三四八	五十〇分

一十一度	正弦	較數	餘弦	較數	下逆
三十三分	〇一九六四五九五	一七一二	〇九八〇五一二〇	三四三	六十七分
三十四分	〇一九六六三〇七	一七一一	〇九八〇四七七七	三四三	六十六分
三十五分	〇一九六八〇一八	一七一一	〇九八〇四三三四	三四四	六十五分
三十六分	〇一九六九七二九	一七一一	〇九八〇四〇九〇	三四四	六十四分
三十七分	〇一九七一四四〇	一七一一	〇九八〇三七四六	三四四	六十三分
三十八分	〇一九七三一五一	一七一一	〇九八〇三四〇二	三四五	六十二分
三十九分	〇一九七四八六二	一七一一	〇九八〇三〇五七	三四五	六十一分
四十〇分	〇一九七六五七三	一七一一	〇九八〇二七一二	三四五	六十〇分
四十一分	〇一九七八二八〇	一七一一	〇九八〇二三六七	三四六	五十九分
四十二分	〇一九七九九九五	一七一一	〇九八〇二〇二一	三四六	五十八分
四十三分	〇一九八一七〇六	一七一一	〇九八〇一六七五	三四六	五十七分
四十四分	〇一九八三四一七	一七一一	〇九八〇一三二九	三四六	五十六分
四十五分	〇一九八五一二八	一七一一	〇九八〇〇九八三	三四六	五十五分
四十六分	〇一九八六八三九	一七一一	〇九八〇〇六三六	三四七	五十四分
四十七分	〇一九八八五五〇	一七一〇	〇九八〇〇二八九	三四七	五十三分
四十八分	〇一九九〇二六〇	一七一〇	〇九七九九九四二	三四七	五十二分
四十九分	〇一九九一九七〇	一七一〇	〇九七九九五九五	三四八	五十一分
五十〇分	〇一九九三六八〇		〇九七九九二四七		五十〇分

十一度	正弦	較數	餘弦	較數	下逆
六十七分	○二○二二七四六	一七○九	○九七九三二八八	三五三	三十三分
六十八分	○二○二四四五五	一七○九	○九七九二九三五	三五三	三十二分
六十九分	○二○二六一六四	一七○九	○九七九二五八二	三五四	三十一分
七十○分	○二○二七八七三	一七○九	○九七九二二二八	三五四	三十○分
七十一分	○二○二九五八二	一七○九	○九七九一八七四	三五四	二十九分
七十二分	○二○三一二九一	一七○九	○九七九一五二○	三五五	二十八分
七十三分	○二○三三○○○	一七○九	○九七九一二六五	三五五	二十七分
七十四分	○二○三四七○九	一七○九	○九七九○八一○	三五五	二十六分
七十五分	○二○三六四一八	一七○九	○九七九○四五五	三五六	二十五分
七十六分	○二○三八一二七	一七○九	○九七九○○九九	三五六	二十四分
七十七分	○二○三九八三六	一七○九	○九七八九二四三	三五六	二十三分
七十八分	○二○四一五四五	一七○九	○九七八九三八七	三五六	二十二分
七十九分	○二○四三二五四	一七○八	○九七八九○三一	三五七	二十一分
八十○分	○二○四四九六二	一七○八	○九七八八六七四	三五七	二十○分
八十一分	○二○四六六七○	一七○八	○九七八八三一七	三五七	一十九分
八十二分	○二○四八三七八	一七○八	○九七八七九六○	三五八	一十八分
八十三分	○二○五○○八六	一七○八	○九七八七六○二	三五八	一十七分
八十四分	○二○五一七九四		○九七八七二四四		一十六分

上順	餘弦	較數	正弦	較數	七十八度
百○○分	○二○七九一一七	一七○七	○九七八一四七六	三六三	○分
九十九分	○二○七七四一○	一七○七	○九七八一八三九	三六二	一分
九十八分	○二○七五七○三	一七○七	○九七八二二○一	三六二	二分
九十七分	○二○七三九九六	一七○七	○九七八二五六三	三六二	三分
九十六分	○二○七二二八九	一七○七	○九七八二九二五	三六二	四分
九十五分	○二○七○五八二	一七○八	○九七八三二八七	三六一	五分
九十四分	○二○六八八七四	一七○八	○九七八三六四八	三六一	六分
九十三分	○二○六七一六六	一七○八	○九七八四○○九	三六一	七分
九十二分	○二○六五四五八	一七○八	○九七八四三七○	三六○	八分
九十一分	○二○六三七五○	一七○八	○九七八四七三○	三六○	九分
九十○分	○二○六二○四二	一七○八	○九七八五○九○	三六○	一十○分
八十九分	○二○六○三三四	一七○八	○九七八五四五○	三六九	一十一分
八十八分	○二○五八六二六	一七○八	○九七八五九○九	三六九	一十二分
八十七分	○二○五六九一八	一七○八	○九七八六一六八	三六九	一十三分
八十六分	○二○五五二一○	一七○八	○九七八六五二七	三六九	一十四分
八十五分	○二○五三五○二	一七○八	○九七八六八八六	三六八	一十五分
八十四分	○二○五一七九四		○九七八七二四四		一十六分

一十二度	正弦	較數	餘弦	較數	下逆
〇分	〇二〇七九一一七	一七〇七	〇九七八一四七九	三六三	百〇分
一分	〇二〇八〇八二四	一七〇七	〇九七八一二一三	三六三	九十九分
二分	〇二〇八二五三一	一七〇七	〇九七八〇七五〇	三六四	九十八分
三分	〇二〇八四二三八	一七〇七	〇九七八〇三八六	三六四	九十七分
四分	〇二〇八五九四五	一七〇七	〇九七八〇〇二二	三六四	九十六分
五分	〇二〇八七六五二	一七〇七	〇九七七九六五八	三六五	九十五分
六分	〇二〇八九三五九	一七〇七	〇九七七九二九三	三六五	九十四分
七分	〇二〇九一〇六六	一七〇七	〇九七七八九二八	三六五	九十三分
八分	〇二〇九二七七三	一七〇七	〇九七七八五六三	三六五	九十二分
九分	〇二〇九四四八〇	一七〇七	〇九七七八一九八	三六六	九十一分
一十〇分	〇二〇九六一八七	一七〇七	〇九七七七八三二	三六六	九十〇分
一十一分	〇二〇九七八九四	一七〇六	〇九七七七四六六	三六六	八十九分
一十二分	〇二〇九九六〇〇	一七〇六	〇九七七七一〇〇	三六七	八十八分
一十三分	〇二一〇一三〇六	一七〇六	〇九七七六七三三	三六七	八十七分
一十四分	〇二一〇三〇一二	一七〇六	〇九七七六三六六	三六七	八十六分
一十五分	〇二一〇四七一八	一七〇六	〇九七七五九九九	三六七	八十五分
一十六分	〇二一〇六四二四		〇九七七五六三三		八十四分

上順	餘弦	較數	正弦	較數	七十七度
五十〇分	〇二一六四三九六	一七〇四	〇九七六二九六〇	三	五十〇分
五十一分	〇二一六六一〇〇	一七〇四	〇九七六二五八二	三	四十九分
五十二分	〇二一六七八〇四	一七〇四	〇九七六二二〇四	三	四十八分
五十三分	〇二一六九五〇八	一七〇四	〇九七六一八二五	三	四十七分
五十四分	〇二一七一二一二	一七〇四	〇九七六一四四六	三	四十六分
五十五分	〇二一七二九一六	一七〇四	〇九七六一〇六七	三	四十五分
五十六分	〇二一七四六二〇	一七〇四	〇九七六〇六八八	三	四十四分
五十七分	〇二一七六三二四	一七〇三	〇九七六〇三〇八	三	四十三分
五十八分	〇二一七八〇二七	一七〇三	〇九七五九九二八	三	四十二分
五十九分	〇二一七九七三〇	一七〇三	〇九七五九五四八	三	四十一分
六十〇分	〇二一八一四三三	一七〇三	〇九七五九一六八	三	四十〇分
六十一分	〇二一八三一三六	一七〇三	〇九七五八七八七	三	三十九分
六十二分	〇二一八四八三九	一七〇三	〇九七五八四〇六	三	三十八分
六十三分	〇二一八六五四二	一七〇三	〇九七五八〇二五	三	三十七分
六十四分	〇二一八八二四五	一七〇三	〇九七五七六一三	三	三十六分
六十五分	〇二一八九九四八	一七〇三	〇九七五七二六一	三	三十五分
六十六分	〇二一九一六五一	一七〇三	〇九七五六八七九	三八三	三十四分
六十七分	〇二一九三三五四		〇九七五六四九六		三十三分

一十二度	正弦	較數	餘弦	較數	下逆
六十七分	○二一九三三五四		○九七五六四九六		三十三分
六十八分	○二一九五○五七	一七○三	○九七五六一一三	三八三	三十二分
六十九分	○二一九六七六○	一七○三	○九七五五七三○	三八三	三十一分
七十○分	○二一九八四六三	一七○三	○九七五五三四六	三八四	三十○分
七十一分	○二二○○一六五	一七○三	○九七五四九六二	三八四	二十九分
七十二分	○二二○一八六八	一七○三	○九七五四五七八	三八四	二十八分
七十三分	○二二○三五七八	一七○三	○九七五四一九三	三八五	二十七分
七十四分	○二二○五二七三	一七○二	○九七五三八○八	三八五	二十六分
七十五分	○二二○六九七五	一七○二	○九七五三四二三	三八五	二十五分
七十六分	○二二○八六七七	一七○二	○九七五三○三八	三八五	二十四分
七十七分	○二二一○三七九	一七○二	○九七五二六五二	三八六	二十三分
七十八分	○二二一二○八一	一七○二	○九七五二二六六	三八六	二十二分
七十九分	○二二一三七八三	一七○二	○九七五一八八○	三八六	二十一分
八十○分	○二二一五四八四	一七○二	○九七五一四九四	三八六	二十○分
八十一分	○二二一七一八七	一七○二	○九七五一一○七	三八七	一十九分
八十二分	○二二一八八八九	一七○二	○九七五○七二○	三八七	一十八分
八十三分	○二二二○五九一	一七○二	○九七五○三三三	三八七	一十七分
八十四分	○二二二二二九三	一七○二	○九七四九五四五	三八八	一十六分

上順	餘弦	較數	正弦	較數	七十七度
三十三分	○二一三五四一九		○九七六九三三九		六十七分
三十二分	○二一三三七一四	一七○五	○九七六九七一四	三七三	六十八分
三十一分	○二一三二○○九	一七○五	○九七七○○八四	三七二	六十九分
三十○分	○二一三○三○四	一七○五	○九七七○四五六	三七二	七十○分
二十九分	○二一二八五九九	一七○五	○九七七○八二八	三七二	七十一分
二十八分	○二一二六八九四	一七○五	○九七七一一九九	三七一	七十二分
二十七分	○二一二五一八九	一七○五	○九七七一五七○	三七一	七十三分
二十六分	○二一二三四八四	一七○五	○九七七一九四一	三七一	七十四分
二十五分	○二一二一七七八	一七○六	○九七七二三一一	三七○	七十五分
二十四分	○二一二○○七二	一七○六	○九七七二六八一	三七○	七十六分
二十三分	○二一一八三六六	一七○六	○九七七三○五一	三七○	七十七分
二十二分	○二一一六六六○	一七○六	○九七七三四二一	三七○	七十八分
二十一分	○二一一四九五四	一七○六	○九七七三七九○	三六九	七十九分
二十○分	○二一一三二四八	一七○六	○九七七四一五九	三六九	八十○分
一十九分	○二一一一五四二	一七○六	○九七七四五二八	三六九	八十一分
一十八分	○二一○九八三六	一七○六	○九七七四八九六	三六八	八十二分
一十七分	○二一○八一三○	一七○六	○九七七五二六四	三六八	八十三分
一十六分	○二一○六四二四	一七○六	○九七七五六三二	三六八	八十四分

一十二度	正弦	較數	餘弦	較數	下逆
三十三分	〇二一三五四一九	一七〇五	〇九七六九三三九	三七三	六十七分
三十四分	〇二一三七一二四	一七〇五	〇九七六八九六六	三七三	六十六分
三十五分	〇二一三八八二九	一七〇五	〇九七六八五九三	三七三	六十五分
三十六分	〇二一四〇五三四	一七〇五	〇九七六八二二〇	三七四	六十四分
三十七分	〇二一四二二三九	一七〇五	〇九七六七八四六	三七四	六十三分
三十八分	〇二一四三九四四	一七〇五	〇九七六七四七二	三七四	六十二分
三十九分	〇二一四五六四九	一七〇五	〇九七六七〇九八	三七五	六十一分
四十〇分	〇二一四七三五四	一七〇五	〇九七六六七二三	三七五	六十〇分
四十一分	〇二一四九〇五九	一七〇五	〇九七六六三四八	三七五	五十九分
四十二分	〇二一五〇七六四	一七〇四	〇九七六五九七三	三七六	五十八分
四十三分	〇二一五二四六八	一七〇四	〇九七六五五九七	三七六	五十七分
四十四分	〇二一五四一七二	一七〇四	〇九七六五二二一	三七六	五十六分
四十五分	〇二一五五八七六	一七〇四	〇九七六四八四五	三七六	五十五分
四十六分	〇二一五七五八〇	一七〇四	〇九七六四四六九	三七七	五十四分
四十七分	〇二一五九二八四	一七〇四	〇九七六四〇九二	三七七	五十三分
四十八分	〇二一六〇九八八	一七〇四	〇九七六三七一五	三七七	五十二分
四十九分	〇二一六二六九二	一七〇四	〇九七六三三三八	三七八	五十一分
五十〇分	〇二一六四三九六		〇九七六三九六〇		五十〇分

上順	餘弦	較數	正弦	較數	七十七度
八十四分	〇二二二二二九三	一七〇二	〇九七四九九四五	三九八	一十六分
八十五分	〇二二二三九九五	一七〇二	〇九七四九五三七	三九八	一十五分
八十六分	〇二二二五六九七	一七〇二	〇九七四九一六九	三九九	一十四分
八十七分	〇二二二七三九九	一七〇一	〇九七四八七八〇	三九九	一十三分
八十八分	〇二二二九一〇〇	一七〇一	〇九七四八三九一	三九九	一十二分
八十九分	〇二二三〇八〇一	一七〇一	〇九七四八〇〇二	三九〇	一十一分
九十〇分	〇二二三二五〇二	一七〇一	〇九七四七六一二	三九〇	一十〇分
九十一分	〇二二三四二〇三	一七〇一	〇九七四七二二二	三九〇	九分
九十二分	〇二二三五九〇四	一七〇一	〇九七四六八三二	三九〇	八分
九十三分	〇二二三七六〇五	一七〇一	〇九七四六四四二	三九一	七分
九十四分	〇二二三九三〇六	一七〇一	〇九七四六〇五一	三九一	六分
九十五分	〇二二四一〇〇七	一七〇一	〇九七四五六六〇	三九一	五分
九十六分	〇二二四二七〇八	一七〇一	〇九七四五二六九	三九二	四分
九十七分	〇二二四四四〇九	一七〇一	〇九七四四八七七	三九二	三分
九十八分	〇二二四六一一〇	一七〇一	〇九七四四四八五	三九二	二分
九十九分	〇二二四七八一一	一七〇一	〇九七四四〇九三	三九二	一分
百〇〇分	〇二二四九五一二		〇九七四三七〇一		〇分

一十三度	正弦	較數	餘弦	較數	下逆
○分	○二二四九五一二		○九七四三七○一		百○○分
一分	○二二五一二一三	一七○一	○九七四三三○八	三九三	九十九分
二分	○二二五二九一三	一七○○	○九七四二九一○	三九三	九十八分
三分	○二二五四六一三	一七○○	○九七四二五二二	三九三	九十七分
四分	○二二五六三一三	一七○○	○九七四二一二八	三九四	九十六分
五分	○二二五八○一三	一七○○	○九七四一七三四	三九四	九十五分
六分	○二二五九七一三	一七○○	○九七四一三四○	三九四	九十四分
七分	○二二六一四一三	一七○○	○九七四○九四五	三九五	九十三分
八分	○二二六三一一三	一七○○	○九七四○五五○	三九五	九十二分
九分	○二二六四八一三	一七○○	○九七四○一五五	三九五	九十一分
一十○分	○二二六六五一三	一七○○	○九七三九七六○	三九五	九十○分
一十一分	○二二六八二一三	一七○○	○九七三九三六四	三九六	八十九分
一十二分	○二二六九九一三	一七○○	○九七三八九六八	三九六	八十八分
一十三分	○二二七一六一三	一七○○	○九七三八五七二	三九六	八十七分
一十四分	○二二七三三一三	一七○○	○九七三八一七五	三九七	八十六分
一十五分	○二二七五○一三	一七○○	○九七三七七七八	三九七	八十五分
一十六分	○二二七六七一三	一七○○	○九七三七三八一	三九七	八十四分

上順	餘弦	較數	正弦	較數	七十六度
一十六分	○二二七六七一三		○九七三七三八一		八十四分
一十七分	○二二七八四一二	一六九九	○九七三六九八三	三九八	八十三分
一十八分	○二二八○一一一	一六九九	○九七三六五八五	三九八	八十二分
一十九分	○二二八一八一○	一六九九	○九七三六一八七	三九八	八十一分
二十○分	○二二八三五○九	一六九九	○九七三五七八九	三九八	八十○分
二十一分	○二二八五二○八	一六九九	○九七三五三九○	三九九	七十九分
二十二分	○二二八六九○七	一六九九	○九七三四九九一	三九九	七十八分
二十三分	○二二八八六○六	一六九九	○九七三四五九二	三九九	七十七分
二十四分	○二二九○三○五	一六九九	○九七三四一九二	四○○	七十六分
二十五分	○二二九二○○四	一六九九	○九七三三七九二	四○○	七十五分
二十六分	○二二九三七○三	一六九九	○九七三三三九二	四○○	七十四分
二十七分	○二二九五四○二	一六九九	○九七三二九九二	四○○	七十三分
二十八分	○二二九七一○一	一六九九	○九七三二九九一	四○一	七十二分
二十九分	○二二九八八○○	一六九九	○九七三二一九○	四○一	七十一分
三十○分	○二三○○四九九	一六九九	○九七三一七八五	四○一	七十○分
三十一分	○二三○二一九七	一六九八	○九七三一三八七	四○二	六十九分
三十二分	○二三○三八九五	一六九八	○九七三○九八五	四○二	六十八分
三十三分	○二三○五五九三	一六九八	○九七三○五八三	四○二	六十七分

上順	餘弦	較數	正弦	較數	七十六度
六十七分	〇二三六三二九四		〇九七一六七三〇		三十三分
六十六分	〇二三六一五九八	一六九六	〇九七一七一四二	四一二	三十四分
六十五分	〇二三五九九〇二	一六九六	〇九七一七五五四	四一二	三十五分
六十四分	〇二三五八二〇六	一六九六	〇九七一七九六六	四一二	三十六分
六十三分	〇二三五六五一〇	一六九六	〇九七一八三七七	四一一	三十七分
六十二分	〇二三五四八一四	一六九六	〇九七一八七八八	四一一	三十八分
六十一分	〇二三五三一一八	一六九六	〇九七一九一九九	四一一	三十九分
六十〇分	〇二三五一四二二	一六九六	〇九七一九六一〇	四一一	四十〇分
五十九分	〇二三四九七二六	一六九六	〇九七二〇〇二〇	四一〇	四十一分
五十八分	〇二三四八〇三〇	一六九六	〇九七二〇四三〇	四一〇	四十二分
五十七分	〇二三四六三三三	一六九七	〇九七二〇八四〇	四一〇	四十三分
五十六分	〇二三四四六三六	一六九七	〇九七二一二四九	四〇九	四十四分
五十五分	〇二三四二九三九	一六九七	〇九七二一六五八	四〇九	四十五分
五十四分	〇二三四一二四二	一六九七	〇九七二二〇六七	四〇九	四十六分
五十三分	〇二三三九五四五	一六九七	〇九七二二四七五	四〇八	四十七分
五十二分	〇二三三七八四八	一六九七	〇九七二二八八三	四〇八	四十八分
五十一分	〇二三三六一五一	一六九七	〇九七二三二九一	四〇八	四十九分
五十〇分	〇二三三四四五四	一六九七	〇九七二三六九九	四〇八	五十〇分

一十三度	正弦	較數	餘弦	較數	下逆
三十三分	〇二三〇五五九三		〇九七三〇五八三		六十七分
三十四分	〇二三〇七二九一	一六九八	〇九七三〇一八〇	四〇三	六十六分
三十五分	〇二三〇八九八九	一六九八	〇九七二九七七七	四〇三	六十五分
三十六分	〇二三一〇六八七	一六九八	〇九七二九三七四	四〇三	六十四分
三十七分	〇二三一二三八五	一六九八	〇九七二八九七一	四〇三	六十三分
三十八分	〇二三一四〇八三	一六九八	〇九七二八五六七	四〇四	六十二分
三十九分	〇二三一五七八一	一六九八	〇九七二八一六三	四〇四	六十一分
四十〇分	〇二三一七四七九	一六九八	〇九七二七七五九	四〇四	六十〇分
四十一分	〇二三一九一七七	一六九八	〇九七二七三五四	四〇五	五十九分
四十二分	〇二三二〇八七五	一六九八	〇九七二六九四九	四〇五	五十八分
四十三分	〇二三二二五七三	一六九八	〇九七二六五四四	四〇五	五十七分
四十四分	〇二三二四二七一	一六九八	〇九七二六一三八	四〇六	五十六分
四十五分	〇二三二五九六九	一六九八	〇九七二五七三二	四〇六	五十五分
四十六分	〇二三二七六六六	一六九七	〇九七二五三二六	四〇六	五十四分
四十七分	〇二三二九三六三	一六九七	〇九七二四九二〇	四〇六	五十三分
四十八分	〇二三三一〇六〇	一六九七	〇九七二四五一三	四〇七	五十二分
四十九分	〇二三三二七五七	一六九七	〇九七二四一〇六	四〇七	五十一分
五十〇分	〇二三三四四五四	一六九七	〇九七二三六九九	四〇七	五十〇分

一十三度	正弦	較數	餘弦	較數	下逆
六十七分	〇二三六三二九四	一六九六	〇九七一六七一〇	四一三	三十三分
六十八分	〇二三六四九九〇	一六九六	〇九七一六三一七	四一三	三十二分
六十九分	〇二三六六六八六	一六九六	〇九七一五九〇四	四一三	三十一分
七十〇分	〇二三六八三八二	一六九六	〇九七一五四九一	四一三	三十〇分
七十一分	〇二三七〇〇七八	一六九六	〇九七一五〇七八	四一四	二十九分
七十二分	〇二三七一七七四	一六九六	〇九七一四六六四	四一四	二十八分
七十三分	〇二三七三四六九	一六九六	〇九七一四二五〇	四一四	二十七分
七十四分	〇二三七五一六四	一六九五	〇九七一三八三六	四一五	二十六分
七十五分	〇二三七六八五九	一六九五	〇九七一三四二一	四一五	二十五分
七十六分	〇二三七八五五四	一六九五	〇九七一三〇〇六	四一五	二十四分
七十七分	〇二三八〇二四九	一六九五	〇九七一二五九一	四一六	二十三分
七十八分	〇二三八一九四四	一六九五	〇九七一二〇七五	四一六	二十二分
七十九分	〇二三八三六三九	一六九五	〇九七一一七五九	四一六	二十一分
八十〇分	〇二三八五三三四	一六九五	〇九七一一三四三	四一六	二十〇分
八十一分	〇二三八七〇二九	一六九五	〇九七一〇九二七	四一七	一十九分
八十二分	〇二三八八七二四	一六九五	〇九七一〇五一〇	四一七	一十八分
八十三分	〇二三九〇四一九	一六九五	〇九七一〇〇九三	四一七	一十七分
八十四分	〇二三九二一一四		〇九七〇九六七六		一十六分

上順	餘弦	較數	正弦	較數	七十六度
八十四分	〇二三九二一一四	一六九五	〇九七〇九六七六	四一八	一十六分
八十五分	〇二三九三八〇九	一六九五	〇九七〇九二五八	四一八	一十五分
八十六分	〇二三九五五〇四	一六九五	〇九七〇八八四〇	四一九	一十四分
八十七分	〇二三九七一九九	一六九四	〇九七〇八四二二	四一九	一十三分
八十八分	〇二三九八八九三	一六九四	〇九七〇八〇〇三	四一九	一十二分
八十九分	〇二四〇〇五八七	一六九四	〇九七〇七五八四	四一九	一十一分
九十〇分	〇二四〇二二八一	一六九四	〇九七〇七一六五	四一九	一十〇分
九十一分	〇二四〇三九七五	一六九四	〇九七〇六七四六	四二〇	九分
九十二分	〇二四〇五六六九	一六九四	〇九七〇六三二六	四二〇	八分
九十三分	〇二四〇七三六三	一六九四	〇九七〇五九〇六	四二〇	七分
九十四分	〇二四〇九〇五七	一六九四	〇九七〇五四八六	四二一	六分
九十五分	〇二四一〇七五一	一六九四	〇九七〇五〇六五	四二一	五分
九十六分	〇二四一二四四五	一六九四	〇九七〇四六四四	四二一	四分
九十七分	〇二四一四一三九	一六九四	〇九七〇四二二三	四二二	三分
九十八分	〇二四一五八三三	一六九四	〇九七〇三八〇一	四二二	二分
九十九分	〇二四一七五二七	一六九三	〇九七〇三三七九	四二一	一分
百〇〇分	〇二四一九二二〇		〇九七〇二九五七		〇分

陽[illegible]運
春[illegible]随居而江頭
梅花無今烟解悋[illegible]不舞
春寒驚[illegible]梅[illegible]期不回已記隻
梅花好起春作前驅

甲申春莫
寫舍如留春帝[illegible]

春帝雪梅[illegible]比
冰[illegible]歳し作前驅

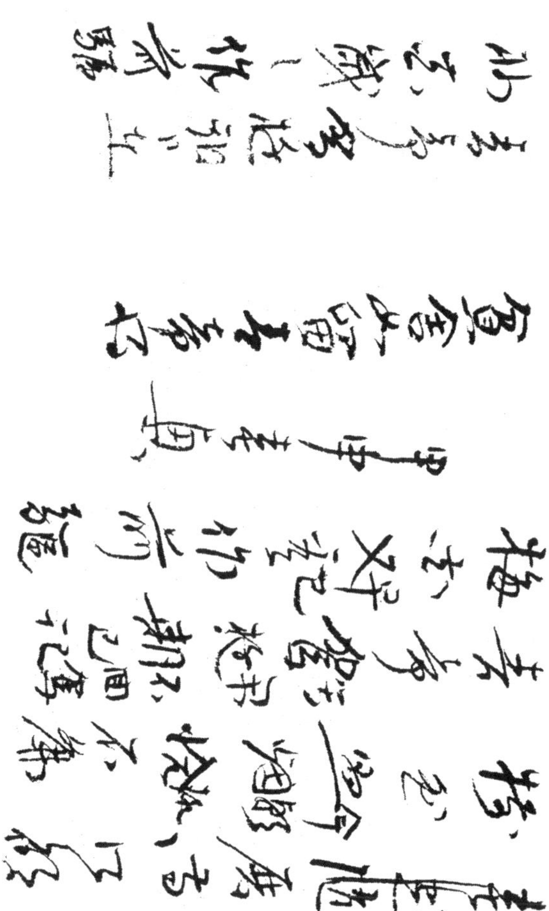

一十四度	正弦	較數	餘弦	較數	下逆
〇分	〇二四一九二二〇	一六九三	〇九七〇二九五七	四二二	百〇〇分
一分	〇二四二〇九一三	一六九三	〇九七〇二五三五	四二三	九十九分
二分	〇二四二二六〇六	一六九三	〇九七〇二一一二	四二三	九十八分
三分	〇二四二四二九九	一六九三	〇九七〇二六八九	四二三	九十七分
四分	〇二四二五九九二	一六九三	〇九七〇二三六六	四二四	九十六分
五分	〇二四二七六八五	一六九三	〇九七〇〇八四二	四二四	九十五分
六分	〇二四二九三七八	一六九三	〇九七〇〇四一八	四二四	九十四分
七分	〇二四三一〇七一	一六九三	〇九六九九九九四	四二四	九十三分
八分	〇二四三二七六四	一六九三	〇九六九九五七〇	四二五	九十二分
九分	〇二四三四四五七	一六九三	〇九六九九一四五	四二五	九十一分
一十〇分	〇二四三六一五〇	一六九三	〇九六九八七二〇	四二五	九十〇分
一十一分	〇二四三七八四三	一六九三	〇九六九八二九五	四二六	八十九分
一十二分	〇二四三九五三六	一六九三	〇九六九七八六九	四二六	八十八分
一十三分	〇二四四一二二九	一六九三	〇九六九七四四三	四二六	八十七分
一十四分	〇二四四二九二二	一六九二	〇九六九七〇一七	四二六	八十六分
一十五分	〇二四四四六一四	一六九二	〇九六九六五九一	四二二	八十五分
一十六分	〇二四四六三〇六		〇九六九六一六四		八十四分

上順	餘弦	較數	正弦	較數	七十五度
一十六分	〇二四四六三〇六	一六九二	〇九六九六一六四	四二七	八十四分
一十七分	〇二四四七九九八	一六九二	〇九六九五七三七	四二七	八十三分
一十八分	〇二四五九六九〇	一六九二	〇九六九五三一〇	四二八	八十二分
一十九分	〇二四五一三八二	一六九二	〇九六九四八八二	四二八	八十一分
二十〇分	〇二四五三〇七四	一六九二	〇九六九四四五四	四二八	八十〇分
二十一分	〇二四五四七六六	一六九二	〇九六九四〇二六	四二九	七十九分
二十二分	〇二四五六四五八	一六九二	〇九六九三五九七	四二九	七十八分
二十三分	〇二四五八一五〇	一六九二	〇九六九三一六八	四二九	七十七分
二十四分	〇二四五九八四二	一六九二	〇九六九二七三九	四三〇	七十六分
二十五分	〇二四六一五三四	一六九二	〇九六九二三〇九	四三〇	七十五分
二十六分	〇二四六三二二六	一六九一	〇九六九一八七九	四三〇	七十四分
二十七分	〇二四六四九一七	一六九一	〇九六九一四四九	四三〇	七十三分
二十八分	〇二四六六六〇八	一六九一	〇九六九一〇一六	四三一	七十二分
二十九分	〇二四六八二九九	一六九一	〇九六九〇五八八	四三一	七十一分
三十〇分	〇二四六九九九〇	一六九一	〇九六九〇二五七	四三一	七十〇分
三十一分	〇二四七一六八一	一六九一	〇九六八九八二六	四三二	六十[illegible]分
三十二分	〇二四七三三七二	一六九一	〇九六八九三五四	四三二	六十八分
三十三分	〇二四七五〇六三		〇九六八八九六〇		六十七分

上順	餘弦	較數	正弦	較數	七十二度
六十七分	〇二五三二五一五		〇九六七四〇〇五		三十三分
六十六分	〇二五三〇八二七	一六八八	〇九六七四四四七	四四二	三十四分
六十五分	〇二五二九一三九	一六八八	〇九六七四八八九	四四二	三十五分
六十四分	〇二五二七四五〇	一六八九	〇九六七五三三〇	四四一	三十六分
六十三分	〇二五二五七六一	一六八九	〇九六七五七七一	四四一	三十七分
六十二分	〇二五二四〇七二	一六八九	〇九六七六二一二	四四一	三十八分
六十一分	〇二五二二三八三	一六八九	〇九六七六六五二	四四〇	三十九分
六十〇分	〇二五二〇六九四	一六八九	〇九六七七〇九二	四四〇	四十〇分
五十九分	〇二五一九〇〇五	一六八九	〇九六七七五三二	四四〇	四十一分
五十八分	〇二五一七三一六	一六八九	〇九六七七九七一	四三九	四十二分
五十七分	〇二五一五六二七	一六八九	〇九六七八四一〇	四三九	四十三分
五十六分	〇二五一三九三八	一六八九	〇九六七八八四九	四三九	四十四分
五十五分	〇二五一二二四九	一六八九	〇九六七九二八八	四三九	四十五分
五十四分	〇二五一〇五六〇	一六八九	〇九六七九七二六	四三八	四十六分
五十三分	〇二五〇八八七〇	一六九〇	〇九六八〇一六四	四三八	四十七分
五十二分	〇二五〇七一八〇	一六九〇	〇九六八〇六〇二	四三八	四十八分
五十一分	〇二五〇五四九〇	一六九〇	〇九六八一〇三九	四三七	四十九分
五十〇分	〇二五〇三八〇〇	一六九〇	〇九六八一四七六	四三七	五十〇分

一十四度	正弦	較數	餘弦	較數	下逆
三十三分	〇二四七五〇六三		〇九六八八九六〇		六十七分
三十四分	〇二四七六七五四	一六九一	〇九六八八五三〇	四三二	六十六分
三十五分	〇二四七八四四五	一六九一	〇九六八七九九八	四三二	六十五分
三十六分	〇二四八〇一三六	一六九一	〇九六八七五六五	四三三	六十四分
三十七分	〇二四八一八二七	一六九一	〇九六八七一三二	四三三	六十三分
三十八分	〇二四八三五一八	一六九一	〇九六八六六五九	四三三	六十二分
三十九分	〇二四八五二〇九	一六九一	〇九六八六二六五	四三四	六十一分
四十〇分	〇二四八六九〇〇	一六九一	〇九六八五八三一	四三四	六十〇分
四十一分	〇二四八八五九〇	一六九〇	〇九六八五三九七	四三四	五十九分
四十二分	〇二四九〇二八〇	一六九〇	〇九六八四九六二	四三五	五十八分
四十三分	〇二四九一九七〇	一六九〇	〇九六八四五二七	四三五	五十七分
四十四分	〇二四九三六六〇	一六九〇	〇九六八四〇九二	四三五	五十六分
四十五分	〇二四九五三五〇	一六九〇	〇九六八三六五七	四三五	五十五分
四十六分	〇二四九七〇四〇	一六九〇	〇九六八三二二一	四三六	五十四分
四十七分	〇二四九八七三〇	一六九〇	〇九六八二七八五	四三六	五十三分
四十八分	〇二五〇〇四二〇	一六九〇	〇九六八二三四九	四三六	五十二分
四十九分	〇二五〇二一一〇	一六九〇	〇九六八一九一三	四三六	五十一分
五十〇分	〇二五〇三八〇〇	一六九〇	〇九六八一四七六	四三七	五十〇分

一十四度	正弦	較數	餘弦	較數	下逆
六十七分	〇二五三二五一五	一六八八	〇九六七四〇〇五	四四二	三十三分
六十八分	〇二五三四二〇三	一六八八	〇九六七三五六三	四四三	三十二分
六十九分	〇二五三五八九一	一六八八	〇九六七三一二〇	四四三	三十一分
七十〇分	〇二五三七五七九	一六八八	〇九六七二六七七	四四三	三十〇分
七十一分	〇二五三九二六七	一六八八	〇九六七二二三四	四四三	二十九分
七十二分	〇二五四〇九五五	一六八八	〇九六七一七九一	四四四	二十八分
七十三分	〇二五四二六四三	一六八八	〇九六七一三四七	四四四	二十七分
七十四分	〇二五四四三三一	一六八八	〇九六七〇九〇三	四四四	二十六分
七十五分	〇二五四六〇一九	一六八八	〇九六七〇四五九	四四五	二十五分
七十六分	〇二五四七七〇七	一六八八	〇九六七〇〇一四	四四五	二十四分
七十七分	〇二五四九三九五	一六八八	〇九六六九五六九	四四五	二十三分
七十八分	〇二五五一〇八三	一六八八	〇九六六九一二四	四四五	二十二分
七十九分	〇二五五二七七一	一六八八	〇九六六八六七九	四四六	二十一分
八十〇分	〇二五五四四五九	一六八七	〇九六六八二三三	四四六	二十〇分
八十一分	〇二五五六一四六	一六八七	〇九六六七七八七	四四六	一十九分
八十二分	〇二五五七八三三	一六八七	〇九六六七三四一	四四七	一十八分
八十三分	〇二五五九五二〇	一六八七	〇九六六六八九四	四四七	一十七分
八十四分	〇二五六一二〇七		〇九六六六四四七		一十六分

上順	餘弦	較數	正弦	較數	七十五度
八十四分	〇二五六一二〇七	一六八七	〇九六六六四四七	四四八	一十六分
八十五分	〇二五六二八九四	一六八七	〇九六六六〇〇〇	四四八	一十五分
八十六分	〇二五六四五八一	一六八七	〇九六六五五五五	四四八	一十四分
八十七分	〇二五六六二六六	一六八七	〇九六六五一〇五	四四八	一十三分
八十八分	〇二五六七九五五	一六八七	〇九六六四六五七	四四八	一十二分
八十九分	〇二五六九六四二	一六八七	〇九六六四二〇九	四四九	一十一分
九十〇分	〇二五七一三二九	一六八七	〇九六六三七六一	四四九	一十〇分
九十一分	〇二五七三〇一六	一六八六	〇九六六二三一一	四四九	九分
九十二分	〇二五七四七〇二	一六八六	〇九六六三八六二	四四九	八分
九十三分	〇二五七六三八八	一六八六	〇九六六二四一三	四五〇	七分
九十四分	〇二五七八〇七四	一六八六	〇九六六一九六三	四五〇	六分
九十五分	〇二五七九七六〇	一六八六	〇九六六一五一三	四五〇	五分
九十六分	〇二五八一四四六	一六八六	〇九六六一〇六三	四五一	四分
九十七分	〇二五八三一三二	一六八六	〇九六六〇六一二	四五一	三分
九十八分	〇二五八四八二八	一六八六	〇九六六〇一六一	四五一	二分
九十九分	〇二五八六五〇四	一六八六	〇九六五九七一〇	四五二	一分
百〇〇分	〇二五八八一九〇		〇九六五九二五八		〇分

一十五度	正弦	較數	餘弦	較數	下逆
〇分	〇二五八八一九〇	一六八六	〇九六五九二五八	四五二	百〇〇分
一分	〇二五八九八七六	一六八六	〇九六五八八〇六	四五二	九十九分
二分	〇二五九一五六二	一六八六	〇九六五八三五四	四五二	九十八分
三分	〇二五九三二四八	一六八六	〇九六五七九〇二	四五三	九十七分
四分	〇二五九四九三四	一六八六	〇九六五七四四九	四五三	九十六分
五分	〇二五九六六二〇	一六八五	〇九六五六九九六	四五三	九十五分
六分	〇二五九八三〇五	一六八五	〇九六五六五四三	四五四	九十四分
七分	〇二五九九九九〇	一六八五	〇九六五六〇一九	四五四	九十三分
八分	〇二六〇一六七五	一六八五	〇九六五五六三五	四五四	九十二分
九分	〇二六〇三三六〇	一六八五	〇九六五五一八一	四五五	九十一分
一十〇分	〇二六〇五〇四五	一六八五	〇九六五四七二六	四五五	九十〇分
一十一分	〇二六〇六七三〇	一六八五	〇九六五四二七一	四五五	八十九分
一十二分	〇二六〇八四一九	一六八五	〇九六五三八一六	四五五	八十八分
一十三分	〇二六一〇一〇〇	一六八五	〇九六五三三六一	四五六	八十七分
一十四分	〇二六一一七八五	一六八五	〇九六五二九〇五	四五六	八十六分
一十五分	〇二六一三四七〇	一六八五	〇九六五二四四九	四五六	八十五分
一十六分	〇二六一五一五五		〇九六五一九九三		八十四分

上順	餘弦	較數	正弦	較數	七十四度
一十六分	〇二六一五一五五	一六八五	〇九六五一九九三	四五七	八十四分
一十七分	〇二六一六八四〇	一六八四	〇九六五一五三六	四五七	八十三分
一十八分	〇二六一八五二四	一六八四	〇九六五一〇七九	四五七	八十二分
一十九分	〇二六二〇二〇八	一六八四	〇九六五〇六二二	四五七	八十一分
二十〇分	〇二六二一八九二	一六八四	〇九六五〇一六五	四五八	八十〇分
二十一分	〇二六二三五七六	一六八四	〇九六四九七〇七	四五八	七十九分
二十二分	〇二六二五二六〇	一六八四	〇九六四九二四九	四五八	七十八分
二十三分	〇二六二六九四四	一六八四	〇九六四八七九一	四五九	七十七分
二十四分	〇二六二八六二八	一六八四	〇九六四八三三二	四五九	七十六分
二十五分	〇二六三〇三一二	一六八四	〇九六四七八七三	四五九	七十五分
二十六分	〇二六三一九九六	一六八四	〇九六四七四一四	四六〇	七十四分
二十七分	〇二六三三六八〇	一六八四	〇九六四六九五四	四六〇	七十三分
二十八分	〇二六三五三六四	一六八四	〇九六四六四九四	四六〇	七十二分
二十九分	〇二六三七〇四八	一六八四	〇九六四六〇三四	四六〇	七十一分
三十〇分	〇二六三八七三二	一六八三	〇九六四五五七四	四六一	七十〇分
三十一分	〇二六四〇四一五	一六八三	〇九六四五一一三	四六一	六十九分
三十二分	〇二六四二〇九八	一六八三	〇九六四四六五二	四六一	六十八分
三十三分	〇二六四三七八一		〇九六四四一九一		六十七分

一十五度	正弦	較數	餘弦	較數	下逆
三十三分	〇二六四三七八一	一六八三	〇九六四四一九一	四六二	六十七分
三十四分	〇二六四五四六四	一六八三	〇九六四三七二九	四六二	六十六分
三十五分	〇二六四七一四七	一六八三	〇九六四三二六七	四六二	六十五分
三十六分	〇二六四八八三〇	一六八三	〇九六四二八〇五	四六二	六十四分
三十七分	〇二六五〇五一三	一六八三	〇九六四二三四三	四六三	六十三分
三十八分	〇二六五二一九六	一六八三	〇九六四一八八〇	四六三	六十二分
三十九分	〇二六五三八七九	一六八三	〇九六四一四一七	四六三	六十一分
四十〇分	〇二六五五五六二	一六八三	〇九六四〇九五四	四六四	六十〇分
四十一分	〇二六五七二四五	一六八三	〇九六四〇四九〇	四六四	五十九分
四十二分	〇二六五八九二八	一六八二	〇九六四〇〇二六	四六四	五十八分
四十三分	〇二六六〇六一〇	一六八二	〇九六三九五六二	四六四	五十七分
四十四分	〇二六六二二九二	一六八二	〇九六三九〇九八	四六五	五十六分
四十五分	〇二六六三九七四	一六八二	〇九六三八六三三	四六五	五十五分
四十六分	〇二六六五六五六	一六八二	〇九六三八一六八	四六五	五十四分
四十七分	〇二六六七三三八	一六八二	〇九六三七七〇三	四六六	五十三分
四十八分	〇二六六九〇二〇	一六八二	〇九六三七二三七	四六六	五十二分
四十九分	〇二六七〇七〇二	一六八二	〇九六三六七七一	四六六	五十一分
五十〇分	〇二六七二三八四		〇九六三六三〇五		五十〇分

上順	餘弦	較數	正弦	較數	七十四度
五十〇分	〇二六七二三八四	一六八二	〇九六三六三〇五	四六七	五十〇分
五十一分	〇二六七四〇六六	一六八二	〇九六三五八三八	四六七	四十九分
五十二分	〇二六七五七四八	一六八二	〇九六三五三七一	四六七	四十八分
五十三分	〇二六七七四三〇	一六八二	〇九六三四九〇四	四六七	四十七分
五十四分	〇二六七九一一二	一六八一	〇九六三四四三七	四六八	四十六分
五十五分	〇二六八〇七九三	一六八一	〇九六三三九六九	四六八	四十五分
五十六分	〇二六八二四七四	一六八一	〇九六三三五〇一	四六八	四十四分
五十七分	〇二六八四一五五	一六八一	〇九六三三〇三三	四六九	四十三分
五十八分	〇二六八五八三六	一六八一	〇九六三二五六四	四六九	四十二分
五十九分	〇二六八七五一七	一六八一	〇九六三二〇九五	四六九	四十一分
六十〇分	〇二六八九一九八	一六八一	〇九六三一六二六	四七〇	四十〇分
六十一分	〇二六九〇八七九	一六八一	〇九六三一一五六	四七〇	三十九分
六十二分	〇二六九二五六〇	一六八一	〇九六三〇六八六	四七〇	三十八分
六十三分	〇二六九四二四一	一六八一	〇九六三〇二一六	四七〇	三十七分
六十四分	〇二六九五九二二	一六八一	〇九六二九七四六	四七一	三十六分
六十五分	〇二六九七六〇三	一六八一	〇九六二九二七五	四七一	三十五分
六十六分	〇二六九九二八四	一六八〇	〇九六二八八〇四	四七一	三十四分
六十七分	〇二七〇〇九六四		〇九六二八三三三		三十五分

上順	百〇〇分	九十九分	九十八分	九十七分	九十六分	九十五分	九十四分	九十三分	九十二分	九十一分	九十〇分	八十九分	八十八分	八十七分	八十六分	八十五分	八十四分
餘弦	〇二七五六三七四	〇二七五四六九六	〇二七五三〇一八	〇二七五一三四〇	〇二七四九六六二	〇二七四七九八四	〇二七四六三〇六	〇二七四四六二八	〇二七四二九五〇	〇二七四一二七二	〇二七三九五九三	〇二七三七九一四	〇二七三六二三五	〇二七三四五五六	〇二七三二八七七	〇二七三一一九八	〇二七二九五一九
較數		一六七八	一六七八	一六七八	一六七八	一六七八	一六七八	一六七八	一六七八	一六七八	一六七九	一六七九	一六七九	一六七九	一六七九	一六七九	一六七九
正弦	〇九六一二六一七	〇九六一三〇九八	〇九六一三〇七九	〇九六一四〇五九	〇九六一四九三九	〇九六一五〇一九	〇九六一五四九八	〇九六一五九七七	〇九六一六四五六	〇九六一六五三五	〇九六一七四一三	〇九六一七八九一	〇九六一八三六九	〇九六一八八四九	〇九六一九二三三	〇九六一九八〇〇	〇九六一九二七七
較數		四八一	四八一	四八〇	四八〇	四八〇	四七九	四七九	四七九	四七九	四七八	四七八	四七八	四七七	四七七	四七七	四七七
七十四度	〇分	一分	二分	三分	四分	五分	六分	七分	八分	九分	一十〇分	一十一分	一十二分	一十三分	一十四分	一十五分	一十六分

八十四分	八十三分	八十二分	八十一分	八十〇分	七十九分	七十八分	七十七分	七十六分	七十五分	七十四分	七十三分	七十二分	七十一分	七十〇分	六十九分	六十八分	六十七分	一十五度
〇二七二九五一九	〇二七二七八四〇	〇二七二六一六一	〇二七二四四八二	〇二七二二八〇三	〇二七二一一二四	〇二七一九四四四	〇二七一七七六[illegible]	〇二七一六〇八四	〇二七一四四〇四	〇二七一二七二四	〇二七一一〇四四	〇二七〇九三六四	〇二七〇七六八四	〇二七〇六〇〇四	〇二七〇四三二四	〇二七〇二六四四	〇二七〇〇九六四	正弦
	一六七九	一六七九	一六七九	一六七九	一六七九	一六八〇	一六八〇	一六八〇	一六八〇	一六八〇	一六八〇	一六八〇	一六八〇	一六八〇	一六八〇	一六八〇	一六八〇	較數
〇九六一九二七七	〇九六二〇七五三	〇九六二一二二九	〇九六二一七〇五	〇九六二二一八〇	〇九六二二六五五	〇九六二三一三〇	〇九六二三六〇四	〇九六二四〇七八	〇九六二四五五二	〇九六二五〇二六	〇九六二五四九九	〇九六二五九七二	〇九六二六四四五	〇九六二六九一七	〇九六二七二八九	〇九六二七八六一	〇九六二八三三三	餘弦
	四七六	四七六	四七六	四七五	四七五	四七五	四七四	四七四	四七四	四七四	四七三	四七三	四七三	四七二	四七二	四七二	四七二	較數
一十六分	一十七分	一十八分	一十九分	二十〇分	二十一分	二十二分	二十三分	二十四分	二十五分	二十六分	二十七分	二十八分	二十九分	三十〇分	三十一分	三十二分	三十三分	下逆

一十六度	正弦	較數	餘弦	較數	下逆
〇分	〇二七五六三七四		〇九六一二六一七		百〇〇分
一分	〇二七五八〇五二	一六七八	〇九六一二一三六	四八一	九十九分
二分	〇二七五九七三〇	一六七八	〇九六一一六五四	四八二	九十八分
三分	〇二七六一四〇八	一六七八	〇九六一一一七二	四八二	九十七分
四分	〇二七六三〇八五	一六七七	〇九六一〇六九〇	四八二	九十六分
五分	〇二七六四七六二	一六七七	〇九六一〇二〇八	四八二	九十五分
六分	〇二七六六四三九	一六七七	〇九六〇九七二九	四八三	九十四分
七分	〇二七六八一一六	一六七七	〇九六〇九二四二	四八三	九十三分
八分	〇二七六九七九三	一六七七	〇九六〇八七五九	四八三	九十二分
九分	〇二七七一四七〇	一六七七	〇九六〇八二七五	四八四	九十一分
一十〇分	〇二七七三一四七	一六七七	〇九六〇七七九一	四八四	九十〇分
一十一分	〇二七七四八二四	一六七七	〇九六〇七三〇七	四八四	八十九分
一十二分	〇二七七六五〇一	一六七七	〇九六〇六八二三	四八四	八十八分
一十三分	〇二七七八一七八	一六七七	〇九六〇六三三八	四八五	八十七分
一十四分	〇二七七九八五五	一六七七	〇九六〇五八五三	四八五	八十六分
一十五分	〇二七八一五三一	一六七六	〇九六〇五三六八	四八五	八十三分
一十六分	〇二七八三二〇七	一六七六	〇九六〇四八八二	四八六	八十四分

上順	餘弦	較數	正弦	較數	七十三度
一十六分	〇二七八三二〇七		〇九六〇四八八二		八十四分
一十七分	〇二七八四八八三	一六七六	〇九六〇四三九六	四八六	八十三分
一十八分	〇二七八六五五九	一六七六	〇九六〇三九一〇	四八六	八十二分
一十九分	〇二七八八二三五	一六七六	〇九六〇三四二四	四八六	八十一分
二十〇分	〇二七八九九一一	一六七六	〇九六〇三九三七	四八七	八十〇分
二十一分	〇二七九一五八七	一六七六	〇九六〇一四五〇	四八七	七十九分
二十二分	〇二七九三二六三	一六七六	〇九六〇一九六三	四八七	七十八分
二十三分	〇二七九四九三九	一六七六	〇九六〇一四七五	四八八	七十七分
二十四分	〇二七九六六一五	一六七六	〇九六〇〇九八七	四八八	七十六分
二十五分	〇二七九八二九一	一六七六	〇九六〇〇四九五	四八八	七十五分
二十六分	〇二七九九九六七	一六七六	〇九六〇〇〇一〇	四八九	七十四分
二十七分	〇二八〇一六四二	一六七五	〇九五九九五二一	四八九	七十三分
二十八分	〇二八〇三三一七	一六七五	〇九五九九〇三二	四八九	七十二分
二十九分	〇二八〇四九九二	一六七五	〇九五九八五四三	四八九	七十一分
三十〇分	〇二八〇六六六七	一六七五	〇九五九八〇五三	四九〇	七十〇分
三十一分	〇二八〇八三四二	一六七五	〇九五九七五六三	四九〇	六十九分
三十二分	〇二八一〇〇一七	一六七五	〇九五九七〇七三	四九〇	六十八分
三十三分	〇二八一一六九二	一六七五	〇九五九六五八二	四九一	六十七分

上順	餘弦	較數	正弦	較數	七十三度
六十七分	〇二八六八五八九		〇九五七九七二八		三十三分
六十六分	〇二八六六九一七	一六七二	〇九五八〇二二九	五〇一	三十四分
六十五分	〇二八六五二四五	一六七二	〇九五八〇七二九	五〇〇	三十五分
六十四分	〇二八六三五七三	一六七二	〇九五八一二二九	五〇〇	三十六分
六十三分	〇二八六一九〇一	一六七二	〇九五八一七一九	五〇〇	三十七分
六十二分	〇二八六〇二二九	一六七二	〇九五八二二二八	四九九	三十八分
六十一分	〇二八五八五五七	一六七二	〇九五八二七二七	四九九	三十九分
六十〇分	〇二八五六八八五	一六七二	〇九五八三二二六	四九九	四十〇分
五十九分	〇二八五五二一二	一六七三	〇九五八三七二四	四九八	四十一分
五十八分	〇二八五三五三九	一六七三	〇九五八四二二二	四九八	四十二分
五十七分	〇二八五一八六六	一六七三	〇九五八四七二〇	四九八	四十三分
五十六分	〇二八五〇一九三	一六七三	〇九五八五二一八	四九八	四十四分
五十五分	〇二八四八五二〇	一六七三	〇九五八五七一五	四九七	四十五分
五十四分	〇二八四六八四七	一六七三	〇九五八六二一二	四九七	四十六分
五十三分	〇二八四五一七四	一六七三	〇九五八六七〇九	四九七	四十七分
五十二分	〇二八四三五〇一	一六七三	〇九五八七二〇五	四九六	四十八分
五十一分	〇二八四一八二八	一六七三	〇九五八七七〇一	四九六	四十九分
五十〇分	〇二八四〇一五五	一六七三	〇九五八八一九七	四九六	五十〇分

一十六度	正弦	較數	餘弦	較數	下逆
三十三分	〇二八一一六九二		〇九五九六五八二		六十七分
三十四分	〇二八一三三六七	一六七五	〇九五九六〇九一	四九一	六十六分
三十五分	〇二八一五〇四二	一六七五	〇九五九五六〇〇	四九一	六十五分
三十六分	〇二八一六七一七	一六七五	〇九五九五一〇九	四九一	六十四分
三十七分	〇二八一八五九二	一六七五	〇九五九四六一七	四九二	六十三分
三十八分	〇二八二〇〇六七	一六七五	〇九五九四一二五	四九二	六十二分
三十九分	〇二八二一七四一	一六七四	〇九五九三六三三	四九二	六十一分
四十〇分	〇二八二三四一五	一六七四	〇九五九三一四〇	四九三	六十〇分
四十一分	〇二八二五〇八九	一六七四	〇九五九二六四七	四九三	五十九分
四十二分	〇二八二六七六三	一六七四	〇九五九二一五四	四九三	五十八分
四十三分	〇二八二八四三七	一六七四	〇九五九一六六〇	四九四	五十七分
四十四分	〇二八三〇一一一	一六七四	〇九五九一一六六	四九四	五十六分
四十五分	〇二八三一七八五	一六七四	〇九五九〇六七二	四九四	五十五分
四十六分	〇二八三三四五九	一六七四	〇九五九〇一七八	四九四	五十四分
四十七分	〇二八三五一三三	一六七四	〇九五八九六八三	四九五	五十三分
四十八分	〇二八三六八〇七	一六七四	〇九五八九一八八	四九五	五十二分
四十九分	〇二八三八四八一	一六七四	〇九五八八六九三	四九五	五十一分
五十〇分	〇二八四〇一五五	一六七四	〇九五八八一九七	四九六	五十〇分

上限	餘弦	較數	正弦	較數	七十三度
百〇〇分	〇二九二三七一七		〇九五六三〇四八		〇分
九十九分	〇二九二二〇四八	一六六九	〇九五六三五五八	五一〇	一分
九十八分	〇二九二〇三七九	一六六九	〇九五六四〇六八	五一〇	二分
九十七分	〇二九一八七一〇	一六六九	〇九五六四五七八	五一〇	三分
九十六分	〇二九一七〇四一	一六六九	〇九五六五〇八七	五〇九	四分
九十五分	〇二九一五三七二	一六六九	〇九五六五五九六	五〇九	五分
九十四分	〇二九一三七〇二	一六七〇	〇九五六六一〇五	五〇九	六分
九十三分	〇二九一二〇三二	一六七〇	〇九五六六六一三	五〇八	七分
九十二分	〇二九一〇三六二	一六七〇	〇九五六七一二一	五〇八	八分
九十一分	〇二九〇八六九二	一六七〇	〇九五六七六二九	五〇八	九分
九十〇分	〇二九〇七〇二二	一六七〇	〇九五六八一三六	五〇七	一十〇分
八十九分	〇二九〇五三五二	一六七〇	〇九五六八六四三	五〇七	一十一分
八十八分	〇二九〇三六八二	一六七〇	〇九五六九一五〇	五〇七	一十二分
八十七分	〇二九〇二〇一二	一六七〇	〇九五六九六五七	五〇七	一十三分
八十六分	〇二九〇〇三四二	一六七〇	〇九五七〇一六三	五〇六	一十四分
八十五分	〇二八九八六七二	一六七〇	〇九五七〇六六九	五〇六	一十五分
八十四分	〇二八九七〇〇二	一六七〇	〇九五七一一七五	五〇六	一十六分

十六度	正弦	較數	餘弦	較數	下限
六十七分	〇二八六八五八九		〇九五七九七二八		三十三分
六十八分	〇二八七〇三六一	一七七二	〇九五七九二二七	五〇一	三十二分
六十九分	〇二八七一九三三	一六七二	〇九五七八七二六	五〇一	三十一分
七十〇分	〇二八七三六〇五	一六七二	〇九五七八二二五	五〇一	三十〇分
七十一分	〇二八七五二七七	一六七二	〇九五七七七二三	五〇二	二十九分
七十二分	〇二八七六九四九	一六七二	〇九五七七二二一	五〇二	二十八分
七十三分	〇二八七八六二一	一六七二	〇九五七六七一九	五〇二	二十七分
七十四分	〇二八八〇二九二	一六七一	〇九五七六二一六	五〇三	二十六分
七十五分	〇二八八一九六三	一六七一	〇九五七五七一三	五〇三	二十五分
七十六分	〇二八八三六三四	一六七一	〇九五七五二一〇	五〇三	二十四分
七十七分	〇二八八五三〇五	一六七一	〇九五七四七〇七	五〇三	二十三分
七十八分	〇二八八六九七六	一六七一	〇九五七四二〇三	五〇四	二十二分
七十九分	〇二八八八六四七	一六七一	〇九五七三六九九	五〇四	二十一分
八十〇分	〇二八九〇三一八	一六七一	〇九五七三一九五	五〇四	二十〇分
八十一分	〇二八九一九八九	一六七一	〇九五七二六九〇	五〇五	一十九分
八十二分	〇二八九三六六〇	一六七一	〇九五七二一八五	五〇五	一十八分
八十三分	〇二八九五三三一	一六七一	〇九五七一六八〇	五〇五	一十七分
八十四分	〇二八九七〇〇二	一六七一	〇九五七一一七五	五〇五	一十六分

一十七度	正弦	較數	餘弦	較數	下逆
〇分	〇二九二三七一七	一六六九	〇九五六三〇四八	五一一	百〇〇分
一分	〇二九二五三八六	一六六九	〇九五六二五三七	五一一	九十九分
二分	〇二九二七〇五五	一六六九	〇九五六一〇二六	五一一	九十八分
三分	〇二九二八七二四	一六六九	〇九五六一五一五	五一一	九十七分
四分	〇二九三〇三九三	一六六九	〇九五六一〇〇四	五一二	九十六分
五分	〇二九三二〇六二	一六六九	〇九五六〇四九二	五一二	九十五分
六分	〇二九三三七三一	一六六八	〇九五五九九八〇	五一二	九十四分
七分	〇二九三五三九九	一六六八	〇九五五九四六八	五一二	九十三分
八分	〇二九三七〇六七	一六六八	〇九五五八九五六	五一三	九十二分
九分	〇二九三八七三五	一六六八	〇九五五八四四三	五一三	九十一分
一十〇分	〇二九四〇四〇三	一六六八	〇九五五七九三〇	五一三	九十〇分
一十一分	〇二九四二〇七一	一六六八	〇九五五七四一七	五一四	八十九分
一十二分	〇二九四三七三九	一六六八	〇九五五六九〇三	五一四	八十八分
一十三分	〇二九四五四〇七	一六六八	〇九五五六三八九	五一四	八十七分
一十四分	〇二九四七〇七五	一六六八	〇九五五五八七五	五一四	八十六分
一十五分	〇二九四八七四三	一六六八	〇九五五五三六一	五一四	八十五分
一十六分	〇二九五〇四一一		〇九五五四八四六		八十四分

上順	餘弦	較數	正弦	較數	七十二度
一十六分	〇二九五〇四一一	一六六八	〇九五五四八四六	五一五	八十四分
一十七分	〇二九五二〇七九	一六六八	〇九五五四三三一	五一六	八十三分
一十八分	〇二九五三七四七	一六六七	〇九五五三八一六	五一六	八十二分
一十九分	〇二九五五四一四	一六六七	〇九五五三三〇〇	五一六	八十一分
二十〇分	〇二九五七〇八一	一六六七	〇九五五二七八四	五一六	八十〇分
二十一分	〇二九五八七四八	一六六七	〇九五五二五六八	五一七	七十九分
二十二分	〇二九六〇四一五	一六六七	〇九五五一七五一	五一七	七十八分
二十三分	〇二九六二〇八二	一六六七	〇九五五一二三四	五一七	七十七分
二十四分	〇二九六三七四九	一六六七	〇九五五〇七一七	五一八	七十六分
二十五分	〇二九六五四一六	一六六七	〇九五五〇一九九	五一八	七十三分
二十六分	〇二九六七〇八三	一六六七	〇九五四九六八一	五一八	七十四分
二十七分	〇二九六八七五〇	一六六七	〇九五四九一六三	五一八	七十三分
二十八分	〇二九七〇四一七	一六六六	〇九五四八六四五	五一九	七十二分
二十九分	〇二九七二〇八三	一六六六	〇九五四八一二六	五一九	七十一分
三十〇分	〇二九七三七四九	一六六六	〇九五四七六〇七	五一九	七十〇分
三十一分	〇二九七五四一五	一六六六	〇九五四七〇八八	五一九	六十九分
三十二分	〇二九七七〇八一	一六六六	〇九五四六五六九	五一〇	六十八分
三十三分	〇二九七八七四七		〇九五四六〇四九		六十七分

一十七度	正弦	較數	餘弦	較數	下逆
三十三分	〇二九七八七四七	一六六六	〇九五四六〇四九	五二〇	六十七分
三十四分	〇二九八〇四一三	一六六六	〇九五四五五二九	五二〇	六十六分
三十五分	〇二九八二〇七九	一六六六	〇九五四五〇〇九	五二一	六十五分
三十六分	〇二九八三七四五	一六六六	〇九五四四四八八	五二一	六十四分
三十七分	〇二九八五四一一	一六六六	〇九五四三九六七	五二一	六十三分
三十八分	〇二九八七〇七七	一六六六	〇九五四三四四六	五二一	六十二分
三十九分	〇二九八八七四三	一六六六	〇九五四二九二五	五二二	六十一分
四十〇分	〇二九九〇四〇九	一六六五	〇九五四二四〇三	五二二	六十〇分
四十一分	〇二九九二〇七四	一六六五	〇九五四一八八一	五二二	五十九分
四十二分	〇二九九三七三九	一六六五	〇九五四一三五九	五二三	五十八分
四十三分	〇二九九五四〇四	一六六五	〇九五四〇八三六	五二三	五十七分
四十四分	〇二九九七〇六九	一六六五	〇九五四〇三一三	五二三	五十六分
四十五分	〇二九九八七三四	一六六五	〇九五三九七九〇	五二四	五十五分
四十六分	〇三〇〇〇三九九	一六六五	〇九五三九二六六	五二四	五十四分
四十七分	〇三〇〇二〇六四	一六六五	〇九五三八七四二	五二四	五十三分
四十八分	〇三〇〇三七二九	一六六五	〇九五三八二一八	五二四	五十二分
四十九分	〇三〇〇五三九四	一六六五	〇九五三七六九四	五二五	五十一分
五十〇分	〇三〇〇七〇五九		〇九五三七一六九		五十〇分

上順	餘弦	較數	正弦	較數	七十二度
五十〇分	〇三〇〇七〇五九	一六六五	〇九五三七一六九	五二五	五十〇分
五十一分	〇三〇〇八七二四	一六六四	〇九五三六六四四	五二五	四十九分
五十二分	〇三〇一〇三八八	一六六四	〇九五三六一一九	五二五	四十八分
五十三分	〇三〇一二〇五二	一六六四	〇九五三五五九四	五二六	四十七分
五十四分	〇三〇一三七一六	一六六四	〇九五三五〇六八	五二六	四十六分
五十五分	〇三〇一五三八〇	一六六四	〇九五三四五四二	五二六	四十五分
五十六分	〇三〇一七〇四四	一六六四	〇九五三四〇一六	五二七	四十四分
五十七分	〇三〇一八七〇八	一六六四	〇九五三三四八九	五二七	四十三分
五十八分	〇三〇二〇三七二	一六六四	〇九五三二九六二	五二七	四十二分
五十九分	〇三〇二二〇三六	一六六四	〇九五三二四三五	五二八	四十一分
六十〇分	〇三〇二三七〇〇	一六六四	〇九五三一九〇七	五二八	四十〇分
六十一分	〇三〇二五三六四	一六六三	〇九五三一三七九	五二八	三十九分
六十二分	〇三〇二七〇二七	一六六三	〇九五三〇八五一	五二九	三十八分
六十三分	〇三〇二八六九〇	一六六三	〇九五三〇三二二	五二九	三十七分
六十四分	〇三〇三〇三五三	一六六三	〇九五二九七九三	五二九	三十六分
六十五分	〇三〇三二〇一六	一六六三	〇九五二九二六四	五二九	三十五分
六十六分	〇三〇三三六七九	一六六三	〇九五二八七三五	五三〇	三十四分
六十七分	〇三〇三五三四二		〇九五二八二〇五		三十三分

一十七度	正弦	較數	餘弦	較數	下逆
六十七分	○三○三五三四二	一六六三	○九五二八二○五	五三○	三十三分
六十八分	○三○三七○○五	一六六三	○九五二七六七五	五三○	三十二分
六十九分	○三○三八六六八	一六六三	○九五二七一四五	五三○	三十一分
七十○分	○三○四○三三一	一六六三	○九五二六六一五	五三一	三十○分
七十一分	○三○四一九九四	一六六三	○九五二六○八四	五三一	二十九分
七十二分	○三○四三六五七	一六六二	○九五二五五五三	五三二	二十八分
七十三分	○三○四五三一九	一六六二	○九五二五○二二	五三二	二十七分
七十四分	○三○四六九八一	一六六二	○九五二四四九○	五三二	二十六分
七十五分	○三○四八六四三	一六六二	○九五二三九五八	五三二	二十五分
七十六分	○三○五○三○九	一六六二	○九五二三四二六	五三三	二十四分
七十七分	○三○五一九六七	一六六二	○九五二二八九三	五三三	二十三分
七十八分	○三○五三六二九	一六六二	○九五二二三六○	五三四	二十二分
七十九分	○三○五五二九一	一六六二	○九五二一八二七	五三四	二十一分
八十○分	○三○五六九五三	一六六二	○九五二一二九四	五三四	二十○分
八十一分	○三○五八六一五	一六六二	○九五二○七六○	五三四	一十九分
八十二分	○三○六○二七七	一六六二	○九五二○二二六	五三四	一十八分
八十三分	○三○六一九三九	一六六一	○九五一九六九二	五三五	一十七分
八十四分	○三○六三六○○		○九五一五一五七		一十六分

上順	餘弦	較數	正弦	較數	七十二度
八十四分	○三○六三六○○	一六六一	○九五一九一五七	五三五	一十六分
八十五分	○三○六五二六一	一六六一	○九五一八六二二	五三五	一十五分
八十六分	○三○六六九二二	一六六一	○九五一八○八七	五三五	一十四分
八十七分	○三○六八五八三	一六六一	○九五一七五五二	五三六	一十三分
八十八分	○三○七○二四四	一六六一	○九五一七○一六	五三六	一十二分
八十九分	○三○七一九○五	一六六一	○九五一六四八○	五三六	一十一分
九十○分	○三○七三五六六	一六六一	○九五一五九四四	五三七	一十○分
九十一分	○三○七五二二七	一六六一	○九五一五四○七	五三七	九分
九十二分	○三○七六八八八	一六六一	○九五一四八七○	五三七	八分
九十三分	○三○七八五四九	一六六一	○九五一四三三三	五三七	七分
九十四分	○三○八○二一○	一六六○	○九五一三七九六	五三八	六分
九十五分	○三○八一八七○	一六六○	○九五一三二五八	五三八	五分
九十六分	○三○八三九三○	一六六○	○九五一二七二○	五三八	四分
九十七分	○三○八五一九○	一六六○	○九五一二一八二	五三九	三分
九十八分	○三○八六八五○	一六六○	○九五一一六四三	五三九	二分
九十九分	○三○八八五一○	一六六○	○九五一一一○四	五三九	一分
百○○分	○三○九○一七○		○九五一○五六九		○分

一十八度	正弦	較數	餘弦	較數	下逆
〇分	〇三〇九〇一七〇	一六六〇	〇九五一〇五六五	五四九	百〇〇分
一分	〇三〇九一八三〇	一六六〇	〇九五一〇〇二六	五四〇	九十九分
二分	〇三〇九三四九〇	一六六〇	〇九五〇九四八六	五四〇	九十八分
三分	〇三〇九五一五〇	一六六〇	〇九五〇八九四六	五四〇	九十七分
四分	〇三〇九六八一〇	一六五九	〇九五〇八四〇六	五四一	九十六分
五分	〇三〇九八四六九	一六五九	〇九五〇七八六五	五四一	九十五分
六分	〇三一〇〇一二八	一六五九	〇九五〇七三三四	五四一	九十四分
七分	〇三一〇一七八七	一六五九	〇九五〇六七八三	五四二	九十三分
八分	〇三一〇三四[illegible]六	一六五九	〇九五〇六二四一	五四二	九十二分
九分	〇三一〇五一〇五	一六五九	〇九五〇五六九九	五四二	九十一分
一十〇分	〇三一〇六七六四	一六五九	〇九五〇五一五七	五四二	九十〇分
一十一分	〇三一〇八四[illegible]三	一六五九	〇九五〇四六一五	五四三	八十九分
一十二分	〇三一一〇〇八二	一六五九	〇九五〇四〇七二	五四三	八十八分
一十三分	〇三一一一七四一	一六五九	〇九五〇三五二九	五四三	八十七分
一十四分	〇三一一三四〇〇	一六五九	〇九五〇二九八六	五四三	八十六分
一十五分	〇三一一五〇五九	一六五八	〇九五〇二四四三	五四四	八十五分
一十六分	〇三一一六七一七		〇九五〇一八九九		八十四分

上順	餘弦	較數	正弦	較數	七十一度
一十六分	〇三一一六七一七	一六五八	〇九五〇一八九九	五四四	八十四分
一十七分	〇三一一八三七五	一六五八	〇九五〇一三五五	五四四	八十三分
一十八分	〇三一二〇〇三三	一六五八	〇九五〇〇八一一	五四五	八十二分
一十九分	〇三一二一六九一	一六五八	〇九五〇九二六九	五四五	八十一分
二十〇分	〇三一二三三四九	一六五八	〇九四九九七二一	五四五	八十〇分
二十一分	〇三一二五〇〇七	一六五八	〇九四九九一七六	五四六	七十九分
二十二分	〇三一二六六六五	一六五八	〇九四九八六三〇	五四六	七十八分
二十三分	〇三一二八三二三	一六五八	〇九四九八〇八四	五四六	七十七分
二十四分	〇三一二九九八一	一六五八	〇九四九七五三八	五四七	七十六分
二十五分	〇三一三一六三九	一六五八	〇九四九六九九一	五四七	七十五分
二十六分	〇三一三三二九七	一六五七	〇九四九六四四四	五四七	七十四分
二十七分	〇三一三四九五四	一六五七	〇九四九五八九七	五四七	七十三分
二十八分	〇三一三六六一一	一六五七	〇九四九五三五〇	五四八	七十二分
二十九分	〇三一三八二六八	一六五七	〇九四九四八〇二	五四八	七十一分
三十〇分	〇三一三九九二五	一六五七	〇九四九四二五四	五四八	七十〇分
三十一分	〇三一四一五八二	一六五七	〇九四九三七〇六	五四八	六十九分
三十二分	〇三一四三二三九	一六五七	〇九四九三一五八	五四九	六十八分
三十三分	〇三一四四八九六		〇九四九二六〇九		六十七分

一十八度	正弦	較數	餘弦	較數	下逆
三十三分	〇三一四四八九六	一六五七	〇九四九二六〇九	五五九	六十七分
三十四分	〇三一四六五五三	一六五七	〇九四九二〇六〇	五五九	六十六分
三十五分	〇三一四八二一〇	一六五六	〇九四九一五一一	五五〇	六十五分
三十六分	〇三一四九八六六	一六五六	〇九四九〇九六一	五五〇	六十四分
三十七分	〇三一五一五二二	一六五六	〇九四九〇四一一	五五〇	六十三分
三十八分	〇三一五三一七八	一六五六	〇九四八九八六一	五五	六十二分
三十九分	〇三一五四八三四	一六五六	〇九四八九三一一	五五一	六十一分
四十〇分	〇三一五六四九〇	一六五六	〇九四八八七六〇	五五一	六十〇分
四十一分	〇三一五八一四六	一六五六	〇九四八八二〇九	五五一	五十九分
四十二分	〇三一五九八〇二	一六五六	〇九四八七六五八	五五二	五十八分
四十三分	〇三一六一四五八	一六五六	〇九四八七一〇六	五五二	五十七分
四十四分	〇三一六三一一四	一六五六	〇九四八六五五四	五五二	五十六分
四十五分	〇三一六四七七〇	一六五六	〇九四八六〇〇二	五五三	五十五分
四十六分	〇三一六六四二六	一六五六	〇九四八五四五〇	五五三	五十四分
四十七分	〇三一六八〇八二	一六五五	〇九四八四八九一	五五三	五十三分
四十八分	〇三一六九七三七	一六五五	〇九四八四三四四	五五三	五十二分
四十九分	〇三一七一三九二	一六五五	〇九四八三七九一	五五四	五十一分
五十〇分	〇三一七三〇四七		〇九四八三二三七		五十〇分

上順	餘弦	較數	正弦	較數	七十一度
五十〇分	〇三一七三〇四七	一六五五	〇九四八三二三七	五五四	五十〇分
五十一分	〇三一七四七〇二	一六五五	〇九四八二六八三	五五四	四十九分
五十二分	〇三一七六三五七	一六五五	〇九四八二一二九	五五五	四十八分
五十三分	〇三一七八〇一二	一六五五	〇九四八一九七四	五五五	四十七分
五十四分	〇三一七九六六七	一六五五	〇九四八一〇一九	五五五	四十六分
五十五分	〇三一八一三二二	一六五五	〇九四八〇四六四	五五五	四十五分
五十六分	〇三一八二九七七	一六五四	〇九四七九九〇九	五五六	四十四分
五十七分	〇三一八四六三一	一六五四	〇九四七九三五三	五五六	四十三分
五十八分	〇三一八六二八五	一六五四	〇九四七八七九七	五五六	四十二分
五十九分	〇三一八七九三九	一六五四	〇九四七八二四一	五五七	四十一分
六十〇分	〇三一八九五九三	一六五四	〇九四七七六八四	五五七	四十〇分
六十一分	〇三一九一二四七	一六五四	〇九四七七一二七	五五七	三十九分
六十二分	〇三一九二九〇一	一六五四	〇九四七六五七〇	五五七	三十八分
六十三分	〇三一九四五五五	一六五四	〇九四七六〇一三	五五八	三十七分
六十四分	〇三一九六二〇九	一六五四	〇九四七五四五五	五五八	三十六分
六十五分	〇三一九七八六三	一六五四	〇九四七四八九七	五五八	三十五分
六十六分	〇三一九九五一七	一六五四	〇九四七四三三九	五五九	三十四分
六十七分	〇三二〇一一七一		〇九四七三七八〇		三十三分

一十八度	正弦	較數	餘弦	較數	下逆
六十七分	○三二○一一七一	一六五三	○九四七三七八六	五五九	三十三分
六十八分	○三二○二八二四	一六五三	○九四七三二二一	五五九	三十二分
六十九分	○三二○四四七七	一六五三	○九四七二六六二	五五九	三十一分
七十○分	○三二○六一三○	一六五三	○九四七二一○三	五六○	三十○分
七十一分	○三二○七七八三	一六五三	○九四七一五四三	五六○	二十九分
七十二分	○三二○九四三六	一六五三	○九四七○九八三	五六○	二十八分
七十三分	○三二一一○八九	一六五三	○九四七○四五三	五六一	二十七分
七十四分	○三二一二七四二	一六五三	○九四六九八六二	五六一	二十六分
七十五分	○三二一四三九五	一六五三	○九四六九三○一	五六一	二十五分
七十六分	○三二一六○四八	一六五三	○九四六八七四○	五六一	二十四分
七十七分	○三二一七七○一	一六五二	○九四六八一七九	五六二	二十三分
七十八分	○三二一九三五三	一六五二	○九四六七六一七	五六二	二十二分
七十九分	○三二二一○○五	一六五二	○九四六七○五五	五六二	二十一分
八十○分	○三二二二六五七	一六五二	○九四六六四九一	五六三	二十○分
八十一分	○三二二四三○九	一六五二	○九四六五九三○	五六三	一十九分
八十二分	○三二二五九六一	一六五二	○九四六五三六七	五六三	一十八分
八十三分	○三二二七六一三	一六五二	○九四六四八○四	五六三	一十七分
八十四分	○三二二九二六五		○九四六四二四一		一十六分

上順	餘弦	較數	正弦	較數	七十一度
百○○分	○三二五五六八四	一六五一	○九四五五五八六	五六八	○分
九十九分	○三二五四○三三	一六五一	○九四五五七五四	五六八	一分
九十八分	○三二五二三八二	一六五一	○九四五六三二二	五六七	二分
九十七分	○三二五○七三一	一六五一	○九四五六八八九	五六七	三分
九十六分	○三二四九○八○	一六五一	○九四五七四五六	五六七	四分
九十五分	○三二四七四二九	一六五一	○九四五八○二三	五六七	五分
九十四分	○三二四五七七八	一六五一	○九四五八五九○	五六六	六分
九十三分	○三二四四一二七	一六五一	○九四五九一五六	五六六	七分
九十二分	○三二四二四七六	一六五一	○九四五九七二二	五六六	八分
九十一分	○三二四○八二五	一六五一	○九四六○二八八	五六六	九分
九十○分	○三二三九一七四	一六五一	○九四六○八五四	五六五	一十○分
八十九分	○三二三七五二三	一六五一	○九四六一四一九	五六五	一十一分
八十八分	○三二三五八七二	一六五二	○九四六一九八四	五六五	一十二分
八十七分	○三二三四二二一	一六五二	○九四六二五四九	五六四	一十三分
八十六分	○三二三二五六九	一六五二	○九四六三一一三	五六四	一十四分
八十五分	○三二三○九一七	一六五二	○九四六三六七七	五六四	一十五分
八十四分	○三二二九二六五		○九四六四二四一		一十六分

一十九度	正弦	較數	餘弦	較數	下逆
〇分	〇三二五五六八四	一六五〇	〇九四五五二八六	五六八	百〇〇分
一分	〇三二五七三三二	一六五〇	〇九四五四六一八	五六八	九十九分
二分	〇三二五八九八二	一六五〇	〇九四五四〇五〇	五六九	九十八分
三分	〇三二六〇六三二	一六五〇	〇九四五三四八一	五六九	九十七分
四分	〇三二六二二八二	一六五〇	〇九四五二九一二	五六九	九十六分
五分	〇三二六三九三二	一六五〇	〇九四五二三四一	五七〇	九十五分
六分	〇三二六五五八二	一六五〇	〇九四五一七七一	五七〇	九十四分
七分	〇三二六七二三二	一六四九	〇九四五一二〇一	五七〇	九十三分
八分	〇三二六八八八一	一六四九	〇九四五〇六三一	五七一	九十二分
九分	〇三二七〇五三〇	一六四九	〇九四五〇〇六〇	五七一	九十一分
一十〇分	〇三二七二一七九	一六四九	〇九四四九四八九	五七一	九十〇分
一十一分	〇三二七三八二八	一六四九	〇九四四八九一八	五七二	八十九分
一十二分	〇三二七五四七七	一六四九	〇九四四八三四六	五七二	八十八分
一十三分	〇三二七七一二六	一六四九	〇九四四七七七四	五七二	八十七分
一十四分	〇三二七八七七五	一六四九	〇九四四七二〇二	五七二	八十六分
一十五分	〇三二八〇四二四	一六四九	〇九四四六六三〇	五七三	八十五分
一十六分	〇三二八二〇七三		〇九四四六〇五七		八十四分

上順	餘弦	較數	正弦	較數	七十〇度
一十六分	〇三二八二〇七三	一六四九	〇九四四六〇五七	五七三	八十四分
一十七分	〇三二八三七二二	一六四八	〇九四四五四八四	五七三	八十三分
一十八分	〇三二八五三七〇	一六四八	〇九四四四九一一	五七三	八十二分
一十九分	〇三二八七〇一八	一六四八	〇九四四四三三八	五七四	八十一分
二十〇分	〇三二八八六六六	一六四八	〇九四四三七六四	五七四	八十〇分
二十一分	〇三二九〇三一四	一六四八	〇九四四三一九〇	五七五	七十九分
二十二分	〇三二九一九六二	一六四八	〇九四四二六一五	五七五	七十八分
二十三分	〇三二九三六一〇	一六四八	〇九四四二〇四〇	五七五	七十七分
二十四分	〇三二九五二五八	一六四八	〇九四四一四六五	五七五	七十六分
二十五分	〇三二九六九〇六	一六四八	〇九四四〇八九〇	五七六	七十五分
二十六分	〇三二九八五五四	一六四八	〇九四四〇三一四	五七六	七十四分
二十七分	〇三三〇〇二〇二	一六四八	〇九四三九七三八	五七六	七十三分
二十八分	〇三三〇一八五〇	一六四七	〇九四三九一六二	五七六	七十二分
二十九分	〇三三〇三四九七	一六四七	〇九四三八五八六	五七七	七十一分
三十〇分	〇三三〇五一四四	一六四七	〇九四三八〇〇九	五七七	七十〇分
三十一分	〇三三〇六七九一	一六四七	〇九四三七四三二	五七七	六十九分
三十二分	〇三三〇八四三八	一六四七	〇九四三六八五五	五七七	六十八分
三十三分	〇三三[illegible]〇八五		〇九四三七二七八		六十七分

一十九度	正弦	較數	餘弦	較數	下逆
三十三分	〇三三一〇〇八五	一六四七	〇九四三六二二八	五七八	六十七分
三十四分	〇三三一一七三二	一六四七	〇九四三五七〇〇	五七八	六十六分
三十五分	〇三三一三三七九	一六四七	〇九四三五一一二	五七八	六十五分
三十六分	〇三三一五〇二六	一六四七	〇九四三四五四四	五七九	六十四分
三十七分	〇三三一六六七三	一六四六	〇九四三三九六五	五七八	六十三分
三十八分	〇三三一八三一九	一六四六	〇九四三三三八六	五七九	六十二分
三十九分	〇三三一九九六五	一六四六	〇九四三二八〇七	五八〇	六十一分
四十〇分	〇三三二一六一一	一六四六	〇九四三二二二七	五八〇	六十〇分
四十一分	〇三三二三二五七	一六四六	〇九四三一六四七	五八〇	五十九分
四十二分	〇三三二四九〇三	一六四六	〇九四三一〇六七	五八〇	五十八分
四十三分	〇三三二六五四九	一六四六	〇九四三〇四八七	五八一	五十七分
四十四分	〇三三二八一九五	一六四六	〇九四二九九〇六	五八一	五十六分
四十五分	〇三三二九八四一	一六四六	〇九四二九三二五	五八一	五十五分
四十六分	〇三三三一四八七	一六四六	〇九四二八七四四	五八二	五十四分
四十七分	〇三三三三一三三	一六四六	〇九四二八一六二	五八二	五十三分
四十八分	〇三三三四七七九	一六四五	〇九四二七九八〇	五八二	五十二分
四十九分	〇三三三六四二四	一六四五	〇九四二六九九八	五八三	五十一分
五十〇分	〇三三三八〇六九		〇九四二六四一五		五十〇分

上順	餘弦	較數	正弦	較數	七十〇度
五十〇分	〇三三三八〇六九	一六四五	〇九四二六四一五	五八三	五十〇分
五十一分	〇三三三九七一四	一六四五	〇九四二五八三二	五八三	四十九分
五十二分	〇三三四一三五九	一六四五	〇九四二五二四九	五八三	四十八分
五十三分	〇三三四三〇〇四	一六四五	〇九四二四六六六	五八四	四十七分
五十四分	〇三三四四六四九	一六四五	〇九四二四〇八二	五八四	四十六分
五十五分	〇三三四六二九四	一六四五	〇九四二三四九八	五八四	四十五分
五十六分	〇三三四七九三九	一六四五	〇九四二二九一四	五八四	四十四分
五十七分	〇三三四九五八四	一六四四	〇九四二二三三〇	五八五	四十三分
五十八分	〇三三五一二二八	一六四四	〇九四二一七四五	五八五	四十二分
五十九分	〇三三五二八七二	一六四四	〇九四二一一六〇	五八五	四十一分
六十〇分	〇三三五四五一六	一六四四	〇九四二〇五七五	五八六	四十〇分
六十一分	〇三三五六一六〇	一六四四	〇九四一九九八九	五八六	三十九分
六十二分	〇三三五七八〇四	一六四四	〇九四一九四〇三	五八六	三十八分
六十三分	〇三三五九四四八	一六四四	〇九四一八八一七	五八六	三十七分
六十四分	〇三三六一〇九二	一六四四	〇九四一八二三二	五八七	三十六分
六十五分	〇三三六二七三六	一六四四	〇九四一七六四四	五八七	三十五分
六十六分	〇三三六四三[illegible]	一六四四	〇九四一七〇五七	五八七	三十四分
六十七分	〇三三六六〇二四		〇九四一六四七〇		三十三分

上頃	餘弦	較數	正弦	較數	七十〇度
百〇〇分	〇三四二〇二〇一	一六四〇	〇九三九七九一六	五九七	〇分
九十九分	〇三四一八五六一	一六四〇	〇九三九七五二三	五九六	一分
九十八分	〇三四一六九二一	一六四〇	〇九三九八一一五	五九六	二分
九十七分	〇三四一五二八一	一六四〇	〇九三九八七一五	五九六	三分
九十六分	〇三四一三六四一	一六四〇	〇九三九九三一一	五九六	四分
九十五分	〇三四一二〇〇一	一六四一	〇九三九九九〇七	五九五	五分
九十四分	〇三四一〇三六〇	一六四一	〇九三九〇五〇五	五九五	六分
九十三分	〇三四〇八七一九	一六四一	〇九三九一〇九七	五九五	七分
九十二分	〇三四〇七〇七八	一六四一	〇九三九一六九二	五九五	八分
九十一分	〇三四〇五四三七	一六四一	〇九三九二二八七	五九四	九分
九十〇分	〇三四〇三七九六	一六四一	〇九三九二八八一	五九四	一十〇分
八十九分	〇三四〇二一五五	一六四一	〇九三九三四七五	五九四	一十一分
八十八分	〇三四〇〇五一四	一六四一	〇九三九四〇六九	五九三	一十二分
八十七分	〇三三九八八七三	一六四二	〇九三九四六六二	五九三	一十三分
八十六分	〇三三九七二三一	一六四二	〇九三九五二五五	五九三	一十四分
八十五分	〇三三九五五八九	一六四二	〇九三九五八四八	五九三	一十五分
八十四分	〇三三九三九四七		〇九三九六四四一		一十六分

	正弦	較數	餘弦	較數	下逆
八十四分	〇三三九三九四七	一六四二	〇九四〇六四四一	五九二	一十六分
八十三分	〇三三九二三〇五	一六四二	〇九四〇七〇三三	五九二	一十七分
八十二分	〇三三九〇六六三	一六四二	〇九四〇七六二五	五九二	一十八分
八十一分	〇三三八九〇二一	一六四二	〇九四〇八二一七	五九一	一十九分
八十〇分	〇三三八七三七九	一六四二	〇九四〇八八〇八	五九一	二十〇分
七十九分	〇三三八五七三七	一六四二	〇九四〇九三九九	五九一	二十一分
七十八分	〇三三八四〇九五	一六四二	〇九四〇九九九〇	五九〇	二十二分
七十七分	〇三三八二四五三	一六四二	〇九四一一〇五八	五九〇	二十三分
七十六分	〇三三八〇八一一	一六四三	〇九四一一一七〇	五九〇	二十四分
七十五分	〇三三七九一六八	一六四三	〇九四一一七六〇	五九〇	二十五分
七十四分	〇三三七七五二五	一六四三	〇九四一二三五〇	五八九	二十六分
七十三分	〇三三七五八八二	一六四三	〇九四一二九三九	五八九	二十七分
七十二分	〇三三七四二三九	一六四三	〇九四一三五二八	五八九	二十八分
七十一分	〇三三七二五九六	一六四三	〇九四一四一一七	五八九	二十九分
七十〇分	〇三三七〇九五三	一六四三	〇九四一四七八六	五八八	三十〇分
六十九分	〇三三六九三一〇	一六四三	〇九四一五二九四	五八八	三十一分
六十八分	〇三三六七六六七	一六四三	〇九四一五八八二	五八八	三十二分
六十七分	〇三三六六〇二四		〇九四一六四七〇		三十三分

二十○度	正弦	較數	餘弦	較數	下逆
○分	○三四二○二○一	一六四○	○九三九六九二六	五九七	百○○分
一分	○三四二一八四一	一六四○	○九三九六三二九	五九七	九十九分
二分	○三四二三四八一	一六四○	○九三九五七三二	五九八	九十八分
三分	○三四二五一二一	一六四○	○九三九五一三四	五九八	九十七分
四分	○三四二六七六一	一六四○	○九三九四五三六	五九八	九十六分
五分	○三四二八四○一	一六四○	○九三九三九三八	五九八	九十五分
六分	○三四三○○四一	一六三九	○九三九三三四○	五九九	九十四分
七分	○三四三一六八○	一六三九	○九三九二七四一	五九九	九十三分
八分	○三四三三三一九	一六三九	○九三九二一四二	五九九	九十二分
九分	○三四三四九五八	一六三九	○九三九一五四三	六○○	九十一分
一十○分	○三四三六五九七	一六三九	○九三九○九四三	六○○	九十○分
一十一分	○三四三八二三六	一六三九	○九三九○三四三	六○○	八十九分
一十二分	○三四三九八七五	一六三九	○九三八九七四三	六○一	八十八分
一十三分	○三四四一五一四	一六三九	○九三八九一四二	六○一	八十七分
一十四分	○三四四三一五三	一六三九	○九三八八五四一	六○一	八十六分
一十五分	○三四四四七九二	一六三八	○九三八七九四○	六○一	八十五分
一十六分	○三四四六四三○		○九三八七三三九		八十四分

上順	餘弦	較數	正弦	較數	六十九度
一十六分	○三四四六四三○	一六三八	○九三八七三三九	六○二	八十四分
一十七分	○三四四八○六八	一六三八	○九三八六七三七	六○一	八十三分
一十八分	○三四四九七○六	一六三八	○九三八六一三五	六○二	八十二分
一十九分	○三四五一三四四	一六三八	○九三八五五三三	六○三	八十一分
二十○分	○三四五二九八二	一六三八	○九三八四九三○	六○三	八十○分
二十一分	○三四五四六二○	一六三八	○九三八四三二七	六○三	七十九分
二十二分	○三四五六二五八	一六三八	○九三八三七二四	六○三	七十八分
二十三分	○三四五七八九六	一六三八	○九三八三一二一	六○四	七十七分
二十四分	○三四五九五三四	一六三八	○九三八二五一七	六○四	七十六分
二十五分	○三四六一一七二	一六三七	○九三八一九一六	六○四	七十五分
二十六分	○三四六二八○九	一六三七	○九三八一三○九	六○五	七十四分
二十七分	○三四六四四四六	一六三七	○九三八○七○四	六○五	七十三分
二十八分	○三四六六○八三	一六三七	○九三八○○九九	六○五	七十二分
二十九分	○三四六七七二○	一六三七	○九三七九四九四	六○五	七十一分
三十○分	○三四六九三五七	一六三七	○九三七八八八九	六○六	七十○分
三十一分	○三四七○九九四	一六三七	○九三七八二八三	六○六	六十九分
三十二分	○三四七二六三一	一六三七	○九三七七六七七	六○六	六十八分
三十三分	○三四七四二六八		○九三七七○七一		六十七分

二十〇度	正弦	較數	餘弦	較數	下逆
三十三分	〇三四七四二六八	一六三六	〇九三七七〇七一	六〇六	六十七分
三十四分	〇三四七五九〇四	一六三六	〇九三七六四六五	六〇七	六十六分
三十五分	〇三四七七五四〇	一六三六	〇九三七五八五八	六〇七	六十五分
三十六分	〇三四七九一七六	一六三六	〇九三七五二五一	六〇七	六十四分
三十七分	〇三四八〇八一二	一六三六	〇九三七四六四四	六〇八	六十三分
三十八分	〇三四八二四四八	一六三六	〇九三七四〇三六	六〇八	六十二分
三十九分	〇三四八四〇八四	一六三六	〇九三七三四二八	六〇八	六十一分
四十〇分	〇三四八五七二〇	一六三六	〇九三七二八二〇	六〇九	六十〇分
四十一分	〇三四八七三五六	一六三六	〇九三七二二一一	六〇九	五十九分
四十二分	〇三四八八九九二	一六三六	〇九三七一六〇二	六〇九	五十八分
四十三分	〇三四九〇六二八	一六三六	〇九三七〇九九二	六〇九	五十七分
四十四分	〇三四九二二六四	一六三五	〇九三七〇三八四	六一〇	五十六分
四十五分	〇三四九三八九九	一六三五	〇九三六九七七四	六一〇	五十五分
四十六分	〇三四九五五三四	一六三五	〇九三六九一六四	六一〇	五十四分
四十七分	〇三四九七一六九	一六三五	〇九三六八五五四	六一〇	五十三分
四十八分	〇三四九八八〇四	一六三五	〇九三六七九四四	六一一	五十二分
四十九分	〇三五〇〇四三九	一六三五	〇九三六七三三三	六一一	五十一分
五十〇分	〇三五〇二〇七四		〇九三六六七二二		五十〇分

上順	餘弦	較數	正弦	較數	六十九度
六十七分	〇三五二九八四九	一六三三	〇九三五六二八九	六一六	三十三分
六十六分	〇三五二八二一六	一六三三	〇九三五六九〇五	六一六	三十四分
六十五分	〇三五二六五八三	一六三三	〇九三五七五二一	六一五	三十五分
六十四分	〇三五二四九五〇	一六三三	〇九三五八一二六	六一五	三十六分
六十三分	〇三五二三三一七	一六三三	〇九三五八七五一	六一五	三十七分
六十二分	〇三五二一六八四	一六三四	〇九三五九三六六	六一五	三十八分
六十一分	〇三五二〇〇五〇	一六三四	〇九三五九九八一	六一四	三十九分
六十〇分	〇三五一八四一六	一六三四	〇九三六〇五九五	六一四	四十〇分
五十九分	〇三五一六七八二	一六三四	〇九三六一二〇九	六一四	四十一分
五十八分	〇三五一五一四八	一六三四	〇九三六一八二三	六一三	四十二分
五十七分	〇三五一三五一四	一六三四	〇九三六四二三六	六一三	四十三分
五十六分	〇三五一一八八〇	一六三四	〇九三六三〇四九	六一三	四十四分
五十五分	〇三五一〇二四六	一六三四	〇九三六三六六二	六一三	四十五分
五十四分	〇三五〇八六一二	一六三四	〇九三六四二七五	六一二	四十六分
五十三分	〇三五〇六九七八	一六三四	〇九三六四八八七	六一二	四十七分
五十二分	〇三五〇五三四四	一六三五	〇九三六五四九九	六一二	四十八分
五十一分	〇三五〇三七〇九	一六三五	〇九三六六一一一	六一一	四十九分
五十〇分	〇三五〇二〇七四		〇九三六六七二二		五十〇分

二十〇度	正弦	較數	餘弦	較數	下逆
六十七分	〇三五二九八四九	一六三三	〇九三五六二八九	六一六	三十三分
六十八分	〇三五三一四八二	一六三三	〇九三五五六七三	六一六	三十二分
六十九分	〇三五三三一一五	一六三三	〇九三五五〇五七	六一七	三十一分
七十〇分	〇三五三四七四八	一六三三	〇九三五四四四〇	六一七	三十〇分
七十一分	〇三五三六三八一	一六三三	〇九三五三八二三	六一七	二十九分
七十二分	〇三五三八〇一四	一六三二	〇九三五三二〇六	六一八	二十八分
七十三分	〇三五三九六四六	一六三二	〇九三五二五八八	六一八	二十七分
七十四分	〇三五四一二七八	一六三二	〇九三五一九七〇	六一八	二十六分
七十五分	〇三五四二九一〇	一六三二	〇九三五一三五二	六一八	二十五分
七十六分	〇三五四四五四二	一六三二	〇九三五〇七三四	六一九	二十四分
七十七分	〇三五四六一七四	一六三二	〇九三五〇一一五	六一九	二十三分
七十八分	〇三五四七八〇六	一六三二	〇九三四九四六九	六一九	二十二分
七十九分	〇三五四九四三八	一六三二	〇九三四八八七七	六二〇	二十一分
八十〇分	〇三五五一〇七〇	一六三一	〇九三四八二五七	六二〇	二十〇分
八十一分	〇三五五二七〇一	一六三一	〇九三四七六三七	六二〇	一十九分
八十二分	〇三五五四三三二	一六三一	〇九三四七〇一七	六二一	一十八分
八十三分	〇三五五五九六三	一六三一	〇九三四六三九六	六二一	一十七分
八十四分	〇三五五七五九四		〇九三四五七七五		一十六分

上順	餘弦	較數	正弦	較數	六十九度
八十四分	〇三五五七五九四	一六三一	〇九三四五七七五	六二一	一十六分
八十五分	〇三五五九二二五	一六三一	〇九三四五一五四	六二一	一十五分
八十六分	〇三五六〇八五六	一六三一	〇九三四四五二三	六二二	一十四分
八十七分	〇三五六二四八七	一六三一	〇九三四三九一一	六二二	一十三分
八十八分	〇三五六四一一八	一六三一	〇九三四三二八九	六二二	一十二分
八十九分	〇三五六五七四九	一六三一	〇九三四二六六七	六二二	一十一分
九十〇分	〇三五六七三八〇	一六三一	〇九三四二〇四五	六二二	一十〇分
九十一分	〇三五六九〇一一	一六三〇	〇九三四一四二二	六二三	九分
九十二分	〇三五七〇六四一	一六三〇	〇九三四〇七九六	六二三	八分
九十三分	〇三五七二二七一	一六三〇	〇九三四〇一七六	六二四	七分
九十四分	〇三五七三九〇一	一六三〇	〇九三三九五五二	六二四	六分
九十五分	〇三五七五五三一	一六三〇	〇九三三八九二八	六二四	五分
九十六分	〇三五七七一六一	一六三〇	〇九三三八二〇四	六二五	四分
九十七分	〇三五七八七九一	一六三〇	〇九三三七六七九	六二五	三分
九十八分	〇三五八〇四二一	一六二九	〇九三三七〇五四	六二五	二分
九十九分	〇三五八二〇五〇	一六二九	〇九三三六四二九	六二五	一分
百〇分	〇三五八三六七九		〇九三三五八〇四		〇分

二十一度	正弦	較數	餘弦	較數	下逆
○分	○三五八三六七九	一六二九	○九三三五八○四	六二六	百○○分
一分	○三五八五三○八	一六二九	○九三三五一七八	六二六	九十九分
二分	○三五八六九三七	一六二九	○九三三四五五二	六二六	九十八分
三分	○三五八八五六六	一六二九	○九三三三九二六	六二六	九十七分
四分	○三五九○一九五	一六二九	○九三三三三○○	六二七	九十六分
五分	○三五九一八二四	一六二九	○九三三二六七三	六二七	九十五分
六分	○三五九三四五三	一六二九	○九三三二○四六	六二七	九十四分
七分	○三五九五○八二	一六二九	○九三三一四一九	六二八	九十三分
八分	○三五九六七二一	一六二九	○九三三○七九一	六二八	九十二分
九分	○三五九八三四○	一六二九	○九三三○一六三	六二八	九十一分
一十○分	○三五九九九六八	一六二八	○九三二九九三九	六二八	九十○分
一十一分	○三六○一五九六	一六二八	○九三二八九○七	六二九	八十九分
一十二分	○三六○三二二四	一六二八	○九三二八二七八	六二九	八十八分
一十三分	○三六○四八五二	一六二八	○九三二七六四九	六二九	八十七分
一十四分	○三六○六四八○	一六二八	○九三二七○一○	六三○	八十六分
一十五分	○三六○八一○八	一六二八	○九三二六三九○	六三○	八十五分
一十六分	○三六○九七三六		○九三二五七六○		八十四分

上順	餘弦	較數	正弦	較數	二十八度
一十六分	○三六○九七三六	一六二八	○九三二五七六○	六三○	八十四分
一十七分	○三六一一三六四	一六二八	○九三二五一三○	六三○	八十三分
一十八分	○三六一二九九二	一六二七	○九三二四五○○	六三一	八十二分
一十九分	○三六一四六一九	一六二七	○九三二三八六九	六三一	八十一分
二十○分	○三六一六二四六	一六二七	○九三二三二三八	六三一	八十○分
二十一分	○三六一七八七三	一六二七	○九三二二六○七	六三二	七十九分
二十二分	○三六一九五○○	一六二七	○九三二一九七九	六三二	七十八分
二十三分	○三六二一一二七	一六二七	○九三二一三四三	六三二	七十七分
二十四分	○三六二二七五四	一六二七	○九三二○七二一	六三二	七十六分
二十五分	○三六二四三八一	一六二七	○九三二○○七九	六三三	七十五分
二十六分	○三六二六○○八	一六二六	○九三一九四四六	六三三	七十四分
二十七分	○三六二七六三四	一六二六	○九三一八八一三	六三三	七十三分
二十八分	○三六二九二六○	一六二六	○九三一八一八○	六三四	七十二分
二十九分	○三六三○八八六	一六二六	○九三一七五四六	六三四	七十一分
三十○分	○三六三二五一二	一六二六	○九三一六九一二	六三四	七十○分
三十一分	○三六三四一三八	一六二六	○九三一六二一八	六三四	八十九分
三十二分	○三六三五七六四	一六二六	○九三一五六四八	六三五	八十八分
三十三分	○三六三七三九○		○九三一五○○九		八十七分

二十一度	正弦	較數	餘弦	較數	下逆
三十三分	〇三六三七三九〇	一六二六	〇九三一五〇〇九	六三五	六十七分
三十四分	〇三六三九〇一六	一六二六	〇九三一四三七四	六三五	六十六分
三十五分	〇三六四〇六四二	一六二六	〇九三一三七三九	六三六	六十五分
三十六分	〇三六四二二六八	一六二五	〇九三一三一〇三	六三六	六十四分
三十七分	〇三六四三八九三	一六二五	〇九三一二四六七	六三六	六十三分
三十八分	〇三六四五五一八	一六二五	〇九三一一八三一	六三七	六十二分
三十九分	〇三六四七一四三	一六二五	〇九三一一一九五	六三六	六十一分
四十〇分	〇三六四八七六八	一六二五	〇九三一〇五五八	六三七	六十〇分
四十一分	〇三六五〇三九三	一六二五	〇九三〇九九一一	六三七	五十九分
四十二分	〇三六五二〇一八	一六二五	〇九三〇九二八四	六三八	五十八分
四十三分	〇三六五三六四三	一六二五	〇九三〇八六四六	六三八	五十七分
四十四分	〇三六五五二六八	一六二四	〇九三〇八〇〇八	六三八	五十六分
四十五分	〇三六五六八九二	一六二四	〇九三〇七三七〇	六三八	五十五分
四十六分	〇三六五八五一六	一六二四	〇九三〇六七三二	六三九	五十四分
四十七分	〇三六六〇一四〇	一六二四	〇九三〇六〇九六	六三九	五十三分
四十八分	〇三六六一七六四	一六二四	〇九三〇五四五四	六三九	五十二分
四十九分	〇三六六三三八八	一六二四	〇九三〇四八一五	六三九	五十一分
五十〇分	〇三六六五〇一二		〇九三〇四一七六		五十〇分

上順	餘弦	較數	正弦	較數	六十八度
五十〇分	〇三六六五〇一二	一六二四	〇九三〇四一七六	六四〇	五十〇分
五十一分	〇三六六六六三六	一六二四	〇九三〇三五三六	六四〇	四十九分
五十二分	〇三六六八二六〇	一六二四	〇九三〇二八九六	六四〇	四十八分
五十三分	〇三六六九八八四	一六二三	〇九三〇二二五六	六四一	四十七分
五十四分	〇三六七一五〇八	一六二三	〇九三〇一六一九	六四一	四十六分
五十五分	〇三六七三一三一	一六二三	〇九三〇〇九七九	六四一	四十五分
五十六分	〇三六七四七五四	一六二三	〇九三〇〇三三三	六四二	四十四分
五十七分	〇三六七六三七七	一六二三	〇九二九九六九一	六四二	四十三分
五十八分	〇三六七八〇〇〇	一六二三	〇九二九九〇四九	六四二	四十二分
五十九分	〇三六七九六二三	一六二三	〇九二九八四〇七	六四二	四十一分
六十〇分	〇三六八一二四六	一六二三	〇九二九七七六五	六四三	四十〇分
六十一分	〇三六八二八六九	一六二三	〇九二九七一二二	六四三	三十九分
六十二分	〇三六八四四九二	一六二二	〇九二九六四七九	六四三	三十八分
六十三分	〇三六八六一一四	一六二二	〇九二九五八三六	六四三	三十七分
六十四分	〇三六八七七三六	一六二二	〇九二九五一九三	六四四	三十六分
六十五分	〇三六八九三五八	一六二二	〇九二九四五四九	六四四	三十五分
六十六分	〇三六九〇九八〇	一六二二	〇九二九三九〇四	六四四	三十四分
六十七分	〇三六九二六〇二		〇九二九三二五九		三十三分

二十一度	正弦	較數	餘弦	較數	下逆
六十七分	〇三六九二六〇二		〇九二九三二五九		三十三分
六十八分	〇三六九四二二四	一六二二	〇九二九二六一四	六四五	三十二分
六十九分	〇三六九五八四六	一六二二	〇九二九一九六九	六四五	三十一分
七十〇分	〇三六九七四六八	一六二二	〇九二九一三二四	六四五	三十〇分
七十一分	〇三六九九〇八九	一六二一	〇九二九〇六七九	六四五	二十九分
七十二分	〇三七〇〇七一〇	一六二一	〇九二九〇〇三三	六四六	二十八分
七十三分	〇三七〇二三三一	一六二一	〇九二八九三八七	六四六	二十七分
七十四分	〇三七〇三九五二	一六二一	〇九二八八七四一	六四六	二十六分
七十五分	〇三七〇五五七三	一六二一	〇九二八八〇九五	六四六	二十五分
七十六分	〇三七〇七一九四	一六二一	〇九二八七四四八	六四七	二十四分
七十七分	〇三七〇八八一五	一六二一	〇九二八六八〇一	六四七	二十三分
七十八分	〇三七一〇四三六	一六二一	〇九二八六一五四	六四七	二十二分
七十九分	〇三七一二〇五七	一六二一	〇九二八五五〇六	六四八	二十一分
八十〇分	〇三七一三六七八	一六二一	〇九二八四八五八	六四八	二十〇分
八十一分	〇三七一五二九九	一六二一	〇九二八四二一〇	六四八	一十九分
八十二分	〇三七一六九二〇	一六二一	〇九二八三五六二	六四八	一十八分
八十三分	〇三七一八五四〇	一六二〇	〇九二八二九一三	六四九	一十七分
八十四分	〇三七二〇一六〇	一六二〇	〇九二八二二六四	六四九	一十六分

上順	餘弦	較數	正弦	較數	六十八度
八十四分	〇三七二〇一六〇		〇九二八二二六四		一十六分
八十五分	〇三七二一七八〇	一六二〇	〇九二八一六一五	六四九	一十五分
八十六分	〇三七二三四〇〇	一六二〇	〇九二八一九六五	六五〇	一十四分
八十七分	〇三七二五〇二〇	一六二〇	〇九二八〇三一五	六五〇	一十三分
八十八分	〇三七二六六四〇	一六二〇	〇九二七九六六五	六五〇	一十二分
八十九分	〇三七二八二五九	一六一九	〇九二七九〇一四	六五一	一十一分
九十〇分	〇三七二九八七八	一六一九	〇九二七八三六三	六五一	一十〇分
九十一分	〇三七三一四九七	一六一九	〇九二七七七一二	六五一	九分
九十二分	〇三七三三一一六	一六一九	〇九二七七〇六一	六五一	八分
九十三分	〇三七三四七三五	一六一九	〇九二七六四〇九	六五二	七分
九十四分	〇三七三六三五四	一六一九	〇九二七五七五七	六五二	六分
九十五分	〇三七三七九七三	一六一九	〇九二七五一〇五	六五二	五分
九十六分	〇三七三九五九二	一六一九	〇九二七四四五二	六五三	四分
九十七分	〇三七四一二一一	一六一九	〇九二七三七九九	六五三	三分
九十八分	〇三七四二八二九	一六一九	〇九二七三一四六	六五三	二分
九十九分	〇三七四四四四八	一六一九	〇九二七二四九三	六五三	一分
百〇〇分	〇三七四六〇六六	一六一八	〇九二七一八三九	六五四	〇分

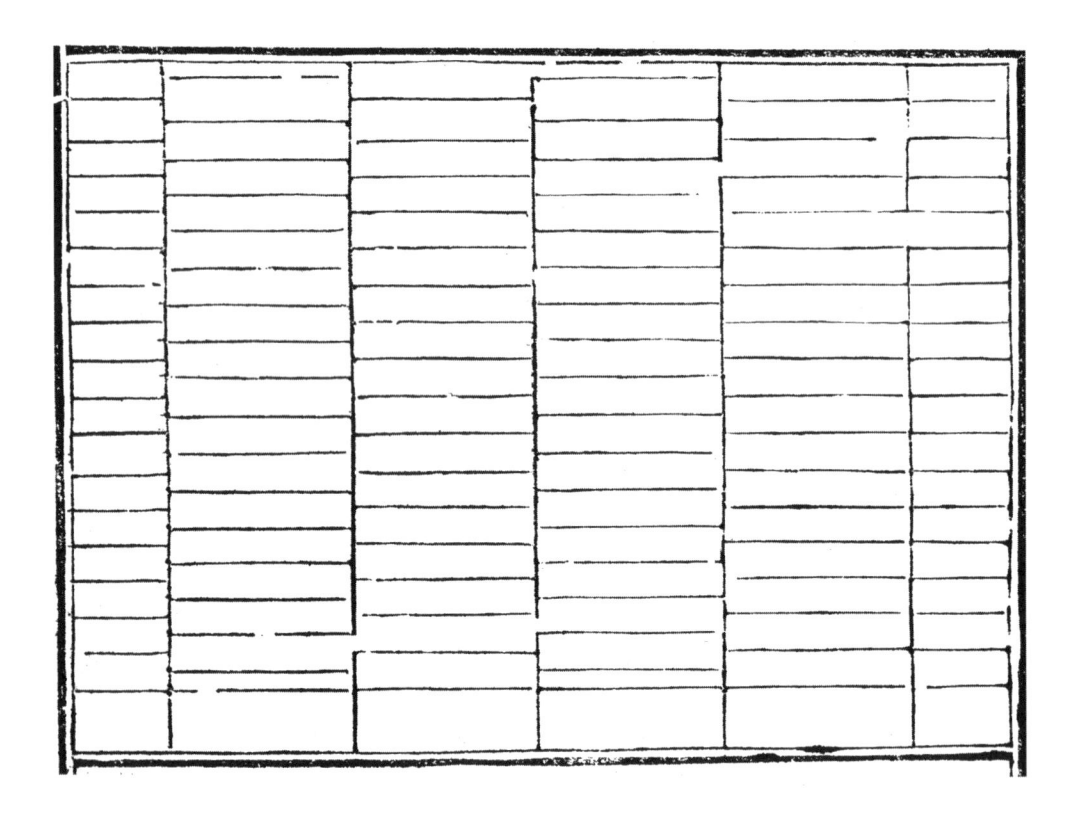

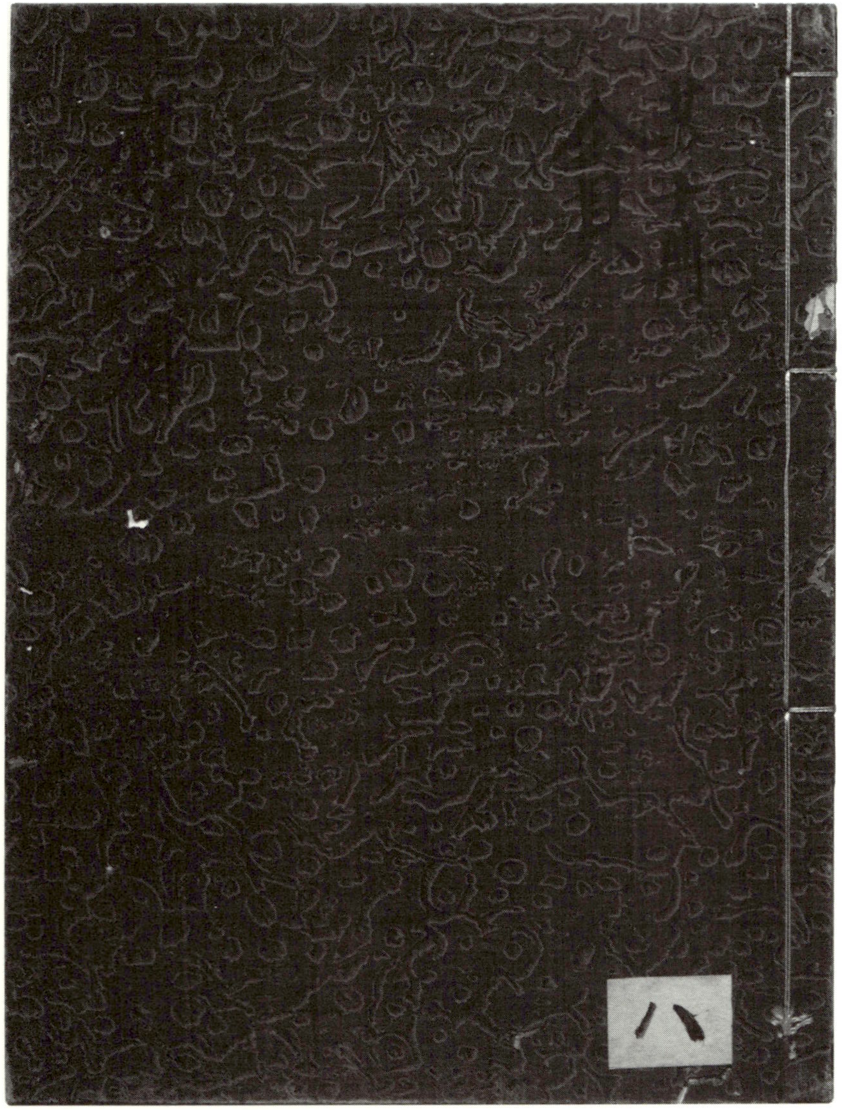

上順	〇五三三	〇五一五	〇五〇〇	〇四八三	〇四九七	〇四三〇	〇四三三	〇四一七	〇四〇〇	〇三八三	〇三六七	〇三五〇	〇三三三	〇三一七	〇三〇〇	〇二八三	〇二六七
十一宮均數	〇〇一八三九	〇〇一六八一	〇〇一七二五	〇〇一六六七	〇〇一六〇八	〇〇一五五三	〇〇一四九五	〇〇一四三六	〇〇一三八一	〇〇一三二二	〇〇一二六七	〇〇一二〇八	〇〇一一五〇	〇〇一〇九二	〇〇一〇三六	〇〇〇九七八	〇〇〇九二〇
較數	三五	三三	三五	三五	三三	三五	三五	三三	三九	三三	三三	三五	三五	三三	三五	三五	
十宮均數	〇一一三九五	〇一一三五〇	〇一一三〇三	〇一一二〇六	〇一一二〇六	〇一一二六一	〇一一一一四	〇一一〇七〇	〇一一〇二〇	〇一〇九七二	〇一〇九二五	〇一〇八七八	〇一〇八三一	〇一〇七八三	〇一〇七三六	〇一〇六八九	〇一〇六四二
較數	二七	二八	二八	二八	二八	二八	二七	三〇	二八	二八	二八	二八	二八	二八	二八	二八	
引數	二四六七	二四八三	二五〇〇	二五一七	二五三三	二五五〇	二五六七	二五八三	二六〇〇	二六一七	二六三三	二六五〇	二六六七	二六八三	二七〇〇	二七一七	二七三三

引數	〇〇〇〇	〇〇一七	〇〇三三	〇〇五〇	〇〇六七	〇〇八三	三一〇〇	〇一一七	〇一三三	〇一五〇	〇一六七	〇一八三	〇二〇〇	〇二一七	〇二三三	〇二九〇	〇二六七
初宮均數	〇〇〇〇〇〇	〇〇〇〇三五	〇〇〇〇六八	〇〇〇一七二	〇〇〇二三一	〇〇〇二八九	〇〇〇三四五	〇〇〇四〇三	〇〇〇四六一	〇〇〇五一七	〇〇〇五七五	〇〇〇六三三	〇〇〇六八九	〇〇〇七四七	〇〇〇八〇九	〇〇〇八六四	〇〇〇九二〇
較數	三五	三二	三五	三五	三五	三二	三五	三五	三五	三五	三五	三三	三五	三五	三五	三五	
一宮均數	〇〇九八六一	〇〇九九一二	〇〇九九六一	〇一〇〇〇七	〇一〇〇三五	〇一〇〇六五	〇一〇〇九三	〇一〇二〇六	〇一〇二五六	〇一〇三〇〇	〇一〇三五〇	〇一〇四〇〇	〇一〇四四七	〇一〇四九七	〇一〇九四九	〇一〇五八二	〇一〇六四二
較數	三〇	三〇	三〇	二八	三〇	二八	三〇	三〇	二九	二八	三〇	二八	三〇	二八	二八	三〇	
下遲	二〇〇〇	二九八三	二九六七	二九五〇	二九三三	二九一七	二九〇〇	二八八三	二八六七	二八五〇	二八三三	二八一七	二八〇〇	二七八三	二七六〇	二七五〇	二七三三

引數	初宮均數	較數	一宮均數	較數	下逆
〇九三三	〇〇一八三九	三三	〇一一三九五	二八	二四六七
〇五五〇	〇〇一八六五	三五	〇一一四四二	二七	二四五〇
〇五六七	〇〇一九九三	三五	〇一一四八六	二八	二四三三
〇五八三	〇〇二〇一一	三三	〇一一五三三	二八	二四一七
〇六〇〇	〇〇二〇六七	三五	〇一一五八一	二七	二四〇〇
〇六一七	〇〇二一二五	三三	〇一一六二五	二七	二三八三
〇六三三	〇〇二一八一	三九	〇一一六七〇	二八	二三六七
〇六五〇	〇〇二二三九	三九	〇一一七一七	二七	二三五〇
〇八六七	〇〇二二九七	三三	〇一一七六二	二八	二三三三
〇六八三	〇〇二三五三	三五	〇一一八〇八	二七	二三一七
〇七〇〇	〇〇二四一一	三三	〇一一八五三	二七	二三〇〇
〇七一七	〇〇二四六七	三五	〇一一八九七	二八	二二八三
〇七三七	〇〇二五二五	三三	〇一一九四五	二七	二二六七
〇七五〇	〇〇二五八一	三五	〇一一九八九	二七	二二五〇
〇七六七	〇〇二六三九	三三	〇一二〇三三	二七	二二三三
〇七八三	〇〇二六九五	三五	〇一二〇七八	二七	二二一七
〇八〇〇	〇〇二七五三		〇一二一二二		二二〇〇

上順	十一宮均數	較數	十宮均數	較數	引數
〇八〇〇	〇〇二七五三	三三	〇一二一二二	二七	二二〇〇
〇八一七	〇〇二八〇八	三五	〇一二一六七	二七	二一八三
〇八三三	〇〇二八六七	三三	〇一二二一一	二七	二一六七
〇八五〇	〇〇二九二二	三五	〇一二二五六	二七	二一五〇
〇八六七	〇〇二九八一	三三	〇一二三〇〇	二七	二一三三
〇八八三	〇〇三〇三六	三五	〇一二三四五	二七	二一一七
〇九〇〇	〇〇三〇九五	三三	〇一二三八九	二七	二一〇〇
〇九一七	〇〇三一五〇	三五	〇一二四三三	二七	二〇八三
〇九三三	〇〇四二〇八	三三	〇一二四八一	二七	二〇六七
〇九五〇	〇〇三二三六	三三	〇一二五二二	二五	二〇五〇
〇九六七	〇〇三三二〇	三五	〇一二五六四	二七	二〇三三
〇九八三	〇〇三三七八	三三	〇一二六〇八	二七	二〇一七
一〇〇〇	〇〇三四三三	三五	〇一二六五三	二五	二〇〇〇
一〇一七	〇〇三四九二	三三	〇一二六九五	二七	一九八三
一〇三三	〇〇三五四七	三三	〇一二七三九	二五	一九六七
一〇五〇	〇〇三六〇三	三五	〇一二七八一	二七	一九五〇
一〇六七	〇〇三六六一		〇一二八二五		一九三三

引數	一〇六七	一〇八三	一一〇〇	一一一七	一一三三	一一五〇	一一六七	一一八三	一二〇〇	一二一七	一二三三	一二五〇	一二六七	一二八三	一三〇〇	一三一七	一三三三
初宮均數	〇〇三六六一	〇〇三七一七	〇〇三七七二	〇〇三八三一	〇〇三八八六	〇〇三九四二	〇〇三九九七	〇〇四〇五六	〇〇四一一一	〇〇四一六七	〇〇四二二二	〇〇四二七八	〇〇四三三六	〇〇四三九二	〇〇四四四七	〇〇四五〇三	〇〇四五五八
較數	三三	三三	三五	三三	三三	三三	三三	三三	三三	三三	三三	三五	三三	三三	三三	三三	
一宮均數	〇一二八二五	〇一二八六七	〇一二九〇八	〇一二九五三	〇一二九九五	〇一三〇三六	〇一三〇七八	〇一三一二二	〇一三一六四	〇一三二〇六	〇一三二四七	〇一三二八九	〇一三三三一	〇一三三七二	〇一三四一四	〇一三四五六	〇一三四九五
較數	二五	二五	二七	二五	二五	二五	二七	二五	二五	二五	二五	二五	二五	二五	二五	二四	
下逆	一九三三	一九一七	一九〇〇	一八八三	一八六七	一八五〇	一八三三	一八一七	一八〇〇	一七八三	一七六七	一七五〇	一七三三	一七一七	一七〇〇	一六八三	一六六七

上順	一三三三	一三五〇	一三六七	一三八三	一四〇〇	一四一七	一四三三	一四五〇	一四六七	一四八三	一五〇〇	一五一七	一五三三	一五五〇	一五六七	一五八三	一六〇〇
十一宮均數	〇〇四五五八	〇〇四六一七	〇〇四六七二	〇〇四七二八	〇〇四七八三	〇〇四八三九	〇〇四八九五	〇〇四九五〇	〇〇五〇〇三	〇〇五〇六一	〇〇五一一七	〇〇五一七二	〇〇五二二八	〇〇五二八三	〇〇五三三九	〇〇五三九二	〇〇五四四七
較數	三五	三三	三三	三三	三三	三三	三三	三三	三三	三三	三三	三三	三三	三三	三二	三三	
十宮均數	〇一三四九五	〇一三五三六	〇一三五七八	〇一三六二〇	〇一三六五八	〇一三七〇〇	〇一三七三九	〇一三八八一	〇一三八二〇	〇一三九六一	〇一三九〇〇	〇一三九三九	〇一三九八一	〇一三〇二〇	〇一四〇五八	〇一四〇九七	〇一四一三六
較數	二五	二五	二五	二四	二五	二四	二五	二四	二五	二四	二四	二五	二四	二四	二四	二四	
引數	一六六七	一六五〇	一六三三	一六一七	一六〇〇	一五八三	一五六七	一五五〇	一五三三	一五一七	一五〇〇	一四八三	一四六七	一四五〇	一四三三	一四一七	一四〇〇

引數	一六〇〇	一六一七	一六三三	一六五〇	一六六七	一六八三	一七〇〇	一七一七	一七三三	一七五〇	一七六七	一七八三	一八〇〇	一八一七	一八三三	一八五〇	一八六七
初宮均數	〇〇五四四七	〇〇五五〇三	〇〇五五五八	〇〇五六一五	〇〇四六七〇	〇〇五七二二	〇〇五七七八	〇〇五八三三	〇〇五八八九	〇〇五九四二	〇〇五九九七	〇〇六〇五三	〇〇六一〇六	〇〇六一六一	〇〇六二一四	〇〇六二七〇	〇〇六三二五
較數	三三	三三	三三	三三	三二	三三	三三	三三	三二	三三	三三	三二	三三	三二	三三	三三	
一宮均數	〇一四一三六	〇一四一七五	〇一四二一四	〇一四二五三	〇一四二九二	〇一四三三一	〇一四三七〇	〇一四四〇八	〇一四四四五	〇一四四八三	〇一四五二二	〇一四五五八	〇一四五九七	〇一四六三三	〇一四六七二	〇一四七〇八	〇一四七四五
較數	二四	二四	二四	二四	二四	二四	二四	二二	二四	二四	二二	二四	二二	二四	二二	二二	
下逆	一四〇〇	一三八三	一三六七	一三五〇	一三三三	一三一七	一三〇〇	一二八三	一二六七	一二五〇	一二三三	一二一七	一二〇〇	一一八三	一一六七	一一五〇	一一三三

上順	一八六七	一八八三	一九〇〇	一九一七	一九三三	一九五〇	一九六七	一九八三	二〇〇〇	二〇一七	二〇三三	二〇五〇	二〇六七	二〇八三	二一〇〇	二一一七	二一三三	二一五〇
十一宮均數	〇〇六三二五	〇〇六三七八	〇〇六四三三	〇〇六四八六	〇〇六五四二	〇〇六五九五	〇〇六六五〇	〇〇六七〇三	〇〇六七五六	〇〇六八一一	〇〇六八六四	〇〇六九二二	〇〇六九七二	〇〇七〇二五	〇〇七〇七八	〇〇七一三三	〇〇七一八六	〇〇七二三九
較數	三二	三三	三二	三三	三二	三三	三二	三二	三三	一七	三三	三二	三二	三二	三三	三二	三二	
十宮均數	〇一四七四五	〇一四七八三	〇一四八二〇	〇一四八五六	〇一四八九二	〇一四九二八	〇一四九六七	〇一五〇〇三	〇一五〇三九	〇一五〇七五	〇一五一〇八	〇一五一四五	〇一五一八一	〇一五二一七	〇一五二五〇	〇一五二八六	〇一五三二二	〇一五三五六
較數	二四	二二	二二	二二	二二	二四	二二	二二	二二	二〇	二二	二二	二二	二〇	二二	二二	二〇	
引數	一一三三	一一一七	一〇〇	一〇八三	一〇六七	一〇五〇	一〇三三	一〇一七	一〇〇〇	〇九八三	〇九六七	〇九五〇	〇九三三	〇九一七	〇九〇〇	〇八八三	〇八六七	〇八五〇

引數	初宮均數	較數	一宮均數	較數	下逆
二一五〇	〇〇七二三九	三二	〇一五三五六	二二	〇八五〇
二一六七	〇〇七二九二	三二	〇一五三九二	二〇	〇八三三
二一八三	〇〇七三四五	三二	〇一五四二五	二二	〇八一七
二二〇〇	〇〇七三九七	三三	〇一五四六一	二〇	〇八〇〇
二二一七	〇〇七四五三	三二	〇一五四九五	二〇	〇七八三
二二三三	〇〇七五〇六	三二	〇一五五二八	二〇	〇七六七
二二五〇	〇〇七五五八	三二	〇一五五六一	二二	〇七五〇
二二六七	〇〇七六一一	三二	〇一五五九七	二〇	〇七三三
二二八三	〇〇七六六四	三二	〇一五六三一	二〇	〇七一七
二三〇〇	〇〇七七一七	三二	〇一五六六四	二〇	〇七〇〇
二三一七	〇〇七七六八	三二	〇一五六九七	二〇	〇六八三
二三三三	〇〇七八二二	三〇	〇一五七三一	二〇	〇六六七
二三五〇	〇〇七八七二	三二	〇一五七六四	二〇	〇六五〇
二三六七	〇〇七九二五	三二	〇一五七九七	二〇	〇六三三
二三八三	〇〇七九七八	三二	〇一五八三一	二〇	〇六一七
二四〇〇	〇〇八〇三一	三二	〇一五八六四	一八	〇六〇〇
二四一七	〇〇八〇八三	三二	〇一五八九五	二〇	〇五八三
二四三三	〇〇八一三六		〇一五九二八		〇五六七

上順	十一宮均數	較數	十宮均數	較數	引數
二七一七	〇〇九〇一一	三二	〇一六四五八	一八	〇二八三
二七〇〇	〇〇八九五八	三〇	〇一六四二八	一七	〇三〇〇
二六八三	〇〇八九〇八	三〇	〇一六四〇〇	一八	〇三一七
二六六七	〇〇八八五八	三二	〇一六三七〇	一八	〇三三三
二六五〇	〇〇八八〇六	三〇	〇一六三三九	一八	〇三五〇
二六三三	〇〇八七五六	三〇	〇一六三〇八	二〇	〇三六七
二六一七	〇〇八七〇六	三二	〇一六二七五	一八	〇三八三
二六〇〇	〇〇八六五三	三二	〇一六二四五	一八	〇四〇〇
二五八三	〇〇八六〇〇	三〇	〇一六二一三	一八	〇四一七
二五六七	〇〇八五五〇	三二	〇一六一八三	一八	〇四三三
二五五〇	〇〇八四九七	三〇	〇一六一五三	二〇	〇四五〇
二五三三	〇〇八四四七	三二	〇一六一二〇	一八	〇四六七
二五一七	〇〇八三九五	三〇	〇一六〇八九	二〇	〇四八三
二五〇〇	〇〇八三四五	三二	〇一六〇五六	一八	〇五〇〇
二五八三	〇〇八二九二	三二	〇一六〇二五	二〇	〇五一七
二四六七	〇〇八二三九	三二	〇一五九九二	一八	〇五三三
二四五〇	〇〇八一八六	三〇	〇一五九六一	二〇	〇五五〇
二四三三	〇〇八一三六		〇一五九二八		〇五六七

上順／引數	九宮均數／二宮均數	較數	八宮均數／三宮均數	較數	引數／下逆
○二六七	○一七三七○		○一九三二五		二七三三
		一五		○二	
○二五○	○一七三四五		○一九三二八		二七八○
		一五		○二	
○二三三	○一七三二○		○一九三三一		二七六七
		一五		○三	
○二一七	○一七二九五		○一九三三六		二七八三
		一五		○二	
○二○○	○一七二七○		○一九三三九		二八○○
		一七		○二	
○一八三	○一七二四二		○一九三四三		二八一七
		一五		○二	
○一六七	○一七二一七		○一九三四五		二八三三
		一五		○二	
○一五○	○一七一九三		○一九三四七		二八五○
		一七		○二	
○一三三	○一七一六四		○一九三五○		二八六七
		一五		○二	
○一一七	○一七一三九		○一九三五三		二八八三
		一七		○二	
○一○○	○一七六一一		○一九三九六		二九○○
		一七		○○	
○○八三	○一七○八三		○一九三五六		二九一七
		一五		○二	
○○六七	○一七○五八		○一九三五八		二九三三
		一七		○二	
○○五○	○一七○三一		○一九三六一		二九五○
		一七		○○	
○○三三	○一七○○三		○一九三六一		二九六七
		一七		○二	
○○一七	○一六九七五		○一九三六四		二九八三
		一五		○○	
○○○○	○一六九五○		○一九三六四		二○○○

上順	十一宮均數	較數	十宮均數	較數	引數
三○○○	○○九八六一		○一六九五○		○○○○
		三八		一七	
二九八三	○○九八一四		○一六八九五		○○一七
		三○		一七	
二九六七	○○九七七五		○一六八九五		○○三三
		三○		一七	
二九五○	○○九七一四		○一六八六七		○○五○
		三○		一八	
二九三三	○○九六六四		○一六八三六		○○六七
		三○		一七	
二九一七	○○九六一四		○一六八○八		○○八三
		三○		一七	
二九○○	○○九五六四		○一六七八一		○一○○
		三○		一七	
二八八三	○○九五一四		○一六七五三		○一一七
		三○		一八	
二八六七	○○九四六四		○一六七二二		○一三三
		三○		一七	
二八五○	○○九四一四		○一六六九五		○一五○
		三○		一七	
二八三三	○○九三六四		○一六六六七		○一六七
		三○		一八	
二八一七	○○九三一四		○一六六三六		○一八三
		三○		一七	
二八○○	○○九二六四		○一六六○八		○二○○
		三○		一八	
二七八三	○○九二一四		○一六五七八		○二一七
		三○		一八	
二七六七	○○九一六一		○一六五四七		○二三三
		三○		一七	
二七五○	○○九一一一		○一六五二○		○二五○
		三○		一八	
二七三三	○○九○一		○一六四八九		○二六七
		三○		一八	
二七一七	○○九○一一		○一六四五八		○二八三

上順	九宮均數	較數	八宮均數	較數	引數
〇八〇〇	〇一八〇九七	一二	〇一九一二〇	〇五	二二〇〇
〇七八三	〇一八〇七八	一三	〇一九一二八	〇五	二二一七
〇七六七	〇一八〇三六	一二	〇一九一三六	〇五	二二三三
〇七五〇	〇一八〇三六	一二	〇一九一四五	〇七	二二五〇
〇七三三	〇一八〇一七	一三	〇一九一五六	〇三	二二六七
〇七一七	〇一七九九五	一三	〇一九一六一	〇五	二二八三
〇七〇〇	〇一七九七二	一二	〇一九一七〇	〇五	二三〇〇
〇六八三	〇一七九五三	一三	〇一九一七八	〇五	二三一七
〇六六七	〇一七九三一	一三	〇一九一八六	〇五	二三三三
〇六五〇	〇一七九〇八	一三	〇一九一九五	〇三	二三五〇
〇六三三	〇一七八八六	一二	〇一九二〇〇	〇五	二三六七
〇六一七	〇一七八六七	一三	〇一九二〇八	〇五	二三八三
〇六〇〇	〇一七八四五	一三	〇一九二一七	〇三	二四〇〇
〇五八三	〇一七八二二	一三	〇一九二二二	〇五	二四一七
〇五六七	〇一七八〇〇	一五	〇一九二三一	〇三	二四三三
〇五五〇	〇一七七七五	一三	〇一九二三六	〇三	二四五〇
〇五三三	〇一七七五三		〇一九二四二		二四六七

引數	二宮均數	較數	三宮均數	較數	下逆
〇二六七	〇一七三七〇	一九	〇一九三二五	〇三	二七三三
〇二八三	〇一七三九五	一五	〇一九三二〇	〇二	二七一七
〇三〇〇	〇一七四二〇	一五	〇一九三一七	〇三	二七〇〇
〇三一七	〇一七四四五	一五	〇一九三一一	〇三	二六八三
〇三三三	〇一七四七〇	一五	〇一九三〇八	〇三	二六六七
〇三五〇	〇一七四九五	一五	〇一九三〇三	〇三	二六五〇
〇三六七	〇一七五二〇	一五	〇一九二九七	〇三	二六三五
〇三八三	〇一七五四五	一三	〇一九二九五	〇三	二六一七
〇四〇〇	〇一七五六七	一五	〇一九二八九	〇三	二六〇〇
〇四一七	〇一七五九二	一三	〇一九二八三	〇三	二五八三
〇四三三	〇一七六一四	一五	〇一九二七八	〇三	二五六七
〇四五〇	〇一七六三九	一三	〇一九二七二	〇三	二五五〇
〇四六七	〇一七六六一	一五	〇一九二六七	〇三	二五三三
〇四八三	〇一七六八六	一三	〇一九二六一	〇三	二五一七
〇五〇〇	〇一七七〇八	一三	〇一九二五六	〇三	二五〇〇
〇五一七	〇一七七三一	一三	〇一九二五〇	〇五	二四八二
〇五三三	〇一七七五三		〇一九二四二		二四六七

引數	二宮均數	較數	三宮均數	較數	下逆
〇八〇〇	〇一八〇九七		〇一九一二〇		二二〇〇
〇八一七	〇一八一一七	一二	〇一九一一一	〇五	二一八三
〇八三三	〇一八一三六	一二	〇一九一〇〇	〇七	二一六七
〇八五〇	〇一八一五八	一三	〇一九〇九二	〇五	二一五〇
〇八六七	〇一八一七八	一二	〇一九〇八三	〇五	二一三五
〇八八三	〇一八一九七	一二	〇一九〇七二	〇七	二一一七
〇九〇〇	〇一八二一七	一二	〇一九〇六一	〇七	二一〇〇
〇九一七	〇一八二三六	一二	〇一九〇五三	〇五	二〇八三
〇九三三	〇一八二五二	一〇	〇一九〇四二	〇七	二〇六七
〇九五〇	〇一八二七二	一二	〇一九〇三三	〇五	二〇八〇
〇九六七	〇一八二九二	一二	〇一九〇二二	〇七	二〇三三
〇九八三	〇一八三一一	一二	〇一九〇一一	〇七	二〇一七
一〇〇〇	〇一八三二八	一〇	〇一九〇〇〇	〇七	二〇〇〇
一〇一七	〇一八三四七	一二	〇一八九八九	〇七	一九八三
一〇三三	〇一八三六四	一〇	〇一八九七八	〇七	一九六七
一〇五〇	〇一八三八三	一二	〇一八九六七	〇七	一九五〇
一〇六七	〇一八四〇〇	一〇	〇一九九五六	〇七	一九三三

上順	九宮均數	較數	八宮均數	較數	引數
一三三三	〇一八六五三		〇一八七五〇		一六六七
一三一七	〇一八六四七	一〇	〇一八七六四	〇八	一六八三
一三〇〇	〇一八六三三	〇八	〇一八七七八	〇八	一七〇〇
一二八三	〇一八六一七	一〇	〇一八七九二	〇八	一七一七
一二六七	〇一八六〇三	〇八	〇一八八〇六	〇八	一七三三
一二五〇	〇一八五八六	一〇	〇一八八二〇	〇八	一七五〇
一二三三	〇一八五七〇	一〇	〇一八八三三	〇八	一七六七
一二一七	〇一八五五三	一〇	〇一八八四五	〇七	一七八三
一二〇〇	〇一八五三九	〇八	〇一八八五八	〇八	一八〇〇
一一八三	〇一八五二二	一〇	〇一八八七二	〇八	一八一七
一一六七	〇一八五〇三	一二	〇一八八八三	〇七	一八三三
一一五〇	〇一八四八九	〇八	〇一八九九五	〇七	一八五〇
一一三三	〇一八四七〇	一二	〇一八九〇八	〇八	一八六七
一一一七	〇一八四五三	一〇	〇一八九二〇	〇七	一八八三
一一〇〇	〇一八四三六	一〇	〇一八九三三	〇八	一九〇〇
一〇八三	〇一八四二〇	一〇	〇一八九四五	〇七	一九一七
一〇六七	〇一八四〇〇	一二	〇一九九五六	〇七	一九三三

上順	九宮均數	較數	八宮均數	較數	引數
一八八三	〇一九〇七五	〇五	〇一八二〇三	一二	一一一七
一八六七	〇一九〇六七	〇七	〇一八二二二	一二	一一三三
一八五〇	〇一九〇五六	〇七	〇一八二四二	一二	一一五〇
一八三三	〇一九〇四五	〇五	〇一八二六一	一〇	一一六七
一八一七	〇一九〇三六	〇七	〇一八二七八	一〇	一一八三
一八〇〇	〇一九〇二五	〇七	〇一八二九七	一〇	一二〇〇
一七八三	〇一九〇一四	〇七	〇一八三一四	一二	一二一七
一七六七	〇一九〇〇三	〇七	〇一八三三三	一〇	一二三三
一七五〇	〇一八九九二	〇七	〇一八三五〇	一二	一二五〇
一七三三	〇一八九八一	〇七	〇一八三七〇	一〇	一二六七
一七一七	〇一八九七〇	〇七	〇一八三八六	一二	一二八三
一七〇〇	〇一八九五八	〇七	〇一八四〇六	一〇	一三〇〇
一六八三	〇一八九四七	〇八	〇一八四二二	一〇	一三一七
一六六七	〇一八九三三	〇七	〇一八四三九	一〇	一三三三
一六五〇	〇一八九二二	〇七	〇一八四五六	一〇	一三五〇
一六三三	〇一八九二一	〇八	〇一八四七二	一〇	一三六七
一六一七	〇一八八九七	〇七	〇一八四八九	一〇	一三八三
一六〇〇	〇一八九一四		〇一八五〇六		一四〇〇

引數	二宮均數	較數	三宮均數	較數	下逆
一六〇〇	〇一八九一四	〇八	〇一八五〇六	一〇	一四〇〇
一五八三	〇一八九〇〇	〇七	〇一八五二二	一〇	一四一七
一五六七	〇一八八六一	〇八	〇一八五三九	一〇	一四三三
一五五〇	〇一八八四七	〇八	〇一八五五六	一〇	一四五〇
一五三三	〇一八八三三	〇八	〇一八五七二	〇八	一四六七
一五一七	〇一八八二〇	〇七	〇一八五八六	一〇	一四八三
一五〇〇	〇一八八〇八	〇八	〇一八六〇三	一〇	一五〇〇
一四八三	〇一八七九五	〇八	〇一八六二〇	〇八	一五一七
一四六七	〇一八七八一	〇八	〇一八六三三	一〇	一五三三
一四五〇	〇一八七六七	〇八	〇一八六五〇	〇八	一五五〇
一四三三	〇一八七五三	一〇	〇一八六六四	〇八	一五六七
一四一七	〇一八七三六	〇八	〇一八六七八	〇八	一五八三
一四〇〇	〇一八七二二	〇八	〇一八六九五	〇八	一六〇〇
一三八三	〇一八七〇八	〇八	〇一八七〇八	〇八	一六一七
一三六七	〇一八六九五	一〇	〇一八七二三	〇八	一六三三
一三五〇	〇一八六七八	〇八	〇一八七三六	〇八	一六五〇
一三三三	〇一八六五三		〇一八七五〇		一六六七

上順	九宮均數	較數	八宮均數	較數	引數
二四五〇	〇一九三一四		〇一七四六七		〇五五〇
二四三三	〇一九三一一	〇二	〇一七四九二	一五	〇五六七
二四一七	〇一九三〇六	〇三	〇一七五一七	一五	〇五八三
二四〇〇	〇一九三〇〇	〇三	〇一七五三九	一三	〇六〇〇
二三八三	〇一九二九七	〇二	〇一七五六四	一五	〇六一七
二三六七	〇一九二九二	〇三	〇一七五八六	一三	〇六三三
二三五〇	〇一九二八六	〇三	〇一七六〇八	一三	〇六五〇
二三三三	〇一九二八一	〇三	〇一七六三三	一五	〇六六七
二三一七	〇一九二六四	〇三	〇一七六五八	一三	〇六八三
二三〇〇	〇一九二七〇	〇三	〇一七六八一	一五	〇七〇〇
二二八三	〇一九二六四	〇三	〇一七七〇三	一三	〇七一七
二二六七	〇一九二五八	〇三	〇一七七二五	一三	〇七三三
二二五〇	〇一九二五三	〇三	〇一七七五〇	一五	〇七五〇
二二三三	〇一九二四五	〇五	〇一七七七〇	一二	〇七六七
二二一七	〇一九二三九	〇三	〇一七七九二	一三	〇七八三
二二〇〇	〇一九二三三	〇三	〇一七八一一	一三	〇八〇〇
二一八三	〇一九二二五	〇五	〇一七八三三	一二	〇八一七
二一六七	〇一九二二〇	〇三	〇一七八五六	一三	〇八三三

引數	二宮均數	較數	三宮均數	較數	下逆
二一六七	〇一九二二〇		〇一七八五六		〇八三三
二一五〇	〇一九二一一	〇五	〇一七八七八	一三	〇八五〇
二一三三	〇一九二〇六	〇三	〇一七九〇〇	一三	〇八六七
二一一七	〇一九一九七	〇五	〇一七九二二	一三	〇八八三
二一〇〇	〇一九一八九	〇五	〇一七九四二	一二	〇九〇〇
二〇八三	〇一九一八一	〇五	〇一七九六四	一三	〇九一七
二〇六七	〇一九一七二	〇五	〇一七九八三	一二	〇九三三
二〇五〇	〇一九一六四	〇五	〇一八〇〇六	一三	〇九五〇
二〇三三	〇一九一五八	〇三	〇一八〇二五	一二	〇九六七
二〇一七	〇一九一五〇	〇五	〇一八〇四七	一三	〇九八三
二〇〇〇	〇一九一三九	〇七	〇一八〇七〇	一三	一〇〇〇
一九八三	〇一九一三一	〇五	〇一八〇八六	一〇	一〇一七
一九六七	〇一九一二二	〇五	〇一八一〇六	一二	一〇三三
一九五〇	〇一九一一四	〇五	〇一八一二五	一二	一〇五〇
一九三三	〇一九一〇六	〇五	〇一八一四五	一二	一〇六七
一九一七	〇一九〇九五	〇七	〇一八一六四	一二	一〇八三
一九〇〇	〇一九〇八六	〇五	〇一八一八三	一二	一一〇〇
一八八三	〇一九〇七五	〇七	〇一八二〇三	一二	一一一七

上順	三〇〇〇	二九八三	二九六七	二九五〇	二九三三	二九一七	二九〇〇	二八八三	二八六七	二八五〇	二八三三	二八一七	二八〇〇	二七八三	二七六七	二七五〇	二七三三
九宮均數	〇一九三六四	〇一九三六七	〇一九三六七	〇一九三六七	〇一九三六七	〇一九三六七	〇一九三七〇	〇一九三七〇	〇一九三七〇	〇一九三七〇	〇一九三七〇	〇一九三六七	〇一九三六七	〇一九三六七	〇一九三六四	〇一九三六四	〇一九三六一
較數	〇二	〇〇	〇〇	〇〇	〇〇	〇二	〇〇	〇〇	〇〇	〇〇	〇二	〇〇	〇〇	〇二	〇〇	〇二	
八宮均數	〇一六五九五	〇一六六二二	〇一六六五三	〇一六六八一	〇一六七〇八	〇一六七三六	〇一六七六四	〇一六七九二	〇一六八二〇	〇一六八四七	〇一六八七五	〇一六九〇三	〇一六九三一	〇一六九五六	〇一六九八三	〇一七〇一一	〇一七〇三六
較數	一七	一八	一七	一七	一七	一七	一七	一七	一七	一七	一七	一七	一五	一七	一七	一五	
引數	〇〇〇〇	〇〇一七	〇〇三三	〇〇五〇	〇〇六七	〇〇八三	〇一〇〇	〇一一七	〇一三三	〇一五〇	〇一六七	〇一八三	〇二〇〇	〇二一七	〇二三三	〇二五〇	〇二六七

引數	二七三三	二七一七	二七〇〇	二六八三	二六六七	二六五〇	二六八三	二六一七	二六〇〇	二五八三	二五六七	二五五〇	二五三三	二五一七	二五〇〇	二四八三	二四六七	二四五〇
二宮均數	〇一九三六一	〇一九三六一	〇一九三五八	〇一九三五八	〇一九三五六	〇一九三五三	〇一九三五〇	〇一九三四七	〇一九三四五	〇一九三四二	〇一九三三九	〇一九三三六	〇一九三三三	〇一九三三一	〇一九三二五	〇一九三二二	〇一九三二〇	〇一九三一四
較數	〇〇	〇二	〇〇	〇二	〇二	〇二	〇二	〇二	〇二	〇二	〇二	〇二	〇二	〇三	〇二	〇二	〇三	
三宮均數	〇一七〇三六	〇一七〇六四	〇一七〇八九	〇一七一一七	〇一七一四二	〇一七一六七	〇一七一九五	〇一七二二〇	〇一七二四五	〇一七二七〇	〇一七二九五	〇一七三二〇	〇一七三四五	〇一七三七〇	〇一七三九五	〇一七四二〇	〇一七四四五	〇一七四六七
較數	一七	一五	一七	一五	一五	一七	一五	一五	一五	一五	一五	一五	一五	一五	一五	一五	一三	
下逆	〇二六七	〇二八三	〇三〇〇	〇三一七	〇三三三	〇三五〇	〇三六七	〇三八三	〇四〇〇	〇四一七	〇四三三	〇四五〇	〇四六七	〇四八三	〇五〇〇	〇五一七	〇五三三	〇五五〇

引數	四宮均數	較數	五宮均數	較數	下逆
○○○○	○一六五九五		○○九五○八		二○○○
○○一七	○一六五六七	一七	○○九四五八	三○	二九八三
○○三三	○一六五三六	一八	○○九四一一	二八	二九六七
○○五○	○一六五○八	一七	○○九三六四	二八	二九五○
○○六七	○一六四七八	一八	○○九三一一	三○	二九三三
○一八三	○一六四五○	一七	○○九二六七	二八	二九一七
○一○○	○一六四二○	一八	○○九二一七	三○	二九○○
○一一七	○一六三八九	一八	○○九一七○	二八	二八八三
○一三三	○一六三六一	一七	○○九一二○	三○	二八六七
○一五○	○一六三三一	一八	○○九○七○	三○	二八五○
○一六七	○一六三○○	一八	○○九○二二	二八	二八三三
○二八三	○一六二七○	一八	○○八九七二	三○	二八一七
○二○○	○一六二三九	一八	○○八九二五	二八	二八○○
○二一七	○一六二○八	一八	○○八八七五	三○	二七八三
○二三三	○一六一七八	一八	○○八九九二	三○	二七六七
○二五○	○一六一四七	一八	○○八七七八	二八	二七二○
○二六七	○一六一一七	一八	○○八七二八	三○	二七三三

上順	七宮均數	較數	六宮均數	較數	引數
○二六七	○一六一一七		○○八七二八		二七三三
○二八三	○一六○八六	一八	○○八六七八	三○	二七一七
○三○○	○一六○五六	一八	○○八六二八	三○	二七○○
○三一七	○一六○二五	一八	○○八五七八	三○	二六八三
○三三三	○一五九九二	二○	○○八五二八	三○	二六六七
○三五○	○一五九六一	一八	○○八四八一	二八	二六五○
○三六七	○一五九三一	一八	○○八四三一	三○	二六三三
○三八七	○一五八五七	二○	○○八三八一	三○	二六一七
○四○○	○一五八六七	一八	○○八三三一	三○	二六○○
○四一七	○一五八三三	二○	○○八二八一	三○	二五八三
○四三三	○一五八○三	一八	○○八二三一	三○	二五六七
○四五○	○一五七七○	二○	○○八一八一	三○	二五五○
○四六七	○一五七三六	二○	○○八一三一	三○	二五三三
○四八三	○一五七○六	一八	○○八○八一	三○	二五一七
○五○○	○一五六七二	二○	○○八○三一	三○	二五○○
○五一七	○一五六三八	二○	○○七九八一		二四八三
○五三三	○一五六○六	二○	○○七九二八		二四六七

上順	七宮均數	較數	六宮均數	較數	引數
一〇六七	〇一四四八九		〇〇六二八六		一九三三
一〇五〇	〇一四五二五	二二	〇〇六三三六	三〇	一九五〇
一〇三三	〇一四五六一	二二	〇〇六三八九	三二	一九六七
一〇一七	〇一四五九七	二二	〇〇六四四二	三二	一九八三
一〇〇〇	〇一四六三六	二三	〇〇六四九五	三二	二〇〇〇
〇九八三	〇一四六七二	二二	〇〇六五四七	三二	二〇一七
〇九六七	〇一四七〇八	二二	〇〇六五九七	三〇	二〇三三
〇九五〇	〇一四七四五	二二	〇〇六六五〇	三二	二〇五〇
〇九三三	〇一四七八一	二二	〇〇六七〇三	三二	二〇六七
〇九一七	〇一四八一四	二〇	〇〇六七五三	三〇	二〇八三
〇九〇〇	〇一四八五〇	二二	〇〇六八〇六	三二	二一〇〇
〇八八三	〇一四八八六	二二	〇〇六八五六	三〇	二一一七
〇八六七	〇一四九二二	二二	〇〇六九〇八	三二	二一三三
〇八五〇	〇一四九五八	二二	〇〇六九六一	三二	二一五〇
〇八三三	〇一四九九二	二〇	〇〇七〇一一	三〇	二一六七
〇八一七	〇一五〇二八	二二	〇〇七〇六四	三二	二一八三
〇八〇〇	〇一五〇六四	二二	〇〇七一一四	三〇	二二〇〇

引數	四宮均數	較數	五宮均數	較數	下逆
〇五三三	〇一五六〇六		〇〇七九二八		二四六七
〇五五〇	〇一五五七二	二〇	〇〇七八七八	三〇	二四五〇
〇五六七	〇一五五四二	一八	〇〇七八二八	三二	二四三三
〇五八三	〇一五五〇六	二二	〇〇七七七八	三〇	二四一七
〇六〇〇	〇一五四七二	二〇	〇〇七七二八	三〇	二四〇〇
〇六一七	〇一五四三九	二〇	〇〇七六七五	三〇	二三八三
〇六三三	〇一五四〇六	二〇	〇〇七六二五	三〇	二三六七
〇六五〇	〇一五三七二	二〇	〇〇七五七五	三二	二三五〇
〇六六七	〇一五三三九	二〇	〇〇七五二五	三〇	二三三三
〇六八三	〇一五三〇六	二〇	〇〇七四七二	三〇	二三一七
〇七〇〇	〇一五二七〇	二二	〇〇七四二二	三〇	二三〇〇
〇七一七	〇一五二三六	二〇	〇〇七三七〇	三二	二二八三
〇七三三	〇一五二〇三	二〇	〇〇七三二〇	三〇	二二六七
〇七五〇	〇一五一六七	二二	〇〇七三七〇	三〇	二二五〇
〇七六七	〇一五一三三	二〇	〇〇七二一七	三二	二二三三
〇七八三	〇一五〇九七	二二	〇〇七一六七	三〇	二二一七
〇八〇〇	〇一五〇六四	二〇	〇〇七一一四	三二	二二〇〇

引數	四宮均數	較數	五宮均數	較數	下逆
一〇六七	〇一四四八五	二三	〇〇六二八六	三二	一九三三
一〇八三	〇一四四五〇	二二	〇〇六二三三	三二	一九一七
一一〇〇	〇一四四一四	二二	〇〇六一八一	三二	一九〇〇
一一一七	〇一四三七八	二三	〇〇六一二八	三二	一八八三
一一三三	〇一四三三九	二二	〇〇六〇七五	三二	一八六七
一一五〇	〇一四三〇三	二三	〇〇六〇二二	三二	一八五〇
一一六七	〇一四二六四	二二	〇〇五九七〇	三〇	一八三三
一一八三	〇一四二二八	二三	〇〇五九二〇	三二	一八一七
一二〇〇	〇一四一八九	二二	〇〇五八六七	三二	一八〇〇
一二一七	〇一四一五三	二三	〇〇五八一四	三二	一七八三
一二三三	〇一四一一四	二三	〇〇五七六一	三二	一七六七
一二五〇	〇一四〇七五	二三	〇〇五七〇八	三二	一七五〇
一二六七	〇一四〇三六	二二	〇〇五六五六	三二	一七三三
一二八三	〇一四〇〇〇	二三	〇〇五六〇三	三二	一七一七
一三〇〇	〇一三九六一	二三	〇〇五五五〇	三二	一七〇〇
一三一七	〇一三九二二	二三	〇〇五四九七	三二	一六八三
一三三三	〇一三八八三		〇〇五四四五		一六六七

上順	七宮均數	較數	六宮均數	較數	引數
一三三三	〇一三八八三	二三	〇〇五四四五	三三	一六六七
一三五〇	〇一三八四五	二三	〇〇五三八九	三〇	一六五〇
一三六七	〇一三七〇六	二三	〇〇五三三九	三三	一六二三
一三八三	〇一三七六七	二三	〇〇五二八三	三二	一六一七
一四〇〇	〇一三七二八	二三	〇〇五二三一	三二	一六〇〇
一四一七	〇一三六八九	二三	〇〇五一七八	三二	一五八三
一四三三	〇一三六五〇	二三	〇〇五一二五	三二	一五六七
一四五〇	〇一三六一一	二五	〇〇五〇七二	三二	一五五〇
一四六七	〇一三五七〇	二三	〇〇五〇二〇	三二	一五三三
一四八三	〇一三五三一	二三	〇〇四九六四	三[illegible]	一五一七
一五〇〇	〇一三四九二	二九	〇〇四九一一	三二	一五〇〇
一五一七	〇一三四五〇	二三	〇〇四八九八	三二	一四八三
一五三三	〇一三四一一	二三	〇〇四八〇六	三二	一四六七
一五五〇	〇一三三七二	二五	〇〇四七五〇	三二	一四五〇
一五六七	〇一三三三一	二三	〇〇四六九七	三二	一四三三
一五八三	〇一三三九二	二五	〇〇四六四五	三二	一四一一
一六〇〇	〇一三二五〇		〇〇四五九二		一四〇〇

上順	七宮均数	較数	六宮均数	較数	引数
二一五〇	〇一一八五八		〇〇二八〇三		〇八五〇
二一三三	〇一一九〇三	二七	〇〇二八五八	三三	〇八六七
二一一七	〇一一九四五	二五	〇〇二九一四	三三	〇八八三
二一〇〇	〇一一九八九	二七	〇〇二九六七	三二	〇九〇〇
二〇八三	〇一二〇三三	二七	〇〇三〇二二	三三	〇九一七
二〇六七	〇一二〇七五	二五	〇〇三〇七八	三三	〇九三三
二〇五〇	〇一二一二〇	二七	〇〇三一三一	三二	〇九五〇
二〇三三	〇一二一六一	二五	〇〇三一八六	三三	〇九六七
二〇一七	〇一二二〇六	二七	〇〇三二三九	三三	九八三
二〇〇〇	〇一二二四七	二五	〇〇三二九五	三三	一〇〇〇
一九八三	〇一二二九二	二七	〇〇三三四七	三二	一〇一七
一九六七	〇一二三三三	二五	〇〇三四〇三	三三	一〇三三
一九五〇	〇一二三七八	二七	〇〇三四五八	三三	一〇五〇
一九三三	〇一二四二〇	二五	〇〇三五一一	三二	一〇六七
一九一七	〇一二四六一	二五	〇〇三五六七	三三	一〇八三
一九〇〇	〇一二五〇三	二五	〇〇三六二〇	三二	一一〇〇
一九八三	〇一二五四七	二七	〇〇三六七五	三三	一一一七
一九六七	〇一二五八九	二五	〇〇三七二八	三二	一一三三

下逆	較数	五宮均数	較数	四宮均数	引数
一四〇〇		〇〇四五九二		〇一三二五〇	一六〇〇
一三八三	三三	〇〇四五三六	二五	〇一三二〇八	一六一七
一三六七	三二	〇〇四四八三	二三	〇一三一七〇	一六三三
一三五〇	三二	〇〇四四三一	二五	〇一三一二八	一六五〇
一三三三	三三	〇〇四三七五	二五	〇一三〇八六	一六六七
一三一七	三二	〇〇四三二二	二三	〇一三〇四七	一六八三
一三〇〇	三三	〇〇四二六七	二五	〇一三〇〇六	一七〇〇
一二八三	三二	〇〇四二一四	二五	〇一二九六四	一七一七
一二六七	三二	〇〇四一六一	二五	〇一二九二二	一七三三
一二五〇	三三	〇〇四一〇六	二五	〇一二八八一	一七五〇
一二三三	三二	〇〇四〇五三	二五	〇一二八三九	一七六七
一二一七	三三	〇〇三九九七	二五	〇一二七九七	一七八三
一二〇〇	三二	〇〇三九四五	二五	〇一二七九六	一八〇〇
一一八三	三二	〇〇三八九二	二五	〇一二七一四	一八一七
一一六七	三三	〇〇三八三六	二五	〇一二六七二	一八三三
一一五〇	三三	〇〇三七八一	二五	〇一二六三一	一八五〇
一一三三	三二	〇〇三七二八	二五	〇一二五八六	一八六七

引數	四宮均數	較數	五宮均數	較數	下逆
二一五〇	〇一一八五八	二七	〇〇二八〇三	三二	三八五〇
二一六七	〇一一八一四	二七	〇〇二七五〇	三三	〇八三三
二一八三	〇一一七七〇	二七	〇〇六六九五	三三	〇八一七
二二〇〇	〇一一七二五	二五	〇〇二六三九	三二	〇八〇〇
二二一七	〇一一六八三	二七	〇〇二五八六	三三	〇七八三
二二三三	〇一一六三九	二七	〇〇二五三一	三三	〇七六七
二二五〇	〇一一五九五	二七	〇〇二四七五	三二	〇七五〇
二二六七	〇一一五五〇	二七	〇〇二四二二	三三	〇七三三
二二八三	〇一一五〇六	二八	〇〇二三六七	三三	〇七一七
二三〇〇	〇一一四五八	二五	〇〇二三一一	三三	〇七〇〇
二三一七	〇一一四一七	二八	〇〇二二五六	三二	〇六八三
二三三三	〇一一三七〇	二七	〇〇二二〇三	三三	〇六六七
二三五〇	〇一一三二五	二七	〇〇二一四七	三三	〇六五〇
二三六七	〇一一二八一	二七	〇〇二〇九二	三二	〇六三三
二三八三	〇一一二三六	二八	〇〇二〇三九	三三	〇六一七
二四〇〇	〇一一一八九	二七	〇〇一九八三	三三	〇六〇〇
二四一七	〇一一一四五	二七	〇〇一九二八	三三	〇五八三
二四三三	〇一一一〇〇		〇〇一八七二		〇五六七

上順	七宮均數	較數	六宮均數	較數	引數
二四三三	〇一一一〇〇	二七	〇〇一八七二	三三	〇五六七
二四五〇	〇一一〇五六	二八	〇〇一八一七	三二	〇五五〇
二四六七	〇一一〇〇八	二七	〇〇一七六四	三三	〇五三三
二四八三	〇一〇九六四	二八	〇〇一七〇八	三三	〇五一七
二五〇〇	〇一〇九一七	二七	〇〇一六五三	三三	〇五〇〇
二五一七	〇一〇八七二	二八	〇〇一五九七	三三	〇四八三
二五三三	〇一〇八二五	二七	〇〇一五四二	三二	〇四六七
二五五〇	〇一〇七八一	二八	〇〇一四八九	三三	〇四五〇
二五六七	〇一〇七三三	三〇	〇〇一四三三	三三	〇四三三
二五八三	〇一〇六八九	二八	〇〇一三七八	三三	〇四一七
二六〇〇	〇一〇六四二	二八	〇〇一三二二	三三	〇四〇〇
二六一七	〇一〇五九五	二七	〇〇一二六七	三二	〇三八三
二六三三	〇一〇五五[illegible]	二八	〇〇一二一一	三三	〇三三六
二六五〇	〇一〇五〇三	二八	〇〇一一五八	三三	〇三五〇
二六六七	〇一〇四五六	二八	〇〇一一〇三	三三	〇三三三
二六八三	〇一〇四〇八	二七	〇〇一〇四七	三三	〇三一七
二七〇〇	〇一〇三六四	二八	〇〇〇九九二	三三	〇三〇〇
二七一七	〇一〇三一七		〇〇〇九三六		〇二八三

引數	二七一七	二七三三	二七五〇	二七六七	二七八三	二八〇〇	二八一七	二八三三	二八五〇	二八六七	二八八三	二九〇〇	二九一七	二九三三
四宮均數	〇一〇三一七	〇一〇二七〇	〇一〇二二二	〇一〇一七五	〇一〇〇七七	〇[illegible]〇〇四八	〇[illegible]〇〇二〇	〇〇九九八六	〇〇九九三九	〇〇九八九二	〇〇九八四五	〇〇九七九五	〇〇九七四七	〇〇九七〇〇
較數	二八	二八	二八	二八	二八	二八	二八	二八	二八	二八	二〇	二八	二八	二八
五宮均數	〇〇〇九三六	〇〇〇八八三	〇〇〇八二八	〇〇〇七七二	〇〇〇七一七	〇〇〇六六一	〇〇〇六〇八	〇〇〇五五三	〇〇〇四九七	〇〇〇四四二	〇〇〇三八六	〇〇〇三三一	〇〇〇二七五	〇〇〇二二二
較數	三二	三三	三三	三三	三三	三二	三三	三三	三三	三三	三三	三三	三二	三三
下逆	〇二八三	〇二六七	〇二五〇	〇二三三	〇二一七	〇二〇〇	〇一八三	〇一六七	〇一五〇	〇一三三	〇一一七	〇一〇〇	〇〇八三	〇〇六七

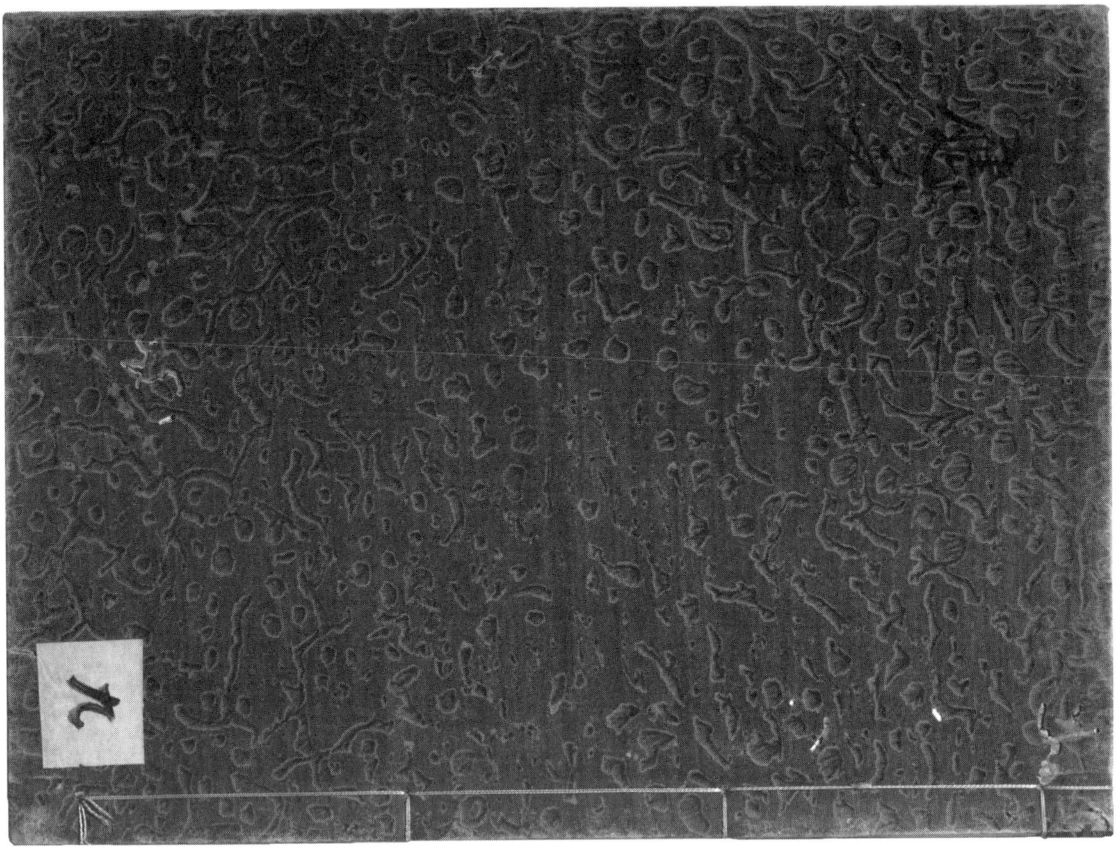
九

太陰年根表

太陰年根表以距冬至及最高。（即月孛行）正交行行逐年列之前用紀年者乃雍正元年後逐年之干支也表名距冬至者乃逐年天正冬至次日子正太陰平行距丑宮初度之宮度也

求逐年距冬至法雍正元年癸卯太陰平行應五宮二十六度二十七分四十八秒五十三微即癸卯年天正冬至次日子正太陰平行距冬至之數此後用加法如本年為平年則加三百六十五日之太陰平行十三周天外又四宮零九度二十三分零三秒三十二微三十八纖五十五忽五十六芒滿全周去之餘為次年距冬至之數如本年為閏年則加三百六十六日之太陰平行十三周天外又四宮二十二度三十三分三十八秒三十四微零三纖一十二忽一十二芒滿全周去之餘為次年距冬至之數滿三十纖以上者進作一微不足三十纖者去之後倣之
最

微恐纖

高行者乃逐年天正冬至次日子正最高過冬至之宮度也

求逐年最高行法雍正元年癸卯最高應八宮零一度一十五分四十五秒三十八微即癸卯年天正冬至次日子正最高過冬至之數此後用加法加本年為平年則加三百六十五日之最高行一宮一十度三十九分五十秒三十七微五十六纖四十七忽四十八芒即得次年最高過冬至之數加本年為閏年則加三百六十六日之最高行一宮一十度四十六分二十一秒四十二微零九纖三十六忽三十五芒又四分芒之一即得次年最高過冬至之數

正冬至次日子正正交過冬至之宮度也

求逐年正交行法雍正元年癸卯正交應五宮二十二度五十七分三十七秒三十三微即癸卯年天正冬至次日子正正交過冬至之數此後用減法加本年為平年則減三百六十五日之正交行一十九度一十九分四十三秒零六微零一纖一十三忽五十五芒半即得次年正交過冬至之數加本年為閏年則減三百六十六日之正交行一十九度二十二分五十三秒四十四微二十微一十八忽一十三芒半即得次年正交過冬至之數

用表之法加求乾隆壬戌年之年根則察本表紀年雍正元年癸卯後第一壬戌為所求之年乃視壬戌所對各數錄之其距冬至為五宮一十七度二十八分一十六秒一十九微其最高行為九宮二十四度一十九分三十一秒五十六微其正交行為五宮一十五度三十分一十六秒零五微也

紀年	距冬至 宮度分秒微	最高行 宮度分秒微	正交行 宮度分秒微
癸卯	五二六三七四八五三	八〇一一五四五三八	五二二五七三七三三
甲辰	一〇〇五五〇五二二六	九一一五五三六一六	五〇三三七五四二七
乙巳	二一五一三五五五八	〇二三三五二六五四	四一四一八一一二一
丙午	六二四三六五九二一	〇〇三一五一七三一	三二四五八二八一五
丁未	一一七一〇三八〇五	一一四〇三四九一四一	二〇五三五三四三一
戊申	三二六三三四一三八	二二四四一三九五一	二一六一五五一二五
己酉	八〇五五六四五一〇	四〇五二一三〇三〇	一二六五六〇八一九
庚戌	〇一五一九四八四三	五一六〇一二一〇八	一〇七三六二九一三
辛亥	五〇七五三二七一七	六二六四七五二五〇	〇一八一三三一二八
壬子	九一七一六三〇二〇	八〇七二七四三二八	一一二八〇三四八二二
癸丑	一二六三九三四二二	九一八〇七三四〇六	一一〇九二四〇五二六
甲寅	六〇六〇三三七〇五	一〇二八四七二四四四	一〇二〇一四二二一〇
乙卯	一〇二八三六一六二九	〇〇九二三五六二六	一〇〇〇五一二八二六
丙辰	三〇七五九三〇〇二	一二〇一三四七〇四	九一一三一四五二〇
丁巳	七一七二二二三三四	三〇〇五三三七四二	八二二一二〇二一〇
戊午	一二六四五二七〇七	四一一三三二八二〇	八〇二五二一九〇八
己未	四〇六〇八三〇四〇	五二二一三一八五八	七一三三二三六〇二
庚申	八二八四二〇九一四	七〇二五九五〇四〇	六二四〇九四二一七
辛酉	一〇八〇五一二四六	八一三三九四一一八	六〇四四九五九一一
壬戌	五一七二八一六一九	九二四一九三一五六	五一五三〇一六〇五
癸亥	九二六五一一九五二	一一〇四五九二二三四	四二六一〇三二五九
甲子	二一九二四五八二六	〇一五四五五四二六	四〇六四七三九一五
乙丑	六二八四八〇一五八	一二六二五四四五四	三一七二七五六〇九
丙寅	一一〇八一一〇五三一	三〇七〇五三五二二	二二八〇八一三〇三
丁卯	三一七三四〇九〇四	四一七四五二六一〇	二〇八四八二九五七
戊辰	八一〇〇七四七三八	五二八三一五七五二	一一九二五三六一三
己巳	〇一八三〇五一一〇	七〇九一一四八三〇	一〇〇〇五五三〇七
庚午	四二八五二五四四三	八一九五一三九〇八	〇一〇〇六一〇〇一
辛未	九〇八一六五八一六	〇〇〇三一二八四六	一一二一〇六二六五五
壬申	二〇〇五〇三六五〇	一一一一一八〇一二八	一一〇二〇三三三一〇

行交正 宮度分秒微	行高最 宮度分秒微	至冬距 宮度分秒微	紀年
三〇二三〇二一三五	五一二三九五八三四	六二三五九三一五二	卯癸
二一三一〇一九二九	六二三一九四九一二	一一〇三二二三五二四	辰甲
一二三四七二五四五	八〇四〇六二〇五四	二二五五六一三五八	巳乙
一〇四二七四二二九	九一四四六七一三二	八〇五一九一七三一	午丙
〇一五〇七五九三三	一〇二〇二六〇二一〇	〇一四四二二一〇四	未丁
一一二五四八一六二七	〇〇六〇五五二四八	四二〇〇五二四三六	申戊
一一〇六二五二二四三	一一六五二二〇三〇	九一六三九〇三一〇	酉己
一〇一七〇五三九三七	二二七三一一五〇八	一二六〇三〇六四三	戌庚
九二七四五五六三一	四〇八一二〇五四六	六〇五二五一〇一六	亥辛
九〇八二六一三二四	五一八五一五六二四	一〇一四四八一三四八	子壬
八一九〇三二九四〇	六二九三八二八〇八	二〇七二一五二二二	丑癸
七二九四三三六三四	八一〇一八一八四四	七一六四四五五五五	寅甲
七一〇二三五三二八	九二〇五八〇九二二	一二六〇七五九二八	卯乙
六二一〇四一〇二二	一一〇一三八〇〇〇〇	四〇五三一〇三〇〇	辰丙
六〇一四一一六三八	〇一二二四三一四二	八二八〇四四一三四	巳丁
五一二二一三三三二	一二三〇四二二二〇	一〇七二七四五〇七	午戊
四二三〇一五〇二六	三〇三四四一二五八	五一六五〇四八四〇	未己
四〇三四二〇七二〇	四一四二四〇三三六	五二六一三五二一二	申庚
三一四一九一三三五	五二五一〇三五一八	二一八四七三〇四六	酉辛
二二四五九三〇三九	七〇五五〇二五五六	六二八一〇三四一九	戌壬
二〇五三九四七二三	八一六三〇一六三四	一〇七三三三七五二	亥癸
一一六三〇〇四一七	九二七一〇〇七一二	三一六五六四一二四	子甲
〇二七〇〇二一一一	一一〇七四九五七五〇	七二六一九四四五七	丑乙
〇〇七三七二七二七	〇一八三六二九三二	〇一八五三二三三一	寅丙
一一一八一七四四二一	一二九一六二〇一〇	四二八一六二七〇四	卯丁
一〇二八五八〇一一五	三〇九五六一〇四八	九〇七三九三〇三六	辰戊
一〇〇九三八一八〇九	四二〇三六〇一二八	一一七〇二三四〇九	巳己
九二〇一五二四二五	六〇一二二三三〇八	六〇九三六一二四三	午庚
九〇〇五五四一一九	七一二〇二二三四六	〇一八五九一六一六	未辛
八一二三五五八一一	八二二四二一四二四	二二八二二一九四八	申壬

行交正 宮度分秒微	行高最 宮度分秒微	至冬距 宮度分秒微	紀年
〇一二四三五〇〇四	〇二一五七五二〇六	六一〇二三四〇二二	酉癸
九二三二四〇六五八	二〇二三七四二四四	一〇一九三六四三五五	戌甲
九〇四〇四二三五二	三一三一七三三二二	二二八五九四七二八	亥乙
八一四四一三〇〇八	四二四〇四〇五〇四	七二一三三三六〇二	子丙
七二五二一四七〇二	六〇四四三五五四二	〇〇〇五六二九三四	丑丁
七〇六〇二〇三五九	七一五二三四六二〇	四一〇一九三三〇七	寅戊
六一六四二二〇五〇	八二六〇三三六五八	八一九四二三六四〇	卯己
五二七一九二七〇五	一〇〇六五〇〇八四〇	一一二一六一五一四	辰庚
五〇七二九四三五九	一一一七二九五九一八	五二一三九一八四六	巳辛
四一八四〇〇〇五三	〇二八〇九四九五六	〇〇一〇二二二一九	午壬
三二九二〇一七四七	二〇八四九四〇三四	二一〇二五二五五二	未癸
三〇九五七二四〇三	三一九三六一二一六	七〇二五九〇四二六	申甲
二二〇三七四〇五七	五〇〇一六〇二五四	一一二二二〇七四八	酉乙
二〇一一七五七五一	六一〇五五五三三二	三二一四五一一三一	戌丙
一一一五八一四四五	七二一三五四四一〇	八〇一〇八一五〇四	亥丁
〇二二三五二一〇一	八〇二二二一五五二	〇二三四二五三三八	子戊
〇〇三一五三七五五	一〇一三〇二〇六三〇	五〇三〇四五七一〇	丑己
一一一二九五五四四九	一一二二四一五七〇八	九一二二八〇〇四三	寅庚
一〇二四三六一一四三	一〇四二一四七四六	一一一五一〇四一六	卯辛
一〇〇五一六二八二六	二一五〇一二八二四	六〇一一四〇七四八	辰壬
九一五五三三四五二	三二五四八一〇〇六	一〇二三四七四六二二	巳癸
八二六三三五一四六	五〇六二八〇〇四四	三〇三一〇四九五五	午甲
八〇七一四〇八四〇	六一七〇一五一二二	七一二三三五三二八	未乙
七一七五四二五三四	七二七四七四二〇〇	一一二一五六五七〇〇	申丙
六二八三一三一五〇	九〇八三四一二四二	四一四三〇三五三四	酉丁
六〇九一一四八四四	一〇一九二四〇四二〇	八二三五三三八〇七	戌戊
五一九五二〇五三八	一一[illegible]九五三五四五八	一〇三一六四二四〇	亥己
六〇〇三二二二三一	一一〇三三四五三六	五一二三九四六一三	子庚
四一一〇九二八四七	二二一二〇一七一八	一〇〇五一三二四四六	丑辛
三二一四九四五四一	四〇二〇〇〇七五六	二一四三六二八一九	寅壬

紀年	距冬至 宮度分秒微	最高行 宮度分秒微	正交行 宮度分秒微
癸卯	八〇四四一四九五二	二二四一〇五二三四	〇一一五九一六五九
甲辰	〇一四〇四五三二四	四〇四五〇四三一二	一一二二三九三三五三
乙巳	四二三二七五六五七	五一五三〇三三五〇	一一〇三一九五〇四七
丙午	九〇二五一〇〇三〇	六二六一〇二四二八	一〇一四〇〇〇七四一
丁未	一二五二四三九〇四	八〇六五六五六一〇	九二四三七一三五七
戊申	六〇四四七四二三六	九一七三六四六四八	〇五一七三〇五一
己酉	一〇一四一〇四六〇九	一〇二八一六三七二六	八一五五七四七四五
庚戌	二二三三三四九四二	〇〇八五六二八〇四	七二六三八〇四三九
辛亥	七一六〇七二八一六	一一九四二五九四六	七〇七一五一〇五五
壬子	一一二五三〇三一四八	三〇〇二二五〇二四	六一七五五二七四八
癸丑	四〇四五三三五二一	四一一〇二四一〇二	五二八三五四四四二
甲寅	八一四一六三八五四	五二一四二三一四〇	五〇九一六〇一三六
乙卯	一〇六五〇一七二八	七〇二二九〇三二二	四一九五三〇七五二
丙辰	五一六一三二一〇〇	八十三〇八五四〇〇	四〇〇三三二四四六
丁巳	九二五二六二四三三	九二三四八四四三八	三一一一三四一四〇
戊午	二〇四五九二八〇六	一〇四二八三五一六	二二一五三五八三四一
己未	六二七三三〇六四〇	〇一五一五〇六五八	二〇二三一〇四五〇
庚申	一一〇六五六一〇一二	一二五五四五七三六	一一三一一二一四四
辛酉	三一六一九一三四五	三〇六三四四八一四	〇二三五一三八三八
壬戌	七二五四二一七一八	四一七一四三八五二	〇〇四三一五五三二
癸亥	〇一八一五五五五二	五二八〇一一〇三四	一一一五〇九〇一四七
甲子	四二七三八五九二四	七〇八四一〇一一二	一〇二五四九一八四一
乙丑	九〇七〇二〇二五七	八一九二〇五一五〇	一〇〇六二九三五三五
丙寅	一一六二五〇六三〇	一〇〇〇〇〇四二二八	九一七〇九五二二九
丁卯	六〇八五八四五〇四	一一一〇四七一四一〇	八二七四六五八四五
戊辰	一〇一八二一四八三六	〇二一二七〇四四八	八〇八二七一五三九
己巳	二二七四四五二〇九	二〇二〇六五五二六	七一九〇七三二三三
庚午	七〇七〇七五五四一	三一二四六四六〇四	六二九四七四九二七
辛未	一一六三〇五九一四	四二三二六三六四二一	六一〇二八〇六二一
壬申	四〇九〇四三七四八	六〇四四三〇八二四	五二一〇五一二三六

紀年	距冬至 宮度分秒微	最高行 宮度分秒微	正交行 宮度分秒微
癸酉	七〇七四五二三二一	一〇〇三二二〇五〇二	七二二一六一五〇六
甲戌	〇〇〇一九〇一五五	一一一四〇八三六四四	七〇二五三二一二二
乙亥	四〇九四二〇五二八	〇二四四八二七二二	六一三三三三八一六
丙子	八一九〇二〇九〇〇	二〇五二八一八〇〇	五二四一三五五一〇
丁丑	〇二八二八一二三三	三一六〇八〇八三八	五〇四五四一二〇四
戊寅	五二一〇一五一〇七	四二六五四四〇二〇	四一五三一一八二〇
己卯	一〇〇〇二五五四四〇	六〇七三四三〇五八	三二六一一三五一四
庚辰	二〇九四七五八七二	七一八一四二一三六	三〇六五一五二〇八
辛巳	六一九一一〇一四五	八二八五四一二一四	二一七三二〇九〇二
壬午	一一一一四四四〇一九	一〇〇九四〇四三五六	一二八〇九一五一七
癸未	三二一〇七四三五二	一一一〇二〇三四三四	一〇八四九三二一一
甲申	八〇〇三〇四七二四	一〇一〇〇二五一二	〇一九二九四九〇五
乙酉	〇〇九五三五〇五七	二一二四〇一五九〇	〇〇〇一〇〇五五九
丙戌	五〇二二七一九二一	三二二二六四七三二	一一一〇四七一二一五
丁亥	九一一五〇三三〇四	五〇二〇六三八一〇	一〇二一二七二九〇九
戊子	一二一一三三六三六	六一三四六二八四八	一〇〇二〇七四六〇三
己丑	六〇〇三六四〇〇九	七二四二六一九二六	九一二四八〇二〇七
庚寅	一〇二三一〇一八四三	九〇五一二五一〇八	八二三二五〇九一三
辛卯	三〇二三三二二一六	一〇一五五二四一四六	八〇四〇五二六〇七
壬辰	七一一五六二五四八	一一二六三二三二二四	七一四四五四三〇〇
癸巳	一一二一一九二九二七	一〇七一二二三〇二	六二五二五五九五四
甲午	四一三五三〇七五五	二一七五八五四四四	六〇六〇三〇六一〇
乙未	八二三一六一一二八	三二八三八四五二二	五一六四三二三〇四
丙申	一〇二三九一五〇〇	五〇九一八三六〇〇	四二七二三三九〇八
丁酉	五一二〇二一八三三	六一九五八二六三八	四〇八〇三五六五二
戊戌	九二一二五一一〇六	八〇〇三八一七一六	三一八四四一三四六
己亥	二一三五九〇〇四〇	九一一二四四八五八	二二九二一二〇〇二
庚子	六二三二二〇四一二	一一二二〇四三九三六	二一〇〇一三六五六
辛丑	一〇二四五〇七四五	一〇二四四三〇一四	一二〇四一五三五〇
壬寅	二一二〇八一一一八	一一三二四一〇五二	一〇一二二一〇四四

紀年	距冬至 宮度分秒微	最高行 宮度分秒微	正交行 宮度分秒微
癸酉	八一八二七四一二一	七一四九二五九〇二	五〇二四五二九三〇
甲戌	〇二七五〇四四五四	八二五三二四九四〇	四一二二五四六二四
乙亥	五〇七一三四八二六	一〇〇六一二四〇一八	三二三〇六〇三一八
丙子	九二九四七二七〇〇	一一一六五九一二〇〇	三〇三四三〇九三四
丁丑	二〇九一〇三〇三三	〇二七三九〇二三八	二一四二三二六二八
戊寅	六一八三三三四〇六	二〇八一八五三一六	一二五〇三四三二二
己卯	〇二七五六三七三八	三一八五八四三五四	一〇五四四〇〇一六
庚辰	三二〇三〇一六一二	四二九四五一五三六	〇一六二一〇六三二
辛巳	七二九五三一九四五	六一〇二五〇六一四	一一二七〇一二三二六
壬午	〇〇九一六二三一八	七二一〇四五六五二	一一〇七四一四〇一〇
癸未	四一八三九二六五〇	九〇一四四四七三〇	一〇一八二一五七一四
甲申	九一一一三〇五二四	一〇一二三一一九一二	九二八五九〇三二九
乙酉	一二〇三六〇八五七	一一二三一〇〇九五〇	九〇九三九二〇二三
丙戌	五二九五九一二三〇	一〇三五一〇〇二八	八二〇一九三七一七
丁亥	一〇〇九二二一六〇二	二一四三〇五一〇六	八〇〇五九五四一一
戊子	三〇一五五五四三六	三二五一七二二四八	七一一三七〇〇二七
己丑	七一一一八五八〇九	九〇五五七一三二六	六二二一七一七二一
庚寅	一一二二四二〇一四二	六一六三七〇四〇四	六〇二五七三四一五
辛卯	四〇〇〇五〇五一四	七二七一六五四四二	五一三三七五一〇九
壬辰	八二二三八四三四八	九〇八〇三二九二四	四二四一四五七二四
癸巳	一〇二〇一四七二一	一〇一八四三一七〇二	四〇四五五一四一八
甲午	五一一二四五〇五四	一一二九二三〇七四〇	三一五三五三一一二
乙未	九二〇四七五四二六	一一〇〇二五八一八	二二六一五四八〇六
丙申	二一三二一三三〇〇	二二〇四九三〇〇〇	二〇六五二五四二二
丁酉	六二二四四三六三三	四〇一二九二〇二八	一一七三三一一一六
戊戌	一一〇二〇七四〇〇六	五一二〇九一一一六	〇二八一三二八一〇
己亥	二一一三〇四三三八	六二二四九〇一五四	〇〇八五三四五〇四
庚子	八〇四〇四二二一二	八〇三三五三三三六	一一一九三〇五一二〇
辛丑	〇一三二七二五四五	九一四一五二四一四	一一〇〇一一〇八一四
壬寅	四二二五〇二九一八	〇二四五五一四五二	一〇一〇五一二五〇八

紀年	距冬至 宮度分秒微	最高行 宮度分秒微	正交行 宮度分秒微
癸卯	九〇二一三三二五〇	〇〇五三五〇五三〇	九二一三一四二〇二
甲辰	一一一三六三六二三	一一六一四五六〇八	九〇二一一五八五六
乙巳	六〇四一〇一四五七	二二七〇一二七五〇	八一二四九〇五一一
丙午	一〇〇三三三一八三〇	四〇七四一二八二八	七二三二九二二〇五
丁未	二二二五六二二〇二	五一八二一〇九〇六	七〇四〇九三八五九
戊申	七〇二一九二五二五	六二九〇〇五九四四	六一四四九五五五三
己酉	一一二四五三〇四〇九	八〇九四七三一二六	五二五二七〇二〇九
庚戌	四〇四一六〇七四二	九二〇二七二二〇四	五〇六〇七一九〇三
辛亥	八一三三九一一一四	一一〇一〇七一二四二	四一六四七三五五七
壬子	〇二三〇二一四四七	〇一一四七〇三二〇	三二七二七五二五一
癸丑	五二五三五五三二一	一二二三三三五〇二	三〇八〇四五九〇六
甲寅	九二四五八五六五四	三〇三一三二五四〇	二一八四五一六〇〇
乙卯	二〇四二二〇〇二六	四一三五三一六一八	一二九二五三二五四
丙辰	六一三四五〇三五九	五二四三三〇六五六	一一〇〇五四九四八
丁巳	一一〇六一八四二三三	七〇五一九三八三八	〇二〇四二五六〇四
戊午	三一五四一四六〇六	八一五五九二九一六	〇〇一二三一二五八
己未	七二五〇四四九三八	九二六三九一九五四	一一一二〇三二九五二
庚申	〇〇四二七五三一一	一一〇七一九一〇三二	一〇二二四三四六四六
辛酉	四二七〇一三一四五	〇一八〇五四二一四	一〇〇三二〇五三〇二
壬戌	九〇六二四三五一八	一二八四五三二五二	九一四〇一〇九五六
癸亥	一一五四七三八五〇	三〇九二五二三三〇	八二四四一二六五〇
甲子	五二五一〇四二二三	四二〇〇五一四〇八	八〇五二一四三四四
乙丑	〇〇七四四二〇五七	六〇〇五一四五五〇	七一五五八四九五九
丙寅	二二七〇七二四三〇	七一一三一三六二八	六二六三九二六五三
丁卯	七〇六三〇二八〇二	八二二一一二七〇六	六〇七一九二三四七
戊辰	一一一五五三三一三五	一〇〇二五一一七四四	五一七五九四〇四一
己巳	四〇八二七二〇〇九	一一一三三七四九二六	四二八三六四六五七
庚午	八一七五〇一三四二	〇二四一七四〇〇四	四〇九一七〇三五一
辛未	〇二七一三一七一四	二〇四五七三〇四二	三一九五七二〇四五
壬申	五〇六三六二〇四七	三一五三七二一二〇	三〇〇三七三七三九

紀年	距冬至 宮度分秒微	最高行 宮度分秒微	正交行 宮度分秒微
癸卯	一〇一二五五五〇五〇	九一七〇五五九三〇	七〇一〇〇九六二六
甲辰	二二二一八五四一三	一〇二七四五五〇〇八	六一一四一一三二〇
乙巳	七〇一四一五七五五	〇〇九二五四〇四五	五二二二一三〇一四
丙午	一一二四一五三六三〇	一一九一二一二二八	五〇二五八三六二九
丁未	四〇三三八四〇〇二	二二九五二二三〇六	四一三三八五三二三
戊申	八一三〇一四三三五	四一〇三一二三四四	三二四一八一〇一七
己酉	〇二二二四四七〇七	五二一一一四四二一	三〇四九九二七一一
庚戌	五〇一四七五〇四〇	七〇一四一三四五五	二一五三九四四〇五
辛亥	九二四二一二九一四	八一二三八〇六四二	一二六一六五〇二一
壬子	二〇三四四三二四七	九二三一七五七二〇	一〇六五七〇七一四
癸丑	六一三〇七三六一九	一一〇三五七四七五七	〇一七三七二四〇九
甲寅	一〇二二三〇三九五二	〇一四三七三八三五	一二八一七四一〇三
乙卯	三一五〇四一八二六	一二五二四一〇一八	一一〇八五四四七一八
丙辰	七二四二七二一五九	三〇六〇四〇〇五六	一〇一九三五〇四一二
丁巳	〇〇三五〇二五三一	四一六四三二一三三	一〇〇〇一五二一〇六
戊午	四一三一三二九〇四	五二七二三四二一一	九一〇五五三八〇〇
己未	九〇九四七〇七三八	七〇八一〇一三九四	八二一三二四四一六
庚申	一一五一〇一一一一	八一八五〇〇四三二	八〇二一三〇一一〇
辛酉	五二四三三一四四三	九二九二九五五〇九	七一二五三一八〇四
壬戌	〇〇三五六一八一六	一一〇〇九四五四七	六二三三三三四五八
癸亥	二一六二九五六五〇	〇二〇五六一七三〇	六〇四一〇四一一四
甲子	七〇五五三〇〇二三	二〇一二六〇八〇八	五一四五〇五八〇八
乙丑	一一一五一六〇三五五	三一二一五五八四五	四二五三一一五〇二
丙寅	三二四三九〇七二八	四二二五五四九二三	四 六一一三一五六
丁卯	八一七一二四六〇二	六〇三四二二一〇六	三一六四八三八一一
戊辰	〇二六三五四九三五	七一四二二一一四四	二〇七二八五五〇四
己巳	五〇五五八五三〇七	八二五〇二〇二二一	二〇八〇九一一五五
庚午	九一五二一五六四〇	一〇〇五四一五二五九	一一八四九二八五三
辛未	二〇七五五三五一四	一一一六二八二四四二	〇二九二六三五〇九
壬申	六一七一八三八四七	〇二七〇八一五二〇	〇一〇〇一五二〇三

紀年	距冬至 宮度分秒微	最高行 宮度分秒微	正交行 宮度分秒微
癸酉	九二九〇九五九二一	四二六二三五三〇二	一一一一四四三五四
甲戌	一〇八三三〇二五四	六〇七〇三四三四〇	一二一五五〇〇四八
乙亥	六一七五六〇六二八	七一七四三三四一八	一〇二三五一七四二
丙子	一〇二七一九〇九五九	八二八二三二四五六	〇一三一五三四三六
丁丑	三〇六四二一三三一	〇〇九〇三一五三三	一一二三五五五一三〇
戊寅	七二九一五五二〇六	一一九四九四七一六	一一〇四三二五七四六
己卯	〇〇八三八五五三八	一〇〇二九三七五四	一〇一五一三一四四〇
庚辰	四一八〇一五九一一	二一一〇九二八三二	九二五五三三一三四
辛巳	八二七二五〇二四三	三二一四九二九〇九	九〇六三三四八二八
壬午	一一九五八四一一八	五〇二三五五〇五二	八一七一〇五四四四
癸未	九二九二一四四五〇	六一三一五四一三〇	七二七五一一一三八
甲申	一〇〇八四四四八二三	七二三五五三二〇八	七〇八三一二八三二
乙酉	二一八〇七五一五七	九〇四三五二二四五	六一九一一四四二六
丙戌	七一〇四一三〇三〇	一〇一五二一五四二八	五二九四八五一四一
丁亥	一一二〇〇四三四〇二	一一二六〇一四五〇六	五一〇二九〇八三五
戊子	二二九二七三七三五	一〇六四一三五四四	四二一〇九二五二九
己丑	八〇八五〇四一〇七	二一七二一二六二一	四〇一四九四二二三
庚寅	一〇一二四一九四二	三二八〇七五八〇四	二一二二六四八三九
辛卯	五一〇四七二三一四	五〇八四七四八四二	二二三〇七〇五三三
壬辰	九二〇一〇二六四七	六一九二七三九二〇	二〇三四七二二二七
癸巳	一二九三三三〇一九	八〇〇〇七二九五七	一一四二七三九二一
甲午	六二二〇七〇八五四	九一一五四〇一四〇	〇二五〇四四五三六
乙未	一一〇一三〇一二二六	一〇二一三三五二一八	〇〇五四五〇二三〇
丙申	三一〇五三一五五九	〇〇二二三四二五六	一一一六二五一九二四
丁酉	七二〇一六一九三一	一一二五三三三三三	一〇二七〇五三六一八
戊戌	〇一二四九五八〇六	二二三四〇〇五一六	一〇〇七四二四二三四
己亥	四二二一二〇一三八	四〇四一九五五五四	九一八二二五九二八
庚子	九〇一三六〇五一一	五一四五九四六三二	八二九〇三一六二二
辛丑	一一〇五九〇八四三	六二五三九三七〇九	八〇九四三三三一六
壬寅	六〇三三二四七一八	八〇六二六〇八五二	七二〇二〇二九三二

太陰周歲平行表

太陰周歲平行表以太陰平行及最高行正交行逐日列之其前用日數者自一日至三百六十六日之日數也表名平行者乃太陰自一日至三百六十六日之平行數也太陰每日平行一十三度一十分三十五秒零一微二十四纖一十六忽一十六芒累加之即得逐日平行之數最高行者乃太陰自一日至三百六十六日之最高行數也最高每日行六分四十一秒零四微一十二纖四十八忽四十七芒累加之即得逐日最高行之數正交行者乃自一日至三百六十六日之正交行數也正交每日退行三分一十秒三十八微一十九

紀年	距冬至	最高行	正交行
年	宮度分秒微	宮度分秒微	宮度分秒微
癸酉	二六四一四二一九	二〇七四八〇五五七一	一一二〇四七〇八五七
甲戌	三　六　四四五五二	三一八二七五六三五	一一〇一二七二五五一
乙亥	七二八三八二四二六	四二九一四二八一八	一〇一二〇四三二〇六
丙子	八　一二七五九	六〇九五四一八五六	九二二四四四九〇〇
丁丑	四一七二四三一三一	七二〇三四〇九三三	九〇三二五〇五五四
戊寅	八二六四七三五　四	九〇一一四〇〇一一	八一四〇五二二五八
己卯	一一九二一一三三八	一〇一二〇〇三一五四	七二四四二二九〇四
庚辰	五二八四四一七一一	一一二二四〇二二三二	七〇五二二四五五八
辛巳	〇〇八〇七二〇四三	一〇三二〇一三〇九	六一六〇三〇二五二
壬午	二一七三〇二四一六	二一四〇〇〇三四七	五二六四三一九四六
癸未	六二六五三二七四九	三二四三九五四二五	五〇七二三三六四〇
甲申	一一一九二七〇六二三	五〇五二六二六〇八	四一八〇〇四二五六
乙酉	三二八五〇〇九五五	六一六〇六一六四五	三二八四〇九九五〇
丙戌	八〇八一三一三二八	七二六四六〇七二三	三〇九二一一六四四
丁亥	〇一七三六一七〇一	九〇七二五五八〇一	二二〇〇一三三三八
戊子	五一〇〇九五五三五	〇一八一二二九四四	一〇〇三八三九五三
己丑	九一九三二五九〇七	一一二八五二二〇二一	一一一一八五六四七
庚寅	一二八五六〇二四〇	一〇〇九三二一〇五九	〇二一五九一三四一
辛卯	六〇八一九〇六一三	二二〇一二〇一三七	〇〇二三二三〇三五
壬辰	一一〇二九二四四四七	四〇〇五八三三二〇	一一一三一六三六五一
癸巳	三一〇一五四八一九	五一一三八二三五七	一〇二三五六五三四五
甲午	七一九三八五一五二	六二二一八一四三五	一〇〇四三七七〇三九
乙未	一一二九〇一五五二五	八〇二五八〇五一三	九一五一七二七三三
丙申	四二一三五三三五九	九一三四四三六五六	八二五五四三三四八
丁酉	九〇〇五八三七三一	一〇二四一四二七三三	八〇六三四五〇四二
戊戌	一一〇二一四一〇四	〇〇五〇四一八一一	七一七一五〇七三六
己亥	五一九四四四四三七	一一九四四〇八四九	六二七五五二四三〇
庚子	一〇一二一八二三一一	二二六三〇四〇二二	六　八二二三〇四六
辛丑	二二一四一二六四三	四〇七　〇三一〇九	五一九一二四七四〇
壬寅	七〇一〇四三〇一六	五一七五〇二一四七	四二九五三〇四三四

纖零四忽一十八芒累加
之即得逐日正交行之數
用表之法加求冬至後四十五日之太陰平行及最
高行正交行則察本表日數四十五日所對各數録
之其平行爲七宮二十二度五十六分一十六秒零
三微即四十五日太陰平行之共數其最高行爲五
度零四十八秒一十微即四十五日最高行之共數
其正交行爲二度二十二分五十八秒四十四微即
四十五日正交行之共數也

日數	平行 宮度分秒微	最高行 宮度分秒微	正交行 度分秒微
一	一三一〇三五〇一	六四一〇四	三一〇三八
二	二六二一一〇〇三	一三二二〇八	六二一一七
三	一〇九三一四五〇四	二〇〇三一三	九三一五五
四	一二二四二二〇〇六	二六四四一七	一二四三三三
五	二〇五五二五五〇七	三三二五二一	一五五三一二
六	二一九〇三三〇〇八	四〇〇六二五	一九〇三五〇
七	三〇二一四〇五一〇	四六四七二九	二二一四二八
八	三一五二四四〇一一	五三二八三四	二五三五〇七
九	三二八三五一五一三	一〇〇〇九三八	二八三五四五
一〇	四一一四五五〇一四	一〇六五〇四二	三一四六二三
一一	四二四五六二五一五	一一三三一四六	三四五七〇一
一二	五〇八〇七　一七	一二〇一二五一	三八〇七四〇
一三	五二一一七三五一八	一二六五三五五	四一一八一八
一四	五〇四二八一〇二〇	一三三三四五九	四四二八五六
一五	六一七三八四五二一	一四〇一六〇三	四七三九三五
一六	七〇〇四九三〇二二	一四六五七〇七	五〇五〇一三
一七	七一三五九五五二四	一五三三八一二	五四〇〇五一
一八	七二七一〇三〇二五	二〇〇一九一六	五七一一三〇
一九	八一〇二一〇五二七	二〇七〇〇二〇	〇〇二二〇八
二〇	八二三三一四〇二八	二一三四一二四	〇三三二四六
二一	九〇六四二一五二九	二二〇二二二八	〇六四三二五
二二	九一九五二五　三一	二二七〇三三三	〇九五四〇三
二三	一〇〇三〇三二五三二	二三三四四三七	一一三〇四四一
二四	一〇一六一四〇〇三四	二四〇二五四一	一一六一二二〇
二五	一〇二九二四三五三五	二四七〇六四五	一一九二五五八
二六	一一一二三五一〇三七	二五三四七五〇	一二二三六三六
二七	一一二五四五四五三八	三〇〇三八五四	一二五四七一五
二八	八五六二〇三九	三〇七〇九五八	一二八五七五三
二九	二二〇六五五四一	三一三五一〇二	一三二〇八三一
三〇	一〇五一七三〇四二	三二〇三二〇六	一三九一九一〇

日數	平行 宮度分秒微	最高行 宮度分秒微	正交行 度分秒微
三一	一一八二八〇五四四	三二七一三一一	一三八二五四八
三二	二〇一三八四〇四五	三三三五四一五	一四一四〇二六
三三	二一四四九一五四六	三四〇三五一九	一四四五一〇四
三四	二二七五九五〇四八	三四七二六二三	一四八〇一四三
三五	三一一一〇二五四九	三五三五七二七	一五一一二二一
三六	三二四二一〇〇五一	四〇〇三八三二	一五四二二五九
三七	四〇七三一三五五二	四〇七一九三六	一五七三三三八
三八	四二〇四二一〇五三	四一四〇〇四〇	二〇〇四四一六
三九	五〇三五二四五五五	四二〇四一四四	二〇三五四五四
四〇	五一七〇三二〇五六	四二七二二四九	二〇七〇五三三
四一	六〇〇一三五五五八	四三四〇三五三	二一〇一六一一
四二	六一三二四三 九	四四〇四四五七	二一三二六四九
四三	六二六三九〇六〇〇	四四七二六〇一	二一六三七二八
四四	七〇九四五四一〇二	四五四〇七〇五	二一九四八〇六
四五	七二二五六一六〇三	五〇〇四八一〇	二二二五八四四
四六	八〇六〇六五一〇五	五〇七二九一四	二二六〇九二三
四七	八一九一七二六〇六	五一四一〇一八	二二九二〇〇一
四八	九〇二二八〇一〇七	五二〇五一二二	二三二三〇三九
四九	九一五三八三六〇九	五二七三二二六	二三五四一一八
五〇	九二八四九一一一〇	五三四一三三一	二三八五一五六
五一	一〇一一五九四六一二	五四〇五四三五	二四二〇二三四
五二	一〇二五一〇二一一三	五四七三五三九	二四五一三一三
五三	一一〇八二〇五六一四	五五四一六四三	二四八二三五一
五四	一一二一三一三一一六	六〇〇五七四八	二五一三四二九
五五	四四二〇六一七	六〇七三八五二	二五四四五〇七
五六	一七五二四一一九	六一四一九五六	三五七五五四六
五七	一〇一〇三一六二〇	六二一〇一〇〇	三〇一〇六二四
五八	一一四一三五一二一	六二七四二〇四	三〇四一七〇二
五九	一二七二四二六二三	六四四二三〇九	三〇七二七四一
五〇	二一〇三五〇一二四	六四一〇四一三	三一〇三八一九

日數	平行 宮度分秒微	最高行 宮度分秒微	正交行 度分秒微
六一	二二三四三三六二六	六四七四五一七	三一三四八五七
六二	三〇六五六一一二七	六五四二六二一	三二六五九三六
六三	三二〇〇六四六二八	七〇一〇七二五	三二〇一〇一四
六四	四〇三一七二一三〇	七〇七四八三〇	三二三二〇五二
六五	四一六二七五六三一	七一四二八三四	三二六三一三一
六六	四二九三八三一三三	七二一一〇三八	三二九四二〇九
六七	五一三四九〇六三四	七三七九一四二	三三二五二四七
六八	五二五五九四一三六	七三四三二四七	三三六〇三二六
六九	六〇九一〇一六三七	七四一一三二一	三三九一四〇四
七〇	六二二二〇五一三八	七四七五四五五	三四二二四四二
七一	七〇五三一二六四〇	七五四三五五九	三四九三五二一
七二	七二八四二〇一四一	八〇一一七〇三	三四八四五五九
七三	八〇一五二三六四三	八〇七五八〇八	三五一五六三七
七四	八一五〇三一一四四	八一四三九一二	三五五〇七一六
七五	八二八一三四六四四	八二一二〇一六	三五八一七五四
七六	九一一二四二一四七	八二八〇一二〇	四〇一二八三二
七七	九二四三四五六四八	八三四四二二四	四〇四三九一〇
七八	〇〇七四五三一五〇	八四一二三二九	四〇七四九四九
七九	〇二〇五六〇六五一	八四八〇四三三	四一一〇〇二七
八〇	一一〇四〇六四一五二	八五四四五三七	四一四一一〇五
八一	一一七一七一六五四	九〇一二六四一	四一七二一四四
八二	二七五一五五	九〇八〇七四六	四二〇三二二二
八三	一三三八二六五七	九一四四八五〇	四二三四三〇〇
八四	二六四八〇一五八	九二一二九五四	四二一五三三九
八五	一〇九五九三六五九	九二八一〇五八	四三〇〇四一七
八六	一二三一〇二二〇一	九三四四二〇二	四三三一四五五
八七	二〇六二〇四七〇二	九四一三三〇七	四三六一五三四
八八	二一九三一二二〇四	九四八一四一一	四三九三六一二
八九	三〇一四一五七〇五	九五四五五一五	四四二四六五〇
九〇	三一五五二三二〇六	一〇〇一三六一五	四四五五七二九

日數	平行 宮度分秒微	最高行 宮度分秒微	正交行 度分秒微
九一	三二九〇三〇七〇八	一〇〇八一七二三	四四九〇八〇七
九二	四一二一三四二〇九	一〇一四五八二八	四五二一八四五
九三	四二五二四一七一一	一〇二一三九三二	四五五二九二四
九四	五〇八三四五二一二	一〇二八二〇三六	四五八四〇〇二
九五	五二一四五二七一三	一〇三五〇一四〇	五〇一五〇四〇
九六	六〇四二六〇二一九	一〇四一四二四〇	五〇五〇一一九
九七	六一八〇六三七一六	一〇四八二三四九	五〇八一一五七
九八	七〇一一七一二一八	一〇五五〇四五三	五一一二二三五
九九	七一四二七四七一九	一一〇一四五五七	五一四三三一三
一〇〇	七二七三八二二二〇	一一〇八二七〇一	五一七四三二二
一〇一	八一〇四八五七二二	一一一五〇八〇六	五二〇五四三〇
一〇二	八二三五九三二二三	一一二一四九一〇	五二四〇五〇八
一〇三	九〇七一〇〇七二五	一一二八三〇一四	五二七一五四七
一〇四	九二〇二〇四二二六	一一三五一一一八	五三〇二六二五
一〇五	一〇〇三三一一七二七	一一四一五二二二	五三三三七〇三
一〇六	一〇一六四一五二二九	一一四八三三二七	五三六四七四二
一〇七	一〇二九五二二七三〇	一一五五一四三一	五三九五八二〇
一〇八	一一一三〇三〇二三二	一二〇一五五三五	五四三〇八五八
一〇九	一一二六一三三七三三	一二〇八三六三九	五四六一九三七
一一〇	九二四一二三四	一二一五一七四二	五四九三〇一五
一一一	二二三四四七三六	一二二一五八四八	五五二四〇五三
一一二	一〇五四五二二三七	一二二八三九五二	五五九五一三二
一一三	一一八五五五七三九	一二三五二〇五六	五五九〇二一〇
一一四	二〇二〇六三二四〇	一二四二〇二〇〇	六〇二一二四八
一一五	二一五一七〇七四二	一二四八四三〇五	六〇五二三二七
一一六	二二八二七四二四三	一二五五二四〇九	六〇八三四〇五
一一七	三一一三八一七四四	一三〇二〇五一三	六一一四四四三
一一八	三二四四八五二四六	一三〇八四六一七	六一四五五二二
一一九	四〇七五九二七四七	一三一五二七二一	六一八〇六〇〇
一二〇	四二一一〇〇二四九	一三二二〇八二六	六二一一六三八

日數	平行 宮度分秒微	最高行 宮度分秒微	正交行 度分秒微
一二一	五〇四二〇三七五〇	一三二八四九三〇	六二四二七一六
一二二	五一七三一一二五一	一三三五三〇三四	六二七三七五五
一二三	六〇〇四一四七五三	一三四二一一三八	六三〇四八三三
一二四	六一三五二二二五四	一三四八五二四二	六三三五九一一
一二五	六二七〇二五七五六	一三五五三三四七	六三七〇九五〇
一二六	七一〇一三三二五七	一四〇二〇四五一	六四〇二〇二八
一二七	七二三一四〇七五八	一四〇八五五五五	六四三三一〇六
一二八	八〇六三四四三〇〇	一四一五三六五九	六四六四一四五
一二九	八一九四五一八〇一	一四二二一八〇四	六四九五二二三
一三〇	九〇二五五五三〇三	一四二八五九〇八	六五三〇三〇一
一三一	九一六〇六二八〇四	一四三五四〇一二	六五六一三四〇
一三二	九二九一七〇三〇五	一四四二二一一六	六五九二四一八
一三三	一〇一二二七三八〇七	一四四九〇二二〇	七〇二三四五六
一三四	一〇二五三八一三〇八	一四五五四三二五	七〇五四五三五
一三五	一一〇八四八四八一〇	一五〇二二四二九	七〇八五六一三
一三六	一一二一五九三三一一	一五〇九〇五三三	七一二〇六五一
一三七	五〇八五八一二	一五一五四六三七	七一五一七三〇
一三八	一八二〇三三一四	一五二二二七四一	七一八二八〇八
一三九	一〇一三一〇八一五	一五三九〇八四六	七二一三八四七
一四〇	一一四四一四三一七	一五三五四九五〇	七二四四九二五
一四一	一二七五二一八一八	一五四二三〇五四	七二八〇〇〇三
一四二	二一一〇二五三二九	一五四九一一五八	七三一一〇四一
一四三	二三四一三二八二一	一五五五五三〇三	七三四二一一九
一四四	二〇七五四〇三二二	一六〇二三四〇七	七三七三三五八
一四五	三二〇三四三八二四	一六〇九一五一一	七四〇四二三六
一四六	四〇三四五一三二五	一六一五五六一五	七四三五三一四
一四七	四一六五五四八二六	一六二二三七一九	七四七〇三五三
一四八	五〇〇〇六二三二八	一六二九一八二四	七五〇一四三一
一四九	五一三一六五八二九	一六四五五九二八	七五三二五〇九
一二〇	五二六二七三三三一	一六四二四〇三二	七五六二五四八

日數	平行 宮度分秒微	最高行 宮度分秒微	正交行 度分秒微
一五一	六〇九三八〇八三二	一六四九二一三六	七五九四六二六
一五二	六二二四八四三三三	一六五六〇二四〇	八〇二五七〇四
一五三	七〇五五九一八三五	一七〇二四三四五	八〇六〇七四三
一五四	七一九〇九五三三六	一七〇九二四四九	八〇九一八二一
一五五	八〇二二〇二八三八	一七一六〇五五三	八一二二八五九
一五六	八一五三一〇三三九	一七二二四六五七	八一五三九三八
一五七	八二八四一三八四一	一七二九二八〇二	八一八五〇一六
一五八	九一一五二一三四二	一七三六〇九〇六	八二二〇〇五四
一五九	九二五〇二四八四三	一七四二五〇一〇	八二五一一三三
一六〇	一〇〇八一三二三四五	一七四九三一一四	八二八二二一一
一六一	一〇二一二三五八四六	一七五六一二一八	八三一三二四九
一六二	一一〇四三四三三四八	一八〇二五三二三	八三四四三二七
一六三	一一一七四五〇八四九	一八〇九三四二七	八三七五四〇六
一六四	五五四三五〇	一八一六一五三一	八四一〇四四四
一六五	一四〇六一八五二	一八二二五六三五	八四四一五二二
一六六	二七一六五三五三	一八二九三七三九	八四七二六〇一
一六七	一〇二七二八五五	一八三六一八四四	八五〇三六三六
一六八	一二三三八〇三五六	一八四二五九四八	八五三四七一七
一六九	二〇六四八三八五七	一八四九四〇五二	八五六五七五六
一七〇	二一九五九一三五九	一八五六二一五六	九〇〇〇八三四
一七一	三〇三〇九四九〇〇	一九〇三〇三〇一	九〇三一九一二
一七二	三一六二〇二四〇二	一九〇九四四〇五	九〇六二九五一
一七三	三二九三〇五九〇三	一九一六二五〇九	九〇九四〇二九
一七四	四一二四一三四〇四	一九二三〇六一三	九一二五一〇七
一七五	四二五五二〇九〇六	一九二九四七一一	九一六〇一四六
一七六	五〇九〇二四四〇七	一九二六二八二二	九一九一二三四
一七七	五二二一三一九〇九	一九四三〇九二六	九二二二三〇二
一七八	六〇五二三五四一〇	一九四九五〇三〇	九二五三二四一
一七九	六一八三四二九一一	一九五六三一三四	九二八四四一九
一八〇	七〇一四五〇四一二	二〇〇三一二三八	九三一五四五七

日數	平行 宮度分秒微	最高行 宮度分秒微	正交行 度分秒微
一八一	七一四五五三九一四	二〇〇九五三四三	九三五〇五三六
一八二	七二八〇六一四二六	二〇一六三四四七	九三八一六一四
一八三	八一一一六四九一七	二〇二三一五五一	九四一二六五二
一八四	八二四二七二四一八	二〇三九五六五五	九四四三七三〇
一八五	九〇七三七五九二〇	二〇三六三八〇〇	九四七四八〇九
一八六	九二〇四八三四二一	二〇四三一九〇四	九五〇五八四七
一八七	一〇〇三五九〇九二三	二〇五〇〇〇〇八	九五四〇九二五
一八八	一〇一七〇九四四二四	二〇五六四一一二	九五七二〇〇四
一八九	一一〇〇二〇一九二五	二一〇三二二一六	一〇〇〇三〇四二
一九〇	一一一三三〇九四二七	二一一〇〇三二一	一〇〇三四一二〇
一九一	一一二六四一二九二八	二一一六四四二五	一〇〇六五一五九
一九二	九五二〇四三〇	二一二三二五二九	一〇一〇〇二三七
一九三	二三〇二三九三一	二一三〇〇六三三	一〇一三一三一五
一九四	一〇六一三一四三二	二一三六四七三七	一〇一六二三五四
一九五	一一九二三四九三四	二一四三二八四二	一〇一九三四三二
一九六	二〇二三四二四三五	二一五〇〇九四六	一〇二二四五一〇
一九七	二一五四四五九三七	二一五六五〇五〇	一〇二五五五四九
一九八	二二八五五三四三	二二〇三三一五四	一〇二九〇六二七
一九九	三一二〇六〇九三九	二二一〇一二五八	一〇三二一七〇五
二〇〇	三二五一六四四四一	二二一六五四〇三	一〇三五二七四四
二〇一	四〇八二七一九四二	二二二三三五〇七	一〇三八三八二二
二〇二	四二一三七五四四四	二二三〇一六一一	一〇四一四九〇〇
二〇三	五〇四四八二九四五	二二三六五七一五	一〇四四五九三九
二〇四	五一七五九〇四四七	二二四三三八二〇	一〇四八一〇一七
二〇五	六〇一〇九三九四八	二二五〇一九二四	一〇五一二〇五五
二〇六	六一四二〇一四四九	二二五七〇〇二八	一〇五四三一三三
二〇七	六二七三〇四九五一	二三〇三四一三二	一〇五七四二一二
二〇八	七一〇四一二四五二	二三一〇二二三六	一一〇〇五二五〇
二〇九	七二三五一五九五四	三三一七〇三四一	一一〇四〇二二八
二一〇	八〇七〇二三四五五	三三二三四四四五	一一〇七一四〇七

正交行 度分秒微	最高行 宮度分秒微	平行 宮度分秒微	日數
一一一〇二四四五	二三三〇二五四九	八二〇一三〇九五六	二一一
一一一三三五二三	二三三七〇六五三	九〇三二三四四五八	二一二
一一一六四六〇二	二三四三四七五七	九一六三四一九五九	二一三
一一一九五六四〇	二三五〇二九〇二	九二九四四五五〇一	二一四
一一二三〇七一八	二三五七一〇〇六	一〇一二五五三〇〇二	二一五
一一二六一七五七	二四〇三五一一〇	一〇二六〇六〇五〇三	二一六
一一二九二八三五	二四一〇三二一四	一一〇九一六四〇〇五	二一七
一一三二三九一三	二四一七一三一九	一一二二二七二五〇六	二一八
一一三五四九五二	二四二三五四二三	五三七五〇〇八	二一九
一一三九〇〇三〇	二四三〇三五二七	一八四八二五〇九	二二〇
一一四二一一〇八	二四三七一六三一	一〇一五九〇〇二〇	二二一
一一四五二一四七	二四四三五七三五	一一五〇九三五一二	二二二
一一四八三二二五	二四五〇三八四〇	一二八二〇一〇一三	二二三
一一五一四三〇三	二四五七一九四四	二一一三〇四五一五	二二四
一一五四五三四二	二五〇四〇〇四八	二二四四一二〇一六	二二五
一一五八〇四二〇	二五一〇四一五二	三〇七五一五五一七	二二六
一二〇一一四五八	二五一七二二五六	三二一〇二三〇一九	二二七
一二〇四二五三六	二五二四〇四〇一	四〇四一三〇五二〇	二二八
一二〇七三八一五	二五三〇四五〇五	四一七二三四〇二二	二二九
一二一〇四六五三	二五三七二六〇五	五〇〇三四一五二三	二三〇
一二一三五七三一	二五四四〇七一三	五一三四四五〇二四	二三一
一二一七〇八一〇	二五五〇四八一八	五二六五五二五二六	二三二
一二二〇一八四八	二五五七二九二二	六一〇〇六〇〇二七	二三三
一二二三二九二六	二六〇四一〇二六	六二三一六三五二九	二三四
一二二六四〇〇五	二六一〇五一三〇	七〇六二七一〇三〇	二三五
一二二九五〇四三	二六一七三二三四	七一九三七四五三一	二三六
一二三三〇一二一	二六二四一三三九	八〇二四八二〇三三	二三七
一二三六一二〇〇	二六三〇五四四三	八一五五八五五三四	二三八
一二三九二二三八	二六三七三五四七	八二九〇九三〇三六	二三九
一二四二三三一六	二六四四一六五一	九一二二〇〇五三七	二四〇

正交行 度分秒微	最高行 宮度分秒微	平行 宮度分秒微	日數
一二四五四三五五	二六五〇五七五五	九二五二〇四〇三八	二四一
一二四八五四三三	二六五七三九〇〇	一〇〇八四一一五四〇	二四二
一二五二〇五一一	二七〇四二〇〇四	一〇二一五一五〇四一	二四三
一二五五一五五〇	二七一一〇一〇八	一一〇五〇二二五四三	二四四
一二五八二六二八	二七一七四二一二	一一一八一三〇〇四四	二四五
一三〇一三七〇六	二七二四二三一七	一二三三五四六	二四六
一三〇四四七四五	二七三一〇四二一	一四三四一〇四七	二四七
一三〇七五八二三	二七三七四五二五	二七四四四五四八	二四八
一三一一〇九〇一	二七四四二六二九	一一〇五五二〇五〇	二四九
一三一四一九三九	二七五一〇七三三	一二四〇五五五五一	二五〇
一三一七三〇一八	二七五七四八三八	一〇七一六三〇五三	二五一
一三二〇四〇五六	二八〇四二九四二	二二〇二七〇五五四	二五二
一三二三五一三四	二八一一一〇四六	三〇三三七四〇五五	二五三
一三二七〇二一三	二八一七五一五〇	三一六四八一五五七	二五四
一三三〇一二五一	二八二四三二五四	三二九五八五〇五八	二五五
一三三三二三三九	二八三一一三五九	四一三〇九二六〇〇	二五六
一三三六三四〇八	二八三七五五〇三	四二六二〇〇一〇一	二五七
一三三九四四四六	二八四四三六〇七	五〇九三〇三六〇二	二五八
一三四二五五二四	二八五一一七一一	五二二四一一一〇四	二五九
一三四六〇六〇三	二八五七五八一六	六〇五九一四六〇五	二六〇
一三四九一六四一	二九〇四三九二〇	六一九〇二二一〇七	二六一
一三五二二七一九	二九一一二〇二四	七〇二一二五六〇八	二六二
一三五五三七五八	二九一八〇一二八	七一五二三三一〇九	二六三
一三五八四八三六	二九二四四二三二	七二八三四〇六一一	二六四
一四〇一五九一四	二九三一二三三七	八一一四四四一一二	二六五
一四〇五〇九五三	二九三八〇四四一	八二四五五一六一四	二六六
一四〇八二〇三一	二九四四四五四五	九〇八〇五五一一五	二六七
一四一一三一〇九	二九五一二六四九	九二一一六二六一六	二六八
一四一四四一四八	二九五八〇七五三	一〇〇四二七〇一一八	二六九
一四一七五二二六	一〇〇〇四四八五八	一〇一七三七三六一九	二七〇

日數	平行 宮度分秒微	最高行 宮度分秒微	正交行 度分秒微
二七一	一一〇〇四八一一二一	一〇〇一一三〇〇二	一四二一〇三〇四
二七二	一一一三五八四六二二	一〇〇一八一一〇六	一四二四一三四二
二七三	一一二七〇九二一二三	一〇〇一四五二一〇	一四二七二四二一
二七四	一〇一九五六二五	一〇〇三一三三一五	一四三〇三四五九
二七五	二三三〇三一二六	一〇〇三八一四一九	一四三三四五三七
二七六	一〇六四一〇六二八	一〇〇四四五五二三	一四三六五六一六
二七七	一一九五一四一二九	一〇〇五一三六二七	一四四〇〇六五四
二七八	二〇三〇二一六三〇	一〇〇五八一七三一	一四四三一七三二
二七九	二一六一二五一三二	一〇一〇四五八三六	一四四六二八一一
二八〇	二二九二三二六三三	一〇一一一三九四〇	一四四九三八四九
二八一	三一二三四〇一三五	一〇一一八二〇四四	一四五二四九二七
二八二	三二五四四三六三六	一〇一二五〇一四八	一四五六〇〇〇六
二八三	四〇八五五一一三七	一〇一三二四二五二	一四五九一〇四四
二八四	四二二〇五四六三九	一〇一三八二三五七	一五〇二二一二二
二八五	五〇五一六二一四〇	一〇一四五〇五〇一	一五〇五三二〇一
二八六	五一八二六五六四二	一〇一五一四六〇五	一五〇八四二三九
二八七	六〇一三七三一四三	一〇一五八二七〇九	一五一一五三一七
二八八	六一四四八〇六四五	一〇二〇五〇八一四	一五一五〇三五六
二八九	六二七五八四一四六	一〇二一一四八一八	一五一八一四三四
二九〇	七一一〇九一六四七	一〇二一八三〇二二	一五二一二五一二
二九一	七二四一九五一四九	一〇二二五一一二六	一五二四三五五〇
二九二	八〇七三〇二六五〇	一〇二三一五二三〇	一五二七四六二九
二九三	八二〇四一〇一五二	一〇二三八三三三五	一五三〇五七〇七
二九四	九〇三五一三六五三	一〇二四五一四三九	一五三四〇七四五
二九五	九一七〇二一一五四	一〇二五一五五四三	一五三七一八二四
二九六	〇〇〇一二四六五六	一〇二五八三六四七	一五四〇二九〇二
二九七	一〇一三二三二一五七	一〇三〇五一七五一	一五四三三九四〇
二九八	一〇二六三三五六五九	一〇三一一五八五六	一五四六五〇一九
二九九	一一〇九四四三二〇〇	一〇三一八四〇〇〇	一五五〇〇〇五七
二〇〇	一一二二五五〇七〇一	一〇三二五二一〇四	一五五三一一三五

日數	平行 宮度分秒微	最高行 宮度分秒微	正交行 度分秒微
三〇一	六〇五四二〇三	一〇三三七〇二〇八	一五五六二二一四
三〇二	一九一六一七〇四	一〇三三八四三一二	一五五九三二五二
三〇三	一〇二二六五二〇六	一〇三四五二四一七	一六〇二四三三〇
三〇四	一一五三七二七〇七	一〇三五二〇五二一	一六〇五五四〇九
三〇五	一二八四八〇二〇八	一〇三五八四六二九	一六〇九〇四四七
三〇六	二一一五八三七一〇	一〇四〇五二七二九	一六一二一五二五
三〇七	二二五〇九一二一一	一〇四一二〇八三四	一六一五二六〇四
三〇八	三〇八一九四七一三	一〇四一八四九三八	一六一八三六四四
三〇九	三二一三〇二二一四	一〇四二五三〇四二	一六一一四七二〇
三一〇	四〇四四〇五七一五	一〇四三二一一四六	一六二四五七五九
三一一	四一七五一三二一七	一〇四三八五二五〇	一六二八〇八三七
三一二	五〇一〇二〇七一八	一〇四四五三三五五	一六三一一九一五
三一三	五一四一二四二二〇	一〇四五五一四五九	一六三四二九五三
三一四	五二七二三一七二一	一〇四五八五六〇三	一六三七四〇三二
三一五	六一〇三三五二二二	一〇五〇五二七〇七	一六四〇五一一〇
三一六	六二三四四二七二四	一〇五一二一八一一	一六四四〇一四八
三一七	七〇六五五〇二二五	一〇五一八五九一六	一六四七一二二七
三一八	七二〇〇五三七二七	一〇五二五四〇二〇	一六五〇二三〇五
三一九	八〇三一六一二二八	一〇五三二二一二四	一六五三三三四三
三二〇	八一六二六四七二九	一〇五三九〇二二八	一六五六四四二二
三二一	八二九三七二二三一	一〇五四五四三三三	一六五九五五〇〇
三二二	九一二四七五七三二	一〇五五二二四三七	一七〇三〇五三八
三二三	九二五五八三二三四	一〇五五九〇五四一	一七〇六一六一七
三二四	一〇〇九〇九〇七三九	一〇六〇五四六四五	一七〇九二六五五
三二五	一〇二二一九四二三六	一〇六一二二七四九	一七一二三七三三
三二六	一一〇五三〇一七三八	一〇六一九〇八五四	一七一五四八一二
三二七	一一一八四〇五二三九	一〇六二五四九五八	一七一八五八五〇
三二八	一五一二七四一	一〇六三二三二〇二	一七二二〇九二八
三二九	一五〇二　二四二	一〇六三九一二〇六	一七二五二〇〇七
三三〇	二八一二三七四三	一〇六四五五三一〇	一二二八三〇四五

日數	平行 宮	度	分	秒	微	最高行 宮	度	分	秒	微	正交行 度	分	秒	微
三三一	一	一一	二三	一二	四五	一	〇六	五二	三四	一五	一七	三一	四一	二三
三三二	一	二四	三三	四七	四六	一	〇六	五九	一五	一九	一七	三四	五二	〇二
三三三	二	〇七	四四	二二	四八	一	〇七	〇五	五九	二三	一七	三八	〇二	四〇
三三四	二	二〇	五四	五七	四九	一	〇七	一二	三七	二七	一七	四一	一三	一八
三三五	三	〇四	〇五	三二	五一	一	〇七	一九	一八	三二	一七	四四	二二	五六
三三六	三	一七	一六	〇七	五二	一	〇七	二五	五九	三六	一七	四七	三四	三五
三三七	四	〇〇	二六	四二	五三	一	〇七	二二	四〇	四〇	一七	五〇	四五	一三
三三八	四	一三	三七	一七	五五	一	〇七	三九	二一	四四	一七	五三	五五	五一
三三九	四	二六	四七	五二	五六	一	〇七	四六	〇二	四八	一七	五七	〇六	三〇
三四〇	五	〇九	五八	二七	五八	一	〇七	五二	四三	五三	一八	〇〇	一七	〇八
三四一	五	二三	〇九	〇二	五五	一	〇七	五九	二四	五七	一八	〇三	二七	四六
三四二	六	〇六	一九	三八	〇〇	一	〇八	〇六	〇六	〇一	一八	〇六	三八	二五
三四三	六	一九	三〇	一三	〇二	一	〇八	一二	四七	〇五	一八	〇九	四九	〇三
三四四	七	〇二	四〇	四八	〇三	一	〇八	一九	二八	〇九	一八	一二	五九	四一
三四五	七	一五	五一	二三	〇五	一	〇八	二六	〇九	一四	一八	一六	一〇	二〇
三四六	七	二九	〇一	五八	〇六	一	〇八	三二	五〇	一八	一八	一九	二〇	五八
三四七	八	一二	一二	三三	〇七	一	〇八	三九	三一	二二	一八	二二	三一	三六
三四八	八	二五	二三	〇八	〇九	一	〇八	四六	一二	二六	一八	二五	四二	一五
三四九	九	〇八	三三	四三	一〇	一	〇八	五二	五三	三一	一八	二八	五二	五二
三五〇	九	二一	四四	一八	一二	一	〇八	五九	三四	三五	一八	三二	〇三	三一
三五一	〇	〇四	五四	五三	一三	一	〇九	〇六	一五	三九	一八	三五	一四	一〇
三五二	〇	一八	〇五	二八	一四	一	〇九	一二	五六	四三	一八	三八	二四	四八
三五三	一一	〇一	一六	〇三	一六	一	〇九	一九	三七	四七	一八	四一	三五	二六
三五四	一一	一四	二六	三八	一七	一	〇九	二六	一八	五二	一八	四四	四六	〇五
三五五	一一	二七	三七	一三	一九	一	〇九	三二	五九	五六	一八	四七	五六	四三
三五六		一〇	四七	四八	一〇	一	〇九	三九	四一	〇〇	一八	五一	〇七	二一
三五七		二三	五八	二三	二一	一	〇九	四六	二二	〇四	一八	五四	一七	五五
三五八	一	〇七	〇八	五八	二三	一	〇九	五三	〇三	〇八	一八	五七	二八	三八
三五九	一	二〇	一九	三三	二四	一	〇九	九九	四四	一三	一九	〇〇	三九	一六
三六〇	二	〇三	三〇	〇八	二六	一	一〇	〇六	二五	一七	一九	〇三	四九	五四

日數	平行 宮	度	分	秒	微	最高行 宮	度	分	秒	微	正交行 度	分	秒	微
三六一	二	一六	四〇	四三	二七	一	一〇	一三	〇六	二一	一九	〇七	〇〇	三三
三六二	二	二九	五一	一八	二八	一	一〇	一九	四七	二五	一九	一〇	一一	一一
三六三	三	一三	〇一	五三	三〇	一	一〇	二六	二八	三〇	一九	一三	二一	四九
三六四	三	二六	一二	二八	三一	一	一〇	三三	〇九	三四	一九	一六	三二	二八
三六五	四	〇九	二三	〇三	三三	一	一〇	三九	五〇	三八	一九	一九	四三	〇六
三六六	四	二二	三三	三八	三	一	一〇	四六	三一	四二	一九	二二	五三	四四

太陰周日平行表

太陰周日平行表以一日內之時分秒遞降列之蓋時刻之分秒與度數之分秒皆以六十遞析一日二十四時每時六十分每分六十秒故太陰一時之平行與一分或一秒之平行皆同數不過遞降一位耳如太陰一時行三十二分有餘一分行三十二秒有餘一秒行三十二微有餘其平行之數同為三十二而為分為秒為微則遞降也表分兩段第一段自一至三十者一時至三十時一分至三十分一秒至三十秒第二段三十一

至六十者三十一時至六十時三十一分至六十分三十一秒至六十秒其所對之數則太陰逐時逐分逐秒之各平行數也太陰每日之平行用二十四時除之得三十二分五十六秒二十七微三十三纖三十忽四十芒是爲一時之平行累加之爲逐時之平行逐分逐秒之平行皆同數而遞降一位時之平行爲度分秒微分之平行爲分秒微纖秒之平行爲秒微纖忽最高行與正交行皆倣此

用表之法如來五時三十六分四十八秒之太陰平行及最高行正交行則察本表太陰平行五時所對之數爲二度四十四分四十二秒一十八微三十六分所對之數爲一十九分四十五秒五十二微三十二纖四十八秒所對之數爲二十六秒二十一微一十纖零三忽合計三數得三度零四分五十四秒三十一微四十二纖零三忽卽所求之太陰平行也。最高行五時所對之數爲一分二十三秒三十三微三十六分所對之數爲一十秒零一微三十七纖四十八秒所對之數爲一十三微二十七纖零九忽合計三數得一分三十三秒四十七微五十九纖零九忽卽所求之最高行也正交行五時所對之數爲三十九秒四十三微三十六分所對之數為四秒四十五微五十八纖四十八秒所對之數為六微二十一纖一十七忽合計三數得四十四秒三十五微一十九纖一十七忽即所求之正交行也

時分秒	平行（微纖忽・秒微纖・分秒微・度分秒）	最高行（微纖忽・秒微纖・分秒微）	正交行（微纖忽・秒微纖・分秒微）
一	三二 二六 二八	一六 四三	七 五七
二	一 〇五 二二 五五	三三 二五	一五 五三
三	一 三八 四九 二三	五〇 〇八	二三 五〇
四	二 一一 四五 五〇	一 〇六 五一	三一 四六
五	二 四四 四二 一八	一 二三 三三	三九 四三
六	三 一七 三八 四四	一 四〇 一六	四七 四〇
七	三 五〇 三五 一三	一 五六 五九	五五 三六
八	四 二三 三一 四〇	二 一三 四二	一 〇三 三三
九	四 五六 二八 〇八	二 二〇 二四	一 一一 二九
一〇	五 二九 二四 三六	二 四七 〇七	一 一九 二六
一一	六 〇二 二一 〇三	三 〇三 五〇	一 二七 二三
一二	六 三五 一七 三一	三 二〇 三二	一 三五 一九
一三	七 〇八 一三 五八	三 三七 一五	一 四三 一六
一四	七 四一 一〇 二六	三 五三 五八	一 五一 一二
一五	八 一四 〇六 五三	四 一〇 四〇	一 五九 〇九
一六	八 四七 〇三 二一	四 二七 二三	二 〇七 〇六
一七	九 一九 五九 四八	四 四四 〇六	二 一五 〇二
一八	九 五二 五六 一六	五 〇〇 四八	二 二二 五九
一九	一〇 二五 五二 四四	五 一七 三二	二 三〇 五五
二〇	一〇 五八 四九 一一	五 三四 一四	二 三八 五二
二一	一一 三一 四五 三九	五 五〇 五七	二 四六 四九
二二	一二 〇四 四二 〇六	六 〇七 三九	二 五四 四五
二三	一二 三七 三八 三四	六 二四 二二	三 〇二 四二
二四	一三 一〇 三五 〇一	六 四一 〇五	三 一〇 三八
二五	一三 四三 三一 二九	六 五七 四七	三 一八 三五
二六	一四 一六 二七 五六	七 一四 三〇	三 二六 三二
二七	一四 四九 二四 二四	七 三一 一三	三 三四 二八
二八	一五 二二 二〇 五一	七 四七 五五	三 四二 二五
二九	一五 五五 一七 一九	八 〇四 三八	一 五〇 二一
三〇	一六 二八 一三 四七	八 二一 二一	三 五八 一八

時分秒	平行				最高行			正交行		
	微纖忽	秒微纖	分秒微	度分秒	微纖忽	秒微纖	分秒微	微纖忽	秒微纖	分秒微
三〇	一四	一〇	〇一	一七	〇四	三八	八	一五	〇六	四
三二	四二	〇六	三四	一七	四六	五四	八	一一	一四	四
三三	〇九	〇三	〇七	一八	二九	一一	九	〇八	二二	四
三四	三七	五九	三九	一八	一二	二八	九	〇四	三〇	四
三五	〇四	五六	一二	一九	五四	四四	九	〇一	三八	四
三六	三二	五二	四五	一九	三七	〇一	一〇	五八	四五	四
三七	二九	四八	一八	二〇	二〇	一八	一〇	五四	五三	四
三八	二七	四五	五一	二〇	〇二	三五	一〇	五一	〇一	五
三九	五五	四一	六四	二一	四五	五一	一〇	四七	〇九	五
四〇	二二	三八	五七	二一	二八	〇八	一一	四四	一七	五
四一	五〇	三四	三〇	二二	一〇	二五	一一	四一	二五	五
四二	一七	三一	〇三	二三	五三	四一	一一	三七	三三	五
四三	四五	二一	三六	二三	三六	五八	一一	三四	四一	五
四四	一三	二四	〇九	二四	一九	一五	一二	三〇	四九	五
四五	四〇	二〇	四一	二四	〇一	三二	一二	二七	五七	五
四六	〇七	一七	一五	二五	四四	四八	一二	二四	〇五	六
四七	三五	一三	四八	二五	二七	〇五	一三	二〇	一三	六
四八	〇三	一〇	二一	二六	〇九	二二	一三	一七	二一	六
四九	三〇	〇六	五四	二六	五二	三八	一三	一三	二九	六
五〇	五八	〇二	二七	二七	三五	五五	一三	一〇	二七	六
五一	二五	五九	五九	二七	一七	一二	一四	〇七	四五	六
五二	五三	五五	三二	二八	〇〇	二九	一四	〇三	五三	六
五三	二〇	五二	〇五	二九	四三	四五	一四	〇〇	〇一	七
五四	四八	四八	三八	二九	二五	〇二	一五	五六	〇八	七
五五	一五	四五	一一	三〇	〇八	一九	一五	五三	一六	七
五六	四三	四一	四四	三〇	五一	三五	一五	五〇	二四	七
五七	一一	三八	一七	三一	三四	五二	一五	四六	三二	七
五八	三八	三四	五〇	三一	一六	〇九	一六	四三	四〇	七
五九	〇六	三一	二三	三二	五九	二五	一六	七九	四八	七
六〇	三三	二七	五六	三二	四二	四二	一六	三六	五六	七

太陰一平均表

太陰一平均表按太陽引數宮度前後順逆列之初宮至五宮爲最卑後順列於前六宮至十一宮爲最高後逆列於後中列逐宮逐度之各平均太陰平均順度爲減逆度爲加最高平均順度爲加逆度爲減正交平均順度爲減逆度爲加

用表之法以太陽引數之宮度對各平均之數即所求之各平均也表以十分爲率若太陽引數有零分者按中比例法求之設太陽引數爲一宮六度一十

分（引數百三十秒以上者進一分　不及三十秒者去之後倣此）求各均數則察一宮六度一十分所對太陰平均之數七分零六秒為所求之太陰平均其號為減即為減均也又察一宮六度一十分所對最高平均之數一十一分五十八秒為所求之最高平均其號為加即為加均也又察一宮六度一十分所對正交平均之數五分四十二秒為所求之正交平均其號為減即為減均也

初宮

日引度	日引分	一平均分	一平均秒	最高均分	最高均秒	正交均分	正交均秒	日引度	日引分
〇	〇〇		〇		〇		〇	三〇	〇〇
	一〇		二		四		二		五〇
	二〇		四		七		三		四〇
	三〇		六		一一		五		三〇
	四〇		八		一四		七		二〇
	五〇		一一		一八		九		一〇
一	〇〇		一三		二一		一〇	二九	〇〇
	一〇		一五		二五		一二		五〇
	二〇		一七		二八		一四		四〇
	三〇		一九		三二		一五		三〇
	四〇		二一		三六		一七		二〇
	五〇		二三		三九		一九		一〇
二	〇〇		二五		四三		二〇	一八	〇〇
	一〇		二七		四六		二二		五〇
	二〇		三〇		五〇		二四		四〇
	三〇		三二		五三		二五		三〇
	四〇		三四		五七		二七		二〇
	五〇		三六	一	〇〇		二九		一〇
三	〇〇		三八	一	〇四		三〇	二七	〇〇
	一〇		四〇	一	〇七		三二		五〇
	二〇		四二	一	一一		三四		四〇
	三〇		四四	一	一五		三六		三〇
	四〇		四六	一	一八		三七		二〇
	五〇		四八	一	二二		三九		一〇
四	〇〇		五一	一	二五		四一		〇〇
	一〇		五三	一	二九		四二		五〇
	二〇		五五	一	三二		四四		四〇
	三〇		五七	一	三六		四六		三〇
	四〇		五九	一	三九		四七		二〇
	五〇	一	〇一	一	四三		四九		一〇
五	〇〇	一	〇三	一	四七		五一	二五	〇〇
順		順減	逆加	順加	逆減	順減	逆加	逆	

十一宮

初宮

日引 度	日引 分	一平均 分	一平均 秒	最高均 分	最高均 秒	正交均 分	正交均 秒	日引 度	日引 分
五	〇〇	一	〇三	一	四七		五一	二九	〇〇
	一〇	一	〇四	一	五〇		五二		五〇
	二〇	一	〇七	一	五四		五四		四〇
	三〇	一	〇九	一	五七		五六		三〇
	四〇	一	一二	二	〇一		五七		二〇
	五〇	一	一四	二	〇四		五九		一〇
六	〇〇	一	一六	二	〇八	一	〇一	二四	〇〇
	一〇	一	一八	二	一一	一	〇三		五〇
	二〇	一	二〇	二	一五	一	〇四		四〇
	三〇	一	二二	二	一八	一	〇六		二〇
	四〇	一	二四	二	二二	一	〇八		二〇
	五〇	一	二六	二	二五	一	〇九		一〇
七	〇〇	一	二八	二	二九	一	一一	二三	〇〇
	一〇	一	三〇	二	三二	一	一三		五〇
	二〇	一	三三	二	三六	一	一四		四〇
	三〇	一	三五	二	三九	一	一六		三〇
	四〇	一	三七	二	四三	一	一八		二〇
	五〇	一	三九	二	四六	一	一九		一〇
八	〇〇	一	四一	二	五〇	一	二一	二二	〇〇
	一〇	一	四三	二	五三	一	二三		五〇
	二〇	一	四五	二	五七	一	二四		四〇
	三〇	一	四七	三	〇〇	一	二六		三〇
	四〇	一	四九	三	〇四	一	二八		二〇
	五〇	一	五一	三	〇七	一	二九		一〇
九	〇〇	一	五三	三	一一	一	三一	一一	〇〇
	一〇	一	五五	三	一五	一	三三		五〇
	二〇	一	五八	三	一八	一	三四		四〇
	三〇	二	〇〇	三	二二	一	三六		三〇
	四〇	二	〇二	三	二五	一	三八		二〇
	五〇	二	〇四	三	二九	一	三九		一〇
一〇	〇〇	二	〇六	三	三二	一	四一	二〇	〇〇
順		加逆減順		減逆加順		加逆減順		逆	

十宮

初宮

日引 度	日引 分	一平均 分	一平均 秒	最高均 分	最高均 秒	正交均 分	正交均 秒	日引 度	日引 分
二〇	〇〇	四	〇八	六	五七	三	一九	一〇	〇〇
	一〇	四	一〇	七	〇二	三	二〇		五〇
	二〇	四	一二	七	〇四	三	二二		四〇
	三〇	四	一四	七	〇七	三	二四		三〇
	四〇	四	一六	七	一一	三	二五		二〇
	五〇	四	一八	七	一四	三	二七		一〇
二一	〇〇	四	一九	七	一七	三	二八	九	〇〇
	一〇	四	二一	七	二〇	三	三〇		五〇
	二〇	四	二三	七	二四	三	三一		四〇
	三〇	四	二五	七	二七	三	三三		三〇
	四〇	四	二七	七	三〇	三	三五		二〇
	五〇	四	二九	七	三三	三	三六		一〇
二二	〇〇	四	三一	七	三七	三	三八	八	〇〇
	一〇	四	三三	七	四〇	三	三九		六〇
	二〇	四	三五	七	四三	三	四一		四〇
	三〇	四	三七	七	四七	三	四二		三〇
	四〇	四	三九	七	五〇	三	四四		二〇
	五〇	四	四一	七	五三	三	四六		一〇
二三	〇〇	四	四三	七	五六	三	四七	七	〇〇
	一〇	四	四五	八	〇〇	三	四九		五〇
	二〇	四	四七	八	〇三	三	五〇		四〇
	三〇	四	四九	八	〇六	三	五二		一〇
	四〇	四	五〇	八	〇九	三	五三		二〇
	五〇	四	五二	八	一三	三	五五		一〇
二四	〇〇	四	五四	八	一六	三	五六	六	〇〇
	一〇	四	五六	八	一九	三	五八		五〇
	二〇	四	五八	八	二二	三	五九		四〇
	三〇	五	〇〇	八	二五	四	〇一		三〇
	四〇	五	〇二	八	二九	四	〇二		二〇
	五〇	五	〇四	八	三二	四	〇四		一〇
一五	〇〇	五	〇六	八	三五	四	〇六	五	〇〇
順		加逆減順		減逆加順		加逆減順		逆	

十宮

初宮

日引 度	日引 分	均交正 分	均交正 秒	最高均 分	最高均 秒	一平均 分	一平均 秒	日引 度	日引 分
一〇	〇〇	一	四一	三	三二	二	〇六	一〇	〇〇
	五〇	一	四五	三	三六	二	〇八		一〇
	四〇	一	四四	三	三九	二	二〇		二〇
	三〇	一	四六	三	四二	二	一二		三〇
	二〇	一	四八	三	四六	二	一四		四〇
	一〇	一	四九	三	四九	二	一六		五〇
一九	〇〇	一	五一	三	五三	二	一八	一一	〇〇
	五〇	一	五三	三	五七	二	二〇		一〇
	四〇	一	五四	四	〇〇	二	二二		二〇
	三〇	一	五六	四	〇三	二	二四		三〇
	二〇	一	五八	四	〇七	二	二七		四〇
	一〇	一	五九	四	一〇	二	二九		五〇
一八	〇〇	三	〇一	四	一四	二	三一	一二	〇〇
	五〇	三	〇三	四	一七	二	三三		一〇
	四〇	二	〇四	四	二一	二	三五		二〇
	三〇	二	〇六	四	二四	二	三七		三〇
	二〇	二	〇八	四	二八	二	三九		四〇
	一〇	二	〇九	四	三一	二	四一		五〇
一七	〇〇	二	一一	四	三五	二	四三	一三	〇〇
	五〇	二	一三	四	三八	二	四五		一〇
	四〇	二	一四	四	四一	二	四七		二〇
	三〇	二	一六	四	四五	二	四九		三〇
	二〇	二	一七	四	四八	二	五一		四〇
	一〇	二	一九	四	五二	二	五三		五〇
一六	〇〇	二	二一	四	五五	二	五五	一四	〇〇
	五〇	二	二二	四	五九	二	五七		一〇
	四〇	二	二四	五	〇二	二	五九		二〇
	三〇	二	二六	五	〇六	三	〇一		三〇
	二〇	二	二七	五	〇九	三	〇三		四〇
	一〇	二	二九	五	一三	三	〇六		五〇
五	〇〇	二	三一	五	一六	三	〇八	一五	〇〇
逆		加逆減順		減逆加順		加逆減順		順	

十一宮

初宮

日引 度	日引 分	均交正 分	均交正 秒	最高均 分	最高均 秒	一平均 分	一平均 秒	日引 度	日引 分
五	〇〇	四	〇六	八	三五	五	〇六	二九	〇〇
	五〇	四	〇七	八	三八	五	〇八		一〇
	四〇	四	〇九	八	四二	五	一〇		二〇
	三〇	四	一〇	八	四五	五	一一		三〇
	二〇	四	一二	八	四八	五	一三		四〇
	一〇	四	一三	八	五一	五	一五		五〇
四	〇〇	四	一五	八	五四	五	一七	一六	〇〇
	五〇	四	一六	八	五八	五	一九		一〇
	四〇	四	一八	九	〇一	五	二一		二〇
	三〇	四	一九	九	〇四	五	二三		三〇
	二〇	四	二一	九	〇七	五	二五		四〇
	一〇	四	二二	九	一〇	五	二七		五〇
三	〇〇	四	二四	九	一三	五	二八	二七	〇〇
	五〇	四	二五	九	一六	五	三〇		一〇
	四〇	四	二七	九	一九	五	三二		二〇
	三〇	四	二八	九	二三	五	三四		三〇
	二〇	四	三〇	九	二六	五	三六		四〇
	一〇	四	三一	九	二九	五	三八		五〇
二	〇〇	四	三三	九	三二	五	四〇	二八	〇〇
	五〇	四	三四	九	三五	五	四一		一〇
	四〇	四	三六	九	三八	五	四三		二〇
	三〇	四	三七	九	四一	五	四五		三〇
	二〇	四	三九	九	四四	五	四七		四〇
	一〇	四	四〇	九	四七	五	四九		五〇
	〇〇	四	四一	九	五一	五	五一	二九	〇〇
	五〇	四	四三	九	五四	五	五二		一〇
	四〇	四	四四	九	五七	五	五四		二〇
	三〇	四	四六	一〇	〇〇	五	五六		三〇
	二〇	四	四七	一〇	〇三	五	五八		四〇
	一〇	四	四九	一〇	〇六	六	〇〇		五〇
〇	〇〇	四	五〇	一〇	〇九	六	〇一	三〇	〇〇
逆		加逆減順		減逆加順		加逆減順		順	

十一宮

初宮

日引		一平均		最高均		交正均		日引	
度	分	分	秒	分	秒	分	秒	度	分
一五	〇〇	三	〇八	五	一六	二	三一	一五	〇〇
	一〇	三	一〇	五	一九	二	三二		五〇
	二〇	三	一二	五	二三	二	三四		四〇
	三〇	三	一四	五	二六	二	三九		三〇
	四〇	三	一六	五	三〇	二	三七		二〇
	五〇	三	一八	五	三三	二	三九		一〇
一六	〇〇	三	二〇	五	三六	二	四〇	一四	〇〇
	一〇	三	二二	五	四〇	二	四二		五〇
	二〇	三	二四	五	四三	二	四四		四〇
	三〇	三	二六	五	四七	二	四五		三〇
	四〇	三	二八	五	五〇	二	四七		二〇
	五〇	三	三〇	五	五三	二	四八		一〇
一七	〇〇	三	三二	五	五七	二	五〇	一三	〇〇
	一〇	三	三四	六	〇〇	二	五二		五〇
	二〇	三	三六	六	〇四	二	五三		四〇
	三〇	三	三八	六	〇七	二	五五		三〇
	四〇	三	四〇	六	一〇	二	五六		二〇
	五〇	三	四三	六	一四	二	五八		一〇
一八	〇〇	三	四四	六	一七	三	〇〇	一二	〇〇
	一〇	三	四六	六	二〇	三	〇一		五〇
	二〇	三	四八	六	二四	三	〇三		四〇
	三〇	三	五〇	六	二七	三	〇四		三〇
	四〇	三	五二	六	三一	三	〇六		二〇
	五〇	三	五四	六	三四	三	〇八		一〇
一九	〇〇	三	五六	六	三七	三	〇九	一一	〇〇
	一〇	三	五八	六	四〇	三	一一		五〇
	二〇	四	〇〇	六	四四	三	一三		四〇
	三〇	四	〇二	六	四七	三	一四		三〇
	四〇	四	〇四	六	五一	三	一六		二〇
	五〇	四	〇六	六	五四	三	一七		一〇
二〇	〇〇	四	〇八	六	五七	三	一九	一〇	〇〇
順		順減逆加		順加逆減		順減逆加		逆	

十一宮

一宮

日引		一平均		最高均		交正均		日引	
度	分	分	秒	分	秒	分	秒	度	分
〇	〇〇	六	〇一	一〇	〇九	四	五〇	三〇	〇〇
	一〇	六	〇三	一〇	一二	四	五二		五〇
	二〇	六	〇五	一〇	一五	四	五三		四〇
	三〇	六	〇七	一〇	二八	四	五五		三〇
	四〇	六	〇九	一〇	二一	四	五六		二〇
	五〇	六	一一	一〇	二四	四	五七		一〇
一	〇〇	六	一二	一〇	二七	四	五九	二九	〇〇
	一〇	六	一四	一〇	三〇	五	〇〇		五〇
	二〇	六	一六	一〇	三三	五	〇二		四〇
	三〇	六	一八	一〇	三六	五	〇三		三〇
	四〇	六	一九	一〇	三九	五	〇五		二〇
	五〇	六	二一	一〇	四二	五	〇六		一〇
二	〇〇	六	二三	一〇	四五	五	〇七	二八	〇〇
	一〇	六	二五	一〇	四八	五	〇九		五〇
	二〇	六	二七	一〇	五一	五	一〇		四〇
	三〇	六	二八	一〇	五四	五	一二		三〇
	四〇	六	三〇	一〇	五七	五	一三		二〇
	五〇	六	三二	一一	〇〇	五	一五		一〇
三	〇〇	六	三四	一一	〇三	五	一六	二七	〇〇
	一〇	六	三五	一一	〇六	五	一七		五〇
	二〇	六	三七	一一	〇九	五	一九		四〇
	三〇	六	三九	一一	一二	五	二〇		三〇
	四〇	六	四〇	一一	一五	五	二一		二〇
	五〇	六	四二	一一	一七	五	二三		一〇
四	〇〇	六	四四	一一	二〇	五	二四	二六	〇〇
	一〇	六	四六	一一	二四	五	二六		五〇
	二〇	六	四七	一一	二六	五	二七		四〇
	三〇	六	四九	一一	二九	五	二八		三〇
	四〇	六	五一	一一	三二	五	三〇		二〇
	五〇	六	五三	一一	三五	五	三一		一〇
五	〇〇	六	五四	一一	三八	五	三三	二五	〇〇
順		順減逆加		順加逆減		順減逆加		逆	

十宮

一宮

日引 度	日引 分	一平均 分	一平均 秒	最高均 分	最高均 秒	正交均 分	正交均 秒	日引 度	日引 分
五	〇〇	六	五四	一一	三八	五	三三	二五	〇〇
	一〇	六	五六	一一	四一	五	三四		五〇
	二〇	六	五八	一一	四四	五	三五		四〇
	三〇	六	五九	一一	四六	五	三七		三〇
	四〇	七	〇八	一一	四九	五	三八		二〇
	五〇	七	〇三	一一	五二	五	三九		一〇
六	〇〇	七	〇四	一一	五五	五	四一	二四	〇〇
	一〇	七	〇六	一一	五八	五	四二		五〇
	二〇	七	〇八	一二	〇一	五	四三		四〇
	三〇	七	〇九	一二	〇三	五	四五		三〇
	四〇	七	一一	一二	〇六	五	四六		二〇
	五〇	七	一三	一二	〇九	五	四七		一〇
七	〇〇	七	一四	一二	一二	五	四九	二三	〇〇
	一〇	七	一六	一二	一五	五	五〇		五〇
	二〇	七	一八	一二	一八	五	五一		四〇
	三〇	七	一九	一二	二〇	五	五三		三〇
	四〇	七	二一	一二	二三	五	五四		二〇
	五〇	七	二三	一二	二六	五	五五		一〇
八	〇〇	七	二四	一二	二九	五	五七	二二	〇〇
	一〇	七	二六	一二	三一	五	五八		五〇
	二〇	七	二八	一二	三四	五	五九		四〇
	三〇	七	二九	一二	三七	六	〇一		三〇
	四〇	七	三一	一二	三九	六	〇二		二〇
	五〇	七	三二	一二	四二	六	〇三		一〇
九	〇〇	七	三四	一二	四五	六	〇五	二一	〇〇
	一〇	七	三六	一五	四八	六	〇六		五〇
	二〇	七	三七	一二	五〇	六	〇七		四〇
	三〇	七	三九	一二	五三	六	〇九		三〇
	四〇	七	四一	一二	五六	六	一〇		二〇
	五〇	七	四二	一二	五九	六	一一		一〇
一〇	〇〇	七	四四	一三	〇一	六	一二	三〇	〇〇
順		順減逆加		順加逆減		順減逆加		逆	

十宮

一宮

日引 度	日引 分	一平均 分	一平均 秒	最高均 分	最高均 秒	正交均 分	正交均 秒	日引 度	日引 分
一〇	〇〇	七	四四	一三	〇一	六	一二	二〇	〇〇
	一〇	七	四五	一三	〇四	六	一四		五〇
	二〇	七	四七	一三	〇七	六	一五		四〇
	三〇	七	四八	一三	〇九	六	一六		三〇
	四〇	七	五〇	一三	一二	六	一七		二〇
	五〇	七	五二	一三	一四	六	一九		一〇
一一	〇〇	七	五三	一三	一七	六	二〇	一九	〇〇
	一〇	七	五五	一三	二〇	六	二一		五〇
	二〇	七	五六	一三	二二	六	二二		四〇
	三〇	七	五八	一三	二五	六	二四		三〇
	四〇	七	五九	一三	二八	六	二五		二〇
	五〇	八	〇一	一三	三〇	六	二六		一〇
一二	〇〇	八	〇三	一三	三三	六	二七	一八	〇〇
	一〇	八	〇四	一三	三五	六	二九		五〇
	二〇	八	〇六	一三	三八	六	三〇		四〇
	三〇	八	〇七	一三	四一	六	三一		三〇
	四〇	八	〇九	一三	四三	六	三二		二〇
	五〇	八	一〇	一三	四六	六	三四		一〇
一三	〇〇	八	一二	一三	四八	六	三五	一七	〇〇
	一〇	八	一三	一三	五一	六	三六		五〇
	二〇	八	一五	一三	五三	六	三七		四〇
	三〇	八	一六	一三	五六	六	三八		三〇
	四〇	八	一八	一三	五八	六	四〇		二〇
	五〇	八	一九	一四	〇一	六	四一		一〇
一四	〇〇	八	二一	一四	〇三	六	四二	一六	〇〇
	一〇	八	二二	一四	〇六	六	四三		五〇
	二〇	八	二四	一四	〇八	六	四四		四〇
	三〇	八	二五	一四	一一	六	四六		三〇
	四〇	八	二七	一四	一三	六	四七		二〇
	五〇	八	二八	一四	一六	六	四八		一〇
一五	〇〇	八	三〇	一四	一八	六	四九	一五	〇〇
順		順減逆加		順加逆減		順減逆加		逆	

十宮

一宮

日引 度	分	一平均 分	秒	最高均 分	秒	正交均 分	秒	日引 度	分
一五	〇〇	八	二〇	一四	一八	六	四九	一五	〇〇
	一〇	八	三一	一四	二一	六	五〇		五〇
	二〇	八	三二	一四	二三	六	五一		四〇
	三〇	八	三四	一四	二六	六	五二		三〇
	四〇	八	三五	一四	二八	六	五四		二〇
	五〇	八	三七	一四	三〇	六	五五		一〇
一六	〇〇	八	三八	一四	三三	六	五六	一四	〇〇
	一〇	八	四〇	一四	三五	六	五七		五〇
	二〇	八	四一	一四	三八	六	五八		四〇
	三〇	八	四二	一四	四〇	六	五九		三〇
	四〇	八	四四	一四	四二	七	〇一		二〇
	五〇	八	四五	一四	四五	七	〇二		一〇
一七	〇〇	八	四七	一四	四七	七	〇三	一三	〇〇
	一〇	八	四八	一四	五〇	七	〇四		五〇
	二〇	八	四九	一四	五二	七	〇五		四〇
	三〇	八	五一	一四	五四	七	〇六		三〇
	四〇	八	五二	一四	五七	七	〇七		二〇
	五〇	八	五四	一四	五九	七	〇八		一〇
一八	〇〇	八	五五	一五	〇一	七	一〇	一二	〇〇
	一〇	八	五六	一五	〇四	七	一一		五〇
	二〇	八	五八	一五	〇六	七	一二		四〇
	三〇	八	五九	一五	〇八	七	一三		三〇
	四〇	九	〇〇	一五	一〇	七	一四		二〇
	五〇	九	〇二	一五	一三	七	一五		一〇
一九	〇〇	九	〇三	一五	一五	七	一六	一一	〇〇
	一〇	九	〇五	一五	一七	七	一七		五〇
	二〇	九	〇六	一五	二〇	七	一八		四〇
	三〇	九	〇七	一五	二二	七	一九		三〇
	四〇	九	〇九	一五	二四	七	二〇		二〇
	五〇	九	一〇	一五	二六	七	二一		一〇
二〇	〇〇	九	一一	一五	二九	七	二二	一〇	〇〇
順		加逆減順		減逆加順		加逆減順		逆	

十宮

一宮

日引 度	分	一平均 分	秒	最高均 分	秒	正交均 分	秒	日引 度	分
二〇	〇〇	九	一一	一五	二九	七	二三	一〇	〇〇
	一〇	九	一三	一五	三一	七	二四		五〇
	二〇	九	一四	一五	三三	七	二五		四〇
	三〇	九	一二	一五	三五	七	二六		三〇
	四〇	九	一六	一五	三七	七	二七		二〇
	五〇	九	一八	一五	四〇	七	二八		一〇
二一	〇〇	九	一九	一五	四二	七	二九	九	〇〇
	一〇	九	二〇	一五	四四	七	三〇		五〇
	二〇	九	二二	一五	四六	七	三一		四〇
	三〇	九	二三	一五	四八	七	三二		三〇
	四〇	九	二四	一五	五〇	七	三三		二〇
	五〇	九	二五	一五	五二	七	三四		一〇
二三	〇〇	九	二七	一五	五五	七	三五	八	〇〇
	一〇	九	二八	一五	五七	七	三六		五〇
	二〇	九	二九	一五	五九	七	三七		四〇
	三〇	九	三〇	一六	〇一	七	三八		三〇
	四〇	九	三二	一六	〇三	七	三九		二〇
	五〇	九	三三	一六	〇五	七	四〇		一〇
二三	〇〇	九	三四	一六	〇七	七	四一	七	〇〇
	一〇	九	三五	一六	〇九	七	四二		五〇
	二〇	九	三七	一六	一一	七	四三		四〇
	三〇	九	三八	一六	一三	七	四四		三〇
	四〇	九	三九	一六	二五	七	四五		二〇
	五〇	九	四〇	一六	一七	七	四六		一〇
二四	〇〇	九	四二	一六	二〇	七	四七	六	〇〇
	一〇	九	四三	一六	二一	七	四八		五〇
	二〇	九	四四	一六	二三	七	四九		四〇
	三〇	九	四五	一六	二六	七	五〇		三〇
	四〇	九	四六	一六	二七	七	五一		二〇
	五〇	九	四七	一六	二九	七	五二		一〇
二五	〇〇	九	四九	一六	三一	七	五二	五	〇〇
順		加逆減順		減逆加順		加逆減順		逆	

十宮

一宮

日引		一平均		最高均		正交均		日引	
度	分	分	秒	分	秒	分	秒	度	分
二五	○○	九	四九	一六	三一	七	五二	五	○○
	一○	九	五○	一六	三三	七	五三		五○
	二○	九	五一	一六	三五	七	五四		四○
	三○	九	五二	一六	三七	七	五五		三○
	四○	九	五三	一六	三九	七	五六		二○
	五○	九	五四	一六	四一	七	五七		一○
二六	○○	九	五五	一六	四三	七	五八	四	○○
	一○	九	五七	一六	四五	七	五九		五○
	二○	九	五八	一六	四七	八	○○		四○
	三○	九	五九	一六	四九	八	○一		三○
	四○	一○	○○	一六	五一	八	○二		二○
	五○	一○	○一	一六	五三	八	○三		一○
三七	○○	一○	○二	一六	五四	八	○三	三	○○
	一○	一○	○三	一六	五六	八	○四		五○
	二○	一○	○四	一六	五八	八	○五		四○
	三○	一○	○六	一七	○○	八	○六		三○
	四○	一○	○七	一七	○二	八	○七		二○
	五○	一○	○八	一七	○四	八	○八		一○
二八	○○	一○	○九	一七	○六	八	○九	二	○○
	一○	一○	一○	一七	○七	八	一○		五○
	二○	一○	一一	一七	○六	八	一○		四○
	三○	一○	一二	一七	一一	八	一一		三○
	四○	一○	一三	一七	一三	八	一二		二○
	五○	一○	一四	一七	一四	八	一三		一○
二九	○○	一○	一五	一七	一六	八	一四	一	○○
	一○	一○	一六	一七	一八	八	一五		五○
	二○	一○	一七	一七	二○	八	一五		四○
	三○	一○	一八	一七	二一	八	一六		三○
	四○	一○	一九	一七	二三	八	一七		二○
	五○	一○	一○	一七	二五	八	一九		一○
三○	○○	一○	二一	一七	二七	八	一九	○	○○
順		順減逆加		順加逆減		順減逆加		逆	

十宮

二宮

日引		一平均		最高均		正交均		日引	
度	分	分	秒	分	秒	分	秒	度	分
○	○○	一○	二一	一七	二七	八	一九	三○	○○
	一○	一○	二二	一七	二八	八	二○		五○
	二○	一○	二三	一七	二○	八	二○		四○
	三○	一○	二四	一七	三二	八	二一		三○
	四○	一○	二五	一七	三三	八	二二		二○
	五○	一○	二六	一七	三五	八	二三		一○
一	○○	一○	二七	一七	三七	八	二四	二九	○○
	一○	一○	二八	一七	三八	八	二四		五○
	二○	一○	二九	一七	四○	八	二五		四○
	三○	一○	三○	一七	四二	八	二六		三○
	四○	一○	三一	一七	四三	八	二七		二○
	五○	一○	三二	一七	四五	八	二七		一○
二	○○	一○	三三	一七	四六	八	二八	二八	○○
	一○	一○	三四	一七	四八	八	二九		五○
	二○	一○	三五	一七	四九	八	三○		四○
	三○	一○	三六	一七	五一	八	三○		三○
	四○	一○	三七	一七	五三	八	三一		二○
	五○	一○	三八	一七	五四	八	三二		一○
三	○○	一○	三九	一七	五六	八	三三	二七	○○
	一○	一○	三九	一七	五七	八	三三		五○
	二○	一○	四○	一七	五九	八	三四		四○
	三○	一○	四一	一八	○○	八	三五		三○
	四○	一○	四三	一八	○二	八	三六		二○
	五○	一○	四三	一八	○三	八	三六		一○
四	○○	一○	四四	一八	○五	八	三七	二六	○○
	一○	一○	四五	一八	○六	八	三八		五○
	二○	一○	四六	一八	○八	八	三八		四○
	三○	一○	四七	一八	○九	八	三九		三○
	四○	一○	四七	一八	一一	八	四○		二○
	五○	一○	四八	一八	一二	八	四○		一○
五	○○	一○	四九	一八	一三	八	四一	二五	○○
順		順減逆加		順加逆減		順減逆加		逆	

九宮

日 二宮

日引 度	分	正交均 分	秒	最高均 分	秒	一平均 分	秒	日引 度	分
二〇	〇〇	八	五九	一八	五二	一一	一二	一〇	〇〇
	五〇	九	〇〇	一八	五三	一一	一三		一〇
	四〇	九	〇〇	一八	五四	一一	一三		二〇
	三〇	九	〇一	一八	五五	一一	一四		三〇
	二〇	九	〇一	一八	五六	一一	一四		四〇
	一〇	九	〇二	一八	五七	一一	一五		五〇
一九	〇〇	九	〇三	一八	五八	一一	一六	一一	〇〇
	五〇	九	〇三	一八	五九	一一	一六		一〇
	四〇	九	〇四	一九	〇〇	一一	一七		二〇
	三〇	九	〇四	一九	〇二	一一	一八		三〇
	二〇	九	〇四	一九	〇三	一一	一八		四〇
	一〇	九	〇五	一九	〇四	一一	一九		五〇
一八	〇〇	九	〇六	一九	〇五	一一	二〇	一二	〇〇
	五〇	九	〇六	一九	〇六	一一	二〇		一〇
	四〇	九	〇六	一九	〇七	一一	二一		二〇
	三〇	九	〇七	一九	〇八	一一	二一		三〇
	二〇	九	〇七	一九	〇九	一一	二一		四〇
	一〇	九	〇八	一九	一〇	一一	二二		五〇
一七	〇〇	九	〇八	一九	一一	一一	二三	一三	〇〇
	五〇	九	〇八	一九	一一	一一	二四		一〇
	四〇	九	〇九	一九	一二	一一	二四		二〇
	三〇	九	一〇	一九	一三	一一	二五		三〇
	二〇	九	一〇	一九	一四	一一	二五		四〇
	一〇	九	一一	一九	一五	一一	二六		五〇
一六	〇〇	九	一一	一九	一六	一一	二六	一四	〇〇
	五〇	九	一一	一九	一七	一一	二七		一〇
	四〇	九	一二	一九	一八	一一	二七		二〇
	三〇	九	一二	一九	一九	一一	二八		三〇
	二〇	九	一二	一九	二〇	一一	二八		四〇
	一〇	九	一三	一九	二〇	一一	二九		五〇
五	〇〇	九	一三	一九	二一	一一	二九	一五	〇〇
逆		順減逆加		順加逆減		順減逆加		順	

九宮

日 二宮

日引 度	分	正交均 分	秒	最高均 分	秒	一平均 分	秒	日引 度	分
二五	〇〇	八	四一	一八	一三	一〇	四九	五	〇〇
	五〇	八	四二	一八	一五	一〇	五〇		一〇
	四〇	八	四二	一八	一六	一〇	五一		二〇
	三〇	八	四三	一八	一八	一〇	五二		三〇
	二〇	八	四四	一八	一九	一〇	五二		四〇
	一〇	八	四四	一八	二〇	一〇	五三		五〇
二四	〇〇	八	四五	一八	二一	一〇	五四	六	〇〇
	五〇	八	四六	一八	二三	一〇	五五		一〇
	四〇	八	四六	一八	二四	一〇	五六		二〇
	三〇	八	四七	一八	二六	一〇	五六		三〇
	二〇	八	四八	一八	二七	一〇	五七		四〇
	一〇	八	四八	一八	二九	一〇	五八		五〇
二三	〇〇	八	四九	一八	三〇	一〇	五九	七	〇〇
	五〇	八	五〇	一八	三一	一一	〇〇		一〇
	四〇	八	五〇	一八	三二	一一	〇〇		二〇
	三〇	八	五一	一八	三四	一一	〇一		三〇
	二〇	八	五一	一八	三五	一一	〇二		四〇
	一〇	八	五二	一八	三六	一一	〇三		五〇
二二	〇〇	八	五三	一八	三七	一一	〇三	八	〇〇
	五〇	八	五三	一八	三九	一一	〇四		一〇
	四〇	八	五四	一八	四〇	一一	〇五		二〇
	三〇	八	五四	一八	四一	一一	〇六		三〇
	二〇	八	五五	一八	四二	一一	〇六		四〇
	一〇	八	五六	一八	四四	一一	〇七		五〇
二一	〇〇	八	五六	一八	四五	一一	〇八	九	〇〇
	五〇	八	五七	一八	四六	一一	〇八		一〇
	四〇	八	五七	一八	四七	一一	〇九		二〇
	三〇	八	五八	一八	四八	一一	一〇		三〇
	二〇	八	五八	一八	四九	一一	一〇		四〇
	一〇	八	五九	一八	五一	一一	一一		五〇
〇	〇〇	八	五九	一八	五二	一一	一二	〇	〇〇
逆		順減逆加		順加逆減		順減逆加		順	

二宮

日引 度	日引 分	正交均 分	正交均 秒	最高均 分	最高均 秒	一平均 分	一平均 秒	日引 度	日引 分
一〇	〇〇	九	二三	一九	四二	一一	四二	二〇	〇〇
	五〇	九	二四	一九	四二	一一	四二		一〇
	四〇	九	二四	一九	四三	一一	四二		二〇
	三〇	九	二四	一九	四二	一一	四二		三〇
	二〇	九	二四	一九	四四	一一	四三		四〇
	一〇	九	二四	一九	四四	一一	四三		五〇
九	〇〇	九	二五	一九	四九	一一	四三	二一	〇〇
	五〇	九	二五	一九	四五	一一	四四		一〇
	四〇	九	二五	一九	四六	一一	四四		二〇
	三〇	九	二五	一九	四六	一一	四四		三〇
	二〇	九	二六	一九	四七	一一	四五		四〇
	一〇	九	二六	一九	四七	一一	四五		五〇
八	〇〇	九	二六	一九	四八	一一	四五	二二	〇〇
	五〇	九	二六	一九	四八	一一	四五		一〇
	四〇	九	二六	一九	四八	一一	四五		二〇
	三〇	九	二七	一九	四九	一一	四六		三〇
	二〇	九	二七	一九	四九	一一	四六		四〇
	一〇	九	二七	一九	四九	一一	四六		五〇
七	〇〇	九	二七	一九	五〇	一一	四六		〇〇
	五〇	九	二七	一九	五〇	一一	四七		一〇
	四〇	九	二七	一九	五一	一一	四七		二〇
	三〇	九	二八	一九	五一	一一	四七		三〇
	二〇	九	二八	一九	五一	一一	四七		四〇
	一〇	九	二八	一九	五一	一一	四七		五〇
六	〇〇	九	二八	一九	五二	一一	四七	二四	〇〇
	五〇	九	二八	一九	五二	一一	四八		一〇
	四〇	九	二八	一九	五二	一一	四八		二〇
	三〇	九	二八	一九	五三	一一	四八		三〇
	二〇	九	二九	一九	五三	一一	四八		四〇
	一〇	九	二九	一九	五三	一一	四八		五〇
五	〇〇	九	二九	一九	五四	一一	四八	二五	〇〇
逆		加逆	減順	減逆	加順	加逆	減順	順	

二宮

日引 度	日引 分	正交均 分	正交均 秒	最高均 分	最高均 秒	一平均 分	一平均 秒	日引 度	日引 分
一五	〇〇	九	一三	一九	二一	一一	二九	一五	〇〇
	五〇	九	一四	一九	二二	一一	三〇		一〇
	四〇	九	一四	一九	二三	一一	三〇		二〇
	三〇	九	一五	一九	二四	一一	三一		三〇
	二〇	九	一五	一九	二五	一一	三一		四〇
	一〇	九	一五	一九	二五	一一	三二		五〇
一四	〇〇	九	一六	一九	二六	一一	三二	一六	〇〇
	五〇	九	一六	一九	二七	一一	三三		一〇
	四〇	九	一七	一九	二八	一一	三三		二〇
	三〇	九	一七	一九	二八	一一	三四		三〇
	二〇	九	一七	一九	二九	一一	三四		四〇
	一〇	九	一八	一九	三〇	一一	三五		五〇
一三	〇〇	九	一八	一九	三一	一一	三五	一七	〇〇
	五〇	九	一八	一九	三一	一一	三五		一〇
	四〇	九	一九	一九	三二	一一	三六		二〇
	三〇	九	一九	一九	三三	一一	三六		三〇
	二〇	九	一九	一九	三三	一一	三七		四〇
	一〇	九	二〇	一九	三四	一一	三七		五〇
一二	〇〇	九	二〇	一九	三五	一一	三七	一八	〇〇
	五〇	九	二〇	一九	三五	一一	三八		一〇
	四〇	九	二〇	一九	三六	一一	三八		二〇
	三〇	九	二一	一九	三七	一一	三八		三〇
	二〇	九	二一	一九	三七	一一	三九		四〇
	一〇	九	二一	一九	三八	一一	三九		五〇
一一	〇〇	九	二二	一九	三九	一一	四〇	一九	〇〇
	五〇	九	二二	一九	三九	一一	四〇		一〇
	四〇	九	二二	一九	四〇	一一	四〇		二〇
	三〇	九	二二	一九	四〇	一一	四一		三〇
	二〇	九	二三	一九	四一	一一	四一		四〇
	一〇	九	二三	一九	四一	一一	四一		五〇
一〇	〇〇	九	二三	一九	四二	一一	四二	〇	〇〇
逆		加逆	減順	減逆	加順	加逆	減順	順	

九宮

二宮

日引 度	日引 分	一平均 分	一平均 秒	最高均 分	最高均 秒	正交均 分	正交均 秒	日引 度	日引 分
二五	○○	一一	四八	一九	五三	九	一九	五	○○
	一○	一一	四九	一九	五四	九	二九		五○
	二○	一一	四九	一九	五四	九	二九		四○
	三○	一一	四九	一九	五四	九	二九		三○
	四○	一一	四三	一九	五四	九	二九		二○
	五○	一一	四九	一九	五四	九	二九		一○
二六	○○	一一	四九	一九	五四	九	二九	四	○○
	一○	一一	四九	一九	五五	九	二九		五○
	二○	一一	四九	一九	五五	九	二九		四○
	三○	一一	四九	一九	五五	九	三○		三○
	四○	一一	四九	一九	五五	九	三○		二○
	五○	一一	五○	一九	五五	九	三○		一○
二七	○○	一一	五○	一九	五五	九	三○	三	○○
	一○	一一	五○	一九	五五	九	三○		五○
	二○	一一	五○	一九	五五	九	三○		四○
	三○	一一	五○	一九	五六	九	三○		三○
	四○	一一	五○	一九	五六	九	三○		二○
	五○	一一	五○	一九	五六	九	三○		一○
二八	○○	一一	五○	一九	五六	九	三○	二	○○
	一○	一一	五○	一九	五六	九	三○		五○
	二○	一一	五○	一九	五六	九	三○		四○
	三○	一一	五○	一九	五六	九	三○		三○
	四○	一一	五○	一九	五六	九	三○		二○
	五○	一一	五○	一九	五六	九	三○		一○
二九	○○	一一	五○	一九	五六	九	三○	一	○○
	一○	一一	五○	一九	五六	九	三○		五○
	二○	一一	五○	一九	五六	九	三○		四○
	三○	一一	五○	一九	五六	九	三○		三○
	四○	一一	五○	一九	五六	九	三○		二○
	五○	一一	五○	一九	五六	九	三○		一○
三○	○○	一一	五○	一九	五六	九	三○	○	○○
順		加逆減順		減逆加順		加逆減順		逆	

九宮

三宮

日引 度	日引 分	一平均 分	一平均 秒	最高均 分	最高均 秒	正交均 分	正交均 秒	日引 度	日引 分
○	○○	一一	五○	一九	五六	九	三○	○○	○○
	一○	一一	五○	一九	五六	九	三○		五○
	二○	一一	五○	一九	五五	九	三○		四○
	三○	一一	五○	一九	五五	九	三○		三○
	四○	一一	五○	一九	五五	九	三○		二○
	五○	一一	四九	一九	五五	九	三○		一○
一	○○	一一	四九	一九	五五	九	三○	二九	○○
	一○	一一	四九	一九	五五	九	三○		五○
	二○	一一	四九	一九	五五	九	二九		四○
	三○	一一	四九	一九	五五	九	二九		三○
	四○	一一	四九	一九	五四	九	二九		二○
	五○	一一	四九	一九	五四	九	二九		一○
二	○○	一一	四九	一九	五四	九	二九	二八	○○
	一○	一一	四九	一九	五四	九	二九		五○
	二○	一一	四九	一九	五四	九	二九		四○
	三○	一一	四八	一九	五三	九	二九		三○
	四○	一一	四八	一九	五三	九	二九		二○
	五○	一一	四八	一九	五三	九	二九		一○
三	○○	一一	四八	一九	五三	九	二八	二七	○○
	一○	一一	四八	一九	五二	九	二八		五○
	二○	一一	四八	一九	五二	九	二八		四○
	三○	一一	四八	一九	五二	九	二八		三○
	四○	一一	四七	一九	五二	九	二八		二○
	五○	一一	四七	一九	五一	九	二八		一○
四	○○	一一	四七	一九	五一	九	二八	二六	○○
	一○	一一	四七	一九	五一	九	二七		五○
	二○	一一	四七	一九	五	九	二七		四○
	三○	一一	四六	一九	五	九	二七		三○
	四○	一一	四六	一九	五	九	二七		二○
	五○	一一	四六	一九	四	九	二七		一○
五	○○	一一	四六	一九	四	九	二七	二五	○○
順		加逆減順		減逆加順		加逆減順		逆	

八宮

三宮

日引 度	日引 分	正交均 分	正交均 秒	最高均 分	最高均 秒	一平均 分	一平均 秒	日引 度	日引 分
二〇	〇〇	九	一九	一九	三三	一一	三六	一〇	〇〇
	五〇	九	一九	一九	三三	一一	三六		一〇
	四〇	九	一八	一九	三二	一一	三六		二〇
	三〇	九	一八	一九	三一	一一	三五		三〇
	二〇	九	一八	一九	三〇	一一	三五		四〇
	一〇	九	一七	一九	三〇	一一	三四		五〇
一九	〇〇	九	一七	一九	二九	一一	三四		〇〇
	五〇	九	一七	一九	二八	一一	三四		一〇
	四〇	九	一六	一九	二八	一一	三三		二〇
	三〇	九	一六	一九	二七	一一	三三		三〇
	二〇	九	一六	一九	二六	一一	三二		四〇
	一〇	九	一五	一九	二五	一一	三二		五〇
一八	〇〇	九	一五	一九	二四	一一	三一	一二	〇〇
	五〇	九	一五	一九	二四	一一	三一		一〇
	四〇	九	一四	一九	二三	一一	三〇		二〇
	三〇	九	一四	一九	二二	一一	三〇		三〇
	二〇	九	一三	一九	二一	一一	二九		四〇
	一〇	九	一三	一九	二〇	一一	二九		五〇
一七	〇〇	九	一三	一九	一九	一一	二八	一三	〇〇
	五〇	九	一三	一九	一九	一一	二八		一〇
	四〇	九	一二	一九	一八	一一	二七		二〇
	三〇	九	一一	一九	一七	一一	二七		三〇
	二〇	九	一一	一九	一六	一一	二六		四〇
	一〇	九	一一	一九	一五	一一	二六		五〇
一六	〇〇	九	一〇	一九	一四	一一	二五	一四	〇〇
	五〇	九	一〇	一九	一三	一一	二五		一〇
	四〇	九	〇九	一九	一二	一一	二四		二〇
	三〇	九	〇九	一九	一二	一一	三四		三〇
	二〇	九	〇八	一九	一一	一一	三三		四〇
	一〇	九	〇八	一九	一〇	一一	二三		五〇
一五	〇〇	九	〇七	一九	〇九	一一	二二	一五	〇〇
逆		順減	逆加	順加	逆減	順減	逆加	順	

八宮

三宮

日引 度	日引 分	正交均 分	正交均 秒	最高均 分	最高均 秒	一平均 分	一平均 秒	日引 度	日引 分
二五	〇〇	九	二七	一九	四九	一一	四六	五	〇〇
	五〇	九	二六	一九	四八	一一	四六		一〇
	四〇	九	二六	一九	四八	一一	四五		二〇
	三〇	九	二六	一九	四八	一一	四五		三〇
	二〇	九	二六	一九	四七	一一	四五		四〇
	一〇	九	二六	一九	四七	一一	四五		五〇
二四	〇〇	九	二六	一九	四七	一一	四四	六	〇〇
	五〇	九	二五	一九	四六	一一	四四		一〇
	四〇	九	二五	一九	四六	一一	四四		二〇
	三〇	九	二五	一九	四五	一一	四四		三〇
	二〇	九	二五	一九	四五	一一	四三		四〇
	一〇	九	二四	一九	四四	一一	四三		五〇
二三	〇〇	九	二四	一九	四四	一一	四二	七	〇〇
	五〇	九	二四	一九	四三	一一	四二		一〇
	四〇	九	二四	一九	四三	一一	四二		二〇
	三〇	九	二三	一九	四二	一一	四二		三〇
	二〇	九	二三	一九	四二	一一	四一		四〇
	一〇	九	二三	一九	四一	一一	四一		五〇
二二	〇〇	九	二三	一九	四一	一一	四一	八	〇〇
	五〇	九	二二	一九	四〇	一一	四一		一〇
	四〇	九	二二	一九	三九	一一	四〇		二〇
	三〇	九	二二	一九	三九	一一	四〇		三〇
	二〇	九	二二	一九	三八	一一	四〇		四〇
	一〇	九	二一	一九	三八	一一	三九		五〇
二一	〇〇	九	二一	一九	三七	一一	三九	九	〇〇
	五〇	九	二一	一九	三六	一一	三八		一〇
	四〇	九	二〇	一九	三六	一一	三八		二〇
	三〇	九	二〇	一九	三五	一一	三八		三〇
	二〇	九	二〇	一九	三五	一一	三七		四〇
	一〇	九	一九	一九	三四	一一	三七		五〇
二〇	〇〇	九	一九	一九	三三	一一	三六	一〇	〇〇
逆		順減	逆加	順加	逆減	順減	逆加	順	

八宮

日引 度	日引 分	均交正 分	均交正 秒	均高最 分	均高最 秒	均平一 分	均平一 秒	日引 度	日引 分
		三				宮			
一〇	〇〇	八	五二	一八	三六	一一	〇二	二〇	〇〇
	五〇	八	五一	一八	三四	一一	〇二		一〇
	四〇	八	五〇	一八	三三	一一	〇二		二〇
	三〇	八	五〇	一八	三二	一一	〇〇		三〇
	二〇	八	四九	一八	三〇	一〇	五九		四〇
	一〇	八	四九	一八	二九	一〇	五八		五〇
九	〇〇	八	四八	一八	二八	一〇	五八	二一	〇〇
	五〇	八	四七	一八	二七	一〇	五七		一〇
	四〇	八	四七	一八	二五	一〇	五六		二〇
	三〇	八	四六	一八	二四	一〇	五五		三〇
	二〇	八	四五	一八	二三	一〇	五五		四〇
	一〇	八	四五	一八	二二	一〇	五四		五〇
八	〇〇	八	四四	一八	二〇	一〇	五三	二二	〇〇
	五〇	八	四四	一八	一九	一〇	五二		一〇
	四〇	八	四三	一八	一七	一〇	五一		二〇
	三〇	八	四二	一八	一六	一〇	五一		三〇
	二〇	八	四二	一八	一四	一〇	五〇		四〇
	一〇	八	四一	一八	一三	一〇	四九		五〇
七	〇〇	八	四〇	一八	一二	一〇	四八	二三	〇〇
	五〇	八	四〇	一八	一〇	一〇	四七		一〇
	四〇	八	三九	一八	〇九	一〇	二六		二〇
	三〇	八	三八	一八	〇七	一〇	四五		三〇
	二〇	八	三八	一八	〇六	一〇	四五		四〇
	一〇	八	三七	一八	〇五	一〇	四四		五〇
六	〇〇	八	三六	一八	〇三	一〇	四三	二四	〇〇
	五〇	八	三五	一八	〇二	一〇	四二		一〇
	四〇	八	三五	一八	〇〇	一〇	四一		二〇
	三〇	八	三四	一七	五九	一〇	四〇		三〇
	二〇	八	三三	一七	五七	一〇	三九		四〇
	一〇	八	三三	一七	五六	一〇	三九		五〇
五	〇〇	八	三二	一七	九四	一〇	三八	二五	〇〇
逆		加逆減順		減逆加順		加逆減順		順	
		宮				八			

日引 度	日引 分	均交正 分	均交正 秒	均高最 分	均高最 秒	均平一 分	均平一 秒	日引 度	日引 分
		三				宮			
一三	〇〇	九	〇七	一九	〇九	一一	二二	一五	〇〇
	五〇	九	〇七	一九	〇八	一一	二一		一〇
	四〇	九	〇七	一九	〇七	一一	二一		二〇
	三〇	九	〇六	一九	〇六	一一	二〇		三〇
	二〇	九	〇六	一九	〇五	一一	二〇		四〇
	一〇	九	〇五	一九	〇四	一一	一九		五〇
一四	〇〇	九	〇五	一九	〇三	一一	一八	一六	〇〇
	五〇	九	〇四	一九	〇二	一一	一八		一〇
	四〇	九	〇四	一九	〇一	一一	一七		二〇
	三〇	九	〇三	一九	〇〇	一一	一七		三〇
	二〇	九	〇三	一八	五九	一一	一六		四〇
	一〇	九	〇二	一八	五八	一一	一五		五〇
一三	〇〇	九	〇二	一八	五六	一一	一五	七	〇〇
	五〇	九	〇一	一八	五五	一一	一四		一〇
	四〇	九	〇二	一八	五四	一一	一三		二〇
	三〇	九	〇〇	一八	五三	一一	一三		三〇
	二〇	九	〇〇	一八	五二	一一	一二		四〇
	一〇	八	五九	一八	五一	一一	一一		五〇
一二	〇〇	八	五八	一八	五〇	一一	一一	一八	〇〇
	五〇	八	五八	一八	四九	一一	一〇		一〇
	四〇	九	五七	一八	四八	一一	〇九		二〇
	三〇	八	五七	一八	四六	一一	〇九		三〇
	二〇	八	五六	一八	四五	一一	〇八		四〇
	一〇	九	五六	一八	四四	一一	〇七		五〇
一一	〇〇	八	五五	一八	四三	一一	〇七	一九	〇〇
	五〇	八	五五	一八	四三	一一	〇六		一〇
	四〇	八	五四	一八	四〇	一一	〇五		二〇
	三〇	八	五三	一八	三九	一一	〇四		三〇
	二〇	八	五三	一八	三八	一一	〇四		四〇
	一〇	八	五二	一八	三七	一一	〇三		五〇
一〇	〇〇	八	五二	八	三六	一一	〇三	二〇	〇〇
逆		加逆減順		減逆加順		加逆減順		順	
		宮				八			

三宮

日引 度	日引 分	一平均 分	一平均 秒	最高均 分	最高均 秒	正交均 分	正交均 秒	日引 度	日引 分
二五	〇〇	一〇	三八	一七	五四	八	三二	五	〇〇
	一〇	一〇	三七	一七	五三	八	三一		五〇
	二〇	一〇	三六	一七	五一	八	三〇		四〇
	三〇	一〇	三五	一七	四九	八	三〇		三〇
	四〇	一〇	三四	一七	四八	八	二九		二〇
	五〇	一〇	三三	一七	四六	八	二八		一〇
二六	〇〇	一〇	三二	一七	四五	八	二七	四	〇〇
	一〇	一〇	三一	一七	四三	八	二七		五〇
	二〇	一〇	三〇	一七	四二	八	二六		四〇
	三〇	一〇	二九	一七	四〇	八	二〇		三〇
	四〇	一〇	二八	一七	三八	八	二四		二〇
	五〇	一〇	二七	一七	三七	八	二四		一〇
二七	〇〇	一〇	二六	一七	三五	八	二三	三	〇〇
	一〇	一〇	二五	一七	三四	八	二二		五〇
	二〇	一〇	二四	一七	三二	八	二一		四〇
	三〇	一〇	二四	一七	三〇	八	二一		三〇
	四〇	一〇	二三	一七	二九	八	二〇		二〇
	五〇	一〇	二二	一七	二七	八	一九		一〇
二八	〇〇	一〇	二一	一七	二五	八	一八	二	〇〇
	一〇	一〇	二〇	一七	二四	八	一七		五〇
	二〇	一〇	一九	一七	二二	八	一七		四〇
	三〇	一〇	一八	一七	二〇	八	一六		三〇
	四〇	一〇	一七	一七	一九	八	一五		二〇
	五〇	一〇	一六	一七	一七	八	一四		一〇
二九	〇〇	一〇	一四	一七	一五	八	一三	一	〇〇
	一〇	一〇	一三	一七	一三	八	一三		五〇
	二〇	一〇	一二	一七	一二	八	一二		四〇
	三〇	一〇	一一	一七	一〇	八	一一		三〇
	四〇	一〇	一〇	一七	〇八	八	一〇		二〇
	五〇	一〇	〇九	一七	〇八	八	〇九		一〇
三〇	〇〇	一〇	〇八	一七	〇五	八	〇八	〇	〇〇
順		順減逆加		順加逆減		順減逆加		逆	

八宮

四宮

日引 度	日引 分	一平均 分	一平均 秒	最高均 分	最高均 秒	正交均 分	正交均 秒	日引 度	日引 分
〇	〇〇	一〇	〇八	一七	〇五	八	〇八	三〇	〇〇
	一〇	一〇	〇七	一七	〇三	八	〇八		五〇
	二〇	一〇	〇六	一七	〇一	八	〇七		四〇
	三〇	一〇	〇五	一六	五九	八	〇六		三〇
	四〇	一〇	〇四	一六	五七	八	〇五		二〇
	五〇	一〇	〇三	一六	五六	八	〇四		一〇
一	〇〇	一〇	〇二	一六	五四	八	〇三	二九	〇〇
	一〇	一〇	〇一	一六	五二	八	〇二		五〇
	二〇	一〇	〇〇	一六	五〇	八	〇一		四〇
	三〇	九	五九	一六	四八	八	〇一		三〇
	四〇	九	五七	一六	四六	八	〇〇		二〇
	五〇	九	五六	一六	四五	七	五九		一〇
二	〇〇	九	五五	一六	四三	七	五八	二八	〇〇
	一〇	九	五四	一六	四一	七	五七		五〇
	二〇	九	五三	一六	三九	七	五六		四〇
	三〇	九	五二	一六	三七	七	五五		三〇
	四〇	九	五一	一六	三五	七	五四		二〇
	五〇	九	五〇	一六	三三	七	五三		一〇
三	〇〇	九	四九	一六	三一	七	五二	二七	〇〇
	一〇	九	四七	一六	二九	七	五二		五〇
	二〇	九	四六	一六	二七	七	五一		四〇
	三〇	九	四五	一六	二六	七	五〇		三〇
	四〇	九	四四	一六	二四	七	四九		二〇
	五〇	九	四三	一六	二二	七	四八		一〇
四	〇〇	九	四二	一六	二〇	七	四七	二六	〇〇
	一〇	九	四〇	一六	一八	七	四六		五〇
	二〇	九	三九	一六	一六	七	四五		四〇
	三〇	九	三八	一六	一四	七	四四		三〇
	四〇	九	三七	一六	一二	七	四三		二〇
	五〇	九	三六	一六	一〇	七	四二		一〇
五	〇〇	九	三四	一六	〇八	七	四一	二五	〇〇
順		順減逆加		順加逆減		順減逆加		逆	

日引 度	日引 分	四宮 均交正 分	均交正 秒	均高最 分	均高最 秒	均平一 分	均平一 秒	日引 度	日引 分
一〇	〇〇	七	一一	一五	〇四	八	五六	一〇	〇〇
	五〇	七	一〇	一五	〇一	八	五五		一〇
	四〇	七	〇九	一四	五九	八	五四		二〇
	三〇	七	〇七	一四	五七	八	五二		三〇
	二〇	七	〇六	一四	五五	八	五一		四〇
	一〇	七	〇五	一四	五二	八	五〇		五〇
一九	〇〇	七	〇四	一四	五〇	八	四八	一一	〇〇
	五〇	七	〇三	一四	四八	八	四七		一〇
	四〇	七	〇二	一四	四五	八	四六		二〇
	三〇	七	〇一	一四	四三	八	四四		三〇
	二〇	七	〇〇	一四	四一	八	四三		四〇
	一〇	六	五九	一四	三九	八	四二		五〇
一八	〇〇	六	五八	一四	三六	八	四〇	一二	〇〇
	五〇	六	五六	一四	三四	八	三九		一〇
	四〇	六	五五	一四	三一	八	三七		二〇
	三〇	六	五四	一四	二九	八	三六		三〇
	二〇	六	五三	一四	二七	八	三五		四〇
	一〇	六	五二	一四	二四	八	三三		五〇
一七	〇〇	六	五一	一四	二二	八	三二	一三	〇〇
	五〇	六	五〇	一四	二〇	八	三〇		一〇
	四〇	六	四九	一四	一七	八	二九		二〇
	三〇	六	四七	一四	一五	八	二七		三〇
	二〇	六	四六	一四	一二	八	二六		四〇
	一〇	六	四五	一四	一〇	八	二五		五〇
一六	〇〇	六	四四	一四	〇八	八	二三	一四	〇〇
	五〇	六	四三	一四	〇五	八	二二		一〇
	四〇	六	四二	一四	〇三	八	二〇		二〇
	三〇	六	四一	一四	〇〇	八	一九		三〇
	二〇	六	三九	一三	五八	八	一七		四〇
	一〇	六	三八	一三	五五	八	一六		五〇
一五	〇〇	六	三七	一三	五二	八	一五	一五	〇〇
逆		加逆減順 宮七		減逆加順		加逆減順		順	

日引 度	日引 分	四宮 均交正 分	均交正 秒	均高最 分	均高最 秒	均平一 分	均平一 秒	日引 度	日引 分
二五	〇〇	七	四一	一六	〇八	九	三四	五	〇〇
	五〇	七	四〇	一六	〇六	九	三三		一〇
	四〇	七	三九	一六	〇四	九	三二		二〇
	三〇	七	三八	一六	〇二	九	三一		三〇
	二〇	七	三七	一六	〇〇	九	三〇		四〇
	一〇	七	三六	一五	五七	九	二八		五〇
二四	〇〇	七	三五	一五	五五	九	二七	六	〇〇
	五〇	七	三四	一五	五三	九	二六		一〇
	四〇	七	三三	一五	五一	九	二五		二〇
	三〇	七	三二	一五	四九	九	二三		三〇
	二〇	七	三一	一五	四七	九	二二		四〇
	一〇	七	三〇	一五	四五	九	二一		五〇
二三	〇〇	七	二九	一五	四三	九	二〇	七	〇〇
	五〇	七	二八	一五	四一	九	一六		一〇
	四〇	七	二七	一五	三九	九	一七		二〇
	三〇	七	二六	一五	三六	九	一六		三〇
	二〇	七	二五	一五	三四	九	一五		四〇
	一〇	七	二四	一五	三二	九	一三		五〇
二二	〇〇	七	二三	一五	三〇	九	一二	八	〇〇
	五〇	七	二二	一五	二八	九	一一		一〇
	四〇	七	二一	一五	二六	九	一〇		二〇
	三〇	七	二〇	一五	二四	九	〇八		三〇
	二〇	七	一九	一五	二一	九	〇七		四〇
	一〇	七	一八	一五	一九	九	〇六		五〇
二一	〇〇	七	一七	一五	一七	九	〇四	九	〇〇
	五〇	七	一六	一五	一五	九	〇三		一〇
	四〇	七	一五	一五	一三	九	〇二		二〇
	三〇	七	一四	一五	一〇	九	〇〇		三〇
	二〇	七	一三	一五	〇八	八	五九		四〇
	一〇	七	一二	一五	〇六	八	五八		五〇
二〇	〇〇	七	一一	一五	〇四	八	五六	〇	〇〇
逆		加逆減順 宮七		減逆加順		加逆減順		順	

四宮

日引		正交均		最高均		一平均		日引	
度	分	分	秒	分	秒	分	秒	度	分
一五	〇〇	六	三七	一三	五三	八	一五	一五	〇〇
	五〇	六	三六	一三	五〇	八	一三		一〇
	四〇	六	三五	一三	四八	八	一二		二〇
	三〇	六	三四	一三	四六	八	一〇		三〇
	二〇	六	三二	一三	四三	八	〇九		四〇
	一〇	六	三一	一三	四一	八	〇七		五〇
一四	〇〇	六	三〇	一三	三八	八	〇六	一六	〇〇
	五〇	六	二九	一三	三六	八	〇四		一〇
	四〇	六	二八	一三	三三	八	〇三		二〇
	三〇	六	二六	一三	三一	八	〇一		三〇
	二〇	六	二五	一三	二八	八	〇〇		四〇
	一〇	六	二四	一三	二六	七	五八		五〇
一三	〇〇	六	二三	一三	二三	七	五七	一七	〇〇
	五〇	六	二一	一三	二〇	七	五五		一〇
	四〇	六	二〇	一三	一八	七	五四		二〇
	三〇	六	一九	一三	一五	七	五二		三〇
	二〇	六	一八	一三	一三	七	五一		四〇
	一〇	六	一七	一三	一〇	七	四九		五〇
一二	〇〇	六	一五	一三	〇八	七	四八	一八	〇〇
	五〇	六	一四	一三	〇五	七	四六		一〇
	四〇	六	一三	一三	〇二	七	四五		二〇
	三〇	六	一二	一三	〇〇	七	四三		三〇
	二〇	六	一〇	一二	五七	七	四一		四〇
	一〇	六	〇九	一二	五五	七	四〇		五〇
一一	〇〇	六	〇八	一二	五二	七	三八	一九	〇〇
	五〇	六	〇七	一二	四九	七	三七		一〇
	四〇	六	〇五	一二	四七	七	三五		二〇
	三〇	六	〇四	一二	四四	七	三四		三〇
	二〇	六	〇三	一二	四二	七	三二		四〇
	一〇	六	〇二	一二	三九	七	三一		五〇
一〇	〇〇	六	〇〇	一二	三六	七	二九	一〇	〇〇
逆		加逆減順		減逆加順		加逆減順		順	

七宮

四宮

日引		正交均		最高均		一平均		日引	
度	分	分	秒	分	秒	分	秒	度	分
一〇	〇〇	六	〇〇	一二	三六	七	二九	二〇	〇〇
	五〇	五	五九	一二	三四	七	二七		一〇
	四〇	五	五八	一二	三一	七	二六		二〇
	三〇	五	五七	一二	二八	七	二四		三〇
	二〇	五	五五	一二	二六	七	二二		四〇
	一〇	五	五四	一二	二三	七	二一		五〇
九	〇〇	五	五三	一二	二〇	七	一九	二一	〇〇
	五〇	五	五一	一二	一八	七	一八		一〇
	四〇	五	五〇	一二	一五	七	一六		二〇
	三〇	五	四九	一二	一二	七	一五		三〇
	二〇	五	四八	一二	〇九	七	一三		四〇
	一〇	五	四六	一二	〇七	七	一一		五〇
八	〇〇	五	四五	一二	〇四	七	一〇	二二	〇〇
	五〇	五	四四	一二	〇一	七	〇八		一〇
	四〇	五	四三	一一	五九	七	〇七		二〇
	三〇	五	四一	一一	五六	七	〇五		三〇
	二〇	五	四〇	一一	五三	七	〇三		四〇
	一〇	五	三九	一一	五〇	七	〇二		五〇
七	〇〇	五	三七	一一	四八	七	〇〇	二三	〇〇
	五〇	五	三六	一一	四五	六	五八		一〇
	四〇	五	三五	一一	四二	六	五七		二〇
	三〇	五	三三	一一	三九	六	五五		三〇
	二〇	五	三二	一一	三七	六	五三		四〇
	一〇	五	三一	一一	三四	六	五二		五〇
六	〇〇	五	二九	一一	三一	六	五〇	二四	〇〇
	五〇	五	二八	一一	二八	六	四九		一〇
	四〇	五	二七	一一	二五	六	四七		二〇
	三〇	五	二五	一一	二三	六	四五		三〇
	二〇	五	二四	一一	二〇	六	四四		四〇
	一〇	五	二三	一一	一七	六	四二		五〇
五	〇〇	五	二一	一一	一四	六	四〇	二五	〇〇
逆		加逆減順		減逆加順		加逆減順		順	

七宮

四宮

日引 度	日引 分	一平均 分	一平均 秒	最高均 分	最高均 秒	交正均 分	交正均 秒	日引 度	日引 分
二五	〇〇	六	四〇	一一	一四	五	二一	五	〇〇
	一〇	六	三九	一一	一一	五	二〇		五〇
	二〇	六	三七	一一	〇八	五	一九		四〇
	三〇	六	三五	一一	〇六	五	一七		三〇
	四〇	六	三三	一一	〇三	五	一六		二〇
	五〇	六	三一	一一	〇〇	五	一五		一〇
二六	〇〇	六	三〇	一〇	五七	五	一三	四	〇〇
	一〇	六	三八	一〇	五四	五	一二		五〇
	二〇	六	二七	一〇	五一	五	一〇		四〇
	三〇	六	二九	一〇	四九	五	〇九		三〇
	四〇	六	二三	一〇	四六	五	〇八		二〇
	五〇	六	二二	一〇	四三	五	〇六		一〇
二七	〇〇	六	二〇	一〇	四〇	五	〇五	三	〇〇
	一〇	六	一八	一〇	三七	五	〇四		五〇
	二〇	六	一六	一〇	三四	五	〇二		四〇
	三〇	六	一五	一〇	三一	五	〇一		三〇
	四〇	六	一二	一〇	二八	四	五九		二〇
	五〇	六	一一	一〇	二五	四	五八		一〇
二八	〇〇	六	一〇	一〇	二二	四	五七	二	〇〇
	一〇	六	〇八	一〇	二〇	四	五五		五〇
	二〇	六	〇六	一〇	一七	四	五四		四〇
	三〇	六	〇四	一〇	一四	四	五二		三〇
	四〇	六	〇三	一〇	一一	四	五一		二〇
	五〇	六	〇一	一〇	〇八	四	五〇		一〇
二九	〇〇	五	五九	一〇	〇五	四	四八	一	〇〇
	一〇	五	五七	一〇	〇二	四	四七		五〇
	二〇	五	五六	九	五九	四	四五		四〇
	三〇	五	五四	九	五六	四	四四		三〇
	四〇	五	五二	九	五三	四	四三		二〇
	五〇	五	五〇	九	五〇	四	四一		一〇
三〇	〇〇	五	四九	九	四七	四	四〇	〇	〇〇
順		順減逆加		順加逆減		順減逆加		逆	

七宮

五宮

日引 度	日引 分	一平均 分	一平均 秒	最高均 分	最高均 秒	交正均 分	交正均 秒	日引 度	日引 分
〇	〇〇	五	四九	九	四七	四	四〇	一〇	〇〇
	一〇	五	四七	九	四四	四	三八		五〇
	二〇	五	四五	九	四一	四	三七		四〇
	三〇	五	四三	九	三八	四	三六		三〇
	四〇	五	四一	九	三五	四	三四		二〇
	五〇	五	四〇	九	三二	四	三三		一〇
一	〇〇	五	三八	九	二九	四	三一	二九	〇〇
	一〇	五	三六	九	二六	四	三〇		五〇
	二〇	五	三四	九	二三	四	二八		四〇
	三〇	五	三二	九	二〇	四	二七		三〇
	四〇	五	三一	九	一七	四	二六		二〇
	五〇	五	二九	九	一四	四	二四		一〇
二	〇〇	五	二七	九	一一	四	二三	二八	〇〇
	一〇	五	二五	九	〇八	四	二一		五〇
	二〇	五	二三	九	〇五	四	二〇		四〇
	三〇	五	二二	九	〇二	四	一八		三〇
	四〇	五	二〇	八	五九	四	一七		二〇
	五〇	五	一八	八	五六	四	一九		一〇
三	〇〇	五	一六	八	五三	四	一四	二七	〇〇
	一〇	五	一四	八	五〇	四	一二		五〇
	二〇	五	一二	八	四七	四	一一		四〇
	三〇	五	一一	八	四四	四	一〇		三〇
	四〇	五	〇九	八	四一	四	〇八		二〇
	五〇	五	〇七	八	三七	四	〇七		一〇
四	〇〇	五	〇五	八	三四	四	〇五	二六	〇〇
	一〇	五	〇四	八	三一	四	〇四		五〇
	二〇	五	〇二	八	二八	四	〇二		四〇
	三〇	五	〇〇	八	二五	四	〇一		三〇
	四〇	四	五八	八	二二	三	五九		二〇
	五〇	四	五六	八	一九	三	五八		一〇
五	〇〇	四	五四	八	一六	三	五六	二五	〇〇
順		順減逆加		順加逆減		順減逆加		逆	

六宮

日引		五宮						日引	
日引		均交正		最高均		一平均		日引	
度	分	分	秒	分	秒	分	秒	度	分
二五	〇〇	三	五六	八	一六	四	五四	五	〇〇
	五〇	三	五五	八	一三	四	五三		一〇
	四〇	三	五三	八	一〇	四	五一		二〇
	三〇	三	五二	八	〇六	四	四九		三〇
	二〇	三	五〇	八	〇三	四	四七		四〇
	一〇	三	四九	八	〇〇	四	四五		五〇
二四	〇〇	三	四七	七	五七	四	四三	六	〇〇
	五〇	三	四六	七	九四	四	四一		一〇
	四〇	三	四四	七	九一	四	三九		二〇
	三〇	三	四三	七	四八	四	三八		三〇
	二〇	三	四一	七	四九	四	三六		四〇
	一〇	三	四〇	七	四一	四	三四		五〇
二三	〇〇	三	三八	七	三八	四	三二	七	〇〇
	五〇	三	三七	七	三九	四	三〇		一〇
	四〇	三	三五	七	三二	四	二八		二〇
	三〇	三	三四	七	二九	四	二六		三〇
	二〇	三	三二	七	二六	四	二五		四〇
	一〇	三	三一	七	二三	四	二三		五〇
二二	〇〇	三	二九	七	一五	四	二一	八	〇〇
	五〇	三	二八	七	一六	四	一九		一〇
	四〇	三	二六	七	一三	四	一七		二〇
	三〇	三	二五	七	一〇	四	一五		三〇
	二〇	三	二三	七	〇七	四	一三		四〇
	一〇	三	二二	七	〇三	四	一一		五〇
二一	〇〇	三	二〇	七	〇〇	四	〇九	九	〇〇
	五〇	三	一九	六	五七	四	〇八		一〇
	四〇	三	一七	六	五四	四	〇六		二〇
	三〇	三	一六	六	五一	四	〇四		三〇
	二〇	三	一四	六	四七	四	〇二		四〇
	一〇	三	一三	六	四四	四	〇〇	一	五〇
二〇	〇〇	三	一一	六	四一	三	九八	一〇	〇〇
逆		加逆減順		減逆加順		加逆減順		順	
		六宮							

日引		五宮						日引	
日引		均交正		最高均		一平均		日引	
度	分	分	秒	分	秒	分	秒	度	分
二〇	〇〇	三	一一	六	四一	三	五八	一〇	〇〇
	五〇	三	一〇	六	三八	三	五六		一〇
	四〇	三	〇八	六	三四	三	五四		二〇
	三〇	三	〇六	六	三一	三	五二		三〇
	二〇	三	〇五	六	二八	三	五〇		四〇
	一〇	三	〇三	六	二五	三	四八		五〇
一九	〇〇	三	〇二	六	二二	三	四七	一一	〇〇
	五〇	三	〇〇	六	一八	三	四五		一〇
	四〇	二	五九	六	一五	三	四三		二〇
	三〇	二	五七	六	一二	三	四一		三〇
	二〇	二	五六	六	〇九	三	三九		四〇
	一〇	二	五四	六	〇六	三	三七		五〇
一八	〇〇	二	五三	六	〇二	三	三五	一二	〇〇
	五〇	二	五一	五	五九	三	三三		一〇
	四〇	二	五〇	五	五六	三	三一		二〇
	三〇	二	四八	五	五二	三	二九		三〇
	二〇	二	四六	五	四九	三	二七		四〇
	一〇	二	四五	五	四六	三	二五		五〇
一七	〇〇	二	四三	五	四三	三	二三	一三	〇〇
	五〇	二	四二	五	三九	三	二二		一〇
	四〇	二	四〇	五	三六	三	二〇		二〇
	三〇	二	三九	五	三三	三	一八		三〇
	二〇	二	三七	五	三〇	三	一六		四〇
	一〇	二	三五	五	二六	三	一四		五〇
一六	〇〇	二	三四	五	二三	三	一二	一四	〇〇
	五〇	二	三二	五	二〇	三	一〇		一〇
	四〇	二	三一	五	一六	三	〇八		二〇
	三〇	二	二九	五	一三	三	〇六		三〇
	二〇	二	二八	五	一〇	三	〇四		四〇
	一〇	二	二六	五	〇七	三	〇二		五〇
一五	〇〇	二	二五	五	〇三	三	〇〇	一五	〇〇
逆		加逆減順		減逆加順		加逆減順		順	
		六宮							

五宮

日引 度	日引 分	一平均 分	一平均 秒	最高均 分	最高均 秒	正交均 分	正交均 秒	日引 度	日引 分
一五	〇〇	三	〇〇	五	〇三	二	二五	一五	〇〇
	一〇	二	五八	五	〇〇	二	二三		五〇
	二〇	二	五六	四	五七	二	二一		四〇
	三〇	二	五四	四	五三	二	二〇		三〇
	四〇	二	五二	四	五〇	二	一八		二〇
	五〇	二	五〇	四	四七	二	一七		一〇
一六	〇〇	二	四八	四	四四	二	一五	一四	〇〇
	一〇	二	四六	四	四〇	二	一三		五〇
	二〇	二	四四	四	三七	二	一二		四〇
	三〇	二	四二	四	三四	二	一〇		三〇
	四〇	二	四〇	四	三〇	二	〇九		二〇
	五〇	二	三八	四	二七	二	〇七		一〇
一七	〇〇	二	三六	四	二三	二	〇六	一三	〇〇
	一〇	二	三四	四	二〇	二	〇四		五〇
	二〇	二	三三	四	一七	二	〇二		四〇
	三〇	二	三〇	四	一四	二	〇一		三〇
	四〇	二	二九	四	一〇	一	五九		二〇
	五〇	二	二七	四	〇七	一	五八		一〇
一八	〇〇	二	二五	四	〇四	一	五六	一二	〇〇
	一〇	二	二三	四	〇〇	一	五五		五〇
	二〇	二	二一	三	五七	一	五三		四〇
	三〇	二	一九	三	五三	一	五一		三〇
	四〇	二	一七	三	五〇	一	五〇		二〇
	五〇	二	一五	三	四七	一	四八		一〇
一九	〇〇	二	一三	三	四四	一	四七	一一	〇〇
	一〇	二	一一	三	四〇	一	四五		五〇
	二〇	二	〇九	三	三七	一	四三		四〇
	三〇	二	〇七	三	三四	一	四二		三〇
	四〇	二	〇五	三	三〇	一	四〇		二〇
	五〇	二	〇三	三	二七	一	三九		一〇
二〇	〇〇	二	〇一	三	二三	一	三七	一〇	〇〇
順		加逆減順		減逆加順		加逆減順		逆	

五宮

日引 度	日引 分	一平均 分	一平均 秒	最高均 分	最高均 秒	正交均 分	正交均 秒	日引 度	日引 分
二〇	〇〇	二	〇一	三	二三	一	三七	一〇	〇〇
	一〇	一	五九	三	二〇	一	二五		〇
	二〇	一	五七	三	一七	一	三四		〇
	三〇	一	五五	三	一三	一	三二		〇
	四〇	一	五三	三	一〇	一	三一		〇
	五〇	一	五一	三	〇七	一	二九		〇
二一	〇〇	一	四九	三	〇三	一	二七	九	〇〇
	一〇	一	四七	三	〇〇	一	二六		〇
	二〇	一	四五	二	五六	一	二四		〇
	三〇	一	四三	二	五三	一	二二		〇
	四〇	一	四一	二	五〇	一	二一		〇
	五〇	一	三九	二	四六	一	一九		〇
二二	〇〇	一	三七	二	四三	一	一八	八	〇〇
	一〇	一	三五	二	四〇	一	一六		〇
	二〇	一	三三	二	三六	一	一四		〇
	三〇	一	三一	二	三三	一	一三		〇
	四〇	一	二九	二	三〇	一	一一		〇
	五〇	一	二七	二	二六	一	一〇		〇
二三	〇〇	一	二五	二	二三	一	〇八	七	〇〇
	一〇	一	二三	二	一九	一	〇六		〇
	二〇	一	二一	二	一六	一	〇五		〇
	三〇	一	一九	二	一三	一	〇三		〇
	四〇	一	一七	二	〇九	一	〇二		〇
	五〇	一	一五	二	〇六	一	〇〇		〇
二四	〇〇	一	一三	二	〇三		五八	六	〇〇
	一〇	一	一一	一	〇九		五七		〇
	二〇	一	〇九	一	五六		五五		〇
	三〇	一	〇七	一	五二		五三		〇
	四〇	一	〇五	一	四九		五二		〇
	五〇	一	〇三	一	四五		五〇		〇
二五	〇〇	一	〇一	一	四二		四九	五	〇〇
順		加逆減順		減逆加順		加逆減順		逆	

六宮

日距地立方較表

日距地立方較表按太陽引數宮度分順逆列之初一二三四五宮列於上六七八九十十一宮列於下前後列太陽引數度中列逐宮逐度之日距地立方較乃本時太陽距地數之立方與太陽在最高距地數之立方相減之較也宮在上者用順度宮在下者用逆度

用表之法以太陽引數之宮對太陽引數之度其縱橫相遇即所求之立方較也設太陽引數為一宮零

日引（五宮・順）度	分	一平均 分	秒	最高均 分	秒	正交均 分	秒	日引（六宮・逆）度	分
二五	〇〇	一	〇一	一	四二	一	四九	五	〇〇
	一〇		五九	一	二八	一	四七		五〇
	二〇		五七	一	三五	一	四五		四〇
	三〇		五五	一	三二	一	四四		三〇
	四〇		五三	一	二九	一	四二		二〇
	五〇		五一	一	二五	一	四一		一〇
二六	〇〇		四八	一	二二	一	三九	四	〇〇
	一〇		四六	一	一八	一	三七		五〇
	二〇		四四	一	一五	一	三六		四〇
	三〇		四二	一	一二	一	三四		三〇
	四〇		四〇	一	〇八	一	三二		二〇
	五〇		三八	一	〇五	一	三一		一〇
二七	〇〇		三六	一	〇一	一	二九	三	〇〇
	一〇		三四		五八		二八		五〇
	二〇		三二		五五		二六		四〇
	三〇		三〇		五一		二四		三〇
	四〇		二八		四八		二三		二〇
	五〇		二六		四四		二一		一〇
二八	〇〇		二四		四一		一九	二	〇〇
	一〇		二二		三八		一八		五〇
	二〇		二〇		三四		一六		四〇
	三〇		一八		三一		一五		三〇
	四〇		一六		二七		一三		二〇
	五〇		一四		二四		一一		一〇
二九	〇〇		一二		二〇		一〇	一	〇〇
	一〇		一〇		一七		八		五〇
	二〇		八		一四		七		四〇
	三〇		六		一〇		五		三〇
	四〇		四		七		三		二〇
	五〇		二		三		二		一〇
三〇	〇〇		〇		〇		〇	〇	〇〇
順		順減逆加		順加逆減		順減逆加		逆	

六度一（引數百三十分以上者進度不及三十分者去之）求立方較則察一宮六度縱横相對之日距地立方較爲九二三即所求之立方較也

日距地立方較

日引度	初宮	一宮	二宮	三宮	四宮	五宮	日引度
〇	一〇一四	九五〇	七七三	五二四	二六七	七二	三〇
一	一〇一四	九四六	七六六	五一五	二五九	六八	二九
二	一〇一四	九四二	七五八	五〇七	二五一	六三	二八
三	一〇一四	九三七	七五一	四九八	二四三	五九	二七
四	一〇一三	九三三	七四三	四八九	二三九	五五	二六
五	一〇一二	九二八	七三五	四八〇	二二八	五一	二五
六	一〇一一	九二三	七三七	四七一	二二一	四七	二四
七	一〇一一	九一八	七一九	四六二	二一三	四三	二三
八	一〇〇九	九一三	七一一	四五三	二〇六	三九	二二
九	一〇〇八	九〇八	七〇三	四四五	一九九	三六	二一
一〇	一〇〇七	九〇二	六九五	四三六	一九一	三三	二〇
一一	一〇〇五	八九七	六八七	四二七	一八四	二九	一九
一二	一〇〇四	八九二	六七九	四一八	一七七	二六	一八
一三	一〇〇二	八八六	六七一	四〇九	一七一	二四	一七
一四	一〇〇〇	八八〇	六六二	四〇一	一六四	二一	一六
一五	九九八	八七四	六五四	三九二	一五七	一九	一五
一六	九九六	八六八	六四六	三八三	一五一	一六	一四
一七	九九三	八六二	六三七	三七五	一四四	一四	一三
一八	九九一	八五五	六二九	三六六	一三八	一二	一二
一九	九八八	八四九	六二〇	三五七	一三二	一〇	一一
二〇	九八五	八四三	六一二	三四九	一二六	八	一〇
二一	九八二	八三六	六〇三	三四〇	一二〇	七	九
二二	九八〇	八三〇	六九四	三三二	一一四	五	八
二三	九七六	八二三	五八六	三二四	一〇九	四	七
二四	九七三	八一六	五七七	三一五	一〇三	三	六
二五	九七〇	八〇九	五六八	三〇七	九七	二	五
二六	九六六	八〇二	五五九	二九九	九二	一	四
二七	九六二	七九五	五五一	二九一	八七	一	三
二八	九五八	七八八	五四二	二八三	八二	〇	二
二九	九五五	七八一	五三三	二七五	七七	〇	一
三〇	九五〇	七七三	五二四	二六七	七二	〇	〇
順	十一宮	十宮	九宮	八宮	七宮	六宮	逆

太陰二平均表

太陰二平均表按日距月最高宮度分順逆列之初一二六七八宮列於上三四五九十十一宮列於下前後列日距月最高度分中列太陽在最高時距月最高逐宮逐度之二平均傍列較數者乃太陽在最卑時距月最高逐宮逐度之二平均與太陽在最高時距月最高逐宮逐度之二平均相減之較也宮在上者用順度其號爲減宮在下者用逆度其號爲加用表之法以日距月最高之宮對日距月最高之度

縱橫察得二平均及較數記之後以高卑立方大較一〇一四爲一率前所求得本時之立方較爲二率所記之較數爲三率求得四率與所記之二平均相加即所求之二平均也表以十分爲率若日距月最高有零分者按中比例法求之設日距月最高爲三宮一十六度一十五分立方較爲九二三求二平均則以三宮一十六度一十分所對二平均之數一分五十四秒與上層三宮一十六度二十分所對二平均之數一分五十六秒相減餘二秒爲十分之較乃

以十分爲一率二秒爲二率設數五分爲三率求得四率一秒與三宮一十六度一十分所對之平均一分五十四秒相加因二十分之二平均大於一十分之二平均故相加反是則相減也得一分五十五秒記定又察三宮一十六度一十分所對之較數與三宮一十六度二十分所對之較數俱係一十二秒無庸比例即將一十二秒記定後以立方大較數一〇一四爲一率所記較數一十二秒爲二率所設立方較九二三爲三率求得四率一十秒小餘九收作一十一秒與所記之二平均一分五

十五秒相加得二分零六秒為所求之二平均其號為加即為加均也

天最高度	日距月分	初宮六宮 較秒	二平均分	二平均秒	一宮七宮 較秒	二平均分	二平均秒	二宮八宮 較秒	二平均分	二平均秒	天最高度	日距月分
○	○○	○		○	一九	三	○五	一九	三	○五	三○	○○
	一○	○		一	一九	三	○六	一九	三	○五		五○
	二○	○		二	一九	三	○七	一九	三	○四		四○
	三○	○		四	一九	三	○七	一九	三	○三		三○
	四○	○		五	一九	三	○八	一九	三	○三		二○
	五○	二		六	一九	三	○八	一九	三	○二		一○
一	○○	一		七	一九	三	○九	一九	三	○一	二九	○○
	一○	一		九	一九	三	一○	一九	三	○一		五○
	二○	一		一○	二○	三	一○	一九	三	○○		四○
	三○	一		一一	二○	三	一一	一八	二	五九		三○
	四○	一		一二	二○	三	一一	一八	二	五九		二○
	五○	一		一四	二○	三	一二	一八	二	五八		一○
二	○○	二		一五	二○	三	一二	一八	二	五七	二八	○○
	一○	二		一六	二○	三	一三	一八	二	五七		五○
	二○	二		一七	二○	三	一三	一八	二	五六		四○
	三○	二		一九	二○	三	一四	一八	二	五五		三○
	四○	二		二○	二○	三	一四	一八	二	五五		二○
	五○	二		二一	二○	三	一五	一八	二	五四		一○
三	○○	二		二二	二○	三	一五	一八	二	五三	二七	○○
	一○	二		二四	二○	三	一六	一八	二	五二		五○
	二○	三		二五	二○	三	一六	一八	二	五二		四○
	三○	三		二六	二○	三	一七	一八	二	五一		三○
	四○	三		二七	二○	三	一七	一七	二	五○		二○
	五○	三		二九	二○	三	一八	一七	二	四九		一○
四	○○	三		三○	二○	三	一八	一七	三	四九	二六	○○
	一○	三		三一	二○	三	一九	一七	二	四八		五○
	二○	三		三二	二○	三	一九	一七	二	四七		四○
	三○	三		三三	二一	三	二○	一七	二	四六		三○
	四○	四		三五	二一	三	二○	一七	二	四六		二○
	五○	四		三六	二一	三	一一	一七	二	四五		一○
五	○○	四		三七	二一	三	二一	一七	二	四四	一五	○○
順減		十一宮五宮			十宮四宮			九宮三宮			逆加	

日距月分	天最高度	初宮六宮 較秒	均平二 秒	均平二 分	一宮七宮 較秒	均平二 秒	均平二 分	二宮八宮 較秒	均平二 秒	均平二 分	日距月分	天最高度
○○	五	四	三七		二一	二一	三	一七	四四	二	○○	二五
一○		四	三八		二一	二二	三	一七	四三	二	五○	
二○		四	四○		二一	二二	三	一七	四二	二	四○	
三○		四	四一		二一	二二	三	一七	四二	二	三○	
四○		四	四二		二一	二三	三	一七	四一	二	二○	
五○		四	四三		二一	二三	三	一六	四○	二	一○	
○○	六	五	四四		二一	二四	三	一六	三九	二	○○	二四
一○		五	四六		二一	二四	三	一六	三八	二	五○	
二○		五	四七		二一	二四	三	一六	三七	二	四○	
三○		五	四八		二一	二五	三	一六	三七	二	三○	
四○		五	四九		二一	二五	三	一六	三六	二	二○	
五○		五	五一		二一	二五	三	一六	三五	二	一○	
○○	七	五	五二		二一	二六	三	一六	三四	二	○○	二三
一○		五	五三		二一	二六	三	一六	三三	二	五○	
二○		六	五四		二一	二六	三	一六	三二	二	四○	
三○		六	五五		二一	二七	三	一六	三一	二	三○	
四○		六	五七		二一	二七	三	一六	三○	二	二○	
五○		六	五八		二一	二七	三	一五	三○	二	一○	
○○	八	六	五九		二一	二八	三	一五	二九	二	○○	二二
一○		六	○○		二一	二八	三	一五	二八	二	五○	
二○		六	○一		二一	二八	三	一五	二七	二	四○	
三○		六	○三	一	二一	二九	三	一五	二六	二	三○	
四○		七	○四	一	二一	二九	三	一五	二五	二	二○	
五○		七	○五	一	二一	二九	三	一五	二四	二	一○	
○○	九	七	○六	一	二二	二九	三	一五	二三	二	○○	二一
一○		七	○七	一	二二	三○	三	一五	二二	二	五○	
二○		七	○八	一	二二	三○	三	一五	二一	二	四○	
三○		七	一○	一	二二	三○	三	一四	二○	二	三○	
四○		七	一一	一	二二	三○	三	一四	一九	二	二○	
五○		七	一二	一	二二	三一	三	一四	一九	二	一○	
○○	一○	八	一三	一	二二	三一	三	一四	一八	二	○○	○○
順減		十一宮五宮			十宮四宮			九宮三宮			逆加	

日距月分	天最高度	初宮六宮 較秒	均平二 秒	均平二 分	一宮七宮 較秒	均平二 秒	均平二 分	二宮八宮 較秒	均平二 秒	均平二 分	日距月分	天最高度
○○	一○	八	一三	一	二二	三二	三	一四	一八	二	○○	二○
一○		八	一四	一	二二	三一	三	一四	一七	二	五○	
二○		八	一六	一	二二	三一	三	一四	一六	二	四○	
三○		八	一七	一	二二	三一	三	一四	一五	二	三○	
四○		八	一八	一	二二	三二	三	一四	一四	二	二○	
五○		八	一九	一	二二	三二	三	一四	一三	二	一○	
○○	一一	八	一○	一	二二	三二	三	一四	一二	二	○○	一九
一○		八	二一	一	二二	三二	三	一四	一一	二	五○	
二○		八	二二	一	二二	三二	三	一一	一○	二	四○	
三○		九	二四	一	二二	三二	三	一三	○九	二	三○	
四○		九	二五	一	二二	三三	三	一三	○八	二	二○	
五○		九	二六	一	二二	三三	三	一三	○七	二	一○	
○○	一二	九	二七	一	二二	三三	三	一三	○六	二	○○	八
一○		九	二八	一	二二	三三	三	一三	○五	二	五○	
二○		九	二九	一	二二	三三	三	一三	○四	二	四○	
三○		九	三○	一	二二	三三	三	一三	○三	二	三○	
四○		九	三二	一	二二	三三	三	一三	○二	二	二○	
五○		○	三三	一	二二	三三	三	一三	○一	二	一○	
○○	一三	一○	三四	一	二二	三三	三	一二	○○	二	○○	一七
一○		一○	三五	一	二二	三四	三	一二	五九	一	五○	
二○		一○	三六	一	二二	三四	三	一二	五八	一	四○	
三○		一○	三七	一	二二	三四	三	一二	五七	一	三○	
四○		一○	三八	一	二二	三四	三	一二	五六	一	二○	
五○		一○	三九	一	二二	三四	三	一二	五四	一	一○	
○○	一四	一○	四○	一	二二	三四	三	一二	五三	一	○○	一六
一○		一一	四二	一	二二	三四	三	一二	五二	一	五○	
二○		一一	四三	一	二二	三四	三	一一	五一	一	四○	
三○		一一	四四	一	二二	三四	三	一一	五○	一	三○	
四○		一一	四五	一	二二	三四	三	一一	四九	一	二○	
五○		一一	四六	一	二二	三四	三	一一	四八	一	一○	
○○	一五	一一	四七	一	二二	三四	三	一一	四七	一	○○	五
順減		十一宮五宮			十宮四宮			九宮三宮			逆加	

日距月分	天最高度	初宮六宮 較秒	初宮六宮 二平均秒	初宮六宮 二平均分	一宮七宮 較秒	一宮七宮 二平均秒	一宮七宮 二平均分	二宮八宮 較秒	二宮八宮 二平均秒	二宮八宮 二平均分	日距月分	天最高度
○○	一五	一一	四七	一	二○	三四	三	一一	四七	一	○○	一五
一○		一一	四八	一	二二	三四	三	一一	四六		五○	
二○		一一	四九	一	二二	三四	三	一一	四五		四○	
三○		一一	五○	一	二二	三四	三	一一	四四	一	三○	
四○		一一	五一	一	二二	三四	三	一一	四三	一	二○	
五○		一二	五二	一	二二	三四	三	一一	四二	一	一○	
○○	一六	一二	五三	一	二二	三四	三	一○	四○	一	○○	一四
一○		一二	五四	一	二二	三四	三	一○	三九	一	五○	
二○		一二	五六	一	二二	三四	三	一○	三八	一	四○	
三○		一二	五七	一	二二	三四	三	一○	三七	一	三○	
四○		一二	五八	一	二二	三四	三	一○	三六	一	二○	
五○		一二	五九	一	二二	三四	三	一○	三五	一	一○	
○○	一七	一二	○○	二	二二	三三	三	一○	三四	一	○○	一三
一○		一三	○一	二	二二	三三	三	一○	三三	一	五○	
二○		一三	○二	二	二二	三三	三	九	三二	一	四○	
三○		一三	○三	二	二二	三三	三	九	三○	一	三○	
四○		一三	○四	二	二二	三三	三	九	二九	一	二○	
五○		一三	○五	二	二二	三三	三	九	二八	一	一○	
○○	一八	一三	○六	二	二二	三三	三	九	二七	一	○○	一二
一○		一三	○七	二	二二	三三	三	九	二六	一	五○	
二○		一三	○八	二	二二	三三	三	九	二九	一	四○	
三○		一三	○九	二	二二	三二	三	九	二四	一	三○	
四○		一三	一○	二	二二	三二	三	八	二二	一	二○	
五○		一四	一一	二	二二	三二	三	八	二一	一	一○	
○○	一九	一四	一二	二	二二	三二	三	八	二○	一	○○	一一
一○		一四	一三	二	二二	三二	三	八	一九	一	五○	
二○		一四	一四	二	二二	三二	三	八	一八	一	四○	
三○		一四	一五	二	二二	三一	三	八	一七	一	三○	
四○		一四	一六	二	二二	三一	三	八	一六	一	二○	
五○		一四	一七	二	二二	三一	三	八	一四	一	一○	
○○	二○	一四	一八	二	二二	三一	三	八	一三	一	○○	一○
順減		十一宮五宮			十宮四宮			九宮三宮			逆加	

日距月分	天最高度	初宮六宮 較秒	初宮六宮 二平均秒	初宮六宮 二平均分	一宮七宮 較秒	一宮七宮 二平均秒	一宮七宮 二平均分	二宮八宮 較秒	二宮八宮 二平均秒	二宮八宮 二平均分	日距月分	天最高度
○○	二○	一四	一八	二	二二	三一	三	八	一三	一	○○	一○
一○		一四	一九	二	二二	三一	三	七	一二	一	五○	
二○		一四	一九	二	二二	三○	三	七	一一	一	四○	
三○		一四	二○	二	二二	三○	三	七	一○	一	三○	
四○		一五	二一	二	二二	三○	三	七	○八	一	二○	
五○		一五	二二	二	二二	三○	三	七	○七	一	一○	
○○	二一	一五	二三	二	二二	二九	三	七	○六	一	○○	九
一○		一五	二四	二	二一	二九	三	七	○五	一	五○	
二○		一五	二五	二	二一	二九	三	七	○四	一	四○	
三○		一五	二六	二	二一	二九	三	六	○三		三○	
四○		一五	二六	二	二一	二八	三	六	○一		二○	
五○		一五	二八	二	二一	二八	三	六	○○		一○	
○○	二二	一五	二九	二	二一	二八	三	六	五九		○○	八
一○		一五	三○	二	二一	二七	三	六	五八		五○	
二○		一六	三○	二	二一	二七	三	六	五七		四○	
三○		一六	三一	二	二一	二七	三	六	五五		三○	
四○		一六	三二	二	二一	二六	三	六	五四		二○	
五○		一六	三三	二	二一	二六	三	五	五三		一○	
○○	二三	一六	三四	二	二一	二六	三	五	五二		○○	七
一○		一六	三五	二	二一	二五	三	五	五一		五○	
二○		一六	三六	二	二一	二五	三	五	四九		四○	
三○		一六	三七	二	二一	二五	三	五	四八		三○	
四○		一六	三七	二	二一	二四	三	五	四七		二○	
五○		一六	三八	二	二一	二四	三	五	四六		一○	
○○	二四	一六	三九	二	二一	二四	三	五	四四		○○	六
一○		一六	四	二	二一	二三	三	四	四三		五○	
二○		一七	四一	二	二一	二三	三	四	四二		四○	
三○		一七	四二	二	二一	二二	三	四	四一		三○	
四○		一七	四二	二	二一	二二	三	四	四○		二○	
五○		一七	四三	二	二一	二二	三	四	三八		一○	
○○	二五	一七	四四	二	二一	二一	三	四	三七		○○	五
順減		十一宮五宮			十宮四宮			九宮三宮			逆加	

日距月天最高度	分	初宮六宮 較秒	二平均秒	二平均分	一宮七宮 較秒	二平均秒	二平均分	二宮八宮 較秒	二平均秒	二平均分	日距月天最高度	分
二五	○○	一七	四四	二	二一	二一	三	四	三		五	○○
	一○	一七	四五	二	二一	二一	三	四	三			五○
	二○	一七	四六	二	二一	二○	三	四	三			四○
	三○	一七	四六	二	二一	二○	三	三	三三			三○
	四○	一七	四七	二	二○	一九	三	三	三二			二○
	五○	一七	四八	二	二○	一九	三	三	三一			一○
二六	○○	一七	四九	二	二○	一八	三	三	三○		四	○○
	一○	一七	四九	二	二○	八		三	二九			五○
	二○	一七	五○	二	二○	七		三	二七			四○
	三○	一八	五一	一	二○	七		三	二六			三○
	四○	一八	五二	二	二○	六		三	二五			二○
	五○	一八	五二	二	二○	六		二	二四			一○
二七	○○	一八	五三	二	二○	五		二	二二		三	○○
	一○	一八	五四	二	二○	五		二	二一			五○
	二○	一八	五五	二	二○	四		二	二○			四○
	三○	一八	五五	二	二○	四		二	一九			三○
	四○	一八	五六	二	二○	三		二	一七			二○
	五○	一八	五七	一	二○	三		二	一六			一○
二八	○○	一八	五七	二	二○	二		二	一五		二	○○
	一○	一八	五八	二	二○	二		一	一四			五○
	二○	一八	五九	二	二○	一		一	一二			四○
	三○	一八	五九	二	二○	一		一	一一			三○
	四○	一九	○○	三	二○	○		一	一○			二○
	五○	一九	○一	二	一九	○		一	九			一○
二九	○○	一九	○一	三	一九	九		一	七		一	○○
	一○	一九	○二	二	一九	八		一	八			五○
	二○	一九	○三	三	一九	八		○	五			四○
	三○	一九	○三	三	一九	七		○	四			三○
	四○	一九	○四	三	一九	七		○	二			二○
	五○	一九	○五	三	一九	六		○	一			一○
三○	○○	一九	○五	三	一九	五		○	○		○	○○
順減		十一宮五宮			十宮四宮			九宮三宮			逆加	

太陰三平均表

太陰三平均表按日距正交宮度分順逆列之初一二六七八宮列於上三四五九十十一宮列於下前後列日距正交度分中列日距正交逐宮逐度之三平均宮在上者用順度其號爲減宮在下者用逆度其號爲加

用表之法以日距正交之宮對日距正交之度其縱橫相遇即所求之三平均也表以逐度爲率若日距正交有零分者按中比例法求之設日距正交爲八

宮二度四十六分求三平均則以八宮二度所對三平均之數三十九秒與下層八宮三度所對三平均之數三十八秒相減餘一秒為六十分之較乃以六十分為一率較數一秒為二率設數四十六分為三率求得四率十分秒之七六收作一秒與八宮二度三平均之數三十九秒相減因三度之平均小於二度之平均故相減及是則相加也得三十八秒即所求之三平均其號為減即為減均也

日距正交度　〇一二三四五六七八九〇一二三四五六七八九〇一二三四五六七八九〇
一一一一一一一一一一二二二二二二二二二二　順減

初宮六宮平秒　〇二三五七八〇一三五六八九一二四五六八九〇一三四五六七八九〇一
一一一一一一一二二二二二二二三三三三三三三三三四四　十一宮五宮

宮宮均分

一宮七宮平秒　一二二三四四五五六六六七七七七七七七七七六六六五五四四三二二一
四四四四四四四四四四四四四四四四四四四四四四四四四四四四四四四　十宮四宮

宮宮均分

二宮八宮平秒　一〇九八七六五四三一〇九八六五四二一九八六五三一〇八七五三二〇
四四三三三三三三三二二二二二二二一一一一一一一　九宮三宮

宮宮均分

日距正交度　〇九八七六五四三二一〇九八七六五四三二一〇九八七六五四三二一〇
三二二二二二二二二二一一一一一一一一一一　逆加

太陰最高均及本天心距地表

太陰最高均及本天心距地表按日距月最高宮度分順逆列之初一二六七八宮列於上三四五九十十一宮列於下前後列日距月最高度分中列逐宮逐度之最高均及本天心距地數並各列載數於其傍宮在上者用順度均數之號爲加宮在下者用逆度均數之號爲減

用表之法以日距月最高之宮對日距月最高之度其縱橫相遇即所求之最高均及本天心距地數也

表以十分為率若日距月最高有零分者按中比例法求之設日距月最高為三宮一十六度一十五分求最高均及本天心距地數則以十分為一率三宮一十六度一十分與二十分之間所對之較分三分五十五秒化作二百三十五秒為二率設數五分為三率求得四率一百一十七秒小餘五收作一分五十八秒與三宮一十六度一十分所對之最高均數七度五十四分五十秒相加因二十分之最高均大於一十分之最高均故相加反是則相減也得七度五十六分四十八秒為所求之最高均數其號為減即為減均也又以十分為一率三宮一十六度一十分與二十分之間所對之距地較數四四二為二率設數五分為三率求得四率二二一與三宮一十六度一十分所對之本天心距地數四五五七二〇相加因二十分之本天心距地數大於一十分之本天心距地數故相加反是則相減也得四五五九四一即所求之本天心距地數也

初宮　六宮

日距天最高度	分	距地較數	本天心距地數	較分秒	最高均度	分秒	日距天最高度	分
〇	〇〇	二	六六七八二〇	三三一		〇〇〇	三〇	〇〇
	一〇	四	六六七八一八	三三一		三三一		五〇
	二〇	九	六六七八一四	三三〇		七〇二		四〇
	三〇	一一	六六七八〇五	三三一		一〇三二		三〇
	四〇	一五	六六七七九〇	三三一		一四〇三		二〇
	五〇	一八	六六七七七九	三三一		一七三四		一〇
一	〇〇	二一	六六七七六一	三三〇		二一〇五	二九	〇〇
	一〇	二五	六六七七四〇	三三一		二四三五		五〇
	二〇	二八	六六七七一五	三三一		二八〇六		四〇
	三〇	三一	六六七六八七	三三〇		三一三七		三〇
	四〇	三四	六六七六五六	三三一		三五〇七		二〇
	五〇	三八	六六七六二二	三三一		三八三八		一〇
二	〇〇	四〇	六六七五八四	三三〇		四二〇九	二八	〇〇
	一〇	四五	六六七五四四	三三〇		四五三九		五〇
	二〇	四七	六六七四九九	三三〇		四九一〇		四〇
	三〇	五一	六六七四五二	三三〇		五二四〇		三〇
	四〇	五四	六六七四〇一	三三一		五六一〇		二〇
	五〇	五七	六六七三四七	三三〇		五九四一		一〇
三	〇〇	六〇	六六七二九〇	三三〇		〇三一一	二七	〇〇
	一〇	六四	六六七二三〇	三三〇		〇六四一		五〇
	二〇	六七	六六七一六六	三三〇	一	一〇一一		四〇
	三〇	七〇	六六七〇九九	三三〇	一	一三四一		三〇
	四〇	七四	六六七〇二九	三三〇	一	一七一一		二〇
	五〇	七七	六六六九五五	三三〇	一	二〇四一		一〇
四	〇〇	八〇	六六六八七八	三二九	一	二四一一	二六	〇〇
	一〇	八三	六六六七九八	三三〇	一	二七四〇		五〇
	二〇	八七	六六六七一五	三二九	一	三一一〇		四〇
	三〇	八九	六六六六二八	三三〇	三	三四一九		三〇
	四〇	九三	六六六五三九	三二九	一	三八〇九		二〇
	五〇	九七	六六六四四六	三二九	一	四一三八		一〇
五	〇〇		六六六三四九		一	四五〇七	〇	〇

加　十一宮　五宮　減

初宮　六宮

天最高度 日距月分	距地較数	本天心距地数	較分秒	最高均度分秒	天最高度 日距月分
五〇〇		六六六三四九		一四五〇七	二五〇〇
一〇	九九	六六六二五〇	三二九	一一八三六	五〇
二〇	一〇三	六六六一四七	三二九	一五二〇五	四〇
三〇	一〇六	六六六〇四一	三二九	一五五二四	三〇
四〇	一〇九	六六五九三二	三二八	一五九〇二	二〇
五〇	一一三	六六五八一九	三三九	一五二三一	一〇
六〇〇	一一六	六六五七〇三	三二八	二〇五五九	二四〇〇
一〇	一一九	六六五五八四	三二八	二〇九二七	五〇
二〇	一二二	六六五四六二	三二九	二一二五六	四〇
三〇	一二五	六六五三三七	三二八	二一六二四	三〇
四〇	一二九	六六五二〇八	三二七	二一九五一	二〇
五〇	一三二	六六五〇七六	三二八	二二三一九	一〇
七〇〇	一三五	六六四九四一	三二八	二二六四七	二五〇〇
一〇	一三八	六六四八〇三	三二七	二三〇一四	五〇
二〇	一四二	六六四六六一	三二七	二三三四一	四〇
三〇	一四四	六六四五一七	三二七	二三七〇八	三〇
四〇	一四八	六六四三六九	三二七	三〇〇三五	二〇
五〇	一五一	六六四二一八	三二七	二四四〇二	一〇
八〇〇	一五五	六六四〇六三	三二六	二四七二八	二二〇〇
一〇	一五七	六六三九〇六	三二六	二五〇五四	五〇
二〇	一六一	六六三七四五	三二六	二五四二〇	四〇
三〇	一六四	六六三五八一	三二六	二五七四六	三〇
四〇	一六七	六六三四一四	三二六	三〇一一二	二〇
五〇	一七〇	六六三二四四	三二六	三〇四三八	一〇
九〇〇	一七四	六六三〇七〇	三二五	三〇八〇三	二一〇〇
一〇	一七七	六六二八九三	三二五	三一一二八	五〇
二〇	一八〇	六六二七一三	三二五	三一四五三	四〇
三〇	一八三	六六二五三〇	三二五	二一八一八	三〇
四〇	一八六	六六二三四四	三二四	三二一四二	二〇
五〇	一八九	六六二一五五	三二四	三二五〇六	一〇
〇〇〇	一九三	六六一九六二	三二四	三三八三〇	二〇〇〇

加　十一宮　五宮　減

初宮　六宮

天最高度 日距月分	距地較数	本天心距地数	較分秒	最高均度分秒	天最高度 日距月分
一〇〇〇		六六一九六二		三二八三〇	二〇〇〇
〇	一九六	六六一七六六	三二四	三三一五四	五〇
〇	一九八	六六一五六八	三二四	三三三一八	四〇
〇	二〇二	六六一三六六	三二三	三三八四一	三〇
〇	二〇六	六六一一六〇	三二三	三四二〇四	二〇
〇	二〇八	六六〇九五二	三二三	三四五二七	一〇
一一〇〇	二一一	六六〇七四一	三二二	三四八四九	一九〇〇
一〇	二二五	六六〇五二六	三二二	三五二一一	五〇
二〇	二一八	六六〇一〇八	三二三	三五五三四	四〇
三〇	二二〇	六六〇〇八八	三二一	三五八五五	三〇
四〇	二二四	六五九八六四	三二二	四〇二一七	二〇
五〇	二二七	六五九六三七	三二一	四〇五三八	一〇
一二〇〇	二三一	六五九四〇六	三二一	四〇八五九	一八〇〇
一〇	二三三	六五九一七三	三二一	四一二二〇	五〇
二〇	二二八	六五八九三七	三二〇	四一五四〇	四〇
三〇	二四〇	六五八六九七	三二〇	四一九〇〇	三〇
四〇	二四二	六五八四五九	三二〇	四二二二〇	二〇
五〇	二四六	六五八二〇九	三二九	四二五三九	一〇
一三〇〇	二四九	六五七九六〇	三二〇	四二八五九	一七〇〇
一〇	二五二	六五七七〇八	三一八	四三二一七	五〇
二〇	二五五	六五七四五三	三一九	四三五三六	四〇
三〇	二五八	六五七一九五	三一八	四三八五四	三〇
四〇	二六一	六五六九三四	三一八	四四二一二	二〇
五〇	二六四	六五六六七〇	三一八	四四五三〇	一〇
一四〇〇	二六七	六五六四〇一	三一七	四四八四七	一六〇〇
一〇	二七一	六五六一三二	三一七	四五二〇四	五〇
二〇	二七三	六五五八五九	三一七	四五五二一	四
三〇	二七六	六五五五八三	三一六	四五八三七	三
四〇	二八〇	六五五三〇三	三一六	五〇一五一	二
五〇	二八二	六五五〇二一	三一六	五〇五〇九	一
一五〇〇	二八〇	六五四七三六	三一五	五〇八二四	一五〇

加　十一宮　五宮　減

初宮　六宮

日距月天最高度分（十一宮・五宮）	最高均度分秒	較分分秒	本天心距地數	距地較數	日距月天最高度分（初宮・六宮）
一〇〇〇	六四二五八		六四四七九八		二〇〇〇
五〇	六四六〇〇	三〇二	六四四四二二	三七六	一〇
四〇	六四九〇二	三〇二	六四四 四四	三七八	二〇
三〇	六五二〇三	三〇一	六四三六六二	三八二	三〇
二〇	六五五〇四	三〇一	六四三二七八	三八四	四〇
一〇	六五八〇四	三〇〇	六四二八九〇	三八八	五〇
九〇〇	七〇一〇四	三〇〇	六四二五〇〇	三九〇	二一〇〇
五〇	七〇四〇三	二五九	六四二一〇八	三九二	一〇
四〇	七〇七〇二	二五九	六四一七一二	三九六	二〇
三〇	七一〇〇〇	二五八	六四一三一四	三九八	三〇
二〇	七一二五八	二五八	六四〇九一三	四〇一	四〇
一〇	七一五五五	二五七	六四〇五一〇	四〇三	五〇
八〇〇	七一八五二	二五七	六四〇一〇三	四〇七	二二〇〇
五〇	七二一四八	二五六	六三三六九四	四〇九	一〇
四〇	七二四四三	二五五	六三九二八二	四一二	二〇
三〇	七二七三九	二五六	六三八八六八	四一四	三〇
二〇	七三〇三三	二五四	六三八四五一	四一七	四〇
一〇	七三三二七	二五四	六三八〇三一	四二〇	五〇
七〇〇	七三六二〇	二五三	六三七六〇八	四二三	二三〇〇
五〇	七三九一三	二五三	六三七一八三	四二五	一〇
四〇	七四二〇五	二五二	六三六七五五	四二八	二〇
三〇	七四四五七	二五二	六三六三二五	四三〇	三〇
二〇	七四七四八	二五一	六三五八九一	四三四	四〇
一〇	七五〇三八	二五〇	六三五四五五	四三六	五〇
六〇〇	七五三三八	二五〇	六三五〇一七	四三八	二四〇〇
五〇	七五六一七	二四九	六三四五七六	四四一	一〇
四〇	七五九〇六	二四九	六三四一三三	四四三	二〇
三〇	九〇一五四	二四八	六三三六八六	四四七	三〇
二〇	八〇四四一	二四七	六三三二三八	四四八	四〇
一〇	八〇七二八	二四七	六三二七八六	四五二	五〇
五〇〇	八一〇一四	二四六	六三二三三二	四五四	二五〇〇

加　十一宮　五宮　減

初宮　六宮

日距月天最高度分（十一宮・五宮）	最高均度分秒	較分分秒	本天心距地數	距地較數	日距月天最高度分（初宮・六宮）
一五〇〇	五〇八二四		六五四七三六		一五〇〇
五〇	五一一三九	三一五	六五四四四七	二八九	一〇
四〇	五一四五四	三一五	六五四一五六	二九一	二〇
三〇	五一八〇八	三一四	六五三八六一	二九五	三〇
二〇	五二一二二	三一四	六五三五六四	二九七	四〇
一〇	五二四〇〇	三一三	六五三二六三	三〇一	五〇
一四〇〇	五二七四八	三二三	六五二九六〇	三〇三	一六〇〇
五〇	五三一〇一	三一三	六五二六五四	三〇六	一〇
四〇	五三四一三	三一二	六五二三四四	三一〇	二〇
三〇	五三七二五	三一二	六五二〇三二	三一二	三〇
二〇	五四〇三七	三一二	六五一七一七	三一九	四〇
一〇	五四三四八	三一一	六五一二九八	三一九	五〇
一三〇〇	五四六五八	三〇〇	六五一〇七七	三二一	一七〇〇
五〇	五五〇〇九	三一一	六五〇七五三	三二四	一〇
四〇	五五三一九	三一〇	六五〇四二六	三二七	二〇
三〇	五五六二八	三〇九	六五〇〇九六	三三〇	三〇
二〇	五五九三七	三〇九	六四九七六三	三三三	四〇
一〇	六〇二四六	三〇九	六四九四一七	三三六	五〇
一三〇〇	六〇五五四	三〇八	六四九〇八八	三三九	八〇〇
五〇	六〇九〇二	三〇八	六四八七四六	三四二	一〇
四〇	六一二〇九	三〇七	六四八四〇二	三四四	二〇
三〇	六一五一六	三〇七	六四八〇五四	三四八	三〇
二〇	六一八三三	三〇七	六四七七〇四	三五〇	四〇
一〇	六二一三九	三〇六	六四七三九一	三五三	五〇
一一〇〇	六二四三四	三〇五	六四六九九五	三五六	一九〇〇
五〇	六二七三九	三〇五	六四六六三六	三五九	一〇
四〇	六三〇四四	三〇五	六四六二七四	三六二	二〇
三〇	六三三四八	三〇四	六四五九〇九	三六五	三〇
二〇	六三六五二	三〇四	六四五五四二	三六七	四〇
一〇	六三九五五	三〇三	六四五一七一	三七一	五〇
一〇〇〇	六四二五八	三〇三	六四四七九八	三七三	二〇〇〇

加　十一宮　五宮　減

初宮　六宮

天最高度	日距月分	距地較數	本天心距地數	較分秒	最高均度分秒	日距月分	天最高度
二五	○○	四五六	六三二三三二	二四六	八一○一四	○○	五
	一○	四五九	六三一八七六	二四五	八一三○○	五○	
	二○	四六一	六三一四一七	二四四	八一五四五	四○	
	三○	四六五	六三○九五六	二四四	八一八二九	三○	
	四○	四六六	六三○四九一	二四三	八二一一三	二○	
	五○	四六九	六三○○二五	二四二	八二三五六	一○	
二六	○○	四七二	六二九五○六	二四二	八二六三八	○○	四
	一○	四七四	六二九○八四	二四一	八二九二○	五○	
	二○	四七六	六二八六一○	二四一	八三二○一	四○	
	三○	四七九	六二八一三四	二三九	八三四四二	三○	
	四○	四八二	六二七六五五	二三九	八三七二一	二○	
	五○	四八三	六二七一七三	二三九	八四○○○	一○	
二七	○○	四八七	六二六六九○	二三七	八四二三九	○○	三
	一○	四八八	六二六二○三	二三七	八四五一六	五○	
	二○	四九二	六二五七一五	二三七	八四七五三	四○	
	三○	四九四	六二五二二四	二三五	八五○三○	三○	
	四○	四九六	六二四七三○	二三五	八五二○五	二○	
	五○	四九八	六二四二三四	二三四	八五五四○	一○	
二八	○○	五○○	六二三七三六	二三四	八五八一四	○○	二
	一○	五○四	六二三二三六	二三三	九○○四八	五○	
	二○	五○五	六二二七三二	二三二	九○三二一	四○	
	三○	五○七	六二二二二七	二三一	九○五五五	三○	
	四○	五一○	六二一七二○	二三一	九○八二四	二○	
	五○	五一二	六二一二一○	二三○	九一○五五	一○	
二九	○○	五一五	六二○六九八	二二九	九一三二五	○○	一
	一○	五一七	六二○一八三	二二八	九一五五四	五○	
	二○	五一九	六一九六六六	二二八	九一八二二	四○	
	三○	五二三	六一九一四七	二二六	九二○五○	三○	
	四○	五二三	六一八六二六	二二六	九二三一六	二○	
	五○	五二六	六一八一○三	二二六	九二五四二	一○	
三○	○○		六一七五七七		九二八○八	○○	○

加　十一宮　五宮　減

一宮　七宮

天最高度	日距月分	距地較數	本天心距地數	較分秒	最高均度分秒	日距月分	天最高度
○	○○	五二八	六一七五七七	二二四	九二○○八	○○	三○
	一○	五三○	六一七○四九	二二四	九三○三二	五○	
	二○	五三三	六一六五一九	二二二	九三二二六	四○	
	三○	五三四	六一五九八六	二二二	九三五一九	三○	
	四○	五三七	六一五四五二	二二一	九三七四一	二○	
	五○	五三九	六一四九一五	二二一	九四○○二	一○	
一	○○	五四一	六一四三七六	二二○	九四二二三	○○	二九
	一○	五四三	六一三八三五	二一九	九四四四三	五○	
	二○	五四五	六一三二九二	二一六	九四七○二	四○	
	三○	五四八	六一二七四七	二一七	九四九二○	三○	
	四○	五四九	六一二一九九	二一六	九五一三七	二○	
	五○	五五二	六一一六五○	二一六	九五三五三	一○	
二	○○	五五四	六一一○九八	二一五	九五六○九	○○	二八
	一○	五五六	六一○五四四	二一四	九五八二四	五○	
	二○	五五七	六○九九八八	二一三	一○○○三八	四○	
	三○	五六○	六○九四三一	二一二	一○○二五一	三○	
	四○	五六二	六○八八七一	二一一	一○○五○三	二○	
	五○	五六三	六○八三○九	二一一	一○○七一四	一○	
三	○○	五六六	六○七七四六	二一○	一○○九二五	○○	二七
	一○	五六八	六○七一八○	二○八	一○一一三五	五○	
	二○	五七○	六○六六一二	二○八	一○一三四三	四○	
	三○	五七一	六○六○四二	二○七	一○一五五一	三○	
	四○	五七四	六○五四七一	二○六	一○一七五八	二○	
	五○	五七五	六○四八九七	二○五	一○二○○四	一○	
四	○○	五七八	六○四三二二	二○五	一○二二○九	○○	二六
	一○	五七九	六○三七四四	二○三	一○二四一四	五○	
	二○	五八一	六○三一六五	二○二	一○二六一七	四○	
	三○	五八三	六○二五八○	二○二	一○二八一九	三○	
	四○	五八五	六○二○○一	二○○	一○三○二一	二○	
	五○	五八七	六○一四一六	二○○	一○三一二一	一○	
五	○○		六○○八二九		一○三四二一	○○	二五

加　十宮　四宮　減

一宮　七宮

日距月分 天最高度	距地較數	本天心距地數	較分秒	最高均度分秒	日距月分 天最高度
五〇〇		六〇〇八二六		一〇三四三一	二五〇〇
一〇	五八八	六〇〇二四一	一五九	一〇三六二〇	五〇
二〇	五九一	五九九六五〇	一五八	一〇三八一八	四〇
三〇	五九一	五九九〇五八	一五六	一〇四〇一四	三〇
四〇	五九四	五九八四六四	一五六	一〇四二一〇	二〇
五〇	五九六	五九七八六八	一五五	一〇四四〇九	一〇
六〇〇	五九七	五九七二七一	一五四	一〇四五五九	二四〇〇
一〇	五九九	五九六六七二	一五三	一〇四七五二	五〇
二〇	六〇一	五九六〇七一	一五二	一〇四九四四	四〇
三〇	六〇二	五九五四六九	一五一	一〇五一三五	三〇
四〇	六〇五	五九四八六四	一五〇	一〇五三一五	二〇
五〇	六〇六	五九四二五八	一四九	一〇五五一四	一〇
七〇〇	六〇七	五九三六五一	一四八	一〇五七〇二	二三〇〇
一〇	六〇九	五九三〇四二	一四七	一〇五八四九	五〇
二〇	六一一	五九二四三一	一四六	一一〇〇三五	四〇
三〇	六一三	五九一八一八	一四五	一一〇二二〇	三〇
四〇	六一三	五九一二〇五	一四四	一一〇四〇四	二〇
五〇	六一六	五九〇五八九	一四二	一一五五四六	一〇
八〇〇	六一七	五八九九七二	一四二	一一〇七二八	二二〇〇
一〇	六一九	五八九三五三	一四一	一一〇九〇九	五〇
二〇	六二〇	五八八七三三	一四〇	一一一〇四九	四〇
三〇	六二二	五八八一一一	一三九	一一一二二八	三〇
四〇	六二三	五八七四八八	一三七	一一一四〇五	二〇
五〇	六二五	五八六八六三	一三七	一一一五四二	一〇
九〇〇	六二六	五八六二三七	一三五	一一一七一七	二一〇〇
一〇	六二八	五八五六〇九	一三五	一一一八五二	五〇
二〇	六二九	五八四九八〇	一三三	一一二〇二五	四〇
三〇	六三〇	五八四三五〇	一三二	一一二一五七	三〇
四〇	六三二	五八三七一八	一三一	一一二三二八	二〇
五〇	六三四	五八三〇八四	一三〇	一一二四五八	一〇
〇〇〇	六三四	五八二四五〇	一二九	一一二六二七	二〇〇〇

加　十宮　四宮　減

一宮　七宮

日距月分 天最高度	距地較數	本天心距地數	較分秒	最高均度分秒	日距月分 天最高度
一〇〇〇		五八二四五〇		一一一六二七	二〇〇〇
一〇	六三六	五八一六一四	一二八	一一二七五五	五〇
二〇	六三七	五八一一七七	一二七	一一二九二二	四〇
三〇	六三九	五八〇五三八	一二五	一一三〇四七	三〇
四〇	六四〇	五七九八九八	一二五	一一三二一二	二〇
五〇	六四一	五七九二五七	一二三	一一三三三五	一〇
一一〇〇	六四二	五七八六一五	一二二	一一三四五七	一九〇〇
一〇	六四三	五七七九七二	一二三	一一三六一八	五〇
二〇	六四六	五七七三二六	一二〇	一一三七三八	四〇
三〇	六四六	五七六六八〇	一一八	一一三八五六	三〇
四〇	六四七	五七六〇三三	一一八	一一四〇一四	二〇
五〇	六四八	五七五三八四	一一六	一一四一二〇	一〇
一〇〇〇	六四九	五七四七三五	一一五	一一四二四五	〇〇
一〇	六五一	五七四〇八四	一一四	一一四三五九	五〇
二〇	六五二	五七三四三二	一一三	一一四五一二	四〇
三〇	六五三	五七二七七九	一一一	一一四六二三	三〇
四〇	六五四	五七二一二五	一一一	一一四七三四	二〇
五〇	六五五	五七一四七〇	一〇九	一一四八四三	一〇
一三〇〇	六五六	五七〇八一四	一〇八	一一四九五一	一七〇〇
一〇	六五七	五七〇一五七	一〇六	一一五〇五七	五〇
二〇	六五八	五六九四九九	一〇六	一一五二〇三	四〇
三〇	六五九	五六八八四〇	一〇四	一一五六〇七	三〇
四〇	六六一	五六八一七九	一〇三	一一五四一〇	二〇
五〇	六六一	五六七五一八	一〇二	一一五五一二	一〇
一四〇〇	六六一	五六六八五七	一〇〇	一一五六一二	一六〇〇
一〇	六六三	五六六一九四	五九	一一五七一一	五〇
二〇	六六四	五六五五三〇	五八	一一五九〇九	四〇
三〇	六六五	五六四八六五	五七	一一五九〇六	三〇
四〇	六六五	五六四二〇〇	五五	一二〇〇〇一	二〇
五〇	六六六	五六三五三四	五四	一二〇〇五五	一〇
一五〇〇	六六八	五六二八六六	五三	一二〇一四八	一五〇〇

加　十宮　四宮　減

一　宮　七　宮

日距月天最高度分	距地較數	本天心距地數	較分秒	最高均度分秒	日距月天最高度分
一五○○	六六八	五六二八六六	二	一二○一四八	一五○○
一○	六六八	五六二一九八	○	一二○二四○	五○
二○	六七○	五六一五三○	四九	二二○三二○	四○
三○	六六九	五六○八六○	四七	一二○四一九	三○
四○	六七二	五六○一九一	四六	一二○五○六	二○
五○	六七二	五五九九一九	四五	一二○六五二	一○
一六○○	六七一	五五八八四七	四四	一二○六三七	一四○○
一○	六七三	五五八一七六	四二	一二○七二一	五○
二○	六七四	五五七五○三	四一	一二○八○三	四○
三○	六七四	五五六八二九	三九	一二○八四四	三○
四○	六七四	五五六一五五	三九	一二○九二三	二○
五○	六七六	五五五四八一	三六	一二一○○二	一○
一七○○	六七六	五五四八○九	三六	一二一○三八	一三○○
一○	六七六	五五四一二九	三四	一二一一一四	五○
二○	六七八	五五三二五三	三二	一二一一四八	四○
三○	六七六	五五二七七五	三二	一二一二二○	三○
四○	六七九	五五二○九九	三○	一二一三五二	二○
五○	六七八	五五一○二○	二八	一二一三二二	一○
一八○○	六七九	五五○七四二	二七	一二一三二○	二○○
一○	六七九	五五○○六三	二六	一二一四一七	五○
二○	六七五	五四九三八四	二四	一二一四四三	四○
三○	六七九	五四八七○五	二三	一二一五○七	三○
四○	六八一	五四八○二六	二一	一二一五三○	二○
五○	六八一	五四七三四五	二○	一二一五五一	一○
一九○○	六八○	五四六六六四	一八	一二一六一一	一一○○
一○	六八一	五四五九八四	一七	一二一六二九	五○
二○	六八一	五四五三○三	一六	一二一六四六	四○
三○	六八二	五四四六二二	一四	一二一七○二	三○
四○	六八一	五四三六四○	一二	一二一七一六	二○
五○	六八二	五四三二五九	一二	一二一七二八	一○
二○○○		五四二五七七		一二一七四○	一○○○

加　十　宮　四　宮　減

一　宮　七　宮

日距月天最高度分	距地較數	本天心距地數	較分秒	最高均度分秒	日距月天最高度分
二○○○	六八三	五四二五七七	九	一二一七四○	一○○○
一○	六八一	五四一八九四	八	一二一七四九	五○
二○	六八三	五四一二一三	七	一二一七五七	四○
三○	六八三	五四○五三○	五	一二一八○四	三○
四○	六八一	五三九八四七	四	一二一八○五	二○
五○	六八三	五三九一六六	二	一二一八一三	一○
二一○○	六八三	五三八四八三	一	一二一八一五	九○○
一○	六八二	五三七八○○	一	一二一八一六	五○
二○	六八三	五三七一一八	三	一二一八一五	四○
三○	六八二	五三六四二五	四	一二一八一三	三○
四○	六八二	五三五七三三	五	一二一八○八	二○
五○	六八二	五三五○七一	七	一二一八○三	一○
二二○○	六八二	五三四三八八	九	一二一七五六	八○○
一○	六八二	五三三七○六	一○	一二一七四七	五○
二○	六八二	五三三○二四	一二	一二一七三七	四○
三○	六八一	五三二二四二	一三	一二一七一五	三○
四○	六八二	五三一六六一	一五	一二一七一二	二○
五○	六八一	五三○九七九	一六	一二一六五七	一○
二三○○	六八一	五三○二九八	一八	一二一六四一	七○○
一○	六八一	五二九六一七	二○	一二一六二三	五○
二○	六八○	五二八九三六	二一	一二一六○三	四○
三○	六七九	五二八二五六	二三	一二一五四二	三○
四○	六八○	五二七五七七	三四	一二一五一九	二○
五○	六八○	五二六八九七	二六	一二一四五五	一○
二四○○	六七八	五二六二一七	二八	一二一四二九	六○○
一○	六八○	五二五五三九	二九	一二一四○一	五○
二○	六七八	五二四八五九	三一	一二一五三二	四○
三○	六七七	五二四一八一	三三	一二一三○一	三○
四○	六七六	五二三五○四	三五	一二一三二八	二○
五○	六七七	五二二八二八	三六	一二一一五四	一○
二五○○		五二二一五一		一二一一一八	五○○

加　十　宮　四　宮　減

一宮　七宮

日距月分	天最高度	距地較數	本天心距地數	較分分秒	最高均度分秒	日距月分	天最高度
○○	二五		五二二一五一		一二一一一八	○○	五
一○		六七五	五二八四七六	二七	一二一○四一	五○	
二○		六七六	五二○八○○	三九	一二一○○二	四○	
三○		六七五	五二○一二五	四一	一二○九二二	三○	
四○		六七四	五一九四五一	四六	一二○八三八	二○	
五○		六七四	五一八七七七	四四	一二○七五四	一○	
○○	二六	六七三	五一八一○五	四五	一二○七○九	○○	四
一○		六七二	五一七四三三	四八	一二○六二一	五○	
二○		六七二	五一六七六一	四九	一二○五三二	四○	
三○		六七○	五一六○八一	五一	一二○四四一	三○	
四○		六七○	五一五四二一	五二	一二○三四九	二○	
五○		六六九	五一四七五二	五五	一二○二五四	一○	
○○	二七	六六九	五一四○八三	五六	一二○一五八	○○	三
一○		六六六	五一三四一七	五七	一二○一○一	五○	
二○		六六七	五一二七五○	○○	一二○○○一	四○	
三○		六六五	五一二○八五	○一	一一五九○○	三○	
四○		六六四	五一一四二一	○二	一一五七九八	二○	
五○		六六四	五一○七五七	一○五	一一五六五三	一○	
○○	二八	六六三	五一○○九四	一○六	一一五五四七	○○	二
一○		六六一	五○九四三三	一○八	一一五四三六	五○	
二○		六六○	五○八七七三	一一○	一一五三二九	四○	
三○		六六○	五○八一一三	一一一	一一五二一八	三○	
四○		六五八	五○七四五五	一一三	一一五一○五	二○	
五○		六五八	五○六七九七	一一五	一一四九五○	一○	
○○	二九	六五五	五○六一四二	一一七	一一四八三三	○○	一
一○		六五六	五○五四八六	一一八	一一四七一五	五○	
二○		六五三	五○四八三三	一二一	一一四五五四	四○	
三○		六五二	五○四一八一	一二二	一一四二三二	三○	
四○		六五一	五○三五三○	一二三	一一四三○九	二○	
五○		六五○	五○二八八○	一二六	一一四一四三	一○	
○○	三○	六四九	五○二二三○	一二七	一一四○一六	○○	○

加　十宮　四宮　減

二宮　八宮

日距月分	天最高度	距地較數	本天心距地數	較分分秒	最高均度分秒	日距月分	天最高度
○○	○		五○二二三一		一一四○一六	○○	三○
一○		六四七	五○一五八四	一二五	一一三八四七	五○	
二○		六四六	五七○九三八	一三一	一一三七一六	四○	
三○		六四四	五○○二九四	一三三	一一三五四三	三○	
四○		六四三	四九九六五一	一三四	一一三四○九	二○	
五○		六四二	四九九○○九	一三六	一一三二三三	一○	
○○	一	六四○	四九八三六九	一三八	一一三○五五	○○	二九
一○		六三九	四九七七三○	一四○	一一二九一五	五○	
二○		六三七	四九七○九三	一四一	一一二七三四	四○	
三○		六三六	四九六四五七	一四四	一一二五五○	三○	
四○		六三三	四九五八二四	一四五	一一二四○五	二○	
五○		六三二	四九五一九二	一四七	一一二二一八	一○	
○○	二	六三一	四九四五六一	一四九	一一二○二九	○○	二八
一○		六二九	四九三九三二	一五○	一一一八三九	五○	
二○		六二八	四九三三○四	一五二	一一一六四七	四○	
三○		六二五	四九二六七九	一五五	一一一四五二	三○	
四○		六二四	四九二○五五	一五六	一一一二五六	二○	
五○		六二二	四九一四三三	一五七	一一一○五九	一○	
○○	三	六 ○	四九○八一三	二○○	一一○八五九	○○	二七
一○		六一八	四九○一九五	二○二	一一○六五七	五○	
二○		六一七	四八九五七八	二○三	一一○四五四	四○	
三○		六一七	四八八九六三	二○五	一一○二四九	三○	
四○		六一二	四八八三五一	二○七	一一○○四二	二○	
五○		六一一	四八七七四○	二○九	一○五八三三	一○	
○○	四	六○八	四八七一三一	二一○	一○五六二二	○○	二六
一○		六○七	四八六五二四	二一二	一○五四一一	五○	
二○		六○四	四八五九二○	二一五	一○五一五六	四○	
三○		六○三	四八五三一七	二一六	一○四九四○	三○	
四○		六○○	四八四七一七	二一八	一○四七二二	二○	
五○		五九九	四八四一一八	二一九	一○四○○三	一○	
○○	五	五九六	四八三五二二	二二二	一○四二四一	○○	一五

加　九宮　三宮　減

	二宮		八宮		
日距月分 天最高度	距地較數	本天心距地數	較分 分秒	最高均 度分秒	日距月分 天最高度
五〇〇	五九五	四八三五二二	二二三	一〇四二四一	二五〇〇
一〇	五九二	四八二九二七	二二五	一〇四〇一八	五〇
二〇	五九〇	四八三三三五	二二七	一〇三七九三	四〇
三〇	五八七	四八一七四五	二二九	一〇三五二六	三〇
四〇	五八五	四八一一五八	二三一	一〇三六五七	二〇
五〇	五八三	四八〇五七三	二三二	一〇三〇二六	一〇
六〇〇	五八〇	四七九九九〇	二三五	一〇二七五四	二四〇〇
一〇	五七九	四七九四一〇	二三六	二〇二五一九	五〇
二〇	五七四	四七八八三一	二三八	一〇二二四三	四〇
三〇	五七五	四七八二〇七	二四〇	一〇二〇〇五	三〇
四〇	五七一	四七七六八二	二四一	一〇一七二五	二〇
五〇	五六八	四七七一一一	二四四	一〇一四四四	一〇
七〇〇	五六五	四七六五四〇	二四五	一〇一二〇〇	二三〇〇
一〇	五六五	四七五九七八	二四七	一〇〇九一五	五〇
二〇	五六〇	四七五四一三	二四九	一〇〇六二八	四〇
三〇	五五八	四七四八五三	二五〇	一〇〇三三九	三〇
四〇	五五六	四七四二九五	二五三	一〇〇〇四九	二〇
五〇	五五三	四七三七三九	二五四	九五七二六	一〇
八〇〇	五五一	四七三一八六	二五六	九五五〇二	二二〇〇
一〇	五四六	四七二六三五	二五八	九五七〇六	五〇
二〇	五四五	四七二〇八八	三〇〇	九四九〇八	四〇
三〇	五四三	四七一五四四	三〇二	九四六〇八	三〇
四〇	五三八	四七一〇〇一	三〇三	九四三〇六	二〇
五〇	五三七	四七〇四六三	三〇五	九四〇〇三	一〇
九〇〇	五三三	四六九九二六	三〇七	九三六五八	一〇〇
一〇	五三一	四六九三九三	三〇九	九三三五一	五〇
二〇	五二八	四六八八六二	三一〇	九三〇四二	四〇
三〇	五二五	四六八三三四	三一二	九一七三二	三〇
四〇	五二三	四六七八〇九	三一四	九二四二〇	二〇
五〇	五一八	四六七二八六	三一六	九二一〇六	一〇
〇〇〇		四六六七六八		九一七五〇	三〇〇〇
	九宮		三宮		減

	二宮		八宮		
日距月分 天最高度	距地較數	本天心距地數	較分 分秒	最高均 度分秒	日距月分 天最高度
一〇〇〇	五一六	四六六七六八	三一八	九一七五〇	一〇〇〇
一〇	五一三	四六六二五二	三一九	九一四三二	五〇
二〇	五一〇	四六五七三九	三二一	九一一一三	四〇
三〇	五〇六	四六五二二九	三二三	九〇七〇二	三〇
四〇	五〇三	四六四七二三	三二五	九〇四二九	二〇
五〇	五〇一	四六四二二〇	三二六	九〇一〇四	一〇
一一〇〇	四九八	四六三七一九	三二八	八五七三八	一九〇〇
一〇	四九四	四六三二二一	三三〇	八五四一〇	五〇
二〇	四九〇	四六二七二七	三三一	八五〇四〇	四〇
三〇	四八八	四六二二三七	三三四	八四七〇九	三〇
四〇	四八三	四六一七四九	三三五	八四三三五	二〇
五〇	四八二	四六一二六六	三三六	八四〇〇〇	一〇
一二〇〇	四七七	四六〇七八四	三三九	八三六二四	一八〇〇
一〇	四七五	四六〇二〇七	三四〇	八三二四五	五〇
二〇	四七〇	四五九八三二	三四一	八二九〇五	四〇
三〇	四六八	四五九三六二	三四四	八二五二四	三〇
四〇	四六四	四五八八九四	三四五	八二一四〇	二〇
五〇	四六〇	四五八四三〇	三四七	八一七五五	一〇
一三〇〇	四五七	四五七九七〇	三四八	八一四〇八	一七〇〇
一〇	四五四	四五七五一三	三五〇	八一〇二〇	五〇
二〇	四四九	四五七〇五九	三五二	八〇六三〇	四〇
三〇	四四八	四五六六一〇	三五三	八〇二三八	三〇
四〇	四四二	四五六一六二	三五五	七五八四五	二〇
五〇	四三九	四五五七二〇	三五七	七五四五〇	一〇
一四〇〇	四三五	四五五二八一	三五八	七五〇五五	一六〇〇
一〇	四三二	四五四八四六	四〇〇	七四六五五	五〇
二〇	四二八	四五四四一四	四〇一	七四二五五	四〇
三〇	四二六	四五三九八六	四〇三	七三八五四	三〇
四〇	四一九	四五三五六〇	四〇五	七三四五一	二〇
五〇	四一七	四五三一四一	四〇八	七三〇四六	一〇
一五〇〇		四二二七二四		一二六四〇	一五〇〇
加	九宮		三宮		減

二宮　八宮

日距月分 天最高度	距地較數	本天心距地數	較分 分秒	最高均 度分秒	日距月分 天最高度
一五〇〇	四一四	四五二七二四	四〇七	七二六四〇	一五〇〇
一〇	四〇九	四五二三一〇	四一〇	七二二三三	五〇
二〇	四〇九	四五一九〇一	四一〇	七一八二三	四〇
三〇	四〇二	四五一四九六	四一三	七一四一三	三〇
四〇	三九七	四五一〇九四	四一三	七一〇〇〇	二〇
五〇	三九五	四五〇六九七	四一六	七〇五四七	一〇
一六〇〇	三八九	四五〇三〇二	四一六	七〇一三一	一四〇〇
一〇	三八六	四四九九一三	四一九	六五七一五	五〇
二〇	三八二	四四九五二七	四一九	六五二五六	四〇
三〇	三七七	四四九一四七	四三一	六四八三七	三〇
四〇	三七四	四四八七六八	四二三	六四四一六	二〇
五〇	三七〇	四四八三九四	四二四	六三九五三	一〇
一七〇〇	三六四	四四八〇二四	四二六	六三五二九	一三〇〇
一〇	三六三	四四七六六〇	四二六	六三一〇三	五〇
二〇	三五六	四四七二九七	四二九	六二六三七	四〇
三〇	三五四	四四六九四一	四二九	六二二〇八	三〇
四〇	三四九	四四六五八七	四三一	六一七三九	二〇
五〇	三四六	四四六二三八	四三三	六一三〇八	一〇
一八〇〇	三四一	四四五八九二	四三三	六〇八三五	一二〇〇
一〇	三三五	四四五五五一	四三五	六〇四〇二	五〇
二〇	三三二	四四五二一六	四三七	五五九二七	四〇
三〇	三二七	四四四八八四	四三七	五五四五〇	三〇
四〇	三二四	四四四五五七	四三九	五五〇一三	二〇
五〇	三二〇	四四四二三三	四四〇	五四五三四	一〇
一九〇〇	三一六	四四三九一三	四四二	五四〇五四	一一〇〇
一〇	三一〇	四四三五九七	四五三	五三六一二	五〇
二〇	三〇五	四四三二八七	四四四	五三一二九	四〇
三〇	三〇三	四四二九八二	四四五	五二六四五	三〇
四〇	二九六	四四二六七九	四四六	五二二〇〇	二〇
五〇	二九三	四四二三八三	四四八	五一七一四	一〇
二〇〇〇		四四二〇九〇		五一二二六	一〇〇〇

加　九宮　三宮　減

二宮　八宮

日距月分 天最高度	距地較數	本天心距地數	較分 分秒	最高均 度分秒	日距月分 天最高度
二〇〇〇	二八九	四四二〇九〇	四四八	五一二二六	一〇〇〇
一〇	二八五	四四一八〇一	四五〇	五〇七三八	五〇
二〇	二七九	四四一五〇六	四五二	五〇二四八	四〇
三〇	二七五	四四一二三七	四五二	四五七五七	三〇
四〇	二七〇	四四〇九六二	四五二	四五三〇五	二〇
五〇	二六六	四四〇六九二	四五五	四四八一二	一〇
二一〇〇	二六一	四四〇四二六	四五五	四四三一七	九〇〇
一〇	二五七	四四〇一六五	四五六	四三八二二	五〇
二〇	二五一	四三九九〇八	四五八	二三三二六	四〇
三〇	二五〇	四三九六五七	四五八	四二八二八	三〇
四〇	二四二	四三九四〇七	五〇〇	四二三三〇	二〇
五〇	二三八	四三九一六五	五〇〇	四一八三〇	一〇
二二〇〇	二三四	四三八九二七	五〇二	四一三三〇	八〇〇
一〇	二二九	四三八六九三	五〇二	四〇八二八	五〇
二〇	二二五	四三八四六四	五〇三	四〇三二六	四〇
三〇	二一八	四三八二三九	五〇五	三五八二三	三〇
四〇	二一六	四三八〇二一	五〇五	三五三一八	二〇
五〇	二一〇	四三七八〇五	五〇六	三四八一三	一〇
二三〇〇	二〇四	四三七五九五	五〇七	三四三〇七	七〇〇
一〇	二〇二	四三七三九一	五〇七	三三八〇〇	五〇
二〇	一九三	四三七一八九	五〇九	三三二五三	四〇
三〇	一九三	四三六九九六	五〇九	三二七四四	三〇
四〇	一八七	四三六八〇三	五一〇	三二二三五	二〇
五〇	一八〇	四三六六一六	五一一	三一七二五	一〇
二四〇〇	一七七	四三六四三六	五一二	三一二一四	六〇〇
一〇	一七二	四三六二五九	五一二	三〇七〇二	五〇
二〇	一六七	四三六〇八七	五一三	三〇一五〇	四〇
三〇	一六二	四三五九二〇	五一四	二五六三七	三〇
四〇	一五七	四三五七五八	五一五	二五一二三	二〇
五〇	一五二	四三五六〇七	五一五	二四六〇八	一〇
二五〇〇		四三五四四九		二四〇五三	五〇〇

加　九宮　三宮　減

三宮　八宮

日距月天最高度分	距地較數	本天心距地數	較分秒	最高均度分秒	日距月天最高度分
二五〇〇	一四七	四三五四四九	五一五	二四〇五三	五〇〇
一〇	一四三	四三五三〇二	五一七	二三五三八	五〇
二〇	一三七	四三五一五九	五一七	二三〇二一	四〇
三〇	一三三	四三五〇二二	五一七	二二五〇四	三〇
四〇	一二八	四三四八八九	五一八	二一九四七	二〇
五〇	一二三	四三四七六一	五一九	二一四二九	一〇
二六〇〇	一一七	四三四六三八	五一九	二〇九一〇	四〇〇
一〇	一一三	四三四五二一	五一九	二〇三五一	五〇
二〇	一〇八	四三四四〇八	五二一	一五八三二	四〇
三〇	一〇三	四三四三〇〇	五二〇	一五三一一	三〇
四〇	九八	四三四一九七	五二一	一四七五一	二〇
五〇	九三	四二四〇九九	五二一	一四二三〇	一〇
二七〇〇	八八	四三四〇〇六	五二二	一三七〇九	三〇〇
一〇	八三	四三三九一八	五二二	一三一四七	五〇
二〇	七八	四三三八三五	五二二	一二六二五	四〇
三〇	七三	四三三七五七	五二三	一二一〇三	三〇
四〇	六八	四三三六八四	五二三	一一五四〇	二〇
五〇	六三	四三三六一六	五二三	一一〇一七	一〇
二八〇〇	五八	四三三五五三	五二四	一〇四五四	二〇〇
一〇	五三	四三三四九五	五二四	五九三〇	五〇
二〇	四八	四三二四四二	五二四	五四〇六	四〇
三〇	四三	四三三三九四	五二四	四八四二	三〇
四〇	三七	四三三三五一	五二四	四三一八	二〇
五〇	三三	四三三三一四	五二五	三七五四	一〇
二九〇〇	二八	四三三二八一	五二四	三二二九	一〇〇
一〇	二三	四三一二五三	五二九	二七〇五	五〇
二〇	一七	四三三二三〇	五二五	二一四〇	四〇
三〇	一三	四三三二一三	五二五	一六一五	三〇
四〇	七	四三三二〇〇	五二五	一〇五〇	二〇
五〇	三	四三三一九三	五二五	五二五	一〇
三〇〇〇		四三三一九〇		〇〇〇	〇〇〇

加　九宮　三宮　減

十

太陰初均表

太陰初均表揆太陰引數宮度分順逆列之初宮至五宮列於上六宮至十一宮列於下前後列太陰引數度分中列逐宮逐度之初均數因太陰兩心差隨時不同故表分大均中均小均三段最大兩心差六六七八二〇列為大均中數兩心差五五〇五〇五列為中均最小兩心差四三三一九〇列為小均宮在上者用順度其號為減宮在下者用逆度其號為加

用表之法以太陰引數宮度及本天心距地數察其縱橫相遇之均數即所求之初均數也表以十分為率若太陰引數有零分及本天心距地數在大均中均小均之間者用三次比例法求之本天心距地數在大均中均之間者則以大均數與中均數相比例本天心距地數在中均小均之間者則以中均數與小均數相比例

設太陰引數為三宮一十八度四十三分本天心距地數為四五五九四一求初均數本天心距地數在中均小均之間應以小均為本位中均為次位　則以十分為一率引數三宮一十八度四十分所對之小均數四度四十六分五十一秒與下層三宮一十八度五十分所對之小均數四度四十六分三十七秒相減餘一十四秒為二率設數三分為三率求得四率四秒與三宮一十八度四十分所對之小均數四度四十六分五十一秒相減因五十分所對之小均數小於四十小所對之小均數故相減反是則相加也餘四度四十六分四十七秒即引數三宮一十八度四十三分之小均數為初均本位又以十分為一率引數三宮一十八度四十分所對之中均數六度零六分零三秒與下層三宮一十八度五十分所對之中均數六度零

五分四十六秒相減餘一十七秒為二率設數三分為三率求得四率五秒與三宮一十八度四十分所對之中均數六度零六分零三秒相減相減之理與前同餘六度零五分五十八秒即引數三宮一十八度四十三分之中均數為初均次位乃以最小兩心差四三三一九〇與中數兩心差五五〇五〇五相減餘一一七三一五為一率本天心距地數四五五九四一與最小兩心差四三三一九〇相減因本天心距地數四五五九四一在兩心差中數小數之間故與兩心差小數四三三一九〇相減若本天心距地數在兩心差大數中數之間則與兩心差中數五五〇五〇五相減餘二二七五一為二率本位初均四度四十六分四十七秒與次位初均六度零五分五十八秒相減餘一度一十九分一十一秒化作四十七百五十一秒為三率求得四率九百一秒收作一十五分二十一秒與本位初均四度四十六分四十七秒相加得五度零二分零八秒為所求之初均數其號為減即為減均也

引數	初宮 小均數	初宮 中均數	初宮 大均數	引數
度分	度分秒	度分秒	度分秒	度分
三〇〇〇	〇	〇	〇	〇〇〇
五〇	四九	一〇二	一一四	一〇
四〇	一三九	二〇四	二二八	二〇
三〇	二二八	三〇五	三四二	三〇
二〇	三一七	四〇七	四五六	四〇
一〇	四〇七	五〇九	六一〇	五〇
二九〇〇	四五六	六一一	七二三	一〇〇
五〇	五四五	七一三	八三八	一〇
四〇	六三五	八一四	九五二	二〇
三〇	七二四	九一六	一一〇五	三〇
二〇	八一三	一〇一八	一二一五	四〇
一〇	九〇二	一一二〇	一二三三	五〇
二八〇〇	九五二	一二二一	一四四七	二〇〇
五〇	一〇四一	一三二三	一六〇一	一〇
四〇	一一三〇	一四二五	一七一五	二〇
三〇	一二一九	一五二七	一八二九	三〇
二〇	一三〇九	一六二八	一九四三	四〇
一〇	一三五八	一七三〇	二〇五七	五〇
二七〇〇	一四四七	一八三二	二二一一	三〇〇
五〇	一五三六	一九三四	二三二四	一〇
四〇	一六二六	二〇三五	二四三八	二〇
三〇	一七一五	二一三七	二五五二	三〇
二〇	一八〇四	二二三九	二七〇六	四〇
一〇	一八五三	二三四〇	二八二〇	五〇
二六〇〇	一九四三	二四四二	二九三四	四〇〇
五〇	二〇三二	二五四四	三〇四七	一〇
四〇	二一二一	二六四五	三二〇一	二〇
三〇	二二一〇	二七四七	三三一五	三〇
二〇	二二五九	二八四九	三四二九	四〇
一〇	二三四八	二九五〇	三五四二	五〇
二五〇〇	二四三八	三〇五一	三六五六	五〇〇
加	十一宮			減

初宮

引數		小均數			中均數			大均數			引數	
度	分	度	分	秒	度	分	秒	度	分	秒	度	分
二〇	〇〇		四九	〇六	一	〇一	三三	一	一三	三九	一〇	〇〇
	五〇		四九	五四	一	〇二	三四	一	一四	五二		一〇
	四〇		五〇	四三	一	〇三	三五	一	一六	〇五		二〇
	三〇		五一	三二	一	〇四	三五	一	一七	一六		三〇
	二〇		五二	二〇	一	〇五	三六	一	一八	三一		四〇
	一〇		五三	〇九	一	〇六	三七	一	一九	四四		五〇
一九	〇〇		五三	九七	一	〇七	三八	一	二〇	五七	一一	〇〇
	五〇		五四	四六	一	〇八	三九	一	二二	一〇		一〇
	四〇		五五	三四	一	〇九	四〇	一	二三	二三		二〇
	三〇		五六	二三	一	一〇	四一	一	二四	三六		三〇
	二〇		五七	一一	一	一一	四一	一	二五	四八		四〇
	一〇		五八	〇〇	一	一二	四二	一	二七	〇一		五〇
一八	〇〇		五八	四八	一	一三	四三	一	二八	一四	一二	〇〇
	五〇		五九	三六	一	一四	四四	一	二九	二六		一〇
	四〇	一	〇〇	二五	一	一五	四四	一	三〇	三九		二〇
	三〇	一	〇一	一三	一	一六	四五	一	三一	五二		三〇
	二〇	一	〇二	〇一	一	一七	四五	一	三三	〇四		四〇
	一〇	一	〇二	五〇	一	一八	四六	一	三四	一七		五〇
一七	〇〇	一	〇三	三八	一	一九	四七	一	三五	二九	一三	〇〇
	五〇	一	〇四	一六	一	二〇	四七	一	三六	四二		一〇
	四〇	一	〇五	一四	一	二一	四七	一	三七	五四		二〇
	三〇	一	〇六	〇二	一	二二	四八	一	三九	〇六		三〇
	二〇	一	〇六	五一	一	二三	四八	一	四〇	一九		四〇
	一〇	一	〇七	三九	一	二四	四九	一	四一	三一		五〇
一六	〇〇	一	〇八	二七	一	二五	四九	一	四二	四三	一四	〇〇
	五〇	一	〇九	一五	一	二六	四九	一	四三	九六		一〇
	四〇	一	一〇	〇三	一	二七	四九	一	四五	〇八		二〇
	三〇	一	一〇	五一	一	二八	五〇	一	四六	二〇		三〇
	二〇	一	一一	三九	一	二九	五〇	一	四七	三二		四〇
	一〇	一	一二	二七	一	三〇	五〇	一	四八	四四		五〇
一五	〇〇	一	一三	一五	一	三一	五〇	一	四九	五六	一五	〇〇

加　十一宮　減

初宮

引數		小均數			中均數			大均數			引數	
度	分	度	分	秒	度	分	秒	度	分	秒	度	分
二五	〇〇		二四	三八		三〇	五二		三六	五六	〇五	〇〇
	五〇		二五	二七		三一	五四		三六	一〇		一〇
	四〇		二六	一六		三二	五五		三九	二四		二〇
	三〇		二七	〇五		三三	五七		四〇	三七		三〇
	二〇		二七	五四		三四	五八		四一	五一		四〇
	一〇		二八	四三		三六	〇〇		四三	〇五		五〇
二四	〇〇		二九	三二		三七	〇一		四四	一八	六	〇〇
	五〇		三〇	二二		三八	〇三		四五	三二		一〇
	四〇		三一	一〇		三九	〇四		四六	四六		二〇
	三〇		三二	〇〇		四〇	〇六		四七	五九		三〇
	二〇		三二	四五		四一	〇七		四九	一二		四〇
	一〇		三三	三八		四二	〇九		五〇	二六		五〇
二三	〇〇		三四	二七		四三	一〇		五一	四〇	七	〇〇
	五〇		三五	一六		四四	一二		五二	五三		一〇
	四〇		三六	〇五		四五	一三		五四	〇七		二〇
	三〇		三六	五三		四六	一四		五五	二〇		三〇
	二〇		三七	四二		四七	一六		五六	三四		四〇
	一〇		三八	三一		四八	一七		五七	四七		五〇
二二	〇〇		三九	二〇		四九	一八		五九	〇〇	八	〇〇
	五〇		四〇	〇九		五〇	二〇	一	〇〇	一四		一〇
	四〇		四〇	五八		五一	二一	一	〇一	二一		二〇
	三〇		四一	四七		五二	二二	一	〇二	四一		三〇
	二〇		四二	三六		五三	二四	一	〇三	五四		四〇
	一〇		四三	二五		五四	二五	一	〇五	〇七		五〇
二一	〇〇		四四	一三		五五	二六	一	〇六	二〇	九	〇〇
	五〇		四五	〇二		五六	二七	一	〇七	三四		一〇
	四〇		四五	五一		五七	二八	一	〇八	四七		二〇
	三〇		四六	四〇		五八	二九	一	一〇	〇〇		三〇
	二〇		四七	二八		五九	三〇	一	一一	一三		四〇
	一〇		四八	一七	一	〇〇	三一	一	一二	二六		五〇
〇	〇〇		四九	〇六	一	〇一	三三	一	一三	三九	〇	〇〇

加　十一宮　減

初宮

引數 度分	小均數 度分秒	中均數 度分秒	大均數 度分秒	引數 度分
一〇〇〇	一三六五五	二〇一三三	二二五三三	二〇〇〇
五〇	一三七四二	二〇二三二	二二六四三	一〇
四〇	一三八二八	二〇三三一	二二七五四	二〇
三〇	一三九一五	二〇四二九	二二九〇四	三〇
二〇	一四〇〇二	二〇五二八	二三〇一四	四〇
一〇	一四〇四八	二〇六二六	二三一二四	五〇
九〇〇	一四一三五	二〇七二五	二三二三五	二一〇〇
五〇	一四二二一	二〇八二三	二三三四五	一〇
四〇	一四三〇八	二〇九二一	二三四五五	二〇
三〇	一四三五四	二一〇二〇	二三六〇五	三〇
二〇	一四四四四	二一一一八	二三七一四	四〇
一〇	一四五二七	二一二一六	二三八二四	五〇
八〇〇	一四六一三	二一三一四	二三九三四	二二〇〇
五〇	一四六五九	二一四一二	二四〇四四	一〇
四〇	一四七四五	二一五一〇	二四一五三	二〇
三〇	一四八三一	二一六〇八	二四三〇三	三〇
二〇	一四九一七	二一七〇六	二四四一二	四〇
一〇	一五〇〇三	二一八〇四	二四五二一	五〇
七〇〇	一五〇四九	二一九〇二	二四六三一	二三〇〇
五〇	一五一三五	二一九五九	二四七四〇	一〇
四〇	一五二二一	一二〇五七	二四八一九	二〇
三〇	一五五〇七	二二一五五	二四九五九	三〇
二〇	一五五五三	二二二五二	二五一〇八	四〇
一〇	一五四三九	二二三五〇	二五二一七	五〇
六〇〇	一五五二四	二二四四七	二五三二六	二四〇〇
五〇	一五六一〇	二二五四五	二五四三四	一〇
四〇	一五六五五	二二六四二	二五五四三	二〇
三〇	一五七四一	二二七三九	二五六五二	三〇
二〇	一五八七六	二二八三六	二五八〇一	四〇
一〇	一五九一二	二二九三三	二五九〇五	五〇
五〇〇	一五九五七	二三〇三〇	三〇〇一八	二五〇〇

加　　十一宮　　減

初宮

引數 度分	小均數 度分秒	中均數 度分秒	大均數 度分秒	引數 度分
一五〇〇	一一三一五	一三一五〇	一四九五六	一五〇〇
五〇	一一四〇二	一三二五〇	一五一〇八	一〇
四〇	一一四五〇	一三三五〇	一五二二〇	二〇
三〇	一一五三八	一三四五〇	一五三三二	三〇
二〇	一一六二六	一三五五〇	一五四四三	四〇
一〇	一一七二四	一三六五〇	一五五五五	五〇
一四〇〇	一一八〇一	一三七五〇	一五七〇七	一六〇〇
五〇	一一八四九	一三八五〇	一五八一九	一〇
四〇	一一九三七	一三九四九	一五九三〇	二〇
三〇	一二〇二四	一四〇四九	二〇〇四二	三〇
二〇	一二一一二	一四一四九	二〇一五三	四〇
一〇	一二一五九	一四二四八	二〇三〇五	五〇
一三〇〇	一二二四七	一四三四八	二〇四一六	一七〇〇
五〇	一二三三四	一四四四八	二〇五二八	一〇
四〇	一二四二二	一四五四七	二〇六三九	二〇
三〇	一二五〇九	一四六四七	二〇七五〇	三〇
二〇	一二五五六	一四七四六	二〇九〇一	四〇
一〇	一二六四四	一四八四五	二一〇一三	五〇
一二〇〇	一二七三一	一四九四五	二一一二四	一八〇〇
五〇	一二八一八	一五〇四四	二一二三五	一〇
四〇	一二九〇五	一五一四三	二一三四六	二〇
三〇	一二九四二	一五二四三	二一四五七	三〇
二〇	一三〇四〇	一五三四二	二一六〇八	四〇
一〇	一三一二七	一五四四一	二一七一九	五〇
一一〇〇	一三二一四	一五五四〇	二一八三九	一九〇〇
五〇	一三三〇一	一五六三九	二一九四〇	一〇
四〇	一三三四八	一五七三八	二二〇五一	二〇
三〇	一三四三四	一五八三七	二二二〇二	三〇
二〇	一三五二一	一五九三六	二二三一二	四〇
一〇	一三六〇八	二〇〇三四	二二四二三	五〇
一〇〇〇	一三六九五	二〇一三五	二二五三三	二〇〇〇

加　　十一宮　　減

初宮

引數 度分	大均數 度分秒	中均數 度分秒	小均數 度分秒	引數 度分
二五〇〇	三〇〇一八	二三〇三〇	一五九五七	五〇〇
一〇	三〇一二六	二三一二七	二〇〇四二	五〇
二〇	三〇一二四	二三二二四	二〇一二八	四〇
三〇	三〇三四三	二三三二一	二〇二一三	三〇
四〇	三〇四五一	二三四一八	二〇二五八	二〇
五〇	三〇五五五	二三五一五	二〇三四三	一〇
二六〇〇	三〇七五七	二三六一一	二〇四二八	四〇〇
一〇	三〇八一五	二三七〇八	二〇五一三	五〇
二〇	三〇九二三	二三八〇五	二〇五五八	四〇
三〇	三一〇三一	二三九〇一	二〇六四三	三〇
四〇	三一一三九	二三九五七	二〇七二八	二〇
五〇	三一二四六	二四〇五四	二〇八一三	一〇
二七〇〇	三一二五四	二四一五〇	二〇八五七	三〇〇
一〇	三一五〇一	二四二四六	二〇九四二	五〇
二〇	三一六〇九	二四三四二	二一〇二七	四〇
三〇	三一七一六	二四四三八	二一一一一	三〇
四〇	三一八二三	二四五三四	二一一五六	二〇
五〇	三一九三一	二四六三〇	二一二四〇	一〇
二八〇〇	三二〇三八	二四七二六	二一三二四	二〇〇
一〇	三二一四五	二四八二二	二一四〇七	五〇
二〇	三二二五二	二四九一八	二一四五三	四〇
三〇	三二三五九	二五〇一三	二一五三七	三〇
四〇	二二五〇五	二五一〇九	二一六二一	二〇
五〇	三二六一二	二五二〇四	二一七〇五	一〇
二九〇〇	三二七一九	二五三〇〇	二一七四九	一〇〇
一〇	三二八一五	二五三五五	二一八三三	五〇
二〇	三二九二二	二五四二〇	二一九一七	四〇
三〇	三三〇三八	二五五四六	二二〇〇一	三〇
四〇	三三一四四	二五六四一	二二〇四五	二〇
五〇	三三二五〇	二五七三六	二二一二五	一〇
三〇〇〇	三三三五七	二五八三一	二二二一一	〇〇〇

減　十一宮　加

引數 度分	大均數 度分秒	中均數 度分秒	小均數 度分秒	引數 度分
〇〇〇	三三三五七	二五八三一	二二二一二	三〇〇〇
一〇	三三五〇三	二五九二六	二二二五六	五〇
二〇	三三六〇九	三〇〇二一	二二三三九	四〇
三〇	三三七一四	三〇一一五	二二四二三	三〇
四〇	三三八二〇	三〇二一〇	二二五〇六	二〇
五〇	三三五二六	三〇三〇五	二二五四五	一〇
一〇〇	三四〇三一	三〇五五九	二二六三三	二九〇〇
一〇	三四一三七	三〇四五四	二二七一六	五〇
二〇	三四二四二	三〇五四八	二二七五九	四〇
三〇	三四三四八	三〇六四二	二二八四二	三〇
四〇	三四四五三	三〇七三六	二二九二五	二〇
五〇	三四五五八	二〇八三〇	二三〇〇〇	一〇
二〇〇	三四七〇三	三〇九二五	二三〇五一	二八〇〇
一〇	三四八〇八	三一〇一八	二三一三四	五〇
二〇	三四九一三	三一一一二	二三二一六	四〇
三〇	三五〇一七	三一二〇六	二三二五九	三〇
四〇	三五一二二	五一三〇〇	二三三四二	二〇
五〇	三五二二七	三一五五三	二三四二四	一〇
三〇〇	三五三三一	三一四四七	二三五〇六	二七〇〇
一〇	三五四三五	三一五四一	二三五四九	五〇
二〇	三五五四〇	三一六三四	二三六三一	四〇
三〇	三五六四四	三一七二七	二三七一四	三〇
四〇	三五七四八	三一八二〇	二三七五六	二〇
五〇	三五八五二	三一九一四	二三八三八	一〇
四〇〇	三五九五六	三二〇〇七	二三九二〇	二六〇〇
一〇	四〇一〇〇	三二一〇〇	二四〇〇二	五〇
二〇	四〇二〇三	三二一五一	二四〇四四	四〇
三〇	四〇三〇七	三二二四五	二四一二六	三〇
四〇	四〇四一〇	三二三三八	二四二〇七	二〇
五〇	四〇五一四	三二四三一	二四二四九	一〇
五〇〇	四〇六一七	三二五二三	二四三三一	二五〇〇

減　十宮　加

一宮

引數 度分	大均數 度分秒	中均數 度分秒	小均數 度分秒	引數 度分
五〇〇	四〇六一七	三二五二三	二四三三一	二五〇〇
一〇	四〇七二〇	三二六一五	二四四一二	五〇
二〇	四〇八二三	三二七〇八	二四四五四	四〇
三〇	四〇九一八	三二八〇〇	二四五三五	三〇
四〇	四一〇一九	三二八五二	二四六一七	二〇
五〇	四一一三二	三二九四四	二四六五八	一〇
六〇〇	四一二三九	三三〇三六	二四七三九	二四〇〇
一〇	四一三三七	三三一二八	二四八五〇	五〇
二〇	四一四四〇	三三二二〇	二四九〇一	四〇
三〇	四一五四二	三三三一二	二四九四二	三〇
四〇	四一六四四	三三四〇三	二五〇二三	二〇
五〇	四一七四六	三三四五五	二五一〇四	一〇
七〇〇	四一八四八	三三五四六	二五一四四	二三〇〇
一〇	四一九五〇	三三六三八	二五五二五	五〇
二〇	四一〇五二	三三七二九	二五五〇六	四〇
三〇	四一一五四	三三八一〇	二五三四六	三〇
四〇	四二二五五	三三九一一	二五四二七	二〇
五〇	四二三五七	三四〇〇二	二五五〇七	一〇
八〇〇	四二四五八	三四〇五三	二五五四七	二二〇〇
一〇	四二六〇〇	三四一四四	二五六二七	五〇
二〇	四二七〇一	三四二三四	二五七〇七	四〇
三〇	四二八〇二	三四三二五	二五七四七	三〇
四〇	四二九〇三	三四四一六	二五八二七	二〇
五〇	四三〇〇三	三四五〇六	二五九〇七	一〇
九〇〇	四三一〇四	三四五五六	二五九四七	二一〇〇
一〇	四三二〇五	三四六四七	三〇〇二七	五〇
二〇	四三三〇五	三四七三七	三〇一〇六	四〇
三〇	四三四〇八	三四六二七	三〇一四六	三〇
四〇	四三五〇六	三四九一七	四〇二二五	二〇
五〇	四三六〇六	三五〇〇七	三〇三〇五	一〇
〇〇〇	四三七〇六	三五〇五六	三〇三四四	二〇〇〇

減　　十　　宮　　加

一宮

引數 度分	大均數 度分秒	中均數 度分秒	小均數 度分秒	引數 度分
一〇〇〇	四三七〇六	三五〇五六	三〇三四四	二〇〇〇
一〇	四三八〇八	三五一四六	三〇四二三	五〇
二〇	四三九〇六	三五二三五	三〇五〇二	四〇
三〇	四四〇〇五	三五三二五	三〇五四二	三〇
四〇	四四一〇五	三五四一四	三〇六二〇	二〇
五〇	四四二〇五	三五五〇三	三〇六五五	一〇
一一〇〇	四四三〇四	三五五五二	三〇七三八	一九〇〇
一〇	四四四〇二	三五六四一	三〇八一七	五〇
二〇	四四五〇二	三五七三〇	三〇八五五	四〇
三〇	四四六〇一	三五八一九	三〇九三四	三〇
四〇	四四七〇〇	三五九〇八	三一〇一三	二〇
五〇	四四七五五	三五九五七	三一〇五一	一〇
一二〇〇	四四八五七	四〇〇四五	三一一二五	一八〇〇
一〇	四四九五六	四〇一三三	三一二〇七	五〇
二〇	四五〇五四	四〇二二二	三一二四六	四〇
三〇	四五一五二	四〇三一〇	三一三一四	三〇
四〇	四五二五一	四〇三五八	三一四〇一	二〇
五〇	四五三四九	四〇四四六	三一四五九	一〇
一三〇〇	四五四四六	四〇五三四	三一五一七	一七〇〇
一〇	四五五四四	四〇六二二	三一五五五	五〇
二〇	四五五四二	四〇七〇九	三一六三二	四〇
三〇	四五七三九	四〇七五七	三一七一〇	三〇
四〇	四五八三七	四〇八四四	三一七四七	二〇
五〇	四五九三四	四〇九三一	三一八二五	一〇
一四〇〇	五〇〇三一	四一〇一九	三一九〇二	一六〇〇
一〇	五〇一二八	四一一〇六	三一九三九	五〇
二〇	五〇二二五	四一一五三	三二〇一六	四〇
三〇	五〇三二一	四一二四〇	三二〇五三	三〇
四〇	五〇四一八	四一三二六	三二一三四	二〇
五〇	五〇五一一	四一四一三	三二二〇七	一〇
一五〇〇	五〇六一一	四一五〇〇	三二二四三	一五〇〇

減　　十　　宮　　加

一宮

引數 度分	大均數 度分秒	中均數 度分秒	小均數 度分秒	引數 度分
一五〇〇	五〇六一一	四一五〇〇	三二二四三	一五〇〇
一〇	五〇七〇七	五一三四六	三二五二〇	五〇
二〇	五〇八〇四	四一六三二	三二五五七	四〇
三〇	五〇九〇〇	四一七一九	三二四二三	三〇
四〇	五〇九五五	四一八〇五	三二五〇九	二〇
五〇	五一〇五一	四一八五一	三二五四六	一〇
一六〇〇	五一一四七	四一七三七	三二六二二	一四〇〇
一〇	五一二四二	四二〇二二	三二六五八	五〇
二〇	五一三三七	四二一〇八	三二七三四	四〇
三〇	五一四三三	四二一五四	三二八一〇	三〇
四〇	五一五二八	四二二三九	三二八四五	二〇
五〇	五一六二三	四二三二四	三二九二一	一〇
一七〇〇	五一七一七	四二四一〇	三二九五七	一三〇〇
一〇	五一八一二	四二四五五	三三〇三二	五〇
二〇	五一九〇六	四二五四〇	三三一〇八	四〇
三〇	五二〇〇一	四二六二四	三三一四三	三〇
四〇	五二〇五五	四二七〇九	三三二一八	二〇
五〇	五二一四五	四二七五四	三三二五三	一〇
一八〇〇	五二二四三	四二八三八	三三三二八	一二〇〇
一〇	五二三三七	四二九二三	三三四〇三	五〇
二〇	五二四三一	四三〇〇七	三三四三八	四〇
三〇	五二五二四	四三〇五一	三三五一三	三〇
四〇	五二六一八	四三一二五	三三五四七	二〇
五〇	五二七一一	四三二一九	三三六二二	一〇
一九〇〇	五二八〇四	四三二〇一	三三六四六	一一〇〇
一〇	五二八五八	四三三四六	三三七三〇	五〇
二〇	五二九五〇	四三四三〇	三三八〇五	四〇
三〇	五三〇四三	四三五一三	三三八三八	三〇
四〇	五三一三五	四三五三七	三三九一三	二〇
五〇	五三二二八	四三六四〇	三二九五七	一〇
二〇〇〇	五三三二〇	四三七二三	三四〇〇一	一〇〇〇

減　　十宮　　加

一宮

引數 度分	大均數 度分秒	中均數 度分秒	小均數 度分秒	引數 度分
二二〇〇	五五三二〇	四三一二三	三四〇二一	一〇〇〇
一〇	五三四一二	四三八〇六	三四〇五四	五〇
二〇	五三五〇四	四三八四九	三四一二八	四〇
三〇	五三五五六	四三九三一	三四二〇一	三〇
四〇	五三六四八	四四〇一四	三四二三五	二〇
五〇	五三七三九	四四〇五六	三四三〇八	一〇
二一〇〇	五三八三一	四四一三九	三四三四一	九〇〇
一〇	五三九二二	四四二二一	三四四一五	五〇
二〇	五四〇一三	四四三〇三	三四四〇七	四〇
三〇	五四一〇四	四四三四五	三四五二〇	三〇
四〇	五四一五五	四四四二七	三四五五三	二〇
五〇	五四二四六	四四五〇八	三四六二六	一〇
二二〇〇	五四三二六	四四一五七	三四六〇九	八〇〇
一〇	五四四二七	四四六三一	三四七三一	五〇
二〇	五四五一七	四四七一三	三四八〇三	四〇
三〇	五四六〇七	四四七五四	三四八三六	三〇
四〇	五四六五七	四四八三五	三四九〇八	二〇
五〇	五四七四七	四四九一六	三四九四〇	一〇
二三〇〇	五四八三六	四四九五七	三五〇一二	七〇〇
一〇	五四九三六	四五〇三七	三五〇四四	五〇
二〇	五五〇一五	四五一一八	三五一一六	四〇
三〇	五五一〇四	四五一五八	三五一四七	三〇
四〇	五五一五三	四五二三八	三五一一九	二〇
五〇	五五二四一	四五二一九	三五二五〇	一〇
二四〇〇	五五三三二	四五三五九	三五三二二	六〇〇
一〇	五五四二〇	四五四三九	三五三五二	五〇
二〇	五五五〇八	四五五一八	三五四二四	四〇
三〇	五五五五六	四五五五八	三五四五五	三〇
四〇	五五六四四	四五五三七	三五五二六	二〇
五〇	五五七三二	四五七一七	三五五五七	一〇
二五〇〇	五五六二〇	四五七五六	三五六二七	五〇〇

減　　十宮　　加

一宮

引數度	引數分	小均數度	分	秒	中均數度	分	秒	大均數度	分	秒	引數度	引數分
一五	〇〇	三	二二	四三	四	一五	〇〇	五	〇六	一一	一五	〇〇
	五〇	三	二五	二〇	五	一三	四六	五	〇七	〇七		一〇
	四〇	三	二五	五七	四	一六	三二	五	〇八	〇四		二〇
	三〇	三	二四	二三	四	一七	一九	五	〇九	〇〇		三〇
	二〇	三	二五	〇九	四	一八	〇五	五	〇九	五五		四〇
	一〇	三	二五	四六	四	一八	五一	五	一〇	五一		五〇
一四	〇〇	三	二六	二二	四	一七	三七	五	一一	四七	一六	〇〇
	五〇	三	二六	五八	四	二〇	二二	五	一二	四二		一〇
	四〇	三	二七	三四	四	二一	〇八	五	一三	三七		二〇
	三〇	三	二八	一〇	四	二一	五四	五	一四	三三		三〇
	二〇	三	二八	四五	四	二二	三九	五	一五	二八		四〇
	一〇	三	二九	二一	四	二三	二四	五	一六	二三		五〇
一三	〇〇	三	二九	五七	四	二四	一〇	五	一七	一七	一七	〇〇
	五〇	三	三〇	三二	四	二四	五五	五	一八	一二		一〇
	四〇	三	三一	〇八	四	二五	四〇	五	一九	〇六		二〇
	三〇	三	三一	四三	四	二六	二四	五	二〇	〇一		三〇
	二〇	三	三二	一八	四	二七	〇九	五	二〇	五五		四〇
	一〇	三	三二	五三	四	二七	五四	五	二一	四五		五〇
一二	〇〇	三	三三	二八	四	二八	三八	五	三二	四三	一八	〇〇
	五〇	三	三四	〇三	四	二九	二三	五	二三	三七		一〇
	四〇	三	三四	三八	四	三〇	〇七	五	二四	三一		二〇
	三〇	三	三五	一三	四	三〇	五一	五	二五	二四		三〇
	二〇	三	三五	四七	四	三一	二五	五	二六	一八		四〇
	一〇	三	三六	二二	四	三二	一九	五	二七	一一		五〇
一一	〇〇	三	三六	四六	四	三二	〇一	五	二八	〇四	一九	〇〇
	五〇	三	三七	三〇	四	三三	四六	五	二八	五八		一〇
	四〇	三	三八	〇五	四	三四	三〇	五	二九	五〇		二〇
	三〇	三	三八	三八	四	三五	一三	五	三〇	四三		三〇
	二〇	三	三九	一三	四	三五	三七	五	三一	三五		四〇
	一〇	三	二九	五七	四	三六	四〇	五	三二	二八		五〇
一〇	〇〇	三	四〇	〇一	四	三七	二三	五	三三	二〇	二〇	〇〇
加											減	

十宮

一宮

引數度	引數分	小均數度	分	秒	中均數度	分	秒	大均數度	分	秒	引數度	引數分
一〇	〇〇	三	四〇	二一	四	三一	二三	五	五三	二〇	二〇	〇〇
	五〇	三	四〇	五四	四	三八	〇六	五	三四	一二		一〇
	四〇	三	四一	二八	四	三八	四九	五	三五	〇四		二〇
	三〇	三	四二	〇一	四	三九	三一	五	三五	五六		三〇
	二〇	三	四二	三五	四	四〇	一四	五	三六	四八		四〇
	一〇	三	四三	〇八	四	四〇	五六	五	三七	三九		五〇
九	〇〇	三	四三	四一	四	四一	三九	五	三八	三一	二一	〇〇
	五〇	三	四四	一五	四	四二	二一	五	三九	二二		一〇
	四〇	三	四四	〇七	四	四三	〇三	五	四〇	一三		二〇
	三〇	三	四五	二〇	四	四三	四五	五	四一	〇四		三〇
	二〇	三	四五	五三	四	四四	二七	五	四一	五五		四〇
	一〇	三	四六	二六	四	四五	〇八	五	四二	四六		五〇
八	〇〇	三	四六	〇九	四	四一	五七	五	四三	二六	二二	〇〇
	五〇	三	四七	三一	四	四六	三一	五	四四	二七		一〇
	四〇	三	四八	〇三	四	四七	一三	五	四五	一七		二〇
	三〇	三	四八	三六	四	四七	五四	五	四六	〇七		三〇
	二〇	三	四九	〇八	四	四八	三五	五	四六	五七		四〇
	一〇	三	四九	四〇	四	四九	一六	五	四七	四七		五〇
七	〇〇	三	五〇	一二	四	四九	五七	五	四八	三六	二三	〇〇
	五〇	三	五〇	四四	四	五〇	三七	五	四九	三六		一〇
	四〇	三	五一	一六	四	五一	一八	五	五〇	一五		二〇
	三〇	三	五一	四七	四	五一	五八	五	五一	〇四		三〇
	二〇	三	五一	一九	四	五二	三八	五	五一	五三		四〇
	一〇	三	五二	五〇	四	五二	一九	五	五二	四一		五〇
六	〇〇	三	五三	二二	四	五三	五九	五	五三	三二	二四	〇〇
	五〇	三	五三	五二	四	五四	三九	五	五四	二〇		一〇
	四〇	三	五四	二四	四	五五	一八	五	五五	〇八		二〇
	三〇	三	五四	五五	四	五五	五八	五	五五	五六		三〇
	二〇	三	五五	二六	四	五五	三七	五	五六	四四		四〇
	一〇	三	五五	五七	四	五七	一七	五	五七	三二		五〇
五	〇〇	三	五六	二七	四	五七	五六	五	五六	二〇	二五	〇〇
加											減	

十宮

二宮

引數 度分	小均數 度分秒	中均數 度分秒	大均數 度分秒	引數 度分
五〇〇	四二三四〇	五三二五三	六四一〇五	五〇〇
五〇	四二四〇三	五三三二三	六四一四六	一〇
四〇	四二四二七	五三三五三	六四二二三	二〇
三〇	四二四五〇	五三四二四	六四三〇一	三〇
二〇	四二五一二	五三四五四	六四三三八	四〇
一〇	四二五三六	五三五二三	六四四一四	五〇
二四〇〇	四二五五九	五三五五三	六四四五一	六〇〇
五〇	四二六二一	五三六二三	六四五二八	一〇
四〇	四二六四五	五三六五二	六四六〇四	二〇
三〇	四二七〇七	五三七三一	六四六四〇	三〇
二〇	四二七二〇	五三七五〇	六四七一六	四〇
一〇	四二七五二	五三八一九	六四七五一	五〇
二三〇〇	四二八一四	五三八四八	六五八二七	七〇〇
五〇	四二八三六	五三九一六	六四九〇二	一〇
四〇	四二八二八	五三九四五	六四九三七	二〇
三〇	四二九二〇	五四〇一三	六五〇一一	三〇
二〇	四二九四二	五四〇四一	六五〇四七	四〇
一〇	四二〇〇三	五四一〇九	六五一二二	五〇
二二〇〇	四三〇二五	五四一三七	六三一五六	八〇〇
五〇	四三〇四六	五四二〇五	六五二三〇	一〇
四〇	四三一〇七	五四二三二	六五三〇四	二〇
三〇	四三一二八	五四三〇〇	六五三三八	三〇
二〇	四三一四九	五四三二七	六五四一二	四〇
一〇	四三二一〇	五四三五四	六五〇四六	五〇
二一〇〇	四三二三一	五四四一一	六五五一九	九〇〇
五〇	四三二〇一	五四四四七	六五五五二	一〇
四〇	四三三一二	五四二一四	六五六二五	二〇
三〇	四三三三二	五四五四〇	六五六五七	三〇
二〇	四三三五二	五四六〇六	六五七三〇	四〇
一〇	四三四一二	五四六五二	六五八〇三	五〇
二〇〇〇	四三四三二	五四六五八	六五八三四	〇〇〇

加　　宮　　九　　減

引數 度分	小均數 度分秒	中均數 度分秒	大均數 度分秒	引數 度分
二〇〇〇	四三四三二	五四六五八	六五八三四	一〇〇〇
五〇	四三四五一	五四七二四	六五五〇六	一〇
四〇	四三五一一	五四七五〇	六五九三八	二〇
三〇	四三五三一	五四八一五	七〇〇一〇	三〇
二〇	四三五五〇	五四八四〇	七〇〇四一	四〇
一〇	四三六〇九	五四九〇五	七〇一一二	五〇
一九〇〇	四三六二八	五四九三〇	七〇一四二	一一〇〇
五〇	四三六四七	五四九五五	七〇二一四	一〇
四〇	四三七〇六	五五〇一五	七〇二四四	二〇
三〇	四三七二五	五五〇四四	七〇三一五	三〇
二〇	四三七四三	五五一〇八	七〇三四五	四〇
一〇	四三八〇二	五五一三二	七〇四一五	五〇
一八〇〇	四三八二〇	五五一五六	七〇四四五	一二〇〇
五〇	四三八三八	五五二二〇	七〇五一四	一〇
四〇	四三八五六	五五二四三	七〇五四四	二〇
三〇	四三九一四	五五三〇七	七〇六一三	三〇
二〇	四三九三二	五五三三〇	七〇六四二	四〇
一〇	四三九四九	五五三五三	七〇七一一	五〇
一七〇〇	四四〇〇七	五五四一六	七〇七四〇	一三〇〇
五〇	四四〇二四	五五四三九	七〇八〇八	一〇
四〇	四四〇四一	五五五〇一	七〇八三六	二〇
三〇	四四〇五八	五五五二四	七〇九〇四	三〇
二〇	四四一一五	五五五四六	七〇九三二	四〇
一〇	四四一三二	五五六〇八	七一〇〇〇	五〇
一六〇〇	四四一四九	五五六三〇	七一〇二七	一四〇〇
五〇	四四二〇五	五五六五二	七一〇五四	一〇
四〇	四四二二二	五五七一三	七一一二一	二〇
三〇	四四二三八	五五七三五	七一一四八	三〇
二〇	四四二二四	五五七五六	七一二一五	四〇
一〇	四四三一〇	五五八一七	七一二四一	五〇
一五〇〇	四四三二六	五五八三八	七一三〇七	一五〇〇

加　　宮　　九　　減

二宮

引數度分	小均數度分秒	中均數度分秒	大均數度分秒	引數度分
一五〇〇	四四三二六	五五八三八	七一三〇七	一五〇〇
五〇	四四三四二	五五八五九	七一三三三	一〇
四〇	四四三五七	五五九一九	七一三五五	二〇
三〇	四四四一三	五五九三九	七一四二五	三〇
二〇	四四四二八	六〇〇〇〇	七一四五〇	四〇
一〇	四四四四三	六〇〇二〇	七一五一五	五〇
一四〇〇	四四四五八	六〇〇四〇	七一五四〇	一六〇〇
五〇	四四五一三	六〇〇五九	七一六〇五	一〇
四〇	四四五二八	六〇一一九	七一六三〇	二〇
三〇	四四五四三	六〇一三八	七一六五四	三〇
二〇	四四五五七	六〇一五七	七一七一八	四〇
一〇	四四六一一	六〇二一六	七一七四二	五〇
一三〇〇	四四六二五	六〇二三五	七一八〇六	一七〇〇
五〇	四四六三九	六〇二五四	七一八二九	一〇
四〇	四四六五三	六〇三一二	七一八二三	二〇
三〇	四四七〇七	六〇三三〇	七一九一六	三〇
二〇	四四七二一	六〇三四九	七一九三九	四〇
一〇	四四七三四	六〇四〇七	七二〇〇二	五〇
一二〇〇	四四七四八	六〇四二四	七二〇〇四	一八〇〇
五〇	四四八〇一	六〇四四二	七二〇四六	一〇
四〇	四四八一四	六〇四五九	七二一〇九	二〇
三〇	四四八二七	六〇五一七	七二一三〇	三〇
二〇	四四八四〇	六〇五三四	七二一五二	四〇
一〇	四四八五二	六〇五五一	七二二一四	五〇
一一〇〇	四四九〇五	六〇六〇七	七二二三二	一九〇〇
五〇	四四九一七	六〇六二四	七二二五六	一〇
四〇	四四九二九	六〇六四〇	七二三一七	二〇
三〇	四四九四一	六〇六五六	七二三三七	三〇
二〇	四四九五三	六〇七一二	七二五五八	四〇
一〇	四五〇〇五	六〇七二八	七二四一八	五〇
一〇〇〇	四五〇一七	六〇七四四	七二四三八	二〇〇〇
加	九宮			減

二宮

引數度分	小均數度分秒	中均數度分秒	大均數度分秒	引數度分
一〇〇〇	四五〇一七	六〇七四四	七二四三八	二〇〇〇
五〇	四五〇二八	六〇七五九	七二四五八	一〇
四〇	四五〇四〇	六〇八一五	七二五一七	二〇
三〇	四五〇五一	六〇八三〇	七二五三七	三〇
二〇	四五一〇二	六〇八四五	七二五五六	四〇
一〇	四五一一三	六〇八五九	七二六一五	五〇
九〇〇	四五一二四	六〇九一四	七二六三三	二一〇〇
五〇	四五一三四	六〇九二八	七二六五二	一〇
四〇	四五一四五	六〇九四三	七二七一〇	二〇
三〇	四五一五五	六〇九五七	七二七二八	三〇
二〇	四五二〇六	六一〇一一	七二七四六	四〇
一〇	四五二一六	六一〇二四	七二八〇四	五〇
八〇〇	四五二二六	六一〇三八	七二八二一	二二〇〇
五〇	四五二三五	六一〇五一	七二八三八	一〇
四〇	四五二四五	六一一〇四	七二八五五	二〇
三〇	四五二五四	六一一一七	七二九一二	三〇
二〇	四五三〇四	六一一三〇	七二九二九	四〇
一〇	四五三一三	六一一四三	七二九四五	五〇
七〇〇	四五三二二	六一一五五	七三〇〇一	二三〇〇
五〇	四五三三一	六一二〇七	七三〇一七	一〇
四〇	四五三四〇	六一二一九	七三〇三三	二〇
三〇	四五三四九	六一三三一	七三〇四八	三〇
二〇	四五三五七	六一二四三	七三一〇三	四〇
一〇	四五四〇五	六一二五四	七三一一八	五〇
六〇〇	四五四一四	六一三〇六	七三一三三	二四〇〇
五〇	四五四二二	六一三一七	七三一四八	一〇
四〇	四五四二〇	六一三二八	七三二〇二	二〇
三〇	四五四三七	六一三三九	七三二一六	三〇
二〇	四五四四五	六一三四九	七三二三〇	四〇
一〇	四五四五二	六一四〇〇	七三二四四	五〇
五〇〇	四五五〇〇	六一四一〇	七三二五七	二五〇〇
加	九宮			減

二宮

引數 度分	小均數 度分秒	中均數 度分秒	大均數 度分秒	引數 度分
一〇〇〇	四五〇一七	六〇七四四	七二四三八	二〇〇〇
五〇	四五〇二八	六〇七五九	七二四五八	一〇
四〇	四五〇四〇	六〇八一五	七二五一七	二〇
三〇	四五〇五一	六〇八三〇	七二五三七	三〇
二〇	四五一〇二	六〇八四五	七二五五六	四〇
一〇	四五一一三	六〇八五九	七二六一五	五〇
九〇〇	四五一二四	六〇九一四	七二六三三	二一〇〇
五〇	四五一三四	六〇九二八	七二六五二	一〇
四〇	四五一四五	六〇九四三	七二七一〇	二〇
三〇	四五一五五	六〇九五七	七二七二八	三〇
二〇	四五二〇六	六一〇一一	七二七四六	四〇
一〇	四五二一六	六一〇二四	七二八〇四	五〇
八〇〇	四五二二六	六一〇三八	七二八二一	二二〇〇
五〇	四五二三五	六一〇五一	七二八三八	一〇
四〇	四五二四五	六一一〇四	七二八五五	二〇
三〇	四五二五四	六一一一七	七二九一二	三〇
二〇	四五三〇四	六一一三〇	七二九二九	四〇
一〇	四五三一三	六一一四三	七二九四五	五〇
七〇〇	四五三二二	六一一五五	七三〇〇一	二三〇〇
五〇	四五三三一	六一二〇七	七三〇一七	一〇
四〇	四五三四〇	六一二一九	七三〇三三	二〇
三〇	四五三四九	六一三三一	七三〇四八	三〇
二〇	四五三五七	六一二四三	七三一〇三	四〇
一〇	四五四〇五	六一二五四	七三一一八	五〇
六〇〇	四五四一四	六一三〇六	七三一三三	二四〇〇
五〇	四五四二二	六一三一七	七三一四八	一〇
四〇	四五四二〇	六一三二八	七三二〇二	二〇
三〇	四五四三七	六一三三九	七三二一六	三〇
二〇	四五四四五	六一三四九	七三二三〇	四〇
一〇	四五四五二	六一四〇〇	七三二四四	五〇
五〇〇	四五五〇〇	六一四一〇	七三二五七	二五〇〇
加		九宮		減

二宮

引數 度分	小均數 度分秒	中均數 度分秒	大均數 度分秒	引數 度分
一五〇〇	四四三二六	五五八三八	七一三〇七	一五〇〇
五〇	四四三四二	五五八五九	七一三三三	一〇
四〇	四四三五七	五五九一九	七一三五五	二〇
三〇	四四四一三	五五九三九	七一四二五	三〇
二〇	四四四二八	六〇〇〇〇	七一四五〇	四〇
一〇	四四四四三	六〇〇二〇	七一五一五	五〇
一四〇〇	四四四五八	六〇〇四〇	七一五四〇	一六〇〇
五〇	四四五一三	六〇〇五九	七一六〇五	一〇
四〇	四四五二八	六〇一一九	七一六三〇	二〇
三〇	四四五四三	六〇一三八	七一六五四	三〇
二〇	四四五五七	六〇一五七	七一七一八	四〇
一〇	四四六一一	六〇二一六	七一七四二	五〇
一三〇〇	四四六二五	六〇二三五	七一八〇六	一七〇〇
五〇	四四六三九	六〇二五四	七一八二九	一〇
四〇	四四六五三	六〇三一二	七一八二三	二〇
三〇	四四七〇七	六〇三三〇	七一九一六	三〇
二〇	四四七二一	六〇三四九	七一九三九	四〇
一〇	四四七三四	六〇四〇七	七二〇〇二	五〇
一二〇〇	四四七四八	六〇四二四	七二〇〇四	一八〇〇
五〇	四四八〇一	六〇四四二	七二〇四六	一〇
四〇	四四八一四	六〇四五九	七二一〇九	二〇
三〇	四四八二七	六〇五一七	七二一三〇	三〇
二〇	四四八四〇	六〇五三四	七二一五二	四〇
一〇	四四八五二	六〇五五一	七二二一四	五〇
一一〇〇	四四九〇五	六〇六〇七	七二二三二	一九〇〇
五〇	四四九一七	六〇六二四	七二二五六	一〇
四〇	四四九二九	六〇六四〇	七二三一七	二〇
三〇	四四九四一	六〇六五六	七二三三七	三〇
二〇	四四九五三	六〇七一二	七二五五八	四〇
一〇	四五〇〇五	六〇七二八	七二四一八	五〇
一〇〇〇	四五〇一七	六〇七四四	七二四三八	二〇〇〇
加		九宮		減

三宮

引數 度分	小均數 度分秒	中均數 度分秒	大均數 度分秒	引數 度分
二五〇〇	四五七四七	六一八四〇	七三九三四	五〇〇
五〇	四五七四五	六一八三八	七三九三三	一〇
四〇	四五七四三	六一八三七	七三九三三	二〇
三〇	四五七四一	六一八三五	七三九三二	三〇
二〇	四五七三九	六一八三三	七三九三一	四〇
一〇	四五七三七	六一八三一	七三九二九	五〇
二四〇〇	四五七三四	六一八二九	七三九二八	六〇〇
五〇	四五七三一	六一八二六	七三九二六	一〇
四〇	四五七二九	六一八二四	七三九二四	二〇
三〇	四五七二五	六一八二一	七三九二二	三〇
二〇	四五七二二	六一八一八	七三九一九	四〇
一〇	四五七一九	六一八一五	七三九一六	五〇
二三〇〇	四五七一五	六一八一一	七三九一三	七〇〇
五〇	四五七一二	六一八〇七	七三九一〇	一〇
四〇	四五七〇八	六一八〇四	七三九〇七	二〇
三〇	四五七〇四	六一八〇〇	七三九〇三	三〇
二〇	四五七〇〇	六一七五五	七三八五九	四〇
一〇	四五六五六	六一七五一	七三八五五	五〇
二二〇〇	四五六五一	六一七四六	七三八五〇	八〇〇
五〇	四五六四七	六一七四二	七三八四六	一〇
四〇	四五六四二	六一七三六	七三八四一	二〇
三〇	四五六三七	六一七三一	七三八三六	三〇
二〇	四五六三二	六一七二六	七三八三〇	四〇
一〇	四五六二七	六一七二〇	七三八二五	五〇
二一〇〇	四五六二二	六一七一五	七三八一九	九〇〇
五〇	四五六一六	六一七〇九	七三八一三	一〇
四〇	四五六一一	六一七〇二	七三八〇六	二〇
三〇	四五六〇五	六一六五六	七三八〇〇	三〇
二〇	四五五五九	六一六四九	七三七五三	四〇
一〇	四五五五二	六一六四三	七三七四六	五〇
二〇〇〇	四五五四七	六一六三六	七三七三九	一〇〇〇

加　八宮　減

三宮

引數 度分	小均數 度分秒	中均數 度分秒	大均數 度分秒	引數 度分
二〇〇〇	四五五四七	六一六三六	七三七三九	一〇〇〇
五〇	四五五四〇	六一六二八	七三七三一	一〇
四〇	四五五三四	六一六二一	七三七二三	二〇
三〇	四五五二七	六一六一四	七三七一五	三〇
二〇	四五五二〇	六一六〇六	七三七〇七	四〇
一〇	四五五一三	六一五五八	七三六五九	五〇
一九〇〇	四五五〇六	六一五五〇	七三六五〇	一一〇〇
五〇	四五四五九	六一五四一	七三六四一	一〇
四〇	四五四五一	六一五三三	七三六三二	二〇
三〇	四五四四四	六一五二四	七三六二三	三〇
二〇	四五四三六	六一五一五	七三六一三	四〇
一〇	四五四二八	六一五〇六	七三六〇三	五〇
一八〇〇	四五四二〇	六一四五七	七三五五三	一二〇〇
五〇	四五四一二	六一四四七	七三六四三	一〇
四〇	四五四〇三	六一四三八	七三五三二	二〇
三〇	四五二五五	六一四二八	七三五二一	三〇
二〇	四五三四六	六一四一八	七三五一〇	四〇
一〇	四五三三七	六一四〇七	七三四五九	五〇
一七〇〇	四五三二八	六一三五七	七三四四七	一三〇〇
五〇	四五三一九	六一三四六	七三四三五	一〇
四〇	四五三一〇	六一三三五	七三四二三	二〇
三〇	四五三〇〇	六一三二四	七三四一一	三〇
二〇	四五二五一	六一三一三	七三三五八	四〇
一〇	四五二四一	六一三〇一	七三三四六	五〇
一六〇〇	四五二三一	六一二五〇	七三三三二	一四〇〇
五〇	四五二二一	六一二三八	七三三一九	一〇
四〇	四五二一一	六一二二六	七三三〇六	二〇
三〇	四五二〇〇	六一二一四	七三二五二	三〇
二〇	四五一五〇	六一二〇一	七三二三八	四〇
一〇	四五一五九	六一一四八	七三二二四	五〇
一五〇〇	四五一二八	六一一三六	七三二〇九	一五〇〇

加　八宮　減

引數　三宮　引數

引數 度分	小均數 度分秒	中均數 度分秒	大均數 度分秒	引數 度分
一〇〇〇	四四四五二	六〇三三九	七二三〇四	二〇〇〇
五〇	四四四三七	六〇三二〇	七二二四二	一〇
四〇	四四四二一	六〇二〇〇	七二二一九	二〇
三〇	四四四〇五	六〇二四一	七二一五七	三〇
二〇	四四三四九	六〇二二一	七二一三四	四〇
一〇	四四三三三	六〇二〇二	七二一一一	五〇
九〇〇	四四三一六	六〇一四二	七二〇四八	二一〇〇
五〇	四四三〇〇	六〇一二二	七二〇二五	一〇
四〇	四四二四三	六〇一〇二	七二〇〇一	二〇
三〇	四四二二七	六〇〇四一	七一九三七	三〇
二〇	四四二一〇	六〇〇二〇	七一九一三	四〇
一〇	四四一五三	五五九五九	七一八四九	五〇
八〇〇	四四一三五	五五九三八	七一八一四	二二〇〇
五〇	四四一一八	五五九一七	七一八〇〇	一〇
四〇	四四一〇〇	五五八五六	七一七三五	二〇
三〇	四四〇四三	五五八三四	七一七〇九	三〇
二〇	四四〇二五	五五八一二	七一六四四	四〇
一〇	四四〇〇七	五五七五〇	七一六一八	五〇
七〇〇	四三九四九	五五七二八	七一五五二	二三〇〇
五〇	四三九三一	五五七〇五	七一五二六	一〇
四〇	四三九一二	五五六四三	七一四五九	二〇
三〇	四三八五三	五五六二〇	七一四三二	三〇
二〇	四三八三五	五五五五七	七一四〇五	四〇
一〇	四三八一六	五五五三三	七一三三八	五〇
六〇〇	四三七五七	五五五一〇	七一三一一	二四〇〇
五〇	四三七三八	五五四四六	七一二四三	一〇
四〇	四三七一八	五五四二三	七一二一五	二〇
三〇	四三六五九	五五三五九	七一一四七	三〇
二〇	四三六三九	五五三三四	七一一一八	四〇
一〇	四三六一九	五五三一〇	七一〇五〇	五〇
五〇〇	四三五五九	五五二四五	七一〇二一	二五〇〇

加　八宮　減

引數　三宮　引數

引數 度分	小均數 度分秒	中均數 度分秒	大均數 度分秒	引數 度分
一五〇〇	四五一二八	六一一三六	七三一〇九	一五〇〇
五〇	四五一一七	六一一二二	七三一五五	一〇
四〇	四五一〇六	六一一〇九	七三一四〇	二〇
三〇	四五〇五五	六一〇五六	七三一二五	三〇
二〇	四五〇四三	六一〇四二	七三一〇九	四〇
一〇	四五〇三二	六一〇二八	七三〇五五	五〇
一四〇〇	四五〇二〇	六一〇一四	七三〇三八	一六〇〇
五〇	四五〇〇八	六一〇〇〇	七三〇一一	一〇
四〇	四四九五六	六〇九四六	七三〇〇五	二〇
三〇	四四九四四	六〇九三一	七二九四八	三〇
二〇	四四九三二	六〇九一六	七二九三二	四〇
一〇	四四九一九	六〇九〇一	七二九一四	五〇
一三〇〇	四四九〇六	六〇八四六	七二八五七	一七〇〇
五〇	四四八五四	六〇八三一	七二八三九	一〇
四〇	四四八四一	六〇八一五	七二八二二	二〇
三〇	四四八二七	六〇七五九	七二八〇四	三〇
二〇	四四八一四	六〇七四三	七二七四五	四〇
一〇	四四八〇一	六〇七二七	七二七二七	五〇
一二〇〇	四四七四七	六〇七一一	七二七〇八	一八〇〇
五〇	四四七三三	六〇六五五	七二六四九	一〇
四〇	四四七一九	六〇六三七	七二六三〇	二〇
三〇	四四七〇五	六〇六二〇	七二六一〇	三〇
二〇	四四六五一	六〇六〇三	七二五五〇	四〇
一〇	四四六三七	六〇五四六	七二五三〇	五〇
一一〇〇	四四六二二	六〇五二八	七二五一〇	一九〇〇
五〇	四四六〇八	六〇五一〇	七二四五〇	一〇
四〇	四四五五三	六〇四五二	七二四二九	二〇
三〇	四四五三八	六〇四三四	七二四〇八	三〇
二〇	四四五二三	六〇四一六	七二三四七	四〇
一〇	四四五〇八	六〇三五七	七二三二五	五〇
一〇〇〇	四四四五二	六〇三三九	七二三〇四	二〇〇〇

加　八宮　減

三宮

引數 度分	大均數 度分秒	中均數 度分秒	小均數 度分秒	引數 度分
二五〇〇	七一〇二一	五五二四五	四三五五九	五〇〇
一〇	七〇九五二	五五二二一	四三五三九	五〇
二〇	七〇九二二	五五二五六	四三五一九	四〇
三〇	七〇八五三	五五一三〇	四三四五九	三〇
四〇	七〇八二三	五五一〇五	四三四三八	二〇
五〇	七〇七五二	五五〇四〇	四三四一八	一〇
二六〇〇	七〇七二二	五五〇一四	四三三五七	四〇〇
一〇	七〇六五二	五四九四八	四三三三六	五〇
二〇	七〇六二一	五四九二二	四三三一五	四〇
三〇	七〇五五〇	五四八五五	四三二五二	三〇
四〇	七〇五一九	五四八二九	四三二三二	二〇
五〇	七〇四四七	五四八〇二	四三二一〇	一〇
二七〇〇	七〇四一五	五四七三五	四三一四九	三〇〇
一〇	七〇三四四	五四七〇八	四三一二七	五〇
二〇	七〇三一一	五四六四一	四三一〇五	四〇
三〇	七〇二三九	五四六一三	四三〇四三	三〇
四〇	七〇二〇六	五四五四六	四三〇二〇	二〇
五〇	七〇一三三	五四五一八	四三九五八	一〇
二八〇〇	七〇一〇〇	五四四五〇	四二九二五	二〇〇
一〇	七〇〇二六	五四四二一	四二九一二	五〇
二〇	六五九五三	五四三五三	四二八五〇	四〇
三〇	六五九一九	五四三二四	四二八二七	三〇
四〇	六五八四五	五四二五六	四二八〇三	二〇
五〇	六五八一〇	五四二二七	四二七四〇	一〇
二九〇〇	六五七三二	五四一五七	四二七一七	一〇〇
一〇	六五七〇一	五四一二八	四二六五三	五〇
二〇	六五六二六	五四〇五八	四二六二九	四〇
三〇	六五五五一	五四〇二九	四二六〇五	三〇
四〇	六五五一五	五三九五九	四二五四一	二〇
五〇	六五四三九	五三九二九	四二五一七	一〇
三〇〇〇	六五四〇三	五三八五八	四二四五三	〇〇〇

減　　八　　宮　　加

四宮

引數 度分	大均數 度分秒	中均數 度分秒	小均數 度分秒	引數 度分
〇〇〇	六五四〇三	五三八五八	四二四五三	三〇〇〇
一〇	六五三二七	五三八二八	四二四二八	五〇
二〇	六五二五一	五三七五七	四二四〇三	四〇
三〇	六五三一四	五三七二六	四二三三九	三〇
四〇	六五一三七	五三六五五	四二三一四	二〇
五〇	六五一〇〇	五三六二四	四二二四九	一〇
一〇〇	六五〇二二	五三五五二	四二二二三	二九〇〇
一〇	六四九四五	五三五二一	四二一五八	五〇
二〇	六四九〇七	五三四四九	四二一三三	四〇
三〇	六四八二九	五三四一七	四二一〇七	三〇
四〇	六四七五〇	五三三四五	四二〇四一	二〇
五〇	六四七一二	五三三一二	四二〇一五	一〇
二〇〇	六四六三三	五三二四〇	四一九四九	二八〇〇
一〇	六四五五四	五三二〇七	四一九二三	五〇
二〇	六四五一四	五三一三四	四一八五六	四〇
三〇	六四四六五	五三一〇一	四一八三〇	三〇
四〇	六四三五五	五三〇二七	四一八〇三	二〇
五〇	六四三一五	五二九五四	四一七三七	一〇
三〇〇	六四二三五	五二九二〇	四一七一〇	二七〇〇
一〇	六四一五四	五二八四六	四一六四三	五〇
二〇	六四一一四	五二八一二	四一六一五	四〇
三〇	六四〇三三	五二七三八	四一五四八	三〇
四〇	六三九五二	五二七〇三	四一五二〇	二〇
五〇	六三九一〇	五二六二九	四一四五三	一〇
四〇〇	六三八一九	五二五五四	四一四二五	二六〇〇
一〇	六三七四七	五二五一九	四一三五七	五〇
二〇	六三七〇五	五二四四四	四一三二九	四〇
三〇	六三六二三	五二四〇八	四一三〇一	三〇
四〇	六三五四〇	五二三三三	四一二三三	二〇
五〇	六三四五七	五二二五七	四一二〇四	一〇
五〇〇	六三四一四	五二二二一	四一一三五	二五〇〇

減　　七　　宮　　加

宮　四

引數 度分	小均數 度分秒	中均數 度分秒	大均數 度分秒	引數 度分
二五〇〇	四一一三五	五二二二一	六三四一四	五〇〇
五〇	四一一〇七	五二一四五	六三三三一	一〇
四〇	四一〇三八	五二一〇九	六三二四八	二〇
三〇	四一〇〇九	五二〇二二	六三二〇四	三〇
二〇	四〇九三九	五一五五六	六三一二〇	四〇
一〇	四〇九一〇	五一七一六	六三〇三六	五〇
二四〇〇	四〇八四一	五一八四二	六二九五二	六〇〇
五〇	四〇八一一	五一八〇五	六二九〇七	一〇
四〇	四〇七四一	五一七二七	六二八二二	二〇
三〇	四〇七一一	五一六五〇	六二七三七	三〇
二〇	四〇六四一	五一六一二	六二六五二	四〇
一〇	四〇六一一	五一五三四	六二六〇七	五〇
二三〇〇	四〇五四一	五一四五六	六二五二一	七〇〇
五〇	四〇五一一	五一四一八	六二四三五	一〇
四〇	四〇四四〇	五一三三九	六二三四九	二〇
三〇	四〇四〇九	五一二〇一	六二三〇二	三〇
二〇	四〇三三八	五一二二二	六二二一六	四〇
一〇	四〇三〇八	五一一四三	六二一二九	五〇
二二〇〇	四〇二三六	五一一〇四	六二〇四二	八〇〇
五〇	四〇二〇五	五一〇二四	六一九五五	一〇
四〇	四〇一三四	五〇九四五	六一九〇七	二〇
三〇	四〇一〇二	五〇九〇五	六一八一五	三〇
二〇	四〇〇三一	五〇八二五	六一七三一	四〇
一〇	三五九五九	五〇七四五	六一六四三	五〇
二一〇〇	三五九二七	五〇七〇五	六一五五五	九〇〇
五〇	三五八五五	五〇六二四	六一五〇六	一〇
四〇	三五八二三	五〇五四四	六一四一八	二〇
三〇	三五七五〇	五〇五〇三	六一三二九	三〇
二〇	三五七一八	五〇四二二	六一二三九	四〇
一〇	三五六四五	五〇三四一	六一一五〇	五〇
二〇〇〇	三五六一三	五〇三〇〇	六一一〇〇	一〇〇〇

加　宮　七　減

宮　四

引數 度分	小均數 度分秒	中均數 度分秒	大均數 度分秒	引數 度分
二〇〇〇	三五五一三	五〇三〇〇	六一一〇〇	一〇〇〇
五〇	三五五四〇	五〇二一八	六一〇一〇	一〇
四〇	三五五〇七	五〇一三七	六〇九二〇	二〇
三〇	三五四三四	五〇〇五五	六〇八三〇	三〇
二〇	三五四〇〇	五〇〇一三	六〇七三九	四〇
一〇	三五三二七	四五五三一	六〇六四八	五〇
九〇〇	三五二五四	四五八四八	六〇五五七	一一〇〇
五〇	三五二二〇	四五八〇六	六〇五〇六	一〇
四〇	三五一四二	四五七二三	六〇四一五	二〇
三〇	三五一一二	四五六四〇	六〇三二三	三〇
二〇	三五〇三八	四五五五七	六〇二三一	四〇
一〇	三五〇〇四	四五五一四	六〇一三九	五〇
一八〇〇	三四九三〇	四五四三一	六〇〇四一	一二〇〇
五〇	三四八五五	四五三四七	五五九五四	一〇
四〇	三四八二一	四五三〇四	五五九〇一	二〇
三〇	三四七四六	四五二二〇	五五八〇九	三〇
二〇	三四七一一	四五一三六	五五七一五	四〇
一〇	三四六三六	四五〇五一	五五六二二	五〇
一七〇〇	三四六〇一	四五〇〇七	五五五二八	一三〇〇
五〇	三四五二六	四四九二二	五五四三五	一〇
四〇	三四四五一	四四八三八	五五三四一	二〇
三〇	三四四一五	四四七五三	五五二四六	三〇
二〇	三四三四〇	四四七〇八	五五一五二	四〇
一〇	三四三〇四	四四六二三	五五〇五七	五〇
一六〇〇	三四二二八	四四五三七	五五〇〇二	一四〇〇
五〇	三四一五二	四四四五一	五四九〇七	一〇
四〇	三四一一六	四四四〇六	五四八一二	二〇
三〇	三四〇四〇	四四三二〇	五四七一七	三〇
二〇	三四〇〇四	四四二三四	五四六二一	四〇
一〇	三三九二七	四四一四八	五四五二五	五〇
一五〇〇	三三八五一	四四一七一	五四四二九	一五〇〇

加　宮　七　減

四宮

引數 度分	小均數 度分秒	中均數 度分秒	大均數 度分秒	引數 度分
一〇〇〇	三一九三七	四一六三六	五一四五二	二〇〇〇
五〇	三一八五七	四一五四四	五一三四九	一〇
四〇	三一八一七	四一四五三	五一二四七	二〇
三〇	三一七三六	四一四〇一	五一一四四	三〇
二〇	三一六五五	四一三一〇	五一〇四一	四〇
一〇	三一六一五	四一二一六	五〇九三八	五〇
九〇〇	三一五三四	四一一二六	五〇八三五	二一〇〇
五〇	三一四五三	四一〇三三	五〇七三一	一〇
四〇	三一四一二	四〇九四一	五〇六二八	二〇
三〇	三一三三一	四〇八四九	五〇五二四	三〇
二〇	三一一四九	四〇七五六	五〇四二〇	四〇
一〇	三一二〇八	四〇七〇三	五〇三一六	五〇
八〇〇	三一一二六	四〇六一〇	五〇二一一	二二〇〇
五〇	三一〇四五	四〇五一七	五〇一〇七	一〇
四〇	三一〇〇三	四〇四二四	五〇〇〇二	二〇
三〇	三〇九二一	四〇三三一	四〇八五七	三〇
二〇	三〇八三九	四〇二三七	四五七五二	四〇
一〇	三〇七五七	四〇一四三	四五六四七	五〇
七〇〇	三〇七一五	四〇〇五〇	四五五四一	二三〇〇
五〇	三〇六三三	三五九五六	四五四三六	一〇
四〇	三〇五五〇	三五九〇二	四五三三〇	二〇
三〇	三〇五〇八	三五八〇七	四五二二四	三〇
二〇	三〇四二五	三五七一三	四五一一七	四〇
一〇	三〇三四三	三五六一八	四五〇一一	五〇
六〇〇	三〇三〇〇	三五五二四	四四六〇四	二四〇〇
五〇	三〇二一七	三五四二九	四四七五八	一〇
四〇	三〇一三四	三五五三四	四四六五一	二〇
三〇	三〇〇五一	三五二三九	四四四四四	三〇
二〇	三〇〇〇七	三五一四四	四四四三六	四〇
一〇	二五五二四	三五〇四九	四四三二九	五〇
五〇〇	二五八四一	三五九五三	四四二二一	二五〇〇

加　七宮　減

四宮

引數 度分	小均數 度分秒	中均數 度分秒	大均數 度分秒	引數 度分
一五〇〇	三三八五一	四四一〇一	五四四二九	一五〇〇
五〇	三三八一四	四四〇一五	五四三三三	一〇
四〇	三三七三七	四三九二八	五四二三六	二〇
三〇	三三七〇〇	四三八四一	五四一三九	三〇
二〇	三三六二三	四三七五四	五四〇四三	四〇
一〇	三三五四六	四三七〇七	五三九四五	五〇
一四〇〇	三三五〇九	四三六二〇	五三八四八	一六〇〇
五〇	三三四三一	四三五三二	五三七五〇	一〇
四〇	三三三五四	四三四四五	五三六五三	二〇
三〇	三三三一六	四三三五七	五三五五五	三〇
二〇	三三一三八	四三二〇九	五三四五七	四〇
一〇	三三二〇〇	四三二二一	五三三五八	五〇
一三〇〇	三三一二二	四三一三二	五三三〇〇	一七〇〇
五〇	三三〇四四	四三〇四四	五三二〇一	一〇
四〇	三三〇〇六	四二九五五	五三一〇二	二〇
三〇	三二九二七	四二九〇六	五三〇〇三	三〇
二〇	三二八四八	四二八一七	五三九〇三	四〇
一〇	三二八一〇	四二七二八	五二八〇四	五〇
一二〇〇	三二七三一	四二六三九	五二七〇四	一八〇〇
五〇	三二六五三	四二五五〇	五二六〇四	一〇
四〇	三二六一四	四二五〇〇	五二五〇四	二〇
三〇	三二五三四	四二四一〇	五二四〇四	三〇
二〇	三二四五五	四二三二〇	五二三〇三	四〇
一〇	三二四一六	四二二三〇	五二二〇二	五〇
一一〇〇	三二三二六	四二一四〇	五二一〇一	一九〇〇
五〇	三二二五七	四二〇五〇	五二〇〇〇	一〇
四〇	三二二一七	四一九五九	五一八五九	二〇
三〇	三二一三七	四一九〇八	五一七五七	三〇
二〇	三二〇五八	四一八一八	五一六五六	四〇
一〇	三二〇一七	四一七二七	五一五五四	五〇
一〇〇〇	三一九三七	四一六三六	五一四五二	二一〇〇

加　七宮　減

五宮

引數 度分	小均數 度分秒	中均數 度分秒	大均數 度分秒	引數 度分
三〇〇〇	二三六一一	三二一〇七	四〇七一三	〇〇〇
五〇	二三五二五	三二〇〇七	四〇六〇一	一〇
四〇	二三四三八	三一九〇七	四〇四四八	二〇
三〇	二三三五一	三一八〇八	四〇三三五	三〇
二〇	二三三〇五	三一七〇八	四〇二二一	四〇
一〇	二三二一六	三一六〇八	四〇一〇八	五〇
二九〇〇	二三一三一	三一五〇八	三五九五四	一〇〇
五〇	二三〇四四	三一四〇七	三五八四二	一〇
四〇	二二九五七	三一三〇七	三五七二七	二〇
三〇	二二九一〇	三一三〇七	三五六一三	三〇
二〇	二二八二二	三一一〇六	三五四五九	四〇
一〇	二二七三五	三一〇〇五	三五三四四	五〇
二八〇〇	二二六四八	三〇九〇四	三五二三〇	二〇〇
五〇	二二六〇〇	三〇八〇三	三五一一五	一〇
四〇	二二五一三	三〇七〇二	三五〇〇一	二〇
三〇	二二四二五	三〇六〇一	三四八四六	三〇
二〇	二二三三七	三〇五〇〇	三四七三一	四〇
一〇	二二二四九	三〇三五五	三四六一六	五〇
二七〇〇	二二二〇一	三〇二五七	三四五〇〇	三〇〇
五〇	二二一一三	三〇一五五	三四三四五	一〇
四〇	二二〇二五	三〇〇五四	三四二二九	二〇
三〇	二一九三七	三五九五二	三四一一四	三〇
二〇	二一八四九	二五八五〇	三三九五八	四〇
一〇	二一八〇〇	二五七四八	三三八四一	五〇
二六〇〇	二一七一二	二五六四六	三三七二五	四〇〇
五〇	二一六二三	二五五四三	三三六〇九	一〇
四〇	二一五三五	二五四四一	三三四五三	二〇
三〇	二一四四六	二五三三九	三三三三六	三〇
二〇	二一三五七	二五二三六	三三二一九	四〇
一〇	二一三〇八	二五一三三	三三一〇三	五〇
二五〇〇	二一二二〇	二五〇三〇	三二九四六	五〇〇

加　　宮　六　　減

四宮

引數 度分	小均數 度分秒	中均數 度分秒	大均數 度分秒	引數 度分
五〇〇	二五八四一	三四九五三	四四二一一	二五〇〇
五〇	二五七五七	三四八五七	四四一一三	一〇
四〇	二五七一三	三四八〇二	四四〇〇五	二〇
三〇	二五六三〇	三四七〇六	四三八五七	三〇
二〇	二五五四六	三四六一〇	四三七四九	四〇
一〇	二五五〇二	三四五一三	四三六四〇	五〇
四〇〇	二五四一八	三四四一七	四三三三二	二六〇〇
五〇	二五三三四	三四三二一	四三四二三	一〇
四〇	二五二四五	三四二二四	四三三一四	二〇
三〇	二五二〇五	三四一二七	四三二〇五	三〇
二〇	二五一二一	三四〇三一	四三〇五五	四〇
一〇	二五〇三六	三三九三四	四三九四六	五〇
三〇〇	二四九五一	三三八三七	四二八三六	二七〇〇
五〇	二四九〇七	三三七三九	四二七二六	一〇
四〇	二四八二二	三三六四二	四二六一六	二〇
三〇	二四七三七	三三五四四	四二五〇六	三〇
二〇	二四六五二	三三四四七	四二三五六	四〇
一〇	二四六〇七	三三三四九	四二二四五	五〇
二〇〇	二四五二一	三三二五一	四二一三四	二八〇〇
五〇	二四四三六	三三一五三	四二〇二三	一〇
四〇	二四三五一	三三〇五五	四一九一二	二〇
三〇	二四三〇五	三二九五七	四一八〇一	三〇
二〇	二四二一九	三二八五八	四一六五〇	四〇
一〇	二四一三四	三二八〇〇	四一五三八	五〇
一〇〇	二四〇四八	三二七〇一	四一五二七	二九〇〇
五〇	二四〇〇二	三二六〇二	四一三一五	一〇
四〇	二三九一六	三二五〇三	四一二〇三	二〇
三〇	二三八三〇	三二四〇四	四一一五一	三〇
二〇	二三七四四	三二三一五	四〇九三七	四〇
一〇	二三六五七	三二二〇六	四〇八二六	五〇
〇〇〇	二三六一一	三二一〇七	四〇七一三	三〇〇〇

加　　宮　七

五宮

引數 度分	小均數 度分秒	中均數 度分秒	大均數 度分秒	引數 度分
二〇〇〇	一四七一八	二一八一一	二五〇一八	一〇〇〇
五〇	一四六二七	二一七一五	二四八五七	一〇
四〇	一四五三六	二一六〇九	二四七三六	二〇
三〇	一四四四五	二一五〇三	二四六一五	三〇
二〇	一四三五三	二一三五七	二四四五四	四〇
一〇	一四三〇二	二一二五一	二四三三三	五〇
一九〇〇	一四二一〇	二一一四五	二四二一二	一一〇〇
五〇	一四一一九	二一〇三九	二四〇五〇	一〇
四〇	一四〇二七	二〇九三二	二三九二九	二〇
三〇	一三九三六	二〇八二六	二三八〇七	三〇
二〇	一三八四四	二〇七一九	二三六四六	四〇
一〇	一三七五二	二〇六一三	二三五二四	五〇
一八〇〇	一三七〇一	二〇五〇六	二三四〇二	一二〇〇
五〇	一三六〇九	二〇四〇〇	二三二四〇	一〇
四〇	一三五一七	二〇二五三	二三一一八	二〇
三〇	一三四二五	二〇一四六	二二九五六	三〇
二〇	一三三三三	二〇〇三九	二二八三三	四〇
一〇	一三二四一	一五九三二	二二七一一	五〇
一七〇〇	一三一四九	一五八二五	二二五四九	一三〇〇
五〇	一三〇五七	一五七一八	二二四二六	一〇
四〇	一三〇〇五	一五六一〇	二二三〇三	二〇
三〇	一二九一二	一五五〇三	二二一四〇	三〇
二〇	一二八二〇	一五三五六	二二〇一八	四〇
一〇	一二七二八	一五二四八	二一八五五	五〇
一六〇〇	一二六三五	一五一四一	二一七三二	一四〇〇
五〇	一二五四二	一五〇三三	二一六〇九	一〇
四〇	一二四五〇	一四九二五	二一四四五	二〇
三〇	一二三五八	一四八一八	二一三二二	三〇
二〇	一二三〇五	一四七一〇	二一一五九	四〇
一〇	一二二一二	一四八〇二	二一一三五	五〇
一五〇〇	一二一一九	一四四五四	二〇九一二	一五〇〇

加　六宮　減

五宮

引數 度分	小均數 度分秒	中均數 度分秒	大均數 度分秒	引數 度分
二五〇〇	二一二二〇	二五〇三〇	三二九四六	五〇〇
五〇	二一一三一	二四九二八	三二八二九	一〇
四〇	二一〇四一	二四八二五	三二七一一	二〇
三〇	二〇九五二	二四七二一	三二五五五	三〇
二〇	二〇九〇三	二四六二八	三二四三六	四〇
一〇	二〇八一四	二四五一五	三二三一九	五〇
二四〇〇	二〇七二四	二四四一二	三二二〇一	六〇〇
五〇	二〇六三五	二四三〇八	三二〇四三	一〇
四〇	二〇五四五	二四二〇〇	三一九一五	二〇
三〇	二〇四五六	二四一〇一	三一八〇七	三〇
二〇	二〇四〇六	二三九五七	三一六四九	四〇
一〇	二〇三一六	二三八五三	三一五三〇	五〇
二三〇〇	二〇二二七	二三七四九	三一四一二	七〇〇
五〇	二〇一三七	二三六四五	三一二五三	一〇
四〇	二〇〇四七	二三五四一	三一一三四	二〇
三〇	一五九五七	二三四三六	三一〇一五	三〇
二〇	一五九一七	二三三三二	三〇八五六	四〇
一〇	一五八一六	二三二二七	三〇七三七	五〇
二二〇〇	一五七二六	二二一二三	三〇六一八	八〇〇
五〇	一五六三六	二三〇一八	三〇四五九	一〇
四〇	一五五四六	二二九一三	三〇三三九	二〇
三〇	一五四五五	二二八〇八	三〇二二〇	三〇
二〇	一五四〇五	二二七〇四	三〇一〇〇	四〇
一〇	一五三一四	二二五五八	三五九四〇	五〇
二一〇〇	一五二二三	二二四五三	二五八二〇	九〇〇
五〇	一五一三三	二二三四八	二五七〇〇	一〇
四〇	一五〇四二	二二二四三	二五五四〇	二〇
三〇	一四九五一	二二一三七	二五四一九	三〇
二〇	一四九〇〇	二二〇三二	二五二五九	四〇
一〇	一四八〇五	二一九二六	二五一三九	五〇
二〇〇〇	一四七一八	二一八二一	二五〇一八	一〇〇〇

加　六宮　減

五宮

引數 度分	小均數 度分秒	中均數 度分秒	大均數 度分秒	引數 度分
一〇〇〇	五四三七	一一〇二九	一二六五〇	二〇〇〇
五〇	五三四三	一〇九一九	一二五二五	一〇
四〇	五二四六	一〇八一〇	一二三五九	二〇
三〇	五一五五	一〇七〇〇	一二二三三	三〇
二〇	五一〇一	一〇五五〇	一二一〇七	四〇
一〇	五〇〇七	一〇四四一	一一九四一	五〇
九〇〇	四九一三	一〇三三一	一一八一五	二一〇〇
五〇	四八一九	一〇二二一	一一六四九	一〇
四〇	四七二五	一〇一一一	一一五二三	二〇
三〇	四六三〇	一〇〇〇一	一一三五七	三〇
二〇	四五三六	五八五一	一一二三一	四〇
一〇	四四四二	五七四一	一一一〇四	五〇
八〇〇	四三四八	五六三一	一〇九三八	二二〇〇
五〇	四二五三	五五二一	一〇八一二	一〇
四〇	四一五九	五四一一	一〇六四六	二〇
三〇	四一〇五	五三〇〇	一〇五一九	三〇
二〇	四〇一〇	五一五〇	一〇三五二	四〇
一〇	三九一六	五〇四〇	一〇二二六	五〇
七〇〇	三八二一	四九三〇	一〇〇五九	二三〇〇
五〇	三七二七	四八二〇	五九三三	一〇
四〇	三六三二	四七〇九	五八〇六	二〇
三〇	三五三八	四五五九	五六三九	三〇
二〇	三四四三	四四四八	五五一三	四〇
一〇	三三四五	四三三八	五三四八	五〇
六〇〇	三二五四	四二二八	五二一九	二四〇〇
五〇	三一五九	四一一七	五〇五二	一〇
四〇	三一〇五	四〇〇七	四九二六	二〇
三〇	三〇一〇	三八五六	四七五九	三〇
二〇	二九一五	三七四六	四六三二	四〇
一〇	二八二一	三六三五	四五〇五	五〇
五〇〇	二七二六	三五二四	四三三八	二六〇〇

加　　六宮　　減

五宮

引數 度分	小均數 度分秒	中均數 度分秒	大均數 度分秒	引數 度分
一五〇〇	一二一一九	一四四五四	二〇九一二	一五〇〇
五〇	一二〇二七	一四二四六	二〇七四八	一〇
四〇	一一九三四	一四二二八	二〇六二四	二〇
三〇	一一八四一	一四一三〇	二〇五〇一	三〇
二〇	一一七四八	一四〇二二	二〇三三七	四〇
一〇	一一六五五	一三九一三	二〇二一三	五〇
一四〇〇	一一六〇二	一三八〇五	二〇〇四九	一六〇〇
五〇	一一五〇九	一三六五七	一五九二五	一〇
四〇	一一四一六	一三五四八	一五八〇〇	二〇
三〇	一一三二三	一三四四〇	一五六三六	三〇
二〇	一一一三〇	一三三三一	一五五一二	四〇
一〇	一一一三六	一三二二三	一五五四七	五〇
一三〇〇	一一〇四三	一三一一四	一五二二三	一七〇〇
五〇	一〇九五〇	一三〇〇五	一五〇五八	一〇
四〇	一〇八五六	一二八五七	一四九三四	二〇
三〇	一〇八〇三	一二七四八	一四八〇九	三〇
二〇	一〇七一〇	一二六三九	一四六四四	四〇
一〇	一〇六一六	一二五三〇	一四五一九	五〇
一二〇〇	一〇五二三	一二四二一	一四六五四	一八〇〇
五〇	一〇四二九	一二三一二	一四二二九	一〇
四〇	一〇三三五	一二二〇三	一四一〇四	二〇
三〇	一〇二四二	一二一五四	一三九三九	三〇
二〇	一〇一四八	一一九四四	一三八一四	四〇
一〇	一〇〇五四	一一八三五	一三六四九	五〇
一一〇〇	一〇〇〇一	一一七二六	一三五二三	一九〇〇
五〇	五九〇七	一一六一六	一三三五八	一〇
四〇	五八一三	一一五〇七	一三二三三	二〇
三〇	五七一九	一一三五八	一三一〇七	三〇
二〇	五六二五	一一二四八	一二九四二	四〇
一〇	五五三一	一一一三九	一二八一六	五〇
一〇〇〇	五四三七	一一〇二九	一二六五〇	二〇〇〇

加　　六宮　　減

太陰二均表

太陰二均表。按月距日宮度分順逆列之。初一二六七八宮列於上。三四五九十十一宮列於下。前後列月距日度分中列太陽在最高時月距日逐宮逐度之二均數。傍列校數者。乃太陽在最卑時月距日逐宮逐度之二均。與太陽在最高時月距日逐宮逐度之二均相減之較也。宮在上者用順度其號為加宮在下者用逆度。其號為減

用表之法。以月距日之宮對月距日之度分縱橫察

五宮　減

引數 度	引數 分	大均數 度	大均數 分	大均數 秒	中均數 度	中均數 分	中均數 秒	小均數 度	小均數 分	小均數 秒	引數 度	引數 分
二五	〇〇		四三	三八		三五	二四		二七	二六	二	〇〇
	一〇		四二	一一		三四	一四		二六	三一		五〇
	二〇		四〇	四四		三三	〇三		二五	三七		四〇
	三〇		三九	一七		三一	五三		二四	四二		三〇
	四〇		三七	五〇		三〇	四二		二三	四七		二〇
	五〇		三六	二三		二九	三一		二二	五二		一〇
二六	〇〇		三四	五六		二八	三一		二一	五八	四	〇〇
	一〇		三三	二八		二七	一〇		二一	〇三		五〇
	二〇		三二	〇一		二五	五九		二〇	〇八		四〇
	三〇		三〇	二四		二四	四八		一九	一三		三〇
	四〇		二九	〇七		二三	三八		一八	一八		二〇
	五〇		二七	四〇		二二	二七		一七	二三		一〇
二七	〇〇		二六	一二		二一	一六		一六	二六	五	〇〇
	一〇		二四	四五		二〇	〇五		一五	三四		五〇
	二〇		二三	一八		一八	五四		一四	三九		四〇
	三〇		二一	五一		一七	四三		一三	四四		三〇
	四〇		二〇	二三		一六	三三		一二	四九		二〇
	五〇		一八	五六		一五	二二		一一	五四		一〇
二八	〇〇		一七	二九		一四	一一		一〇	五九	二	〇〇
	一〇		一六	〇一		一三	〇〇		一〇	〇四		五〇
	二〇		一四	三四		一一	四九		九	〇九		四〇
	三〇		一三	〇七		一〇	三八		八	一五		三〇
	四〇		一一	三九		九	二七		七	二〇		二〇
	五〇		一〇	一二		八	一六		六	二五		一〇
二九	〇〇		八	四四		七	〇六		五	二〇	一	〇〇
	一〇		七	一七		五	五五		四	三五		五〇
	二〇		五	五〇		四	四四		三	四〇		四〇
	三〇		四	二二		三	三三		二	四五		三〇
	四〇		二	五五		二	二二		一	五〇		二〇
	五〇		一	二七		一	一一			五五		一〇
三〇	〇〇			〇			〇			〇	〇	〇〇

六宮　加

其二均及較數各記之後以高卑立方大較數一〇一四爲一率。前所得本時立方較爲二率所記之較數爲三率。求得四率與所記之二均相加。卽所求之二均數也表以十分爲率若月距日有零分者按中比例法求之設月距日爲十一宮一十九度三十分立方較爲九二三求二均數。則將十一宮一十九度三十分所對之二均一十一分五十五秒較數一分二十五秒各記定（月距日無零分故無庸中比例）乃以立方大較數一〇一四爲一率前所得之立方較九二三爲二率所記之較數一分二十五秒化作八十五秒爲三率。求得四率七十七秒。收作一分一十七秒與所記之二均一十一分五十五秒相加得一十三分一十二秒爲所求之二均其號爲減卽爲減均也

月距日 度分	初宮六宮 較數 分秒	初宮六宮 二均 分秒	一宮七宮 較數 分秒	一宮七宮 二均 分秒	二宮八宮 較數 分秒	二宮八宮 二均 分秒	月距日 度分
〇〇〇	〇	〇	三二五	二八四七	三二五	二八四七	三〇〇〇
一〇	一	一二	三二六	二八五三	三二五	二八四一	五〇
二〇	三	二三	三二七	二八五八	三二四	二八三五	四〇
三〇	四	三五	三二七	二九〇四	三二三	二八二九	三〇
四〇	六	四六	三二八	二九一〇	三二二	二八二三	二〇
五〇	七	五八	三二九	二九一五	三二二	二八一七	一〇
一〇〇	八	一一〇	三二九	二九二一	三二一	二八一一	二九〇〇
一〇	一〇	一二一	三三〇	二九二六	三二〇	二八〇五	五〇
二〇	一一	一三三	三三一	二九三一	三二〇	二七五九	四〇
三〇	一二	一四四	三三一	二九三七	三一九	二七五二	三〇
四〇	一四	一五六	三三二	二九四二	三一八	二七四六	二〇
五〇	一五	二〇八	三三二	二九四七	三一七	二七四〇	一〇
二〇〇	一七	二一九	三三三	二九五二	三一六	二七三三	二八〇〇
一〇	一八	二三一	三三四	二九五七	三一六	二七二七	五〇
二〇	一九	二四二	三三四	三〇〇二	三一五	二七二〇	四〇
三〇	二一	二五四	三三五	三〇〇七	三一四	二七一三	三〇
四〇	二二	三〇五	三三五	三〇一二	三一三	二七〇七	二〇
五〇	二三	三一七	三三六	三〇一七	三一三	二七〇〇	一〇
三〇〇	二五	三二八	三三七	三〇二二	三一二	二六五三	二七〇〇
一〇	二六	三四〇	三三七	三〇二六	三一一	二六四六	五〇
二〇	二八	三五一	三三八	三〇三一	三一〇	二六三九	四〇
三〇	二九	四〇三	三三八	三〇三五	三〇九	二六三二	三〇
四〇	三〇	四一五	三三九	三〇四〇	三〇八	二六二五	二〇
五〇	三二	四二六	三三九	三〇四四	三〇八	二六一八	一〇
四〇〇	三三	四三八	三四〇	三〇四九	三〇七	二六一一	二六〇〇
一〇	三四	四四九	三四〇	三〇五三	三〇六	二六〇四	五〇
二〇	三六	五〇〇	三四一	三〇五七	三〇五	二五五七	四〇
三〇	三七	五一二	三四一	三一〇二	三〇四	二五五四	三〇
四〇	三八	五二三	三四二	三一〇六	三〇三	二五四二	二〇
五〇	四〇	五三五	三四二	三一一〇	三〇二	二五三五	一〇
五〇〇	四一	五四六	三四三	三一一四	三〇二	二五二六	二五〇〇
順加	十一宮五宮		十宮四宮		九宮三宮		逆減

月	宮	二	宮	一	宮	初	月
距	宮	八	宮	七	宮	六	距
日	均二	數較	均二	數較	均二	數較	日
度分	分秒	分秒	分秒	分秒	分秒	分秒	度分
二〇〇〇	二一二二	二三二	三二四四	三五三	一一二二	一二一	一〇〇〇
五〇	二一一三	二三一	三二四六	三五四	一一三三	一二二	一〇
四〇	二一〇四	二三〇	三二四八	三五四	一一四四	一二四	二〇
三〇	二〇五五	二二九	三二四九	三五四	一一五五	一二五	三〇
二〇	二〇四六	二二八	三二五一	三五四	一二〇五	一二六	四〇
一〇	二〇三七	二二七	三二五三	三五四	一二一六	一二八	五〇
一九〇〇	二〇二八	二二六	三二五五	三五五	一二二七	一二九	一一〇〇
五〇	二〇一八	二二五	三二五六	三五五	一二三八	一三〇	一〇
四〇	二〇〇九	二二四	三二五八	三五五	一二四八	一三一	二〇
三〇	二〇〇〇	二二三	三二五九	三五五	一二五九	一三三	三〇
二〇	一九五一	二二二	三三〇一	三五五	一三一〇	一三四	四〇
一〇	一九四一	二二〇	三三〇二	三五六	一三二〇	一三五	五〇
一八〇〇	一九三二	二一九	三三〇三	三五六	一三三一	一三六	一二〇〇
五〇	一九二三	二一八	三三〇四	三五六	一三四二	一三八	一〇
四〇	一九一三	二一七	三三〇五	三五六	一三五二	一三九	二〇
三〇	一九〇四	二一六	三三〇六	三五六	一四〇三	一四〇	三〇
二〇	一八五四	二一五	三三〇七	三五六	一四一三	一四一	四〇
一〇	一八四五	二一四	三三〇八	三五六	一四二四	一四三	五〇
一七〇〇	〇八三五	二一三	三三〇九	三五六	一四三四	一四四	一三〇〇
五〇	一八二五	二一一	三三一〇	三五七	一四四五	一四五	一〇
四〇	一八一六	二一〇	三三一一	三五七	一四五五	一四六	二〇
三〇	一九〇六	二〇九	三三一一	三五七	一五〇五	一四八	三〇
二〇	一七五六	二〇八	三三一二	三五七	一五一六	一四九	四〇
一〇	一七四六	二〇七	三三一二	三五七	一五二六	一五〇	五〇
一六〇〇	一七三七	二〇六	三三一三	三五七	一五三六	一五一	一四〇〇
五〇	一七二七	二〇四	三三一三	三五七	一五四六	一五二	一〇
四〇	一七一七	二〇三	三三一三	三五七	一五五七	一五四	二〇
三〇	一六〇七	二〇二	三三一四	三五七	一六〇七	一五五	三〇
二〇	一六四七	二〇一	三三一四	三五七	一六一七	一五六	四〇
一〇	一六四七	二〇四	三三一四	三五七	一六二七	一五七	五〇
一五〇〇	一六三七	一五九	三三一四	三五七	一六三七	一五六	一五〇〇
逆	宮	九	宮	十	宮	十一	順
減	宮	三	宮	四	宮	五	加

月	宮	二	宮	一	宮	初	月
距	宮	八	宮	七	宮	六	距
日	均二	數較	均二	數較	均二	數較	日
度分	分秒	分秒	分秒	分秒	分秒	分秒	度分
二二〇〇	二五二七	三〇二	三一一四	三四三	五四六	四一	五〇〇
五〇	二五二〇	三〇一	三一一八	三四三	五五八	四三	一〇
四〇	二五一二	三〇〇	三一二二	三四四	六〇九	四四	二〇
三〇	二五〇五	二五九	三一二五	三四四	六二〇	四五	三〇
二〇	二四五七	二五八	三一二九	三四五	六三二	四七	四〇
一〇	二四五〇	二五七	三一三三	三四五	六四三	四八	五〇
二四〇〇	二四四二	二五六	三一三六	三四五	六五五	四九	六〇〇
五〇	二四三四	二五五	三一四〇	三四六	七〇六	五一	一〇
四〇	二四二六	二五四	三一四三	三四六	七一七	五二	二〇
三〇	二四二八	二五三	三一四七	三四七	七二九	五三	三〇
二〇	二四一二	二五二	三一五〇	三四七	七四〇	五五	四〇
一〇	二四〇二	二五一	三一五四	三四七	七五一	五六	五〇
二三〇〇	二三四四	二五〇	三一五七	三四八	八〇二	五七	七〇〇
五〇	二三四六	二五〇	三一〇〇	三四八	八一四	五九	一〇
四〇	二三三八	二四九	三一〇三	三四九	八二五	一〇〇	二〇
三〇	二三三〇	二四八	三二〇六	三四九	八三六	一〇一	三〇
二〇	二三二二	二四七	三二〇九	三四九	八四七	一〇三	四〇
一〇	二三一三	二四六	三二一二	三五〇	八五八	一〇四	五〇
二二〇〇	二三〇五	二四五	三二一五	三五〇	九一〇	一〇五	八〇〇
五〇	二二五七	二四四	三二一八	三五〇	九二一	一〇七	一〇
四〇	二二四八	二四三	三二二〇	三五一	九三二	一〇八	二〇
三〇	二二四〇	二四二	三二二三	三五一	九四三	一〇九	三〇
二〇	二二三一	二四一	三二二五	三五一	九五四	一一一	四〇
一〇	二二二三	二四〇	二二二八	三五二	一〇〇五	一一二	五〇
二一〇〇	二二一四	二三九	三二三〇	三五二	一〇一六	一一三	九〇〇
五〇	二二〇六	二三八	三二三三	三五二	一〇二七	一一五	一〇
四〇	二一五七	二三七	三二三五	三五二	一〇三八	一一六	二〇
三〇	二一四八	二三五	三二三七	三五三	一〇四九	一一七	三〇
二〇	二一三九	二三四	三二四〇	三五三	一一〇〇	一一八	四〇
一〇	二一三一	二三三	三二四二	三五三	一一一一	一二〇	五〇
二〇〇〇	二一二二	二三二	三二四四	三五三	一一二二	一二一	一〇〇〇
逆	宮	九	宮	十	宮	十一	順
減	宮	三	宮	四	宮	五	加

月距日 度分	宮宮 均二 分秒	二八 較數 分秒	宮宮 均二 分秒	一七 較數 分秒	宮宮 均二 分秒	初六 較數 分秒	月距日 度分
一五〇〇	一六三七	一五九	三三一四	三五七	一六三七	一 五九	一五〇〇
五〇	一六二七	一五七	三三一四	三五七	一六四七	二〇〇	一〇
四〇	一六一七	一五六	三三一四	三五七	一六五七	二〇一	二〇
三〇	一六〇七	一五五	三三一四	三五七	一七〇七	二〇二	三〇
二〇	一五五七	一五四	三三一三	三五七	一七一七	二〇三	四〇
一〇	一五四六	一五二	三三一三	三五七	一七二七	二〇四	五〇
一四〇〇	一五三六	一五一	三三一三	三五七	一七三七	二〇六	一六〇〇
五〇	一五二六	一五〇	三三一二	三五七	一七四六	二〇七	一〇
四〇	一五一六	一四九	三三一二	三五七	一七五六	二〇八	二〇
三〇	一五〇五	一四八	三三一一	三五七	一八〇六	二〇九	三〇
二〇	一四五五	一四六	三三一一	三五七	一八一六	二 〇	四〇
一〇	一四四五	一四二	三三一〇	三五七	一八二五	二 一	五〇
一三〇〇	一四三四	一四四	三三〇九	三五六	一八三五	二 三	一七〇〇
五〇	一四二四	一四三	三三〇八	三五六	一八四五	二 四	一〇
四〇	一四一三	一四一	三三〇七	三五六	一八五四	二 五	二〇
三〇	一四〇三	一四〇	三三〇六	三五六	一九〇四	二 六	三〇
二〇	一三五二	一三九	三三〇五	三五六	一九一三	二 七	四〇
一〇	一三四二	一三八	三三〇四	三五六	一九二三	二 八	五〇
一二〇〇	一三三一	一三六	三三〇三	三五六	一九三二	二 九	一八〇〇
五〇	一三二〇	一三五	三三〇二	三五六	一九四一	二二〇	一〇
四〇	一三一〇	一三四	三三〇一	三五五	一九五一	二二二	二〇
三〇	一二五九	一三三	三三五九	三五五	二〇〇〇	二二三	三〇
二〇	一二四八	一三一	三二五八	三五五	二〇〇九	二二四	四〇
一〇	一二三八	一三〇	三二五六	三五五	二〇一八	二二五	五〇
一一〇〇	一二二七	一二九	三二五五	三五五	二〇二八	二二六	一九〇〇
五〇	一二一六	一二八	三二九三	三五四	二〇三七	二二七	一〇
四〇	一二〇五	一二六	三二五一	三五四	二〇四六	二二八	二〇
三〇	一一五五	一二五	三二四九	三五四	二〇五五	二二九	三〇
二〇	一一四四	一二四	三二四八	三五四	二一〇四	二三〇	四〇
一〇	一一三三	一二二	三二四六	三五四	二一一三	二三一	五〇
一〇〇〇	一一二二	一二一	三二四四	三五三	二一二二	二三二	二〇〇〇
逆減	宮宮	九三	宮宮	十四	宮宮	十一五	順加

月距日 度分	宮宮 均二 分秒	二八 較數 分秒	宮宮 均二 分秒	一七 較數 分秒	宮宮 均二 分秒	初六 較數 分秒	月距日 度分
一〇〇〇	一一二二	一二一	三二四四	三五三	二一二二	二三二	二〇〇〇
五〇	一一一一	一二〇	三二四二	三五三	二一三一	二三三	一〇
四〇	一一〇〇	一一八	三二四〇	三五三	二一三九	二三四	二〇
三〇	一〇四九	一一七	三二三七	三五三	二一四八	二三五	三〇
二〇	一〇三八	一一六	三二三五	三五二	二一五七	二三七	四〇
一〇	一〇二七	一一五	三二三三	三五二	二二〇六	二三八	五〇
九〇〇	一〇一六	一一三	三二三〇	三五二	二二一四	二三九	二一〇〇
五〇	一〇〇五	一一二	三二二八	三五二	二二二三	二四〇	一〇
四〇	九五四	一一一	三二二五	三五一	二二三一	二四一	二〇
三〇	九四三	一〇九	三二二三	三五一	二二四〇	二四二	三〇
二〇	九三二	一〇八	三二二〇	三五一	二二四八	二四三	四〇
一〇	九二一	一〇七	三二一八	三五〇	二二五七	二四四	五〇
八〇〇	九一〇	一〇五	三二一五	三五〇	二三〇五	二四五	二二〇〇
五〇	八五八	一〇四	三二一二	三五〇	二三一三	二四六	一〇
四〇	八四七	一〇三	三二〇九	三四九	二三二二	二四七	二〇
三〇	八三六	一〇	三二〇六	三四九	二三三〇	二四八	三〇
二〇	八二五	一〇〇	三二〇三	三四九	二三三八	二四九	四〇
一〇	八一四	五九	三二〇〇	三四八	二三四六	二五〇	五〇
七〇〇	八〇二	五七	三一五七	三四八	二三五四	二五〇	二三〇〇
五〇	七五一	五六	三一五四	三四七	二四〇二	二五一	一〇
四〇	七四〇	五五	三一五〇	三四七	二四一〇	二五二	二〇
三〇	七二九	五三	三一四七	三四七	二四一八	二五三	三〇
二〇	七一七	五二	三一四三	三四六	二四二六	二〇四	四〇
一〇	七〇六	五一	三一四〇	三四六	二四三四	二五五	五〇
六〇〇	六五五	四九	三一三六	三四五	二四四二	二五六	二四〇〇
五〇	六四三	四八	三一三三	三四四	二四五〇	二五七	一〇
四〇	六三二	四七	三一二九	三四四	二四五七	二五八	二〇
三〇	六二〇	四五	三一二五	三四四	二五〇五	二五九	三〇
二〇	六〇九	四四	三一二二	三四四	二五一二	三〇〇	四〇
一〇	五五八	四三	三一一八	三四三	二五一〇	三〇一	五〇
五〇〇	五四六	四二	三一一四	三四三	二五二七	三〇二	二五〇〇
逆減	宮宮	九三	宮宮	十四	宮宮	十一五	順加

太陰三均表

太陰三均表。按日月最高相距。與實月距日相加之總數宮度分順逆列之。初一二六七八宮列於上三四五九十十一宮列於下。前後列相距總數度分。中列相距總數逐宮逐度之三均數。宮在上者用順度宮在下者用逆度。初宮至五宮其號爲加。六宮至十一宮其號爲減

用表之法。以相距總數之宮。對相距總數之度其縱橫相遇之數。即所求之三均數也。表以十分爲率。若

月距日	初宮 六宮		一宮 七宮		二宮 八宮		月距日
度分	較數 分秒	二均 分秒	較數 分秒	二均 分秒	較數 分秒	二均 分秒	度分
二五〇〇	三〇二	二五二七	三四三	三一一四	四一	五四六	五〇〇
一〇	三〇二	二五三五	三四二	三一一〇	四〇	五三五	五〇
二〇	三〇三	二五四二	三四二	三一〇六	三八	五二三	四〇
三〇	三〇四	二五五〇	三四一	三一〇二	三七	五一二	三〇
四〇	三〇五	二五五七	三四一	三〇五七	三六	五〇〇	二〇
五〇	三〇六	二六〇四	三四〇	三〇五三	三四	四四九	一〇
二六〇〇	三〇七	二六一一	三四〇	三〇四九	三三	四三八	四〇〇
一〇	三〇八	二六一八	三三九	三〇四四	三二	四二六	五〇
二〇	三〇八	二六二五	三三九	三〇四〇	三〇	四一五	四〇
三〇	三〇九	二六三二	三三八	三〇三五	二九	四〇三	三〇
四〇	三〇〇	二六三九	三三八	三〇三一	二八	三五一	二〇
五〇	三一一	二六四六	三三七	三〇二六	二六	三四〇	一〇
二七〇〇	三一二	二六五三	三三七	三〇二二	二五	三二八	三〇〇
一〇	三一三	二七〇〇	三三六	三〇一七	二三	三一七	五〇
二〇	三一三	二七〇七	三三五	三〇一二	二二	三〇五	四〇
三〇	三一四	二七一三	三三五	三〇〇七	二一	二五四	三〇
四〇	三一五	二七二〇	三三四	三〇〇二	一九	二四二	二〇
五〇	三一六	二七二七	三三四	二九五七	一八	二三一	一〇
二八〇〇	三一六	二七三一	三三三	二九五二	一七	二一九	二〇〇
一〇	三一七	二七四〇	三三二	二五四七	一五	二〇八	五〇
二〇	三一八	二七四六	三三二	二五四二	一四	一五六	四〇
三〇	三一九	二七五二	三三一	二九三七	一二	一四四	三〇
四〇	三二〇	二七五九	三三一	二九三一	一一	一三三	二〇
五〇	三二〇	二八〇五	三三〇	二九二六	一〇	一二一	一〇
二九〇〇	三二一	二八一一	三二九	二九二一	八	一一〇	一〇〇
一〇	三二二	二八一七	三二九	二九一五	七	五八	五〇
二〇	三二二	二八二三	三二八	二九一〇	六	四六	四〇
三〇	三二二	二八二九	三二七	二九〇四	四	三五	三〇
四〇	三二四	二八三五	三二七	二八〇八	三	二三	二〇
五〇	三二五	二八四一	三二六	二八五三	一	一二	一〇
二〇〇〇	三二五	二八四七	三二五	二八四七	〇	〇	〇〇〇
順加	十一宮 五宮		十宮 四宮		九宮 三宮		逆減

相距總數有零分者。五分以上則進作十分不足五分者去之。設相距總數為三宮二度二十四分求三均數。則察三宮二度二十分所對三均之數為二分二十五秒。即所求之三均其號為加。即為加均也。

相距分	總數度	初宮 六宮 加減均分 三秒	一宮 七宮 加減均分 三秒	二宮 八宮 加減均分 三秒	相距分	總數度
〇〇	〇	〇	一一三	二〇六	〇〇	三〇
一〇		〇	一一三	二〇六	五〇	
二〇		一	一一三	二〇六	四〇	
三〇		一	一一四	二〇六	三〇	
四〇		二	一一四	二〇六	二〇	
五〇		二	一一四	二〇七	一〇	
〇〇	一	三	一一五	二〇七	〇〇	二九
一〇		三	一一五	二〇七	五〇	
二〇		三	一一五	二〇七	四〇	
三〇		四	一一六	二〇七	三〇	
四〇		四	一一六	二〇八	二〇	
五〇		五	一一六	二〇八	一〇	
〇〇	二	五	一一七	二〇八	〇〇	二八
一〇		五	一一七	二〇八	五〇	
二〇		六	一一八	二〇八	四〇	
三〇		六	一一八	二〇九	三〇	
四〇		七	一一八	二〇九	二〇	
五〇		七	一一九	二〇九	一〇	
〇〇	三	八	一一九	二〇九	〇〇	二七
一〇		八	一一九	二〇九	五〇	
二〇		八	一二〇	二一〇	四〇	
三〇		九	一二〇	二一〇	三〇	
四〇		九	一二〇	二一〇	二〇	
五〇		一〇	一二一	二一〇	一〇	
〇〇	四	一〇	一二一	二一〇	〇〇	二六
一〇		一一	一二一	二一一	五〇	
二〇		一一	一二二	二一一	四〇	
三〇		一一	一二二	二一一	三〇	
四〇		一二	一二二	二一一	二〇	
五〇		一二	一二三	二一一	一〇	
〇〇	五	一三	一二三	二一一	〇〇	二五
	順	十一宮 五宮 減加	十宮 四宮 減加	九宮 三宮 減加	逆	

相距分	總數度	初宮 六宮 加減均分 三秒	一宮 七宮 加減均分 三秒	二宮 八宮 加減均分 三秒	相距分	總數度
〇〇	五	三	一二三	二一一	〇〇	二五
一〇		三	一二四	二一二	五〇	
二〇		三	一二四	二一二	四〇	
三〇		四	一二四	二一二	三〇	
四〇		四	一二五	二一二	二〇	
五〇		五	一二五	二一二	一〇	
〇〇	六	五	一二五	二一二	〇〇	二四
一〇		六	一二六	二一三	五〇	
二〇		六	一二六	二一三	四〇	
三〇		六	一二六	二一三	三〇	
四〇		七	一二七	二一三	二〇	
五〇		七	一二七	二一三	一〇	
〇〇	七	八	一二七	二一三	〇〇	二三
一〇		八	一二八	二一四	五〇	
二〇		九	一二八	二一四	四〇	
三〇		九	一二八	二一四	三〇	
四〇		九	一二九	二一四	二〇	
五〇		二〇	一二九	二一四	一〇	
〇〇	八	二〇	一二九	二一四	〇〇	二二
一〇		二一	一三〇	二一五	五〇	
二〇		二一	一三〇	二一五	四〇	
三〇		二一	一三〇	二一五	三〇	
四〇		二二	一三一	二一五	二〇	
五〇		二二	一三一	二一五	一〇	
〇〇	九	二三	一三一	二一五	〇〇	二一
一〇		二三	一三二	二一六	五〇	
二〇		二四	一三二	二一六	四〇	
三〇		二四	一三二	二一六	三〇	
四〇		二四	一三三	二一六	二〇	
五〇		二五	一三三	二一六	一〇	
〇〇	〇	二五	一三三	二一六	〇〇	二〇
	順	十一宮 五宮 減加	十宮 四宮 減加	九宮 三宮 減加	逆	

相距分	總數度	初宮 六宮 加減均分 三秒	一宮 七宮 加減均分 三秒	二宮 八宮 加減均分 三秒	相距分	總數度
〇〇	一〇	二五	一三三	二一六	〇〇	二〇
一〇		二六	一三四	二一六	五〇	
二〇		二六	一三四	二一七	四〇	
三〇		二六	一三四	二一七	三〇	
四〇		二七	一三四	二一七	二〇	
五〇		二七	一三五	二一七	一〇	
〇〇	一一	二八	一三五	二一七	〇〇	一九
一〇		二八	一三五	二一七	五〇	
二〇		二八	一三六	二一七	四〇	
三〇		二九	一三六	二一八	三〇	
四〇		二九	一三六	二一八	二〇	
五〇		三〇	一三七	二一八	一〇	
〇〇	一二	三〇	一三七	二一八	〇〇	一八
一〇		三一	一三七	二一八	五〇	
二〇		三一	一三八	二一八	四〇	
三〇		三二	一三八	二一八	三〇	
四〇		三二	一三八	二一八	二〇	
五〇		三二	一三九	二一九	一〇	
〇〇	一三	三三	一三九	二一九	〇〇	一七
一〇		三三	一三九	二一九	五〇	
二〇		三三	一四〇	二一九	四〇	
三〇		三四	一四〇	二一九	三〇	
四〇		三四	一四〇	二一九	二〇	
五〇		三五	一四〇	二一九	一〇	
〇〇	一四	三五	一四一	二一九	〇〇	一六
一〇		三五	一四一	二一九	五〇	
二〇		三六	一四一	二二〇	四〇	
三〇		三六	一四二	二二〇	三〇	
四〇		三七	一四二	二二〇	二〇	
五〇		三七	一四二	二二〇	一〇	
〇〇	一五	三八	一四三	二二〇	〇〇	一五
	順	十一宮 五宮 減加	十宮 四宮 減加	九宮 三宮 減加	逆	

總數度	相距分	加減均分	二宮八宮三秒	加減均分	一宮七宮三秒	加減均分	初宮六宮三秒	總數度	相距分
一五	〇〇	二	二〇	一	四三		三八	一五	〇〇
	五〇	二	二〇	一	四三		三八		一〇
	四〇	二	二〇	一	四三		三八		二〇
	三〇	二	二〇	一	四三		三九		三〇
	二〇	二	二〇	一	四四		三九		四〇
	一〇	二	二一	一	四四		四〇		五〇
一四	〇〇	二	二一	一	四四		四〇	一六	〇〇
	五〇	二	二一	一	四五		四〇		一〇
	四〇	二	二一	一	四五		四一		二〇
	三〇	二	二一	一	四五		四一		三〇
	二〇	二	二一	一	四五		四二		四〇
	一〇	二	二一	一	四六		四二		五〇
一三	〇〇	二	二一	一	四六		四二	一七	〇〇
	五〇	二	二一	一	四六		四三		一〇
	四〇	二	二一	一	四七		四三		二〇
	三〇	二	二二	一	四七		四四		三〇
	二〇	二	二二	一	四七		四四		四〇
	一〇	二	二二	一	四七		四四		五〇
一二	〇〇	二	二二	一	四八		四五	一八	〇〇
	五〇	二	二二	一	四八		四五		一〇
	四〇	二	二二	一	四八		四六		二〇
	三〇	二	二二	一	四九		四六		三〇
	二〇	二	二二	一	四九		四六		四〇
	一〇	二	二二	一	四九		四七		五〇
一一	〇〇	二	二二	一	四九		四七	一九	〇〇
	五〇	二	二二	一	五〇		四七		一〇
	四〇	二	二二	一	五〇		四八		二〇
	三〇	二	二三	一	五〇		四八		三〇
	二〇	二	二三	一	五一		四九		四〇
	一〇	二	二三	一	五一		四九		五〇
一〇	〇〇	二	二三	一	五一		五〇	二〇	〇〇
逆		九宮減 三宮加		十宮減 四宮加		十一宮減 五宮加		順	

總數度	相距分	加減均分	二宮八宮三秒	加減均分	一宮七宮三秒	加減均分	初宮六宮三秒	總數度	相距分
一〇	〇〇	二	二三	一	五一		五〇	二〇	〇〇
	五〇	二	二三	一	五一		五〇		一〇
	四〇	二	二三	一	五二		五〇		二〇
	三〇	二	二三	一	五二		五一		三〇
	二〇	二	二三	一	五二		五一		四〇
	一〇	二	二三	一	五二		五二		五〇
九	〇〇	二	二三	一	五三		五二	二一	〇〇
	五〇	二	二三	一	五三		五二		一〇
	四〇	二	二三	一	五三		五三		二〇
	三〇	二	二三	一	五三		五三		三〇
	二〇	二	二三	一	五四		五四		四〇
	一〇	二	二四	一	五四		五四		五〇
八	〇〇	二	二四	一	五四		五四		〇〇
	五〇	二	二四	一	五五		五五		一〇
	四〇	二	二四	一	五五		五五		二〇
	三〇	二	二四	一	五五		五五		三〇
	二〇	二	二四	一	五五		五六		四〇
	一〇	二	二四	一	五六		五六		五〇
七	〇〇	二	二四	一	五六		五七	二三	〇〇
	五〇	二	二四	一	五六		五七		一〇
	四〇	二	二四	一	五六		五七		二〇
	三〇	二	二四	一	五七		五八		三〇
	二〇	二	二四	一	五七		五八		四〇
	一〇	二	二四	一	五七		五九		五〇
六	〇〇	二	二四	一	五七		五九	二四	〇〇
	五〇	二	二四	一	五八		五九		一〇
	四〇	二	二四	一	五八	一	〇〇		二〇
	三〇	二	二四	一	五八	一	〇〇		三〇
	二〇	二	二四	一	五八	一	〇一		四〇
	一〇	二	二四	一	五九	一	〇一		五〇
五	〇〇	二	二四	一	五九	一	〇一	二二	〇〇
逆		九宮減 三宮加		十宮減 四宮加		十一宮減 五宮加		順	

相距分	總數度	初宮加 六宮減 均分三秒	一宮加 七宮減 均分三秒	二宮加 八宮減 均分三秒	相距分	總數度
○○	二五	一○一	一五九	二二四	○○	五
一○		一○二	一五九	二二四	五○	
二○		一○二	一五九	二二五	四○	
三○		一○二	一五九	二二五	三○	
四○		一○三	二○○	二二五	二○	
五○		一○三	二○○	二二五	一○	
○○	二六	一○四	二○○	二二五	○○	四
一○		一○四	二○○	二二五	五○	
二○		一○四	二○一	二二五	四○	
三○		一○五	二○一	二二五	三○	
四○		一○五	二○一	二二五	二○	
五○		一○五	二○一	二二五	一○	
○○	二七	一○六	二○二	二二五	○○	三
一○		一○六	二○二	二二五	五○	
二○		一○七	二○二	二二五	四○	
三○		一○七	二○二	二二五	三○	
四○		一○七	二○三	二二五	二○	
五○		一○八	二○三	二二五	一○	
○○	二八	一○八	二○三	二二五	○○	二
一○		一○八	二○三	二二五	五○	
二○		一○九	二○三	二二五	四○	
三○		一○九	二○四	二二五	三○	
四○		一一○	二○四	二二五	二○	
五○		一一○	二○四	二二五	一○	
○○	二九	一一○	二○四	二二五	○○	一
一○		一一一	二○五	二二五	五○	
二○		一一一	二○五	二二五	四○	
三○		一一一	二○五	二二五	三○	
四○		一一二	二○五	二二五	二○	
五○		一一二	二○五	二二五	一○	
○○	三○	一一三	二○六	二二五	○○	○
	順	十一宮減 五宮加	十宮減 四宮加	九宮減 三宮加	逆	

太陰末均表

太陰末均表。按日月最高相距宮度及實月距日宮度分上下前後順逆列之。日月最高相距初一二六七八宮。每隔十度順列於上。三四五九十十一宮每隔十度逆列于下。實月距日初一二六七八宮。逐度順列于前。三四五九十十一宮。逐度逆列于後中列日月最高相距及實月距日逐宮逐度之末均數。日月最高相距初一二六七八宮用上度。三四五九十十一宮用下度。實月距日初一二宮其號為減六七八宮其號為加。俱用順度。三四五宮其號為減。九十十一宮其號為加。俱用逆度。

用表之法。以日月最高相距之宮度對實月距日之宮度。察其縱横相遇之數。即所求之末均也。表列實月距日以逐度為率。若實月距日有三十分以上者進一度不及三十分者去之。日月最高相距以十度為率。若日月最高相距有零度者。用中比例法。求之。

設日月最高相距為三宮一十三度。實月距日為十一宮一十九度求末均數。則先察日月最高相距三宮一十度條內。横對實月距日十一宮一十九度之末均為三十秒。次察三宮二十度條內。横對實月距日十一宮一十九度之末均為二十七秒兩數相減餘三秒。為日月最高相距一十度之較。乃以一十度為一率。較數三秒為二率。設數三度為三率。求得四率十分秒之九。收作一秒。與日月最高相距三宮一十度所對實月距日十一宮一十九度之末均三十秒相減。因三宮二十度之末均小於三宮一十度之末均。故相減。反是則相加也。餘二十九秒。為所求之末均。實月距日十一宮為加。即為加

實月距日 宮	度	初宮六宮 〇度 分	秒	十度 分	秒	二十度 分	秒	三十度 分	秒	實月距日 度	宮
	〇		〇		〇		〇		〇	三〇	
	一		〇		一		一		一	二九	
	二		〇		二		二		三	二八	
	三		〇		三		四		四	二七	
	四		〇		四		五		五	二六	
	五		〇		五		六		七	二五	
初宮減	六		〇		六		七		八	二四	十一宮加
	七		〇		七		八		九	二三	
	八		〇		八		九		一一	二二	
	九		〇		一〇		一〇		一二	二一	
	一〇		〇		一一		一二		一三	二〇	
	一一		〇		一二		一三		一五	一九	
	一二		〇		一三		一四		一六	一八	
	一三		〇		一四		一五		一七	一七	
	一四		〇		一五		一六		一八	一六	
	一五		〇		一六		一七		二〇	一五	
	一六		〇		一七		一九		二一	一四	
	一七		〇		一八		二〇		二三	一三	
	一八		〇		一九		二一		二三	一二	
	一九		〇		二〇		二二		二五	一一	
	二〇		〇		二一		二三		二六	一〇	
	二一		〇		二二		二四		二七	九	
	二二		〇		二三		二五		二八	八	
六宮加	二三		〇		二四		二六		三〇	七	五宮減
	二四		〇		二五		二七		三一	六	
	二五		〇		二六		二八		三二	五	
	二六		〇		二七		二九		三三	四	
	二七		〇		二八		三一		三五	三	
	二八		〇		二九		三一		三六	二	
	二九		〇		三〇		三二		三七	一	
	三〇		〇		三一		三四		三八	〇	
順		十一宮五宮 三十度		二十度		十度		〇度			逆

Top heading: 日月最高相距

均也。

一宮減　七宮加（順）　十宮加　四宮減（逆）

實月距日	日月最高相距 初宮 六宮								實月距日
	○度		十度		二十度		三十度		
宮 度	分	秒	分	秒	分	秒	分	秒	宮 度
○		○		三一		三四		三八	三○
一		○		三一		三五		三九	二九
二		○		三二		三六		四○	二八
三		○		三三		三六		四一	二七
四		○		三四		三七		四二	二六
五		○		三五		三八		四四	二五
六		○		三六		三九		四五	二四
七		○		三七		四○		四六	二三
八		○		三八		四一		四七	二二
九		○		三八		四二		四八	二一
一○		○		三九		四三		四九	二○
一一		○		四○		四四		五○	一九
一二		○		四一		四五		五一	一八
一三		○		四二		四六		五二	一七
一四		○		四二		四七		五三	一六
一五		○		四三		四七		五四	一五
一六		○		四四		四八		五五	一四
一七		○		四五		四九		五六	一三
一八		○		四五		五○		五六	一二
一九		○		四六		五一		五七	一一
二○		○		四七		五一		五八	一○
二一		○		四七		五二		五九	九
二二		○		四八		五三	一	○○	八
二三		○		四九		五四	一	○一	七
二四		○		四九		五四	一	○一	六
二五		○		五○		五五	一	○一	五
二六		○		五一		五六	一	○三	四
二七		○		五一		五六	一	○四	三
二八		○		五二		五七	一	○四	二
二九		○		五二		五七	一	○五	一
三○		○		五三		五八	一	○六	○
順	三十度		二十度		十度		○度		逆
	十一宮 五宮								

二宮減　八宮加（順）　九宮加　三宮減（逆）

實月距日	日月最高相距 初宮 六宮								實月距日
	○度		十度		二十度		三十度		
宮 度	分	秒	分	秒	分	秒	分	秒	宮 度
○		○		五三		五八	一	○六	三○
一		○		五三		五九	一	○六	二九
二		○		五四		五九	一	○七	二八
三		○		五四	一	○○	一	○八	二七
四		○		五五	一	○○	一	○八	二六
五		○		五五	一	○一	一	○九	二五
六		○		五六	一	○一	一	○九	二四
七		○		五六	一	○二	一	一○	二三
八		○		五七	一	○二	一	一○	二二
九		○		五七	一	○三	一	一一	二一
一○		○		五七	一	○三	一	一一	二○
一一		○		五八	一	○三	一	一二	一九
一二		○		五八	一	○四	一	一二	一八
一三		○		五八	一	○四	一	一二	一七
一四		○		五九	一	○四	一	一三	一六
一五		○		五九	一	○五	一	一三	一五
一六		○		五九	一	○五	一	一四	一四
一七		○		五九	一	○五	一	一四	一三
一八		○	一	○○	一	○六	一	一四	一二
一九		○	一	○○	一	○六	一	一五	一一
二○		○	一	○○	一	○六	一	一五	一○
二一		○	一	○○	一	○六	一	一五	九
二二		○	一	○○	一	○六	一	一五	八
二三		○	一	○一	一	○七	一	一五	七
二四		○	一	○一	一	○七	一	一六	六
二五		○	一	○一	一	○七	一	一六	五
二六		○	一	○一	一	○七	一	一六	四
二七		○	一	○一	一	○七	一	一六	三
二八		○	一	○一	一	○七	一	一六	二
二九		○	一	○一	一	○七	一	一六	一
三○		○	一	○一	一	○七	一	一六	○
順	三十度		二十度		十度		○度		逆
	十一宮 五宮								

日月最高相距

一宮　七宮

實月距日 宮 度（順）	〇度 分秒	十度 分秒	二十度 分秒	三十度 分秒	實月距日 宮 度（逆）
〇	〇	〇	〇	〇	三〇
一	一	二	二	二	二九
二	三	三	四	四	二八
三	四	五	五	六	二七
四	五	六	七	八	二六
五	七	八	八	一〇	二五
六	八	九	一一	一二	二四
七	九	一一	一三	一五	二三
八	一一	一二	一四	一七	二二
九	一二	一四	一六	一九	二一
一〇	一三	一五	一八	二一	二〇
一一	一五	一七	二〇	二三	一九
一二	一六	一八	二一	二五	一八
一三	一七	二〇	二三	二七	一七
一四	一八	二一	二五	二九	一六
一五	二〇	二三	二七	三一	一五
一六	二一	二四	二九	三三	一四
一七	二三	二六	三一	三六	一三
一八	二三	二七	三二	三七	一二
一九	二五	二九	三四	三九	一一
二〇	二六	三〇	三五	四一	一〇
二一	二七	三二	三七	四三	九
二二	二八	三三	三九	四五	八
二三	三〇	三四	四〇	四七	七
二四	三一	三六	四二	四九	六
二五	三二	三七	四四	五一	五
二六	三三	三九	四五	五三	四
二七	三五	四〇	四七	五五	三
二八	三六	四一	四八	五六	二
二九	三七	四三	五〇	五八	一
三〇	三八	四四	五二	一〇〇	〇
順	三十度	二十度	十度	〇度	逆

初宮減　六宮加　十一宮加　五宮減

十宮　四宮

日月最高相距

一宮　七宮

實月距日 宮 度（順）	〇度 分秒	十度 分秒	二十度 分秒	三十度 分秒	實月距日 宮 度（逆）
〇	三八	四四	五二	一〇〇	三〇
一	三九	四五	五三	一〇二	二九
二	四〇	四七	五五	一〇四	二八
三	四一	四八	五六	一〇五	二七
四	四二	四九	五八	一〇七	二六
五	四四	五〇	五九	一〇九	二五
六	四五	五二	一〇一	一一一	二四
七	四六	五三	一〇二	一一二	二三
八	四七	五四	一〇三	一一四	二二
九	四八	五五	一〇五	一一六	二一
一〇	四九	五七	一〇六	一一七	二〇
一一	五〇	五八	一〇八	一一九	一九
一二	五一	五九	一〇九	一二〇	一八
一三	五二	一〇〇	一一〇	一二二	一七
一四	五三	一〇一	一一二	一二三	一六
一五	五四	一〇二	一一三	一二五	一五
一六	五五	一〇三	一一四	一二六	一四
一七	五六	一〇四	一一五	一二八	一三
一八	五六	一〇五	一一七	一二九	一二
一九	五七	一〇六	一一八	一三一	一一
三〇	五八	一〇七	一一九	一三二	一〇
二一	五九	一〇八	一二〇	一三三	九
二二	一〇〇	一〇五	一二一	一三五	八
二三	一〇一	一一〇	一二二	一三六	七
二四	一〇二	一一一	一二三	一三七	六
二五	一〇二	一一二	一二四	一三八	五
二六	一〇三	一一三	一二五	一三九	四
二七	一〇四	一一四	一二六	一四一	三
二八	一〇四	一一五	一二七	一四二	二
二九	一〇五	一一五	一二八	一四三	一
三〇	一〇六	一一六	一二九	一四四	〇
順	三十度	二十度	十度	〇度	逆

一宮減　七宮加　十宮加　四宮減

十宮　四宮

日月最高相距　一宮　七宮

實月距日 宮	度	○度 分秒	十度 分秒	二十度 分秒	三十度 分秒	度	宮 實月距日
	〇	一〇六	一一七	一二九	一四四	三〇	
	一	一〇六	一一七	一三〇	一四五	二九	
	二	一〇七	一一八	一三一	一四六	二八	
	三	一〇八	一一八	一三二	一四七	二七	
	四	一〇八	一一九	一三三	一四八	二六	
	五	一〇九	一二〇	一三四	一四九	二五	
	六	一〇九	一二〇	一三四	一五〇	二四	
二宮減	七	一一〇	一二二	一三五	一五〇	二三	九宮加
	八	一一〇	一二二	一三五	一五一	二二	
	九	一一一	一二二	一三六	一五二	二一	
	一〇	一一一	一二三	一三七	一五三	二〇	
	一一	一一二	一二三	一三七	一五三	一九	
	一二	一一二	一二四	一三八	一五四	一八	
	一三	一一三	一二四	一三八	一五五	一七	
	一四	一一三	一二五	一三九	一五五	一六	
	一五	一一三	一二五	一三九	一五六	一五	
	一六	一一四	一二五	一四〇	一五六	一四	
	一七	一一四	一二六	一四〇	一五七	一三	
	一八	一一四	一二六	一四一	一五七	一二	
	一九	一一五	一二六	一四一	一五八	一一	
	二〇	一一五	一二七	一四一	一五八	一〇	
	二一	一一五	一二七	一四二	一五九	九	
	二二	一一五	一二七	一四二	一五九	八	
八宮加	二三	一一五	一二七	一四二	一五九	七	三宮減
	二四	一一六	一二八	一四二	一五九	六	
	二五	一一六	一二八	一四三	二〇〇	五	
	二六	一一六	一二八	一四三	二〇〇	四	
	二七	一一六	一二八	一四三	二〇〇	三	
	二八	一一六	一二八	一四三	二〇〇	二	
	二九	一一六	一二八	一四三	二〇〇	一	
	三〇	一一六	一二八	一四三	二〇〇	〇	

順　　三十度　二十度　十度　○度　逆

十宮　四宮

日月最高相距　二宮　八宮

實月距日 宮	度	○度 分秒	十度 分秒	二十度 分秒	三十度 分秒	度	宮 實月距日
	〇	〇	〇	〇	〇	三〇	
	一	二	二	三	三	二九	
	二	四	五	六	六	二八	
	三	六	七	八	九	二七	
	四	八	一〇	一一	一三	二六	
	五	一〇	一二	一四	一六	二五	
初宮減	六	一三	一五	一七	一八	二四	十一宮加
	七	一五	一七	二〇	二二	二三	
	八	一七	一九	二二	二五	二二	
	九	一九	二二	二五	二八	二一	
	一〇	二一	二四	二八	三一	二〇	
	一一	二三	二七	三〇	三四	一九	
	一二	二五	二九	三三	三七	一八	
	一三	二七	三一	三六	四〇	一七	
	一四	二九	三四	三八	四四	一六	
	一五	三一	三六	四一	四七	一五	
	一六	三三	三八	四四	五〇	一四	
	一七	三二	四一	四七	五四	一三	
	一八	三七	四三	四九	五六	一二	
	一九	三九	四五	五二	五九	一一	
	二〇	四一	四八	五四	一〇二	一〇	
	二一	四三	五〇	五七	一〇五	九	
	二二	四五	五二	一〇〇	一〇七	八	
六宮加	二三	四七	五四	一〇二	一一〇	七	
	二四	四九	五七	一〇五	一一三	六	
	二五	五一	五九	一〇七	一一六	五	
	二六	五三	一〇一	一一〇	一一九	四	
	二七	五五	一〇三	一一二	一二二	三	
	二八	五六	一〇五	一一五	一二五	二	
	二九	五八	一〇七	一一七	一二七	一	
	三〇	〇〇	一一〇	一一〇	一三〇	〇	

順　　三十度　二十度　十度　○度　逆

九宮　三宮

實月距日		日月最高相距								實月距日	
		八宮				二宮					
		三十度		二十度		十度		〇度			
宮	度	分	秒	分	秒	分	秒	分	秒	度	宮
	三〇	二	三六	二	一八	二	〇一	一	四四	〇	
	二九	二	三七	二	一九	二	〇一	一	四四	一	
	二八	二	三九	二	二〇	二	〇三	一	四六	二	
	二七	二	四〇	二	二二	二	〇四	一	四七	三	
	二六	二	四二	二	二三	二	〇五	一	四八	四	
	二五	二	四三	二	二四	二	〇六	一	四九	五	
九宮加	二四	二	四四	二	二五	二	〇七	一	五〇	六	二宮減
	二三	二	四六	二	二六	二	〇八	一	五〇	七	
	二二	二	四七	二	二七	二	〇九	一	五一	八	
	二一	二	四八	二	二八	二	一〇	一	五二	九	
	二〇	二	四九	二	二九	二	一一	一	五三	一〇	
	一九	二	五〇	二	三〇	二	一一	一	五三	一一	
	一八	二	五一	二	三一	二	一二	一	五四	一二	
	一七	二	五二	二	三二	二	一三	一	五五	一三	
	一六	二	五三	二	三三	二	一四	一	五五	一四	
	一五	二	五四	二	三四	二	一四	一	五六	一五	
	一四	二	五五	二	三四	二	一五	一	五六	一六	
	一三	二	五五	二	三五	二	一五	一	五七	一七	
	一二	二	五六	二	三六	二	一六	一	五七	一八	
	一一	二	五七	二	三六	二	一六	一	五八	一九	
	一〇	二	五七	二	三七	二	一七	一	五八	二〇	
	九	二	五八	二	三七	二	一七	一	五九	二一	
	八	二	五八	二	三七	二	一八	一	五九	二二	
	七	二	五九	二	三八	二	一八	一	五九	二三	八宮加
三宮減	六	二	五九	二	三八	二	一八	一	五九	二四	
	五	二	五九	二	三八	二	一八	二	〇〇	二五	
	四	三	〇〇	二	三九	二	一九	二	〇〇	二六	
	三	三	〇〇	二	三九	二	一九	二	〇〇	二七	
	二	三	〇〇	二	三九	二	一九	二	〇〇	二八	
	一	三	〇〇	二	三九	二	一九	二	〇〇	二九	
	〇	三	〇〇	二	三九	二	一九	二	〇〇	三〇	
逆		〇度		十度		二十度		二十度		順	
		三宮				九宮					

實月距日		日月最高相距								實月距日	
		八宮				二宮					
		三十度		二十度		十度		〇度			
宮	度	分	秒	分	秒	分	秒	分	秒	度	宮
	三〇	一	三〇	一	二〇	一	一〇	一	〇〇	〇	
	二九	一	三三	一	二二	一	一二	一	〇二	一	
	二八	一	三五	一	二四	一	一四	一	〇四	二	
	二七	一	三八	一	二七	一	一六	一	〇五	三	
	二六	一	四一	一	二九	一	一八	一	〇七	四	
十宮加	二五	一	四三	一	三一	一	二〇	一	〇九	五	
	二四	一	四六	一	三五	一	二二	一	一一	六	一宮減
	二三	一	四八	一	三六	一	二四	一	一二	七	
	二二	一	五一	一	三八	一	二六	一	一四	八	
	二一	一	五三	一	四〇	一	二七	一	一六	九	
	二〇	一	五六	一	四二	一	二九	一	一七	一〇	
	一九	一	五八	一	四四	一	三一	一	一九	一一	
	一八	二	〇〇	一	四六	一	三三	一	二〇	一二	
	一七	二	〇三	一	四八	一	三五	一	二二	一三	
	一六	二	〇五	一	五〇	一	三七	一	二三	一四	
	一五	二	〇七	一	五二	一	三八	一	二五	一五	
	一四	二	〇九	一	五四	一	四〇	一	二六	一六	
	一三	二	一二	一	五六	一	四二	一	二八	一七	
	一二	二	一四	一	五八	一	四三	一	二九	一八	
	一一	二	一六	二	〇〇	一	四五	一	三一	一九	
	一〇	二	一八	二	〇二	一	四六	一	三二	二〇	
	九	二	二〇	二	〇四	一	四八	一	三三	二一	
	八	二	二二	二	〇五	一	五〇	一	三五	二二	
四宮減	七	二	二四	二	〇七	一	五一	一	三六	二三	七宮加
	六	二	二六	二	〇九	一	五二	一	三七	二四	
	五	二	二七	二	一〇	一	五四	一	三八	二五	
	四	二	二九	二	一二	一	五五	一	三九	二六	
	三	二	三〇	二	一三	一	五七	一	四一	二七	
	二	二	三三	二	一五	一	五八	一	四二	二八	
	一	二	三四	二	一六	一	五九	一	四三	二九	
	〇	二	三六	二	一八	二	〇〇	一	四四	三〇	
逆		〇度		十度		二十度				順	
		三宮									

太陰正交實均表

太陰正交實均表。掙日距正交宮度分順逆列之初一二六七八宮列於上。三四五九十十一宮列于下。前後列日距正交度分。中列日距正交逐宮逐度之正交實均。宮在上者用順度。其號為加。宮在下者用逆度。其號為損。

用表之法。以日距正交之宮。對日距正交之度分。其縱橫相遇之數。即所求之正交實均也。表以十分為畢。若日距正交有度分者。掙中比例法求之。設日距正交為八宮二度四十六分求正交實均則以十分為一率。日距正交八宮二度四十分所對之交均一度一十四分一十六秒與下層八宮二度五十分所對之交均一度一十三分五十八秒。相減餘一十八秒為二率。設數六分為三率。求得四率一十秒。小餘八收作一十一秒。與八宮二度四十分之交均一度一十四分一十六秒相減（因五十分之均數小十四十分之均數故相減。反是則相加也）餘一度一十四分。零五秒。為所求之正交實均其號為加即為加均也。

日距正交 度	日距正交 分	初宮六宮 度	初宮六宮 分	初宮六宮 秒	一宮七宮 度	一宮七宮 分	一宮七宮 秒	二宮八宮 度	二宮八宮 分	二宮八宮 秒	日距正交 度	日距正交 分
〇	〇〇			〇	一	一六	三九	一	一八	四一	二〇	〇〇
	一〇			二一	一	一六	五五	一	一八	二五		五〇
	二〇		一	〇一	一	一七	一一	一	一八	一〇		四〇
	三〇		一	三二	一	一七	二七	一	一七	五四		三〇
	四〇		二	〇二	一	一七	四二	一	一七	三五		二〇
	五〇		二	三三	一	一七	五八	一	一七	二三		一〇
	〇〇		三	〇三	一	一八	一三	一	一七	〇六	二九	〇〇
	一〇		三	三四	一	一八	二八	一	一六	五〇		五〇
	二〇		四	〇四	一	一八	四三	一	一六	三四		四〇
	三〇		四	三五	一	一八	五八	一	一六	一七		三〇
	四〇		五	〇五	一	一九	一二	一	一六	〇〇		二〇
	五〇		五	三五	一	一九	二七	一	一五	四三		一〇
二	〇〇		六	〇六	一	一九	四一	一	一五	二六	二八	〇〇
	一〇		六	三六	一	一九	五五	一	一五	〇九		五〇
	二〇		七	〇七	一	二〇	〇九	一	一四	五二		四〇
	三〇		七	三七	一	二〇	二三	一	一四	三四		三〇
	四〇		八	〇八	一	二〇	三六	一	一四	一六		二〇
	五〇		八	三八	一	二〇	五〇	一	一三	五八		一〇
三	〇〇		九	〇八	一	二一	〇三	一	一三	四〇	二七	〇〇
	一〇		九	三九	一	二一	一六	一	一三	二二		五〇
	二〇		一〇	〇九	一	二一	二九	一	一三	〇四		四〇
	三〇		一〇	三九	一	二一	四二	一	一二	四五		三〇
	四〇		一一	一〇	一	二一	五五	一	一二	二七		二〇
	五〇		一一	四〇	一	二二	〇八	一	一二	〇八		一〇
四	〇〇		一二	一〇	一	二二	二〇	一	一一	四九	二六	〇〇
	一〇		一二	四〇	一	二二	三二	一	一一	三〇		五〇
	二〇		一三	一一	一	二二	四四	一	一一	一〇		四〇
	三〇		一三	四一	一	二二	五六	一	一〇	五一		三〇
	四〇		一四	一一	一	二三	〇八	一	一〇	三一		二〇
	五〇		一四	四一	一	二三	一九	一	一〇	一二		一〇
五	〇〇		一五	一一	一	二三	三一	一	〇九	五二	二五	〇〇
順加		五宮十宮			四宮十宮			三宮九宮			逆減	

正交度分	二宮 八宮 度分秒	一宮 七宮 度分秒	初宮 六宮 度分秒	日距度分
二五〇〇	一〇九五二	一二三三一	一五一一	五〇〇
五〇	一〇九三二	一二三四二	一五四一	一〇
四〇	一〇九一二	一二三五三	一六一一	二〇
三〇	一〇八五一	一二四〇四	一六四一	三〇
二〇	一〇八三一	一二四一五	一七一一	四〇
一〇	一〇八一〇	一二四二五	一七四一	五〇
二四〇〇	一〇七四九	一二四三六	一八一一	六〇〇
五〇	一〇七二八	一二四四六	一八四一	一〇
四〇	一〇七〇七	一二四五六	一九一一	二〇
三〇	一〇六四六	一二五〇六	一九四一	三〇
二〇	一〇六二五	一二五一六	二〇一〇	四〇
一〇	一〇六〇三	一二五二五	二〇四〇	五〇
二三〇〇	一〇五四二	一二五三四	二一一〇	七〇〇
五〇	一〇五二〇	一二五四四	二一三九	一〇
四〇	一〇四五八	一二五五三	二二〇九	二〇
三〇	一〇四三六	一二六〇二	二二三九	三〇
二〇	一〇四一四	一二六一〇	二三〇八	四〇
一〇	一〇三五一	一二六一九	二三三八	五〇
二二〇〇	一〇三二九	一二六二七	二四〇七	八〇〇
五〇	一〇三〇六	一二六三五	二四三六	一〇
四〇	一〇二四四	一二六四三	二五〇六	二〇
三〇	一〇二二一	一二六五一	二五三五	三〇
二〇	一〇一五八	一二六五九	二六〇四	四〇
一〇	一〇一三五	一二七〇六	二六三三	五〇
二一〇〇	一〇一一一	一二七一四	二七〇二	九〇〇
五〇	一〇〇四八	一二七二一	二七三二	一〇
四〇	一〇〇二四	一二七二八	二八〇一	二〇
三〇	一〇〇〇一	一二七三五	二八三〇	三〇
二〇	五九三七	一二七四一	二八五九	四〇
一〇	五九一三	一二七四八	二九二八	五〇
二〇〇〇	五八四九	一二七五四	二九五六	〇〇〇
逆減	宮三 宮九	宮四 宮十	宮五 宮十一	順加

正交度分	二宮 八宮 度分秒	一宮 七宮 度分秒	初宮 六宮 度分秒	日距度分
二〇〇〇	五八四九	一二七　四	二九五六	一〇〇〇
五〇	五八二五	一二八〇〇	三〇二五	一〇
四〇	五八〇一	一二八〇六	三〇五四	二〇
三〇	五七三六	一二八一二	三一二二	三〇
二〇	五七一二	一二八一七	三一五一	四〇
一〇	五六四七	一二八二三	三二二〇	五〇
一九〇〇	五六二二	一二八二八	三二四八	一一〇〇
五〇	五五五七	一二八五三	三三一七	一〇
四〇	五五三二	一二八三八	三三四五	二〇
三〇	五五〇七	一二八四三	三四一三	三〇
二〇	五四四二	一二八四七	三四四一	四〇
一〇	五四一六	一二八五二	三五一〇	五〇
一八〇〇	五三五一	一二八五六	三五三八	一二〇〇
五〇	五三二五	一二九〇〇	三六〇六	一〇
四〇	五二三九	一二九〇三	三六三四	二〇
三〇	五二三四	一二九〇七	三七〇二	三〇
二〇	五一〇八	一二九一一	三七二九	四〇
一〇	五一四一	一二九一四	三七五七	五〇
一七〇〇	五一一五	一二九一七	三八二五	一三〇〇
五〇	五〇四九	一二九一〇	三八五二	一〇
四〇	五〇二三	一二九二二	三九二〇	二〇
三〇	四九五六	一二九二五	三九四七	三〇
二〇	四九二九	一二九二七	四〇二五	四〇
一〇	四九〇三	一二九三〇	四〇四二	五〇
一六〇〇	四八三六	一二九三一	四一〇九	一四〇〇
五〇	四八〇九	一二九三三	四一三六	一〇
四〇	四七四二	一二九三五	四一〇三	二〇
三〇	四七一五	一二九三六	四二三〇	三〇
二〇	四六四七	一二九三八	四二五七	四〇
一〇	四六二〇	一二九三九	四三二四	五〇
一五〇〇	四五五二	一二九四〇	四三五一	一五〇〇
逆減	宮三 宮九	宮四 宮十	宮五 宮十一	順加

日距度分	初宮六宮度分秒	一宮七宮度分秒	二宮八宮度分秒	正交度分
一五〇〇	四三五一	一二九四〇	四五五三	一五〇〇
一〇	四四一八	一二九四〇	四五二五	五〇
二〇	四四四四	一二九四一	四五五七	四〇
三〇	四五一一	一二九四一	四四三〇	三〇
四〇	四五三七	一二九四二	四四〇二	二〇
五〇	四六〇三	一二九四二	四三三四	一〇
一六〇〇	四六三〇	一二九四一	四三〇六	一四〇〇
一〇	四六五六	一二九四一	四三三八	五〇
二〇	四七二二	一二九四〇	四二〇九	四〇
三〇	四七四八	一二九四〇	四一四一	三〇
四〇	四八一四	一二九三九	四一一三	二〇
五〇	四八三九	一二九三八	四〇四四	一〇
一七〇〇	四九〇三	一二九三六	四〇一五	一三〇〇
一〇	四九三一	一二九三五	三九四七	五〇
二〇	四九五六	一二九三三	三九一八	四〇
三〇	五〇二二	一二九三一	三八四九	三〇
四〇	五〇四七	一二九二九	三八四〇	二〇
五〇	五一一二	一二九二七	三七五一	一〇
一八〇〇	五一三七	一二九二五	三七二二	一二〇〇
一〇	五二〇二	一二九二二	三六五三	五〇
二〇	五二二七	一二九二〇	三六二四	四〇
三〇	五二五二	一二九一七	三五五四	三〇
四〇	五三一七	一二九一四	三五二五	二〇
五〇	五五四一	一二九一〇	三四五五	一〇
一九〇〇	五四〇六	一二九〇七	三四二六	一一〇〇
一〇	五四三〇	一二九〇三	三三五六	五〇
二〇	五四五五	一二八五九	三三二六	四〇
三〇	五五一九	一二八五五	三二五六	三〇
四〇	五五四三	一二八五一	三二二七	二〇
五〇	五六〇七	一二八四七	三一五七	一〇
二〇〇〇	五六三一	一二八四二	三一二七	一〇〇〇
順加	五宮十一宮	四宮十宮	三宮九宮	逆減

日距度分	初宮六宮度分秒	一宮七宮度分秒	二宮八宮度分秒	正交度分
二〇〇〇	五六三一	一二八四二	二一二七	一〇〇〇
一〇	五六五五	一二八三七	三〇五七	五〇
二〇	五七一八	一二八三二	三〇二六	四〇
三〇	五七四二	一二八二七	二九五六	三〇
四〇	五八〇五	一二八二二	二九二六	二〇
五〇	五八二九	一二八一七	二八五六	一〇
二一〇〇	五八五二	一二八一一	二八二五	九〇〇
一〇	五九一五	一二八〇五	二七五五	五〇
二〇	五九三八	一二七〇九	二七二四	四〇
三〇	一〇〇〇一	一二七五三	二六五四	三〇
四〇	一〇〇二四	一二七四六	二六二三	二〇
五〇	一〇〇四六	一二七四〇	二五五二	一〇
二二〇〇	一〇一〇九	一二七三三	二五二一	八〇〇
一〇	一〇一三一	一二七二六	二四五一	五〇
二〇	一〇一五三	一二七一九	二四二〇	四〇
三〇	一〇二一六	一二七一二	二三四九	三〇
四〇	一〇二三八	一二七〇四	二三一八	二〇
五〇	一〇三〇〇	一二七五七	二二四七	一〇
二三〇〇	一〇三二一	一二六四九	二二一六	七〇〇
一〇	一〇三四三	一二六四一	二一四四	五〇
二〇	一〇四〇五	一二六三三	二一一三	四〇
三〇	一〇四二六	一二六二四	二〇四二	三〇
四〇	一〇四四七	一二六一六	二〇一一	二〇
五〇	一〇五〇九	一二六〇七	一九三九	一〇
二四〇〇	一〇五三〇	一二五五八	一九〇八	六〇〇
一〇	一〇五五一	一二五四九	一八三七	五
二〇	一〇六一二	一二五四〇	一八〇五	四
三〇	一〇六三二	一二五三〇	一七三四	三
四〇	一〇六五三	一二五二一	一七〇二	二
五〇	一〇七一三	一二五一一	一六三一	一
二五〇〇	一〇七三三	一二五〇一	一五五九	五〇
順加	五宮十一宮	四宮十宮	三宮九宮	逆減

交角加分表

交角加分表。按日距正交宮度分順逆列之。初一二六七八宮列于上。三四五九十十一宮列于下。前後列日距正交度。中列日距正交逐宮逐度之距交加分及距交加差。宮在上者用順度。宮在下者用逆度用表之法。以日距正交之宮度縱橫察得本表之距交加分爲距交加分。察得加差爲距交加差。復以實月距日之宮度。亦察本表之加差。得距日加差。然後以最大兩弦加分二分四十三秒與兩加差比例得

日距正交度	分	初宮六宮 度分秒	一宮七宮 度分秒	二宮八宮 度分秒	日距正交度	分
二五	〇〇	一〇七三四	一二五〇一	一五五九	五	〇〇
	一〇	一〇七五四	一二四五一	一五二七		五〇
	二〇	一〇八一四	一二四四〇	一四五六		四〇
	三〇	一〇八三四	一二四三〇	一四二四		三〇
	四〇	一〇八五三	一二四一九	一三五二		二〇
	五〇	一〇九一三	一二四〇八	一三二一		一〇
二六	〇〇	一〇九三三	一二三五七	一二四九	四	〇〇
	一〇	一〇九五二	一二三四六	一二一七		五〇
	二〇	一一〇一一	一二三三五	一一四五		四〇
	三〇	一一〇三〇	一二三二三	一一一二		三〇
	四〇	一一〇四九	一二三一一	一〇四一		二〇
	五〇	一一一〇八	一二三〇〇	一〇〇九		一〇
二七	〇〇	一一一二七	一二二四七	九三八	三	〇〇
	一〇	一一一四五	一二二三五	九〇六		五〇
	二〇	一一二〇四	一二二二三	八三四		四〇
	三〇	一一二二二	一二二一〇	八〇二		三〇
	四〇	一一二四〇	一二一五七	七三〇		二〇
	五〇	一一二五八	一二一四四	六五八		一〇
二八	〇〇	一一三一八	一二一三一	六二五	二	〇〇
	一〇	一一三三四	一二一一八	五五三		五〇
	二〇	一一三五一	一二一〇五	五二一		四〇
	三〇	一一四〇九	一二〇五一	四四九		三〇
	四〇	一一四二六	一二〇三七	四一七		二〇
	五〇	一一四四三	一二〇二三	三四五		一〇
二九	〇〇	一一五〇〇	一二〇〇九	三一三	一	〇〇
	一〇	一一五一七	一一九五五	二四一		五〇
	二〇	一一五三四	一一九四〇	二〇九		四〇
	三〇	一一五五〇	一一九二六	一三七		三〇
	四〇	一一六〇七	一一九一一	一〇四		二〇
	五〇	一一六二三	一一八五六	三二		一〇
三〇	〇〇	一一六三九	一一八四一	〇	〇	〇〇
順加		五宮十一宮	四宮十宮	三宮九宮	逆減	

距日加分與距交加分相加。即得所求之交角加分也。表以十分為率。若日距正交及實月距日有零分者。按中比例法求之。設日距正交為八宮二度四十六分。實月距日為十一宮一十九度一十六分求距交加分及加差。則以十分為一率。日距正交八宮二度四十分所對距交加分之數三分四十五秒與下層八宮二度五十分所對距交加分之數三分四十二秒相減。餘三秒為二率。設數六分為三率。求得四率一秒。小餘八。收作二秒。與日距正交八宮二度四

十分之距交加分三分四十五秒相減。（因四十分之距交加分大於五十分之距交加分。故相減。反是則相加也。）餘三分四十三秒。為所求之距交加分記之。又察日距正交八宮二度四十分所對加差之數。與下層八宮二度五十分所對加差之數俱為二分零九秒。無庸比例。即以日距正交八宮二度四十分之加差二分零九秒為所求之距交加差記之。又察實月距日十一宮一十九度一十分所對加差之數。與上層十一宮一十九度二十分所對加差之數俱為六秒。亦無庸比例。即以實月距日十

一宮一十九度一十分之加差六秒為所求之距日加差記之然後以最大兩弦加分二分四十三秒化作一百六十三秒為一率。所記距交加差二分零九秒化作一百二十九秒為二率。所記距日加差六秒為三率求得四率四秒。小餘七。收作五秒。為距日加分。與前所記距交加分三分四十三秒相加。得三分四十八秒。即所求之交角加分也。

正交度	日距分	宮八 宮二 差加分加交距 分秒分秒		宮七 宮一 差加分加交距 分秒分秒	宮六 宮初 差加分加交距 分秒分秒	正交度	日距分
三〇	〇〇	二〇二	四二六	四一一三一九	〇一七四五	〇	〇〇
	五〇	二〇三	四二四	四一一三一六	〇一七四五		一〇
	四〇	二〇三	四二一	四二一三一六	〇一七四五		二〇
	三〇	二〇四	四一八	四二一三一一	〇一七四五		三〇
	二〇	二〇四	四一六	四二一三〇八	〇一七四五		四〇
	一〇	二〇四	四一三	四三一三〇五	〇一七四五		五〇
二九	〇〇	二〇五	四一〇	四三一三〇三	〇一七四五	一	〇〇
	五〇	二〇五	四〇八	四四一三〇〇	〇一七四五		一〇
	四〇	二〇六	四〇五	四四一二五七	〇一七四四		二〇
	三〇	二〇六	四〇三	四五一二五四	〇一七四四		三〇
	二〇	二〇六	四〇〇	四五一二五二	〇一七四四		四〇
	一〇	二〇七	三五七	四五一二四九	〇一七四四		五〇
二八	〇〇	二〇七	三五五	四六一二四六	〇一七四四	二	〇〇
	五〇	二〇八	三五二	四六一二四三	〇一七四四		一〇
	四〇	二〇八	三五〇	四七一二四〇	〇一七四三		二〇
	三〇	二〇八	三四七	四七一二三八	〇一七四三		三〇
	二〇	二〇九	三四五	四八一二三五	〇一七四三		四〇
	一〇	二〇九	三四二	四八一二三二	〇一七四二		五〇
二七	〇〇	二〇九	三四〇	四八一二二九	〇一七四二	三	〇〇
	五〇	二一〇	三三七	四九一二二六	一一七四二		一〇
	四〇	二一〇	三三五	四九一二二三	一一七四一		二〇
	三〇	二一一	三三二	五〇一二二一	一一七四一		三〇
	二〇	二一一	三三〇	五〇一二一八	一一七四一		四〇
	一〇	二一一	三二七	五一一二一五	一一七四〇		五〇
二六	〇〇	二一二	三二五	五一一二一二	一一七四〇	四	〇〇
	五〇	二一二	三二二	五一一二〇九	一一七三九		一〇
	四〇	二一二	三二〇	五二一二〇六	一一七三九		二〇
	三〇	二一三	三一七	五二一二〇三	一一七三八		三〇
	二〇	二一三	三一五	五三一二〇〇	一一七三八		四〇
	一〇	二一四	三一三	五三一一五八	一一七三七		五〇
二五	〇〇	二一四	三一〇	五四一一五五	一一七三七	五	〇〇
逆		宮三 宮九		宮四 宮十	宮五 宮十一	順	

正日	宮八	宮二	宮七	宮一	宮六	宮初	正日
交距	差加	分加交距	差加	分加交距	差加	分加交距	交距
度分	分秒	分秒	分秒	分秒	分秒	分秒	度分
二五〇〇	二一四	三一〇	五四	一一五五	一	一七三七	五〇〇
五〇	二一四	三〇八	五四	一一五二	一	一七三六	一〇
四〇	二一五	三〇六	五五	一一四九	一	一七三六	二〇
三〇	二一五	三〇三	五五	一一四六	二	一七三五	三〇
二〇	二一五	三〇一	五五	一一四三	二	一七三五	四〇
一〇	二一六	三五九	五六	一一四〇	二	一七三四	五〇
二四〇〇	二一六	二五六	五六	一一三七	二	一七三三	六〇〇
五〇	二一六	二五四	五七	一一三四	二	一七三三	一〇
四〇	二一七	二五二	五七	一一三一	二	一七三二	二〇
三〇	二一七	二五九	五八	一一二八	二	一七三一	三〇
二〇	二一七	二四七	五八	一一二五	二	一七三一	四〇
一〇	二一八	二四五	五九	一一二二	二	一七三〇	五〇
二三〇〇	二一八	二四三	五九	一一一九	二	一七二九	七〇〇
五〇	二一九	二四〇	一〇〇	一一一六	三	一七二八	一〇
四〇	二一九	二三八	一〇〇	一一一三	三	一七二八	二〇
三〇	二一九	二三六	一〇〇	一一一〇	三	一七二七	三〇
二〇	二二〇	二三四	一〇一	一一〇七	三	一七二六	四〇
一〇	二二〇	二三二	一〇一	一一〇四	三	一七二五	五〇
二二〇〇	二二〇	二三〇	一〇二	一一〇一	三	一七二四	八〇〇
五〇	二二一	二二七	一〇二	一〇五八	三	一七二四	一〇
四〇	二二一	二二五	一〇三	一〇五五	三	一七二三	二〇
三〇	二二一	二二三	一〇三	一〇五二	四	一七二二	三〇
二〇	二二一	二二一	一〇四	一〇四九	四	一七二一	四〇
一〇	二二二	二一九	一〇四	一〇四六	四	一七二〇	五〇
二一〇〇	二二二	二一七	一〇五	一〇四三	四	一七二九	九〇〇
五〇	二二二	二一五	一〇五	一〇四〇	四	一七一八	一〇
四〇	二二三	二一三	一〇六	一〇三七	四	一七一七	二〇
三〇	二二三	二一一	一〇六	一〇三四	五	一七一六	三〇
二〇	二二三	二〇九	一〇六	一〇三一	五	一七一五	四〇
一〇	二二四	二〇七	一〇七	一〇二八	五	一七一四	五〇
二〇〇〇	二二四	二〇〇	一〇七	一〇二五	五	一七一三	〇〇〇
逆	宮三	宮九	宮四	宮十	宮五	宮十一	順

正日	宮八	宮二	宮七	宮一	宮六	宮初	正日
交距	差加	分加交距	差加	分加交距	差加	分加交距	交距
度分	分秒	分秒	分秒	分秒	分秒	分秒	度分
二〇〇〇	二二四	二〇五	一〇七	一〇二五	五	一七一三	一〇〇〇
五〇	二二四	二〇二	一〇八	一〇二二	五	一七一二	一〇
四〇	二二五	二〇一	一〇八	一〇一九	五	一七一一	二〇
三〇	二二五	一五五	一〇九	一〇一六	五	一七一〇	三〇
二〇	二二五	一五七	一〇九	一〇一三	六	一七〇九	四〇
一〇	二二五	一五五	一一〇	一〇一〇	六	一七〇七	五〇
一九〇〇	二二六	一五三	一一〇	一〇〇七	六	一七〇六	一一〇〇
五〇	二二六	一五一	一一一	一〇〇四	六	一七〇五	一〇
四〇	二二六	一四九	一一一	一〇〇一	六	一七〇四	二〇
三〇	二二七	一四七	一一二	九五七	七	一七〇三	三〇
二〇	二二七	一四五	一一二	九五四	七	一七〇一	四〇
一〇	二二七	一四四	一一三	九五一	七	一七〇〇	五〇
一八〇〇	二二七	一四二	一一三	九四八	七	一六五九	一二〇〇
五〇	二二八	一四〇	一一四	九四五	七	一六五八	一〇
四〇	二二八	一三八	一一四	九四二	七	一六五六	二〇
三〇	二二八	一三六	一一四	九三九	八	一六五五	三〇
二〇	二二九	一三五	一一五	九三六	八	一六五四	四〇
一〇	二二九	一三三	一一五	九三三	八	一六五三	五〇
一七〇〇	二二九	一三一	一一六	九三〇	八	一六五一	一三〇〇
五〇	二二九	一二九	一一六	九二七	九	一六五〇	一〇
四〇	二三〇	一二九	一一七	九二四	九	一六四八	二〇
三〇	二三〇	一二六	一一七	九二〇	九	一六四七	三〇
二〇	二三〇	一二四	一一八	九一七	九	一六四六	四〇
一〇	二三〇	一二三	一一八	九一四	九	一六四四	五〇
一六〇〇	二三一	一二一	一一九	九一一	一〇	一六四三	一四〇〇
五〇	二五一	一一九	一一九	九〇八	一〇	一六四一	一〇
四〇	二三一	一一八	一二〇	九〇五	一〇	一六四〇	二〇
三〇	二三一	一一六	一二	九〇二	一〇	一六三八	三〇
二〇	二三二	一一五	一二一	八五九	一〇	一六三七	四〇
一〇	二三二	一一三	一二二	八五六	一一	一六三五	五〇
五〇〇	二三二	一一一	一二二	八五三	一一	一六三四	一〇〇〇
逆	宮三	宮九	宮四	宮十	宮五	宮十一	順

正日交距 度分	宮八 差加 分秒	宮二 分加交距 分秒	宮七 差加 分秒	宮一 分加交距 分秒	宮六 差加 分秒	宮初 分加交距 分秒	正日交距 度分
一〇〇〇	二三八	三二	一三六	七二〇	一九	一五四〇	二〇〇〇
五〇	二三八	三一	一三六	七一七	一九	一五三八	一〇
四〇	二三八	三〇	一三七	七一四	二〇	一五三六	二〇
三〇	二三九	二九	一三七	七一一	二〇	一五三四	三〇
二〇	二三九	二八	一三八	七〇八	二〇	一五三二	四〇
一〇	二三九	二七	一三八	七〇五	二一	一五三〇	五〇
九〇〇	二三九	二六	一三八	七〇二	二一	一五二八	二一〇〇
五〇	二三九	二五	一三九	六五九	二一	一五二六	一〇
四〇	二三九	二四	一三九	六五六	二二	一五二四	二〇
三〇	二三九	二三	一四〇	六五三	二二	一五二二	三〇
二〇	二四〇	二二	一四〇	六五〇	二二	一五二〇	四〇
一〇	二四〇	二二	一四一	六四七	二三	一五一八	五〇
八〇〇	二四〇	二一	一四一	六四四	二三	一五一六	二二〇〇
五〇	二四〇	二〇	一四二	六四一	二三	一五一三	一〇
四〇	二四〇	一九	一四二	六三八	二四	一五一一	二〇
三〇	二四〇	一八	一四三	六三五	二四	一五〇九	三〇
二〇	二四〇	一七	一四三	六三二	二四	一五〇七	四〇
一〇	二四一	一七	一四四	六二九	二五	一五〇五	五〇
七〇〇	二四一	一六	一四四	六二六	二五	一五〇二	二三〇〇
五〇	二四一	一五	一四四	六二三	二五	一五〇〇	一〇
四〇	二四一	一四	一四五	六二〇	二六	一四五八	二〇
三〇	二四一	一四	一四五	六一七	二六	一四五六	三〇
二〇	二四一	一三	一四六	六一四	二六	一四五三	四〇
一〇	二四一	一二	一四六	六一一	二七	一四五一	五〇
六〇〇	二四一	一二	一四七	六〇八	二七	一四四九	二四〇〇
五〇	二四一	一一	一四七	六〇五	二七	一四四七	一〇
四〇	二四一	一〇	一四八	六〇二	二八	一四四四	二〇
三〇	二四二	一〇	一四八	五五九	二八	一四四二	三〇
二〇	二四二	九	一四九	五五六	二八	一四四〇	四〇
一〇	二四二	九	一四九	五五三	二九	一四三七	五〇
五〇〇	二四二	八	一四九	五五〇	二九	一四三五	二五〇〇
逆	宮三	宮九	宮四	宮十	宮五	宮十一	順

正日交距 度分	宮八 差加 分秒	宮二 分加交距 分秒	宮七 差加 分秒	宮一 分加交距 分秒	宮六 差加 分秒	宮初 分加交距 分秒	正日交距 度分
一五〇〇	二三二	一一一	一二二	八五三	一一	一六三四	一五〇〇
五〇	二三二	一一〇	一二二	八四九	一一	一六三二	一〇
四〇	二三二	一〇六	一二二	八四六	一一	一六三一	二〇
三〇	二三三	一〇七	一二三	八四三	一二	一六二九	三〇
二〇	二三三	一〇五	一二三	八四〇	一二	一六二七	四〇
一〇	二三三	一〇四	一二四	八三七	一二	一六二六	五〇
一四〇〇	二三四	一〇二	一二四	八三四	一二	一六二四	一六〇〇
五〇	二三四	一〇一	一二五	八三一	一三	一六二二	一〇
四〇	二三四	一〇〇	一二五	八二八	一三	一六二一	二〇
三〇	二三四	五八	一二六	八二五	一三	一六一九	三〇
二〇	二三四	五七	一二六	八二二	一三	一六一七	四〇
一〇	二三五	五五	一二七	八一八	一四	一六一六	五〇
一三〇〇	二三五	五四	一二七	八一五	一四	一六一四	一七〇〇
五〇	二三五	五三	一二八	八一二	一四	一六一二	一〇
四〇	二三五	五一	一二八	八〇九	一五	一六一一	二〇
三〇	二三五	五〇	一二九	八〇六	一五	一六〇九	三〇
二〇	二三六	四九	一二九	八〇三	一五	一六〇七	四〇
一〇	二三六	四七	一三〇	八〇〇	一五	一六〇五	五〇
一二〇〇	二三六	四六	一三〇	七五七	一六	一六〇二	一八〇〇
五〇	二三六	四五	一三一	七五四	一六	一六〇二	一〇
四〇	二三六	四四	一三一	七五一	一六	一六〇〇	二〇
三〇	二三七	四二	一三一	七四八	一六	一五五八	三〇
二〇	二三七	四一	一三二	七四五	一七	一五五六	四〇
一〇	二三七	四〇	一三二	七四二	一七	一五五四	五〇
一一〇〇	二三七	三九	一三三	七三八	一七	一五五二	一九〇〇
五〇	二三七	三八	一三三	七三五	一八	一五五〇	一〇
四〇	二三七	三七	一三四	七二五	一八	一五四八	二〇
三〇	二三八	三五	一三四	七二九	一八	一五四六	三〇
二〇	二三八	三四	一三五	七二六	一九	一五四四	四〇
一〇	二三八	三三	一三五	七二三	一九	一五四二	五〇
一〇〇〇	二三八	三二	一三六	七二〇	一九	一五四〇	二〇〇〇
逆	宮三	宮九	宮四	宮十	宮五	宮十一	順

黃白升度差表

黃白升度差表。按月距正交宮度分順逆列之。初一二六七八宮列於上。三四五九十十一宮列於下。前後列月距正交度。中列最小交角月距正交逐宮逐度之升度差。傍列較秒者。乃最大交角月距正交逐宮逐度之升度差與最小交角月距正交逐宮逐度之升度差相減之較也。宮在上者用順度。其號為減。宮在下者用逆度。其號為加。用表之法。以月距正交之宮度分。縱橫察得升度差

日	正	初	宮	六	宮	一	宮	七	宮	二	宮	八	宮	日	正
距	交	距交	加分	加	差	距交	加分	加	差	距交	加分	加	差	距	交
分	度	秒	分	秒	分	秒	分	秒	分	秒	分	秒	分	分	度
〇〇	二五	三五	一四	二九		三〇	五	四九	一	八		四二	二	〇〇	五
一〇		三二	一四	三〇		四八	五	五〇	一	八		四二	二	五〇	
二〇		三〇	一四	三〇		四五	五	五〇	一	七		四二	二	四〇	
三〇		二八	一四	三〇		四二	五	五一	一	七		四二	二	三〇	
四〇		二五	一四	三一		三九	五	五一	一	六		四二	二	二〇	
五〇		二三	一四	三一		三六	五	五二	一	六		四二	二	一〇	
〇〇	二六	二〇	一四	三一		三三	五	五二	一	五		四二	二	〇〇	四
一〇		一八	一四	三二		三〇	五	五二	一	五		四二	二	五〇	
二〇		一五	一四	三二		二七	五	五三	一	四		四二	二	四〇	
三〇		一三	一四	三二		二五	五	五三	一	四		四二	二	三〇	
四〇		一一	一四	三三		二二	五	五四	一	四		四三	二	二〇	
五〇		〇八	一四	三三		一九	五	五四	一	三		四三	二	一〇	
〇〇	二七	〇六	一四	三四		一六	五	五五	一	三		四三	二	〇〇	三
一〇		〇三	一四	三四		一三	五	五五	一	三		四三	二	五〇	
二〇		〇〇	一四	三四		一〇	五	五六	一	二		四三	二	四〇	
三〇		五八	一三	三五		〇八	五	五六	一	二		四三	二	三〇	
四〇		五五	一三	三五		〇五	五	五六	一	二		四三	二	二〇	
五〇		五三	一三	三六		〇二	五	五七	一	二		四三	二	一〇	
〇〇	二八	五〇	一三	三六		五五	四	五七	一	一		四三	二	〇〇	二
一〇		四八	一三	三六		五六	四	五八	一	一		四三	二	五〇	
二〇		四五	一三	三七		五四	四	五八	一	一		四三	二	四〇	
三〇		四三	一三	三七		五一	四	五九	一	一		四三	二	三〇	
四〇		四〇	一三	三八		四八	四	五九	一	一		四三	二	二〇	
五〇		三七	一三	三八		四五	四	五九	一	〇		四三	二	一〇	
〇〇	二九	三五	一三	三八		四三	四	〇〇	二	〇		四三	二	〇〇	一
一〇		三二	一三	三九		四〇	四	〇〇	二	〇		四三	二	五〇	
二〇		二九	一三	三九		三七	四	〇一	二	〇		四三	二	四〇	
三〇		二七	一三	四〇		三四	四	〇一	二	〇		四三	二	三〇	
四〇		二四	一三	四〇		三二	四	〇一	二	〇		四三	二	二〇	
五〇		二一	一三	四〇		二九	四	〇二	二	〇		四三	二	一〇	
〇〇	三〇	一九	一三	四一		二六	四	〇二	二	〇		四三	二	〇〇	〇
順		十一	宮	五	宮	十	宮	四	宮	九	宮	三	宮	逆	

及較秒各記之後以交角大較數一十七分四十五秒為一率。前所得本時交角加分為二率。所記之較秒為三率。求得四率與所記之升度差相加。即得所求之升度差也表以十分為率。若月距正交有零分者。按中比例法求之。設月距正交為七宮二十度五十一分。交角加分為三分四十八秒求黃白升度差察月距正交七宮二十度五十分。與七宮二十一度所對之升度差俱為六分二十四秒無庸比例。即以七宮二十度五十分之升度差六分二十四秒記之

又察月距正交七宮二十度五十分。與七宮一十一度所對之較秒俱為四十七秒。亦無庸比例即以七宮二十度五十分之較秒四十七秒記之。然後以交角大較數一十七分四十五秒化作一千零六十五秒為一率。交角加分三分四十八秒化作二百二十八秒為二率。所記較秒四十七秒為三率。求得四率一十秒。與所記之升度差六分二十四秒相加得六分三十四秒為所求之升度差。其號為減即為減差也。

月距正交 度	分	初宮六宮 較秒	升度差 分秒	一宮七宮 較秒	升度差 分秒	二宮八宮 較秒	升度分 分秒	月距正交 度	分
○	○○	○	○	四一	五三九	四二	五四○	三○	○○
	一○	○	二	四二	五四○	四一	五三九		五○
	二○	一	五	四二	五四二	四一	五三八		四○
	三○	一	七	四二	五四三	四一	五三六		三○
	四○	一	九	四二	五四四	四一	五三五		二○
	五○	一	一一	四二	五四五	四一	五三四		一○
一	○○	二	一四	四二	五四八	四一	五三三	二九	○○
	一○	二	一六	四二	五四七	四一	五三二		五○
	二○	二	一八	四三	五四八	四○	五三○		四○
	三○	三	二一	四三	五四九	四○	五二九		三○
	四○	三	二三	四三	五五○	四○	五二八		二○
	五○	三	二五	四三	五五一	四○	五二七		一○
二	○○	三	二七	四三	五五二	四○	五二五	二八	○○
	一○	四	三○	四三	五五三	四○	五二四		五○
	二○	四	三二	四三	五五四	三九	五二三		四○
	三○	四	三四	四三	五五五	三九	五二二		三○
	四○	四	三六	四四	五五六	三九	五二○		二○
	五○	五	三九	四四	五五七	三九	五一九		一○
三	○○	五	四一	四四	五五八	三九	五一八	二七	○○
	一○	五	四三	四四	五五九	三九	五一六		五○
	二○	六	四五	四四	六○○	三九	五一五		四○
	三○	六	四八	四四	六○一	三八	五一四		三○
	四○	六	五○	四四	六○二	三八	五一二		二○
	五○	六	五二	四四	六○二	三八	五一一		一○
四	○○	七	五五	四四	六○三	三八	五○九	二六	○○
	一○	七	五七	四四	六○四	三八	五○八		五○
	二○	七	五九	四五	六○五	三八	五○七		四○
	三○	七	○一	四五	六○六	三七	五○五		三○
	四○	八	一○四	四五	六○七	三七	五○四		二○
	五○	八	一○六	四五	六○七	三七	五○二		一○
五	○○	八	一○八	四五	六○八	三七	五○一	二五	○○
順減		十一宮五宮		十宮四宮		九宮三宮		逆加	

月距正交度	月距正交分	初宮六宮較秒	升度差分	升度差秒	一宮七宮較秒	升度差分	升度差秒	二宮八宮較秒	升度差分	升度差秒	月距正交度	月距正交分
五	〇〇	八	一	〇八	四五	六	〇八	三七	五	〇一	二五	〇〇
	一〇	九	一	一〇	四五	六	〇九	三七	四	五九		五〇
	二〇	九	一	一二	四五	六	一〇	三六	四	五八		四〇
	三〇	九	一	一五	四五	六	一一	三六	四	五六		三〇
	四〇	九	一	一七	四五	六	一一	三六	四	五五		二〇
	五〇	一〇	一	一九	四五	六	一二	三六	四	五三		一〇
六	〇〇	一〇	一	二一	四六	六	一三	三六	四	五三	二四	〇〇
	一〇	一〇	一	二四	四六	六	一三	三六	四	五〇		五〇
	二〇	一〇	一	二六	四六	六	一四	三五	四	四九		四〇
	三〇	一一	一	二八	四六	六	一五	三五	四	四七		三〇
	四〇	一一	一	三〇	四六	六	一五	三五	四	四六		二〇
	五〇	一一	一	三三	四六	六	一六	三五	四	四四		一〇
七	〇〇	一二	一	三五	四六	六	一七	三五	四	四二	二三	〇〇
	一〇	一二	一	三七	四六	六	一七	三四	四	四一		五〇
	二〇	一二	一	三九	四六	六	一八	三四	四	三九		四〇
	三〇	一二	一	四一	四六	六	一九	三四	四	三八		三〇
	四〇	一三	一	四四	四六	六	一九	三四	四	三六		二〇
	五〇	一三	一	四六	四六	六	二〇	三四	四	三四		一〇
八	〇〇	一三	一	四八	四六	六	二〇	三三	四	三三	二二	〇〇
	一〇	一三	一	五〇	四七	六	二一	三三	四	三一		五〇
	二〇	一四	一	五二	四七	六	二一	三三	四	三〇		四〇
	三〇	一四	一	五四	四七	六	二二	三三	四	二八		三〇
	四〇	一四	一	五七	四七	六	二二	三三	四	二六		二〇
	五〇	一五	一	五九	四七	六	二三	三二	四	二四		一〇
九	〇〇	一五	二	〇一	四七	六	二三	三二	四	二三	二一	〇〇
	一〇	一五	二	〇三	四七	六	二四	三二	四	二一		五〇
	二〇	一五	二	〇五	四七	六	二四	三二	四	一九		四〇
	三〇	一六	二	〇七	四七	六	二五	三二	四	一八		三〇
	四〇	一六	二	一〇	四七	六	二五	三一	四	一六		二〇
	五〇	一六	二	一二	四七	六	二六	三一	四	一四		一〇
一〇	〇〇	一六	二	一四	四七	六	二六	三一	四	一二	二〇	〇〇
順減		十一宮五宮			十宮四宮			九宮三宮			逆加	

月距正交度	月距正交分	初宮六宮較秒	升度差分	升度差秒	一宮七宮較秒	升度差分	升度差秒	二宮八宮較秒	升度差分	升度差秒	月距正交度	月距正交分
〇	〇〇	一六	二	七四	四七	六	二六	三一	四	一二	二〇	〇〇
	一〇	一七	二	一一	四七	六	二六	三一	四	一一		五〇
	二〇	一七	二	一八	四七	六	二七	三一	四	〇九		四〇
	三〇	一七	二	二〇	四七	六	二七	三〇	四	〇七		三〇
	四〇	一七	二	二二	四七	六	二八	三〇	四	〇五		二〇
	五〇	一八	二	二五	四七	六	二八	三〇	四	〇四		一〇
一一	〇〇	一八	二	二七	四七	六	二八	三〇	四	〇二	九	〇〇
	一〇	一八	二	二九	四七	六	二八	二九	四	〇〇		五〇
	二〇	一八	二	三一	四七	六	二九	二九	三	五八		四〇
	三〇	一九	二	三三	四八	六	二九	二九	三	五六		三〇
	四〇	一九	二	三五	四八	六	二九	二九	三	五五		二〇
	五〇	一九	二	三七	四八	六	三〇	二八	三	五二		一〇
一二	〇〇	一九	二	三九	四八	六	三〇	二八	三	五一	一八	〇〇
	一〇	二〇	二	四一	四八	六	三〇	二八	三	四九		五〇
	二〇	二〇	二	四三	四八	六	三〇	二八	三	四七		四〇
	三〇	二〇	二	四五	四八	六	三一	二八	三	四五		三〇
	四〇	二〇	二	四七	四八	六	三一	二七	三	四三		二〇
	五〇	二一	二	五〇	四八	六	三一	二七	三	四二		一〇
一三	〇〇	二一	二	五二	四八	六	三一	二七	三	四〇	一七	〇〇
	一〇	二一	二	五四	四八	六	三一	二七	三	三八		五〇
	二〇	二一	二	五六	四八	六	三一	二六	三	三六		四〇
	三〇	二二	二	五八	四八	六	三二	二六	三	三四		三〇
	四〇	二二	三	〇〇	四八	六	三二	二六	三	三二		二〇
	五〇	二二	三	〇二	四八	六	三二	二六	三	三〇		一〇
一四	〇〇	二二	三	〇四	四八	六	三二	二六	三	二八	一六	〇〇
	一〇	二三	三	〇六	四八	六	三二	二五	三	二六		五〇
	二〇	二三	三	〇八	四八	六	三二	二五	三	二四		四〇
	三〇	二三	三	一〇	四八	六	三二	二五	三	二二		三〇
	四〇	二三	三	一二	四八	六	三二	二五	三	二〇		二〇
	五〇	二四	三	一四	四八	六	三二	二四	三	一八		一〇
一〇	〇〇	二四	三	一六	四八	六	三二	二四	三	一六	一五	〇〇
順減		十一宮五宮			十宮四宮			九宮三宮			逆加	

月距正交度	分	初六宮 較秒	升度差分	秒	一七宮 較秒	升度差分	秒	二八宮 較秒	升度差分	秒	月距正交度	分
一五	〇〇	二四	三	一六	四八	六	三二	二四	三	一六	一五	〇〇
	一〇	二四	三	一八	四八	六	三二	二四	三	一四		五〇
	二〇	二四	三	二〇	四八	六	三二	二四	三	一二		四〇
	三〇	二五	三	二二	四八	六	三二	二三	三	一〇		三〇
	四〇	二五	三	二四	四八	六	三二	二三	三	〇八		二〇
	五〇	二五	三	二六	四八	六	三二	二三	三	〇六		一〇
一六	〇〇	二五	三	二七	四八	六	三二	二三	三	〇四	一四	〇〇
	一〇	二六	三	二九	四八	六	三二	二二	三	〇二		五〇
	二〇	二六	三	三一	四八	六	三二	二二	三	〇〇		四〇
	三〇	二六	三	三三	四八	六	三二	二二	二	五八		三〇
	四〇	二六	三	三五	四八	六	三二	二二	二	五六		二〇
	五〇	二六	三	三七	四八	六	三一	二一	二	五四		一〇
一七	〇〇	二七	三	三九	四八	六	三一	二一	二	五二	一三	〇〇
	一〇	二七	三	四一	四八	六	三一	二一	二	五〇		五〇
	二〇	二七	三	四三	四八	六	三一	二一	二	四八		四〇
	三〇	二七	三	四五	四八	六	三一	二〇	二	四六		三〇
	四〇	二八	三	四六	四八	六	三一	二〇	二	四四		二〇
	五〇	二八	三	四八	四八	六	三〇	二〇	二	四二		一〇
一八	〇〇	二八	三	五〇	四八	六	三〇	二〇	二	四〇	一二	〇〇
	一〇	二八	三	五二	四八	六	三〇	一九	二	三八		五〇
	二〇	二九	三	五四	四八	六	三〇	一九	二	三六		四〇
	三〇	二九	三	五六	四八	六	二九	一九	二	三四		三〇
	四〇	二九	三	五七	四八	六	二九	一九	二	三一		二〇
	五〇	二九	三	五九	四八	六	二九	一八	二	二九		一〇
一九	〇〇	二九	四	〇一	四八	六	二八	一八	二	二七	一一	〇〇
	一〇	三〇	四	〇三	四七	六	二八	一八	二	二五		五〇
	二〇	三〇	四	〇五	四七	六	二八	一八	二	二三		四〇
	三〇	三〇	四	〇六	四七	六	二七	一七	二	二一		三〇
	四〇	三〇	四	〇八	四七	六	二七	一七	二	一九		二〇
	五〇	三〇	四	一〇	四七	六	二七	一七	二	一七		一〇
一〇	〇〇	三一	四	一二	四七	六	二六	一六	二	一四	一〇	〇〇
順減		十一五宮			十四宮			九三宮			逆加	

月距正交度	分	初六宮 較秒	升度差分	秒	一七宮 較秒	升度差分	秒	二八宮 較秒	升度差分	秒	月距正交度	分
二〇	〇〇	三一	四	一二	四七	六	二六	一六	二	一四	一〇	〇〇
	一〇	三一	四	一三	四七	六	二六	一六	二	一二		五〇
	二〇	三一	四	一五	四七	六	二六	一六	二	一〇		四〇
	三〇	三一	四	一七	四七	六	二五	一六	二	〇八		三〇
	四〇	三二	四	一九	四七	六	二五	一五	二	〇六		二〇
	五〇	三二	四	二〇	四七	六	二四	一五	二	〇四		一〇
二一	〇〇	三二	四	二二	四七	六	二四	一五	一	〇一	九	〇〇
	一〇	三二	四	二四	四七	六	二三	一五	一	五九		五〇
	二〇	三二	四	二五	四七	六	二三	一四	一	五七		四〇
	三〇	三三	四	二七	四七	六	二二	一四	一	五五		三〇
	四〇	三三	四	二九	四七	六	二一	一四	一	五三		二〇
	五〇	三三	四	三〇	四七	六	二一	一四	一	五一		一〇
二二	〇〇	三三	四	三二	四七	六	二一	一三	一	四八	八	〇〇
	一〇	三三	四	三四	四六	六	二〇	一三	一	四六		五〇
	二〇	三四	四	三五	四六	六	二〇	一三	一	四四		四〇
	三〇	三四	四	三七	四六	六	一九	一二	一	四二		三〇
	四〇	三四	四	三九	四六	六	一八	一二	一	四〇		二〇
	五〇	三四	四	四〇	四六	六	一八	一二	一	三七		一〇
二三	〇〇	三四	四	四二	四六	六	一七	一二	一	三五	七	〇〇
	一〇	三五	四	四三	四六	六	一七	一一	一	三三		五〇
	二〇	三五	四	四五	四六	六	一六	一一	一	三一		四〇
	三〇	三五	四	四六	四六	六	一五	一一	一	二八		三〇
	四〇	三五	四	四八	四六	六	一五	一一	一	二六		二〇
	五〇	三五	四	五〇	四六	六	一四	一〇	一	二四		一〇
二四	〇〇	三五	四	五一	四六	六	一三	一〇	一	二一	六	〇〇
	一〇	三六	四	五三	四六	六	一二	一〇	一	一九		五〇
	二〇	三六	四	五四	四六	六	一二	九	一	一七		四〇
	三〇	三六	四	五六	四五	六	一一	九	一	一五		三〇
	四〇	三六	四	五七	四五	六	一〇	九	一	一三		二〇
	五〇	三六	四	五五	四五	六	一〇	九	一	一一		一〇
二五	〇〇	三七	五	〇〇	四五	六	〇九	八	一	〇八	五	〇〇
順減		十一五宮			十四宮			九三宮			逆加	

黃白距緯表

黃白距緯表。按月距正交宮度分順逆列之。初一二六七八宮列于上。三四五九十十一宮列于下。前後列月距正交度分。中列最小交角月距正交逐宮逐度之距緯傍列較分者。乃最大交角月距正交逐宮逐度之距緯。與最小交角月距正交之宮逐度之距緯相減之較也。宮在上者用順度。宮在下者用逆度。初宮至五宮其號為北。六宮至十一宮其號為南用表之法。以月距正交之宮度分。縱橫察得距緯及

月距正交度分	初宮六宮 較秒	升度差分	升度差秒	一宮七宮 較秒	升度差分	升度差秒	二宮八宮 較秒	升度差分	升度差秒	月距正交度分
二五〇〇	三七	五	〇〇	四五	六	〇五	八	一	〇八	五〇〇
一〇	三七	五	〇二	四五	六	〇八	八	一	〇一	五〇
二〇	三七	五	〇三	四五	六	〇七	八	一	〇四	四〇
三〇	三七	五	〇四	四五	六	〇六	八	一	〇二	三〇
四〇	三七	五	〇六	四五	六	〇六	七		五九	二〇
五〇	三八	五	〇七	四五	六	〇五	七		五七	一〇
二六〇〇	三八	五	〇八	四四	六	〇四	七		五五	四〇〇
一〇	三八	五	一〇	四四	六	〇三	六		五二	五〇
二〇	三八	五	一一	四四	六	〇二	六		五〇	四〇
三〇	三八	五	一三	四四	六	〇一	六		四八	三〇
四〇	三八	五	一四	四四	六	〇〇	六		四六	二〇
五〇	三九	五	一六	四四	五	五九	五		四三	一〇
二七〇〇	三九	五	一七	四四	五	五九	五		四一	三〇〇
一〇	三九	五	一八	四四	五	五八	五		三九	五〇
二〇	三九	五	二〇	四四	五	五七	五		三七	四〇
三〇	三九	五	二一	四四	五	五六	四		三四	三〇
四〇	三九	五	二二	四三	五	五五	四		三二	二〇
五〇	四〇	五	二三	四三	五	五四	四		三〇	一〇
二八〇〇	四〇	五	二五	四三	五	五三	三		二七	二〇〇
一〇	四〇	五	二六	四三	五	五二	三		二五	五〇
二〇	四〇	五	二七	四三	五	五一	三		二三	四〇
三〇	四〇	五	二九	四三	五	五〇	三		二一	三〇
四〇	四〇	五	二〇	四三	五	四九	二		一八	二〇
五〇	四〇	五	三一	四三	五	四八	二		一六	一〇
二九〇〇	四一	五	三二	四二	五	四七	二		一四	一〇〇
一〇	四一	五	三三	四二	五	四六	一		一一	五〇
二〇	四一	五	三五	四二	五	四四	一		九	四〇
三〇	四一	五	三六	四二	五	四三	一		九	三〇
四〇	四一	五	三七	四二	五	四二	一		五	二〇
五〇	四一	五	三八	四一	五	四一			二	一〇
三〇〇〇	四一	五	三九	四一	五	四〇	〇		〇	〇〇〇
順減	十一宮五宮			十宮四宮			九宮三宮			逆加

較分各記之。復以交角大較數一十七分四十五秒為一率。前所得之交角加分為二率。所記之較分為三率。求得四率與所記之距緯相加。即得所求之黃白距緯也。表以十分為率。若月距正交有零分者。按中比例法求之。設月距正交為七宮二十度五十一分交角加分為三分四十八秒求黃白距緯。則以十分為一率。月距正交七宮二十度五十分所對之距緯三度五十二分零九秒與七宮二十一度所對之距緯三度五十二分四十二秒相減。餘三十三秒為二率。設數一分為三率。求得四率三秒。與七宮二十度五十分之距緯三度五十二分零九秒相加（因二十一度之距緯大於二十度五十分之距緯。故相加。反是則相減也。）得三度五十二分一十二秒為所求之黃白距緯記定。又以十分為一率月距正交七宮二十度五十分所對之較分一十三分四十四秒。與七宮二十一度所對之較分一十三分四十六秒相減。餘二秒為二率。設數一分為二率。求得四率十分秒之二。不足半秒。無庸相加。即將月距正交七宮二十度五十分之較分一十三分四十四秒為所求之較分。記定。然後以交角大較數一十七分四十五秒化作一千零六十五秒為一率。交角加分三分四十八秒化作二百二十八秒。為二率。所記之較分一十三分四十四秒化作八百二十四秒為三率。求得四率一百七十六秒。收作二分五十六秒。與所記之黄白距緯三度五十二分一十二秒相加得三度五十五分零八秒。為所求之黄白距緯。其號為南即為南緯也。

正月交距	北宮二 南宮八		北宮一 南宮七		北宮初 南宮六		正月交距
	緯距	分較	緯距	分較	緯距	分較	
度分	度分秒	分秒	度分秒	分秒	度分秒	分秒	度分
一〇〇〇	四四一二九	一六四〇	三一二二六	一一二三	五二五八	三〇四	一〇〇〇
五〇	四四一四六	一六〇一	三一三〇六	一一二五	五二四九	三〇七	一〇
四〇	四四二〇四	一六四二	三一三四六	一一二八	五三四〇	三二〇	二〇
三〇	四四二二二	一六四三	三一四二五	一一三〇	五四三二	三一三	三〇
二〇	四四二三九	一六四五	三一五〇五	一一三二	五五二三	三一六	四〇
一〇	四四二五六	一六四六	三一五四五	一一三五	五六一四	三一九	五〇
一九〇〇	四四三一三	一六四七	三一六二四	一一三七	五七〇六	三二二	一一〇〇
五〇	四四三三〇	一六四八	三一七〇四	一一三九	五七五七	三二五	一〇
四〇	四四三四七	一六〇九	三一七四三	一一四二	五八四八	三二九	二〇
三〇	四四四〇四	一六五〇	三一八二二	一一四四	五九三九	三三二	三〇
二〇	四四四二一	一六五一	三一九〇一	一一四六	〇〇三一	三三五	四〇
一〇	四四四三七	一六五二	三一九四〇	一一四九	一〇一二二	三三八	五〇
一八〇〇	四四四五三	一六五三	三二〇一五	一一五一	一〇二一三	三四一	一二〇〇
五〇	四四五〇九	一六五三	三二〇五八	一一五三	一〇三〇四	三四四	一〇
四〇	四四五二五	一六五四	三二一二七	一一五六	一〇三五五	三四七	二〇
三〇	四四五四一	一六五五	三二二一五	一一五六	一〇四四六	三五〇	三〇
二〇	四四五〇七	一六五六	三二二五五	一二〇〇	一〇五三七	三五三	四〇
一〇	四四六一二	一六五七	三二三三二	一二〇三	一〇六二九	三五六	五〇
一七〇〇	四四六二八	一六五八	三二四一一	一二〇五	一〇七一九	三五九	一三〇〇
五〇	四四六四三	一六五九	三二四四九	一二〇七	一〇八一〇	四〇二	一〇
四〇	四四六五八	一六〇〇	三二五二七	一二〇九	一〇九〇〇	四〇五	二〇
三〇	四四七一三	一七〇一	三二六〇五	一二一二	一〇九五一	四〇八	三〇
二〇	四四七二八	一七〇二	三二六四三	一二一四	一一〇四二	四一一	四〇
一〇	四四七四三	一七〇三	三二七二一	一二一六	一一一三三	四一四	五〇
一六〇〇	四四七五七	一七〇四	三二七五八	一二一八	一一二二三	四一七	一四〇〇
五〇	四四八一一	一七〇四	三二八三六	一二二一	一一三一四	四二〇	一〇
四〇	四四八二六	一七〇五	三二九一三	一二二三	一一四〇五	四二三	二〇
三〇	四四八四〇	一七〇六	三二九五一	一二二五	一一四五五	四二六	三〇
二〇	四四八五四	一七〇七	三三〇二八	一二二七	一一五四六	四二九	四〇
一〇	四四九〇七	一七〇八	三三一〇五	一二二八	一一六三六	四三二	五〇
一五〇〇	四四九二一	一七〇九	三三一四二	一二三二	一一七二七	四三五	一五〇〇
逆度	南宮九 北宮三		南宮十 北宮四		南宮十一 北宮五		順度

正月交距 度分	北宮二 南宮八 緯距 度分秒	較分 分秒	北宮一 南宮七 緯距 度分秒	較分 分秒	北宮初 南宮六 緯距 度分秒	較分 分秒	正月交距 度分
三〇〇〇	四一九二二	一五二一	二二九三九	八五一	〇	〇	〇〇〇
五〇	四一九四八	一五二三	二三〇二四	八五四	五二	三	一〇
四〇	四二〇一四	一五二五	二三一〇九	八五六	一四五	六	二〇
三〇	四二〇四〇	一五二六	二三一五四	八五九	二三七	九	三〇
二〇	四二一〇六	一五二八	二三二三九	九 二	三二九	一二	四〇
一〇	四二一三一	一五二九	二三三二四	九〇四	四二一	一六	五〇
二九〇〇	四二一九七	一五三一	二三四〇九	九〇七	五一三	一九	一〇〇
五〇	四二二二二	一五三二	二三四五四	九一〇	六〇六	二二	一〇
四〇	四二二四七	一五三四	二三五三九	九一二	六五八	二五	二〇
三〇	四二三一二	一五三五	二三六一三	九一五	七五〇	二八	三〇
二〇	四二三三七	一五三七	二三七〇八	九一八	八四二	三一	四〇
一〇	四二四四二	一五三八	二三七〇二	九二〇	九三四	三四	五〇
二八〇〇	四二四二七	一五四〇	二三八三七	九二三	一〇〇七	三七	二〇〇
五〇	四二四五一	一五四一	二三八二一	九二五	一一一九	四〇	一〇
四〇	四二五一六	一五四二	二四〇〇五	九二八	一二一一	四三	二〇
三〇	四二五四〇	一五四四	二四〇五五	九二一	一三〇三	四六	三〇
二〇	四二六〇四	一五四三	二四一三三	九三三	一三五五	四六	四〇
一〇	四二六二八	一五四七	二四二一七	九三六	一四四七	五二	五〇
二七〇〇	四二六五二	一五四八	二四三〇一	九三八	一五四〇	五六	三〇〇
五〇	四二七一二	一五五〇	二四三四五	九四一	一六三二	五九	一〇
四〇	四二七三九	一五五一	二四四二九	九四四	一七二四	一〇二	二〇
三〇	四二八〇二	一五五二	二四五一二	九四六	一八一六	一〇五	三〇
二〇	四二八二六	一五五四	二四五五六	九四九	一九〇八	一〇八	四〇
一〇	四二八四九	一五五五	二四六三九	九五一	二〇〇〇	一一一	五〇
二六〇〇	四二九一二	一五五七	二四七二三	九五四	二〇〇二	一一四	四〇〇
五〇	四二九三五	一五五八	二四八〇六	九五七	二一四四	一一二	一〇
四〇	四二九五八	一五五〇	二四八四九	九五九	二二三七	一二〇	二〇
三〇	四三〇二〇	一六〇一	二四九三二	一〇〇二	二三一九	一二三	三〇
二〇	四三〇四三	一六〇二	二五〇一五	一〇〇四	二四一一	一二六	四〇
一〇	四三一〇五	一六〇二	二五〇五八	一〇〇七	二五一三	一二九	五〇
二五〇〇	四三一二七	一六〇五	二五一四一	一〇〇九	二六〇五	一三二	五〇〇
逆度	南宮九 北宮三		南宮十 北宮四		南宮十一 北宮五		順度

正月交距 度分	北宮二 南宮八 緯距 度分秒	較分 分秒	北宮一 南宮七 緯距 度分秒	較分 分秒	北宮初 南宮六 緯距 度分秒	較分 分秒	正月交距 度分
一五〇〇	四四九二一	一七〇〇	三三一〇二	一二三二	一一七二七	四三五	一五〇〇
五〇	四四九三五	一七〇九	三三二一九	一二三四	一一八一七	四三八	一〇
四〇	四四九四八	一七一〇	三三二五六	一二三六	一一九〇八	四四一	二〇
三〇	四五〇〇一	一七一一	三三三三三	一二三八	一一九五八	四四四	三〇
二〇	四五〇一四	一七一二	三三四〇九	一一四〇	一二〇四八	四四七	四〇
一〇	四五〇二七	一七一二	三三四四六	一二四三	一二一三九	四四九	五〇
一四〇〇	四五〇四〇	一七一三	三三五二二	一二四五	一二二二九	四五二	一六〇〇
五〇	四五〇五二	一七一四	三三五五七	一二四七	一二三一九	四五五	一〇
四〇	四五一〇五	一七一五	三三六三五	一二四九	一二四〇九	四五八	二〇
三〇	四五一一七	一七一五	三三七一一	一二五一	一二四五九	五〇一	三〇
二〇	四五一二九	一七一六	三三七四七	一二五三	一二五四九	五〇四	四〇
一〇	四五一二一	一七一七	三三八二三	一二五五	一二六三九	五〇七	五〇
一三〇〇	四五一五五	一七一八	三三八五八	一二五八	一二七二九	五一〇	一七〇〇
五〇	四五二〇五	一七一八	三三九三四	一三〇〇	一二八一九	五一三	一〇
四〇	四五二一七	一七一九	三四〇一〇	一三〇二	一二九〇九	五一六	二〇
三〇	四五二一八	一七一〇	三四〇四五	一三〇四	一二九五九	五一九	三〇
二〇	四五二三九	一七二〇	三四一二〇	一三〇六	一三〇四九	五二二	四〇
一〇	四五二三〇	一七二一	三四一五五	一三〇八	一三一三九	五二五	五〇
一二〇〇	四五二〇一	一七二二	三四一三〇	一三一〇	一三二二八	五二八	一八〇〇
五〇	四五三一二	一七二二	三四三〇五	一三一二	一三三一八	五三一	一〇
四〇	四五三二三	一七二三	三四三四一	一三一四	一三四〇八	五三四	二〇
三〇	四五三三三	一七二二	三四四一五	一三一六	一三四五七	五三七	三〇
二〇	四五三四四	一七二〇	三四四五〇	一三一八	一三五四七	五四二	四〇
一〇	四五三五四	一七二五	三四五二〇	一三二〇	一三六三六	五四三	五〇
一一〇〇	四五四〇四	一七二五	三四五五九	一三二二	一三七二六	五四五	一九〇〇
五〇	四五四一四	一七二六	三四六三三	一三二四	一三八一五	五四八	一〇
四〇	四五四二四	一七二六	三四七〇七	一三二六	一三九〇四	五五一	二〇
三〇	四五五三三	一七二七	三四七四一	一三二八	一三九五三	五五四	三〇
二〇	四五四四三	一七二八	三四八一五	一三二一	一四〇四三	五五七	四〇
一〇	四五四五二	一七二八	三四八四九	一三三三	一四一三二	六〇〇	五〇
一〇〇〇	四五五〇一	一七二八	三四九二二	一三三五	一四二二一	六〇三	二〇〇〇
逆度	南宮九 北宮三		南宮十 北宮四		南宮十一 北宮五		順度

正月交距度分	北宮二 南宮八 緯距度分秒	分較分秒	北宮一 南宮七 緯距度分秒	分較分秒	北宮初 南宮六 緯距度分秒	分較分秒	正月交距度分
一〇〇〇	四五五〇一	一七二九	三四九三二	一三三五	一四二二一	六〇三	二〇〇〇
五〇	四五五一〇	一七二九	三四九五六	一三三七	一四三一〇	六〇六	一〇
四〇	四五五一九	一七二〇	三五〇三〇	一三三八	一四三五九	六〇九	二〇
三〇	四五五二八	一七三〇	三五一〇三	一三四四	一四四四八	六一二	三〇
二〇	四五五三六	一七三一	三五一三六	一三四二	一四五三七	六一五	四〇
一〇	四五五四九	一七三一	三五二〇九	一三四四	一四六二六	六一八	五〇
九〇〇	四五五五三	一七三二	三五二四二	一三四六	一四七一五	六二〇	二一〇〇
五〇	四五六〇一	一七三二	三五三一五	一三四八	一四八〇三	六二三	一〇
四〇	四五六〇九	一七三三	三五三四八	一三五〇	一四八五二	六二六	二〇
三〇	四五六一七	一七三三	三五四二一	一三五二	一四九四二	六二九	三〇
二〇	四五六二四	一七三四	三五四五三	一三五四	一五〇二九	六三二	四〇
一〇	四五六三二	一七三四	三五五三五	一三五六	一五一一八	六三五	五〇
八〇〇	四五六四〇	一七三五	三五五五八	一三五八	一五二〇六	六三八	二二〇〇
五〇	四五六四七	一七三五	三五六三〇	一四〇〇	一五二五五	六四〇	一〇
四〇	四五六五四	一七三五	三五七〇二	一四〇二	一五三四三	六四三	二〇
三〇	四五七〇一	一七三六	三五七三四	一四〇四	一五四三一	六四六	三〇
二〇	四五七〇八	一七三六	三五八〇六	一四〇六	一五五二〇	六四九	四〇
一〇	四五七一五	一七三七	三五八三七	一四〇七	一五六〇八	六五二	五〇
七〇〇	四五七二一	一七三七	三五九〇九	一四〇九	一五六五六	六五五	二三〇〇
五〇	四五七二七	一七三七	三五九四〇	一四一一	一五七四四	六五八	一〇
四〇	四五七三三	一七三八	四〇〇一二	一四一三	一五八三三	七〇〇	二〇
三〇	四五七三九	一七三八	四〇〇四三	一四一五	一五九二〇	七〇三	三〇
二〇	四五七四五	一七三九	四〇一一四	一四一七	二〇〇〇八	七〇六	四〇
一〇	四五七五一	一七三九	四〇一四五	一四一九	二〇〇五六	七〇九	五〇
六〇〇	四五七五六	一七三九	四〇二一六	一四二〇	二〇一四三	七一二	二四〇〇
五〇	四五八〇二	一七三九	四〇二四六	一四二二	二〇二三一	七一五	一〇
四〇	四五八〇七	一七四〇	四〇三一七	一四二四	二〇三一九	七一七	二〇
三〇	四五八一二	一七四〇	四〇三四八	一四二六	二〇四〇六	七二〇	三〇
二〇	四五八一七	一七四〇	四〇四一八	一四二八	二〇四五四	七二三	四〇
一〇	四五八二二	一七四一	四〇四四八	一四三〇	二〇五四一	七三六	五〇
五〇〇	四五八二六	一七四一	四〇四一八	一四三一	二〇六二九	七二九	二五〇〇
逆度	南宮九 北宮三		南宮十 北宮四		南宮十一 北宮五		順度

正月交距度分	北宮二 南宮八 緯距度分秒	分較分秒	北宮一 南宮七 緯距度分秒	分較分秒	北宮初 南宮六 緯距度分秒	分較分秒	正月交距度分
二五〇〇	四三一二七	一六〇五	二五一四一	一〇〇九	二六〇五	一三二	五〇〇
五〇	四三一四九	一六〇六	二五二二四	一〇一二	二六五七	一三六	一〇
四〇	四三二一一	一六〇七	二五三〇一	一〇一四	二七四九	一三九	二〇
三〇	四三二三三	一六〇八	二五三四九	一〇一七	二八四一	一四二	三〇
二〇	四三二五五	一六一〇	二五四三二	一〇一九	二九三三	一四五	四〇
一〇	四三三一六	一六一一	二五五一四	一〇二二	二〇二五	一四八	五〇
二四〇〇	四三三三八	一六一二	二五五五七	一〇二四	三一一七	一五一	六〇〇
五〇	四三三五九	一六一四	二五六三九	一〇二七	三二〇九	一五四	一〇
四〇	四三四二〇	一六一五	二五七一一	一〇三九	三三〇〇	一五七	二〇
三〇	四三四四一	一六一六	二五八〇三	一〇三二	三三五二	二〇〇	三〇
二〇	四三五〇二	一六一七	二五八四五	一〇三四	三五四四	二〇三	四〇
一〇	四三五二二	一六一九	二五九二七	一〇三七	三五三六	二〇六	五〇
二三〇〇	四三五四三	一六二〇	二〇〇〇九	一〇三九	三六二八	二〇九	七〇〇
五〇	四三六〇三	一六二一	三〇〇五一	一〇四二	三七二〇	二一二	一〇
四〇	四三六二四	一六二二	三〇一三二	一〇四四	三八一二	二一五	二〇
三〇	四三六四四	一六二三	三〇二一四	一〇四七	三九〇三	二一八	三〇
二〇	四三七〇四	一六二五	三〇二五五	一〇四九	三九五五	二二二	四〇
一〇	四三七二四	一六二六	三〇三三七	一〇五二	四〇四七	二二五	五〇
二二〇〇	四三七四三	一六二七	三〇四一八	一〇五四	四一三九	二二八	八〇〇
五〇	四三八〇三	一六二八	三〇五五九	一〇五七	四二三〇	二三一	一〇
四〇	四三八二二	一六二九	三〇五四〇	一〇五九	四三二二	二三四	二〇
三〇	四三八四一	一六三一	三〇六二一	一一〇一	四四一四	二三七	三〇
二〇	四三九〇一	一六三二	三〇七〇二	一一〇四	四五〇五	二四〇	四〇
一〇	四三九二〇	一六三三	三〇七四三	一一〇六	四五五七	二四三	五〇
二一〇〇	四三九四八	一六三四	三〇八二三	一一〇九	四六五八	二四六	九〇〇
五〇	四三九〇七	一六三五	三〇九〇四	一一一一	四七四〇	二四五	一〇
四〇	四四〇一六	一六三六	三〇九四五	一一一三	四八三二	二五二	二〇
三〇	四四〇三四	一六三七	三一〇二五	一一一六	四九二三	二五五	三〇
二〇	四四〇五一	一六三八	三一一〇五	一一一八	五〇一五	二五八	四〇
一〇	四四一一一	一六三九	三一一[illegible]五	一一二一	五一〇六	三〇一	五〇
二〇〇〇	四四一二六	一六四〇	三一二二六	一一二三	五一五八	三〇四	一〇〇〇
逆度	南宮九 北宮三		南宮十 北宮四		南宮十一 北宮五		順度

正月交距度分	北宮二 南宮八 緯距度分秒 分較分秒	北宮一 南宮七 緯距度分秒 分較分秒	北宮初 南宮六 緯距度分秒	分較分秒	正月交距度分
五〇〇	四五八二六一七四一	四〇五一八一四三一	二〇六二九	七二九	二五〇〇
五〇	四五八三一一七四一	四〇五四八一四三三	二〇七一六	七三一	一〇
四〇	四五八三五一七四二	四〇六一八一四三五	二〇八〇三	七三四	二〇
三〇	四五八三九一七四二	四〇六四八一四三七	二〇八五一	七三七	三〇
二〇	四五八四四一七四二	四〇七一七一四三八	二〇九三八	七四〇	四〇
一〇	四五八四七一七四二	四〇七四七一四四〇	二一〇二五	七四三	五〇
四〇〇	四五八五一一七四二	四〇八一六一四四二	二一一一二	七四五	二六〇〇
五〇	四五八五五一七四三	四〇八四三一四四四	二一一三九	七四六	一〇
四〇	四五八五八一七四三	四〇九一四一四四五	二一二四六	七五一	二〇
三〇	四五九〇一一七四三	四〇九四三一四四七	二一三三二	七五四	三〇
二〇	四五九〇五一七四三	四一〇一二一四四九	二一四一九	七五六	四〇
一〇	四五九〇八一七四三	四一〇四一一四五〇	二一五〇六	七五九	五〇
三〇〇	四五九一〇一七四四	四一一〇九一四五二	二一五五二	八〇二	二七〇〇
五〇	四五九一三一七四四	四一一三八一四五四	二一六三九	八〇五	一〇
四〇	四五九一六一七四四	四一二〇六一四五六	二一七二五	八〇七	二〇
三〇	四五九一八一七四四	四一二三四一四五七	二一八一二	八一〇	三〇
二〇	四五九二〇一七四四	四一三〇三一四五九	二一八五八	八一三	四〇
一〇	四五九二二一七四四	四一三三〇一五〇一	二一九四四	八一六	五〇
二〇〇	四五九二四一七四四	四一三五八一五〇二	二二〇三〇	八一八	二八〇〇
五〇	四五九二六一七四四	四一四二六一五〇四	二二一一七	八二一	一〇
四〇	四五九二七一七四五	四一四五四一五〇五	二二二〇五	八二四	二〇
三〇	四五九二九一七四五	四一五二一一五〇七	二二二四九	八二七	三〇
二〇	四五九三〇一七四五	四一五四八一五〇九	二二三三四	八二九	四〇
一〇	四五九三一一七四五	四一六一五一五一〇	二二四二〇	八三二	五〇
一〇〇	四五九三二一七四五	四一六四二一五一二	二二五〇六	八三五	二九〇〇
五〇	四五九三三一七四五	四一七〇九一五一四	二二五五二	八三七	一〇
四〇	四五九三四一七四五	四一七三六一五一五	二二六三七	八四〇	二〇
三〇	四五九三四一七四五	四一八〇三一五一七	二二七二三	八四三	三〇
二〇	四五九三五一七四五	四一八二九一五一八	二二八〇八	八四六	四〇
一〇	四五九三五一七四五	四一八五六一五二〇	二二八五四	八四八	五〇
〇〇〇	四五九三五一七四五	四一九二二一五二一	二二九三九	八四一	三〇〇〇
逆度	南宮九 北宮三	南宮十 北宮四	南宮十一 北宮五		順度

新刻古暦便覧序

暦日之法其来尚矣始於伏羲氏迨三代其法全備爾来無世而不有作也元授時明大統已發至清令用時憲暦然其術往〻差天度不堪擬用焉如本邦新暦者粲然其理明密然其數精考之天明如合符節也於戯太陽未出燈火生明太陽一出孤燈失照向日之暦経不明而横出燈之光也令新暦一

丙申慶長十九　乙卯元和九　甲子寛永二十　甲申正保四　戊子慶安四　壬辰承応三
乙未明暦三　戊戌萬治三　辛丑寛文十二　癸丑延宝八　辛酉天和三　甲子貞享四
戊辰元禄十六　甲申寶永七　辛卯正徳五　丙申享保二十　丙辰元文五　辛酉寛保三
甲子延享四　戊辰寛延三　辛未宝暦十三　甲申明和八　壬辰安永九　辛丑天明八
己酉寛政十二　辛酉享和三　甲子文化十四　戊寅文政十二　庚寅天保　甲永元

出太陽中天而燈失色矣粤洛陽丁圭
自依律襲暦推歩改正舊刻古暦便覧
將來考驗之差謬鐫而懸之肆矣豈只
益諸卜家乎哉人々相傳以爲鴻寶而
已於是乎序

貞享歳次乙丑七月既望

江南

蘆齋也

新撰古暦便覧凡例

一本邦自貞觀辛巳數百年于今用宣明暦漸多
推歩之差天和癸亥歳十一月望月食不効
明年甲子
詔改治新暦至乙丑頒行天下因茲舊版古暦
便覧不全將來之考驗往往差忒今乙丑
爲首逐一校正之

一凡以二十八宿直年月及日者一因通書法
改之然至觜參二宿之次序時憲暦雖爲參
觜今倣古法列宿之次序爲觜參且舊版列

宿配當之說未知其所據愚按因宣明曆積年推上元甲子天正十一月甲子朔命起虛宿爲初乎

一凡以六十四卦每年配當之說未考所由來然不加自己發意只隨舊例而已

一凡註節及中者如節氣則有在前月者有在其月者初學之士每有閱有多歧之惑故必註其節如中氣則止在其月故不用解之

一凡如蝕者首施一圈上下左右畫以黑點而分別淺深交及陰曆陽曆以圈上爲北（食日陰曆月食陽曆）下爲南（日食陽曆月食陰曆）其斜在圈左右者爲帶食左爲東（日食將復在東方月食漸虧在西方）右爲西（日食漸虧在西方月食將復在東方）

一凡註辰刻者如子初云子正云其子初云者其日昏後子時也其子正云者其日晨前子時也朱紫陽曰子時前四刻屬今日後四刻屬明日其斯之謂與所行于世之曆日其所刻在子初者必註夜字今既以初與正而別之則何用繁註夜字

一凡月食辰刻者縱雖在次日卯辰之時皆退

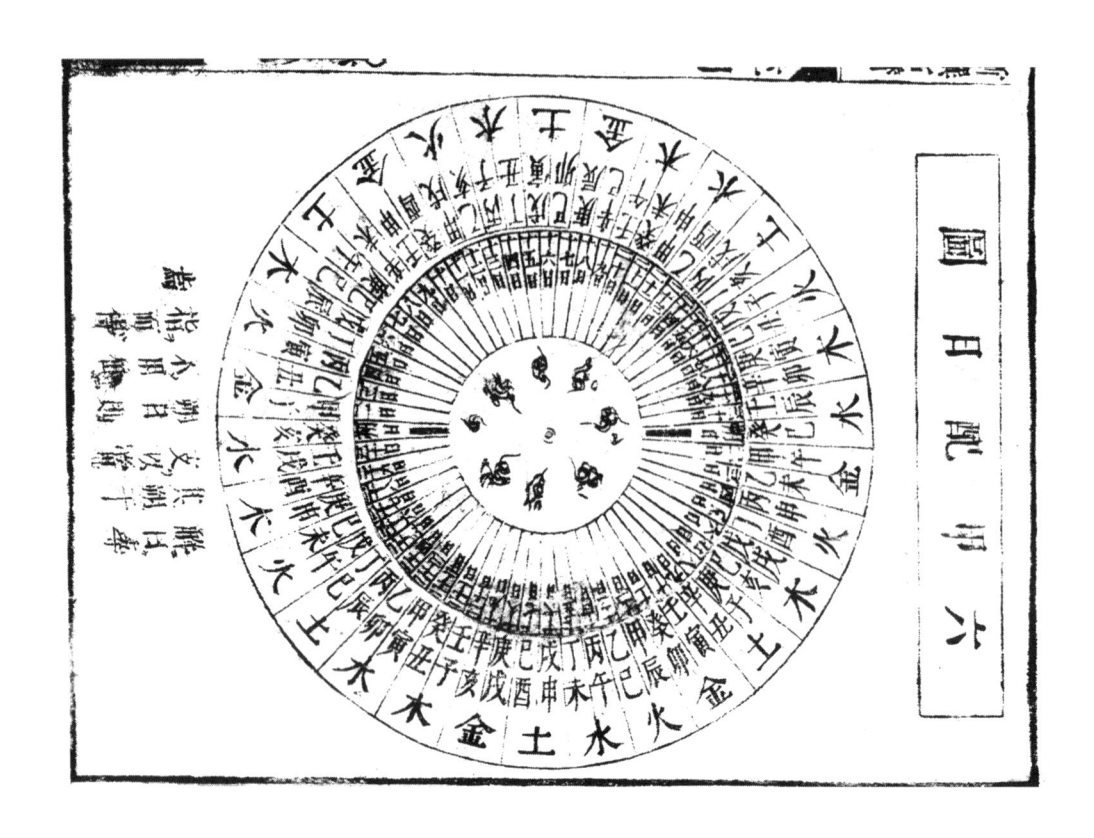

而托之前日此曆家軌範也

一 凡没日滅日者新曆之所不註也尤無其用故剗去之

一 凡自丙申慶長元年距甲子貞享元年者爲欲覽古者悉隨舊本其乙丑巳後者用新曆若有舛誤者後來博雅之士正焉

洛陽元圭甫識

六甲配日圖

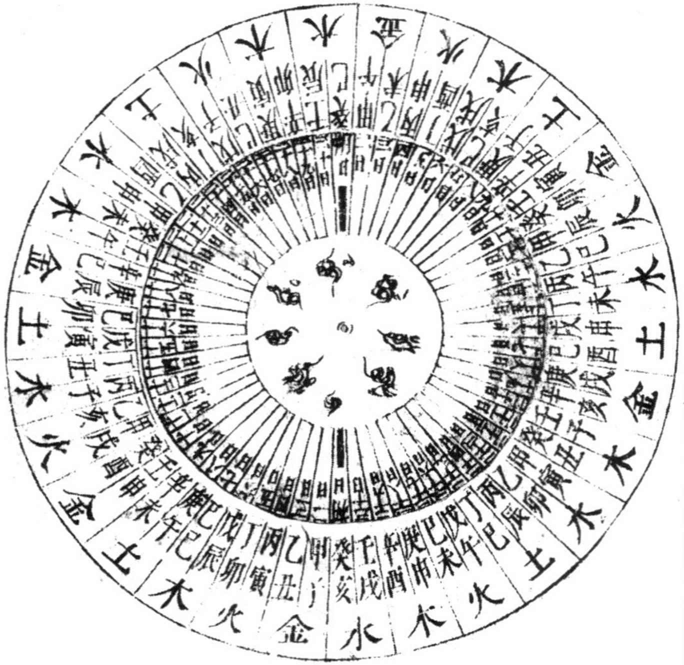

雖日尋其朔干支以當朔日也不用蝕指而傳焉

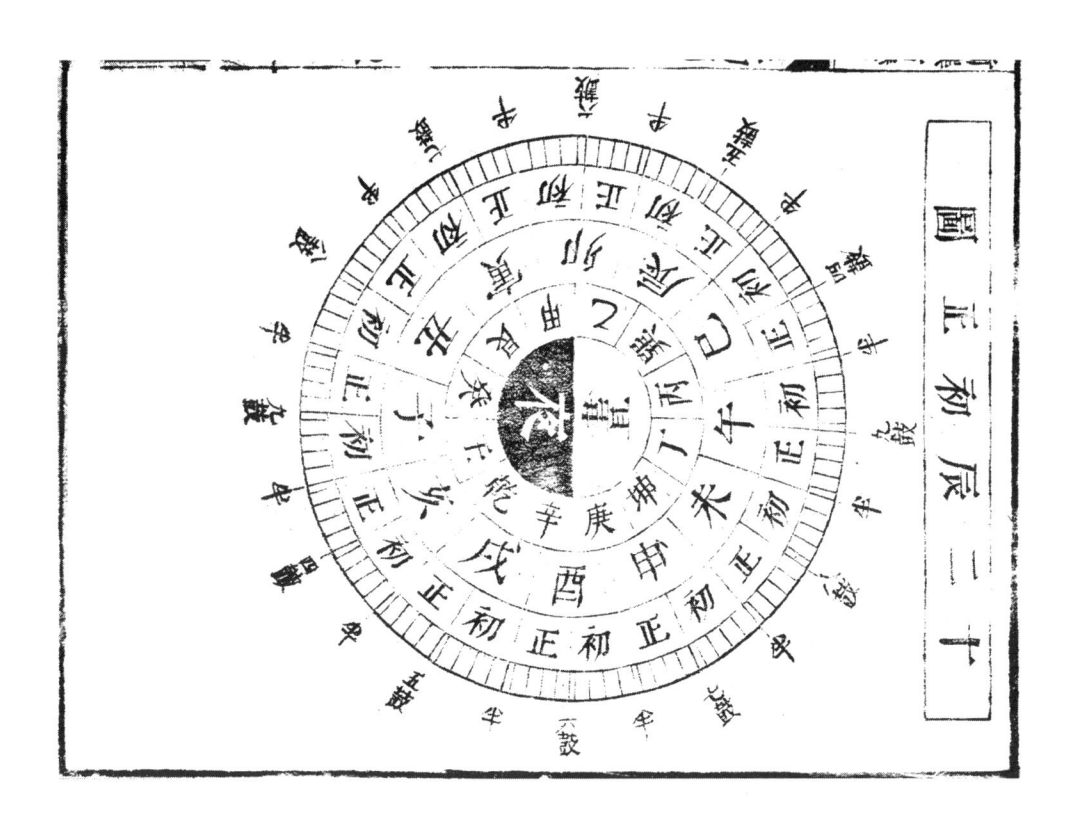

○納音捷徑

干	甲乙一	丙丁二	戊己三	庚辛四	壬癸空
支	子丑午未一	寅卯申酉二	辰巳戌亥三		

解曰、併所求干與支數、滿五去之、餘一則木、餘二則金、餘三則水、餘四則火、滿五則土也、今姑舉甲子、則甲一數、子一數、併之二、二數餘二則金也、餘倣之、其干逢壬癸則唯用支數

十二辰初正圖

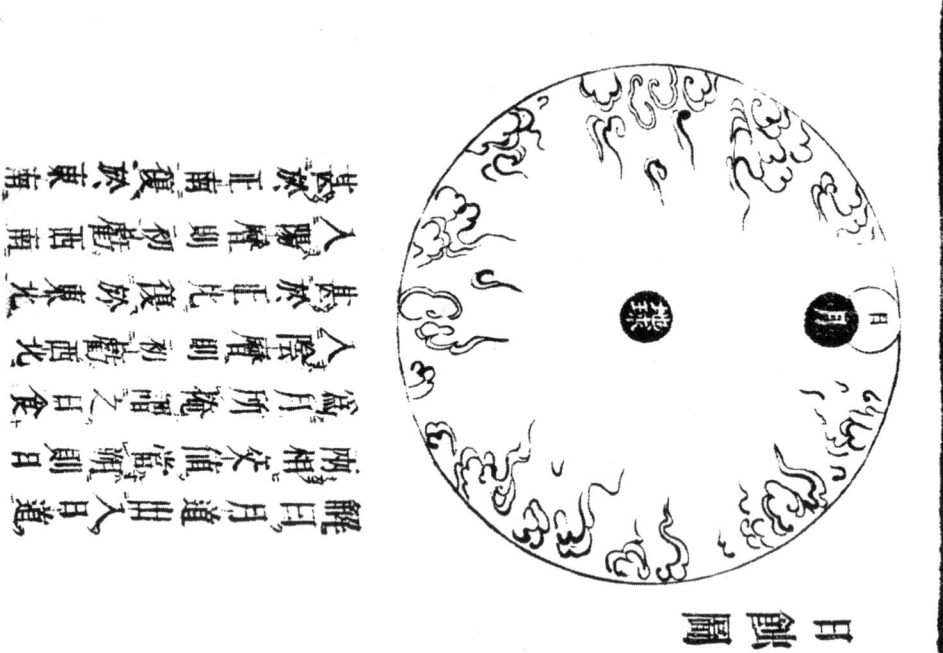

解曰每日平分十二時每時得八刻三分刻之一分之爲前後則前四刻六分刻之一爲初後四刻六分刻之一爲正至俗所謂某時半而交次時謂之初初刻至其擊鼓謂之正初刻各有四刻與初刻而五然擊鼓也隨晝夜長短故於平分時刻常有先後不必以鼓爲正矣

日蝕圖

解曰月道出入日道兩相交値當朔則日爲月所掩謂之日食入陰曆則初虧西北甚於正北復於東北入陽曆則初虧西南甚於正南復於東南

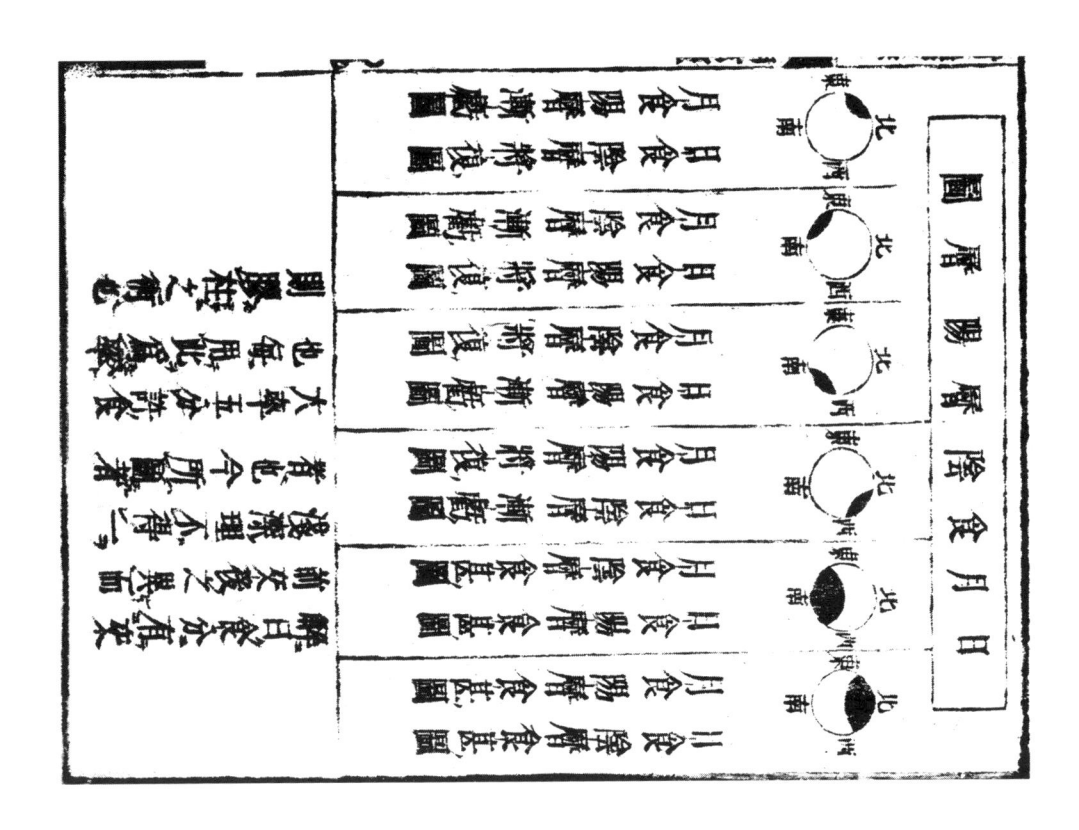

月蝕圖

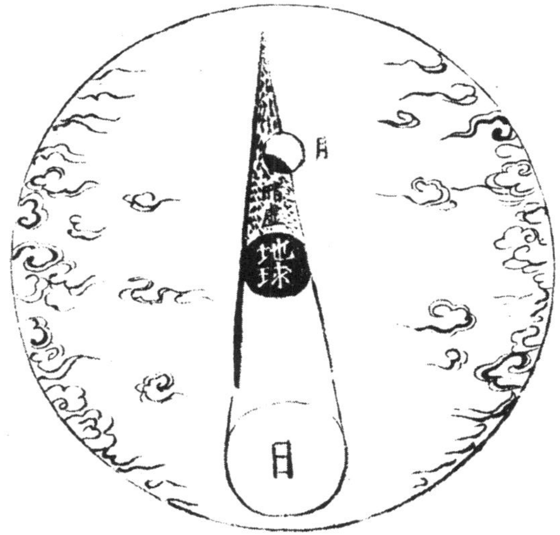

解曰月道出入日道所相交値當望則月爲日所衝謂之月食入陰曆則初虧東南甚於正南復於西南入陽曆則初虧東北甚於正北復於西北

日月食陰陽曆圖

日食陰曆食甚圖
月食陽曆食甚圖

日食陽曆食甚圖
月食陰曆食甚圖

日食陰曆漸虧圖
月食陽曆將復圖

日食陽曆漸虧圖
月食陰曆將復圖

日食陽曆將復圖
月食陰曆漸虧圖

日食陰曆將復圖
月食陽曆漸虧圖

解曰食分有來前交後之異而淺深理不得一者也今所圖者大率五分許食也每用此爲率則陽推之術也

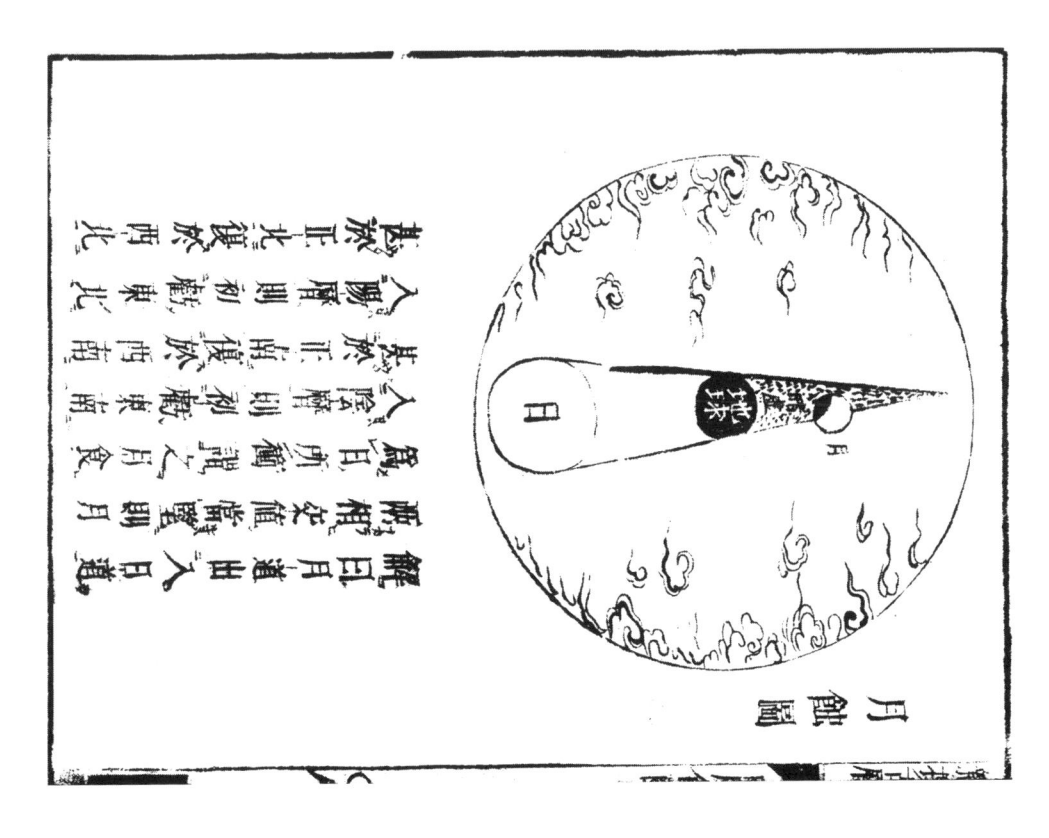

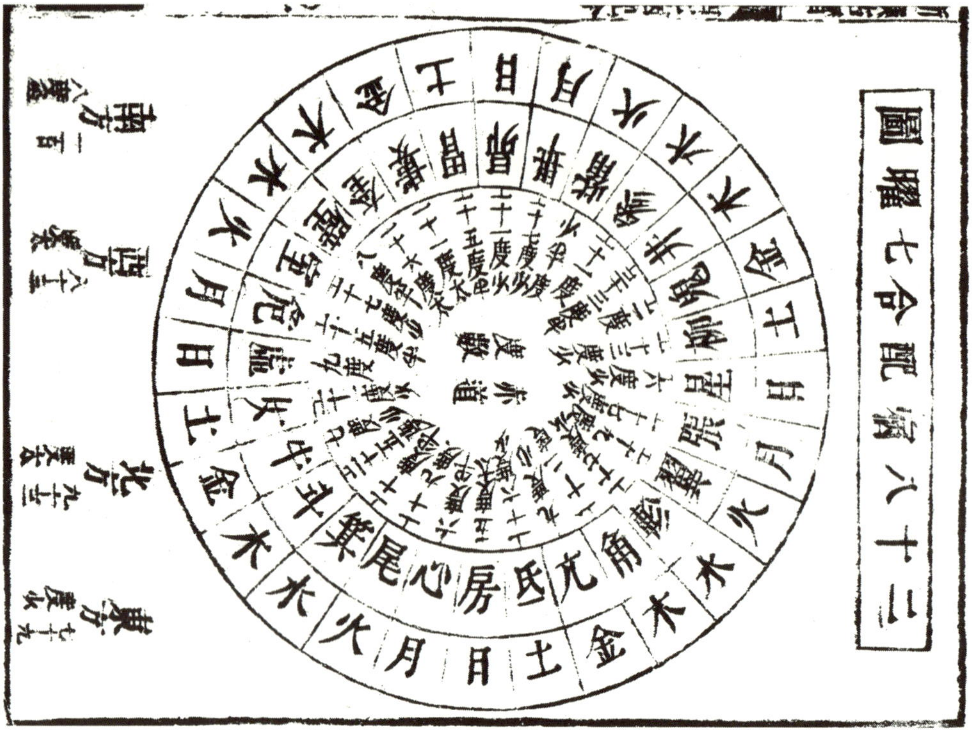
二十八宿配合七曜圖

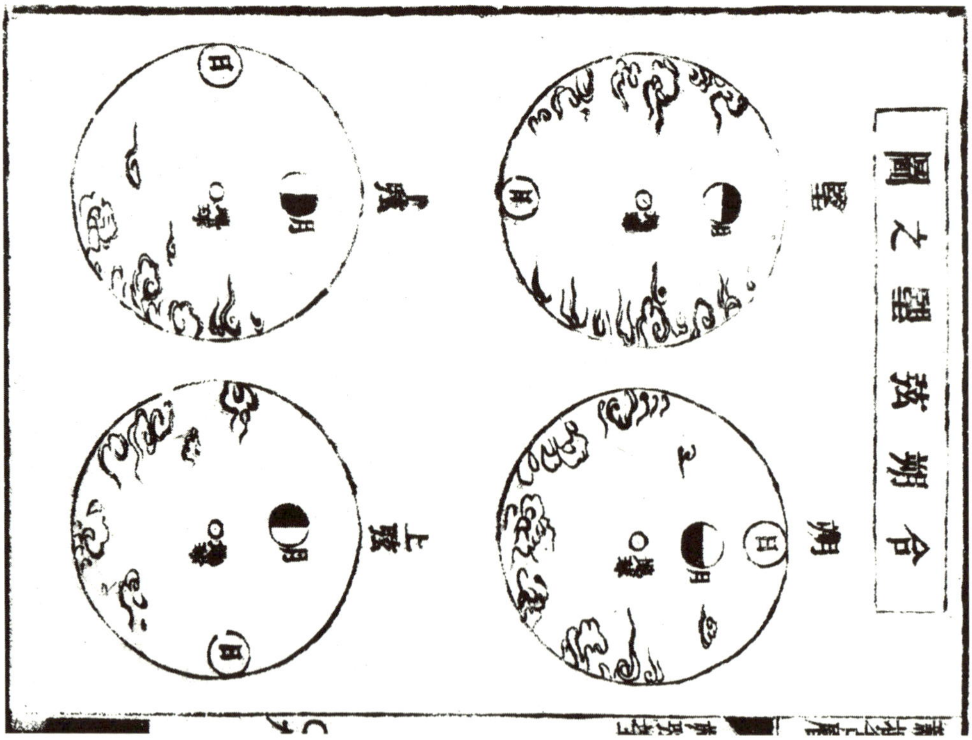
合朔弦望之圖
朔
上弦
望
下弦

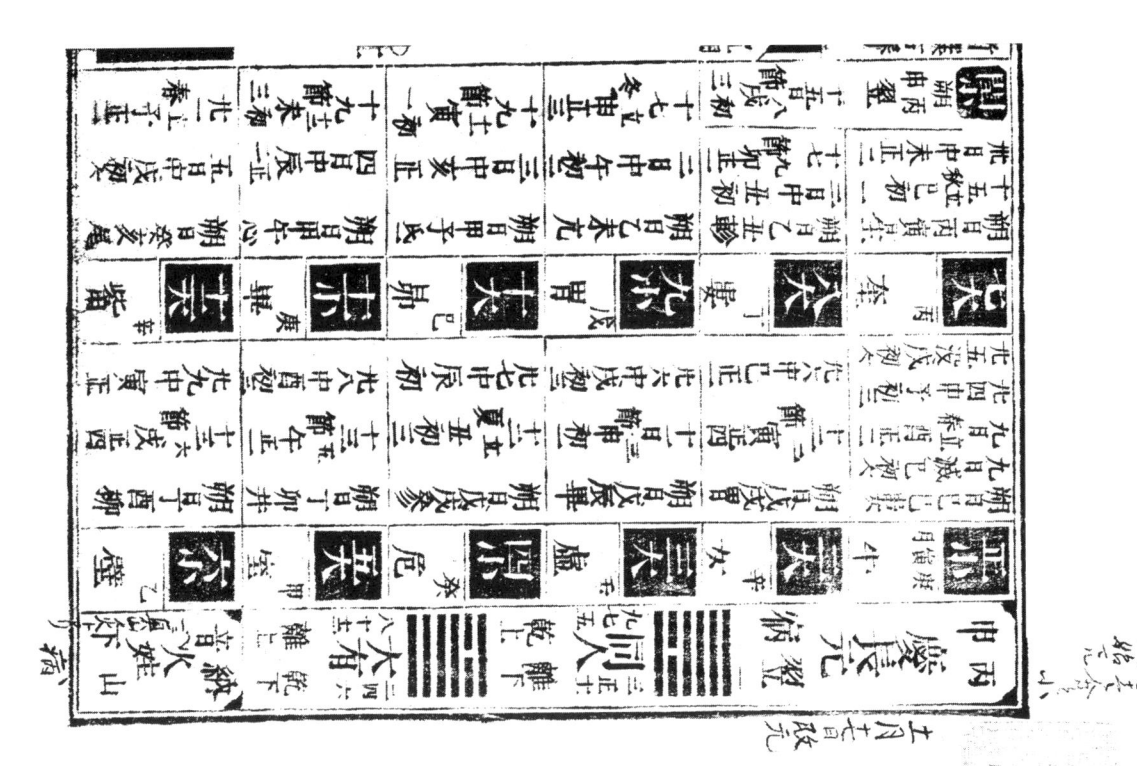

○斗杓建辰論

或曰俗所謂其時隔四實歩三（隔八隔六之類）如彼律呂又歩其月數所得即斗杓建辰也依此推之正月初昏當建丑更挍天在子丑之交太近子宮然以十二辰名月也一由初昏斗杓建辰今寅月建子丑之交者何答曰以初昏斗杓建辰名月也者起唐虞之間也然天之分常有餘歲之分常不足以堯典中星攷之其時冬至日在女虛之交今退在箕三度測其距今之退度大率五十餘度許於十二宮爲退二宮微彌然則正月初昏斗柄在子丑之交太近子宮也理若明乎

丙申　慶長元　翌　病

同人（離下乾上）三正十　九七五

大有（乾下離上）二四六　八十土

納音　山下火

十月十七日改元

月	宿	朔	節・中
正小 庚寅	牛	朔日己巳張	九日滅巳初六　九日立春酉正二　廿四中子初三　廿五沒戌初六
二大 辛	女	朔日戊戌胃	十二日節寅正四　廿六中巳正一
三大 壬	虛	朔日戊辰畢	十一日節申初一　廿六中戌初三
四小 癸	危	朔日戊戌參	十二日立夏丑初三　廿七中辰初
五大 甲	室	朔日丁卯井	十三日節午正一　廿八中酉初三
六小 乙	壁	朔日丁酉柳	十三日節戌正四　廿九中寅正
七大 丙	奎	朔日丙寅星	十五日立秋巳初一　卅日中未正二
閏小		朔丙申翌	十五日八節戌初三
八大 丁	婁	朔日乙丑軫	三日中丑初　十七日九節卯正二
九小 戊	胃	朔日乙未亢	二日中午初三　十七日立冬申正三
十大 己	昴	朔日甲子氐	三日中亥正　十九日十一節寅初一
十一小 庚	畢	朔日甲午心	四日中辰正　十九日十二節未初三
十二大 辛	觜	朔日癸亥尾	五日中戌初　廿一日立春子正一

丁酉 慶長二

宿 軫

謙 艮下坤上 五三正 十一九七

豫 坤下震上 十二四 六八十

納音 火姓 山下火

正小	壬 月寅	參	朔日癸巳斗	二日滅戌正	六日中卯初二	廿一二節巳正三
二大	癸	井	朔日壬戌牛	七日中申正	廿二三節亥初	卅日没申初二
三小	甲	鬼	朔日壬辰虚	八日中丑正二	廿三立夏辰初三	
四大	乙	柳	朔日辛酉危	九日中未初	廿四五節酉正一	
五大	丙	星	朔日辛卯壁	九日中子初二	廿五六節寅正三	
六小	丁	張	朔日辛酉婁	十日中巳正	廿五立秋申初一	
七大	戊	翼	朔日庚寅胃	十一中戌正二	廿七八節丑初三	
八小	己	軫	朔日庚申畢	十二日中辰初	廿七九節午正一	
九大	庚	角	朔日己丑觜	十三中酉初三	廿八立冬亥正三	
十小	辛	亢	朔日己未井	十四中寅正	廿九十一節巳初一	
十一大	壬	氐	朔日戊子鬼	十五中未正三	卅日十二節戌初三	
十二小	癸	房	朔日戊午星	十三没卯初	十六中子正四	

死

戊戌 慶長三

宿 角

隨 震下兌上 七五三 正十一九

蠱 巽下艮上 十十二 四六八

納音 木姓 平地

正大	甲 月寅	心	朔日丁亥張	二日立春卯正二	十七中午初二	廿六滅辰初一
二小	乙	尾	朔日丁巳軫	二日二節申正三	十七中亥初三	廿三没戌正二
三大	丙	箕	朔日丙戌角	四日三節寅初	十九中辰正三	
四小	丁	斗	朔日丙辰氐	四日立夏未初三	十九中酉正四	
五大	戊	牛	朔日乙酉房	六日五節子正	廿一中卯初一	
六小	己	女	朔日乙卯尾	六日六節巳正三	廿一中申初三	
七大	庚	虚	朔日甲申箕	七日立秋亥初	廿三中丑正一	
八大	辛	危	朔日甲寅斗	同日八節辰初三	廿三中午正三	
九小	壬	室	朔日甲申虚	八日九節酉正	廿五中子初一	
十大	癸	壁	朔日癸丑危	十日立冬寅正三	廿五中巳初三	
十一小	甲	奎	朔日癸未壁	十日十一節申初	廿五中戌正三	
十二大	乙	婁	朔日壬子奎	十二日十二節丑初一	廿七中卯正三	

養

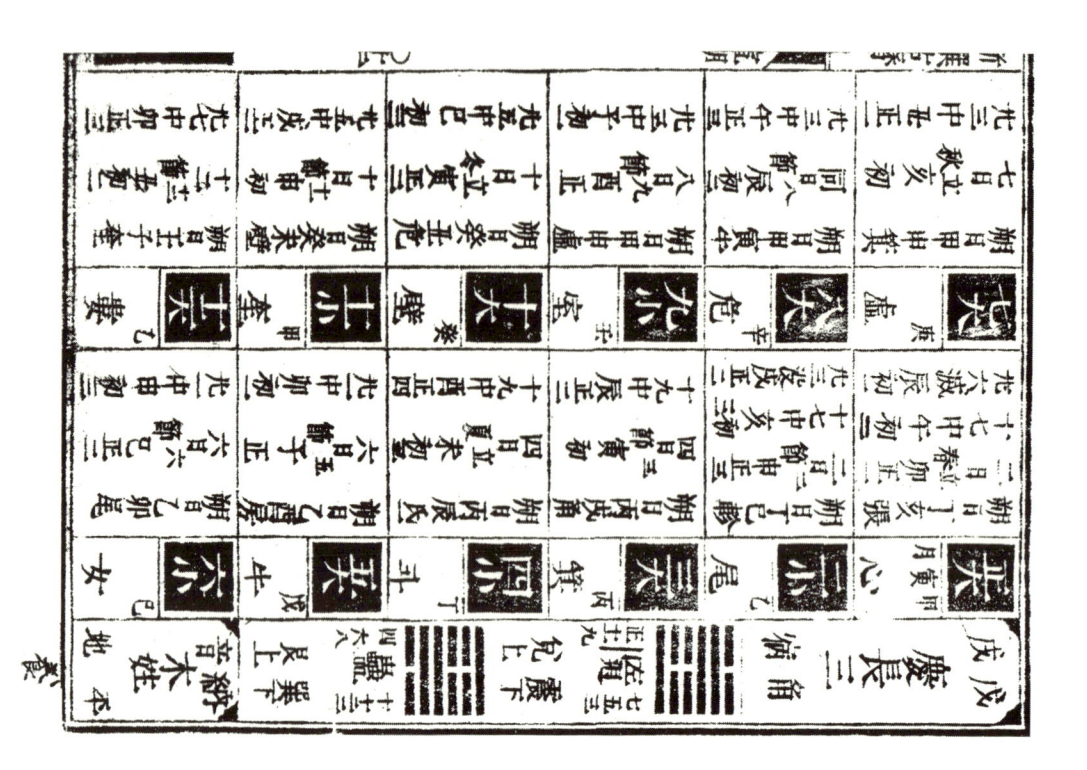

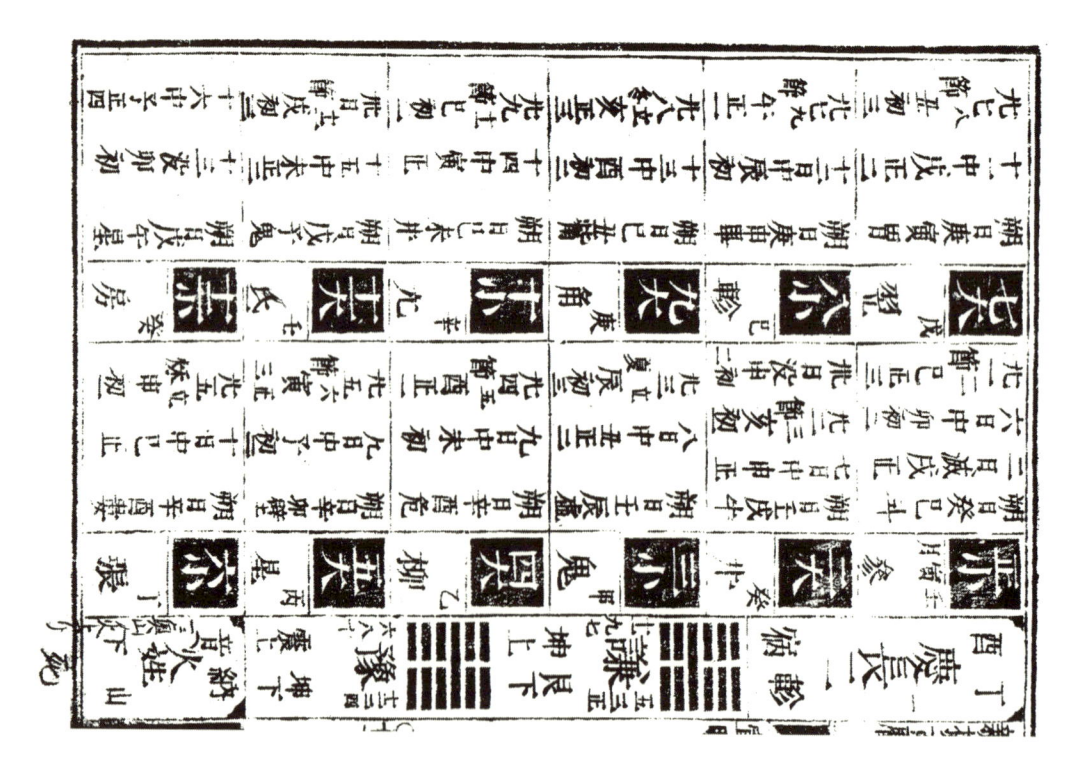

己亥　慶長四　宿 亢

臨　九七五　三正土　兌下 坤上
觀　八十七　三四六　坤下 巽上

納音 平地木　姓

正小	丙寅月 胃	朔日壬午胃	十二立春午正	廿七中酉初一	
二大	丁 昴	朔日辛亥昴	十三節二亥正三	十八沒丑初一	十九滅酉正三　廿九中寅初三
三小	戊 畢	朔日辛巳觜	十四節三巳初	廿九中未正一	
閏三小	庚	朔戊參	十五立夏戌初三		
四大	己 觜	朔日己卯井	二日中子正三	十七節五卯正	
五小	庚 參	朔日己酉柳	二日中午初一	十七節六申正三	
六大	辛 井	朔日戊寅星	三日中亥初三	十九立秋寅初	
七大	壬 鬼	朔日戊申翌	四日中辰正一	十九節八未初二	
八小	癸 柳	朔日戊寅角	四日中酉正三	廿日節九子正	
九大	甲 星	朔日丁未亢	六日中卯初一	廿一立冬巳正二	
十大	乙 張	朔日丁丑房	六日中申初三	廿一節十戌正四	
十一小	丙 翌	朔日丁未尾	七日中丑正一	廿二節十二辰初二	
十二大	丁 軫	朔日丙子箕	八日中午正三	廿三立春酉正	

長

庚子　慶長五　宿 氐

噬嗑　十九七　五三正　震下 離上
貞　六八十　十二四　離下 艮上

納音 壁上土　姓

正小	戊寅月 角	朔日丙午牛	八日中子初	十一沒卯正一	廿四節二寅正二
二大	己 亢	朔日乙亥女	十日中巳初三	十三滅卯初二	廿五節三未正四
三小	庚 氐	朔日乙巳危	十日中戌正	廿六立夏丑初一	
四大	辛 房	朔日甲戌室	十二中卯正三	廿七節五午初三	
五大	壬 心	朔日癸卯壁	十三中酉初	廿八節六亥正二	
六小	癸 尾	朔日癸酉婁	十四中寅初二	廿九立秋辰正三	
七大	甲 箕	朔日壬寅胃	十五中未正	卅日節八戌初一	
八小	乙 斗	朔日壬申畢	十六中子正三		
九大	丙 牛	朔日辛丑觜	二日節九卯初三	十七中午初	
十大	丁 女	朔日辛未井	二日立冬申正三	十七中亥初三	
十一大	戊 虛	朔日辛丑柳	三日節十一丑正三	十八中辰正	
十二小	己 危	朔日辛未張	三日節十二未初一	十八中酉正三	

帝

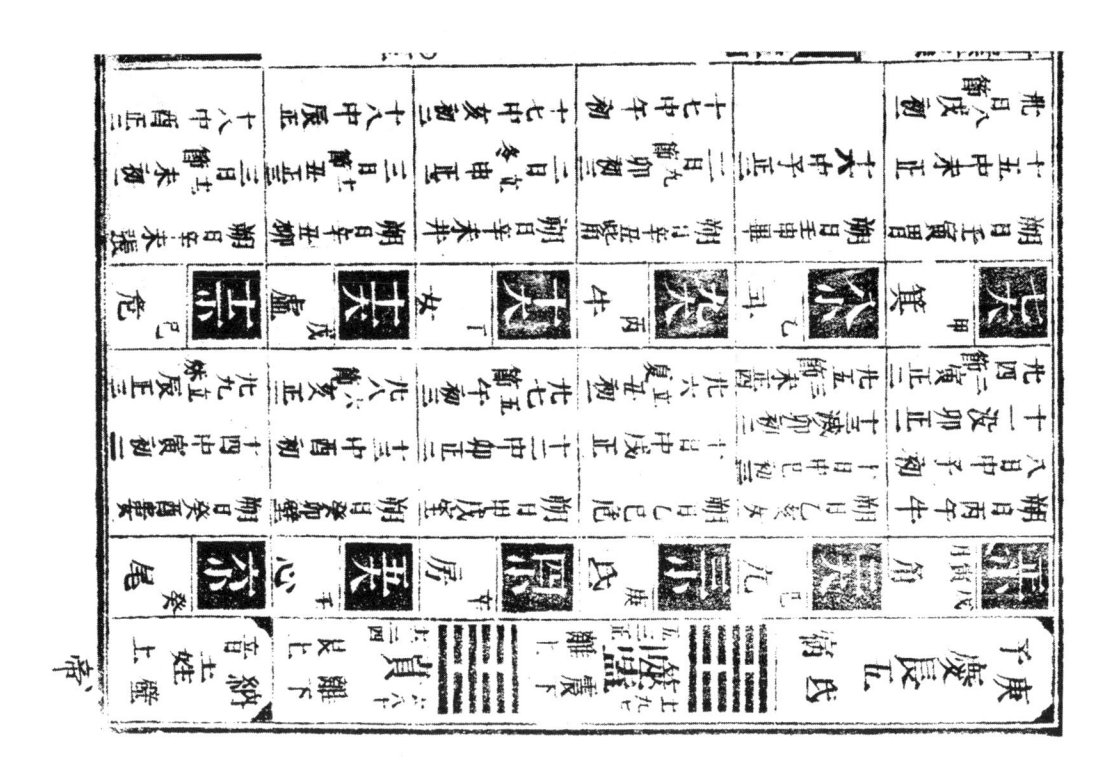

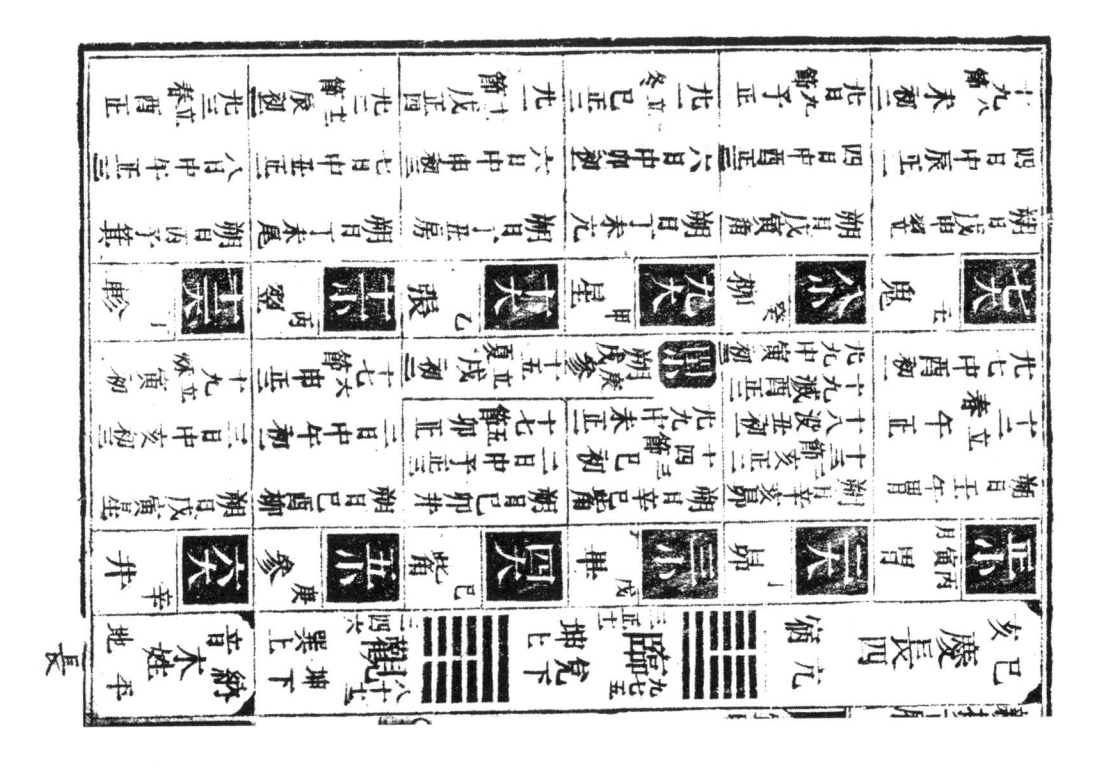

辛丑 慶長六 房宿

剝（正十九 七五三）坤下 艮上

復（四六八 十十二）震下 坤上

納音 土 姓 壁上

月					
正大 庚寅月 室	朔日庚子翌	二日滅酉正三	四日立春子初三	五日没午初	廿日中卯初
二小 辛 壁	朔日庚午角	五日節巳正一（二）	廿日中申初三		
三大 壬 奎	朔日己亥亢	六日節戌正三（三）	廿二中丑正		
四小 癸 婁	朔日己巳房	七日立夏辰初一	廿二中午正三		
五小 甲 胃	朔日戊戌心	八日節酉初三（五）	廿三中子初		
六大 乙 昴	朔日丁卯尾	十日節寅正一（六）	廿五中巳初二		
七小 丙 畢	朔日丁酉斗	十日立秋未正三	廿五中戌正		
八小 丁 觜	朔日丙寅牛	十二節丑初一（八）	廿七中卯正三		
九大 戊 参	朔日乙未女	十三節午初三（九）	廿八中申正四		
十大 己 井	朔日乙丑危	十三立冬亥正一	廿九中寅初二		
十一大 庚 鬼	朔日乙未壁	十四節辰正三（十一）	廿九中未正		
十二大 辛 柳	朔日甲午胃	同日中子正三	十六立春卯初二		
閏小	朔乙丑婁	十四節戌初（十二）			

衰

壬寅 慶長七 心宿

无妄（三五上 九七五）震下 乾上

大畜（二四六 八十十二）乾下 艮上

納音 金 姓 金箔

月				
正大 壬寅月 星	朔日甲子畢	同日中巳正四	十六節申正（二）	
二小 癸 張	朔日甲午参	同日中亥初一	九日没辰初三	十七節丑正三（三） 廿九滅寅初三
三大 甲 翌	朔日癸亥井	三日中辰初三	十八立夏未初	
四小 乙 軫	朔日癸巳柳	三日中酉正一	十八節子初三（五）	
五小 丙 角	朔日壬戌星	五日中寅正三	廿日節巳正（六）	
六小 丁 亢	朔日辛卯張	六日中申初三	廿一立秋戌正三	
七大 戊 氐	朔日庚申翌	八日中丑初三	廿八節辰初（八）	
八小 己 房	朔日庚寅角	八日中午正一	廿三節酉初三（九）	
九大 庚 心	朔日己未亢	九日中亥正三	廿五立冬寅正	
十大 辛 尾	朔日己丑房	十日中巳初三	廿五節未正三（十一）	
十一小 壬 箕	朔日己未尾	十日中戌初三	廿六節丑初（十二）	
十二大 癸 斗	朔日戊子箕	十二中卯正一	廿七立春午初二	

絶

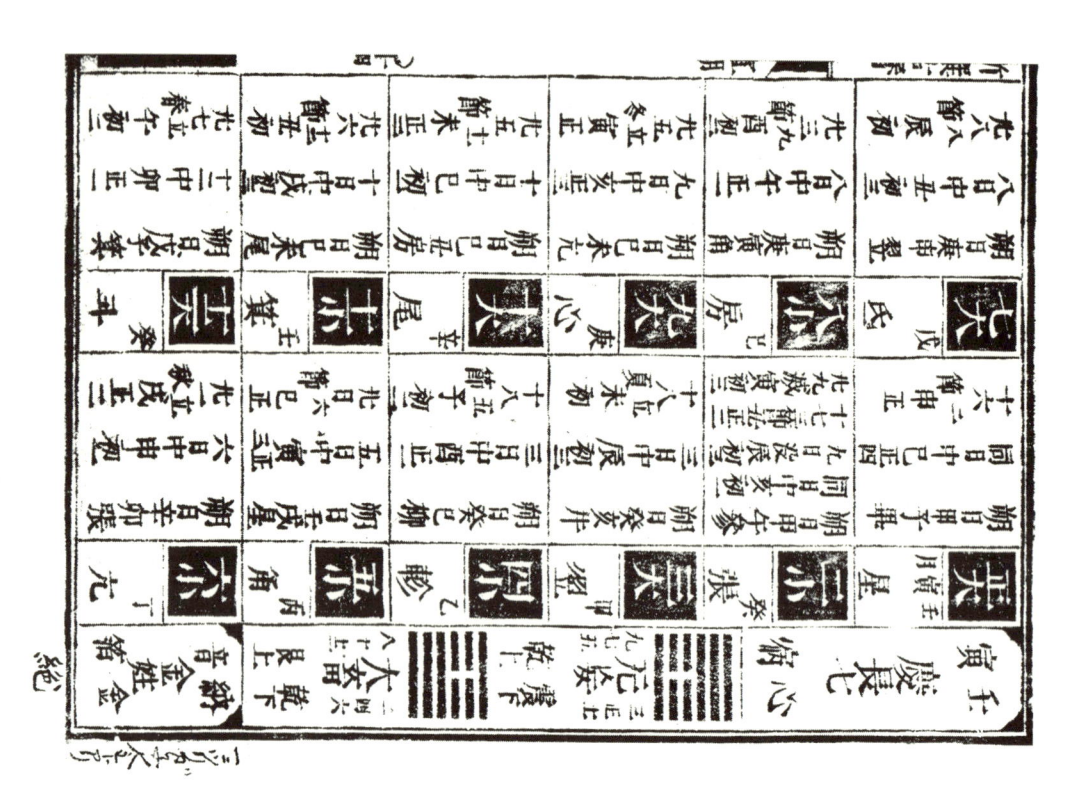

癸卯 慶長八 尾宿

頤 五三正 震下 艮上 廿七九七

大過 十二四 巽下 兌上 六八一

納音 金 姓 金 箔 胎

正大 月寅甲 牛	朔日戊午牛	十二中申正三	十九滅酉初	廿七二節亥正
二大 乙 女	朔日戊子虛	三日没午正三	十三中寅初一	廿八三節辰正三
三小 丙 虛	朔日戊午室	十三中未初三	廿八立夏戌初	
四大 丁 危	朔日丁亥壁	十五中子正一	廿九五節卯初二	
五小 戊 室	朔日丁巳婁	十五中巳正三		
六大 己 壁	朔日丙戌胃	同日六節申正	十六中亥初一	
七大 庚 奎	朔日乙卯昴	三日立秋丑正二	十八中辰初三	
八小 辛 婁	朔日乙酉觜	三日八節未初	十八中酉正一	
九小 壬 胃	朔日甲寅參	四日九節子初三	廿日中寅正三	
十大 癸 昴	朔日癸未井	六日立冬巳正	廿一中申初一	
十一大 甲 畢	朔日癸丑柳	六日十一節戌正三	廿二中丑初三	
十二小 乙 觜	朔日癸未張	七日十二節卯正四	廿二中午正一	

甲辰 慶長九 箕宿

坎 七五三 坎下 坎上 廿七九

離 十三 離下 離上 四六八

納音 火 姓 覆灯

正大 月寅丙 參	朔日壬子觜	八日立春酉初一	廿三中亥正二	廿七没酉初三
二大 丁 井	朔日壬午角	九日二節寅初三	十三滅寅正二	廿四中巳初
三小 戊 鬼	朔日壬子氐	九日三節未正一	廿四中戌初二	
四大 己 柳	朔日辛巳房	十一立夏子正三	廿六中卯正	
五小 庚 星	朔日辛亥尾	十一五節午初	廿六中申正三	
六大 辛 張	朔日庚辰箕	十二六節亥初三	廿八中寅初	
七小 壬 翼	朔日庚戌牛	十三立秋辰正一	廿八中未初二	
八大 癸 軫	朔日己卯女	十四八節酉正三	廿日中子正	
閏小	朔日己酉危	十五九節卯初		
九小 甲 角	朔日戊寅室	同日中巳正三	十六立冬申初三	
十大 乙 亢	朔日丁未壁	二日中亥初	十八十節丑正一	
十一小 丙 氐	朔日丁丑婁	三日中辰初二	十八十一節午正三	
十二大 丁 房	朔日丙午胃	四日中酉正	廿九立春子初一	

官

ニトクワノ火ナリ

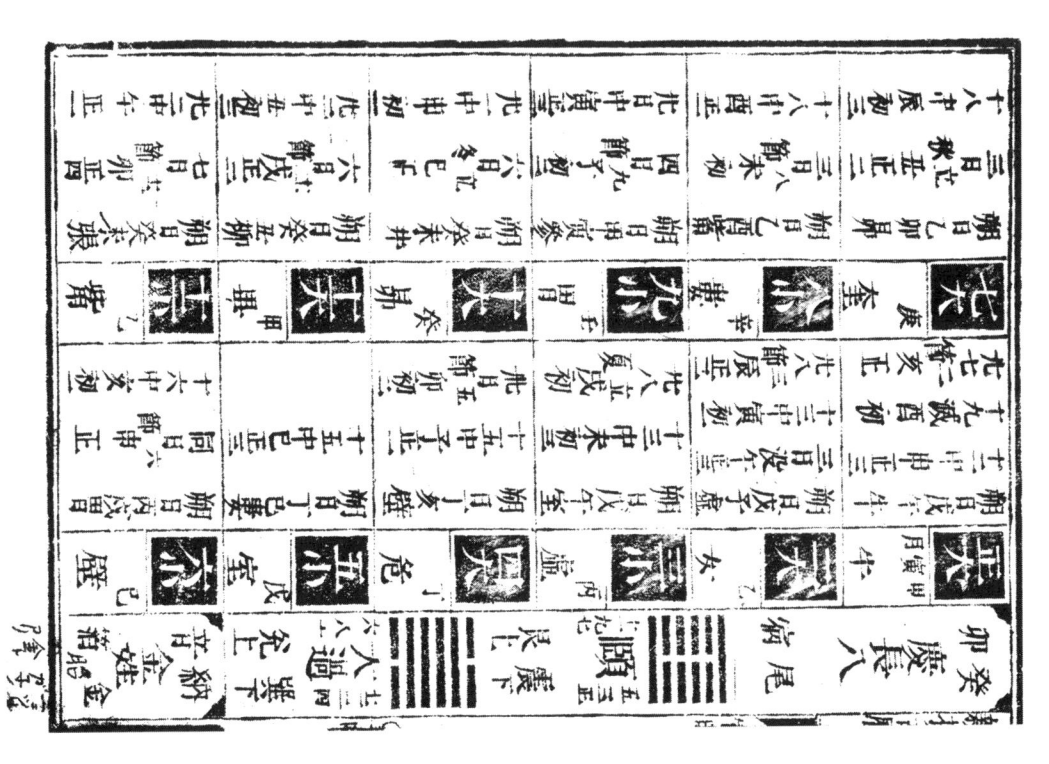

乙巳 慶長十 斗宿

咸 九七五 三正七 艮下 兌上

恒 八十五 三四六 巽下 震上

納音 火姓 覆燈

正大 戊寅月 心
朔日丙子畢
五日中寅正三
九日二 節巳初三

二小 己 尾
朔日丙午參
五日中申初
六日藏申初三
九日三 節戊正一

三大 庚 箕
朔日乙亥井
二日没未正
七日中丑初二
九日二五 夏卯正三

四大 辛 斗
朔日乙巳柳
七日中午正
九日二五 節酉初

五小 壬 牛
朔日乙亥張
七日中亥正二
九日三六 節寅初三

六大 癸 女
朔日甲辰翌正
九日中巳初
九日四五 秋未正三

七小 甲 虛
朔日甲戌角
九日中戌初二
九日五八 節子正三

八大 乙 危
朔日癸卯亢
十一日中卯正
九日六九 節午初一

九小 丙 室
朔日癸酉房
十一日中申正二
九日六十五 冬亥初三

十小 丁 壁
朔日壬寅心
十二日中丑正四
九日八十 節辰正

十一大 戊 奎
朔日辛未尾
十四日中未初
九日九十一 節酉正

十二小 己 婁
朔日辛丑斗
十四日中子初三

二三 日ノ火上リ

丙午 慶長十一 牛宿

遯 七九七 四三正 艮下 乾上

大壯 六八十 十三四 乾下 震上

納音 水姓 天河

正大 庚寅月 胃
朔日庚午牛
閏日五 春卯初
十六日中巳正一

二小 辛 昴
朔日庚子虛
閏日二 節申初
十六日中戌正四
九五没戊初
九日藏丑正三

三小 壬 畢
朔日庚午室
二日三 節丑正
十七日中辰初

四大 癸 觜
朔日己亥壁
三日五 夏午正二
十八日中酉初三

五小 甲 參
朔日己巳婁
三日五 節子初
十九日中寅正一

六大 乙 井
朔日戊戌胃
五日六 節巳初二
九日中未正三

七大 丙 鬼
朔日戊辰畢
五日五 除戌正
九一中丑初一

八小 丁 柳
朔日戊戌參
六日八 節卯正三
九一中午初三

九大 戊 星
朔日丁卯井
七日九 節酉初
九二中亥正一

十小 己 張
朔日丁酉柳
八日五 冬寅初二
九三中辰正三

十一大 庚 翌
朔日丙寅星
九日十 節未正
九四中戌初一

十二小 辛 軫
朔日丙申翌
十日十二 節子正三
九五中卯初三

一三 池ノ水上リ

胎

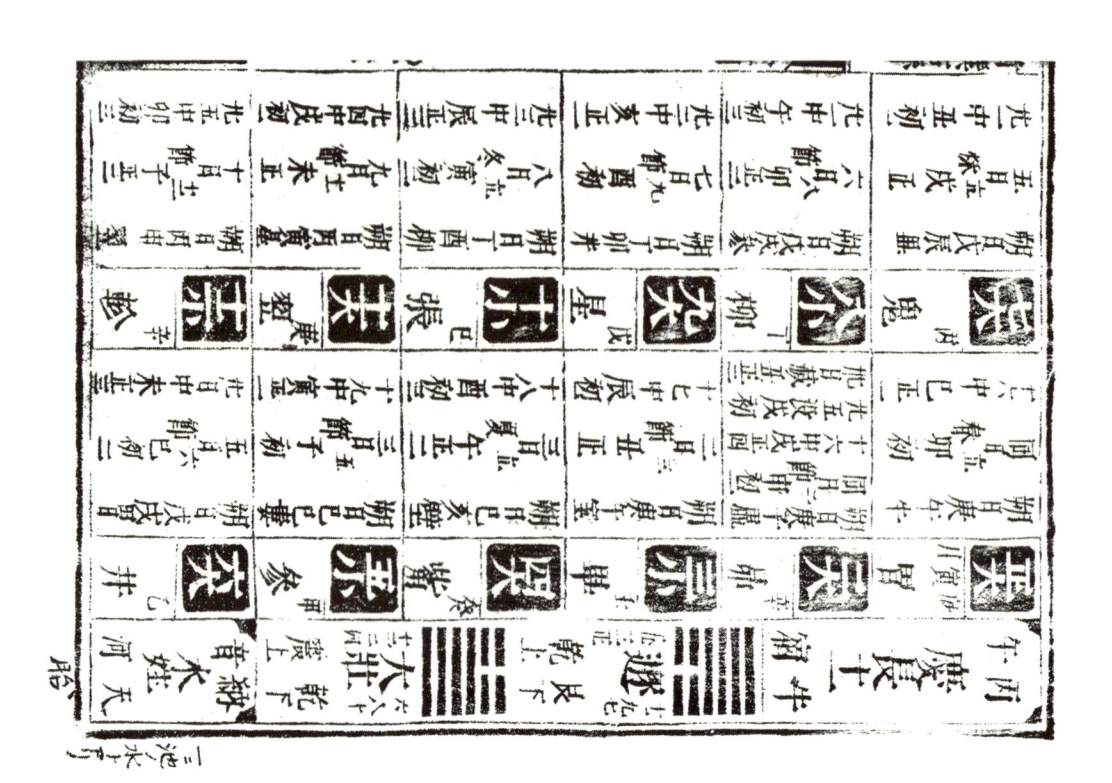

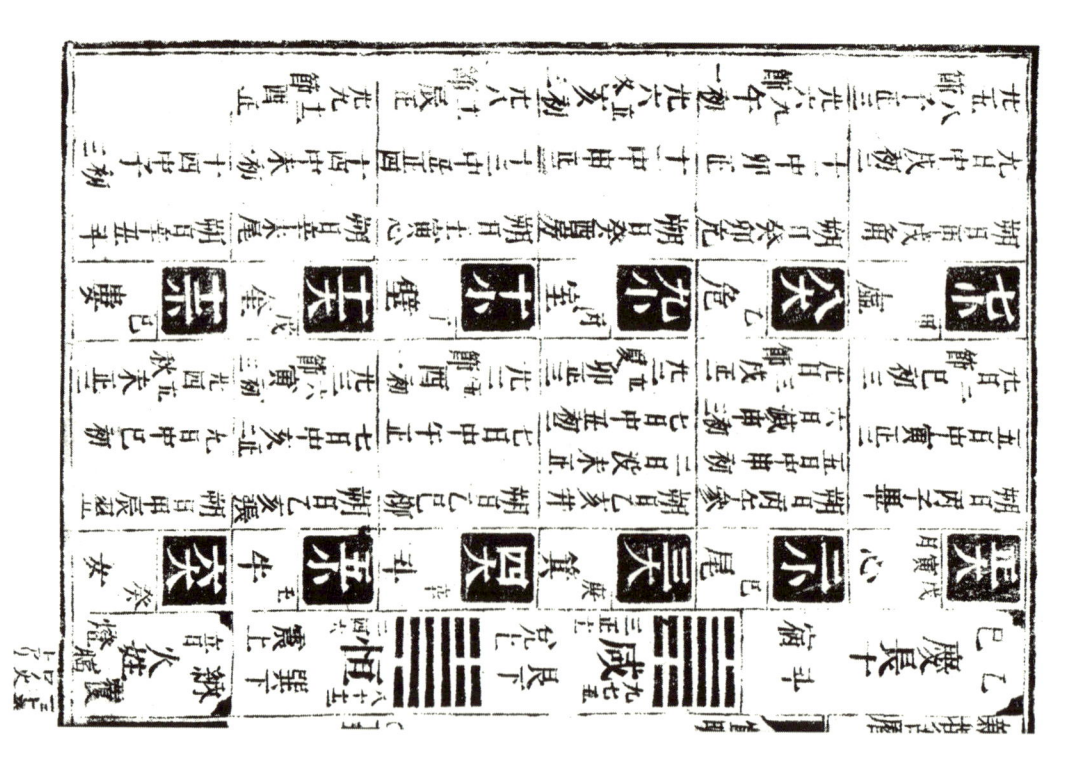

朝鮮人來朝

丁未　慶長十二　女宿

晉　坤下離上　正十一九　七五三

明夷　離下坤上　四六八　十十二二

納音水　姓天河

正小　壬　寅月　角
朔日乙丑軫　十一日立春午初　十九藏申初一　廿六中申正一

二大　癸　亢
朔日甲午角　十二二節亥初一　廿日没子正　廿八中丑正三

三小　甲　氐
朔日甲子氐　十三三節辰正　廿八中未初二

四大　乙　房
朔日癸巳房　十四日立夏酉正二　廿九中子初三

閏　朔日癸亥尾　十五五節卯初

五大　丙　心
朔日壬辰箕　同日中巳正一　十六六節申初二

六大　丁　尾
朔日壬戌牛　同日中戌正三　十七立秋丑正

七小　戊　箕
朔日壬辰虚　二日中辰初一　十七八節午正三

八大　巳　斗
朔日辛酉危　三日中酉初三　十八九節亥正四

九大　庚　牛
朔日辛卯壁　四日中寅正一　十九立冬巳初二

十小　辛　女
朔日辛酉婁　四日中未正三　十九十節戌初二

十一大　壬　虚
朔日庚寅胃　六日中丑初　廿一十二節卯正三

十二小　癸　危
朔日庚申畢　六日中午初三　廿一立春申正四

三十三アリ　永　淵

大織冠像ヨリ血出ル年　越ニ出ル

戊申　慶長十三　虚宿

家人　離下巽上　三正十一　九七五

睽　兌下離上　二四六　八十十二

納音土　姓大驛

正大　甲　寅月　室
朔日己丑觜　七日中亥正　十三藏寅初　同日没卯初　廿三節寅正一

二小　乙　壁
朔日己未井　八日中辰正三　廿三三節未初三

三小　丙　奎
朔日戊子鬼　九日中戌初　廿五立夏巳正一

四大　丁　婁
朔日丁巳柳　十一中卯初二　廿六五節巳正三

五大　戊　胃
朔日丁亥張　十一中申正　廿六六節亥初三

六大　己　昴
朔日丙辰翌　十三中丑正三　廿八立秋辰初三

七小　庚　畢
朔日丙戌角　十三中未初　廿八八節酉正一

八大　辛　觜
朔日乙卯亢　十四中子初三　卅日九節寅正三

九大　壬　參
朔日乙酉房　十五中巳正　卅日立冬申初一

十大　癸　井
朔日乙卯尾　十五中戌正三　廿五没酉正三

十一小　甲　鬼
朔日乙酉斗　同日十一節丑初三　十六中辰初

十二大　乙　柳
朔日甲寅牛　三日十二節午正一　十七中酉初三

長　沢

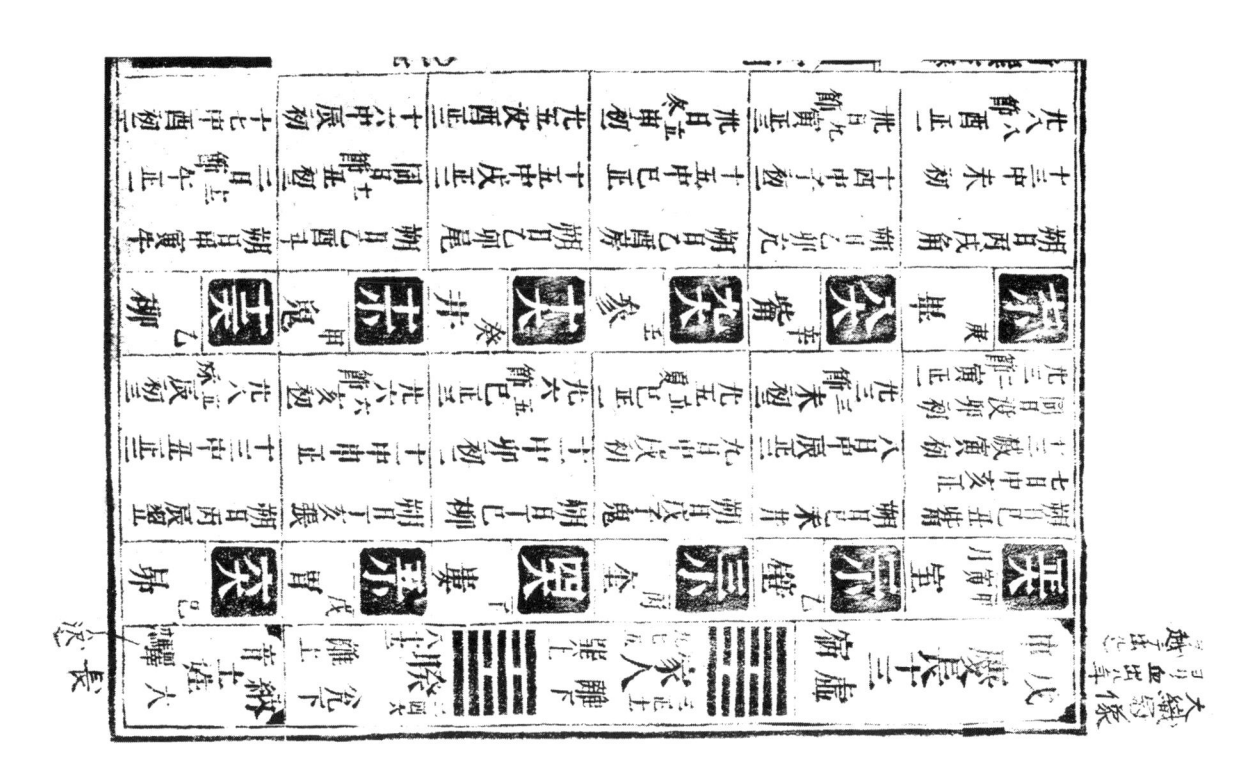

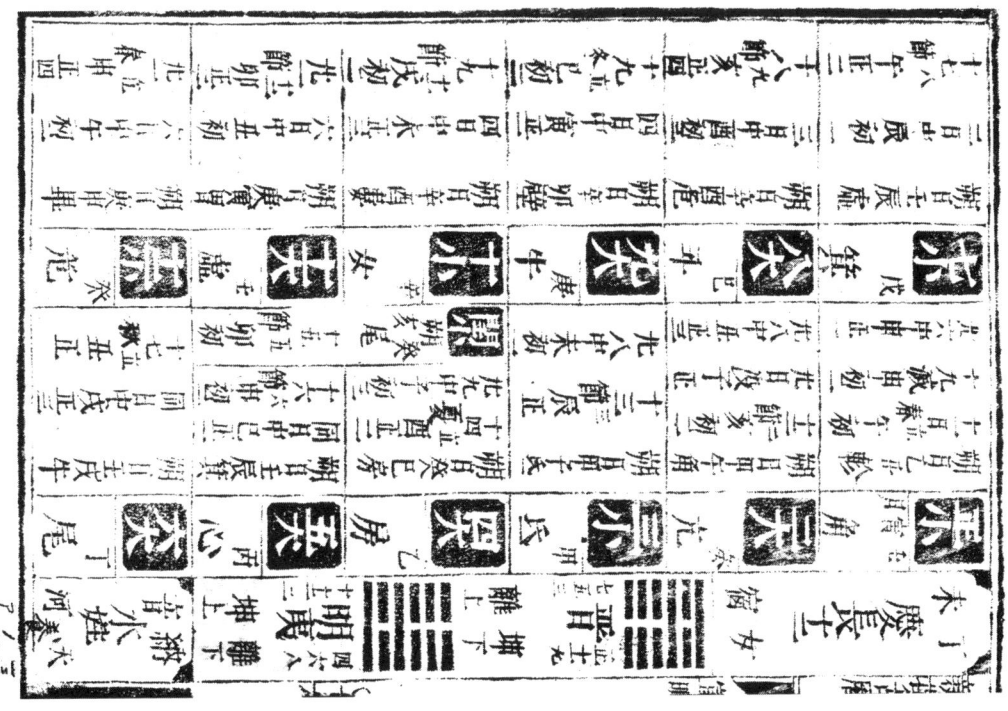

五月四日雷
九月出八

己酉 慶長十四 危宿

蹇 五三正 十九七 艮下坎上

解 十二四 六八十 坎下震上

納音 大驛土

正小 丙寅月 星	朔日甲申虚	二日立春亥正三	六日没巳正一	[illegible]寅正
二大 丁 張	朔日癸丑危	四日節巳初一	六日滅未正一	十九日中未正三
三小 戊 翌	朔日癸未壁	四日節戌初三	廿日中丑初	
四小 己 軫	朔日壬子奎	六日立夏卯正一	廿一日中午初二	
五大 庚 角	朔日辛巳婁	七日節申正三	廿二日中亥正	
六小 辛 亢	朔日辛亥昴	八日節寅初	廿三日中辰正三	

七大 壬 氐	朔日庚辰畢	九日立秋未初三	廿四日中酉正四
八小 癸 房	朔日庚戌参	十日節子正一	廿五日中卯初三
九大 甲 心	朔日己卯井	十一日節巳正三	廿六日中申正
十大 乙 尾	朔日己酉柳	十一日立冬亥初三	廿七日中丑正二
十一小 丙 箕	朔日己卯張	十二日節辰初三	廿七日中午正四
十二大 丁 斗	朔日戊申翌	十三日節酉正三	廿八日中子初

驛澤

庚戌 慶長十五 室宿

損 七五三 正十十九 兌下艮上

益 十十二 四六八 震下巽上

納音 釵釧金

正大 戊寅月 牛	朔日戊寅角	十四日立春寅正三	廿九日中巳初三	
二小 己 女	朔日戊申氐	十四日節申初	廿九日滅丑初二	同日中戌正三
閏大	朔日丁丑房	十六日没卯正一	十[illegible]日節丑初二	
三小 庚 虚	朔日丁未尾	十六日立夏午正	同日中卯正三	
四小 辛 危	朔日丙子箕	二日中酉初三	十七日節亥正三	
五大 壬 室	朔日乙巳斗	四日中寅初三	十九日節巳初	
六大 癸 壁	朔日甲戌牛	五日中未正一	廿日立秋戌初二	

七小 甲 奎	朔日甲辰虚	六日中子正三	廿一日節卯正
八大 乙 婁	朔日癸酉危	七日中午初三	廿二日節申正二
九大 丙 胃	朔日癸卯壁	七日中亥初三	廿三日立冬寅初
十小 丁 昴	朔日癸酉婁	八日中辰正一	廿三日節未初三
十一大 戊 畢	朔日壬寅胃	九日中酉正三	廿五日節子正
十二大 己 觜	朔日壬申畢	十日中卯初一	廿五日立春巳正三

表

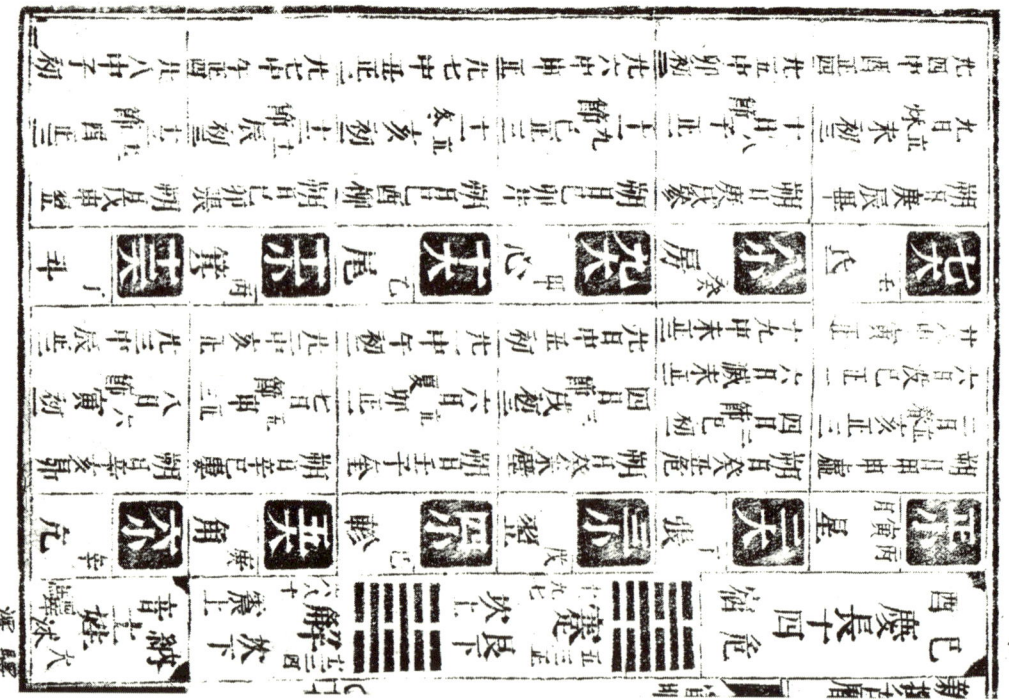

辛亥　慶長十六　壁宿

九七五　大壯　三正十　乾下　兌上

八十一　姤　二四六　巽下　乾上

納音　金姓　劔鈚

正大　庚寅月　參　朔日壬寅參　十日中申初三　廿五二節亥初

二小　辛　井　朔日壬申鬼　四月没午初一　十一中丑正一　廿二滅午正二　廿六節辰初一

三大　壬　鬼　朔日辛丑柳　十二中午正四　廿七五夏酉正

四大　癸　柳　朔日辛未張　十二中子初一　廿八五節寅正二

五小　甲　星　朔日庚子翌　十四中巳初三　廿九六節未正四

六小　乙　張　朔日己巳軫　十九中戌正一　廿六没酉正

七大　丙　翌　朔日戊戌角　二日十一滅丑初一　十七中卯正三

八小　丁　軫　朔日戊辰氐　二日八節午正　十七中酉初

九大　戊　角　朔日丁酉房　三日九節亥正三　十九中寅初三

十小　己　亢　朔日丁卯尾　四日十冬辰正四　十九中未正二

十一大　庚　氐　朔日丙申箕　五日十一節戌初一　廿一中午正二

十二大　辛　房　朔日丙寅斗　六日十二節卯初三　廿一中午初

壬子　慶長十七　奎宿

十九七　萃　五三正　坤下　兌上

六八十　升　十二四　巽下　坤上

納音　木姓　桑柘

一ニ桑ヲ柘トアリ

正大　壬寅月　心　朔日丙申虚　六日立春申正一　十三滅丑初三　廿一中亥初二　廿八没申正一

二小　癸　尾　朔日丙寅室　七日二節丑正三　廿二中辰正

三大　甲　箕　朔日乙未壁　八日三節未初　廿三中酉正三

四大　乙　斗　朔日乙丑婁　八日九夏子初三　廿四中卯初

五小　丙　牛　朔日乙未昴　九日五節巳正一　廿四中申初二

六小　丁　女　朔日甲子畢　十六六節戌正三　廿六中丑正

七大　戊　虚　朔日癸巳觜　十二立秋辰初一　廿七中午正三

八小　己　危　朔日癸亥井　十二八節酉初三　廿七中子初

九大　庚　室　朔日壬辰鬼　十四九節寅正二　廿九中巳初三

十大　辛　壁　朔日辛酉柳　十五立冬未正三　廿日中戌正

十一大　壬　奎　朔日庚寅翌　二日中卯正二　十七十一節午初三

十二大　癸　婁　朔日庚申角　二日中酉初　十七立春亥正一

閏小　朔辛卯張　十六十二節丑初

沐

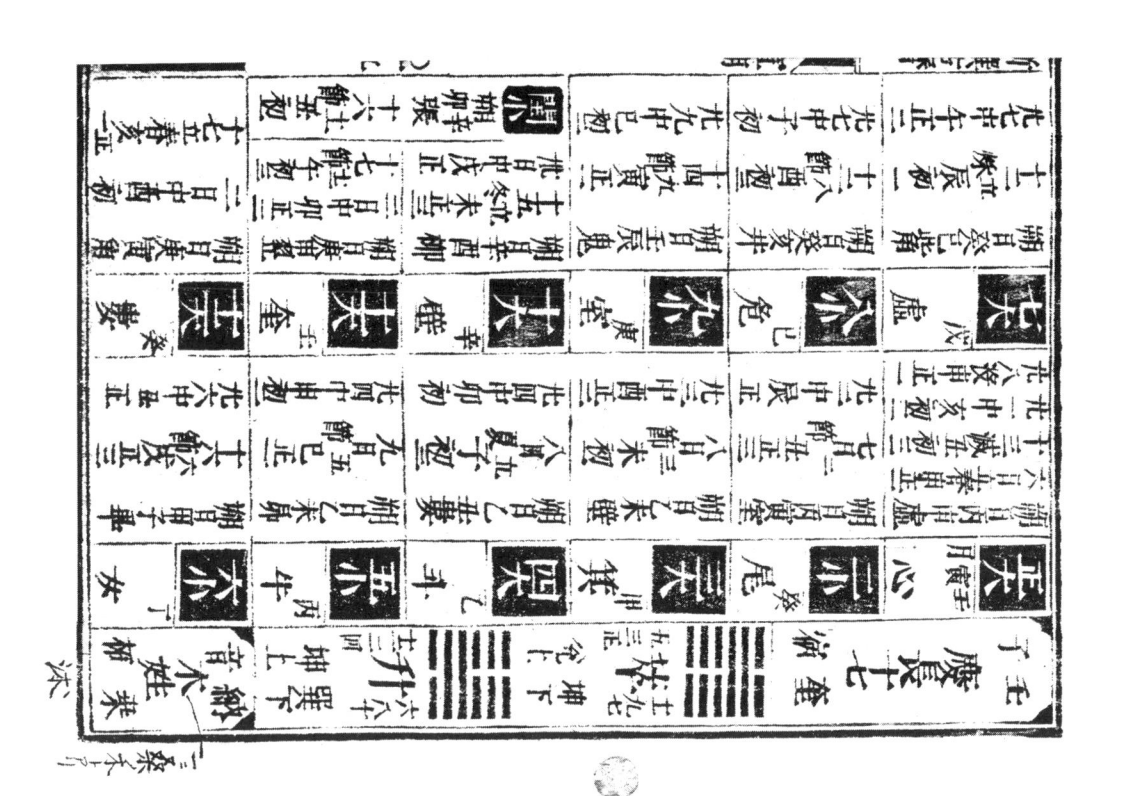

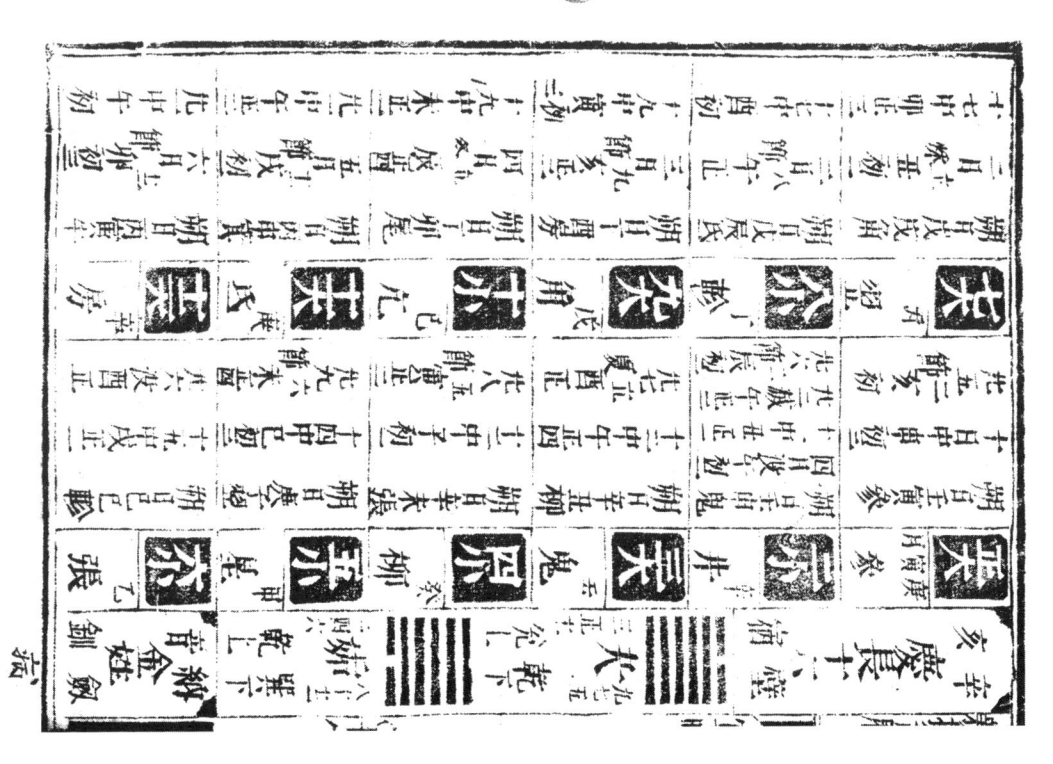

癸丑 慶長十八 婁宿	困 正十九 七五三 坎下 兌上	井 四六八 十十二 巽下 坎上	納音木 姓栄 柘官	
正大 甲寅 月胃	朔日庚申氐	二日中寅初二	六日滅午正四	十八節辰正三
二小 乙卯 昴	朔日庚寅心	三日中未正	十八三節戌初一	
三大 丙辰 畢	朔日己未尾	五日中子正三	九日立夏卯初三	
四小 丁巳 觜	朔日己丑斗	五日中午初	九日五節申正一	
五大 戊午 参	朔日戊午牛	六日中亥二初	廿二六節丑正三	
六小 己未 井	朔日戊子虚	七日中辰正	廿二立秋未初	
七大 庚申 鬼	朔日丁巳危	八日中酉正三	廿三八節子初三	
八小 辛酉 柳	朔日丁亥壁	九日中寅正四	廿四九節巳正一	
九大 壬戌 星	朔日丙辰奎	十日中申初三	廿五立冬戌正三	
十大 癸亥 張	朔日乙酉婁	十二中丑初三	廿七十節辰初	
十一小 甲子 翌	朔日乙卯昴	十二中午正一	廿七十一節酉初三	
十二大 乙丑 軫	朔日甲申畢	十三中亥正三	廿九立春寅正	

甲寅 慶長十九 胃宿	革 三正十一 九七五 離下 兌上	鼎 二四六 八十十二 巽下 離上	納音水 姓大溪	
正大 丙寅 月角	朔日甲寅参	十四中巳初一	廿九節未正三	廿日滅子正
二小 丁卯 亢	朔日甲申鬼	十四中戌初三	廿六没酉初三	
三大 戊辰 氐	朔日癸丑柳	同日三節丑初	十六中卯正二	
四小 己巳 房	朔日癸未張	同日立夏午初二	十六中申正三	
五大 庚午 心	朔日癸丑軫	同日五節亥正	十七中寅初三	
六大 辛未 尾	朔日壬午角	三日六節辰正三	十八中未初三	
七小 壬申 箕	朔日壬子氐	三日立秋戌初	十九中子正一	
八大 癸酉 斗	朔日辛巳房	五日八節卯初二	廿日中巳正三	
九小 甲戌 牛	朔日辛亥尾	五日九節申正	廿日中亥初一	
十大 乙亥 女	朔日庚辰箕	七日立冬丑正三	廿二中辰初三	
十一大 丙子 虚	朔日己酉斗	八日十一節未初	廿三中酉正一	
十二小 丁丑 危	朔日己卯女	八日十二節子初三	廿四中寅正三	

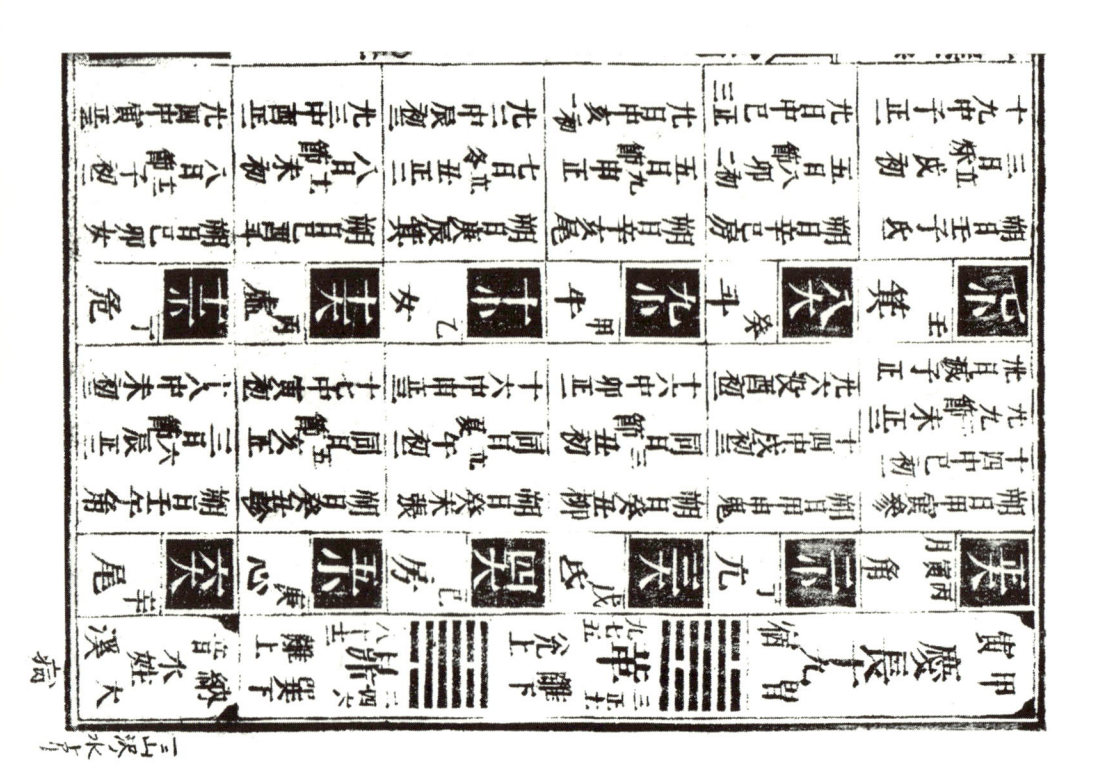

五月七日大坂落城

乙卯　元和元　七月十三日改元　宿　昴

震　五三正　十九七　震下　震上

艮　十二四　六八十　艮下　艮上

納音　水　姓　大溪

正大　戊寅月　室　朔日戊申虚　十日立春巳正　廿五中申初二

二小　己　壁　朔日戊寅室　十一月二節戊正三　廿日没亥正三　廿三滅午初　廿六中丑初三

三大　庚　奎　朔日丁未壁　十二節三辰初　廿七中午正一

四大　辛　婁　朔日丁丑婁　十二立春酉初二　廿七中亥正三

五小　壬　胃　朔日丁未昴　十三節五寅正　廿八中巳初

六大　癸　昴　朔日丙子畢　十四節六未正二　廿九中戌正三

閏小　朔丙午參　十九立秋子正四

七大　甲　畢　朔日乙亥井　同日中卯正　十六八節午初

八大　乙　觜　朔日乙巳柳　同日中申正三　十六九節亥初三

九小　丙　參　朔日乙亥張　三日中寅初　十七立冬辰正一

十大　丁　井　朔日甲辰翼　三日中未初二　十八十節酉正四

十一小　戊　鬼　朔日甲戌角　四日中子正　十九十二節卯初

十二大　己　柳　朔日癸卯亢　五日中巳正三　廿日立春申初三

三十一　山沢水[illegible]

丙辰　元和二　宿　畢

漸　七五三　正十九　艮下　巽上

歸妹　十三二　四六八　兌下　震上

納音　土　姓　沙中

正大　庚寅月　星　朔日壬申氐　六日中亥初　十五没寅初三　廿二節丑正一

二小　辛　張　朔日壬寅心　七日中辰初二　十六滅亥正三　廿二節午正三

三大　壬　翼　朔日辛未尾　八日中酉正　廿三立夏子初一

四小　癸　軫　朔日辛丑斗　九日中寅正　廿四節巳初三

五大　甲　角　朔日庚午牛　十日中申初　廿五六節戌正二

六大　乙　亢　朔日庚子虚　十一中丑初二　廿六立秋卯正三

七小　丙　氐　朔日庚午室　十二中午正　廿六八節酉初二

八大　丁　房　朔日己亥壁　十二中亥正二　廿八九節寅初三

九小　戊　心　朔日己巳婁　十三日中巳初　廿八立冬未正二

十大　己　尾　朔日戊戌胃　十四中戌初二　廿日十一節子正三

十一大　庚　箕　朔日戊辰畢　十五中卯正　廿日十二節午初一

十二小　辛　斗　朔日戊戌參　十五中申正三

墓

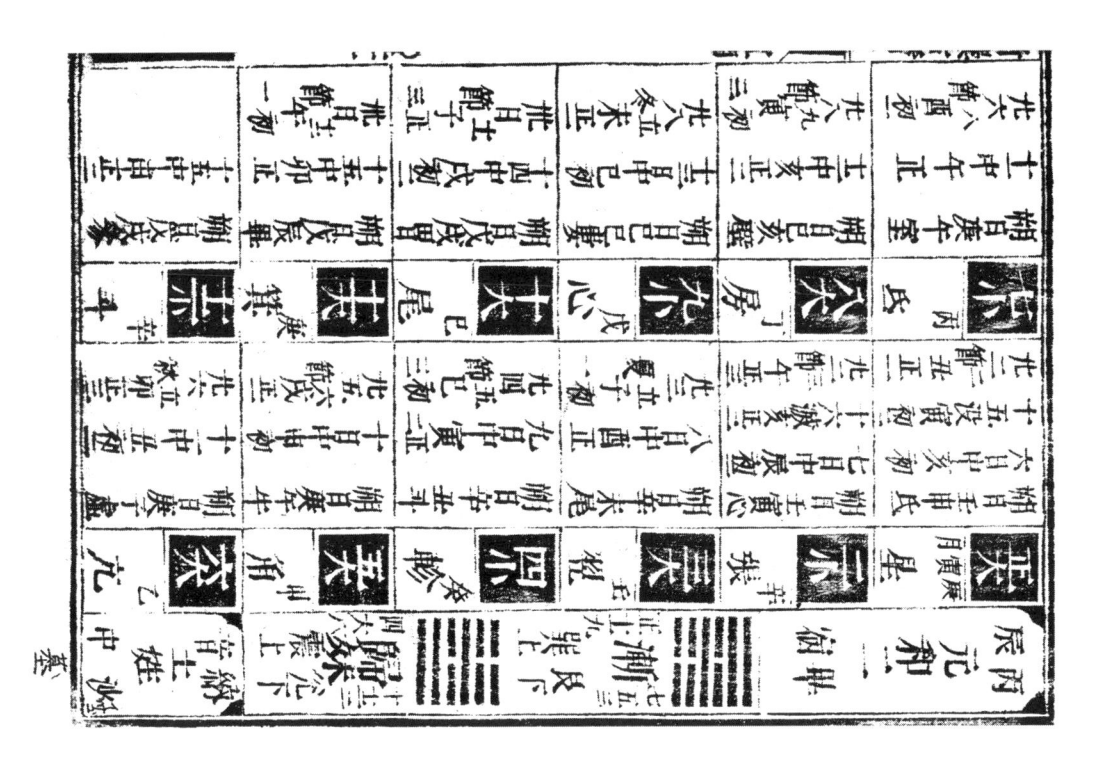

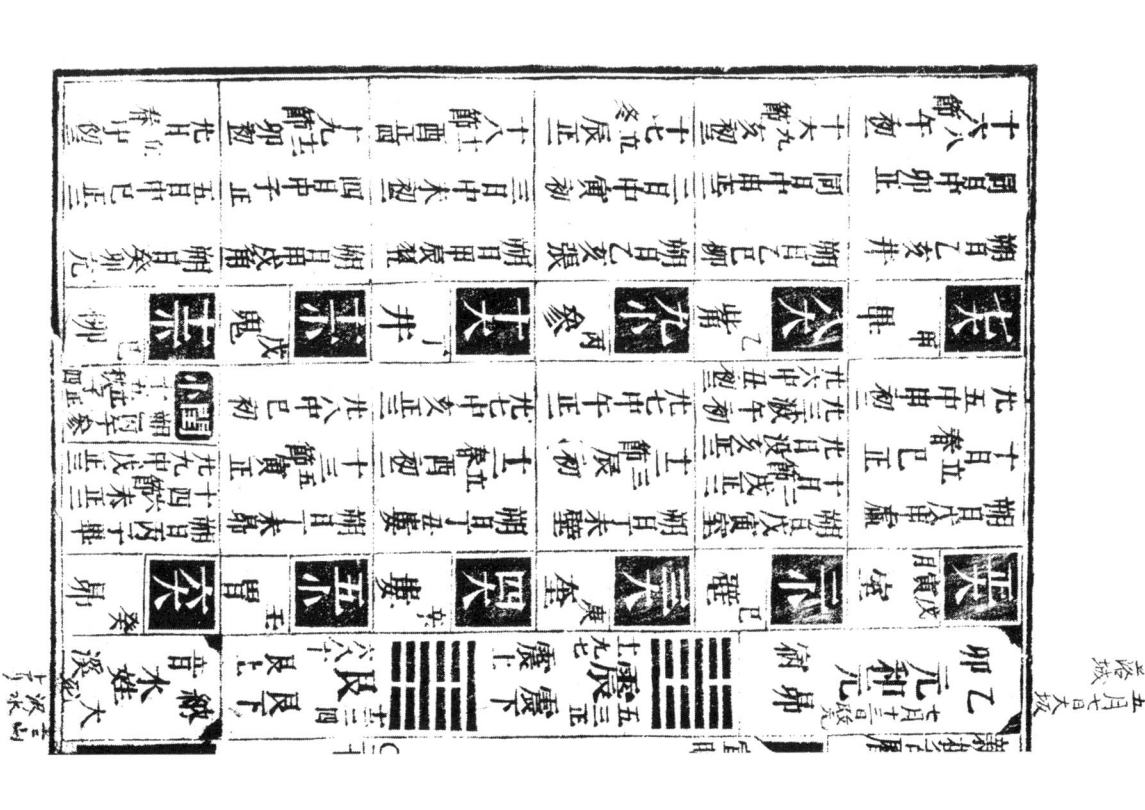

新撰… 宜用

丁巳 元和三 觜宿

豐 離下震上 九七五 三正十

旅 艮下離上 八十三 二四六

納音 土姓 沙中

正月大 壬寅月 牛
朔日丁卯井
同日立春亥初三
六日滅午初二
八日没辰正三
十七中寅初

二月小 癸 女
朔日丁酉柳
二日二節辰正一
十七中未初二

三月小 甲 虚
朔日丙寅星
三日三節酉正三
十九中子正

四月大 乙 危
朔日乙未張
五日立夏卯初一
廿日中巳正三

五月小 丙 室
朔日乙丑軫
五日五節申初三
廿日中戌正四

六月大 丁 壁
朔日甲午角
七日六節丑正
廿二中辰初一

七月小 戊 奎
朔日甲子氐
七日立秋午正二
廿二中酉初三

八月大 己 婁
朔日癸巳房
八日八節子初
廿四中寅正二

九月大 庚 胃
朔日癸亥尾
九日九節巳初三
廿四中未正四

十月小 辛 昴
朔日癸巳斗
九日立冬戌正
廿五中丑初一

十一月大 壬 畢
朔日壬戌牛
十一十一節卯正三
廿六中午初三

十二月大 癸 觜
朔日壬辰虚
十二十二節酉初
廿六中亥正一

絶

箒星出

戊午 元和四 參宿

巽 巽下巽上 十七九七 五三正

兌 兌下兌上 六八八 十二四

納音 火姓 天上 常

正月小 甲寅月 參
朔日壬戌室
同日没未初二
十二立春寅初二
廿七中辰正三
廿八滅亥正三

二月大 乙 井
朔日辛卯壁
十三二節未正
廿八中戌初

三月小 丙 鬼
朔日辛酉婁
十四三節子正三
廿九中卯初三

閏小 庚 朔寅胃
十五立夏午初

四月大 丁 柳
朔日己未昴
同日中申正一
十六五節亥初二

五月小 戊 星
朔日己丑觜
二日中丑正三
十七六節辰正

六月小 己 張
朔日戊午參
三日中未初二
十八立秋酉正三

七月大 庚 翼
朔日丁亥井
四日中子初三
廿日八節卯初

八月大 辛 軫
朔日丁巳柳
五日中巳正一
廿日九節申初二

九月小 壬 角
朔日丁亥張
五日中戌正四
廿一立冬丑正

十月大 癸 亢
朔日丙辰翼
七日中辰初一
廿二十一節午正三

十一月大 甲 氐
朔日丙戌角
七日中酉初三
廿二十二節子初

十二月大 乙 房
朔日丙辰氐
八日中寅正一
廿二立春巳初二

新撰… 宜用

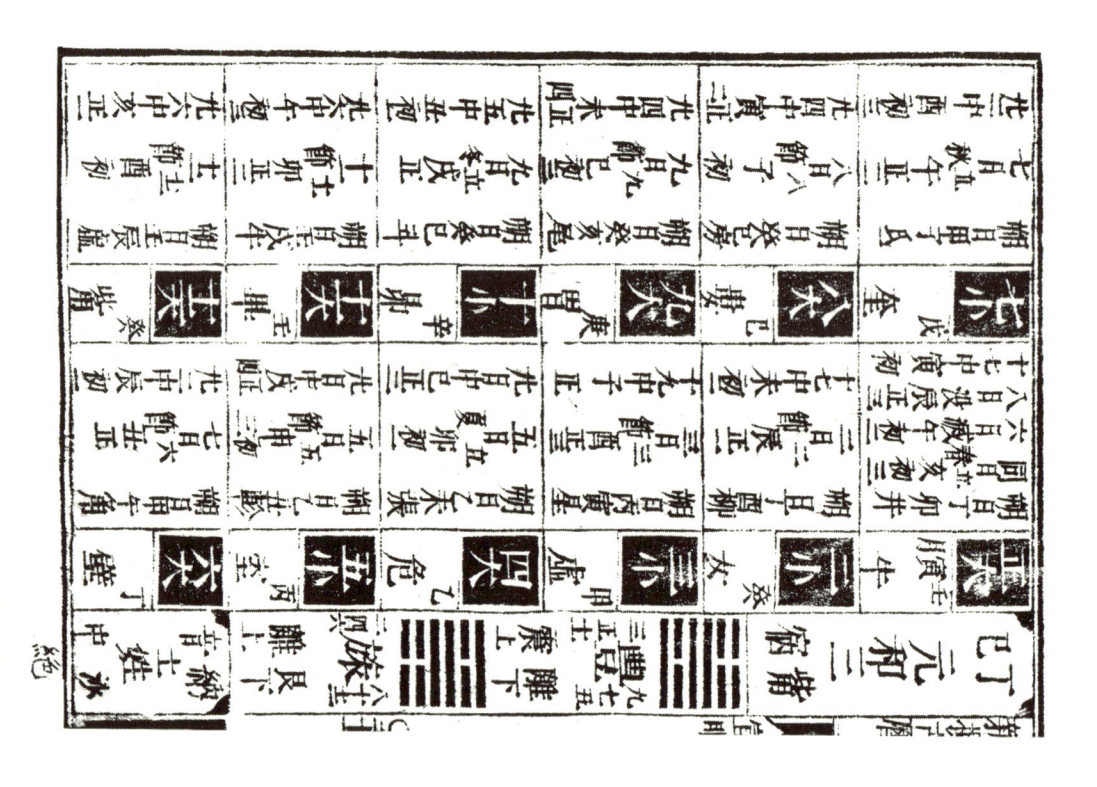

是日リ冬至ニ牛角ノ如ク九白気東ニ出

己未 元和五 井宿

渙 正十九 七五三 坎下 巽上

節 四六八 十十二 兌下 坎上

納音 火 姓 天上

正小 丙 寅月 心 朔日丙戌心 八日中未正三 十二滅巳初三 廿三節戌正

二大 丁 尾 朔日乙卯尾 六日没巳初三 十日中丑初 廿五節卯正三

三小 戊 箕 朔日乙酉斗 十日中午初三 廿五節申正四

四小 己 斗 朔日甲寅牛 十一中亥正一 廿七節寅初一

五小 庚 牛 朔日癸未女 十三中辰正三 廿八節未正

六大 辛 女 朔日壬子虚 十四中戌初 廿日秋子正三

七大 壬 虚 朔日壬午室 十五中卯初二

八大 癸 危 朔日辛亥壁 十六中申正 同月八節巳正四

九小 甲 室 朔日辛巳婁 十七中丑正三 同月九節亥初

十大 乙 壁 朔日庚戌胃 十八中未初 三日冬辰初三

十一大 丙 奎 朔日庚辰畢 十八中子初三 三日節酉正一

十二大 丁 婁 朔日庚戌參 十九中巳正一 四日節寅正三

表

蘇原猩窟先生卒

庚申 元和六 鬼宿

中孚 正十一 九七五 兌下 巽上

小過 二四六 八十十二 艮下 震上

納音 水 姓 柘榴

正小 戊 寅月 胃 朔日庚辰鬼 四日春申初 十九中戌正二 廿九没未正四

二大 己 昴 朔日己酉柳 六日節丑初三 廿六滅亥初 廿一中辰初

三大 庚 畢 朔日己卯張 六日節午正二 廿一中酉初二

四小 辛 觜 朔日己酉軫 六日夏亥正三 廿二中寅正

五大 壬 參 朔日戊寅角 八日節巳初一 廿三中未正二

六小 癸 井 朔日丁未亢 九日節戌初三 廿五中丑初

七小 甲 鬼 朔日丁丑房 十日秋卯正一 廿五中午初二

八大 乙 柳 朔日丙午心 十一節申正三 廿六中亥正

九大 丙 星 朔日乙亥尾 十三節寅初一 廿八中辰正三

十小 丁 張 朔日乙巳斗 十三冬未初三 廿八中戌初

十一大 戊 翼 朔日甲戌牛 十五節子正二 廿日中卯初三

十二小 己 軫 朔日甲辰虚 十五節巳正三 廿日中申正

閏大 朔日甲戌室 十五春亥初一

絶

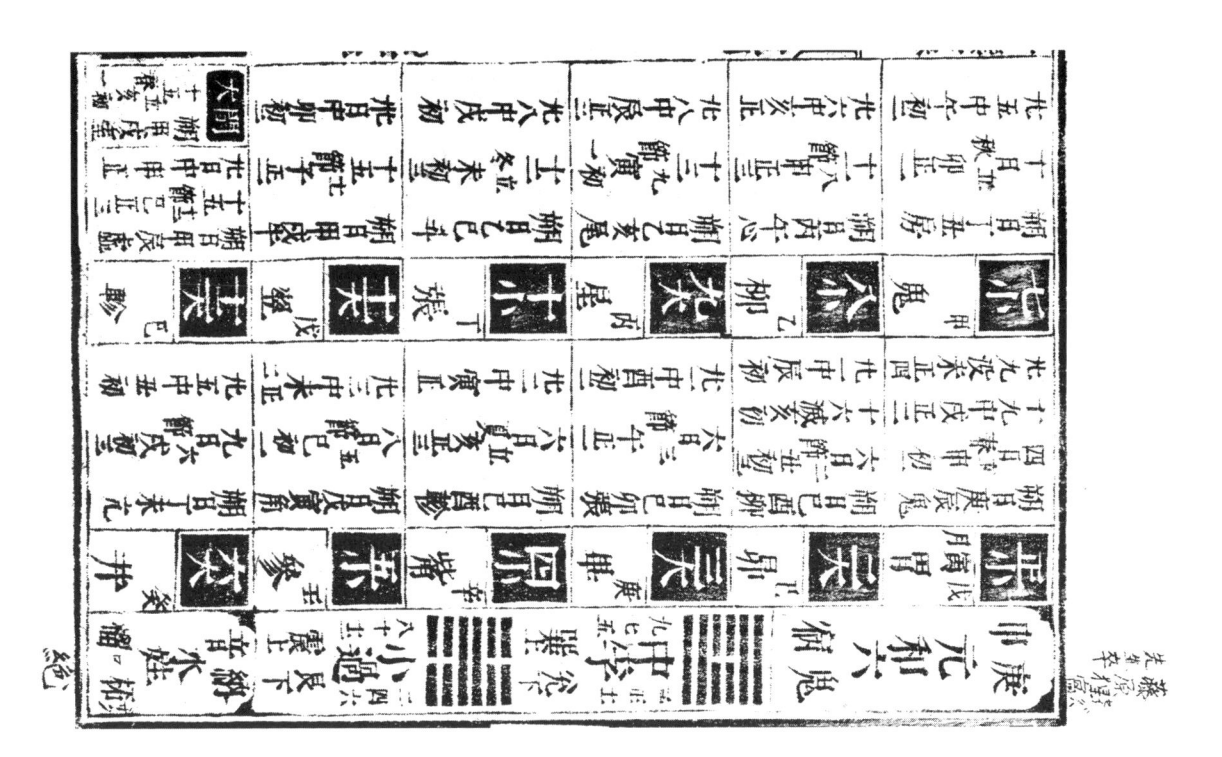

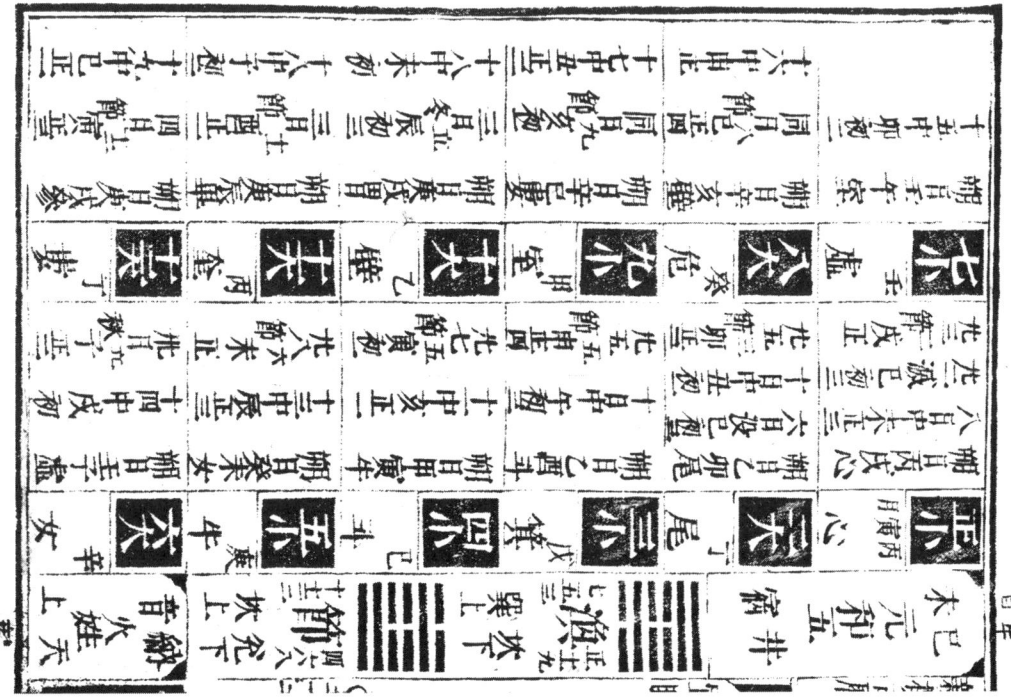

辛酉 元和七 柳宿

既濟 離下坎上 五三正 十九七

未濟 坎下離上 十二四 六八十

納音 木姓 柘榴

正月小 寅 庚 角	朔日甲辰奎	同日中丑正三		十六二節辰初三
二大 辛 亢	朔日癸酉婁	二日中午正四	十日滅辰正一	十七三節酉正一
三小 壬 氐	朔日癸卯昴	三日中子初二	四日没午初一	十八立夏寅正三
四大 癸 房	朔日壬申畢	四日中巳正		十九五節申初
五小 甲 心	朔日壬寅參	四日中戌正二		廿日六節丑初三
六大 乙 尾	朔日辛未井	六日中卯正四		廿一立秋午正一
七小 丙 箕	朔日辛丑柳	六日中酉初一		廿一八節亥正三
八小 丁 斗	朔日庚午星	八日中寅初三		廿三九節巳初
九大 戊 牛	朔日己亥張	九日中未正三		廿四立冬戌初
十小 己 女	朔日己巳軫	十日中子正三		同十一節卯正
十一大 庚 虛	朔日戊戌角	十一中午初一		廿六十二節申正三
十二大 辛 危	朔日戊辰氐	十一中亥初三		廿七立春寅初

胎

壬戌 元和八 星宿

乾 乾下乾上 三正上 九七五

坤 坤下坤上 二四六 八十士

納音 水姓 大海

正月小 寅 壬 室	朔日戊戌心	十二中辰正一		廿七三節未初三
二大 癸 壁	朔日丁卯尾	十三中酉正三	廿八没中正一	廿九三節子正
三大 甲 奎	朔日丁酉斗	二日滅戌初二	十四中卯初三	廿九立夏巳正三
四小 乙 婁	朔日丁卯女	十四中申初三		廿九五節亥初
五大 丙 胃	朔日丙申虛	十六中丑正一		
六小 丁 昴	朔日丙寅室	同日六節辰初三		十六中午正三
七大 戊 畢	朔日乙未壁	二日立秋酉正		十七中子初一
八小 己 觜	朔日乙丑婁	三日八節寅正二		十八中巳初三
九小 庚 參	朔日甲午胃	四日九節申初		十九中戌正一
十大 辛 井	朔日癸亥昴	六日立冬丑初二		廿一中卯正三
十一小 壬 鬼	朔日癸巳觜	六日十一節午正		廿一中酉初一
十二大 癸 柳	朔日壬戌參	七日十二節亥正二		廿三中寅初三

官

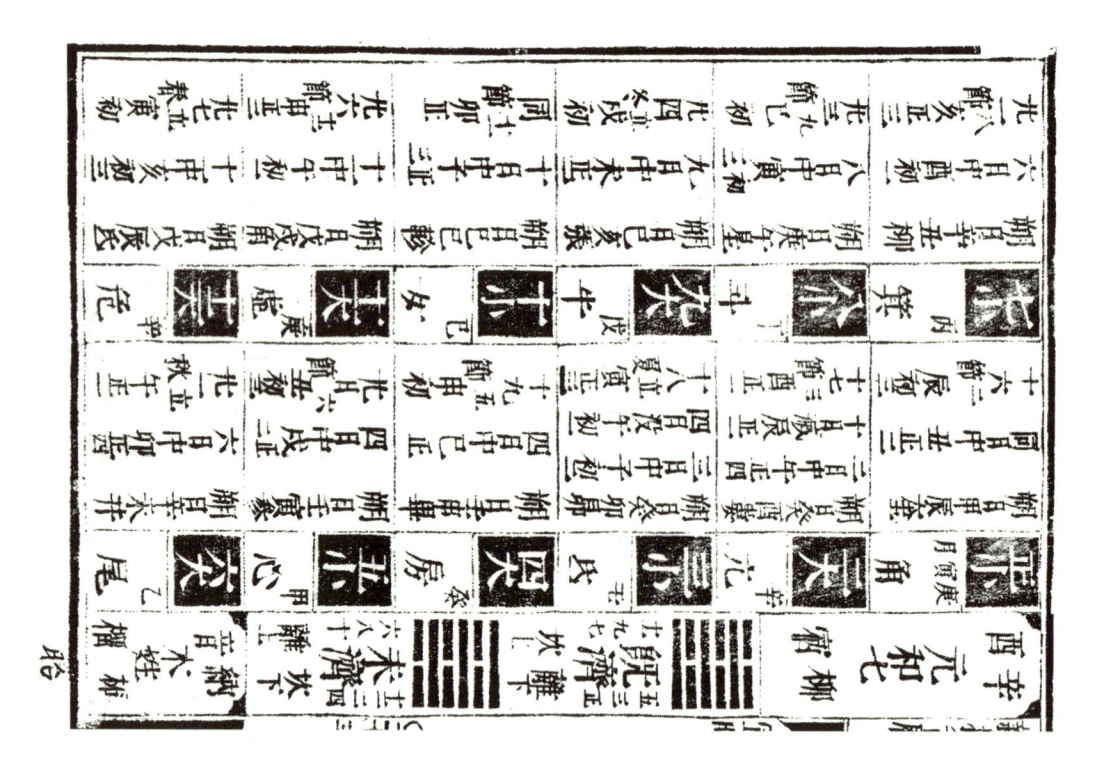

癸亥　元和九　張宿

屯　五三正　十二九七　震下坎上
蒙　十三四　六八十　坎下艮上

納音　大海水姓

月	朔			
正小 甲寅月 星	朔日壬辰鬼	八日立春巳初	廿三滅辰正三	同日中未正一
二大 乙 張	朔日辛酉柳	九日節二戌初二	廿二没亥初	廿五中子正三
三大 丙 翌	朔日辛卯張	十日節三卯正	廿五中午初	
四小 丁 軫	朔日辛酉軫	十日立夏申正一	廿五中亥初三	
五大 戊 角	朔日庚寅角	十二節五丑正四	廿七中辰正一	
六大 己 亢	朔日庚申氐	十二節六未初二	廿七中酉正三	
七小 庚 氐	朔日庚寅心	十二立秋子初三	廿八中卯初	
八大 辛 房	朔日己未尾	十四節八巳正一	廿九中申初三	
閏小	朔日己丑斗	十四節九戌正三		
九小 壬 心	朔日戊午牛	同日中丑正一	十六立冬辰初三	
十大 癸 尾	朔日丁亥女	二日中午正三	十七節十一酉初三	
十一小 甲 箕	朔日丁巳危	三日中子初	十八節十二寅正三	
十二大 乙 斗	朔日丙戌壁	四日中巳初三	十九立春未正三	

二月廿日改元

甲子　寛永元　翌宿

需　七五三　廿十一九　乾下坎上
訟　十十一二　四六八　坎下乾上

納音　海中金姓

月	朔				
正小 丙寅月 牛	朔日丙辰奎	四日中戌正	十六没丑正一	同日滅戌初三	廿日節二丑初一
二大 丁 女	朔日乙酉婁	六日中卯正三	廿一節三午初三		
三小 戊 虚	朔日乙卯昴	六日中酉初	廿一立夏亥正一		
四大 己 危	朔日甲申畢	八日中寅初二	廿三節五辰正三		
五大 庚 室	朔日甲寅参	八日中未正	廿三節六戌初一		
六小 辛 壁	朔日甲申鬼	九日中子正三	廿四立秋卯初三		
七大 壬 奎	朔日癸丑柳	十日中午初	廿五節八申正一		
八小 癸 婁	朔日癸未張	十日中亥初二	廿六節九丑正三		
九大 甲 胃	朔日壬子翌	十二中辰正	廿七立冬未初三		
十大 乙 昴	朔日壬午角	十二中酉正三	廿七節十一子正三		
十一小 丙 畢	朔日壬子氐	十三中卯初	廿八節十二巳正一		
十二小 丁 觜	朔日辛巳房	十四中申初二	廿九立春戌正三		

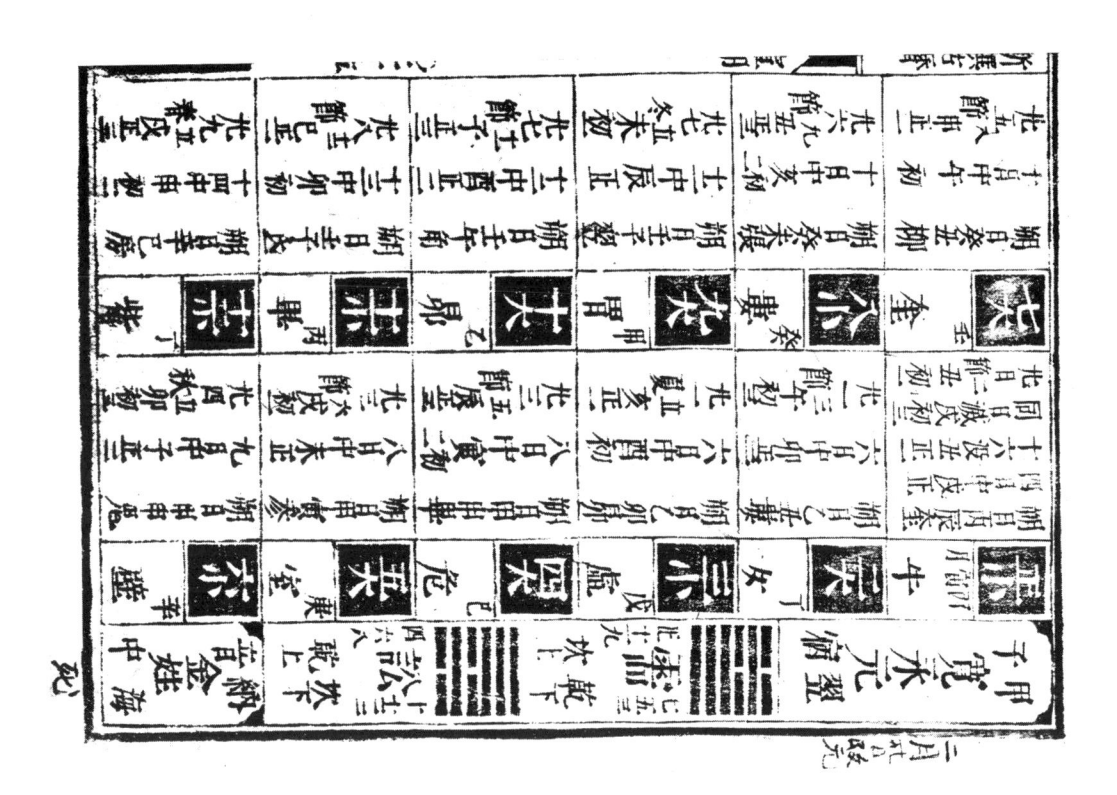

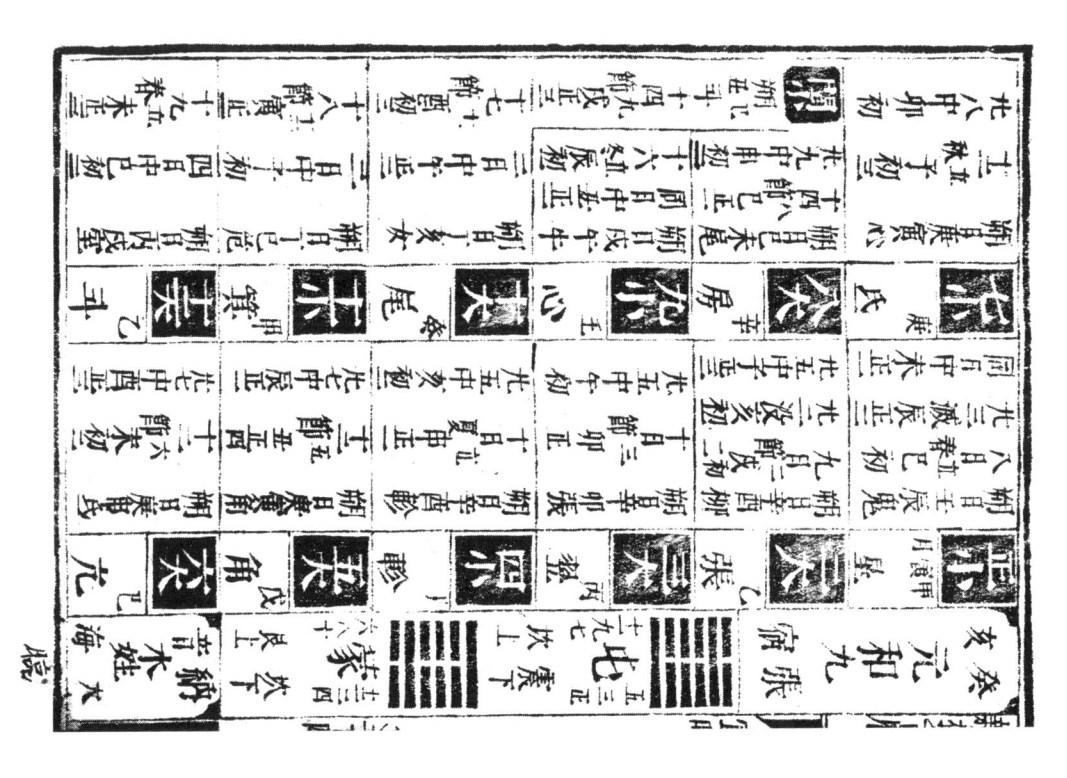

奥外山鳴動

乙丑 寛永二 軫宿

䷆ 師 九七五 坎下 坤上 三正土
䷇ 比 八十土 坤下 坎上 二四六

納音 海中金 姓

正大 戊寅月 参 朔日庚戌心 十日没辰初 十六中丑正
二小 己 井 朔日庚辰箕六 同日節辰初二 十月滅卯四正 十六中午正三
三大 庚 鬼 朔日己酉斗 二月三節酉三初 十七中亥正四 廿四没亥四正
四小 辛 柳 朔日己卯女 三月五夏寅正一 十八中巳初二
五小 壬 星 朔日戊申虚 四月五節未正三 十九中戌初三
六小 癸 張 朔日戊寅室 五月六節丑初 廿日中卯正一
七大 甲 觜 朔日丁未壁 六月五秋午初二 廿一中申正四
八小 乙 軫 朔日丁丑婁 六月八節亥正一 廿二中寅初
九小 丙 角 朔日丁未昴 七月九節辰正三 廿二中未初三
十大 丁 亢 朔日丙子畢 八月五冬戌初 廿四中子正一
十一大 戊 氐 朔日丙午参 九月十節卯初二 廿四中巳正三
十二小 己 房 朔日丙子鬼 九月十二節申正 廿四中亥一初

墓

四月朔日八月 三乎早

丙寅 寛永三 角宿

䷈ 小畜 九七 乾下 巽上 五三正
䷉ 履 六八十 兌下 乾上 十二四

納音 爐中火 姓

正大 庚寅月 心 朔日乙巳柳 三月没午正 十一五春丑正二 廿六中辰初三
二小 辛 尾 朔日乙亥張 十一節未初 廿六中酉一正
三小 壬 箕 朔日甲辰翼 三日滅酉正 十二三節子初二 廿八中寅正三
四大 癸 斗 朔日癸酉軫 十四夏巳正 廿九中申初二
閏 朔癸卯 亢 十四五節戌正三
五小 甲 牛 朔日壬申氐 同日中丑初三 十六六節辰初
六小 乙 女 朔日辛丑房 二日中午正二 十七五秋酉初
七大 丙 虚 朔日辛未尾 二日中亥正三 十八八節寅正
八小 丁 危 朔日辛丑斗 三日中巳初一 十八九節未初二
九大 戊 室 朔日庚午牛 四日中戌初三 廿日五冬丑初
十大 己 壁 朔日庚子虚 五日中卯正一 廿日十節午初二
十一大 庚 奎 朔日庚午室 五日中申正三 廿日十二節亥正
十二小 辛 婁 朔日庚子奎 六日中寅初一 廿一月五春辰正三

長

一説灯籠 夭ヒス

八月大地震

丁卯 寛永四 亢宿

泰 正十九 乾下 坤上 七五三

否 四六八 坤下 乾上 十十三

納音火 姓 爐中

月	朔	中・節		
正大 壬 寅月 胃	朔日己巳婁	七日中未初三	廿二節酉正四	
二小 癸 昴	朔日己亥昴	七日没辰正三	八日中子正一	廿三節卯初三 / 廿六滅卯初一
三小 甲 畢	朔日戊辰畢	九日中巳正三	廿四立夏申初四	
四大 乙 觜	朔日丁酉觜	十日中亥初一	廿六節五丑正三	
五小 丙 参	朔日丁卯井	十一中辰初三	廿六節六午正四	
六小 丁 井	朔日丙申鬼	十二中酉正	廿七立秋子初一	
七大 戊 鬼	朔日乙丑柳	十四中寅正三	廿九節八巳初三	
八小 己 柳	朔日乙未張	十四中申初	廿九節九戌正一	
九大 庚 星	朔日甲子翼	十六中丑初二		
十大 辛 張	朔日甲午角	同日立冬卯正三	十六中午正	
十一大 壬 翌	朔日甲子氐	同日節十一酉初	十六中亥正三	
十二小 癸 軫	朔日甲午心	二日節十二寅初三	十七中巳初	

沐 一談 灯火

戊辰 寛永五 氐宿

同人 三正十九 離下 乾上 九七五

大有 二四六大 乾下 離上 八十十二

納音木 姓 大林

月	朔	中・節		
正大 甲 寅月 角	朔日癸亥尾	三日立春未正一	十六滅酉正二	十八中戌初二
二大 乙 亢	朔日癸巳斗	同日没未初	四日節二子正三	十九中卯正
三小 丙 氐	朔日癸亥女	四日節三午初一	十九中申正三	
四大 丁 房	朔日壬辰虚	五日立夏亥初三	廿一中寅初	
五大 戊 心	朔日辛酉危	七日節五辰正二	廿四滅未正	
六小 己 尾	朔日辛卯壁	七日節六酉正三	廿三中子正一	
七小 庚 箕	朔日庚申箕	九日立秋卯初一	廿四中巳正二	
八大 辛 斗	朔日己丑婁	十日節八申初三	廿五中亥初	
九小 壬 牛	朔日己未卯	十一節九丑正一	廿六中辰初三	
十大 癸 女	朔日戊子畢	十二立冬午正三	廿七中酉正	
十一大 甲 虚	朔日戊午参	十二節十一子初一	廿八中寅正三	
十二小 乙 危	朔日戊子鬼	十三節十二巳初三	廿八中未正四	

裁

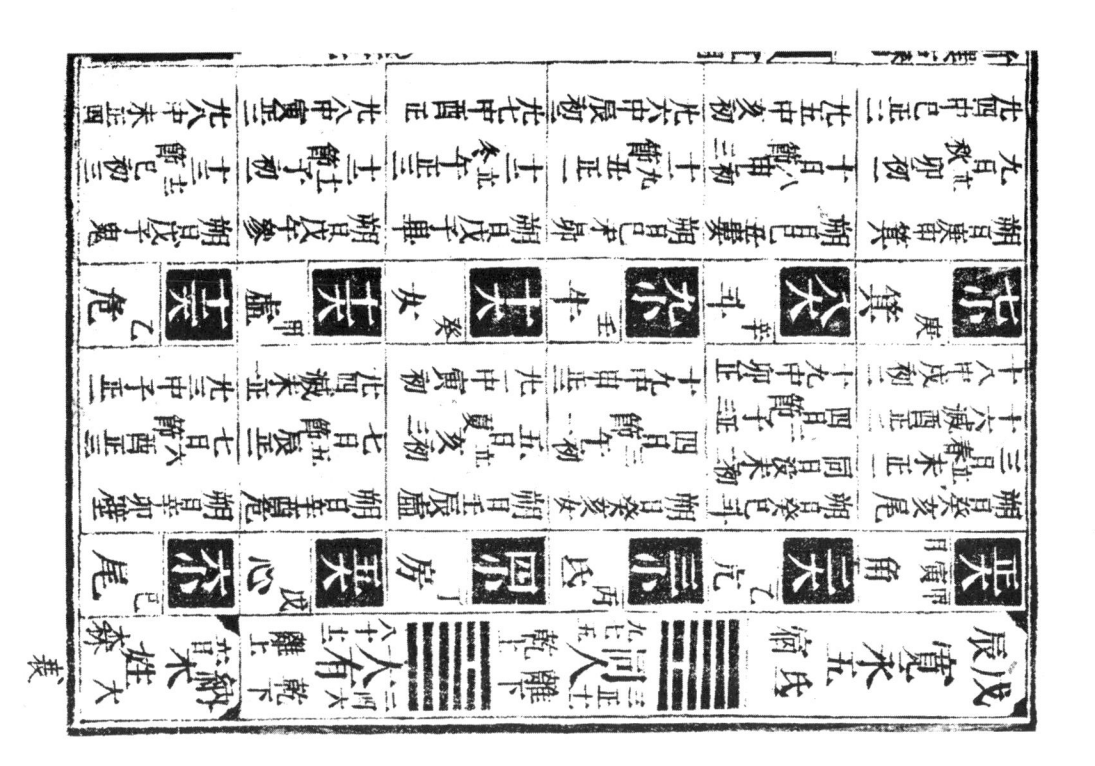

己巳 寛永六 房宿

謙 五三正 六九七 艮下坤上

豫 十二四 六八十 坤下震上

納音 木 姓 大森

正小 丙寅月 室	朔日戊午星	十三立春戊正一	十四没酉正三	廿九中丑初一
二大 丁 壁	朔日丁亥張	十日滅卯初二	十五二節卯正三	廿日中午正
閏小	朔丁巳軫	十五三節酉初		
三大 戊 奎	朔日丙戌角	同日中亥正二	十七立夏寅初二	
四小 己 婁	朔日丙辰氐	二日中辰正四	十七五節未正一	
五大 庚 胃	朔日乙酉房	三日中戌初四	十九六節子正三	
六小 辛 昴	朔日乙卯尾	四日中卯初三	十九立秋午初	
七小 壬 畢	朔日甲申箕	五日中申正一	廿日八節亥初二	
八大 癸 觜	朔日癸丑斗	七日中丑正三	廿二九節辰正	
九小 甲 參	朔日癸未女	七日中未初二	廿二立冬酉正二	
十大 乙 井	朔日壬子虚	八日中子初三	廿四十一節卯初	
十一大 丙 鬼	朔日壬午室	九日中巳正二	廿四十二節申初三	
十二小 丁 柳	朔日壬子奎	九日中戌正三	廿五立春丑正	

病

庚午 寛永七 心宿

隨 七五三 正十二九 震下兌上

蠱 十十二 四六八 巽下艮上

納音 土 姓 路傍

正大 戊寅月 星	朔日辛巳婁	十一中辰初一	廿六二節午正三		
二大 己 張	朔日辛亥昴	三日滅申正三	十一中酉初三	廿六三節子初	廿九没未正三
三小 庚 翼	朔日辛巳觜	十二中未正	廿七立夏巳初三		
四大 辛 軫	朔日庚戌參	十三中未正三	廿八五節戌正		
五小 壬 角	朔日庚辰鬼	十四中丑初二	廿九六節卯正三		
六大 癸 亢	朔日己酉柳	十五中午初二	卅日立秋酉初		
七小 甲 氐	朔日己卯張	十五中亥正一			
八小 乙 房	朔日戊申翼	二日八節寅初二	十七中辰正三		
九大 丙 心	朔日丁丑軫	三日九節未正	十八中戌初二		
十小 丁 尾	朔日丁未亢	四日立冬子正三	十九中卯初三		
十一大 戊 箕	朔日丙子氐	五日十一節巳正四	廿日中申正一		
十二小 己 斗	朔日丙午心	五日十二節亥初二	廿一中丑正三		

胎

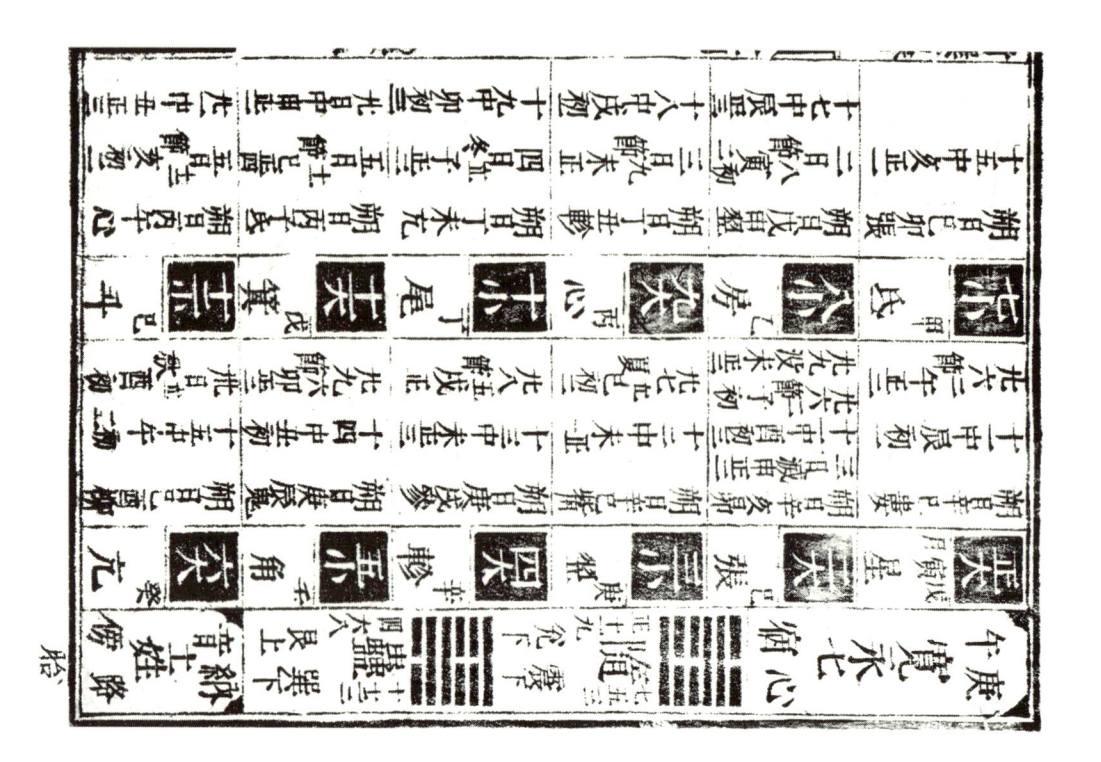

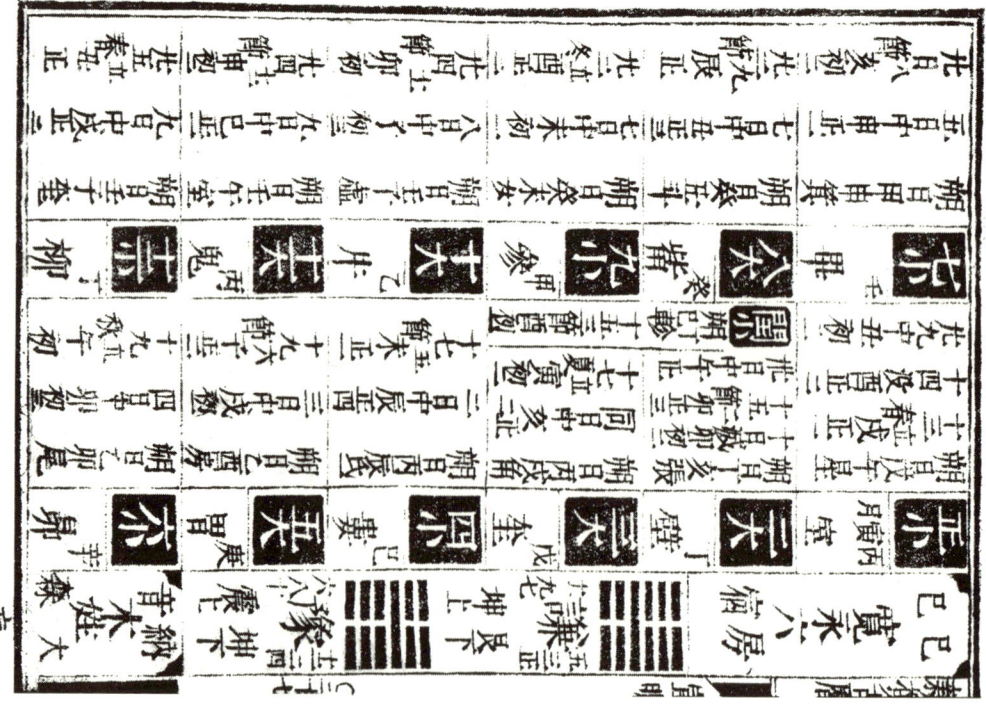

諸国耳露
降

辛未 寛永八 尾宿

臨 兌下坤上　九七五 三正十二

觀 坤下巽上　八十十二 二四六

納音 土姓 路傍

- 正大 庚寅月 牛　朔日乙亥尾　七日立春辰正　廿二中未初一
- 二大 辛 女　朔日乙巳斗　七日節酉正三　廿二中子初二　廿三没戌初三　廿七滅寅正
- 三大 壬 虚　朔日乙亥女　八日節寅正四　廿三中巳正一
- 四小 癸 危　朔日乙巳危　八日立夏申初一　廿三中戌正三
- 五大 甲 室　朔日甲戌室　十日節丑初三　廿五中辰初
- 六小 乙 壁　朔日甲辰奎　十日節午正一　廿五中酉初二
- 七大 丙 奎　朔日癸酉婁　十一立秋亥正三　廿七中寅正
- 八小 丁 婁　朔日癸卯昴　十二節巳初一　廿七中未正三
- 九小 戊 胃　朔日壬申畢　十三節戌初三　廿九中丑初
- 十大 己 昴　朔日辛丑觜　十五立冬卯正一　晦日中午初
- 閏小　朔辛未井　十五節申正三
- 十一大 庚 畢　朔日庚子鬼　閏日中亥正三　十七節寅初二
- 十二大 辛 觜　朔日庚午星　二日中辰正三　十七立春未初三

養

壬申 寛永九 箕宿

噬嗑 震下離上　十九七 五三正

賁 離下艮上　六八十 十二四

納音 金姓 劔鋒

- 正大 壬寅月 參　朔日己亥張　三日中亥初　十八没子正二　十九節子正一
- 二大 癸 井　朔日己巳軫　四日中卯初二　十九節巳正三　廿日滅申初
- 三小 甲 鬼　朔日己亥亢　四日中申正　十九立夏亥初二
- 四大 乙 柳　朔日戊辰氐　六日中丑正三　廿一節辰初三
- 五小 丙 星　朔日戊戌心　六日中未初　廿一節酉正二
- 六大 丁 張　朔日丁卯尾　七日中子初二　廿三立秋寅正三
- 七小 戊 翼　朔日丁酉斗　八日中巳正　廿三節申初一
- 八大 己 軫　朔日丙寅牛　九日中戌正三　廿五節丑初三
- 九小 庚 角　朔日丙申虚　十日中辰初　廿五立冬午正二
- 十大 辛 亢　朔日乙丑危　十一中酉初二　廿六節亥正三
- 十一小 壬 氐　朔日乙未壁　十二中寅正　廿七節巳初二
- 十二大 癸 房　朔日甲子奎　十三中未正二　廿八立春戌初二

一三 銅人 全アリ

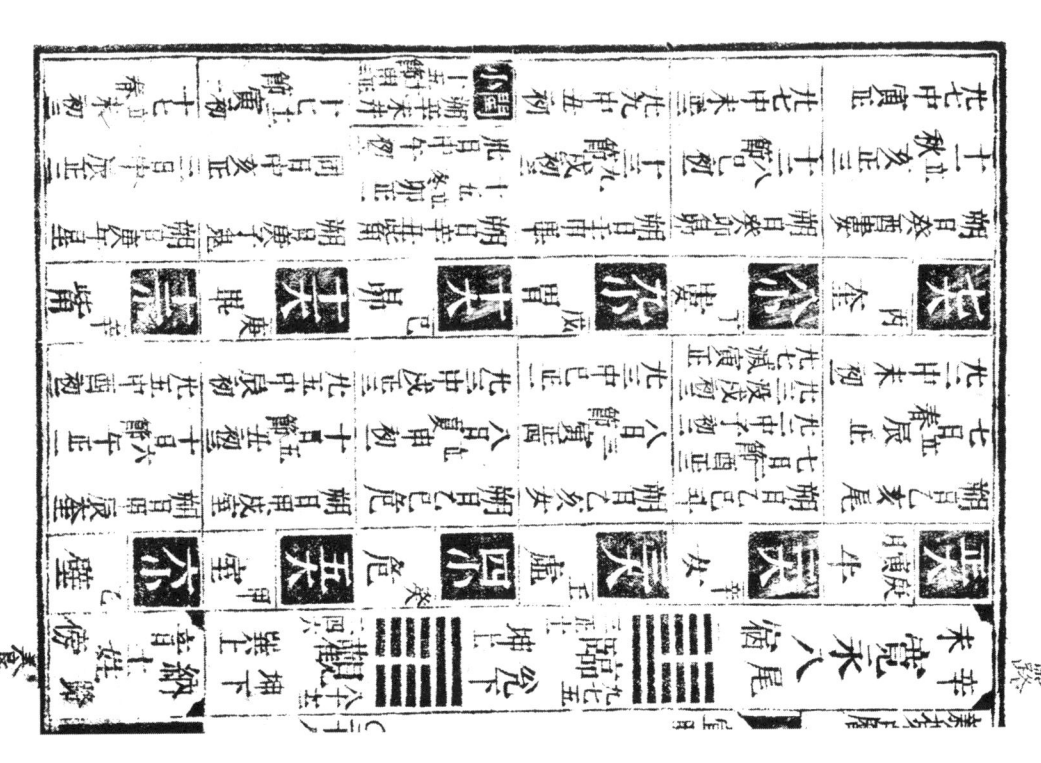

小田原大地震

癸酉 寛永十 斗宿

剥 正十九 七五三 坤下艮上

復 四六八 十十二 震下坤上

納音金姓 剱鋒

月	干	宿	朔				
正小	甲寅月	心	朔日甲午胃	十日滅寅正四	十一没卯初三	十四中子正四	廿九二節卯正一
二大	乙	尾	朔日癸亥昴	十五中午初二	廿日三節申正三		
三小	丙	箕	朔日癸巳觜	十五中亥初三			
四大	丁	斗	朔日壬戌参	二日立夏寅初	十七中辰正一		
五小	戊	牛	朔日壬辰鬼	二日五節未初三	十七中酉正四		
六大	己	女	朔日辛酉柳	四日六節子正	十九中卯初一		
七大	庚	虚	朔日辛卯張	四日立秋巳正二	十九中申初三		
八小	辛	危	朔日辛酉軫	四日八節亥初	廿日中丑正一		
九大	壬	室	朔日庚寅角	六日九節辰初二	廿一中午正三		
十小	癸	壁	朔日庚申氐	六日立冬酉正	廿一中子初一		
十一大	甲	奎	朔日己丑房	八日十一節寅正二	廿三中巳初三		
十二小	乙	婁	朔日己未尾	八日十二節申初	廿三中戌正一		

甲戌 寛永十一 牛宿

无妄 三正十一 九七五 震下乾上

大畜 二四六 八十十二 乾下艮上

納音火姓 山頭

月	干	宿	朔			
正大	丙寅月	胃	朔日戊子箕	五日没巳正三	十日立春丑初二	廿五中卯正三
二小	丁	昴	朔日戊午牛	三日滅申初三	十日二節午正	廿五中酉初二
三大	戊	畢	朔日丁亥女	十二三節亥正三	廿七中寅初三	
四小	己	觜	朔日丁巳危	十二立夏巳初	廿七中未正一	
五大	庚	参	朔日丙戌室	十三五節戌初二	廿九中子正三	
六小	辛	井	朔日丙辰奎	十四六節卯正	廿九中午初一	
七大	壬	鬼	朔日乙酉婁	十五立秋申正二	卅日中亥初三	
閏小			朔乙卯昴	十六八節寅初		
八大	癸	柳	朔日甲申畢	二日中辰正一	十七九節未初三	
九大	甲	星	朔日甲寅参	二日中酉正三	十七立冬子正	
十小	乙	張	朔日甲申鬼	三日中卯初三	十八十一節巳正三	
十一大	丙	翌	朔日癸丑柳	四日中申初三	十九十二節戌正四	
十二大	丁	軫	朔日癸未張	五日中丑正	廿日立春辰初三	

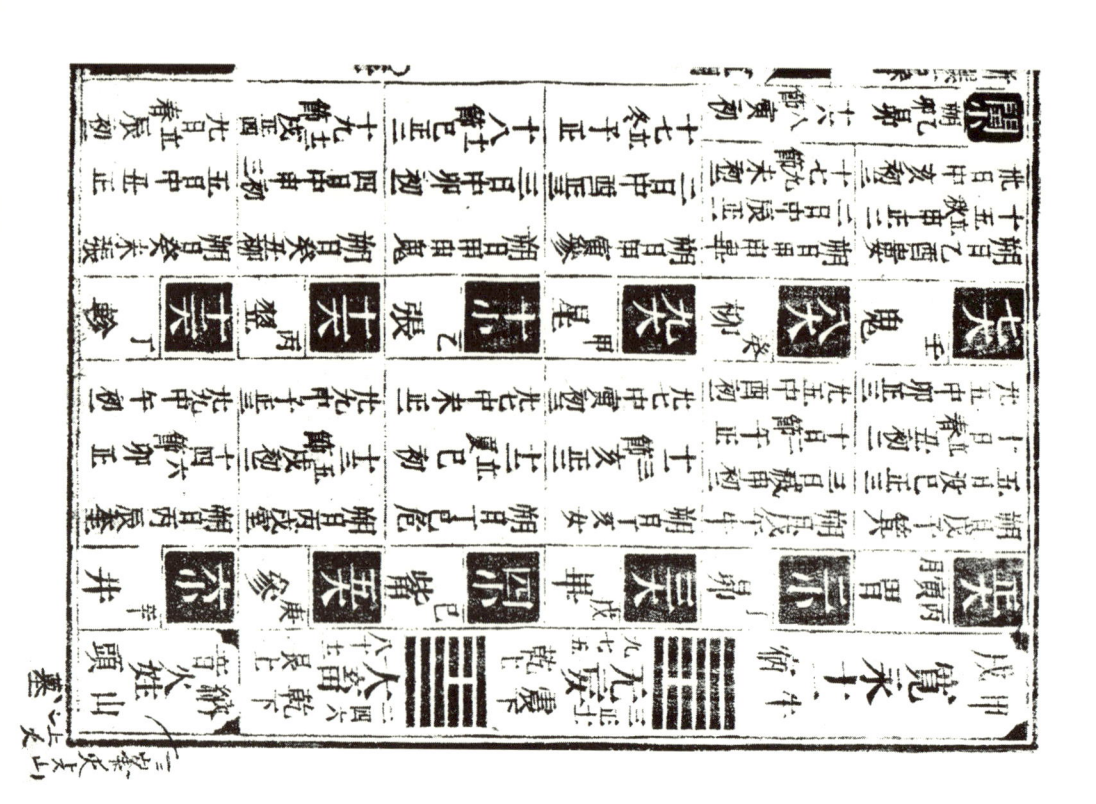

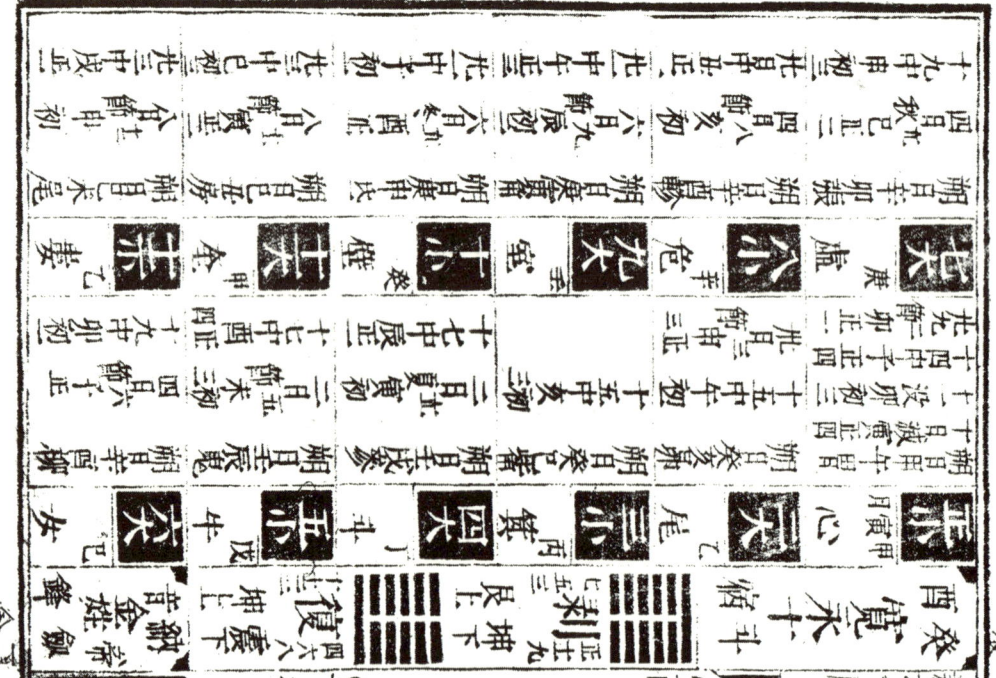

朝鮮人来朝

丙子 寛永十三 虚宿

習坎 七五三 正廿九 坎下 坎上

離 十七二 四六八 離下 離上

納音 水 姓 潤

正大 庚寅 室　朔日丁未昴　同日立春未初二　十六中酉正三

二小 辛 壁　朔日丁丑觜　同日二節子初三　二日没午正　十七中卯初　十九滅未初三

三大 壬 奎　朔日丙午参　三日節巳正二　十八中申初二

四大 癸 婁　朔日乙亥井　四日立夏戌正三　廿日中寅正

五小 甲 胃　朔日乙巳柳　五日節辰初　廿日中午正三

六大 乙 昴　朔日甲戌星　六日節酉初二　廿一中子初

七大 丙 畢　朔日癸卯張　八日立秋寅正二　廿三中巳初二

八小 丁 觜　朔日癸酉軫　八日節未正三　廿三中戌正

九大 戊 参　朔日壬寅角　十日節丑初二　廿五中卯正二

十大 己 井　朔日壬申氐　十日立冬午初三　廿五中申正四

十一大 庚 鬼　朔日壬寅心　十日節亥正二　廿六中寅初二

十二小 辛 柳　朔日壬申箕　十一節辰正三　廿六中未初四

乙亥 寛永十二 女宿

頤 十三正 十九七 震下 艮上

大過 十二四 六八十 巽下 兌上

納音 火 姓 絶 山

正小 戊寅 角　朔日癸丑軫　五日中午正二　廿日二節酉初三　廿六滅丑初三

二小 己 亢　朔日壬午角　六日中子初　九日没辰初　廿二節寅正三

三大 庚 氐　朔日辛亥亢　八日中巳初三　廿三立夏未正四

四小 辛 房　朔日辛丑房　八日中戌正　廿四節五丑初二

五小 壬 心　朔日庚戌心　十日中卯正二　廿五節六午初三

六大 癸 尾　朔日己卯尾　十一中酉初　廿六立秋亥正二

七大 甲 箕　朔日己酉斗　十二中寅初二　廿七節八辰正三

八小 乙 斗　朔日己卯女　十三中未正　廿七節九戌初二

九大 丙 牛　朔日戊申虚　十四中子正三　廿九立冬卯初三

十大 丁 女　朔日戊寅室　十四中午初　廿九節十一申正

十一小 戊 虚　朔日戊申奎　十四中亥初二

十二大 己 危　朔日丁丑婁　同日節十二丑正三　十六中辰正

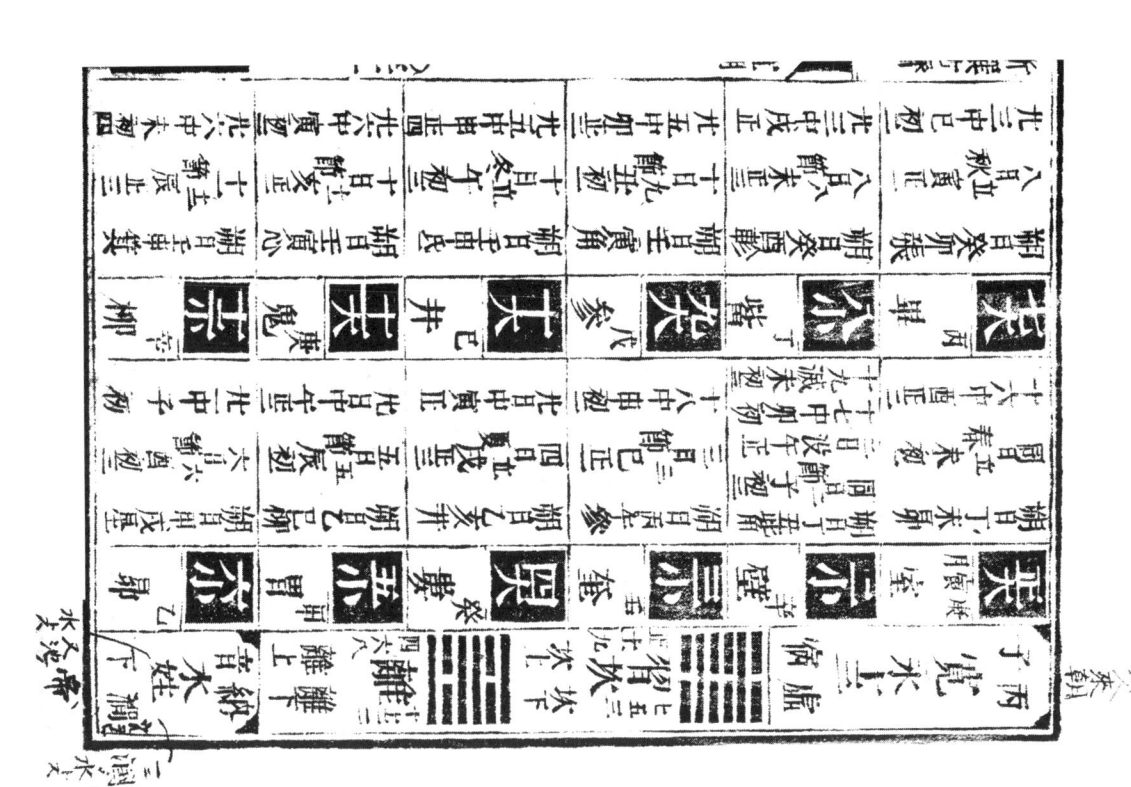

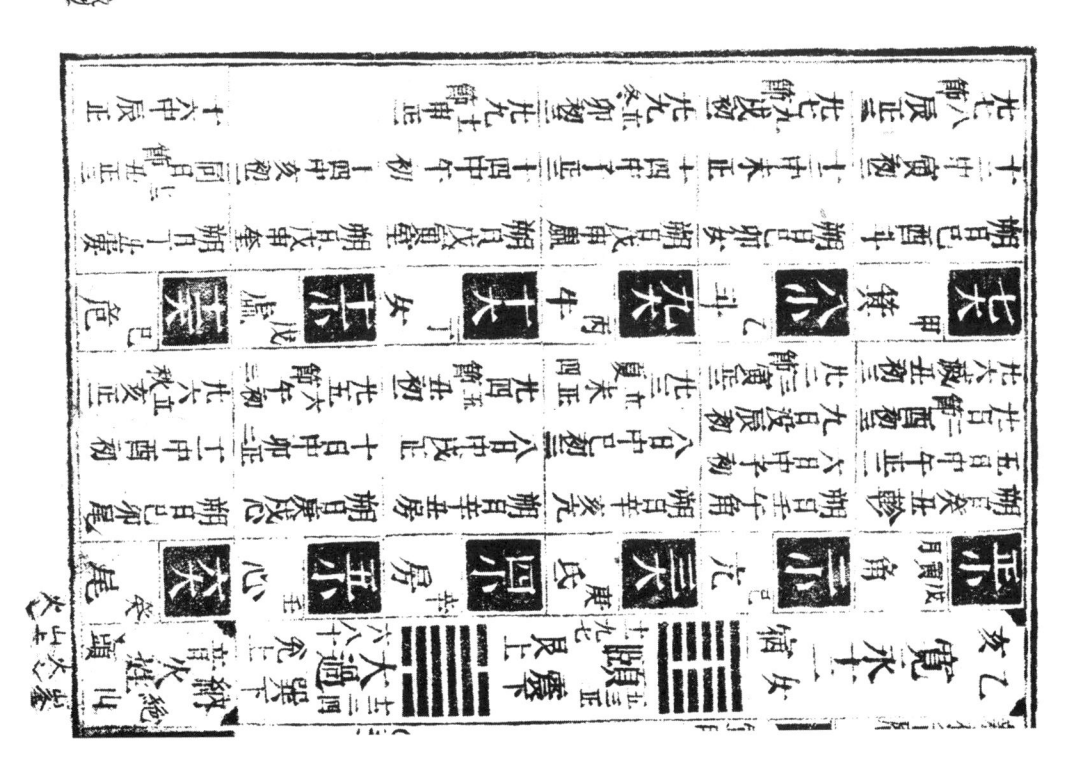

丁丑 寛永十四 危宿

咸 九七五 艮下 兌上 三正土

恒 八十土 巽下 震上 二四六

納音 澗下 木姓 表

澗水上 アリ 又 水ナ

- 正大 壬 朧寅 星：朔日辛丑斗　十日臘寅初　十二立春戌初二　廿六没酉初　廿八中亥正三
- 二大 癸 張：朔日辛未女　十三節卯初二　廿八中巳正四
- 三小 甲 翼：朔日辛丑危　十三節申正　廿八中亥初二
- 閏：朔庚午室　十五立夏丑正三
- 四大 乙 軫：朔日己亥壁　同日中辰初三　十六節未初
- 五小 丙 角：朔日己巳婁　同日中酉正三　十六節子初二
- 六小 丁 亢：朔日戊戌胃　三日中寅正三　十八立秋巳正
- 七大 戊 氐：朔日丁卯昴　四日中申初一　十九節戌正二
- 八小 己 房：朔日丁酉觜　五日中丑初三　廿日節辰初
- 九大 庚 心：朔日丙寅参　六日中午正一　廿一立冬酉初二
- 十大 辛 尾：朔日丙申鬼　六日中亥正三　廿二節寅正
- 十一小 壬 箕：朔日丙寅星　七日中巳初　廿二節未正三
- 十二大 癸 斗：朔日乙未張　八日中戌初三　廿四立春丑初

肥前国天草 合戦

戊寅 寛永十五 室宿

遯 上九七 艮下 乾上 丙三正

大壮 六八十 乾下 震上 十二 四

納音 城頭 土姓

病

一ニ 深山 壬ナ

- 正大 甲 朧寅 牛：朔日乙丑軫　三日臘未正一　九日中卯正一　廿四節午初一
- 二小 乙 女：朔日乙未亢　九日中申正三　廿四節亥正
- 三大 丙 虚：朔日甲子氐　同日没未初　十一中寅初二　廿六立夏辰正三
- 四小 丁 危：朔日甲午心　十一中未初三　廿六節戌初
- 五大 戊 室：朔日癸亥尾　十三中子正一　廿八節卯初三
- 六小 己 壁：朔日癸巳斗　十三中巳正三　廿八立秋申正
- 七大 庚 奎：朔日壬戌牛　十四中亥初一
- 八大 辛 婁：朔日辛卯女　同日節丑正三　十六中辰初三
- 九小 壬 胃：朔日辛酉危　二日節午正四　十六中酉正一
- 十大 癸 昴：朔日庚寅室　二日立冬子初二　十八中寅正三
- 十一小 甲 畢：朔日庚申奎　三日節巳正　十八中申初
- 十二大 乙 觜：朔日己丑婁　四日節戌正二　廿日中丑初二

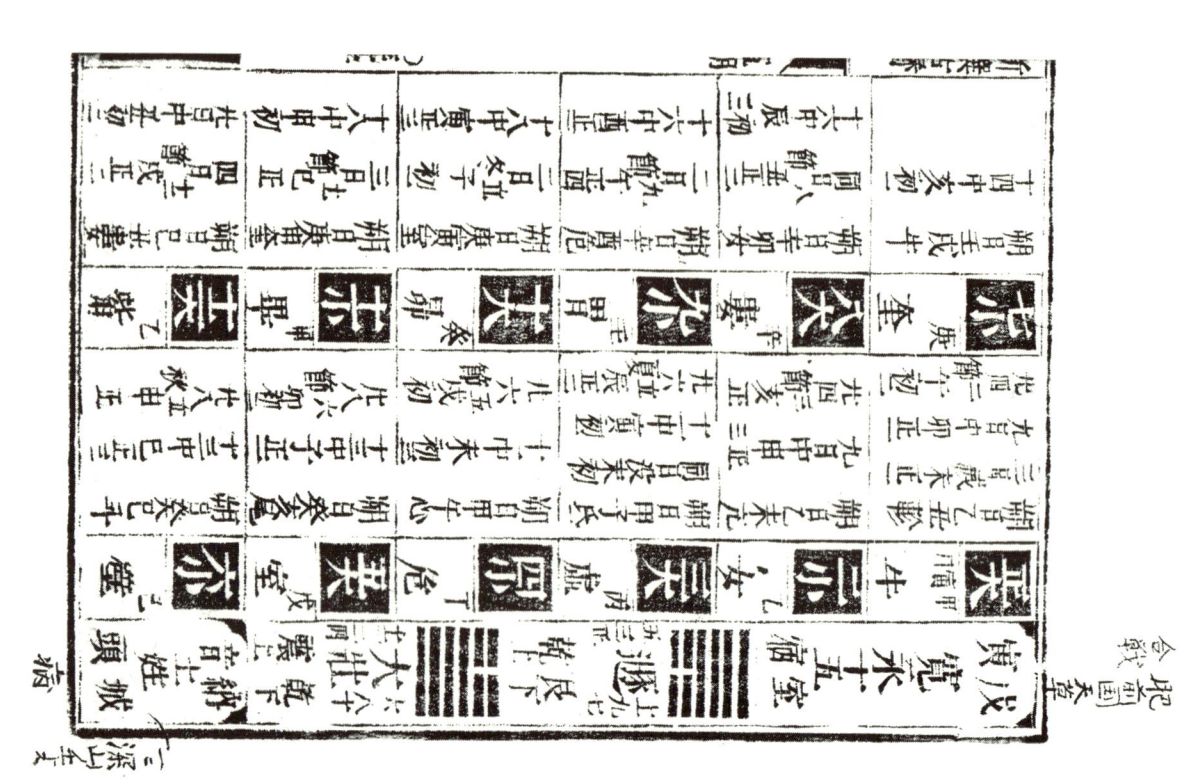

己卯 寛永十六 壁宿

晉 正十九 坤下 離上 七五二

明夷 四六八 離下 坤上 十二十三

納音 土 姓 城頭

正大 丙寅月 参	朔日己未昴	五日立春卯正四	廿日中午正	廿七滅丑初
二大 丁 井	朔日己丑觜	五日二節酉初	廿日中亥正三	廿四没酉正三
三小 戊 鬼	朔日己未井	六日三節寅初三	廿一中巳初	
四大 己 柳	朔日戊子鬼	七日立夏未正一	廿二中戌初三	
五小 庚 星	朔日戊午星	八日五節子正三	廿三中卯正	
六大 辛 張	朔日丁亥張	九日六節午初一	廿四中申正三	
七小 壬 翌	朔日丁巳軫	九日立秋亥初三	廿五中寅初	
八小 癸 軫	朔日丙戌角	十一八節辰正一	廿六中未初二	
九大 甲 角	朔日乙卯亢	十一九節酉正三	廿八中子正	
十小 乙 亢	朔日乙酉房	十三立冬卯初一	廿八中巳正二	
十一大 丙 氐	朔日甲寅心	十四十一節申初三	廿九中亥初	
閏	朔甲申箕	十五十二節丑正一		
十二大 丁 房	朔日癸丑斗	同日中辰初一	十六立春午正三	

庚辰 寛永十七 奎宿

家人 三正十 離下 巽上 九七五

睽 四六 兌下 離上 八十七二

納音 金 姓 白鑞

正大 戊寅月 心	朔日癸未女	同日中酉正	十六二節子初	十八没子初	廿日滅午正三
二小 己 尾	朔日癸丑危	三日中寅正三	十七三節巳初三		
三大 庚 箕	朔日壬午室	三日中申初	十八立夏戌正一		
四小 辛 斗	朔日壬子奎	四日中丑初二	十九五節卯正三		
五小 壬 牛	朔日壬午胃	四日中午正	十九六節酉初一		
六大 癸 女	朔日辛亥昴	五日中亥正二	廿一立秋寅初三		
七大 甲 虚	朔日庚辰畢	七日中巳初	廿二八節未正一		
八小 乙 危	朔日庚戌参	七日中戌初二	廿三九節子正三		
九大 丙 室	朔日己卯井	九日中卯正	廿四立冬午初二		
十小 丁 壁	朔日己酉柳	九日中申正三	廿四十一節亥初三		
十一大 戊 奎	朔日戊寅星	十一中丑正四	廿六十二節辰正		
十二小 己 婁	朔日戊申翌	十一中未初一	廿六立春酉正二		

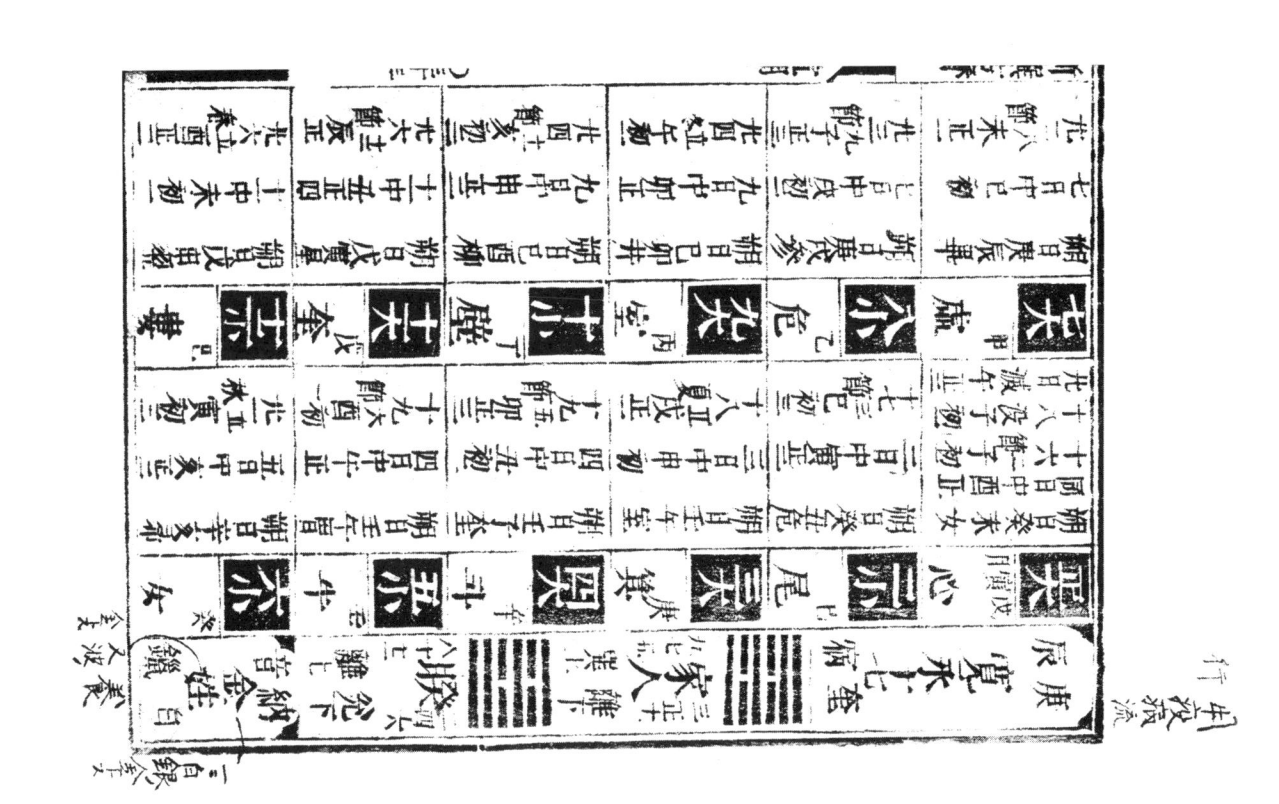

新撰々暦

辛巳 寛永十八 婁宿

蹇 五三正 十九七 艮下坎上

解 十二四 六八十 坎下震上

納音 金 姓 白鑞 長

月				
正大	庚寅 胃	朔日丁丑軫	十一中子初三	十三没寅正一
		廿八節二卯初		
二小	辛卯 昴	朔日丁未亢	十三滅子初二	同日中巳正一
		廿八節三申初二		
三大	壬辰 畢	朔日丙子氐	十四中戌正三	廿日立夏丑正
四大	癸巳 觜	朔日丙午心	十五中辰初一	廿日節五午正二
五小	甲午 参	朔日丙子箕	十五中酉初三	
六大	乙未 井	朔日乙巳斗	同日節六子初	十七中寅正一
七小	丙申 鬼	朔日乙亥女	二日立秋巳初二	十七中未正三
八大	丁酉 柳	朔日甲辰虚	三日節八戌正	十九中丑初二
九小	戊戌 星	朔日甲戌室	四日節九卯正三	十九中午初三
十大	己亥 張	朔日癸卯壁	五日立冬酉初	廿日中亥正一
十一小	庚子 翼	朔日癸酉婁	六日節十一寅初二	廿一中辰正三
十二大	辛丑 軫	朔日壬寅胃	七日節十二未正	廿一中戌初

三白 銀 又波 金下

「春ヨリ夏マデ
飢饉」

壬午 寛永十九 胃宿

損 七五三 十一九 兌下艮上

益 十十二 四六八 震下巽上

納音 木 姓 楊柳

月						
正小	壬寅 角	朔日壬申畢	三日滅午正四	六日没巳初一	八日立春子初三	廿三中卯初三
二大	癸卯 亢	朔日辛丑觜	九日節二午初	廿四中申正一		
三小	甲辰 氐	朔日辛未井	九日節三亥初二	廿四中丑正三		
四大	乙巳 房	朔日庚子鬼	十一立夏辰正	廿六中未初一		
五小	丙午 心	朔日庚午星	十一日節五酉正二	廿六中子初二		
六大	丁未 尾	朔日己亥張	十三日節六卯初	廿八中巳正二		
七大	戊申 箕	朔日己巳軫	十三立秋申初二	廿八中戌正三		
八小	己酉 斗	朔日己亥亢	十四節八丑正	廿九中辰初		
九大	庚戌 牛	朔日戊辰氐	十五節九午正二	卅日中酉初三		
閏九小		朔戊戌心	十五立冬亥正四			
十大	辛亥 女	朔日丁卯尾	二日中寅正	十七節十巳初二		
十一小	壬子 虚	朔日丁酉斗	二日中未正	十七節十一戌初三		
十二大	癸丑 危	朔日丙寅牛	四日中丑初	十九立春卯正一		

死

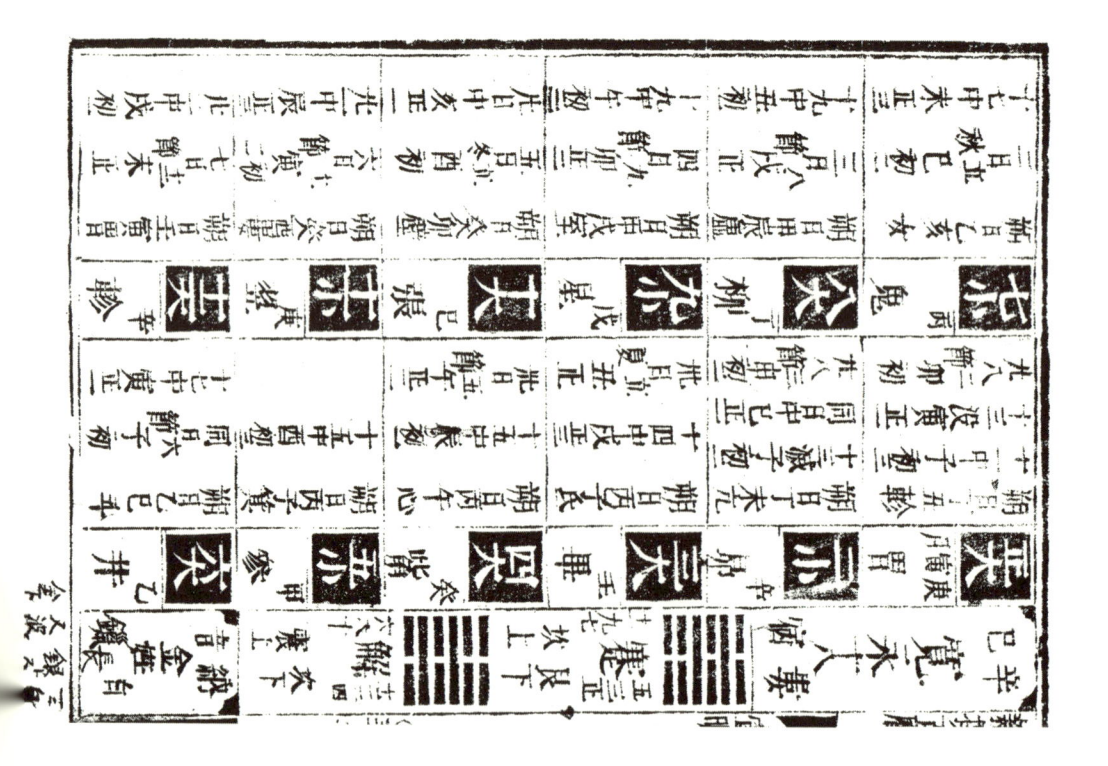

朝鮮人來
朝

癸未　寛永二十　昴宿

九七五 夬 三正十 乾下 兌上

八十三 姤 四六 巽下 乾上

納音 木姓 楊 柳

墓

正小 甲 寅月 室
朔日丙申虚
四日中午初二
十九二節申正四

二大 乙 壁
朔日乙丑危
五日中亥正
十一没卯初三
廿一三節寅初一
廿日滅亥正

三小 丙 奎
朔日乙未壁
六日中辰二正
廿一立夏未初三

四小 丁 婁
朔日甲子奎
七月中戌初
廿三五節子正一

五大 戊 胃
朔日癸巳婁
九日中卯初二
廿四六節巳正三

六大 己 昴
朔日癸亥昴
九日中申正
廿四立秋亥初一

七小 庚 畢
朔日癸巳觜
十日中丑正三
廿五八節辰初三

八大 辛 觜
朔日壬戌參
十一中未初
廿六九節酉正一

九大 壬 參
朔日壬辰鬼
十一中子初二
廿七立冬寅正三

十小 癸 井
朔日壬戌星
十二中巳正
廿七十一節申初二

十一大 甲 鬼
朔日辛卯張
十三中戌正三
廿九十二節丑初三

十二小 乙 柳
朔日辛酉軫
十四中辰初
廿九立春午正一

十二月九六日
諸家系圖
御改

甲申　正保元　畢宿

九七七 萃 二正 坤下 兌上

六八十 升 十三四 巽下 坤上

納音 水姓 泉 井

長

三沢ノ水トス

正大 丙 寅月 星
朔日庚寅角
十五中酉初二
廿日滅午初
卅日節二亥正三

二小 丁 張
朔日庚申氐
四日没巳三正
十六中寅正

三大 戊 翼
朔日己丑房
三日節三巳初一
十七中未正二

四小 己 軫
朔日己未尾
三月立夏戌初三
十八中丑初

五小 庚 角
朔日戊子箕
四日節五卯一正
十九中午初二

六大 辛 亢
朔日丁巳斗
五日節六申正三
廿日中亥正

七小 壬 氐
朔日丁亥女
六日立秋寅初二
廿一中辰正三

八大 癸 房
朔日丙辰虚
七日八節未初三
廿二中酉正四

九大 甲 心
朔日丙戌室
八日九節子正一
廿三中卯初二

十大 乙 尾
朔日丙辰奎
八日立冬巳正三
廿三中申初四

十一小 丙 箕
朔日丙戌胃
八日十一節亥初三
廿四中丑二正

十二大 丁 斗
朔日乙卯畢
十日十二節辰初三
廿五中午正四

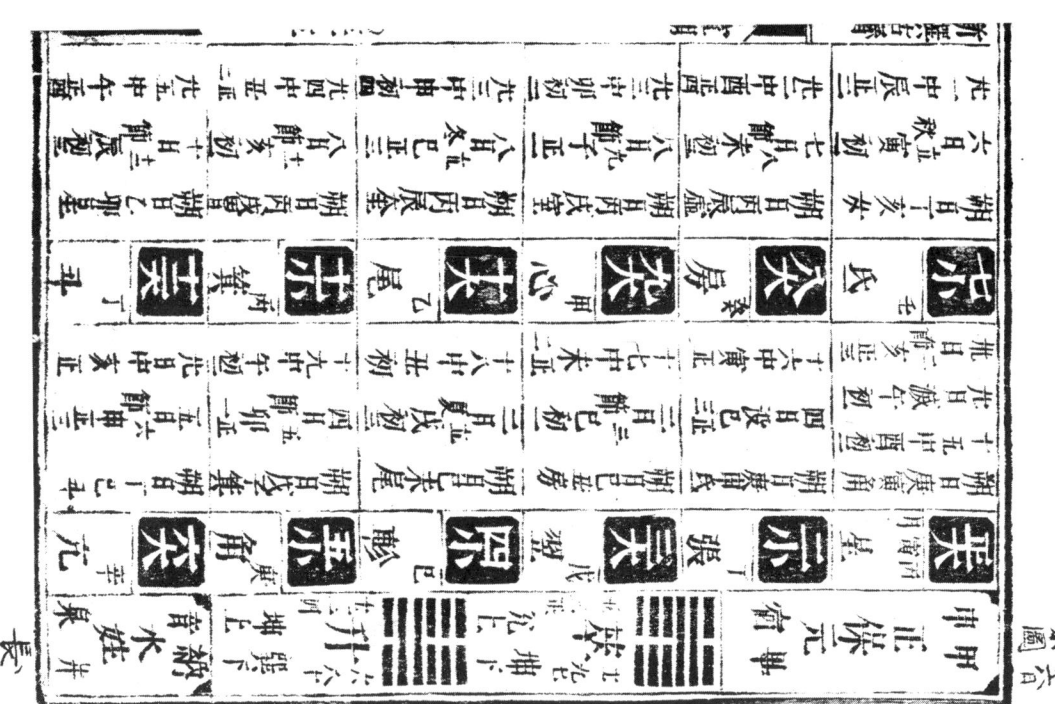

乙酉 正保二 宿 觜

困 兌上坎下　井 坎上巽下

納音 水姓 泉井

正小 戊寅月 牛　朔日乙酉觜　十一日立春酉正　廿五日中子初一　廿七日沒申初二
二大 己卯 女　朔日甲寅參　十二日節寅正二　十三日滅亥正一　廿七日中巳初三
三小 庚辰 虛　朔日甲申鬼　十三日節申初　廿七日中戌正一
四大 辛巳 危　朔日癸丑柳　十四日立夏丑初一　廿九日中卯正三
五小 壬午 室　朔日癸未張　十四日節午正　廿九日中酉初一
閏小　朔壬子翌　十五日節亥正
六大 癸未 壁　朔日辛巳軫　二日中寅初三　十七日立秋巳初
七小 甲申 奎　朔日辛亥亢　二日中未正一　十七日節戌初二
八大 乙酉 婁　朔日庚辰氐　四日中子正三　十九日節卯正一
九大 丙戌 胃　朔日庚戌心　四日中午初一　十九日立冬申正三
十小 丁亥 昴　朔日庚辰奎　四日中亥初三　廿日節寅初
十一大 戊子 畢　朔日己酉斗　六日中辰正一　廿一日節未初一
十二大 己丑 觜　朔日己卯女　六日中酉正三　廿二日立春子正

沐

丙戌 正保三 宿 參

革 兌上離下　鼎 離上巽下

納音 土姓 屋上

正小 庚寅月 參　朔日己酉危　七日中卯初一　廿二日節巳正二
二大 辛卯 井　朔日戊寅室　七日滅巳初三　八日中申初二　廿三日節亥初
三小 壬辰 鬼　朔日戊申奎　二日沒午正　九日中丑正一　廿四日立夏辰初一
四大 癸巳 柳　朔日丁丑婁　十日中午正三　廿五日節酉正
五小 甲午 星　朔日丁未昴　十日中子初　廿六日節寅正二
六大 乙未 張　朔日丙子畢　十二日中巳初三　廿七日立秋未正四
七大 丙申 翌　朔日乙巳觜　十三日中戌正一　廿八日節丑初三
八小 丁酉 軫　朔日乙亥井　十四日中卯正三　廿九日節午正
九大 戊戌 角　朔日甲辰鬼　十五日中酉初一　卅日立冬亥正三
十小 己亥 亢　朔日甲戌星　十六日中寅初三
十一大 庚子 氐　朔日癸卯張　二日節辰正四　十七日中未正
十二大 辛丑 房　朔日癸酉軫　二日節戌初一　十八日中子正二

官

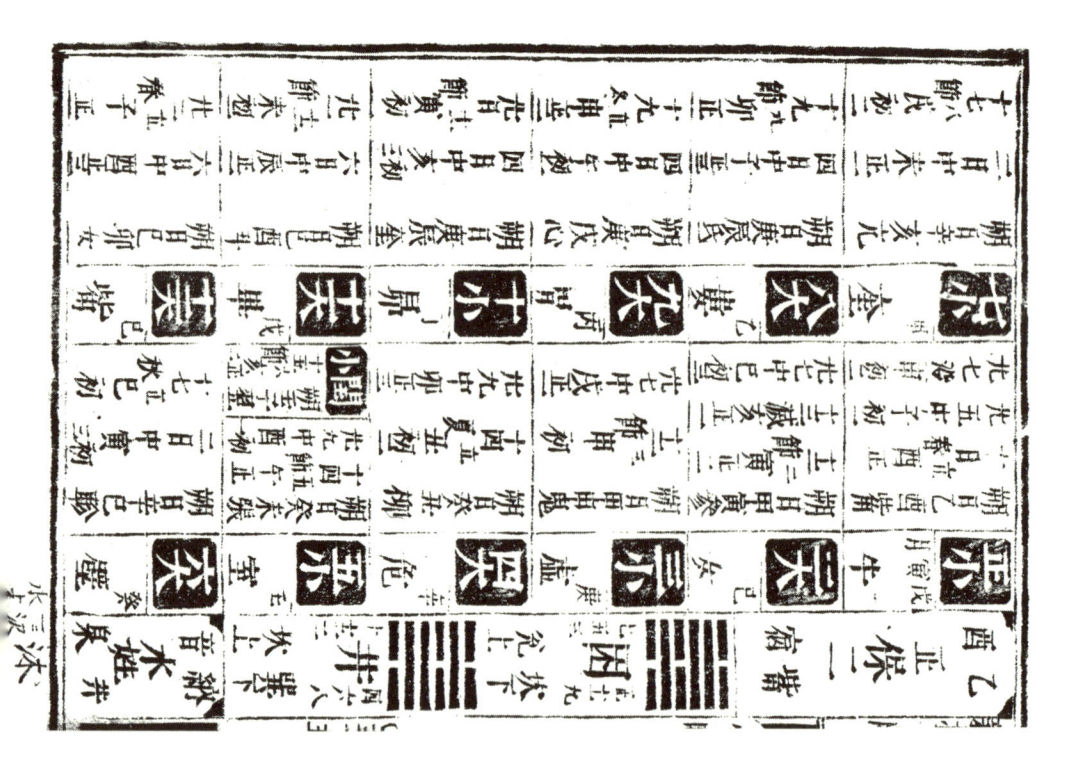

丁亥　正保四　井宿

震（五三正／十九七）震下震上

艮（十五二四／六八十）艮下艮上

納音　土　姓　屋上

臨　三洞　土トス

月			
正大　壬寅月　心	朔日癸卯亢	三日立春卯初三	十八中午初
二小　癸　尾	朔日癸酉房	三日二節卯正一	十八中亥初二　廿五沒酉初　廿九滅戌正
三大　甲　箕	朔日壬寅心	五日三節丑正三	廿日中辰正
四小　乙　斗	朔日壬申箕	五日立夏未初一	廿日中酉正三
五大　丙　牛	朔日辛丑斗	六日五節子初三	廿二中卯初
六小　丁　女	朔日辛未女	七日六節巳正一	廿二中申初二
七小　戊　虛	朔日庚子虛	八日立秋戌正三	廿四中丑正
八大　己　危	朔日己巳危	十日八節辰初三	廿五中午正二
九大　庚　室	朔日戊戌室	十一九節酉初三	廿六中子初
十大　辛　壁	朔日戊辰奎	十二立冬寅正一	廿七中巳初三
十一小　壬　奎	朔日戊戌胃	十二十一節未正三	廿七中戌正
十二大　癸　婁	朔日丁卯昴	十四十二節丑初一	廿九中卯正一

戊子　慶安元　鬼宿

二月十五日改元

漸（七五三／正十九）艮下巽上

歸妹（十十三一／四六八）兌下震上

納音　火　姓　霹靂

二三霹靂火トアリ

胎　三谷　洞火　トス

月			
正大　甲寅月　胃	朔日丁酉角	十四立春午初三	廿日滅巳正一　廿九中酉初
閏小　井	朔日丁卯	十四二節亥正二	十九沒亥正
二大　乙　昴	朔日丙申鬼	十六三節辰正三	廿日中寅初二
三大　丙　畢	朔日丙寅星	十六立夏戌初一	廿日中未正二
四小　丁　觜	朔日丙申翼	三日中子正三	十七五節卯初三
五小　戊　參	朔日乙丑軫	三日中巳正四	十八六節申正一
六大　己　井	朔日甲午角	四日中亥初三	廿日立秋丑正三
七小　庚　鬼	朔日甲子氐	五日中辰正	廿日八節未初三
八大　辛　柳	朔日癸巳房	六日中酉正二	廿一九節子初三
九小　壬　星	朔日癸亥尾	七日中寅正四	廿二立冬巳正
十大　癸　張	朔日壬辰箕	八日中申初三	廿三十一節戌正三
十一小　甲　翼	朔日壬戌午	九日中丑初三	廿四十二節辰初
十二大　乙　軫	朔日辛卯女	十日中午正一	廿五立春酉初三

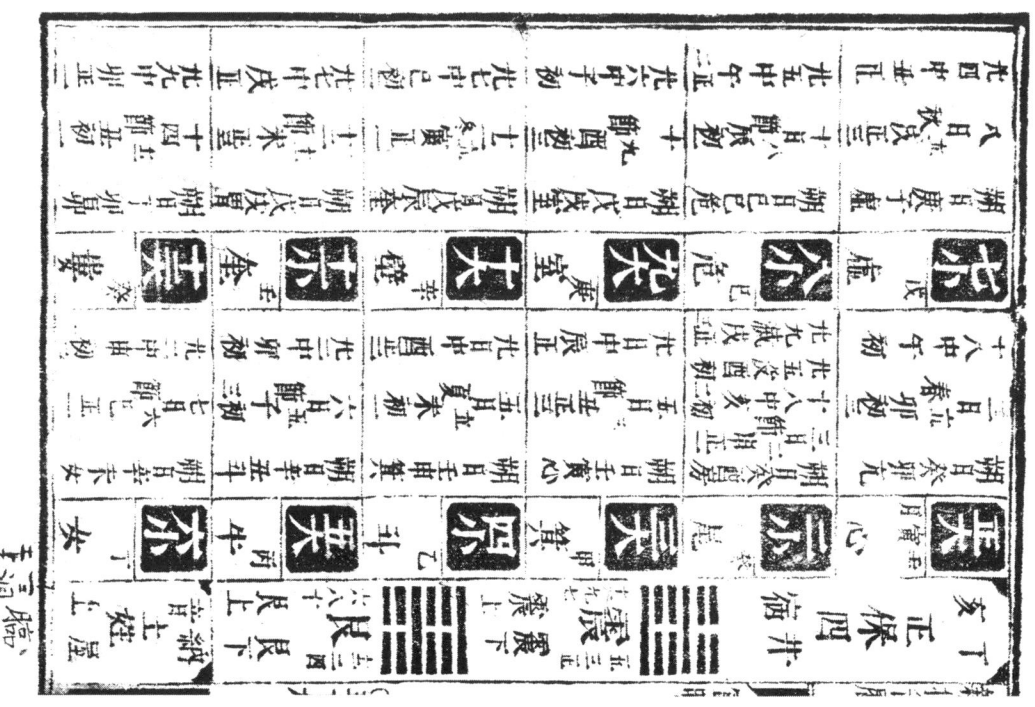

諸国毛降
九月国々
洪水

己丑 慶安二 柳宿

豐 九七五 離下 三正十 震上
旅 八十三 艮下 二四太 離上
納音 火 姓 霹靂

正大 丙 寅月 角
朔日辛酉危
十日中亥正三
十三臧亥初
十四没寅正
廿六節寅正

二大 丁 亢
朔日庚寅室
十二中巳初一
廿七節未正三

三大 戊 氐
朔日庚申奎
十二中戌初三
廿八夏五丑初

四小 己 房
朔日庚寅胃
十三中卯正二
廿八節五午初三

五大 庚 心
朔日己未昴
十四中申正三
廿九大節亥正

六小 辛 尾
朔日己丑觜
十五中寅初一

七大 壬 箕
朔日戊午參
同日秋九辰正三
十六中未初三

八小 癸 斗
朔日戊子鬼
同日節八戌初
十七中子正

九大 甲 牛
朔日丁巳柳
三日節九卯初三
十九中巳正三

十小 乙 女
朔日丁亥張
三日冬五申正
十八中亥初

十一大 丙 虛
朔日丙辰翼
五日節十二丑正二
廿日中辰初三

十二大 丁 危
朔日丙戌角
五日十三節未初
廿日中雪正

三 雹 火 三谷 洞上 ナス

庚寅 慶安三 星宿

巽 十九七 巽下 五三正 巽上
兌 六八十 兌下 十三四 兌上
納音 木 姓 松栢

正大 戊 寅月 室
朔日乙卯亢
六日五啓子初
八日没辰正
廿二中寅正三

二小 己 壁
朔日乙酉房
七日節巳正
同日臧辰正
廿二中申初

三大 庚 奎
朔日甲寅心
八日節三戌正三
廿四中丑初三

四小 辛 婁
朔日甲申箕
九日五夏辰初
廿四中午正一

五大 壬 胃
朔日癸丑斗
十日五節酉初二
廿五中亥正三

六大 癸 昴
朔日癸未女
十一六節寅正
廿六中巳初一

七小 甲 畢
朔日癸丑危
十一秋五未正二
廿六中戌初三

八大 乙 觜
朔日壬午室
十三八節丑正四
廿八中卯正

九小 丙 參
朔日壬子奎
十三九節午初
廿八中申正三

十大 丁 井
朔日辛巳婁
十四五冬亥初三
廿九中寅初

小閏
朔辛亥昴
十五十二節辰正

十一大 戊 鬼
朔日庚辰畢
同日中未初二
十六十二節酉正三

十二大 己 柳
朔日庚戌參
二日中子正
十七五春卯初一

三 梨ノ木ナス
腊

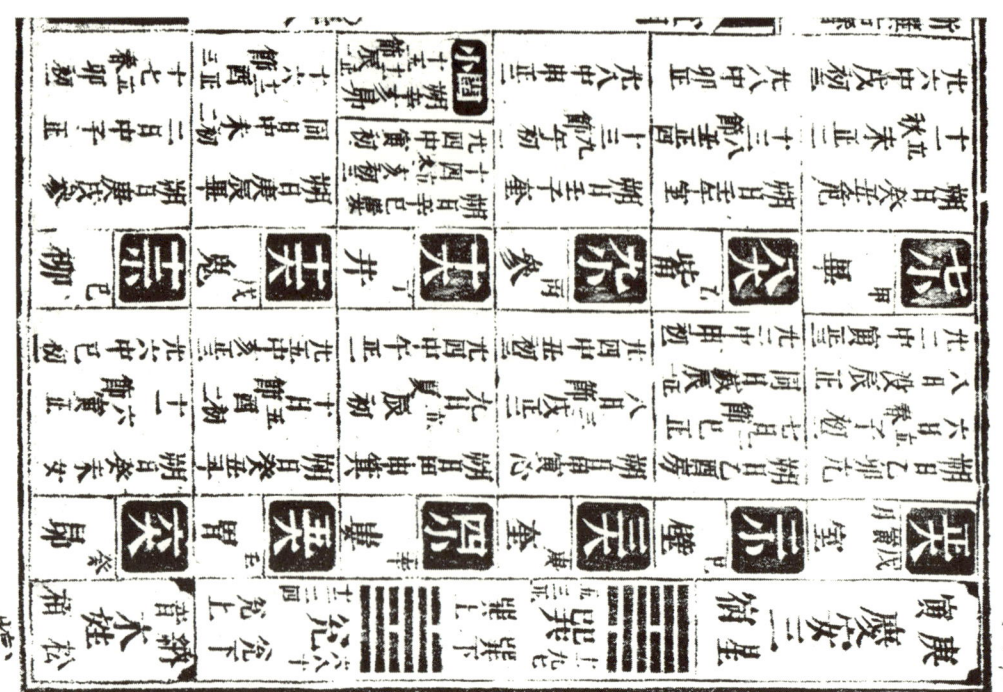

正雪忠弥
戊[?]

辛卯 慶安四 張宿

渙 坎下 巽上 正十九 七五三
節 兌下 坎上 四六八 十七三
納音 松柏木 姓

帝
一梨 木ナ

正大 庚寅月 星	朔日己卯井	三日中巳正二	十八節申初三
	廿日滅戌初二		
二小 辛	朔日己酉柳	三日中亥初	十二没寅正一
	十九節丑正一		
三大 壬 翌	朔日戊寅星	五日中辰初	廿日立夏午正三
四小 癸 軫	朔日戊申翼	五日中酉正	廿日節五子初一
五大 甲 角	朔日丁丑軫	七日中寅正二	廿二節六巳初三
六小 乙 亢	朔日丁未亢	七日中申初	廿二立秋戌正一
七大 丙 氐	朔日丙子氐	九日中丑初一	廿四節八卯正三
八大 丁 房	朔日丙午心	九日中午正	廿四節九酉初
九小 戊 心	朔日丙子箕	九日中亥正二	廿五立冬寅初三
十大 己 尾	朔日乙巳斗	十一中巳初	廿六節十未正一
十一小 庚 箕	朔日乙亥女	十一中戌初二	廿七節十二子正三
十二大 辛 斗	朔日甲辰奎	十三中卯正	廿八立春午初一

壬辰 承應元 翼宿

九月十六日改元

中孚 兌下 巽上 三正十 九七五
小過 艮下 震上 二四六 八十上
納音 長流水 姓

一二清水ト又

正小 壬寅月 牛	朔日甲戌室	十三中申正三	廿八節二亥初三
二大 癸 女	朔日癸卯壁	六日没巳初二	十五中寅初
	廿四滅卯正	卅日節三辰正	
三小 甲 虚	朔日癸酉婁	十五中未初三	
四小 乙 危	朔日壬寅胃	同日立夏酉正三	十六中子正
五大 丙 室	朔日辛未昴	三日節五卯初	十八中巳正二
六小 丁 壁	朔日辛丑觜	三日節六申初三	十八中戌正四
七大 戊 奎	朔日庚午參	五日立秋丑正	廿日中辰初一
八大 己 婁	朔日庚子鬼	五日節八午正二	廿日中酉初三
九小 庚 胃	朔日庚午星	五日節九子初一	廿一中寅正一
十大 辛 昴	朔日己亥張	七日立冬巳初二	廿二中未正三
十一大 壬 畢	朔日己巳軫	七日節十一戌正	廿三中丑初一
十二小 癸 觜	朔日己亥亢	八日節十二卯正二	廿三中午初三

墓

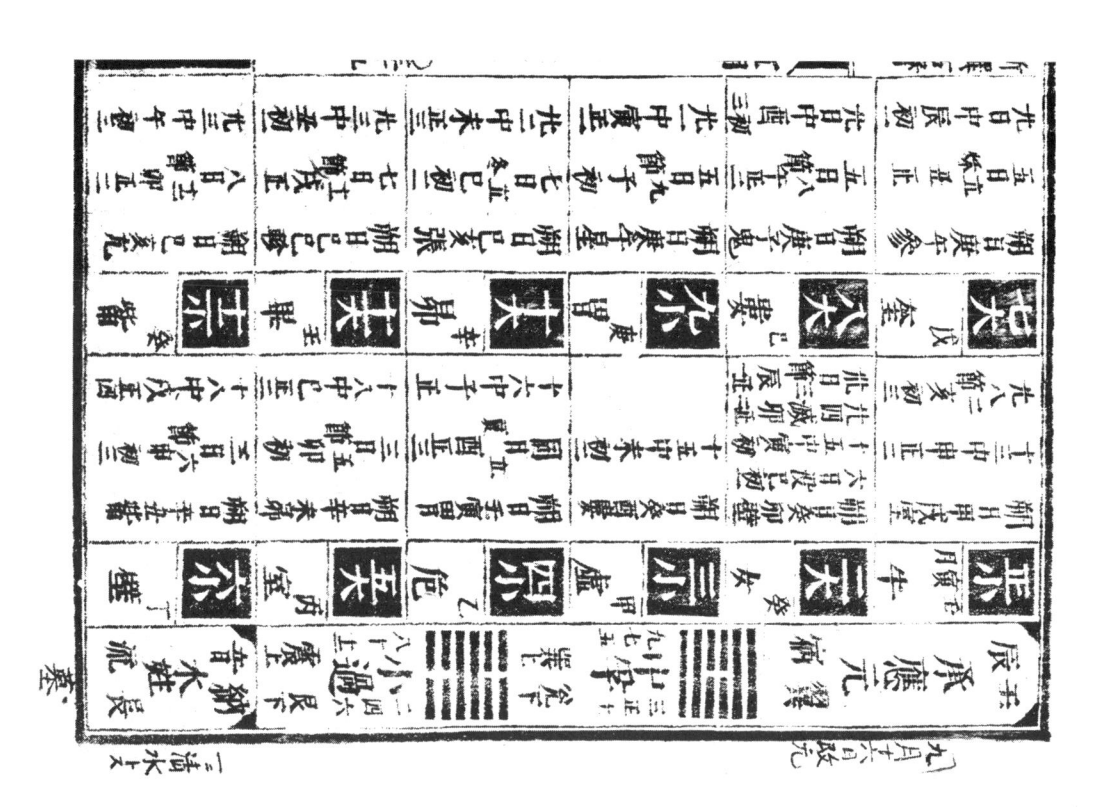

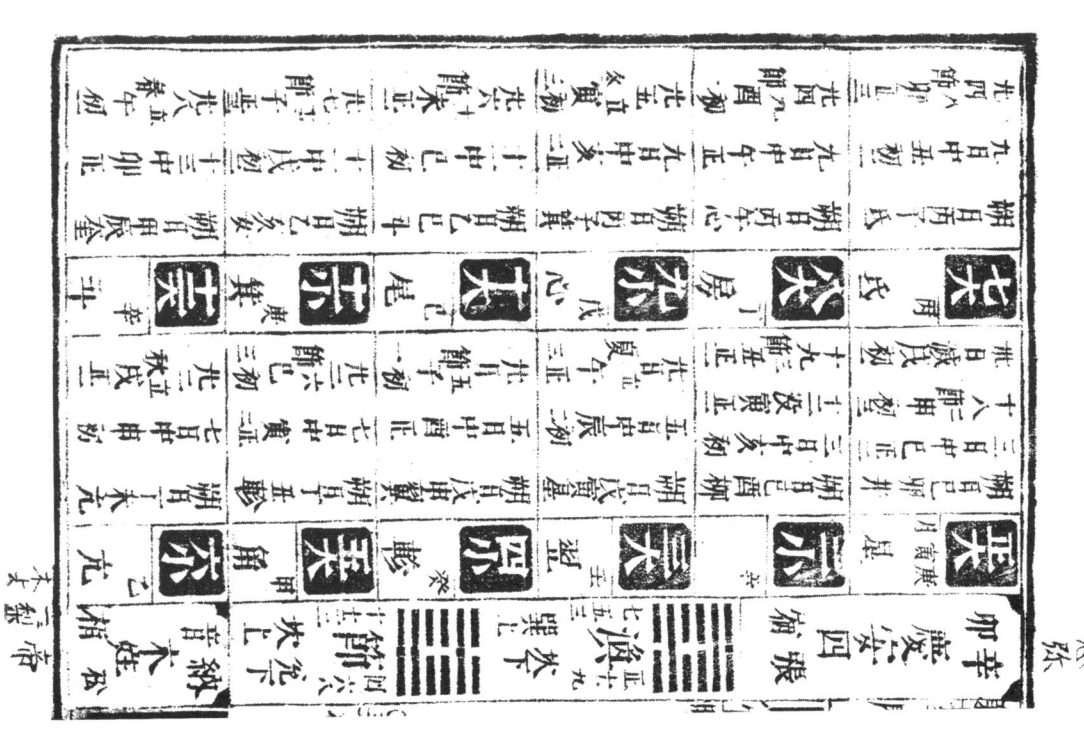

癸巳 承應二 軫宿

既濟 五三正 十九七 離下 坎上
未濟 十二四 六八十 坎下 離上

納音 水姓 長流

月					
正大 甲寅月 參	朔日戊辰氐一	九日五春酉初	十三臧戌初三	廿四中亥正一	廿九没未正一
二小 乙 井	朔日戊戌心	十日二節寅初二	廿五中辰正三		
三大 丙 鬼	朔日丁卯尾	十一三節未正	十七臧酉初三	廿六中戌初一	
四小 丁 柳	朔日丁酉斗	十二九夏子正二	廿七中卯初三		
五小 戊 星	朔日丙寅牛	十三五節午初	廿八中申正一		
六大 己 張	朔日乙未女	十四六節亥初二	卅日中丑正三		
閏小	朔乙未危	十五九秋辰正			
七大 庚 翼	朔日甲午室	同日中未初一	十六八節酉正二		
八小 辛 軫	朔日甲子奎	同日中子初三	十七九節卯初		
九小 壬 角	朔日甲午胃	二日中巳正一	十七五冬申初二		
十大 癸 亢	朔日癸亥昴	三日中戌正三	十九七節丑正		
十一大 甲 氐	朔日癸巳觜	四日中辰初一	十九十二節午正二		
十二小 乙 房	朔日癸亥井	四日中酉初三	十九五春子初		

絶 三清

甲午 承應三 角宿

乾 三正十 九七五 乾下 乾上
坤 二四六 八十十二 坤下 坤上

納音 金姓 沙中

月					
正大 丙寅月 心	朔日壬辰鬼	六日中寅正一	七日臧卯正四	廿一二節巳初二	
二小 丁 尾	朔日壬戌星	六日中未正三	廿一三節戌正		
三大 戊 箕	朔日辛卯張	四日没巳正三	八日中丑初二	廿三五夏卯正三	
四小 己 斗	朔日辛酉軫	八日中午初三	廿三五節申正四		
五小 庚 牛	朔日庚寅角	九日中亥正	廿五六節寅初二		
六大 辛 女	朔日己未亢	十一中辰正二	廿六五秋未初三		
七小 壬 虚	朔日己丑房	十一中戌初	廿七八節子正一		
八大 癸 危	朔日戊午心	十三中卯初三	廿八九節巳正三		
九小 甲 室	朔日戊子箕	十三中申正	廿八五冬亥初三		
十大 乙 壁	朔日丁巳斗	十五中丑正三	卅日十一節辰初三		
十一大 丙 奎	朔日丁亥女	十五中未初	卅日十二節酉正一		
十二大 丁 婁	朔日丁巳危	十五中子初二	十七没子正一		

沐

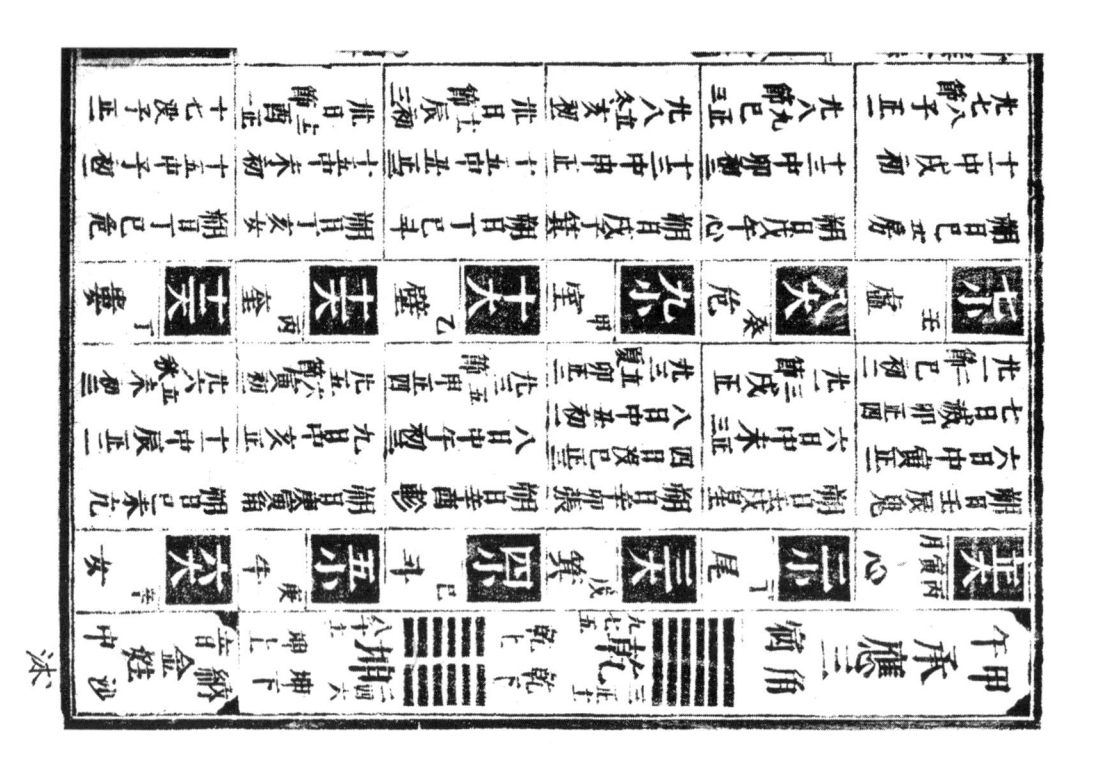

朝鮮人來

乙未 明暦元 四月九日改元 亢宿

屯 五三正 十九七 震下 坎上

蒙 十二四 六八十 坎下 艮上

納音 金姓 沙中 官

正小 戊 月庚寅 胃
朔日丁亥壁
同日立春寅正三
十六中巳正
廿九滅酉正

二大 己 昴
朔日丙辰奎
二日節申初一
十七中戌正三
廿七没申初三

三小 庚 畢
朔日丙戌胃
三日節丑初三
十八中辰初

四大 辛 觜
朔日乙卯昴
四日立夏午正一
十九中酉初三

五小 壬 參
朔日乙酉觜
四日節亥正三
廿日中寅正

六大 癸 井
朔日甲寅參
六日節巳初一
廿一中未正二

七小 甲 鬼
朔日癸未井
七日立秋戌初三
廿三中丑初

八大 乙 柳
朔日壬子鬼
九日節卯正二
廿四中午初三

九小 丙 星
朔日壬午星
九日節申正三
廿四中亥正

十大 丁 張
朔日辛亥張
十一日立冬寅初一
廿六中辰正三

十一大 戊 翼
朔日辛巳軫
十一日節未初三
廿六中戌初

十二大 己 軫
朔日辛亥亢
十二日節子正一
廿七中卯初二

正月九三日夜赤き雲西方ニ出ツ

丙申 明暦二 氐宿

需 七五三 十上九 乾下 坎上

訟 十七二 四六八 坎下 乾上

納音 火姓 山下

正小 庚 月庚寅 角
朔日辛巳房
十二日立春巳正三
廿七中申正

二大 辛 亢
朔日庚戌心
十三日節亥初一
廿八没戌正三
廿四滅卯初
廿九中丑正三

三大 壬 氐
朔日庚辰箕
十四日節辰初三
廿九中午正

四小 癸 房
朔日庚戌牛
十四日立夏酉正一
廿九中子初三

閏四大
朔日己卯斗
十六日節寅正三

五小 甲 心
朔日己酉尾
二日中巳初三
十六日節申初

六大 乙 尾
朔日戊寅室
二日中戌正一
十八日立秋丑初二

七小 丙 箕
朔日丁未壁
四日中卯正三
十九日節午正

八大 丁 斗
朔日丙子奎
五日中酉初
廿日節亥正三

九小 戊 牛
朔日丙午胃
六日中寅初三
廿一日立冬巳初

十大 己 女
朔日乙亥昴
七日中未正一
廿二日節戌初二

十一大 庚 虚
朔日乙巳觜
八日中子正三
廿三日節卯正

十二小 辛 危
朔日乙亥井
八日中午初二
廿三日立春申正一

一二 奥山上大

正月十八日十九日江戸大火
人多ク死ス

丁酉 明暦三
宿 房
師 九七五 三正十 坎下 坤上
比 八十三 二四六 坤下 坎上
納音 火姓 山下

正大 壬 寅月 室
朔日甲辰鬼
九日中亥初三
十六没丑初三
廿五節寅初

二大 癸 壁
朔日甲戌胃
十日中辰正一
十七滅申正一
廿五三節未初二

三大 甲 奎
朔日甲辰翼
十日中酉正三
廿六立夏子正

四小 乙 婁
朔日甲戌角
十一中卯初一
廿六五節巳正三

五小 丙 胃
朔日癸卯亢
十二中申初三
廿七六節亥初

六大 丁 昴
朔日壬申氐
十四中丑正一
廿九立秋辰初二

七小 戊 畢
朔日壬寅心
十四中午正三
廿九八節酉正

八大 己 觜
朔日辛未尾
十五中子初一
廿九滅巳正

九小 庚 參
朔日辛丑斗
同日九節寅正三
十六中巳初三

十小 辛 井
朔日庚午牛
二日立冬申初
十七中戌正一

十一大 壬 鬼
朔日己亥女
四日十一節丑初二
十九中卯正三

十二大 癸 柳
朔日己巳危
四日十二節午正
十九中酉初一

戊戌 七月廿三日改元 萬治元
宿 心
小畜 十九七 五三正 乾下 巽上
履 六八十 十二四 兌下 乾上
納音 木姓 平地

正小 甲 寅月 星
朔日己亥壁
四日立春亥正二
七日滅卯初三
九日没卯正三
九日中寅初三

二大 乙 張
朔日戊辰奎
六日節辰正四
廿一中未正一

三大 丙 翼
朔日戊戌胃
六日三節戌初三
廿二中子正三

四小 丁 軫
朔日戊辰畢
七日立夏卯正
廿二中午初三

五大 戊 角
朔日丁酉觜
八日五節申正三
廿三中亥初三

六小 己 亢
朔日丁卯井
九日六節丑正四
廿四中辰正

七大 庚 氐
朔日丙申鬼
十日立秋未初一
廿五中酉正二

八小 辛 房
朔日丙寅星
十日八節子初三
廿六中卯初

九大 壬 心
朔日乙未張
十二九節巳正一
廿七中申初二

十小 癸 尾
朔日乙丑軫
十二立冬戌正三
廿八中丑正

十一大 甲 箕
朔日甲午角
十四十一節辰初一
廿九中午正二

十二大 乙 斗
朔日癸亥亢
十五十二節酉初三
廿日中子初

大閏
朔癸巳房
十六立春寅正

三山上ノ水トス
養

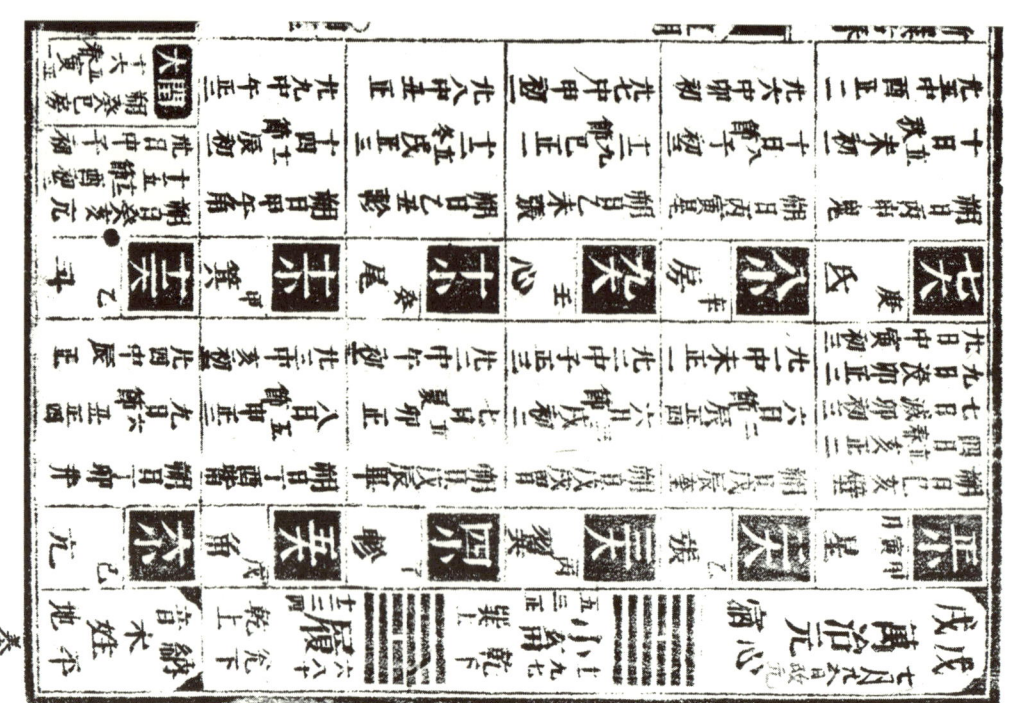

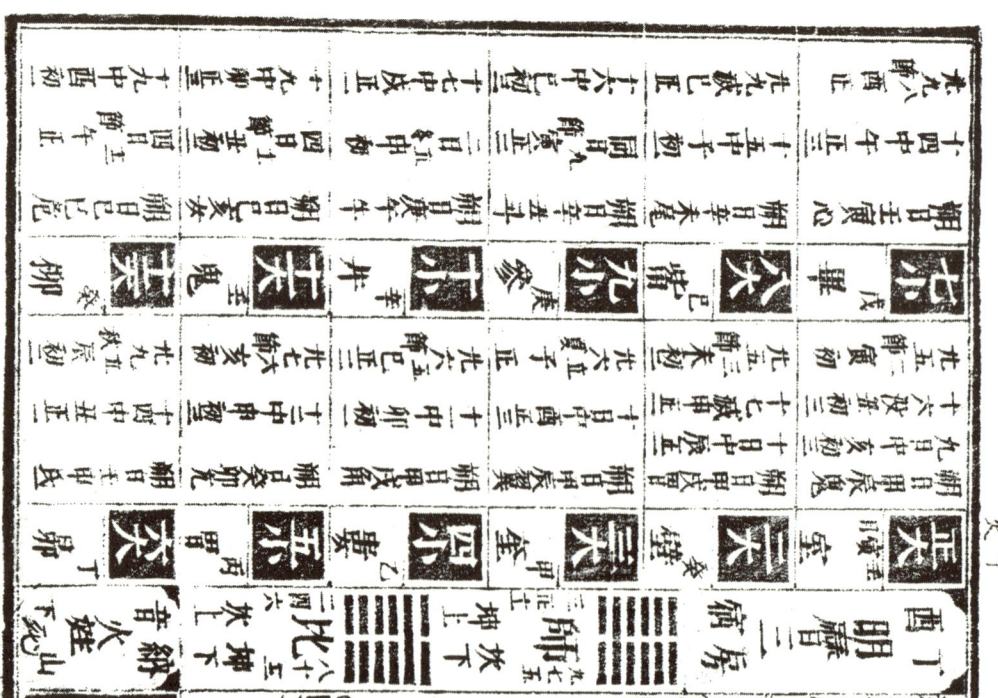

大坂大雷人
数多死

己亥 萬治二 尾宿

泰 正十一九 七五三 乾下坤上
否 四六八 十十二 坤下乾上

納音 木 姓 平地

正小 丙寅月 牛	朔日癸亥尾	同日中巳初二	十六二節未正三	
二大 丁 女	朔日壬辰箕	二日中戌正	十四没丑正四	十八三節丑初一
三小 戊 虛	朔日壬戌牛	三日中卯正三	四日滅未正三	十八立夏午初二
四大 己 危	朔日辛卯女	四日中酉初	十九五節亥正一	
五大 庚 室	朔日辛酉危	五日中寅初	廿日六節辰正三	
六小 辛 壁	朔日辛卯壁	五日中未正	廿日立秋戌初一	
七大 壬 奎	朔日庚申奎	七日中子正二	廿二八節卯初三	
八小 癸 婁	朔日庚寅胃	七日中午初	廿二九節申正一	
九大 甲 胃	朔日己未昴	八日中亥初二	廿四立冬丑正三	
十小 乙 昴	朔日己丑觜	九日中辰正	廿四十一節未初一	
十一大 丙 畢	朔日戊午參	十日中酉正三	廿五十二節子正三	
十二小 丁 觜	朔日戊子鬼	十一日中卯初	廿六立春巳正一	

長 三山 上水 トス

庚子 萬治三 箕宿

同人 三正十一 九七五 離下乾上
大有 二四六 八十十二 乾下離上

納音 土 姓 壁上

正大 戊寅月 參	朔日丁巳柳	十二中申初二	廿四滅寅正	廿七一節戌正三
二小 己 井	朔日丁亥張	七日没辰初三	十三中丑正	廿八二節辰初一
三小 庚 鬼	朔日丙辰翼	十四中午正二	廿九立夏酉初二	
四大 辛 柳	朔日乙酉軫	十五中亥正四		
五大 壬 星	朔日乙卯亢	同日五節寅正	十六中巳初一	
六小 癸 張	朔日乙酉房	同日六節未正二	十六中戌初三	
七大 甲 翼	朔日甲寅心	三日立秋丑初	十八中卯正一	
八大 乙 軫	朔日甲申箕	三日八節午初二	十八中申正三	
九小 丙 角	朔日甲寅牛	三日九節亥正	十九中寅初二	
十大 丁 亢	朔日癸未女	五日立冬辰正三	廿日中未初三	
十一小 戊 氐	朔日癸丑危	五日十一節戌初	廿一中子正一	
十二大 己 房	朔日壬午室	七日十二節卯初二	廿二中巳正三	

帝 三山中ノ土トス

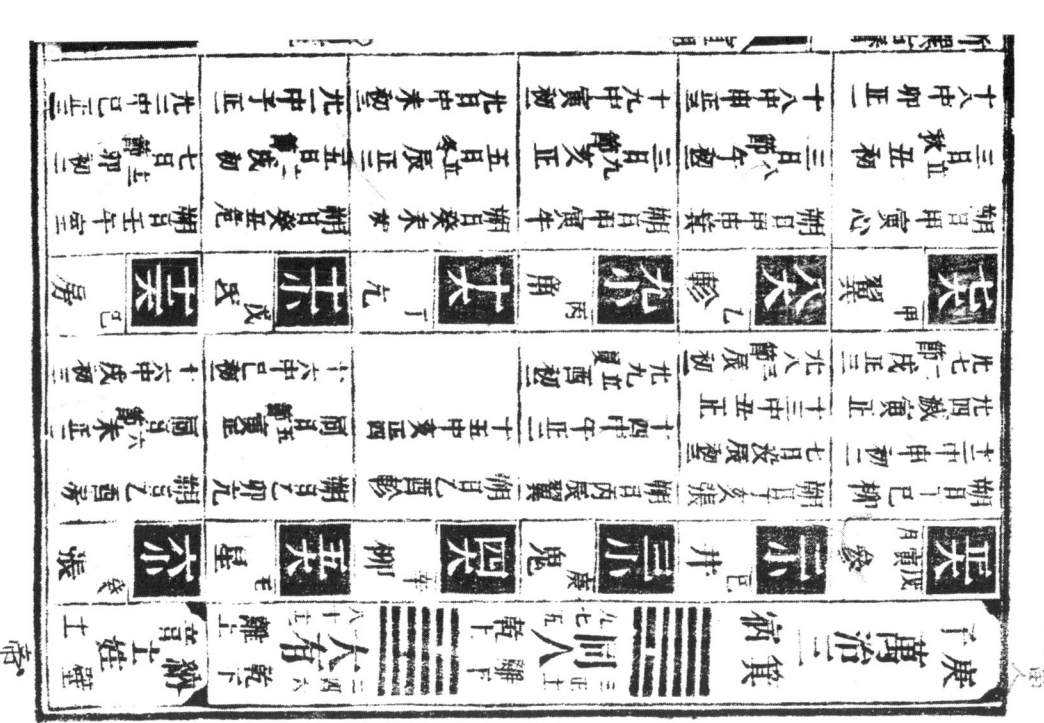

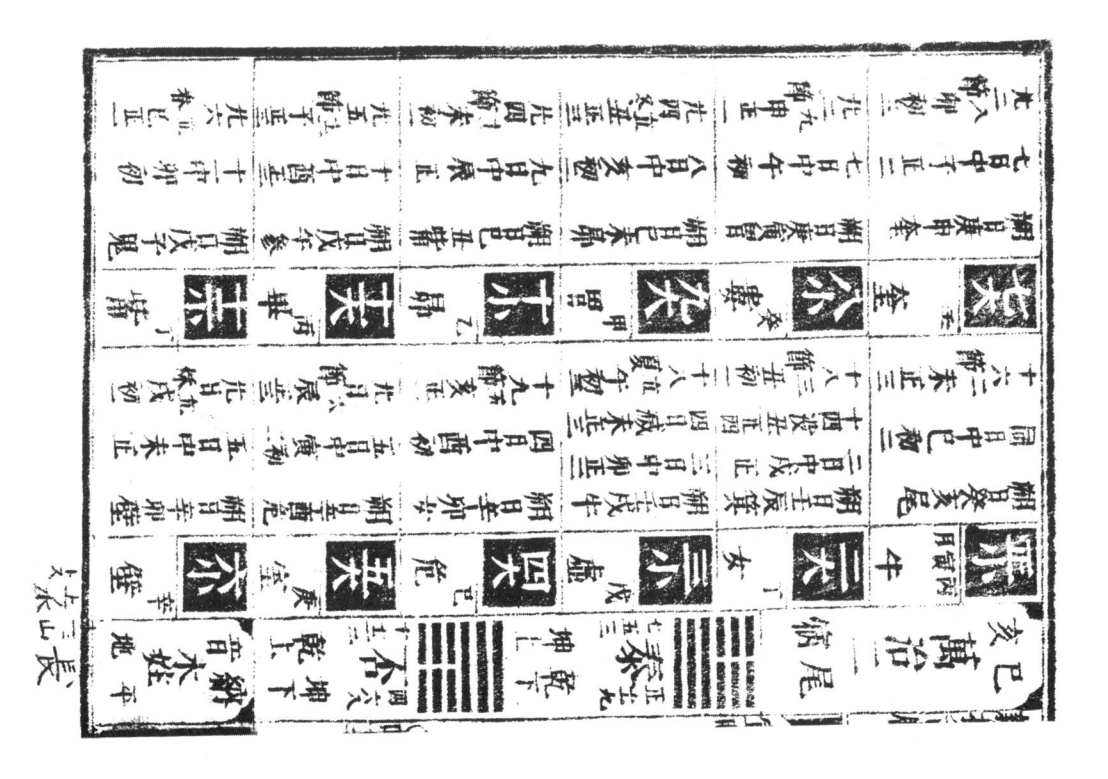

内裏炎上

辛丑 寛文元（同月廿五日改元 牛）宿

謙 艮下 坤上（五三正 十一九七）

豫 坤下 震上（十二四 六八十）

納音 壁上土 姓 上

正小 庚寅月	心	朔日壬子奎	七日立春申正	廿二中亥初一
二大 辛	尾	朔日辛巳婁	同日没午正三 九日二節丑正三	十七滅申初 廿四中辰初三
三小 壬	箕	朔日辛亥昴	九日三節未初	廿四中酉正一
四小 癸	斗	朔日庚辰畢	十日立夏子初二	廿六中寅正三
五大 甲	牛	朔日己酉觜	十二五節巳正	廿七中申初一
六小 乙	女	朔日己卯井	十二六節戌正二	廿八中丑初三
七大 丙	虚	朔日戊申鬼	十四立秋辰初一	廿九中午正一
八大 丁	危	朔日戊寅星	十四八節酉初	廿九中亥正三
閏小		朔戊申翼	十五九節寅正	
九大 戊	室	朔日丁丑軫	同日中巳初一	十八立冬未正三
十大 己	壁	朔日丁未亢	同日中戌初三	十七十一節丑初
十一小 庚	奎	朔日丁丑房	二日中卯正一	十七十二節午初三
十二大 辛	婁	朔日丙午心	三日中申正三	十八立春亥正

三山 中ノ土トス 裏

三月六日ヨリ廿日マデ日月紅ノ如シ

壬寅 寛文二 宿 牛

隨 震下 兌上（七五三 正十一九）

蠱 巽下 艮上（十一三 酉六八）

納音 金 姓 箔

正小 壬寅月	胃	朔日丙子箕	四日中寅初一	十九二節辰正二
二大 癸	昴	朔日乙巳斗	五日中未初三 十二滅丑正一	廿日三節酉正四
三小 甲	畢	朔日乙亥女	五日没巳初 六日中子正一	廿一立夏卯初一
四小 乙	觜	朔日甲辰虚	七日中巳正三	廿二五節申初三
五大 丙	参	朔日癸酉危	八日中亥初	廿四六節丑正一
六小 丁	井	朔日癸卯壁	九日中辰初三	廿四立秋午正四
七大 戊	鬼	朔日壬申奎	十日中酉正	廿五八節子初
八小 己	柳	朔日壬寅胃	十一中寅正二	廿六九節巳初三
九大 庚	星	朔日辛未昴	十二中申初	廿七立冬戌正一
十大 辛	張	朔日辛丑觜	十三中丑初二	廿八十一節卯正三
十一大 壬	翼	朔日辛未井	十三中午正	廿八十二節酉初二
十二小 癸	軫	朔日辛丑柳	十三中亥正二	廿九立春寅初三

金 ニツリガネ 蠟ノ白 金トス

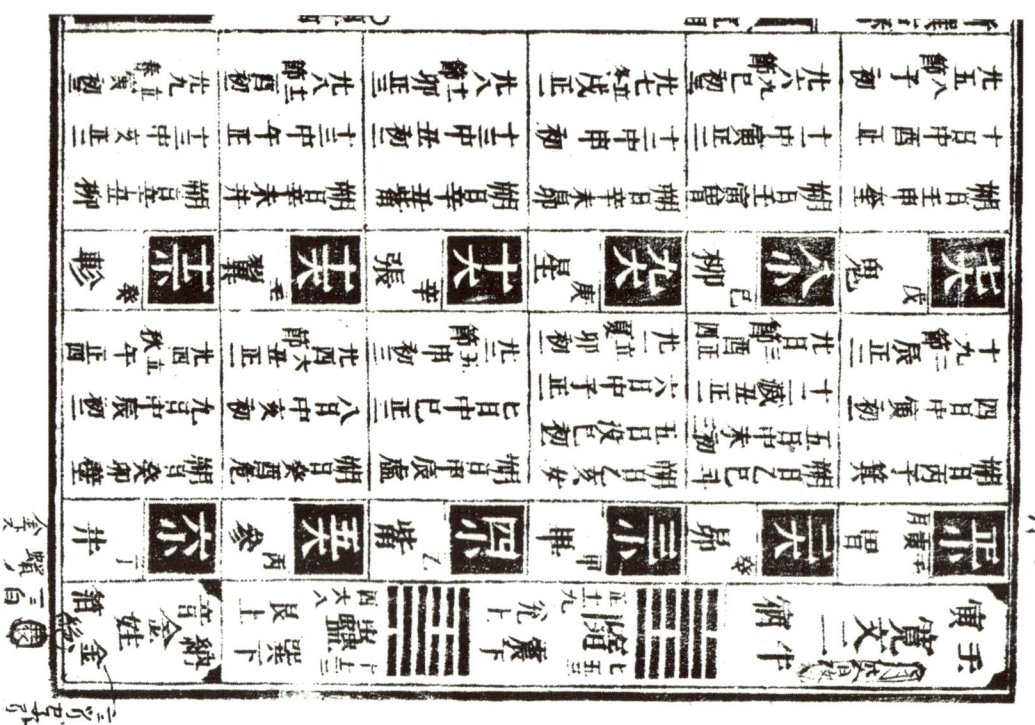

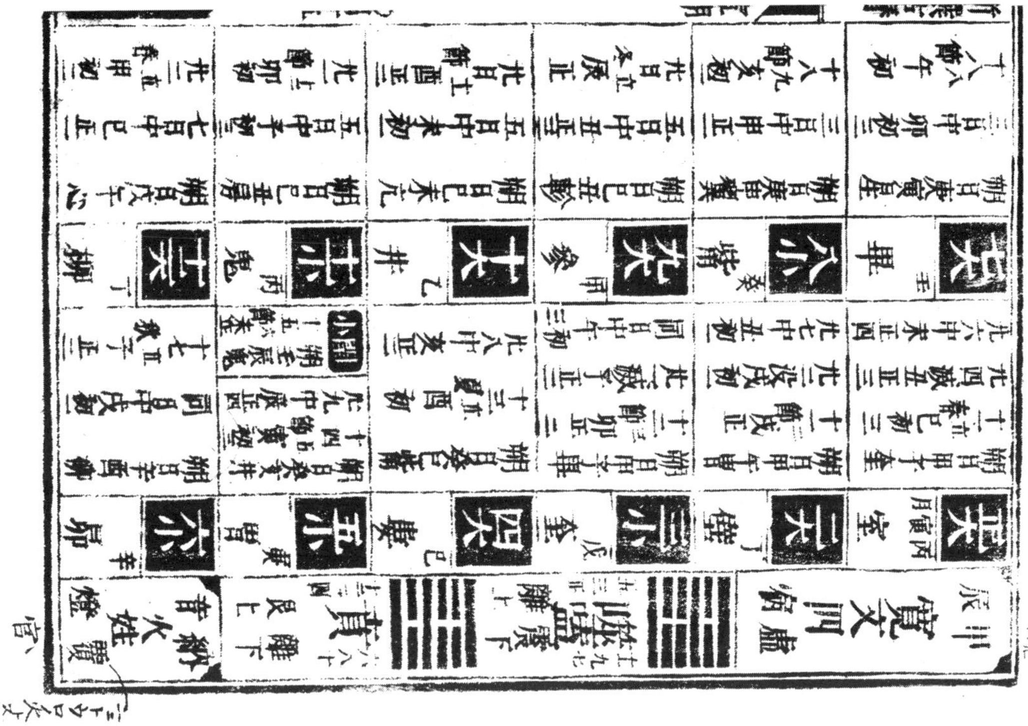

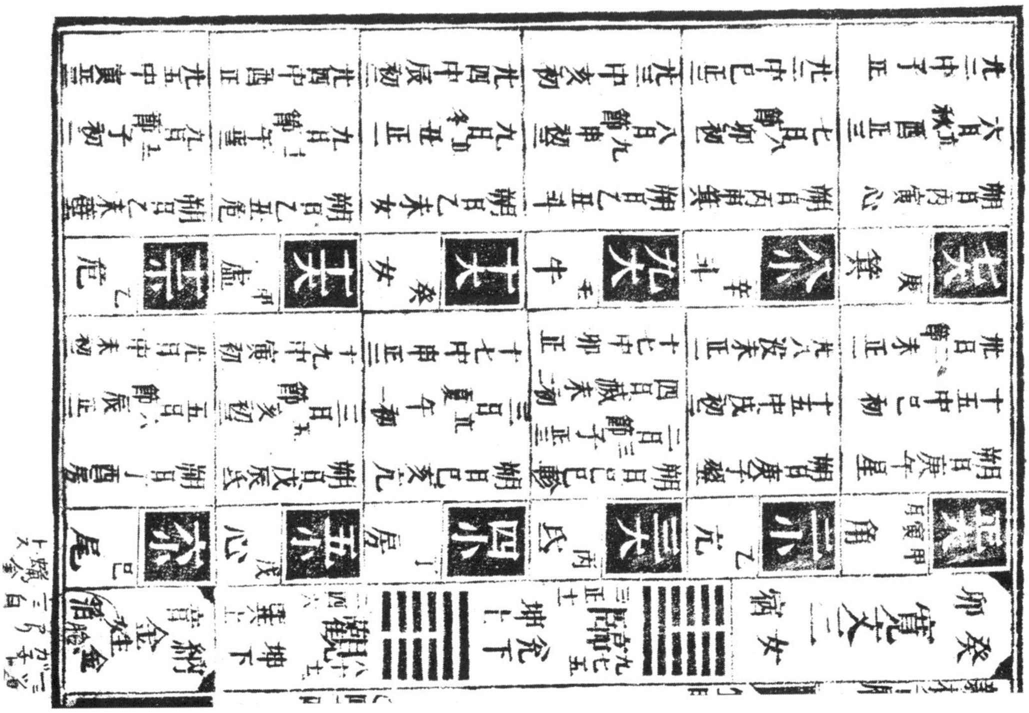

乙巳 寛文五 危宿

剝 坤下 艮上

復 震下 坤上

納音 火姓 覆燈

月	朔	節・中
正大 戊寅月 星	朔日戊子箕六	七日中戊正三 廿七没子正一 同日滅未初三 廿三節丑正
二大 己 張	朔日戊午牛	八日中辰初一 廿三節丑正
三小 庚 翼	朔日戊子盧	八日中酉初三 廿三夏子初
四大 辛 軫	朔日丁巳危	十日中寅正一 廿五節巳初二
五小 壬 角	朔日丁亥壁	十日中未正三 廿六節戌正
六大 癸 亢	朔日丙辰奎	十二中戌初一 廿六秋卯正三
七小 甲 氐	朔日乙酉婁	十三中午初三 廿八節酉初
八大 乙 房	朔日甲寅胃	十四中亥正一 廿九節寅初三
九小 丙 心	朔日甲申畢	十五中辰正三
十大 丁 尾	朔日癸丑觜	四日冬未正 十六中戌初一
十一大 戊 箕	朔日癸未井	二日節子正三 十七中卯初三
十二小 己 斗	朔日癸丑柳	三日節巳正四 十七中申正二

丙午 寛文六 室宿

无妄 震下 乾上

大畜 乾下 艮上

納音 水姓 天河

月	朔	節・中
正大 庚寅月 牛	朔日壬子奎	三日春亥初二 十一没卯初 十九中丑正三
二大 辛 女	朔日壬子翼	四日節辰正 十一滅丑初 十九中未初
三小 壬 盧	朔日壬午角	四日節酉正三 十九中子初三
四大 癸 危	朔日辛亥亢	六日夏寅正四 廿一中巳正
五小 甲 室	朔日辛巳房	六日節申初 廿一中戌正三
六大 乙 壁	朔日庚戌心	八日節丑初三 廿三中辰初
七小 丙 奎	朔日庚辰箕	八日秋午正一 廿三中酉初二
八大 丁 婁	朔日己酉斗	九日節亥三 廿五中寅正
九小 戊 胃	朔日己卯女	十日節巳初一 廿五中未正三
十小 己 昴	朔日戊申盧	十一冬戌初三 廿七中丑初
十一大 庚 畢	朔日丁丑危	十三節卯正二 廿八中午初二
十二大 辛 觜	朔日丁未壁	十三節申正三 廿八中亥正

五月江戸ニ人ノ形ノ光リ物出ヅ

絹木綿ノ丈ヲ二丈六尺ニ定ム

二池ノ水トス

三天 井ノ水トス

胎

火ノ上トス

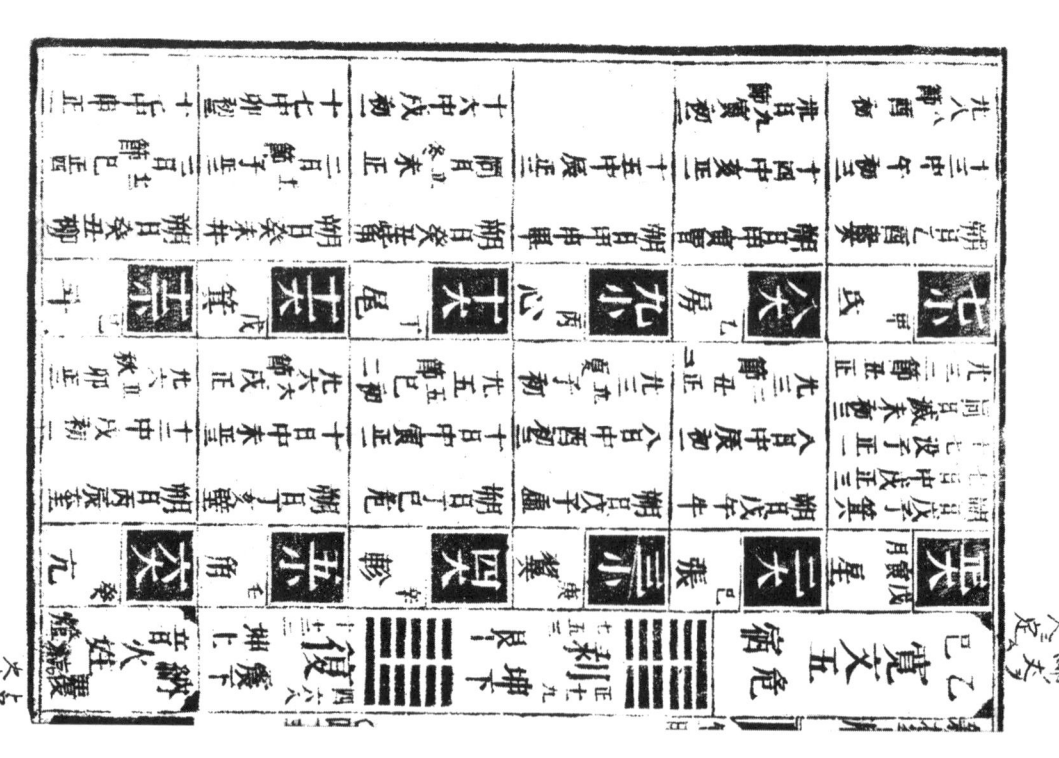

丁未 寛文七 壁宿

正大 壬寅 月 參
朔日丙子奎
同日滅未正一
五日没巳正
十五立春寅初
廿日中辰正二

二大 癸 井
朔日丙午胃
十五二節未初
廿日中戌初

小閏
朔丙子畢
十六三節子正

三大 甲 鬼
朔日乙巳觜
二日中卯初三
十七立夏巳正三

四大 乙 柳
朔日乙亥井
二日中申正
十七五節亥初一

五小 丙 星
朔日乙巳柳
三日中丑正三
十八六節辰初三

六大 丁 張
朔日甲戌星
四日中未初
十九立秋酉正一

七小 戊 翼
朔日甲辰翼
五日中子初二
廿日八節寅正三

八大 己 軫
朔日癸酉軫
六日中巳正
廿一九節申初一

九小 庚 角
朔日癸卯亢
六日中戌正三
廿二立冬丑初三

十小 辛 亢
朔日壬申氐
八日中卯正四
廿三十一節午正一

十一大 壬 氐
朔日辛丑房
九日中酉初二
廿四十二節亥正三

十二小 癸 房
朔日辛未尾
十日中寅正
廿五立春巳初

頤 震下 艮上 五三正 十二九七
大過 巽下 兌上 十二二四 六八十
納音 水 姓 天河

戊申 寛文八 奎宿

正大 甲寅 月 心
朔日庚子箕
十一中未正二
廿六節戌初三

二大 乙 尾
朔日庚午牛
九日没卯正四
十二中子正四
廿七節卯正
同日滅子初一

三小 丙 箕
朔日庚子女
十二中午初二
廿七立夏申正三

四大 丁 斗
朔日己巳危
十三中亥初三
廿五節寅初

五小 戊 牛
朔日己亥室
十四中辰正一
廿九六節未初一

六大 己 女
朔日戊辰奎
十五中酉正三
廿日没未初一

七大 庚 虚
朔日戊戌胃
同日立秋子正
十六中卯初一

八小 辛 危
朔日戊辰畢
同日八節巳正三
十六中申初三

九大 壬 室
朔日丁酉觜
二日九節亥初
十八中丑正一

十小 癸 壁
朔日丁卯井
三日立冬辰初三
十八中午正三

十一大 甲 奎
朔日丙申鬼
四日十一節酉正
十九中子初一

十二小 乙 婁
朔日丙寅星
五日十二節寅正三
廿日中巳初三

習坎 坎下 坎上 七五三 正十九
離 離下 離上 十十二 四六八
納音 土 姓 大驛

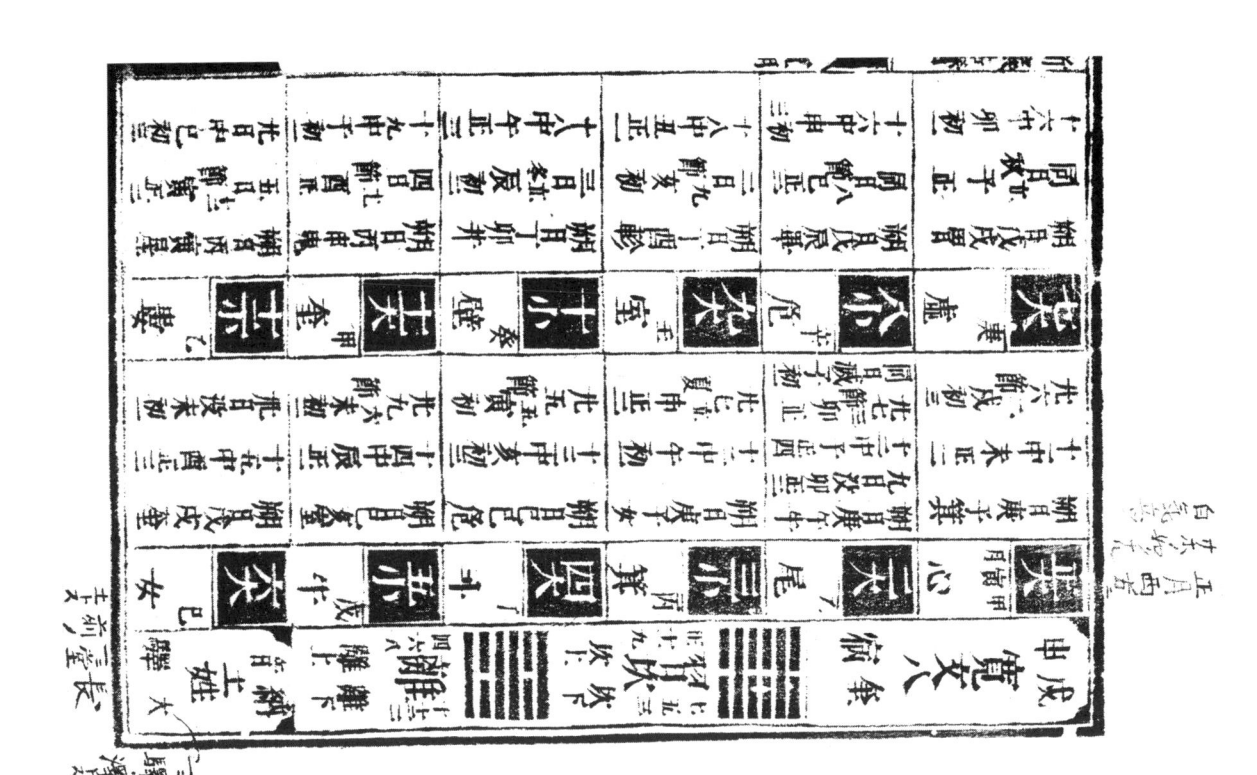

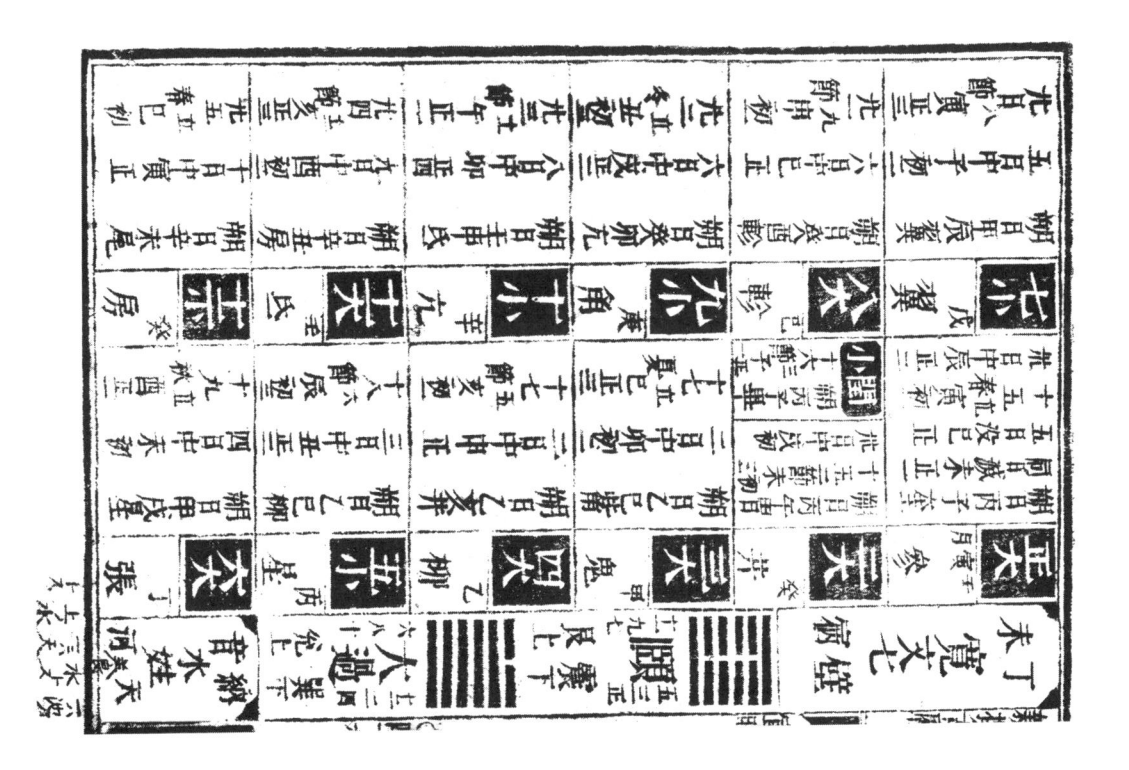

流星東へ飛 響雷如し

己酉 寛文九 宿婁

咸 九七五 三正十 艮下 兌上

恒 八十七 二四六 巽下 震上

納音 土 姓 大駅

正大 丙寅 胃
朔日乙未張
六日立春申初
十七滅午正三
廿二中戌正一

二大 丁卯 昴
朔日甲子翼
三日没午初二
八日節二丑初二
廿三中卯正三

三小 戊辰 畢
朔日甲午角
八日節三午正
廿三中酉初二

四大 己巳 觜
朔日癸亥亢
九日立夏亥正三
廿五中寅初三

五小 庚午 参
朔日癸巳房
十日節五巳初
廿五中未正一

六大 辛未 井
朔日壬戌心
十一節六戌初一
廿七中子正三

七大 壬申 鬼
朔日壬辰箕
十二立秋卯正
廿七中午初二

八小 癸酉 柳
朔日壬戌牛
十二節八申正二
廿七中亥初二

九大 甲戌 星
朔日辛卯女
十四節九寅初
廿九中辰正一

十大 乙亥 張
朔日辛酉危
十四立冬未初三
廿九中酉正三

小閏
朔辛卯壁
十四節十子正

十一大 丙子 翼
朔日庚申奎
同日中卯初
十六節十一巳正二

十二小 丁丑 軫
朔日庚寅胃
同日中申初三
十六立春戌正四

三驛 沢ノ上 一三堂 前ノ 十ト又

八月二大風 十ヲフスヘ

庚戌 寛文十 宿胃

遯 九七 五三正 艮下 乾上

大壮 六八六十 十二四 乾下 震上

納音 金 姓 釵釧

正小 戊寅 角
朔日己未昴
三日中丑初二
十日滅巳五
十八節二卯七

二大 己卯 亢
朔日戊子畢
四日中午三
十九節三酉初

三小 庚辰 氐
朔日戊午参
同日土用亥一
四日中亥五
七日没午六
廿日立夏寅

四大 辛巳 房
朔日丁亥井
六日中辰七
廿一節五未四

五小 壬午 心
朔日丁巳柳
六日中戌一
廿二節六子六

六大 癸未 尾
朔日丙戌星
五日土用寅七
八日中卯三
廿三立秋午一

七小 甲申 箕
朔日丙辰翼
八日中巳八
廿三節八亥二

八大 乙酉 斗
朔日乙酉軫
十日中丑七
廿五節九辰五

九大 丙戌 牛
朔日乙卯亢
七日土用午四
十日中未一
廿五立冬酉六

十大 丁亥 女
朔日乙酉房
十一日中子三
廿六節十一寅八

十一小 戊子 虚
朔日乙卯尾
十一中午五
廿六節十二申二

十二大 己丑 危
朔日甲申箕
九日土用戌二
十二中戌七
廿八立春丑

衰

一三 刀十日 貴ノ 金ト 又

新撰古暦

宣明

琉球人来

辛亥 寛文十一 昴宿

晉 正十九 七五三 坤下離上

明夷 四六八 十七十一 離下坤上

納音 金姓 釵釧

正小 庚寅月 室
朔日甲寅牛　十三日中辰一　廿八二節午六

二大 辛 壁
朔日癸未女　四日臧寅五　十四中酉三　廿九三節亥八　廿日没午四

三小 壬 奎
朔日癸丑危　十二土用寅初　十五中寅五

四小 癸 婁
朔日壬午室　同日立夏巳三　十六中未七

五大 甲 胃
朔日辛亥壁　二日五節戌四　十八中丑一

六小 昴
朔日辛巳婁　三日六節卯六　十五土用巳六　十八中午三

七小 丙 畢
朔日庚戌胃　四日九杪中八　十九中亥五

八大 丁 觜
朔日己卯昴　六日八節寅二　廿一中辰七

九大 戊 參
朔日己酉觜　六日九節未酉　十八土用酉四　廿一中戌初

十大 己 井
朔日己卯井　七日十冬子六　廿二中卯二

十一小 庚 鬼
朔日己酉卯　七日十一節巳八　廿二中申五

十二大 辛 柳
朔日戊寅星　八日十二節亥一　廿一土用丑二　廿四中丑七

三月 病

壬子 寛文十二 甲宿

家人 三五十二 九七五 離下巽上

睽 二四六八 十十二 兌下離上

納音 木姓 桑柘

十二月 伊丹山 つゝじ花皆開

正大 壬寅月 星
朔日戊申翼　九日春辰三　廿四中未初

二小 癸 張
朔日戊寅角　九日二節酉五　廿三没戌一　廿五中子二　廿六滅巳三

三大 甲 翼
朔日丁未亢　十一三節寅七　廿三土用午二　廿六中巳四

四小 乙 軫
朔日丁丑房　十一日夏申一　廿六中戌六

五小 丙 角
朔日丙午心　十三日節丑三　廿八中卯八

六小 丁 亢
朔日乙亥尾　十四六節午五　廿六土用申六　廿九中酉二

閏六大
朔日甲辰箕　十五立秋亥

七小 戊 氐
朔日甲戌牛　同日中寅四　十六八節巳一

八大 己 房
朔日癸卯虚　同日中未六　十六九節戌三　廿日土用子三

九大 庚 心
朔日癸酉危　三日中子八　十八立冬卯五

十小 辛 尾
朔日癸卯壁　三日中寅二　十八十一節申七

十一大 壬 箕
朔日壬申奎　四日中亥四　廿日十二節寅一

十二大 癸 斗
朔日壬寅胃　二日土用辰一　五日中辰六　廿日立春未三

三 楓木 大栗木

沐

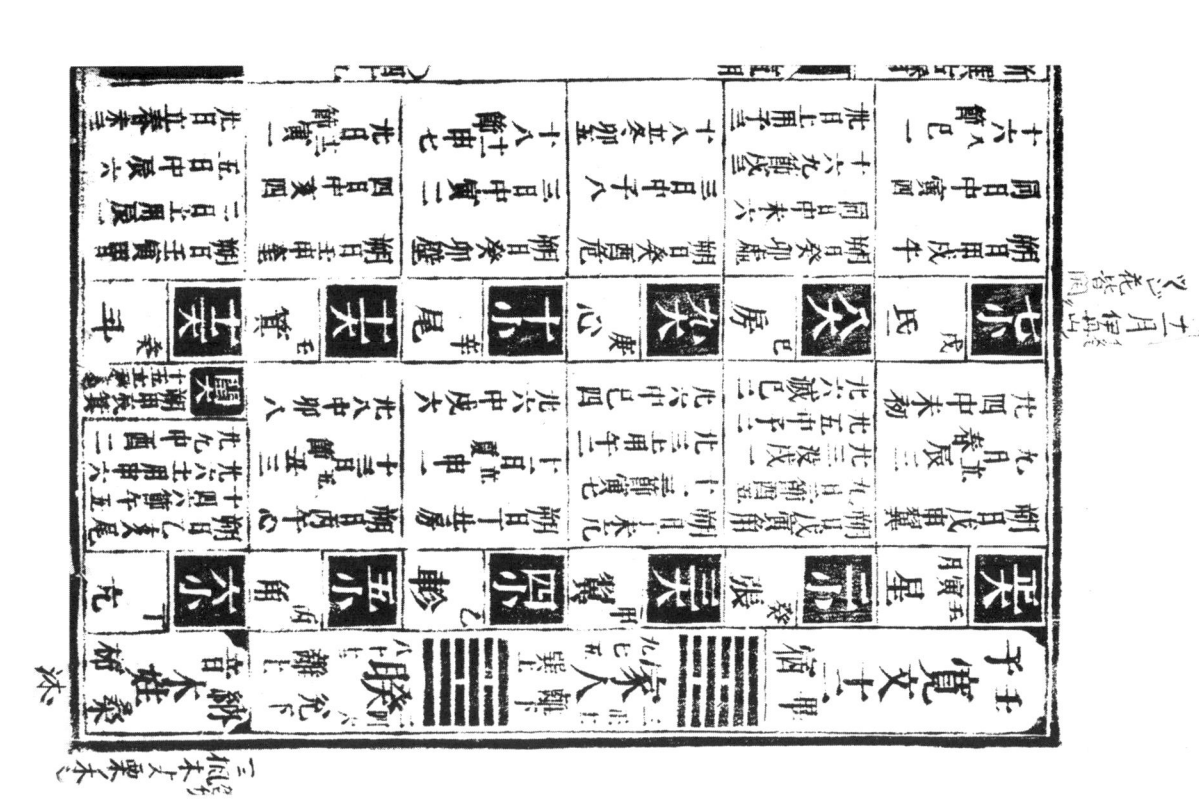

癸丑 延寳元 九月廿一日改元 紫甫 宿

蹇 五三正 十九七 艮下 坎上

解 十二四 六八十 坎下 震上

納音 桑柘木

正大 甲 牛 月 寅 朔日壬申畢 五日中酉八 十七没亥三 廿一節子五

二小 乙 女 朔日壬寅参 六日中卯三 廿日滅寅二 廿二節巳七

三大 丙 虚 朔日辛未井 七日中申酉 四日土用未七 廿二立夏亥一

四小 丁 危 朔日辛丑柳 八日中丑六 廿三節辰三

五小 戊 室 朔日庚午星 九日中午八 廿四節酉五

六大 己 壁 朔日己亥張 七日土用亥五 十一中子二 廿六立秋丑五

七大 庚 奎 朔日戊辰翼 十二日巳四 廿七八節申初

八小 辛 婁 朔日戊戌角 十二日中戌六 廿八九節丑三

九大 壬 胃 朔日丁卯亢 十一土用卯三 十四中卯八 廿九立冬午五

十小 癸 昴 朔日丁酉房 十四中酉一 廿九節亥七

十一大 甲 畢 朔日丙寅心 十六中寅三

十二大 乙 觜 朔日丙申箕 同日節巳初 十三土用未一 十六中未六

甲寅 延寳二 宿 参

損 七四三 十九 兌下 艮上

益 十六 四六八 震下 巽上

納音 大渓水

病

正大 丙 参 月 寅 朔日丙寅牛 同日立春戌二 十日滅巳二 十二没丑七 十七中子八

二小 丁 井 朔日丙申虚 二日節卯四 十七中午一

三大 戊 鬼 朔日乙丑危 三日節申六 十五土用戌七 十八中亥三

四小 己 柳 朔日乙未壁 四日立夏丑八 十九中辰五

五大 庚 星 朔日甲子奎 五日節未二 廿日中酉七

六小 辛 張 朔日甲午胃 六日節子四 十八土用寅五 廿一中卯初

七小 壬 翼 朔日癸亥昴 七日立秋巳六 廿二中申三

八大 癸 軫 朔日壬辰畢 八日節戌八 廿四中丑五

九小 甲 角 朔日壬戌参 九日節辰三 廿一土用午二 廿四中午七

十大 乙 亢 朔日辛卯井 十日立冬酉四 廿六中子初

十一小 丙 氐 朔日辛酉柳 十一日節寅六 廿六中巳三

十二大 丁 房 朔日庚寅星 十二日節未八 廿四土用戌一 廿七中戌五

幅一丈ノ雲 出

一三山沢上ス

鐵鑵ニテ施シ行アリ

乙卯 延寶三 井宿

夬 九七五 三正七 乾下兌上

姤 八十三 二四六 巽下乾上

納音 大溪水 木姓

正大 戊寅月 心
朔日庚申翼
六日没辰三
十三立春丑二
廿八中卯七

二小 己 尾
朔日庚寅角
四日滅寅二
十三二節午四
廿八中酉一

三大 庚 箕
朔日己未亢
十四三節亥六
廿七土用丑六
卅日中寅三

四大 辛 斗
朔日己丑房
十五立夏辰八
卅日中未五

閏小
朔日己未尾
十五五節戌二

五大 壬 牛
朔日戊子箕
二日中子七
十七六節卯四
廿九土用巳四

六小 癸 女
朔日戊午斗
二日中午一
十七立秋申七

七大 甲 虚
朔日丁亥女
三日中亥三
十九八節丑八

八小 乙 危
朔日丁巳危
四日中辰五
十九九節未一

九小 丙 室
朔日丙戌室
五日中酉七
廿日土用酉三
廿一立冬子酉

十大 丁 壁
朔日乙卯壁
七日中卯初
廿二十節巳六

十一小 戊 奎
朔日乙酉婁
七日中申二
廿二十一節戌八

十二大 己 婁
朔日甲寅胃
九日中丑一
六日土用丑初
廿四立春辰二

丙辰 延寶四 鬼宿

萃 十九七 五三正 坤下兌上

升 六八十 十二四 巽下坤上

納音 沙中土 土姓

基

一三山上ノ土トス

正大 庚寅月 胃
朔日甲申畢
九日中午六
廿四二節酉三
廿七滅辰七

二小 辛 昴
朔日甲寅參
九日中子初
十日没寅五
廿五三節寅五

三大 壬 畢
朔日癸未井
八日土用辰六
十一中巳二
廿六立夏未七

四大 癸 觜
朔日癸丑柳
十一中戌四
廿七五節丑一

五小 甲 參
朔日癸未張
十二中卯六
廿八六節午三

六大 乙 井
朔日壬子翼
十日土用申三
十三中申八
廿八立秋亥五

七小 丙 鬼
朔日壬午角
十四中寅二
廿九八節辰七

八大 丁 柳
朔日辛亥亢
十五中未四
卅日九節戌一

九小 戊 星
朔日辛巳房
十三土用子一
十六中子六

十小 己 張
朔日庚戌心
二日立冬卯三
十七中巳八

十一大 庚 翼
朔日己卯尾
三日十一節申五
十八中亥二

十二小 辛 軫
朔日己酉斗
四日十二節丑七
十六土用辰初
十九中辰四

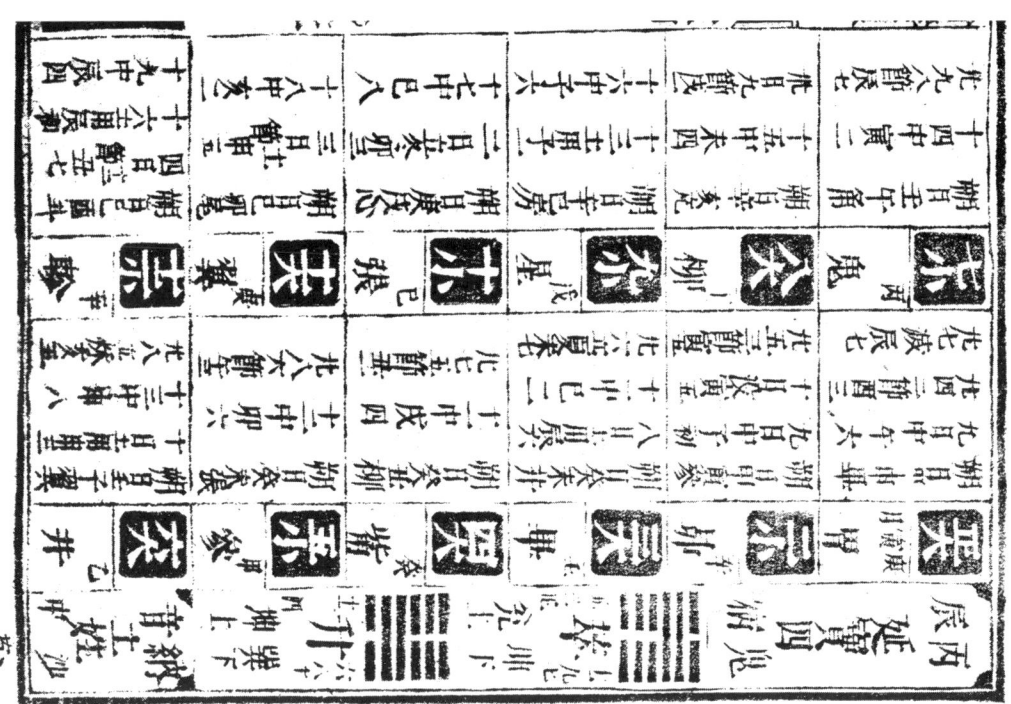

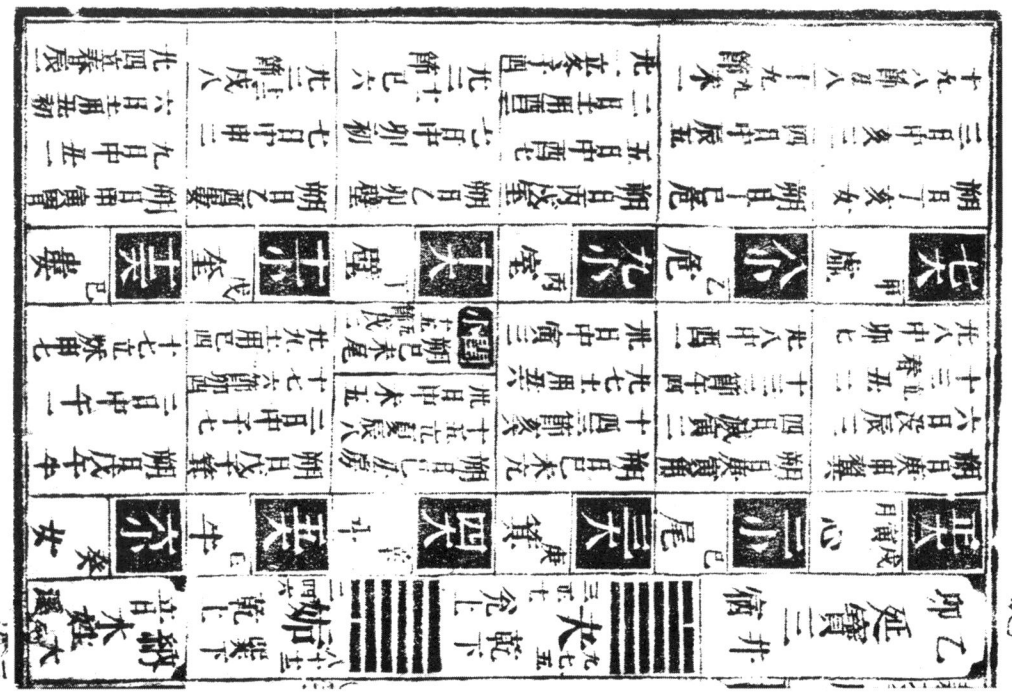

丁巳 延寳五 柳宿

困 正十九 坎下 七五五 兌上

井 四六八 巽下 十上三 坎上

納音 沙中土 姓

正月大 壬寅 角	朔日戊寅牛 五日立春未二 廿日中酉六	七月小 戊 箕	朔日丙子畢 十日立秋寅五 廿五中巳二
二月小 癸 亢	朔日戊申虚 四日啓巳五 六日二節子三 廿一中寅八 同日社丑六	八月大 己 斗	朔日乙巳觜 十一八節未七 廿六中戌四
三月大 甲 氐	朔日丁丑危 七日三節巳五 廿二中申三 十九土用未五	九月大 庚 牛	朔日乙亥井 十二九節丑初 廿四土用卯五 廿七中卯六
四月大 乙 房	朔日丁未壁 七日立夏戌七 廿三中丑四	十月小 辛 女	朔日乙巳柳 十二立冬午二 廿七中申八
五月小 丙 心	朔日丁丑婁 八日五節辰三 廿三中午六	十一月大 壬 虚	朔日甲戌星 十三十一節亥四 廿九中寅一
六月大 丁 尾	朔日丙午胃 九日六節酉三 廿一土用亥三 廿四中亥八	十二月小 癸 危	朔日甲辰翌 十四十二節戌七 廿六土用午七 廿九中未三
		閏小	朔癸酉軫 十五立春戌初

絶

戊午 延寳六 星宿

革 三正上 離下 九七五 兌上

鼎 二四六 巽下 八十五 離上

納音 天上火 姓

正月大 甲寅 室	朔日壬寅角 二日中子五 十七二節卯二	七月大 庚 畢	朔日己亥女 七日中申一 廿三八節亥二
二月小 乙 壁	朔日壬申氐 二日中巳七 十四社辰四 十七三節申四 廿九土用戌四	八月小 辛 觜	朔日己巳危 八日中丑三 廿三九節卯[illegible]
三月大 丙 奎	朔日辛丑房 三日中亥一 十九立夏丑六	九月大 壬 參	朔日己亥壁 五日土用午初 八日中午五 廿三立冬酉三
四月大 丁 婁	朔日辛未尾 四日中辰三 十九五節午八	十月大 癸 井	朔日戊辰奎 九日中亥七 廿五十一節寅四
五月大 戊 胃	朔日庚子箕 五日中酉五 廿一六節子三	十一月大 甲 鬼	朔日戊戌胃 十日中巳一 廿五十二節未六
六月小 己 昴	朔日庚午牛 三日土用寅三 六日中寅七 廿一立秋巳四	十二月小 乙 柳	朔日戊辰畢 七日土用酉六 十日中戌三 廿六立春子八

帝

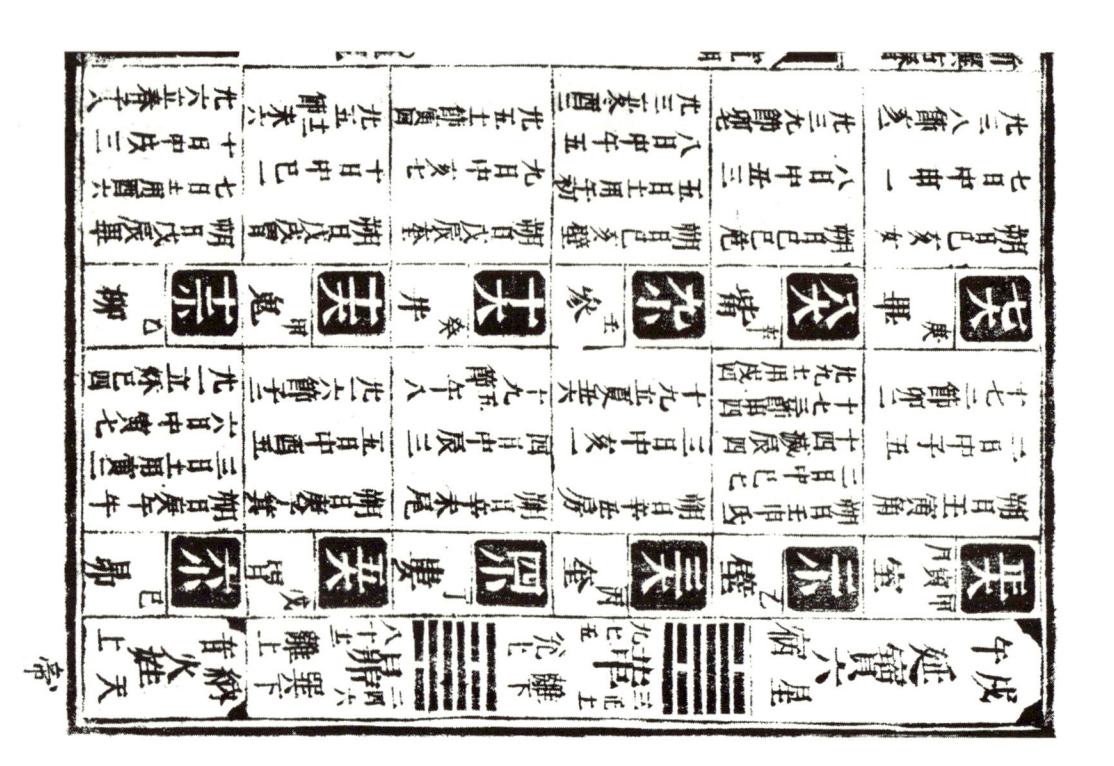

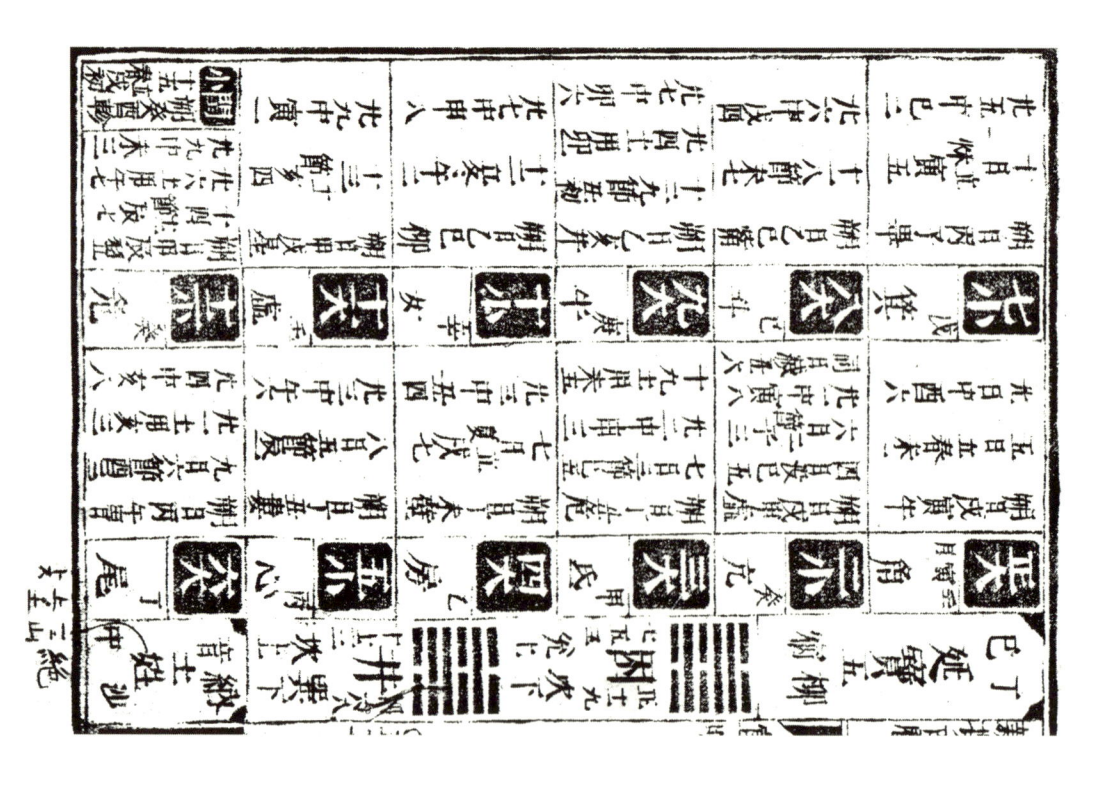

己未 延寶七 張宿

震 五三正 十一九七 震下震上

艮 十二四 六八十 艮下艮上

納音 火姓 天上

正小 丙寅月 星
朔日丁酉觜
四日立春寅初
十二中卯五
廿七二節午二

二大 丁 張
朔日丙寅参
十三中申七
廿八三節亥四

三小 戊 翼
朔日丙申鬼
十一土用丑四
十四中寅一
廿九立夏辰六

四大 己 軫
朔日乙丑柳
十五中未三
卅日五節酉八

五小 庚 角
朔日乙未張
十六中子五

六大 辛 亢
朔日甲子翼
二日六節卯二
十四土用巳二
十七中巳七

七小 壬 氐
朔日甲午角
二日立秋申四
十七中亥初

八大 癸 房
朔日癸亥亢
四日八節丑六
十九中辰二

九大 甲 心
朔日癸巳房
四日九節辰八
十六土用酉初
十九中酉五

十小 乙 尾
朔日癸亥尾
五日立冬子一
廿日中寅七

十一大 丙 箕
朔日壬辰箕
六日十一節巳三
廿一中未八

十二大 丁 斗
朔日壬戌牛
六日十二節戌五
十九土用子六
廿二中丑二

衰

庚申 延寶八 翼宿

漸 十五三 正十一九 艮下巽上

歸妹 十七一 四六八 兌下震上

納音 木姓 柘榴

一三神前柘榴トス

正小 戊寅月 牛
朔日壬辰虚
七日立春卯七
廿二中午四
廿六滅辰五

二大 己 女
朔日辛酉危
八日二節酉三
廿三中亥六
廿五没申一

三小 庚 虚
朔日辛卯壁
九日三節寅五
廿一土用辰四
廿四中辰八

四大 辛 危
朔日庚申奎
十日立夏未五
廿五中戌二

五小 壬 室
朔日己丑婁
十一五節子七
廿七中卯四

六大 癸 壁
朔日戊午胃
十三六節午一
廿五土用申一
廿八中申六

七小 甲 奎
朔日戊子畢
十三立秋亥二
廿九中丑八

八大 乙 婁
朔日丁巳觜
十五八節辰五
廿日中未一

閏大
朔日丁亥井
十五九節酉七
廿七土用[illegible]

九小 丙 胃
朔日丁巳柳
同日中子四
十六立冬卯一

十大 丁 昴
朔日丙戌星
二日中巳六
十七十一節申三

十一大 戊 畢
朔日丙辰翼
二日中戌八
十八十二節丑四
廿日土用卯五

十二大 己 觜
朔日丙戌角
三日中辰一
十八立春午六

絶

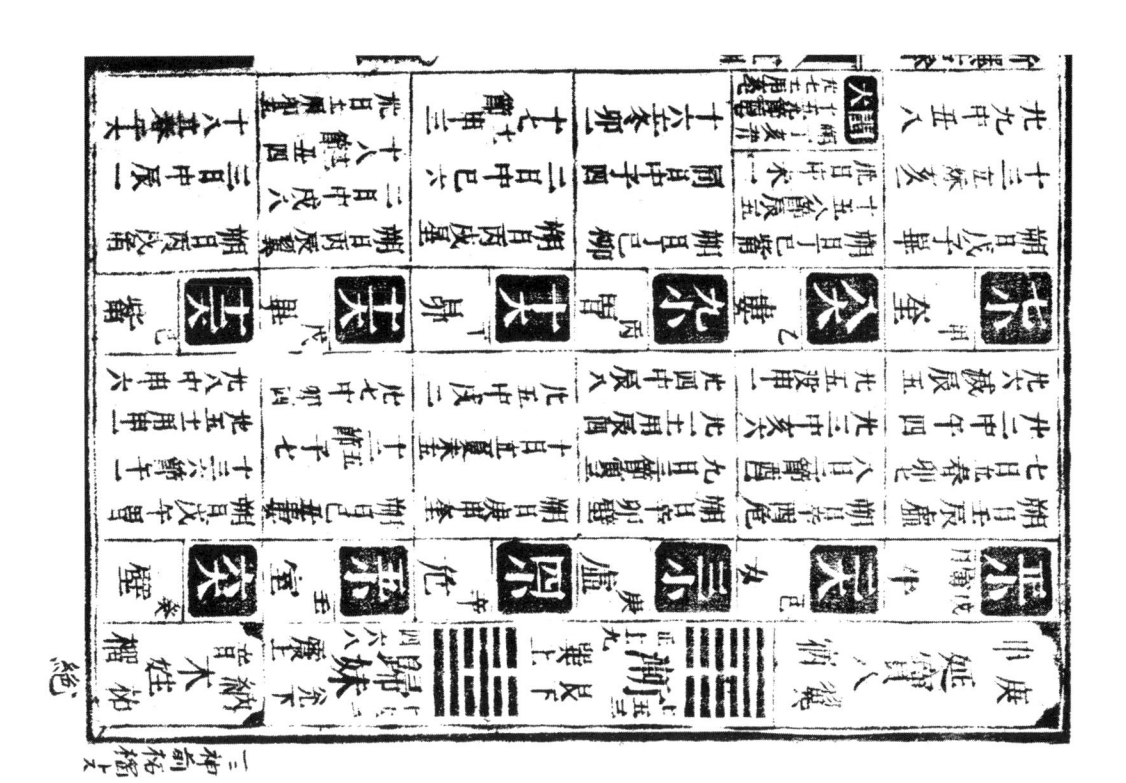

琉球人來 日蓮四百年

辛酉 天和元 （九月廿九日改元） 宿 軫	豐 離下震上 旅 艮下離上 納音 木 姓 柘榴

月		月	
正小 庚寅 參	朔日丙辰氐 三日中酉四 十八沒戌六 十九二節子一 廿日滅丑五	七小 丙 翼	朔日壬子虚 十日中辰八 廿五八節未四
二大 辛 井	朔日乙酉房 五日中寅五 廿日三節巳三	八大 丁 軫	朔日辛巳危 十一中戌一 廿七九節子七
三小 壬 鬼	朔日乙卯尾 二日土用未三 五日中未七 廿日立夏戌五	九小 戊 角	朔日辛亥壁 九日土用寅七 十二中卯三 廿七立冬午一
四小 癸 柳	朔日甲申箕 七日中丑一 廿二五節巳七	十大 己 亢	朔日庚辰奎 十三中申五 廿八節亥二
五小 甲 星	朔日癸丑斗 八日中午三 廿三六節申八	十一大 庚 氐	朔日庚戌胃 十四中丑七 廿九節辰四
六大 乙 張	朔日壬午牛 六日土用亥一 九日中亥五 廿五立秋寅六	十二大 辛 房	朔日庚辰畢 十一土用午四 十四中未一 廿九立春酉六

胎 三神 …

朝鮮人來

壬戌 天和二 宿 角	巽 巽下巽上 兌 兌下兌上 納音 大海 水 姓

月		月	
正小 壬寅 心	朔日庚戌參 十三沒丑二 十五中子三	七大 戊 虚	朔日丙午角 六日立秋巳三 廿一中未七
二大 癸 尾	朔日己卯井 同日節寅八 十四滅辰一 十六中巳五	八小 己 危	朔日丙子亢 六日八節戌四 廿二中丑一
三大 甲 箕	朔日己酉柳 同日三節申二 十三土用戌三 十六中戌七	九大 庚 室	朔日乙巳房 八日九節卯六 廿日土用巳六 廿三中午三
四小 乙 斗	朔日己卯張 二日立夏丑四 十七中辰一	十小 辛 壁	朔日乙亥尾 八日立冬申八 廿三中亥四
五小 丙 牛	朔日戊申翼 三日五節午六 十八中酉三	十一大 壬 奎	朔日甲辰箕 十日十一節寅一 廿五中辰六
六小 丁 女	朔日丁丑軫 四日六節亥八 十七土用寅初 廿日中寅五	十二大 癸 婁	朔日甲戌斗 十日十二節未四 廿二土用酉四 廿五中戌一

官

日光山大地震

癸亥 天和三 亢宿

渙 正十九 七五三 坎下巽上

節 四六八 十五二 兌下坎上

納音 水姓 大海

月					
正月大 甲寅 胃	朔日甲辰虚	四日臧丑五	七日没午三	十一立春子五	廿六中卯二
二月小 乙卯 昴	朔日甲戌室	十二節巳七	廿六中申五		
三月大 丙辰 畢	朔日癸卯壁	十三節亥一	廿五土用丑二	廿八中丑七	
四月小 丁巳 觜	朔日癸酉婁	十三立夏辰四	廿八中未初		
五月大 戊午 参	朔日壬寅胃	十四節酉八	卅日中子三		
閏五月小	朔日壬申畢	十五節寅七	廿七土用辰八		
六月小 己未 井	朔日辛丑觜	同日中巳五	十六立秋申一		
七月大 庚申 鬼	朔日庚午参	二日中戌七	十八節丑三		
八月小 辛酉 柳	朔日庚子鬼	三日中卯八	十八九節午八		
九月大 壬戌 星	朔日己巳柳	同日土用申六	四日中酉二	十九立冬亥八	
十月小 癸亥 張	朔日己亥張	五日中寅四	廿日節巳一		
十一月大 甲子 翼	朔日戊辰翼	六日中未六	廿一節戌三		
十二月大 乙丑 軫	朔日戊戌角	四日土用子四	七日中子八	廿二立春卯五	

此年用宣明暦

暦改而貞享暦トス

甲子 貞享元 氐宿 二月廿一日改元

中孚 正十 九七六 兌下巽上

小過 二四六 八十十二 艮下震上

納音 金姓 海中

月					
正月大 丙寅 角	朔日戊辰氐	七日中午二刻	廿二節申七		
二月大 丁卯 亢	朔日丁酉房	八日中亥四	十二日没丑七	廿四節寅一	
三月大 戊辰 氐	朔日丁卯尾	同日臧卯七	六日土用辰一	九日中辰六	廿四立夏未二
四月小 己巳 房	朔日丁酉斗	九日中酉八	廿五節子五		
五月大 庚午 心	朔日丙寅牛	十一中巳七	廿六節巳七		
六月小 辛未 尾	朔日丙申虚	八日土用未四	十一日中申四	廿六立秋亥初	
七月大 壬申 箕	朔日乙丑危	十二中丑七	廿八節辰三		
八月小 癸酉 斗	朔日乙未壁	十三日中午八	廿八九節酉五		
九月小 甲戌 牛	朔日甲子奎	十一日土用亥五	十五日中子二		
十月大 乙亥 女	朔日癸巳婁	同日立冬寅七	十六中巳三		
十一月小 丙子 虚	朔日癸亥胃	同日節申六	十六日中戌六		
十二月大 丁丑 危	朔日壬辰畢	三日節丑二	十五土用卯三	十八中卯八	

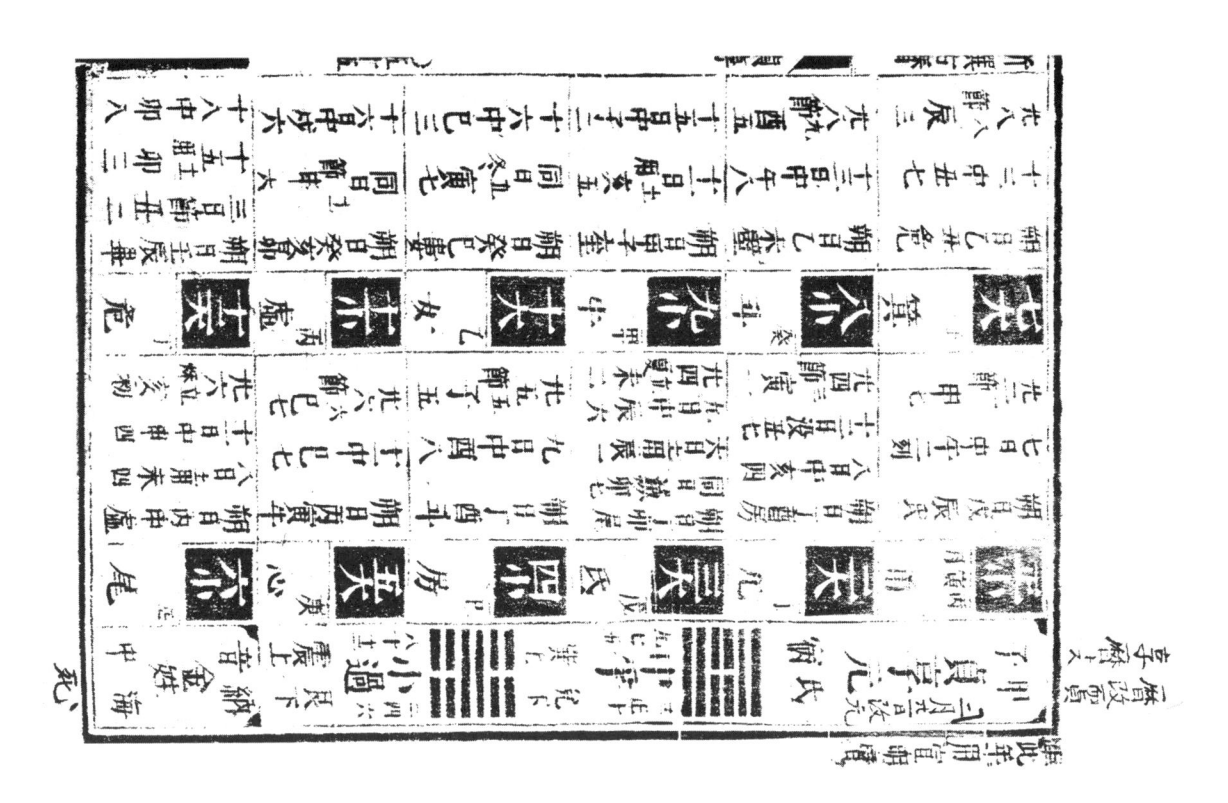

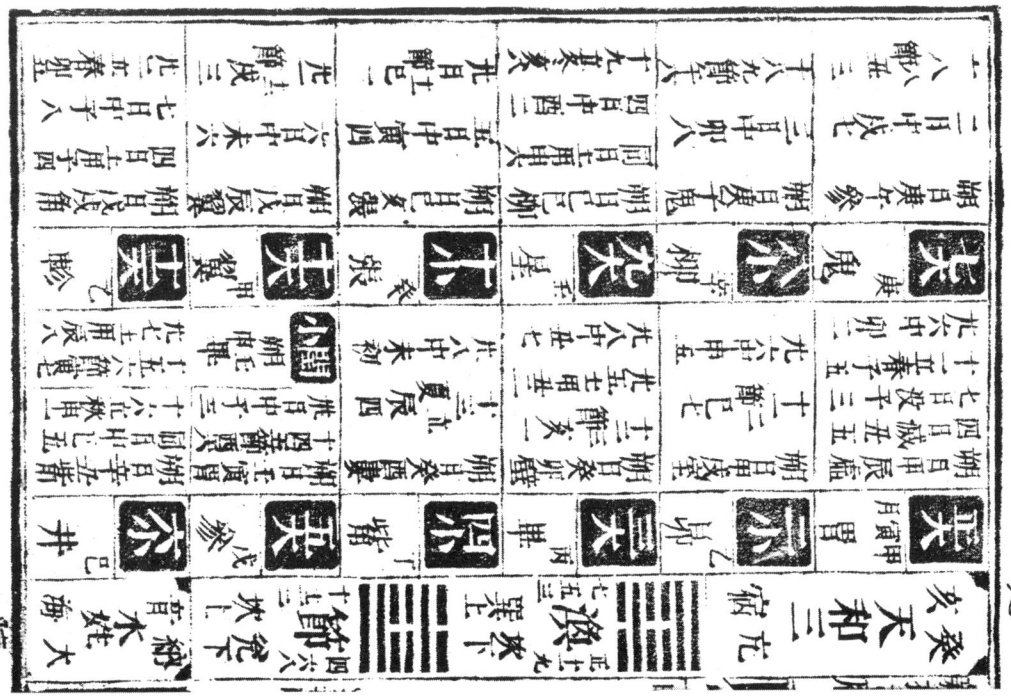

乙丑 貞享二 歳徳 ...
既済 離下坎上
未済 坎下離上
納音 海中金

正月小 戊寅 星
二月大 己 張
三月小 庚 翼
四月大 辛 軫
五月大 壬 角
六月小 癸 亢

朔日壬戌星　同日立春未初三　十六中酉正四
朔日辛卯張　三日節子正初　十八中卯初
朔日辛酉軫　三日節巳正二　十八中申初三
朔日庚寅角　四日立夏亥初初　十九日中丑正一
朔日庚申氐　五日節辰初二　十九日中午正三
朔日庚寅心　五日節酉正初　廿日中子初一

七月大 甲 氐
八月小 乙 房
九月大 丙 心
十月小 丁 尾
十一月大 戊 箕
十二月小 己 斗

朔日己未尾　七日立秋寅正二　廿一中巳初三
朔日己丑斗　七日節申初　廿二中戌正一
朔日戊午牛　九日節丑初二　廿四中卯正三
朔日戊子虚　九日立冬午正初　廿四中酉初一
朔日丁巳危　十日節亥正二　廿六中寅初三
朔日丁亥壁　十一日節巳初初　廿六中未正一

三月流星 東南より西へ飛

五月十五日月食皆既丑寅時
十一月十五日月食皆既卯辰時

四月十六日月食八分半酉戌亥時
十月十四日日帯食所見二分半卯時

丙寅 貞享三 歳徳 ...
乾 乾下乾上
坤 坤下坤上
納音 炉中火

正月大 庚 牛
二月小 辛 女
三月大 壬 虚
四月大 癸 危
五月小 甲 室
六月大 乙 壁

朔日丙辰奎　十二日立春戌初二　廿八中子正三
朔日丙戌胃　十三日節卯正初　廿八中午初
朔日乙卯昴　十四日節申正二　廿九中亥初三
閏三月小 朔日乙酉觜　十五日立夏丑正四
朔日甲寅参　同日中辰正初　十六節未初
朔日甲申鬼　同日中酉正三　十六節子初三
朔日癸丑柳　二日中卯初　十八立秋巳正二

七月大 丙 奎
八月小 丁 婁
九月大 戊 胃
十月小 己 昴
十一月大 庚 畢
十二月小 辛 觜

朔日癸未張　三日中申初二　十八節戌正三
朔日癸丑軫　四日中丑正初　十九節辰初一
朔日壬午角　二日中午初二　廿日立冬酉初三
朔日壬子氐　五日中子初初　廿一節寅正一
朔日辛巳房　七日中巳初　廿二節未正三
朔日辛亥尾　四日中戌初初　七日中戌正初　廿三立春丑初一

長

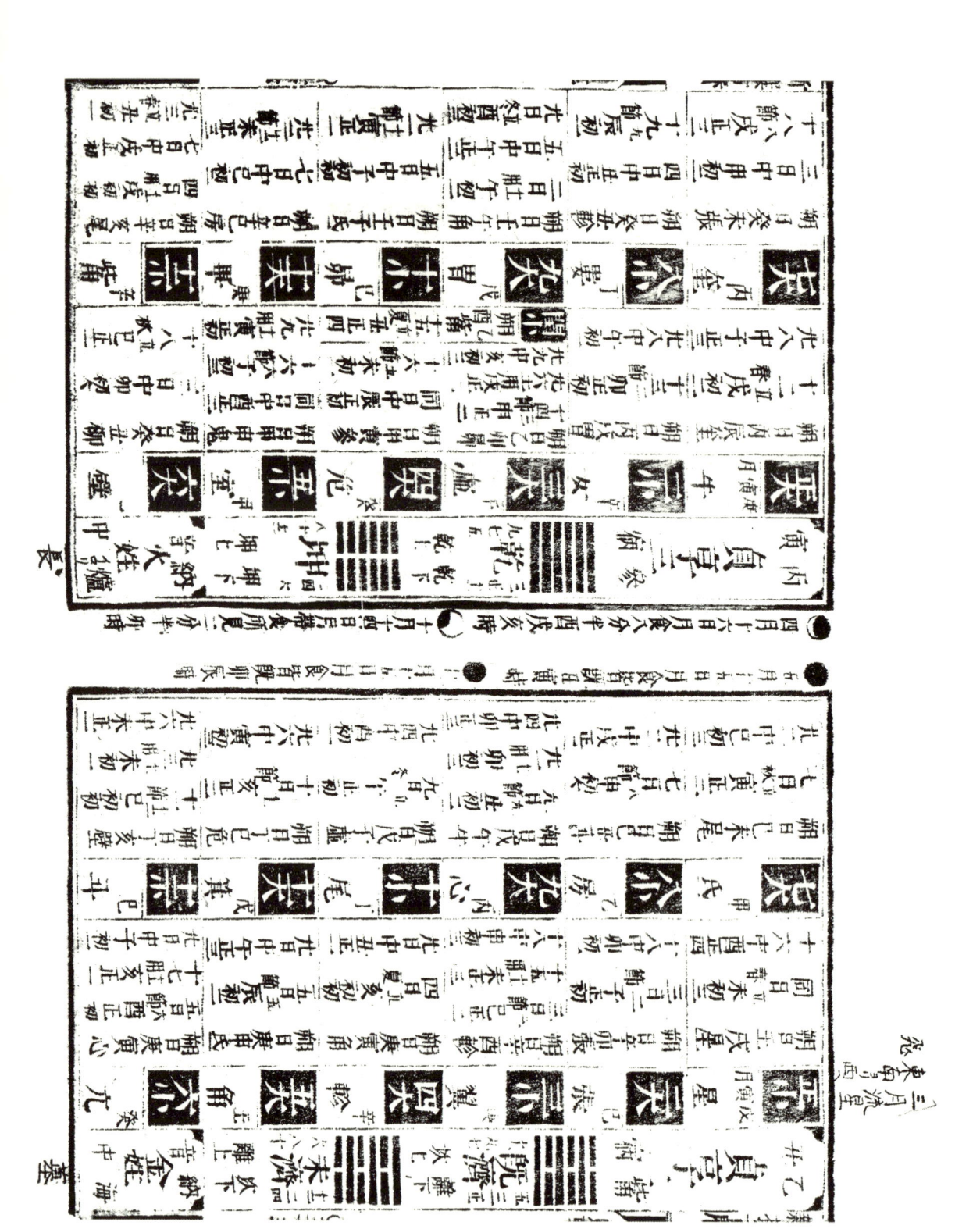

丁卯 貞享四 井 倆

屯 坎下 震上　蒙 坎下 艮上

納音 爐中火 火姓

正大 壬 参　朔日庚辰箕　九日中卯正三　廿四節午正初
二小 癸 井　朔日庚戌牛　九日中酉初一　廿四節亥正二
三小 甲 鬼　朔日己卯女　八日用丑正三　十一中寅初三　廿六夏巳初四
四大 乙 柳　朔日戊申虚　十二中未正一　廿七節戌初一
五小 丙 星　朔日戊寅室　十三中子正三　廿八節卯正初
六大 丁 張　朔日丁未壁　十一用巳正一　十四中午初　廿九秋申正二
七大 戊 翼　朔日丁丑婁　十四中亥初三　卅日節寅初四
八小 己 軫　朔日丁未昴　十五中辰正一
九大 庚 角　朔日丙子畢　同日節未初二　十三用酉初二　十六中酉正二
十大 辛 亢　朔日丙午参　二日冬子正初　十七中卯初
十一小 壬 氐　朔日丙子鬼　二日節巳正二　十七中申初三
十二大 癸 房　朔日乙巳柳　三日節亥初四　十六用丑初四　十九中丑正一

戊辰 元祿元（九月卅日改元） 鬼 倆

需 乾下 坎上　訟 坎下 乾上

納音 大林木 木姓

三月十五日月食五分半丑寅卯時
四月朔日日食六分半辰巳時
九月十六日月食六分酉戌亥時

正小 甲 心　朔日乙亥張　四日春辰初二　十九中午正二
二大 乙 尾　朔日甲辰翼　五日節酉初四　廿日中子初四
三小 丙 箕　朔日甲戌角　六日節寅正一　十八日用辰正二　廿一中巳初二
四小 丁 斗　朔日癸卯亢　七日夏未正二　廿二中戌正初
五大 戊 牛　朔日壬申氐　九日節丑初一　廿四中卯正二
六小 己 女　朔日壬寅心　九日節午初二　廿一用申正初　廿四中酉初四
七大 庚 虚　朔日辛未尾　十日秋亥正一　廿六中寅初一
八小 辛 危　朔日辛丑斗　十一節辰正三　廿六中未正初
九大 壬 室　朔日庚午牛　十二節戌初　廿四用子初二　廿八中子正二
十大 癸 壁　朔日庚子虚　十三冬卯初三　廿八中午初四
十一大 甲 奎　朔日庚午室　十三節申正二　廿八中亥初二
十二小 乙 婁　朔日庚子奎　十四節丑正三　廿八用辰初四　廿九中辰正初

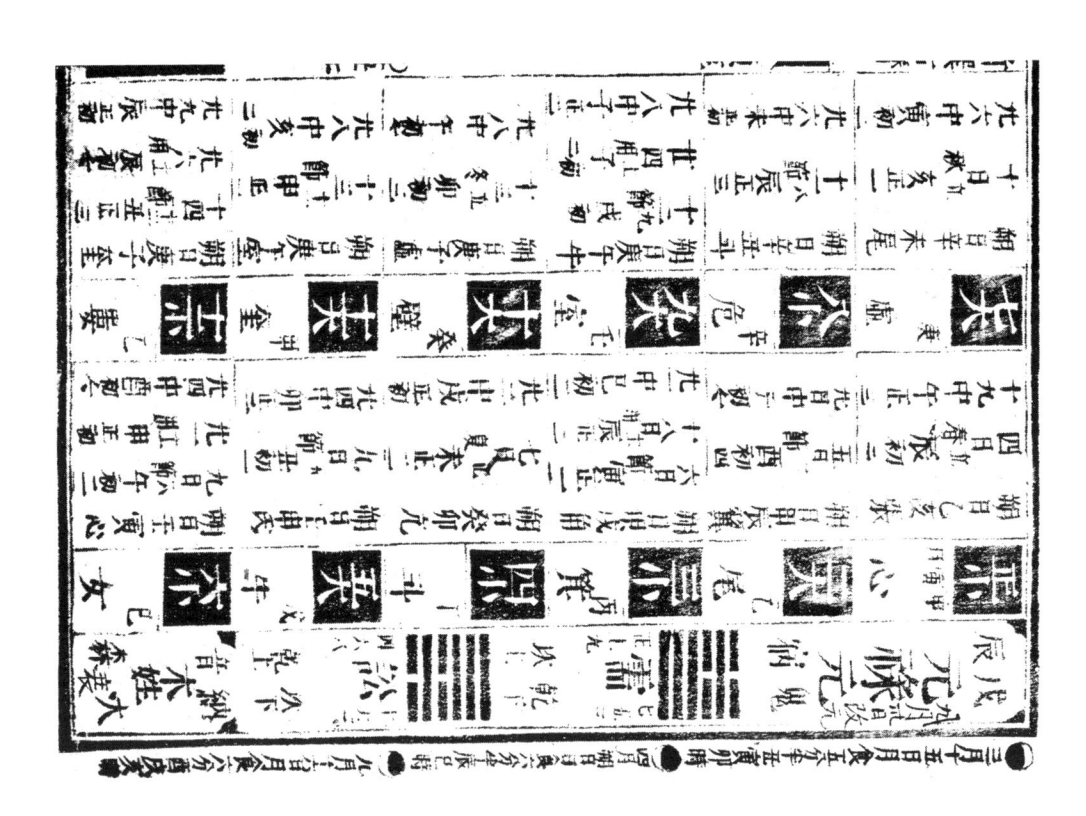

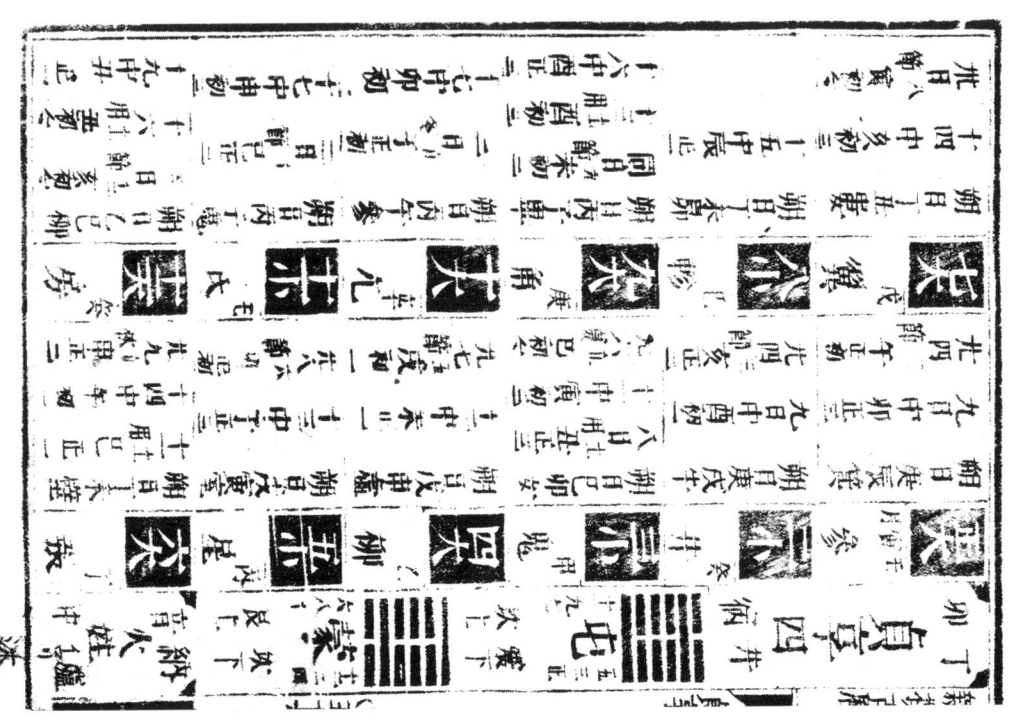

新撰古暦

己巳 元禄二 柳 病

䷆ 師 九七五 坎下坤上

䷇ 比 八十五 坤下坎上

納音 木姓 森 病

正大 丙寅月 胃　朔日己巳婁　十五立春未初一　卅日中酉正三

閏小　朔日己亥昴　十五日節子初三

二大 丁 昴　朔日戊辰畢　二日中卯初七　十七節巳正一　十九社未正一

三小 戊 畢　朔日戊戌參　二日中申初三　十七立夏戌正三

四小 己 觜　朔日丁卯井　四日中丑初四　十九節辰初八

五大 庚 參　朔日丙申鬼　五日中午正一　廿日節酉初一

六小 辛 井　朔日丙寅星　十日土用亥初三　五日中亥正三　廿一立秋寅正初

七大 壬 鬼　朔日乙未張　七日中巳初一　廿二節未正一

八小 癸 柳　朔日乙丑軫　七日中戌初三　廿三節子正四

九大 甲 星　朔日甲午角　六日土用卯初二　九日中卯正一　廿四立冬午初二

十大 乙 張　朔日甲子氐　九日中申正三　廿四節亥正初

十一大 丙 翼　朔日甲午心　十日中寅初一　廿五節辰正三

十二小 丁 軫　朔日甲子箕　七日土用午正二　十日中未初三　廿五立春戌初七

二月十五日月食皆既丑寅卯時

八月朔日日食四分辰巳時

八月十六日月食五分戌亥子時

庚午 元禄三 星 病

䷈ 小畜 九七 乾下巽上

䷉ 履 六八十 兌下乾上

納音 土姓 路傍

正大 戊寅月 角　朔日癸巳斗　十二中子正一　廿七節卯初二

二小 己 亢　朔日癸亥女　十二中巳正三　廿七節申正初

三大 庚 氐　朔日壬辰虚　十四日土用戌正一　十三中亥初一　廿九立夏丑正二

四小 辛 房　朔日壬戌室　十四中辰初三　廿九節未初七

五大 壬 心　朔日辛卯壁　十五中酉正

六大 癸 尾　朔日庚申奎　同日節子初二　十四土用寅初二　十七中寅正三

七小 甲 箕　朔日庚寅胃　二日立秋巳初四　十七中申初七

八小 乙 斗　朔日己未昴　三日節戌正一　十九中丑初二

九大 丙 牛　朔日戊子畢　五日節卯正三　十七土用午初七　廿日中午正初

十大 丁 女　朔日戊午參　五日立冬酉初一　廿日中亥正二

十一小 戊 虚　朔日戊子鬼　六日節寅初三　廿一中巳初七

十二大 己 危　朔日丁巳柳　七日節未正一　十九土用酉正二　廿二中戌初二

新撰古暦

諸國麻疹流行

辛未 元祿四 張宿

泰 正十九 乾下坤上

否 四六八 坤下乾上

納音 土姓 路傍

正大 庚寅月 室　朔日丁亥張　八日立春子正三　廿二中卯正初

二大 辛 壁　朔日丁巳軫　八日二節午初一　廿三中申正二

三小 壬 奎　朔日丁亥亢　八日三節亥初三　廿一朏丑正初　廿四中寅初七

四大 癸 婁　朔日丙辰氐　十日立夏辰正一　廿五中未初三

五小 甲 胃　朔日丙戌心　十一日五節酉正三　廿六中子正初

六大 乙 昴　朔日乙卯尾　十二日六節卯初一　廿四朏巳初三　廿七中巳正二

七大 丙 畢　朔日甲申箕　十三日立秋申初三　廿八中亥初七

八小 丁 觜　朔日甲寅牛　十四日八節丑正一　廿九中辰初二

九大 戊 參　朔日壬子虛　同日中酉初　十六日立冬子初

十大 己 井　朔日壬午室　二日中寅正二　十七日節巳初三

十一小 庚 鬼　朔日壬子奎　二日中未正四　同日朏子正一　十七節戌正初

十二大 辛 柳　朔日辛巳婁　四日中丑初一　十九日立春卯正三

閏 癸 朔未女　十五日九節午正三　廿七土用申正三

十二月十六日月食七分亥子丑時

養

正月朔日日食五分半未申時

壬申 元祿五 觜宿

同人 三正十 離下乾上

大有 二四六 乾下離上

納音 金姓 劍鋒

正大 壬寅月 星　朔日辛亥昴　四日中午初三　十九二節酉初七

二小 癸 張　朔日辛巳觜　四日中亥正一　十九日三節寅初二

三大 甲 翼　朔日庚戌參　三日朏辰初三　六日中辰正三　廿日立夏未正初

四大 乙 軫　朔日庚辰鬼　六日中戌初一　廿二五節子正二

五小 丙 角　朔日庚戌星　五日土用申初一　七日中卯初三　廿二六節午初七

六大 丁 亢　朔日己卯張　八日中申正　廿三立秋亥初一

七大 戊 氐　朔日戊申翼　十日中丑正三　廿五八節辰正初

八小 己 房　朔日戊寅角　十日中未初三　廿五九節酉正三

九大 庚 心　朔日丁未亢　八日朏亥正三　十一中子初三　廿七立冬卯初七

十大 辛 尾　朔日丙子氐　十三中巳正二　廿八十節申初二

十一小 壬 箕　朔日丙午心　十三中戌正三　廿九十一節丑正初

十二大 癸 斗　朔日乙亥尾　十二日土用卯正初　十五日中辰初二　卅日立春午正二

銅金

臈

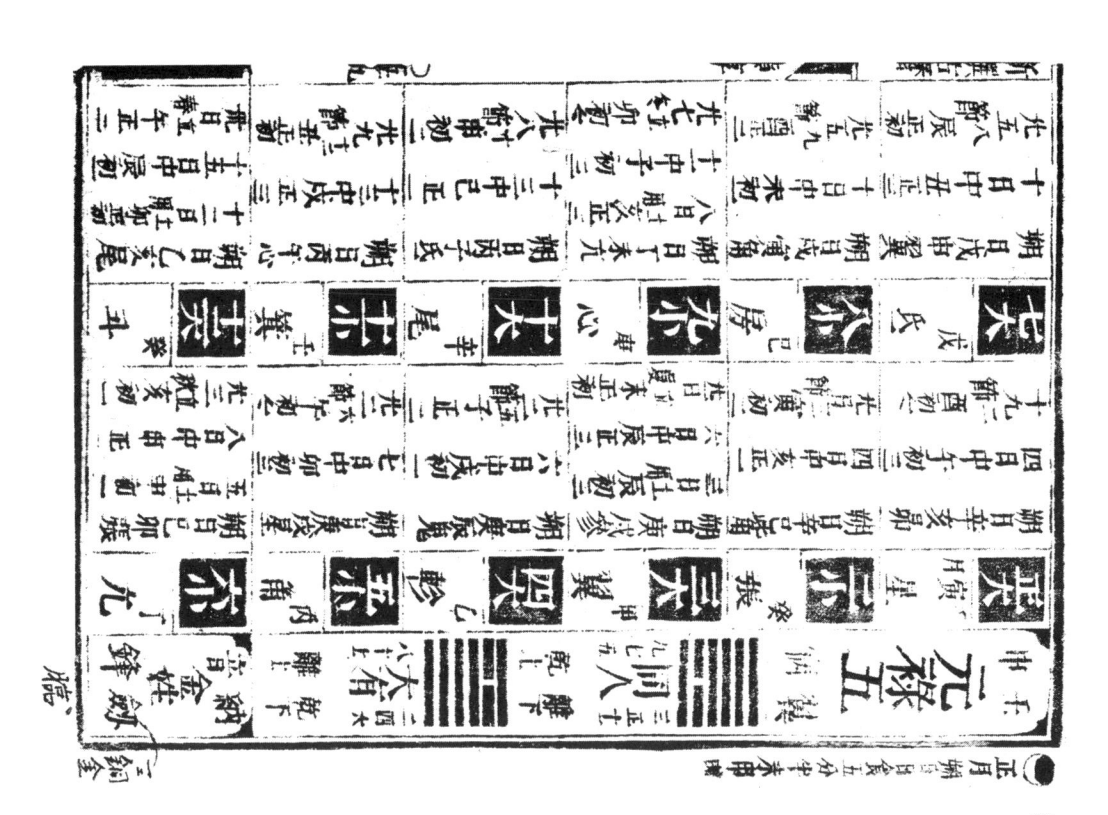

癸酉 元祿六 軫宿

謙 五三正 十二九七 艮下 坤上

豫 十三二四 六八一 坤下 震上

納音 金 劍鋒

正大 甲寅 月 牛　朔日乙巳斗　十五中酉初三　九日二節亥正四

二大 乙 女　朔日乙亥女　十六中寅初正

三小 丙 虛　朔日乙巳危　同日節巳初一　十三朏未初二　十六中未正二

四大 丁 危　朔日甲戌室　二日立夏戌初　十八中丑初七

五小 戊 室　朔日甲辰奎　三日節卯正一　十八中午初二

六大 己 壁　朔日癸酉婁　四日六節申正三　十六朏亥初七　十九日中亥初正

七小 庚 奎　朔日癸卯昴　五日立秋寅初一　九日中辰正二

八大 辛 婁　朔日壬申畢　六日八節未初二　九一中戌初七

九小 壬 胃　朔日壬寅參　七日九節子正一　十九土朏寅正二　九二中卯初一

十大 癸 昴　朔日辛未井　八日立冬巳正二　九三中申正初

十一大 甲 畢　朔日庚子鬼　九日十節亥初二　九五中丑正二

十二小 乙 觜　朔日庚午星　十日十二節辰初三　九二朏午正初　九五中未初七

六月十五日月食皆既戌時

十二月十六日月食四分戌亥時

甲戌 元祿七 角宿

隨 七五三 正十九 震下 兌上

蠱 十七一 四六八 巽下 艮上

納音 火 山頭

正大 丙寅 月 參　朔日己亥張　十一立春酉正二　九六中子初二

二大 丁 井　朔日己巳軫　十二節寅正三　九七中巳正初

三小 戊 鬼　朔日己亥亢　十三節申初一　九四朏戌初一　九七中戌正三

四大 己 柳　朔日戊辰氐　十四立夏丑初三　九九中卯正四

閏 朔日戊戌箕　十四五節午正初　九九中酉初一　十四六節亥正三　九七土朏丑正三

五小 庚 星　朔日戊戌心　同日中寅初　十六秋巳初三

六大 辛 張　朔日丁酉斗

七小 壬 翼　朔日丁卯女　同日中未正一　十六八節戌初二

八大 癸 軫　朔日丙申虛　三日中子正三　十八九節卯正初　九日土朏巳正一

九小 甲 角　朔日丙寅室　三日中午初一　十八立冬申正三

十大 乙 亢　朔日乙未壁　四日中亥初三　九三十節寅初七

十一小 丙 氐　朔日乙丑婁　五日中辰正一　九日節未初三

十二大 丁 房　朔日甲午胃　三日土朏酉初一　六日中酉正三　九二立春子正初

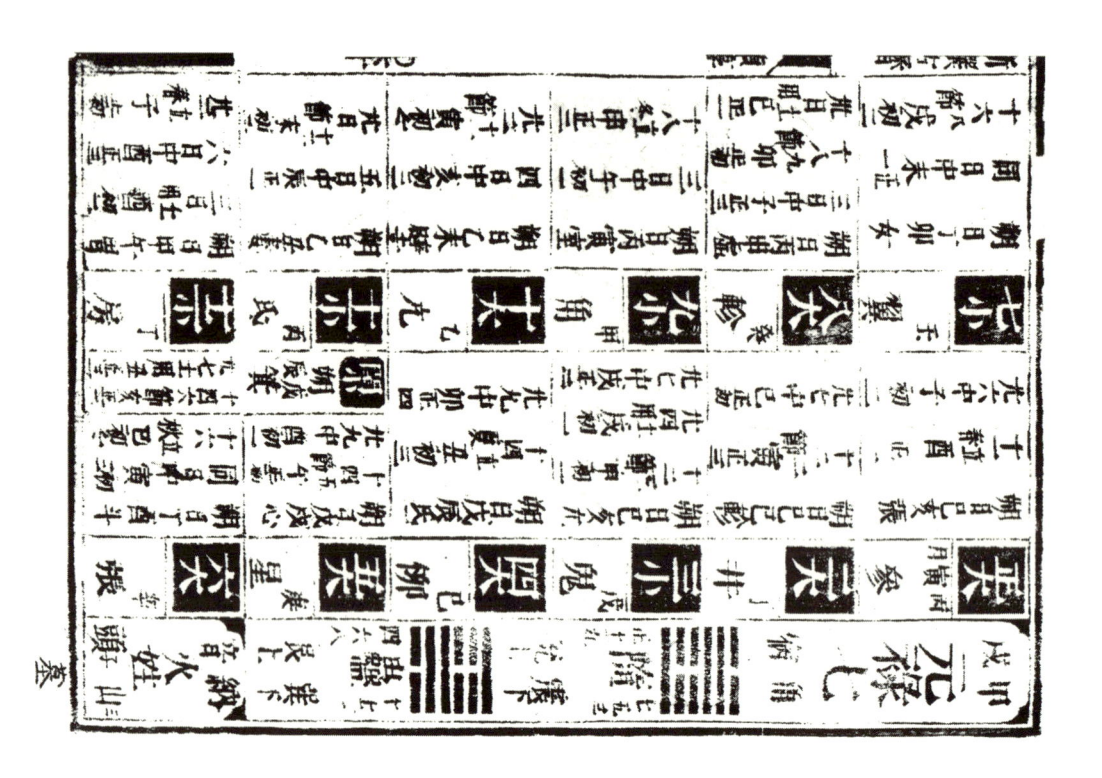

金銀吹替
元字金ト又

乙亥 元禄八
宿亢

臨 九七五 三正七 兌下 坤上
觀 八十二 四六 坤下 巽上
納音 火姓 山頭

絶

正月大 戊寅 心	朔日癸亥昴	八日中卯初一	廿三節巳正二	
二月小 己 尾	朔日癸巳觜	八日中申初二	廿三節亥初三	
三月大 庚 箕	朔日壬戌參	七日用土丑初一	十日中丑正二	廿五立夏辰初二
四月大 辛 斗	朔日壬辰鬼	十日中午正二	廿五節酉正四	
五月小 壬 牛	朔日壬戌星	十日中子初一	廿六節寅初二	
六月大 癸 女	朔日辛卯張	九日用土辰正二	十二中巳初三	廿七立秋未正四
七月小 甲 虛	朔日辛酉軫	十二中戌正初	廿八節丑初三	
八月大 乙 危	朔日庚寅角	十四日中卯正一	廿九節午初三	
九月大 丙 室	朔日庚申氐	十一用土申正初	十四中酉初一	廿九立冬亥正一
十月小 丁 壁	朔日庚寅心	十五中寅初三		
十一月大 戊 奎	朔日己未尾	同日節辰正三	十六中未正初	
十二月小 己 婁	朔日己丑斗	同日節戌初一	十三用土子初二	十七中子正二

四月十六日月食四分半 酉戌亥時
十月十四日月食五分半 丑寅卯時

六月信濃国雪降

丙子 元禄九
宿氐

噬嗑 九七 三正 離上 震下
賁 六八七 十二四 艮上 離下
納音 水姓 澗下

一三澗ノ水ト又
帝

正月大 庚寅 胃	朔日戊午牛	三日立春卯初三	十八中午初〻	
二月小 辛 昴	朔日戊子虛	三日節申正一	十八中亥初三	
三月小 壬 畢	朔日丁巳危	五日節丑正三	十七用土辰初〻	廿日中辰正初
四月大 癸 觜	朔日丙戌室	六日立夏未初二	廿一中酉正二	
五月小 甲 參	朔日丙辰奎	六日節子初三	廿二中卯初〻	
六月大 乙 井	朔日乙酉婁	八日節巳正一	廿日用土未正三	廿三中申初二
七月大 丙 鬼	朔日乙卯昴	八日立秋戌正三	廿四中丑正初	
八月小 丁 柳	朔日乙酉觜	九日節辰初二	廿四中午正二	
九月大 戊 星	朔日甲寅參	十日節酉初二	廿二用土亥初三	廿五中亥正四
十月大 己 張	朔日甲申鬼	十一立冬寅正一	廿六中巳初三	
十一月小 庚 翼	朔日甲寅星	十一節未正三	廿六中戌初四	
十二月大 辛 軫	朔日癸未張	十二節丑初〻	廿五用土卯初一	廿八中卯正一

丁丑 元禄十 房宿

剝 正十九 七五三 坤下 艮上

復 四六八 十五三 震下 坤上

納音 水姓 澗下

正小 壬 寅月 角　朔日癸丑軫　十三立春午初二　廿八中申正三

二大 癸 亢　朔日壬午角　十四二節亥正初　廿九日中寅初一

閏 朔壬子氐　十五三節辰正二　廿七土用午正三

三小 甲 氐　朔日辛巳房　同日中未初三　十六立夏戌初七

四大 乙 房　朔日庚戌心　三日中子正一　十八五節卯初二

五小 丙 心　朔日庚辰箕　三日中巳正三　十八六節申正初

六大 丁 尾　朔日己酉斗　同日土用戌正　四日中亥初一　十九立秋丑正二

七小 戊 箕　朔日己卯女　五日中辰初三　廿日八節未初七

八大 己 斗　朔日戊申虚　六日中酉正一　廿一九節子初二

九大 庚 牛　朔日戊寅室　四日土用寅初二　七日中寅正三　廿二立冬巳正初

十小 辛 女　朔日戊申奎　七日中申初一　廿二十一節戌正三

十一大 壬 虚　朔日丁丑婁　九日中丑初三　廿四十二節辰初七

十二大 癸 危　朔日丁未昴　六日土用子初七　九日中午正一　廿四立春酉初二

三月朔日日食四分巳午時

九月十五日月食六分寅卯時

戊寅 元禄十一 心宿

无妄 正十一 九七五 震下 乾上

大畜 四六八 八十十二 乾下 艮上

納音 土姓 城頭

正小 甲 寅月 室　朔日丁丑觜　九日中亥正三　廿五二節寅初四

二大 乙 壁　朔日丙午參　十一中巳初七　廿六三節未正一

三小 丙 奎　朔日丙子鬼　八日土用酉正三　十一中戌初二　廿七立夏子正三

四大 丁 婁　朔日乙巳柳　十三中卯正初　廿八五節午初一

五大 戊 胃　朔日甲戌星　十四中申正三　廿九六節亥初三

六小 己 昴　朔日甲辰翼　十二土用丑正初　十五中寅初七

七小 庚 畢　朔日癸酉軫　同日立秋辰正一　十六中未初二

八大 辛 觜　朔日壬寅角　二日八節酉正三　十八中子正初

九大 壬 參　朔日壬申氐　三日九節卯初一　十五土用巳初二　十八中巳正三

十小 癸 井　朔日壬寅心　三日立冬申初三　十八中亥初七

十一大 甲 鬼　朔日辛未尾　五日十一節丑正二　二十日中辰初一

十二大 乙 柳　朔日辛丑斗　五日十二節午正三　十七土用酉初七　廿日中酉[illegible]

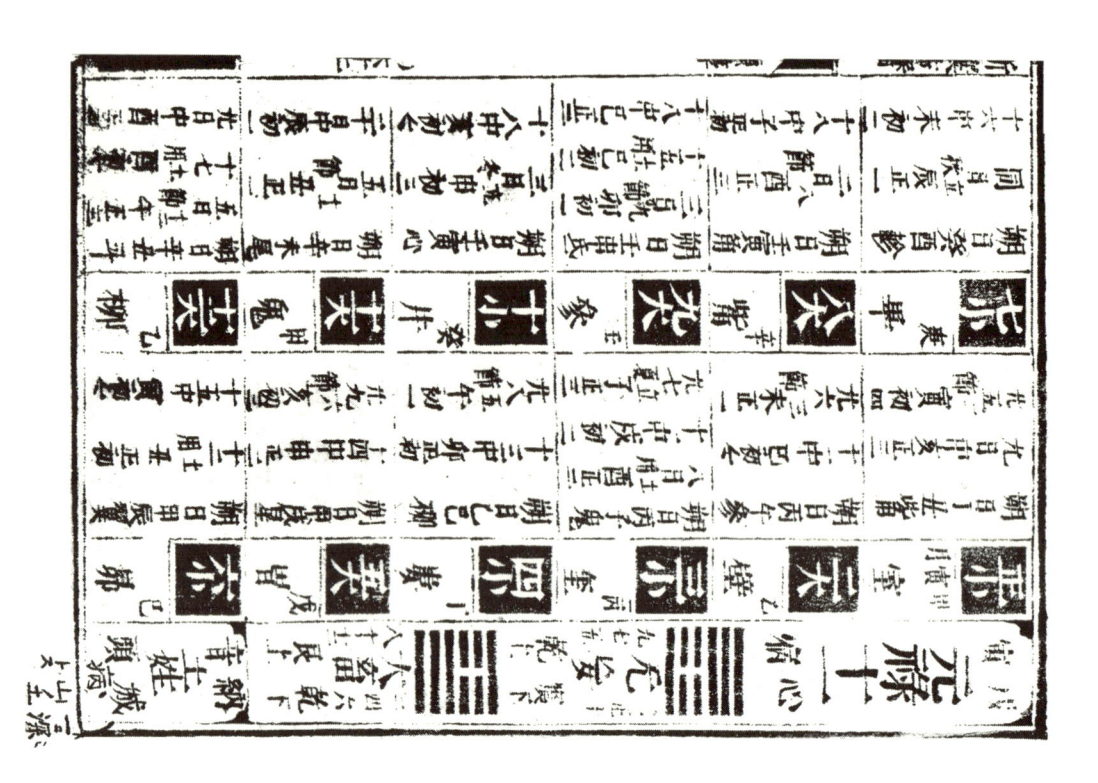

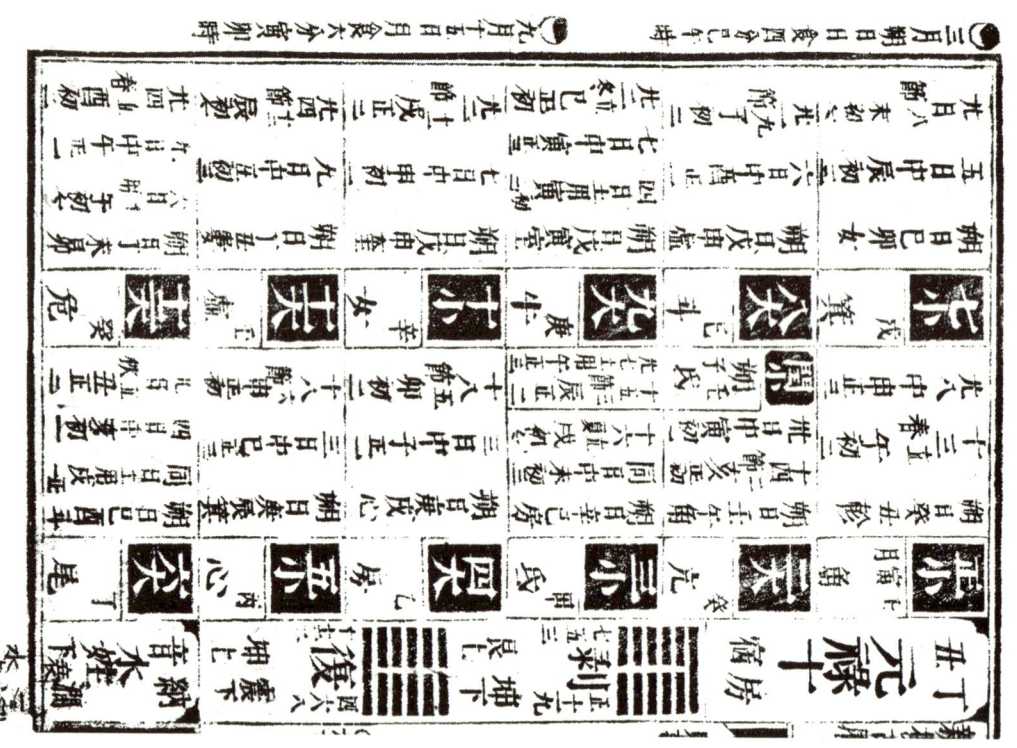

八月十五日 大風 役行者千年

元禄十二 己卯

宿 尾

頤 震下艮上　大過 巽下兌上

納音 土　姓 城頭土

正大 丙寅	星	朔日辛未女	五日立春 子初二　廿一中 寅正三
二小 丁	張	朔日辛丑危	六日節 巳初三　廿一中 申初三
三大 戊	翼	朔日庚午室	七日節 戌正一　廿三中 丑初二
四小 己	軫	朔日庚子奎	八日立夏 卯正一　廿三中 午初四
五小 庚	角	朔日己巳婁	九日節 酉初三　廿四中 亥正一
六大 辛	亢	朔日戊戌胃	十一日節 寅初二　廿三用 辰初三　廿六中 辰正三
七小 壬	氐	朔日戊辰畢	十一立秋 未正初　廿六中 戌初一
八小 癸	房	朔日丁酉觜	十三節 子正二　廿八中 卯初三
九大 甲	心	朔日丙寅参	十四節 午初四　廿九中 申正一
閏小		朔日丙申鬼	十四立冬 亥初一
十大 乙	尾	朔日乙丑柳	同日中 丑正二　十六節 辰正初
十一大 丙	箕	朔日乙未張	同日中 未初一　十六節 酉正二
十二大 丁	斗	朔日乙丑軫	同日中 子初三　廿八用 亥正三　十七立春 卯初二

二月十四日月食六分寅卯時
八月十六日月食七分半酉戌時

正月十五日月食皆既酉時
七月十五日月食皆既戌亥子時

元禄十三 庚辰

宿 箕

坎 坎下坎上　離 離下離上

納音 金　姓 白鑞

白銀 金 太 養

正大 戊寅	牛	朔日乙未亢	二日中 巳正三　十七節 寅初二
二小 己	女	朔日乙丑房	二日中 戌正三　十八節 丑正初
三大 庚	虚	朔日甲午心	同日用 卯正二　四日中 辰初一　十九立夏 午正二
四小 辛	危	朔日甲子箕	四日中 酉初三　十九節 子初一
五小 壬	室	朔日癸巳斗	六日中 寅正三　廿一節 巳初二
六大 癸	壁	朔日壬戌牛	四日用 未初二　七日中 未正三　廿二立秋 戌初四
七小 甲	奎	朔日壬辰虚	八日中 丑初二　廿三節 卯正一
八小 乙	婁	朔日辛酉危	九日中 午初三　廿四節 申正三
九大 丙	胃	朔日庚寅室	七日用 亥初三　十日中 亥正二　廿六立冬 寅初一
十小 丁	昴	朔日庚申奎	十一中 辰正二　廿六節 未初三
十一大 戊	畢	朔日己丑婁	十二中 戌正一　廿八節 子正一
十二大 己	觜	朔日己未昴	十日用 寅正二　十三中 卯初二　廿八立春 巳正三

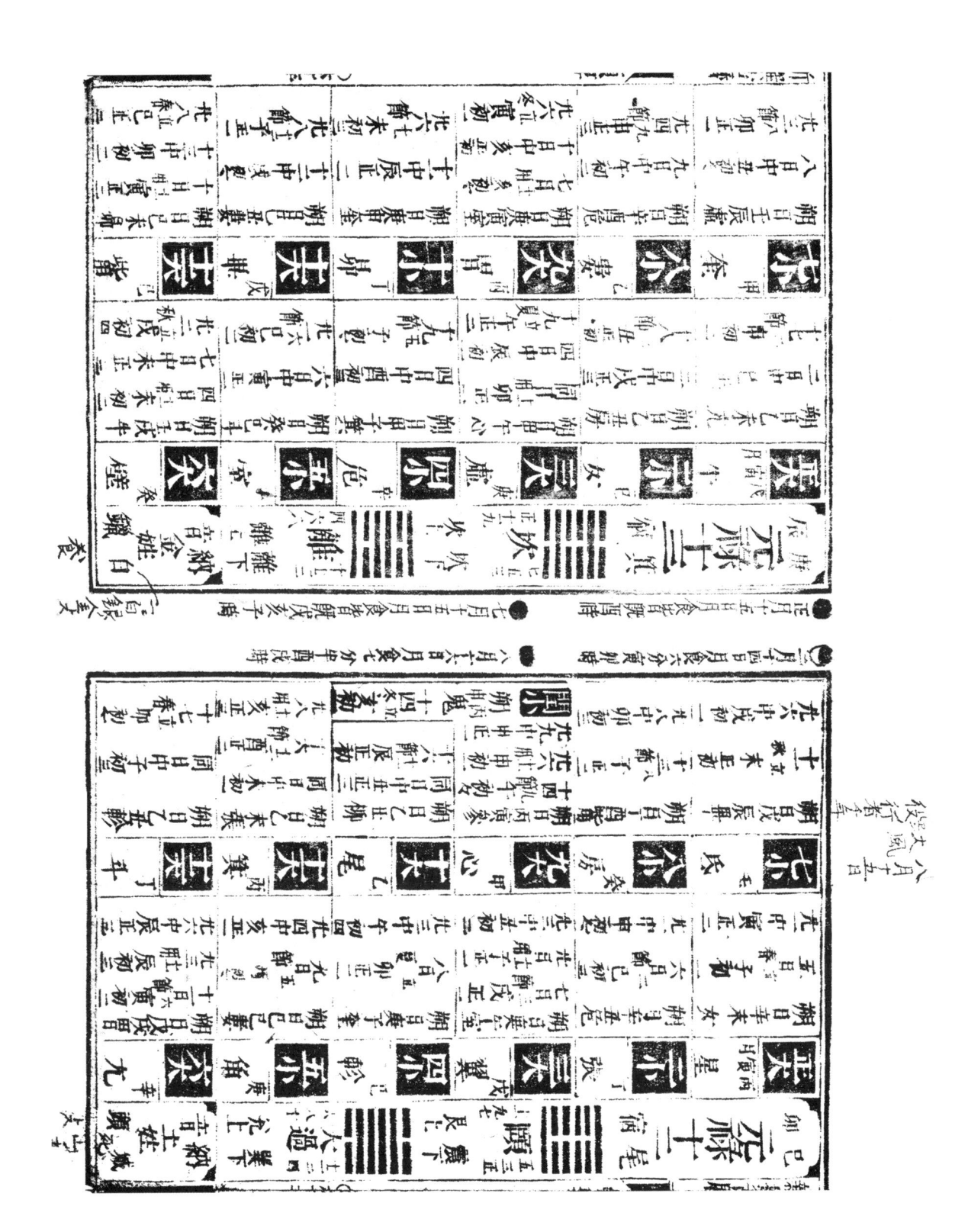

江戸大雷九十八ヶ所ニ落ル
江戸本所ニ非人小屋建ル

辛巳 元禄十四 牛宿

咸 九七五 三十 艮下 兌上
恒 八十七 二四六 巽下 震上
納音 白鑞金

正大 庚寅月 參
朔日己丑觜 十三中申正初 廿八節亥初一

二小 辛 井
朔日己未井 十四中丑正三 廿九節辰初三

三大 壬 鬼
朔日戊子鬼 十二用午正初 十五中未初 廿日立夏酉正

四小 癸 柳
朔日戊午星 十五中子初二

五大 甲 星
朔日丁亥張 二日五節寅正三 十七中巳正初

六小 乙 張
朔日丁巳軫 二日六節申初 十四用戌初二 十七中戌正三

七大 丙 翼
朔日丙戌角 四日立秋丑初三 十九中亥初

八小 丁 軫
朔日丙辰亢 四日八節午正一 十九中酉初二

九大 戊 角
朔日乙酉房 五日九節亥正三 十八用丑正一 廿一中寅初四

十大 己 亢
朔日甲寅心 七日立冬巳初一 廿二中未正三

十一小 庚 氐
朔日甲申箕 七日十一節戌初三 廿三中子正四

十二大 辛 房
朔日癸丑斗 九日十二節卯正初 廿一用巳正一 廿四中午初一

正月朔日日食八分卯辰時
七月十五日月食五分戌亥子時

七月朔日日帯食所見五分半卯時
十二月十六日月帯食所見七分酉時

天満宮八百年忌
四十七人義士夜討

壬午 元禄十五 牛宿

遯 十九 五三正 艮下 乾上
大壯 六八十 十二四 乾下 震上
納音 楊柳木

正大 壬寅月 心
朔日癸未女 九日立春申正二 廿四中亥初三

二小 癸 尾
朔日癸丑危 十日二節寅初 廿五中辰正一

三大 甲 箕
朔日壬午室 十一日三節未初二 廿三用酉初三 廿六中酉正三

四小 乙 斗
朔日壬子奎 十二日立夏子正初 廿七中卯初一

五大 丙 牛
朔日壬午胃 十二日五節巳正一 廿七中申初三

六小 丁 女
朔日辛亥昴 十三日六節亥初 廿八日十土用子初一 廿九中丑正

七小 戊 虚
朔日辛巳觜 十四日立秋辰初二 廿九中午正三

八大 己 危
朔日庚戌參 十五日八節酉正初 卅日中子初二

九小 庚 室
朔日己酉柳 一日中巳初三 十七日立冬申初

閏小 庚辰 朔 鬼
十六日九節寅正二 廿八日土用辰正三

十大 辛 壁
朔日戊寅星 三日中戌正一 十九日十一節丑初二

十一小 壬 奎
朔日戊申翼 四日中卯正三 十九日十二節午正初

十二大 癸 婁
朔日丁丑軫 二日十一用申正初 五日中酉初一 廿日立春亥正二

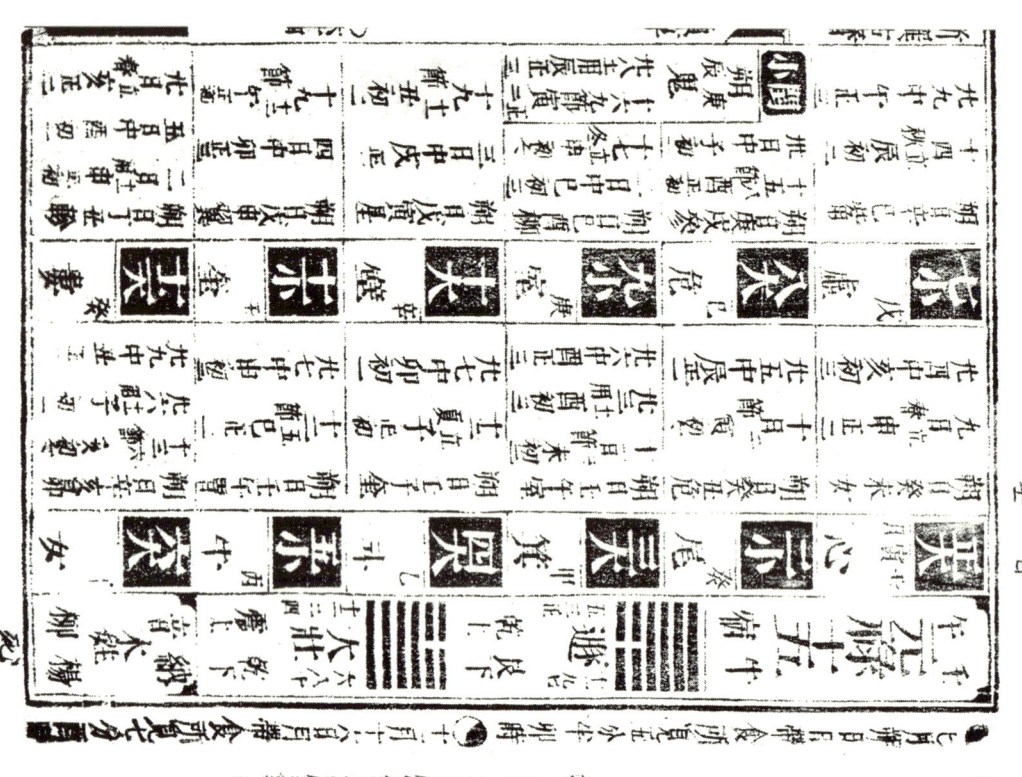

十一月廿三日関東大地震
廿九日大火事

癸未 元禄十六 女宿
晋 坤下 離上 正十九 七五三
明夷 離下 坤上 四六八 十十二
納音 楊柳木

正小 胃	朔日丁未亢	六日中寅初三	廿二節辰正四
二大 乙 昴	朔日丙子氐	七日中未正初	廿二節戌初一
三大 丙 畢	朔日丙午心	四日土用子初二 八日中子正三	廿三立夏卯初三
四小 丁 觜	朔日丙子箕	八日中午初〇	廿三節申正一
五大 戊 參	朔日乙巳斗	九日中亥初三	廿五節丑正三
六大 己 井	朔日乙亥女	七日土用辰初〇 十日中辰正初	廿五立秋未初一
七小 庚 鬼	朔日乙巳危	十日中酉正二	廿五節子初三
八大 辛 柳	朔日甲戌室	十二中卯初〇	廿七節巳正一
九小 壬 星	朔日甲辰奎	九日土用未正二 十二中申初二	廿七立冬戌正三
十大 癸 張	朔日癸酉婁	十四中丑正初	廿九節辰初二
十一小 甲 翼	朔日癸卯昴	十四中午正二	廿九節酉初三
十二小 乙 軫	朔日壬申畢	十二土用亥正初	十五中子初

十一月十五日月帯食所見八分半酉時

基

五月十六日月食九分丑寅時
十一月朔日日食九分半申酉時
十一月十五日月食六分酉時

下子川通り大水廿八分下々切

甲申 宝永元 虚宿 三月十三日改元
家人 離下 巽上 三五七 九七五
睽 兌下 離上 四六 八十十二
納音 井泉水

正大 丙 角	朔日辛丑觜	二日立春寅正〇	十七中巳初二
二小 丁 亢	朔日辛未井	二日節未正三	十七中戌正初
三大 戊 氐	朔日庚子鬼	四日節丑初一 十八土用卯初一	十九中卯正二
四小 己 房	朔日庚午星	四日立夏午初三	十九中申正四
五大 庚 心	朔日己亥張	五日節亥正初	廿一中寅初一
六大 辛 尾	朔日己巳軫	六日節辰正三 十八土用午正三	廿一中未初三
七小 壬 箕	朔日己亥亢	六日立秋戌初〇	廿二中子正一
八大 癸 斗	朔日戊辰氐	八日節卯初二	廿三中巳正三
九大 甲 牛	朔日戊戌心	八日節申正初 廿日土用戌正一	廿三中亥初一
十小 乙 女	朔日戊辰箕	九日立冬丑正二	廿四中辰初三
十一大 丙 虚	朔日丁酉斗	十日節未初〇	廿五中酉正一
十二小 丁 危	朔日丁卯女	十日節子初三 廿三土用寅初三	廿六中寅正三

長

伊勢参宮
流行

乙酉 寶永二 危宿

䷦ 蹇 五三正 十二九七 艮下 坎上
䷧ 解 十二三四 六八十 坎下 震上
納音 水姓 井泉

正大 戊寅月 室 朔日丙申虚 十二立春己正初 廿七中申初一
二小 己 壁 朔日丙寅室 十二節戊正二 廿八中丑初三
三大 庚 奎 朔日乙未壁 十四節辰初 廿六用土午初 廿九中午正一
四大 辛 婁 朔日甲子奎 十五立夏酉初二 廿日中亥正三
閏四小 朔日甲午胃 十八節寅初
五大 壬 胃 朔日癸亥昴 二日中巳初一 十七節未正二 廿九用土酉正三
六小 癸 昴 朔日癸巳觜 二日中戌初三 十八立秋子正四
七大 甲 畢 朔日壬戌参 四日中卯正初 十九節午初一
八大 乙 觜 朔日壬辰鬼 四日中申正三 十九節亥初三
九小 丙 参 朔日壬戌星 二日用土丑正初 五日中寅初 廿日立冬辰正一
十大 丁 井 朔日辛卯張 六日中未初 廿一節酉正三
十一大 戊 鬼 朔日辛酉軫 七日中子正初 廿二節卯初一
十二小 己 柳 朔日辛卯亢 四日用土巳初 七日中巳正三 廿二立春申初三

沐

九月十五日月食十八分寅卯時

丙戌 寶永三 室宿

䷨ 損 七五三 十二十九 兌下 艮上
䷩ 益 十七三 四六八 震下 巽上
納音 土姓 屋上

正大 庚寅月 星 朔日庚申氐 八日中亥初 廿四節丑正一
二小 辛 張 朔日庚寅心 九日中辰初 廿四節午正三
三大 壬 翼 朔日己未尾 七日用土酉初 十日中酉正初 廿五立夏子初一
四大 癸 軫 朔日戊子箕 十二中寅正二 廿七節巳初三
五小 甲 角 朔日戊午牛 十二中申初 廿七節戌正一
六小 乙 亢 朔日丁亥女 十一用土子正二 十四中丑初二 廿九立秋卯正三
七大 丙 氐 朔日丙辰虚 十五中午正初 廿八日節酉初一
八大 丁 房 朔日丙戌室 十五中亥正二
九小 戊 心 朔日丙辰奎 同日節寅初二 十二用土辰初三 十六中辰正四
十大 己 尾 朔日乙酉婁 二日立冬未正初 十七中戌初二
十一大 庚 箕 朔日乙卯昴 三日節子正三 十八中卯初四
十二大 辛 斗 朔日乙酉觜 三日節午初 十五用土寅初一 十八中申正一

官

丁亥　寶永四　壁宿

夬　九七五　乾下兌上

姤　八十五　巽下乾上

納音　土姓　屋上

正月　壬寅　牛　朔日乙卯井　三日立春亥初二　十九中丑正三

二月　癸　女　朔日甲申鬼　五日節辰正初　廿日中未初二

三月　甲　虛　朔日甲寅星　五日節酉正二　廿一日中子初三

四月　乙　危　朔日癸未張　七日立夏卯初　廿二日中巳正一

五月　丙　室　朔日壬子翼　八日節申初二　廿三中戌正三

六月　丁　壁　朔日壬午角　九日節丑正初　廿四日中辰初一

七月　戊　奎　朔日辛亥亢　十日立秋午正三　廿五中酉初二

八月　己　婁　朔日庚辰氐　十二日節巳初一　廿七中寅正二

九月　庚　胃　朔日庚戌心　十二日節巳初一　廿七中未正三

十月　辛　昴　朔日己卯尾　十三日立冬戌初　廿九中戌初一

十一月　壬　畢　朔日己酉斗　十四日節卯正三　廿九中午初三

十二月　癸　觜　朔日己卯女　十四日節酉初　廿九中亥正一

九月十六日月食皆既酉戌亥時

二月朔日日食六分申酉時

八月十六日月食皆既寅卯時

戊子　寶永五　奎宿

萃　七九七　坤下兌上

升　六八十　巽下坤上

納音　火姓　霹靂

正月　甲寅　參　朔日己酉危　十五日立春寅初二　卅日中辰正三

二月　乙　井　朔日戊寅室　閏正月朔日己卯壁　十五日節未初四　十七日節子正一　卅日中戌初　晦日中寅正三

三月　丙　鬼　朔日戊申奎　二日中卯初三　十九九日中寅正三

四月　丁　柳　朔日丁未昴　三日中申正初　十七日立夏巳正三　十八五節亥初一

五月　戊　星　朔日丙子畢　五日中丑正三　廿日節辰初三

六月　己　張　朔日丙午參　二日中午正初　五日中未初　廿日立秋酉正一

七月　庚　翼　朔日乙亥井　六日中子初三　廿二八節寅正三

八月　辛　軫　朔日甲辰鬼　八日中巳正初　廿三九節申初一

九月　壬　角　朔日甲戌星　五日中戌初二　八日中戌正三　廿四立冬丑初三

十月　癸　亢　朔日癸卯張　十日中辰初　廿五節午正一

十一月　甲　氐　朔日癸酉軫　十日中酉初三　廿五節亥正三

十二月　乙　房　朔日癸卯亢　八日節寅初　十一日中寅正　廿六立春巳初

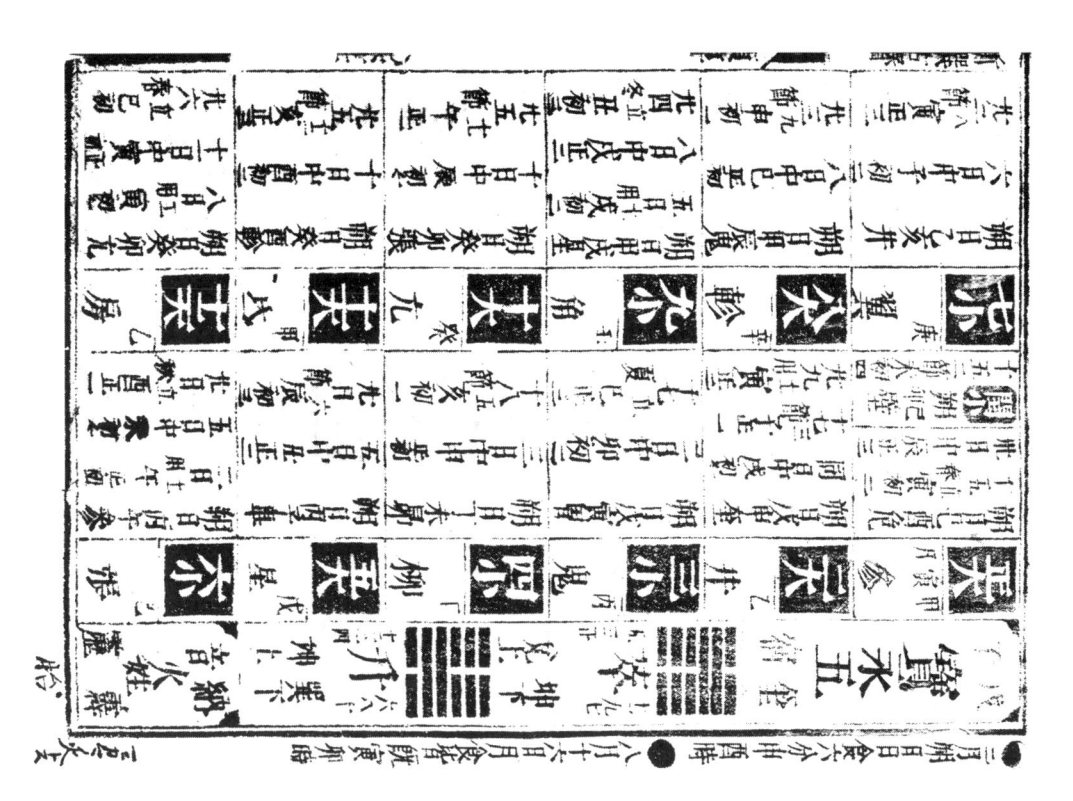

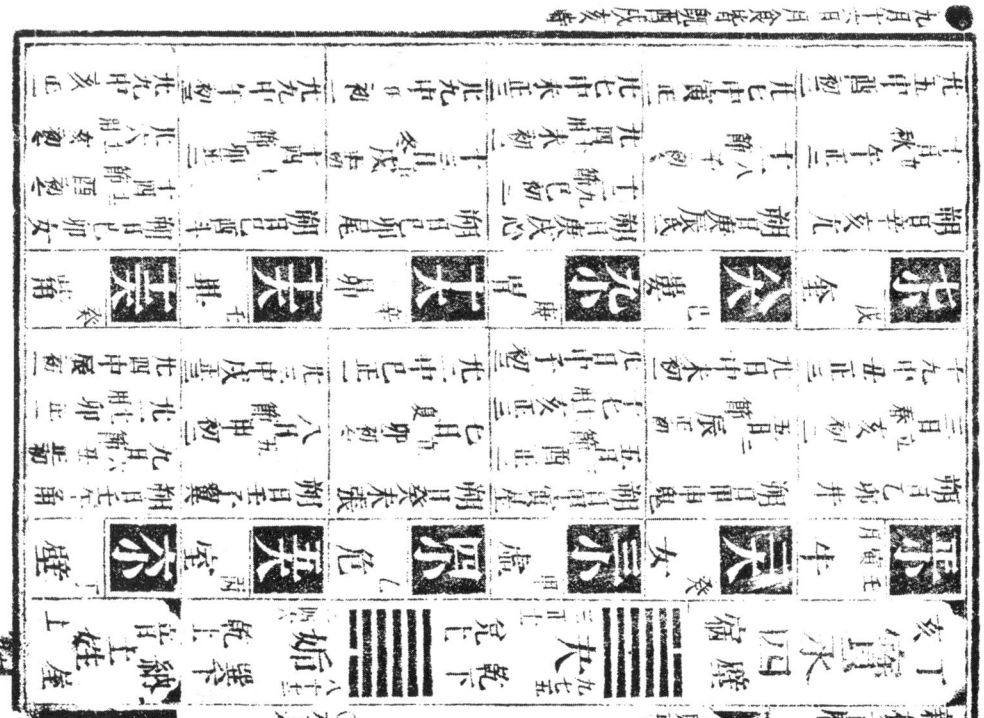

琉球人來

己丑 寶永六 婁宿

困 正十九 坎下兌上 七五三

井 西六八 巽下坎上 十十三

納音 火姓 霹靂

正小 丙寅月 心
朔日癸酉房
十一日中未正二
廿六 二 節 戌初三

二大 丁 尾
朔日壬寅心
十三中丑初〻
廿八 三 節 卯正一

三大 戊 箕
朔日壬申箕
十日 土用 巳正一
十三中午初三
廿八 立夏 申正三

四小 己 斗
朔日壬寅牛
十三中亥初四
廿九 五 節 寅初三

五小 庚 牛
朔日辛未女
十五中辰正一

六大 辛 女
朔日庚子虛
同日 六 節 未初三
十三 土用 酉初三
十八中酉正三

七小 壬 虛
朔日庚午室
二日 立秋 子正初
十七中卯初一

八小 癸 危
朔日己亥壁
三日 八 節 巳正二
十八中申初三

九大 甲 室
朔日戊辰奎
四日 九 節 亥初四
十七 土用 丑初一
廿日中丑正一

十小 乙 壁
朔日戊戌胃
五日 立冬 辰初一
廿日中午正二

十一大 丙 奎
朔日丁卯昴
六日 十一 節 酉正初
廿一中子初一

十二大 丁 婁
朔日丁酉觜
七日 十二 節 寅正二
十九 土用 辰正三
廿二中巳初三

◐七月十五日月食四分酉戌時
◐十二月十六日月食八分半亥子時

庚寅 寶永七 胃宿

革 三正十七 離下兌上 九七五

鼎 二四六 巽下離上 八十七

納音 木姓 松柏

正小 戊寅月 胃
朔日丁卯井
七日 立春 申初〻
廿二中戌正二

二大 己 昴
朔日丙申鬼
九日 二 節 丑初三
廿四中卯正三

三大 庚 畢
朔日丙寅星
九日 三 節 午正初
廿一 土用 申正一
廿四中酉初一

四小 辛 觜
朔日丙申翼
九日 立夏 亥正三
廿五中寅初三

五大 壬 參
朔日乙丑軫
十一 五 節 巳初〻
廿六中未正二

六小 癸 井
朔日乙未亢
十一 六 節 戌初二
廿三 土用 子初二
廿七中子正二

七大 甲 鬼
朔日甲子氐
十三 立秋 卯初四
廿八中午初〻

八小 乙 柳
朔日甲午心
十三 八 節 申正一
廿八中亥初二

閏小
朔日癸亥尾
十五 九 節 丑正三
廿七 土用 辰初〻

九大 丙 星
朔日壬辰箕
同日中辰正初
十六 立冬 未初一

十小 丁 張
朔日壬戌牛
同日中酉正三
十六 十一 節 子初三

十一大 戊 翼
朔日辛卯女
三日中卯初〻
十八 十二 節 巳正一
廿日 土用 未正三

十二小 己 軫
朔日辛酉危
三日中申初三
十八 立春 戌正三

臨

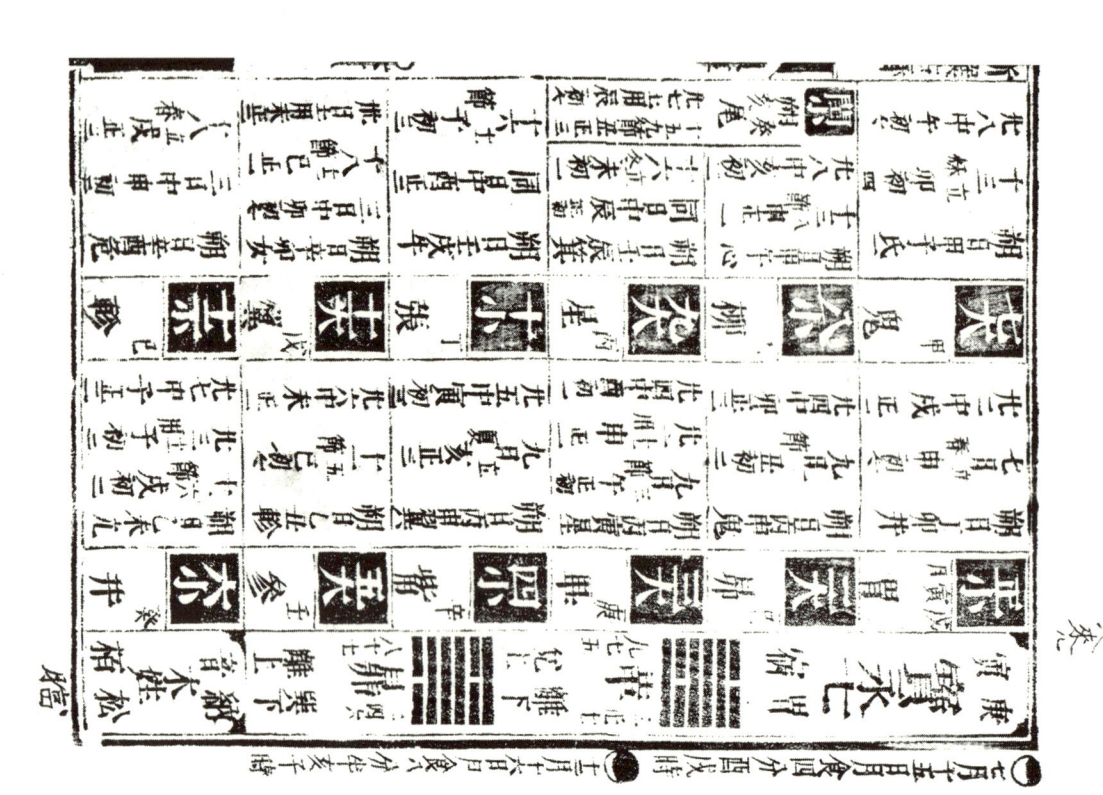

九月朝鮮人來朝

辛卯 正德元（九月廿七日改元）昴宿

五三二 震 震下震上

十二四 艮 艮下艮上

納音 松柏木 姓 帝

月	朔			
正大 庚寅月 角	朔日庚寅室	五日中 寅正初	廿一日節 辰初一	
二大 辛 亢	朔日庚申奎	五日中 午正三	廿日節 酉初三	
三大 壬 氐	朔日庚寅胃	二日十一用 亥正初	五日中 子初ぐ	廿一立夏 寅正
四小 癸 房	朔日庚申昴	六日中 巳初二	廿二日五節 未正三	
五大 甲 心	朔日己丑觜	七日中 戌正初	廿三日六節 丑初一	
六小 乙 尾	朔日己未井	五日土用 卯初二	八日中 卯正三	廿三日立秋 午初三
七大 丙 箕	朔日戊子鬼	九日中 酉初ぐ	廿四日八節 亥正一	
八小 丁 斗	朔日戊午星	十日中 寅初二	廿五日九節 辰正三	
九小 戊 牛	朔日丁亥張	八日土用 午正三	十一中 未初四	廿六日立冬 戌初ぐ
十大 己 女	朔日丙辰翼	十三中 子正一	廿八節 卯初二	
十一小 庚 虚	朔日丙戌角	十三中 巳正四	廿八節 申正初	
十二大 辛 危	朔日乙卯亢	十一日土用 戌正一	十四中 亥初一	廿九日立春 丑正三

六月十四日月食皆既 子丑寅時

元字全通 用此元

壬辰 正德二 畢宿

漸 艮下巽上

歸妹 兌下震上

納音 長流水 姓 墓

月	朔			
正小 壬寅月 室	朔日乙酉房	十五中 辰初三		
二大 癸 壁	朔日甲寅心	同日一節 未初ぐ	十六中 酉正一	
三大 甲 奎	朔日甲申箕	同日二節 子初二	十四土用 寅初三	十七中 寅正三
四小 乙 婁	朔日甲寅牛	二日立夏 巳正初	十七中 申初一	
五大 丙 胃	朔日癸未女	三日五節 戌正二	十九中 丑初三	
六小 丁 昴	朔日癸丑危	四日六節 辰初ぐ	十六土用 午初一	十九中 午正一
七大 戊 畢	朔日壬午室	五日立秋 酉初二	廿日中 亥正三	
八小 己 觜	朔日壬子奎	六日八節 寅正初	廿一中 巳初一	
九小 庚 参	朔日壬午胃	六日九節 未正二	十八土用 酉正三	廿一中 戌初三
十大 辛 井	朔日辛亥昴	八日立冬 丑初ぐ	廿三中 卯正一	
十一小 壬 鬼	朔日辛巳觜	八日十一節 午初二	廿三中 申正三	
十二大 癸 柳	朔日庚戌参	九日十二節 亥正初	廿二土用 丑正初	廿五中 寅初

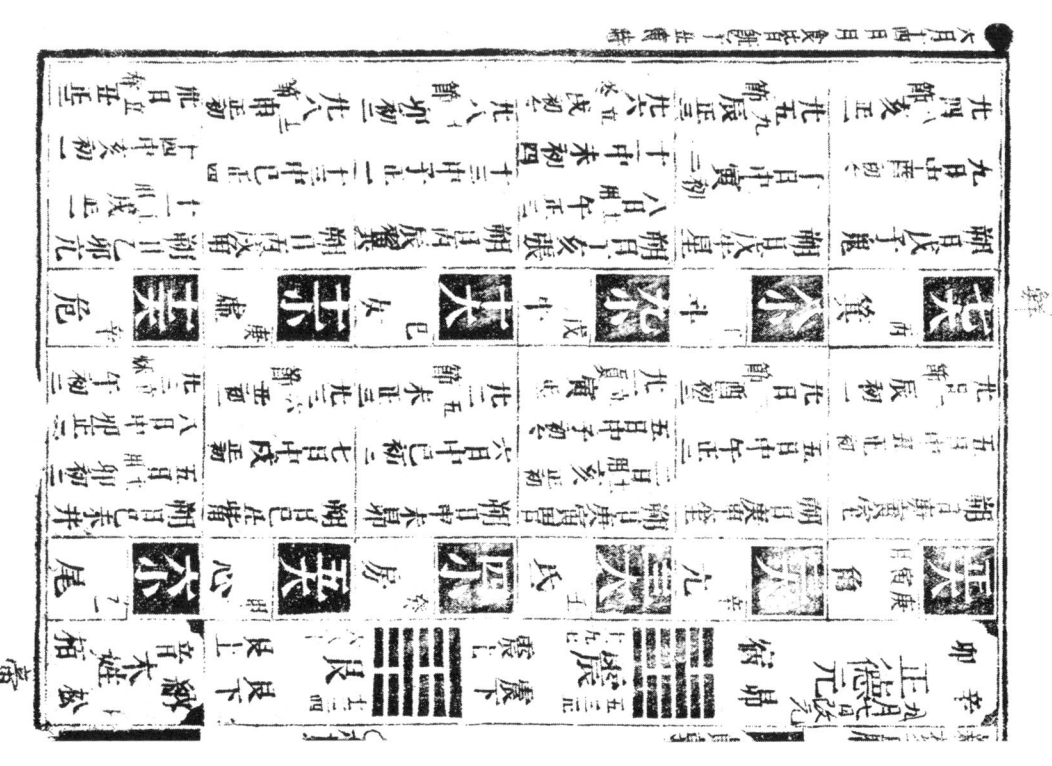

五月十六日月食九分丑寅卯時

癸巳 正德三 觜宿

豐 九七五 離下 震上

旅 八十五 艮下 離上

納音 長流水 姓

正大 甲寅月 星
朔日己卯井
十一立春辰正二
廿六中未初三

二小 乙 張
朔日己酉柳
十二節酉正四
廿七中子正初

三大 丙 翼
朔日戊寅星
十三節卯初一
廿九土用巳初二
廿八中巳正二

四小 丁 軫
朔日戊申翼
十三立夏申初三
廿八中寅初初

五大 戊 角
朔日丁丑軫
十五節丑正一
卅日中辰初三

六大 己 亢
朔日丙子氐
同日中酉正初
十六立秋子初一

閏小
朔丁未亢
十五節午正三
廿七土用酉初初

七大 庚 氐
朔日丙午心
二日中寅正二
十七節巳初三

八小 辛 房
朔日丙子箕
三日中申初初
十七節戌正一

九大 壬 心
朔日乙巳斗
同日土用子正三
四日中丑初一
十九立冬卯正三

十大 癸 尾
朔日乙亥女
四日中午正初
十九節酉初一

十一小 甲 箕
朔日乙巳危
四日中亥正三
廿日節寅初三

十二大 乙 斗
朔日甲戌室
三日土用辰初四
六日中巳初初
廿一立春未正一

十月十五日月食皆既亥子時

五月ヨリ大錢通用

甲午 正德四 參宿

巽 巽下 巽上

兌 兌下 兌上

納音 沙中金 姓

正小 丙寅月 牛
朔日甲辰奎
六日中戌初三
廿二節子正三

二小 丁 女
朔日癸酉婁
八日中卯正初
廿三節午初一

三大 戊 虛
朔日壬寅胃
六日土用申初一
九日中申正三
廿四立夏亥初三

四小 己 危
朔日壬申畢
十日中丑正四
廿五節辰正初

五大 庚 室
朔日辛丑觜
十一中未初一
廿六節酉正三

六小 辛 壁
朔日辛未井
八日土用亥正三
十二中子初三
廿七立秋卯初初

七大 壬 奎
朔日庚子鬼
十三中巳正一
廿八節申初二

八大 癸 婁
朔日庚午星
十三中戌正三
廿九節丑正初

九小 甲 胃
朔日庚子翼
十一土用卯正一
十四中辰初一
廿九立冬午正三

十大 乙 昴
朔日己巳軫
十五中酉初三
卅日節子初初

十一大 丙 畢
朔日己亥亢
十六中寅正一

十二大 丁 觜
朔日己巳房
同日節巳初二
十三土用未初三
十六中未正三

沭

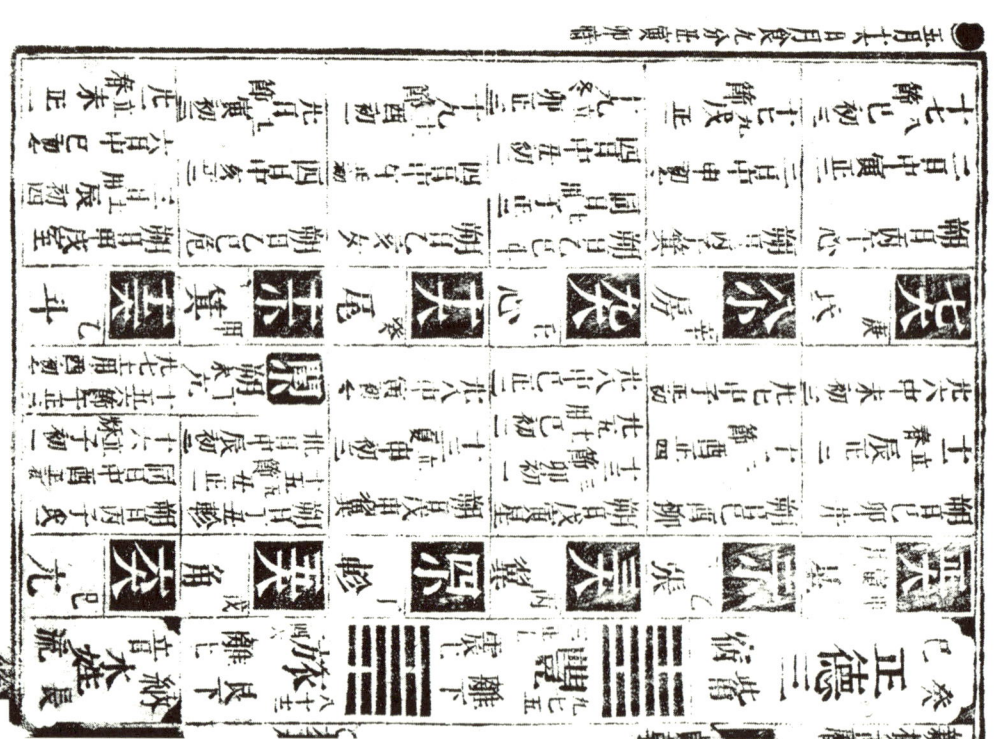

四月東照宮
百年忌

乙未　正徳五　井宿

渙　正十九 上五三　坎下 巽上

節　四六八 十七二　兌下 坎上

納音　沙中 金姓

正大 戊寅月 參	朔日戊戌心	二日立春戌正初	十八中丑初一
二小 己 井	朔日戊辰箕	三日節卯正二	十八中午初三
三小 庚 鬼	朔日丁酉斗	四日節酉初四　十八日土用亥初二	十九中亥正一
四大 辛 柳	朔日丙寅牛	六日立夏寅初二	廿一中辰正三
五小 壬 星	朔日丙申虚	六日節未正初	廿一中戌初一
六小 癸 張	朔日乙丑危	八日節子正二　九日土用寅正二	廿三中卯初三
七大 甲 翼	朔日甲午室	九日立秋巳正四	廿四中申正初
八大 乙 軫	朔日甲子奎	九日節亥初二	廿五中丑正二
九小 丙 角	朔日甲午胃	十日節辰初三　廿三土用午正初	廿五中未初
十大 丁 亢	朔日癸亥昴	十一日立冬酉正一	廿六中子初二
十一大 戊 氐	朔日癸巳觜	十二日節寅正三	廿七中巳正初
十二大 己 房	朔日癸亥井	十二日節申初一　廿四土用戌初二	廿七中戌正二

宮

四月十六日月食五分半戌亥

丙申　享保元　七月一日改元　鬼宿

中孚　三正十 九七五　兌下 巽上

小過　二四六 八十十二　艮下 震上

納音　山下 火姓

正小 庚寅月 心	朔日癸巳柳	十三立春丑初三	廿八中辰初二
閏小	朔日壬辰翼	十四節亥正三	廿七土用寅初
二大 辛 尾	朔日壬戌星	十四節午正一	廿九中酉初二
三小 壬 箕	朔日辛酉軫	同日中寅正初	十六立夏巳初一
四大 癸 斗	朔日庚寅角	二日中未正三	十七節戌正初
五小 甲 牛	朔日庚申氐	三日中丑初	十八節卯正一
六小 乙 女	朔日己丑房	同日土用巳正三　四日中午初二	十九立秋申正三
七大 丙 觜	朔日戊午心	五日中亥正初	廿一節寅初一
八小 丁 危	朔日戊子箕	六日中辰正三	廿二節未初三
九大 戊 室	朔日丁巳斗	四日土用酉初四　七日中酉正四	廿三立冬子正初
十大 己 壁	朔日丁亥女	八日中卯初一	廿三節巳正三
十一大 庚 奎	朔日丁巳危	八日中申初四	廿三節亥初
十二小 辛 婁	朔日丁亥壁	六日土用丑初一　九日中丑正一	廿四立春辰初二

病

一三奥山上ス

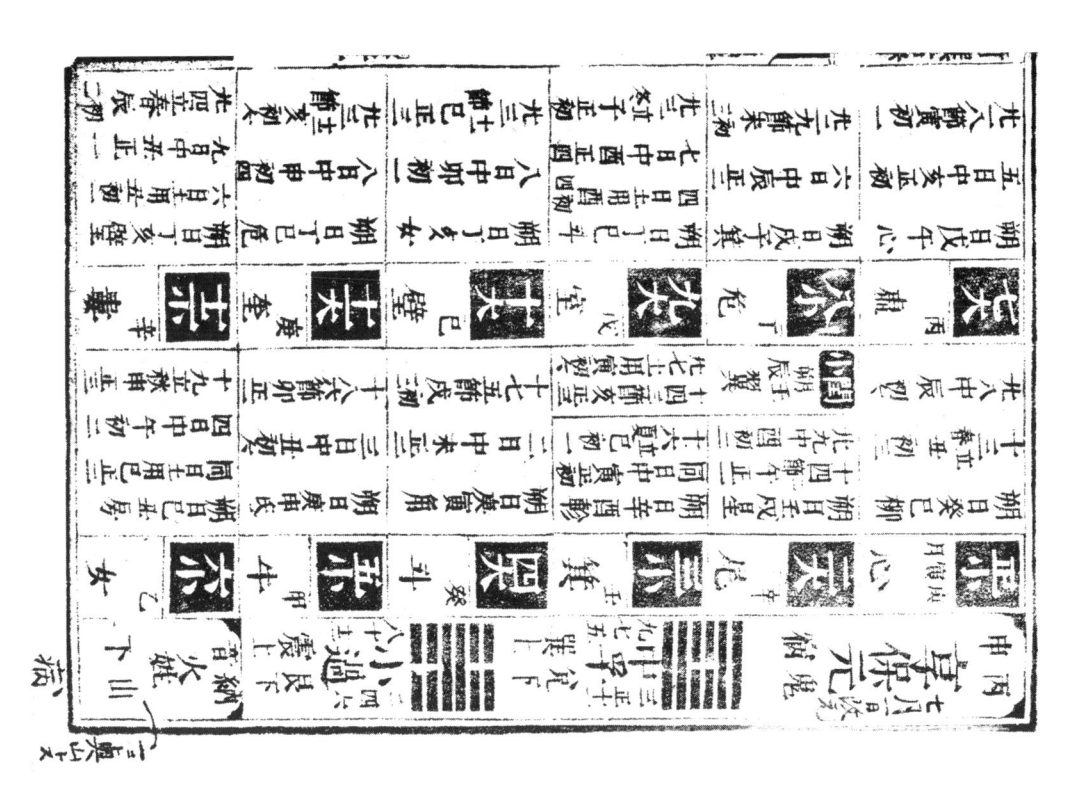

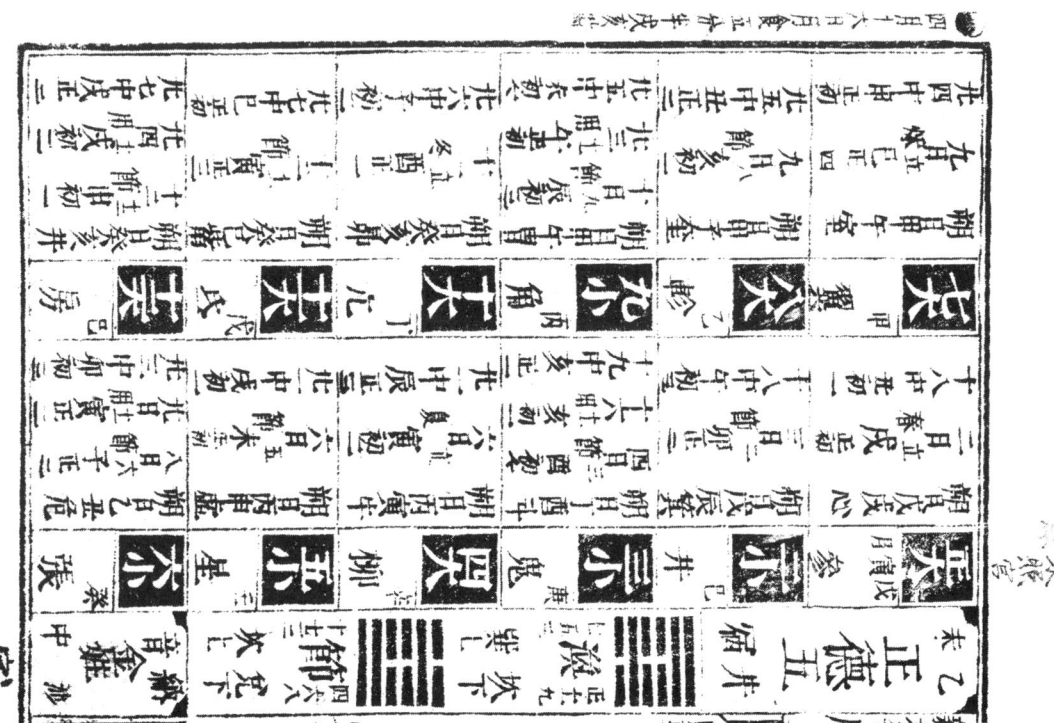

丁酉 享保二 柳宿

既済 五三正 離下坎上 十九七

未済 十二四 坎下離上 六八十

納音 火姓 山下死

正大 壬寅月 胃
朔日丙辰奎
十日中午正三
廿五二節酉正初

二大 癸 昴
朔日丙戌胃
十日中子初一
廿六二節寅正二

三小 甲 畢
朔日丙辰畢
八日土用辰正三
十一中巳初三
廿六立夏申初六

四小 乙 觜
朔日乙酉觜
十二中戌正一
廿八五節丑初二

五大 丙 参
朔日甲寅参
十四中卯正三
廿九六節午初正

六小 丁 井
朔日甲申鬼
十一土用申正三
十四中酉初一
廿九立秋亥正二

七小 戊 鬼
朔日癸丑柳
十六中寅初三

八大 己 柳
朔日壬午星
二日八節巳初六
十七中未正三

九小 庚 星
朔日壬子翼
二日九節戌初二
十四土用子初三
十八中子正三

十大 辛 張
朔日辛巳軫
四日立冬卯正初
十九中午初一

十一大 壬 翼
朔日辛亥亢
四日十一節申正二
十九中亥初三

十二小 癸 軫
朔日辛巳房
五日十二節丑正四
十七土用辰初六
廿日中辰正一

八月十六日月食九分半子丑寅之時

二月十五日月食皆既子丑寅時

八月十五日皆既丑寅卯時

戊戌 享保三 星宿

乾 三正十二 乾下乾上 九七五

坤 二四六 坤下坤上 八十十二

納音 木姓 平地

正大 甲寅月 角
朔日庚戌心
六日立春未初二
廿一中酉正三

二大 乙 亢
朔日庚辰箕
六日二節子初四
廿二中卯初六

三小 丙 氐
朔日庚戌牛
七日三節巳正一
十九土用未正三
廿二中申初二

四大 丁 房
朔日己卯女
八日立夏戌正三
廿四中丑正初

五小 戊 心
朔日己酉危
九日五節辰初一
廿四中午正二

六大 己 尾
朔日戊寅室
十日六節酉初三
十二土用亥正初
廿五中子初六

七小 庚 箕
朔日戊申奎
十一立秋寅正一
廿六中巳初二

八小 辛 斗
朔日丁丑婁
十二八節未正三
廿七中戌正初

九大 壬 牛
朔日丙午胃
十四九節丑初一
廿六土用卯初三
廿九中卯正二

十小 癸 女
朔日丙子畢
十四立冬午初三
廿九中酉初六

閏大
朔乙巳觜
十五十一節亥正一

十一大 甲 虚
朔日乙亥井
同日中寅初二
十六十二節辰正三
廿八土用午正四

十二大 乙 危
朔日甲辰鬼
二日中未正初
十七立春戌初

養

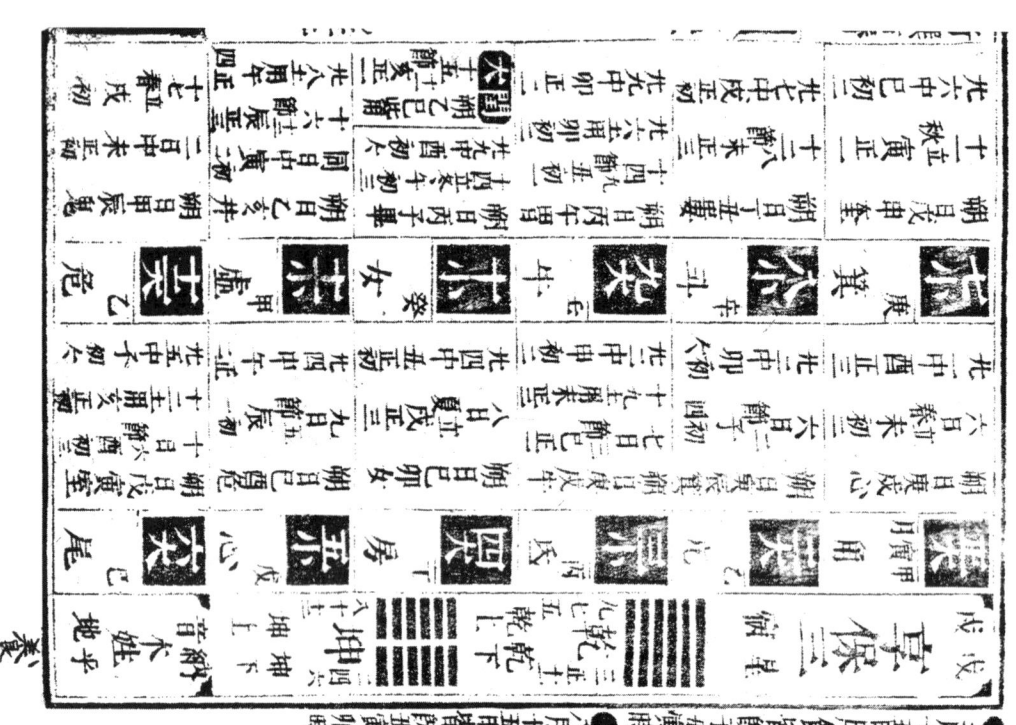

朝鮮人來朝
琉球人來

己亥 享保四 張宿

屯 五三正 十九七 震下 坎上
蒙 十二四 六八十 坎下 艮上
納音 木 姓 平地

正大 丙寅 宿	朔日丙戌星	三日中子正二	十八節卯初三
二大 丁 壁	朔日丙辰翼	三日中午初一	十八節申正一
三小 戊 奎	朔日甲戌角	三日中亥初二	十九夏立丑正三
四大 己 婁	朔日癸卯亢	五日中辰初四	廿日節未初一
五小 庚 胃	朔日癸酉房	五日中酉正一	廿日節子初二
六大 辛 昴	朔日壬寅心	七日中寅正三	廿二秋立巳正初
七小 壬 畢	朔日壬申箕	七日中申初一	廿二節戌正二
八大 癸 觜	朔日辛丑斗	九日中丑初三	廿四節辰初三
九大 甲 參	朔日庚午牛	十日中午正一	廿五冬立酉初二
十小 乙 井	朔日庚子虚	十日中亥正三	廿六節寅正初
十一大 丙 鬼	朔日己巳危	十二中巳初一	廿七節未正三
十二小 丁 柳	朔日己亥壁	十二中戌初三	廿八春立丑初三

四日土用寅初三　廿日土用戌正二　七日土用午初二　九日土用酉正三

正月朔日日帶食所見二分酉時　正月十六日月食五分酉戌時　七月十四日月食五分半寅卯

長

庚子 享保五 翼宿

需 七五三 正十九 乾下 坎上
訟 十十二 四六八 坎下 乾上
納音 土 姓 壁上

正大 戊寅 星	朔日戊辰奎	十四中卯正一	廿九節午初二
二小 己 張	朔日戊戌胃	十四中申正三	廿九節亥正初
三大 庚 翼	朔日戊辰畢	十二土用丑正三	十五中寅初一
四小 辛 軫	朔日丁酉觜	同日夏立辰正三	十六中未初三
五大 壬 角	朔日丁卯井	同日節戌初二	十七中子正一
六小 癸 亢	朔日丁酉柳	二日節卯初三	十七中巳正三
七大 甲 氐	朔日丙寅星	三日秋立申初四	十八中亥初二
八小 乙 房	朔日丙申翼	四日節丑正一	十九中辰初一
九大 丙 心	朔日乙丑軫	五日節午正三	廿日中酉正初
十大 丁 尾	朔日甲午角	六日冬立子初一	廿二中寅正三
十一小 戊 箕	朔日甲子亢	七日節巳三初	廿二中申初二
十二大 己 斗	朔日癸巳房	八日節戌正一	廿四中丑初二

十四土用巳三初　十七土用酉初二　廿一土用子正三

七月朔日日食三分午未時　十二月十六日月食七分子丑時

帝

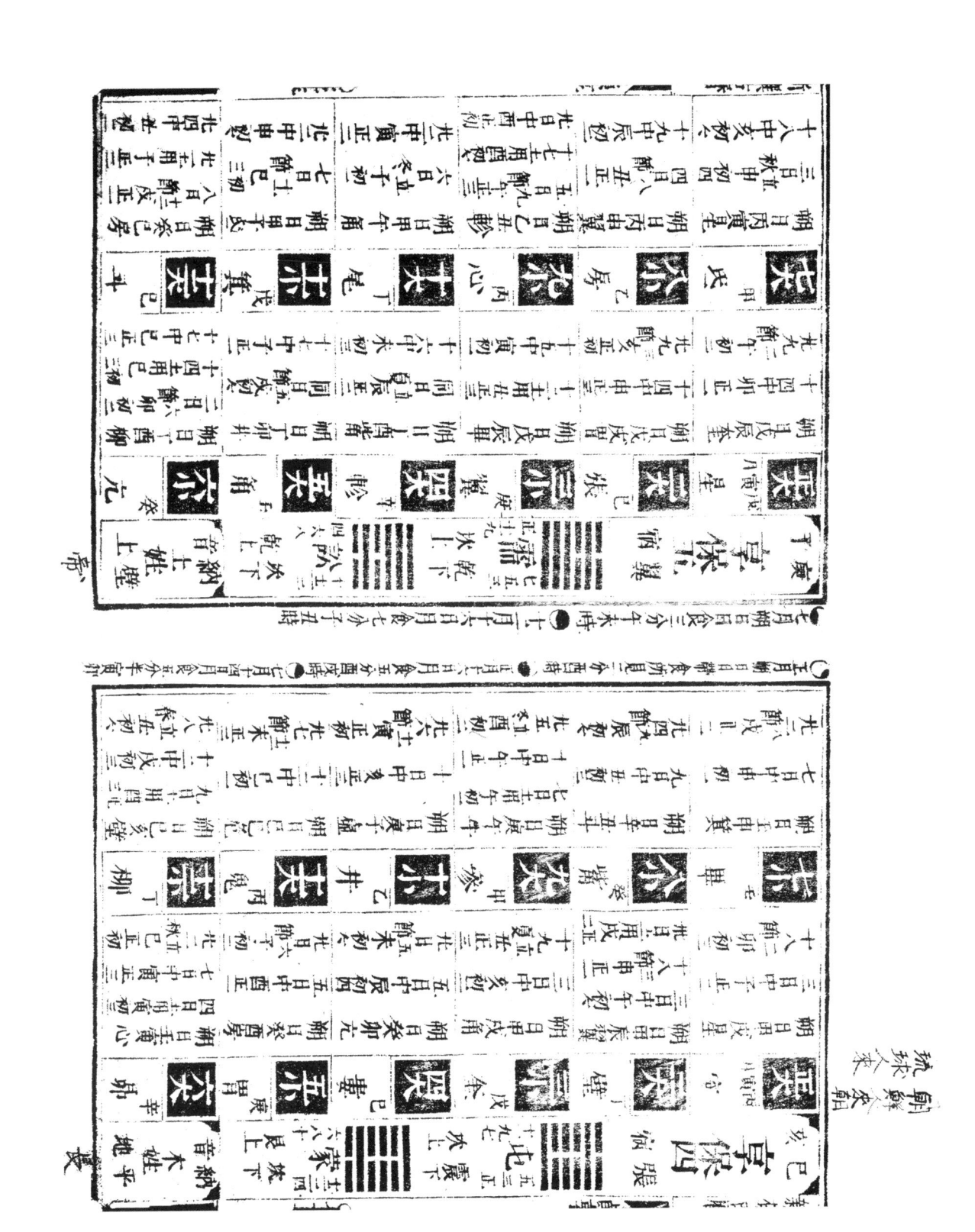

十月金銀
引替始ル

辛丑
享保六
宿 軫

師 坎下 坤上 九七五 三正十
比 坤下 坎上 八十十三 二四六
納音 壁上 姓 上 壁

正大 月 庚寅 牛
朔日癸亥尾
九日立春卯正三
九四中午正初

二大 辛卯 女
朔日壬辰箕
十日二節酉初一
九五中亥正三

三小 壬辰 虛
朔日壬戌牛
十一三節寅初三
九三土用辰初正
九六中巳初々

四大 癸巳 危
朔日辛卯女
十二夏立未正一
九七中戌初二

五大 甲午 室
朔日辛酉危
十三五節子正三
九八中卯正初

六小 乙未 壁
朔日辛卯壁
十三六節午初一
九五七用申初三
九八中申正二

七大 丙申 奎
朔日庚申奎
十四立秋亥初三
九日中寅初々

八大 丁酉 婁
朔日己未昴
十六九節酉正三
同日中木初

九小 戊戌 胃
朔日己丑觜
同日中子初四
十七立冬卯初々

十大 己亥 昴
朔日戊午參
三日中巳正一
十八節申初二

十一小 庚子 畢
朔日戊子鬼
三日中戌正三
十九節丑正初

十二大 辛丑 觜
朔日丁巳柳
二日土用卯正一
五日中辰初一
九日立春午正一

閏小
朔日庚寅胃
十五八節辰正
九八土用亥正四

十一月十五日月食皆既亥子丑時

表

十一月十五日月食六分亥子丑時

壬寅
享保七
宿 角

小畜 乾下 巽上 九七 五正
履 兌下 乾上 六八十 二四
納音 金箔金 姓 金

正小 月 壬寅 參
朔日丁亥張
五日中酉初三
九日二節子初々

二大 癸卯 井
朔日丙辰翼
七日中寅正一
九二三節巳初二

三小 甲辰 鬼
朔日丙戌角
四日土用未初三
七日中未正三
九二夏立戌正初

四大 乙巳 柳
朔日乙卯亢
九日中丑初一
九四五節卯正三

五小 丙午 星
朔日乙酉房
九日中午初三
九四六節酉初々

六大 丁未 張
朔日甲寅心
七日土用亥初一
十日中亥正一
九六立秋寅初一

七大 戊申 翼
朔日甲申箕
十一中辰正三
九六八節未正初

八大 己酉 軫
朔日甲寅牛
十一中戌初一
九七九節子正二

九大 庚戌 角
朔日癸未女
十日土用寅三正
十三中卯初三
九八立冬午初々

十小 辛亥 亢
朔日癸丑危
十三中申正一
九八十一節亥初二

十一大 壬子 氐
朔日壬午室
十五中丑正三
卅日十二節辰初四

十二大 癸丑 房
朔日壬子奎
十二土用午正三
十五中未初々

一ニツリか子トス

絶

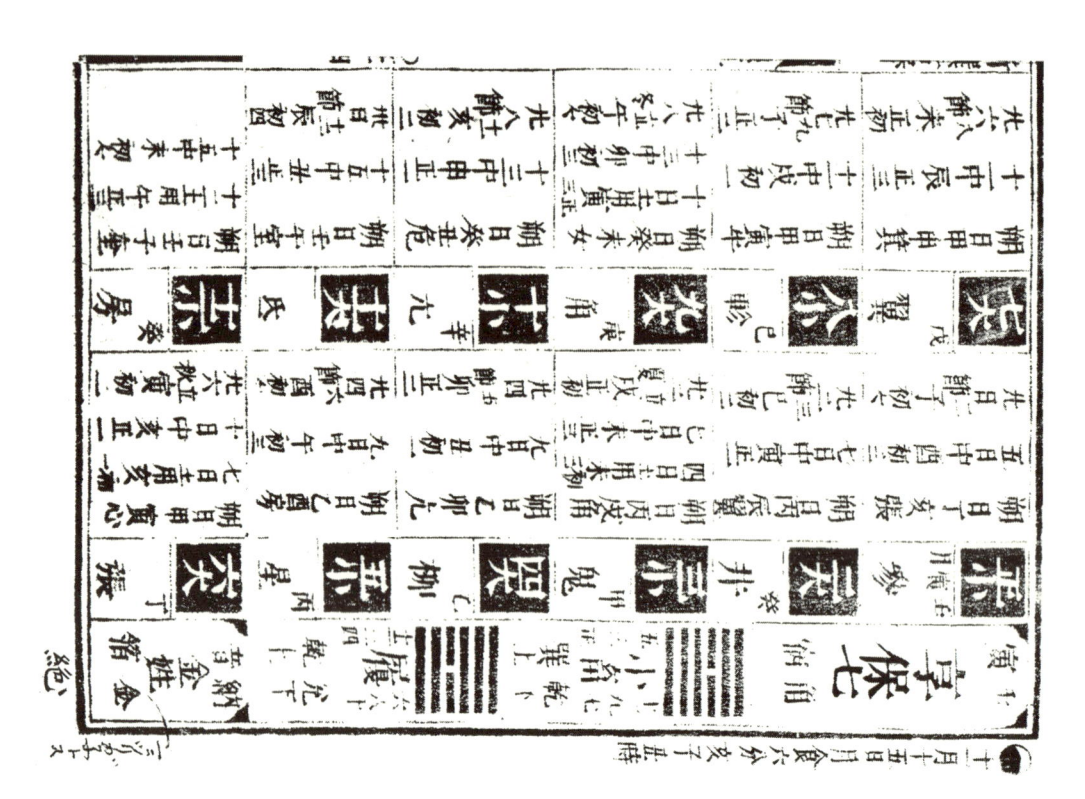

癸卯 享保八 亢宿

泰 正十九 七五三 乾下坤上
否 四六八 十十二 坤下乾上

納音 金箔金

月			
正大 甲寅 心	朔日辛巳婁	同日立春酉正一	十六中子初
二小 乙 尾	朔日辛亥昴	二日節寅正四	十七中巳正初
三大 丙 箕	朔日庚辰畢	三日節申初一　十五土用戌初	十八中戌正二
四小 丁 斗	朔日庚戌參	四日立夏丑初三	十九中辰初〻
五大 戊 牛	朔日己卯井	五日節午正一	廿日中酉初三
六大 己 女	朔日戊申鬼	六日節亥正三　十九土用寅〻初	廿二中寅正初
七大 庚 虚	朔日戊寅星	七日立秋巳初一	廿二中未正二
八小 辛 危	朔日戊申翼	七日節戌初三	廿三中丑初〻
九大 壬 室	朔日丁丑軫	九日節卯正一　廿一土用巳正三	廿四中午初二
十大 癸 壁	朔日丁未亢	九日立冬申正三	廿四中亥正初
十一小 甲 奎	朔日丁丑房	十日節寅初一	廿五中辰正三
十二大 乙 婁	朔日丙午心	十一日節未初三　廿三土用酉正初	廿六中戌初〻

甲辰 享保九 氐宿

同人 三正十一 九七五 離下乾上
大有 二四六 八十十二 乾下離上

納音 覆燈火

月			
正大 丙 胃	朔日丙子箕	十二立春子正一	廿七中卯初二
二小 丁 昴	朔日丙午牛	十二節巳正三	廿七中申正初
三大 戊 畢	朔日乙亥女	十三節亥刀一　廿六土用丑初一	廿九中丑正三
四小 己 觜	朔日甲辰虚	十五立夏辰刀三	卅日中午正四
閏四小	朔日甲戌室	十五節酉正刀	
五大 庚 參	朔日癸卯壁	同日中子刀一　十七節寅正三	廿九土用辰正三
六大 辛 井	朔日壬申奎	三日中巳刀三	十八立秋申刀刀
七大 壬 鬼	朔日壬寅胃	三日中戌正一	十九節丑刀三
八大 癸 柳	朔日辛未昴	五日中卯正三	廿日節午正刀
九小 甲 星	朔日辛丑觜	三日土用申正一　五日中酉刀一	廿日立冬亥正三
十大 乙 張	朔日辛未井	六日中寅刀三	廿一節巳刀刀
十一小 丙 翼	朔日辛丑柳	六日中未正一	廿一節戌刀二
十二大 丁 軫	朔日庚午星	四日土用子刀三　八日中子正三	廿三立春卯正刀

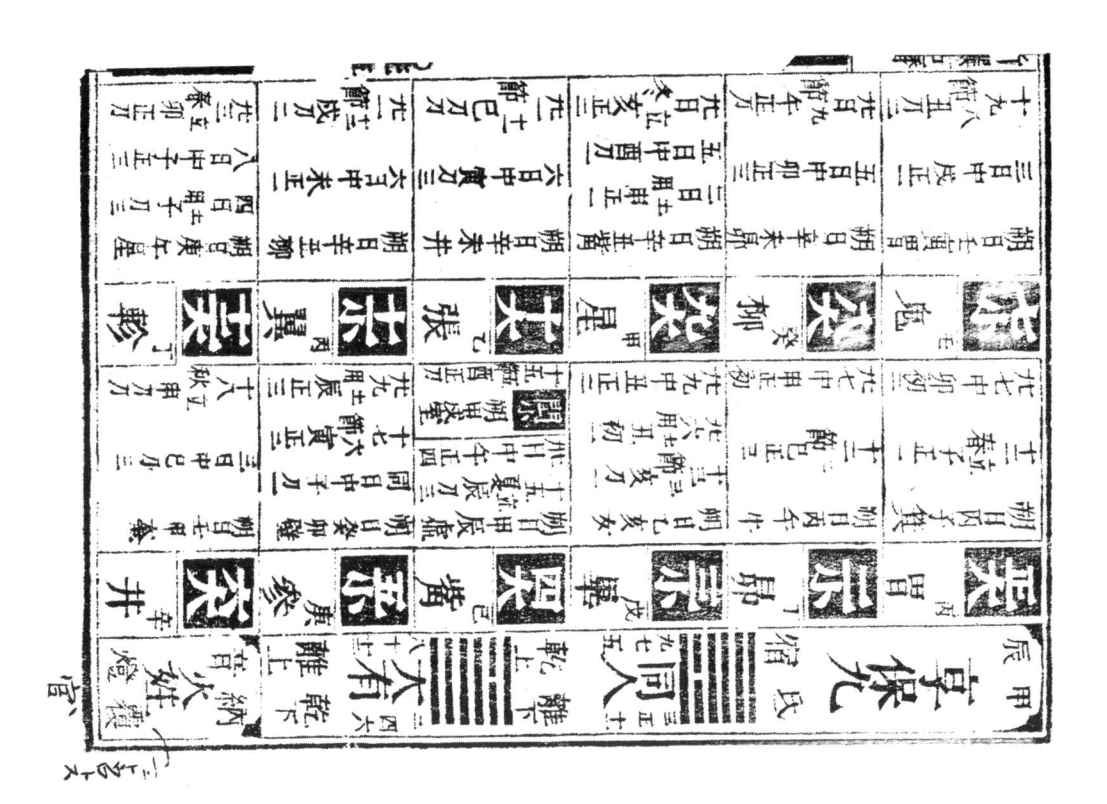

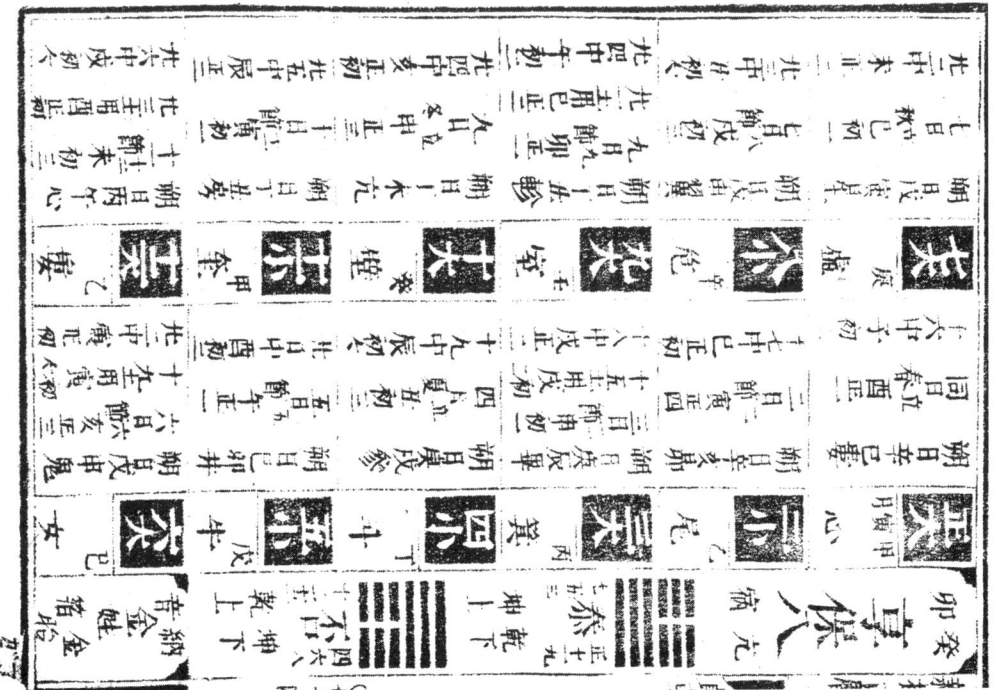

乙巳 享保十 房宿

謙 艮下坤上 五三正 十九七

豫 坤下震上 十三四 六八十

納音 火 姓 覆燈

正大 戊 角	朔日庚子翼	八日中午刀一	廿三節二申正二	
二小 己 亢	朔日庚午角	八日中亥刀三	廿四節三寅刀刀	
三小 庚 氐	朔日己亥亢	七日用土辰刀刀	十日中辰正一	廿五立夏未刀三
四大 辛 房	朔日戊辰氐	十一中酉正三	廿七節五子正刀	
五小 壬 心	朔日戊戌心	十二中卯刀一	廿七節六巳正三	
六小 癸 尾	朔日丁卯尾	十日用土未正二	十三中申刀三	廿八立秋戌正四
七大 甲 箕	朔日丙申箕	十五中丑正刀	廿九日節八辰刀一	
八小 乙 斗	朔日丙寅牛	十五中午正二		
九大 丙 牛	朔日乙未女	同日節九酉刀三	十三用土亥正刀	十六中子刀刀
十大 丁 女	朔日乙丑危	三日立冬寅正一	十七中巳刀三	
十一小 戊 虚	朔日乙未壁	三日節土未正三	十七中戌正刀	
十二大 己 危	朔日甲子奎	四日節十二丑刀一	十六用土卯刀三	十九中卯正二

三月十五日月帯食所見五分酉時 ◯ 九月一日日帯食一分半酉時 ● 九月十六日月食皆既丑寅卯時

● 三月十五日月食六分半卯辰時

三月将軍ヨリ
子原ニテシカリ

丙午 享保十一 心宿

随 震下兌上 七五二 正十九

蠱 巽下艮上 十十三 四六八

納音 水 姓 天河

正大 庚 室	朔日甲午胃	四日立春午刀三	十九中酉刀刀	
二小 辛 壁	朔日甲子畢	四日節二亥正一	廿日中寅刀二	
三大 壬 奎	朔日癸巳觜	六日節三辰正三	十八用土未刀刀	廿一中未正刀
四小 癸 婁	朔日癸亥井	六日立夏戌刀一	廿二中子正二	
五大 甲 胃	朔日壬辰鬼	八日節五卯刀三	廿三中午刀刀	
六小 乙 昴	朔日壬戌星	八日節六申正一	廿日用土戌正三	廿三中亥刀二
七小 丙 畢	朔日辛卯張	十日立秋丑正三	廿五中辰正刀	
八大 丁 觜	朔日庚申翼	十一節八未刀一	廿六中酉正二	
九小 戊 参	朔日庚寅角	十一節九子刀三	廿四用土寅刀三	廿七中寅正四
十大 己 井	朔日己未亢	十三立冬巳正刀	廿八中申刀一	
十一小 庚 鬼	朔日己丑房	十三節十一戌正二	廿九中丑刀三	
十二大 辛 柳	朔日戊午心	十五節十二辰刀刀	廿七用土午刀一	卅日中午正一

一三池水ヨ

胎

丁未　享保十二　尾宿

臨（九七五／三正十）兌下坤上
觀（八十十一／三四六）坤下巽上
納音　天河水　姓

正大　壬　星
朔日戊子箕　十五日立春酉刀二　卅日中亥正三

閏大
朔戊午牛　十六日節寅正刀

二小　癸　張
朔日戊子虛　同日中巳刀一　十六日節未正二　廿八日土用酉正三

三大　甲　翼
朔日丁巳危　二日中戌刀三　十八日立夏丑刀刀

四小　乙　軫
朔日丁亥壁　三日中卯正一　十八日節午刀二

五大　丙　角
朔日丙辰奎　四日中申正三　十九日節亥正刀

六小　丁　亢
朔日丙戌胃　二日土用丑正一　五日中寅刀一　廿日立秋辰正二

七小　戊　氐
朔日乙卯昴　六日中未刀三　廿一日節戌刀刀

八大　己　房
朔日甲申畢　八日中子正一　廿三日節卯刀二

九小　庚　心
朔日甲寅參　五日土用巳刀三　八日中巳正三　廿三日立冬申正刀

十大　辛　尾
朔日癸未井　九日中亥刀一　廿五日節丑正二

十一小　壬　箕
朔日癸丑柳　十日中辰刀三　廿五日節午正四

十二大　癸　斗
朔日壬午星　八日土用酉刀刀　十一日中酉正刀　廿六日立春子刀一

將軍日光社參

九月大水

戊申　享保十三　箕宿

噬嗑（上九九七／五三正）震下離上
賁（六八十／十二四）離下艮上
納音　大驛土　姓

◐正月十六日月帯食所見五分半酉時

●七月十四日月食六分半子丑寅時

驛ハ沢し

長

正大　甲　牛
朔日壬子翼　十二日中寅正二　廿七日節巳刀三

二小　乙　女
朔日壬午角　十二日中申刀刀　廿七日節戌正一

三大　丙　虛
朔日辛亥亢　十一日土用子正二　十四日中丑刀二　廿九日立夏卯正三

四大　丁　危
朔日辛巳房　十四日中午正刀　廿九日節酉刀一

五小　戊　室
朔日辛亥尾　十四日中亥正三

六大　己　壁
朔日庚辰箕　同日節寅刀三　十三日土用辰正刀　十六日中巳刀刀

七小　庚　奎
朔日庚戌牛　同日立秋未正一　十六日中戌刀二

八小　辛　婁
朔日己卯女　三日節子正三　十八日中卯正刀

九大　壬　胃
朔日戊申虛　四日節午刀一　十六日土用申刀二　十九日中申正三

十小　癸　昴
朔日戊寅室　四日立冬亥刀三　廿日中寅刀刀

十一大　甲　畢
朔日丁未壁　六日節辰正一　廿一日中未刀二

十二小　乙　觜
朔日丁丑婁　六日節酉正三　十八日土用亥正四　廿二日中子正刀

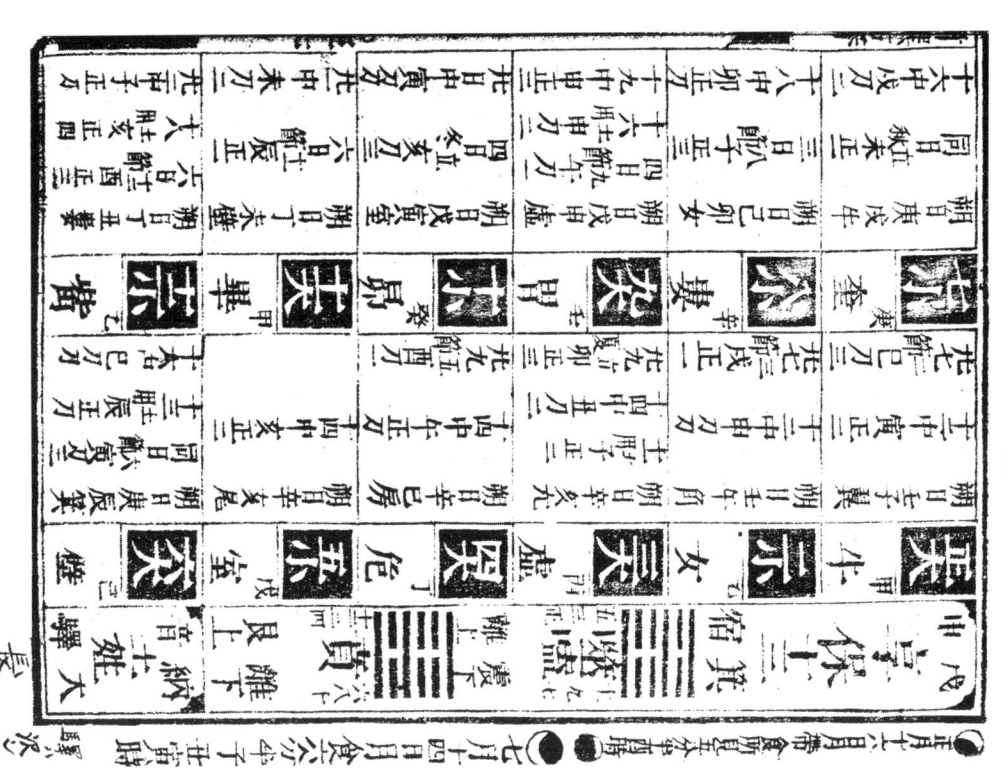

南越国ヨリ大象渡ル

己酉 享保十四 斗宿

剥 坤下艮上 正十一九 七五三
復 震下坤上 四六八 十十二

納音 大驛土

月	干・宿	朔日	節・中	
正大	丙 参	朔日丙午胃	八日立春卯刀一	廿三中巳正二
二小	丁 井	朔日丙子畢	八日二節申刀三	廿三中戌正四
三大	戊 鬼	朔日乙巳觜	十日三節丑正刀 / 廿二土用卯正一	廿五中辰刀一
四大	己 柳	朔日乙亥井	十日立夏午正二	廿五中酉刀四
五小	庚 星	朔日乙巳柳	十日五節子刀刀	廿六中寅正一
六大	辛 張	朔日甲戌星	十二日六節巳刀二 / 廿四土用未刀三	廿七中未正三
七小	壬 翼	朔日甲辰翼	十三日立秋戌正刀	廿八中丑刀一
八大	癸 軫	朔日癸酉軫	十四日八節卯正三	廿九中午刀三
九小	甲 角	朔日癸卯亢	十四日九節酉刀刀 / 廿六土用亥刀一	廿九中亥正一
閏大		朔日壬申氐	十六日立冬寅刀二	
十小	乙 亢	朔日壬寅心	同日中辰正三	十六日十一節未正刀
十一大	丙 氐	朔日辛未尾	二日中戌刀一 / 十八日十二節子正三	廿日土用寅正三
十二小	丁 房	朔日辛丑斗	三日中卯刀三	十八日立春午刀刀

十一月十六日月帯食皆既寅卯時

六月一日日食七分午未申時

六月十五日月食三分子丑

諸国麻疹流行

庚戌 享保十五 牛宿

无妄 震下乾上 三正十一 九七五
大畜 乾下艮上 二四六 八十十二

納音 釵釧金

月	干・宿	朔日	中・節	
正大	戊 心	朔日庚午牛	四日中申正一	十九日二節亥刀二
二小	己 尾	朔日庚子虚	五日中丑正三	廿日三節辰正刀
三大	庚 箕	朔日己巳危	三日土用午正刀 / 六日中未刀一	廿一日立夏酉正二
四小	辛 斗	朔日己亥壁	六日中子刀三	廿二日五節卯刀刀
五大	壬 牛	朔日戊辰奎	八日中巳正一	廿三日六節申刀二
六大	癸 女	朔日戊戌胃	五日土用戌刀二 / 八日中戌正三	廿四日立秋丑刀四
七小	甲 虚	朔日戊辰畢	九日中辰刀刀	廿四日八節午正一
八大	乙 危	朔日丁酉觜	十日中酉刀二	廿五日九節亥正三
九小	丙 室	朔日丁卯井	八日土用寅刀刀 / 十一日中寅正刀	廿六日立冬巳刀一
十大	丁 壁	朔日丙申鬼	十二日中未正三	廿七日十一節戌刀三
十一小	戊 奎	朔日丙寅星	十三日中丑刀刀	廿八日十二節卯正二
十二大	己 婁	朔日乙未張	十一日土用巳正三 / 十四日中午刀二	廿九日立春申正三

衰

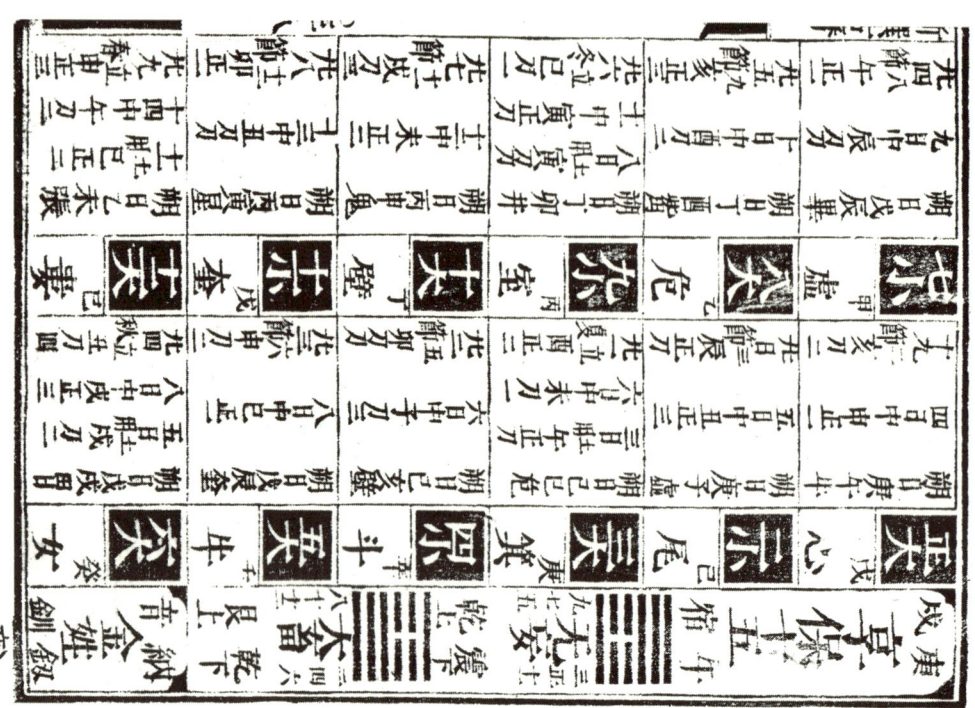

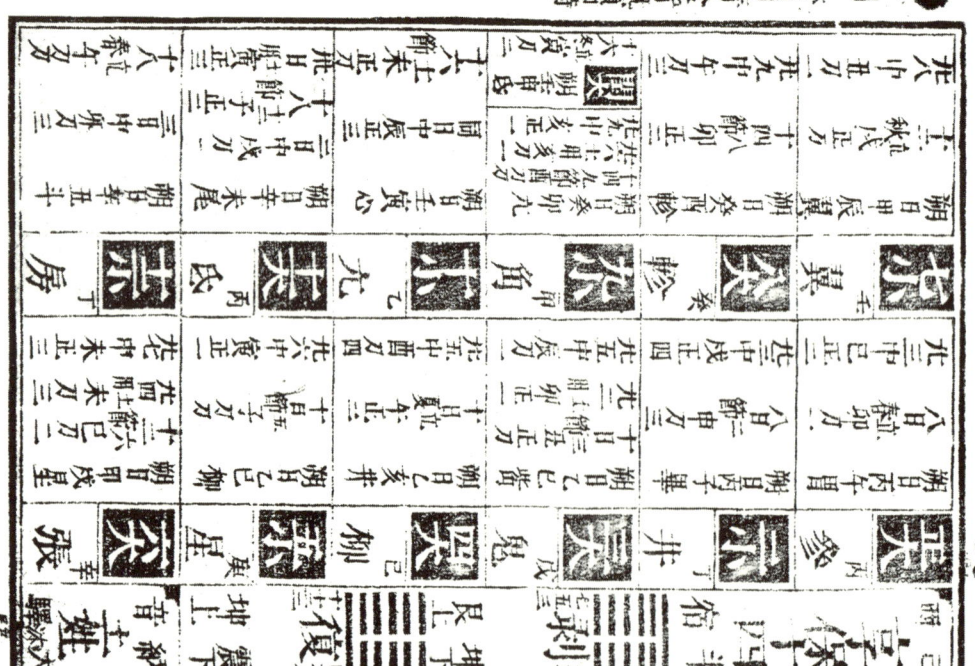

丑 露降　日蓮四百五十年

辛亥 享保十六 女宿
頤 五三正 上九七　震下 艮上
大過 十二四 六八十　巽下 兌上
納音 金 姓 鍬 鉦 病

正小 庚 胃　朔日乙丑軫　十四中亥正刀
二大 辛 昴　朔日甲午角　同日節寅刀二　十六中辰正三
三小 壬 畢　朔日甲子氐　同月節三未刀三　十三土用酉正刀　十六中戌刀刀
四大 癸 觜　朔日癸巳房　三日夏立子正一　十八中卯刀二
五小 甲 参　朔日癸亥尾　三日節五巳正三　十八中申正刀
六大 乙 井　朔日壬辰箕　四日節六亥刀一　十七土用丑刀一　廿日中丑正二
七小 丙 鬼　朔日壬戌牛　五日秋立辰刀三　廿日中未刀刀
八大 丁 柳　朔日辛卯女　六日節八酉正二　廿一日中子刀五
九大 戊 星　朔日辛酉危　七日節九寅正三　十九土用辰正三　廿二中巳刀四
十小 己 張　朔日辛卯壁　七日冬立申刀刀　廿二中戌正一
十一大 庚 翼　朔日庚申奎　九日節十一丑刀三　廿四中卯正三
十二小 辛 軫　朔日庚寅胃　九日節十二午正刀　廿一土用申正一　廿四中酉刀一

十一月十五日月食五分戌亥時
十二月一日日食九分辰巳時

五月十六日月食皆既戌亥子時
十一月十四日月帯食皆既卯時

西國 雲霞 虫付 饑饉

壬子 享保十七 虚宿
坎 七五三 正十九　坎下 坎上
離 十二三 四六八　離下 離上
納音 木 姓 柘 桑 沐

正大 壬 角　朔日己未昴　十日春立亥正三　廿六中寅刀三
二小 癸 亢　朔日己丑觜　十一日節二巳刀刀　廿六中未正二
三大 甲 氐　朔日戊午参　十二日節三戌刀二　廿四土用子刀三　廿八中子正三
四小 乙 房　朔日戊子鬼　十三日夏立卯正刀　廿八中午刀二
五大 丙 心　朔日丁巳柳　十四日節五申正三　廿九中亥刀三
閏大　朔日丙戌星　十六日節六寅刀刀　廿八土用戌刀一
六小 丁 尾　朔日丙辰翼　同日中辰正一　十六日秋立未刀三
七大 戊 箕　朔日乙酉軫　三日中酉正三　十八日節八子正刀
八大 己 斗　朔日乙卯亢　三日中卯刀一　十八日冬立亥刀刀
九小 庚 牛　朔日乙酉房　三日中申刀三　十九日節十一辰刀三
十大 辛 女　朔日甲寅尾　四日中丑正一　十九日節十一辰刀三
十一小 壬 虚　朔日甲申箕　五日中午正三　廿日節十二酉刀四
十二大 癸 危　朔日甲寅牛　五日中子刀刀　二日土用亥正刀　廿一日春立寅正

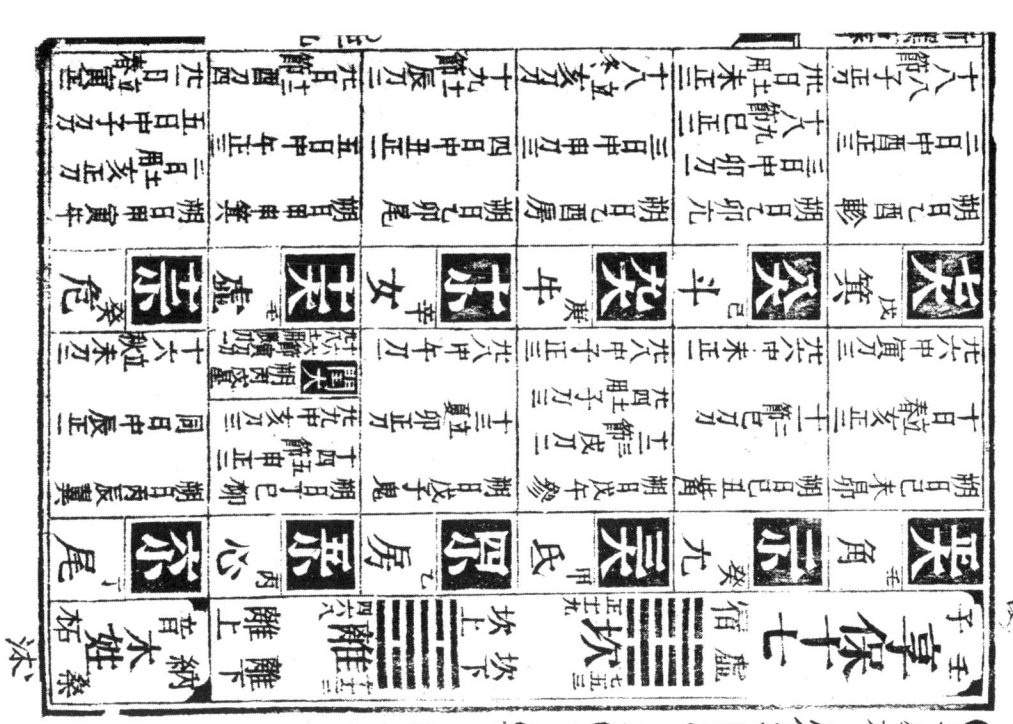

癸丑 享保十八 危宿
䷞咸 九七五 三正土 艮下 兌上
䷟恒 八十十 二四六 巽下 震上
納音 桑柘木 姓 宮

正大 甲 室	朔日癸未女	七日中巳刀二	廿二節未正三
二小 乙 壁	朔日癸丑危	七日中戌正刀	廿三節丑刀一
三大 丙 奎	朔日壬午室	六日土用卯刀二 九日中卯正三	廿四立夏午刀三
四小 丁 婁	朔日壬子奎	九日中酉刀刀	廿四節亥正一
五小 戊 胃	朔日辛巳婁	十一中寅刀二	廿六節辰正三
六大 己 昴	朔日庚戌胃	九日土用未刀刀 十二中未正刀	廿七立秋戌刀一
七小 庚 畢	朔日庚辰畢	十三中子正二	廿八節卯刀三
八大 辛 觜	朔日己酉觜	十四中午刀刀	廿九節申正一
九大 壬 参	朔日己卯井	十一土用戌正二 十四中亥刀二	卅日立冬丑正三
十小 癸 井	朔日己酉柳	十五中辰正刀	
十一大 甲 鬼	朔日戊寅星	同日節未刀	十六中酉正三
十二大 乙 柳	朔日戊申翼	同日節子刀三 十四土用寅刀四	十七中卯刀刀

● 四月十五日月食七分半丑寅卯時 ● 十月十五日月食六分半亥子時

弘法大師九百年忌

甲寅 享保十九 室宿
䷠遯 十九七 五三正 艮下 乾上
䷡大壯 六八十 十二四 乾下 震上
納音 大溪水 姓 病

正小 丙 星	朔日戊寅角	三日立春巳正一	十七中申刀二
二大 丁 張	朔日丁未亢	三日節戌正三	十九中丑刀四
三小 戊 翼	朔日丁丑房	四日節辰刀刀 十六土用午刀一	十九中午正一
四大 己 軫	朔日丙午心	五日立夏酉刀二	廿日中亥正三
五小 庚 角	朔日丙子箕	六日節寅正刀	廿一中巳刀一
六小 辛 亢	朔日乙巳斗	七日節未正三 十九土用酉正三	廿二中戌刀三
七大 壬 氐	朔日甲戌牛	九日立秋丑刀刀	廿四中卯正二
八小 癸 房	朔日甲辰虚	九日節午刀二	廿四中申正三
九大 甲 心	朔日癸酉危	十日節亥正刀 廿三土用丑正一	廿六中寅刀二
十小 乙 尾	朔日癸卯壁	十一立冬辰正三	廿六中未刀三
十一大 丙 箕	朔日壬申奎	十二節戌刀	廿八中子正一
十二大 丁 斗	朔日壬寅胃	十三節卯刀二 廿五土用巳刀三	廿八中巳正三

一三山沢上ス

乙卯　享保二十　宿 壁

晉 正十九 七五三 坤下 離上

明夷 四六八 十十二 離下 坤上

納音 大溪水

正大 戊 牛　朔日壬申畢　十三立春申正刀　廿八中亥刀一

二小 己 女　朔日壬寅參　十四節二丑正二　廿九中辰刀三

三大 庚 虚　朔日辛未井　十五節三未刀刀　廿七土用酉刀刀　卅日中酉正一

閏小　朔辛丑柳　十五立夏子刀三

四大 辛 危　朔日庚午昴　二日中寅正三　十七節五巳刀四

五小 壬 室　朔日庚子翼　三日中申刀刀　十七節六戌正一

六小 癸 壁　朔日己巳軫　同日土用子正三　四日中丑刀二　十九立秋卯正三

七大 甲 奎　朔日戊戌角　五日中午正刀　廿日節八酉刀一

八小 乙 婁　朔日戊辰氐　五日中亥正二　廿一節九寅刀三

九大 丙 胃　朔日丁酉房　四日土用辰正刀　七日中巳刀刀　廿二立冬未正一

十小 丁 昴　朔日丁卯尾　七日中戌刀二　廿三節十子正三

十一大 戊 畢　朔日丙申箕　九日中卯正刀　廿四節十一午刀一

十二大 己 觜　朔日丙寅牛　六日土用申刀二　九日中申正二　廿四立春亥刀三

三月十五日月食五分半酉戌亥時　九月朔日日食九分巳午時

金銀吹替へ
文金之
大病流行

丙辰　元文元（[illegible]月七日改元）　宿 奎

家人 三正十一 九七五 離下 巽上

睽 二四六 八十十二 兌下 離上

納音 沙中土

正小 庚 參　朔日丙申虚　十日中寅刀刀　廿五節二辰正一

二大 辛 井　朔日乙丑危　十一中未刀二　廿六節三酉正三

三大 壬 鬼　朔日乙未壁　八日土用子刀刀　十二中子正刀　廿七立夏卯刀一

四小 癸 柳　朔日乙丑婁　十二中巳正二　廿七節五申刀三

五大 甲 星　朔日甲午胃　十三中亥刀刀　廿九節六丑正一

六小 乙 張　朔日甲子畢　十一土用卯正一　十四中辰刀二　廿九立秋午正三

七小 丙 翼　朔日癸巳觜　十五中酉刀四

八大 丁 軫　朔日壬戌參　同日節八子初二　十七中寅正三

九小 戊 角　朔日壬辰鬼　三日節九巳刀三　十四土用未刀三　十七中未正四

十小 己 亢　朔日辛酉柳　三日立冬戌正刀　十九中丑刀二

十一大 庚 氐　朔日庚寅星　五日節十一卯正三　廿日中午刀三

十二大 辛 房　朔日庚申翼　五日節十二酉刀刀　十七土用亥刀一　廿日中亥正一

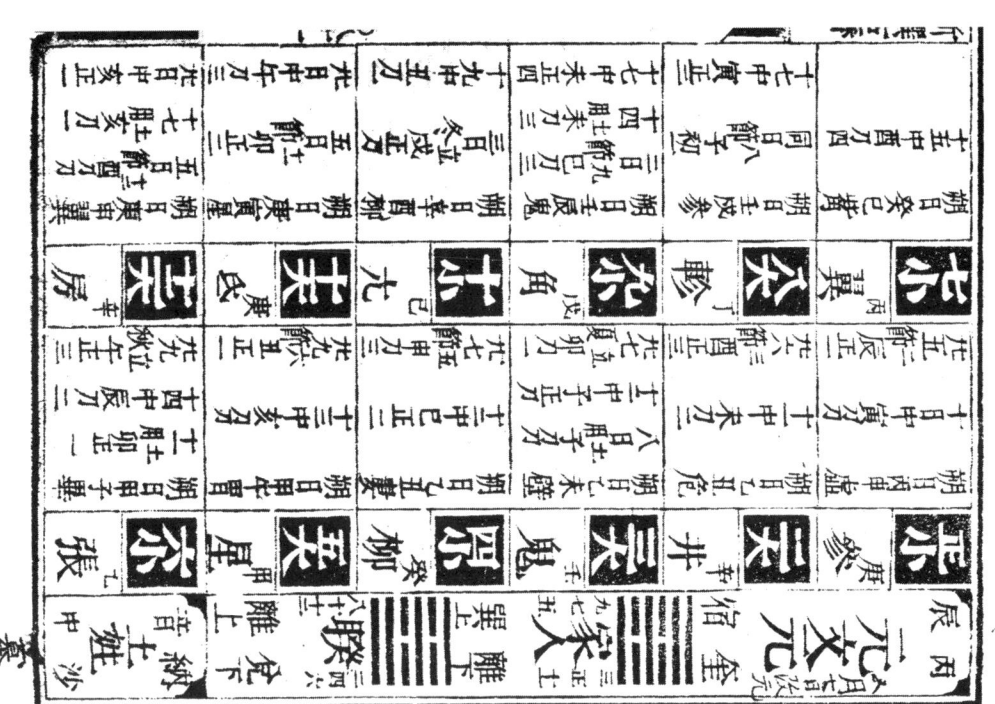

十二月十五日月食七分卯時

丁巳 元文二 宿婁

蹇 五三正 十九七 艮下坎上

解 十二四 六八十 坎下震上

納音 沙中土（土姓）

正小	壬 心	朔日庚寅角 六日立春寅刀二 廿一中辰正三
二大	癸 尾	朔日己未亢 七日節二未正刀 廿二中戌刀一
三大	甲 箕	朔日己丑房 八日節三子正二 廿日土用寅正三 廿三中卯刀三
四大	乙 斗	朔日己未尾 八日立夏午刀刀 廿三中申正一
五小	丙 牛	朔日己丑斗 八日節五亥刀二 廿四中丑正三
六大	丁 女	朔日戊午牛 十日節六辰正刀 廿二土用午正一 廿五中未刀一
七小	戊 虚	朔日戊子虚 十一日立秋酉正三 廿五中子刀三
八小	己 危	朔日丁巳危 十二節八卯刀刀 廿七中巳正一
九大	庚 室	朔日丙戌室 十三節九申刀二 廿五土用戌刀二 廿八中戌正三
十小	辛 壁	朔日丙辰奎 十四立冬丑正刀 廿九中辰刀一
十一大	壬 奎	朔日乙酉婁 十五節十一午正二 卅日中酉刀三
閏小		朔乙卯昴 十五節十二亥酉 廿六土用寅刀刀
十二大	癸 婁	朔日甲申畢 二日中寅正刀 十七立春巳刀一

絶

二月十六日月食五分丑寅時

戊午 元文三 宿胃

損 七五三 正十九 兌下艮上

益 十七二 四六八 震下巽上

納音 天上火（火姓）

正小	甲 胃	朔日甲寅参 三日中未正三 十七節二戌刀三
二大	乙 昴	朔日癸未井 四日中丑刀刀 十九節三卯正一
三大	丙 畢	朔日癸丑柳 同日土用巳正三 四日中午刀二 十九立夏申正三
四小	丁 觜	朔日癸未張 四日亥正刀 廿日節五寅刀二
五大	戊 参	朔日壬子翼 六日中辰正三 廿一節六未刀三
六小	己 井	朔日壬午角 三日土用酉正刀 六日中戌刀刀 廿二立秋子正一
七大	庚 鬼	朔日辛亥亢 八日中卯刀二 廿三節八巳正三
八小	辛 柳	朔日辛巳房 八日中申正刀 廿三節九亥刀一
九大	壬 星	朔日庚戌心 七日土用丑刀二 十日中丑正三 廿五立冬辰刀三
十小	癸 張	朔日庚辰箕 十日中未刀刀 廿五節十一酉正一
十一大	甲 翼	朔日己酉斗 十一中子刀二 廿七節十二寅正三
十二小	乙 軫	朔日己卯女 九日土用辰正三 十二中巳正刀 廿七立春申刀一

帝

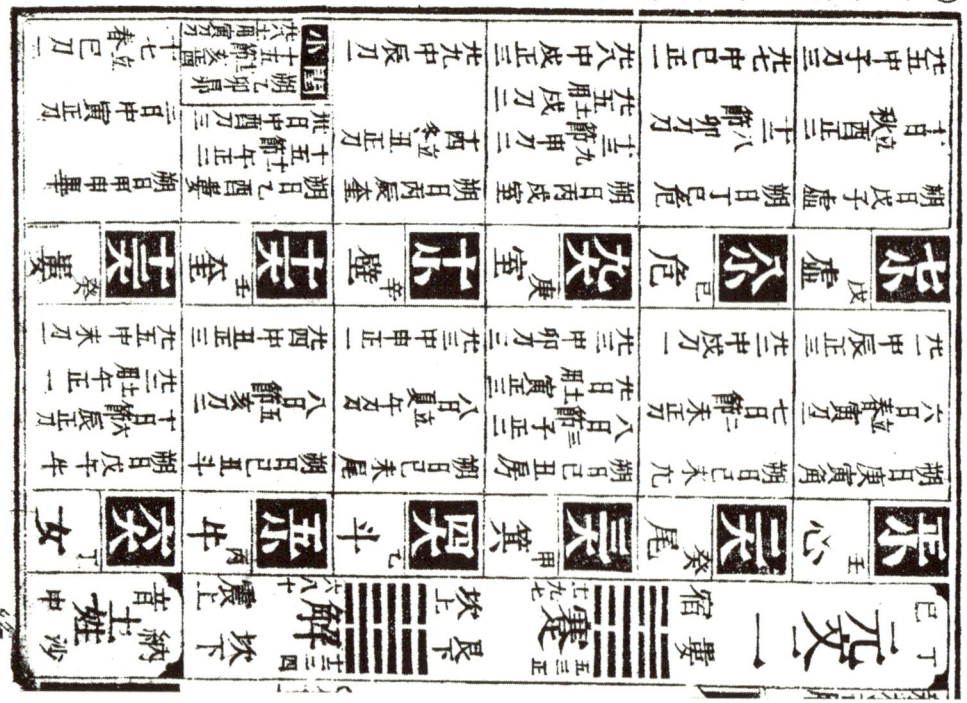

己未 元文四
宿 昴
夬 九七五 三正十一 乾下兌上
姤 八十十二 三四六 巽下乾上
納音 火 姓 天上

正大 丙 角　朔日戊申虚　十三中戌正二　廿九節二丑刀三
二小 丁 亢　朔日戊寅室　十四中卯正四　廿九節三午正刀
三大 戊 氐　朔日丁未壁　十二土用申正一　十五中酉刀一　廿日立夏亥正三
四小 己 房　朔日丁丑婁　十六中寅刀三
五大 庚 心　朔日丙午胃　三日節五巳刀三　十七中未正一
六大 辛 尾　朔日丙子畢　晦日節六戌刀二　十四日土用子刀三　十八中子正三
七大 壬 箕　朔日丙午参　三日立秋卯正刀　十八中午刀一
八小 癸 斗　朔日乙亥井　四日節八申正三　十九中亥刀三
九大 甲 牛　朔日乙巳柳　五日節九寅刀　十七土用辰刀一　廿日中辰正二
十大 乙 女　朔日甲戌星　六日立冬未刀二　廿一中酉正三
十一小 丙 虚　朔日甲辰翼　七日節十一子正刀　廿二中卯刀一
十二大 丁 危　朔日癸酉軫　八日節十二巳正二　廿日土用未正三　廿三中申刀三

寒

六月十五日月食八分半丑時　●　十二月十五日月食皆既卯時

六月十五日月食皆既酉亥時　○　十二月朔日日食六分辰時

庚申 元文五
宿 畢
萃 十九七 五三正 坤下兌上
升 六八十 十二四 巽下坤上
納音 木 姓 柘榴

正小 戊 室　朔日癸卯亢　八日立春亥刀刀　廿四中丑正一
二大 己 壁　朔日壬申氐　十日節二辰刀二　廿五中午正三
三小 庚 奎　朔日壬寅心　十日節三酉正刀　廿二土用亥正刀　廿五中子刀一
四小 辛 婁　朔日辛未尾　十二立夏寅正二　廿七中巳刀三
五大 壬 胃　朔日庚子箕　十三節五未正四　廿八中戌正刀
六小 癸 昴　朔日庚午牛　十四節六丑刀一　廿六土用卯刀三　廿九中卯正二
七小 甲 畢　朔日庚子虚　十四立秋午刀三　廿九中酉刀刀
閏大　朔日己巳危　十五八節亥正一
八小 乙 觜　朔日己亥壁　同日中寅刀三　十六節九辰正三　廿八土用未刀刀
九大 丙 参　朔日己巳婁　同日中未正刀　十六立冬戌刀一
十小 丁 井　朔日戊戌胃　三日中子正二　十八節十一卯刀三
十一大 戊 鬼　朔日戊辰畢　三日中午刀刀　十八節十二申正一
十二大 己 柳　朔日丁酉觜　同日土用戌正三　四日中亥刀二　廿日立春丑正三

絶

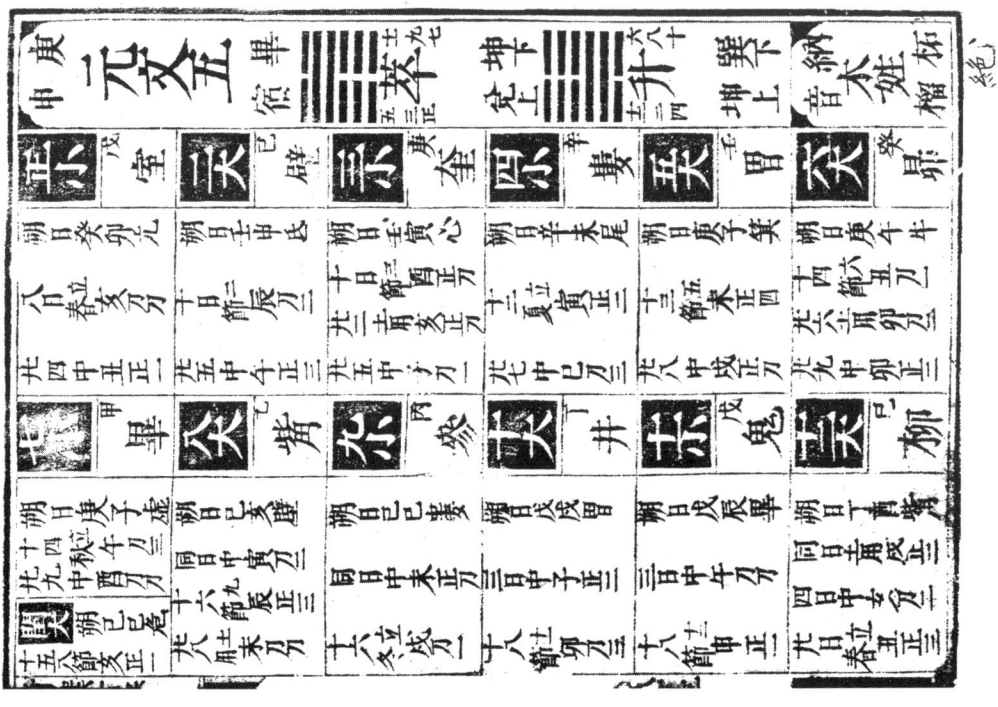

八月小 関東大水 人多死ス

辛酉 寛保元（三月二日改元）

宿 觜

困（正十九 七五三）坎下 兌上

井（四六八 十十二）巽下 坎上

納音 木姓 柘榴

月	干	宿	朔	節・中
正小	庚	星	朔日丁卯井	五日中辰正刀　廿日節二未刀一
二大	辛	張	朔日丙申鬼	六日中酉正三　廿一節三子刀三
三小	壬	翼	朔日丙寅星	四日用土寅正刀　七日中卯刀刀　廿二夏立巳正一
四大	癸	軫	朔日乙未張	八日中申刀二　廿三節五戌正三
五大	甲	角	朔日甲子翼	十日中丑正刀　廿五節六辰刀一
六小	乙	亢	朔日甲午角	七日用土午刀一　十日中午正二　廿五秋立酉刀三
七大	丙	氐	朔日癸亥亢	十二中亥正四　廿七節八寅正刀
八大	丁	房	朔日癸巳房	十二中巳刀一　廿七節九未正三
九小	戊	心	朔日癸亥尾	九日用土酉正三　十二中戌刀三　廿八冬立丑刀刀
十大	己	尾	朔日壬辰箕	十四中卯正一　廿九節十一午刀三
十一大	庚	箕	朔日壬戌牛	十四中申正三　廿九節十二亥正刀
十二小	辛	斗	朔日壬辰虚	十三用土丑正一　十五中寅刀一

四月十五日月食四分子丑時　五月朔日日食九分巳時　十月十六日月食五分亥子時

壬戌 寛保二

宿 参

革（三正十一 九七五）離下 兌上

鼎（二四六 八十十二）巽下 離上

納音 大海水

月	干	宿	朔	節・中
正大	壬	牛	朔日辛酉危	同日春立辰正三　十六中未刀三
二小	癸	女	朔日辛卯壁	同日節二戌刀刀　十七中子正一
三大	甲	虚	朔日庚申奎	三日節三卯刀二　十五用土巳刀三　十八中巳正三
四小	乙	危	朔日庚寅胃	三日夏立申正刀　十八中亥刀一
五小	丙	室	朔日己未昴	五日節五丑正三　廿日中辰刀三
六大	丁	壁	朔日戊子畢	六日節六未刀刀　十八用土酉刀一　廿一中酉正一
七小	戊	奎	朔日戊午参	六日秋立子刀三　廿二中寅正三
八大	己	婁	朔日丁亥井	八日節八巳正刀　廿三中申刀一
九小	庚	胃	朔日丁巳柳	八日節九戌正三　廿一用土子正二　廿四中丑刀三
十大	辛	昴	朔日丙戌星	十日冬立卯正四　廿五中午正刀
十一大	壬	畢	朔日丙辰翼	十日節十一酉刀一　廿五中亥正三
十二大	癸	觜	朔日丙戌角	十一節十二寅刀四　廿三用土辰正刀　廿六中巳刀刀

官

癸亥 寛保三

井 宿

震（五三正 / 六九七）震下 震上　艮（十二四 / 六八十）艮下 艮上

納音 大海水 姓

月	干	宿	記事
正小	甲	参	朔日丙辰氐　十一立春未正一　廿六中戌刀二
二大	乙	井	朔日乙酉房　十三節二子正三　廿八中卯正刀
三小	丙	鬼	朔日乙卯尾　十三節三午刀　廿五土用申刀三　廿八中申正三
四大	丁	柳	朔日甲申箕　十四立夏亥刀三　廿日中寅刀刀　十五節五辰正一　閏 朔甲寅牛
五小	戊	星	朔日癸未女　同日中未刀二　十六節六酉正三　廿八土用子刀刀
六大	己	張	朔日壬子虚　三日中子正刀　十八立秋卯刀
七小	庚	翼	朔日壬午室　三日中巳正二　十八節八申刀三
八小	辛	軫	朔日辛亥壁　四日中亥刀刀　廿日節九丑正一
九大	壬	角	朔日庚辰奎　三日土用卯正二　六日中辰刀三　廿一立冬午正三
十大	癸	亢	朔日庚戌胃　六日中酉正刀　廿一節十一子刀
十一大	甲	氐	朔日庚辰畢　七日中寅正三　廿二節十二巳刀三
十二大	乙	房	朔日庚戌参　四日土用未刀三　七日中申刀刀　廿二立春戌正一

四月十五日月食皆既子丑時

三月十四日月食七分寅時

九月朔日日食五分半巳時

九月十六日月食七分亥子時

甚寒。冬マデ

諸国風流行

甲子 延享元（二月廿八日改元）

鬼 宿

漸（七五三 / 正十九）艮下 巽上　歸妹（十十二 / 四六八）兌下 震上

納音 海中金 姓

月	干	宿	記事
正小	丙	心	朔日庚辰鬼　八日中丑刀二　廿三節二卯正三
二大	丁	尾	朔日己酉柳　九日中午刀四　廿四節三酉刀刀
三小	戊	箕	朔日己卯張　六日土用亥刀一　九日中亥正一　廿五立夏寅刀二
四大	己	斗	朔日戊申翼　十一中辰正三　廿六節五未正刀
五小	庚	牛	朔日戊寅角　十一中戌刀一　廿七節六子正三
六小	辛	女	朔日丁未亢　十日土用寅正三　十三中卯刀三　廿八立秋午刀刀
七大	壬	虚	朔日丙子氐　十四中申正一　廿九節八亥刀二
八小	癸	危	朔日丙午心　十五中丑正三
九小	甲	室	朔日乙亥尾　同日節九辰正刀　十三土用午正一　十六中未刀二
十大	乙	壁	朔日甲辰箕　三日立冬酉正三　十七中子刀三
十一大	丙	奎	朔日甲戌牛　三日節十一卯刀刀　十八中巳正一
十二大	丁	婁	朔日甲辰虚　三日節十二申刀二　十五土用戌刀三　十八中戌正三

死

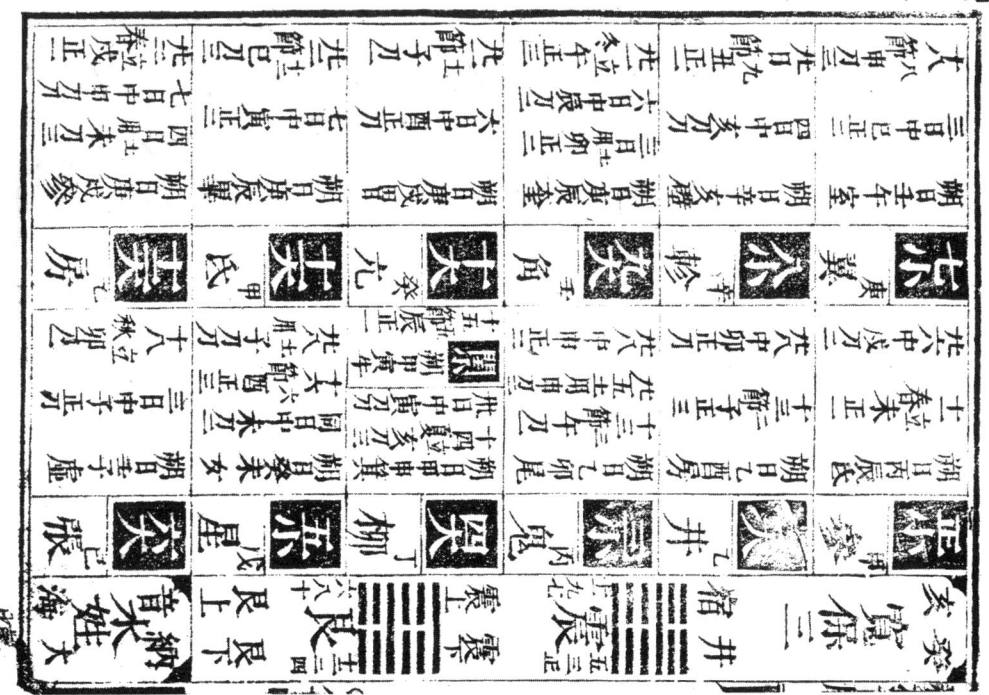

九月吉宗公
大御所ト称ス
将軍宣下

乙丑 延享二 柳宿

豐 離下震上 九七五 三正土

旅 艮下離上 八十三 二四六

納音 海中金

正大 戊 胃	朔日癸酉危	五日春立丑正刀	廿日中辰刀一	
二大 己 昴	朔日癸卯壁	五日節二午正二	廿日中酉刀三	
三大 庚 畢	朔日癸酉婁	五日節三子刀刀	十八用土寅刀刀	廿一中寅正一
四小 辛 觜	朔日癸卯昴	六日夏立巳刀二	廿一中未正三	
五大 壬 參	朔日壬申畢	七日節五戌刀四	廿三中丑刀刀	
六小 癸 井	朔日壬寅參	八日節六卯正一	廿日用土巳正二	廿三中午刀二
七小 甲 鬼	朔日辛未井	九日秋立申正三	廿四中亥正刀	
八大 乙 柳	朔日庚子鬼	十一節八寅刀一	廿六中辰正二	
九小 丙 星	朔日庚午星	十一節九未刀三	廿三用土酉正刀	廿六中戌刀刀
十小 丁 張	朔日己亥張	十三冬立子正一	廿八中卯刀二	
十一大 戊 翼	朔日戊辰翼	十四節十一巳正三	廿九中申正刀	
十二大 己 軫	朔日戊戌角	十四節十二亥刀一	廿七土用丑刀二	廿日中丑正三
閏小	朔戊辰氐	十五春立辰刀三		

三月朔日日食三分半未時

正月十六日月食七分丑寅時

二月朔日日食七分未時

御大名寺社
不残御朱印

丙寅 延享三 星宿

巽 巽下巽上 士九七 五三正

兌 兌下兌上 六八十 士二四

納音 爐中火

正大 丙 房	朔日丁酉房	同日中未刀刀	十六節二酉正一	
二大 辛 亢	朔日丁卯尾	同日中子刀二	十七節三寅正三	廿九土用辰正四
三小 壬 氐	朔日丁酉斗	三日中巳正刀	十七夏立申刀一	
四大 癸 房	朔日丙寅牛	三日中戌正二	十九節五丑刀三	
五小 甲 心	朔日丙申虚	四日中辰刀刀	十九節六午正一	
六大 乙 尾	朔日乙丑危	二日用土申正一	五日中酉刀二	廿日秋立亥正三
七小 丙 箕	朔日乙未壁	六日中寅刀四	廿一節八巳刀刀	
八大 丁 斗	朔日甲子奎	七日中未正一	廿二節九戌刀二	
九小 戊 牛	朔日甲午胃	四日用土子刀三	八日中子正三	廿三冬立卯正刀
十小 己 女	朔日癸亥昴	九日中午刀一	廿四節十一申正二	
十一大 庚 虚	朔日壬辰畢	十日中亥刀三	廿六節十二寅刀刀	
十二大 辛 危	朔日壬戌參	八日用土辰刀一	十一中辰正一	廿六春立未刀二

長

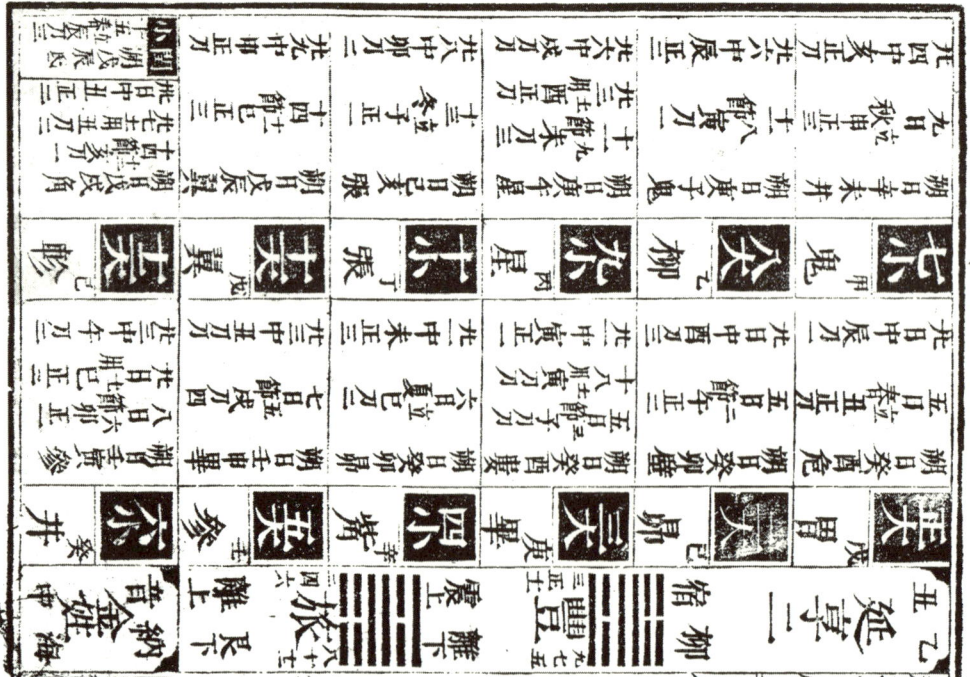

諸国風流行

丁卯 延享四

張宿

渙 正十二九 七五三　坎下 巽上

節 四六八 十十二　兌下 坎上

納音 火姓 爐中

月	干	宿	朔			
正小	壬	室	朔日壬辰鬼	十一中酉正三	廿七節子正刀	
二大	癸	壁	朔日辛酉柳	十三中卯刀一	廿八節巳正三	
三小	甲	奎	朔日辛卯張	十日土用未正三	十三中申刀三	廿八立夏亥刀刀
四大	乙	婁	朔日庚申翼	十五中丑正一	廿日節辰刀二	
五大	丙	胃	朔日庚寅角	十五中午正三	廿日節酉正刀	
六小	丁	昴	朔日庚申氐	十二土用亥正一	十五中子刀一	
七大	戊	畢	朔日己丑房	三日立秋寅正三	十七中巳刀三	
八小	己	觜	朔日己未尾	三日節申刀刀	十七中戌正一	
九大	庚	参	朔日戊子箕	四日節丑刀三	十六土用卯刀三	十九中卯正三
十小	辛	井	朔日戊午牛	四日立冬午刀四	十九中酉刀刀	
十一大	壬	鬼	朔日丁亥女	五日節亥正一	廿一中寅刀二	
十二小	癸	柳	朔日丁巳危	六日節辰正三	十八土用未刀刀	廿一中未正刀

七月十五日月食皆既酉時

正月十六日月食五分亥子時

六月朝鮮人来朝

琉球人来

戊辰 寛延元

七月十八日改元

翼宿

中孚 三 正十一 九七五　兌下 巽上

小過 二 四 六 八 十 十二　艮下 震上

納音 木姓 大森林

月	干	宿	朔			
正小	甲	星	朔日丙戌室	七日立春戌刀二	廿三中子正三	
二大	乙	張	朔日乙卯壁	九日節卯刀三	廿四中午刀刀	
三大	丙	翼	朔日乙酉婁	九日節申正二	廿一土用戌正三	廿四中亥刀三
四小	丁	軫	朔日乙卯昴	十日立夏丑正三	廿五中辰正刀	
五大	戊	角	朔日甲申畢	十一日節未刀一	廿六中酉正三	
六小	己	亢	朔日甲寅参	十二日節子刀三	廿四土用寅正刀	廿七中卯刀刀
七大	庚	氐	朔日癸未井	十三日立秋巳正一	廿八中申刀二	
八大	辛	房	朔日癸丑柳	十三日節戌正三	廿九中丑正刀	
九小	壬	心	朔日癸未張	十四日節辰刀一	廿六土用午刀三	廿九中午正二
十大	癸	尾	朔日壬子翼	十五日立冬酉刀三	卅日中子刀刀	
閏小			朔壬午角	十六日節寅正二		
十一大	甲	箕	朔日辛亥亢	三日中巳刀二	十七節未正三	廿九土用酉正三
十二小	乙	斗	朔日辛巳房	二日中戌刀四	十八立春丑刀刀	

表

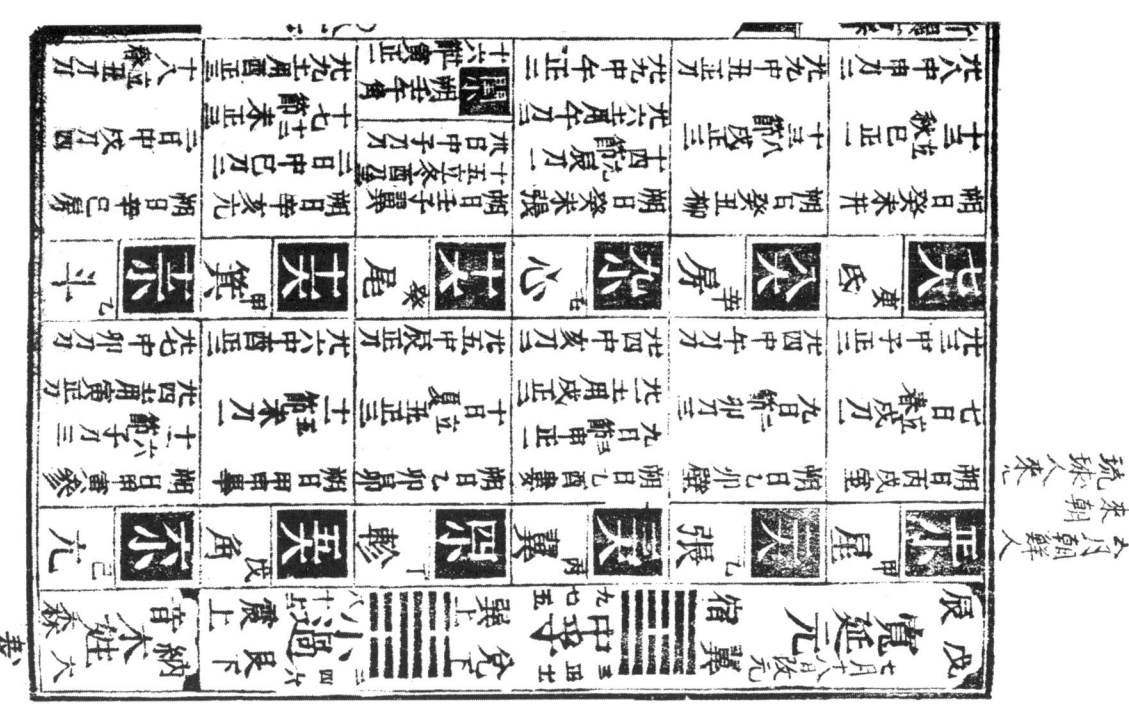

江戸五月大水 橋々落

己巳 寛延二

軫 宿

既済 坎上 離下 十二九七 五三五

未済 離上 坎下 六八十 十二四

納音 大林木 木姓

正大 丙 牛	朔日庚戌心	四日中卯正一	十九二節午刀三
二小 丁 女	朔日庚辰箕	四日中申正三	十九三節亥正刀
三大 戊 虚	朔日己酉斗	三日土用丑正一 六日中寅刀一	廿一立夏辰正三
四大 己 危	朔日戊寅牛	七日中未刀三	廿二五節戌刀刀
五小 庚 室	朔日戊申虚	八日中子正一	廿三立節卯刀二
六大 辛 壁	朔日丁丑危	六日土用巳刀三 九日中巳正三	廿四立秋申正刀
七大 壬 奎	朔日丁未壁	九日中亥刀一	廿五八節丑正二
八小 癸 婁	朔日丁丑婁	十日中辰刀三	廿五九節未刀刀
九大 甲 胃	朔日丙午胃	八日土用酉刀一 十一中酉正一	廿六立冬子刀三
十大 乙 昴	朔日丙子畢	十二中寅正三	廿七十一節巳正刀
十一小 丙 畢	朔日丙午参	十二中申刀一	廿七十二節戌正三
十二大 丁 觜	朔日乙亥井	十一土用子正三 十四中丑刀三	廿九立春辰刀刀

五月朔日日食四分辰時

四月十六日月食皆既酉戌時 … 十月朔日日食三分巳午時

四月大猷院殿百年忌 観世能有リ

庚午 寛延三

角 宿

乾 乾上 乾下 九七五 三正十

坤 坤上 坤下 八十十二 二四六

納音 路傍土 土姓

正大 戊 参	朔日乙巳柳	十四中午正一	廿九二節酉刀二
二小 己 井	朔日甲戌星	十五中亥正三	
三大 庚 鬼	朔日甲辰翼	同日三節寅刀四	十三土用辰正刀 十六中巳刀刀
四小 辛 柳	朔日癸酉軫	二日立夏申正一	十七中戌刀三
五大 壬 星	朔日壬寅角	四日五節子正四	十九中卯正刀
六小 癸 張	朔日壬申氐	四日六節午刀一 十六土用申刀二	十九中申正二
七大 甲 翼	朔日辛丑房	五日立秋亥刀三	廿一中寅刀刀
八小 乙 軫	朔日辛未尾	六日八節辰正一	廿一中未刀二
九大 丙 角	朔日庚子箕	七日九節酉正三 十九土用子刀刀	廿三中子正刀
十大 丁 亢	朔日庚午牛	八日立冬卯刀一	廿三中巳正三
十一大 戊 氐	朔日庚子虚	八日十一節申刀三	廿三中亥刀刀
十二小 己 房	朔日庚午室	九日十二節丑正一 廿一土用卯正二	廿四中辰刀二

胎

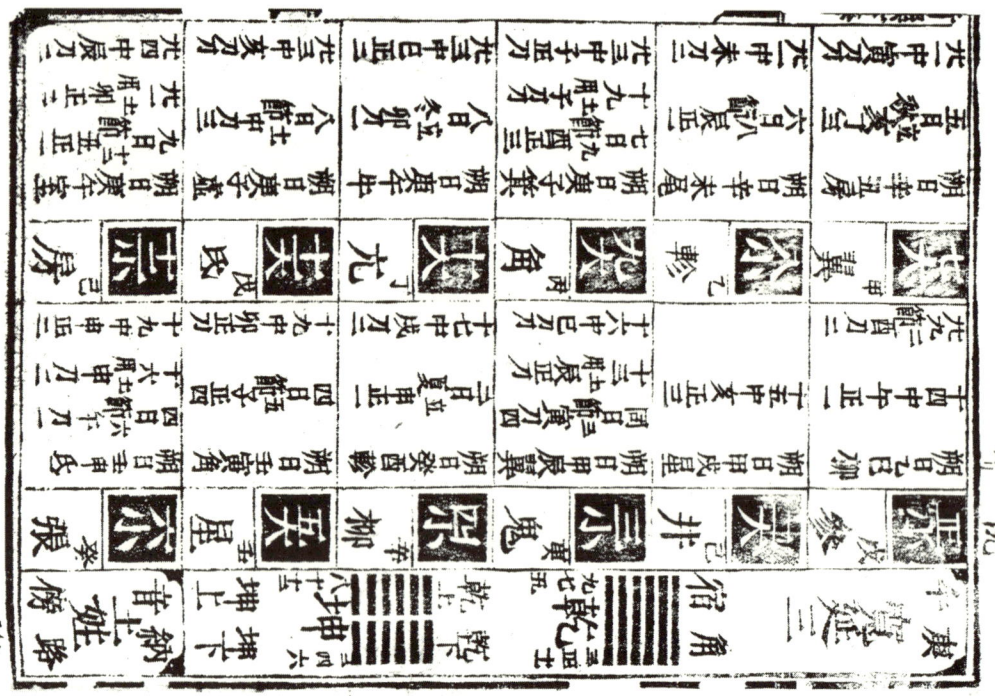

辛未 寶暦元（十月二十七日改元） 亢宿

屯 震下坎上　蒙 坎下艮上　納音 土 路傍

月	日
正大 庚 心	朔日己亥壁　十一日立春午正三　廿五中酉正刀
二小 辛 尾	朔日己巳婁　十日節子刀一　廿六中寅正三
三大 壬 箕	朔日戊戌胃　十二節巳刀三　廿四用未刀四　廿七中申刀刀
四小 癸 斗	朔日戊辰畢　十三立夏戌正一　廿八中丑刀二
五小 甲 牛	朔日丁酉觜　十四節卯正三　廿九中午刀四
六大 乙 女	朔日丙寅参　十五節酉刀一　廿七用亥刀一　卅日中亥正三
閏六小	朔丙申鬼　十六節寅刀三
七大 丙 虚	朔日乙丑柳　二日中辰正四　十七節未正刀
八小 丁 危	朔日乙未張　二日中戌刀一　十八節子正二
九大 戊 室	朔日甲子翼　四日用寅正三　四日中卯刀三　十九立冬午刀
十大 己 壁	朔日甲午角　四日中申正一　十九節子刀三
十一小 庚 奎	朔日甲子氐　五日中丑正三　廿日節辰正刀
十二大 辛 婁	朔日癸巳房　三日用午正一　六日中未刀一　廿一立春酉正二

四月十五日月食八分戌亥時　九月十六日月食七分亥子時

壬申 寶暦二 氐宿

需 乾下坎上　訟 坎下乾上　納音 金 劍鋒

月	日
正大 壬 胃	朔日癸亥星　六日中子刀三　廿二節卯刀刀
二小 癸 昴	朔日癸巳斗　七日中巳正一　廿二節申刀二
三大 甲 畢	朔日壬戌牛　五日用戌刀三　八日中戌正三　廿四立夏丑正刀
四小 乙 觜	朔日壬辰虚　九日中辰刀一　廿四節午正三
五小 丙 参	朔日辛酉危　十日中酉刀三　廿五節子刀刀
六大 丁 井	朔日庚寅室　九日用寅刀刀　十二中寅正一　廿七立秋巳刀二
七小 戊 鬼	朔日庚申奎　十二中未正三　廿八節戌正刀
八大 己 柳	朔日己丑婁　十四中丑刀一　廿九節卯正二
九小 庚 星	朔日戊午胃　十二用巳正二　十五中午刀三　卅日立冬申正四
十大 辛 張	朔日戊子畢　十五中亥正刀
十一小 壬 翼	朔日戊午参　同日節寅刀二　十六中辰正三
十二大 癸 軫	朔日丁亥井　二日節未刀三　十四土用酉正刀　十七中戌刀刀

十二月琉球人來

天幡宮八百五十年ニ付三テ開帳

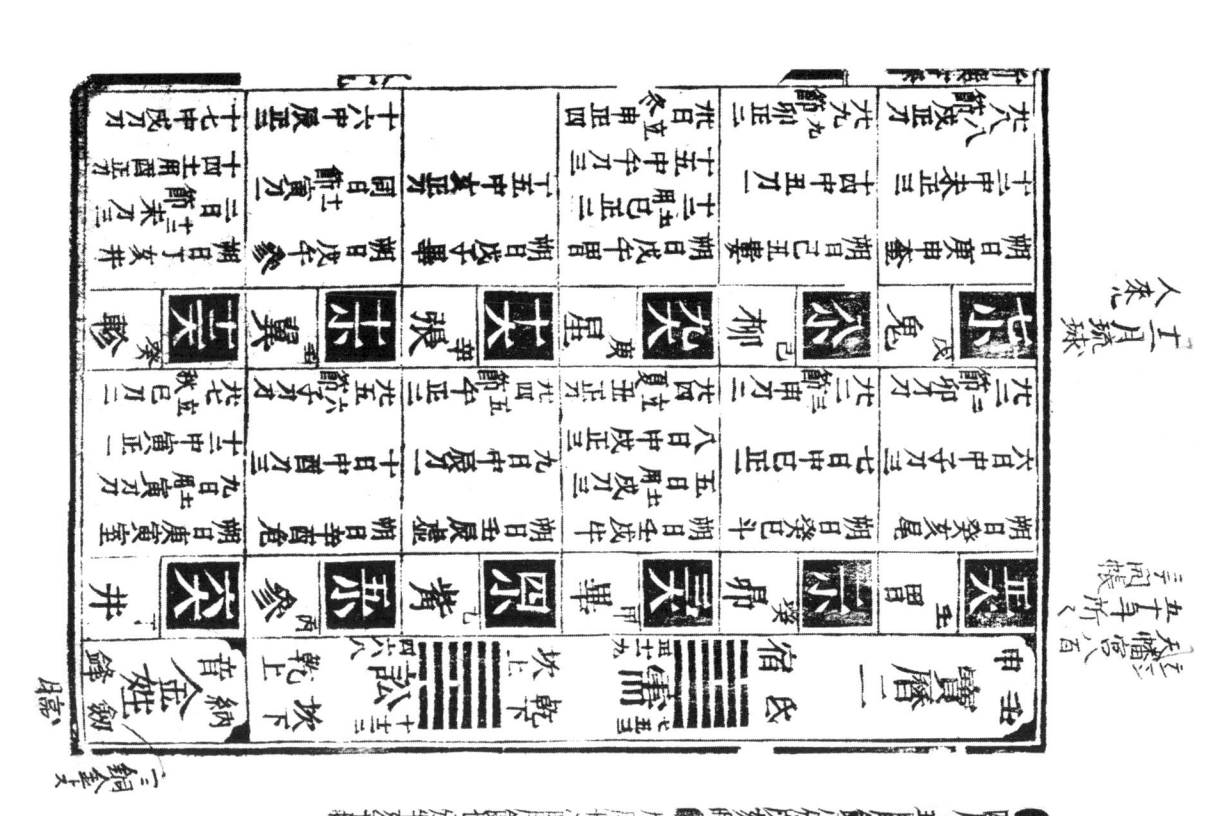

諸國麻疹流行人多死

癸酉 寶暦三 房宿

師 九七五 三正廿 坎下坤上

比 八十五 三四六 坤下坎上

納音 金 姓 釼鋒（金上銅）

正大 甲 角　朔日丁巳柳　三日立春子正一　十八中卯刀二

二小 乙 亢　朔日丁亥張　三日節二巳正三　十八中申正刀

三小 丙 氐　朔日丁巳翼　四日節三亥刀一　十七土用丑刀二　廿日中丑正三

四大 丁 房　朔日丙戌角　五日立夏辰刀三　廿日中未刀才

五小 戊 心　朔日丙辰氐　五日節五酉正一　廿日中子刀三

六小 己 尾　朔日乙酉房　七日節六寅正三　十九土用巳刀才　廿二中巳正刀

七大 庚 箕　朔日甲寅心　八日立秋申刀一　廿三中戌正三

八小 辛 斗　朔日甲申箕　九日節八丑刀三　廿四中辰刀才

九小 壬 牛　朔日癸丑斗　十日節九午正一　廿二土用申正一　廿五中酉刀三

十大 癸 女　朔日壬午牛　十一日立冬亥正三　廿七中寅正刀

十一大 甲 虚　朔日壬子虚　十二日節十一巳刀一　廿七中未正三

十二小 乙 危　朔日壬午室　十二日節十二戌刀三　廿四土用子刀三　廿八中子正四

三月十四日月食五分半卯時

九月十六日月食五分辰戌時

閏二月十五日月食七分酉時

八月十五日月食皆既酉時

宝暦四年十月十九日止舊暦用新暦詔賜名曰宝暦 甲戌 元暦土御門三位泰邦入渋川圖書光洪

甲戌 寶暦四 心宿

小畜 上九七 五三正 乾下巽上

履 六八十 十二三四 兌下乾上

納音 火 姓 山頭（基）

正大 丙 室　朔日辛亥壁　十四日節卯六　廿九日中午二

二大 丁 壁　朔日辛巳婁　十四日節申八　廿九日中亥四

閏二小　朔辛亥昴　十五日三節寅二　廿七日土用辰二

三大 戊 奎　朔日庚辰畢　十六日節四未三　同日中辰七

四大 己 婁　朔日庚戌參　十七日節五丑五　同日中戌初

五小 庚 胃　朔日庚辰鬼　二日中卯二　十七日節六巳七　廿九日土用寅初

六小 辛 昴　朔日己酉柳　三日中申四　十八日節七亥一

七大 壬 畢　朔日戊寅星　五日中丑六　廿日節八辰三

八小 癸 觜　朔日戊申翼　五日中未初　廿日節九酉五

九小 甲 參　朔日丁丑軫　三日土用亥六　六日中子二　廿一日節十寅七

十大 乙 井　朔日丙午角　八日中巳四　廿三日節十一申一

十一大 丙 鬼　朔日丙子氐　八日中戌六　廿四日節十二丑三

十二大 丁 柳　朔日乙巳房　七日土用卯四　十日中辰初　廿五日節正午五

新撰古暦

乙亥 寶暦五 尾宿
泰 正十九 乾下坤上 七五三
否 四六八 坤下乾上 十十三
納音 火 姓 山頭

正大 戊寅 壁 月
朔日乙亥尾
十日中酉二
廿五日節亥八

二大 己 張
朔日乙巳斗
十一日中寅四
廿六日節巳一

三小 庚 翼
朔日乙亥女
八日土用未一
十一日中未六
廿六日節戌三

四大 辛 軫
朔日甲辰虚
十三日中子八
廿八日節卯五

五小 壬 角
朔日甲戌室
十三日中午一
廿八日節申七

六大 癸 亢
朔日癸卯壁
十一日土用戌七
十四日中亥三
卅日節寅初

七小 甲 氐
朔日癸酉婁
十五日中辰五

八大 乙 房
朔日壬寅胃
同日節未二
十六日中酉七

九小 丙 心
朔日壬申畢
二日節子四
十四日土用亥五
十七日中卯一

十小 丁 尾
朔日辛丑觜
三日節巳六
十八日中申三

十一大 戊 箕
朔日庚午參
四日節亥初
廿日中丑五

十二小 己 斗
朔日庚子鬼
五日節辰二
十七日土用未三
廿日中午七

二月朔日食三分卯時
八月十五日月食六分酉戌時

丙子 寶暦六 箕宿 値年
同人 三正十一 離下乾上 九七五
大有 二四六 乾下離上 八十十二
納音 水 姓 澗下

二月十六日月食三分酉時
・節分正月五日 土用正月十三日 彼岸二月五日 八月十一日 八十八夜四月四日 入梅五月十五日

歳徳巳午
金神子丑刀卯午未
歳凶卯
歳破午
歳殺未
大盤辰
豹尾戌
大歳子
大将軍酉
大陰戌
・半夏生六月五日
三百十日八月七日

正大 庚寅 牛 値月
朔日巳巳柳
六日節酉四
廿日中子一

二大 辛 女
朔日巳亥張
七日節寅六
廿一日中巳三

三小 壬 虚
朔日巳巳軫
七日節申初
十九日土用戌
廿二日中戌五

四大 癸 危
朔日戊戌角
九日節丑二
廿四日中卯七

五小 甲 室
朔日戊辰氐
九日節午五
廿四日中酉一

六大 乙 壁
朔日丁酉心
九日節亥六
廿一日土用丑七
廿五日中寅三

七小 丙 奎
朔日丁卯尾
十一日節辰八
廿六日中未五

八大 丁 婁
朔日丁酉斗
十一日節戌二
廿七日中子七

九小 戊 胃
朔日丙寅女
十三日節卯三
廿五日土用巳
廿八日中午初

十大 己 昴
朔日丙申虚
十三日節申六
廿八日中亥二

十一大 庚 畢
朔日乙丑危
十五日節亥八
廿日中辰四

閏小
朔日乙未壁
十五日十二節未一
廿七日土用四

十二大 辛 觜
朔日甲子奎
同日中酉六
十六日節正

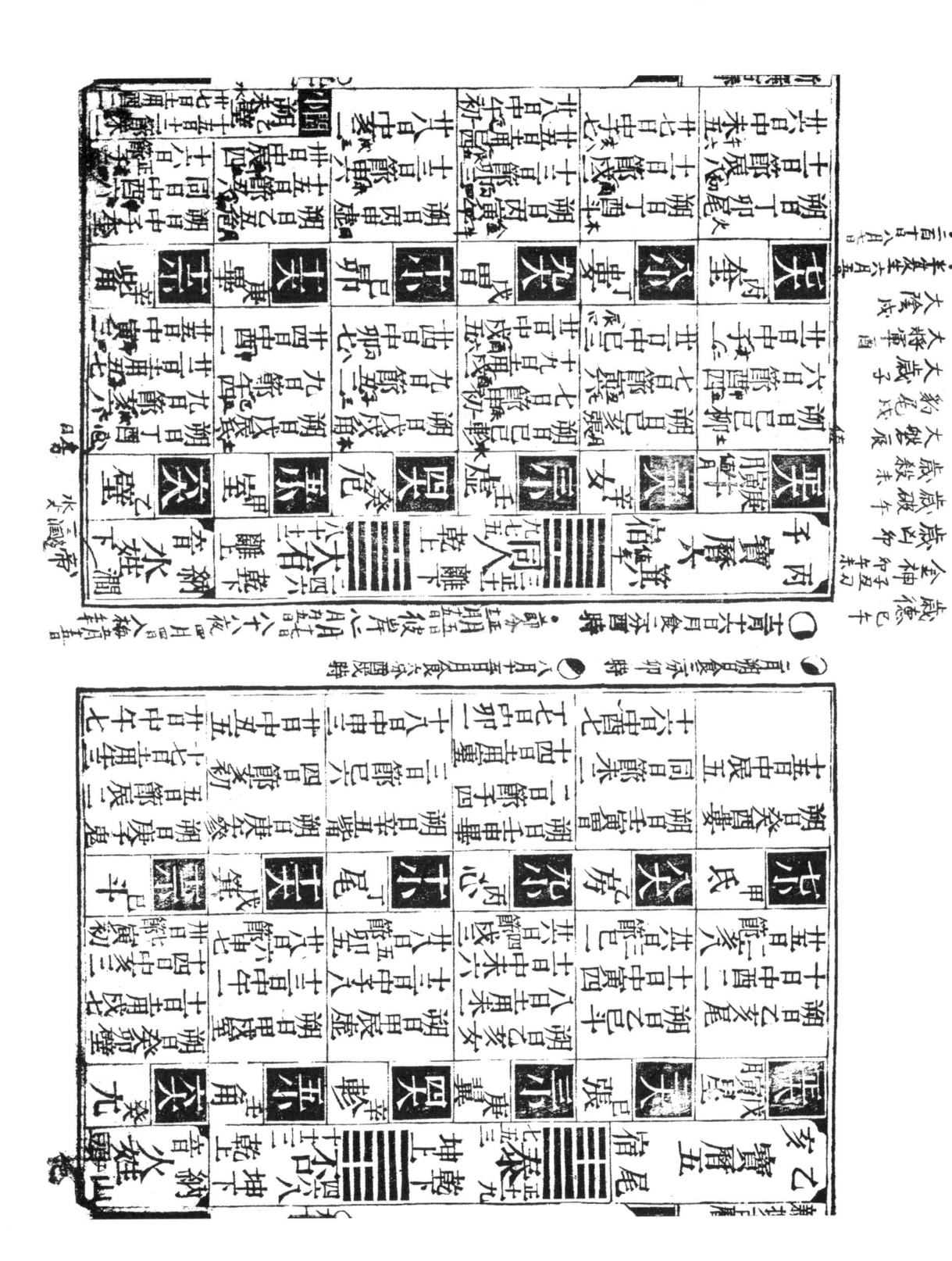

歳徳 亥子
金神 卯 戌亥
大歳 丑
大將軍 酉
大陰 亥
歳刑 戌
歳破 未
歳殺 辰
大伴 丑
豹尾 未

丁丑 寶暦七 宿 斗

謙 艮下坤上　豫 坤下震上

納音 澗下水

月	宿	朔日			
正大 壬寅月	參	朔日癸巳婁	三日中卯初	十八日節巳五	
二小 癸	井	朔日癸亥昴	三日中申二	十八日節戌七	
三大 甲	鬼	朔日壬辰畢	二日土用丑初	五日中丑四	廿日節辰一
四大 乙	柳	朔日壬戌參	五日中午八	廿日節酉三	
五小 丙	星	朔日壬辰鬼	五日中子初	廿日節寅五	
六大 丁	張	朔日辛酉柳	四日土用辰六	七日中巳一	廿一日節未七
七小 戊	翼	朔日辛卯張	七日中戌四	廿三日節丑二	
八大 己	軫	朔日庚申翼	九日中卯六	廿四日節午三	
九大 庚	角	朔日庚寅角	六日土用申三	九日中申八	廿四日節亥五
十小 辛	亢	朔日庚申氐	十日中寅二	廿五日節辰七	
十一大 壬	氐	朔日己丑房	十一日中未四	廿六日節戌初	
十二小 癸	房	朔日己未尾	九日土用子一	十一日中子六	廿七日節卯二

十二月十五日月食五分酉時

六月十六日月食皆既丑時

十二月十五日月食五分酉時

戊寅 寶暦八 宿 牛

隨 震下兌上　蠱 巽下艮上

納音 城頭土

月	宿	朔日			
正大 甲寅月	心	朔日戊子箕	十三日中巳八	廿八日節申五	
二小 乙	尾	朔日戊午牛	十三日中亥一	廿九日節丑七	
三小 丙	箕	朔日丁亥女	十一日土用卯七	十五日中辰三	
四大 丁	斗	朔日丙辰虚	同日節未初	十六日中酉五	
五小 戊	牛	朔日丙戌室	同日節子二	十七日中寅七	
六大 己	女	朔日乙卯壁	三日節巳四	十五日土用未二	十八日中申一
七小 庚	虚	朔日乙酉婁	三日節戌八	十九日中丑三	
八大 辛	危	朔日甲寅翼	五日節辰初	廿日中午五	
九大 壬	室	朔日甲申畢	五日節酉二	十七日土用亥三	廿日中亥七
十大 癸	壁	朔日甲寅參	六日節寅四	廿一日中巳一	
十一小 甲	奎	朔日甲申鬼	六日節未六	廿一日中戌三	
十二大 乙	婁	朔日癸丑柳	八日節子八	廿日土用卯初	廿三日中卯五

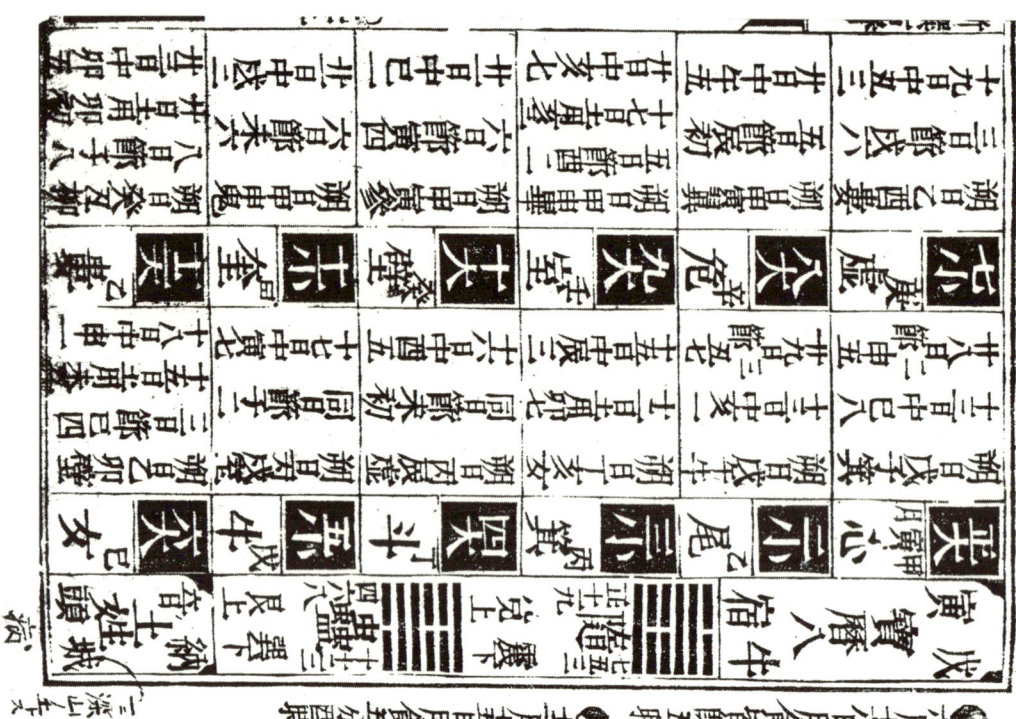

己卯 寶暦九 女宿

臨 九七五 三正十一 兌下 坤上

觀 八十十二 二四六 坤下 巽上

納音 土姓 城頭

正小 丙 胃
朔日癸未張
八日節午二
廿三日中申七

二大 丁 昴
朔日壬子翼
九日節亥四
廿五日中寅一

三小 戊 畢
朔日壬午角
十日節辰六
廿二日土用未六
廿五日中未三

四小 己 觜
朔日辛亥亢
十一日節酉八
廿七日中子四

五大 庚 參
朔日庚辰氐
十三日節卯一
廿八日中巳七

六小 辛 井
朔日庚戌心
十三日節申三
廿五日土用戌四
廿八日中亥初

七大 壬 鬼
朔日己卯尾
十五日節丑五
三十日中辰二

八大 癸 柳
朔日戊寅牛
同日中酉四
十六日九節子
廿九日土用寅一

閏小
朔日己酉斗
十五日八節午七

九大 甲 星
朔日戊申虛
二日中寅六
十七日十節巳一

十小 乙 張
朔日戊寅室
二日中申初
十七日十一節戌五

十一大 丙 翼
朔日丁未奎
三日中丑二
十八日十二節卯七

十二大 丁 軫
朔日丁丑婁
同日土用巳八
四日中午四
十九日正節酉一

歳徳 申酉
金神 辰巳
大歳 辰
大将軍 子
大陰 刀
歳刑 辰
歳破 戌
大盤 辰
豹尾 戌
彼岸 二月一日 八月十二日
八十八夜 三月十八日
入梅 四月廿八日
半夏生 五月十五日
二百十日 七月廿九日
節分 十二月廿九日

庚辰 寶暦十 虛宿

噬嗑 十一九七 五三正 震下 離上

賁 六八十 十二二四 離下 艮上

納音 金姓 白鑞

正小 戊 角
朔日丁未昴
四日中亥六
二十日節二 寅三

二大 己 亢
朔日丙子畢
六日中巳刀
廿一日節三 午五

三小 庚 氐
朔日丙午參
三日土用酉六
六日中戌二
廿二日立夏 子七

四小 辛 房
朔日乙亥井
八日中卯四
廿三日節五 午一

五小 壬 心
朔日甲辰鬼
九日中申六
廿四日節六 亥三

六大 癸 尾
朔日癸酉星
七日土用丑三
十日中丑八
廿五日立秋 辰五

七小 甲 箕
朔日癸卯張
十一日中未二
廿六日節八 酉七

八大 乙 斗
朔日壬申翼
十二日中子三
廿八日節九 卯刀

九大 丙 牛
朔日壬寅角
十日土用巳一
十三日中巳五
廿八日立冬 申二

十小 丁 女
朔日壬申氐
十三日中戌七
廿九日節十一 丑四

十一大 戊 虛
朔日辛丑房
十五日中辰一
卅日節十二 午六

十二大 己 危
朔日辛未尾
十二日土用申七
十五日中酉三
卅日立春 子刀

四月十五日月食三分寅時（伊勢ノ暦ニハミヘズ）
五月朔日日食七分申時
十月十六日月食五分卯時

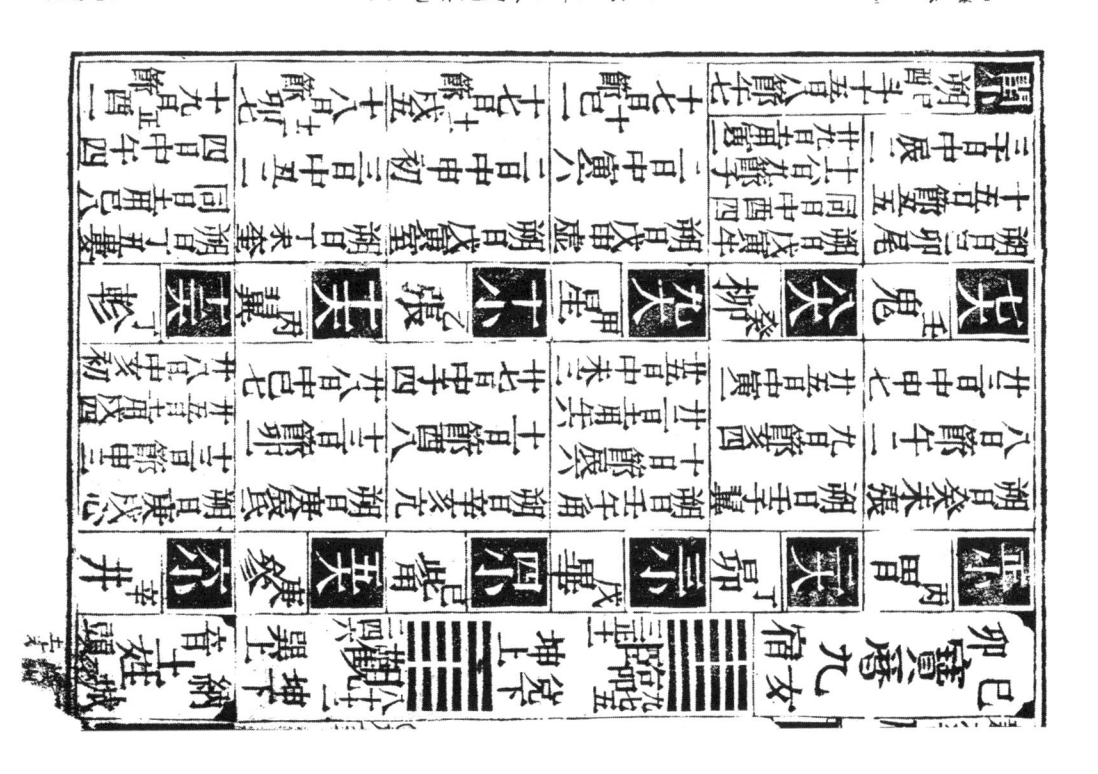

歳神巳午
金神子丑刁 卯午未
大歳巳
大將軍卯
大陰卯
歳刑申
歳破亥
歳殺辰
大磐丑
豹尾未
彼岸二月十七日 八月廿三日
八十八夜三月廿九日
入梅五月四日
半夏五月廿八日
二百十日八月三日

新撰古暦

辛巳 寶暦十一 危宿

坤下艮上 剥
震下坤上 復
納音 金 姓 白鑞

月		
正大 庚寅月 室	朔日辛丑斗	十六日中寅五
二小 辛 壁	朔日辛未女	朔日節巳二 十六日中未七
三大 壬 奎	朔日庚子虚	二日節戊四 十五日用土子五 十八日中丑一
四小 癸 婁	朔日庚午室	三日夏立卯六 十八日中午三
五小 甲 胃	朔日己亥壁	四日節酉刃 十九日中亥五
六小 乙 昴	朔日戊辰奎	六日節寅二 十八日用土辰三 廿一日中辰七
七大 丙 畢	朔日丁酉胃	六日秋立未四 廿一日中戌一
八小 丁 觜	朔日丁卯昴	八日節子五 廿三日中卯三
九大 戊 參	朔日丙申畢	九日節巳八 廿一日用土申刀一 廿四日中申五
十小 己 井	朔日丙寅參	九日冬立亥一 廿五日中丑七
十一大 庚 鬼	朔日乙未井	十一日節辰四 廿六日中未刃
十二大 辛 柳	朔日乙丑柳	十一日節酉六 廿三日用土亥六 廿六日中子二

四月十四日月食皆既寅時
十月十六日月食皆既酉戌時

歳神亥子
金神刁卯 戌亥
大歳午
大將軍卯
大陰辰
歳刑午
歳破子
歳殺丑
大磐戌
豹尾辰
節分正月十一日 十二月廿二日
彼岸二月廿九日 八月三日
八十八夜四月十日
半夏五月十一日
二百十日七月十四日

九月朔日食三分酉時
九月十六日月食五分丑寅時

壬午 寶暦十二 室宿

震下乾上 无妄
乾下艮上 大畜
納音 木 姓 楊柳

月		
正大 壬寅月 星	朔日乙未張	十二日春立寅八 廿七日中巳四
二小 癸 張	朔日乙丑軫	十二日節申一 廿七日中戌六
三大 甲 翼	朔日甲午亢	十三日節丑三 廿五日用土卯四 廿八日中辰刀一
四大 乙 軫	朔日甲子氐	十四日夏立午五 廿九日中酉二
閏四小	朔日甲午心	十五日節亥七
五小 丙 角	朔日癸亥尾	同日中寅四 十六日節巳 廿八日用土未二
六大 丁 亢	朔日壬辰箕	二日中未六 十七日秋立戌三
七小 戊 氐	朔日壬戌牛	三日中丑刀 十八日節卯五
八小 己 房	朔日辛卯女	四日中午二 十九日節申七
九大 庚 心	朔日庚申虚	二日用土戌八 五日中亥四 廿一日冬立寅一
十小 辛 尾	朔日庚寅室	六日中辰六 廿一日節未三
十一大 壬 箕	朔日己未壁	七日中酉八 廿三日節子五
十二大 癸 斗	朔日己丑奎	五日用土寅六 八日中卯七 廿三日春立巳二

新撰古暦

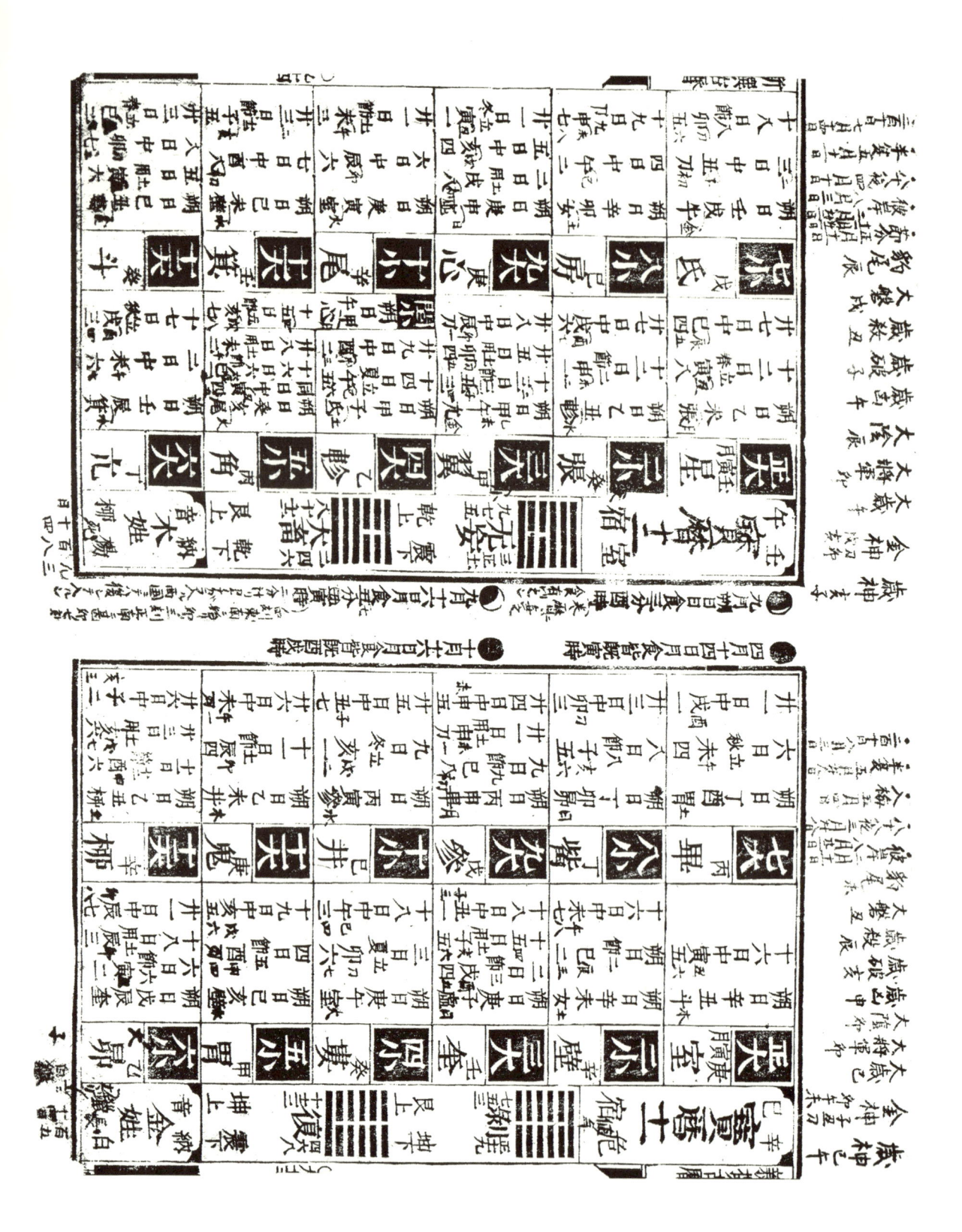

歳徳巳午　金神子丑申酉　大歳未　大將軍酉塞　大陰卯　歳刑丑　歳破丑　歳殺戌　大盤未　豹尾丑

癸未　寶暦十三　宿壁

頤　大過　震下艮上　巽下兌上

納音 木姓 楊柳

月				
正大 甲寅月 牛	朔日己未昴	八日中申四	廿三日節二亥刀	
二小 乙卯月 女	朔日己丑觜	九日中丑六	廿四日節三辰二	
三大 丙辰月 虚	朔日戊午参	七日用土午三	十日中午八	廿五日夏立酉四
四小 丁巳月 危	朔日戊子鬼	十日中子一	廿六日節五寅七	
五大 戊午月 室	朔日丁巳柳	十二日中巳三	廿七日節六申二	
六小 己未月 壁	朔日丁亥張	九日用土戌八	十二日中戌五	廿八日秋立卯二
七大 庚申月 奎	朔日丙辰翼	十四日中卯七	廿九日節八午四	
八小 辛酉月 婁	朔日丙戌角	十四日中酉一	廿九日節九亥六	
九小 壬戌月 胃	朔日乙卯亢	十三日用土丑七	十六日中寅三	
十大 癸亥月 昴	朔日甲申氐	二日冬立巳刀	十七日中未五	
十一小 甲子月 畢	朔日甲寅心	二日節十一戌二	十八日中子七	
十二大 乙丑月 觜	朔日癸未尾	四日節十二卯四	十六日用土巳丑	十九日中午一

歳徳寅卯　金神午未申酉　歳刑寅　歳破寅　歳殺未　大盤辰　豹尾戌

大歳申　大將軍午　大陰午

節分十二月廿三日　彼岸二月五日 八月九日　八十八夜四月二日　入梅五月十一日　半夏生六月二日　二百十日八月六日

春朝鮮人來朝

甲申　明和元（六月十三日改元）　宿奎

坎　離　坎下坎上　離下離上

納音 水姓 井泉

月				
正大 丙寅月 参	朔日癸丑箕	四日春立申六	十九日中亥三	
二小 丁卯月 井	朔日癸未斗	五日節二寅刀	廿日中辰五	
三大 戊辰月 鬼	朔日壬子女	六日節三未二	十八日用土酉三	廿一日中酉七
四大 己巳月 柳	朔日壬午危	六日夏立子四	廿二日中卯一	
五小 庚午月 星	朔日壬子壁	七日節五巳六	廿二日中申三	
六大 辛未月 張	朔日辛巳奎	八日節六戌八	廿一日用土丑	廿四日中丑五
七小 壬申月 翼	朔日辛亥胃	九日秋立辰一	廿四日中午七	
八大 癸酉月 軫	朔日庚辰昴	十日節八酉三	廿五日中子刀	
九小 甲戌月 角	朔日庚戌觜	十一日節九寅五	廿三日用土辰六	廿六日中巳二
十小 乙亥月 亢	朔日己卯参	十二日冬立未七	廿七日中戌四	
十一大 丙子月 氐	朔日戊申鬼	十四日節十一丑一	廿九日中卯六	
十二小 丁丑月 房	朔日戊寅柳	十四日節十二午三	廿六日用土申四	廿九日中酉
閏十二大	朔日丁未星	十五日春立亥五		

凡三百八十四日

長

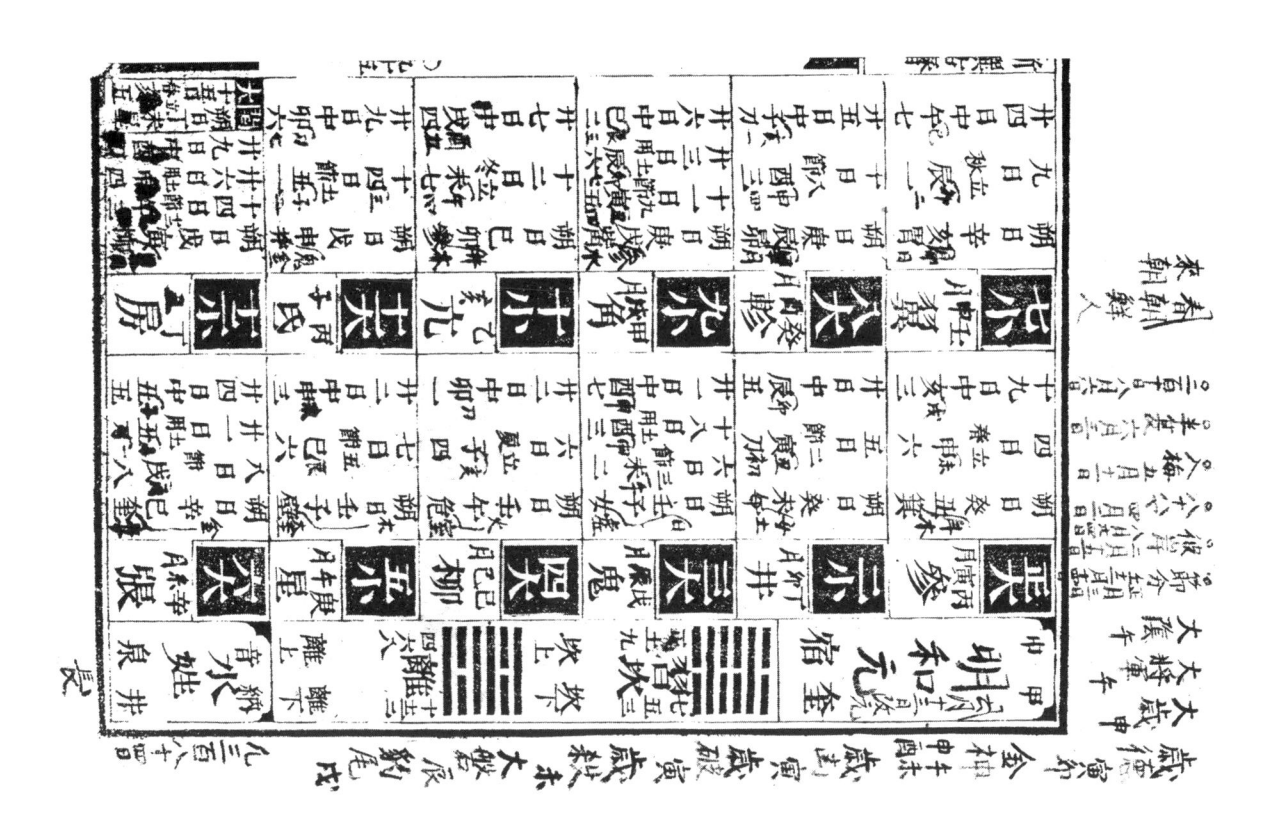

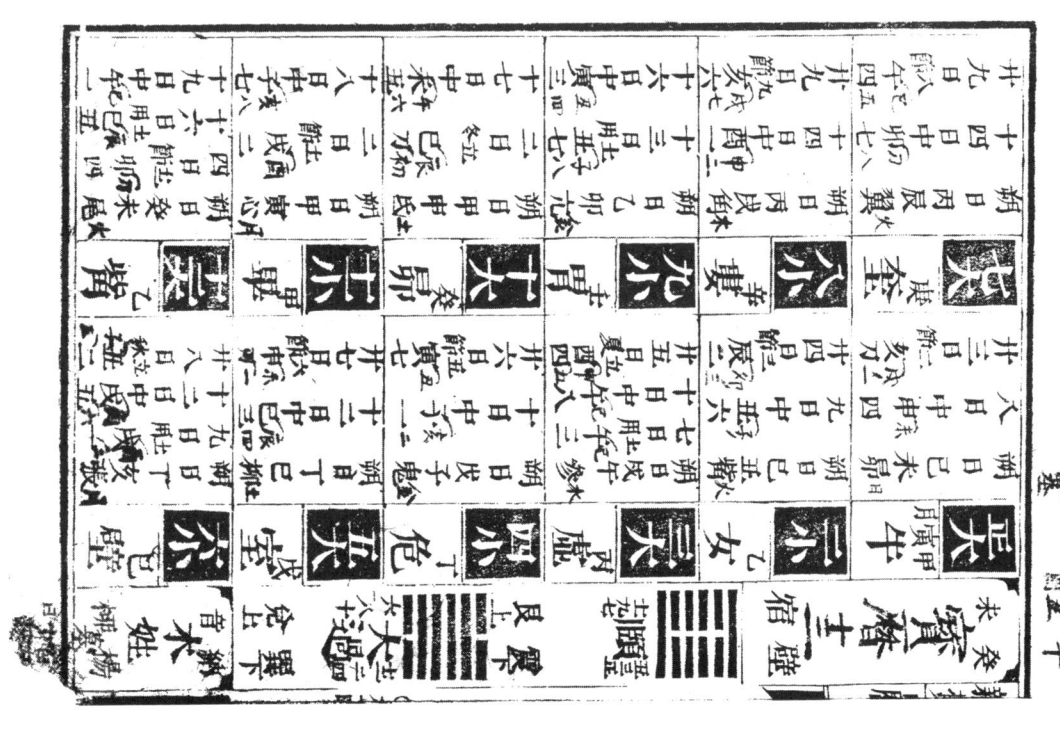

明和二 乙酉

宿 婁

歳徳申酉
金神辰巳
大歳酉
大将軍午
大陰未
歳刑酉
歳破卯
歳殺辰
大𣴎丑
豹尾未
彼岸 正月廿六日 八月六日
八十八夜 三月十三日
入梅 四月廿四日
芒種 五月
半夏生 五月
二百十日 七月

咸 艮下兌上
恒 巽下震上
納音 水 姓 井泉

正小 戊寅 心
朔日丁丑翼
同日中寅 二
十六日節 辰七

二大 己卯 尾
朔日丙午軫
二日中未
十七日節 子二
三十日 子

三大 庚辰 箕
朔日丙子亢
三日中子 六
十八日夏立 卯三

四小 辛巳 斗
朔日丙午房
三日中午 刀
十八日節 申五

五大 壬午 牛
朔日乙亥 女
四日中亥 二
二十日節 丑七

六小 癸未 女
朔日乙巳箕
二日用土 卯 八
五日中辰 四
二十日秋立 未 一

七大 甲申 虚
朔日甲戌 女
五日中酉 六
三十日節 子三

八大 乙酉 危
朔日甲辰 女
七日中寅 八
廿二日節 巳五

九小 丙戌 室
朔日甲戌 危
四日用土 午
七日中申 一
廿二日冬立 戌七

十大 丁亥 壁
朔日癸卯 壁
九日中丑 四
廿四日節 辰刀

十一小 戊子 奎
朔日癸酉 奎
九日中午 六
廿四日節 辰刀

十二小 己丑 婁
朔日壬寅 婁
七日用土 亥三
十日中亥八
廿六日春立 寅四

正月十六日月食皆既戌亥時 東より始

七月十五日月食皆既子時 東より始 丑ノ二退 刀ノ二西ノ方ニテ終ル

日月東照宮

明和三 丙戌

宿 胃

歳徳巳午
金神子丑寅卯午未
大歳戌
大将軍午
大陰申
歳刑未
歳破辰
歳殺丑
大𣴎戌
豹尾辰
彼岸 二月七日 八月十七日
八十八夜 三月廿五日
入梅 五月四日
半夏生 五月廿六日
二百十日 七月廿九日
芒種 四月

遯 艮下乾上
大壮 乾下震上
納音 土 姓 屋上

正大 庚寅 胃
朔日辛未 胃
十二日中巳 一
廿七日節 未六

二小 辛卯 昴
朔日辛丑 畢
十二日中戌 三
廿八日節 丑刀

三大 壬辰 畢
朔日庚午 觜
十一日用土 卯五
十四日中卯 五
廿九日夏立 午二

四小 癸巳 觜
朔日庚子 井
十四日中申 七
廿九日節 亥四

五大 甲午 參
朔日己巳 鬼
十六日中寅 一

六大 乙未 井
朔日己亥 星
同日節 辰六
十三日用土 午七
十六日中未 三

七小 丙申 鬼
朔日己巳 翼
同日秋立 酉刀
十七日中子五

八大 丁酉 柳
朔日戊戌 軫
三日節 卯二
十八日中巳七

九大 戊戌 星
朔日戊辰 亢
三日節 申四
十五日用土 戌五
十八日中亥一

十小 己亥 張
朔日戊戌 房
四日冬立 丑六
十九日中辰三

十一大 庚子 翼
朔日丁卯 心
五日節 午八
二十日中酉五

十二大 辛丑 軫
朔日丁酉 箕
五日節 子三
十八日用土 寅
廿一日中寅七

正月十六日月食四分丑寅時 刀ノ一刻東北方より始 九三百五十五日 刀ノ八刻北方ニ甚シ 卯六刻西北方ニ終ル

官

歳徳 亥
金神 寅卯戌亥
大歳 亥
大將軍 酉
大陰 酉
歳刑 亥
歳破 巳
大磐 歳殺
豹尾 丑
彼岸 二月十八日 八月廿九日
八十八夜 四月八日
入梅 五月十九日
半夏生 六月七日
二百十日 八月二日
節分 正月六日

丁亥 明和四 昴宿

晋 正十九 七五三 坤下 離上
明夷 六八廿 十二四 離下 坤上
納音 土姓 屋上

正月大 壬寅 角：朔日丙寅斗 金／七日立春巳四 辰五／廿二日中申刀 未二
二月大 癸卯 亢：朔日乙未女 土／七日節二戌六 酉八／廿三日中丑二 子三
三月小 甲辰 氐：朔日乙丑虚 危月／九日節三卯八 寅／廿一日用土午刀 巳初／廿四日中午四 巳五
四月大 乙巳 房：朔日甲午危 室火／十日立夏酉一 申二／廿五日中亥六 戌七
五月小 丙午 心：朔日甲子壁 奎木／十一日節五寅三 丑四／廿六日中巳刀 辰一
六月大 丁未 尾：朔日癸巳奎 婁金／十二日節六未五 午六／廿四日用土酉六 申／廿七日中戌二 酉三
七月小 戊申 箕：朔日癸亥胃 昴日／十三日立秋子七 亥八／廿八日中卯四 刀九
八月大 己酉 斗：朔日壬辰昴 畢月／十四日節八午一 巳二／廿九日中申六 未七
九月大 庚戌 牛：朔日壬戌觜 参水／十四日節九亥三 戌／廿七日用土丑四／三十日中寅刀
閏九月小：朔日壬辰井／十五日立冬巳五
十月大 辛亥 女：朔日辛酉鬼／同日中未二／十六日節十酉七
十一月大 壬子 虚：朔日辛卯星／二日中子四／十七日節十一卯一／十九日用土巳三
十二月小 癸丑 危：朔日辛酉翼／二日中巳六／十七日立春申三

臈

○正月一日日食二分半未申時
○六月十六日月食五十秒丑前
凡三百八十四日

歳徳 三午
金神 子丑申酉
大歳 子
大將軍 酉
大陰 戌
歳刑 卯
歳破 午
歳殺 未
大磐 辰
豹尾 戌
彼岸 正月廿八日 八月九日
八十八夜 三月廿七日
入梅 四月廿五日
半夏生 五月十一日
二百十日 七月廿八日
節分 十二月廿八日

●十二月十五日日食二分半
●十一月十五日月食皆既子丑時
凡三百五十四日

戊子 明和五 畢宿

家人 三正七 九七五 離下 巽上
睽 二四六 八十十二 兌下 離上
納音 火姓 霹靂

正月大 甲寅 室：朔日庚寅軫 木曜 角／三日中亥刀 酉八刻／十九日節二丑五 子
二月小 乙卯 壁：朔日庚申亢 土曜 氐／四日中辰二 卯／十九日節三午七 巳
三月小 丙辰 奎：朔日己丑氐 日曜 房／二日用土申八／五日中酉四 申／廿日立夏子刀 亥一
四月大 丁巳 婁：朔日戊午房 月曜 心／七日中寅六 丑／廿二日節五巳三 辰
五月小 戊午 胃：朔日戊子尾 水曜 箕／七日中未八 午／廿二日節六戌五 酉
六月小 己未 昴：朔日丁巳箕 斗水／六日用土子五／九日中丑一 子／廿四日立秋卯七 刀
七月大 庚申 畢：朔日丙戌斗 牛金／十日中午三 巳四／廿五日節八酉刀 申
八月大 辛酉 觜：朔日丙辰女 虚日／十日中亥五 戌六／廿六日節九寅二 丑三
九月小 壬戌 参：朔日丙戌危 室火／八日用土辰三／十一日中辰七／廿六日立冬未四 午
十月大 癸亥 井：朔日乙卯室 壁水／十二日中戌一 酉／廿八日節十子六 亥七
十一月大 甲子 鬼：朔日乙酉奎 婁金／十三日中卯三 刀／廿八日節十一午刀 巳
十二月大 乙丑 柳：朔日乙卯胃 昴日／十日用土申一 未／十三日中申五 未／廿八日立春亥二 戌

胎

新撰古曆

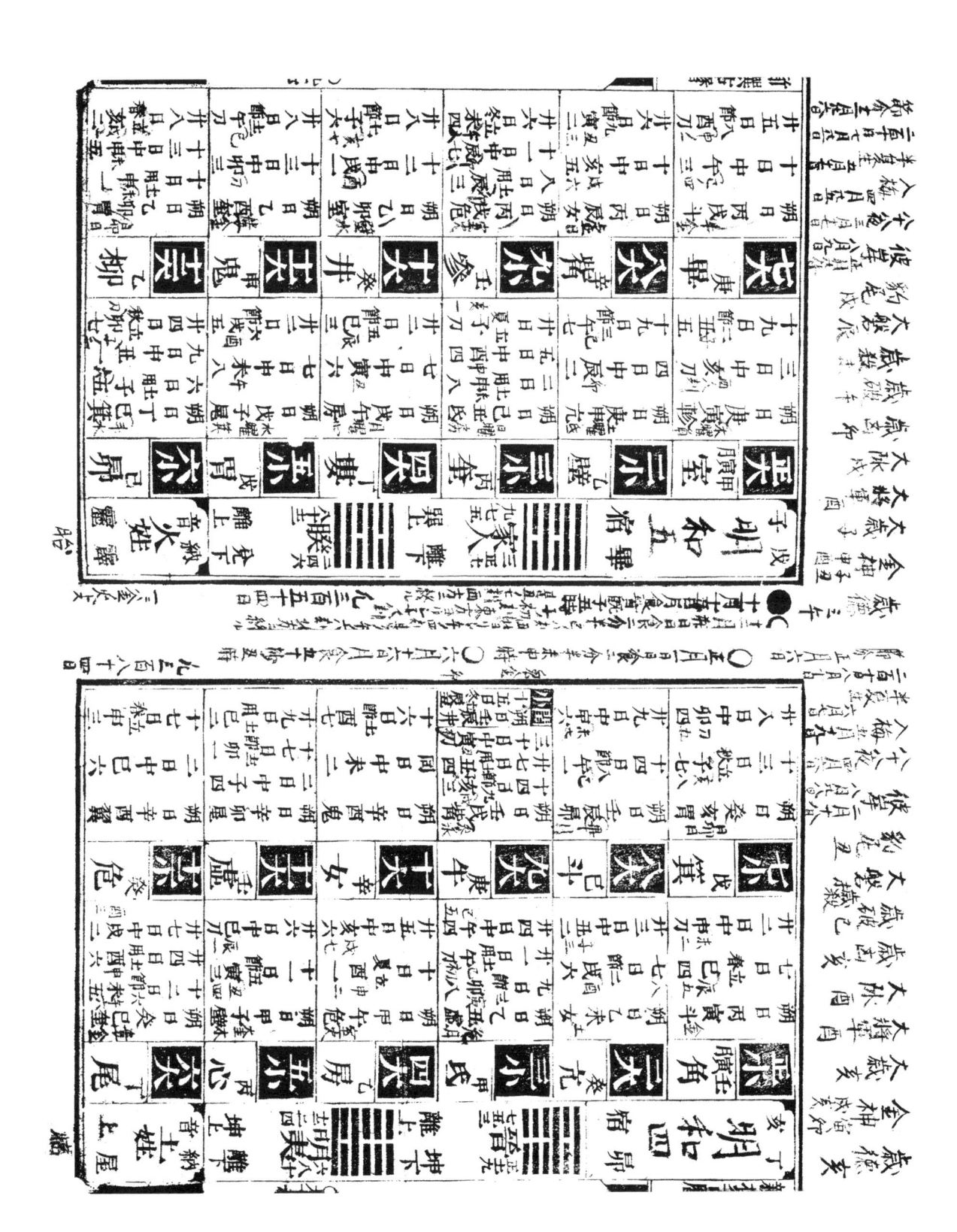

九三百五十四日
歳徳 甲卯
金神 午未申酉
大歳 丑
大将軍 酉
大陰 亥
歳刑 亥
歳破 未
歳殺 辰
黄幡 丑
豹尾 未
彼岸 二月十日 八月廿日
八十八夜 三月廿日
入梅 五月十一日
半夏生 五月廿八日

四月朔日食二分 巳午時
十月十六日月食八分 寅卯時

己丑 明和六 觜宿

蹇 艮下坎上
解 坎下震上
納音 火 姓 霹靂

月				
正小 丙寅 星	朔日乙酉畢	十四日中丑七	廿九日節二辰四	
二大 丁 張	朔日甲寅觜	十五日中未一	三十日節三酉六	
三小 戊 翼	朔日甲申井	十二日土用亥七	十五日中子三	
四小 己 軫	朔日癸丑鬼	二日夏立卯八	十七日中巳五	
五大 庚 角	朔日壬午柳	三日節五申二	十八日中戌七	
六小 辛 亢	朔日壬子張	四日節六丑四	十六日土用卯	十九日中辰一
七小 壬 氐	朔日辛巳翼	五日秋立午六	廿日中酉三	
八大 癸 房	朔日庚戌軫	六日節八亥八	廿二日中寅五	
九小 甲 心	朔日庚辰亢	七日節九巳二	十九日土用未三	廿二日中未七
十大 乙 尾	朔日己酉氐	八日冬立戌三	廿四日中丑刀	
十一大 丙 箕	朔日己卯心	九日節十一卯六	廿四日中午二	
十二大 丁 斗	朔日己酉箕	九日節十二申八	廿一日土用亥刀	廿四日中亥四

四月十五日月食九分 子丑時 全暦ニ見ヘズ

歳徳 申酉
金神 辰巳 ……皆既 乙ノ五刻 丙ノ方ヨリ虧ケ始メテ午ノ一刻甚シク午六刻東ノ方ニ終ル

大歳 寅
大将軍 子
大陰 子
歳刑 巳
歳破 申
歳殺 丑
黄幡 戌
豹尾 辰

庚寅 明和七 参宿

損 兌下艮上
益 震下巽上
納音 木 姓 松柏

月				
正大 戊寅 午	朔日己卯午	十日春立寅一	廿五日中辰六	
二小 己 女	朔日己酉虚	十日節二未三	廿五日中戌刀	
三大 庚 虚	朔日戊寅危	十二日節三子五	廿四日土用寅六	廿七日中卯二
四小 辛 危	朔日戊申壁	十二日夏立巳七	廿七日中申四	
五小 壬 室	朔日丁丑奎	十三日節五亥二	十六日入梅	廿九日中丑六
六大 癸 壁	朔日丙午婁	十五日節六辰三	廿七日土用	三十日中未四
閏小	朔日丙子胃	十五日節七酉五		
七小 甲 奎	朔日乙巳婁	二日中子二	十七日節八寅七	
八大 乙 婁	朔日甲戌觜	三日中巳四	十八日節九申一	卅日土用戌一
九小 丙 胃	朔日甲辰井	三日中戌六	十九日冬立丑三	
十大 丁 昴	朔日癸酉鬼	五日中卯八	二十日節十一午五	
十一大 戊 畢	朔日癸卯星	五日中酉二	廿日節十二亥七	
十二大 己 觜	朔日癸酉翼	三日土用丑八	六日中寅四	廿一日春立巳初

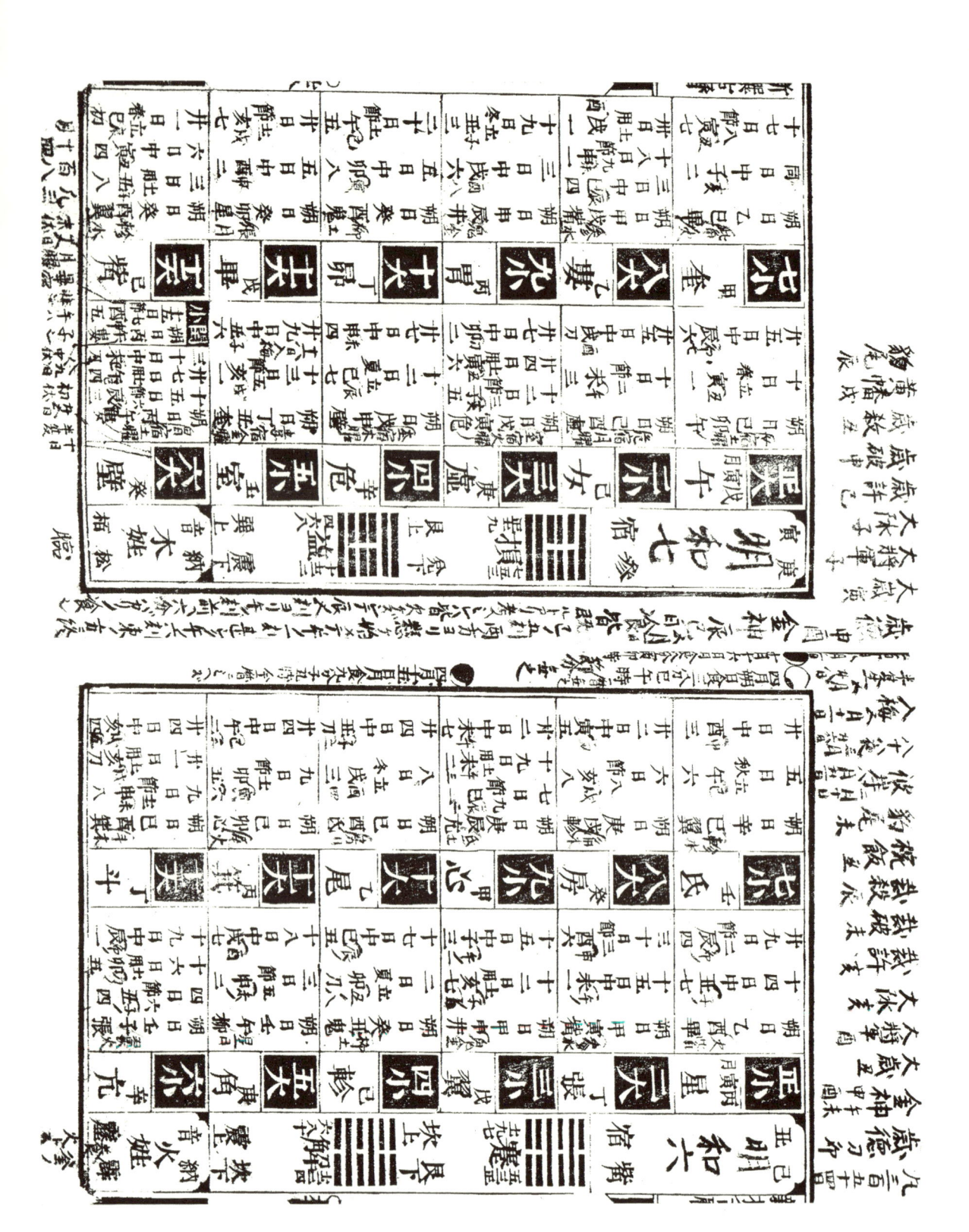

凡三百五十五日
歳徳巳午　大歳卯　大將軍子　大陰丑　歳刑子　歳破酉　歳殺戌　黄幡未　豹尾丑　金神午未 子丑 申酉

辛卯 明和八 井宿

夬 兌上乾下　姤 巽下乾上
納音 木　姓 松栢

月				
正小 庚寅月 参	朔日癸卯角	六日中未六	廿一日節戊二	
二大 辛 井	朔日壬申亢	八日中子八	廿三日節卯四	
三大 壬 鬼	朔日壬寅房	五日土用巳五	八日中午一	廿三日夏立申六
四小 癸 柳	朔日壬申尾	八日中亥三	廿四日節寅刀	
五小 甲 星	朔日辛丑箕	十日中辰五	廿五日節未二	
六大 乙 張	朔日庚午斗	八日土用酉三	十一日中酉七	廿七日秋立子四
七小 丙 翼	朔日庚子女	十二日中卯一	廿七日節巳四	
八小 丁 軫	朔日己巳虚	十三日中申三	廿八日節亥刀	
九大 戊 角	朔日戊戌危	十二日土用丑一	十五日中丑五	三十日冬立辰二
十小 己 亢	朔日戊辰壁	十五日中午七		
十一大 庚 氐	朔日丁酉奎	同日節酉四	十六日中子一	
十二大 辛 房	朔日丁卯胃	二日節寅六	十四日土用辰七	十七日中巳三

二月十五日月食五分子丑時
月食五分 九月十六日子少四刻 初卯少一刻 甚丑少 寅

二月十六日月食皆既酉時

壬辰 安永元 鬼宿

十一月十六日改元

萃 兌上坤下　升 坤下巽上
納音 水　姓 長流

月				
正小 壬寅月 心	朔日丁酉畢	二日春立申刀	十七日中戌五	
二大 癸 尾	朔日丙寅觜	四日節丑二	十九日中卯七	
三大 甲 箕	朔日丙申井	四日節午四	十六日土用申四	十九日中酉刀
四小 乙 斗	朔日丙寅柳	四日夏立亥六	廿日中寅二	
五大 丙 牛	朔日乙未星	六日節辰八	廿一日中未五	
六小 丁 女	朔日乙丑翼	六日節戌一	十九日土用子二	廿二日中子六
七大 戊 虚	朔日甲午軫	八日秋立卯三	廿三日中午刀	
八小 己 危	朔日甲子亢	八日節申五	廿三日中亥三	
九大 庚 室	朔日癸巳氐	廿日節丑七	廿二日土用辰刀	廿五日中辰四
十大 辛 壁	朔日壬戌房	十一日冬立未一	廿六日中酉六	
十一小 壬 奎	朔日壬辰尾	十一日節子三	廿七日中卯刀	
十二大 癸 婁	朔日辛酉箕	十三日節巳五	廿五日土用未六	廿八日中申三

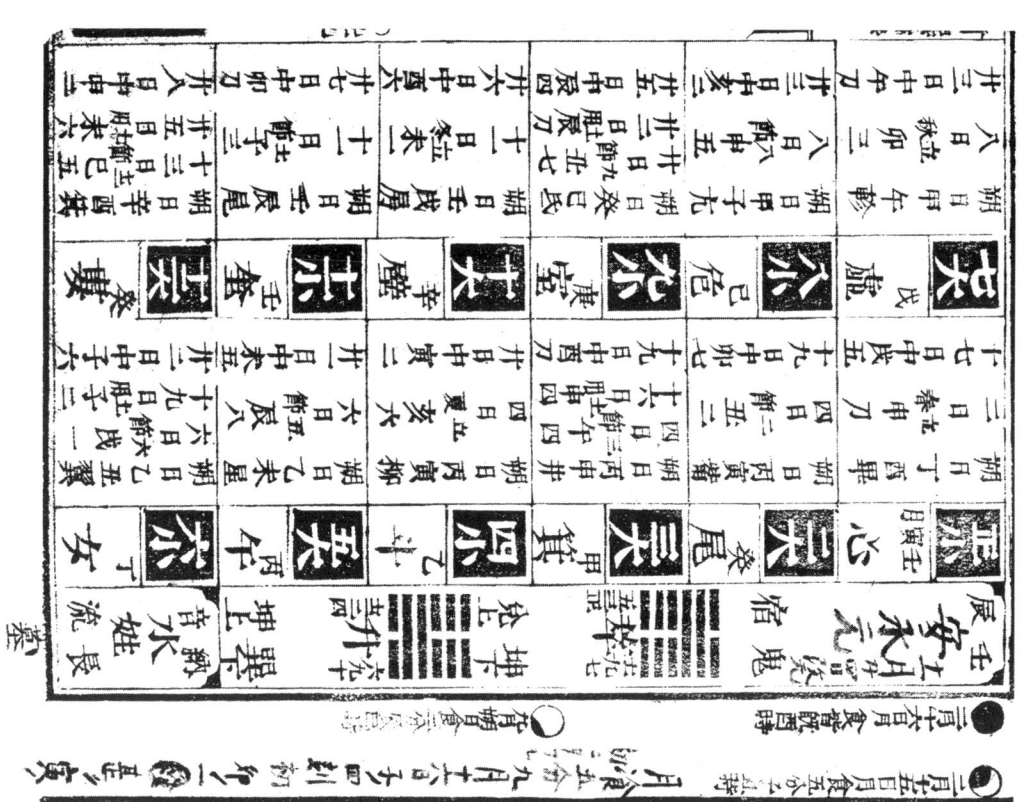

伊勢暦 明和十癸巳 安永二
宝暦甲戌元暦ト記出セリ 凡三百八十四日
正月女宿 土曜 値
二月虚宿 月曜
三月室宿 火曜
四月(壁)宿 金曜
五月(卯)宿 日曜
六月(昴)宿 大曜

癸巳 安永二 宿 析
困 兌上 坎下
井 坎上 巽下
納音 水 姓 長流

正小 甲寅月 胃 朔日辛卯午 十三日立春戊七 廿九日中丑四
二大 乙 昴 朔日庚申女 十五日節二辰一 三十日中午六
三大 丙 畢 朔日庚寅危 十五日節二酉三 廿七日用土亥四 三十日中子刀
閏三小 朔日庚申壁 十六日節四寅五
四大 丁 觜 朔日己丑奎 二日中巳二 十七日節五未七
五大 戊 参 朔日己未胃 二日中戌四 十八日節六丑五 三十日用土卯一
六大 己 井 朔日己丑畢 三日中卯六 十八日立秋午三
七大 庚 鬼 朔日戊午觜 四日中申八 十九日節八亥五
八小 辛 柳 朔日戊子井 五日中寅一 二十日節九辰七
九小 壬 星 朔日丁巳鬼 三日用土午七 六日中未三 廿一日立冬戊刀
十大 癸 張 朔日丙戌柳 八日中子五 廿三日節十卯二
十一小 甲 翼 朔日丙辰張 九日中亥一 廿五日節十一申四
十二大 乙 軫 朔日乙酉翼 六日用土戌五 九日中亥七 廿五日立春丑六

十二月一日…三分未ノ八酉…ヨリ申ノ三…申ノ八…方ニ終ル
十二月廿四日

○十二月十五日月食五分卯時

甲午 安永三 宿 星
革 兌上 離下
家人 巽下 離上
納音 金 姓 沙中

正小 丙寅月 角 朔日乙卯角 十日中辰三 廿五日節二未刀
二大 丁 亢 朔日甲申亢 十一日中酉五 廿六日節三子二
三小 戊 氐 朔日甲寅房 九日用土寅三 十二日中寅七 廿七日立夏巳四
四大 己 房 朔日癸未心 十三日中申一 廿八日節五戊六
五大 庚 心 朔日癸丑箕 十四日中丑三 廿九日節六辰刀
六小 辛 尾 朔日癸未午 十一日用土午一 十四日中午五 廿九日立秋酉二
七大 壬 箕 朔日壬子女 十五日中亥七
八大 癸 斗 朔日壬午危 同日節八寅四 十六日中巳一
九小 甲 午 朔日壬子壁 同日節九未六 十三日用土酉七 十六日中戌三
十小 乙 女 朔日辛巳奎 三日立冬子八 十八日中卯五
十一大 丙 虚 朔日庚戌婁 四日節十一午二 十九日中申七
十二小 丁 危 朔日庚辰昴 四日節十二亥四 十七日用土丑四 二十日中寅刀

新撰古暦

乙未
安永四　張宿

震（五三五　十九七）　震下震上
艮（十二四　六十八）　艮下艮上
納音　沙中金

正大　戊寅月　室
朔日己酉畢　六日立春辰六　廿一日中未二

二小　己　壁
朔日己卯參　六日節二酉八　廿二日中子四

三大　庚　奎
朔日戊申井　八日節三卯一　二十日土用巳三　廿三日中巳六

四小　辛　婁
朔日戊寅柳　八日立夏申三　廿三日中亥刀

五大　壬　胃
朔日丁未星　十日節五丑五　廿五日中辰二

六小　癸　昴
朔日丁丑翼　十日節六午七　廿二日土用酉刀　廿五日中酉四

七大　甲　畢
朔日丙午軫　十一日立秋子二　廿七日中寅六

八大　乙　觜
朔日丙子亢　十二日節八巳三　廿七日中申刀

九小　丙　參
朔日丙午房　十二日節九戌五　廿五日土用子六　廿八日中丑二

十大　丁　井
朔日乙亥心　十四日立冬卯七　廿九日中午四

十一大　戊　鬼
朔日乙巳箕　十四日節十一酉一　廿九日中亥六

十二小　己　柳
朔日甲辰女　同日中辰八　十六日立春未五

閏小
朔日乙亥午　十五日節十二寅三　廿七日土用辰四

閏十二月十四日月食皆既寅卯時

官

丙申
安永五　翼宿

漸　艮下巽上
歸妹（十十二　四六八）　兌下震上
納音　山下火

正大　庚寅月　星
朔日癸酉虚　二日中戌二　十八日節二子七

二小　辛　張
朔日癸卯室　三日中卯四　十八日節三午刀

三大　壬　翼
朔日壬申壁　同日土用申一　四日中申六　十九日立夏亥二

四小　癸　軫
朔日壬寅婁　五日中丑八　廿日節五辰四

五大　甲　角
朔日辛未胃　六日中未一　廿一日節六酉七

六小　乙　亢
朔日辛丑畢　三日土用亥七　六日中子三　廿二日立秋卯刀

七大　丙　氐
朔日庚午觜　八日中巳五　廿三日節八申二

八大　丁　房
朔日庚子井　八日中戌七　廿四日節九丑四

九小　戊　心
朔日庚午柳　六日土用卯五　九日中辰一　廿四日立冬午六

十大　己　尾
朔日己亥星　十日中酉三　廿五日節十一子刀

十一大　庚　箕
朔日己巳翼　十一日中寅五　廿六日節十二巳二

十二小　辛　斗
朔日己亥角　八日土用未三　十一日中未四　廿六日立春戌四

五月十六日月食皆既子丑時
十一月朔日日食十分巳午時

一三奥山トス
病

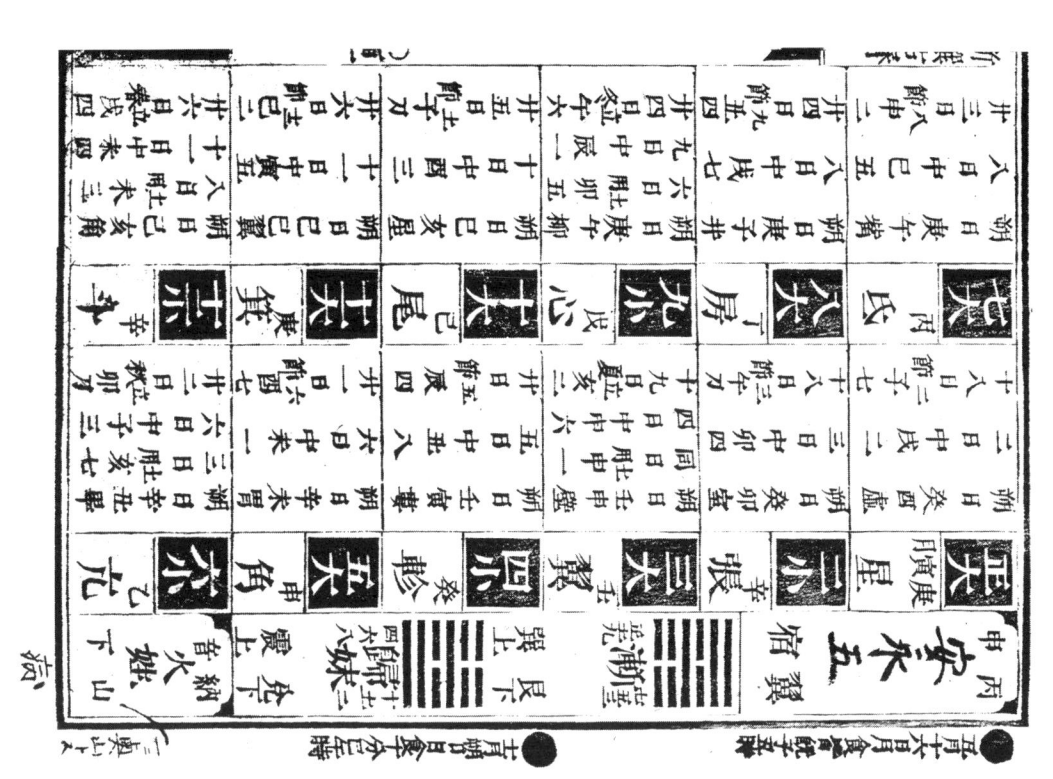

七月廿日 二百十日
八月十九日 彼岸
二月八日 彼岸
三月廿六日 八十八夜
五月七日 入梅
五月廿六日 半夏生
歳徳 亥子
古分 正月十二日

六月十六日月蝕 虧初 戌亥の東北方より 亥ノ六ニ畢ル

丁酉 安永六 軫宿

䷶ 豐 離下 震上 九七五 三正十一

䷷ 旅 艮下 離上 八十三 一四六

納音 山下火

正	大 壬 氐	朔日戊辰氐	十四日中丑七	廿八日二 節辰四
二	小 癸 心	朔日戊戌心	十四日中未一	廿九日三 節酉六
三	小 甲 虚	朔日丁卯尾	十二日土用 初七	十五日中子三
四	大 乙 危	朔日丙申箕	二日四 節刀八	十七日中巳五
五	小 丙 牛	朔日丙寅牛	二日五 節申二	十七日中戌七
六	小 丁 壁	朔日丁未女	四日六 節丑四	十五日土用 卯四　十九日中辰初
七	大 戊 奎	朔日甲子虚	五日七 節午六	九日中酉二
八	小 己 婁	朔日甲午室	五日八 節亥八	廿一日中刀四
九	大 庚 胃	朔日癸亥壁	七日九 節巳一	十八日土用 未二　廿二日九 節未六
十	大 辛 昴	朔日癸巳奎	廿三日中丑初	七日十 節戌三
十一	大 辛 昴	朔日癸亥昴	八日十一 節卯五	廿三日中午二
十二	小 癸 觜	朔日癸巳觜	八日十二 節申七	十九日土用 戌八　廿三日中亥四　廿九日辛酉

凡三百五十四日

新撰古暦便覧跋

嘗自太極既分兩儀立矣无往不
復者天道之運行也故黃帝堯舜
與三代之盛王欽若昊天而欽其
不爽矣蓋天運自然不齊暦術棄
強一定用之愈久而脗合也難矣
余從青年而志于算學寄思於推
歩退居之暇繙看之書雖不多焉

逢日有食之之文必布筭以欲順
天合之且考且筆又測驗將來數
十年併爲一帙有人問之則曰爲
之猶賢乎已一日有書肆爾白予
者電覽之而欲壽梓余辭之以非
所嘗與然屢請不止遂應其需書
肆又請曰向有古曆便覽大全兼
著歳星月宿等卜家者流可日用

之事且予所雅言之諸圖足以曉
來學豈其舍諸仍以贅之別爲凡
例以冠其首噫僭踰之譏吾不能
逃其罪爾云貞享四年歳次丁卯
春二月甲子洛陽後學中根璋元
圭採筆於律襲軒

室八星　土功ノ事ヲ主ル又星明ナレハ國昌フ又明カナラサレハ疫病多シ動トキハ土功有リ

寶曆八戊寅年續成

寺町通五條上町
北斗城　書肆　梅村彌右衞門
同町　梅村三郎兵衞

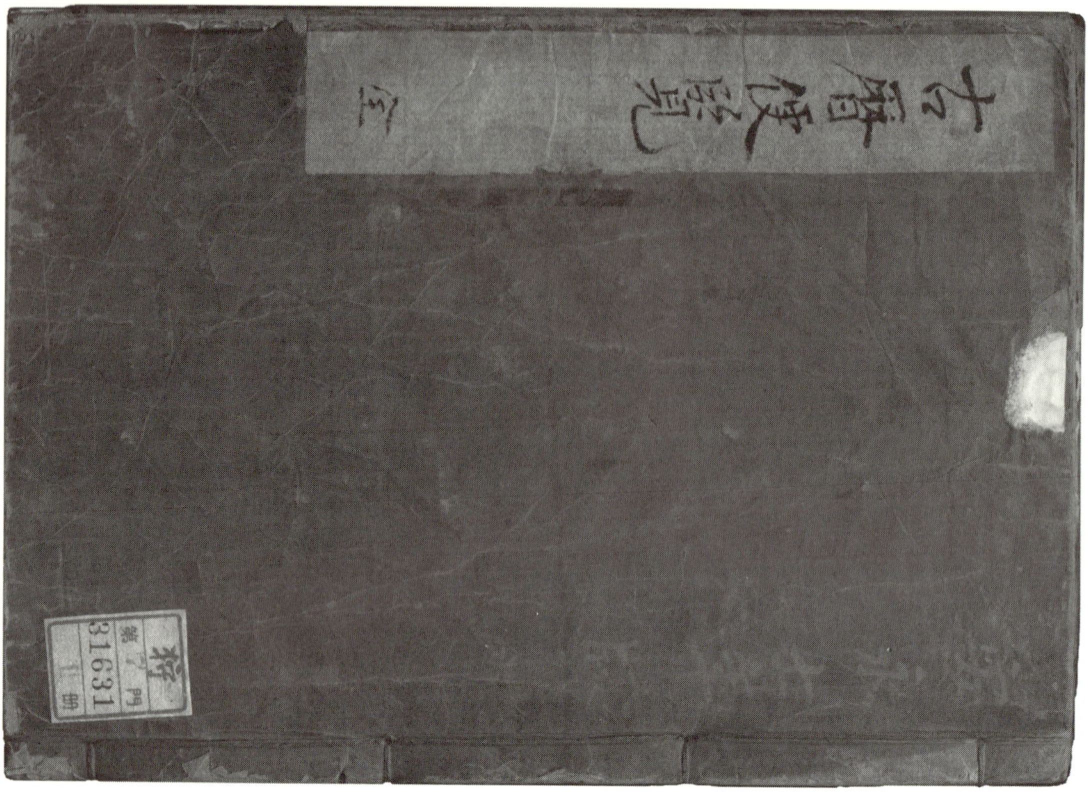
古暦便覧
全

安永改正

中西如環敬房著述

不許翻刻
抜萃必究

新刻 増續古暦便覧 全

皇城書肆　華文軒藏版

増續古暦便覧自序

大虚之内大哉天體惟高遠以無極其界輕清主健而運乎上一旦夜一周天矣三光麗天旋轉以成歳序以分四時焉古者包犠氏之王天下仰則觀於天文俯則察於地理始作八卦之文以象乎天地之形以類乎萬物之質由是觀之則古談天者莫先乎易也夫明時治暦帝王之急務也是以黃帝堯舜與

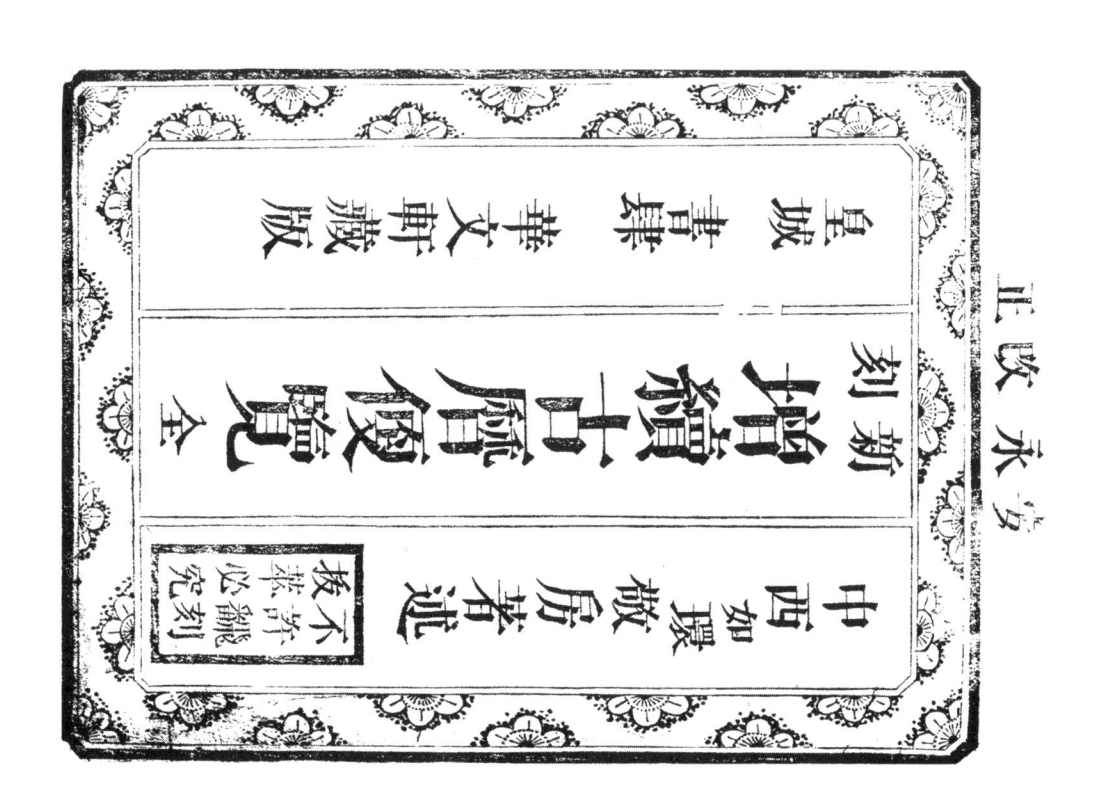

三代之盛王莫不重之也自漢劉歆始作三
統曆以來歷唐宋之代更元改法者既數十
家皆以求合於天然天有不定之差而曆爲
一定之法以有定之法計無定之差宜乎久
而不合也蓋從來立法者見非不精理非不
密而天之運行每每出於常法之外而何能
執一定之常法以可求之耶要不過唯時時
測驗時時修補爾元有授時曆其法精密而

推步之準漸備焉明有大統曆蓋取法於授
時耳今逮淸有時憲曆其書未能見雖然大
低不過歐羅巴囘囘之法也吾
大東之古曆者有元嘉儀鳳大衍五紀宣明貞
享等今則寶曆甲戌元曆以頒行天下驗之
於天如合符節也向有古曆便覽普行于世
其法純用宣明曆以推筭慶長已來之曆而
備卜家者流之用然星霜既積而距貞享甲

子推歩後天二日有奇卑有中根元圭者推
考貞享暦之法新作一暦號日律襲暦以増
續于古暦凡九十餘年今將逮安永丁酉推
歩數差於天且將來之年暦已盡矣予雖不
才自幼好天學曾精思暦算推歩之術有年
于茲先参攷古今之暦法以推定根數以改
正枝數更造一暦名日觀象暦驗之前代無
不合焉者合於既往則行之悠久亦無弊乎

増續古暦便覧凡例

一本邦自貞享乙丑須用貞享暦 保井算哲所造 至寶暦癸
酉行之七十餘年而推歩漸有差故
詔今改治新暦賜名日寶暦甲戌元暦至明和辛
卯按正既成而須行天下暦法精密而得民授
於時也因茲舊刻古暦便覧將來之考驗往往
有差謬且中根元圭所推算之年限亦已盡矣
故今安永丁酉已來推算十有餘年附續之以
補其闕云

一舊版古暦便覧以慶長丙申爲首今至安永丁

酉凡一百八十餘年以增續之矣大凡古暦之爲書也卜家推求年卦考定生日以占驗吉凶之要書也雖然人壽大低不過百歲豈可費數紙以及數百之久耶且慶長以後所用宣明暦至貞享甲子後天二日有奇然則卜家之占徵何有得尅應耶方今慶長已來省畧數十年自貞享甲子起而逮今百有餘年存之以爲足卜家之用而已

一 如以周易六十四卦配當每歲者本邦推古天皇御宇聖德太子演說之矣見于先代舊事本記以來相續以爲卜家之便用也故今一隨舊例以附續之

一 凡以二十八宿值年月日時者以往昔上元天正十一月甲子朔旦冬至日月五星如連珠會于虛宿六度爲之端也其於列宿之次序觜爲觜參之次而今清時憲暦更改爲參觜者亦非無故也此是恒星有每歲東行其行不從赤道而從黃道故黃道列宿之度終古不易而於赤道宿度每歲有不同也於是觜宿之距星反侵入參宿在東方故今中西之暦法各以爲

參觜之次者豈其理也哉我
本邦之官暦一因古不更改之也愚按列宿爲觜
參之序者其來也尚矣何可猥更改之哉雖然
距星以不可不改也古者以參西第一星爲距
今更以參中星卽第二星爲距則無觜侵入參之失
而不亂古來觜參之序亦將不乖官暦也

一 如節氣者有在前月者有在其月者故必註某
節如中氣者必在其月故不註某中而止註中
字許觀者察焉

一 暦中註時刻者於 本邦俗暦不註初正而往
往以一辰之通刻此無他欲俗家易見也今所
註亦隨之也

一 凡滅沒兩日者貞享已來不註之尤爲無用之
法故今亦省略之

一 如日食者月之所掩也日月同東西經度則爲
朔若當此時再合南北緯度則日食矣日食有
四差一日視差卽黄白兩道之交人目所見之差也二日東西差
三日南北差四日時差是也四者各有加減故
日食最難矣如月食者地影之所掩也日月相
對東西經度則爲望若當此時再正對南北緯

度則中間地影以掩於月故月食矣月食惟有時差而無視差與東西南北之差也明大統曆不用時差其說曰其蔽月食也日暗虚者景也景之蔽月無早晩高卑之異四時九服之殊譬如懸一黒丸於暗室其左燃燭其右懸一白丸若燭光爲黒丸所蔽則白丸不受其光矣人在四旁觀之所見無不同也故月食無時差之説自紀元曆妄立時差授時因之誤矣已上見于明史 ○

愚按此説誕妄不足聽此是月食無視差及東西南北差之説而非時差之議論也時差者加減食甚之時刻以得其真刻之法也故謂之時差詳于下圖 其理與月食時差相同矣月食豈無時差耶所推月食各用時差而加減焉後世因明史之説月食不用時差者甚誤矣雖一犬吠虚衆必傳實也

一 如暦中所註日月兩食及節中等時刻者以晝夜各五十刻平均之時刻而記之此是古今曆家之定規也世俗所謂撃鼓之時刻者随冬夏有晝夜長短而毎日時刻亦有不同故不能以爲定軌也於是古來用平均之時刻者宜乎

一 如日月兩食起復之時刻者前所謂以晝夜平等之時刻悉註之是以與撃鼓之時刻較有進退故欲驗兩食之起復者必不以撃鼓爲正而可以等刻爲正也

一 如一日之始終者子時是也然而子正初刻爲一日之始子初四刻爲一日之終也若夫月食辰刻者雖在子正巳後卯辰之時皆退一日而托之前夜此例暦家之軌範也

凡例畢

六十甲子配日圖

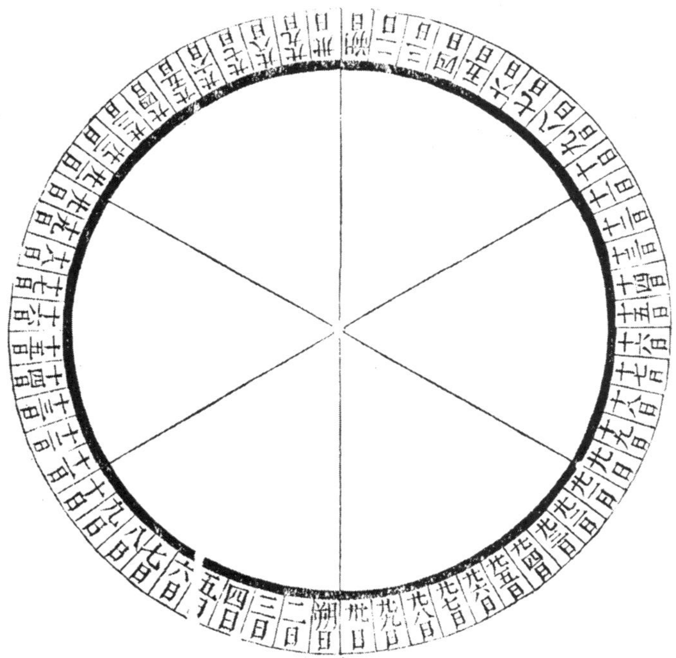

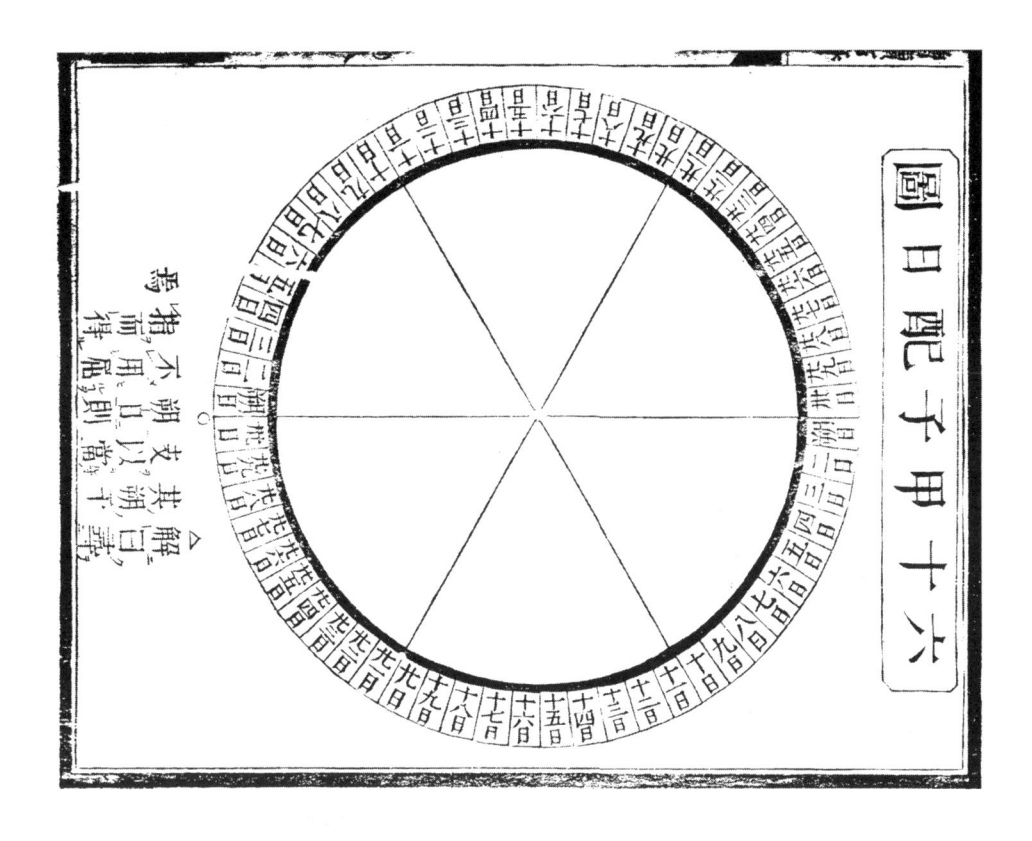

△解曰尋其朔干支以當朔日則不用屈指而得焉

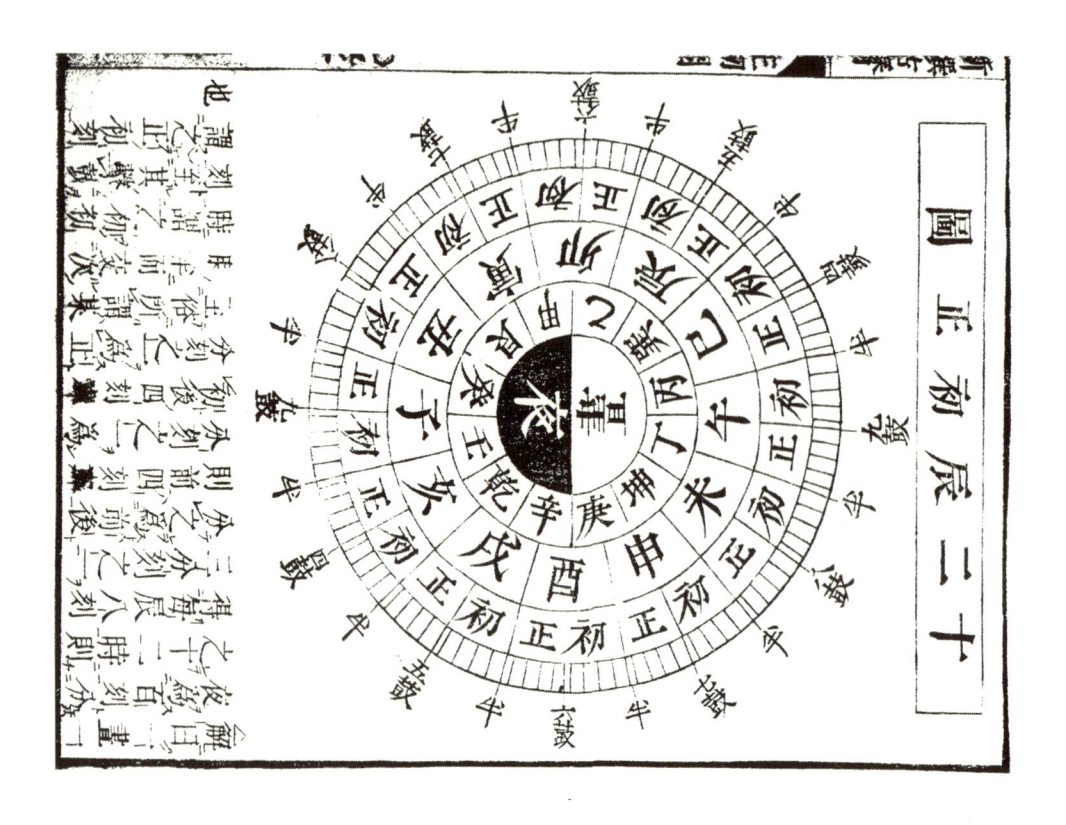

○納音正術

△蓍策數　四十有九　△河圖定數　水一　火二　木三　金四　土五　五行生數

△支干定數　甲己子午九　乙庚丑未八　丙辛寅申七　丁壬卯酉六　戊癸辰戌五　巳亥四

△五行相生　木生火　火生土　土生金　金生水　水生木

●法曰假令求甲寅乙卯納音者合甲九寅七乙八卯六共得三十以減蓍策數餘一十九以五行五除之不盡四以尋河圖定數之所得金金生水故以水為甲寅乙卯納音也餘准之

○納音捷徑　△五行徑數　木一　金二　水三　火四　土空

△甲乙一　丙丁二　戊己三　庚辛四　壬癸空　△子丑午未一　寅卯申酉二　辰巳戌亥三

●法曰假令求甲子納音者合甲一子一共得二若滿五除之而用其餘以尋五行徑數則得金以為甲子納音也　餘倣之○若其干逢壬癸則唯用支數耳

十二辰初正圖

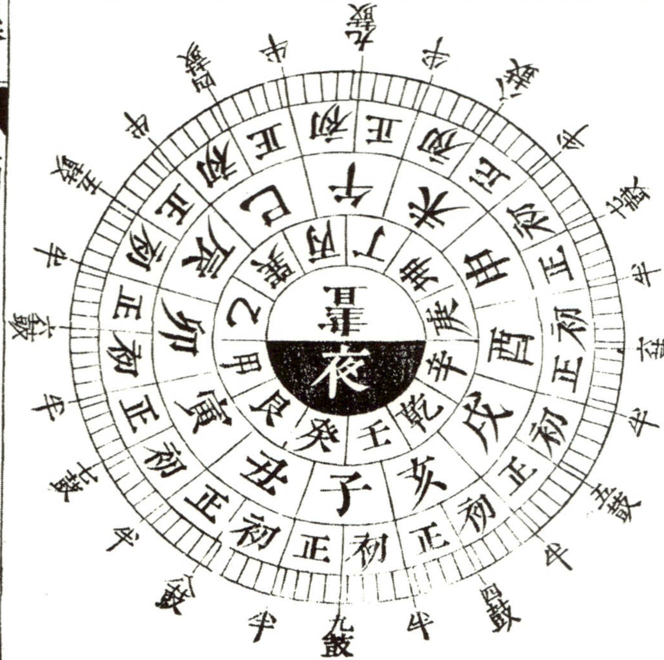

△解曰一晝一夜為百刻分之十二時則得每辰八刻三分刻之一分之為前後則前四刻分刻之一為初後四刻分刻之一為正俗所謂某時某半而交次時謂之初初刻至其刻數謂之正初刻也

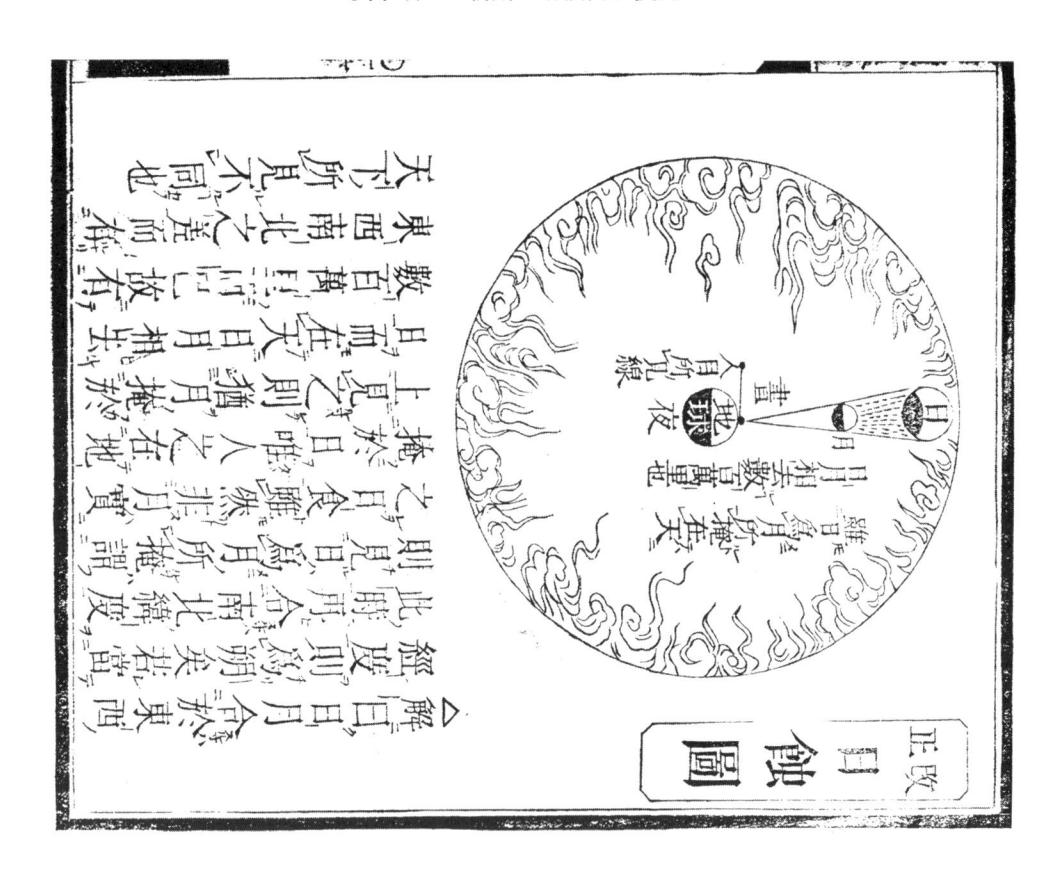

增補十二辰通刻圖

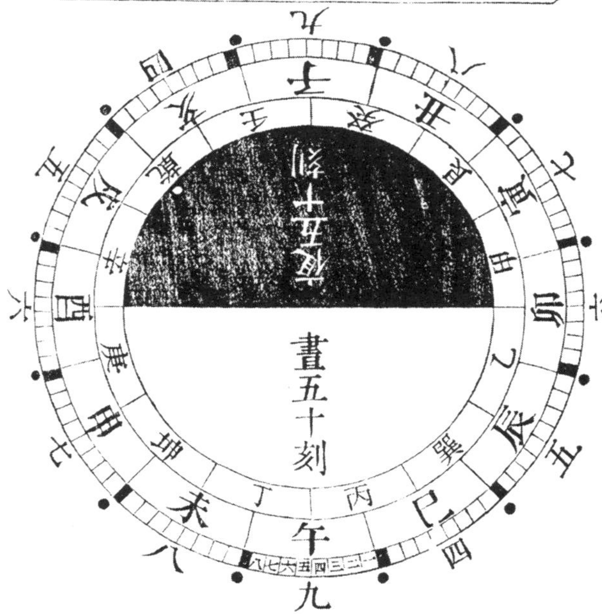

△解曰、如前圖、今以十二辰初正分之矣。今官家俗曆不用之、唯爲每辰八刻三分刻之一、故於曆中所推時刻亦隨之。觀者思焉。

改正日蝕圖

△解曰、日月合於東西經度則爲朔矣。若當此時而合南北緯度、則見日爲月所掩、謂之日食。雖然非月實掩於日、唯人之在地上見之則猶月掩於日、而在天日月相去數百萬里而已。故有東西南北之差而有天下所見不同也。

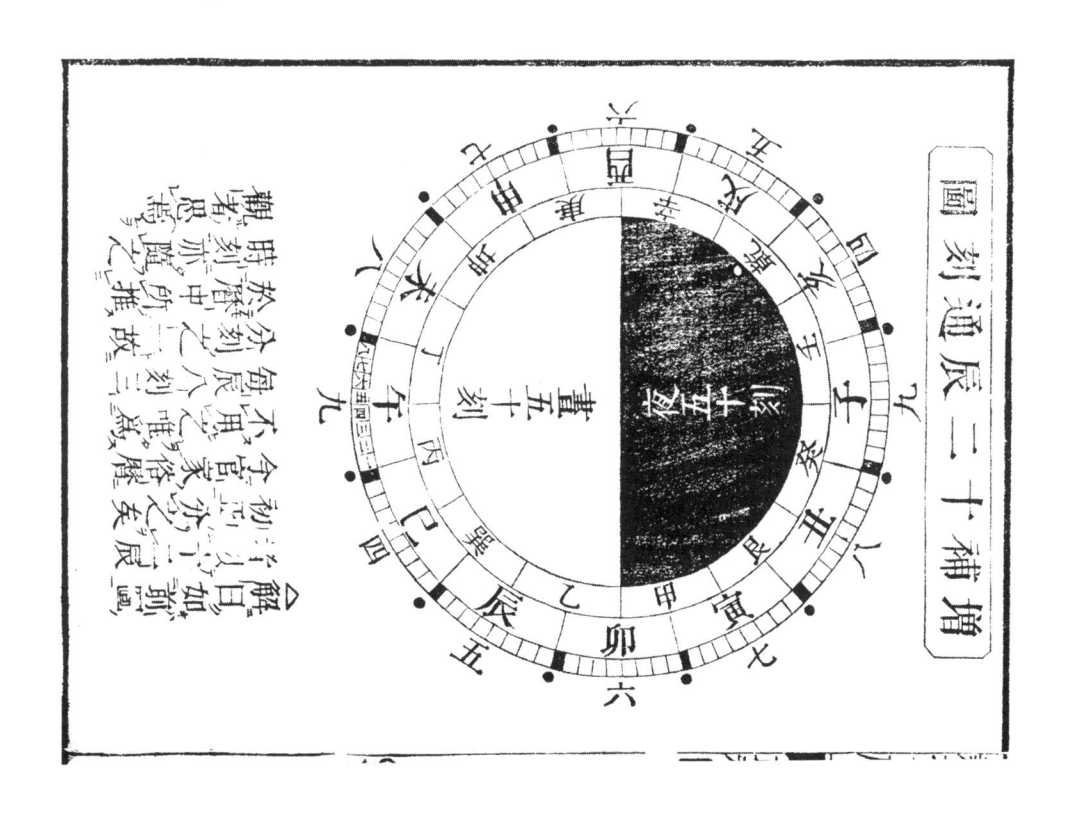

改正月蝕圖

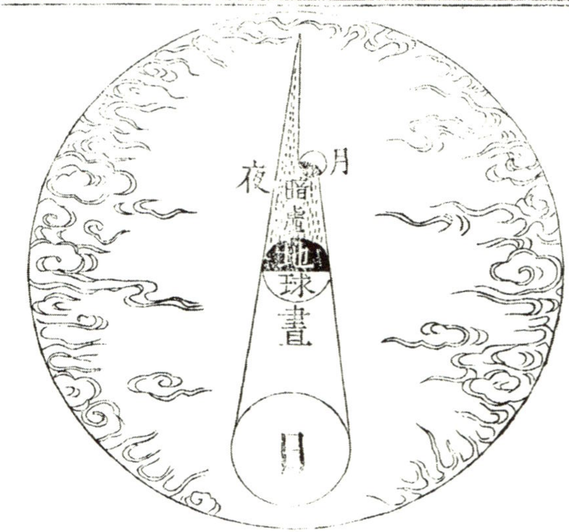

△解曰日月相對於東西經度則爲正矣若當此時再正對於南北緯度則爲中間地影掩於月謂之月食是爲以地影實掩於月故無東西南北之差而天下所見皆相同也

新增日食時差加減之圖

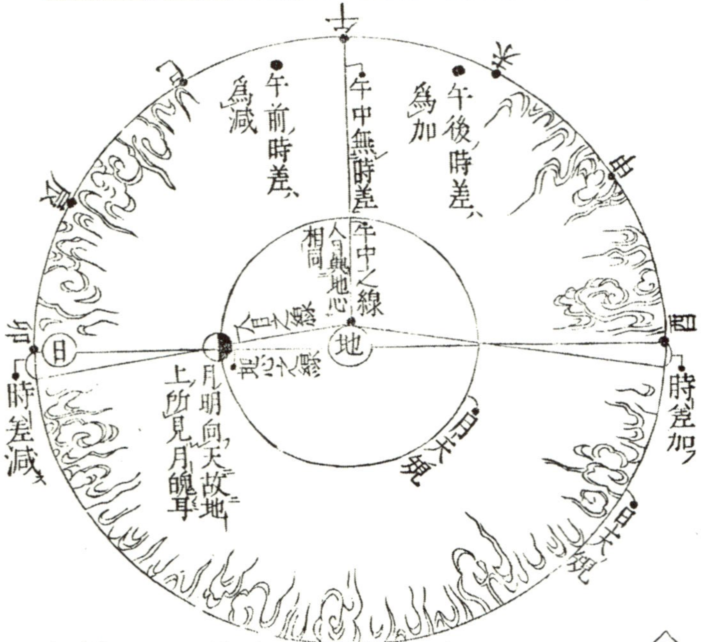

△解曰日食時差有加減者自地心所見雖已食甚而人之在地上見之則或淺食或過食其差之極數東西各六刻餘以加減之則於人目所見密合矣今所圖者午前日出之時差也若午後日没之時反之故減者反爲加也

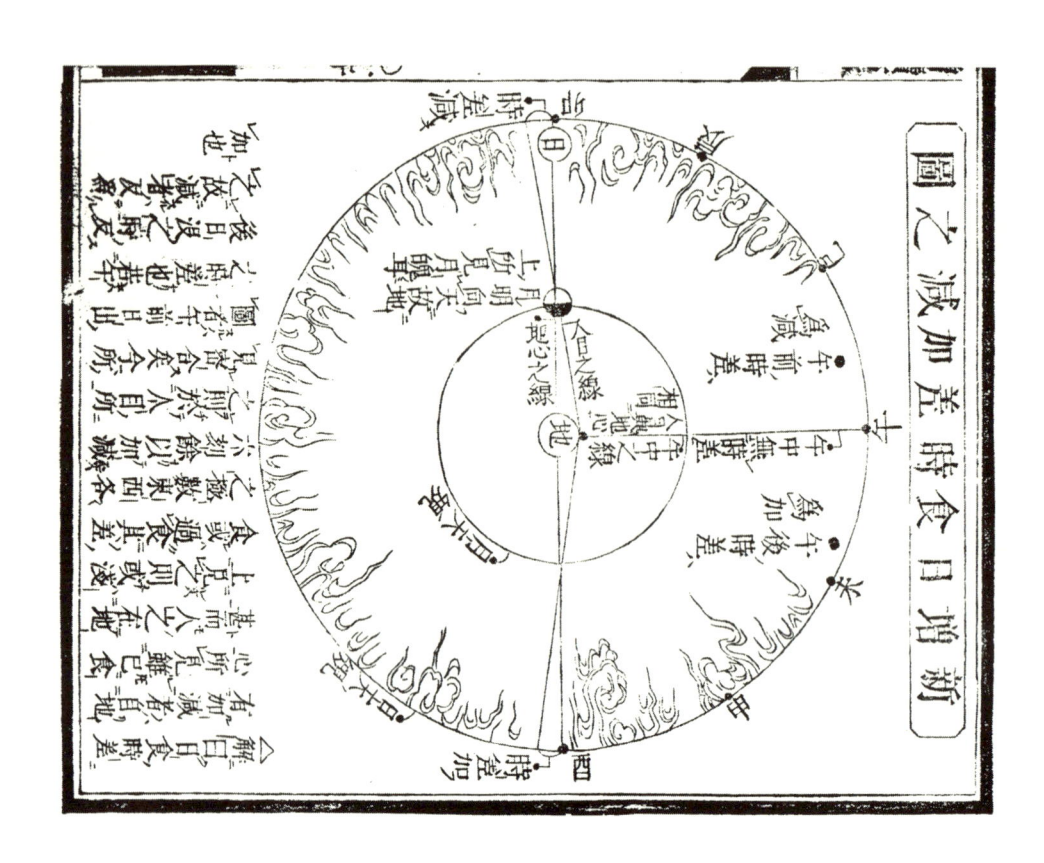

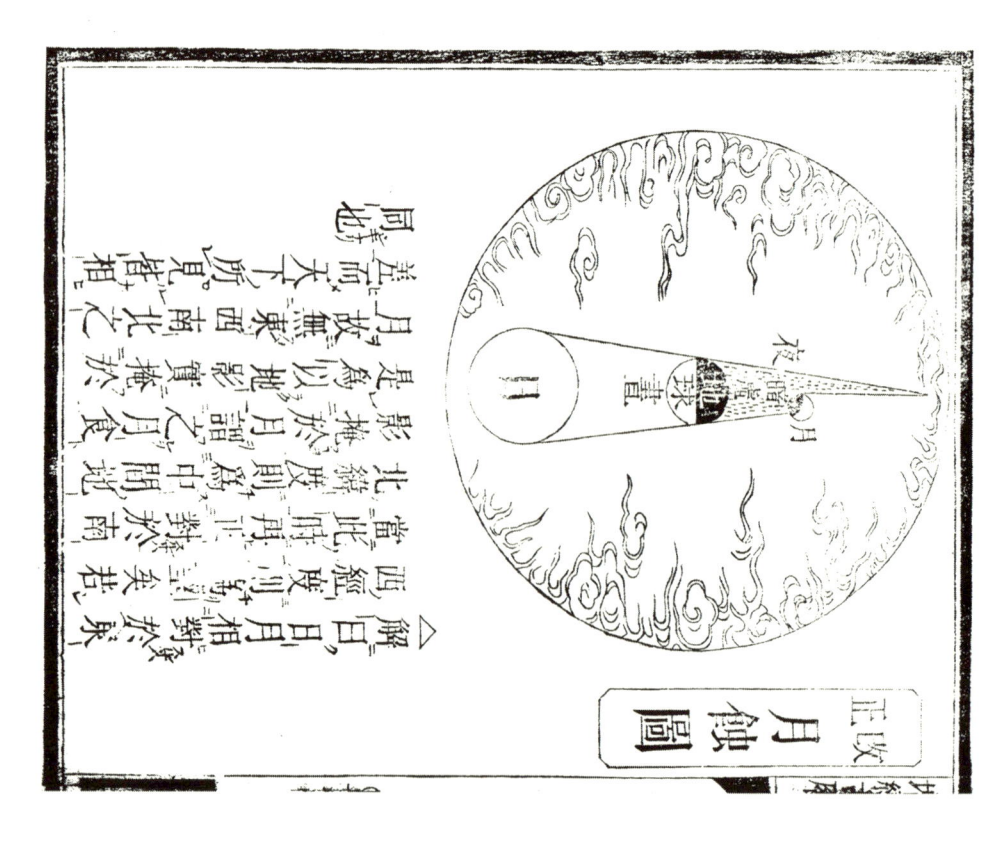

新増

月食時差加減之圖

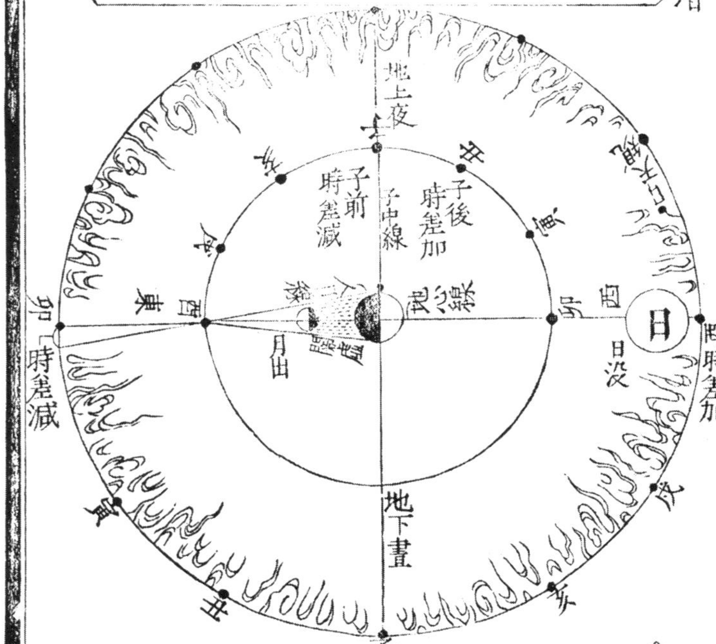

△解曰月食時差有加減者其理大率與日食相同而月食者加時在夜以東西相反矣今所圖者日没月出之時差也故日在於西月在於卯時差極数東西各一刻有餘也圖小而難中真理観者察焉

日月食陰暦陽暦圖

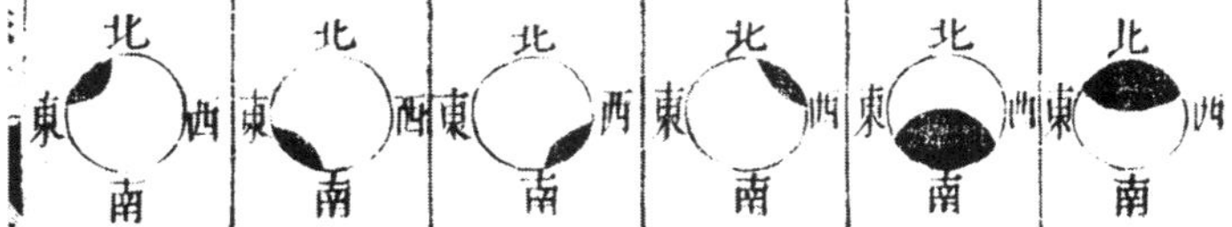

日食陰暦食甚圖　月食陽暦食甚圖

日食陽暦食甚圖　月食陰暦食甚圖

日食陰暦漸虧圖　月食陽暦将復圖

日食陽暦漸虧圖　月食陰暦将復圖

日食陽暦将復圖　月食陰暦漸虧圖

日食陰暦将復圖　月食陽暦漸虧圖

解曰日食入陰暦則初虧西北甚於正北復於東北入陽暦則初虧西南甚於正南復於東南若食八分已上者初起正西復於正東

月食入陰暦則初虧東南甚於正南復於西南若食八分已上者初起正東復於正西

凡謂日月起復者皆擄午地之食而論之也

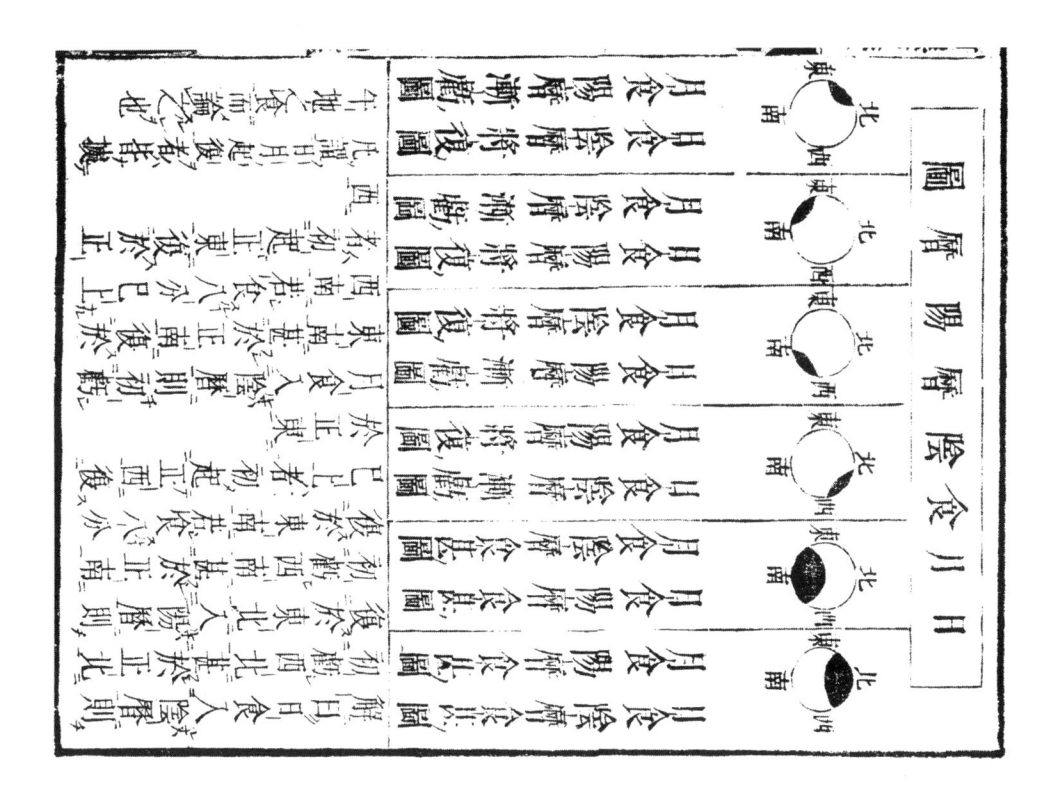

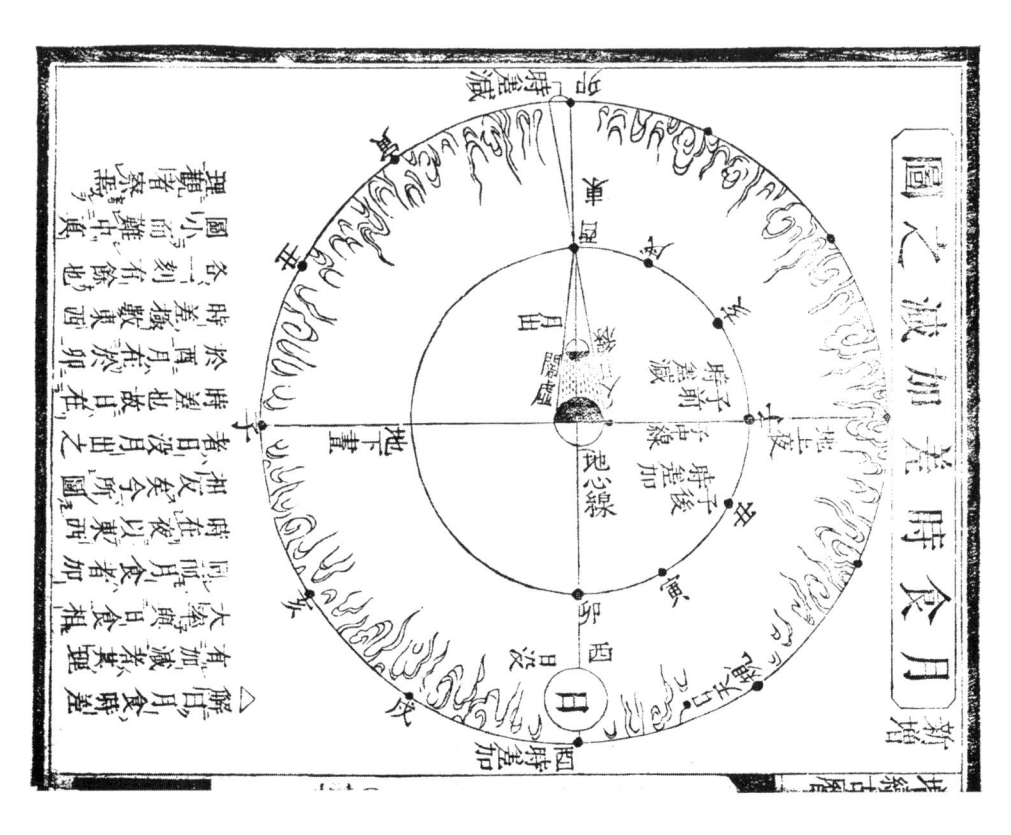

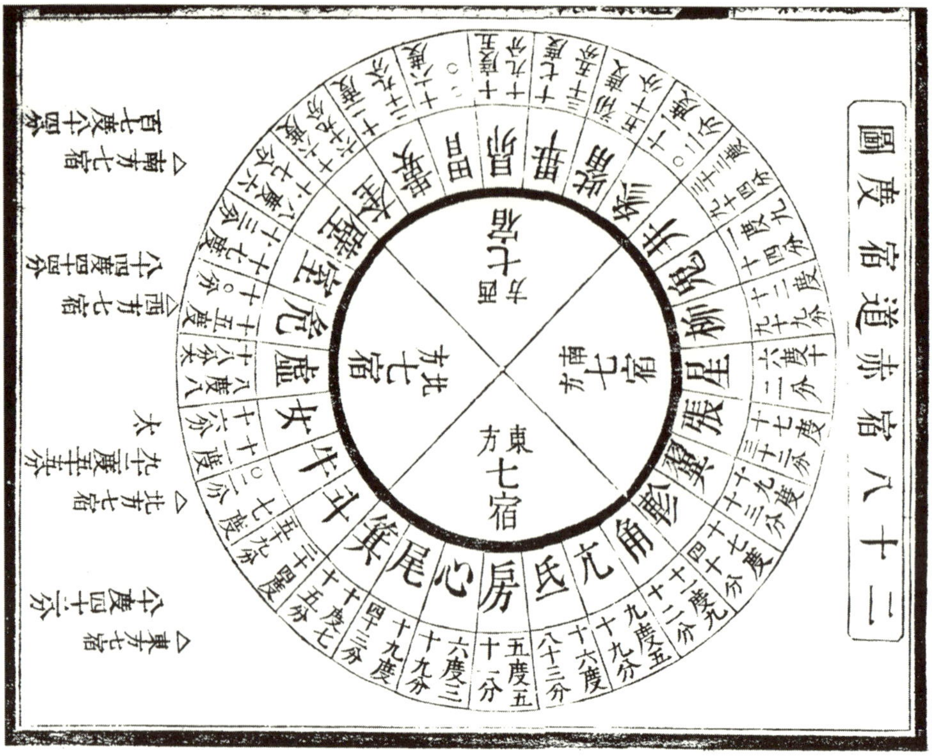
二十八宿赤道宿度圖
東方七宿
北方七宿

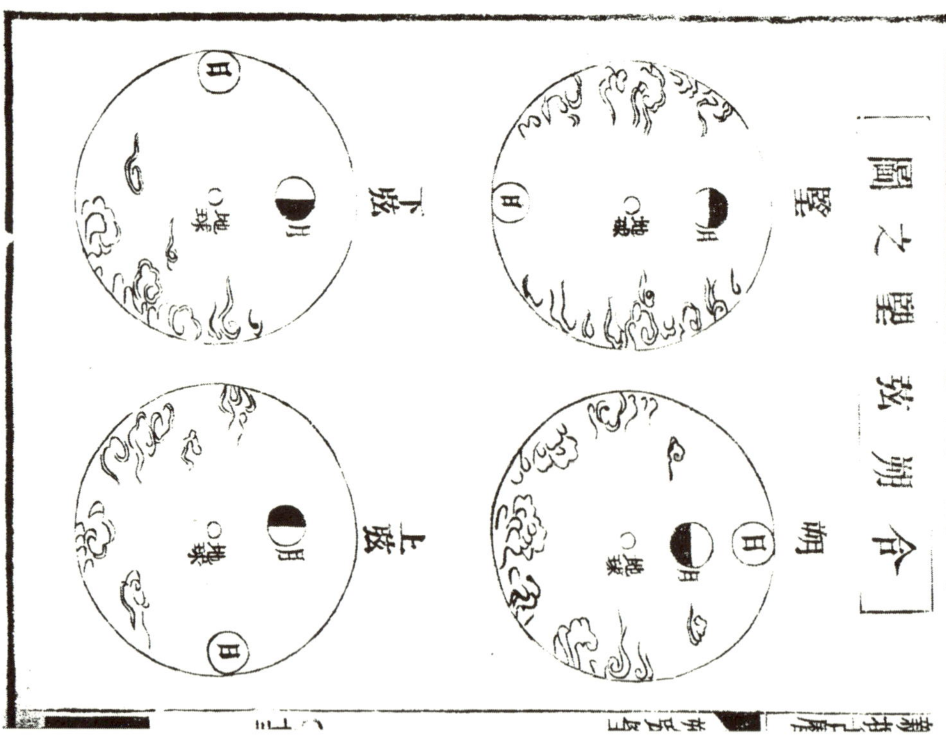
合朔弦望之圖
望
上弦
下弦

增補七曜列宿配日圖

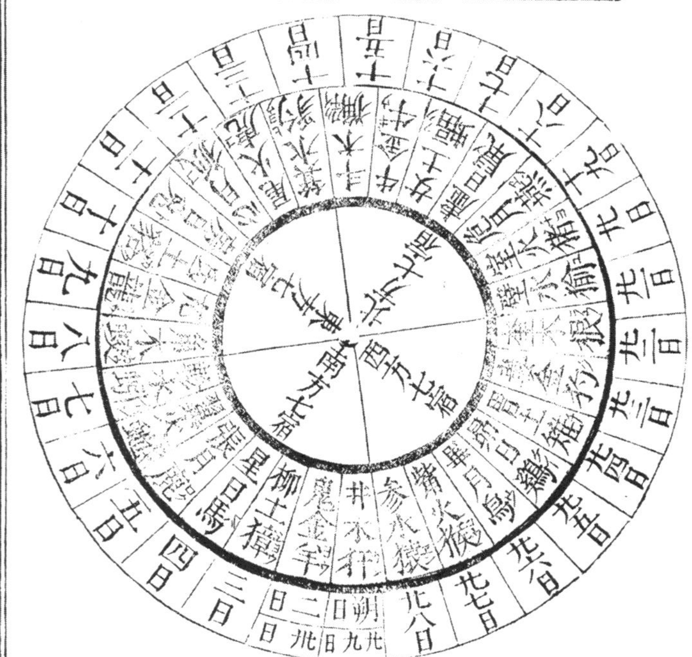

△解曰、尋朔日曜宿、以當朔日、則不用屈指而得焉

天赦　五 十一　三 十二　八 廿八　十 廿四

此年用宣明暦

甲子　貞享元　氐宿

中孚　三正土　兌下巽上　九七五

小過　二四六　艮下震上　八十十二

納音　海中金姓

月	宿				
正小 丙寅	角	朔日戊辰氐	七日中午十二刻	廿二節申七	
二大 丁	亢	朔日丁酉房	八日中亥四	十一日没丑七	廿四節寅一
三大 戊	氐	朔日丁卯尾	同日滅卯七	八日十一用辰一	九日中辰大
		廿四立夏未三			
四小 己	房	朔日丁酉斗	九日中酉八	廿五節丁五	
五大 庚	心	朔日丙寅牛	十一中卯二 七	廿六節巳七	
六小 辛	尾	朔日丙申虚	八日土用未四	十一日中申四	廿六立秋亥初
七大 壬	箕	朔日乙丑危	十三中丑七	廿八節辰三	
八小 癸	斗	朔日乙未壁	十三日中午八	廿八節酉五	
九小 甲	牛	朔日甲子奎	十一日土用亥五	十五日中子三	
十大 乙	女	朔日癸巳婁	同日立冬寅七	十六中巳四	
十一小 丙	虚	朔日癸亥昴	同日節申一	十六日中戌六	
十二大 丁	危	朔日壬辰畢	三日節丑二	十五土用卯三	十八中卯八

新撰古暦

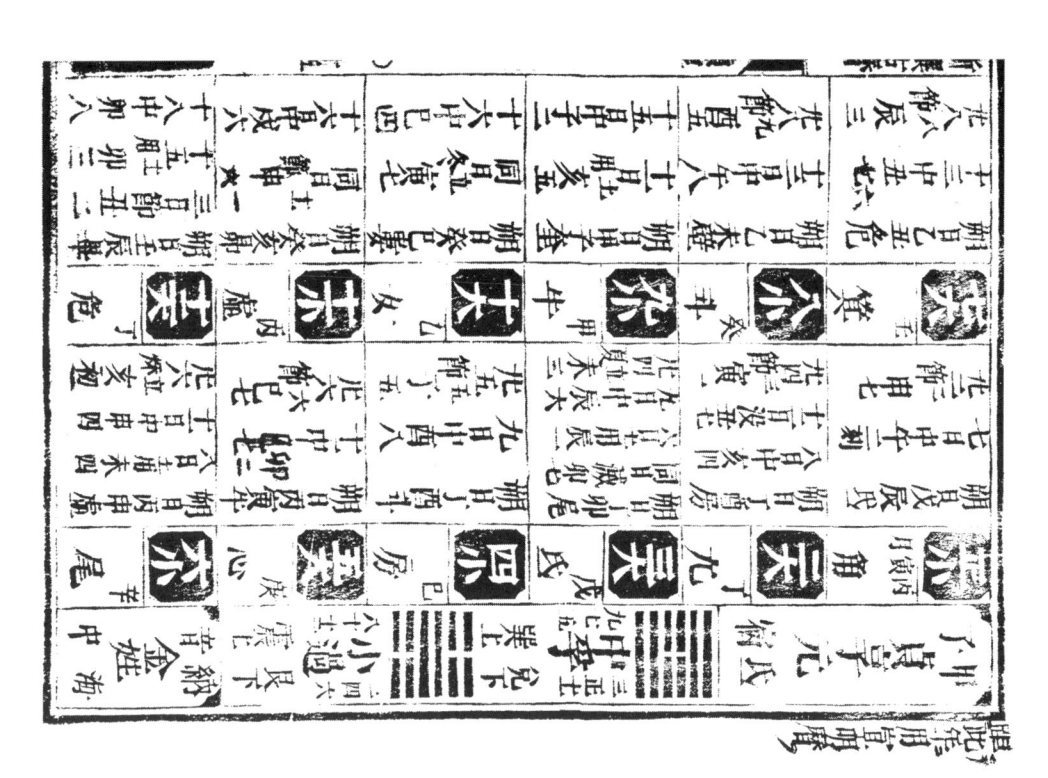

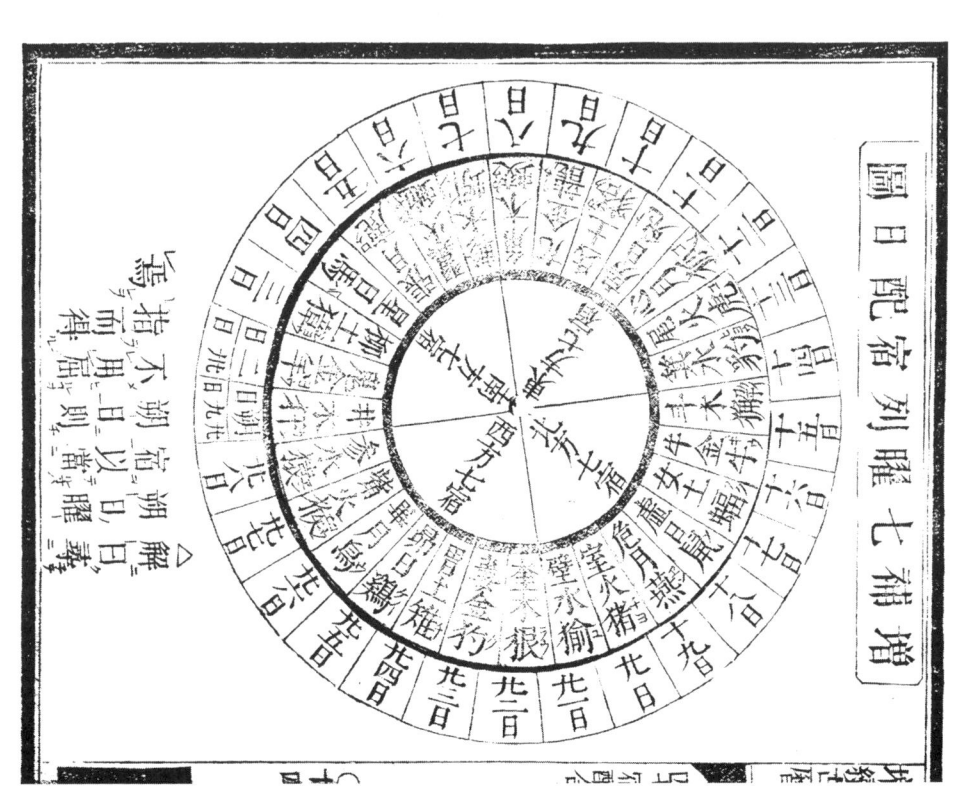

天啓
正 三 四 八 十一
八 九 五 十八 十七

乙丑 貞亨二 觜宿

既濟 五三正 十九七 離下 坎上
未濟 十二四 八八十 坎下 離上
納音 海中 金姓

正小 戊寅月 星
朔日壬戌星
同日立春未初三
十六中酉正四

二大 己 張
朔日辛卯張
三日二節子正初
十八中卯初一

三小 庚 翼
朔日辛酉軫
三日三節巳正二
十五土用未正三
十八中申初三

四大 辛 軫
朔日庚寅角
四日立夏亥初初
廿日中丑正一

五大 壬 角
朔日庚申氐
五日五節辰初二
廿日中午正三

六小 癸 亢
朔日庚寅心
五日六節酉正初
十七土用亥正一
廿日中子初一

七大 甲 氐
朔日己未尾
七日立秋寅正三
廿二中巳初三

八小 乙 房
朔日己丑斗
七日八節申初一
廿二中戌正

九大 丙 心
朔日戊午牛
九日九節丑初二
廿一土用卯初三
廿四中卯正三

十小 丁 尾
朔日戊子虚
九日立冬午正初
廿四中酉初一

十一大 戊 箕
朔日丁巳危
十日十一節亥正二
廿六中寅初三

十二小 己 斗
朔日丁亥壁
十一日十二節巳初初
廿三土用未初一
廿六中未正一

五月十五日月食皆既丑寅時
十一月十五日月食皆既卯辰時 帶

丙寅 貞亨三 參宿

乾 三正十一 九七九 乾下 乾上
坤 二四六 八十七 坤下 坤上
納音 爐中 火姓

正大 庚寅月 牛
朔日丙辰奎
十二立春戌初二
廿八中子正三

二小 辛 女
朔日丙戌胃
十三二節卯正初
廿八中午初一

三大 壬 虚
朔日乙卯昴
十四三節申正二
廿六土用戌正二
廿九中亥初三

閏小
朔日乙酉觜
十五立夏丑正四

四大 癸 危
朔日甲寅參
同日中辰正初
十六五節未初一

五小 甲 室
朔日甲申鬼
同日中酉正三
十八六節子初三
廿九土用寅正初

六大 乙 壁
朔日癸丑柳
三日中卯初初
十八立秋巳正一

七大 丙 奎
朔日癸未張
三日中申初一
十八八節戌正三

八小 丁 婁
朔日癸丑軫
四日中丑正初
十九九節辰初一

九大 戊 胃
朔日壬午角
二日土用午初一
五日中午正三
廿日立冬酉初三

十小 己 昴
朔日壬子氐
五日中子初初
廿一十一節寅正一

十一大 庚 畢
朔日辛巳房
七日中巳初一
廿二十二節未正三

十二小 辛 觜
朔日辛亥尾
四日土用戌初初
七日中戌正初
廿三立春丑初一

四月十六日月食八分半酉戌亥時
十月十四日月帶食所見二分半卯時

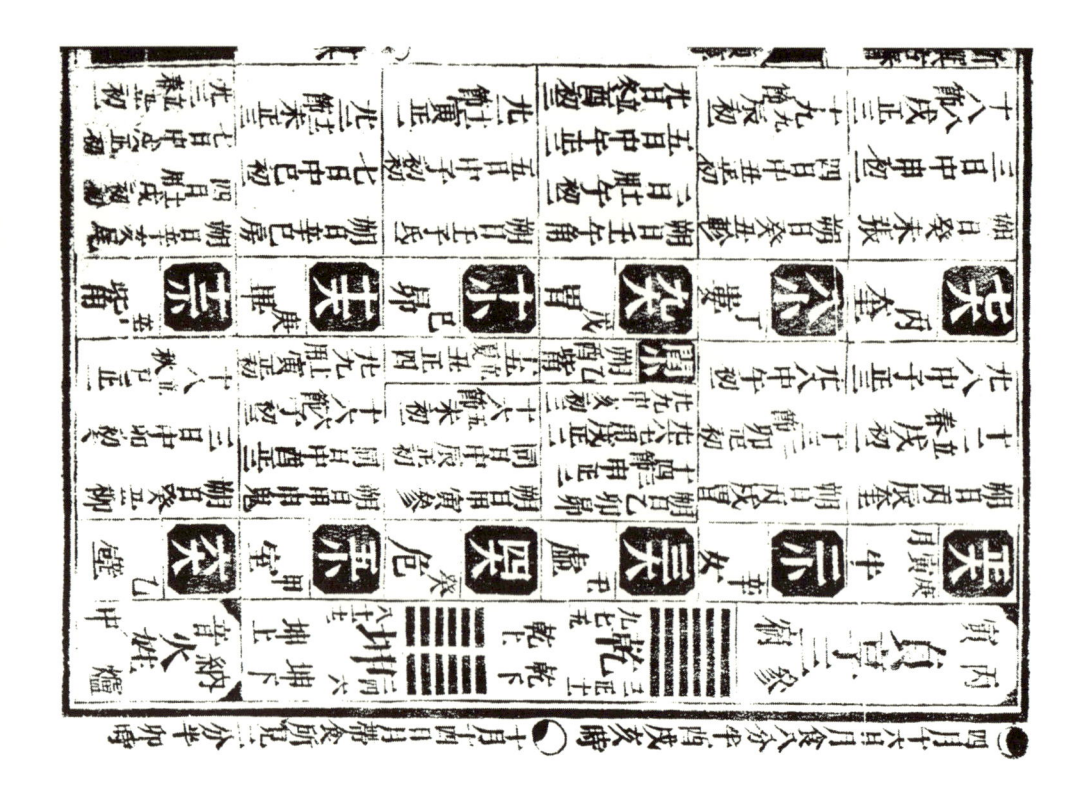

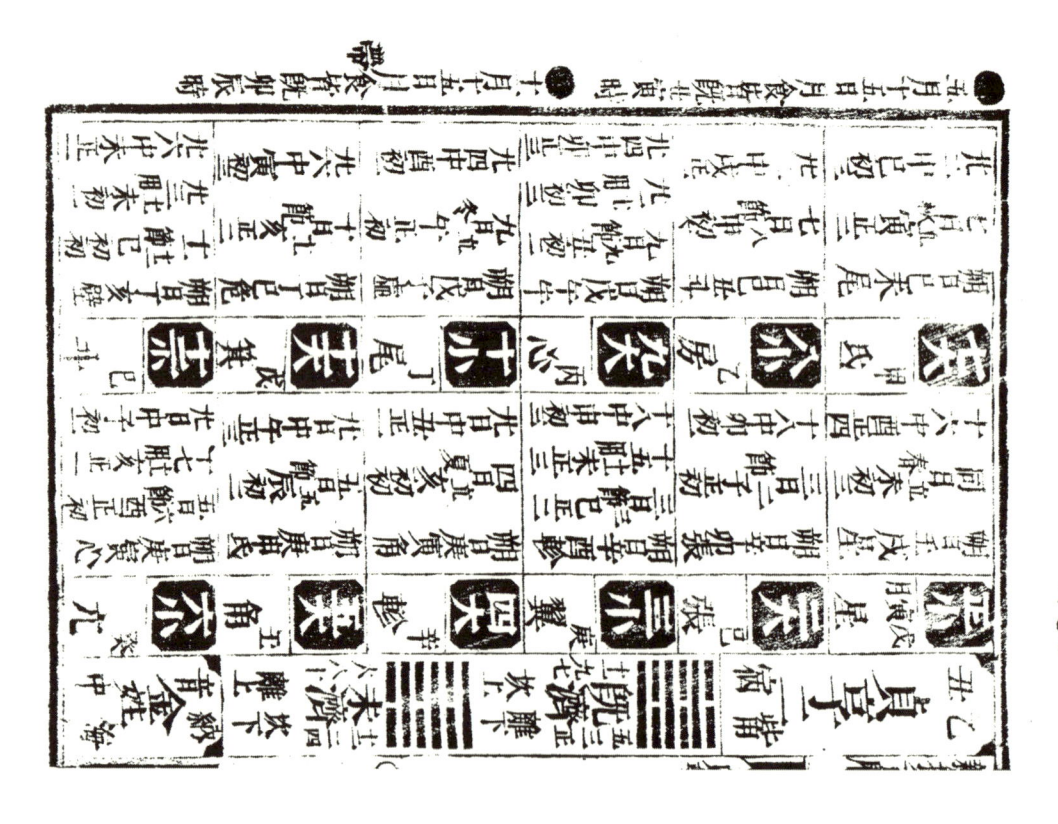

丁卯 貞享四 井宿

屯（五三正 十九七）震下坎上

蒙（十二四 六八十）坎下艮上

納音 火姓 爐中

月	干支・宿				
正大	壬寅月 參	朔日庚辰箕	九日中卯正三	廿四節午初三	
二小	癸 井	朔日庚戌午	九日中酉初六	廿四節三亥正一	
三小	甲 鬼	朔日己卯女	八日土用丑正三	十一中寅初二	廿六立夏辰正三
四大	乙 柳	朔日戊申虛	十二中未正初	廿七節五戌初一	
五小	丙 星	朔日戊寅室	十三中子正二	廿八節六卯初三	
六大	丁 張	朔日丁未壁	十一土用巳初三	十四中巳正四	廿九立秋申正初
七大	戊 翼	朔日丁丑觜	十四中亥初一	卅日節八丑正二	
八小	己 軫	朔日丁未昴	十五中辰初三		
九大	庚 角	朔日丙子畢	同日節九未初六	十三土用酉初二	十六中酉正一
十大	辛 亢	朔日丙午參	同日立冬子初二	十七中寅正三	
十一小	壬 氐	朔日丙子鬼	三日節十一巳正初	十七中申初	
十二大	癸 房	朔日乙巳柳	三日節十二戌正二	十六土用子正三	十九中丑初三

戊辰 元祿元 鬼宿

需（七五三 正十九）乾下坎上

訟（十十三 四六八）坎下乾上

納音 木姓 大林

二月十五日月食五分半丑寅卯時

四月朔日日食六分半辰巳時

九月十六日月食六分酉戌亥時

月	干支・宿				
正小	甲寅月 心	朔日乙亥張	四日立春辰初初	十九中午正一	
二大	乙 尾	朔日甲辰翼	五日節酉初二	廿日中亥正三	
三小	丙 箕	朔日甲戌角	六日節三寅正初	十八土用辰正一	廿一中巳初一
四小	丁 斗	朔日癸卯亢	七日立夏未正二	廿二中戌初三	
五大	戊 牛	朔日壬申氐	九日節五丑初六	廿四中卯正二	
六小	己 女	朔日壬寅心	九日節六午初二	廿一土用申初三	廿四中申正三
七大	庚 虛	朔日辛未尾	十日立秋亥正初	廿六中寅初一	
八小	辛 危	朔日辛丑斗	十一節八辰正二	廿六中未初三	
九大	壬 室	朔日庚午牛	十二節九酉正四	廿四土用子初初	廿八中子正二
十大	癸 壁	朔日庚子虛	十三立冬卯初三	廿八中巳正三	
十一大	甲 奎	朔日庚午室	十三節十一申初四	廿八中亥初初	
十二小	乙 婁	朔日庚子奎	十四節十二丑正一	廿六土用卯正二	廿九中辰初一

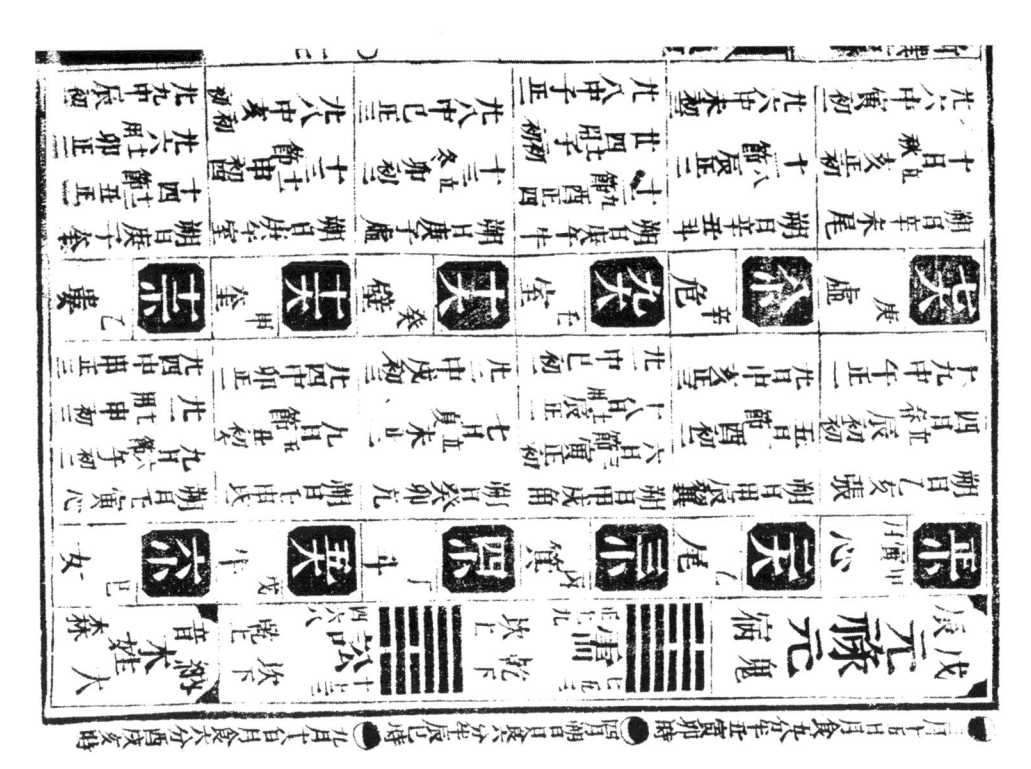

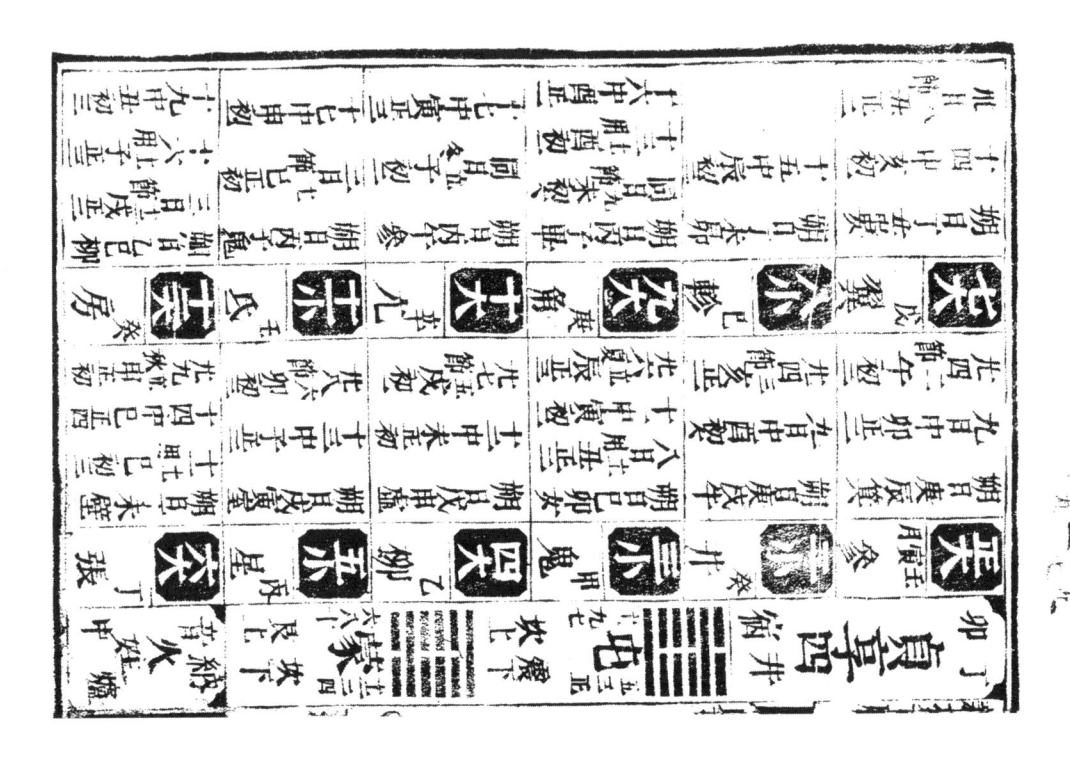

二 四 七 九 十 十二
十 八 十四 十五 一 一

己巳 元禄二 柳宿

師 九七五 三正十一 坎下坤上
比 八十十二 二四六 坤下坎上
納音 木 姓 大森

- 正大 丙寅 胃：朔日己巳婁　十五立春午正三　廿日中酉正初
- 閏正小：朔日己亥昴　十五日節子初一
- 二大 丁 昴：朔日戊辰畢　二日中寅正二　十七節巳初三　廿九社未正初
- 三小 戊 畢：朔日戊戌參　四日中申初初　十七立夏戌正一
- 四小 己 觜：朔日丁卯井　四日中丑初二　十九節卯正三
- 五大 庚 參：朔日丙申鬼　五日中午正初　廿日節酉初二
- 六小 辛 井：朔日丙寅星　二日土用亥初二　五日中亥正二　廿一立秋寅初三
- 七大 壬 鬼：朔日乙未張　七日中巳初初　廿二節未正一
- 八小 癸 柳：朔日乙丑軫　七日中戌初二　廿三節子正三
- 九大 甲 星：朔日甲午角　六日土用寅正四　九日中卯正初　廿四立冬午初二
- 十大 乙 張：朔日甲子氐　九日中申正二　廿四節亥初三
- 十一大 丙 翼：朔日甲午心　十日中寅初初　廿五節辰正二
- 十二小 丁 軫：朔日甲子箕　七日土用午正一　十日中未初二　廿五立春酉正三

二月十五日月食皆既丑寅卯時

二 五 七 九 十 十二
十六 四 十九 十一 七 七

庚午 元禄三 星宿

小畜 七九 五三正 乾下巽上
履 六八 十二四 兌下乾上
納音 土 姓 路傍

- 正大 戊寅 角：朔日癸巳斗　十一中子初四　廿七節卯初初
- 二小 己 亢：朔日癸亥女　十二中巳正一　廿七節申初二
- 三大 庚 氐：朔日壬辰虛　十日土用戌初三　十三中戌正三　廿九立夏丑正初
- 四小 辛 房：朔日壬戌室　十四中辰初一　廿九節午正二
- 五小 壬 心：朔日辛卯壁　十五中酉初三
- 六大 癸 尾：朔日庚申奎　同日節子初初　十四土用寅初一　十七中寅正一
- 七小 甲 箕：朔日庚寅胃　二日立秋巳初二　十七中未正三
- 八小 乙 斗：朔日己未昴　三日節戌正初　十九中丑初一
- 九大 丙 牛：朔日戊子畢　五日節卯正二　十七土用巳正三　廿日中午初三
- 十大 丁 女：朔日戊午參　五日立冬酉初初　廿日中亥正一
- 十一大 戊 虛：朔日戊子鬼　六日節寅初二　廿一中辰正三
- 十二小 己 危：朔日戊午星　六日節未正初　十八土用酉正一　廿一中戌初一

八月朔日日食四分辰巳時
八月十六日月食五分戌亥子時

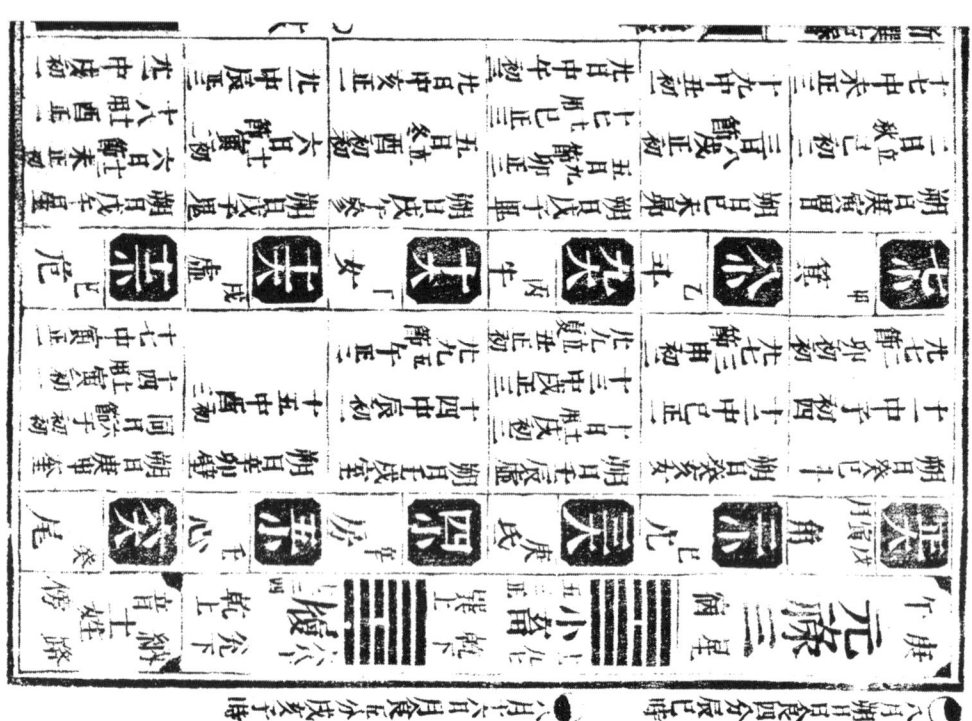

二　五　七　十六八　十一

八二　九　八五　八六　十三

元祿四　辛未　歳　宿　納音路傍土

泰　正十九　乾下坤上

否　四六八十十二　坤下乾上

十二月十六日月食七分亥子丑時

- 正月大　庚寅　室　朔日丁亥張　八日立春子正二　廿三中卯初三
- 二月小　辛　壁　朔日丁巳軫　八日節午初二　廿三中申正一
- 三月大　壬　奎　朔日丁亥亢　八日節亥初三　廿一土用丑初三　廿四中丑正三
- 四月大　癸　婁　朔日丙辰氐　十日立夏辰初二　廿五中未初
- 五月小　甲　胃　朔日丙戌心　十日節酉正二　廿五中子初三
- 六月小　乙　昴　朔日乙卯尾　十二節寅正三　廿四土用巳初　廿七中巳正初
- 七月大　丙　畢　朔日甲申箕　十三立秋申初一　廿八中戌正三
- 八月小　丁　觜　朔日甲寅牛　十四節丑初三　廿九中辰初初
- 閏八月小　癸　朔日癸未女　十五節午正一　廿七土用申正三
- 九月大　戊　參　朔日壬子虛　同日中酉初　十六立冬亥正三
- 十月大　己　井　朔日壬午室　二日中寅正初　十七節巳初二
- 十一月大　庚　鬼　朔日壬子奎　二日中未正三　十七節戌初三
- 十二月小　辛　柳　朔日辛巳婁　同日土用子正初　四日中丑初　十九立春卯正一

正　四　七　九　十一

六八　十十九　十二日　二　十九

元祿五　壬申　宿翼　納音劍鋒金

同人　三正十一九七五　離下乾上

大有　二四六八十十二　乾下離上

正月朔日日食五分半未申時

- 正月大　壬寅　星　朔日辛亥鼎　四日中午初二　十九節申正三
- 二月小　癸　張　朔日辛巳觜　四日中亥正初　廿日節寅初二
- 三月大　甲　翼　朔日辛亥井　二日土用辰初二　五日中辰正二　廿日立夏未初三
- 四月小　乙　軫　朔日庚辰鬼　六日中戌初　廿二節子正一
- 五月大　丙　角　朔日庚戌星　七日中卯初二　廿二節巳正三
- 六月小　丁　亢　朔日己卯張　五日土用未正三　八日中申酉四　廿三立秋亥初初
- 七月大　戊　氐　朔日戊申翼　十日中丑正三　廿五八節辰初二
- 八月小　己　房　朔日戊寅角　十日中午正三　廿五九節酉正初
- 九月大　庚　心　朔日丁未亢　八日土用亥正一　十一中子初一　廿七立冬寅正二
- 十月大　辛　尾　朔日丙子氐　十三中巳初三　廿八十節申初
- 十一月小　壬　箕　朔日丙午心　十三中戌正一　廿九十一節丑正
- 十二月大　癸　斗　朔日乙亥尾　十二日土用卯初　十五日中卯正一　卅日立春午正

新撰古曆　十九

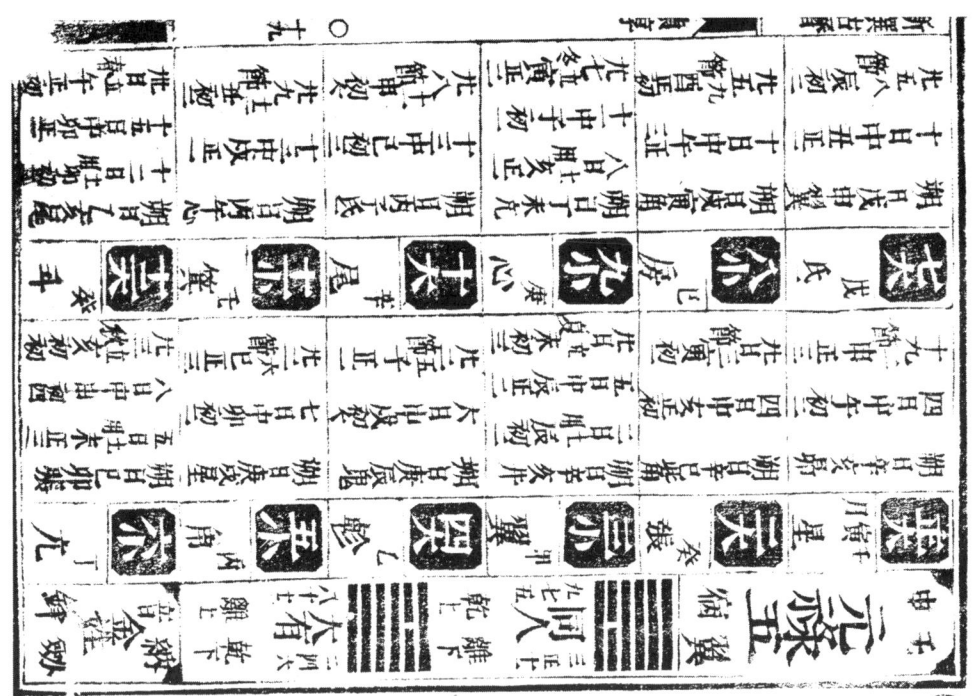

二 四 七 九 十二
四日 廿一 六日 七日 廿五

癸酉 元禄六 宿 軫

謙 五三正 十九七 艮下 坤上
豫 十二四 六八十 坤下 震上
納音 金 姓 ［羽］

月	干	宿	朔			
正大 寅月	甲	牛	朔日乙巳斗	十五中酉初一	卅日二節亥正三	
二大	乙	女	朔日乙亥女	十六中寅初三		
三小	丙	虚	朔日乙巳危	同日三節巳初	十三土用未初一	廿六中未正一
四大	丁	危	朔日甲戌室	二日立夏戌初二	十八中子正三	
五小	戊	室	朔日甲辰奎	三日五節卯正初	十八中午初一	
六大	己	壁	朔日癸酉婁	四日六節申正三	十六土用戌正三	十九日中亥初三
七小	庚	奎	朔日癸卯昴	五日立秋寅初初	廿日中辰正一	
八大	辛	婁	朔日壬申畢	六日八節未初二	廿一中酉正三	
九小	壬	胃	朔日壬寅参	七日九節子正初	十九土用寅正初	廿二中卯初一
十小	癸	昴	朔日辛未井	八日立冬巳正二	廿三中申初三	
十一大	甲	畢	朔日庚子鬼	九日十一節戌正四	廿五中丑正初	
十二小	乙	觜	朔日庚午星	十日十二節辰初一	廿二土用午初二	廿五中午正二

六月十五日月食皆既戌時 亥子
十二月十六日月食四分戌亥時

二 四 八 十［一］
十日 十一 廿七 十三 廿九

甲戌 元禄七 宿 角

随 七五三 正十九 震下 兌上
蠱 十十三 四六八 巽下 艮上
納音 火 姓 山頭

月	干	宿	朔			
正大 寅月	丙	参	朔日己亥張	十二立春酉初三	廿六中子初一	
二大	丁	井	朔日己巳軫	十二二節寅正一	廿七中巳初二	
三小	戊	鬼	朔日己亥亢	十二三節未正三	廿四土用戌初〻	廿七中戌正初
四大	己	柳	朔日戊辰氐	十四立夏丑初一	廿九中卯正二	
五大	庚	星	朔日戊戌心	十四五節午初三	廿九中酉初〻	
閏			朔戊辰箕	十四六節亥正一	廿七土用丑正二	
六大	辛	張	朔日丁酉斗	同日中寅初	十八立秋辰正三	
七小	壬	翼	朔日丁卯女	同日中未正初	十六八節戌初一	
八大	癸	軫	朔日丙申虚	三日中子正三	十八九節卯初三	廿日土用巳初四
九小	甲	角	朔日丙寅室	三日中午初〻	十八立冬申正一	
十大	乙	亢	朔日乙未壁	四日中亥初二	廿二十一節丑正三	
十一小	丙	氐	朔日乙丑婁	五日中辰正初	廿日十二節未初一	
十二大	丁	房	朔日甲午胃	三日土用酉初三	六日中酉正四	廿一立春子初三

新撰古暦 貞享 ○二十

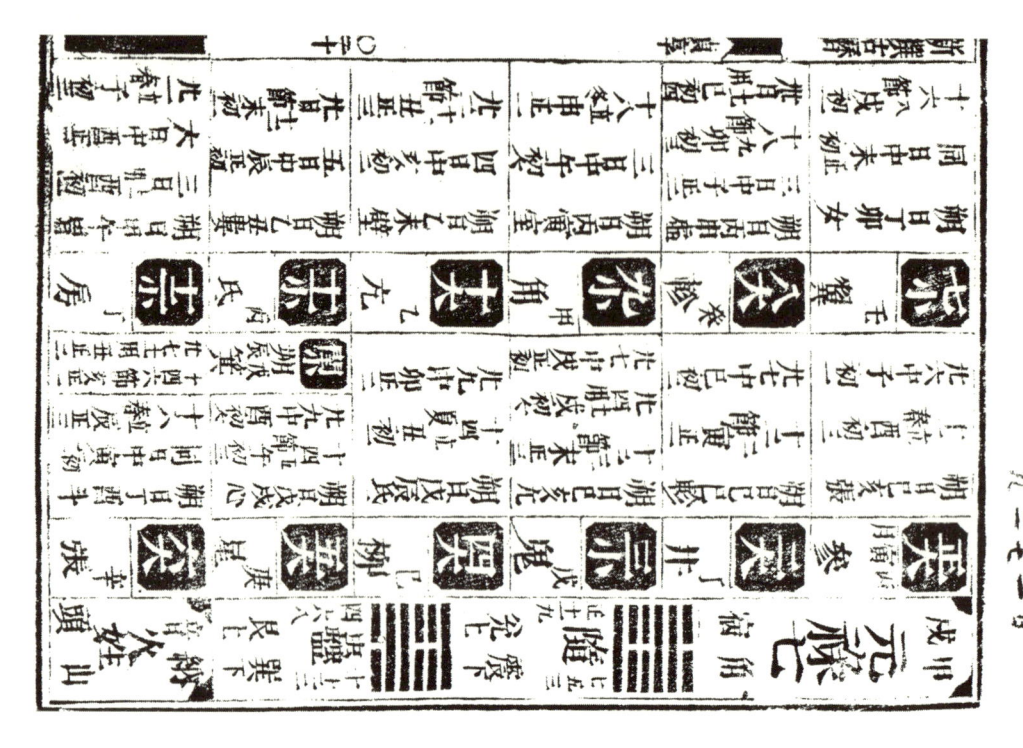

正　三　四　八　十二
十六　十七　三日　十九　十六

乙亥 元祿八 亢宿

臨 九七五 兌下 三正十一 坤上
觀 八十十二 坤下 四六 巽上

納音 火姓 山頭

正大 戊寅月 心
朔日癸亥昴
八日中寅正四
廿三二節巳正初

二小 己 尾
朔日癸巳觜
八日中申初
廿三三節戌正三

三大 庚 箕
朔日壬戌參
七日七用子正三
十日中丑初三
廿五立夏辰初六

四小 辛 斗
朔日壬辰鬼
十日中午正一
廿五節五酉初三

五大 壬 牛
朔日壬戌星
十日中亥正三
廿六節六寅初正

六小 癸 女
朔日辛卯張
九日七用辰正一
十二中巳初一
廿七立秋未正三

七大 甲 虛
朔日辛酉軫
十二中戌初三
廿八節八丑初初

八小 乙 危
朔日庚寅角
十四日中卯正
廿九節九午初三

九大 丙 室
朔日庚申氐
十一用七中初三
十四中申正三
廿九立冬亥正初

十小 丁 壁
朔日庚寅心
十五中寅初三

十一大 戊 奎
朔日己未尾
同日十一節戌正二
十六中未初三

十二大 己 婁
朔日己丑斗
同日十二節戌初六
十三上用子初一
十七中子正一

四月十六日月食四分半酉戌亥時

十月十四日月食五分半丑寅卯時

正　三　四　八　十二
十一　十二　九　九　十五

丙子 元祿九 氐宿

噬嗑 十九七 震下 五三正 離上
賁 六八十 離下 十二四 艮上

納音 水姓 澗下

正大 庚寅月 胃
朔日戊午牛
三日立春卯初三
十八中巳正三

二小 辛 昴
朔日戊子虛
三日節二申正初
十八中亥初三

三小 壬 畢
朔日丁巳危
五日節三丑正三
十七用七卯正三
廿日中辰初三

四大 癸 觜
朔日丙戌室
六日立夏午正四
廿一中酉正初

五小 甲 參
朔日丙辰奎
六日節五子初一
廿二中寅正三

六大 乙 井
朔日乙酉婁
八日節六巳初三
廿日用七未正初
廿三中申初初

七小 丙 鬼
朔日乙卯昴
八日立秋戌正一
廿四中丑初二

八大 丁 柳
朔日甲申畢
十日節八卯正
廿五中午正初

九大 戊 星
朔日甲寅參
十日節九酉初一
廿二用七亥初二
廿五中亥正三

十大 己 張
朔日甲申鬼
十一日立冬寅初三
廿六中巳初六

十一小 庚 翼
朔日甲寅星
十一日節十一未正一
廿六中戌初二

十二大 辛 軫
朔日癸未張
十二日節子正三
廿五用七卯初初
廿八中卯正初

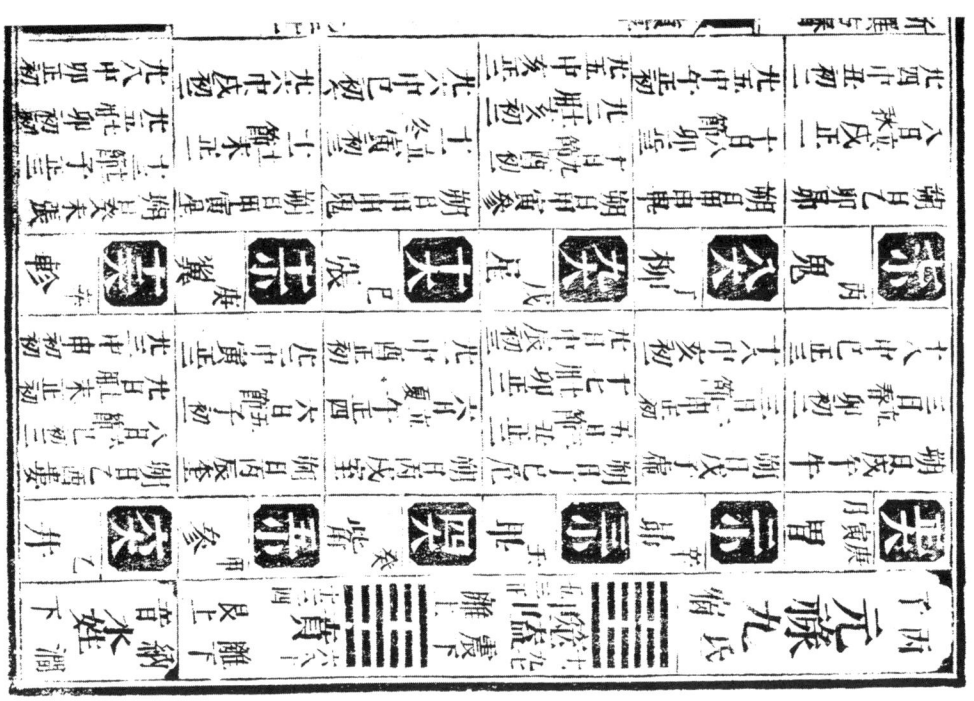

正 二日　三 廿三日　五 廿九一日　八 七日　十 九五日　十二 廿四日

丁丑 元祿十 房宿

剝 正七九 廿五三 坤下 艮上
復 四六八 震下 坤上
納音 澗下水

月	干	宿				
正大	壬寅	角	朔日癸丑軫	十三立春午初	廿八中申正三	
二大	癸	亢	朔日壬午角	十四二節亥初三	卅日中寅初	
閏二小			朔壬子氐	十五三節辰正一	廿七土用午正三	
三小	甲	氐	朔日辛巳房	同日中未初二	十六立夏酉正三	
四大	乙	房	朔日庚戌心	二日中子正初	十八五節卯初一	
五小	丙	心	朔日庚辰箕	三日中巳正二	十八六節申初三	
六大	丁	尾	朔日己酉斗	同日土用戌初三	四日中戌正四	廿日立秋丑正初
七小	戊	箕	朔日己卯女	五日中辰初一	廿日八節午正三	
八大	己	斗	朔日戊申虛	六日中酉初三	廿一九節子初初	
九大	庚	牛	朔日戊寅室	四日土用寅初二	七日中寅正一	廿二立冬巳初二
十小	辛	女	朔日戊申奎	七日中未正三	廿二十節戌正初	
十一大	壬	虛	朔日丁丑婁	九日中丑初一	廿四十一節卯正三	
十二大	癸	危	朔日丁未昴	六日土用巳正三	九日中午初三	廿四立春酉初六

三月朔日日食四分巳午時

九月十五日月食六分寅卯時

戊寅 元祿十一 心宿

无妄 三正十 九七五 震下 乾上
大畜 四六八 乾下 艮上
納音 城頭土

月	干	宿				
正小	甲寅	室	朔日丁丑角	九日中亥正一	廿五正節寅初二	
二大	乙	壁	朔日丙午參	十一中辰正三	廿六三節未正初	
三小	丙	奎	朔日丙子鬼	八日土用酉正一	十一中戌初一	廿七立夏子正二
四小	丁	婁	朔日乙巳柳	十三中卯初三	廿八五節午初六	
五大	戊	胃	朔日甲戌星	十四中申正二	廿九六節亥初二	
六小	己	昴	朔日甲辰翼	十二土用丑初三	十五中亥正二	
七小	庚	畢	朔日癸酉軫	同日立秋辰正初	十六中未初一	
八大	辛	觜	朔日壬寅角	二日八節酉正二	十七中子初二	
九大	壬	參	朔日壬申氐	三日九節卯初六	十五土用巳初六	十八中巳正一
十小	癸	井	朔日壬寅心	三日立冬申初二	十八中戌正三	
十一大	甲	鬼	朔日辛未尾	五日十一節丑初四	二十日中辰初六	
十二大	乙	柳	朔日辛丑斗	五日十二節午正六	十七土用申正五	廿日中酉初二

正八日　三九日　五六　八十二　十一十三　十九　十二 廿日

元祿十二 己卯

閏酉 毛

頤 五三正 十九七 震下艮上

大過 十二四 六八十 巽下兌上

納音 土 姓 城頭

正大 丙 寅月 星　朔日辛未女　五日立春亥正三　九一中寅正初

二小 丁 張　朔日辛丑危　六日二節巳初二　九一中未正三

三大 戊 翼　朔日庚午室　七日三節戌初三　九日土用子正初　九三中丑初初

四小 己 軫　朔日庚子奎　八日九夏卯正一　九三中午初三

五大 庚 角　朔日己巳婁　九日五節申正三　九四中亥正初

六小 辛 亢　朔日戊戌胃　十一日六節寅初二　九三土用辰初二　九六中辰正三

七大 壬 氐　朔日戊辰畢　十一日立秋未初三　九六中戌初六

八小 癸 房　朔日丁酉觜　十三日八節子正一　九八中卯初三

九大 甲 心　朔日丙寅參　十四日九節午初六　九六土用申初一　九九中申正一

閏　朔日丙申鬼　十四冬立亥初一

十大 乙 尾　朔日乙丑柳　同日中丑正三　十六日二節辰正初

十一小 丙 箕　朔日乙未張　同日中未初六　十六土節酉正一　九八土用亥正一

十二大 丁 斗　朔日乙丑軫　同日中子初三　十七立春寅正三

二月十四日月食六分寅卯時

八月十六日月食七分午酉戌時

正月十五日月食皆既酉時 帯

七月十五日月食皆既戌亥子時

二十四　五十二日　七十七　九十九　十五日　十二六日

元祿十三 庚辰

箕八 宿

坎 七五三 正十九 坎下坎上

離 十二 四六八 離下離上

納音 金 姓 白鑞

正大 甲 寅月 牛　朔日乙未亢　二日中巳初四　十七二節申初初

二小 乙 女　朔日乙丑房　二日中戌正二　十八三節丑初三

三大 庚 虛　朔日甲午心　同日土用卯初二　四日中卯正三　十九夏立午正初

四小 辛 危　朔日甲子箕　四日中酉初一　十九五節亥正二

五大 壬 室　朔日癸巳斗　六日中寅初三　九一六節巳初六

六小 癸 壁　朔日壬戌牛　四日土用未初一　七日中未正一　九二秋立戌初二

七大 甲 奎　朔日壬辰虛　八日中子正三　九三八節卯正初

八小 乙 婁　朔日辛酉危　九日中午初二　九四九節申正三

九大 丙 胃　朔日庚寅室　七日土用戌正三　十日中亥初三　九六冬立寅初六

十小 丁 昴　朔日庚申奎　十一中辰正一　九六十一節未初二

十一大 戊 畢　朔日己丑婁　十二中酉正三　九八十二節子正初

十二大 己 觜　朔日己未昴　十日土用寅正一　十三中卯初一　九八春立巳正二

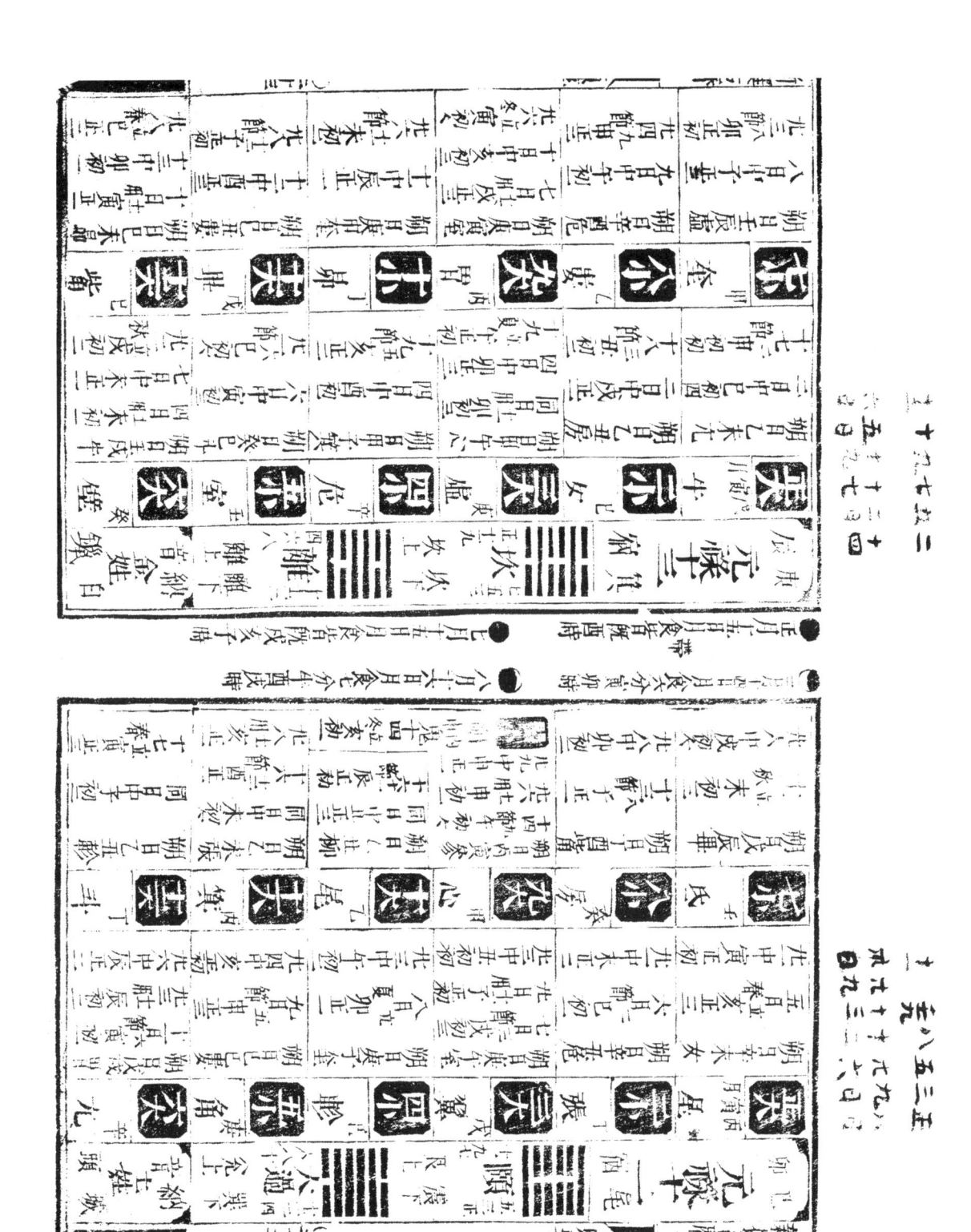

二 九日
五 八日
七 九三
九 廿四
十 十一
十二 十二

元禄十四 辛巳 宿 斗

咸 九五 艮下 兌上 三正土
恒 八十土 巽下 震上 四六
納音 白鑞金

正月朔日日食八分卯辰時
七月十五日月食五分戌亥子時

正大 月寅 庚 参
朔日己丑觜
十三中申初三
廿八節亥初初

二小 辛 井
朔日己未井
十四中丑正二
廿九節辰初三

三大 壬 鬼
朔日戊子鬼
十二土用午初二
十五中午正三
廿日立夏酉初四

四小 癸 柳
朔日戊午星
十五中子初六

五大 甲 星
朔日丁亥張
三日節寅正一
十七中巳初二

六小 乙 張
朔日丁巳軫
二日六節未正三
十四土用戌初六
十七中戌正初

七大 丙 翼
朔日丙戌角
四日立秋丑初一
十九中卯正二

八小 丁 軫
朔日丙辰氐
四日八節午初三
十九中酉初六

九小 戊 角
朔日乙酉房
五日九節亥正一
十八土用丑初二
廿一中寅初二

十大 己 亢
朔日甲寅心
七日立冬辰正三
廿二中未正初

十一小 庚 氐
朔日甲申箕
七日十一節戌初一
廿三中子正三

十二大 辛 房
朔日癸丑斗
九日十二節卯初三
廿一土用巳正初
廿四中午初六

二 廿六
五 廿三
七 廿八
十 廿九
十一 廿九

元禄十五 壬午 宿 牛

遯 十九 艮下 乾上 五三正
大壮 六八十 乾下 震上 十二四
納音 楊柳木

七月朔日日帯食所見五分半卯時
十一月十六日月帯食所見七分酉時

正大 月寅 壬 心
朔日癸未女
九日立春申正一
廿四中亥初三

二小 癸 尾
朔日癸丑危
十日二節丑正三
廿五中辰正初

三大 甲 箕
朔日壬午室
十一日三節未初二
廿三土用酉初二
廿六中酉正二

四小 乙 斗
朔日壬子奎
十二日立夏子初三
廿七中卯初六

五大 丙 牛
朔日壬午胃
十三日五節巳正一
廿七中申初三

六小 丁 女
朔日辛亥昴
十三日六節戌正三
廿六土用子正三
廿九中丑初四

七小 戊 虚
朔日辛巳觜
十四立秋辰初初
廿九中午正一

八小 己 危
朔日庚戌参
十五八節酉初三
廿日中亥正四

小閏 閏朔庚辰鬼
十六九節寅正初
廿八土用辰正一

九小 庚 室
朔日己酉柳
二日中巳初一
十七立冬未正三

十大 辛 壁
朔日戊寅星
三日中戌初三
十九十一節丑初六

十一小 壬 奎
朔日戊申翼
四日中卯正一
十九十二節午初

十二大 癸 婁
朔日丁丑軫
二日土用申初三
五日中申正三
廿日立春亥正初

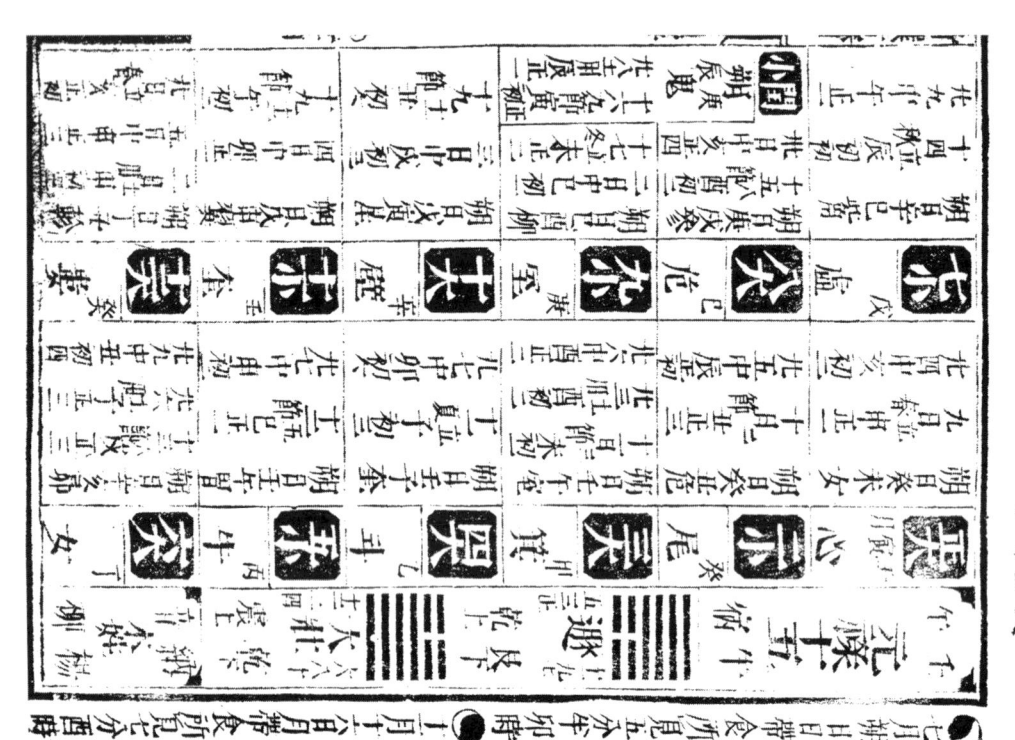

元禄十六 癸未 女宿

卦：晋（坤下離上）、明夷（離下坤上）

納音 木　姓 楊柳

月	干	宿				
正大	甲	胃	朔日丁未亢	六日中寅初二	廿二節辰正二	
二小	乙	昴	朔日丁丑房	六日中未初三	廿二節戌初	
三大	丙	畢	朔日丙午心	四日土用子初	八日中子正一	廿三立夏卯初二
四小	丁	觜	朔日丙子箕	八日中巳正三	廿三節申正初	
五大	戊	参	朔日乙巳斗	九日中亥初一	廿五節丑正三	
六大	己	井	朔日乙亥女	七日土用卯正三	十日中辰初三	廿五立秋未初
七小	庚	鬼	朔日乙巳危	十日中酉正一	廿五節子初二	
八大	辛	柳	朔日甲戌奎	十二中寅正三	廿七節巳正初	
九小	壬	星	朔日甲辰奎	九日土用未正初	十二中申初	廿七立春戌正二
十大	癸	張	朔日癸酉婁	十四中丑初三	廿九節卯正四	
十一小	甲	翼	朔日癸卯昴	十四中午正初	廿九節酉初二	
十二小	乙	軫	朔日壬申畢	十一土用亥初二	十五中亥正二	

…月…日月帯食…見八分半酉時

宝永元 甲申 虚宿

卦：家人（離下巽上）、睽（兌下離上）

納音 水　姓 井泉

月	干	宿				
正大	丙	角	朔日辛丑觜	二日立春寅初三	十七中巳初初	
二小	丁	亢	朔日辛未井	二日節未正一	十七中戌初三	
三大	戊	氐	朔日庚子鬼	四日節子正三	十六土用卯初初	十九中卯正初
四小	己	房	朔日庚午星	四日立夏午初一	十九中申正二	
五大	庚	心	朔日己亥張	五日節亥初三	廿一中寅初	
六大	辛	尾	朔日己巳軫	六日節辰正一	十八土用午正二	廿一中未初一
七小	壬	箕	朔日己亥亢	六日立秋酉正三	廿一中子正初	
八大	癸	斗	朔日戊辰氐	八日節卯初一	廿三中巳正三	
九大	甲	牛	朔日戊戌心	八日節申初二	九日土用戌四	廿三中亥初初
十小	乙	女	朔日戊辰箕	九日立冬丑正一	廿四中辰初二	
十一大	丙	虚	朔日丁酉斗	十日節午正三	廿五中酉正初	
十二小	丁	危	朔日丁卯女	十一日節子初一	廿三土用寅初	廿六中寅正

十二月十六日月食九分丑寅時

十一月朔日日食八分半申酉時

十五日月食六分酉時

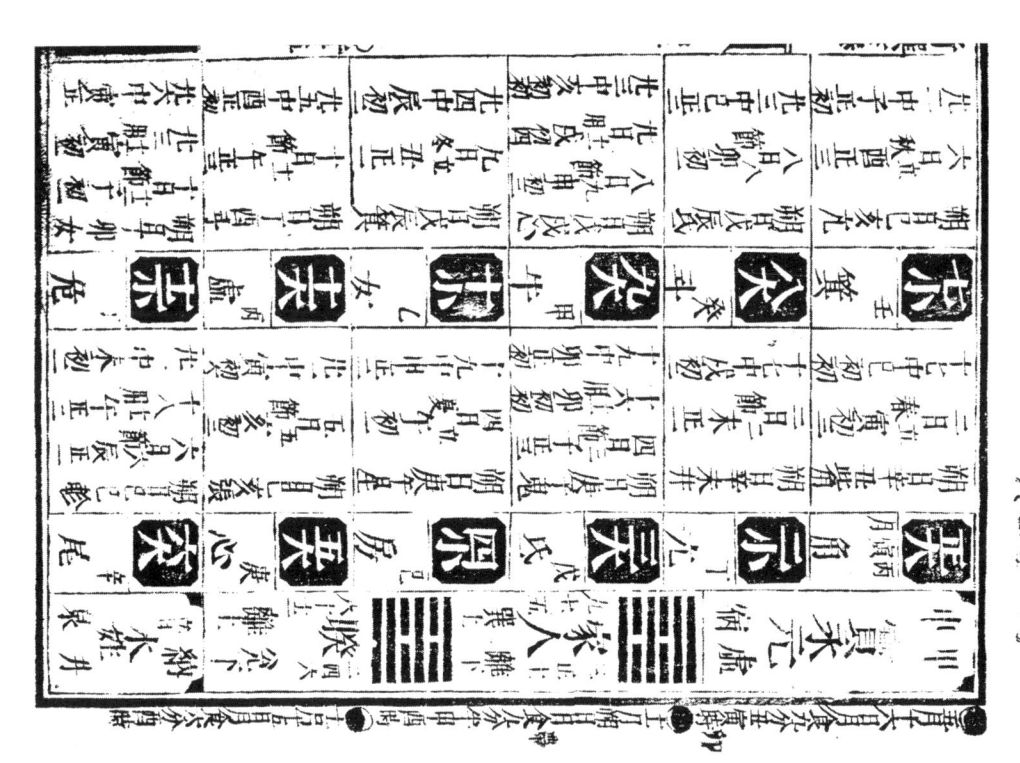

二十三 盂一日 八十七 十一四日

乙酉 寶永二 危宿

蹇 五三正 十九七 艮下 坎上

解 三三四 六八十 坎下 震上

納音 水 姓 井泉

月	朔	節・中		
一大 戊寅月 室	朔日丙申虚	十二日立春巳初三	廿七日中未正四	
二小 己 壁	朔日丙寅室	十二日節戌正初	廿八日中丑初一	
三小 庚 奎	朔日乙未壁	十四日節卯正三	廿九日中巳正三	
四大 辛 婁	朔日甲子奎	十五日立夏酉初初	廿日中亥正一	
閏小	朔日甲午胃	十六日節寅初一		
五大 壬 胃	朔日癸亥昴	二日中辰正三	十七日節未正初	廿九日土用酉正一
六小 癸 昴	朔日癸巳觜	二日中戌初一	十八日立秋子正二	
七大 甲 畢	朔日壬戌参	四日中卯初三	十九日節午初初	
八小 乙 觜	朔日壬辰鬼	四日中申正一	十九日節亥初一	
九小 丙 参	朔日壬戌星	二日土用丑初三	五日中丑正三	廿日立冬辰正初
十大 丁 井	朔日辛卯張	六日中未初	廿一日節酉正二	
十一大 戊 鬼	朔日辛酉軫	六日中子初三	廿一日節卯初三	
十二小 己 柳	朔日辛卯亢	四日土用巳初二	七日中巳正三	廿二日立春申初一

五十九 三廿日 四七日 八廿三 十二十五

九月十五日月食六分寅卯時

丙戌 寶永三 室宿

損 七五三 正十九 兌下 艮上

益 十三三 四八八 震下 巽上

納音 土 姓 屋上

月	朔	節・中		
一大 庚寅月 星	朔日庚申氐	八日中戌正三	廿四日節丑正初	
二小 辛 張	朔日庚寅心	九日中辰初	廿四日節午正三	
三小 壬 翼	朔日己未尾	七日土用申正一	十日中酉初三	廿五日立夏亥正四
四大 癸 軫	朔日戊子箕	十二日中寅正初	廿七日節巳初一	
五小 甲 角	朔日戊午牛	十二日中未正三	廿七日節戌初三	
六小 乙 亢	朔日丁亥女	十一日土用子正初	十四日中丑初初	廿九日立秋卯正一
七大 丙 氐	朔日丙辰虚	十五日中午初二	卅日八月節申正三	
八大 丁 房	朔日丙戌室	十五日中亥正初		
九小 戊 心	朔日丙辰奎	同日九月節寅初一	十三日土用辰初一	十六日中辰正二
十大 己 尾	朔日乙酉婁	二日立冬未初三	十七日中戌初初	
十一大 庚 箕	朔日乙卯昴	三日節子正一	十八日中卯初二	
十二大 辛 斗	朔日乙酉觜	三日節巳正三	十五日土用申初初	十八日中申正初

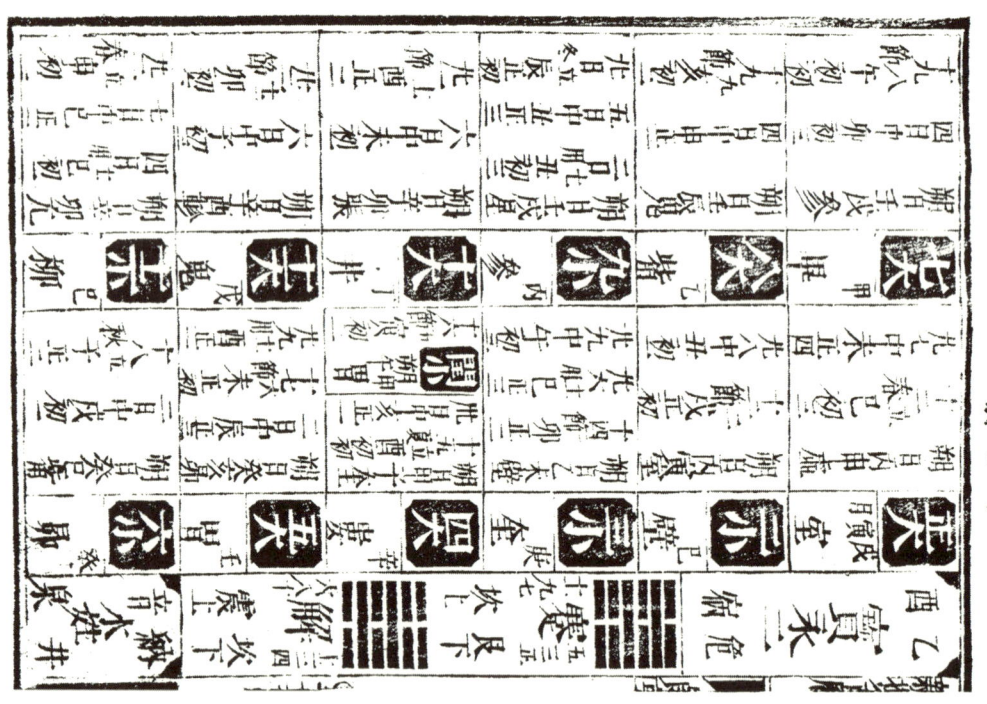

正 九四　三 廿九　四 十二　八 廿九　十一 十六

丁亥 寶永四 宿壁
大壯 九七五 三五十 乾下 兌上
姤 八十五 二四八 巽下 乾上
納音 土 姓 屋上

正大 壬寅月 牛　朔日乙卯井　三日立春亥初一　十九中丑正二
二大 癸 女　朔日甲申鬼　五日節辰初三　廿日中未初八
三小 甲 虚　朔日甲寅星　五日節酉正一　十七用土亥正三　廿日中子初
四小 乙 危　朔日癸未張　七日立夏寅正三　廿二中巳正初
五大 丙 室　朔日壬子翼　八日節申初三　廿三中戌正二
六小 丁 壁　朔日壬午角　九日節丑初三　廿一用土卯初三　廿四中卯正四
七小 戊 奎　朔日辛亥亢　十日立秋午正初　廿五中酉初一
八大 己 婁　朔日庚辰氐　十一節亥正二　廿七中寅初三
九小 庚 胃　朔日庚戌心　十二節巳初初　廿四用土未初二　廿七中未正一
十大 辛 昴　朔日己卯尾　十三日立冬戌初二　廿九中子正三
十一大 壬 畢　朔日己酉斗　十四節卯正初　廿九中午初三
十二大 癸 觜　朔日己卯女　十四節申正二　廿六用土戌正三　廿九中亥初三

九月十八日月食皆既酉戌亥時

正 卅日　三 一日　十七　八 九日　十 廿二　十二 廿五

戊子 寶永五 宿奎
萃 上九七 五三 坤下 兌上
升 六八十 十三四 巽下 坤上
納音 火 姓 霹靂

正大 甲寅月 參　朔日己酉危　十五立春寅初初　廿日中辰正一
閏小 朔日己卯槿　十五節未初一
二大 乙 井　朔日戊申奎　同日中酉正三　十七節子正初　廿九用土寅正二
三小 丙 鬼　朔日戊寅胃　二日中卯初　十七立夏巳正三
四大 丁 柳　朔日丁未昴　三日中申初三　十八節亥初初
五大 戊 星　朔日丙子畢　五日中丑正一　廿日節辰初一
六小 己 張　朔日丙午參　二日用土午初三　五日中午正三　廿日立秋酉正初
七小 庚 翼　朔日乙亥井　六日中子初　廿二節寅正二
八大 辛 軫　朔日甲辰鬼　八日中巳初三　廿三節未正四
九小 壬 角　朔日甲戌星　五日用土戌初六　八日中戌正一　廿四立冬丑初二
十大 癸 亢　朔日癸卯張　十日中卯正三　廿五節午初四
十一大 甲 氐　朔日癸酉軫　十日中酉初　廿五節亥正一
十二大 乙 房　朔日癸卯亢　八日用土丑正二　十一日中寅初三　廿六立春辰正三

三月朔日日食六分申酉時 帶
八月十六日月食皆既寅卯時 帶

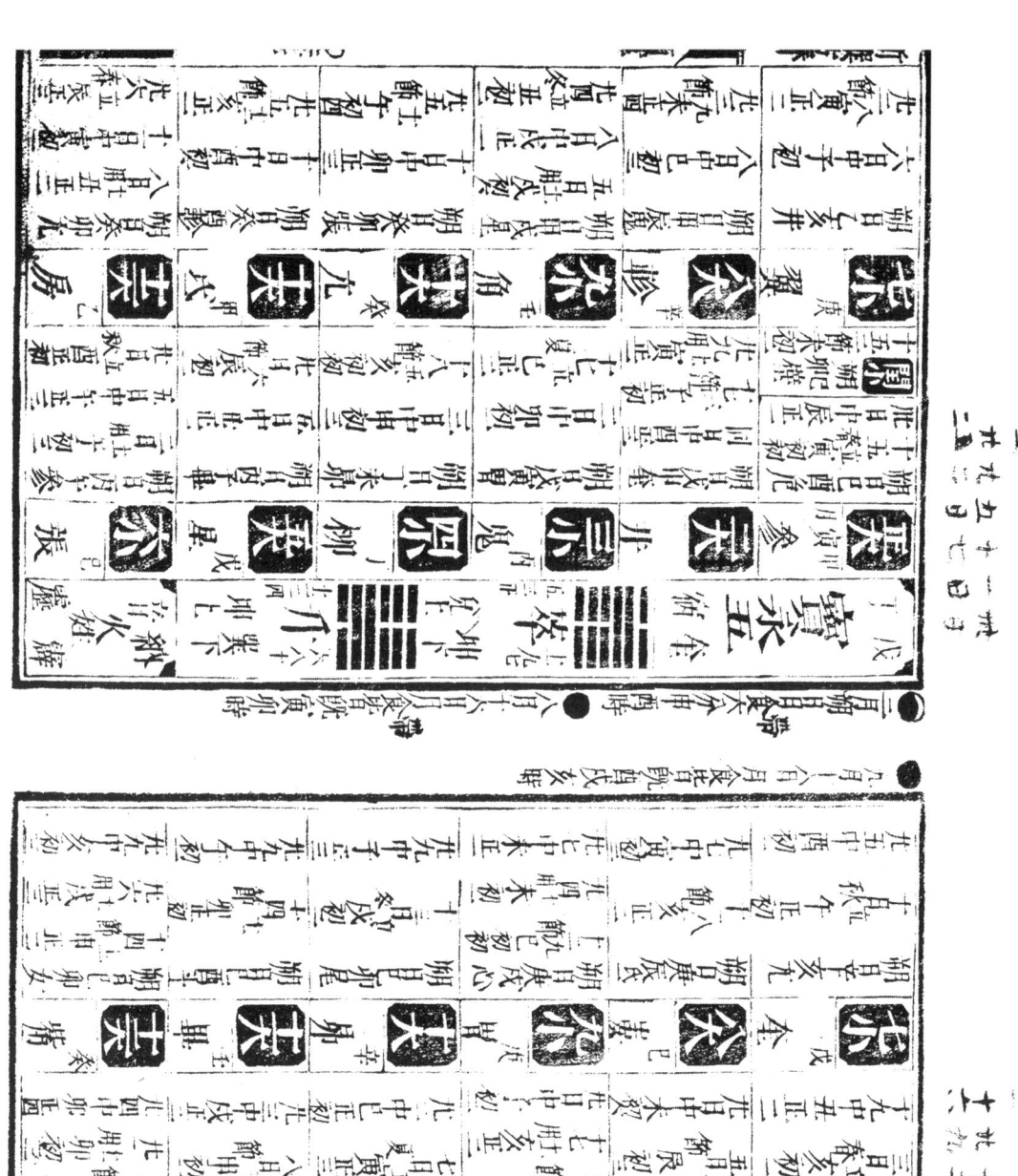

正六日 三七日 九廿四 八十日 十廿七 十二廿八

己丑 寶永六 宿 婁

困 正十九 七五三 坎下 兌上

井 四六八 十十二 巽下 坎上

納音 火 姓 霹靂

正小 丙寅月 心
朔日癸酉房
十一日中未正初
廿六日節戌初二

二大 丁 尾
朔日壬寅心
十三日中子正三
廿八日節卯初三

三大 戊 箕
朔日壬申箕
十日土用巳正初
十三日中午初初
廿八日立夏申正一

四小 己 斗
朔日壬寅牛
十三日中亥初二
廿九日節丑正三

五小 庚 牛
朔日辛未女
十五日中辰正初

六大 辛 女
朔日庚子虚
同日節未初
十三日土用酉初二
十六日中酉正三

七小 壬 虚
朔日庚午室
同日立秋子初三
十七日中卯初初

八小 癸 危
朔日己亥壁
三日節巳正一
十八日中申初二

九大 甲 室
朔日戊辰奎
四日節戌正三
十七日土用子正四
廿日中丑正初

十小 乙 壁
朔日戊戌胃
五日立冬辰初三
廿日中午正三

十一大 丙 奎
朔日丁卯昴
六日節酉初三
廿一日中子初四

十二大 丁 婁
朔日丁酉觜
七日節寅正一
十九日土用辰正二
廿二日中巳初二

正十二 三十三 五廿四 八十五 十三日 十二四日 十二十八

庚寅 寶永七 宿 胃

革 三正十二 九七五 離下 兌上

鼎 二四六 八十十二 巽下 離上

納音 木 姓 松柏

七月十五日月食四分酉戌時

十二月十六日月食八分半亥子時

正小 戊寅月 胃
朔日丁卯井
七日立春未正三
廿二日中戌初四

二大 己 昴
朔日丙申鬼
九日節丑初初
廿四日中卯正一

三大 庚 畢
朔日丙寅星
九日節午初二
廿一日土用申初三
廿四日中申正三

四小 辛 觜
朔日丙申翼
九日立夏亥正初
廿五日中寅初一

五大 壬 参
朔日乙丑軫
十一日節辰正三
廿六日中未初三

六小 癸 井
朔日乙未亢
十二日節戌初初
廿三日土用子初一
廿七日中子正一

七大 甲 鬼
朔日甲子氐
十三日立秋卯初一
廿八日中巳正三

八小 乙 柳
朔日甲午心
十三日節申正初
廿八日中亥初一

閏八小
朔癸亥尾
十五日節丑正二
廿七日土用卯正三

九大 丙 星
朔日壬辰箕
同日中辰初三
十八日立冬未初

十小 丁 張
朔日壬戌牛
同日中酉正一
十六日節子初二

十一大 戊 翼
朔日辛卯女
三日中寅正三
十八日節巳正初
廿七日土用未正二

十二小 己 軫
朔日辛酉危
三日中申初
十八日立春戌正三

新撰万歳

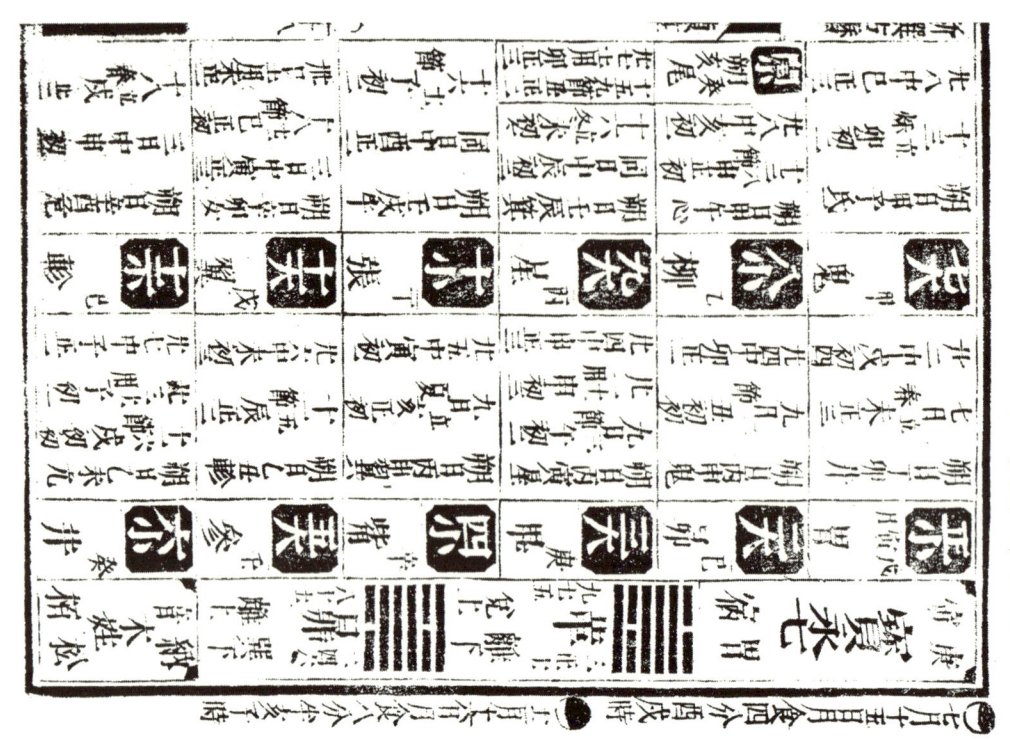

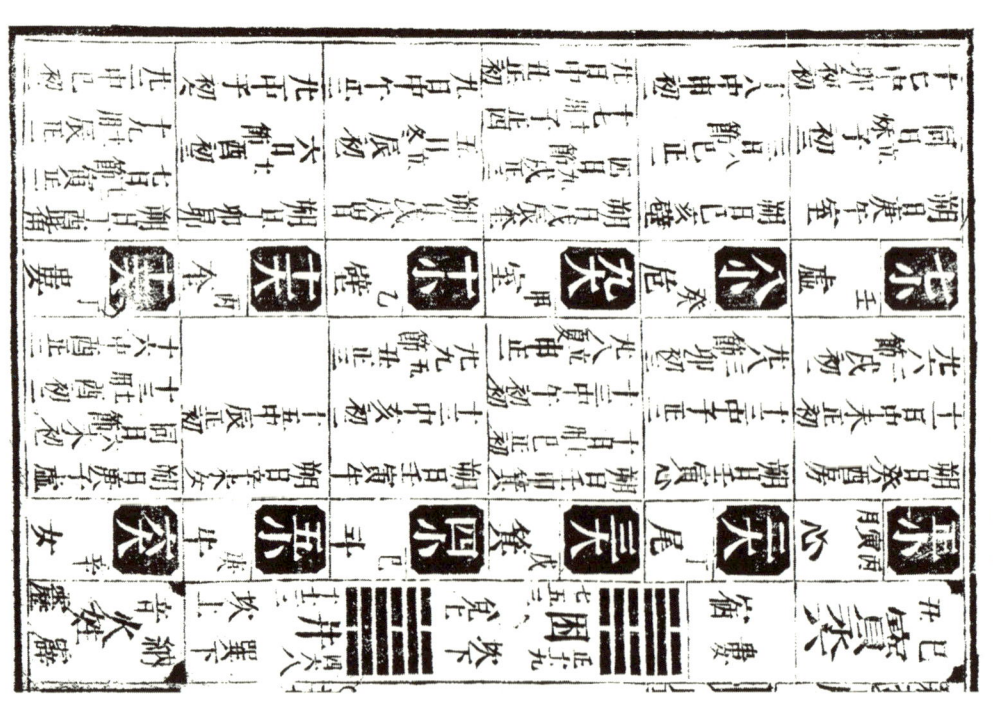

二 五 七 九 十 十二
十九 六日 廿一 廿二 九日 十日

辛卯
正德元
納音 松柏木

震　震下震上　五三正 十九七
艮　艮下艮上　七三四 六八十

正月大 庚寅　角
朔日庚寅室
五日中丑正三
廿日節 辰初初

二月大 辛　亢
朔日庚申全
五日中午正一
廿日節 酉初二

三月小 壬　氐
朔日庚寅胃
二日用 亥初二
五日中亥正三
廿一日夏 寅初四

四月大 癸　房
朔日己未昴
七日中巳初八
廿二日節 未正一

五月大 甲　心
朔日己丑觜
七日中戌初三
廿三日節 子正三

六月小 乙　尾
朔日己未井
五日用 卯初八
八日中卯正初
廿三日炼 午初二

七月大 丙　箕
朔日戊子鬼
九日中申正二
廿四日節 亥初三

八月小 丁　斗
朔日戊午星
十日中寅初初
廿五日節 辰正一

九月小 戊　牛
朔日丁亥張
八日用 午正二
十一中未初二
廿六日冬 酉正三

十月大 己　女
朔日丙辰翼
十三中子正初
廿八日節 卯初一

十一月小 庚　虚
朔日丙戌角
十三中巳正三
廿八日節 申初三

十二月大 辛　危
朔日乙卯亢
十一日用 戌初四
十四中亥初初
廿九日森 丑正一

六月十四日月食皆既子丑寅時

二 五 七 九 十 十二
廿五 十二 廿七 廿七 十四 十五

壬辰
正德二
納音 長流水

漸　艮下巽上　七五三 正十九
歸妹　兌下震上　上二 四六八

正月小 壬寅　室
朔日乙酉房
十五中辰初二

二月大 癸　壁
朔日甲寅心
同日節 午正三
十六中酉正初

三月大 甲　奎
朔日甲申箕
同日節 子初一
十四日用 寅初一
十七中寅正二

四月小 乙　婁
朔日甲寅斗
二日夏 巳初三
十七中申初初

五月大 丙　胃
朔日癸未女
三日節 戌正一
十九中丑初二

六月小 丁　昴
朔日癸丑危
四日節 卯正三
十六日用 巳正三
廿一中午初四

七月大 戊　畢
朔日壬午室
五日炼 酉初初
廿日中亥正一

八月大 己　觜
朔日壬子奎
六日節 寅初二
廿一中辰正三

九月小 庚　参
朔日壬午胃
六日節 未正初
十八日用 酉正一
廿一中戌初二

十月大 辛　井
朔日辛亥昴
八日冬 子正三
廿三中卯初三

十一月小 壬　鬼
朔日辛巳觜
八日節 午初二
廿三中申正二

十二月大 癸　柳
朔日庚戌参
九日節 亥初二
廿二用 丑初三
廿五中丑正三

新撰古曆便覧

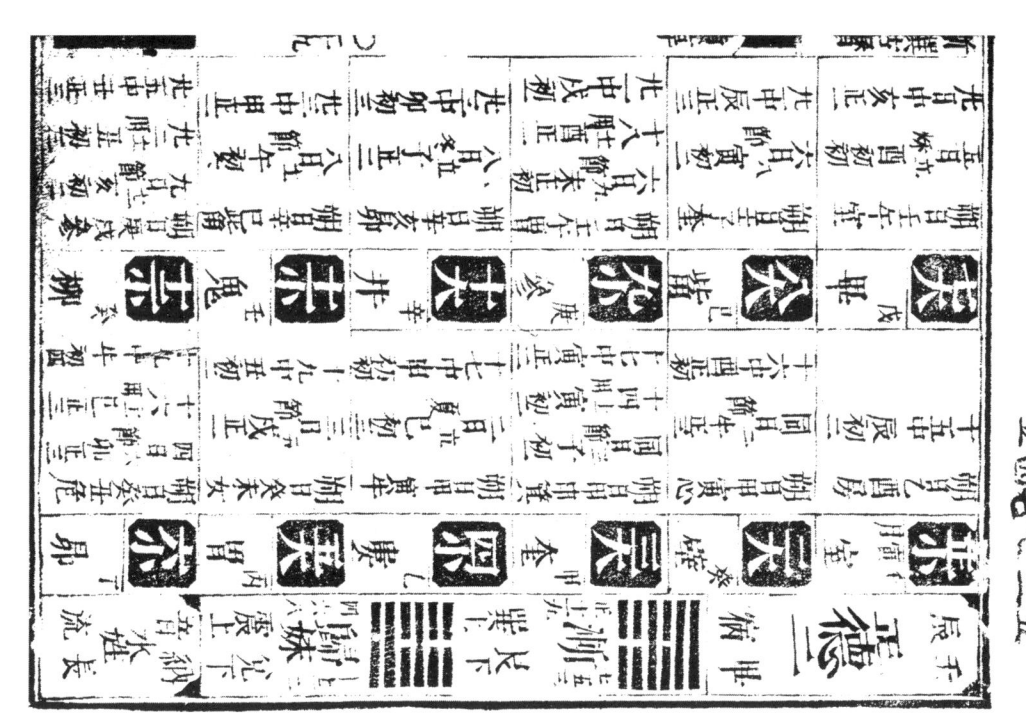

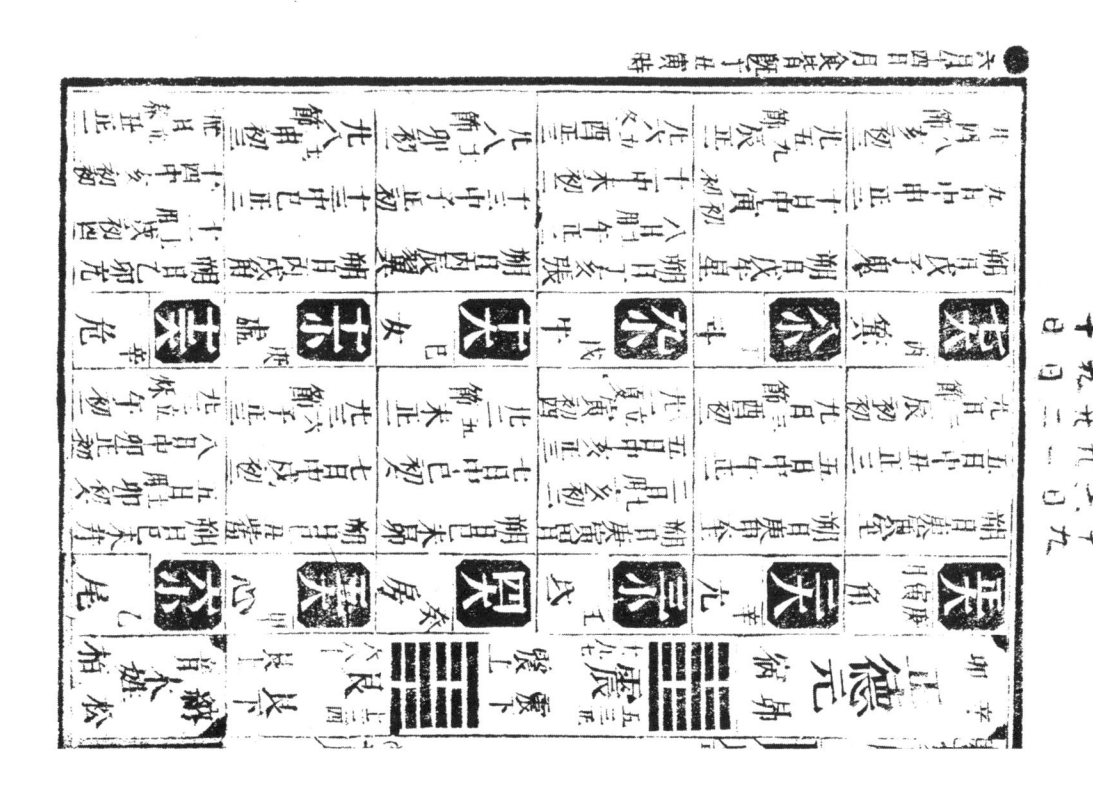

三 一日
五 十八
七 三日
九 四日
同 廿日
十一 九日

五月十六日月食九分丑寅卯時

癸巳 正徳三 宿 觜

䷶ 豐 九七五 離下 三正十 震上

䷷ 旅 八十三 艮下 四六 離上

納音 水姓 長流

正月大 甲寅 星　朔日己卯井　十一 立春辰正初　廿六中未初一

二月小 乙卯 張　朔日己酉柳　十二節酉正三　廿六中子初三

三月大 丙辰 翼　朔日戊寅星　十三節卯初初　廿五土用巳初一　廿八中巳正一

四月小 丁巳 軫　朔日戊申翼　十三立夏申初二　廿八中戌正三

五月大 戊午 角　朔日丁丑軫　十五節丑正一　廿日中辰初一　閏月 朔丁未亢

六月大 己未 亢　朔日丙子氐　同日中酉初三　十六 立秋子初六　十一節午正三　廿七土用申正三

七月大 庚申 氐　朔日丙午心　二日中寅正一　十七節巳初二

八月小 辛酉 房　朔日丙子箕　二日中未正三　十七節戌初四

九月大 壬戌 心　朔日乙巳斗　同日土用子正初　四日中丑初六　十九立冬卯正一

十月大 癸亥 尾　朔日乙亥女　四日中午初二　十九節申正四

十一月小 甲子 箕　朔日乙巳危　四日中亥正初　廿日節寅初一

十二月大 乙丑 斗　朔日甲戌室　三日土用辰初三　六日中辰正三　廿一立春未初三

二 六日
四 廿三日
七 九日
九 九日
十一 廿六日

十月十五日月食七分戌亥子時

甲午 正徳四 宿 參

䷸ 巽 十九七 巽下 五三正 巽上

䷹ 兌 六八下 兌下 十三四 兌上

納音 金姓 沙中

正月小 丙寅 牛　朔日甲辰奎　六日中戌初初　廿二節子正一

二月小 丁卯 女　朔日癸酉婁　八日中卯初二　廿三節巳正三

三月大 戊辰 虛　朔日壬寅胃　六日土用申初初　九日中申正初　廿四立夏亥初三

四月小 己巳 危　朔日壬申畢　十日中丑正三　廿五節辰初三

五月大 庚午 室　朔日辛丑觜　十一中未初初　廿六節酉正一

六月小 辛未 壁　朔日辛未井　八日土用亥正二　十二中子初二　廿七立秋寅正三

七月大 壬申 奎　朔日庚子鬼　十三中巳正初　廿八節申初一

八月大 癸酉 婁　朔日庚午星　十三中戌正三　廿九節丑初三

九月小 甲戌 胃　朔日庚子翼　十一土用卯初四　十四中辰初六　廿九立冬午正一

十月大 乙亥 昴　朔日己巳軫　十五中酉初一　廿日節亥正三

十一月大 丙子 畢　朔日己亥亢　十六中寅初正

十二月小 丁丑 觜　朔日己巳房　同日十二節巳初二　十二土用未初一　十六中未正三

二 四 七 九 十二
十一 九九 十五 十五 二

乙未　正徳五　井宿

渙　正十九 七五三　坎下 巽上
節　四六八 十二　兌下 坎上
納音　金姓　沙中

正大 戊 月寅　參
朔日戊戌心　二日立春戊初三　十八日中子正四

二小 己　井
朔日戊辰箕　三日節卯正初　十八日中午初

三大 庚　鬼
朔日丁酉斗　四日節申正三　十九日中亥初三

四大 辛　柳
朔日丙寅牛　六日立夏寅初六　廿一日中辰正一

五小 壬　星
朔日丙申虚　六日節未初二　廿一日中酉正三

六小 癸　張
朔日乙丑危　八日節子正初　廿日土用寅正一　廿三中卯初一

七大 甲　翼
朔日甲午室　九日立秋巳正二　廿四中申初三

八小 乙　軫
朔日甲子奎　九日節亥初六　廿五日中丑正一

九大 丙　角
朔日甲午胃　十日節辰初一　廿三土用午初三　廿五中午正三

十大 丁　亢
朔日癸亥昴　十一日立冬酉正初　廿六中子初一

十一大 戊　氐
朔日癸巳觜　十一日節寅正三　廿七中巳初三

十二大 己　房
朔日癸亥井　十一日節申初初　廿四土用戌初一　廿七中戌正一

四月十六日月食五分　午戌亥時

二 四 六 八 十二
十七 五日 廿一 廿一 十一

丙申　享保元　鬼宿

中孚　三正十 九七五　兌下 巽上
小過　二四六 八十上　艮下 震上
納音　火姓　山下

正 庚 月寅　心
朔日癸巳柳　十三立春寅初三　廿八中辰初六

二大 辛　尾
朔日壬戌星　十四節午正一　廿九中酉初二

閏二小　朔日壬辰翼

三小 壬　箕
朔日辛酉軫　同日中寅正初　十六立夏巳初一

四大 癸　斗
朔日庚寅角　二日中未正三　十七五節戌初　十四二節亥正三　廿七土用寅初六

五小 甲　牛
朔日庚申氐　三日中丑初六　十八節卯正一

六大 乙　女
朔日己丑房　同日土用巳正三　四日中午初二　十九立秋申正三

七大 丙　虚
朔日戊午心　五日中亥正初　廿一八節寅初一

八小 丁　危
朔日戊子箕　六日中辰正三　廿一九節未三初

九大 戊　室
朔日丁巳斗　四日土用酉初四　七日中酉正四　廿三立冬子正初

十大 己　壁
朔日丁亥女　八日中卯初一　廿三節巳正三

十一小 庚　奎
朔日丁巳危　八日中申初四　廿三節亥初六

十二大 辛　婁
朔日丁亥[illegible]　六日土用丑初一　九日中丑正一　廿四立春辰初三

新撰古暦　十二

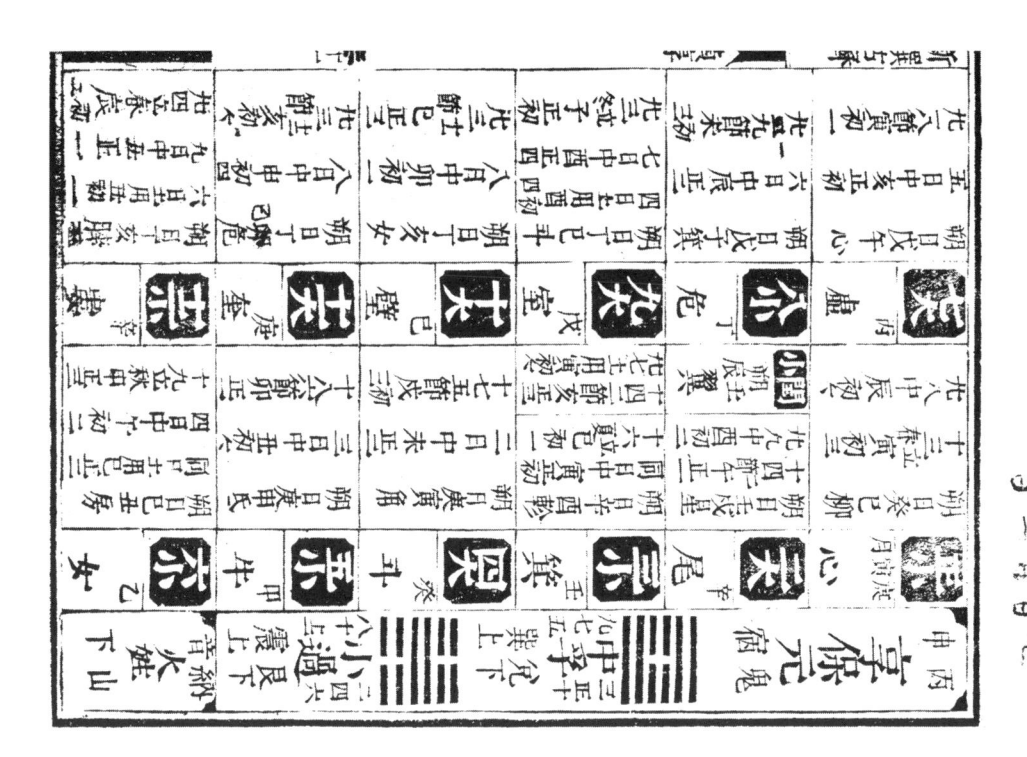

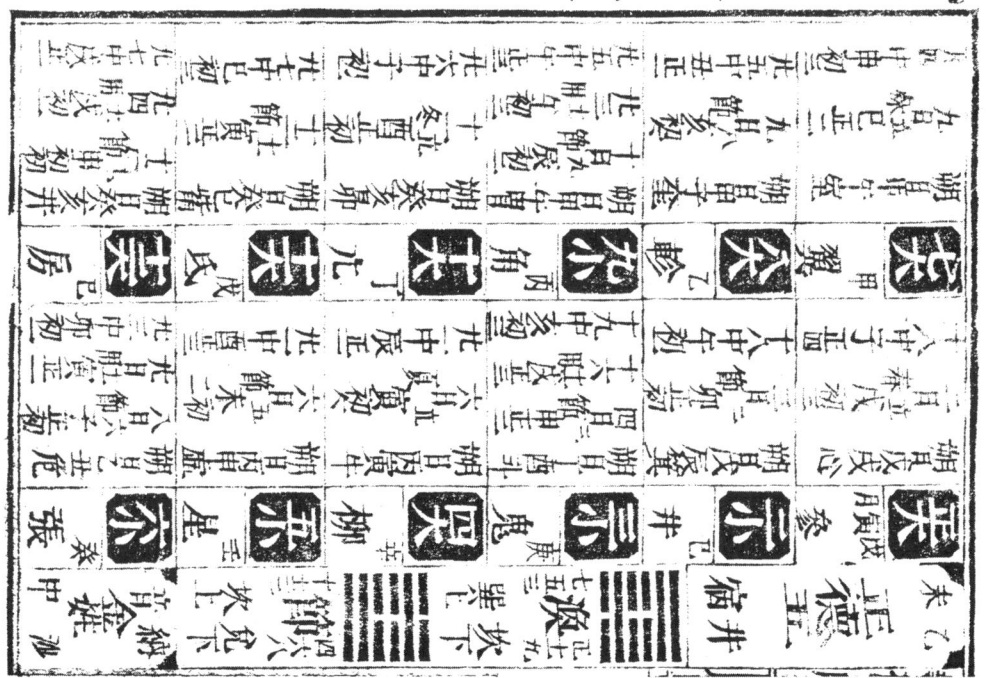

正廿三　三廿三　四十日　八廿七　十一十四

丁酉 享保二 柳宿	既濟 五三正 十九七 離下 坎上	未濟 十三閏 六八十 坎下 離上	納音 火姓 山木

月	宿	朔	中・節		
正大 壬寅月	胃	朔日丙辰奎	十日中午正三	廿五節酉正初	
二大 癸	昴	朔日丙戌胃	十日中子初一	廿六節寅正二	
三小 甲	畢	朔日丙辰畢	八日土用辰正三	十一中巳初三	廿六立夏申初々
四小 乙	觜	朔日乙酉觜	十一中戌正一	廿八節丑初二	
五大 丙	参	朔日甲寅参	十四中卯正	廿九節午初正	
六大 丁	井	朔日甲申鬼	十一土用申正三	十四中酉初一	廿九立秋亥正二
七小 戊	鬼	朔日癸丑柳	十六中寅初三		
八小 己	柳	朔日壬午星	二日八節巳初々	十七中未正三	
九小 庚	星	朔日壬子翼	二日九節戌初二	十四土用子初三	十八中子正三
十大 辛	張	朔日辛巳軫	四日立冬卯正初	十九中午初一	
十一大 壬	翼	朔日辛亥亢	四日十一節申正三	十九中亥初三	
十二小 癸	軫	朔日辛巳房	五日十二節丑正四	十七土用辰初々	廿日中辰正一

八月十六日月食九分半子丑寅之時

二月十五日月食皆既子丑寅時

八月十五日月食皆既丑寅卯時

正廿九　三廿九　四十六　九三日　十二廿日

戊戌 享保三 星宿	乾 三正十一 九七五 乾下 乾上	坤 二四六 八十十二 坤下 坤上	納音 木姓 平地

月	宿	朔	中・節		
正大 甲寅月	角	朔日庚戌心	六日立春未初三	廿一中酉正三	
二大 乙	亢	朔日庚辰箕	六日二節子四初	廿二中卯々初	
三小 丙	氐	朔日庚戌牛	七日三節巳正一	十九土用未正三	廿二中申初二
四大 丁	房	朔日己卯女	八日立夏戌正三	廿四中丑正初	
五小 戊	心	朔日己酉危	九日五節辰一初	廿四中午二正	
六大 己	尾	朔日戊寅室	十日六節酉初三	十二土用亥正初	廿五中子初々
七小 庚	箕	朔日戊申奎	十一立秋寅正一	廿六中巳初二	
八大 辛	斗	朔日丁丑婁	十二八節未正三	廿七中戌正初	
九小 壬	牛	朔日丙午胃	十四節九丑初一	廿六土用卯初二	廿九中卯正二
十大 癸	女	朔日丙子畢	十四立冬午初三	廿九中酉初々	
閏十月大		朔日乙巳觜	十五節十亥正一		
十一小 甲	虛	朔日乙亥井	同日中寅二初	十六節十一辰正三	廿八土用午四正
十二小 乙	危	朔日甲辰鬼	二日中未正初	十七立春戌初一	

正　三　同　八　十　十二
五日　五日　六日　八日　九日　廿六

己亥　享保四　張宿

屯　五三正　十九七　震下坎上
蒙　十二四　六八十　坎下艮上
納音　木　姓　平地

正大　丙寅月　室
朔日甲戌星　三日中子正二　十八二節卯初三

二大　丁　壁
朔日甲辰翼　三日中午初々　十八三節申正一　廿日土用戌正二

三小　戊　奎
朔日甲戌角　三日中亥初二　十九立夏丑正三

四大　己　婁
朔日癸卯亢　五日中辰初四　廿日五節未初々

五小　庚　胃
朔日癸酉房　五日中酉正一　廿日六節子初三

六大　辛　昴
朔日壬寅心　四日土用寅初三　七日中寅正三　廿二立秋巳正初

七小　壬　畢
朔日壬申箕　七日中申初一　廿二八節戌正二

八大　癸　觜
朔日辛丑斗　九日中丑初三　廿四九節辰初々

九小　甲　参
朔日庚午牛　七日土用子初　十日中午正一　廿五立冬酉初二

十大　乙　井
朔日庚子虚　十日中亥正三　廿六十一節寅正初

十一小　丙　鬼
朔日己巳危　十二中巳初一　廿七十二節未正三

十二大　丁　柳
朔日己亥壁　九日土用酉正　十二中戌初三　廿八立春丑初々

正月朔日日帯食所見二分酉時
正月十六日月食五分酉戌時
七月十四日月食五分半寅卯帯

七月朔日日食三分午未時
十二月十六日月食七分子丑時

正　三　五　八　十二
十一　十一　十八　十三　一

庚子　享保五　翼宿

需　七五三　正十九　乾下坎上
訟　十三二　四六八　坎下乾上
納音　土　姓　壁上

正大　戊寅月　星
朔日戊辰奎　十四中卯正一　廿九二節午初々

二大　己　張
朔日戊戌胃　十四中申正三　廿九三節亥正初

三小　庚　翼
朔日戊辰畢　十二土用丑正三　十五中寅初二

四大　辛　軫
朔日丁酉觜　同日立夏辰正二　十六中未初三

五大　壬　角
朔日丁卯井　同日五節戌初々　十七中子正一

六小　癸　亢
朔日丁酉柳　二日六節卯初三　十四土用巳二初　十七中巳正三

七大　甲　氐
朔日丙寅星　三日立秋申初四　十八中亥初々

八小　乙　房
朔日丙申翼　四日八節丑正一　十九中辰初二

九大　丙　心
朔日乙丑軫　五日九節午正三　十七土用酉初々　廿日中正初

十大　丁　尾
朔日甲午角　六日立冬子初々　廿二中寅正二

十一小　戊　箕
朔日甲子氐　七日十一節巳初三　廿三中申初々

十二大　己　斗
朔日癸巳房　八日十二節戌正一　廿一土用子正三　廿四中丑初二

新撰古曆　貞享　〇三十三

十三 十 十 十 十 九
二 十 九 七 五 二

享保六 辛丑 宿 軫

師 九七五 三正十一 坎下 坤上

比 八十十二 二四六 坤下 坎上

納音 壁上土

正小 庚寅月 牛：朔日癸亥尾 九日立春卯正三 廿四中午正初

二大 辛 女：朔日壬辰箕 十日二節酉初一 廿五中亥正三

三小 壬 虛：朔日壬戌牛 十一三節寅初三 廿三土用辰正初 廿六中巳初々

四大 癸 危：朔日辛卯女 十二立夏未正一 廿七中戌初二

五大 甲 室：朔日辛酉危 十三五節子正三 廿八中卯正初

六小 乙 壁：朔日辛卯壁 十三六節午初一 廿五土用申初三 廿八中申正二

七大 丙 奎：朔日庚申奎 十四立秋亥三初 廿九日中寅初々

閏七小：朔日庚寅胃 十五八節辰正

八大 丁 婁：朔日己未昴 同日中未二初 十六九節酉正三 廿八土用亥正四

九小 戊 胃：朔日己丑觜 同日中子四初 十七立冬卯初々

十大 己 昴：朔日戊午參 三日中巳正一 十八十一節申初一

十一小 庚 畢：朔日戊子鬼 三日中戌正三 十九十二節丑正初

十二大 辛 觜：朔日丁巳柳 二日土用卯正一 五日中辰初一 廿日立春午正二

十一月十五日月食皆既亥子丑時

十二月十五日月食六分亥子丑時

享保七 壬寅 宿 角

小畜 十一九七 五三正 乾下 巽上

履 六八十 十二四 兌下 乾上

納音 金箔金

正小 壬寅月 參：朔日丁亥張 五日中酉初三 廿日二一節子初々

二大 癸 井：朔日丙辰翼 七日中寅正一 廿二三節巳初二

三小 甲 鬼：朔日丙戌角 四日土用未三初 七日中未正三 廿二立夏戌正初

四大 乙 柳：朔日乙卯亢 九日中丑初一 廿四五節卯正三

五小 丙 星：朔日乙酉房 九日中午初二 廿四六節酉初々

六大 丁 張：朔日甲寅心 七日土用亥一初 十日中亥正一 廿六立秋寅初二

七大 戊 翼：朔日甲申箕 十一中辰正三 廿六八節未正初

八小 己 軫：朔日甲寅牛 十一中戌初一 廿七九節子正二

九大 庚 角：朔日癸未女 十日土用寅正三 十三中卯初三 廿八立冬午初々

十小 辛 亢：朔日癸丑危 十三中申正一 廿八十一節亥初二

十一大 壬 氐：朔日壬午室 十五中丑正三 卅日十二節辰初四

十二小 癸 房：朔日壬子奎 十二土用午正三 十五中未初々

二　五　八　十　同　十二

九八　十六　一日　二日　十八　十九

癸卯 享保八

宿 亢

泰　正十九 七五三　乾下 坤上

否　四六八 十十二　坤下 乾上

納音 金箔金

月	干	宿	記事
正大	甲	心（寅月）	朔日辛巳婁　同日立春酉正二　十六中子初二
二小	乙	尾	朔日辛亥昴　二日節二寅正四　十七中巳正初
三大	丙	箕	朔日庚辰畢　三日節三申初一　十五土用戌初二　十八中戌正二
四小	丁	斗	朔日庚戌参　四日立夏丑初三　十九中辰初々
五小	戊	牛	朔日己卯井　五日節五午正一　廿日中酉初二
六大	己	女	朔日戊申鬼　六日節六亥正三　十九土用寅々初　廿二中寅正初
七大	庚	虚	朔日戊寅星　七日立秋巳初一　廿二中未正二
八小	辛	危	朔日戊申翼　七日節八戌初三　廿三中丑初々
九大	壬	室	朔日丁丑軫　九日節九卯正一　廿一土用巳正三　廿四中午初二
十大	癸	壁	朔日丁未亢　九日立冬申正三　廿四中亥正初
十一小	甲	奎	朔日丁丑房　十日節十一寅初一　廿五中辰正三
十二大	乙	婁	朔日丙午心　十一日節十二未初三　廿二土用酉正初　廿六中戌初々

古暦便覧備考ニハ享保八年迄ヲ記ス以下享保九年ヨリ改暦ニ依ル可シ

三　十四　七　九　同　十二

四日　九日　七日　八日　九四　九四

甲辰 享保九

宿 氐

同人　三正十一 九七五　離下 乾上

大有　二四六 八十十二　乾下 離上

納音 覆燈火

月	干	宿	記事
正小	丙	胃（寅月）	朔日丙子箕　十二日立春子五　廿七日中卯二
二小	丁	昴	朔日丙午牛　十二日節巳七　廿七日中申四
三小	戊	畢	朔日乙亥畢　十三日節亥一　廿六日土用丑四　廿九日中丑六
四大	己	觜	朔日甲辰虚　十五日節辰三　晦日中午八
閏小			朔日甲戌室　十五日節五酉五
五小	庚	参	朔日癸卯壁　同日中子一　十七日節六寅七
六大	辛	井	朔日壬申奎　同日土用辰七　三日中巳三　十八日立秋申初
七小	壬	鬼	朔日壬寅胃　三日中戌五　十九日節八丑二
八大	癸	柳	朔日辛未昴　五日中卯七　廿日節九午四
九大	甲	星	朔日辛丑觜　二日土用申五　五日中酉一　廿日立冬亥六
十大	乙	張	朔日辛未井　六日中寅三　廿一日節十一巳初
十一小	丙	翼	朔日辛丑柳　六日中未五　廿一日節十二戌二
十二大	丁	軫	朔日庚午星　四日土用子三　八日中子七　廿三日立春卯四

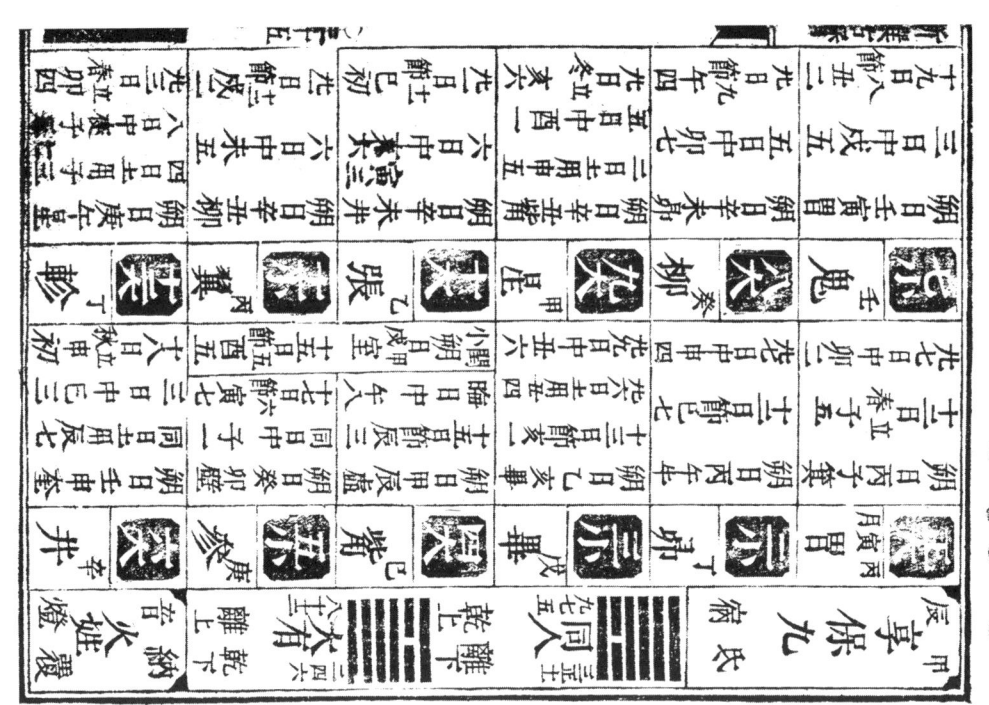

二 四 七 九 十二
九日 廿七 十三 十四 一日

乙巳 享保十	房宿			
艮下坤上 謙 正三五 十一九七	坤下震上 豫 十二四 六八十	納音 覆燈火 姓		
正大 戊寅月 角	朔日庚子翼	八日中午一	廿三節二申六	
二小 己 亢	朔日庚午角	八日中亥三	廿四節三寅初	
三小 庚 氐	朔日己亥亢	七日土用辰初	十日中辰五	廿五節四未二
四大 辛 房	朔日戊辰氐	十一日中酉七	廿七節五[illegible]	
五小 壬 心	朔日戊戌心	十二日中卯一	廿七節六巳六	
六小 癸 尾	朔日丁卯尾	十日土用未七	十三日中申三	廿八立秋戌八
七大 甲 箕	朔日丙申箕	十五日中卯五	晦日節八辰一	
八小 乙 斗	朔日丙寅牛	十五日中午七		
九大 丙 牛	朔日乙未女	同日節酉三	十三日土用亥四	十六日中子初
十大 丁 女	朔日乙丑危	二日立冬寅五	十七日中巳二	
十一小 戊 虚	朔日乙未壁	二日節未七	十七日中戌四	
十二大 己 危	朔日甲子奎	四日節丑一	十六日土用卯二	十九日中卯六

三月十五日月帯食五分酉時
九月朔日日帯食一分半酉時
同十六日月食皆既丑寅卯時

三月十五日月食六分半戌亥子時

二 五 七 九 十二
十五 三日 十八 十九 七日

丙午 享保十一	心宿			
震下兌上 隨 七五三 正十一九	巽下艮上 蠱 十二三 四六八	納音 天河水 姓		
正大 庚寅月 室	朔日甲午胃	四日立春午三	十九日中酉初	
二小 辛 壁	朔日甲子畢	四日節亥五	十九日中寅二	
三大 壬 奎	朔日癸巳觜	六日節辰七	十八日土用未初	廿一日中未四
四小 癸 婁	朔日癸亥井	六日立夏戌一	廿二日中子六	
五大 甲 胃	朔日壬辰鬼	八日節卯三	廿三日中午初	
六小 乙 昴	朔日壬戌星	八日節申五	廿日土用戌六	廿三日中亥二
七小 丙 畢	朔日辛卯張	十日立秋丑七	廿五日中辰四	
八大 丁 觜	朔日庚申翼	十一日節未一	廿六日中酉六	
九小 戊 参	朔日庚寅角	十一日節子三	廿四日土用寅三	廿七日中寅八
十大 己 井	朔日己未亢	十三日立冬巳五	廿八日中申一	
十一小 庚 鬼	朔日己丑房	十三日節戌七	廿九日中丑三	
十二大 辛 柳	朔日戊午心	十五日節辰一	晦日中午五	

壬正　四　六　八　十二
廿一　八　廿三　廿五　十二

丁未　享保十二　尾宿

臨（九七五　三正十一）兌下坤上

觀（八十七　二四八）坤下巽上

納音　天河水　姓

月	朔			
正大　壬　月寅　星	朔日戊子箕	十五日立春酉二	晦日中亥七	閏大　朔日戊午牛　十六日二節寅四
二小　癸　張	朔日戊子虛	同日中巳一	十六日三節未六	廿六日土用酉七
三大　甲　翼	朔日丁巳危	二日中戌三	十八日四節丑初	
四小　乙　軫	朔日丁亥壁	三日中卯五	廿日五節午二	
五大　丙　角	朔日丙辰奎	四日中申七	十九日六節亥四	
六小　丁　亢	朔日丙戌胃	二日土用丑五	五日中寅一	廿日立秋辰六
七小　戊　氐	朔日乙卯昴	六日中未三	廿一日八節戌初	
八大　己　房	朔日甲申畢	八日中夜子五	廿三日九節卯二	
九小　庚　心	朔日甲寅参	五日土用巳三	八日中巳七	廿三日十節申四
十大　辛　尾	朔日癸未井	九日中亥一	廿五日十一節丑六	
十一小　壬　箕	朔日癸丑柳	十日中辰三	廿五日十二節未初	
十二大　癸　斗	朔日壬午星	八日土用酉初	十一日中酉五	廿六日立春子二

●正月十六日月帶食所見五分半酉時　●七月十五日月食八分半子丑時

正　三　四　九　十二
廿七　廿八　十四　一日　十八

戊申　享保十三　箕宿

噬嗑（十九七　五三正）震下離上

賁　離下艮上

納音　大驛土　姓

月	朔			
正大　甲　月寅　牛	朔日壬子翼	十二日中寅七	廿七日二節巳三	
二小　乙　女	朔日壬午角	十[illegible]日中申初	廿七日三節戌五	
三大　丙　虛	朔日辛亥亢	十二日土用夜子六	十四日中丑二	廿九日立夏卯初
四小　丁　箕	朔日辛巳房	十四日中午四	廿九日五節酉一	
五大　戊　室	朔日辛亥尾	十四日中亥六		
六大　己　壁	朔日庚辰箕	同日節寅三	十三日土用辰四	十六日中巳初
七小　庚　奎	朔日庚戌牛	同日立秋未五	十六日中戌二	
八小　辛　婁	朔日己卯女	三日節夜子七	十八日中卯四	
九大　壬　胃	朔日戊申虛	四日節午一	十六日土用申二	十九日中申六
十小　癸　昴	朔日戊寅室	四日立冬亥三	廿日中寅初	
十一大　甲　畢	朔日丁未壁	六日節辰五	廿一日中未二	
十二小　乙　觜	朔日丁丑婁	六日節酉七	十八日土用亥八	廿二日中夜子四

二 四 同 九 十
三日 四日 廿日 六日 廿□

巳酉 享保四 斗宿

剝 正土九 七五三 坤下 艮上
復 震下 坤上
納音 土姓 大渓

月	月宿	朔日			
正大 丙寅月	参	朔日丙午胃	八日立春卯一	廿三日中巳六	
二小 丁	井	朔日丙子畢	八日節申三	廿三日中亥初	
三大 戊	鬼	朔日乙巳觜	十日節丑五	廿三日土用卯五	廿五日中辰二
四大 己	柳	朔日乙亥井	十日立夏午七	廿五日中酉四	
五小 庚	星	朔日乙巳柳	十二日節子初	廿六日中寅六	
六大 辛	張	朔日甲戌星	十二日節巳二	廿四日土用未三	廿七日中未八
七小 壬	翼	朔日甲辰翼	十二日立秋戌四	廿八日中丑一	
八大 癸	軫	朔日癸酉軫	十四日節卯六	廿九日中午三	
九小 甲	角	朔日癸卯亢	十四日節酉初	廿六日土用戌初	廿九日中亥五
閏大		朔日壬申氐	十六日立冬寅二		
十小 乙	亢	朔日壬寅心	同日中辰七	十六日節十一未四	
十一大 丙	氐	朔日辛未尾	二日中戌一	十八日節十二子六	晦日土用寅七
十二小 丁	房	朔日辛丑斗	三日中卯三	十八日立春午初	

● 正月十六日月帯食皆既寅二始寅卯時

● 六月朔日日食七分午未申時 ○同十五日月食三分子丑時

正 三 閏 八 十
九日 十日 廿六 十二 廿九

庚戌 享保五 牛宿

无妄 三正土 九七五 震下 乾上
大畜 二四六 八十土 乾下 艮上
納音 金姓 鈒劔

月	月宿	朔日			
正大 戊寅月	心	朔日庚午牛	四日中申五	十九日節二亥二	
二小 己	尾	朔日庚子虚	五日中丑七	廿日節三辰四	
三大 庚	箕	朔日己巳危	三日土用午五	六日中未一	廿一日立夏酉六
四小 辛	斗	朔日己亥壁	六日中子三	廿二日節五卯初	
五大 壬	牛	朔日戊辰奎	八日中巳五	廿三日節六申二	
六大 癸	女	朔日戊戌胃	五日土用戌二	八日中戌七	廿四日立秋丑四
七小 甲	虚	朔日戊辰畢	九日中辰初	廿五日節八午六	
八大 乙	危	朔日丁酉觜	十日中酉二	廿五日節九亥八	
九小 丙	室	朔日丁卯井	八日土用寅初	十一日中寅四	廿六日立冬巳一
十大 丁	壁	朔日丙申鬼	十二日中未六	廿七日節十一戌三	
十一小 戊	奎	朔日丙寅星	十三日中丑初	廿八日節十二卯五	
十二大 己	婁	朔日乙未張	十一日土用巳六	十四日中午二	廿九日立春申七

正 三 六 八 十 十四 十五 三日 十八 五日

辛亥
享保十六 女宿
頤 五三正 十九七 震下 艮上
大過 十二四 六八十 巽下 兌上
納音 金 釵釧

正小 庚寅 月 胃　朔日乙丑軫　十四日中亥四
二大 辛 卯　朔日甲午角　同日節寅一　十六日中辰六
三小 壬 畢　朔日甲子氐　同日節未三　十三日土用酉初　十六日中戌初
四大 癸 觜　朔日癸巳房　三日立夏子　十八日中卯二
五小 甲 参　朔日癸亥尾　三日節巳七　十八日中申四
六大 乙 井　朔日壬辰箕　四日節亥一　十七日土用丑一　廿九日中丑六
七小 丙 鬼　朔日壬戌牛　五日立秋辰三　廿日中未初
八大 丁 柳　朔日辛卯女　六日節酉五　廿一日中子二
九大 戊 星　朔日辛酉危　七日節寅七　十九日土用辰八　廿二日中巳四
十小 己 張　朔日辛卯壁　七日立冬申初　廿二日中戌六
十一大 庚 翼　朔日庚申奎　九日節丑三　廿四日中卯八
十二小 辛 軫　朔日庚寅胃　九日節未四　廿日土用申五　廿四日中酉初

● 十一月十五日月食五分戌亥時
● 十二月朔日日食九分辰巳時

正 三 五 七 十 十 六 廿 廿 九 十 十

壬子
享保十七 虚宿
坎 七五二 正十九 坎下 坎上
離 四六八 離下 離上
納音 桑柘木

正大 壬 角　朔日己未昴　十日立春亥正三　廿六日中寅刀三
二小 癸 亢　朔日己丑觜　十一日節巳刀　廿六日中未正一
三大 甲 氐　朔日戊午参　十二日節戌刀二　廿四日土用子刀三　廿八日中子正三
四小 乙 房　朔日戊子鬼　十三日立夏卯正刀　廿八日中午刀
五大 丙 心　朔日丁巳柳　十四日節申正三　廿九日中亥刀三
閏大 朔丙戌星　十六日節寅刀
六小 丁 尾　朔日丙辰翼　同日中辰正一　十六日立秋未刀三
七大 戊 箕　朔日乙酉軫　二日中酉正三　十七日節子正刀
八小 己 斗　朔日乙卯亢　三日中卯刀一　十八日節巳正二　廿日土用未正三
九大 庚 牛　朔日乙酉房　三日中申刀三　十八日立冬亥刀
十小 辛 女　朔日乙卯尾　四日中丑正一　十九日節辰刀二
十一大 壬 虚　朔日甲申箕　五日中午正三　廿日節酉刀四
十二小 癸 危　朔日甲寅牛　二日土用亥正刀　五日中子刀　廿日立春寅正三

● 五月十六日月食皆既戌亥子時
● 十一月十四日月帯食皆既卯時

三 二日　五 十九　八 五日　十 六日　閏十 九二　十二 十三

癸丑 享保十八 宿危				
咸 九七五 三正十 艮下 兌上				
恒 八十十 四六 巽下 震上				
納音 木 姓 桑柘				
正大 甲 室	朔日癸未女	七日中巳刀三		廿二節未正三
二小 乙 壁	朔日癸丑危	七日中戌正刀		廿三節丑刀一
三大 丙 奎	朔日壬午室	九日中卯正三	六日土用卯刀二	廿四立夏午刀三
四小 丁 婁	朔日壬子奎	九日中酉刀刀		廿四節亥正一
五大 戊 胃	朔日辛巳婁	十一中寅刀二		廿六節辰正三
六大 己 昴	朔日庚戌胃	十二中未正刃	九日土用未刀刀	廿七立秋戌刀一
七小 庚 畢	朔日庚辰畢	十三中子正二		廿八節卯刀三
八大 辛 觜	朔日己酉觜	十四中午刀刀		廿九節申正一
九小 壬 参	朔日己卯井	十四中亥刀三	十一土用戌正二	廿日立冬丑正三
十大 癸 井	朔日己酉柳	十五中辰正刀		
十一小 甲 鬼	朔日戊寅星	同日節未刀二		十六中酉正三
十二大 乙 柳	朔日戊申翼	同日節子刀三	十四土用寅刀四	十七中卯刀刀

四月十五日月食七分半 寅卯時
十月十五日月食六分半 亥子時

二 九六　五 十四　七 十九　十 十六　十二 十七

甲寅 享保十九 宿室				
遯 十九七 五三正 艮下 乾上				
大壯 六八十 十二四 乾下 震上				
納音 大溪水 姓				
正大 丙 星	朔日戊寅角	三日立春巳正一		十七中申刀三
二小 丁 張	朔日丁未亢	三日節戌正三		十九中丑刀四
三大 戊 翼	朔日丁丑房	四日節辰刀刀	十六土用午刀一	十九中午正一
四小 己 軫	朔日丙午心	五日立夏酉刀三		廿日中亥正三
五大 庚 角	朔日丙子箕	六日節寅正刃		廿一中巳刀一
六小 辛 亢	朔日乙巳斗	七日節未正三	十九土用酉正三	廿二中戌刀三
七大 壬 氐	朔日甲戌牛	九日立秋丑刀		廿四中卯正一
八小 癸 房	朔日甲辰虚	九日節午刀二		廿四中申正三
九大 甲 心	朔日癸酉危	十日節亥正刀	廿三土用丑正一	廿六中寅刀一
十小 乙 尾	朔日癸卯壁	十一立冬辰正三		廿六中未刀三
十一大 丙 箕	朔日壬申奎	十二節戌刀		廿八中子正一
十二大 丁 斗	朔日壬寅胃	十三節卯刀	廿五土用巳刀	廿八中巳正三

三 四 七 九 閏 十二
九日 八日 五日 十一 十二 九日 八日 九日

乙卯 享保二十 宿 壁

晉 正十九 七五三 坤下 離上

明夷 四六八 十十二 離下 坤上

納音 大溪水

正大 戊 牛　朔日壬申畢　十三春立申正刀　廿八中亥刀一

二小 己 女　朔日壬寅參　十四節丑正二　廿九中辰刀三

三大 庚 虚　朔日辛未井　十五節未刀　廿七用酉刀刀

閏小　朔辛丑柳　廿日中酉正一　十五夏立子刀三

四小 辛 危　朔日庚午星　二日中寅正三　十七節巳刀四

五大 壬 室　朔日庚子翼　二日中申刀刀　十七節戌正一

六小 癸 壁　朔日己巳軫　同日用子正二　四日中丑刀二　十九秋立卯正三

七大 甲 奎　朔日戊戌角　五日中午正刀　廿日節酉刀一

八小 乙 婁　朔日戊辰氐　五日中亥正二　廿一節寅刀三

九大 丙 胃　朔日丁酉房　四日用辰正刀　七日中巳刀刀　廿二冬立未正一

十小 丁 昴　朔日丁卯尾　七日中戌刀二　廿三節子正三

十一大 戊 畢　朔日丙申箕　九日中卯正刀　廿四節午刀一

十二大 己 觜　朔日丙寅牛　六日用申刀二　九日中申正二　廿四春立亥刀三

三月十五日月食五分半酉戌亥時

九月朔日日食九分巳午時

二 五 七 九 十 十二
十四日 一日 十六日 十七日 四日 五日

丙辰 元文元 宿 奎

家人 三正七 九七五 離下 巽上

睽 二四六 八十十二 兌下 離上

納音 沙中土

正大 庚 參　朔日丙申虚　十日中寅刀刀　廿五節辰正一

二小 辛 井　朔日乙丑危　十一中未刀二　廿六節酉正三

三大 壬 鬼　朔日乙未壁　八日用子刀刀　十五中子正刀　廿七夏立卯刀一

四小 癸 柳　朔日乙丑婁　十二中巳正二　廿七節申刀三

五大 甲 星　朔日甲午胃　十三中亥刀　廿九節丑正一

六小 乙 張　朔日甲子畢　十一用卯正一　十四中辰刀二　廿九秋立午正三

七大 丙 翼　朔日癸巳觜　十五中酉刀四

八小 丁 軫　朔日壬戌參　同日節子初　十七中寅正三

九大 戊 角　朔日壬辰鬼　三日節巳刀三　十四用未刀三　十七中未正四

十小 己 亢　朔日辛酉柳　三日冬立戌正刀　十九中丑刀一

十一大 庚 氐　朔日庚寅星　五日節卯正二　廿日中午刀三

十二大 辛 房　朔日庚申翼　五日節酉刀刀　十七用亥刀一　廿日中亥正一

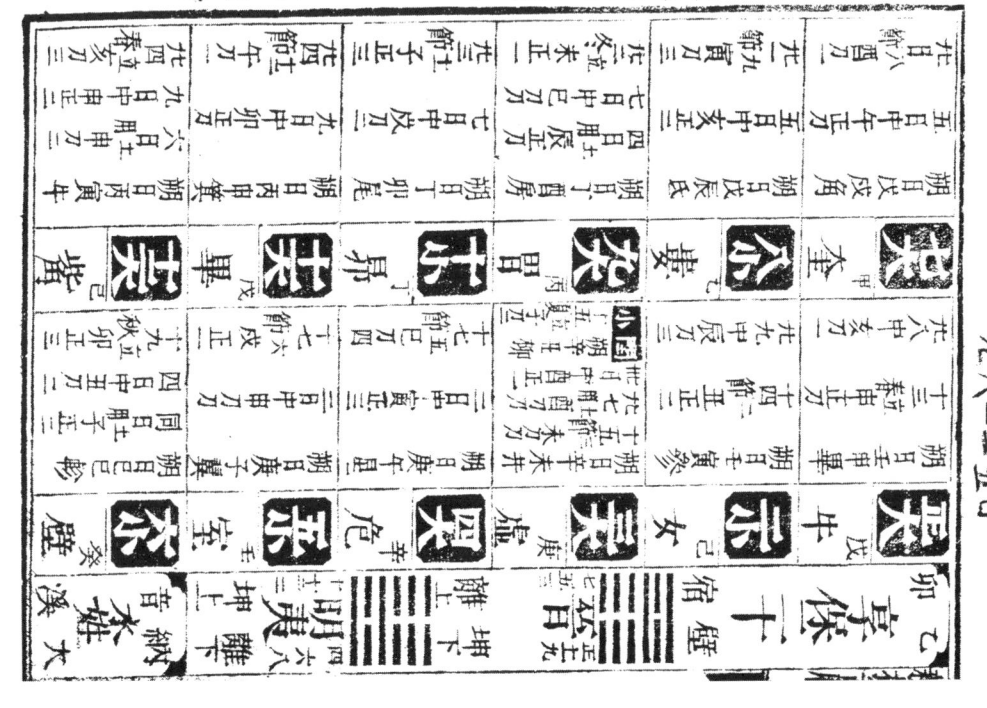

二 五 七 九 十二
廿九日 六日 廿一 廿三 十日

丁巳 元文二 婁宿

蹇 艮下坎上 五三正 廿九十

解 坎下震上 十二四 六八十

納音 沙中土

月	朔	節・中	
正大 壬 心	朔日庚寅角	六日立春寅刀三	廿一中辰正三
二小 癸 尾	朔日己未亢	七日節未正刀	廿二中戌刀一
三大 甲 箕	朔日己丑房	八日節子正三　廿日土用寅正三	廿三中卯刀三
四大 乙 斗	朔日己未尾	八日立夏午刀刀	廿三中申正一
五小 丙 牛	朔日己丑斗	八日節亥刀二	廿四中丑正三
六大 丁 女	朔日戊午牛	十日節辰正刀　廿二土用午正一	廿五中未刀一
七大 戊 虚	朔日戊子虚	十日立秋酉正三	廿五中子刀三
八小 己 危	朔日丁巳危	十二節卯刀刀	廿七中巳正一
九大 庚 室	朔日丙戌室	十三節申刀二　廿五土用戌刀二	廿八中戌正三
十大 辛 壁	朔日丙辰奎	十四立冬丑正刀	廿九中辰刀一
十一大 壬 奎	朔日乙酉婁	十五節午正二	廿日中酉刀三
閏小	朔乙卯昴	十五節亥酉　廿八土用寅刀	
十二大 癸 婁	朔日甲申畢	二日中寅正刀	十七立春巳刀一

二月十六日月食五分丑寅時

十二月十五日月食七分卯時

五 四 六 八 十一
廿五 十二 廿七 廿八 十六

戊午 元文三 胃宿

損 兌下艮上 七五三 正廿九

益 震下巽上 十七二 四六八

納音 天上火

月	朔	節・中	
正大 甲 胃	朔日甲寅参	三日中未正三	十七節戌刀三
二大 乙 昴	朔日癸未井	四日中丑刀刀	十九節卯正一
三大 丙 畢	朔日癸丑柳	同日土用巳正三　四日中午刀二	十九立夏申正三
四小 丁 觜	朔日癸未張	四日亥正刀	廿日節寅刀二
五大 戊 参	朔日壬子翼	六日中辰正三	廿一節未刀三
六小 己 井	朔日壬午角	三日土用酉正刀　六日中戌刀刀	廿二立秋子正一
七大 庚 鬼	朔日辛亥亢	八日中卯刀二	廿三節巳正三
八小 辛 柳	朔日辛巳房	八日中申正刀	廿三節亥刀一
九大 壬 星	朔日庚戌心	七日土用丑刀二　十日中丑正三	廿五立冬辰刀三
十小 癸 張	朔日庚辰箕	十日中未刀刀	廿五節酉正一
十一大 甲 翼	朔日己酉斗	十一中子刀二	廿七節寅正三
十二小 乙 軫	朔日己卯女	九日土用辰正三　十二中巳正刀	廿七立春申刀一

二四七九十一
一十　三四六
日八日日一

元文四 己未

昴宿　夬（乾下兌上）　姤（巽下乾上）　納音 天上火

月				
正大丙 角	朔日戊申虚	十三中戌正二	廿九節丑刀三	
二小丁 亢	朔日戊寅室	十四中卯正四	廿九節午正刀	
三大戊 氐	朔日丁未壁	十二土用申正一	十五中酉刀一	廿日夏亥正三
四小己 房	朔日丁丑婁	十六中寅刀三		
五大庚 心	朔日丙午胃	二日節巳刀刀	十七中未正二	
六大辛 尾	朔日丙子畢	二日節戌刀二	十四日土用子刀三	十八中子正三
七小壬 箕	朔日丙午参	三日秋卯正刀	十八中午刀二	
八大癸 斗	朔日乙亥井	四日節申正三	十九中亥刀三	
九小甲 牛	朔日乙巳柳	五日節寅刀	十七土用辰刀一	廿日中辰正二
十大乙 女	朔日甲戌星	六日冬未刀二	廿一中酉正三	
十一小丙 虚	朔日甲辰翼	七日節子正刀	廿二中卯刀一	
十二大丁 危	朔日癸酉軫	八日節巳正二	廿日土用未正三	廿三中申刀三

六月十五日月食八分半丑時　●十二月十五日月食皆既卯時

六月十四日月食皆既酉亥時　●十二月朔日日食八分辰時　巳

二四閏八十
七八九十六
日日四日七

元文五 庚申

畢宿　萃（坤下兌上）　升（巽下坤上）　納音 柘榴木

月				
正小戊 室	朔日癸卯亢	八日春亥刀刀	廿四中丑正一	
二大己 壁	朔日壬申氐	十日節辰刀二	廿五中午正三	
三小庚 奎	朔日壬寅心	十日節酉正刀	廿二土用亥正刀	廿五中子刀一
四小辛 婁	朔日辛未尾	十二夏寅正二	廿七中巳刀三	
五大壬 胃	朔日庚子箕	十三節未正四	廿八中戌正刀	
六大癸 昴	朔日庚午牛	十四節丑刀一	廿六土用卯刀三	廿九中卯正二
七小甲 畢	朔日庚子虚	十四秋午刀三	廿九中酉刀刀	
閏大	朔日己巳危	十五八節亥正一		
八大乙 觜	朔日己亥壁	同日中寅刀三	十六節辰正三	廿八土用未刀刀
九小丙 参	朔日己巳婁	同日中未正刀	十六冬戌刀一	
十大丁 井	朔日戊戌胃	三日中子正三	十八節卯刀三	
十一小戊 鬼	朔日戊辰畢	三日中午刀刀	十八節申正一	
十二大己 柳	朔日丁酉觜	同日土用戌正三	四日中亥刀一	廿日春丑正三

正 三 四 八 十二
十二 十三 九 十六 三日

寛保元 辛酉

宿 觜

困 坎下兌上 正十九 七五三

井 巽下坎上 四六八 十十二

納音 柘榴木姓

月	干	宿	朔日		
正小	庚	星	朔日丁卯井	五日中辰正刀	廿日節二未刀一
二大	辛	張	朔日丙申鬼	六日中酉正二	廿一節三子刀三
三小	壬	翼	朔日丙寅尾	四日用土寅正刀 七日中卯刀刀	廿二立夏巳正一
四小	癸	軫	朔日乙未張	八日中申刀二	廿三節五戌正三
五大	甲	角	朔日甲子翼	十日中丑正刀	廿五節六辰刀二
六小	乙	亢	朔日甲午角	七日用土午刀一 十日中午正二	廿五立秋酉刀三
七大	丙	氐	朔日癸亥亢	十一中亥正四	廿七節八寅正刀
八大	丁	房	朔日癸巳房	十二中巳刀一	廿七節九未正二
九小	戊	心	朔日癸亥尾	九日用土酉正三 十二中戌刀三	廿八立冬丑刀刀
十大	己	尾	朔日壬辰箕	十四中卯正一	廿九節十一午刀二
十一大	庚	箕	朔日壬戌牛	十四中申正三	廿九節十二亥正刀
十二小	辛	斗	朔日壬辰虚	十二用土丑正一	十五中寅刀一

四月十五日月食四分子半時 ● 正月朔日日食九分巳時 ● 十月十六日月食五分亥子時

正 三 四 八 十二
十八 十九 五日 六二 九日

寛保二 壬戌

宿 參

革 離下兌上 三正十一 九七五

鼎 巽下離上 二四六 八十十二

納音 大海水姓

月	干	宿	朔日		
正大	壬	牛	朔日辛酉危	同日立春辰正三	十六中未刀三
二小	癸	女	朔日辛卯壁	同日節二戌刀刀	十七中子正一
三大	甲	虚	朔日庚申奎	三日節三卯刀二 十五用土巳刀三	十八中巳正三
四小	乙	危	朔日庚寅胃	三日立夏申正刀	十八中亥刀一
五小	丙	室	朔日己未昴	五日節五丑正三	廿日中辰刀三
六大	丁	壁	朔日戊子畢	六日節六未刀刀 十八用土酉刀一	廿一中酉正一
七小	戊	奎	朔日戊午參	六日立秋子刀二	廿二中寅正三
八大	己	婁	朔日丁亥井	八日節八巳正刀	廿三中申刀一
九小	庚	胃	朔日丁巳柳	八日節九戌正三 廿一用土子正二	廿四中丑刀三
十大	辛	昴	朔日丙戌星	十日立冬卯正四	廿五中午正刀
十一大	壬	畢	朔日丙辰翼	十日節十一酉刀二	廿五中亥正三
十二大	癸	觜	朔日丙戌角	十一節十二寅刀四 廿三用土辰正刀	廿六中巳刀刀

天 正 三 五 七 十 十二
九 九三 大巳 小二 大七 小五 大五 大九

癸亥 寛保三 井宿
震 五三正 九七 震下震上
艮 十二四 六八十 艮下艮上
納音 大海水 姓

正小 甲 参　朔日丙辰氐　十一立春未正一　廿六中戌刀二
二大 乙 井　朔日乙酉房　十三節子正三　廿八中卯正刀
三小 丙 鬼　朔日乙卯尾　十三節午刀二　廿五土用申刀二　廿八中申正三
四大 丁 柳　朔日甲申箕　十四立夏亥刀三　廿日中寅刀刀
閏 朔甲寅牛　十五節辰正一
五小 戊 星　朔日癸未女　同日中未刀三　十六節酉正三　廿八土用子刀刀
六大 己 張　朔日壬子虚　二日中子正刀　十八立秋卯刀一
七小 庚 翼　朔日壬午室　三日中巳正二　十八節申刀三
八大 辛 軫　朔日辛亥壁　四日中亥刀刀　廿日節丑正一
九大 壬 角　朔日庚辰奎　三日土用卯正二　六日中辰刀三　廿一立冬午正三
十大 癸 亢　朔日庚戌胃　六日中酉正刀　廿一節子刀一
十一大 甲 氐　朔日庚辰畢　七日中寅正三　廿二節巳刀三
十二大 乙 房　朔日庚戌参　四日土用未刀三　七日中申刀刀　廿二立春戌正一

四月十五日月食皆既子丑時 寅時

三月十四日月食七分寅時 卯
九月朔日日食五分半巳時
九月十六月食七分亥時

二 五 八 十 十二
戊 大巳 十七 三日 廿一 廿九

甲子 延享元 鬼宿
漸 七五三 正十九 艮下巽上
歸妹 十十二 四六八 兌下震上
納音 海中金 姓

正小 丙 心　朔日庚辰觜　八日中丑刀二　廿三節卯正三
二大 丁 尾　朔日己酉柳　九日中午刀四　廿四節酉刀刀
三大 戊 箕　朔日己卯張　六日土用亥刀一　九日中亥正一　廿五立夏寅刀三
四大 己 斗　朔日戊申翼　十一中辰正三　廿六節未正刀
五小 庚 牛　朔日戊寅角　十一中戌刀一　廿七節子正三
六小 辛 女　朔日丁未亢　十日土用寅正三　十三中卯刀三　廿八立秋午刀刀
七大 壬 虚　朔日丙子氐　十四中申正一　廿九節亥刀二
八小 癸 危　朔日丙午心　十五中丑正三
九大 甲 室　朔日乙亥尾　同日節辰正刀　十三土用午正一　十六中未刀一
十大 乙 壁　朔日甲辰箕　二日立冬酉正三　十七中子刀三
十一大 丙 奎　朔日甲戌牛　三日節卯刀刀　十八中巳正一
十二大 丁 婁　朔日甲辰虚　三日節申刀二　十五土用戌刀三　十八中戌正五

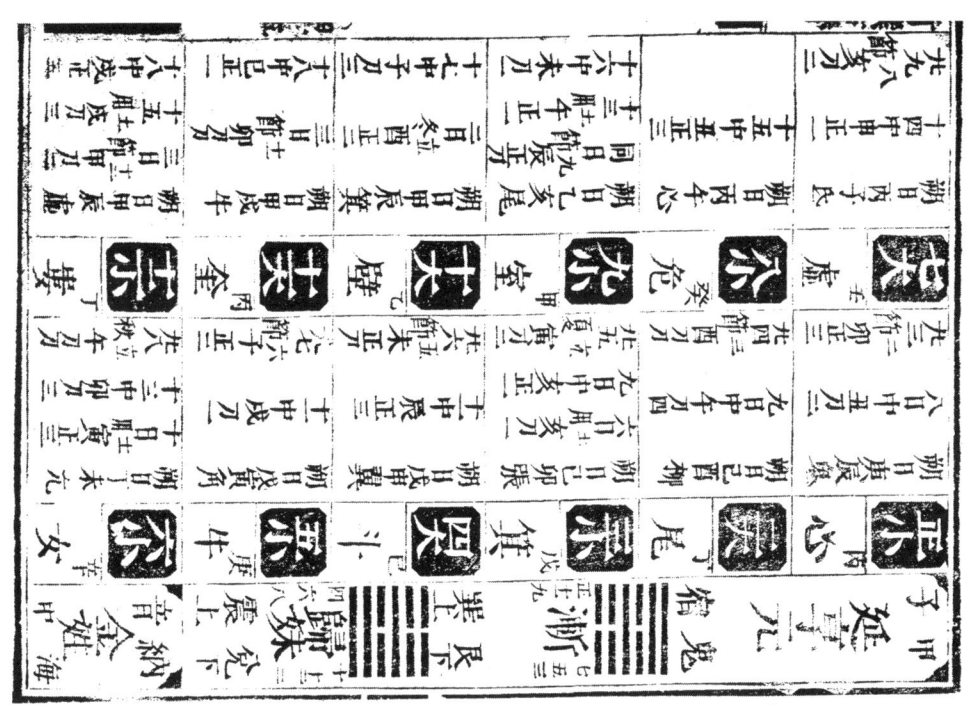

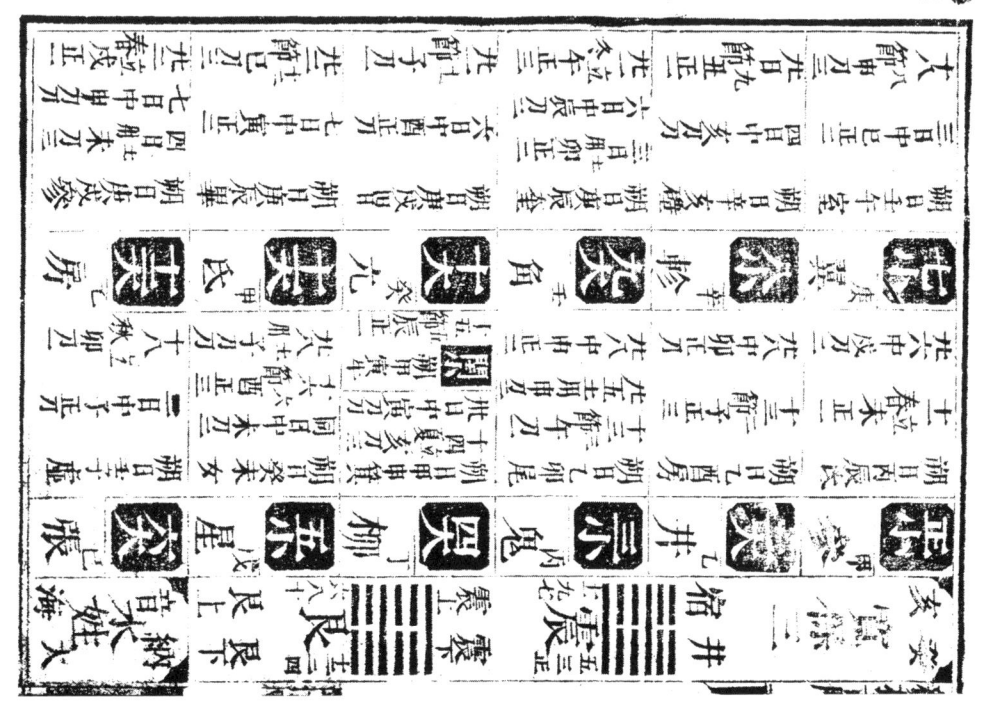

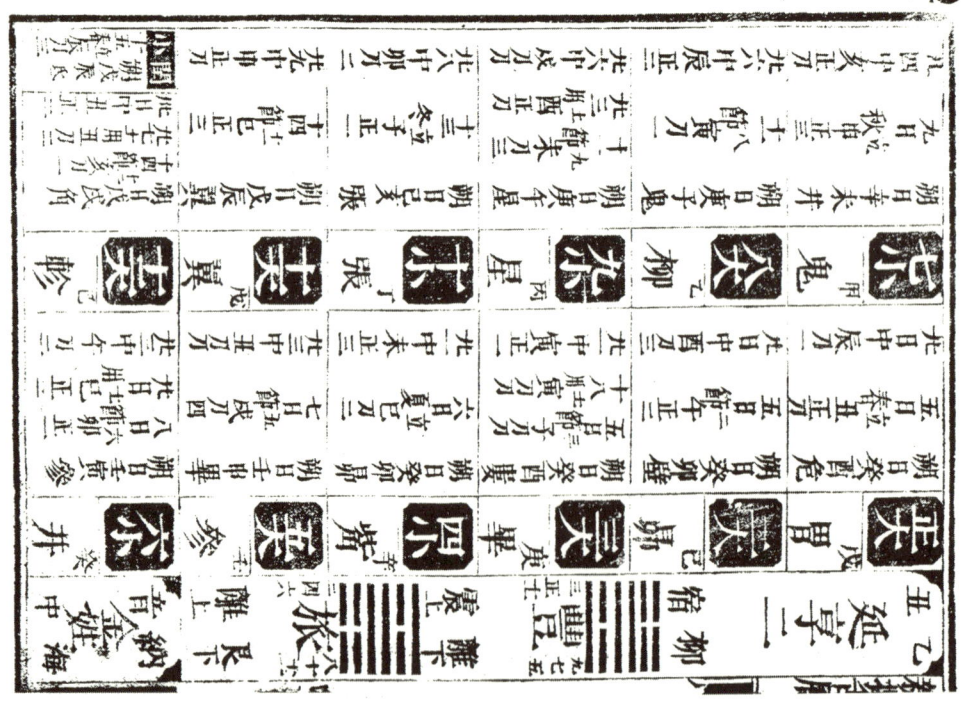

正三五八十閏十二

六 六三 九日 十 九六 廿七

延享二 乙丑

柳宿

豐（離下震上）九七五 三正十

旅（艮下離上）八十十一 二四六

納音 金姓 海中

正大 戊 胃	朔日癸酉危	五日立春丑正刀	廿日中辰刀一
二大 己 昴	朔日癸卯壁	五日二節午正三	廿日中酉刀三
三大 庚 畢	朔日癸酉婁	五日三節子刀刀 十八日土用寅刀刀	廿一中寅正一
四小 辛 觜	朔日癸卯昴	六日立夏巳刀二	廿一中未正三
五大 壬 參	朔日壬申畢	七日五節戌刀四	廿三中丑刀刀
六小 癸 井	朔日壬寅參	八日六節卯正一 廿日土用巳正二	廿三中午刀二
七小 甲 鬼	朔日辛未井	九日立秋申正三	廿四中亥正刀
八大 乙 柳	朔日庚子鬼	十一日八節寅刀一	廿六中辰正二
九小 丙 星	朔日庚午星	十一日九節未刀三 廿三日土用酉正刀	廿六中戌刀刀
十小 丁 張	朔日己亥張	十三日立冬子正一	廿八中卯刀二
十一大 戊 翼	朔日戊辰翼	十四日十一節巳正三	廿九中申正刀
十二大 己 軫	朔日戊戌角	十四日十二節亥刀一 廿七日土用丑刀二	廿日中丑正
閏小	朔日戊辰氐	十五日立春辰刀三	

二月朔日日食三分午未時

正月十六日月食七分丑寅時　二月朔日日食七分未時

二四七九十十二

十二 十六 十四 十五 二日 三日

延享三 丙寅

星宿

巽（巽下巽上）十九七 五三正

兌（兌下兌上）六八十 十二四

納音 火姓 爐中

正大 庚 角	朔日丁酉房	同日中未刀刀	十六日二節酉正一
二大 辛 亢	朔日丁卯尾	同日中子刀二	十七日三節寅正三 廿九日土用辰正四
三小 壬 氐	朔日丁酉斗	二日中巳正刀	十七日立夏申刀一
四小 癸 房	朔日丙寅牛	三日中戌正三	十九日五節丑刀三
五大 甲 心	朔日丙申虛	四日中辰刀刀	十九日六節午正一
六小 乙 尾	朔日乙丑危	二日土用申正一 五日中酉刀二	廿日立秋亥正三
七小 丙 箕	朔日乙未壁	六日中寅刀四	廿一日八節巳刀刀
八大 丁 斗	朔日甲子奎	七日中未正一	廿二日九節戌刀二
九小 戊 牛	朔日甲午胃	四日土用子刀三 八日中子正三	廿三日立冬卯正刀
十大 己 女	朔日癸亥昴	九日中午刀一	廿四日十一節申正三
十一大 庚 虛	朔日壬辰畢	十日中亥刀三	廿六日十二節寅刀刀
十二小 辛 危	朔日壬戌參	八日土用辰刀一 十一中辰正一	廿六日立春未刀二

丁卯 延享四 宿 張

渙 坎下巽上　節 兌下坎上　納音 火 爐中

正小 壬 室　朔日壬辰鬼　十一中酉正三　廿六節子正刀
二大 癸 壁　朔日辛酉柳　十三中卯刀一　廿八節巳正二
三小 甲 奎　朔日辛卯張　十日土用未正三　十三中申刀三　廿八立夏亥刀刀
四大 乙 婁　朔日庚申翼　十五中丑正一　卅日節辰刀二
五大 丙 胃　朔日庚寅角　十五中午正三　卅日節酉正刀
六小 丁 昴　朔日庚申氐　十二土用亥正一　十五中子刀一
七大 戊 畢　朔日己丑房　三日立秋寅正三　十七中巳刀三
八小 己 觜　朔日己未尾　三日節申刀刀　十七中戌正一
九大 庚 參　朔日戊子箕　四日節丑刀二　十六土用卯刀二　十九中卯正三
十小 辛 井　朔日戊午牛　四日立冬午刀四　十九中酉刀刀
十一大 壬 鬼　朔日丁亥女　五日節亥正二　廿一中寅刀二
十二小 癸 柳　朔日丁巳危　六日節辰正三　十八土用未刀刀　廿一中未正刀

正月十六日月食五分亥子時

戊辰 寛延元 宿 翼

中孚 兌下巽上　小過 艮下震上　納音 大林木

正小 甲 星　朔日丙戌室　七日立春戌刀一　廿三中子正二
二大 乙 張　朔日乙卯壁　九日節卯刀三　廿四中午刀刀
三大 丙 翼　朔日乙酉婁　九日節申正一　廿一土用戌正二　廿四中亥刀二
四小 丁 軫　朔日乙卯昴　十日立夏丑正三　廿五中辰正刀
五大 戊 角　朔日甲申畢　十一日節未刀一　廿六中酉正二
六小 己 亢　朔日甲寅參　十二節子刀三　廿四土用寅正刀　廿七中卯刀刀
七大 庚 氐　朔日癸未井　十三立秋巳正一　廿八中申刀二
八小 辛 房　朔日癸丑柳　十三節戌正三　廿九中丑正刀
九大 壬 心　朔日癸未張　十四節辰刀一　廿六土用午刀二　廿九中午正二
閏小　朔壬午角　十六節寅正一
十大 癸 尾　朔日壬子翼　十五立冬酉刀三　卅日中子刀刀
十一大 甲 箕　朔日辛亥亢　二日中巳刀二　十七節未正三　廿九土用酉正三
十二小 乙 斗　朔日辛巳房　二日中戌刀四　十八立春丑刀刀

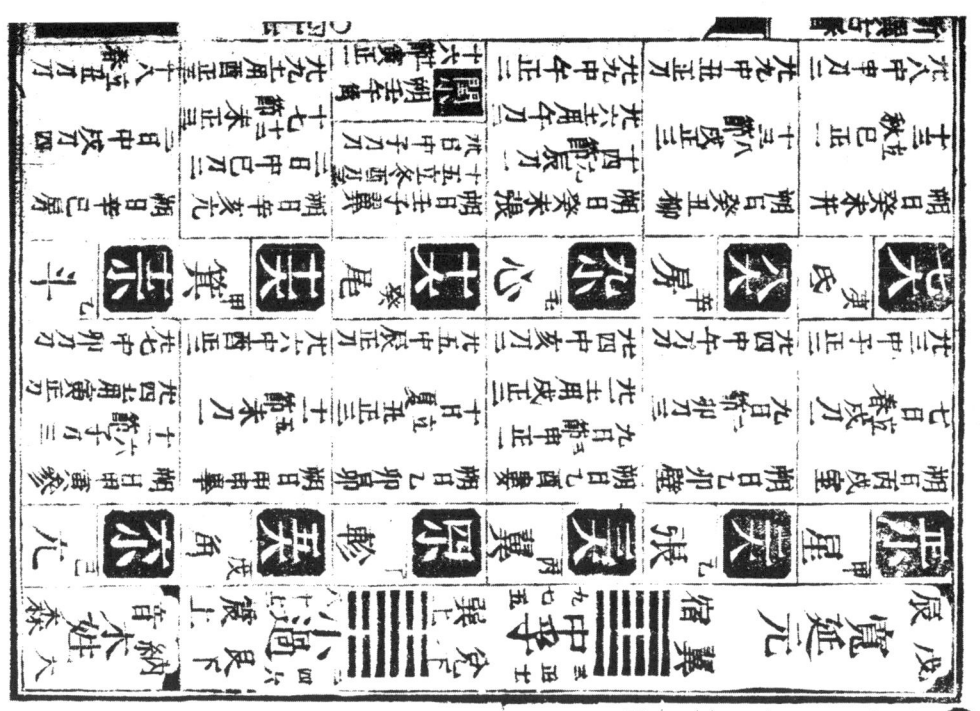

己巳 寛延二

軫 宿

既済 離下坎上　未済 坎下離上

納 大林木

月	宿	朔日		
正大 丙	牛	朔日庚戌心	四日中卯正二	十九節午刀二
二小 丁	女	朔日庚辰箕	四日中申正三	十九節亥正刀
三小 戊	虚	朔日己酉斗	三日用丑正一　六日中寅刀一	十九夏辰正三
四大 己	危	朔日戊寅牛	七日中未刀三	廿二節戌刀刀
五小 庚	室	朔日戊申虚	八日中子正一	廿三節卯刀三
六大 辛	壁	朔日丁丑危	六日用巳刀三　九日中巳正三	廿四秋申正刀
七大 壬	奎	朔日丁未壁	九日中亥刀一	廿五節丑正
八小 癸	婁	朔日丁丑婁	十日中辰刀三	廿五節未刀刀
九大 甲	胃	朔日丙午胃	八日用酉刀一　十一中酉正一	廿六冬子刀二
十大 乙	昴	朔日丙子畢	十二中寅正三	廿七節巳正刀
十一小 丙	畢	朔日丙午参	十二中申刀一	廿七節戌正三
十二大 丁	觜	朔日乙亥井	十一用子正三　十四中丑刀三	廿九春辰刀刀

五月朔日日食四分辰時

四月十六日月食皆既酉戌時 帯

十月朔日日食二分巳午時

庚午 寛延三

角 宿

乾 乾下乾上　坤 坤下坤上

納 路傍土

月	宿	朔日		
正小 戊	参	朔日乙巳卯	十四中午正一	廿九節酉刀二
二大 己	井	朔日甲戌星	十五中亥正三	
三小 庚	鬼	朔日甲辰翼	同日節寅刀四　十三用辰正刀	十六中巳刀刀
四小 辛	柳	朔日癸酉軫	三日夏申正一	十七中戌刀三
五大 壬	星	朔日壬寅角	四日節子正	十九中卯正刀
六小 癸	張	朔日壬申氐	四日節午刀一　十六用申刀二	十九中申正二
七大 甲	翼	朔日辛丑房	五日秋亥刀三	廿一中寅刀刀
八小 乙	軫	朔日辛未尾	六日節辰正一	廿一中未刀二
九大 丙	角	朔日庚子箕	七日節酉正三　十九用子刀刀	廿二中子正刀
十大 丁	亢	朔日庚午牛	八日冬卯刀一	廿三中巳正三
十一大 戊	氐	朔日庚子虚	八日節申刀三	廿三中亥刀刀
十二小 己	房	朔日庚午室	九日節丑正一　廿一用卯正二	廿四中辰刀三

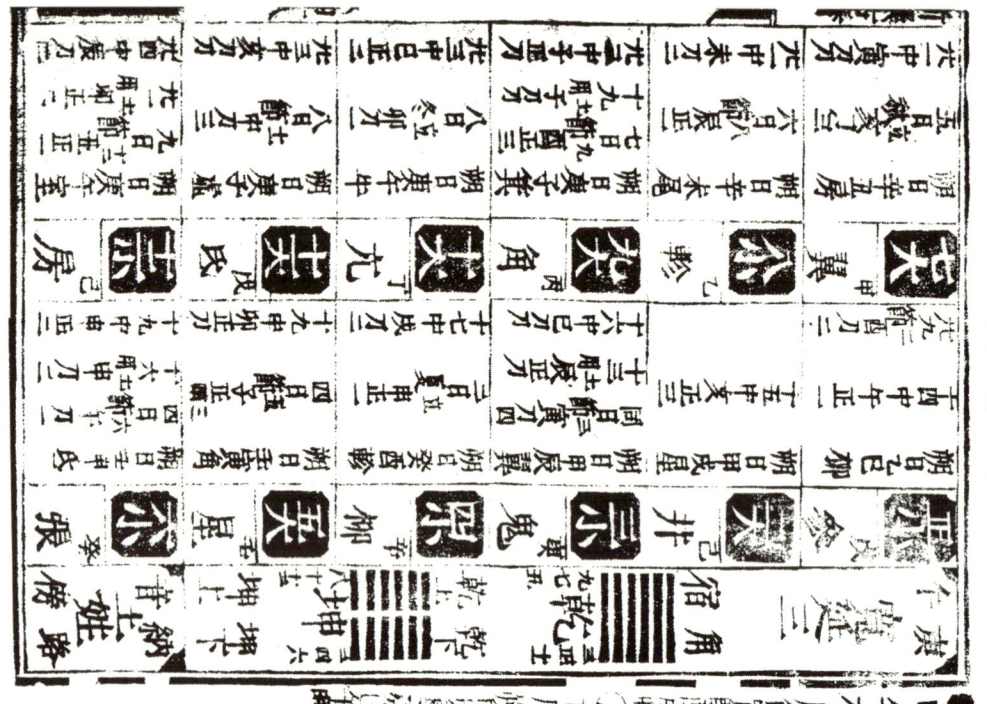

二 四 閏 八 十二

辛未 寶暦元
亢宿
屯 震下坎上
蒙 坎下艮上
納音 土姓 路傍

正大 庚 心　朔日己亥壁　十一日立春午正三　廿五中酉正刀
二小 辛 尾　朔日己巳婁　十一日節二子刀一　廿六中寅正三
三大 壬 箕　朔日戊戌胃　十三節三巳刀三　廿四土用未刀四　廿七中申刀刀
四小 癸 斗　朔日戊辰畢　十三立夏戌正一　廿八中丑刀二
五小 甲 牛　朔日丁酉觜　十四節五卯正三　廿九中午刀四
六大 乙 女　朔日丙寅參　十五節六酉刀一　廿七土用亥刀一　卅日中亥正二
閏六小　朔日丙申鬼　十六節七寅刀三
七大 丙 虛　朔日乙丑柳　二日中辰正四　十七節八未正刀
八小 丁 危　朔日乙未張　二日中戌刀一　十八節九子正三
九大 戊 室　朔日甲子翼　同日土用寅正三　四日中卯刀三　十九立冬午刀刀
十大 己 壁　朔日甲午角　四日中申正一　十九節十一子刀二
十一小 庚 奎　朔日甲子氐　五日中丑正三　廿日節十二辰正刀
十二大 辛 婁　朔日癸巳房　三日土用午正一　六日中未刀一　廿一立春酉正二

四月十五日月食八分戌亥時
九月十六日月食七分半子時

正 三 四 八 十一

壬申 寶暦二
氐宿
需 乾下坎上
訟 坎下乾上
納音 金姓 劍鋒

正大 壬 胃　朔日癸亥昴　六日中子刀三　廿二節二卯刀刀
二小 癸 昴　朔日癸巳斗　七日中巳正一　廿二節三申刀二
三大 甲 畢　朔日壬戌牛　五日土用戌刀三　八日中戌正三　廿四立夏丑正刀
四小 乙 觜　朔日壬辰虛　九日中辰刀一　廿四節五午正三
五小 丙 參　朔日辛酉危　十日中酉刀三　廿五節六子刀刀
六大 丁 井　朔日庚寅室　九日土用寅刀刀　十二中寅正一　廿七立秋巳刀二
七小 戊 鬼　朔日庚申奎　十二中未正三　廿七節八戌正刀
八小 己 柳　朔日己丑婁　十四中丑刀一　廿九節九卯正二
九大 庚 星　朔日戊午胃　十二土用巳正二　十五中午刀三　卅日立冬申正四
十大 辛 張　朔日戊子畢　十五中亥正刀
十一小 壬 翼　朔日戊午參　同日節十一寅刀一　十六中辰正三
十二大 癸 軫　朔日丁亥井　二日節十二未刀三　十四土用酉正刀　十七中戌刀刀

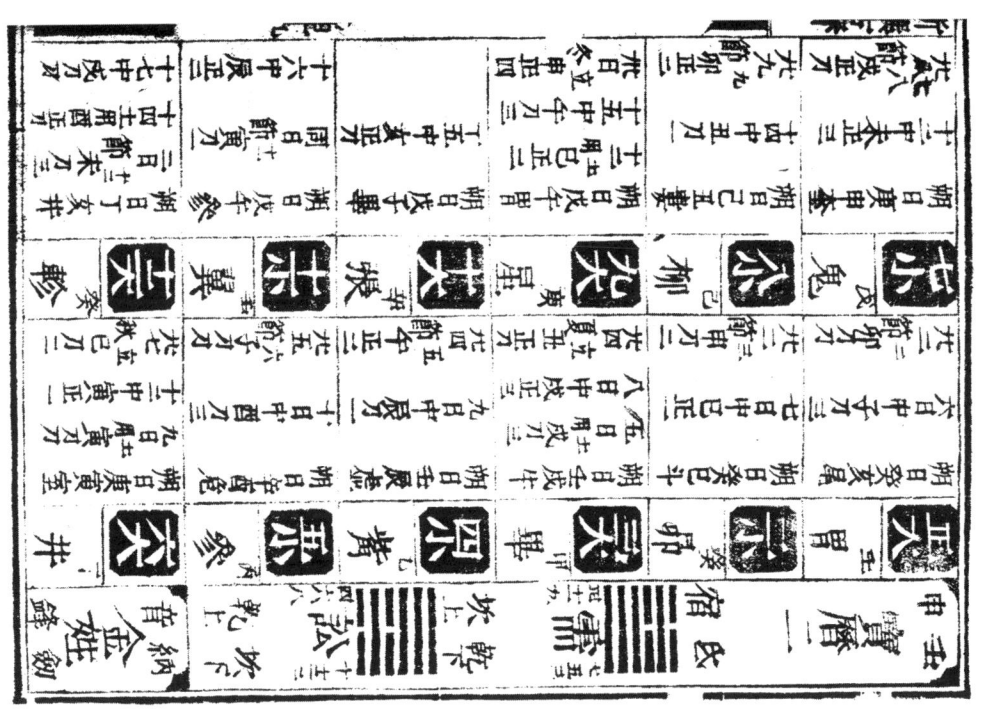

正 三 四 八 十二

九二 九二 九日 九五 十三

癸酉 寶暦三 房宿

師 坎下坤上 九七五 三正上

比 坤下坎上 八十十二 三四六

納音 金姓 劒鋒

- 正大 甲 角：朔日丁巳柳　三日立春子正一　十八中卯刀二
- 二大 乙 亢：朔日丁亥張　三日節二巳正三　十八中申正刀
- 三小 丙 氐：朔日丁巳翼　四日節三亥刀一　十七土用丑刀二　廿日中丑正三
- 四大 丁 房：朔日丙戌角　五日立夏辰刀三　廿日中未刀刀
- 五小 戊 心：朔日丙辰氐　五日節五酉正一　廿日中子刀二
- 六小 己 尾：朔日乙酉房　七日節六寅正三　十九土用巳刀刀　廿二中巳正刀
- 七大 庚 箕：朔日甲寅心　八日立秋申刀一　廿三中戌正三
- 八小 辛 斗：朔日甲申箕　九日節八丑刀三　廿四中辰刀刀
- 九小 壬 牛：朔日癸丑斗　十日節九午正一　廿二土用申正一　廿五中酉刀二
- 十大 癸 女：朔日壬午牛　十一立冬亥正三　廿七中寅正刀
- 十一大 甲 虛：朔日壬子虛　十二節十一巳刀一　廿七中未正三
- 十二小 乙 危：朔日壬午室　十二節十二戌刀三　廿四土用子刀三　廿八中子正四

二月十四日月食五分半卯時

九月十六日月食五分酉戌時

閏二月十五日月食七分酉時 帶

八月十五日月食皆既酉時 帶

正 三 五 八 十 十二

九八 九八 十五 一日 十九 十六日

甲戌 寶暦四 心宿

小畜 乾下巽上 上九七 五三正

履 兌下乾上 六八十 十二四

納音 火姓 山頭

- 正大 丙 室：朔日辛亥壁　十四日節卯六　廿九日中午二
- 二大 丁 壁：朔日辛巳婁　十四日節申八　廿九日中亥四
- 三大 戊 奎：朔日庚辰畢　同日中辰七　十六日節四未三
- 閏小：朔辛亥昴　廿七日土用辰二　十五日三節寅一
- 四大 己 婁：朔日庚戌參　同日中戌初　十七日節五丑五
- 五小 庚 胃：朔日庚辰鬼　二日中卯二　十七日節六巳七　廿九日土用申初
- 六小 辛 昴：朔日己酉柳　三日中申四　十八日節七亥一
- 七大 壬 畢：朔日戊寅星　五日中丑六　廿日節八辰三
- 八小 癸 觜：朔日戊申翼　五日中未初　廿日節九酉五
- 九小 甲 參：朔日丁丑軫　三日土用亥六　六日中子二　廿一日節十寅七
- 十大 乙 井：朔日丙午角　八日中巳四　廿三節十一申一
- 十一小 丙 鬼：朔日丙子氐　八日中戌八　廿四日節十二丑三
- 十二大 丁 柳：朔日乙巳房　七日土用卯四　十日中辰初　廿五日節正丑五

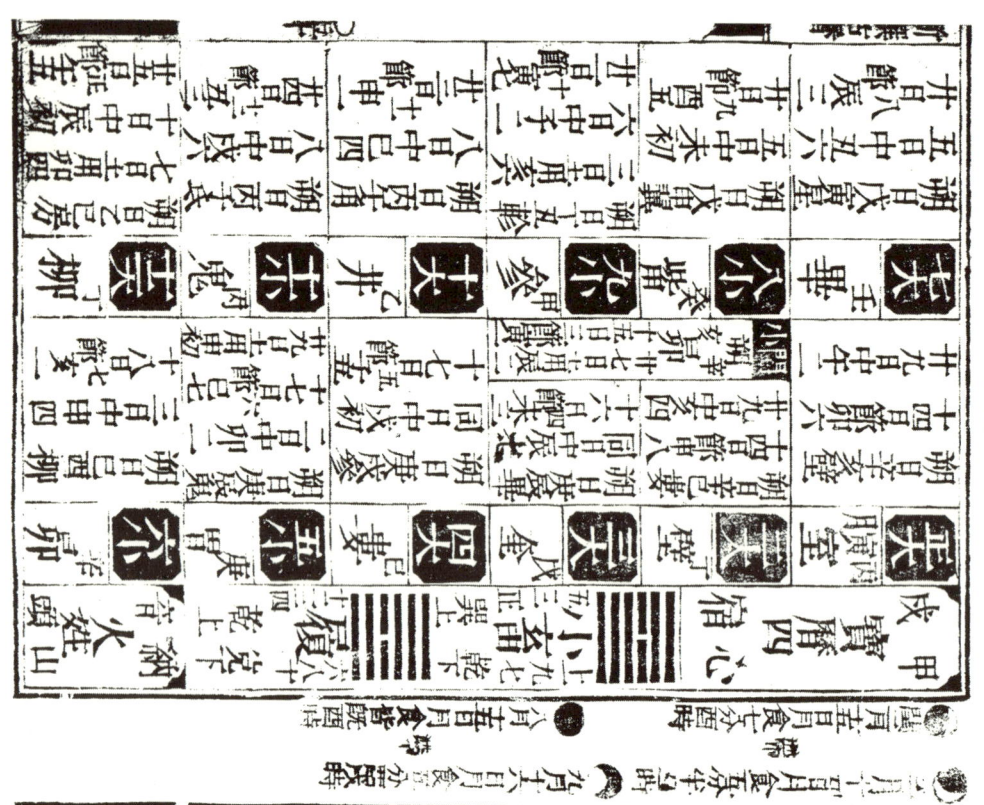

正十八三 十一十二十十九 十八十十 ...（右上書入）

乙亥　寶暦五　尾宿

泰　正十九 七五三　乾下坤上

否　四六八 十十二　坤下乾上

納音　山頭火

正大 戊 觜	二大 己 張	三小 庚 翼	四大 辛 軫	五小 壬 角	六大 癸 亢
朔日乙亥尾 十日中酉二 廿五日節亥九	朔日乙巳斗 十一日中寅四 廿六日節巳一	朔日乙亥女 八日土用未一 十二日中未六 廿六日節戌三	朔日甲辰虚 十三日中子八 廿八日節卯五	朔日甲戌室 十三日中午一 廿八日節申七	朔日癸卯壁 十日土用戌七 十四日中亥三 卅日節寅初
七小 甲 氐	八大 乙 房	九小 丙 心	十小 丁 尾	十一大 戊 箕	十二大 己 斗
朔日癸酉婁 十五日中辰五	朔日壬寅胃 同日節未二 十六日中酉七	朔日壬申畢 二日節子四 十四日土用丑一 十七日中卯一	朔日辛丑觜 三日節巳六 十八日中申三	朔日庚午参 四日節亥初 廿日中丑五	朔日庚子鬼 五日節辰二 十七日土用未三 廿日中午七

○二月朔日日食三分卯時 帯
●八月十五日月食六分酉戌時

○正月十六日月食二分酉時 帯

丙子　寶暦六　箕宿

同人　三正十一 九七五　離下乾上

大有　二四六 八十十二　乾下離上

納音　澗下水

正大 庚 牛	二大 辛 女	三小 壬 虚	四大 癸 危	五小 甲 室	六大 乙 壁
朔日己巳柳 六日節酉四 廿日中子一	朔日己亥張 七日節寅六 廿一日中巳三	朔日己巳軫 七日節申初 十九日土用戌二 廿二日中戌五	朔日戊戌角 九日節丑二 廿四日中卯七	朔日戊辰氐 九日節午四 廿四日中酉一	朔日丁酉心 十一日節亥六 廿二日土用丑七 廿六日中寅三
七大 丙 奎	八小 丁 婁	九大 戊 胃	十小 己 昴	十一大 庚 畢	十二大 辛 觜
朔日丁卯尾 十一日節辰八 廿六日中未五	朔日丁酉斗 十二日節戌二 廿七日中子七	朔日丙寅牛 十三日節卯四 廿五日土用巳四 廿八日中午初	朔日丙申虚 十三日節申六 廿八日中亥二	朔日乙丑危 十五日節丑八 卅日中辰四	朔日甲午奎 同日中酉六 十六日節子三

閏小　朔日乙未壁　十五日節未一　廿七日土用酉一

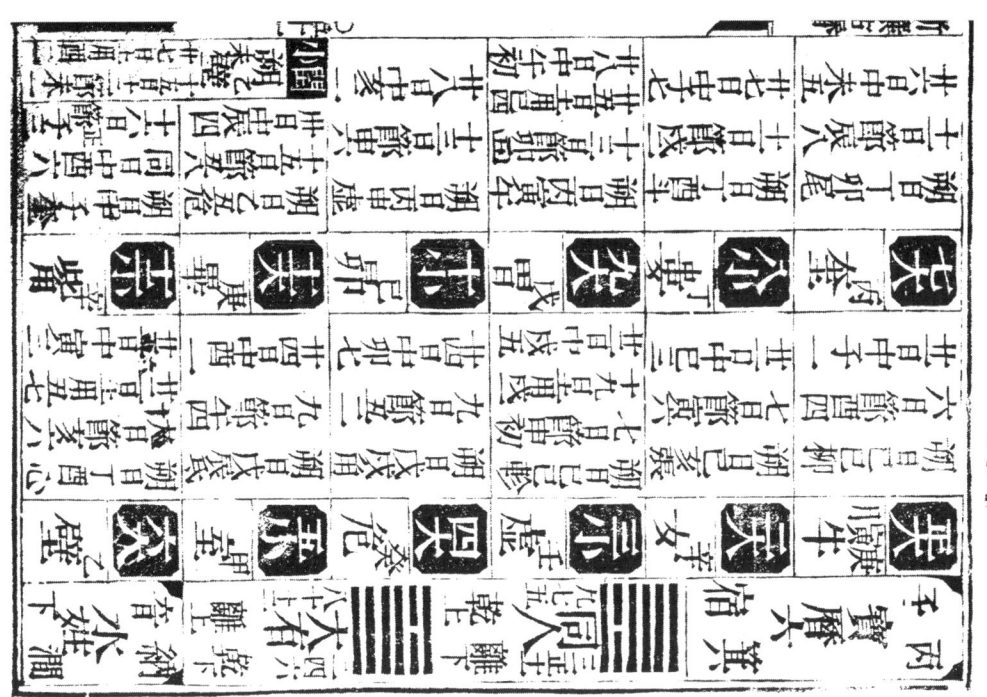

二 五 七 九 十 十二
十六 三日 十八 十九 五日 六日

丁丑 寶暦七 斗宿

謙（艮下 坤上）五三正 十一九七
豫（坤下 震上）十二二四 六八十

納音 澗下 水姓

正大 壬寅月 參 朔日癸巳婁 三日中卯初 十八日二節巳五
二小 癸 井 朔日癸亥昴 三日中申二 十八日三節戌七
三大 甲 鬼 朔日壬辰畢 二日土用五初 五日中丑四 廿日四節辰一
四大 乙 柳 朔日壬戌參 五日中午六 廿日五節酉三
五小 丙 星 朔日壬辰鬼 五日中子初 廿二日六節寅五
六大 丁 張 朔日辛酉柳 四日土用辰六 七日中巳三 廿二日七節未七
七小 戊 翼 朔日辛卯張 七日中戌四 廿二日八節丑一
八大 己 軫 朔日庚申翼 九日中卯六 廿四日九節午三
九大 庚 角 朔日庚寅角 六日土用申三 九日中申八 廿四日十節亥五
十小 辛 亢 朔日庚申氐 十日中寅一 廿五日十一節辰七
十一大 壬 氐 朔日己丑房 十一日中未四 廿六日十二節戌初
十二小 癸 房 朔日己未尾 九日土用子一 十二日中子六 廿七日正節卯三

◐ 十二月十五日月食五分酉時 帶

● 六月十六日月食皆既丑時 寅卯時
◐ 十二月十五日月食五分酉時 帶

二 五 七 九 十 十二
六一 五日 四 五 十一 十二

戊寅 寶暦八 牛宿

隨（震下 兌上）七五三 正十一九
蠱（巽下 艮上）十十二 四六八

納音 城頭 土姓

正大 甲寅月 心 朔日戊子箕 十三日中巳八 廿八日二節申五
二小 乙 尾 朔日戊午牛 十三日中亥一 廿九日三節丑七
三小 丙 箕 朔日丁亥女 十一日土用卯七 十五日中辰三
四大 丁 斗 朔日丙辰虛 同日節未初 十六日中酉五
五小 戊 牛 朔日丙戌壁 同日節子二 十七日中寅七
六大 己 女 朔日乙卯壁 三日節巳四 十五日土用未五 十八日中申一
七小 庚 虛 朔日乙酉婁 三日節戌八 十九日中丑三
八大 辛 危 朔日甲寅昴 五日節辰初 廿日中午五
九大 壬 室 朔日甲申畢 五日節酉二 十七日土用亥三 廿日中亥七
十大 癸 壁 朔日甲寅參 六日節寅四 廿一日中巳一
十一小 甲 奎 朔日甲申鬼 六日節未六 廿一日中戌二
十二大 乙 婁 朔日癸丑柳 八日節子八 廿日土用卯初 廿三日中卯五

○五十二

二五七九閏十一
九七　十五　爪日　一日　十七　十八

己卯　寶曆九　宿女

臨（九五　三正十一）兌下　坤上
觀（八十十二　二四六）坤下　巽上

納音　土　姓　城頭

月	宿	朔			
正小 丙	胃	朔日癸未張	八日節午二	廿三日中申七	
二大 丁	昴	朔日壬子翼	九日節亥四	廿五日中寅一	
三小 戊	畢	朔日壬午角	十日節辰六	廿二日土用午六	廿五日中未三
四小 己	觜	朔日辛亥亢	十一日節酉八	廿七日中子五	
五大 庚	參	朔日庚辰氐	十三日節卯一	廿八日中巳七	
六小 辛	井	朔日庚戌心	十三日節申三	廿五日土用戌四	廿八日中亥初
七大 壬	鬼	朔日己卯尾	十五日節丑五	三十日中辰二	
閏小		朔日己酉斗	十五日八節午七		
八大 癸	柳	朔日戊寅斗	同日中酉四	十六日九節巳七	廿九日土用寅一
九大 甲	星	朔日戊申虛	二日中寅八	十七日十節巳三	
十小 乙	張	朔日戊寅室	二日中申初	十七日十一節戌五	
十一大 丙	翼	朔日丁未奎	四日中丑二	十九日十二節卯七	
十二大 丁	軫	朔日丁丑婁	同日土用巳八	四日中午四	十九日正節酉一

二四七九十一
三日　廿九日　六日　廿六日　七四

庚辰　寶曆十　宿虛

噬嗑（十九七　卯三正）震下　離上
賁（六八十　十二四）離下　艮上

納音　金　姓　白鑞

四月十五日月食三分寅時
五月朔日日食七分申時
十月十六日月食五分卯時

月	宿	朔			
正小 戊寅月	角	朔日丁未昴	四日中亥六	二十日二節寅三	
二大 己	亢	朔日丙子畢	六日中巳刀	廿一日三節午五	
三小 庚	氐	朔日丙午參	三日土用酉六	六日中戌二	廿二日立夏子七
四小 辛	房	朔日乙亥井	八日中卯四	廿三日五節午一	
五大 壬	心	朔日甲辰鬼	九日中申六	廿四日六節亥三	
六小 癸	尾	朔日癸酉星	七日土用丑三	十一日中丑八	廿五日立秋辰五
七小 甲	箕	朔日癸卯張	十一日中未二	廿六日八節酉七	
八大 乙	斗	朔日壬申翼	十二日中子三	廿八日九節卯刀	
九大 丙	牛	朔日壬寅角	十日土用巳一	十三日中巳五	廿八日立冬申二
十小 丁	女	朔日壬申氐	十三日中戌七	廿九日十一節丑四	
十一大 戊	虛	朔日辛丑房	十五日中辰一	卅日十二節午六	
十二大 己	危	朔日辛未尾	十二日土用申七	十五日中酉三	卅日立春子刀

二 八日
四 十五
七 十三
九 十三
十一 卅日

辛巳 寶暦十一 危宿

剝 坤下 艮上
復 震下 坤上
納音 金 姓 白鑞

正大 庚寅 室　朔日辛丑斗　十六日中寅五
二小 辛 壁　朔日辛未女　朔日節巳二　十六日中未七
三大 壬 奎　朔日庚子虚　二日節戊四　十五日用土子五　十八日中丑一
四小 癸 婁　朔日庚午室　三日夏立卯六　十八日中午三
五小 甲 胃　朔日己亥壁　四日節酉刀　十九日中亥五
六小 乙 昴　朔日戊辰奎　六日節寅二　十八日用土辰三　廿一日中辰七
七大 丙 畢　朔日丁酉胃　七日秋立未四　廿二日中戌一
八小 丁 觜　朔日丁卯昴　八日節子六　廿三日中卯三
九大 戊 参　朔日丙申畢　九日節巳八　廿一日用土申刀　廿四日中申五
十小 己 井　朔日丙寅参　九日冬立亥二　廿五日中丑七
十一大 庚 鬼　朔日乙未井　十一日節辰四　廿六日中未刀
十二大 辛 柳　朔日乙丑柳　十二日節酉六　廿三日用土亥六　廿六日中子二

四月十四日月食皆既寅時 卯
十月十六日月食皆既酉戌時

九月朔日日食三分酉時
九月十六日月食五分丑寅時

二 十四
壬四 十一日
六 十七
八 十八
十一 六日

壬午 寶暦十二 室宿

无妄 震下 乾上
大畜 乾下 艮上
納音 木 姓 楊柳

正大 壬寅 星　朔日乙未張　十二日春立寅八　廿七日中巳四
二小 癸 張　朔日乙丑軫　十二日節申一　廿七日中戌六
三大 甲 翼　朔日甲午亢　十四日節丑三　廿五日用土卯四　廿九日中辰刀
四大 乙 軫　朔日甲子氐　十四日夏立午五　廿九日中酉二
閏小　朔日甲午心　十五日節亥七
五小 丙 角　朔日癸亥尾　十六日中寅四　十六日節巳　廿八日用土未三
六大 丁 亢　朔日壬辰箕　二日中未六　十七日秋立戌三
七小 戊 氐　朔日壬戌午　三日中丑刀　十八日節卯五
八小 己 房　朔日辛卯女　四日中午二　十九日節申七
九大 庚 心　朔日庚申虚　二日用土戌八　五日中亥四　廿一日冬立寅一
十小 辛 尾　朔日庚寅室　六日中辰六　廿一日節未三
十一大 壬 箕　朔日己未壁　七日中酉八　廿三日節子五
十二大 癸 斗　朔日己丑婁　五日用土寅六　八日中卯　廿三日春立巳

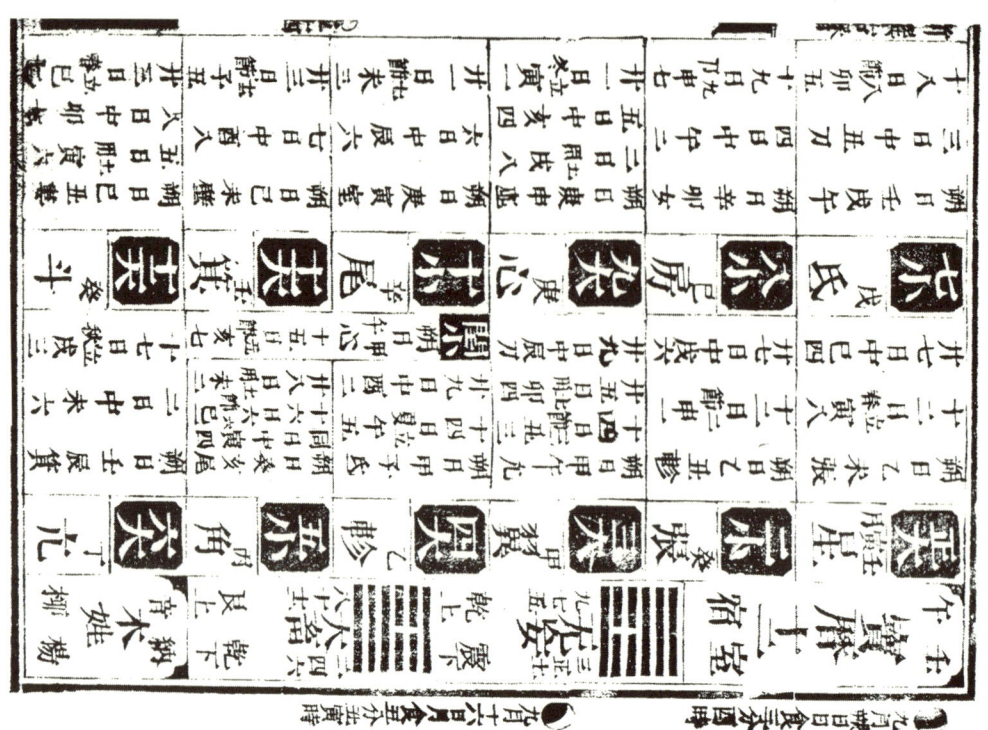

正 三 四 八 十一
廿九日 廿九日 七日 六三 十一

癸未 寶暦十三 壁宿

頤 震下艮上

大過 巽下兌上

納音 木 姓 楊柳

月	干支・宿	朔日	節・中
正大	甲寅月 午	朔日己未昴	八日中申四　廿三日節二亥刀
二小	乙 女	朔日己丑觜	九日中丑六　廿四日節三辰二
三大	丙 虚	朔日戊午参	七日用土午三　十日中午八　廿五日立夏酉四
四小	丁 危	朔日戊子鬼	十日中子一　廿六日節五寅六
五大	戊 室	朔日丁巳柳	十二日中巳三　廿七日節六申刀
六小	己 壁	朔日丁亥張	九日用土戌一　十二日中戌五　廿八日立秋丑二
七大	庚 奎	朔日丙辰翼	十四日中卯七　廿九日節八午四
八小	辛 婁	朔日丙戌角	十四日中酉一　廿九日節九亥六
九小	壬 胃	朔日乙卯亢	十三日用土丑七　十六日中寅三
十大	癸 昴	朔日甲申氐	二日立冬巳刀　十七日中未五
十一小	甲 畢	朔日甲寅心	二日節十一戌二　十八日中子七
十二大	乙 觜	朔日癸未尾	四日節十二卯四　十六日用土巳丑　十九日中午一

正 三 四 八 十一
廿六 廿七 十三 十九 十七

甲申 明和元 奎宿

習坎 坎下坎上

離 離下離上

納音 水 姓 井泉

月	干支・宿	朔日	節・中
正大	丙寅月 参	朔日癸丑箕	四日立春申六　十九日中亥三
二小	丁 井	朔日癸未斗	五日節二寅刀　廿日中辰五
三大	戊 鬼	朔日壬子女	六日節三未二　十八日用土酉三　廿一日中酉七
四大	己 柳	朔日壬午危	六日立夏子四　廿二日中卯一
五小	庚 星	朔日壬子壁	七日節五巳六　廿二日中申三
六大	辛 張	朔日辛巳奎	八日節戌八　廿一日用土丑刀　廿四日中丑五
七小	壬 翼	朔日辛亥胃	九日立秋辰一　廿四日中午七
八大	癸 軫	朔日庚辰昴	十日節八酉三　廿五日中子刀
九小	甲 角	朔日庚戌觜	十一日節九寅五　廿三日用土辰六　廿六日中巳三
十小	乙 亢	朔日己卯参	十二日立冬未七　廿七日中戌四
十一大	丙 氐	朔日戊申井	十四日節十一丑一　廿九日中卯六
十二小	丁 房	朔日戊寅柳	十四日節十二午五　廿六日用土申四　廿九日中酉刀
閏十二大		朔日丁未星	十五日立春亥五

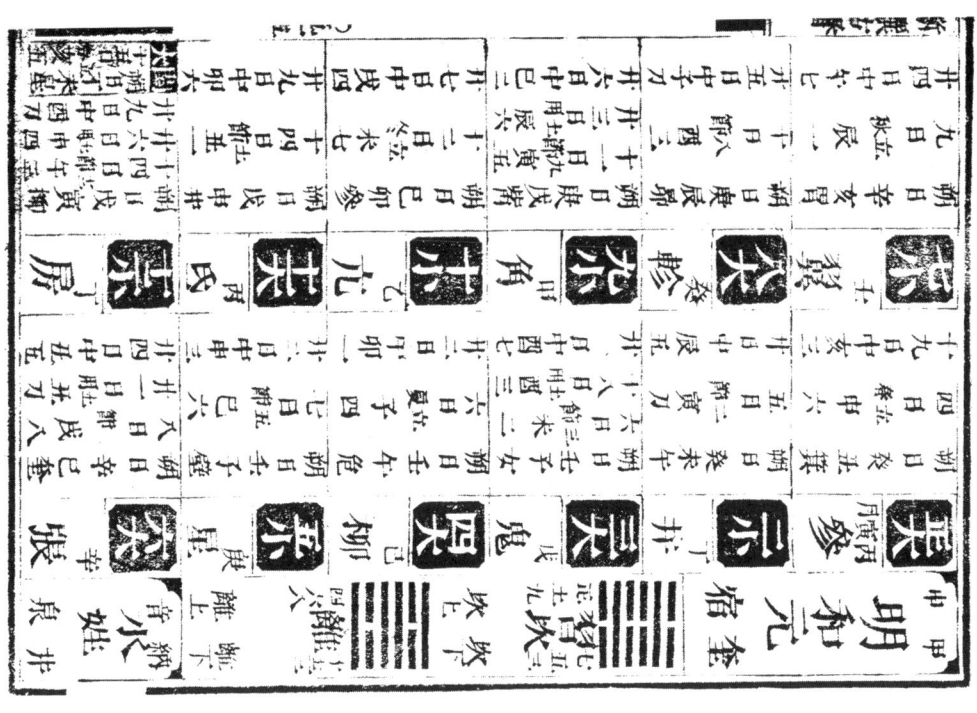

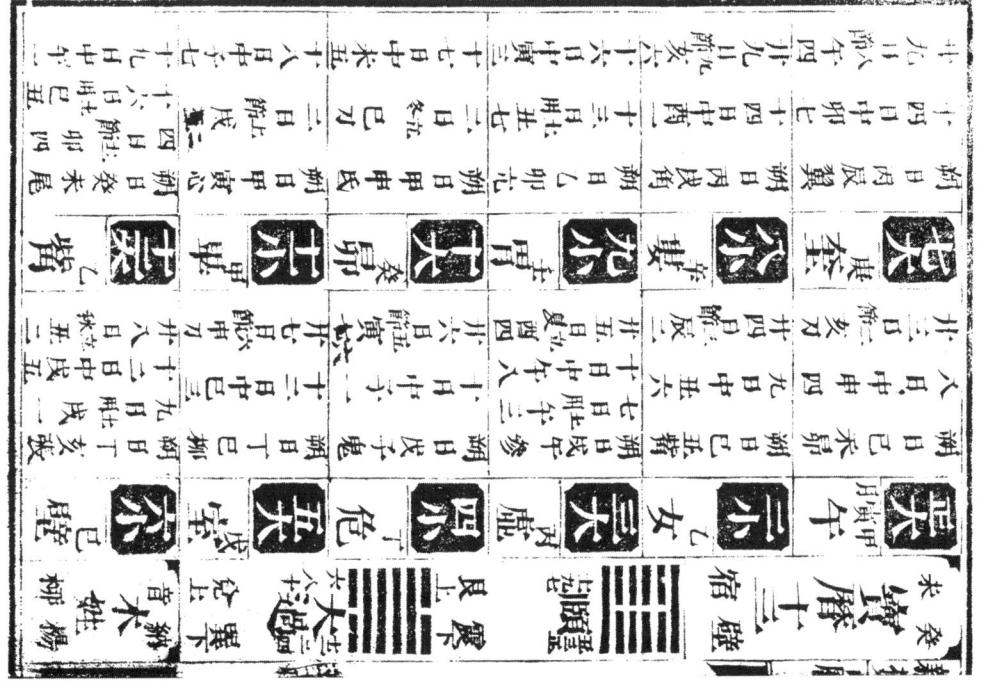

正 二日　三 三日　四 十九　八 五日　十 廿六 二　十二 廿三

乙酉 明和二 宿 婁

艮下 兌上 咸

巽下 震上 恒

納音 水 姓 井泉

月	干・宿				
正大	戊 心	朔日丁丑翼	同日中寅二	十六日節二辰七	
二大	己 尾	朔日丙午軫	三日中未四	十七日節三戌一	三十日用土子二
三大	庚 箕	朔日丙子亢	三日中子六	十八日立夏卯三	
四小	辛 斗	朔日丙午房	三日中午刀	十八日節五申五	
五大	壬 牛	朔日乙亥心	四日中亥二	二十日節六丑七	
六小	癸 女	朔日乙巳箕	二日用土卯八	五日中辰四	二十日立秋未一
七大	甲 虚	朔日甲戌午	六日中酉六	十一日節八子三	
八大	乙 危	朔日甲辰女	七日中寅八	廿二日節九巳五	
九小	丙 室	朔日甲戌危	四日用土未五	七日中申二	廿二日立冬戌七
十大	丁 壁	朔日癸卯室	九日中丑四	廿四日節十辰刀	
十一小	戊 奎	朔日癸酉奎	九日中午六	廿四日節十一辰刀 酉二	
十二小	己 婁	朔日壬寅婁	七日用土亥三	十日中亥八	廿六日立春寅四

十二月十六日月食皆既戌亥時

六月十五日月食皆既子時 丑寅

正月十六日月食四分丑寅時

正 八日　三 九日　五 廿五　八 十一 六　十 廿七　十二 廿八

丙戌 明和三 宿 胃

艮下 乾上 遯

乾下 震上 大壮

納音 土 姓 屋上

月	干・宿				
正大	庚 胃	朔日辛未胃	十二日中巳一	廿七日節二未六	
二小	辛 昴	朔日辛丑畢	十二日中戌三	廿八日節三丑刀	
三大	壬 畢	朔日庚午觜	十一日用土卯一	十四日中卯五	廿九日立夏午二
四小	癸 觜	朔日庚子井	十四日中申七	廿九日節五亥四	
五大	甲 参	朔日己巳鬼	十六日中寅一		
六大	乙 井	朔日己亥星	同日節六辰六	十三日用土午七	十六日中未三
七小	丙 鬼	朔日己巳翼	同日立秋戌刀	十七日中子五	
八大	丁 柳	朔日戊戌軫	三日節八卯二	十八日中巳七	
九大	戊 星	朔日戊辰亢	三日節九申四	十五日用土戌五	十八日中亥一
十小	己 張	朔日戊戌房	四日立冬丑六	十九日中辰三	
十一大	庚 翼	朔日丁卯心	五日節十一午八	二十日中酉五	
十二小	辛 軫	朔日丁酉箕	五日節十二子三	十八日用土寅二	廿一日中寅七

正三六八十十二月
十三 十四 二日 十七 四日 十八日

明和四 丁亥 卯宿

晉 坤下離上

明夷 離下坤上

納音 土姓 屋上

正大 壬寅 角	朔日丙寅斗 七日春立巳四 廿二日中申刀	七大 戊 箕	朔日癸亥胃 十三日秋立子七 廿八日中卯四
二大 癸 亢	朔日乙未女 七日節二戌六 廿四日中丑二	八大 己 斗	朔日壬辰昴 十四日節八午一 廿九日中申六
三小 甲 氐	朔日乙丑虚 九日節三卯八 廿一日用土午刀 廿四日中午四	九大 庚 午	朔日壬戌觜 十四日節九亥三 廿七日用土丑四 三十日中寅刀
		小閏	朔日壬辰井 十五日節十一…
四大 乙 房	朔日甲午危 十日夏立酉一 廿五日中亥六	十大 辛 女	朔日辛酉鬼 閏日中未二 十六日節十酉七
五小 丙 心	朔日甲子壁 十一日節五寅三 廿六日中巳刀	十一大 壬 虚	朔日辛卯星 十七日節十一卯一 閏日中子四 十九日用土巳二
六大 丁 尾	朔日癸巳奎 十二日節六未五 廿四日用土酉六 廿七日中戌二	十二小 癸 危	朔日辛酉翼 二日中巳六 十七日春立申三

二五七九十十二
十九 七日 廿三 廿三 十日 十日

十二月十三日 …

明和五 戊子 畢宿

家人 離下巽上

睽 兌下離上

納音 火姓 霹靂

正大 甲寅 室	朔日庚寅軫 三日中亥刀 十九日節二丑五	七大 庚 畢	朔日丙戌斗 十日中午三 廿五日節八酉刀
二小 乙 壁	朔日庚申亢 四日中辰二 十九日節三午七	八大 辛 觜	朔日丙辰女 十日中亥五 廿六日節九寅二
三小 丙 奎	朔日己丑氐 三日用土申八 五日中酉四 廿日夏立子一	九小 壬 参	朔日丙戌危 八日用土辰三 十一日中辰七 廿六日冬立未四
四大 丁 婁	朔日戊午房 七日中寅六 廿二日節五巳三	十大 癸 井	朔日乙卯室 十二日中戌一 廿八日節十子六
五小 戊 胃	朔日戊子尾 七日中未八 廿二日節六戌五	十一大 甲 鬼	朔日乙酉奎 十三日中卯三 廿八日節十一午刀
六大 己 昴	朔日丁巳箕 六日用土子五 九日中丑一 廿四日秋立卯七	十二小 乙 柳	朔日乙卯胃 十日用土申一 十三日中申五 廿八日春立亥二

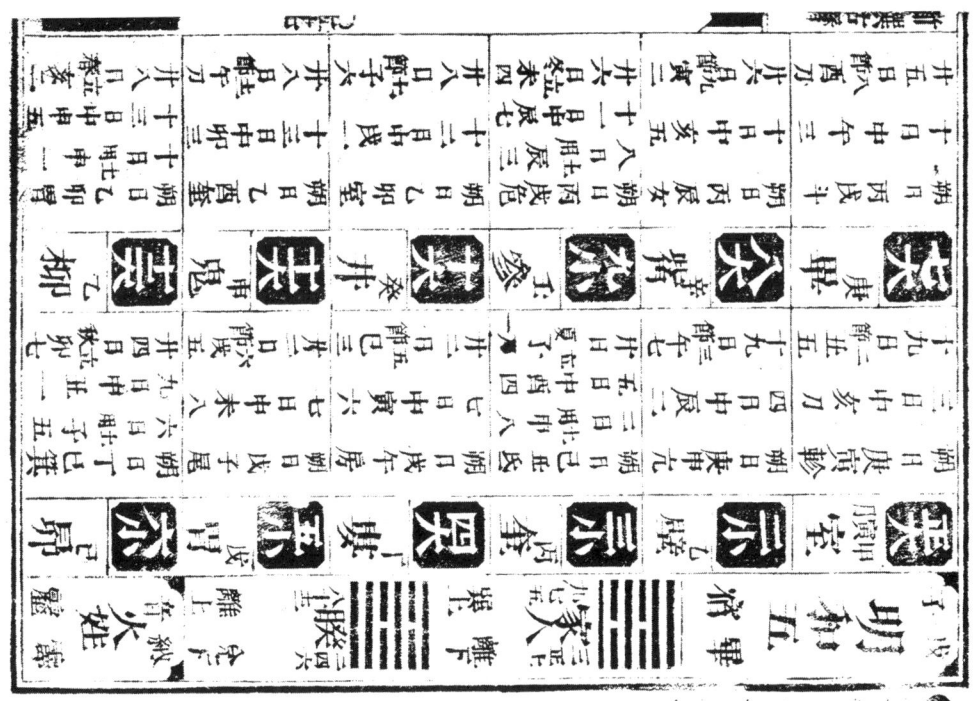

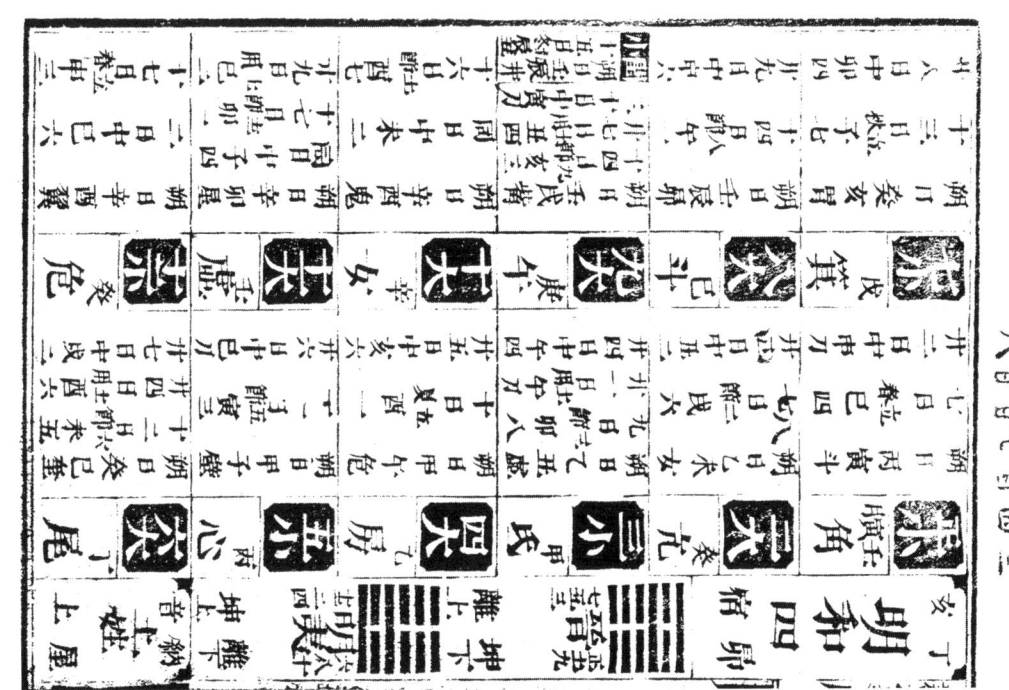

二五七九十十二
廿五 十三 九八 九九 十六 十六

己丑 明和六 宿 觜

蹇 五十三 艮下坎上 十九七

解 四十 坎下震上 六十八

納音 火 姓 霹靂

正小 丙寅月 星
朔日乙酉畢
十四日中丑七
廿九日節二辰四

二大 丁 張
朔日甲寅觜
十五日中未一
三十日節三酉六

三小 戊 翼
朔日甲申井
十二日朏土亥七
十五日中子三

四小 己 軫
朔日癸丑鬼
二日夏立卯刀
十七日中巳五

五大 庚 角
朔日壬午柳
三日節五申二
十八日中戌七

六小 辛 亢
朔日壬子張
四日節六丑四
十六日朏十卯五
十九日中辰一

七小 壬 氐
朔日辛巳翼
五日秋立午六
廿日中酉三

八大 癸 房
朔日庚戌軫
六日節八亥八
廿二日中寅五

九小 甲 心
朔日庚辰亢
七日節九巳一
十九日朏土未二
廿二日中未七

十大 乙 尾
朔日己酉氐
八日冬立戌三
廿四日中丑刀

十一大 丙 箕
朔日己卯心
九日節十一卯五
廿四日中午三

十二大 丁 斗
朔日己酉箕
九日節十二申七
廿一日朏土亥刀
廿四日中亥四

四月朔日食八分巳午時
十月十六日月食八分寅卯時

四月十五日月食九分子丑時 寅

三五七九閏十一
一日 十八日 四日 五日 九一 廿二

庚寅 明和七 宿 參

損 三十三 兌下艮上 七十九

益 三十三 震下巽上 四六八

納音 木 姓 松栢

正大 戊寅月 午
朔日己卯午
十日春立寅一
廿五日中辰六

二小 己 女
朔日己酉虚
十日節二未三
廿五日中戌刀

三大 庚 虚
朔日戊寅危
十二日節三子五
廿四日朏十寅六
廿七日中卯二

四小 辛 危
朔日戊申壁
十二日夏立巳七
廿七日中申四

五小 壬 室
朔日丁丑奎
十三日節五亥一
廿九日中丑六

六大 癸 壁
朔日丙午婁
十五日節六辰三
廿七日朏土午四
三十日中未刀

閏小
朔日丙午婁
十五日節七酉五

七小 甲 奎
朔日乙巳畢
同日中子二
十七日節八寅七

八大 乙 婁
朔日甲戌觜
三日中巳四
十八日節九申一
卅日朏土戌一

九小 丙 胃
朔日甲辰井
三日中戌六
十九日冬立丑三

十大 丁 昴
朔日癸酉鬼
五日中卯八
二十日節十一午五

十一大 戊 畢
朔日癸卯星
五日中酉二
廿日節十二亥七

十二大 己 觜
朔日癸酉翼
三日朏土丑八
六日中寅四
廿一日春立巳刀

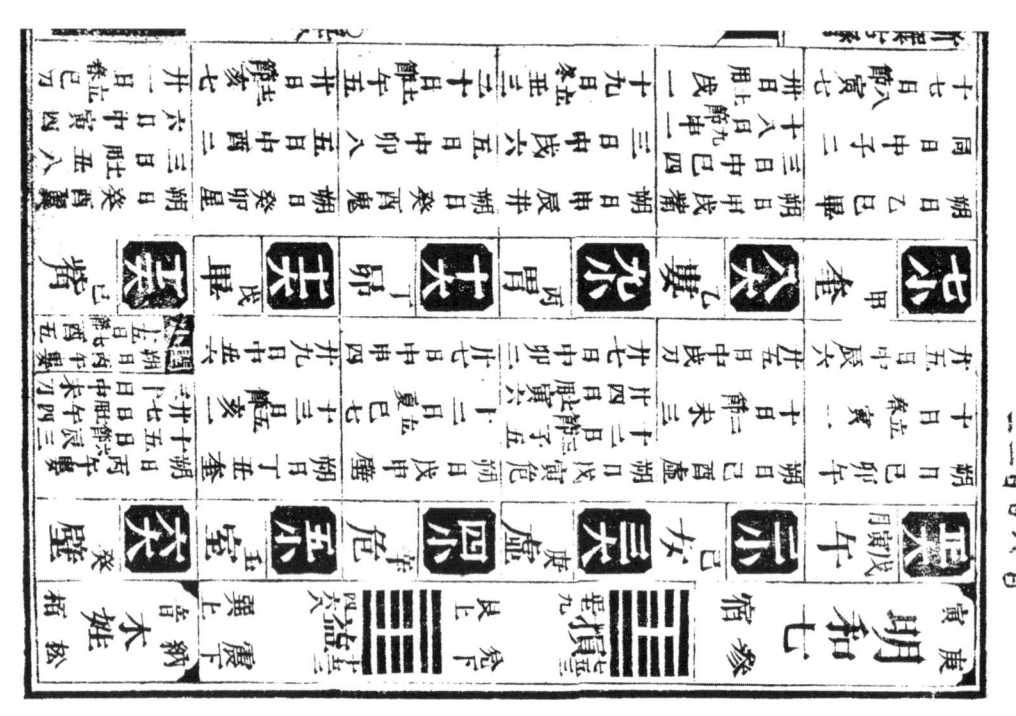

二四七九十一
七日　九三　九日　十日　九八

辛卯　明和八　宿井
夬　乾下兌上
姤　巽下乾上
納音　木　姓　松栢

正小　庚寅月　參　朔日癸卯角　六日中未六　廿一日節戊二
二大　辛　井　朔日壬申亢　八日中子八　廿三日節卯四
三大　壬　鬼　朔日壬寅房　五日土用巳五　八日中午　廿三日立夏申六
四小　癸　柳　朔日壬申尾　八日中亥三　廿四日節寅刀
五小　甲　星　朔日辛丑箕　十日中辰五　廿五日節未二
六大　乙　張　朔日庚午斗　八日土用酉三　十一日中酉七　廿六日立秋子四
七小　丙　翼　朔日庚子女　十二日中卯一　廿七日節巳六
八小　丁　軫　朔日己巳虚　十三日中申三　廿八日節亥刀
九大　戊　角　朔日戊戌危　十二日土用丑一　十五日中丑五　三十日立冬辰二
十小　己　亢　朔日戊辰壁　十五日中午七
十一大　庚　氐　朔日丁酉奎　同日節酉四　十六日中子一
十二大　辛　房　朔日丁卯胃　二日節寅六　十四日土用辰七　十七日中巳三

二月十五日月食五分子丑時
二月十六日月食皆既酉時
八月朔日食二分辰巳時

二四七九十二
十三　十九　十五　十六　十二四日

壬辰　安永元　宿鬼
萃　坤下兌上
升　巽下坤上
納音　水　姓　長流

正小　壬寅月　心　朔日丁酉畢　二日立春申刀　十七日中戌五
二大　癸　尾　朔日丙寅觜　四日節丑二　十九日中卯七
三大　甲　箕　朔日丙申井　四日節午四　十六日土用申四　十九日中酉
四小　乙　斗　朔日丙寅柳　四日立夏亥六　廿日中寅三
五大　丙　牛　朔日乙未星　六日節辰八　廿一日中未五
六小　丁　女　朔日乙丑翼　六日節戌一　十九日土用子二　廿二日中子六
七大　戊　虚　朔日甲午軫　八日立秋卯三　廿三日中午刀
八小　己　危　朔日甲子亢　八日節申五　廿三日中亥三
九小　庚　室　朔日癸巳氐　廿日節丑七　廿二日土用辰刀　廿五日中辰四
十大　辛　壁　朔日壬戌房　十一日立冬未一　廿六日中酉六
十一小　壬　奎　朔日壬辰尾　十一日節子三　廿七日中卯刀
十二大　癸　婁　朔日辛酉箕　十三日節巳五　廿五日土用未六　廿八日中申二

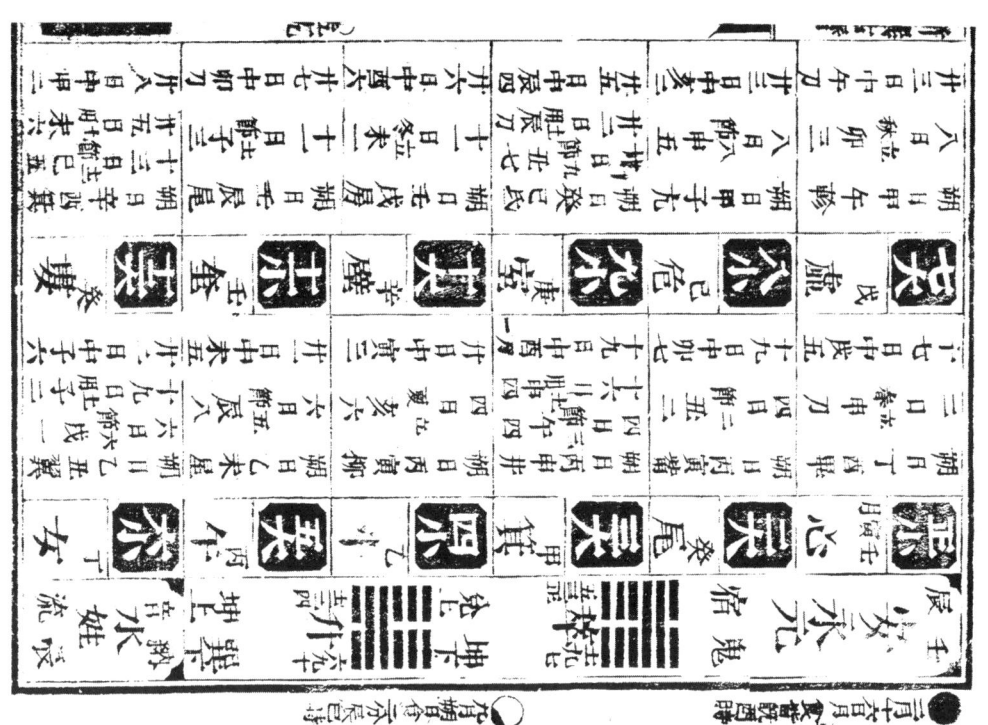

二 十九
四 六日
六 九日
八 九一
十二 九日

癸巳 安永二 宿 柳

坎下兌上 困 正十九 七五三
巽下坎上 井 四六八 十二

納音 長流水

正小 甲寅月 胃
朔日辛卯午
十三日立春戊七
廿九日中丑四

二大 乙 昴
朔日庚申女
十五日節二辰一
三十日中午六

三大 丙 畢
朔日庚寅危
十五日節三酉三
廿七日土用亥四
三十日中子刀

閏三小
朔日庚申壁
十六日節四寅五

四大 丁 觜
朔日己丑奎
二日中巳二
十七日節五未七

五大 戊 參
朔日己未胃
二日中戌四
十八日節六丑一
三十日土用卯一

六小 己 井
朔日己丑畢
三日中卯六
十八日立秋午三

七大 庚 鬼
朔日戊午觜
四日中申八
十九日節八亥五

八小 辛 柳
朔日戊子井
五日中寅一
二十日節九辰七

九小 壬 星
朔日丁巳鬼
三日土用午七
六日中未三
廿一日立冬戊刀

十大 癸 張
朔日丙戌柳
八日中子五
廿三日節十一卯二

十一小 甲 翼
朔日丙辰張
六日土用戊五
九八日中巳七
廿五日節十二申四 三

十二大 乙 軫
朔日乙酉翼
六日土用戊五
九日中亥一
廿五日立春丑六

正 九四
三 九五
四 十二
八 廿七
十一 十五

十二月十五日月食五分卯時 帯

甲午 安永三 宿 星

離下兌上 革 三七 九七五
巽下離上 鼎 二四六 八十十二

納音 沙中金

正小 丙寅月 角
朔日乙卯角
十日中辰三
廿五日節二未刀

二大 丁 亢
朔日甲申亢
十一日中酉五
廿六日節三子二

三小 戊 氐
朔日甲寅房
九日土用寅三
十二日中寅七
廿七日立夏巳四

四大 己 房
朔日癸未心
十三日中申一
廿八日節五戌六

五大 庚 心
朔日癸丑箕
十四日中丑三
廿九日節六辰刀

六小 辛 尾
朔日癸未午
十一日土用午一
十四日中午五
廿九日立秋酉二

七大 壬 箕
朔日壬子女
十五日中亥七

八大 癸 斗
朔日壬午危
同日節八寅四
十六日中巳一

九小 甲 午
朔日壬子壁
同日節九未六
十三日土用酉七
十六日中戌三

十小 乙 女
朔日辛巳奎
三日立冬子八
十八日中卯五

十一大 丙 虛
朔日庚戌婁
四日節土午二
十九日中申七

十二小 丁 危
朔日庚辰昴
四日節十二亥四
十七日土用丑四
二十日中寅刀

新撰古暦 〇六十

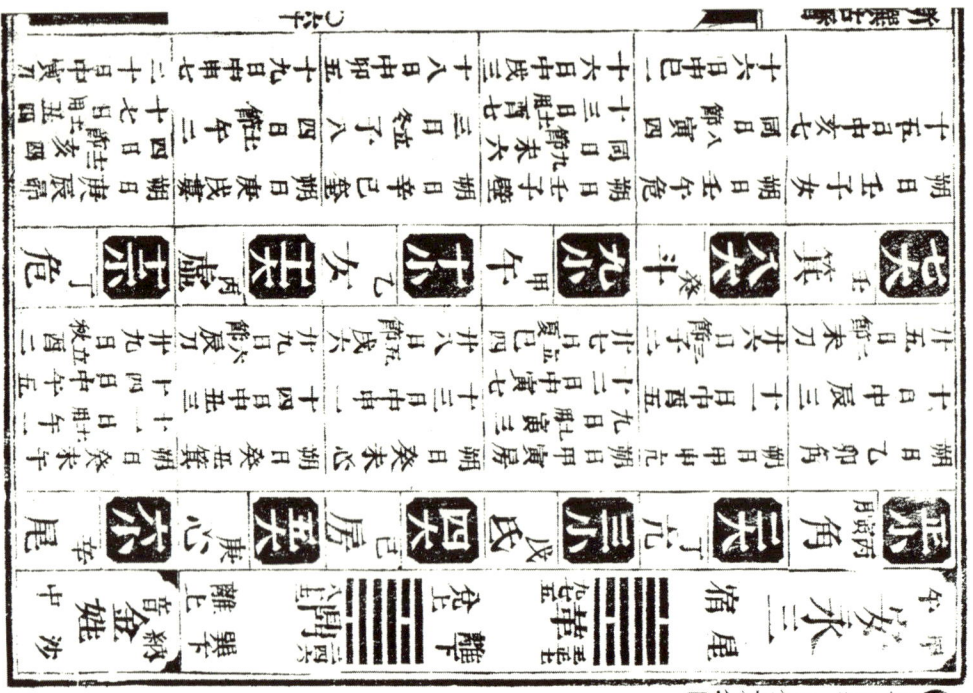

正四四九十一
六九 一日 十七 三日 六日

乙未 安永四 張宿

震（震下震上）
艮（艮下艮上）
納音 沙中金 姓

月	干支・宿	朔日	節・中
正大	戊寅 室	朔日己酉畢	六日立春辰六　廿一日中未二
二小	己卯 壁	朔日己卯參	六日節二酉八　廿一日中子四
三大	庚辰 奎	朔日戊申井	八日節三卯一　二十日土用巳二　廿三日中巳六
四小	辛巳 婁	朔日戊寅柳	八日立夏申三　廿三日中亥刀
五大	壬午 胃	朔日丁未星	十日節五丑五　廿五日中辰二
六小	癸未 昴	朔日丁丑翼	十日節六午七　廿二日土用酉刀　廿五日中酉四
七大	甲申 畢	朔日丙午軫	十一日立秋子二　廿七日中寅六
八大	乙酉 觜	朔日丙子亢	十二日節八巳三　廿七日中申刀
九小	丙戌 參	朔日丙午房	十二日節九戌五　廿五日土用子六　廿八日中丑二
十大	丁亥 井	朔日乙亥心	十四日立冬卯七　廿九日中午四
十一大	戊子 鬼	朔日乙巳箕	十四日節十一酉一　廿九日中亥六
十二小	己丑 柳	朔日甲辰女	同日中辰八　十六日立春未五
閏小		朔日乙亥午	十五日節寅三　廿七日土用辰四

五月十六日月食皆既子丑時
閏十二月十四日月食皆既寅卯時
七月朔日日食十分巳午時

十八日三正
九九七六
六日三日

丙申 安永五 翼宿

漸（艮下巽上）
歸妹（兌下震上）
納音 山下火 姓

月	干支・宿	朔日	節・中
正大	庚寅 星	朔日癸酉虛	二日中戌二　十八日節二子七
二小	辛卯 張	朔日癸卯室	三日中卯四　十八日節三午刀
三大	壬辰 翼	朔日壬申壁	同日土用申一　四日中申六　十九日立夏亥二
四小	癸巳 軫	朔日壬寅婁	五日中丑八　廿日節五辰四
五大	甲午 角	朔日辛未胃	六日中未一　廿一日節六酉七
六小	乙未 亢	朔日辛丑畢	三日土用亥七　六日中子三　廿二日立秋卯刀
七大	丙申 氐	朔日庚午觜	八日中巳五　廿三日節八申二
八大	丁酉 房	朔日庚子井	八日中戌七　廿四日節九丑四
九小	戊戌 心	朔日庚午柳	六日土用卯五　九日中辰一　廿四日立冬午六
十大	己亥 尾	朔日己亥星	十日中酉三　廿五日節十一子刀
十一大	庚子 箕	朔日己巳翼	十一日中寅五　廿六日節十二巳二
十二小	辛丑 斗	朔日己亥角	八日土用未七　十一日中未七　廿六日立春戌四

新撰古曆　〇六十一

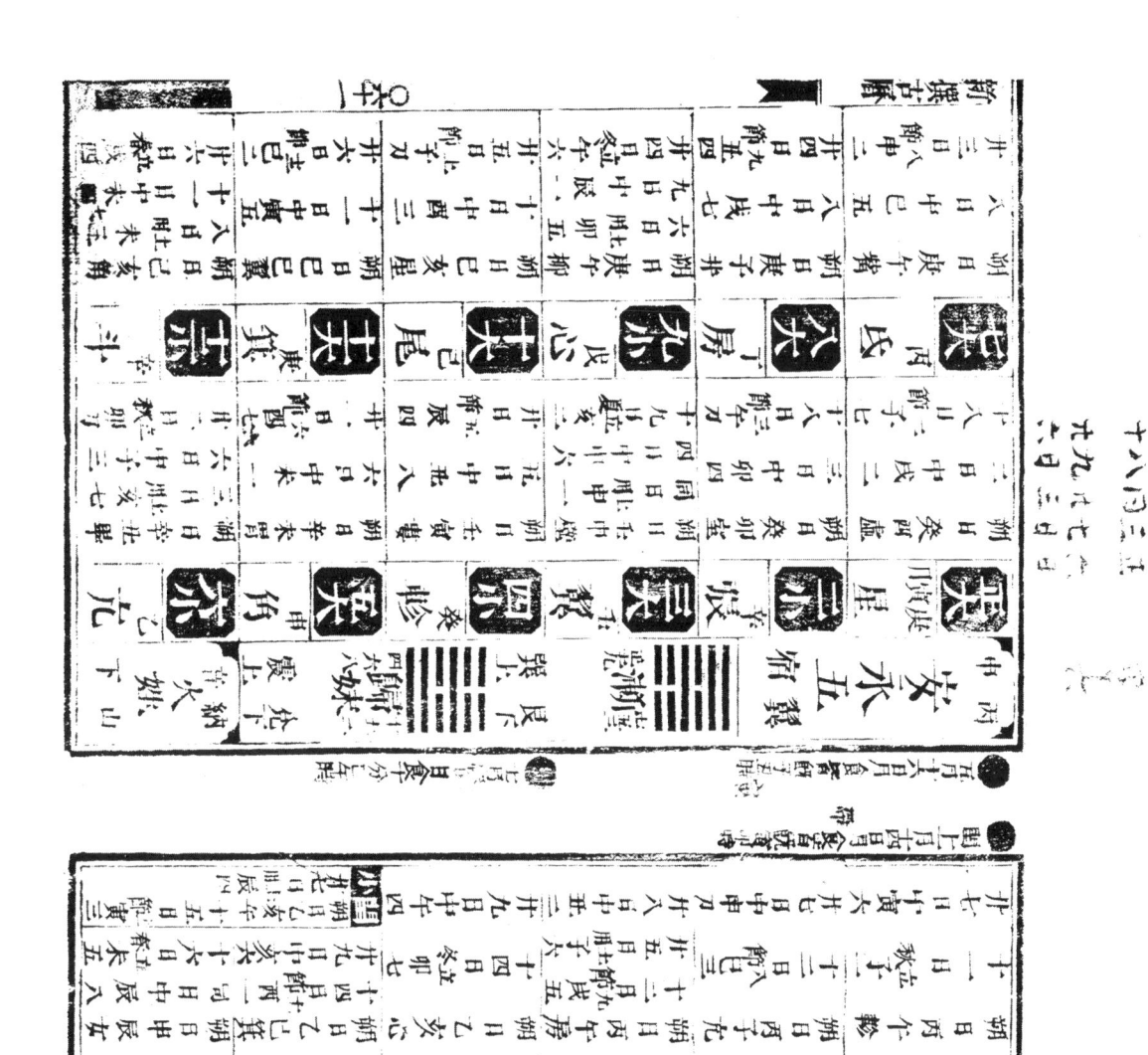

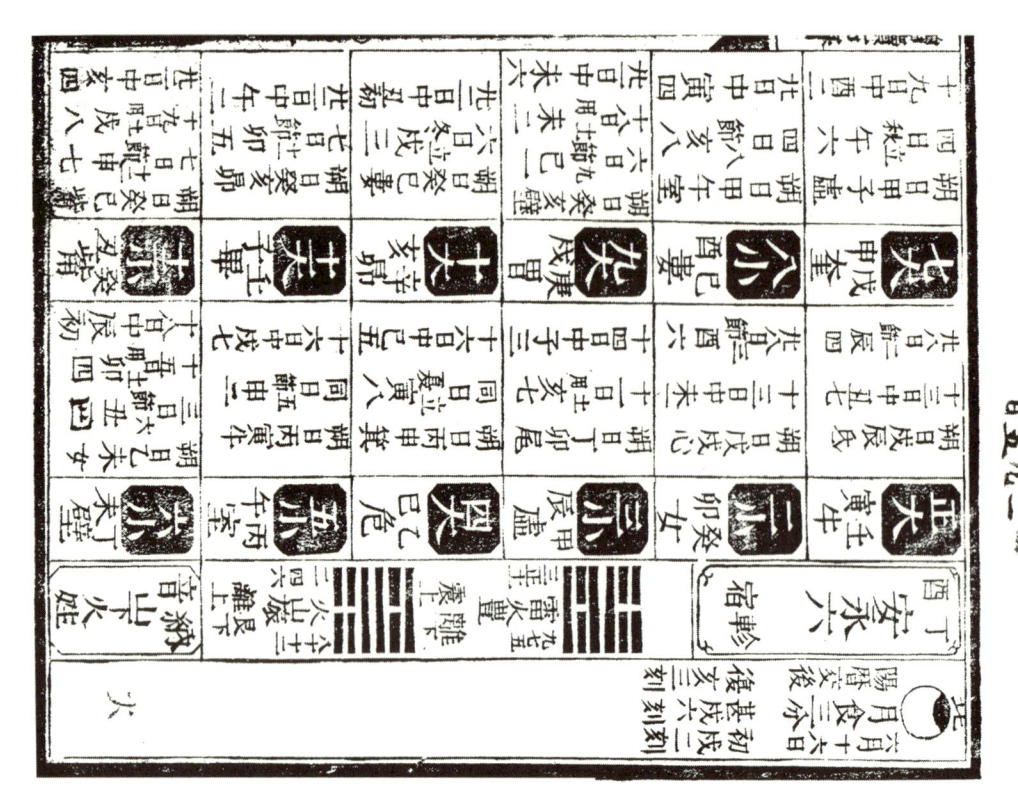

洛東 後學 中西如環敬房布筭

將來推步

合符曆

自安永丁酉至戊申

不許翻刻 扳萃必究

正三五八十一

十一 十二 廿九 十五 二日

六月十六日 月食三分 陽暦交後 初戊二刻 甚戊六刻 後亥三刻

丁酉 安永六 軫宿

雷火豐 震上離下 九七五 三正十一

火山旅 離上艮下 八十二 二四六

納音 山下火

月	干支・宿	朔	節・中
正大	壬寅 牛	朔日戊辰氐	十三日中丑七 廿八日節二辰四
二小	癸卯 女	朔日戊戌心	十三日中未二 廿八日節三酉六
三小	甲辰 虛	朔日丁卯尾	十一日土用亥七 十四日中子三
四大	乙巳 危	朔日丙申箕	同日立夏寅八 十六日中巳五
五小	丙午 室	朔日丙寅牛	同日節五申二 十六日中戌七
六小	丁未 壁	朔日乙未女	三日節六丑四 十五日土用卯四 十八日中辰初
七大	戊申 奎	朔日甲子虛	四日立秋午六 十九日中酉二
八小	己酉 婁	朔日甲午室	四日節八亥八 廿日中寅四
九大	庚戌 胃	朔日癸亥壁	六日節九巳一 十八日土用未二 廿一日中未六
十大	辛亥 昴	朔日癸巳婁	六日立冬戌三 廿二日中丑初
十一大	壬子 畢	朔日癸亥昴	七日節十一卯五 廿二日中午二
十二小	癸丑 觜	朔日癸巳觜	七日節十二申七 十九日土用戌八 廿二日中亥四

大

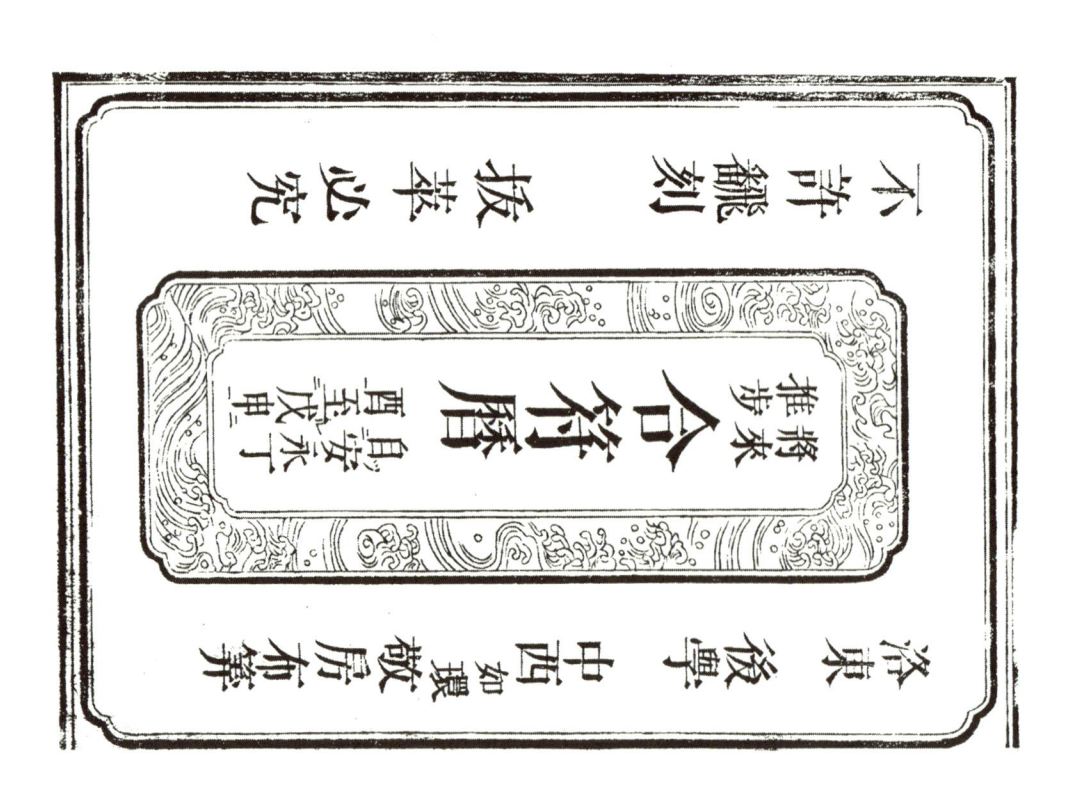

戊戌 安永七 宿角

正大 甲寅參	朔日壬戌參	九日立春寅一	廿四日中辰六
二大 乙卯井	朔日壬辰鬼	九日節二未三	廿四日中酉八
三小 丙辰鬼	朔日壬戌星	十日節三子五	廿二日土用寅六 / 廿五日中卯二
四小 丁巳柳	朔日辛卯張	十二日立夏巳七	廿六日中申四
五大 戊午星	朔日庚申翼	十二日節五亥一	廿八日中丑六
六小 己未張	朔日庚寅角	十四日節六辰三	廿五日土用午三 / 廿九日中午八
七小 庚申翼	朔日己未亢	十四日立秋酉五	廿九日中子二
閏七大	朔日戊子氐	十六日節八寅七	
八小 辛酉軫	朔日戊午心	同日中巳四 / 十六日節九申初	廿八日土用戌一
九大 壬戌角	朔日丁亥尾	二日中戌六	十八日立冬丑二
十大 癸亥亢	朔日丁巳斗	三日中卯八	十八日節十一午四
十一大 甲子氐	朔日丁亥女	三日中酉一	十八日節十二亥六
十二小 乙丑房	朔日丁巳危	同日土用丑七 / 四日中寅三	十九日立春巳初

十九七 巽爲風 巽下巽上 五三正

六八十 兌爲澤 兌下兌上 十三四

納音 平地木姓

木

己亥 安永八 宿亢

正大 丙寅心	朔日丙戌室	五日中未五	廿日節二戌二
二大 丁卯尾	朔日丙辰奎	六日中子七	廿一日節三卯四
三小 戊辰箕	朔日丙戌胃	三日土用巳五 / 七日中午一	廿二日立夏申六
四小 己巳斗	朔日乙卯昴	七日中亥三	廿三日節五丑八
五大 庚午牛	朔日甲申畢	九日中辰五	廿四日節六未二
六小 辛未女	朔日甲寅參	六日土用酉三 / 九日中酉七	廿四日立秋子四
七小 壬申虚	朔日癸未井	十一日中卯一	廿六日節八巳六
八大 癸酉危	朔日壬子鬼	十二日中申三	廿七日節九戌八
九小 甲戌室	朔日壬午星	十日土用丑初 / 十三日中丑五	廿八日立冬辰二
十大 乙亥壁	朔日辛亥張	十四日中午七	廿九日節十一酉四
十一大 丙子奎	朔日辛巳軫	十四日中子一	卅日節十二寅六
十二小 丁丑婁	朔日辛亥亢	十二日土用辰六	十五日中巳三

正十九 風水渙 坎下巽上 七五三

四六八 水澤節 兌下坎上 十十三

納音 平地木姓

北 十月十六日 月入帶食皆既 陽暦交前

初虧寅四刻 甚卯三刻 既卯一刻 光卯六刻 月入辰初刻所見四分半 復不見

木

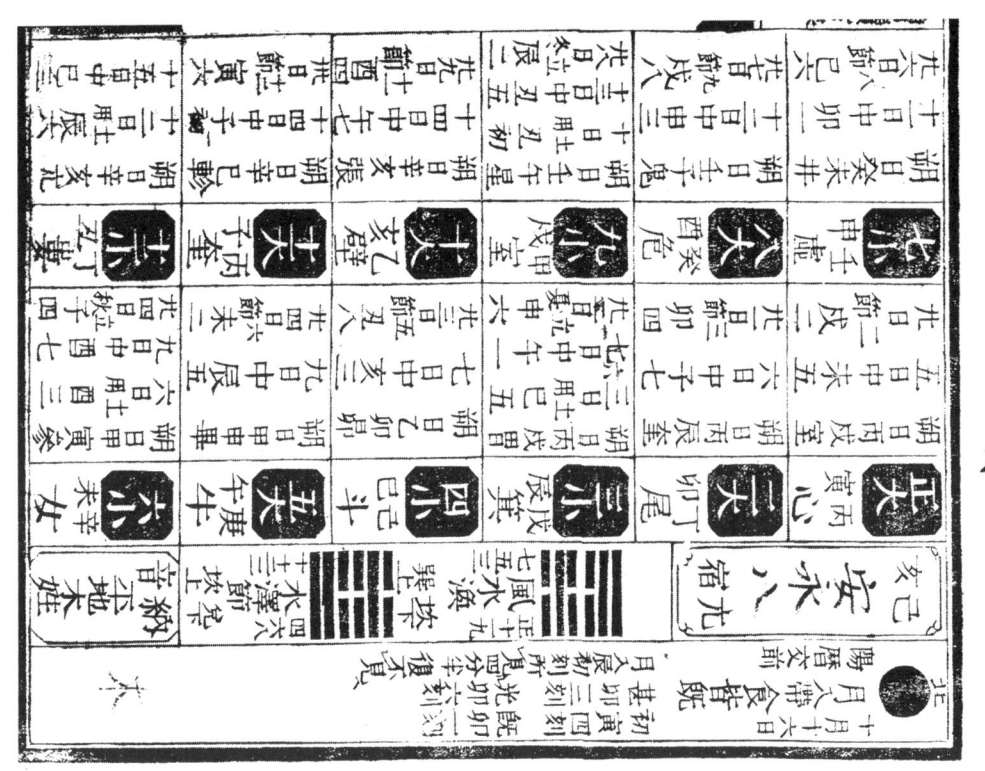

安永九 庚子 宿氐

四月十五日 月出帯食九分 陽暦交後
初不見 甚戌初刻 復戌七刻
月出戌初刻所見九分弱 酉

三正十一 風澤中孚 兌下巽上 九七五
二四六 雷山小過 艮下震上 八十士

納音 壁上土姓

月	朔日			
正大 戊寅 昴	朔日庚辰氐	同日立春未八	十六日中戌五	
二大 己卯 昴	朔日庚戌心	二日節二丑一	十七日中卯七	
三小 庚辰 畢	朔日庚辰箕	二日節三午三	十四日用土申四	十七日中酉初
四大 辛巳 觜	朔日己酉斗	三日立夏亥五	十九日中寅二	
五小 壬午 参	朔日己卯女	四日節五辰七	十九日中未四	
六大 癸未 井	朔日戊申虚	五日節六戌一	十七日用土子二	廿一日中子六
七小 甲申 鬼	朔日戊寅室	六日立秋卯三	廿一日中巳八	
八小 乙酉 柳	朔日丁未壁	七日節八申五	廿二日中亥二	
九大 丙戌 星	朔日丙子奎	九日節九丑七	廿一日用土卯八	廿四日中辰四
十小 丁亥 張	朔日丙午胃	九日立冬未一	廿四日中酉六	
十一大 戊子 翼	朔日乙亥昴	十日節十一子三	廿六日中寅八	
十二小 己丑 軫	朔日乙巳觜	十一日節十二巳五	十三日用土未六	廿六日中申二

天明元 辛丑 宿房

五三正 水火既濟 離下坎上 十九七
十二四 火水未濟 坎下離上 六八十

納音 壁上土姓

月	朔日			
正大 庚寅 角	朔日甲戌参	十二日立春戌七	廿八日中丑四	
二大 辛卯 亢	朔日甲辰鬼	十三日節二辰一	廿八日中午六	
三大 壬辰 氐	朔日甲戌星	十三日節三酉三	廿五日用土亥三	廿八日中亥八
四小 癸巳 房	朔日甲辰翼	十四日立夏寅五	廿九日中巳一	
五大 甲午 心	朔日癸酉軫	十五日節五未七	卅日中戌三	
閏小	朔日癸卯亢	十六日節六丑初		
六大 乙未 尾	朔日壬申氐	二日中卯五	十七日立秋午二	廿八日用土卯一
七小 丙申 箕	朔日壬寅心	二日中申七	十七日節八亥四	
八小 丁酉 斗	朔日辛未尾	四日中寅一	十九日節九辰六	
九大 戊戌 牛	朔日庚子箕	二日用土午七	五日中未三	廿日立冬戌初
十小 己亥 女	朔日庚午牛	六日中子五	廿一日節十一卯二	
十一大 庚子 虚	朔日己亥女	七日中巳七	廿二日節十二申四	
十二小 辛丑 危	朔日己巳危	四日用土戌四	七日中亥一	廿三日立春丑六

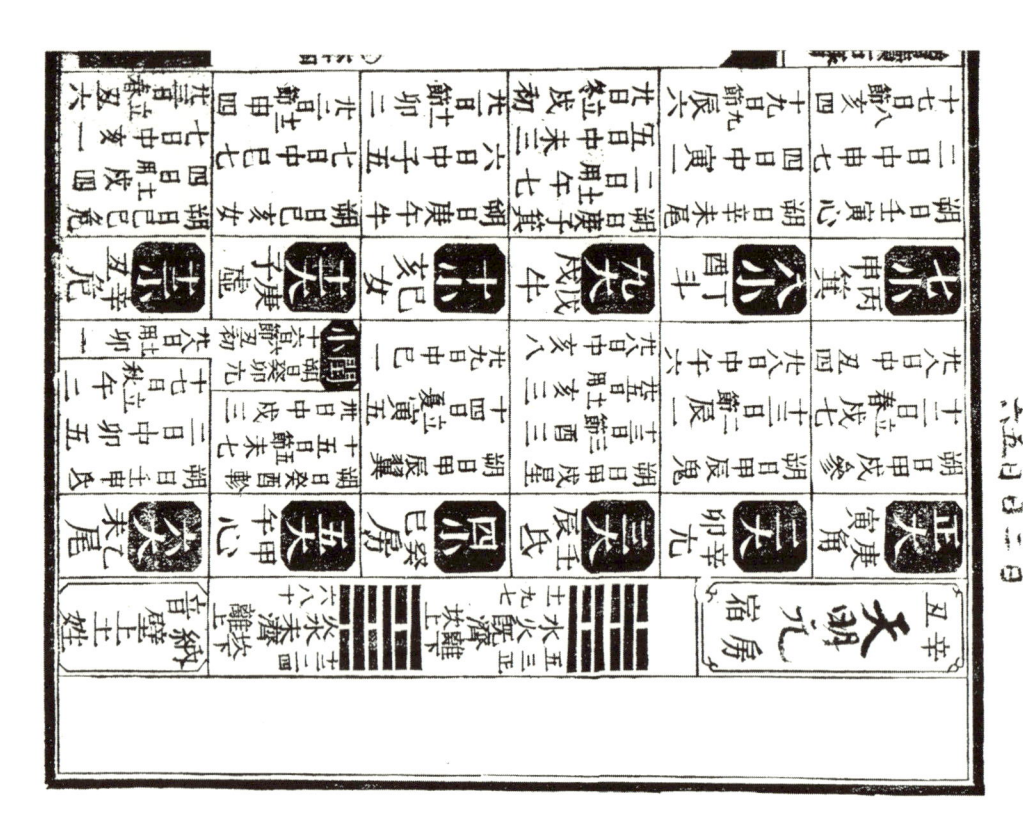

二四七九十二
十一 廿八 十三 十四 二日

二月十六日 月出帶食所見九三分 陰暦交前 初甚俱不見 月出酉五刻 復酉八刻

八月十五日 月食五分 陽暦交前 初亥一刻 甚亥七刻 復子五刻

壬寅 天明二 心宿

三正十 乾為天 九七五 乾下乾上

二四六 坤為地 八十十二 坤下坤上

納音 金箔金姓

正大 壬寅室　朔日戊戌室　九日中辰三　廿四日節二午八

二大 癸卯壁　朔日戊辰奎　九日中酉五　廿四日節三子二

三小 甲辰奎　朔日戊戌胃　七日土用寅三　十日中寅七　廿五日立夏巳四

四大 乙巳婁　朔日丁卯昴　十一日中申一　廿六日節五戌六

五小 丙午胃　朔日丁酉觜　十二日中丑三　廿七日節六卯八

六大 丁未昴　朔日丙寅參　八日土用午初　十三日中午五　廿八日立秋酉二

七小 戊申畢　朔日丙申鬼　十三日中亥七　廿九日節八寅四

八大 己酉觜　朔日乙丑柳　十五日中巳初　卅日節九未六

九小 庚戌參　朔日乙未張　十二日土用酉六　十五日中戌二

十大 辛亥井　朔日甲子翼　二日立冬子八　十七日中卯四

十一小 壬子鬼　朔日甲午角　二日節十一午一　十七日中申六

十二大 癸丑柳　朔日癸亥亢　三日節十二亥三　十六日土用丑四　十九日中寅初

二五七九十二
十七 三日 十九 廿九 七日

癸卯 天明三 尾宿

五三正 水雷屯 十一九七 震下坎上

十二二四 山水蒙 六八十 坎下艮上

納音 金箔金姓

正小 甲寅星　朔日癸巳房　四日立春辰五　十九日中未二

二大 乙卯張　朔日壬戌心　五日節二酉七　廿日中子四

三小 丙辰翼　朔日壬辰箕　六日節三卯一　十八日土用巳二　廿一日中巳六

四大 丁巳軫　朔日辛酉斗　七日立夏申三　廿二日中戌八

五小 戊午角　朔日辛卯女　八日節五丑五　廿三日中辰二

六大 己未亢　朔日庚申虚　九日節六午七　廿一日土用申八　廿四日中酉四

七大 庚申氐　朔日庚寅室　九日立秋子一　廿五日中寅六

八小 辛酉房　朔日庚申奎　十日節八巳三　廿五日中未八

九大 壬戌心　朔日己丑婁　十一日節九戌五　廿四日土用子六　廿七日中丑二

十小 癸亥尾　朔日己未昴　十二日立冬卯七　廿七日中午四

十一大 甲子箕　朔日戊子畢　十三日節十一酉初　廿八日中亥六

十二小 乙丑斗　朔日戊午參　十四日節十二寅二　廿六日土用辰三　廿九日中辰八

十一 八 六 四 二 土
廿三 廿五 廿五 廿日 廿二

甲辰 天明四 箕宿

北 七月朔日 日出帶食三分 陰暦交前
初 不見 日出卯一刻所見 甚 卯四刻 復 辰初刻

北 同月十五日 月食六分弱 陰暦交後
初 亥八刻 甚 子五刻 復 丑二刻

水天需 乾下坎上 七五三 正十九
天水訟 坎下乾上 十三 四六八

納音 覆灯火 姓

正大 丙寅 牛　朔日丁亥井　十五日立春未四　廿日中戌一
閏小　朔日丁巳柳　十六日節二子七
二大 丁卯 女　朔日丙戌星　二日中卯三　十七日節三午初　廿九日土用申一
三小 戊辰 虚　朔日丙辰翼　二日中申五　十七日立夏亥二
四大 己巳 危　朔日乙酉軫　四日中丑七　十九日節五辰四
五小 庚午 室　朔日乙卯亢　四日中未一　十九日節六酉六
六大 辛未 壁　朔日甲申氐　二日土用亥七　五日中子三　廿一日立秋寅八
七大 壬申 奎　朔日甲寅心　六日中巳五　廿一日節八申二
八小 癸酉 婁　朔日甲申箕　六日中戌七　廿二日節九丑四
九大 甲戌 胃　朔日癸丑斗　五日土用卯五　八日中辰一　廿三日立冬午六
十小 乙亥 昴　朔日癸未女　八日中酉三　廿三日節十亥八
十一大 丙子 畢　朔日壬子虚　十日中寅五　廿五日節十二巳二
十二小 丁丑 觜　朔日壬午室　七日節十二未二　十日中未七　廿五日立春戌四

十一 九 四 正
十八 二日 十五 廿八

乙巳 天明五 斗宿

北 七月朔日 日食五分 陽暦交後
初 卯八刻 甚 辰五刻 復 巳二刻

北 十二月十五日 月食五分半 陰暦交前
初 戌七刻 甚 亥五刻 復 子二刻

地水師 坎下坤上 九七五 三正十一
水地比 坤下坎上 八十二 二四六

納音 覆燈火 姓

正大 戊寅 参　朔日辛亥壁　十二日中丑一　廿七日節二卯六
二小 己卯 井　朔日辛巳婁　十二日中午三　廿七日節三申八
三大 庚辰 鬼　朔日庚戌胃　十日土用亥初　十三日中亥五　廿九日立夏寅一
四小 辛巳 柳　朔日庚辰畢　十四日中辰七　廿九日節五未三
五小 壬午 星　朔日己酉觜　十五日中戌初
六大 癸未 張　朔日戊寅参　二日節六子五　十四日土用寅六　十七日中卯二
七大 甲申 翼　朔日戊申鬼　二日立秋巳七　十七日中申四
八小 乙酉 軫　朔日戊寅星　二日節八亥一　十八日中丑六
九大 丙戌 角　朔日丁未張　四日節九辰三　十六日土用午四　十九日中午八
十大 丁亥 亢　朔日丁丑軫　四日立冬酉五　十九日中子二
十一小 戊子 氐　朔日丁未亢　五日節十一寅七　廿日中巳四
十二大 己丑 房　朔日丙子氐　六日節十二申一　十八日土用戌二　廿一日中戌六

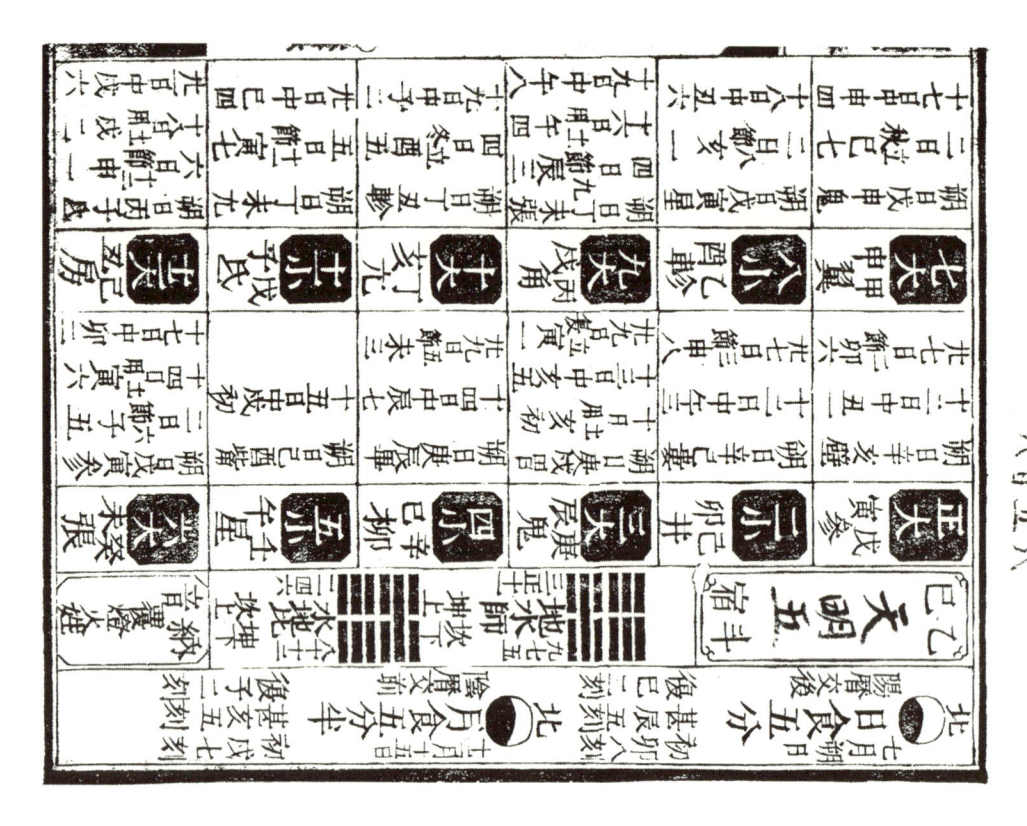

二 三日　四 五日　閏 廿一日　九 八日　十 廿四日

丙午 天明六 宿牛

北 正月朔日 日食九分半 初午三刻 甚午八刻 復未五刻 陰暦交後

北 六月十六日 月出帶食所見二分 初甚倶不見 月出戌一刻 復戌二刻 陽暦交前

十九七 五三正 風天小畜 乾下巽上

六八十 十二四 天澤履 兌下乾上

納音 天河水姓

正大 庚寅 心　朔日丙午心　七日立春 丑三　廿二日中 卯八

二小 辛卯 尾　朔日丙子箕　七日節二 午五　廿二日中 酉二

三小 壬辰 箕　朔日乙巳斗　八日節三 亥七　廿一日用土七 丑八　廿四日中 寅四

四大 癸巳 斗　朔日甲戌牛　十日立夏 巳一　廿五日中 未六

五小 甲午 牛　朔日甲辰虛　十一日節五 戌三　廿六日中 子八

六小 乙未 女　朔日癸酉危　十二日節六 卯五　廿四日用土 巳五　廿七日中 午一

七大 丙申 虛　朔日壬寅室　十三日立秋 甲七　廿八日中 亥三

八小 丁酉 危　朔日壬申奎　十四日節八 寅初　廿九日中 辰五

九大 戊戌 室　朔日辛丑婁　十五日節九 未二　廿七日用土 酉三　卅日中 酉六

閏大　朔日辛未昴　十六日立冬 子四

十大 己亥 壁　朔日辛丑觜　同日中 卯一　十六日節十一 巳六

十一小 庚子 奎　朔日辛未井　同日中 申三　十六日節十二 亥初　廿九日用土 丑一

十二大 辛丑 婁　朔日庚子鬼　三日中 丑五　十八日立春 辰二

正 九日　三 十日　閏 廿六日　八 十三日　十 卅日

丁未 天明七 宿女

北 五月十五日 月食皆既 初戌一刻 既戌八刻 甚亥二刻 光亥四刻 復子二刻 陰暦交後

北 十二月十五日 月食六分 初子五刻 甚丑三刻 復寅初刻 陽暦交後

正十九 七五三 地天泰 乾下坤上

四六八 十十二 天地否 坤下乾上

納音 天河水姓

正大 壬寅 胃　朔日庚午星　三日中 午七　十八日節二 酉四

二小 癸卯 昴　朔日庚子翼　三日中 子一　十九日節三 寅六

三小 甲辰 畢　朔日己巳軫　二日用土 辰七　五日中 巳三　廿日立夏 未八

四大 乙巳 觜　朔日戊戌角　六日中 戌五　廿一日節五 丑二

五小 丙午 參　朔日戊辰氐　七日中 卯七　廿二日節六 午四

六小 丁未 井　朔日丁酉房　五日用土 申五　八日中 酉一　廿三日立秋 亥六

七大 戊申 鬼　朔日丙寅心　十日中 寅三　廿五日節八 辰八

八小 己酉 柳　朔日丙申箕　十日中 未五　廿五日節九 戌二

九大 庚戌 星　朔日乙丑斗　八日用土七 子二　十二日中 子七　廿七日立冬 卯四

十大 辛亥 張　朔日乙未女　十二日中 午初　廿七日節十一 申六

十一小 壬子 翼　朔日乙丑危　十二日中 亥二　廿八日節十二 丑八

十二大 癸丑 軫　朔日甲午室　十一日用土 辰初　十四日中 辰四　廿九日立春 未一

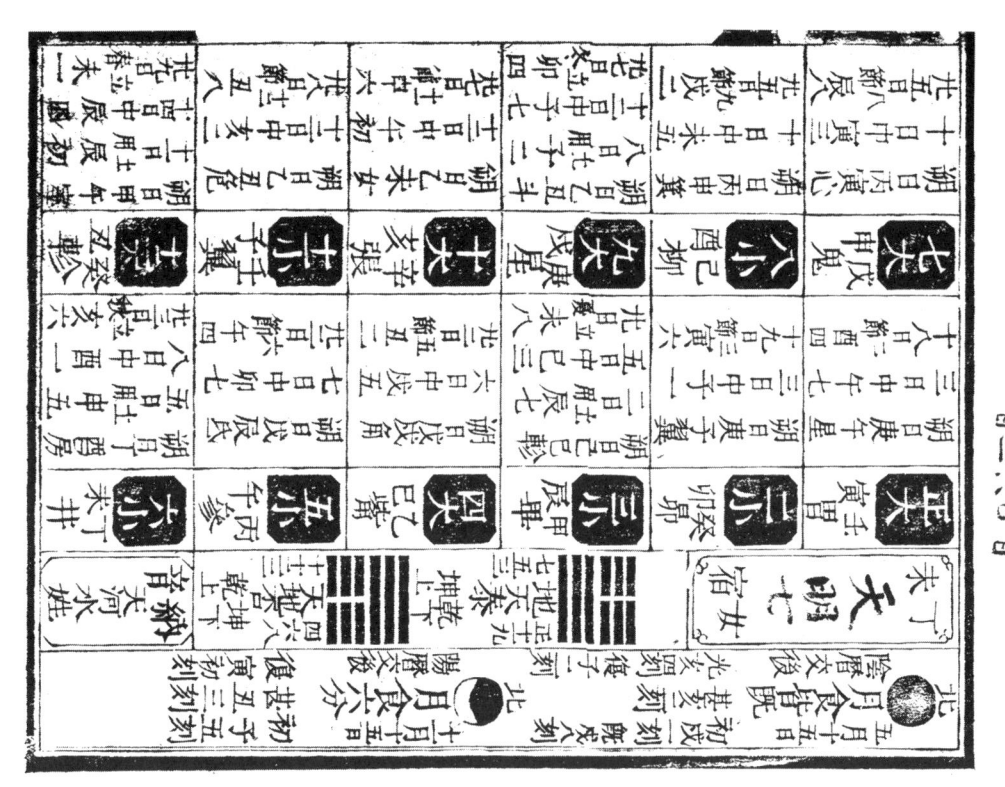

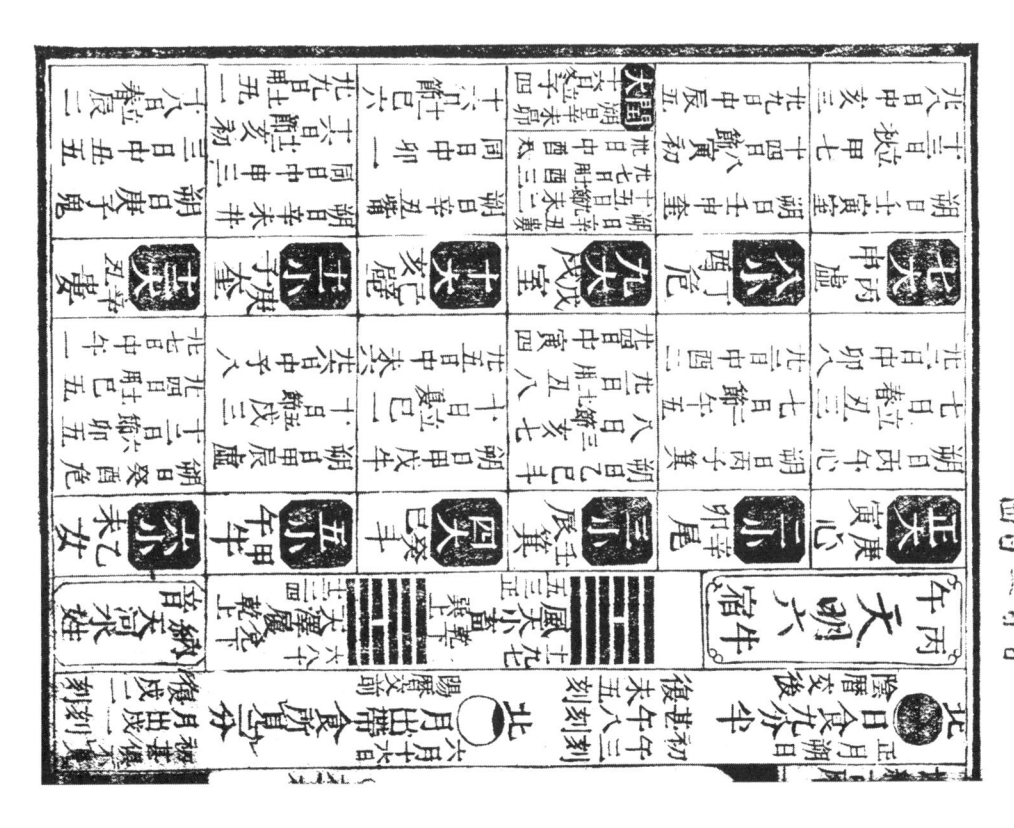

正 三 四 八 十一

十五 十六 二日 十九 六日

増補略暦

北 ◐ 五月朔日 日帯食所見四分 陽暦交後 初甲申六刻 日入酉一刻 甚復倶不見

北 ◑ 五月十五日 月食二分弱 陰暦交後 初亥二刻 甚亥六刻 復子二刻

戊申 天明八 虚宿

天火同人 離下乾上 三正十一 九七五

火天大有 乾下離上 二四六 八十十二

納音 大驛土 姓

正大 甲寅 角	朔日甲子奎	十四日中酉六	廿九日節子三	
二小 乙卯 亢	朔日甲午胃	十五日中卯初		
三大 丙辰 氐	朔日癸亥昴	同日節巳五	十三日用土未六	十八日中申二
四小 丁巳 房	朔日癸巳觜	同日立夏戌七	十七日中丑四	
五大 戊午 心	朔日壬戌参	三日節辰一	十八日中午六	
六小 己未 尾	朔日壬辰鬼	三日節酉四	十五日用土亥四	十六日中亥八
七小 庚申 箕	朔日辛酉柳	五日立秋寅五	廿日中巳二	
八大 辛酉 斗	朔日庚寅星	六日節未七	廿一日中戌四	
九小 壬戌 牛	朔日庚申翼	七日節丑一	十六日用土卯二	廿二日中卯六
十大 癸亥 女	朔日己丑軫	八日立冬午三	廿三日中申八	
十一小 甲子 虚	朔日己未亢	八日節亥五	廿四日中寅二	
十二大 乙丑 危	朔日戊子氐	十日節辰七	廿二日用土午八	廿五日中未四

正 三 六 七 十 十二 十三

廿一 廿一 九日 廿四 十二 十三 廿七

己酉 寛政元 去二月改元

正大 丙寅	朔日戊午	十日立春戌一	廿六日中子六	
二大 丁卯	朔日戊子	十一日節卯二	廿六日中巳八	
三小 戊辰	朔日戊午	十二日節[illegible]四	十四日用土戌六	廿七日中亥一
四大 己巳	朔日丁亥	十三日節丑六	[illegible]辰三	廿八日
五小 庚午	朔日[illegible]	十三日節未初	廿八日中酉五	
六大 辛未	朔日[illegible]	十四日節[illegible]	廿九日中寅七	閏六月 [illegible]
七小 壬申	朔日乙酉	朔日中申一	十六日節酉六	
八大 癸酉	朔日甲寅	三日中丑三	十八日節卯八	卅日節午一
九大 甲戌	朔日[illegible]	三日中午五	十八日節酉二	
十大 乙亥	朔日癸丑	四日中亥七	十九日節寅四	
十一小 丙子	朔日癸未	五日中巳一	廿日節未六	
十二大 丁丑	朔日壬子	三日用土酉六	六日中戌三	廿二日立春子[illegible]

納音

二 廿七　五 十四　七 九九　十 十七　十二 十八

庚戌 寛政二

月	朔	節・中	
正大 戊寅	朔日壬午	七日中卯五	廿二日節午二
二小 己卯	朔日壬子	七日中申七	廿二日節亥四
三大 庚辰	朔日辛巳 九日土用丑四	九日中寅一	廿四日夏立辰五 土用六
四大 辛巳	朔日辛亥	九日中未三	廿四日節酉七
五小 壬午	朔日辛巳	十日中子五	廿五日節卯一
六大 癸未	朔日庚戌	十一日中巳六 八日土用巳二	廿六日秋立申三
七小 甲申	朔日庚辰	十二日中戌八	廿七日節丑四
八小 乙酉	朔日己酉	十三日中辰二	廿八日節午七
九大 丙戌	朔日戊寅 十日土用申七	十四日中酉四	廿九日冬立子初 土用
十小 丁亥	朔日戊申	十五日中寅六	
十一大 戊子	朔日丁丑	朔日節巳三	十六日中未八
十二小 己丑	朔日丁未	朔日節戌四 十七日中丑二	十四日土用子五

納音

正 三日　三 四日　五 廿日　八 六日　十 廿九　十二 廿四

辛亥 寛政三

月	朔	節・中	
正大 庚寅	朔日丙子	三日節卯	十八日中午四
二小 辛卯	朔日丙午	三日節申酉一	十八日中亥五
三大 壬辰	朔日乙亥	五日節寅三 十七日土用辰二	廿日中辰八
四大 癸巳	朔日乙巳	五日節未四	廿日中戌一
五小 甲午	朔日乙亥	六日節子六	廿一日中卯三
六大 乙未	朔日甲辰	七日節巳七 十九日土用未八	廿二日中申五
七小 丙申	朔日甲戌	七日節亥二	廿三日中丑七
八大 丁酉	朔日癸卯	九日節辰四	廿四日中未一
九小 戊戌	朔日癸酉	九日節酉六 廿一日土用亥六	廿四日中丑三
十大 己亥	朔日壬寅	十一日節寅八	廿六日中巳五
十一小 庚子	朔日壬申	十一日節申二	廿六日中戌七
十二大 辛丑	朔日辛丑	十三日節丑四 廿五日土用卯四	廿八日中辰一

納音

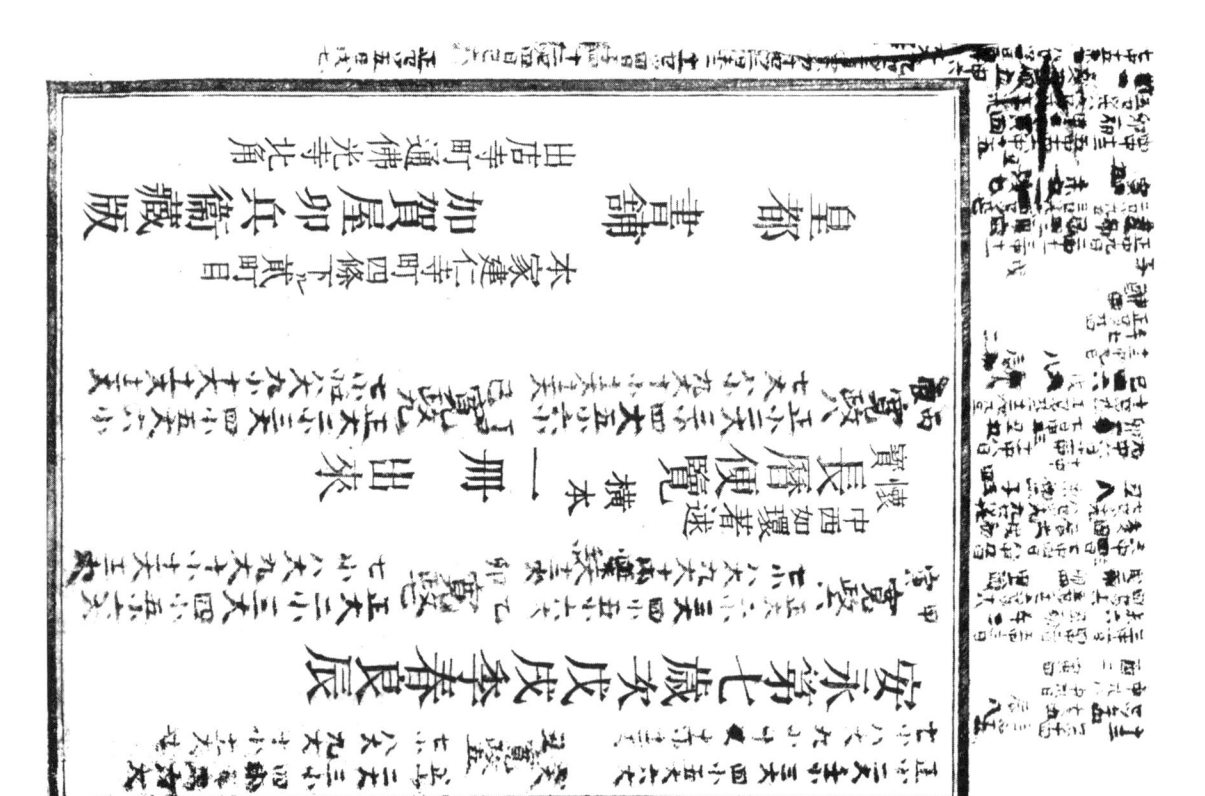

安永第七歳次戊戌季春良辰

懐寳長暦便覧　横本　一冊　出來

中西如環著述

皇都　書舗

本家建仁寺町四條下ル貳町目

出店寺町通佛光寺北角

加賀屋卯兵衛藏版

解　説

これらの資料は何れも東北大学附属図書館の所蔵である。

（一）暦學法數原　［狩七—二二四〇五—五］

著者は中西敬房(なかにし　たかふさ)で、字は如環、東嶺、華文軒と号した。通称は加賀屋卯兵衛(初代)である。生年は未詳で、天明元（一七八一）年八月に逝去している。京都建仁寺寺町通四条に店を構える書肆の主人を生業とし、和算、暦学、天文に通じていた。前書きは安永九（一七八〇）年に記されていて、天明七（一七八七）年、天王寺屋市郎兵衛による刊行で、全五巻の版本である。中西敬房は、市井の住人ながら、関流の算法、暦学、天文に精通していた。明和四（一七六七）年、天空の自然現象や生物の行動から、狭い地域の天気を予想する「観天望気の方法」を記載した、日本最初の気象書「渾天民用晴雨便覧」を刊行した。同書には日本を中心とした世界図である「山海輿地図」を収録している。著作として、他に、「懐寶長暦便覧」、「安永改正 新刻 庄續古暦浩而　全」(安永六【一七七七】年、後述)、「日月交食考」(明和七【一七七〇】年)、「長暦便覧」(寛政六【一七九四】年)、「風雨賦国字弁辯（ふううぶこくじべん）」（安永六【一七七七】年）などが知られている。

（二）應天暦　［狩七—二〇八七八—二］

著作者の記載はないが、国立国会図書館の書誌データでは、円通の著作とされている。全二巻の版本である。円通（えんつう）は、宝暦四（一七五四）年に生まれ、天保五年九月四日（一八三四年十月六日）に没している。享年八十一歳。江戸時代後期に活躍した天台宗の僧侶である。円通は僧侶としての諱で、字は珂月。無外子・普門と号した。

因幡国の出身。最初、日蓮宗を奉じていたが、天台宗に改宗し、比叡山に入って、慧澄・豪潮などの碩学に学んだ。円通はインドの暦学（梵暦）を研究した結果、文化七（一八一〇）年、「須弥山宇宙論」に基づいて、西洋社会で構築された暦法を排斥して、梵暦の普及を意図するために執筆した「仏国暦象編」全五巻（近世歴史資料集成4—9［天文學編5］に所収）を発行している。彼の意見に対し、伊能忠敬は「仏国暦象編斥妄」（近世歴史資料集成3—11［天文學編4］に所収）で反論した。また、数学者の武田真元（たけだ しんげん、生年不明—弘化三年十二月二十六日［一八四七年二月十一日］）も、「円通の仏教天文学は邪説である」と非難して論争を挑み、江戸幕府に要請して、円通の著書を発売禁止とした。武田真元は、間重富から天文学を学び、後に、彼の推挙を受けて、陰陽頭を代々務める土御門家に出仕して、和田寧から円理学（円の面積、球体の体積、曲線などについて学ぶ学問）の奥義を授けられた。以後、一時は弟子の総数が千人に及び、「武田流」あるいは「真元流」と称した。円通は、初め、山城国智積院に住していたが、その後、江戸増上寺恵照院に住して、仏教天文學の研究に携わった。仏教天文學を講じた著作として、他に、「應元暦見行草」「実験須弥界説」「須弥界暦書」「内外天地暦数論」「須弥内外天文辯」「仏国暦象編策文」「仏国暦象編答問書」「梵暦議考」「梵暦策進」「梵暦法数原」「梵暦問答」などが知られている。

（三）應元暦［藤原集書二九四］

著者は河野通礼（こうの　みちあや）で、明和九（一七七二）年に生まれ、文化七（一八一〇）年に没している。享年三十九歳。全十巻で構成された手書き資料である。本姓は越智で、名は通礼。本書の前書きには、越智通礼と記されている。字は子典、主計之助が通称である。龍岡と号した。他に、「應元暦諺解」「應元暦稿」「渾天新語」「暦算源流」などの著作を記した。

（四）寶暦改正 庄續古暦便覧　全［狩七―三一六二八―一］

著者は中根元圭（なかね　げんけい）で、江戸時代中期に活躍した和算家・天文家である。寛文二（一六六二）年 に生まれ、享保十八年九月二日（一七三三年一〇月九日）に、七十二歳で逝去している。本姓は平で、名は璋。通称を十次郎もしくは丈右衛門。字は有定、元圭、元珪、元球である。また、律襲軒、律衆軒、律聚と号した。近江国浅井郡で生を享け、京都の白山二条上町に住んでいたために、白山先生とも呼ばれていた。数學を、最初、田中由真に、後に、建部賢弘に学んだ。正徳元（一七一一）年、京都銀座の役人に就任した。享保六（一七二一）年、師匠の建部賢弘の推挙で、江戸に招かれ、徳川吉宗に仕えた。享保十一（一七二六）年、「暦算全書」の訓訳を命じられ、享保十八（一七三三）年に完成したが、この年に没している。儒学、音楽理論、医学などにも長じていた。音楽理論にも優れた才能を発揮し、別々に発展していた雅楽と俗楽の、それぞれの音階の関係を考察し、元禄五（一六九二）年に刊行した「律原発揮」という著作物の中で、「一オクターヴを十二乗根に開いた十二平均律の理論」を展開している。刊行物は多岐の分野にわたり、他に、「割円八線表解義」、「皇和通暦」、「古暦三法」、「三正俗解」（元禄九：一六九六）、「算法雑術」、「授時暦経俗解」、「天文図解発揮」（元禄六：一六九三）、「暦算啓蒙」などの、数々の著作を残した。

また、中根元圭は、江戸と伊豆下田での天体観測で、貞享暦（じょうきょうれき）の精確さを報告し、その暦の普及にも多大な貢献を行った。貞享暦とは、かつて日本で使われていた太陰太陽暦に基づいた暦である。渋川春海の手によって、初めて編纂された和暦である。貞享元年十月二十九日（一六八四年十二月五日）に採用が決定した。貞享二年一月一日（一六八五年二月四日）に宣明暦から貞享暦に改められ、宝暦四年十二月三十日（一七五五年二月十日）までの七十年間の長きにわたって使用された。宝暦五年一月一日（一七五五年二月十一日）、宝暦暦に改められた。渋川春海は、中国の授時暦に基づいて、自ら観測して求めた日本と中国との里差（経度差）を加味して、日本独自の暦法を完成させ、大和暦と命名した。当時使用されていた宣明暦は、八百年以上もの長きにわたって使われていたために、誤差が蓄積し、実際の天行よりも、二日間先行していた。また、各地で宣明暦に基づいた暦（民間暦）が発行され、それらの暦の中には、日付にずれが生じているものもあり、暦の全国統一をする必要があった。朝廷は、明で使われていた大統暦に改める予定で、貞享元年三月三日（一六八四年四月十七日）には、「大統暦改暦の詔」まで公布していたが、渋川が採用を願い出ていた大和暦を採用することとし、当時の元号に基づいて「貞享暦」と命名した。渋川春海はこの功績により、幕府から新設の天文方に任命された。

（五）安永改正 新刻 庄續古曆浩覽　全［狩七―三一六三一―一］

著者は前述の中西敬房である。この表題は本文中に記載されている正式な表題で、題簽には「古曆便覧　全」と記載されている。

この「天文學篇」も十三巻を数え、次の巻においては、「古代からの天文學の歴史」を俯瞰する作業の一環として、「天文學文献解題目録」の刊行を企画している。この資料を含めて、「総論・日本天文学史年表・書誌解題・総索引　篇」の公刊を意図しているので、読書諸氏からの忌憚のない御意見の提供を願う次第である。

二〇一八年五月末日

編者識

近世歴史資料集成　第 IX 期
The Collected Historical Materials in Yedo Era (The Ninth Series)
（第 3 巻）日本科學技術古典籍資料／天文學篇【13】：◎暦學法數原、◎應天暦、◎應元暦、◎寶暦改正 增續古暦便覧 全、◎安永改正 新刻 增續古暦便覧 全
{The Third Volume : The Collected Historical Materials on Japanese Science and Technology / The History of Japanese Astronomy (13)}
2018 年 6 月 15 日　初版第 1 刷

編　者　近世歴史資料研究会
発　行　株式会社 科学書院
〒174-0056 東京都板橋区志村 1-35-2-902　TEL. 03-3966-8600　FAX 03-3966-8638
発行者 加藤 敏雄
発売元 霞ケ関出版株式会社
〒174-0056 東京都板橋区志村 1-35-2-902　TEL. 03-3966-8575　FAX 03-3966-8638
定価（本体 50,000 円 + 税）
ISBN978-4-7603-0446-2 C3321 ¥50000E

『近世歴史資料集成・第９期』

〔全 11 巻〕《刊行中》

The Collected Historical Materials in Yedo Era: Eighth Series

近世歴史資料研究会　訳編　B ５判・上製・布装・貼箱入

＊第 1 巻 江戸幕府編纂物篇［6］（原文篇）

（2018／平成 30 年 4 月刊行）

◎御實紀　一［東照宮御實紀］（原文篇）

［ISBN978-4-7603-0444-8 C3321 ¥50000E］

＊第 2 巻 江戸幕府編纂物篇［7］（解読篇・解説篇・索引篇）

（2018／平成 30 年 5 月刊行）

◎御實紀　一［東照宮御實紀］（解読篇・解説篇・索引篇）

［ISBN978-4-7603-0445-5 C3321 ¥50000E］

＊第 5 巻 日本科学技術古典籍資料／天文學篇［12］

（2018／平成 30 年 6 月刊行）

◎暦學法數原、◎應天暦、◎應元暦、◎寶暦改正 増續古暦便覽 全、◎安永改正 新刻　増續古暦便覽 全

［ISBN978-4-7603-0446-2 C3321 ¥50000E］

＊第 6 巻 日本科学技術古典籍資料／江戸幕府編纂物篇［5］（原文篇・解読篇・解説篇・索引篇）
（2017／平成 29 年 8 月刊行）
◎東韃地方紀行、◎北夷分界餘話、◎北蝦夷地部、◎北蝦夷島地圖
［ISBN978-4-7603-0427-1 C3321 ¥50000E］

＊第 7 巻　日本科学技術古典籍資料／理學篇［2］（原文篇・解読篇・解説篇・索引篇）
（2016／平成 29 年 9 月刊行予定）
◎氣海観瀾、◎理学提要、◎理学秘訣、◎エレキテル究理源、◎究理通
［ISBN978-4-7603-0428-8 C3321 ¥50000E］

＊第 8 巻　地誌篇［2］（原文篇・解読篇・解説篇・索引篇）
（2016／平成 29 年 9 月刊行予定）
◎近世蝦夷人物誌、◎北夷談　［ISBN978-4-7603-0429-5 C3321 ¥50000E］

＊第 9 巻　日本科学技術古典籍資料／數學篇［15］
（2017／平成 29 年 9 月刊行）
◎闢流算法指南　［ISBN978-4-7603-0430-1 C3321 ¥50000E］

＊第 10 巻　日本科学技術古典籍資料／數學篇［16］
（2017／平成 29 年 10 月刊行）
◎闢流草術、◎関流算法艸術　［ISBN978-4-7603-0431-8 C3321 ¥50000E］

＊第 11 巻　日本科学技術古典籍資料／數學篇［17］
（2018／平成 30 年 2 月刊行）
◎幾何原本、◎數學啓蒙　［ISBN978-4-7603-0432-5 C3321 ¥50000E］

各巻本体価格 50,000 円　揃本体価格 550,000 円

『近世歴史資料集成・第８期』

〔全 11 巻〕《刊行中》

The Collected Historical Materials in Yedo Era: Eighth Series

近世歴史資料研究会　訳編　Ｂ５判・上製・布装・貼箱入

＊第 1 巻 日本科学技術古典籍資料／天文學篇［10］
（2016／平成 28 年 5 月刊行）
◎貞享解（二暦全書貞享解）

［ISBN978-4-7603-0422-6 C3321 ¥50000E］

＊第 2 巻　日本科学技術古典籍資料／理學篇［1］（原文篇・解読篇・解説篇・索引篇）
（2016／平成 28 年 9 月刊行）
◎氣海観瀾廣義

［ISBN978-4-7603-0423-3 C3321 ¥50000E］

＊第 3 巻　測量篇［2］
（2016／平成 28 年 8 月刊行）
◎オクタント之記　完、◎算法量地捷解　前篇、◎測量集要、◎測量全義、◎測量術大成、◎分度餘術

［ISBN978-4-7603-0424-0 C3321 ¥50000E］

＊第 4 巻 日本科学技術古典籍資料／天文學篇［11］
（2017／平成 29 年 4 月刊行）
◎虞書暦象俗解（乾、坤）◎授時暦註　循環暦（一～五）◎萬民家寳　増補暦之抄大成（上、下）、◎船乗りひらうと、◎航海類書　全【一】～【三】、◎蠻暦、◎天文拾遺（一～五）

［ISBN978-4-7603-0425-7 C3321 ¥50000E］

＊第 5 巻 日本科学技術古典籍資料／天文學篇［12］
（2017／平成 29 年 7 月刊行）
◎授時解（巻之一～巻之十五）◎天経或問註解（巻之一【～巻之九】）◎天經或問註解（序巻、圖巻上、圖巻下）

［ISBN978-4-7603-0426-4 C3321 ¥50000E］

＊第 **7** 巻　江戸幕府編纂物篇［**3**］（2015 ／平成 27 年 8 月刊行）
◎豊後國繪圖御改覚書・原文篇 II
［ISBN978-4-7603-0409-7 C3321 ¥50000E］

＊第 **8** 巻　日本科学技術古典籍資料／天文學篇［**9**］
（2015 ／平成 27 年 8 月刊行）
◎天文圖解、◎測地繪圖、◎談天、◎測侯叢談
［ISBN978-4-7603-0410-3 C3321 ¥50000E］

＊第 **9** 巻　江戸幕府編纂物篇［**4**］
（2015 ／平成 27 年 11 月刊行）
◎豊後國繪圖御改覚書・解読篇　解説篇　索引篇
［ISBN978-4-7603-0411-0 C3321 ¥50000E］

＊第 **10** 巻　日本科学技術古典籍資料／數學篇［**13**］
（2016 ／平成 28 年 3 月刊行）
◎塵劫記　巻之一、二　上（寛永四年）、◎塵劫記　巻之三、四　下（寛永四年）、◎塵劫記　上下（寛永十一年）、◎塵劫記（寛永十一年）、◎塵劫記　上（慶安五年）、◎塵劫記　下（慶安五年）、◎新編塵劫記（寛文古版）、◎新板 塵劫記（貞享三年）、◎萬寶塵劫記大全（正徳四年）、◎新編塵劫記頭書集成（明和八年）、◎増補頭書新編塵劫記　上、◎増補頭書新編塵劫記　中、◎増補頭書新編塵劫記　下、◎新編塵劫記備考集成
［ISBN978-4-7603-0412-7 C3321 ¥50000E］

＊第 **11** 巻　日本科学技術古典籍資料／數學篇［**14**］
（2017 ／平成 29 年 1 月刊行）
◎磁石算根元記（上、中、下）、◎算法天元樵談（一～五）、◎七乗冪演式（上、下）、◎算學啓蒙諺解大成（總括、上本、上末、中本、中末、下本、下末）、◎開商點兵算法（上、下）、◎招差偏究算法、◎［新編］和漢算法（一～九）
［ISBN978-4-7603-0413-7 C3321 ¥50000E］

各巻本体価格 50,000 円　揃本体価格 570,000 円

『近世歴史資料集成・第７期』

〔全11巻〕《刊行中》

The Collected Historical Materials in Yedo Era: Seventh Series

近世歴史資料研究会　訳編　B５判・上製・布装・貼箱入

＊第１巻　郷帳篇［1］／天保郷帳［完全版］
（2010／平成22年2月刊行）
天保時代の村落名63,794件を網羅。村落名に読み仮名をふり、索引も充実。全四分冊
［ISBN978-4-7603-0393-9 C3321 ¥60000E］

※第２巻　郷帳篇［2］／正保郷帳［完全版］
（2017／平成29年刊行予定）
［ISBN978-4-7603-0394-6 C3321 ¥60000E］

＊第３巻　江戸幕府編纂物篇［1］／祠部職掌類聚 地方凡例録（完全原典版：原文篇・解読篇・解説篇・索引篇）
（2012／平成24年6月刊行）
江戸時代の農村の基本的な支配政策要項となった本書を研究に十全に活用できるように編纂した。この「青山文庫所蔵本」が最初に記された原典（全十巻）であることを実証する
［ISBN978-4-7603-0395-3 C3321 ¥50000E］

＊第４巻　日本科学技術古典籍資料／天文學篇［8］
（2015／平成27年3月刊行）
◎授時暦正解、◎元史授時暦圖解、◎授時暦圖解発揮、◎授時暦経諺解、◎［重訂］古暦便覧保存備考
［ISBN978-4-7603-0396-0 C3321 ¥50000E］

＊第５巻 日本科学技術古典籍資料／測量篇［1］
（2015／平成27年4月刊行）
◎量地圖説、◎規矩元法町見辨疑、◎規矩元法町間繪目録、◎規矩術鈔、◎規矩元法、◎量地指南
［ISBN978-4-7603-0397-7 C3321 ¥50000E］

＊第６巻　江戸幕府編纂物篇［2］（2015／平成27年5月刊行）
◎豊後國繪圖御改覚書・原文篇Ⅰ
［ISBN978-4-7603-0408-0 C3321 ¥50000E］

＊第6巻　江戸時代における朝鮮薬材調査の研究【1】
（2010／平成22年3月刊行）
享保六年刊行の「薬材質正紀事」の原文と解読文を併載。第二次調査が対象。「解題」「索引」などを掲載する。 ［ISBN978-4-7603-0255-0 C3321 ¥50000E］

＊第7巻　地誌篇［1］／休明光記（完全版）1
（2010／平成22年6月刊行）
松前藩の奉行職にあった羽太正養の「休明光記」の原文（巻之1～巻之9、邊策私辨、附録巻之1～巻之2）と解読文を併載。全二分冊。19世紀初頭（寛政11～文化4、1799～1807）が対象。 ［ISBN978-4-7603-0256-7 C3321 ¥50000E］

＊第8巻　地誌篇［2］／休明光記（完全版）2
（2010／平成22年7月刊行）
松前藩の奉行職にあった羽太正養の「休明光記」の原文（附録巻之3～巻之11、目録篇）と解読文を併載。「蝦夷開拓史年表」「解説」「索引」なども掲載する。全二分冊。 ［ISBN978-4-7603-0257-4 C3321 ¥50000E］

＊第9巻　江戸時代における朝鮮薬材調査の研究【2】
（2011／平成23年11月刊行）
◎薬材獣吟味被仰出候始終覚書（乾・坤）［原文篇・解読篇］◎人参始終覚書（乾・坤）［原文篇・解読篇］ ［ISBN978-4-7603-0258-1 C3321 ¥50000E］

＊第10巻　日本科学技術古典籍資料／天文學篇［6］
◎西洋新法暦書 ［ISBN978-4-7603-0259-8 C3321 ¥50000E］

＊第11巻　日本科学技術古典籍資料／天文學篇［7］
◎天學指要、◎天文圖解發揮、◎天文秘録集、◎天文圖説、◎天文義論、◎長慶宣明暦算法、◎本朝天文、◎運規約指
［ISBN978-4-7603-0260-4 C3321 ¥50000E］

各巻本体価格　50,000円　揃本体価格　550,000円

『近世歴史資料集成・第６期』

〔全11巻〕《刊行中》

The Collected Historical Materials in Yedo Era: Sixth Series

近世歴史資料研究会　訳編　Ｂ５判・上製・布装・貼箱入

＊第１巻　日本科学技術古典籍資料／數學篇【10】
（2009／平成21年11月刊行）
◎算法明備（岡嶋　友清　編、1668年）、◎算法發蒙集（1670年）、◎算法指掌大成（石山　正換　編、1723年）、◎圓法四率、◎算法點竄手引草・三篇附録
［ISBN978-4-7603-0268-0 C3321 ¥50000E］

＊第２巻　日本科学技術古典籍資料／數學篇【11】
（2015／平成25年12月刊行）
関孝和の著作の複製及び関孝和・関孝和一門の業績についての解説（I）。
◎發微算法、◎發微算法演段俗解、◎括要算法、◎関流草述
［ISBN978-4-7603-0269-7 C3321 ¥50000E］

＊第３巻　日本科学技術古典籍資料／數學篇【12】
関孝和の著作の複製及び関孝和・関孝和一門の業績についての解説（II）。
◎發微算法（木活字版）、◎求積、◎角法演段、◎関子七部書、◎圖書精義解伏題、◎關流算法類聚、◎大成算經續録、◎關算襍書（1810年）
［ISBN978-4-7603-0270-3 C3321 ¥50000E］

＊第４巻　民間治療【16】
（2014／平成26年6月刊行）
◎救民単方（佐佐城　直知　著）、◎救民妙薬方（霍翁老人　著）、◎救民薬方録（阿部　正興　著）、◎広益妙法集（五大庵　可逸　著）、◎［古方書］（田代　三喜　著）、◎難病妙薬抄、◎万聖秘伝妙薬集、◎万病妙薬集（益田　良継　著）、◎妙薬秘伝集、◎妙薬妙術集（吉田　威徳　著）、◎薬種相傳書一流
［ISBN978-4-7603-0271-0 C3321 ¥50000E］

※第５巻　民間治療【17】（2017／平成29年刊行予定）
◎諸合薬集（三浦　某　著）、◎多能書、◎家宝日用奇方録（岷　龍斉　著）
［ISBN978-4-7603-0272-7 C3321 ¥50000E］

＊第 7 巻　園芸【1】（2007 ／平成 19 年 7 月刊行）
○ 17 世紀初頭に興隆を見た花木・花卉園芸は、上流階級の間に植物を賞翫する風習をもたらし、文政時代に最盛期を迎えた。園芸植物の栽培法の豊富化と、それによる植物に関する知識の増加は、幕末からの博物学流行の礎となった。
◎草木錦葉集（水野　忠暁　著）---- 斑入植物の集大成
[ISBN978-4-7603-0278-9 C3321 ¥50000E]

＊第 8 巻　園芸【2】（2008 ／平成 20 年 12 月刊行）
◎草木奇品家雅見（増田　金太　著）---- 斑入、枝垂、捩れ、線化、帯化、その他の植物の奇態の集大成版、◎花壇綱目（水野　忠勝　著）、◎錦繍枕（三代目伊藤伊兵衛　著）---- ツツジの図集。◎花壇地錦抄（三之丞　著）[ISBN978-4-7603-0261-1 C3321 ¥50000E]

＊第 9 巻　救荒【2】（2008 ／平成 20 年 3 月刊行）
◎かてもの、◎救荒草品図、◎救荒本草通解（岩崎　常正　著）、◎救荒本草会誌、◎救餓録、◎民間備荒録・解読篇（建部　清庵　著）、◎備荒草木図・解読篇（建部　清庵　著）
[ISBN978-4-7603-0262-8 C3321 ¥50000E]

＊第 10 巻　日本科学技術古典籍資料／薬物學篇［1］
（2008 ／平成 20 年 7 月刊行）
◎遠西醫方名物考〈原文篇（1）〉（宇田川　榛齋　譯述、宇田川　榕菴　校補、遠藤　正治　編）
[ISBN978-4-7603-0263-5 C3321 ¥50000E]

＊第 11 巻　日本科学技術古典籍資料／薬物學篇［2］
（2008 ／平成 20 年 12 月刊行）
◎遠西醫方名物考〈原文篇（2）〉（宇田川　榛齋　譯述、宇田川　榕菴　校補、遠藤　正治　編）、◎解説・索引篇
[ISBN978-4-7603-0264-2 C3321 ¥50000E]

各巻本体価格　50,000 円　揃本体価格　550,000 円

『近世歴史資料集成・第5期』

〔全11巻〕《全巻完結》

The Collected Historical Materials in Yedo Era: Fifth Series

近世歴史資料研究会　訳編　B5版・上製・布装・貼箱入

＊第1巻　民間治療【13】〈2003／平成15年6月刊行〉

◎経脈圖説（夏井　透玄　著)、◎鍼灸阿是要穴（岡本　爲竹　著)、◎経穴彙解（原　昌克　著）

［ISBN4-7603-0254-9 C3321 ¥50000E］

＊第2巻　民間治療【14】（2004／平成16年3月刊行）

◎医方考縄衍（北山　道長　著)、◎救急選方（多紀　元簡　著）

［ISBN4-7603-0273-5 C3321 ¥50000E］

＊第3巻　民間治療【15】（2004／平成16年4月刊行）

◎金瘡秘傳集、◎補訂衆方規矩大全（南川　道竹　著)、◎鑑効秘要方

［ISBN4-7603-0274-3 C3321 ¥50000E］

＊第4巻　日本科学技術古典籍資料／數學篇【9】

（2008／平成20年12月刊行）

◎野沢　定長　著『童介抄』(1664年)、◎多賀谷　經貞　撰『方圓秘見集』(1667年)、◎村井　漸　編『算法童子問』(1784年)

［ISBN978-4-7603-0275-8 C3321 ¥50000E］

＊第5巻　日本科学技術古典籍資料／醫學篇【1】

（2009／平成21年6月刊行）

◎許　浚　著、細川　元通　校正『訂正東醫寶鑑（和刻版)』原文篇1

［ISBN978-4-7603-0276-5 C3321 ¥50000E］

＊第6巻　日本科学技術古典籍資料／醫學篇【2】

（2014／平成24年3月刊行）

◎許　浚　著、細川　元通　校正『訂正東醫寶鑑（和刻版)』原文篇2、解説、総索引

［ISBN978-4-7603-0277-2 C3321 ¥50000E］

＊第 8 巻　日本科学技術古典籍資料／數學篇［8］
(2007 年 / 平成 19 年刊行)
磯村　吉徳　撰『［増補］算法闕疑抄』(1684 年)

［ISBN4-7603-0237-6C3321 ¥50000E］

＊第 9 巻　日本科学技術古典籍資料／天文學篇［5］
(2004 年 / 平成 16 年 4 月刊行)
●第一部　資料篇
◎平田篤胤　撰『天朝無窮暦』(7 巻)、◎平田篤胤　撰『三暦由来記』(3 巻)、◎釋圓通　序『佛國暦象編』(5 巻)、◎司馬江漢　著『和蘭天説』(1 巻)、◎渋川景佑　撰『星學須知』(8 巻)、◎池田　好運　編『元和航海書』(1618 年)
●第二部　年表篇「日本天文學史総合年表」［天文學篇［1］〜天文學篇［5］］
●第三部　天文方家譜
●第四部　書誌解題篇　掲載された論攷［天文學篇［1］〜天文學篇［5］］の書誌的考察

［ISBN4-7603-0238-7 C3321 ¥50000E］

＊第 10 巻　救荒【1】
○江戸時代、国内資源の枯渇からくる飢饉を克服するために、有用動物・植物の研究が行なわれた。本巻はその成果で、動物・植物の生態学的・形態学的研究から、採集・食用方までも叙述してある。この中の、凶荒時に食用とする山野の植物についての考察は、日本の縄文時代の野生植物を研究するためのたいせつな資料ともなるであろう。動物・植物・鉱物・食物・生薬名索引を載せる。
◎「救荒本草」和刻本（周定王　著、松岡　玄達　校訂)、◎救荒本草啓蒙（小野　恵畝　著)、◎救荒本草通解（岩崎　常正　著)、◎救荒本草註（畔田　伴存　著)、◎民間備荒録（建部　清庵　著）---- 備荒種芸之法、備荒儲蓄之法など、飢饉に際しての心得を説く、◎備荒草木図（建部　清庵　著）

［ISBN4-7603-0239-5 C3321 ¥50000E］

＊第 11 巻　民間治療【12】(2002 年 / 平成 14 年 3 月刊行)
◎妙薬奇覧（船越　君明　著)、◎妙薬奇覧拾遺（宮地　明義　著)、◎妙薬妙術集（吉田　威徳　著)、◎［類編廣益］衆方規矩備考大成（千村　眞之　著）

［ISBN4-7603-0240-9 C3321 ¥50000E］

各巻本体価格　50,000 円　揃本体価格　550,000 円

編『算法古今通覽』(1797年)、會田　安明　編『算法角術』、大原　門人　編『算法點竄指南』(1810年)　[ISBN4-7603-0232-8 C3321 ¥50000E]

＊第4巻　日本科学技術古典籍資料／數學篇［4］
(2001年/平成13年10月刊行)
●第一部　資料篇
會田　安明　編『算法天生法指南』(1810年)、坂部　廣胖　著『算法點竄指南録』(1810年)、堀池　敬久　閲・堀池　久道　編『要妙算法』(1831年)、内田　観　編『圓理闡微表』、『算法點竄手引草・初篇、二篇、三篇、三篇附録』、山口　言信　著『算法圓理冰釋』(1834年)、秋田　義蕃　編『算法極形指南』(1835年)、『照闇算法』(1841年)、和田　寧　傳『圓理算經』(1842年)、豊田　勝義　編『算法楕円解』(1842年)、内田　久命　編『算法求積通考』(1844年)、阿部　重道　編『算法求積通考・後編』　[ISBN4-7603-0233-6 C3321 ¥50000E]

＊第5巻　日本科学技術古典籍資料／數學篇［5］
(2002年/平成14年10月刊行)
●第一部　資料篇
今村　知周　編『因歸算歌』(1640年)、榎並　和澄　編『參両録』(1653年)、初坂　重春　編『圓方四巻記』(1657年)、山田　正重　著『改算記』(1659年)
[ISBN4-7603-0234-4 C3321 ¥50000E]

＊第6巻　日本科学技術古典籍資料／數學篇［6］
(2002年/平成15年4月刊行)
●第一部　資料篇
藤岡　茂元　編『算元記』(1657年)、澤口　一之　撰『古今算法記』(1671年)、松永　良弼他　編『絳老余算統術』、田原　嘉明　編『［新刊］算法記』(1652年)
[ISBN4-7603-0235-2 C3321 ¥50000E]

＊第7巻　日本科学技術古典籍資料／數學篇［7］
(2004年/平成16年9月刊行)
●第一部　資料篇
柴村　盛之　編『格致算書』(1657年)、村瀬　義益　編『算學淵底記』(1673年)、池田　昌意　編『數學乗除往來』(1674年)
[ISBN4-7603-0236-0 C3321 ¥50000E]

『近世歴史資料集成・第4期』

〔全11巻〕《全巻完結》

The Collected Historical Materials in Yedo Era: Fourth Series

浅見　恵・安田　健　訳編　B5版・上製・布装・貼箱入

＊第1巻　日本科学技術古典籍資料／數學篇［1］
(2002年 / 平成14年3月刊行)
●第一部　資料篇
著者不詳『算用記』(16世紀末～17世紀初頭)、百川　治兵衛　編『諸勘分物』(1622年)、毛利　重能　編『割算書』(1622年)、『竪亥録』(1639年)、著者不詳『萬用不求算』(1643年)、阿部　重道　編『算法整數起源抄』(1845年)、村田　恒光　編『算法側圖詳解』(1845年)、佐藤　雋　集編『三哲累圓述』、澤池　幸恒　撰『算法圓理楕円集』
［ISBN4-7603-0230-1 C3321 ¥50000E］

＊第2巻　日本科学技術古典籍資料／數學篇［2］
(2001年 / 平成13年7月刊行)
●第一部　資料篇
島田　貞繼　編『九數算法』(1653年)、佐藤　正興『算法根源記』(1669年)、星野　實宣　編『股勾弦鈔』(1672年)、星野　實宣　撰『算學啓蒙註解』(1672年)、前田　憲舒　著『算法至源記』(1673年)、中西　正好　編『勾股弦適等集』(1683年)、田中　由眞　述『算學紛解』、村松　茂清　著『［再版］算法算俎』(1684年)、西川　勝基　撰『算法指南』(1684年)、井關　知辰　撰『算法發揮』(1690年)、建部　賢弘　著『新編算學啓蒙諺解』(1690年)、佐藤　茂春　撰『算法天元指南』(1698年)、三宅　賢隆　撰『具應算法』(1699年)、西脇　利忠　編『算法天元録』(1715年)
［ISBN4-7603-0231-X C3321 ¥50000E］

＊第3巻　日本科学技術古典籍資料／數學篇［3］
(2001年 / 平成13年8月刊行)
●第一部　資料篇
田中　佳政　編『數學端記』(1717年)、若杉　多十郎　撰『勾股致近集』(1719年)、『演段數品例』(1732年)、松永　良弼　編『方圓算經』(1739年)、松永　良弼　著『算法演段品彙』、『角形圖解』(1746年)、入江　保叔　編『一源括法』(1760年)、『開方要旨』(1762年)、『方圓奇巧』(1766年)、『拾　算法』(1769年)、藤田　定賢　編『算法集成』(1777年)、安島　直圓　編『三角内容三斜術』、會田　安明

＊第７巻　民間治療【11】

◎妙薬博物筌（藤井見隆　著）　［ISBN978-4-7603-0204-2 C3321 ¥50000E］

＊第８巻　日本科学技術古典籍資料・天文學篇【1】

◎渋川春海（保井春海）撰、安倍泰福　校『貞享暦』（7巻）----- 日本暦として最初に編纂される。1684（貞享1）年のことである。◎安倍泰邦『寶暦暦法新書』（16巻）-----1754（寶暦4）年に奏進。◎安倍泰邦『寶暦暦法新書・續録』（2巻）、◎高橋至時・間重富　撰、安倍泰栄　校『暦法新書』（8巻）-----1797（寛政9）年に奏進。◎渋川景佑　撰『新法暦書』（10巻）-----1814（天保13）年に奏進。日本で最後の太陰太陽暦。◎新法暦書新暦法稿ト暦法新書ノ對校之覚書付

［ISBN4-7603-0205-0 C3321 ¥50000E］

＊第９巻　日本科学技術古典籍資料・天文學篇【2】

◎渋川景佑　撰『寛政暦書』、◎渋川景佑　撰『寛政暦書・續録』、◎渋川景佑　撰『新修五星法』（10巻）　［ISBN4-7603-0206-9 C3321 ¥50000E］

＊第10巻　日本科学技術古典籍資料・天文學篇【3】

◎渋川景佑　撰『新修五星法』、◎渋川景佑　撰『新修五星法・續録』、◎本居宣長　著『眞暦考』、◎中根　元圭　撰『皇和通暦』

［ISBN4-7603-0207-7 C3321 ¥50000E］

＊第11巻　日本科学技術古典籍資料・天文學篇【4】

●第一部　資料篇

◎渋川景佑　撰『天文瓊統』、◎渋川景佑　撰『校正天経或問國字解』、◎渋川景佑　撰『新修彗星法』、◎西川忠英　撰『兩儀集説』、◎渋川景佑　撰『日本書紀暦考』、◎平田篤胤　撰『春秋命歴序攷』、◎馬場信武　著『初學天文指南』（5巻）、◎伊能忠敬　著『歴象編斥妄』

［ISBN4-7603-0208-5 C3321 ¥50000E］

各巻本体価格50,000円　揃本体価格550,000円

近世歴史資料集成・第１期『庶物類纂』

〔全 11 巻〕《全巻完結》

The Collected Historical Materials in Yedo Era: First Series

稲若水・丹羽正伯　編　B５判・上製・布装・貼箱入

◎江戸時代中期に、加賀藩主前田綱紀の要請で行なわれた国家的大事業。中国博物学を集大成した世界最大の漢籍百科全書で、中国の古代から清代までに作成された作物・植物・動物・鉱物に関する古文献を網羅している。

＊第 **1** 巻　草属・花属　[ISBN4-7603-0021-X C3301 ¥50000E]

＊第 **2** 巻　鱗属・介属・羽属・毛属　[ISBN4-7603-0022-8 C3301 ¥50000E]

＊第 **3** 巻　水属・火属・土属　[ISBN4-7603-0023-6 C3301 ¥50000E]

＊第 **4** 巻　石属・金属・玉属　[ISBN4-7603-0024-4 C3301 ¥50000E]

＊第 **5** 巻　竹属・穀属　[ISBN4-7603-0025-2 C3301 ¥50000E]

＊第 **6** 巻　菽属・蔬属《I》　[ISBN4-7603-0026-0 C3301 ¥50000E]

＊第 **7** 巻　蔬属《II》　[ISBN4-7603-0027-9 C3301 ¥50000E]

＊第 **8** 巻　海菜属・水菜属・菌属・瓜属・造醸属・蟲属《I》
[ISBN4-7603-0028-7 C3301 ¥50000E]

＊第 **9** 巻　蟲属《II》・木属・蛇属・果属・味属
[ISBN4-7603-0029-5 C3301 ¥50000E]

＊第 **10** 巻　増補版（草属・花属・鱗属・介属・羽属・毛属・木属・果属）
[ISBN4-7603-0030-9 C3301 ¥50000E]

＊第 **11** 巻　関連文書・総索引（安田健　訳編）
◎庶物類纂一件完（庶物類纂一件御拝借之書面留）、◎庶物類纂編集并 公儀御□□□□案等収録　全、◎庶物類纂編揖始末一～五、庶物類纂の成立と内容について（安田健）、◎引用書名一覧表、◎漢名・漢字名索引、◎和名索引
[ISBN4-7603-0031-7 C3301 ¥50000E]

各巻本体価格 **50,000** 円　揃本体価格 **550,000** 円

『近世歴史資料集成・第２期』

〔全 11 巻〕《全巻完結》

The Collected Historical Materials in Yedo Era: Second Series

浅見恵・安田健　訳編　Ｂ５判・上製・布装・貼箱入

＊第１巻　日本産業史資料【1】総論

◎日本山海名産図会（平瀬徹齋　著）◎日本山海名物図会（平瀬徹齋　著）◎桃洞遺筆（小原桃洞　著）◎肥前州産物図考（木崎盛標　著）

[ISBN4-7603-0033-3 C3321 ￥50000E]

＊第２巻　日本産業史資料【2】農業及農産製造

◎広益国産考（大蔵永常　著）、◎農家益（大蔵永常　著）

[ISBN4-7603-0034-1 C3321 ￥50000E]

＊第３巻　日本産業史資料【3】農業及農産製造

◎養蚕秘録（上垣伊兵衛　著）、◎綿甫要務（大蔵永常　著）、◎綿花培養新論（東方覚之　抄訳）、◎機織彙編、製茶図解（彦根藩　編）、◎朝鮮人参耕作記（田村元雄　著）、◎椎茸製造独案内（梅原寛重　著）、◎製葛録（大蔵永常　著）、◎砂糖製作記（木村喜之　著）、◎紙漉重宝記（国東治兵衛　著）

[ISBN4-7603-0035-X C3321 ￥50000E]

＊第４巻　日本産業史資料【4】農産製造・林業及鉱・冶金

◎童蒙酒造記、◎酒造得度記（礒屋宗七　著）、◎醤油製造方法（高梨考右衛門　著）、◎製油録（大蔵永常　著）、◎樟脳製造法、◎金吹方之図訳書（川村理兵衛他　画）、◎硝石製練法（桜寧居士　著）、◎鼓銅図録・鼓銅録（増田綱　著）、◎佐渡鉱山文書【佐渡物産志三、四】、◎運材図会（富田礼彦　著）

[ISBN4-7603-0036-8 C3321 ￥50000E]

＊第５巻　日本産業史資料【5】水産

◎水産図解（藤川三渓　著）、◎水産小学（河原田盛美　著）、◎鯨史藁（大槻準　編）、◎勇魚取絵詞（小山田與清　著）、◎高知県捕鯨図、◎湖川沼漁略図并収穫調書（茨城県　編）、◎調布玉川鮎取調（雪亭河尚明　画）、◎五島に於ける鯨捕沿革図説（田宮運善　写）

[ISBN4-7603-0037-2 C3321 ￥50000E]

＊第 6 巻　採薬志【1】

◎諸州採薬記（植村政勝　著）、◎西州木状（植村政勝　著）、◎採薬使記（阿部友之進　著）、◎山本篤慶採薬記（山本篤慶　著）、◎東蝦夷物産志・蝦夷草木写真（渋江長伯　原著、松田直人　写）、◎木曾採薬記（水谷豊文　著）、◎伊吹山採薬記（大窪舒三郎　著）

［ISBN4-7603-0038-4 C3321 ¥50000E］

＊第 7 巻　採薬志【2】

◎蘭山採薬記 --- 常州・野州・甲州・豆州・駿州・相州（小野蘭山　著）、◎勢州採薬志（小野蘭山　著）、◎濃州・尾州・勢州採薬記（丹波修治他　著）、◎城和摂諸州採薬記（丹羽松齋　著）、◎雲州採薬記事（山本安暢　著）、◎薩州採薬録

［ISBN4-7603-0039-2 C3321 ¥50000E］

＊第 8 巻　民間治療【1】

◎普救類方（林良適・丹羽正伯　撰）［ISBN4-7603-0040-6 C3321 ¥50000E］

＊第 9 巻　民間治療【2】

◎広恵濟急方（多紀元簡　校）、◎美年丘白牛酪考（桃井寅　撰）、◎白丹砂製練法（養拙齋稿寛度　著）［ISBN4-7603-0041-4 C3321 ¥50000E］

＊第 10 巻　民間治療【3】

◎奇方録（木内政章　著）、◎袖珍仙方（奈良宗哲　著）、◎耳順見聞私記（岷龍斉　著）、◎農家心得草薬法、◎漫游雑記薬方、◎妙薬手引草（申斉独妙　著）、◎掌中妙藥奇方（丹治増業　著）

［ISBN4-7603-0042-2 C3321 ¥50000E］

＊第 11 巻　民間治療【4】

◎此君堂薬方（立原任　著）、◎救急方（乙黒宗益　著）、◎薬屋虚言噺（橋本某　著）、◎寒郷良剤（岡本信古　著）、◎万宝重宝秘伝集（華坊兵蔵　著）、◎諸国古伝秘方

［ISBN4-7603-0043-0 C3321 ¥50000E］

各巻本体価格 50,000 円　揃本体価格 550,000 円

『近世歴史資料集成・第３期』

〔全 11 巻〕《全巻完結》

The Collected Historical Materials in Yedo Era: Third Series

浅見　恵・安田　健　訳編　Ｂ５版・上製・布装・貼箱入

＊第 1 巻　民間治療【5】

◎奇工方法、◎諸家妙薬集、◎古方便覽【附・腹候圖】（六角重任　著）、◎家傳醫案抄、◎古今樞要集【古今樞要集口傳】

［ISBN4-7603-0198-4 C3321 ¥50000E］

＊第 2 巻　民間治療【6】

◎常山方【前篇】（曲直瀬正紹　撰、曲直瀬親俊　補）

［ISBN4-7603-0199-2 C3321 ¥50000E］

＊第 3 巻　民間治療【7】

◎常山方【後篇】（曲直瀬正紹　撰、曲直瀬親俊　補）、◎常山方総索引

［ISBN4-7603-0200-X C3321 ¥50000E］

＊第 4 巻　民間治療【8】

◎濟民略方、◎醫法明鑑（曲直瀬正紹　著）

［ISBN4-7603-0201-8 C3321 ¥50000E］

＊第 5 巻　民間治療【9】

◎和方一萬方〈改訂・増補版〉【前篇】（村井琴山　著）

［ISBN4-7603-0202-6 C3321 ¥50000E］

＊第 6 巻　民間治療【10】

○江戸時代の処方の集大成とも言える基本的資料。第Ⅴ巻の収録分をも含めて、約五千項目の処方を網羅。中国医学の伝統を受け継ぎながら、日本独自の処方を創造しようとした試みが随所に見られる名著。索引も 240 ページ、約五千項目に及び、あらゆる名称（動物、植物、鉱物、病気、処方、一般事項）から検索が可能。

◎和方一萬方〈改訂・増補版〉【後篇】（村井琴山　著）、◎和方一萬方〈改訂・増補版〉総索引

［ISBN4-7603-0203-4 C3321 ¥50000E］